보전유전학 입문, 제2판

이 확증된 저자팀은 보전유전학에서의 발전 자산을 이 입문서의 새로운 개정판으로 가져왔고, 여기에는 도입종 및 침입종에서의 개체군 유전체학과 유전학적 문제들에 대한 새로운 장들을 포함하고 있다. 저자들은 학생들을 위한 집중 학습 볼거리를 지속적으로 이어갔고 — 가장자리의 주요 요점, 장 요약, 수학을 이용한 강력한 지원, 추가적인 읽을 거리 — 지금은 소프트웨어와 데이터베이스로 독자를 안내하고 있다. 많은 새로운 참고문헌은 이 분야의 확장을 반영하고 있다. 포유류, 조류, 파충류, 어류, 양서류, 식물과 무척추동물의 사례를 포함한 이 책은 폭넓을 독자층을 위한 이상적인 보전유전학 입문서이다. 이 책은 보전유전학의 정량적인 측면을 충실히 다루고 있으며, 각 주제의 수치적인 측면을 배우는 학생들을 지원하기 위한 많은 볼거리를 가지고 있다. 이 책의 독자에게 친근한 글쓰기 양식과 세련된 해설 프로그램은 이 책을 강력한 교육 패키지로 만들고 있다.

DICK FRANKAM 명예 교수는 맥쿼리 대학, 제임스쿡 대학, 호주박물관에서 명예직을 수상한 바 있으며, 2014년에 하버드 대학의 Hrdy 교환교수로 재직하였다. 그는 정량적 유전학에서 1990년대 초 보전유전학으로 전향하기 전까지 초파리에 대한 연구로써 국제적인 인지도를 얻으며, 그의 연구를 시작하였다. 그는 초파리에서의 여러 문제들에 대한 모델링, 메타분석, 컴퓨터 시뮬레이션을 통하여 그 분야에서 지대한 공헌을 하였다. 그는 그 분야에서 주요한 인물로서 그의 보전유전학과 진화유전학에서의 과학적인 기여로 2006년에 맥쿼리 대학으로부터 이학박사상(D. Sc. by Macquarie University)을 수상한 바 있다.

HON BALLOU 박사는 미국 워싱턴 DC의 스미스소니언 국립동물원의 개체군 관리자와 연구원이며, 2003-2006년 동안 보전생물학실의 장으로 재직하였다. 그는 또한 메릴랜드 대학의 겸임교수이기도 하다. 그의 연구는 작은 개체군, 특히 위협에 처한 종, 이 직면하고 있는 유전적, 인구통계학적 문제들에 초점을 맞추고 있다. 그는 작은 개체군들의 유전적 관리에 대한 이론적 기반을 개발하거나, 야생동물과 동물원 관리자들에 의해 광범위하고 국제적으로 이용되고 있는 개체군 관리 방법(소프트웨어, 응용 이용)을 개발하는 데 리더로 인정받고 있다.

DAVID BRISCOE 교수는 호주 시드니 맥쿼리 대학의 생명과학과에서 34년 간의 연구를 마치고 2009년에 퇴임을 하였으며, 2006-2009년 동안 학장으로 재임한 바 있다. 그는 34년 동안 Dick Frankham과 함께 초파리 연구를 공동으로 수행하였을 뿐만 아니라, 바위왈라비, 도마뱀, 벨벳웜, 사회성 곤충과 점균류의 진화유전학에 대한 연구도 수행하였다. 탁월한 전달가인 그는 영감을 주는 강의로 다양한 수준의 학생들에게 감명을 주었으며, 텔레비전 출연과 대중적인 책을 통하여 학문적인 범위 너머에 도달하였다.

Introduction to Conservation Genetics

보전유전학 입문

제2판

김백준 · 김슬옹 · 이진원
장갑수 · 정옥식 · 허위행 공역

Richard Frankham · Jonathan D. Ballou · David A. Briscoe

월드사이언스
worldscience.co.kr

보전유전학 입문 제2판

인쇄	2014년 8월 05일
발행	2014년 8월 15일
저자	Richard Frankham · Jonathan D. Ballou · David A. Briscoe
역자	김백준 · 김슬옹 · 이진원 · 장갑수 · 정옥식 · 허위행
발행인	박선진
발행처	도서출판 월드사이언스
등록	1988년 2월 12일 제16-1601호
주소	서울특별시 서초구 방배동 864-31 월드빌딩 1층
TEL	02) 581-5811~3
FAX	02) 521-6418
E-mail	worldscience@hanmail.net
URL	http://www.worldscience.co.kr

정가 28,000원
ISBN 978-89-5881-231-9

이 도서의 국립중앙도서관 출판예정도서목록(CIP)은 서지정보유통지원시스템 홈페이지(http://seoji.nl.go.kr)와 국가자료공동목록시스템(http://www.nl.go.kr/kolisnet)에서 이용하실 수 있습니다.(CIP제어번호: CIP2014022467)

역자소개

역자명	소속	이메일
김백준	국립생태원	naturalist71@gmail.com
김슬옹	영남대학교	lookout09@ynu.ac.kr
이진원	경희대학교	jwlee99@khu.ac.kr
장갑수	영남대학교	sunside@ynu.ac.kr
정옥식	충남발전연구원	nansamata@hanmail.net
허위행	국립생물자원관	hwh@korea.kr

〈가나다 순〉

차례

2판의 서문

10년 전 보전유전학입문(Introduction to Conservation Genetics)의 1판을 시작한 이래로 많은 것이 변해 왔다. 인구 수가 66억 명을 넘어섰고, 이러한 결과로 자연에 대한 압력이 증가하였다. 위협종의 수는 16,306종으로 늘어나 55% 증가하였다. 같은 시간에 걸쳐, 어느 정도의 추상적인 관심사로부터 아마도 현저한 정치적 초점이 되어 왔다. 기후변화의 영향은 현재 많은 종의 분포와 행동에서 명백히 인식할 수 있다. 해수면 상승은 저지대 국가와 그곳에 서식하는 생물상의 생존능력에 영향을 주고 있다. 조금 더 작은 수준에서는, 곰의 3/4이 현재 위험에 처해 있고, 양쯔강돌고래(1판 참고)는 이미 멸종한 것으로 여겨지고 있다. 더 나아가, 침입종은 생물다양성—특히, 급속히 증가하는 무역으로 인하여—더욱 중요한 영향을 미치고 있다.

비록, 이 책을 준비하는 목적은 기본적으로 1판과 같지만, 가속화되고 있는 인간의 영향은 유전학에 있어서, 더 폭넓은 보전 노력으로 통합하기 위한 요구와 같은, 더 날카로운 초점을 생기게 하였다.

서문

대표적인 국제자연보전 조직인, 세계자연보전연맹(the world conservation union–IUCN)은 생물 다양성의 세 가지 핵심적인 요소 중 하나로써 유전적 다양성을 유지하는 것이 매우 필요하다고 제안하고 있다. 이 책은 멸종이 일어나는 과정에서 유전적 요인의 영향을 파악하여 이러한 멸종을 피하기 위한 개념적 배경을 담고 있다.

보전유전학은 유전학을 이용하여 종이나 개체군을 보전하는 데 도움을 주고자 하는 분야이다.

보전유전학이 담고 있는 내용은 다음과 같다:

- 작은 개체군들에서 근친교배를 최소화하면서 유전적 다양성을 최대한 유지하기 위한 유전적 관리 방안
- 분류학적 불확실성의 해결과 관리 단위의 설정
- 분자유전학적 분석을 이용한 종 생활사의 이해와 법의학에서의 적용

이 책의 목표

우리는 이 책이 폭넓은 독자층에서 관심을 끌 수 있도록 만들기 위해 노력해 왔다. 하지만 우선적으로는 정규수업이나 개인적인 관심으로 이 분야를 처음 접한 사람들을 대상으로 하고 있다.

이 책은 일반적인 원리들을 강조하면서 쉽게 이해할 수 있는 보전유전학의 입문서를 제공하고자 만들어 졌다.

보전유전학은 상대적으로 신생 학문 분야에 속한다. 이 분야는 1세기 넘게 이루어진 개체군 유전학과 양적 유전학, 동식물 육종을 포함하는 진화유전학의 진보 위에서 시작하면서 나름의 독특한 영역과 전문 잡지 등을 구축하게 되었다. 특히 보전유전학은 작고 파편화된 개체군 안에서 일어나는 과정과 그 안에서의 악영향을 최소화하기 위한 실질적인 접근법에 집중하고 있다. 이러한 내용은 서로 다른 당면 과제를 가지고 있는 개인이나 조직에게 영향을 줄 것이다. 이들은 사육번식 프로그램을 운용하는 동물원 관리자들이나 동물학자와 생태학자, 국립공원과 보호구역, 하천유역, 지방정부 자연보호지역의 관리사나 운영자, 산림관리원, 농장경영주 등을 포함하고 있다. 보전유전학은 이미도 미래를 위해 가장 중요한, 한참 자라나고 있는 학부생과 대학원생에게 커다란 관심이 될 것이며, 많은 이들이 실질적으로 조치를 취하고 책임을 지는 역할을 하게 될 것이다. 그들의 열정이 우리가 이 책을 준비하게 된 주요한 계기되었다.

이러한 폭넓은 층의 독자들이 보전유전학 입문서를 쉽게 이해할 수 있도록, 전문서적이나 논문, 학회보 등에서 볼 수 있는 자세한 실험적 과정보다는 일반적인 원리들을 설명하는 데 중점을 두었다. 뿐만 아니라 내용의 명료성에도 상당한 중점을 두었다. 우리는 독자들이 기본적인 통계와 멘델 유전학에 대한 배경 지식을 가지고 있다고 가정하고 이 책을 구성하였다. 더 기초적인 내용이 필요하다면 *보전유전학 기초서(A Primer of Conservation Genetics)*를 참고하기를 바란다. 보전유전학의 많은 강점이 예측에 있는 정량적인 분야이다. 하지만, 많은 독자들이 이해할 수 있도록 수학적인 내용은 간단한 대수를 이용하는 정도로

제한하였다. 이 책은 보전유전학 고등교육과정의 교재로서 적합하다. 더 나아가 진화유전학자들과 진화생태학자들에게 보전생물학의 예를 제공함으로써 그들의 학생들을 열광하게 만들 것이다. 마지막으로 우리는 전문적인 보전유전학자와 다양한 독자층 모두가 쉽게 이해할 수 있고 공인된 참고 도서를 만들기 위해 최선을 다했다.

내용 요약

이 책은 보전유전학 모든 분야의 폭넓은 범위를 다루고 있다.

1장은 현대 생물보전의 현황에 대한 개요와 왜 멸종 위기에 놓인 종들을 관리하는 데 유전적 이론과 지식이 중요한지 그 이유를 이야기하고 있다. **2**장에서는 보전생물학에서 유전학의 적용과, 멸종 위협과 유전적 요인의 관계에서 중심이 되는 사안에 대해 살펴볼 것이다. 근친교배는 번식 능력과 생존율을 떨어뜨려 단시일 내에 멸종 위협을 증가시키는 한편, 유전적 다양성의 감소는 환경변화에 대응하여 진화하는 장기적인 종의 능력을 떨어뜨릴 것이다.

이 책은 다음의 3개의 부로 나뉘어 있다: **1**부에서는 자연 개체군의 진화유전학에 대해 설명하고 있고, **2**부에서는 개체군 크기의 감소에 따른 유전적 결과에 대해 조사하고 있으며, **3**부에서는 야생 또는 반 야생이나 사육 상황에서 멸종 위협에 처해 있는 종들의 관리하는 과정에서 유전학적 원리를 적용하는 것에 대해 중심을 두고 있다. 보전생물학의 다양한 이슈와 유전학의 관계로 이 부를 결론지을 것이다.

1부(3–10장)는 진화유전학의 필수적인 기본 요소들을 포함하고 있다. **3**장은 유전적 다양성의 정도와 그것을 측정하는 방법에 대해서 다루고 있다. 멸종 위협에 처한 종과 그렇지 않은 종의 유전적 다양성을 비교하는 데 특별한 주의를 기울였다. **4**장과 **5**장에서는 유전적 다양성을 특징짓는 데 이용되는 방법과 변수들을 설명하고 있다. 보전생물학에서 주요 유전적 중요성들이 번식과 생존의 측면에 집중되어 있기 때문에 우리는 번식적합도 같은 정량적(연속적인 변이 값을 갖는)인 특징들에 상당한 강조를 두었다(**5**장). 유전적 다양성에 관한 분자 수준에서의 측정은 이에 대한 방대한 자료들이 축적되어 있지만, 안타깝게도 정량적인 유전적 변이를 예측하는 데 있어 제한된 능력만을 가지고 있다. 유전적 다양성의 기능적 유의성에 대해 다른 무엇보다 중요성을 두는 것이 보전유전학과 선택적으로 중립적인 변이들을 선호하고 있는 다른 분자생태학 관련 분야를 구별 짓게 할 것이다. **6**장과 **7**장에서는 커다란 개체군에서 유전적 다양성의 양이나 진화에 영향을 주는 요인들을 소개하고 있다. 작은 개체군에서의 같은 과정은 8장에서 자세히 설명하고 있다. 우연성(불확실성)의 영향은 위험에 처한 작은 개체군에서 더 크게 나타나며, 아주 큰 개체군에서는 자연선택이 훨씬 더 커다란 영향을 줄 것이다. 보전유전학은 진화적 잠재력을 보유하는 것에 초점을 맞추고 있으므로, 9장에서는 유전적 다양성의 보존에 대해 살펴볼 것이다. 개체군 유전체학에 관한 10장의 내용(2판에 새로이 추가됨)에서는 전체 게놈 염기서열분석과 RNA 발현 마이크로어레이를 이용한 유전자 발현 연구들에 의해 밝혀진 게놈 진화에 관한 중요한 통찰을 제시하고, 이러한 새로운 기술과 보호 관리의 관련성에 대해 살펴볼 것이다.

기초 원리에 대한 지식을 확립한 후, 2부에서는 개체군 크기 감소의 유전적 결과, 유전적 다양성의 감소(**11**장), 번식과 생존에 대한 근친교배의 유해 효과(근친교배약세) (**12, 13**장), 개체군 파편화의 유전적 결과(**14**장)들에 집중할 것이다. 이 부은 유전적으로 독자 생존 가능한 개체군을 유지하기 위해 필요한 개체군의 크기를 고찰해 보면서 마무리할 것이다(**15**장).

3부에서는 실질적인 사안들, 즉 분류학적 불확실성의 유전적 해결과 관리 단위의 설정(**16**장), 야생개체군의 유전적 관리(**17**장), 침입종과 그들의 조절(**18**장, 2판에 새로이 추가됨)에 관련된 유전적 문제들, 사육개체군의 유전적 관리(19장), 그리고 재도입(**20**장)에 대해서 살펴볼 것이다. **21**장에서는 법의학에서와 종의 숨은 생활사를 밝히는 데 있어 분자유전학적 분석의 적용에 대해 알아볼 것이다. **22**장에서는 그림을 더 확장해서, 인구통계학적 요인과 생태학적, 유전적 요인들을 보전생물학이라는 틀 안에서 통합할 것이다. 특히 컴퓨터 시뮬레이션을 이용한 개체군 생존능력분석(PVA)의 개념에 대해서 알아볼 것이다. 핵심 요약(Take home messages)에서는 이 책의 내용에 대한 간략한 요약을 볼 수 있고, 마지막으로 용어풀이가 뒤를 이을 것이다.

*보전유전학 입문서*는 자가수분을 하는 식물보다는 자연상태의 이계교배 동식물을 주 대상으로 하고 있다. 미생물에 대해서는 보전 노력이 거의 기울여 지고 있지 않기 때문에 제한된 범위에서 다루었다.

우리는 가능한 멸종의 위협에 처해 있는 종의 예를 이용하고자 하였다. 하지만, 보전유전학에서의 대부분의 개념적 문제들은 실험실 조건하의 동물이나 가축, 계통이 가깝지만 위협상태가 아닌 종들을 이용하여 답을 구하거나, 또는 많은 종에서 얻은 자료(대개 작은)들을 조합 · 분석(메타 분석)하여 해결하고 있다. 대부분의 경우, 멸종위기에 처한 종들은 그 수가 적고 번식을 잘 하지 못하므로 실험과정에서 그들을 잃을 수 있는 위험을 감수한다는 것은 현명하지 못한 일일 것이다.

2판에서 바뀐 내용

10여년전 초판이 발간된 이후, 멸종위기종들의 상황이나 과학적 기본 지식에서 큰 변화가 있었다. 멸종위기종은 전체적으로 크게 증가하였으며, 특히 양서류의 경우 곰팡이성 질병과 기후변화 등에 의해 멸종위기종이 15배 이상 증가하였다. 기후변화 덕에 많은 종들은 생존을 위해 선호하는 곳을 찾아 이동해야 만 했다. 이로 인해, 초판 발간 후 보전유전학 대부분의 분야에서 꾸준한 진전이 있었지만 개체군 유전체학(population genomics)이 새롭게 등장하게 되었다. 덧붙여, 침입종(invasive species)은 기존의 서식지에 서식하는 종을 멸종에 이르게 하는 요인들 중 하나로 꼽히기도 한다. 따라서 이들과 관련한 연구 또한 급격히 늘어났다. 논문이나 강의 수, 새롭게 등장한 방법론 등을 미루어 볼 때 보전유전학은 빠르게 발전하였다. 정보들의 소스(sources)는 데이터베이스의 급격한 증가에 따라 다각화되었다. 통계학적 분석을 위한 소프트웨어(software) 도구들이나 컴

개정판(2판)은 초판 발행 이후 진전된 부분을 아우르기 위해 크게 수정, 보완되었지만 전반적인 포맷은 유지되었다.

퓨터 시뮬레이션 또한 급증하였다.

교과서로서 혹은 전문서적으로서 초판에 대한 호의적인 평가는 매우 고무적이었다. 개정판(2판)에서는 초판의 주된 구성은 유지하되, 내용과 참고문헌은 최신 정보로 갱신하고 2개의 장(chapter)을 추가로 삽입하였다. 새로운 주제(topic)는 개체군 유전체학(population genomics)에 관련된 소재와 유전체의 보전유전학에 미치는 영향 그리고 메타분석(meta-analysis), 경관유전학(landscape genetics), DNA를 기반한 분류학 제안, DNA 바코딩(DNA barcoding), 성 좌위(sex locus)에서의 유전적 다양성 소실에 따른 단일배수체(haplo-diploid)의 감소, 쥬라기공원 시나리오, 전이유전자(transgenic)의 영향 그리고 침입종(invasive species)과 관련한 유전학적 이슈 등을 다룬 박스(Box)도 본문에 추가되었다. 그리고 기후변화에 대응한 적응 변화에 대한 내용적 범위도 확대하였다. 참고문헌의 경우 48% 정도 증가하였으며 과반수 이상은 개정판에 새롭게 추가되었다. 또한 널리 사용되고 있는 유용한 소프트웨어 패키지 그리고 중요한 웹사이트나 데이터베이스 등도 참고문헌으로 추가하였다. 덜 중요한 주제(topic)들의 생략과 설명(presentation)의 간소화 작업으로 인해 개정판은 추가된 새로운 소재에도 불구하고 책의 전체 분량은 초판의 것과 비슷하게 유지되었다.

구성 체제

이 책은 보전에 대한 독자들의 관심과 흥미 유발 및 정보를 제공하고, 보전의 필요성을 공감할 수 있도록 가급적 쉽게 집필하기 위해 많은 노력을 기울였다.

이 책에 담겨져 있는 풍부한 삽화와 내용은 우선 독자의 시선을 사로잡고, 보전에 대해 많은 생각을 할 수 있도록 독자들의 감성적인 의무감을 일깨울 것이다. 전반적인 장의 구성은 중요 부분을 강조하고 복습이 용이하도록 각 장의 **주요 요점**(main point)을 박스로 처리하여 **용어정리**(Terms)와 함께 시작 부분에 배치하였으며, **요약**(Summary)은 끝 부분에 정리하였다. 본문 내에서 각 문단의 주요 요점은 작은 박스에 요약하여 제시하였다. 저자들의 강의 경험상, 생물학 전공 학생들이 본문에 서술된 설명이나 표와 비교했을 때, 그림을 통해서 해당 내용을 보다 더 잘 이해하기 때문에 많은 양의 정보를 그림으로 제시하였다. 일부 그림에서 중요한 의미는 그림 설명에 이탤릭체로 요약되어 있다. 실제 현장의 보전 활동에 적용되고 있는 이론을 설명하기 위해 수많은 예제와 사례연구들을 수록하고 있다. 이러한 예제와 사례들은 독자들에게 보전의 필요성을 느끼고 이에 대한 정보를 전달하기 위해 선별한 것들이다. Box는 전체적인 정보 전달의 흐름을 방해하지 않는 선에서 추가적인 정보를 전달하고 있기 때문에 이러한 상세 정보는 전반적인 흐름을 파악한 후에 읽어도 무방하다.

이 책의 설명에 정밀하고 사실적인 그림을 아낌없이 더하여 준 Karina McInnes에 깊은 감사를 표한다. 그녀는 이 책의 1판을 위해 그렸던 그림과 함께, 2판에서도 20점의 그림을 새로 그렸다.

내용에 대한 교정 과정에서 Macquarie대학의 여러 학생들을 비롯하여, 전 세계의 많은 동료와 학생들이 조언을 해 주었다. 우리 저자들은 이런 많은 분들의 도움과 기여에 감사드린다.

이 책 전반에 걸쳐, 그리고 각 장에 있어서 토픽의 순서는 저자들의 강의 경험을 바탕으로 배열하였다. 가능한 최근의 실제 보전 이슈를 소개하고자 하였으며, 특성 평가(parameter estimation) 등의 상세한 내용이 연이어 제시되어 있다. 저자들은 그 특성이 어떻게 유래되었는지를 독자들이 이해하기에 앞서, 그 특성이 왜 중요한지를 느끼고 공감하는 것이 더 중요하다고 생각한다. 예를 들어, 12장과 13장에서 근친교배의 상세한 대처 방법을 다루기에 앞서, 2장에서 유전학과 멸종 간의 관계를 직접적으로 기술하고, 이와 관련해 파생되는 내용을 전반적으로 다루고 있다.

전체 장과 각 장 안에서의 토픽 배열은 학생들의 흥미를 유발할 수 있도록 구성하였다.

이 책은 학부생들의 강의에 있어 필수적인 내용과 전공 대학원생 및 보전 전문가들을 위해 보다 광범위하고 깊이 있는 내용까지 다루고 있으며, 저자들은 이 두 가지 내용의 균형을 맞추고자 노력하였다. 각 장의 내용은 한 강좌에서 다루기에 적합하나, 각 장의 내용 전체를 학생들에게 전달하려 하는 것보다는 담당 강사가 그들의 교육 과정상 중요하다고 판단하는 부분을 선택하여 강의하는 것이 보다 더 적합하다. 일부 토픽은 한 강좌로 다루기에 내용의 양이 너무 많은데, 대규모 개체군에서의 진화와 같은 토픽은 두 개의 장으로 나누어 다루고 있다. 각 장은 개인 학습이 가능하도록 이해하기 쉽게 구성하였으나, 이로 인해 내용이 반복되는 부분이 다소 있는 것도 사실이다. 그렇지만 1판과 비교해 이러한 부분도 많이 줄어들었다.

각 장의 내용은 강의에서 한 강좌로 다루기에 적합하며, 추가적인 정보는 학생들의 개별적 학습이 필요하도록 구성되어 있다.

유전학을 강의했던 사람이라면, 이 분야의 전문적 지식은 '사실'에 대한 수동적 인지보다 '문제-해결'에 대한 적극적 참여에서 온다는 것을 알고 있다. 그렇기 때문에 본문에 제시된 대부분의 수식에 사례 예제들(Examples)이 수록되어 있다.

사례 예제와 문제가 풀이와 함께 수록되어 있다.

이 책의 끝 부분에 수록된 **복습문제들**(Revision problems)과 함께, 각 장의 끝 부분에 **문제**(Problem)들이 적절히 배치되어 있다. 문제의 해답은 Cambridge University Press의 웹사이트인 www.cambridge.org/9780521702713에 접속하면 올려져 있다.

본문의 종들에 대해 보다 더 현실적으로 느낄 수 있도록 많은 문제에 실제 종들이 제시되어 있다. 이 문제들의 상황은 대체로 가상으로 만들어 낸 것들이긴 하지만, 그 종들이 실제로 겪었거나 또는 그 종에게 실제로 발생할 수도 있는 유사한 상황을 반영하고 있다.

실습 연습들(Practical exercises)은 토픽의 내용상 실험적인 연습이 적절히 필요한 장의 끝 부분에 수록되어 있다. 실습 연습의 대부분은 저자들이 강의에서 실제로 활용한 자료들이며, 컴퓨터가 자주 사용되는 실습으로 쉽게 구할 수 있는 소프트웨어를 활용한다.

실습 연습은 여러 장에서 제시되어 있다

참고문헌은 가장 의미 있는 주요 문헌을 충분히 찾을 수 있는 정도에서 리뷰 문헌과 최근 논문만을 수록하였다. 동료 연구자들의 여타 훌륭한 연구들을 참고문헌으로 모두 수록하기에는 지면이 충분하지 않았다. 관련된 여러 장에 주석으로 표기된 **일반 인용문헌**(General bibliography)은 1장의 끝 부분에 수록되어 있다. 독자들 중 특정 토픽에 대해 보다 더 자세한 내용을 원한다면 각 장 끝 부

참고문헌은 주로 리뷰 문헌과 최근 논문으로 제한하여 명료하고 간결하게 수록하였다.

분의 '**추가적인 읽을 거리**'에 제시된 목록이 도움이 될 것이다. 또한 이 책에는 보전생물학과 관련된, 가끔 논쟁거리가 되기도 하는 특정 인물들과 그들의 연구에 동기가 되었던 열정들에 대해 일반 독자층에게 소개 목적으로 집필된 책들도 드물게 포함되어 있다. 논쟁의 소지가 있는 토픽들은 참고 문헌과 자료에 더 폭넓게 포함되어 있다.

보전유전학의 대부분의 원리들은 서로 다른 진핵생물종에 동등하게 적용할 수 있기 때문에 기본적으로 본문에는 종의 국명(common name)을 사용하였다. 국명에 대한 속명과 종명은 색인(index)에서 상호 참조할 수 있도록 하였다.

논란거리

보존유전학의 발전은 지구의 환경적인 위기 – '제 6의 멸종'에 대한 많은 고려에서 비롯되었다. 분야에 따라 결과적으로 경제적, 정치적, 사회적, 윤리적 그리고 정서적인 수많은 다른 관점에 영향을 주었다. 종, 개체군 그리고 서식지의 운명은 균형을 이루고 있다. 2007년 말의 이용가능한 정보기반의 최신 정보 보기로 우리는 이러한 논란이 약해지도록 했고 균형의 제공을 시도하였다. 가능하다면, 우리는 전문가와의 상담으로 사실과 해석을 제공할 것이다. 필연적으로 몇몇의 독자들은 우리의 몇몇 관점에 동의하지 않을 것이지만, 정직하게 주어진 대안적인 해석을 그들이 받아들일 것이라 믿는다. 새로운 자료는 관점이 변할 수도 있으며, 일부 이러한 변화는 제 1판 이후에 발생한 것이다.

우리는 우리가 읽어서 찾은 것과 같이, 독자가 책을 읽도록 하는 흥미로운 자극을 찾기를 희망하지만 피곤하게 만드는 것은 아니다. 건실한 비판과 제안의 피드백은 진가를 발휘할 것이다.(email : dick.frankham@mq.edu.au)

우리는 웹사이트(http://www.cambridge.org/9780521702713)를 유지하면서 정보, 교정, 기타 여러 가지를 업데이트할 것이다.

감사

우리들이 보존유전학에 들어가게 된 것은 워싱턴 DC 스미스소니언 국립동물원의 Kathy Ralls를 접하게 되면서이다. 그 후 우리는 많은 지원의 필요성을 느꼈으며, 많은 동료들 특히 Kathy Ralls, Georgina Mace, Bob Lacy, Rob Fleischer, Stephen O'Brien, Michael Soulé 그리고 고인이 된 Ulie Seal로부터 격려를 받았다. 우리는 지금은 고인이 된 Introduction of Quantitative Genetics의 저자 Douglas Falconer에 상당히 많은 지적인 빚을 지고 있다. RF와 DAB는 이 책을 이용하여 트레이닝하고, 연속적인 판본은 나중에 우리에게 주요한 참고자료가 될 것이다. DAB는 특히 에딘버그에 위치한 동물유전학연구소의 Douglas와 그의 동료들로부터 25년 이상 자유롭게 주어진 현명한 조언과 교우관계에 고마움을 느낀다. 우리는 Falconer의 crisp를 사용하였지만, 이 책에서의 모델과 같은 학술적인 내용은 우리가 준비한 것이다. RF는 Stuart Barker의 학부 강사, 박사 지도교수, 조언자 그리고 공동작업자로서의 거의 영향력 있는 역할에 고마워 한다.

우리의 책은 학생, 스텝 그리고 RF-DAB의 연구실의 공동작업자들 노력 없이는 쓰여 질 수 없었을 것이다.

우리가 소속된 연구기관의 지원에 감사를 표한다. 그들은 관련된 현장 조사와 이 책의 집필을 가능하게 하였다. RF와 DAB에 의한 연구 활동은 오스트레일리아 연구 위원회와 매쿼리대학교 연구기금으로 인해 가능했다. JDB 또한 제 1판의 준비를 마무리하기 위해 매쿼리대학교에서의 안식년을 제공한 스미소니언 국립동물원에 감사를 표한다. RF는 첫 번째 판본의 초안 기획 기간 동안과 2007년에 두 번째 판본의 두 개의 세션을 집필하는 동안의 환대에 감사하고, 후반부에 방문했을 때, jon과 Vanessa Ballou의 환대에 감사함을 느낀다. 우리는 책을 집필하는 동안 Alan Crowden과 Dominic Lewis의 충고와 도움에 감사하고, 캠브리지대학의 출판부를 통한 출판 계획이 가능하게 해 준 Dominic Lewis, Anna Hodson, Alison Evans, Eleanor Collins와 Jonathan Ratcliffe에 감사를 표한다. 이 책은 우리들의 아내인 Annette Lindsay, Vanessa Ballou와 Helen Briscoe와 가족들의 끊임없는 지원과 관용이 없었다면 완성되지 못했을 것이다.

우리는 2002년에서 2007년 사이의 매쿼리대학교의 보존 · 진화유전학 과정 학생들에 감사한다. 그들의 조언, 비판, 제안이 이 책을 향상시키고, 개정하는 데 많은 도움을 주었다. 우리는 L. Bingaman lackey, D. Cooper, N. Flesness, K. Traylor-Holzer, P. Pearce-Kelly, S. Haig, C. Lynch, S. Medina와 M. Whalley의 정보제공과 R. Fleischer, J. Howard, B. Pukazhhenthi, I. Saccheri, M. Sun, R. Vrijenhoek과 A. Young으로부터의 삽화 재료 제공에 감사를 표한다. 두 번째 판본은 J. O'Grady와 S. Smith로부터의 모든 내용에서의 견해와 S. Banks, K. Belov, B. Brook, D. Colgan, R. Crozier, M. Eldridge, P. England, W. Johnson, R. Peakall, B. Phillips, K. Ralls, V. Repaci, H. Siddle, D. Spielman, A. Stow, A. Taylor로부터의 각자의 섹션과 챕터의 견해, A. Zayed, M. Eldridge와 A. Stow이 소프트웨어 목록에 대한 조언과 삽화를 준비하는 데 있어, R. Valdez의 도움으로 인해 굉장한 향상을 이룰 수 있었다. 우리는 교정지를 고치는 데 도움을 준 Helen Briscoe에 감사를 표한다. 우리는 다시 한번 첫 번째 판본에서 수많은 조언과 그 외의 도움을 준 이들에 감사를 표한다. 우리는 조언해 주고 논란거리의 이슈에 있어서 우리의 판단에 동의하지 않은 몇몇 사람들의 제인에 대해 모두 따르지는 않았다. 우리는 우리가 기록하지 않은 누군가의 도움에 미안함을 표한다. 몇몇의 오류와 누락된 내용은 우리들에게 남겨진 숙제이다.

역자 서문

2011년 한 통의 전화를 받았습니다. 보전유전학입문 제2판 번역에 동참해 줄 수 있는지를 묻는 전화였습니다. 때마침 시간 여유가 있었고 번역할 책이 제가 전공한 보전생물학과 가까워 흔쾌히 그 제안을 받아드렸습니다. 몇 개월 뒤 여름, 저와 같은 이유로 번역에 참여하게 된 분들을 만날 수 있었습니다. 모두 활발한 연구와 강의를 해 오신 분들이라 함께 번역해 출판할 책을 상상하며 살짝 설레기도 했습니다. 그런데 여러 번의 퇴고 과정은 매우 지루한 작업이었고, 3년이라는 시간이 지나는 동안 제대로 된 책을 출판할 수 있을지 걱정이 앞섰습니다. 2014년 오늘 비로소 그 끝을 볼 수 있어서 감회가 새롭습니다. 한편으로는 이 책을 독자들이 어떻게 평가할 지 궁금하고 행여나 기대에 못 미치지는 않을까 걱정이 되기도 합니다.

보전유전학은 보전생물학의 한 부분으로 멸종위기에 처한 야생 동 · 식물의 관리와 보전에 빠져서는 안 될 중요한 학문으로 보전생태학, 보전수의학 등과 어깨를 나란히 하는 학문입니다. 그러나 국내에는 보전유전학에 대한 대학 내 수업은 말할 것도 없고 국내 전문가들이 쓴 책은 물론 번역서조차 거의 없는 것이 사실입니다. 출판된 보전유전학의 국내 첫 번역서가 될 이 책을 시작으로 향후 다양한 번역서와 국내서적이 새롭게 생겨나길 바랍니다.

보전유전학입문 제2판은 해당 분야의 저명한 대가들이 자신의 연구 경험을 토대로 만들어 지금까지 가장 사랑받고 있는 교재 중 하나입니다. 독자들이 읽기 편하도록 쓰여 졌을 뿐만 아니라 여러 사례들을 제시해 설명하기 때문에 내용을 쉽게 이해할 수 있을 것으로 생각합니다. 더불어 다양한 참고문헌과 소프트웨어 등을 제시해 보전유전학 관련 공부와 연구를 하는 이들이 유익한 정보를 얻을 수 있을 것으로 확신합니다.

번역을 주도하신 영남대학교 생명과학과의 장갑수 교수께 이런 좋은 기회에 동참할 수 있게 해 주신 것에 대해 진심으로 감사드립니다. 장갑수 교수는 경관생태, 포유류와 조류의 생태, 개체군유전학 등에 대한 연구를 활발히 수행하고 있습니다. 더불어 경희대학교 생명과학과의 연구교수로 재직 중이며 조류의 탁란과 행동생태, 생태유전에 대한 깊이 있는 연구를 수행하고 계시는 이진원 박사, 충남발전연구소 연구위원으로 조류, 특히 도요새와 외부기생충에 대한 지속적인 연구를 수행 중이신 정옥식 박사, 국립생물자원관에서 한반도 겨울철새동시센서스 사업을 이끄시면서 조류 연구의 최전선에서 고생하시는 허위행 박사, 장갑수 교수의 제자로 야생동물생태를 박사과정에서 연구하고 있는 김슬옹 님께 이 자리를 빌어 감사의 인사를 드립니다.

마지막으로 제2판 번역본이 나오기까지 인내심을 가지고 기다려 주시고 또 여러모로 애써주신 월드사이언스 관계자 여러분과 훗날 이 책을 읽게 될 독자들에게도 모든 저자들을 대신해 깊은 감사 인사를 전합니다.

역자들을 대표해 김백준 올림

Copyright acknowledgments

We are grateful to the following for kind permission to reproduce copyright material:

Sinauer Associates Inc. for: Fig 3.2 from figure 7 in Li, W. and D. Graur (1991) *Fundamentals of Molecular Evolution*, Sinauer Associates, Inc. and Business Media, Fig 3.5 from figure 1.2 page 11 in Avise, J. (2004) *Molecular Markers, Natural History and Evolution*, 2nd edn, Sinauer Associates, Inc.; Oxford University Press for: the figure in Box 3.1 from figure 3 in Gilbert, D.A., C. Packer, A.E. Pusey, J.C. Stephens and S.J. O'Brien (1991) Analytical DNA fingerprinting in lions: parentage, genetic diversity, and kinship, *Journal of Heredity* 82: 378–386; the frontispiece to Chapter 6 from Plate 8.2 in Kettlewell, B. (1973) *The Evolution of Melanism*, Clarendon Press, Oxford; Fig. 7.4 from map 5 in Mourant *et al.* 1958 reprinted with permission from Pearson Education, Inc. Fig. 21.6 from figure 27.2 on page 446 in Moritz, C. *et al.* (1996) Application of genetics to the conservation and management of Australian fauna: four case studies from Queensland, in *Molecular Genetic Approaches in Conservation*, ed. T.B. Smith and R.K. Wayne; Fig. 21.8 from figure 4–3 in Fritsch, P. and L.H. Rieseberg (1996) The use of random amplified polymorphic DNA (RAPD) in conservation genetics, in *Molecular Genetics Approaches in Conservation*, ed. T.B. Smith and R.K. Wayne, © Oxford University Press, Inc., used by permission of Oxford University Press, Inc.; Prentice-Hall Publishers for Box 5.2 and the frontispiece to Chapter 9 from figure 35–9 and figure 21–3, respectively, in Strickerberger, M.W. (1985) *Genetics*, Macmillan, New York; The Carnegie Institution for Fig. 5.7 from figures 19, 23 and 25 in Clausen J., D. D. Keck and W. M. Heisey (1940) Experimental studies on the nature of species. I. Effects of varied environments on Western North American Plants. *Carnegie Institute of Washington Publications No. 520*, Washington, DC, For Fig. 8.7 from Figure 1 in Hedrick *et al.* 1997. *Zoo Biology* 16, 1997, pg 47–69. Copyright 1997. Reprinted with permission from John Wiley & Sons, Inc.; The MIT Press for Fig. 11.1 from figure 2 in Foose, T.J. (1986) Riders of the last ark, in *The Last Extinction*, ed. L. Kaufman and K. Mallory; Wiley–Blackwell Publishing for the Box 13.1 figure from figure 12.4 in Vrijenhoek, R.C. (1996) Conservation genetics of North American desert fishes, in *Conservation Genetics*, ed. J.C. Avise and J.L. Hamrick, Chapman & Hall, New York; Fig. 14.13 from Figure 3A in Sacks, B. L. *et al.* (2004) Population structure of California coyotes corresponds to habitat-specific breaks and illuminates species history, *Molecular Ecology* 13: 1265–1275, Blackwell Publishing Ltd; The Center for Applied Studies in Forestry for the map in Box 14.1 from figure 2 in James, F. (1995) The status of the red-cockaded woodpecker and the prospect for recovery, in *Red-cockaded Woodpecker: Recovery, Ecology and Management*, ed. D.L. Kulhavy, R.G. Hopper and R. Costa, Center for Applied Studies, Stephen F. Austin State University,

Macoghoches, TX; CSIRO Publishing for Fig. 16.3 from figure 2 in Johnston, P.G., R.J. Davey and J.H. Seebeck (1984) Chromosome homologies in *Potoroos tridactylus* and *P. longipes* based on G-banding patterns, *Australian Journal of Zoology* 32: 319–324; Fig. 21.10 illustration is courtesy of R. Mason, K. Gray and R. Johnson of the Australian Museum; Dr G. Sutherland for Fig. 14.11 from Figure 1 in Sutherland, G.D., A.S. Harestad, K. Price and K.P. Lertzman (2000) Scaling of natal dispersal distances in terrestrial birds and mammals, *Conservation Ecology* 4(1): 16; National Academy of Sciences, USA for Fig. 17.5 from Figure 2, A, B, and C in Zayed, A. and L. Packer (2005) Complementary sex determination substantially increases extinction proneness of haplodiploid populations *Proceedings of the National Academy of Sciences*, 102: 10 742–10 746, Copyright (2005) National Academy of Sciences, USA; W.H. Freeman and Co. Publishers for Fig. 9.5 from figure 5.5 in Dobzhansky, T., F.J. Ayala, G.L. Stebbins and J.W. Valentine (1977) *Evolution*, W.H. Freeman and Co., San Francisco, CA.

1장

서론

많은 종들이 멸종으로 인하여 위협받고 있다. 일반적으로 멸종위기종의 개체군들은 서식지 소실(habitat loss) 및 남획(over-exploitation), 유입종(introduced species), 오염(pollution)과 기후 변화(climate change)에 의해 감소한다. 작은 개체군 크기에서, 추가적인 요인들(인구통계학적, 환경적 변이(demographic and environmental variation) 및 유전(genetics)과 재해(catastrophes))은 그들의 멸종위험을 증가시킨다. 보전생물학(conservation genetics)은 위협종들의 멸종위험을 줄이기 위해 유전적인 지식을 적용한다.

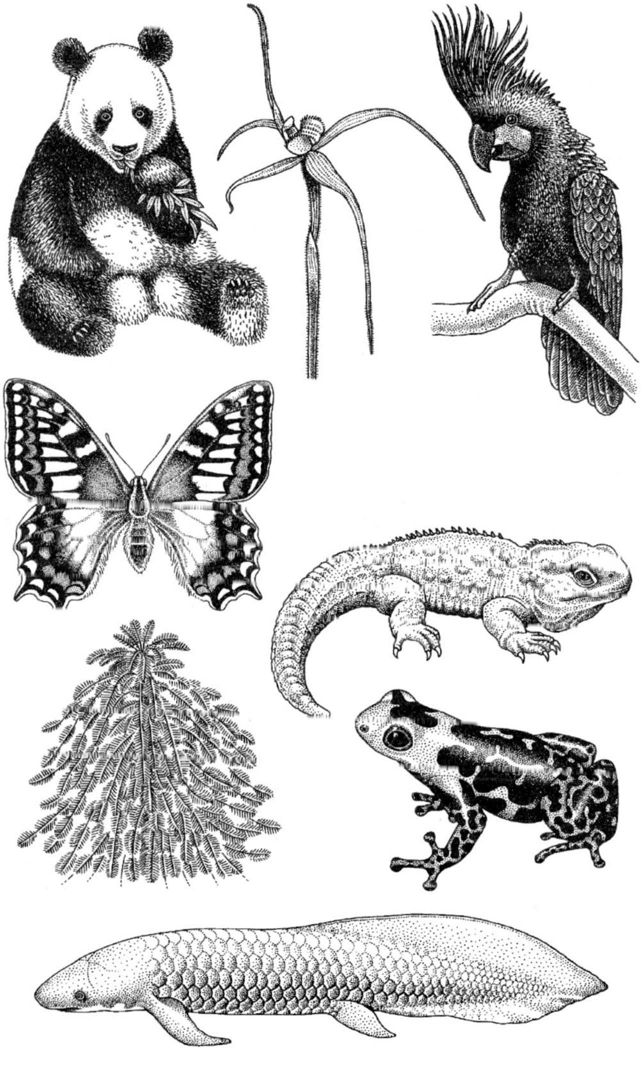

위협종의 선택.
시계 방향: 판다(중국), 호주난초, 야자관앵무(호주), 투아타라(뉴질랜드), 독화살개구리(남미), 폐어(호주), 울레미소나무(호주), 코르시카산호랑나비

용어

근친교배약세(inbreeding depression)
메타분석(meta-analysis)
멸종 회오리(extinction vortex)
멸종위기의(endangered)
취약한(vulnerable)
번식적 적합성(reproductive fitness)
법의학(forensics)
불확실성의(stochastic)
생물다양성(biodiversity)
생물자원(bioresources)
생태계 서비스(ecosystem services)
심각한 멸종위기의(critically endangered)
위협에 처한(threatened)
유전자 이입(introgression)
유전적 다양성(genetic diversity)
유전적 부동(genetic drift)
유전적 불확실성(genetic stochasticity)
인구통계학적 불확실성(demographic stochasticity)
재해(catastrophes)
정화(purging)
종분화(speciation)
진화적 잠재성(evolutionary potential)
환경적 불확실성(environmental stochasticity)

제 6의 멸종

생물학적 다양성은 인간의 활동으로 인해 급속히 고갈되고 있다

최근의 멸종위기는 '제 6의 멸종'으로 불리고 있다. 이는 그 강도가 지질학적 기록에 나타난 다른 5가지 대량 멸종의 강도와 비교되기 때문이다(Leakey & Lewin 1995). 멸종은 진화 과정의 자연적인 일부분으로, 일반적으로 종은 500−1000만 년을 지속한다. 생물다양성(생태계, 종, 한 종의 개체군, 종 내의 유전적 다양성)은 멸종이 새로운 종의 탄생(**종분화, speciation**)에 의해 조화를 이룰 때 유지된다. 그러나 6,500만 년 전 백악기 말기의 대변동(cosmic cataclysm)과 같은 대량 멸종은 생물다양성을 감소시켰다. 이러한 감소를 회복하는 데 수백 년이 걸린다. 제 6의 멸종은 지난 멸종들과 같이 급격히 일어나고 있다. 종들은 새로운 종의 탄생을 훨씬 앞지르는 속도로 사라질 것이다. 그러나 이전의 대량 멸종과는 달리, 대부분은 인간의 활동들이 그 주요한 원인이다(IUCN 2007).

보전유전학은 보전생물학의 모든 구성요소들과 함께 생물다양성을 보전하고, 최근의 멸종 속도를 감소시키기 위한 요구에 그 동기가 부여되고 있다.

왜 생물다양성을 보전해야 하는가?

생물다양성의 유지는 다음과 같은 4가지 이유로 인해 정당화된다: 생물자원의 경제적 가치 및 생태계 서비스(service), 미학과 살아 있는 생물의 생존권.

생물자원(bioresources)은 식량과 많은 제약품 및 자연 섬유, 고무, 목재 등과 같은 것을 모두 포함한다. 그 가치는 매년 수십 억 달러에 달한다(UNEP 2007). 예를 들어, 전 세계에서 포획되는 어류는 매년 580억 달러로 평가된다. 미국에서 가장 처방이 많이 되고 있는 150가지의 약품들은 살아 있는 생물에서 직접 또는 간접적으로 만들어진 활성성분을 포함한다(Millennium Ecosystem Assessment 2005a). 세계적으로 가장 치명적인 질병의 하나인 말라리아는 퀴닌(quinine) 및 클로로퀴닌(chloroquine), 메플로퀴닌(mefloquine), 독시클라인클린(doxyclycline)과 아테미신(artemisin)을 포함하는 천연물질로부터 유래한다. 더 나아가, 자연계는 수많은 경이적이고 유용 가능성이 높은 자원을 가지고 있다(Beattie & Ehrlich 2004). 개미는 인간 의학에 이용되는 것으로 알려진 놀라운 항생제를 합성하고, 거미줄은 무게에 비해 강철보다 더 강하여 가볍고 높은 강도를 가진 섬유 등과 같은 재료를 제공할 수도 있을 것이다.

생태계 서비스(ecosystem service)는 필수적인 생물학적 기능으로써, 살아 있는 생물들로부터 무상으로 공급된다(Millennium Ecosystem Assessment 2005a). 그 예로는, 식물의 산소생산, 기후조절, 이산화탄소 흡수(sequestration), 물질순환, 자연해충, 질병조절, 농작물의 수분이 있다. 2000년에는 이러한 서비스가 연간 38조 달러에 달했고, 이는 그 규모에서 전 세계의 연간 생산량과 비슷하다(Balmford *et al*. 2002). 예를 들어, 벌에 의한 곡물의 수정은 한 해 20억 달러의 가치가 있다(UNEP 2007). 200가지의 사례조사들을 분석한 한 리뷰에 따르면, 야생동물 보전대 남획에 대한 이익 : 비용의 비율은 100 : 1로 나타났다.

인간은 관상식물 재배, 반려동물 양육, 동물원과 자연보호구 방문, 생태관광 그리고 야생동물 다큐멘터리 시청과 같이 살아 있는 생물로부터 기쁨(미학적 가

치)을 찾는다. 이는 직접적인 경제적 가치로 해석된다. 예를 들어, 2000년에 남아프리카공화국에서 생산되는 총소득이 366억 달러로 조사되었는데, 이는 그 지역의 모든 관광 소득의 약 50%를 차지하는 것이다(Millennium Ecosystem Assessment 2005a).

생물다양성 보전의 윤리적 정당성은 지구 상의 어떤 종도 다른 종들을 멸종시킬 수 있는 권리를 가지고 있지 않다는 것으로, 이것은 인간 사이에 일어나는 대량 학살의 혐오와 맥락을 함께 하고 있다.

주요 국제보전단체인 IUCN(세계보전연맹, the World Conservation Union)은 위에서 언급한 모든 단계에서 생물학적 다양성을 보전할 필요성을 인식하고 있다(Mcneely *et al*. 1990). 유전학은 첫 번째 중요한 사항이고, 종의 생존에 중요한 역할을 하며, 생태계 생존가능성에 하나의 역할을 하는 까닭에 모든 단계에서 가장 고려되어져야 할 핵심이 된다(Bangert *et al*. 2005; Lankau & Strauss 2007). 생태계 생존 가능성에 대한 그 중요성은 근래에 비로소 보고되고 있다. 예를 들어, 높은 유전적 다양성을 가진 해초 군집은 열파장 이후 더 잘 회복되었고, 해초와 관련 있는 달팽이와 등각류 역시 이익을 보게 되었다(Reusch *et al*. 2005).

IUCN은 세 단계에서 생물다양성을 보전할 필요성을 인식하고 있다: 유전적 다양성(genetic diversity), 종 다양성(species diversity) 그리고 생태계 다양성(ecosystem diversity).

멸종위기종과 절멸종

기록된 멸종

1600년 기록이 시작된 이래 멸종한 것으로 알려진 여러 분류군의 종 비율은 포유류와 조류에서 단지 1–2%로 작게 나타났다(Table 1.1). 그러나 시간이 지남에 따라 멸종 속도는 일반적으로 증가하였고(Primack 2006), 많은 종들이 현재 위협에 처해 있다. 더욱이, 많은 멸종 사례들이 인식되지 못한 채 일어나고 있고, 이는 특히 서식지 소실(habitat loss)에 기인한 것이다(Millennium Ecosystem Assessment 2005a).

900종 이상의 멸종이 1600년 기록이 시작된 이래 기재되었고, 이들 대부분이 섬에 서식하는 종이다.

Table 1.1 1600년부터 현재까지 전 세계의 대륙과 섬에 서식했던 종에 대한 멸종의 기록.

분류군	멸종의 수				섬에서의 멸종 %	멸종 분류군의 %
	섬	대륙	해양	전체		
포유류[a]	51	30	4	85	60	2.1
조류[a]	92	21	0	113	81	1.3
파충류[a]	20	1	0	21	95	0.3
양서류[a]	0	2	0	2	0	0.05
어류[a]	1	22	0	23	4	0.1
연체동물[b]	151	40	0	191	79	
무척추동물[a]	48	49	1	98	49	0.01
피자식물[a]	139	245	0	384	36	0.2

[a] Primack (1998).

[b] WCMC (1992).

기록되어진 대부분의 멸종된 종과 최근에 위협에 처한 종의 상당 부분은 섬에 서식한다(Table 1.1). 예를 들어, 기록된 모든 조류의 멸종 중에서 81%는 섬에서 일어난 것이고, 이는 섬에서 발견되는 조류종의 비율보다 4배나 더 많은 것이다(Myers 1979). 이 책에서는 후반부에 섬에 서식하는 개체군의 민감성과 중요성에 대해 다룰 것이다.

멸종위기의 정도

척추동물의 23%, 무척추동물의 51%, 식물종의 70%를 포함한 많은 종이 멸종으로 위협받고 있다.

IUCN은 **위협종(threatened species)**을 단기간 내에 멸종위기로 위협받는 종으로 정의하였다. 이 종들은 아래에서 정의된 것처럼, 심각한 멸종위기(critically endangered), 멸종위기(endangered) 그리고 취약(vulnerable)의 범주로 나뉜다. IUCN(2007)은 포유류, 파충류, 조류, 양서류, 어류, 식물에서 조사된 종들 중 22%, 31%, 13%, 30%, 38%, 70%의 종을 각각 위협종으로 구분하였다(Fig. 1.1). 포유류 중에서 1.4%는 멸종, 0.1%는 야생에서 멸종, 3.4%는 심각한 멸종위기, 7.4%는 멸종위기, 12.0%는 취약으로 나타나 있다.

포유류, 조류, 양서류, 겉씨식물을 제외한 모든 자료들에 대해선 상당부분 불확실성이 있는데, 이는 많은 종의 상황이 다른 분류군에서는 조사되어 있지 않기 때문이다. 미생물에 대해서는 이 그룹에 대단히 많은 수의 종이 알려져 있지 않기 때문에 추정이 어려운 상황이다.

Fig. 1.1 심각한 멸종위기, 멸종위기, 취약, 낮은 위기(lower risk)로 카테고리화된 포유류, 조류, 파충류, 양서류, 어류, 식물의 퍼센트(after IUCN 2007).

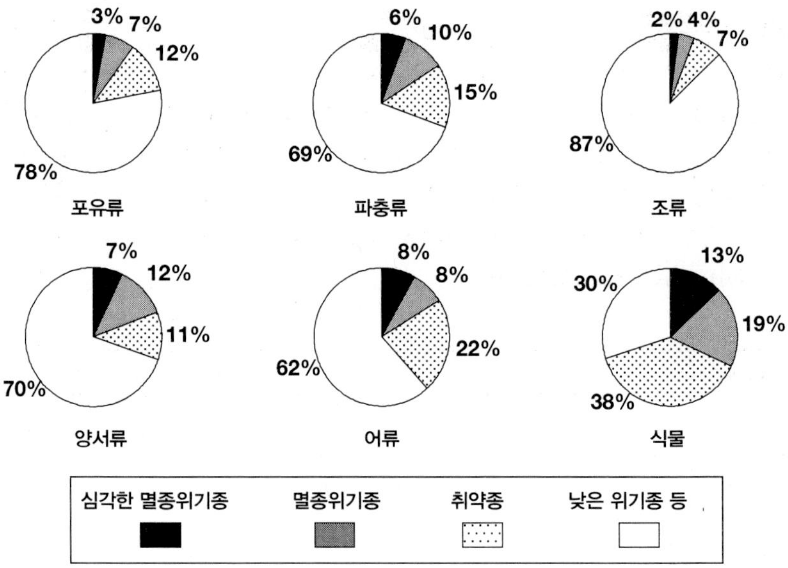

예측된 멸종 속도

여러 예측들은 가까운 미래에 대단히 빠른 멸종 속도를 지적하고 있다.

멸종 속도가 현저하게 가속화될 것이라는 한 조사가 있는데, 이에 따르면 대개 화석기록에서 유추된 정상적인 멸종 속도의 100–1000배 또는 그 이상이 될 것으로 알려져 있다(Millennium Ecosystem Assessment 2005a). 이것은 근본적으로 인구의 지속적인 증가와 나머지 지구의 생물상에 대한 예측된 영향에 기인한 것이다.

최근의 멸종 속도는 화석기록에서 유추된 것의 10배 정도이다(UNEP 2007). 이러한 예측의 선상에서, 1988년 이래로 지구 상에 서식하는 조류의 전체 위협상황은 악화되고 있다(Butchart *et al.* 2004). 더욱이 지구온난화와 관련된 병원성 곰팡이에 의해 최근 양서류의 급격한 감소가 있었다. 1980년 이래로 122종의 양서류가 사라졌다(Pounds *et al.* 2006, 2007). 지구의 기후 변화는 2050년까지 15-37%의 종을 멸종으로 위태롭게 할 것으로 예상된다(Thomas, C. D. *et al.* 2004). 영국의 경우에는 토착 식물종의 28%가 지난 40년 동안 감소하였고, 토착 조류종의 54%가 지난 20년 동안 감소하였으며, 토착 나비류의 71%가 지난 20년 동안 감소하였다(Thomas, J. A. *et al.* 2004).

멸종위기종이란?

IUCN(2007)은 Mace & Lande(1991)에 의해 대부분 개발된 개체군 생물학 원칙을 근거로 하여 위협종을 심각한 멸종위기(critically endangered), 멸종위기(endangered), 취약(vulnerable), 낮은 위기(lower risk)로 구분하는 카테고리를 정의하여 왔다. 이 카테고리들은 개체군 크기 감소의 속도, 서식지역 제한, 현 개체군 크기와 멸종 확률이란 용어로 정의되고 있다(Table 1.2).

멸종위기종은 즉각적인 높은 멸종 위험에 처한 종이다.

Table 1.2 멸종위기의 정의(IUCN 2007 크리테리아)

카테고리	멸종 확률	시간
심각한 멸종위기종	50%	10년 또는 3세대
멸종위기종	20%	20년 또는 5세대
취약종	10%	100년

심각한 멸종위기종은 Table 1.3에 있는 A-E의 두 번째 열에 묘사된 특징 중 적어도 하나를 보여 준다. 이들의 특성은 다음과 같은 것을 포함하고 있다: 지난 10년(또는 3세대) 동안 개체수가 80% 또는 그 이상의 감소; 100km² 이하의 면적을 차지; 250마리 이하의 성체 개체수; 10년(3세대) 동안 50% 또는 그 이상의 멸종확률. 예를 들어, 동남아시아에는 겨우 65마리의 자바코뿔소(Javan rhinoceroses)가 생존해 있는데, 이들의 수는 지속적으로 감소하고 있다. 따라서 이 종을 심각한 멸종위기의 카테고리로 구분하고 있다. 다른 예들은 이 장의 마지막 부분에 있는 문제에서 언급하고 있다.

멸종위기 또는 취약으로 종을 카테고리화하기 위해서는 유사하지만 덜 극단적인 특징들이 요구된다. 이들 크리테리아 외의 종들은 낮은 위기로 지정된다. 또한 IUCN은 멸종(extinct)과 야생에서의 멸종(extinct in the wild), 보전 요구

Table 1.3 종을 심각한 멸종위기, 멸종위기 또는 취약 IUCN 카테고리로 구분할 수 있는지를 결정하기 위해 이용되는 정보(simplified from IUCN 2007). 심각한 멸종위기의 행에서 카테고리 A–E 안으로 구분되는 종은 심각한 멸종위기로 정의된다. 멸종위기와 민감에도 역시 유사한 규칙이 적용된다.

크리테리아(A–E 중 하나)	심각한 멸종위기종	멸종위기종	민감종
A. 개체군 크기에서의 실재 또는 예측된 감소와 계속적인 위협	지난 10동안 80% 또는 3세대	50%	30%
B. 발생의 정도: 또는 점유하는 면적: (i) 심각히 단편화 또는 존재하는 것으로 알려진: (ii) 계속적인 감소, 그리고 (iii) 극한 변동	<100km^2 <10km^2 단일 지역	<5000km^2 <500km^2 ≤5지역	<20000km^2 <2000km^2 ≤10지역
C. 개체군 수와 예측된 계속적인 감소	<250 성체	<2500 성체	<10000 성체
D. 개체군내 예측된 수	<50 성체	<250 성체	<1000 성체
E. 야생에서 멸종 확률을 보이는 정량적인 분석	10년 또는 아무리 세대가 길어도 3세대 내에 적어도 50%	20년 또는 5세대 내에 20%	100년 내에 10%

(conservation dependent), 거의 위협(near threatened) 그리고 자료 부족(data deficient)의 카테고리 역시 정의하고 있다(IUCN 2007).

세계적으로 서로 다른 많은 체계가 멸종위기를 카테고리화하기 위해 이용되고 있지만, IUCN은 위협종의 IUCN 적색목록집(the IUCN Red Books of threatened species)에 종을 목록화하는 데 있어 유일한 국제적 체계를 제공하고 있다(de Grammont & Cuaron 2006; IUCN 2007). 이 IUCN 분류를 이용하여 얻어진 등급은 광범위하게 이용되고 있는 다른 두 가지의 체계의 등급과 관련이 있지만 동일하지는 않고, 모든 등급은 컴퓨터 모델을 이용하여 결정된 멸종위협과 관련되어 있다(O'Grady *et al.* 2004). 이 교재에서는 주로 이 IUCN 체계를 이용하고 있다.

목록화의 중요성

> 어떤 종 또는 아종을 멸종위기종으로 목록화하는 것은 국내 및 국제적인 법률적 보호를 위한 과학적인 기반을 제공하고, 회복을 위한 치유적 활동을 이끌어 낼 수도 있을 것이다.

멸종위기는 어떤 종에 대한 법률적 보호를 위하여 기초가 될 것이다. 예를 들어, 대부분의 국가는 위협종에 대하여 법률적인 보호를 제공하고 회복계획의 공식화를 요구하는 멸종위기종 강령들(endangered species acts)을 가지고 있다. 또한 위협종은 CITES(the Convention on International Trade in Endangered Species of Wild Fauna and Flora)에 서명했던 172개 국가들에 의해 무역으로부터 보호되고 있다(CITES 2007). CITES는 위협에 처한 고양이류, 영장류, 고래류, 앵무새류, 파충류, 양서류, 조류 등을 포함한 약 5,000종의 동물과 식물 약 28,000종에 대하여 중요한 보호정책을 제공하고 있다.

멸종의 원인은?

인간과 관련된 요인

멸종으로 이끄는 주요한 요인들은 인간의 영향 및 인구수와 직접 또는 간접적으로 관련되어 있다. 인구는 기하급수적으로 증가해 오고 있고, 지난 2007년에는 66억 명에 달하였다. 지난 약 20년 동안에도 15억(30%) 명이 증가하였다. 2050년까지는 78–108억 명까지 증가할 것으로 예측되고 있다(United Nations Population Division 2007). 결과적으로 야생동물과 식물에 대한 인간의 영향은 지속적으로 악화될 것이다.

멸종으로 이끄는 주요한 요인들은 서식지 소실 및 유입종, 남획, 오염과 기후 변화이다. 이러한 요인들은 인간에 의해 발생하고, 인구증가와 관련되어 있다.

작은 개체군에서의 추가적인 위협

인간과 관련된 활동들은 종종 어떤 종을 추가적인 환경적, 재해적, 인구통계학적 또는 유전적 요인들에 의해 민감한 개체군 크기로 감소시킨다. 이들 요인들은 이 책에서 심도 있게 논의할 것이다. 이 책에서는 개체군 감소의 본질적인 원인은 제외되었음에도 불구하고, 작은 개체군 크기와 관련된 문제들은 계속 다루어 질 것이다.

추가적인 인구통계학적, 환경적, 재해적, 유전적 요인들은 작은 개체군에서 멸종의 위험을 증가시킨다.

환경적 불확실성(enviromental stochasticity)은 강우와 먹이 공급과 같은 환경적인 요인에서의 예측불가능한 무작위적 변이이다. **인구통계학적 불확실성(demographic stochasticity)**은 우연적인 출생률과 사망률에서의 무작위적 변이이다. **재해(catastrophes)**는 토네이도, 홍수, 혹한, 전염병 등과 같은 극한 환경적 사건들이다.

유전적 요인들(genetic factors)은 종의 근친교배(inbreeding) 및 유전적 다양성(genetic diversity) 소실과 해로운 돌연변이(deleterious mutation) 축적에 좋은 않은 영향을 주게 된다. **근친교배**(관련된 부모로부터 자손의 생산)는 평균적으로 태어나는 자손의 출생률을 감소시키고 사망률을 증가시킨다(**근친교배약세, inbreeding depression**: 12장, 13장). **유전적 다양성(genetic diversity)**은 원재료로써, 이를 바탕으로 자연선택을 작용시켜 적응 진화적 변화를 일으키게 된다. 결론적으로 유전적 다양성의 소실은 개체군이 변화하는 환경에 적응하는 능력을 감소시키게 된다(6장, 8장, 11장).

환경적 불확실성 및 인구통계학적 불확실성과 재해의 영향은 개체군에 반하여 근친교배와 유전적 다양성과 상호작용을 한다(2장, 22장). 만약 개체군이 어떤 이유에서 작아진다면, 그들은 더욱 근친교배를 하게 되고, 더 나아가 개체수를 감소시켜 추가적인 근친교배를 일으킬 것이다. 또한, 더 작아진 개체군은 유전적 다양성을 상실하고 변화하는 환경에 적응하는 능력의 감소를 겪게 된다. 이러한 감소된 개체군 크기 및 유전적 다양성과 근친교배 사이의 피드백을 **멸종 회오리(extinction vortex)**라고 한다. 유전적, 인구통계학적, 환경적인 요인들 사이의 복잡한 상호작용들은 어떤 특정한 멸종 사건의 즉각적인 원인(들)을 구별하는 것을 극도로 어렵게 한다.

보전생물학에서 유전적 요인들의 인식

호주인 Sir Otto Frankel은 1970년대 여러 논문들을 시작으로 보전생물학에서 유전적인 요인들의 중요성을 인식하는 데 광범위한 역할을 하였다(Frankel 1970, 1974; 생물지리학 정보에 대해서는 Soule & Frankham 2000을 참조). 이어서, Frankel은 미국의 Michael Soule에게 강한 영향을 주었고 유전적 요인들의 역할을 명확히 논의한 첫 번째 보전 서적에서 그와 협력을 하였다(Frankel & Soule 1981). Soule은 SCB(the Society for Conservation Biology)의 창립에 도움을 주었고, 첫 번째 회장직에 취임하였으며, 보전생물학에서 최초의 저널인 보전생물학(*Conservation Biology*)의 확립에 참여하였던 까닭에 현대 보전생물학의 '아버지'로 인식되고 있다. 1980년대에 걸쳐, Soule은 생태학, 유전학, 야생동물학과 자원생물학을 이용하여 다학제적 위기 분야(multidisciplinary crisis field)로써 보전생물학의 발전에 지대한 공헌을 하였다(Fig. 1.2).

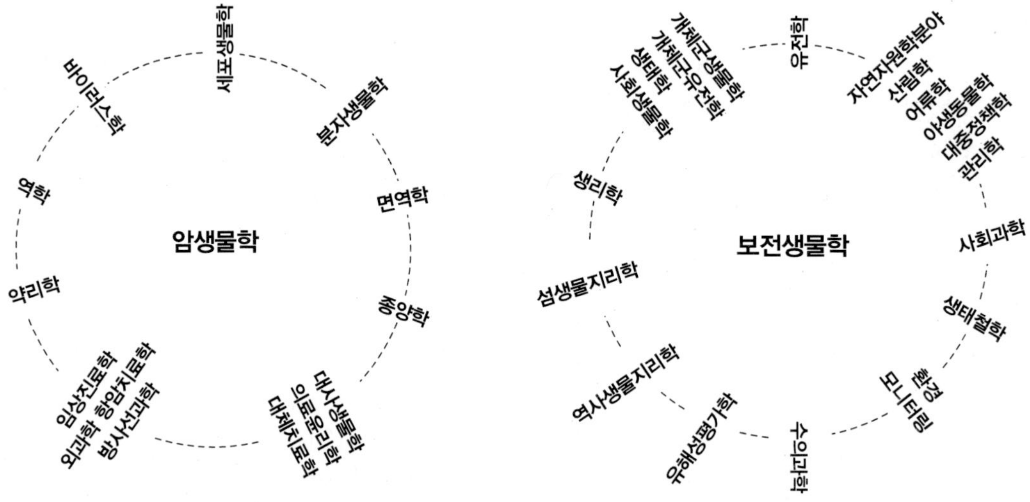

Fig. 1.2 보전생물학의 구조와 그 안에서의 유전학의 위치(atfer Soule 1985). 보전생물학은 암생물학에 가까우며 이에 비유되는 하나의 위기 학문 분야이다.

보전유전학이란?

> 보전유전학은 멸종위기를 최소화하는 것을 목표로 한다.

보전유전학은 위협종의 멸종위험을 감소하는 유전학적 이론과 기술의 이용을 포함한다. 그 장기적인 목표는 환경 변화에 적응할 수 있는 동적인 존재로서 종을 보전하는 것이다. 보전유전학은 진화유전학 및 육종식물과 동물의 선택적 번식을 뒷받침하는 정량적유전학 이론(quantitative genetic theory)으로부터 유래된 것이다. 그러나 이들 이론은 일반적으로 개체군의 유전적 구성이 예측가능한 결정적 요인들(deterministic factors)에 의해 지배되는 큰 개체군에 초점을 맞추고 있다. 현재 보전유전학은 한 때 큰 이계교배(outbreeding) 개체군에서부터 불확실성 요인들과 근친교배(inbreeding)의 영향이 지배적인 작은 단위에까지 유전적 결과에 대하여 초점을 맞추고 있는 독립적인 응용학문 분야이다.

이 교재에서는 다음과 같은 보전유전학의 주요한 이슈들을 포함하고 있다:

- 번식과 생존에 대한 **근친교배**의 해로운 영향(**근친교배약세, inbreeding depression**)
- **유전적 다양성(genetic diversity)**의 소실과 환경 변화에 반응하여 감소된 진화 능력(**진화적 잠재성 소실, loss of evolutionary potential**)
- 개체군 단편화와 유전자 흐름의 감소
- 주요한 진화과정으로써의 자연선택을 압도하는 무작위적 과정(**유전적 부동, genetic drift**)
- 해로운 돌연변이의 축적과 소실(**정화, purging**)
- 사육에 대한 유전적 적응과 재도입 성공에서의 부작용
- 침입종에서의 진화적 과정과 위협종에 대한 영향
- 분류학적 불확실성의 해결
- 종 내에서의 관리 단위 정의
- 종종 이계교배의 결과로 나타나는 적합성에 대한 해로운 영향(**이계교배약세, outbreeding depression**)
- **법의학(forensics)**과 보전에 중요한 종생물학적 측면을 이해하기 위한 분자유전학적 분석들의 이용

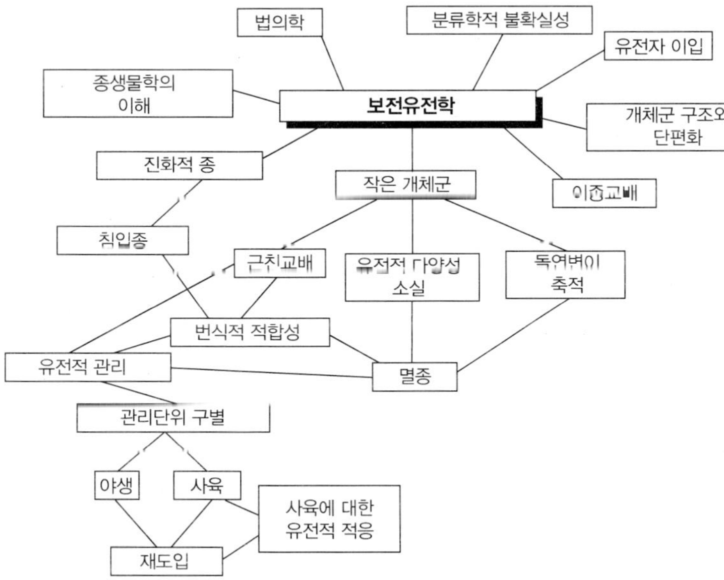

Fig. 1.3 보전유전학의 구조와 내용

보전을 돕는 유전학 이용의 예

유전학적의 지식은 다음의 방법을 통하여 보전에 도움이 된다.

플로리다 팬더

근친교배와 유전적 다양성 소실을 최소화하여 멸종위험을 감소

장기간의 작은 개체군 크기로 인하여, 멸종위기의 플로리다 팬더는 낮은 유전적 다양성과 근친교배약세와 관련된 결함을 포함한 여러 가지 유전적 문제들에 영향을 받았다(건강하지 못한 정자와 물리적인 기형). 이러한 영향은 텍사스에 서식하는 가장 밀접하게 관련된 아종의 개체들을 도입함으로써 완화되었다(17장). 많은 멸종위기종(예, 황금사자타마린)의 사육개체군은 유전적 다양성의 소실과 근친교배를 최소화하는 방향으로 관리되고 있다(19장).

감소된 유전적 다양성으로 인해 위기에 처한 종과 개체군의 판별

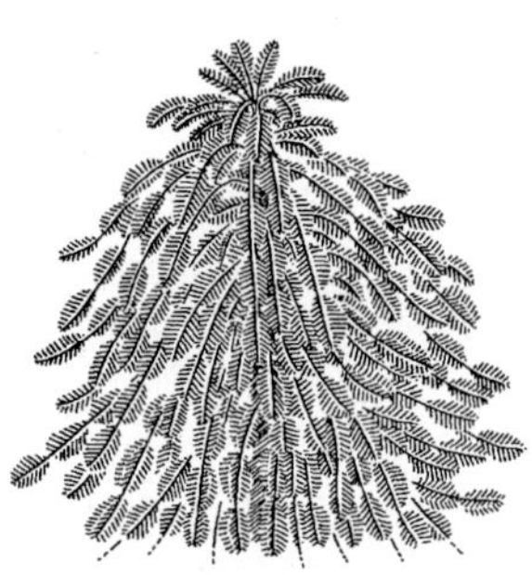
울레미소나무

아시아사자는 인도의 그르숲(Gir Forest)에서 하나의 작은 개체군으로 존재하고 있다. 이 개체군은 매우 낮은 수준의 유전적 다양성을 가지고 있는데, 이는 심각하게 위태로운 진화적 능력을 가지고 있다(11장)라는 것과 인구통계학적, 환경적 위험에 민감하다(22장)라는 것을 나타내고 있다. 최근에 발견된 울레미소나무(Wollemi pine)는 이전에 화석으로만 알려져 있었으나, 호주의 생존하는 종이 발견되었고 개체들 사이에 유전적 다양성이 없는 하나의 작은 개체군이 존재하고 있다. 이 종의 멸종위기는 극도로 높다. 검사를 한 모든 개체들은 한 종의 흔한 가지마름병곰팡이(dieback fungus)에 민감하였다. 이들의 관리에는 그 위치를 비밀로 유지하고 격리하는 것과 더불어 다른 지역에서 개체들의 증식과 전 세계적인 상업적 거래를 포함하고 있다.

단편화된 개체군 구조의 해독

붉은벼슬딱다구리

개체군간 유전자 흐름의 정도에 관한 정보는 한 종이 근친교배와 유전적 다양성의 소실을 막기 위해 인간에 의한 개체들의 교환이 있는지를 알아보는 데 결정적이다(14장). 붉은머리딱다구리(red-cockaded woodpecker)의 야생개체군은 단편화되어 있어, 개체군 사이의 유전적 분화와 작은 개체군에서의 유전적 다양성의 감소를 야기한다. 결론적으로, 이 종의 관리부분은 근친교배를 최소화하고 유전적 다양성을 유지하기 위해 개체군 간의 이동(이주, translocating)을 포함하고 있다.

분류학적 불확실성의 규명

많은 무척추동물과 하등식물의 분류학적 위치는 알려져 있지 않고 있다(16장). 따라서 외견상 광범위하게 분포하고 낮은 위험에 처해 있는 종은 실재로는 별개의 분류군들의 집합일지도 모른다. 이중 몇몇 종은 희귀하거나 멸종위험에 처해 있다. 형태학적으로 다른 7종의 발톱벌레(velvet worm)가 널리 분포하는 것으로 이전까지 인식하였지만, 분자유전학적 연구는 현재 지역적으로 100종이 있는 것을 보여 주었다. 아프리카코끼리는 1종이 아닌 최소 2종으로 구성되어 있음을 보여 주었다.

동일하게, 유전자 마커는 이전에 위협종들이 잘못 진단되었고 그들의 위협 상황이 가치가 없다는 것을 보여 주었다. 분자유전학적 분석은 서아프리카 해안에서 500km 떨어진 섬들에 서식하고 있는 위협에 처한 케이프베르데솔개(Cape Verde kite)가 멸종위기종이 아니면서 널리 분포하는 솔개(black kite)와 유전적으로 차이가 없음을 보여 주었다(Box 1.1). 유사하게, 멸종위기종인 조지아의 콜로니얼 포켓고퍼(colonial pocket gopher) 역시 그 지역에 서식하는 커먼 포켓고퍼(common pocket gopher)와 차이가 없음을 보여 주었다.

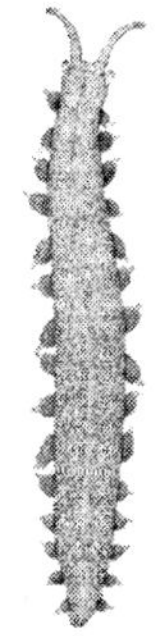

발톱벌레

Box 1.1 케이프베르데솔개의 논쟁적인 분류학적 위치를 규명하기 위한 분자유전학적 분석의 이용(Johnson *et al.* 2005)

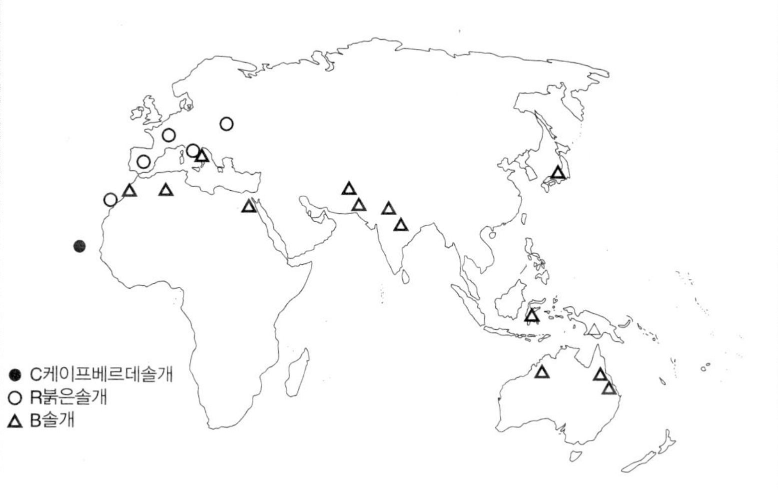

서아프리카의 세네갈 해안에서 500km 떨어진 케이프베르데섬의 케이프베르데솔개는 전 세계적으로 희생된 가장 희귀한 조류들 중의 하나이다. 그러나 광범위하게 퍼져 있고 멸종위기에 처하지 않은 붉은솔개(red kite)와 솔개(black kite)와의 상이성은 논쟁거리가 되었다. 이 이슈를 해결하기 위해, 27개 서로 다른 지리적인 지역들에서 알려진 솔개 종과 아종의 43개체와 1897년과 1924년에 채집된 7개 케이프베르데솔개 박물관 표본 그리고 2000년에 케이프베르데섬에서 포획된 5개체의 솔개에서 DNA를 추출하였다. DNA 염기서열 데이터로부터 구축된 계통도들은 붉은솔개와 솔개가 상이하고 중첩되지 않은 것을 보였다. 케이프베르데솔개의 박물관 표본은 모두 붉은솔개의 그룹 내에 놓였다. 반대로, 최근 케이프베르데섬에서 포획된 개체들은 솔개 내에 묶였다. 케이프베르데솔개나 최근 포획된 솔개 어느 것도 서로 상이한 종은 아니었다. 따라서 상이한 종으로서 케이프베르데솔개를 보전하는 사례는 지지되지 않고 있다.

케이프베르데솔개

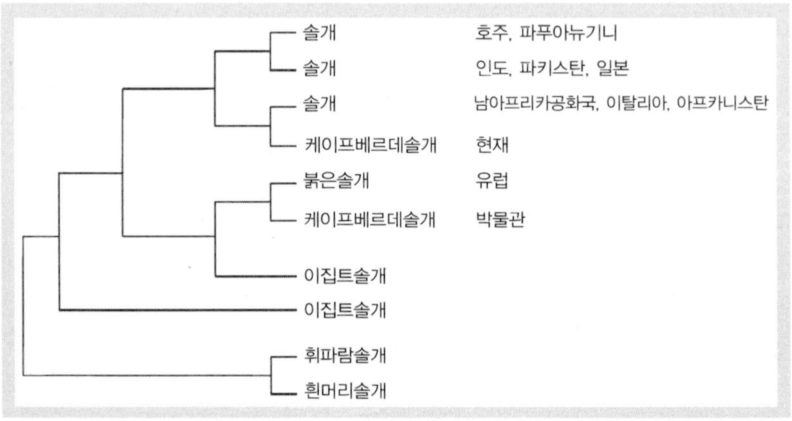

종 내에서의 관리 단위 정의

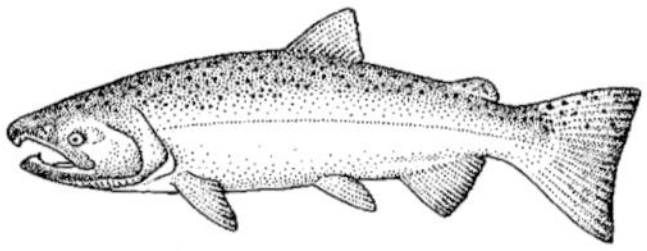
코호연어

한 종의 여러 개체군들은 종종 어느 정도 서로 다른 환경에 적응하고 있으며, 서로 독립된 단위로서 관리되어져야 할 것이다(16장). 그들의 잡종은 불리한 위치에 놓일 수 있으며, 종종 부분적인 번식적 격리를 보이기도 한다. 예를 들어, 코호연어(그리고 다른 많은 어류종)는 서로 다른 하천계에 서식하는 개체군 간의 유전적 분화를 보여 준다. 이 개체군들은 서로 다른 조건에 대한 적응의 증거를 보인다(형태, 유영능력, 성숙연령). 따라서 그들은 서로 독립된 개체군으로 관리되어져야만 한다(Small *et al.* 1998).

잡종의 탐지

많은 희귀 식물종 및 연어과의 어류종과 개과의 종들은 흔한 종들과의 교잡에 의해 '존재로부터의 잡종화(being hybridized out of existence)'로 위협에 처해 있다(18장). 분자유전학적 분석은 매우 심각한 멸종위기종인 에티오피아늑대(simian jackal)가 지역의 토착종인 개와의 잡종화에 직면하고 있다는 것을 보여 주었다.

유전적 분석을 위한 비침습적 샘플링

북방콧등털웜뱃

많은 종들은 포획이 어렵고 또한 포획과정에서 스트레스를 심하게 받게 된다. 비침습적 샘플링에서 DNA는 털, 깃털, 피부, 분변 등으로부터 얻을 수 있고, 동물에 해를 주지 않고 DNA를 증폭하여 연구를 수행할 수 있다(3장). 예를 들어, 심각한 멸종위기종인 북방콧등털웜뱃(northern hairy–nosed wombat)은 포획이 어려운 굴을 파고 사는 야행성 유대류이다. 샘플링은 웜뱃이 들어가고 나오는 굴의 입구에 접착성 테이프를 설치하여 수행한다. 비침습적인 샘플링으로부터 얻은 DNA는 개체 식별 및 개체수 조사, 짝짓기 양상, 개체군 구조와 유전적 다양성의 수준을 측정하기 위해 이용된다(21장).

재도입을 위한 위치 정의

분자적 분석은 어떤 종의 과거 분포에 대한 추가적인 정보를 제공할 수 있을 것이다. 이것은 보전 활동에 대한 가능성을 더 확장시킬 것이다. 생태학적인 이유로 인해 재도입은 한 종의 과거 범위 내에서 우선적으로 진행되어져야 한다. 북방콧등털웜뱃은 오스트리아 퀸즈랜드주 클래즈몽의 단일 개체군에서 약 100개체만이 존재한다. 박물관 샘플의 피부조직에서 얻은 DNA 샘플은 뉴사우스웨일즈 주에서 수백 킬로미터 떨어진 데닐리퀸에서 멸종한 웜뱃 개체군이 동일한 종에 속한다는 것을 판독하였다. 따라서 데닐리퀸은 재도입을 위한 하나의 잠정적인 지역이 된다. 유사하게, 반화석화된 뼈로부터의 지노타이핑에서 얻은 정보는 멸종위기종인 레이산오리(Laysan duck)가 이전에 알려진 것처럼 하와이에만 서식했던 것이 아니라 다른 섬들에서도 서식했던 것을 보여 주었다.

법의학

분자유전학적 방법들은 소송을 위한 법의학적 증거 제공을 위해 광범위하게 적용된다. 이러한 방법들에는 불법적인 사냥물과 수집물의 식별이 포함되어 있다. 위협종인 고래의 고기 소비를 위한 판매는 일본과 한국의 고래고기를 분석하여 식별되고 있다. 미토콘드리아 DNA 염기서열은 판매되고 있는 고래고기의 약 9%가 합법적인 밍크고래가 아닌 보호되고 있는 고래들로부터 나온다는 것을 보여 주었다(21장). 또한 상어지느러미 및 호랑이뼈와 코끼리상아에서 얻은 소량의 DNA를 이용하여 종을 식별하는 방법들이 고안되었다.

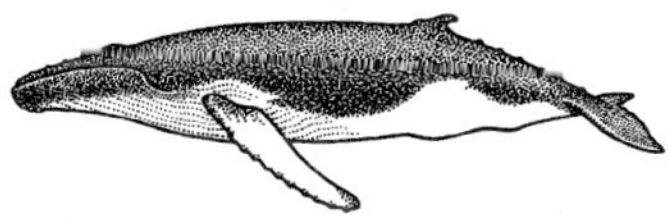

혹등고래

종생물학의 이해

보전에 중요한 종생물학의 많은 측면들은 분자유전학적 분석을 이용하여 알 수 있다(21장 참조). 예를 들어, 종종 위협종을 대상으로 짝짓기 양상과 번식체계를 알기 어렵다. 유전자 마커를 이용한 여러 연구들은 붉은바다거북(loggerhead turtle) 암컷이 여러 수컷들과 짝짓기하는 것을 입증하였다. 많은 식물종의 번식체계가 유전자 마커를 이용하여 입증되었다. 조류는 동일한 성을 가진 두 마리가 함께 태어날 때 종종 성별을 구별하기 어렵다. 현재 분자유전학적 방법들은 외과적 수술이 없이도 조류 성별의 구별을 가능하게 한다. 침팬지를 포함한 많은 종들에서 부계의 판단이 가능하다. 멸종위기종인 피레네불곰(Pyrenean brown bears)은 야생성의 은둔성 동물이다. 털과 분변을 이용하여 이 종의 개체수와 성구별을 위한 여러 가지 방법들이 고안되었다.

확산(dispersal)과 이주(migration) 양상은 때때로 종의 생존적인 측면에서 매우 중요하다. 이들을 직접적으로 확인하는 것은 어렵지만, 유전적인 변이들의 지리학적 분포를 조사함으로써 추측할 수 있다. 이러한 각각의 이슈는 다음 장들에서 더 탐구할 것이다.

위협종의 유전학적 관리

멸종위기종 관리를 시도할 때 받는 주요한 세 가지 질문들: 분류에 대해 알려져 있는가? 개체군은 작은가? 아니면 단편화되어 있는가? 아니면 그와 유사한가? 종생물학의 모든 필수적인 측면들이 알려져 있는가?

위협 개체군의 유전적 관리에 필요한 정보 샘플의 흐름도는 Fig. 1.4에 나타나 있다. 첫 번째 중요한 질문 그룹은 그 분류가 명확히 알려져 있는가와 관련되어 있다. 만약 그렇지 않다면, 종종 유전자 마커를 이용하여 해결될 수 있을 것이다(16장). 관련된 질문은 아종과 마찬가지로 한 종 내의 개체군들이 독립된 관리를 결정할 만큼 충분히 다른가라는 것이다.

두 번째 중요한 질문 그룹은 개체수와 그것이 어떻게 개체군의 유전적 다양성에 영향을 주는 지와 관련되어 있다. 우리는 종의 개체군 크기와 단편화의 정

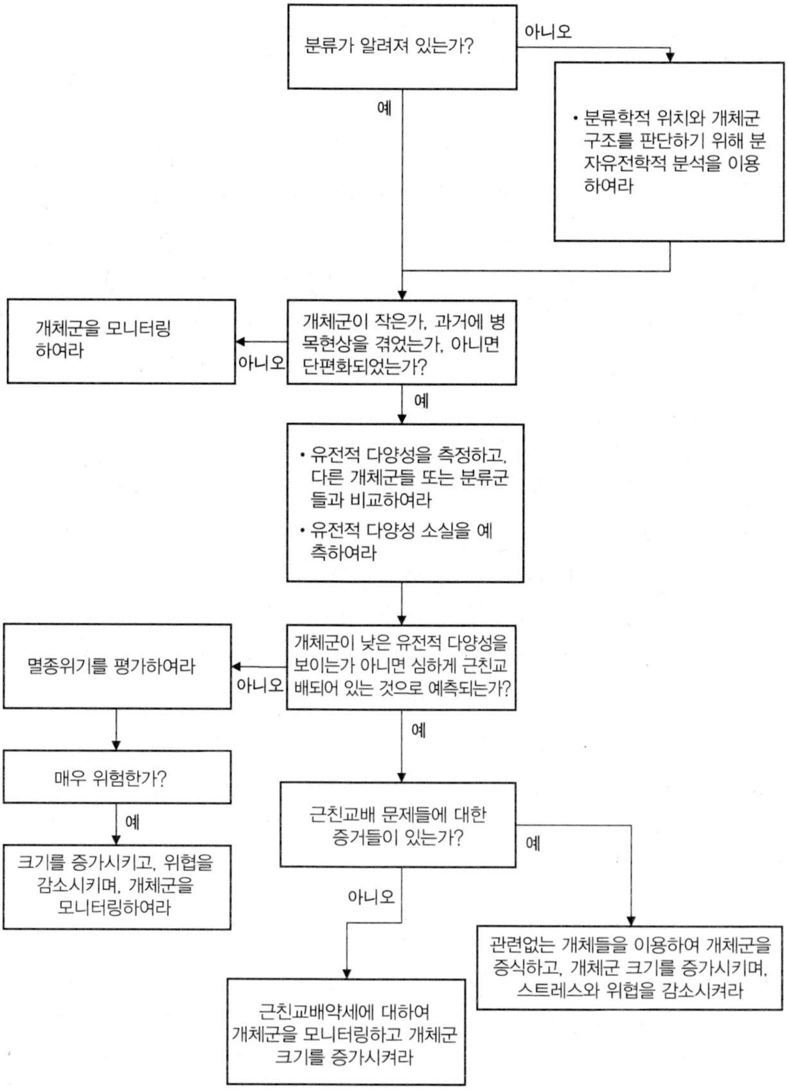

Fig. 1.4 보전에서 유전학적 이슈와 관련된 질문 샘플의 흐름도.

도가 유전적 요인들을 통하여 멸종위기의 평가에 중심이 된다는 것을 이미 지적한 바 있다. 이러한 질문들은 이 교재의 섹션 II에 언급되어 있다.

세 번째 질문(미제시)은 모든 종생물학의 측면들이 알려져 있지 않은가와 알려지지 않은 인자들이 분자유전학적인 분석을 이용하여 해결될 수 있는가와 관련되어 있다. 이러한 이슈와 그 밖의 다른 이슈들은 모두 섹션 III의 '이론에서 실재까지'에서 다루고 있다.

보전유전학에서의 방법론

보전유전학에서 개념적인 이슈는 일반적으로 실험종을 이용한 실험 및 컴퓨터 시뮬레이션과 많은 야생동물종으로부터 나온 자료의 통합분석을 통하여 해결된다.

멸종위기종에 대한 정보는 종종 제한적이고, 이 종들은 실험적인 연구들을 위해 일반적으로 부적하다. 보통 보전유전학에서의 진전은 피드백 고리처럼 작동하는 이론 및 컴퓨터 시뮬레이션과 실험의 상호작용으로부터 생겨난다. 이것은 기후 모델링에 이용되는 접근방법과 유사하다. 전통적인 이론의 확인과 이슈의 해결에 대한 수단은 대조군과 함께 복잡한 실험을 수행하는 것이다. 멸종위기종은 이러한 실험의 수행이 적합하지 않기 때문에, 초파리(fruit flies) 및 쌀거저리(flour beetles)와 생쥐(mice)와 같은 실험종을 이용하게 된다.

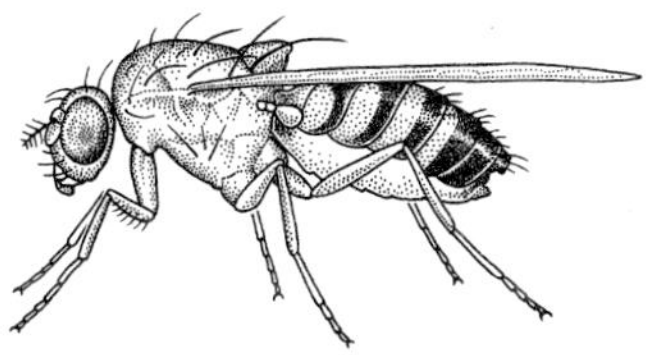

초파리

예를 들어, 근친교배가 같은 정도로 조사되었던 거의 모든 자연적 이계교배 실험동물, 가축, 농작물, 야생종에서 번식과 생존(번식적 적합성)에 해로운 결과를 초래한다는 것을 알 수 있었다(13장 참조). 몇몇 사람들이 보전유전학을 연구하기 위해 대체 실험용 종의 사용에 의문을 갖는 것과 달리, 우리는 실험종을 이용한 연구가 유사한 번식체계를 갖는 다른 종에서 발견된 결과와 다르다는 질적인 결과들을 보인 사례를 인지하지 못하고 있다.

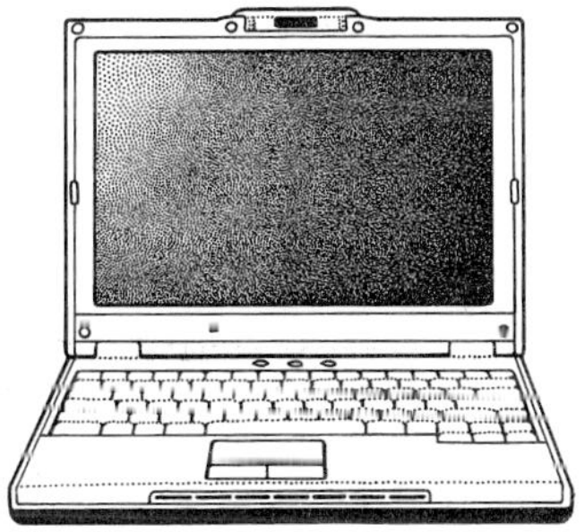

컴퓨터 시뮬레이션은 많은 상호작용을 하는 요인들을 이용하여 복잡한 모델을 검사하는 수단을 제공한다. 수학적인 모델과 컴퓨터 시뮬레이션은 우리가 작은 개체군의 관리에 적용할 수 있는 많은 이론들을 제공해 왔다. 컴퓨터 시뮬레이션은 개체군 생존 가능성 분석(population viability analysis; PVA)에 지극히 중요한 역할을 하고 있다. 이것은 인구통계학적, 환경적인 요인들과 재해 및 유전적인 요인들의 통합된 영향에 기인한 멸종위험을 판별한다(2장, 22장).

멸종위기종에 대한 데이터 세트는 일반적으로 작아서, 어떤 한 종으로부터 나온 결론을 종종 확신하지 못한다. 결과적으로, 통계학적 분석은 빈번히 다양한 종들 또는 개체군들로부터 나온 데이터의 메타분석(meta-analyses)으로 통합된다. 예를 들어, 사육 포유류에 대한 근친교배의 영향은 44개의 포유류 개체군들로부터 근친교배와 이계교배된 자손들의 어린개체 생존율에 대한 자료를 통합하여 평가된다(12장).

이 책에서 많은 보조적인 증거들은 실험실 연구 및 컴퓨터 시뮬레이션과 메타분석으로부터 나온 것이다. 그러나 적절한 증거를 얻을 수 있다면 어디라도 멸종위기 개체군으로부터 여러 가지 사례들을 이용하기 위해 노력해야할 것이다.

정보의 출처

이 장의 후반부에 널리 이용되고 있는 참고문헌의 목록들을 제시하고 있다. 이 교재 안의 참고문헌은 주로 각각의 주제 영역으로 들어가는 입구를 제공하는 리뷰와 최신 논문이다. 주요 연구정보는 전문가 저널인 *Conservation Genetics*, 일반 보전생물학 저널(*Conservation Biology*), 더욱 광범위한 기반의 진화생물학 저널(*Molecular Ecology, Evolution, Journal of Heredity, Heredity, Genetics, American Naturalist, PLoS Genetics, Genetical Research*), 권위 있는 일반과학 저널(*Nature, Science, Proceeding of the National Academy of Sciences of the USA, Proceedings of the Royal Society of London B and PLoS Biology*)에 나와 있다. 많은 수의 웹사이트는 특히 Millennium Ecosystem Assessment와 IUCN *Red List*에 대한 가치 있는 정보와 데이터베이스 가지고 있다(아래의 참고문헌).

요약

1. 지구의 생물다양성은 직·간접적인 인간의 활동들로 인하여 급격히 고갈되고 있다.

2. 멸종위기종은 단시간 내에 높은 멸종위험을 갖는 종이다.

3. 개체군 감소에 기여하는 주요한 요인들은 서식지 소실 및 도입종, 남획, 오염과 기후 변화이다. 작은 개체군에서 추가적인 우연적인(불확실적인) 인구통계학적, 환경적 요인들 및 재해들과 유전적 과정들은 멸종위험을 증가시킨다.

4. 보전유전학은 보전에 도움을 주고 멸종위험을 최소화시키기 위한 유전학의 이용이다.

5. 유전학은 근친교배와 유전적 다양성 소실의 최소화 및 관심 개체군의 판별, 개체군 구조의 파악, 분류학적 불확실성의 규명, 종내 관리단위의 정의, 개체군과 재도입을 위한 지역의 구별, 법의학에 분자유전학적 분석의 이용과 종 생물학의 이해를 향상하기 위한 수단의 제공을 통하여 보전에 기여한다.

일반인용문헌

(전체의 자세한 인용문헌은 참고문헌을 참조)

Allendorf & Luikart (2006) *Conservation and the Genetics of Populations*. Authoritative textbook covering similar topics to this one.

Avise (2004) *Molecular Markers, Natural History and Evolution*. Readable textbook concerned with molecular population genetics, determination of life history parameters and taxonomy and brief consideration of conservation genetics.

CITES: Convention on International Trade in Endangered Species of Wild Fauna and Flora. The website describes the agreement the countries that have signed and the species covered by the convention. http://cites.org/

Falconer & Mackay (1996) *Introduction to Quantitative Genetics*. Outstanding textbook on population and quantitative genetics, with an emphasis on animal and plant breeding. Similar level to this textbook.

Fox & Wolf (eds.) (2006) *Evolutionary Genetics: Concepts and Case Studies*. Recent reviews on many issues relevant to conservation genetics.

Frankham *et al*. (2004) *A Primer of Conservation Genetics*. A brief (~200page) introductory textbook on conservation genetics.

Groom *et al*. (2006) *Principles of Conservation Biology*. Basic textbook in conservation biology, with a reasonable coverage of genetic issues.

Harl & Clark (2007) *Principles of Population Genetics*. Basic textbook in population with genetics with a strong molecular flavor.

Hedrick (2005a) *Genetics of Populations*. Thorough and authoritative textbook in population genetics.

IPPC (2007a, b, c) *Climate Change 2007*. Authoritative three-volume consensus review on climate change from the Intergovernmental Panel on Climate Change who shared the 2007 Nobel Peace Prize. Free access available at www.ipcc.ch/

IUCN (2007) *Red List of Threatened Species*. Website with full details of the internationally recognized IUCN categorization system for designating threatened species, plus listings of threatened species. http://www.iucnredlist.org/

Primack (2006) *Essentials of Conservation Biology*. Basic textbook in conservation biology with a brief coverage of genetic issues.

Quammen (1996) *The Song of the Dodo*. An interesting and stimulating book written for a general audience.

UNEP (2007) *The Global Environmental Outlook4*. Authoritative report on status of the planet; see especially chapter 5 on biodiversity. www.unep/org/geo/geo4

문제

이 문제들은 멘델 유전 및 확률과 통계에 대한 가정된 지식을 리뷰하기 위해 설계된 것이고(1.1−1.8), 종을 IUCN 위험 카테고리에 지정하는 당신의 능력을 평가하기 위한 것이다(1.9−1.12).

1.1 멘델 유전. 만약 두 부모가 한 자위에서 유전자형 A_1A_2와 A_1A_2를 가진다면, 서로 다른 자손에서 기내되는 유전자형의 비율은?

1.2 멘델 유전. A와 B 좌위의 독립적 분리를 가정한다면, A_1A_2, B_1B_2와 A_1A_2 B_1B_2 간의 교배로부터 생산된 서로 다른 자손의 유전자형에서 기대되는 비율은?

1.3 멘델 유전. 두 유전자좌위들의 독립적 분리는 그 두 좌위들의 위치에 대해 무엇을 의미하는가?

1.4 전사와 번역. 아래 DNA 가닥이 주어질 때, 그 상보적 가닥, mRNA, tRNA 안티코돈, 아미노산을 적어 넣어라.

TAC TTT GGG ATT

상보적 DNA(complementary DNA)

암호화 DNA 가닥(Coding DNA strand)
mRNA(mRNA)
tRNA 안티코돈(tRNA anticodon)
아미노산(Amino acids)

1.5 통계. 한 쌍의 생쥐는 일생 동안 50마리의 수컷과 80마리의 암컷을 생산한다. 이것이 1:1 비율과 같은지 혹은 다른지를 판단하기 위해 χ^2 test를 이용하라.

1.6 확률. 4개체의 가족 크기에서 암컷과 수컷의 가능한 비율은 무엇인가? 그들의 상대적인 출현 확률은 무엇인가?

1.7 통계. F_2에서의 4가지 표현형이 수적으로 100 : 20 : 35 : 5이다. 이들이 9 : 3 : 3 : 1의 기대값과 같은지 또는 다른지를 판단하기 위해 χ^2 test를 이용하라.

1.8 통계. 9개체의 황금사자타마린 암컷은 0, 1, 2, 3, 2, 1, 0, 2, 3의 새끼를 생산한다. 한배 새끼의 크기에 대한 평균과 표준편차를 구하라.

1.9 IUCN 카테고리. 북방긋등털웜벳은 어떤 IUCN 카테고리에 놓이는가? 이 종은 상대적으로 호주 퀸즈랜드의 한 작은 지역에 대략 100개체(45개체의 성체)의 안정한 개체군으로 존재한다.

1.10 IUCN 카테고리. 남방참다랑어(southern bluefin tuna)는 어떤 IUCN 카테고리에 놓이는가? 이 종의 개체군 크기는 1965년 370만에서 1994년 423000만으로 지난 30년 동안 거의 90%까지 감소했다.

1.11 IUCN 카테고리. 호주 타스매니아의 유대류 포식자인 주머니늑대(thylacine)는 어떤 IUCN 카테고리에 놓이는가? 이 종은 1933년 이래로 야생에서는 관찰되지 않고 있고, 마지막 개체는 1936년에 사육 상태에서 죽었다.

1.12 IUCN 카테고리. 애트워터초원뇌조(Attwater's prairie chicken)는 어떤 IUCN 카테고리에 놓이는가? 이 종은 미국 텍사스에 서식하고, 1993년 전체 개체군 크기가 456개체이고, 1937년 이래로 고립되어온 세 개의 단편화된 개체군으로 분포하고 있다(37, 24 그리고 60개체). 이 종은 한 때 그 수가 약 100만 마리였으나, 최근 해마다 약 5%씩 감소하고 있다.

연습문제: 종의 멸종위기 분류하기

학생들에게 3종의 그룹을 제시하고 그들에게 IUCN 체계(1종은 풍부하고, 2종은 서로 다른 위협 카테고리에 놓여 있다 – 아래의 예들을 참조)를 이용하여 그 3종을 분류하게 하여라. 학생들에게 적절한 참고자료를 나누어 주어라.

회색늑대, 푸에르토리코앵무새, 북방참고래
사슴쥐, 흰두루미, 황금사자타마린
붉은캥거루, 붉은배앵무새, 코알라
인도마이너새, 자이언트판다, 자바꼬뿔소
아프리카들소, 모리셔스분홍비둘기, 침팬지
흰점찌르레기, 이베리아스라소니, 지중해몽크바다표범

2 장

유전학과 멸종

멸종위협종(threatened species)의 작은 개체군에서 근친교배(inbreeding)와 유전적 다양성의 손실은 필연적이다. 이들 근친교배와 유전적 다양성의 손실은 단기적으로 보면 번식과 생존을 감소시키고, 장기적으로 보면 환경의 변화로 인해 진화하기 위한 개체군의 수용 능력을 감소시킴으로써 멸종위험(extinction risk)을 높인다.

용어

검정력(statistical power)
고유의(Endemic)
근친교배 계수(inbreeding coefficient)
근친교배(inbreeding)
메타분석(meta-analysis)
멸종 회오리(extinction vortex)
유전적 다양성(genetic diversity)
유전적 부동(genetic drift)
이계교배(outbreeding)
자가불화합성(self-incompatibility)
주조직 적합성 복합체(MHC, major histocompatibility complex)

멸종된 도도새(dodo)와 과거 모리셔스 섬에서의 도도새 분포

유전학과 멸종위기에 처한 종의 운명(최후, 죽음)

최근까지도 멸종위기에 처한 종의 운명에 대한 유전 요소들의 기여는 논란이 많고 비교적 중요하지 않은 것으로 간주되었다. Lande(1998)는 유전적 악화가 야생 개체군에게 중대한 위협을 끼치기 전에 인구 변동과 환경의 변동(예측 불가능), 그리고 대이변(catastrophes)이 멸종을 초래한다고 제안함으로써 이 의견을 요약했다. 그러나 이제는 작은 개체군에서의 유전적 변화가 멸종위기에 처한 종의 운명과 직접적으로 관련이 있다는 논쟁을 뒷받침하는 강력한 이론상 증거 및 실험 · 관찰에 의한 증거가 존재한다. 구체적으로 말하자면:

- 살아남은 많은 개체군들이 유전학적으로 손상되어 온 것으로 보여진다(이들은 유전적 다양성이 감소되고 근친교배를 한다.)
- 인위적으로 근친교배시킨 비멸종위기종(non−endangered species)의 실험 개체군에서 근친교배가 멸종의 원인이 되었다.
- 근친교배는 일부 자연 개체군에서 멸종에 기여하고 많은 다른 경우에서 이를 함축하는 상세한 증거가 있다.
- 실제 생활사에 근거한 컴퓨터 추정(computer projection)은 (인구학적 요인, 환경 요인, 대변동 요인 포함) 근친교배가 자연 개체군이 직면한 실제 상황에서 높은 멸종위험을 야기함을 보여 준다.
- 유전적 다양성의 손실은 개체군의 멸종을 증가시키는데, 특히 환경조건이 변화할 때 그러하다.
- 유전 요인(genetic factors)은 대부분의 종들이 멸종되기 이전에 이들 종들에 영향을 미친다.
- 이계교배(outcrossing)는 많은 근친교배를 하는 개체군들에서의 회복을 야기하는 것으로 보여져 왔다(**유전적 구제; genetic rescue**).

유전 요인이 무시된다면, 멸종위험은 과소평가될 것이고 적절하지 않은 회복 전략이 멸종위협종에게서 일어날 것이다.

근친교배는 번식과 생존을 감소시킨다.

근친교배(inbreeding)는 예컨대 자가 수정, 형매 교배, 부모−자식 간의 교배, 친척 간의 교배 등과 같이 유전적으로 관련 있는 개체들에 의한 자손의 생산을 말한다(Box 2.1과 11장). 근친교배는 번식과 생존(**번식적응도; reproductive fitness**)을 감소시키고, 이는 '**근친교배약세(inbreeding depression)**'라고 언급된다. 예를 들어, Ralls& Ballou(1993)에 의해 연구된 포유류 44개체군의 41개체군에서 근친교배한 개체들이 이계교배한 개체들 보다 어릴 때의 사망률이 더 높은 것을 보여 준다. 평균적으로, 형매 교배(brother−sister mating)는 어릴 때의 생존이 33% 감소하는 결과를 나타낸다. 외삽법(extrapolation)에 의해 근친교배는 야생 개체군에서 멸종위험을 증가시킬 것으로 기대된다. 게다가, 일반적으로 감금되어 있는 곳 보다 자연 환경이 더 혹독하기 때문에 야생에서 근친교배약세의 영향이 더 클 것으로 기대된다.

현재 근친교배가 야생개체군(wild population)에 부정적인 영향을 미친다는 명백한 증거가 있다. 예를 들면, 근친교배를 하는 개체들은 자연 상태에서 157

개의 유효한 자료 중 141개(90%)의 경우에서 근친교배약세를 보인다(Crnokrak & Roff 1999). 이러한 메타분석에 포함된 34종의 조류, 포유류, 변온동물과 식물에 이르기까지 매우 유사한 결과를 보여 주었다(13장; 아래 Box 2.4). 야생에서 근친교배약세를 나타내는 종은 다음과 같다: 포유류(플로리다 팬더, 황금사자타마린, 회색늑대, 사자, 멕시코늑대, 들쥐 그리고 소이(soay) 양), 조류(큰초원뇌조, 멕시코 어치, 멧종다리, 붉은벼슬딱따구리, 개개비), 어류(대서양 연어, 사막 톱미노, 무지개 송어), 파충류, 달팽이, 곤충(나비)과 다수의 식물 종이 있다(Frankham 1995a; Keller & Waller 2002; Liberg *et al.* 2005; Pimm *et al.* 2006; Hedrick & Frederickson 2008).

Box 2.1 근친교배의 측정

근친교배는 혈연관계가 있는 개체들로부터의 자손들의 생산을 말한다. 1992년에 파리 동물원에서 태어난 기린과 나이지리아 기린의 교배로 나온 자손의 계통에서 농속의 교배를 반복했다(Bingaman–Lackey 1999). 계속된 근친교배에 의해 태어난 새끼는 태어난 지 3주 후에 죽었다.

나이지리아 기린

근친교배 계수 (*F*)

근친교배 계수(inbreeding coefficient)는 개체가 그 개체의 부모와 얼마나 밀접하게 연관되어 있느냐를 의미한다. 부모가 혈연관계가 없을 때 자손 *F*=0 이고, 반면에 근친교배가 완전할 때는 *F*=1 이다. 부모 간에 서로 다른 종류의 관계에 대한 근친교배 수준은 :

Parents	offspring F
혈연관계 없음	0
남매, 어머니–아들 또는 아버지–딸	0.25
배다른 형제 · 자매 (half–sibs)	0.125
가까운 친척	0.0625
자가교배	0.5

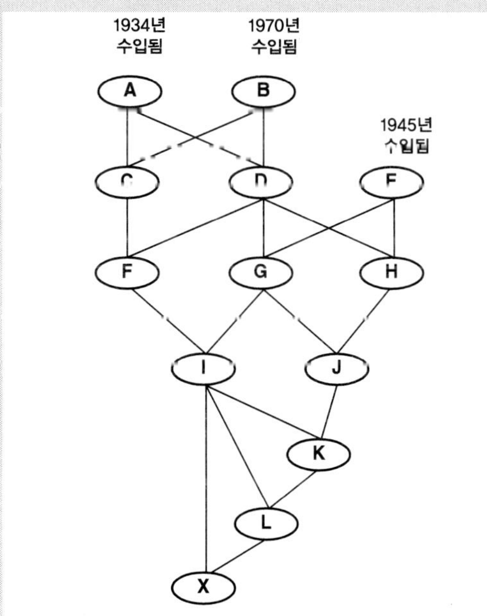

고립된 개체군(이주가 없는 개체군)에서 근친교배가 축적되고 완전한 근친교배는 결국 반복된 근친교배를 발생시킬 수 있다; F가 0.999는 10세대의 자가 교배 후에 도달하는 값이다. 반면에 F가 0.986은 20세대의 형매 교배 후에 도달하는 값이다. 위에서 언급한 나이지리아 기린과의 교배로 태어난 새끼의 근친교배 계수(F)는 0.520이다 (Problem 12.11).

근친교배의 정도는 가계(혈통) 또는 유전자 표시(genetic marker)에 대한 이형접합체(heterozygosity)로부터 밝혀질 수 있다(4장, 12장)

큰뿔야생양, 흰발생쥐, 플로리다퓨마, 회색늑대, 사자, 멕시코늑대, 큰초원뇌조, 스웨덴 살모사, 사막 톱미노, 다수의 식물종을 포함한 많은 종들이 이계교배를 함으로써 근친교배를 하는 개체군들의 유전적 구제(Genetic rescue)가 이루어져 왔다(Tallmon *et al.* 2004b; Frankham 2005; Hogg *et al.* 2006; Pimm *et al.* 2006; Bossuyt 2007; Hedrick & Frederickson 2008; Trinkel *et al.* 2008).

환경 변화에 맞서 진화하기 위하여 개체군과 종들은 유전적 다양성이 요구된다.

유전적 다양성(genetic diversity)은 개체군 또는 종에서 유전적 변이의 정도를 말한다(3–5장). 유전적 다양성은 환경 변화로 인해 진화하는 개체군에 필요하다(6장, 8장, 11장). 이러한 환경 변화는 지구 상의 아주 흔한 특징이다. 결과적으로 만약 종이나 개체군에서 유전적 다양성이 없다면 대부분이 환경 변화로 인해 멸종할 것이다. 무작위로 교배하는 작은 개체군에서는 유전적 다양성이 손실되고 동시에 근친교배가 된다. 그래서 유전적 다양성의 손실과 근친교배 두 과정은 매우 밀접하게 연관되어 있다(8장, 11–13장).

근친교배와 멸종 사이의 관계

인위적으로 근친교배시킨 실험실 개체군과 가축과 가정용 식물은 매우 높은 멸종률을 보여 준다.

인위적인 근친교배 개체군의 80~95%가 형매교배에서 8세대 후 또는 자가 교배에서 3세대 후에 멸종했다(Frankel & Soule 1981). 일본 메추라기(japanese quail)에서 형매 교배에 의한 근친교배를 한 338개체군은 4세대 이후 모두 멸종하였다. 이러한 멸종은 근친교배 또는 인구학적 확률성(출생 및 사망률과 성비에서의 무작위적 변동), 또는 이들 효과의 조합 때문이다. 그러나 인구학적 확률성(demographic stochasticity)이 고려되지 않는 환경 하에서 근친교배는 명백히 포획 개체군(captive population)의 멸종위험을 증가시킨다(Frankham 1995b, 1998). 생쥐와 초파리로부터의 예는 Fig. 2.1에서 보여 준다. 근친교배의 중간 수준까지는 멸종이 일어나지 않기 때문에 한 쌍 당 자손이 많은 수(초파리에서는 100 이상)에서 2 아래까지 낮아지지 않는 한, 이는 낮은 수준의 근친교배가 양성임을 나타내지 않는다.

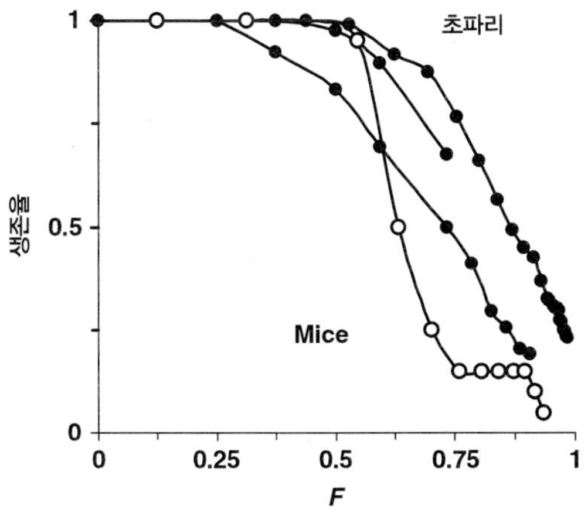

Fig. 2.1 근친교배와 멸종 사이의 관계. 쥐 개체군과 초파리 2종의 개체군들(1종은 2개체군)은 형매교배에 의해 근친교배가 이루어졌다(Frankham 1995b). 인구학적 확률성은 이들 멸종에 대해 거의 기여하지 않는다. 멸종되는 개체군들의 비율은 근친교배에 따라 증가한다.

모든 주요 분류군은 근친교배약세를 겪고 있다

근친교배약세는 포유류, 조류, 파충류, 양서류, 어류, 무척추동물, 식물에 영향을 미친다.

대부분의 연구는 주요 2배체 분류군들에 걸쳐 자연적으로 이계교배를 하는 종들에 대해 유사한 근친교배약세를 보고했다. 항온동물, 변온동물과 식물의 야생 개체군들에 대한 근친교배약세는 크게 차이가 없다(Crnokrak & Roff 1999). 척추동물 또는 포유동물목 간에 포획된 조건하에서의 근친교배약세에서도 큰 차이가 없다(Ralls *et al*. 1988 ; Wilcken 2002).

식물에서의 근친교배약세는 일반적으로 속씨식물보다 겉씨식물에서 더 높다 (Husband & Schemske 1996). 이는 전자의 속씨식물보다 후자의 겉씨식물이 더 높은 배수성(polyploid)과 관련되어 있다(각 염색체의 2*n*보다 많은, 즉 4*n* 대 2*n*). 동형접합체 증가율이 2배체(dipolid)에서 보다 다배체(polyploid)에서 더 느리기 때문에, 다배체는 근친교배약세를 덜 겪을 것으로 예측된다(13장).

야생에서의 근친교배와 멸종

근친교배는 야생 개체군에서 멸종 위험을 높인다.

다음의 3가지 증거가 야생 개체군의 멸종위험을 높이는 것으로 나타난다.

- 근친교배와 유전적 변이의 손실은 자연 개체군의 멸종에 원인이 되는 직접적인 증거이다.
- 컴퓨터 추정(computer projections)은 근친교배가 야생 개체군에 대한 멸종 위험을 증가시킬 것임을 보여 준다.
- 대부분의 종들은 유전 요인이 이들 종들에 영향을 미치기 이전에는 멸종에 이르지 않는다.

근친교배와 유전적 다양성의 손실로 인한 야생 개체군들의 멸종

3가지 연구는 자연 개체군의 멸종에 있어 근친교배와 관련되어 있음을 입증해 왔다.

근친교배는 다른 모든 생태적, 인구학적인 변수의 영향이 제거된 후에 멸종위험의 상당한 예측 변수라고 할 수 있다(Box 2.2). 유사하게, 낮은 수준의 유전적 다양성을 가지는 달맞이꽃의 실험개체군들(높은 수준의 근친교배: *F*=0.08–

0.09)은 야생에서 3세대에 걸쳐 69%의 멸종률을 나타낸다. 반면에 좀 더 낮은 수준의 근친교배를 하는 개체군들(F=0.04)은 오직 25%의 멸종률을 나타낸다(Newman & Pilson 1997). 그러므로, 근친교배의 매우 작은 차이는 멸종률에서의 상당한 차이로 해석된다. 또 다른 식물 연구는 해안가의 석죽과 식물의 야생 개체군들에서의 멸종에 대한 근친교배의 부정적인 영향을 입증하였다(Vilas *et al*. 2006).

glanville fritillary 나비

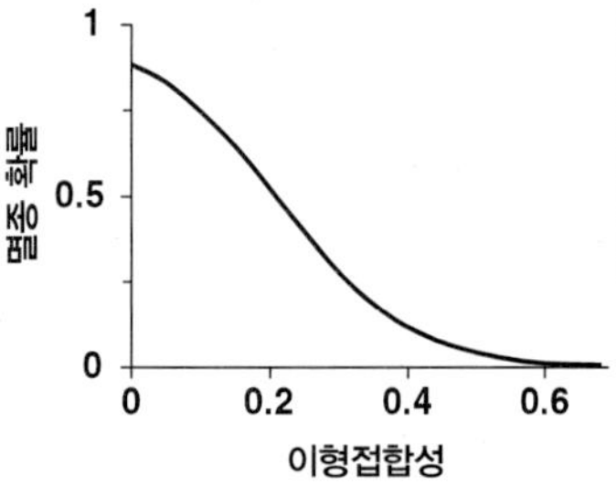

Box 2.2 핀란드에 서식하는 나비 개체군에서의 근친교배와 멸종위험(Sacchefi *et al.* , Nieminen *et al.* 2001).

분자적 유전 분석을 이용하여, 1995년 핀란드에 서식하는 42개의 나비 개체군에서 이형접합체의 수준이 밝혀졌고, 다음 해에 이들의 멸종 또는 생존이 기록되었다. 1996년 가을에 35 개체군이 생존했고 7 개체군이 멸종했다. 낮은 이형접합체를 가진 개체군들에서 멸종률이 더 높았다. 그리고 근친교배의 징후는 인구학적, 환경적 변수(개체군 크기, 개체군 크기와 범위에서의 시간 추세)가 밝혀진 이후에도 멸종위험에 영향을 끼치는 것으로 알려졌다. 여백에 나타난 곡선 그래프는 평균 크기의 개체군들에 대한 멸종 확률과 이형접합체 유전자좌위의 비율 간의 관계를 나타내고 있다.

근친교배와 멸종률 간의 인과관계는 나비 개체군의 전형매 근친교배 집단과 이계교배 집단을 생성하여 이들을 야외에 방사함으로써 확인되었다. 근친교배된 6개의 모든 개체군들이 1세대 후 멸종한 반면에 이계교배된 6개체군 중에 4개체군은 유지되었다.

멸종 회오리

'멸종 회오리(extinction vortex)'에서 근친교배약세의 영향과 유전적 다양성의 손실은 흔히 인구학적 요인, 환경적 요인, 대이변의 요인과 상호작용한다.

개체군들이 어떤 이유(인간의 영향, 인구학적 확률성, 환경 변동에 의한 확률성, 대이변)로 인해 작아진다면, 이들 개체군들은 좀 더 근친교배하게 되고 인구학적으로 불안정해지며 점차 개체군 크기가 감소되어 근친교배는 더욱 증가된다. 이 피드백은 **멸종 회오리**(extinction vortex)로 불린다(Fig. 2.2). 특히, 유전학적 · 인구학적 · 환경적 요인 사이의 복잡한 상호작용은 어떤 특별한 멸종 사건에 대한 직접적인 원인을 확인하는 것을 매우 어렵게 만들 수 있다(22장).

작은 개체군이 큰 개체군 보다 유전학적 및 생태학적 이유로 인해 멸종의 위험에 놓일 가능성이 더 크다.

작은 개체군은 인구학적, 생태학적, 유전학적 이유들로 인해 큰 개체군보다 더 많은 멸종 경향성을 보일 것으로 예측된다. Berger(1990)은 미국 큰뿔야생양(bighorn sheep)에서 개체군 크기와 존속 사이의 긴밀한 관계를 발견했다(Fig. 2.3). 개체군 크기가 50보다 작은 모든 개체군들은 50년 이내에 멸종하게 된다. 다양한 인구학적 · 생태학적 그리고 유전적 요인들이 이러한 멸종에 기여했을 것이며, 근친교배약세와 유전적 다양성의 손실은 이들 요인들과 관련되어 있을 가능성이 높다고 간주된다. 비슷한 맥락으로 북미 서부지역 국립공원에서의 포유류 멸종은 공원 면적 및 개체군 크기와 관련되어 있다(Newmark 1995). 멸종은 초기 개체군의 크기가 작은 경우, 개체군 크기의 변동이 큰 경우 그리고 세대

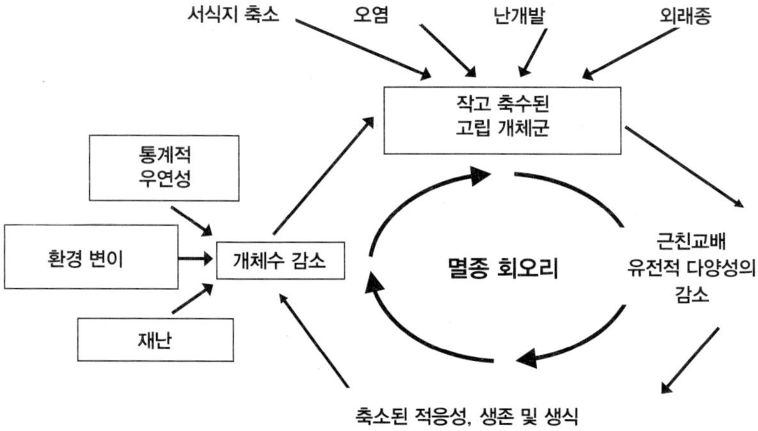

Fig. 2.2 멸종 회오리(extinction vortex). 이는 멸종을 향해 가는 회오리에 미치는 인간의 영향, 근친교배, 유전적 다양성의 손실 그리고 인구학적 불안정 사이에서 일어날 상호작용을 설명한다.

기간이 짧은 개체군에서 빈번하다. 후반에서 보듯이, 이러한 모든 영향은 유전학적인 연구에 의해 예측 된다(11−13장). 그러나 대부분은 또한 인구학적 · 환경적 연구에 의해서도 예측된다.

큰뿔야생양

개체군 크기의 감소 또는 야생에서의 멸종은 최소한 부분적으로 큰뿔야생양

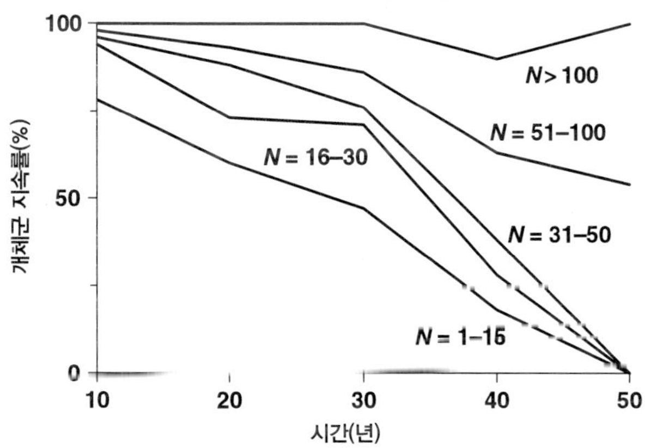

Fig. 2.3 북미 큰뿔야생양에서의 존속과 개체군 크기 사이의 관계(after Berger 1990). *큰 개체군에서 보다 작은 개체군에서 멸종률이 더 높다.*

(bighorn sheep), 플로리다퓨마(florida panther), 로열섬 회색늑대(Isle Royale gray wolves), 큰초원뇌조(greater prairie chickens), 히스헨(heath hens), 오색딱다구리(middle spotted woodpeckers), 살무사(adders) 그리고 섬에 사는 종을 포함한 많은 개체군에서의 근친교배의 결과로 보인다(Frankham 2005; Reed *et al*. 2007).

근친교배가 다른 많은 야생생물 멸종에 기여해 왔다는 정황 증거가 있다.

섬 개체군의 멸종 경향성

비록 모든 생물종 중에서 소수이지만 섬에 서식하는 식물, 동물종이 멸종의 대다수이다.

비록 섬에 사는 종(island species)은 모든 그룹의 종에서 소수이지만 1600년대 이후 기록된 멸종에서 섬의 형태가 대다수이다(Table 1.1). 게다가 멸종위기의 종과 위협받기 쉬운 종 목록의 상당수가 섬에 서식한다(1장).

지난 50,000년 동안 섬에서의 멸종에 주된 요인은 인간에 의한 요인이다. 이러한 인간에 의한 요인은 일반적으로 확률 요인(stochastic factors)이 중요하게 작용하는 개체군 크기를 억제해 왔고, 멸종은 일반적으로 모든 결정론적 요인과 확률적 요인이 결합된 결과이다.

근친교배와 유전적 다양성의 감소는 많은 종의 섬 개체군의 멸종 경향에 정황적 증거가 된다.

섬 개체군은 본토 개체군에 비해 일반적으로 더 작고, 낮은 유전적 다양성을 가지며, 본토 개체군에 비해 더 많은 근친교배를 한다. 많은 섬 개체군들은 포획 개체군이 보여 주는 높은 멸종위험의 수준까지 근친교배를 한다(Frankham 1997, 1998). 그 예로, 호주의 서부 연안 Barrow섬에 서식하는 검은발바위왈라비(black–footed rock wallabies)는 매우 낮은 수준의 유전적 다양성을 가지고 있고, 근친교배약세의 증거를 보여 준다(Box 2.3). 게다가, 같은 섬에 서식하는 euros(캥거루의 한 종류) 또한 본토에 서식하는 종에 비해 유전적 다양성이 감소하였고, 만성빈혈과 높은 기생충 문제로 고통받아 왔다(M.D.B. Eldridge *et al.* pers. comm.).

Box 2.3 검은발바위왈라비의 섬 개체군은 작은 규모로 1600세대 이상 지속하였는데, 그간 높은 근친교배로 인해 낮은 수준의 유전적 다양성과 근친교배약세 현상을 보였다(Eldridge *et al.* 1999)

바위왈라비(Rock wallaby)는 오스트레일리아 본토와 해변의 섬 바위 돌출부에서 서식하는 작은 유대류 동물이다(아래 지도 참조). 검은발바위왈라비의 배로우(Barrow)섬 개체군은 8000년 동안 본토로부터 격리되어 왔고(대략 1600세대), 비교적 작은 개체군을 가지고 있었다. 바로섬 개체군과 다른 섬 개체군에서의 유전적 다양성은 본토 내 Exmouth와 Wheatbelt보다 훨씬 더 낮았다.

검은발바위왈라비

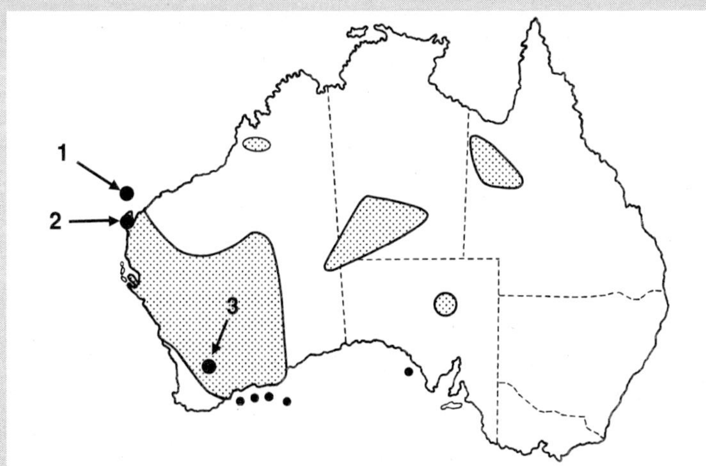

population (location)	proportion of loci polymorphic	mean number of alleles/locus	average heterozygosity
Barrow 섬 (1)	0.1	1.2	0.05
본토			
Exmouth(2)	1.0	3.4	0.62
Wheatbelt(3)	1.0	4.4	0.56

고립 이후, 배로우(Barrow)섬 개체군은 확률적 변동과 대이변에서도 생존하였다. 섬 개체군의 근친교배계수는 0.91로, 본토 개체군과 비교하여 근친교배약세를 보여 준다. 본토에서 젖을 분비하는 암컷 바위왈라비의 빈도는 92%이지만 배로우섬의 경우 52%이다. 특히 오스트랄라시아 지역 종(Australasian species)에 있어 섬 개체군들은 급격히 감소되거나 멸종한 본토 개체군들을 다시 채우기 위한 이상적인 공급원으로 간주되어져 왔다. 그러나 대안의 본토 개체군이 존재한다면, 섬 개체군의 종은 낮은 유전적 다양성을 가지고 근친교배를 하기 때문에 이들은 종의 공급원으로서 적합한 집단이라 할 수 없다..

컴퓨터 시뮬레이션을 통해 근친교배가 멸종을 증가시킴을 예측하다.

근친교배가 대부분의 야생 개체군의 멸종위험을 높이는 것을 컴퓨터 추정을 통해 보여 주었다.

실제 생활사를 포함한 컴퓨터 추정은 모든 결정론적 요인과 확률론적 요인이 결합된 효과의 개체군 멸종에 대한 개연성을 평가하는 데 자주 사용되었다(22장 참조). 개체군 크기, 출생 및 생존율 그리고 그들의 다양한 성년이 되는 시기와 시간의 흐름, 근친교배약세의 측정값, 서식지 질의 변화 등의 값을 입력한다. 확률적 모델의 반복적 순환을 통해 미래의 수많은 개체군의 운명을 추정한다.

이계교배하는 다양한 조류, 포유류, 파충류 생활사를 이용한 거의 모든 컴퓨터 추정은 근친교배의 영향이 배제되었을 때와 비교하였을 때 근친교배의 영향이 포함된 경우에 멸종위험이 상당히 증가하는 것으로 산출하였다(O'Grady *et al*. 2006; Schiegg *et al*. 2006). 그림 2.4는 서로 다른 4종에 대한 결과이다. 개체군 크기 궤적의 차이는 시간이 지남에 따라 멸종위험의 증가로 해석된다. 야생에서 근친교배약세는 초기 50–1000 개체를 가지는 개체군에 대해 30–40%까지 멸종하는 평균 시간을 감소시켰다.

대부분의 종들은 유전 요인이 이들에게 영향을 주기 전에는 멸종하지 않는다.

다양한 분류군에 걸쳐 이루어진 실험을 통하여 대부분의 종들이 유전적인 문제를 야기하기 이전에 멸종될 수 있다는 주장이 잘못되었음을 알게 되었다.

몇몇 학자들은 종이 유전 요인에 의한 영향을 받기 전에 멸종할 것이라고 제안했다(Lande 1988; but see Frankham 2005). 그러나 170쌍의 비교를 포함한 종합적인 메타분석(meta–nanlysis)은 멸종위기 분류군의 대다수(77%)가 감소된 유전적 다양성을 나타내는 것을 밝혀(Spielman *et al*. 2004a) (Box 2.4), 대부분의 분류군에 대해 'no genetic impact(멸종 이전에 유전적 요인 없음)' 가설을 거부하는 학자들을 이끌었다. 이 결과는 광범위한 주요 분류군에 걸쳐 일관성을

Fig. 2.4 개체군 크기에 대한 근친교배의 영향. 멸종의 위협을 받고있는 야생의 포유류 3종과 조류 1종의 개체군 크기를 컴퓨터 추정으로, 근친교배의 해로운 영향이 포함될 때 (■), 배제되어 있을 때 (○) 로 나타냈다(O'Grady *et al.* 2006).

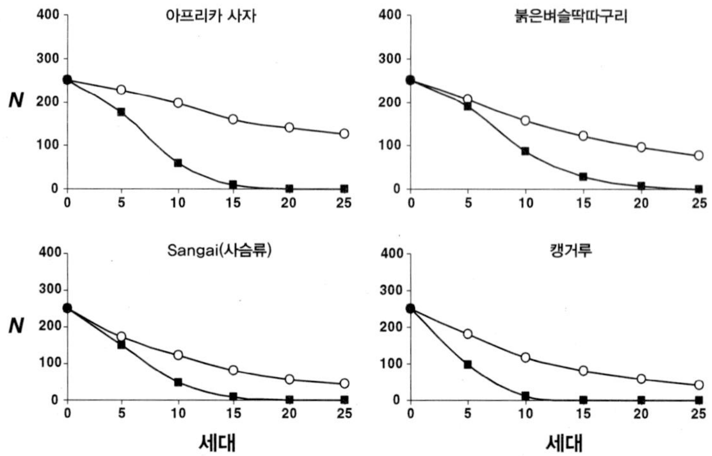

가진다. 학자들은 멸종위기에 직면하게 될 분류군에서 그 원인이 무엇인지 알아낼 수 없었다. 그러나 대부분의 멸종위기 분류군들이 현재 진화능력의 감소, 높은 근친교배와 번식적응도의 감소를 겪고 있음을 나타내고, 이 모든 것들은 미래에 멸종위험을 높일 수 있음을 나타낸다. 게다가, 유전 요인은 보통 수준의 유전적 다양성을 가진 분류군들에 영향을 미칠 수 있는 시간이 여전히 존재한다. 예를 들어, 수집된 데이터의 대부분인 취약한 분류군들은 단지 10% 만이 100년 이내에 멸종할 확률을 가진다(IUCN 2007).

유전적 다양성의 손실과 멸종의 관계

끊임없이 변화하는 환경에 대처하기 위해 생물종은 진화를 위한 유전적 다양성을 필요로 한다.

자연 개체군은 새로운 감염 질병, 해충, 기생충, 먹이원, 경쟁자, 포식동물, 공해와 세계 기후 변화를 포함한 환경 변화로부터 지속적인 압력을 받는다. 자연적으로 이계교배하는 종은 일반적으로 큰 유전적 차이를 가지는 개체를 보유한 큰 개체군이며, 위와 같은 압력에 대한 적응을 수용할 수 있다. 환경 변화에 대한 진화론적 반응은 많은 종들에게서 관찰되어져 왔다(3장 및 6장 참조). 그 예로, 200종이 넘는 나방이 산업공해로 인해 위장에 도움이 되는 검은색의 몸(흑색증; melanic)으로 진화해 왔다(Kettlewell 1973).

유전적 다양성은 작은 개체군에서 손실된다.

작은 개체군들은 일반적으로 큰 개체군에 비해 낮은 수준의 유전적 다양성을 가지고 있다. 이는 작은 개체군에서 부모가 자식에게 그들의 유전자를 전달하는 임의 추출(random sampling) 과정 동안 대립유전자가 손실되기 때문이다(**유전적 부동; genetic drift**). 대립유전자의 손실은 개체군 크기에 반비례한다(8장, 11장).

유전적 변이(Genetic variation)는 개체군이 다양한 환경체제에 잘 견딜 수 있도록 한다(Bijlsma & Loeschcke 2005). 이들은 극단적 환경, 중금속 오염, 제초제, 살충제 등에 견딜 수 있는 능력을 포함하고 있다. 인간들은 이러한 환경 변화의 속도를 증가시키고 있다. 개체군들이 이러한 환경 변화에 대처하기 위해서는 유전적 다양성이 필요하다.

낮은 유전적 다양성을 가진 개체군들은 높은 유전적 다양성을 가지는 개체군들에 비해 극단적인 환경 및 전염병에 대한 대응력이 약하다.

유전적 다양성의 손실은 개체군의 진화 능력을 감소시키고 멸종위험을 증가시키는 것으로 예측된다. 그러나 여러 가지 요인들이 멸종 회오리에서 상호작용하므로, 자연 개체군들의 멸종이 유전 변이의 부족에 의해 이루어져 왔다고 설명하기는 어렵다.

식물의 자가불화합성 유전자좌위에서 유전적 다양성의 손실은 멸종을 야기한다

많은 식물 종의 작은 개체군들에서의 자가불화합성(self-incompatibility) 대립유전자의 손실은 번식적응도(reproductive fitness)를 감소시킨다.

유전적 다양성의 손실과 멸종위험의 증가 사이의 관계의 직접적 증거 대부분은 식물의 **자가불화합성**(self-incompatibility) 유전자좌위에 관한 연구로부터 나타났다. 전체 종자식물의 절반 정도는 자가수정을 감소시키거나 막는 유전적 체계를 가지고 있다(Richards 1997). 자가불화합성은 일반적으로 많은 대립유전자를 가지는 종 내의 유전자좌위 집단에 의해 조절된다. 만약 화분과 주두에 같은 대립유전자가 존재한다면, 화분에 의해 수정이 이루어지지 않을 것이다. 자가불화합성은 근친교배의 해로운 영향에서 벗어나기 위해 진화해온 것으로 추측된다.

유전적 부동에 의해 작은 개체군의 자가불화합성 대립유전자가 소실되면 어떤 개체의 난핵과 수분할 수 있는 화분의 비율이 줄어들게 되고 결국에 종자가 줄어들어 멸종하게 된다(9장, 17장). 예를 들어, 일리노이주(Illinois)의 Lakeside daisy 개체군에서 3종의 식물이 감소하였고 자가불화합성 대립유전자가 너무 적어 15년 동안 번식하지 못하였다. 이것은 기능적인 멸종이었다(Demauro 1993). 하지만 이 식물들은 오하이오 또는 캐나다의 큰 개체군의 화분과 수분하였을 때는 독자적으로 생존 가능한 종자를 만들었다. 오스트레일리아 동부의 멸종위기 grassland daisy 또한 작은 개체군에서의 번식적응도 감소와 자가불화합성 대립유전자 수의 감소를 함께 보여 준다(Pickup & Young 2007). 자가불화합성 대립유전자의 소실에 의한 번식적응도 감소는 반면에 자가불화합성 대립유전자의 손실로 인한 번식적응도의 감소는 일부 식물종에 국한하여 발생한 것으로 기록되만년(Castric과 Vekemans, 2004), 대부분의 멸종위기의 자가불화합성 식물종들에게 있어 번식적응도 대립유전자의 감소는 문제가 될 수 있을 것으로 예상된다.

멸종위기에 처한 초원데이지

유전적 다양성의 손실로 인한 번식적응도 감소와 유사한 영향은 단-복상 종(haplo diploid species)의 성 유전자좌위(sex locus)에서 발생한다(17장).

유전적 다양성의 손실은 질병, 해충, 기생충에 대한 내성을 감소시킨다

낮은 유전적 다양성을 가지는 개체군들은 높은 다양성을 가지는 개체군들에 비해 해충, 기생충 및 전염병에 더 심각한 피해를 받을 것으로 예상된다.

새로운 병원체는 모든 종들에게 가장 심각한 위협이 되는 것 중 하나이다. 예를 들어, 다양한 조류와 포유류 종들은 최근에 알려진 H5N1 인플루엔자 변종(H5N1 influenza strain)에 민감하며, 많은 양서류 종들의 경우 키트리드 진균류(chytrid fungus)에 민감하다(Rpbertspm *et al.* 2006). 유전적 다양성의 손실은 해충, 기생충 및 전염병에 대응하기 위한 개체군의 능력을 심하게 감소시킨다 (6, 8, 11장). 서로 다른 병원균들에 의한 순차적인 공격이 있은 후에, 유전적 다양성이 낮은 개체군에 비해 높은 개체군이 더 오래 지속될 수 있다(Penn *et al.* 2002) (Fig. 2.5). 낮은 유전적 다양성과 병원균 내성 사이의 음의 상관관계는 흰발생쥐(deer mice), 소이양(soay sheep), 조류(birds), 톱미노(topminnow fish), 호박벌(bumblebees), 개미(ants)와 초파리(fruit flies)에서 발견되었다(Hughes & Boomsma 2004; Spielman *et al.* 2004b; Whiteman *et al.* 2006).

척추동물에서 **주조직 적합성 복합체**(major histocompatibility complex ; MHC)는 병원균 항원 분자의 인지 및 면역 반응의 조절과 관련된 큰 유전자좌위 집단이다. 이형접합체(heterozygous)가 많은 개체일수록 더 많은 병원균에 저항할 수 있다. 이러한 유전자좌위의 유전적 다양성은 어떠한 유전자좌위 중 가장 잘 알려져 있고, 이형접합체 및 흔하지 않은 대립유전자를 선호하는 선택에 의해 유지된다(9장). 이러한 선택에도 불구하고 작은 개체군들에서의 대립유전자들은 유전적 부동에 의해 손실되고, 한 개체를 죽이는 병원균이 모든 개체를 죽이게 될 가능성이 증가한다(Sommer 2005). 예를 들어, MHC의 3가지 구성성분에서의 높은 이형접합성은 인간이 HIV 감염 후 더 오래 생존하는 것과 관련 있다(Carrington *et al.* 1999). 호주에 서식하는 태즈메이니아산 주머니곰(Tasmanian devils)은 안면 종양(clona facial tumour)으로 불리는 기생암으로 인해 급격하게 감소되었다. 태즈메이니아산 주머니곰은 MHC의 낮은 유전적 다양성으로 인해 이질체로써 종양(clonal tumour)을 발견하지 못하고 거부 반응을 보이지 못하였다(Siddle *et al.* 2007).

(태즈메이니아산) 주머니곰

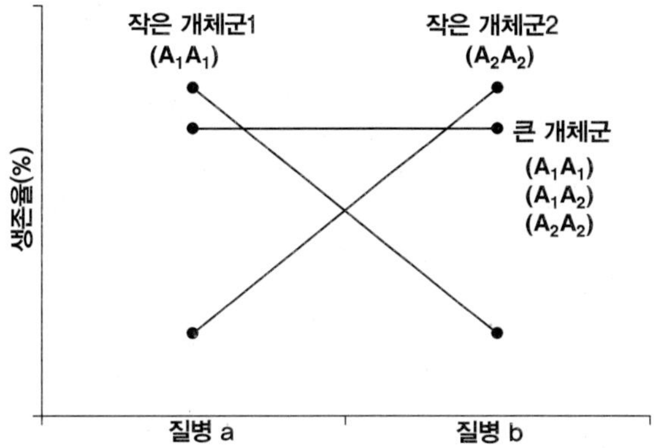

Fig. 2.5 유전적 다양성과 질병 저항력 사이의 관계에 대한 가설의 예. 각각 다른 대립유전자의 동형접합체를 가지는 2개의 작은 근친교배 개체군(small A_1A_1, small A_2A_2)은 한 질병에는 내성을 가지지만 다른 질병에는 내성을 가지지 않는다. 반대로, 두 가지 대립유전자를 모두 포함하고 있는 큰 개체군(large A_1A_1, large A_1A_2, large A_2A_2)은 두 질병 모두에 대한 저항력을 가진다.

Box 2.4 메타분석(Meta-analyses) (Arnquist & Woodster 1995; Lipsey & Wilson 2001; Muller & Jennions 2001; MetaWin 2007)

메타분석(meta-analyses)은 생물학자 대부분의 일반적인 통계적 접근법의 일부는 아니지만 이 분석법은 특히 보전 및 진화 생물학에서 매우 중요한 도구이다. 보전생물학의 많은 분야에서 개별 연구들이 다루는 범위가 좁기 때문에 전반적인 내용들은 활용 가능한 공개된 자료와 비공개된 자료를 단일분석체계인 메타분석으로 통합함으로써 얻어지게 된다. 예를 들면, 이 장에서 여섯 가지 메타분석이 언급되어 있는데, 포획 개체군과 야생 개체군 그리고 식물에서의 근친교배의 영향에 대한 세 가지 메타분석(Ralls & Ballou 1983; Ralls *et al.* 1988; Crnokrak & Riff 1999), 섬 개체군들에 대한 두 가지 메타분석(Frankham 1997, 1998), 멸종위기 분류군과 이와 유연관계가 가까운 비(非)멸종위기 분류군의 유전적 다양성을 비교하는 1가지 메타분석을 설명하고 있다(Spielman *et al.* 2004a). 이 책 전체에서 다른 많은 메타분석들을 언급하고 있는데, 이형접합체와 양적 유전변이 사이의 상관관계(5장), 유전적 다양성과 개체군 크기 간의 상관관계(11장), 유효한 개체군 크기의 중요성(11장), 양성 환경과 스트레스 환경에서의 근친교배약세(13장), 도입지와 공급지에서의 침입종에 대한 유전적 다양성의 상대적 정도(18장) 그리고 최소존속개체군(minimum viable population sizes)(22장)에 대해 설명하고 있다.

많은 연구들이 적은 샘플로 연구를 수행하였기 때문에 보전유전학에서 **통계적 검증력(statistical power)**의 문제가 흔히 발생한다. 예를 들어, 식물 종에서의 유전적 다양성과 개체군 크기 간에 0.75의 높은 상관관계는 4개 개체군들만이 연구되었기 때문에 큰 의미가 없다(Frankham 1996). 이 연구가 유효한 상관관계 값을 가지기 위해서는 0.95의 값이 필요하다. 이 문제는 전체 분석이 훨씬 더 큰 통합된 샘플 크기(combined sample size)를 가짐으로써 더 높은 통계적 검증력을 보이는 메타분석에 의해 해결될 수 있다. 게다가, 메타분석은 여러 종들에 걸쳐 데이터를 통합할 수 있다.

다양한 방법이 통합된 분석(combined analyses)에서 이용되는데, 이들 방법은 다음과 같다.

- Vote counting(VC)
- 통합 확률 분석법(Combined probability analyses)
- 유효 크기 분석법(analyses of effect size)

VC 방법은 차이의 정도가 예측되는 방향에 존재하는지를 단순하게 평가한다. 예를 들면, 포유류 44개체군들 중 41개체군은 이계교배된 자식과 비교하여 근친교배된 자식의 유년기 사망률이 더 높음을 보여 줬다(Ralls & Ballou 1983).
이 방법은 각 범주에서 동일한 숫자의 영가설과는 확연히 다르다.

통합 확률 분석법은 서로 다른 연구나 개체군 또는 종에 의해 보고된 확률(probability)로부터 전체 확률을 간단하게 계산한다. 예를 들어, 11장에 언급되는 연구에서 3가지 다른 초파리 염색체 상에 있는 유전자좌위에 대한 근친교배 계수가 포함된 초기 부수체 이형접합체 비율의 감소는 각각 -1.142 ± 0.115($P = 0.114$), -1.216 ± 0.071($P = 0.003$), -1.040 ± 0.097($P = 0.342$) 으로 나타났다. 모든 확률들은 −1의 기울기의 이론적 예측으로부터 편차를 측정한다. 각각의 P–value에 대해 자유도 2를 가지는 Fisher's Combined Probability Test($\chi^2 = -2\ \Sigma \ln P$)를 이용해서 산출하면,

$$\chi^2 = 4.34 + 11.62 + 2.14 = 18.1,\ df = 6,\ P = 0.006^{***}$$

그러므로 이형접합성은 이론에 의해 예측되는 것 보다 상당히 더 빠른 비율로 손실된다.

최근까지, Fisher's Combined Probability Test가 확률들을 통합하는 데 이용되었다.
그러나 Whitlock(2005)은 weighted Z–method가 Fisher's method에 비해 큰 영향력과 정확성

을 가진다는 것을 보여 주었다.

이 방법에서, 각각의 확률은 정규표준편차(standard normal deviation)로 전환되고, 전체 Z값은 다음과 같이 계산된다 :

$$Z_s = \frac{\sum Z_i w_i}{\sqrt{\sum w_i^2}}$$

w_i는 각 개별 연구에 대한 가중치를 나타내고, 이 값들은 전체 연구에 걸쳐 합산된다.
가중치는 각 평가의 정확성을 나타내고, 표준 오차의 제곱, 샘플 크기 등에 반비례한다.

위의 예를 들면, 3개의 Z 값은 1.20, 2.75, 0.41 이고, 각 76.1, 197.2, 105.6의 1/(표준 오차)^{2}로 계산되는 가중치를 가진다.

Z 가중치 = $Z = \frac{\sum Zw}{\sqrt{\sum w^2}} = 2.86$

확률은 정규분포표 또는 소프트웨어의 참조를 통해 결정되고 $P = 0.002$**를 산출한다.
이는 분명 전체적으로 매우 중요한 신호이다.
다양한 통계값(t, z, F or chi–square)들이 서로 다른 연구에서 이용될 때에도 조합된 확률 모형들이 이용될 수 있다.

유효개체군 분석은 가중평균(weighed mean)으로부터 전체 효과크기의 규모를 밝히는데 이용될 수 있다. 여기에서 각각의 실험들은 샘플 크기(sample size) 혹은 자유도(degrees of freedom) 또는 샘플링 변이(sampling variation)를 따라 가중치가 주어진다. 이형접합성과 양적 유전변이 간의 상관관계의 경우(5장), 가중평균 상관관계는 0.22*±0.05이다 (Reed & Frankham 2001). 이는 효과의 중요도(규모)의 가장 신뢰할 수 있는 측정 기준을 제공한다. 메타분석은 또한 개별 연구에서 다뤄지지 않은 효과의 검증을 가능하게 한다. 예를 들어, 위에서 언급된 연구에서 테스트는 이형접합체와 양적 유전변이 사이의 상관관계가 적응도 특성과 형태학 간에 차이가 있는지 없는지를 알아보기 위해 수행되었다. 전자는 상관관계가 거의 0에 가까운 값을 보이나, 후자는 중요하지만 작은 양의 상관관계를 보임으로써 이 두 가지는 상당히 다르다.

메타분석에 대한 주요 의구심은 출판 편향(publications bias)이고 또한 'file drawer problem'으로 불린다. 출판은 대부분 오직 의미 있는 결과만 포함하여, 중요도 차이의 편향을 이끄는지에 대한 의문은 논문의 모든 부분에 존재한다. 하지만 메타분석의 경우 이것은 공인되었고 명쾌하게 평가할 수 있으며, 편향(bias)을 확인하는 일반적인 방법들은 다음과 같다 :

- funnel plots의 효과 크기와 샘플 크기
- 샘플 크기에 대한 효과 크기의 회귀
- 효과의 중요성을 제거하기 위해 필요한 예상하지 못한 방향의 발표되지 않은 연구의 수를 계산한다.

우리가 예상한 효과 크기와 표본 크기의 그래프로 근사하게 이동한다면 이것은 편향이 아니며, 표본 크기가 커질수록 변이들의 추정치는 감소할 것이다(아래그림 참조). 출판 편향은 일반적으로 효과 크기가 낮은 소규모의 연구에 있어 결함을 야기한다.

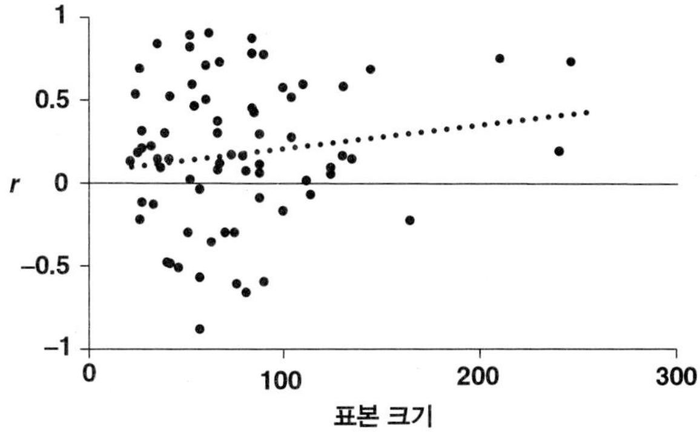

관련된 실험은 샘플 크기에 대한 효과 크기의 회귀분석이다. 유의성 없는 회귀분석은 출판 편향이 없음을 나타내는 반면, 음의 유의성을 보인 회귀분석은 출판 편향이 있음을 의미한다. Reed & Frankham (2001)이 수행한 샘플 크기(위 그림)에 대한 이형접합성과 양적유전변이 사이의 연관성의 회귀는 $b = 0.0014 \pm 0.0011$ ($P = 0.22^{ns}$, $r^2 = 0.022$)를 나타내는 유의하게 음의 관계를 보인 회귀분석은 출판 편향이 없음을 나타낸다.

출판 편향에 대한 또 다른 지표는 데이터를 유의하지 않게 만들기 위해서(non–significant) '잘못된' 방향에서의 차이가 얼마나 많이 데이터에 추가되어야 하는가에 대한 의문이다. 멸종위기 분류군과 이들과 유연관계가 있는 비멸종위기 분류군의 이형접합체의 상대적 수준에 대한 Spielman *et al.* (2004a)의 수집된 자료를 보면(3장), 38 분류군의 긍정적 차이(가설과 반대 방향)의 평균은 127배의 실제 자료를 더하기 전의 차이는 의미가 없다. 그러므로 이 연구는 신뢰할 수 있다.

MetaWin 소프트웨어 패키지는 메타분석을 위해 고안되었다.

요약

1. 근친교배와 유전적 다양성의 손실은 멸종위험을 증가시키기 때문에 보전의 관심사이다.
2. 근친교배는 자연적으로 이계 교배하는 종의 잘 연구된 모든 개체군에서 필연적으로 번식적응노(reproductive fitness)를 감소시킨다.
3. 근친교배는 포획개체군(captive population)에서 멸종위험을 증가시키고, 야생 개체군의 멸종을 초래하는 요인 중 하나라는 증거가 늘어나고 있다.
4. 유전적 다양성의 손실은 환경 변화에 대처하기 위한 종의 진화 능력을 감소시키므로, 작은 개체군에서의 높은 멸종위험에 기여한다.

추가적인 읽을 거리

Frankham (2005) Review on the role of genetics factors in extinctions.
Keller & Waller (2002) Review on inbreeding effects in wild populations.
Lande (1988) Interpreted as saying that demographic and environmental factors are likely to drive populations to extinction before genetic factors become important.
Lipsey & Wilson (2001) *Practical Meta-Analysis*. Relatively easy-to-follow textbook on meta-analysis.
O'Grady *et al*. (2006) Realistic computer projections showed that inbreeding depression substantially reduces median times to extinction for most threatened outbreeding species.
Spielman *et al*. (2004a) Tested the presumption that most species are driven to extinction before genetic factors impact them and rejected it for most threatened species.
Young *et al*. (2000) A review of studies on the deleterious impacts of loss of self-incompatibility alleles on an endangered grassland daisy in Australia.

소프트웨어

METAWIN: Commercial software for meta−analyses. www.metawinsoft.com/
VORTEX: Free software for computer projection of the fate of populations due to deterministic and stochastic factors including inbreeding (Lacy *et al*. 2005). www.vortex9.org/

문제

2.1 근친교배. 근친교배란 무엇인가?

2.2 근친교배. 왜 근친교배가 보전에서 문제인가?

2.3 개체군 크기와 멸종 간의 관계. 어떤 요인이 큰뿔양에서 멸종률과 개체군 크기의 관계를 설명해 주는가(Fig. 2.3)?

2.4 생식적응도. 생식적응도가 무엇인가? 생식적응도에 기여하는 종 생활사의 구성소를 적어도 4가지 쓰시오.

실습 : 컴퓨터 투영

생식적응도에 근친교배의 영향이 포함될 때와 그렇지 않을 때의 개체군에 따라 멸종위험도를 VORTEX 시뮬레이션 패키지를 이용하여 결정해 보자.
모리셔스 분홍비둘기와 카프리콘 동박새의 데이터를 황금사자타마린의 것과 더불어 사용한다. 각종의 개체 수는 이러한 활동을 위해 조정된다. 다른 자료파일은 교재 웹사이트(서문 참조)와 VORTEX 웹사이트에서 볼 수 있다.

분홍비둘기 VORTEX 입력 자료

이 입력 자료는 근친교배 가설에 대한 것을 제공한다. "근친교배" 가설을 복사하고 근친교배 옵션을 선택 해제하여 근친교배가 없을 때의 또 다른 가설을 만든다.

태블릿	Vortex **매개변수**	**사용자 입력**
시나리오 설정	과제 이름	분홍비둘기
	시나리오 이름	근친교배
	숫자 반복	1000
	숫자 연도	100
	멸종의 정의	하나의 성
	개체군	1
종 설명	근친교배 우울?	yes
	치명적인 등가물	3.14
	열성 치사로 인한 비율	50
	EV 용어 색인 복제품과 생존?	yes
	재앙의 종류의 수	3
라벨 및 State Vars.	무시	
분산	무시	
생시 시스템	길합시스넴	일부일처
	암컷에 대한 첫 번째 자손	1
	수컷에 대한 첫 번째 자손	1
	최대 연령 생식	15
	최대 수의 자손/년	2
	출생 시 성비	55
	밀도 의존적 생식?	N
Reproductive Rates 생식 비율	전체 암컷의 생식 %	40.0
	자손/F/년의 수	정확한 분포 지정
	자료: 하나의 자손을 생산하는 암컷의 %	87.5
	둘의 자손을 생산하는 **암컷**의 %	12.5 (automatic)
사망률	연령이 0에서 1에 죽는 암컷	25.0
	EV로 인한 0에서 1 SD	5.0
	1세 이후 매년 사망	15.0
	1세 이후의 SD	2.0
	0에서 1로부터의 **사망** 수컷	25.0
	EV로 인한 0에서 1 SD	5.0
	1세 이후 매년 사망	15.0
	1세 이후 SD	2.0
재잉	라벨	무시
	재앙 1	
	현지 / 전 세계의	무시
	빈도 %	6.0
	주요–생식	1.0
	주요–생존	5.0
	재앙 2	
	현지 / 전 세계의	무시
	빈도 %	3.0
	주요–생식	1.0
	주요–생존	0.9

태블릿	Vortex 매개변수	사용자 입력
	재앙 3	
	현지 / 전 세계의	무시
	빈도 %	1.0
	주요-생식	0.9
	주요-생존	0.5
생식 독점	사육 공간 안의 수컷 %	80.0
초기 개체군 크기	시작	안정된 나이 분포
	초기 개체군 크기	16
수용력	K	35
	EV로 인해 K 안의 SD	0.0
	미래의 K 변화는?	No
수확	수확?	No
보완	보완?	No
유전관리	무시	No

동박새 VORTEX 입력 자료

이 입력 자료는 근친교배 가설에 대한 것을 제공한다. "근친교배" 가설을 복사하고 (프로그램 도움파일 참조) 근친교배 옵션을 선택 해제하여 근친교배가 없을 때의 또 다른 가설을 만든다.

태블릿	Vortex 매개변수	사용자 입력
시나리오 설정	과제 이름	동박새
	시나리오 이름	근친교배
	숫자 반복	1000
	숫자 연도	100
	멸종의 정의	하나의 성
	개체군	1
종 설명	근친교배 우울?	yes
	치명적인 등가물	3.14
	열성 치사로 인한 비율	50
	EV 용어 색인 복제품과 생존?	yes
	재앙의 종류의 수	1
라벨 및 State Vars.	무시	
분산	무시	
생식 시스템	결합 시스템	일부일처
	암컷에 대한 첫 번째 자손	1
	수컷에 대한 첫 번째 자손	1
	최대 연령 생식	2
	최대 수의 자손/년	5
	출생 시 성비	50
	밀도 의존적 생식?	N

태블릿	Vortex **매개변수**	**사용자 입력**
생식 비율	전체 암컷의 생식 %	40.0
	자손/F/년의 수	정상분포
	평균	1.927
	표준편차	1.245
사망률	연령이 0에서 1에 죽는 **암컷**	42.3
	EV로 인한 0에서 1 SD	8.93
	1세 이후 매년 사망	37.6
	1세 이후의 SD	9.31
	0에서 1로 부터의 사망 **수컷**	42.3
	EV로 인한 0에서 1 SD	9.31
	1세 이후 매년 사망	37.6
	1세 이후 SD	9.31
재앙	라벨	무시
	재앙 1	
	현지 / 전 세계의	무시
	빈도 %	10.0
	주요-생식	1.0
	주요-생존	0.645
생식 독점	사육 공간 안의 수컷%	100
초기 개체군 크기	시작	안정된 나이 분포
	초기 개체군 크기	342
수용력	K	500
	EV로 인해 K 안의 SD	50.0
	미래의 K 변화는?	No
수확	수확?	No
보완	보완?	No
유전관리	무시	No

1부

자연 개체군에서 진화유전학

환경 변화에 적응하기 위해 진화의 능력을 지니게 된 역동적 실체로서 종을 유지시키는 것이 보전유전학에서 우리의 목적이기 때문에 진화적인 변화를 결정하는 자연의 힘을 이해하는 것이 필수적이다. 만약 위협받고 있거나 멸종위기에 처한 개체군을 유전적으로 어떻게 관리해야 할지 이해하려 한다면 이러한 정보는 필수적으로 필요하다. 대부분의 기초 단계에서의 진화는 개체군의 유전적 구성에 있어서의 변화이기 때문에 오직 유전적 다양성이 유지될 때에만 나타난다. 따라서 어떻게 유전적 다양성이 나타나며, 또 어떻게 소실되는지, 개체군 내에 얼마나 높은 유전적 다양성이 존재하는지, 유전적 다양성은 어떤 형태로 존재하는지, 그리고 이를 어떻게 측정하는지 대해서 알아야 할 필요가 있다.

유전적 다양성의 범위

3장에서는 DNA와 단백질, 유해 대립유전자, 양적 형질에 대한 유전적 다양성을 측정하는 방법에 대해 소개하며, 각각에 대한 유전적 다양성의 수준을 기술한다. 동물과 식물에서 크기가 큰 개체군의 대부분은 폭넓은 유전적 다양성을 지니고 있다. 그렇지만 크기가 작은 개체군과 섬에 고립된 개체군, 멸종위기종에 있어서의 유전적 다양성의 수준은 감소되는 경우가 자주 있다.

개체군의 유전적 조성

유전적 다양성의 변화를 평가하기 위해서는 우선 유전적 다양성을 정량화하는 데 대한 의미를 알아야 한다. **4장**에서는 대립유전자(유전인자) 빈도와 단일 유전자좌위에서 다양성을 설명하는 데 이용되는 이형접합성을 추정하는 방법을 다룬다. **5장**에서는 양적 형질에 대한 유전적 다양성을 특징짓는 데 이용되는 방법들, 특히 유전율(heritability)의 개념을 대해 설명한다. 양적 형질은 환경 변화(진화적 잠재성), 근친교배의 유해 효과(근교 약세), 그리고 서로 다른 개체군이 섞였을 때 간혹 나타나는 유해 효과(이계교배 약세)에 대해 유전적으로 적응해 나가는 능력과 같은 보전 관련 주요 내용이 중심적으로 포함된다.

유전적 다양성의 변화

유전적 다양성은 돌연변이에 의해 나타나며, 다른 대립유전자들의 빈도는 이주, 선택, 우연에 의해 변화한다. 크기가 큰 개체군에 있어서 이러한 힘의 역할에 대해서는 6–9장에서 논의한다. 환경의 변화는 항상 존재하는 것이기 때문에 종은 이러한 환경 변화를 보다 더 잘 극복하기 위해 자연선택을 통해 적응해야만 한다(**6장**). 개체군 내에는 유해 돌연변이들이 존재하며, 이는 유해 대립유전자의 유입과 자연선택에 따른 유해 대립유전자의 제거의 균형에 의해 유지된다(**7장**).

8장은 크기가 작은 개체군에서 진화와 관련하여 보전 관점에서 대부분의 종이 처한 상황에 대해서 다룬다. 작은 개체군에서의 진화 과정은 두 가지 결정적인 다른 점으로 인해 크기가 큰 개체군에서의 진화 과정과 차이가 있다:

- 우연은 훨씬 더 큰 역할을 하며,
- 선택은 보다 작은 영향을 끼친다.

9장에서는 자연 개체군에서 유전적 다양성이 어떻게 유지되는지에 대해 다룬다. 이 정보는 위협받고 있는 종들에서 유전적 다양성과 진화적 잠재력을 유지하기 위한 유전적 관리 절차를 만드는 데 있어 이론적 배경을 제공한다. 유전적 다양성을 유지하는 데 있어서, 우연, 돌연변이, 선택의 상대적 중요성은 각각의 다른 특성들(DNA, 단백질, 시각적 다형현상, 유전자 집단, 양적형질)에서 다양하게 나타난다. 개체군들 내에서 다양성의 비율은 선택적 중립을 나타낸다. 이것은 돌연변이와 제한된 개체군에서 표본 추출에 따른 우연의 영향을 받게 되는 돌연변이의 운명에 좌우된다. 다른 대립유전자는 균형잡힌 선택으로 인해 활발히 유지된다. 적응 형질들에 대한 유전적 다양성의 실질적 비율은 돌연변이–선택 균형에 좌우된다. 선택의 직접 영향을 받는 대립유전자일지라도 작은 개체군에서는 우연에 의해 소실된다. 진화에 대한 우리의 이해는 최근의 지놈 서열 분석과 유전자 발현에 대한 다좌위 미세배열 연구들(multilocus microarray studies)에 의해 향상되어 왔다. 개체군 유전체학(genomics)에 대한 **10장**은 진화 과정에 대한 새롭고 향상된 연구 결과들에 대해 설명하고, 그 결과들이 보전에 어떻게 기여할 수 있을지에 대해 논의한다.

3 장

유전적 다양성

개체군은 환경 변화에 적응하기 위해 유전적 다양성이 요구된다. 일반적으로 자연적에서 이계교배하는 종들의 큰 개체군은 다양한 유전적 다양성을 가지고 있지만, 보전 관심종(species of conservation concern) 및 작은 개체군에서는 대개 유전적 다양성이 감소된다.

용어

AFLP (amplified fragment length polymorphism)
cpDNA(chloroplast DNA)
DNA 지문법(DNA fingerprint)
mtDNA(mitochondrial DNA)
RAPD(randomly amplified polymorphic DNA)
SNP(single nucleotide polymorphism)
다형성의(polymorphic)
대립유전자 다양성(Allelic diversity)
동일치환(synonymous substitution)
단형성의(monomorphic)
마이크로세틀라이트(microsatellite)
반수체형(haplotype)
방사선 자동사진법(autoradiograph)
알로자임(allozyme)
액손(exon)
양적 유전 변이(quantitative genetic variation)
양적형질(quantitative character)
역위(inversion)
유전자 좌(locus)
유전적 거리(genetic distance)
유전적 부하(genetic load)
게놈(genome)
이형성(heterozygosity)
인트론(intron)
전기영동(electrophoresis)
제한 단편 길이 다형성(RFLP, restriction fragment length polymorphism)
제한 효소(restriction enzyme)
중합효소연쇄반응(PCR, polymerase chain reaction)
침묵 치환(silent substitution)

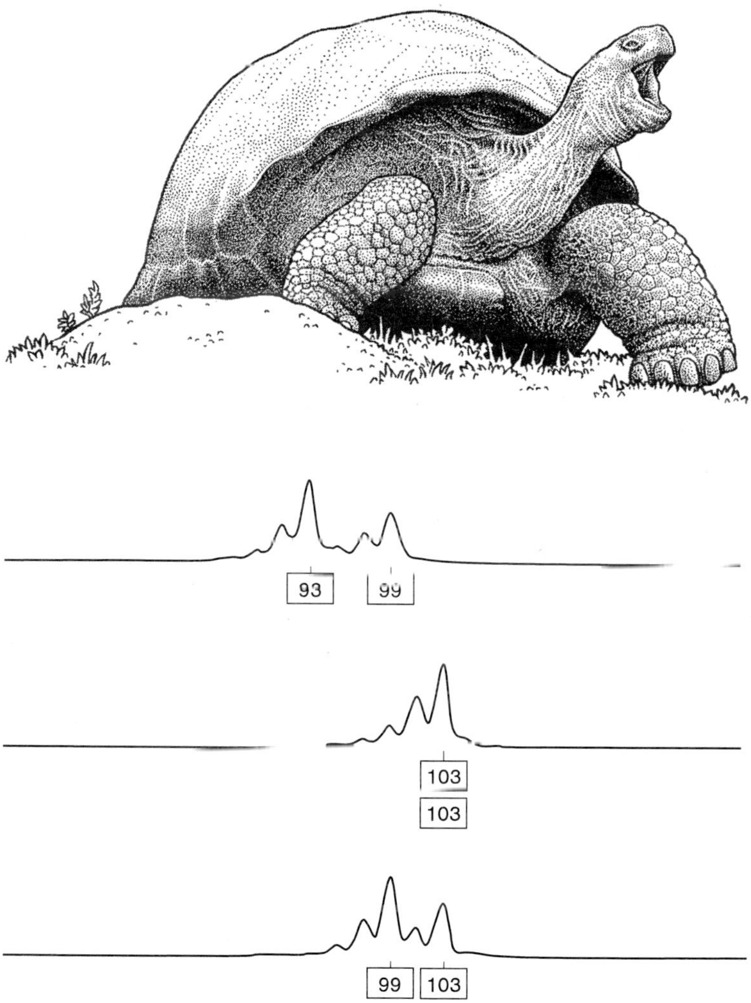

갈라파고스땅거북과 DNA 염기서열분석 기기(DNA sequencing machine)로부터 측정된 결과물로써, 이는 이 종들의 개체들 간 유전적 다양성을 보여 준다.

유전적 다양성의 중요성

작은 개체군들에서의 유전적 다양성 손실은 개체군들의 환경 변화에 따라 진화하기 위한 능력을 감소시키고, 또한 자연적으로 이계교배하는 종들의 번식적응도(reproductive fitness)를 감소시킨다.

세계자연보전연맹(IUCN)은 3가지 이유로 인해 유전적 다양성을 보전할 필요가 있음을 인정한다(McNeely *et al.* 1990). 첫째로, 유전적 다양성은 개체군들이 환경 변화에 적응하는 진화를 위해 필요하다. 둘째로, 유전적 다양성의 손실은 일반적으로 근친교배(inbreeding)와 이계교배하는 종들의 번식 및 생존 감소와 관련있다. 셋째로, 유전적 다양성은 생태계 다양성에 기여한다. 예를 들어, 식물의 유전적 다양성은 초식성 종들의 종 다양성과 관련되고, 유전적 다양성은 환경적 충격에 잘 견뎌낼 수 있는 생태계를 만든다(Reusch *et al.* 2005; Crutsinger *et al.* 2006).

이 장에서는 유전적 다양성에 대한 보전 관심사(conservation concerns)의 기초를 설명하며, 그것이 무엇인지를 정의하고 이를 평가하기 위한 방법들을 설명한다. 또한 멸종위기종(threatened specie)과 비멸종위기종(non-threatened species)의 범위에 대한 증거를 확인한다.

유전적 다양성은 진화적 변화를 가능하게 한다

유전적 다양성은 적응할 수 있는 진화적 변화(evolutionary change)를 위한 원료이다.

종은 기후 변화, 오염, 새로운 종의 도입 또는 질병, 해충, 기생충 등이 존재하는 변화무쌍한 환경에 직면해 있다(6장). 종은 이러한 변화에 대항하기 위해 진화하거나 또는 멸종된다. 개체군에서의 유전적 다양성은 진화 가능성(evolutionary potential)을 반영한다. 단기간의 진화는 유전적 다양성이 결핍된 개체군들에서 일어 날 수 없는 반면에, 많은 유전적 다양성을 가진 개체군들은 상대적으로 환경 변화에 비교적 빠르게 진화할 수 있다. 예를 들면, 중금속 내성에 대한 유전적 다양성을 가지고 있는 식물들(콜로니얼 벤트그래스;Agrostis tenuis, 다발풀; bunch grass)은 구리, 아연, 카드뮴과 같은 광산 폐기물에 오염된 웨일스와 영국의 토양에 내성을 갖는 형태로 진화됨으로써 대량 서식한다. 적절한 유전적 다양성을 가지지 못하는 식물 종들은 대량 서식에 실패한다(Bradshaw 1991). 마찬가지로, 미국 밤나무(American chestnut)는 내성에 대한 유전적 다양성을 가지고 있지 않아 도입된 질병으로 인해 거의 멸종되었다. 공업암화(industrial melanism)는 산업공해로 인해 그 지역에 200여 개의 유전적으로 다양한 종의 나방들을 진화시켜 왔다(Kettlewell 1973). 많은 해충들은 살충제, 제초제, 항생제 그리고 다른 생물방제물질(biocontrol agents)에 대한 내성을 진화시켜 왔다(Georghiou 1986; McKenzie 1996).

번식적응도와 유전적 다양성 간의 관계

유전적 다양성의 손실은 자연적으로 이계교배하는 종에서의 번식적응도(reproductive fitness) 감소와 관련된다.

임의적으로 교배하는 종들에서 유전적 다양성의 감소는 바로 근친교배와 관련있고, 그에 따라서 번식적응도(reproductive fitness)도 감소된다(2장과 11–13장). 예상하는 바와 같이, 개체군들의 유전적 다양성과 평균 적응도(average fitness)는 양의 상관관계를 가진다(Reed & Frankham 2003; Leimu *et al.* 2006).

포획 사육 프로그램(captive breeding programs)과 야생동물관리 프로그램(wild life management programs)은 일반적으로 유전적 다양성의 손실과 근친교배를 최소화시키는 것이 중요하다는 것을 인정한다. 관리활동(management actions)은 야생으로 재도입하기 위해 개체들을 선택하거나 교배시 가계(pedigrees)를 참고하는 것을 포함한다(19장, 20장). 유전적 다양성의 수준은 멸종위기종의 야생개체군(wild population)에서 분석 및 관찰될 수 있고, 고립된 야생개체군들 사이의 유전자 흐름(gene flow)이 증가될 수도 있다(17장).

유전적 다양성의 유지는 멸종위기종의 야생개체군(wild population)과 포획개체군(captive population) 관리에 있어 주된 목적이다.

유전적 다양성이란 무엇인가?

유전적 다양성은 인간의 눈, 피부, 머리카락 색, 달팽이 껍질의 색과 무늬모양, 식물의 꽃 색깔 그리고 거의 모든 생물들의 단백질, 효소, DNA 염기서열을 포함한 많은 특성들의 차이에 의해 나타난다. 예를 들어, 개 품종의 방대한 다양성은 이 종에서의 유전적 다양성을 반영한다(Vila *et al*. 1997). 표현형에 바탕을 둔 선택(selections)은 아래 그림에서처럼 서로 나른 크기(세이트버나드, 치와와), 행동방식(경비견, 사냥개, 목양견, 목축견 등), 형체(불독, 닥스훈트 등) 등을 가지는 품종을 만들어냈다(Fig. 3.4)

유전적 다양성은 대립유전자(alleles)의 다양성이고, 유전자형(genotype)은 개체군, 종 또는 종의 집단에서 나타난다.

유전자는 DNA 분자의 특정 부분(유전자좌위)에서의 뉴클레오티드(nucleotids) 염기서열이다. 유전적 다양성은 약간의 다른 염기서열을 나타낸다. 결과적으로 DNA 염기서열 변이는 유전자좌위(locus)에 의해 암호화되어 있는 단백질에 아미노산 염기서열의 차이를 가져올 것이다. 이러한 단백질 변이는 개체들의 번식률(reproductive rate), 생존(survival) 또는 행동(behaviour)의 차이를 유발하는 기능적인 생화학적 · 형태학적 차이를 가져올 수 있다. 마찬가지로 개체들의 성장을 계획(programming)하는 유전자좌위들 사이의 유전적 다양성은 최종 표현형에 영향을 미칠 수 있다.

모든 유전적 다양성은 본래 DNA 염기서열에 뉴클레오티드를 변형시키는 돌연변이(mutation)에 의해 발생된다(7장). 또한 유전적 다양성은 이주자(immigrants)에 의해 개체군으로 도입될 수 있다.

개체군들에서의 유전적 다양성은 돌연변이(mutation)에 의해 발생되고 이주(migration)에 의해 도입된다.

유전적 다양성을 실명하기 위해 사용되는 용어는 Table 3.1에 정의되어 있다. 유전적 다양성은 일반적으로 **다형성**(polymorphism), **평균 이형접합도**(average heterozygosity)와 **대립유전자 다양성**(allelic diversity)을 이용하여 설명된다. 예를 들면, 알로자임 전기영동(allozyme electrophoresis)으로 평가해 본 결과 아프리카 사자에서 단백질을 암호화하는 유전자좌위의 23%가 가변적이고(다형성; polymorphic), 평균적으로 개체의 유전자좌위 7.1%가 이형접합성(heterozygous)이며, 한 유전자좌위 당 평균 1.27개의 대립유전자(대립유전자 다양성; allelic diversity)가 있다(예제 3.1). 이러한 유전적 다양성의 수준은 멸종위기종이 아닌 포유류에 대한 알로자임 변이(allozyme variation)를 대표한다. 그에 반해 멸종위기의 아시아 사자는 낮은 유전적 다양성을 가지고 있다(Box 3.1). 유전적 다양성의 특성은 추후 4장에서 다룰 것이다.

Table 3.1 유전적 다양성을 설명하기 위해 쓰이는 용어

Locus (plural **loci**) 특정 유전자가 위치해 있는 염색체상의 지역, 또는 DNA나 개체의 유전자의 한 부분, 예) 알콜탈수소효소에 대한 정보를 코딩하고 있는 DNA의 부분은 헤모글로빈을 코딩하고 있는 부분과는 분리되어있다. 마이크로세틀라이트(microsatellite)와 같은 분자적 유전자좌위들은 아무런 기능을 하지 않는 DNA의 단순한 부분이다.

Alleles 상동염색체(homologous chromosomes)상의 같은 유전자좌위(유전자)에 있는 뉴클레오티드 염기서열의 서로 다른 변이형으로, 일반적으로 A 유전자좌위의 4가지 대립형질은 A_1, A_2, A_3, A_4로 분류된다.

Genotype 한 유전자좌위에 나타나는 대립유전자의 조합, 예) A_1A_1, A_1A_2 또는 A_2A_2.

Genome 종 또는 개체에 있는 완전한 유전적 물질. 모든 유전자좌위와 이들 사이의 지역을 모두 포함한 DNA 뉴클레오티드 전체.

Homozygote 한 유전자좌위에 2개의 같은 대립유전자가 존재하는 개체, 예) A_1A_1.

Heterozygote 한 유전자좌위에 서로 다른 2개의 대립유전자가 존재하는 개체, 예) A_1A_2.

Allele frequency 군집 내 특정 대립유전자의 상대적 빈도. 예를 들어, 2배체를 가지는 종의 개체군이 2 A_1A_2 개체와 8 A_2A_2 개체를 가진다면, A_1은 총 2개, A_2는 18개를 가지게 된다. 따라서 대립유전자 A_1은 0.1의 빈도를 가지고 A_2는 0.9의 빈도를 가지게 된다.

Plolymorphic A_1과 A_2처럼 하나의 유전자좌위에 2개 또는 그 이상의 대립유전자가 있는 것. 이러한 다형성(polymorphic) 유전자좌위는 보통 0.99 또는 0.95보다 작은 빈도에서 가장 흔한 대립유전자를 가지는 것으로 나타난다(최소값은 샘플의 크기에 따라 달라진다).

Monomorphic A_1처럼 개체군 내의 한 유전자좌위에 하나의 대립유전자만 나타날 때 단형성(monomorphic)이라 한다. 모든 개체는 같은 대립유전자에 대해 동형접합체로 존재한다.

Proportion of loci polymorphic(P) 다형성 유전자좌위(polymorphic loci)의 수 / 전체 유전자좌위의 수. 예를 들어, 10개의 유전자좌위 중에 3개가 다형성이고, 7개가 단형성이면,

$$P = \frac{3}{10} = 0.3.$$

Average heterozygosity(H) 이형접합체인 유전자좌위의 평균 비율. 예를 들면, 개체군 내 10개의 유전자좌위에서 이형접합체의 비율이 0.2, 0.4, 0.1, 0, 0, 0, 0, 0, 0, 0이면

$$H = \left(\frac{0.2 + 0.4 + 0.1 + 0 + 0 + 0 + 0 + 0 + 0 + 0}{10}\right) = 0.07.$$

이는 관찰된 이형접합성(**observed heterozygosity**)를 의미함. 전형적으로 이형접합성 예측치(expected heterozygotity)는 이형접합성 관찰치에 비해 샘플 크기에 덜 민감한 것으로 보고되어 있지만, 2개의 수치가 임의 교배 개체군에서는 수치상 비슷하게 나온다.

Allelic diversity(A) 유전자좌위당 대립유전자의 평균 수, 예를 들어, 10개의 유전자좌위의 대립인자수가 2, 3, 2, 1, 1, 1, 1, 1, 1, 1이면,

$$A = \left(\frac{2 + 3 + 2 + 1 + 1 + 1 + 1 + 1 + 1 + 1}{10}\right) = 1.4.$$

Co-diminance 표현형으로부터 확인할 수 있는 모든 유전자형의 상태, 즉 A_1A_1, A_1A_2 그리고 A_2A_2는 구분될 수 있다. 이는 몇몇 유전자형의 표현형이 구분되지 않는 우성과는 차이가 있다.

Genetic distance 두 개체군 또는 종에서 대립유전자 빈도 간의 유전적 차이의 정도(예: Nei의 유전적 거리, 16장 참조). 이들은 다양한 유전자좌위에 근거하였다.

예제 3.1 아프리카 사자에서의 유전적 다양성(Newman *et al*. 1985)

아프리카 사자(African lions)에 존재하는 26개의 유전자좌위의 단백질 전기영동 변이 조사에서 20개 유전자좌위는 변이가 없고(단형성; monomorphic), 6개의 유전자좌위에서 변이가 있음(다형성; polymorphic)이 밝혀졌다. 개체군에서 6개 유전자좌위 각각에 대해 이형접합체(heterozygous)를 가진 개체들 비율과 다형성 유전자좌위에서 대립유전자의 빈도가 보여진다.

	대립접합자			
엔자임 유전자좌위	1	2	3	**이형접합성 (*H*)**
ADA	0.56	0.33	0.11	0.564
DIAB	0.61	0.39		0.476
ES1	0.88	0.12		0.211
GPI	0.85	0.15		0.255
GPT	0.89	0.11		0.196
MPI	0.92	0.08		0.147
동형성의 20개 유전자좌위	1.00			0

26개 유전자좌위에서 6개 유전자좌위가 가변적이기 때문에 다형성 유전자좌위의 비율(P)은

$$P = \frac{6}{26} = 0.23$$

그러므로, 아프리카 사자에서 유전자좌위의 23%는 다형성으로 추정된다.

일반적으로 개체에서 이형접합체 유전자좌위의 비율(H; average heterozygosity)은 다음과 같이 계산된다.

$$H = \frac{[0.564 + 0.476 + 0.211 + 0.255 + 0.196 + 0.147 + (20 \times 0)]}{26} = 0.071$$

그러므로, 평균 사자에서 유전자좌위의 7.1%는 이형접합체이다.

대립유전자 다양성(A; allelic diversity)은 다음과 같이 계산된다.

$$A = \frac{[3 + (5 \times 2) + (20 \times 1)]}{26} = 1.27 \text{ 한 유전자좌위 당 대립유전자}$$

그러므로, 한 유전자좌위 당 평균 1.27개의 대립유전자가 있다.

Box 3.1 인도 Gir Forest 지역에 서식하는 멸종위기에 처한 아시아 사자에서의 매우 낮은 유전적 다양성(O'Brien 1994)

야생 아시아 사자는 인도 북서부 지역의 Gir Forest에서만 서식하고, 현재 남은 개체수는 채 250개체가 되지 않는다. O'Brien과 그의 동료들은 50개의 알로자임 유전자좌위에 대한 유전적 다양성 측정과 DNA 지문분석법(DNA fingerprints)을 실시하였다(Gilbert *et al*. 1991). 아시아 사자(Gir lions)와 큰 개체군 크기를 가지고 있는 멸종위기에 처하지 않은 아프리카 사자(African lions) 개체군들에 대한 유전적 다양성 수준이 아래에 주어져 있다.

아시아 사자

	알로자임		DNA 지문법
	P	*H*	*H*
Gir lions	0	0	0.038
African lions	0.04–0.11	0.015–0.30	0.45

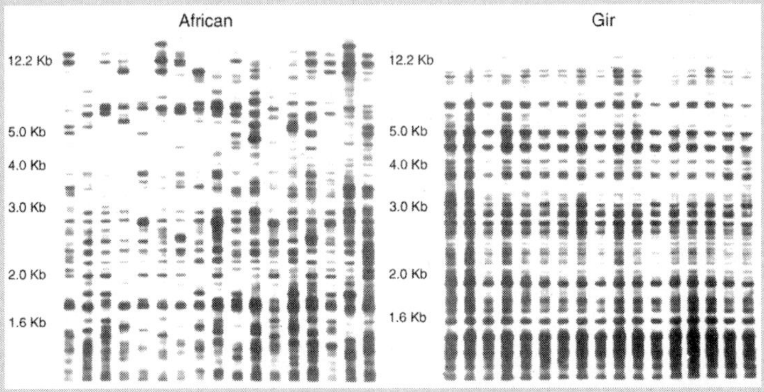

2가지 측정 모두에 대해, 아시아 사자는 아프리카 사자보다 훨씬 더 적은 유전적 다양성을 가지고 있는 것으로 나타났다. DNA 지문법에서, 아시아 사자는 인간의 일란성 쌍생아만큼 거의 유사하다.

아시아 사자의 낮은 유전적 다양성에 대한 가장 가능성 있는 설명은 오랜 기간 동안 개체군이 감소하였다는(병목현상; bottlenecked) 것이다(11장). 아시아 사자들은 1900년대 초 개체군 크기의 심각한 감소(20 개체보다 더 적음)를 겪었다.

놀랍게도, 아시아 사자의 포획 개체군에서 알로자임(allozyme)에 대한 유전적 다양성을 가지고 있음이 발견되었다. 그러나 이는 아프리자 사자와의 우연한 교배 때문인 것으로 증명되었다.

유전적 다양성 측정

단백질, 핵 DNA 유전자좌위(nuclear DNA loci), 미토콘드리아 DNA(mtDNA), 엽록체 DNA(cpDNA), 유해한 대립유전자(deleterious allele), 계속해서 바뀌는(양적인; quantitative) 형질과 염색체를 포함한 서로 다른 많은 형질로 유전적 다양성이 측정되어 왔다. 방법이 개선되고 가격이 줄어듦에 따라 DNA 수준에서의 변이에 대한 대부분의 새로운 자료들이 만들어졌다.

단백질

유전적 다양성에 대한 다양한 정보가 단백질의 전기영동분리를 통해 얻어져 왔다.

수용성 단백질(soluble protein)에 대해 암호화하고 있는 유전자좌위의 대립 형질 변이(allelic variation)는 전기적 전위 기울기(electrical potential gradient)에서 단백질의 순전하와 분자량에 따라 단백질을 분리시키는 전기영동(electrophoresis)을 이용하여 구분할 수 있다(Box 3.2). 그러나 DNA 변화의 약 30%만이 단백질의 전하를 변화시키므로 이 기술은 유전적 다양성의 전체 범위를 나타내지는 못한다.

단백질 전기영동은 일반적으로 수용성 단백질이 풍부하고 다양한 종류를 포함하고 있는 동물의 혈액, 근육, 간 또는 신장과 식물의 잎, 뿌리 끝을 재료로 이용하여 실시된다. 결과적으로 동물들의 혈액 샘플을 얻기 위해 포획되어야 하고, 다른 조직 샘플을 얻기 위해서는 동물들을 죽여야 하는데 이는 멸종위기종에게 적합하지 않다. 수용성 단백질은 상대적으로 손상되기 쉬운 분자이고, DNA 기술과는 달리 단백질 기술(protein techniques)은 신선하거나 신선 동결된 샘플을 필요로 한다. 이 기술은 1970년, 1980년대 동안 폭넓게 이용되었으나, 현재 DNA 기반의 방법들(DNA–based methods) 특히 마이크로세틀라이트(microsatellite)를 이용하는 것으로 점점 바뀌었다(Box 3.3 참조).

Box 3.2 알로자임 전기영동(allozyme electrophoresis)을 이용한 단백질에서의 유전적 다양성 측정(Leberg 1996; Schlötterer 2004)

단백질을 구성하는 아미노산 서열은 단백질을 암호화하는 DNA 염기서열에 의해 결정된다. 염기서열의 변화는 단백질의 아미노산을 바꿀 수 있다. 20개의 아미노산 중 5개 아미노산은 전기적으로 전하를 띄기 때문에(리신, 아르기닌, 히스티딘은 [+], 글루탐산과 아스파르트산은 [–] 전하를 띈다), DNA 치환의 약 30%는 그 결과로 단백질의 전하를 바꾼다. 이러한 변화는 염기변화에 의한 분자량의 차이뿐만 아니라 전위기울기에서의 단백질의 분리가 발견될 수 있고, 나중에 유전자좌위 특이적 조직화학염색(locus–specific histochemical stain)을 이용하여 변화가 시각화 될 수 있다. 이 과정을 **알로자임** 전기영동(**allozyme** electrophoresis) 이라고 한다. 예를 들어, 한 유전자좌위에 대립유전자의 DNA가 다음과 같이 염기서열을 가진다면 :

	DNA	염기치환된 DNA
염기서열	....TAC GAA CTG CAA....	....TAC GAA C**C**G CAA....
mRNA	....AUG CUU GAC GUU....	....AUG CUU G**G**C GUU....
아미노산 서열	....met – leu – asp – val	....met – leu – **gly** – val ....

음전하를 띄는(산성 아미노산) 아스파르트산(asp)이 전하를 띄지 않는(무극성 아미노산) 글리신 아미노산으로 치환되었기 때문에 오른쪽의 단백질이 전위기울기에서 양극을 향해 더 느리게 이동할 것이다.

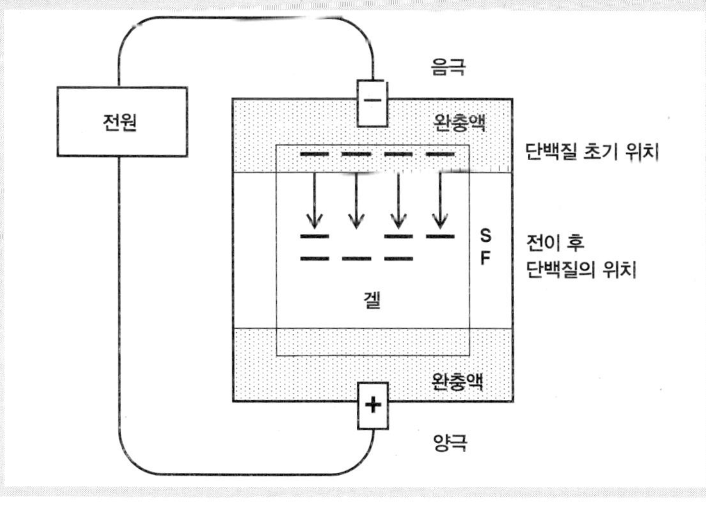

단백질 전기영동장치(after Hedrick 1983). 수용성 단백질 추출물(soluble protein extracts)은 분리 겔(separation gel) 맨 위를 가로질러 맞은편으로 일정한 간격을 둔 위치에 놓여진다. 겔(gel)에 적용된 전위기울기는 단백질이 겔을 통해 이동하도록 한다. 같은 유전자좌위에 의해 암호화된 서로 다른 전하를 가지는 단백질들은 서로 다른 위치로 이동하고(F–fast, S–slow), 유전자좌위의 서로 다른 대립유전자의 발견을 가능하게 한다. 특정 유전자좌위로 부터의 단백질들은 보통 조직화학염색(histochemical stain)을 이용한 이들 단백질 고유의 효소 활성에 의해 발견된다.

유전적 다양성을 측정하기 위한 DNA 샘플 수집

비침습성(non–invasive) 또는 '원격' 추출('remote' sampling) 그리고 DNA의 PCR 증폭 등의 방법으로 DNA에서 유전적 다양성을 측정할 수 있다.

단백질 변이와는 달리 DNA 변이 측정의 주요 이점은 샘플을 흔히 비침습성(non–invasively)으로 다룰수 있고, 유전자형이 DNA 증폭 후에 식별된다는 것이다(아래 참조). DNA를 포함한 어떠한 생물학적 재료라도 현대의 분자기술을 사용하여 유전적 다양성을 측정할 수 있다(Avise 2004; Schlötterer 2004). 예를 들면, 동물들의 떨어진 털(shed hair), 피부껍질(skin), 깃털(feathers,), 배설물(대변, 소변), 난각(egg shell), 어류 비늘(fish scales,), 혈액(blood), 조직(tissues), 타액(saliva), 정액(semen)과 식물의 화분(pollen)과 조직 등에서 DNA를 얻을 수 있다. 박물관에 보관된 피부껍질(museum skin), 보존된 조직(preserved tissues)과 식물 표본실 재료(plant herbarium material) 또한 DNA를 얻을 수 있는 충분한 재료이다. 한 가지 조건은 일부 비분해성 DNA(undegraded DNA)를 포함하고 있는 샘플이며, 다른 개체 혹은 유연관계가 가까운 종들의 DNA로 오염되지 않은 샘플이어야 한다.

현재는 아주 작은 DNA 샘플(단일세포의 함량만큼 작은)도 PCR에 의해 수백만 배 증폭될 수 있기 때문에 아주 미세한 생물체의 샘플이라도 유전적 분자분석에 필요하다.

PCR을 이용한 DNA 증폭

아주 적은 양의 DNA는 중합효소연쇄반응(polymerase chain reaction; PCR)으로 증폭될 수 있다.

DNA 다양성을 측정하는 현재 대부분의 실험방법들은 매우 작은 DNA 샘플들로부터의 특정 DNA염기서열을 증폭할 수 있게 해 주는 중합효소연쇄반응(polymerase chain reaction; PCR)에 의존한다(Fig. 3.1).

원하는 DNA 가닥(DNA segment)을 증폭시키기 위해서, PCR 반응을 위한 프라이머(primer) 제작을 위해 먼저 DNA 양쪽 가닥의 보전 서열(invariant sequence; conserved)이 확인되어야 한다. 증폭될 부분이 확인되고 두 개의 프라이머(primer) 사이에 놓인다(Fig. 3.1). 이들 염기서열의 복제가닥(올리고뉴클레오티드;oligonucleotides)이 합성되고 PCR에 이용된다. 프라이머 염기서열은 미토콘드리아 DNA(mt DNA)에 관해 공개되어 있는 서열 정보로부터 추정될 수 있지만, 핵 유전자좌위(nuclear loci), 특히 마이크로세틀라이트에 관한 서열 정보는 자주 새로이 개발되어야 한다(아래 참조).

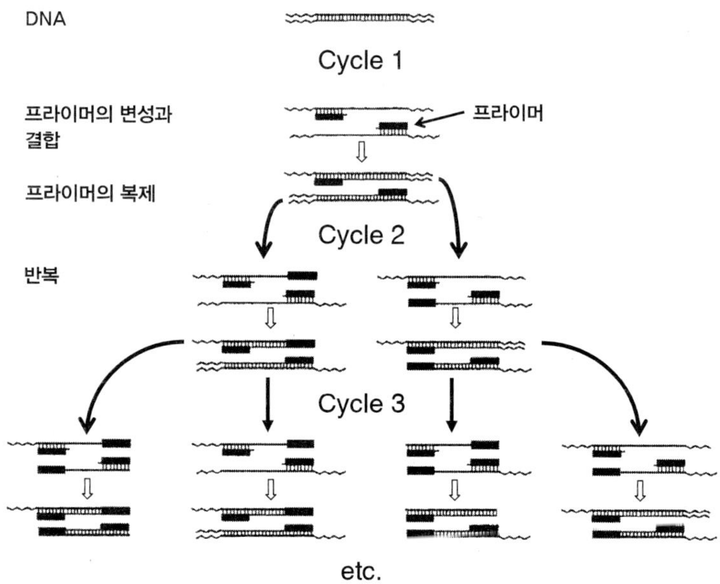

Fig. 3.1 DNA의 비침해 표본(non-invasive sampling)과 DNA를 증폭시키기 위한 중합효소연쇄반응(polymerase chain reaction; PCR)의 활용. PCR은 아주 작은 샘플들의 DNA를 증폭(다수의 복제 가능)시키기 위해 사용된다. PCR은 원하는 DNA 지역만을 복제한다는 점만을 제외하고는 기본적으로 자연적인 DNA 복제의 시험관 버전(test tube version)이라 할 수 있다. DNA가 생물시료로부터 추출 및 정제되고 복제에 필요한 모든 시약들이 포함된 혼합(mix) 반응이 추가된다. 이것은 DNA 올리고뉴클레오티드 프라이머와 열에 강한 DNA 복제효소(Tag polymerase), 마그네슘(magnesium), 4가지 뉴클레오티드와 버퍼(buffer)를 포함한다. 증폭될 DNA 서열(원하는 유전자좌위)의 양쪽 보전 DNA 서열(conserved DNA sequence)에 대해 프라이머는 상동(homologous)이다. Tag 중합효소(Tag polymerase)가 DNA를 복제하고, 뉴클레오티드는 새로운 DNA 가닥을 형성하고, 마그네슘과 버퍼는 효소의 기능이 잘되도록 도와준다.
반복되는 온도 사이클은 DNA를 변성시키는 데 이용되고(이중가닥의 분리), DNA 프라이머가 상보적인 염기서열 말단에 결합하고(anneal), 2개의 프라이머 사이로 DNA 염기서열을 복제한다(extend). 각 사이클은 원하는 부위의 DNA를 두 배로 만든다.

DNA 수준에서의 다양성 측정

> 몇 가지 실험방법들은 현재 선호되는 방법으로 마이크로세틀라이트(microsatellite)를 포함한 DNA 염기서열의 다양성을 측정하기 위해 이용될 수 있다.

Box 3.3은 직·간접적으로 DNA 염기서열 변이 측정에 이용할 수 있는 많은 기법들을 설명하고 있다. DNA 염기서열 결정(DNA sequencing)은 특히 분류학상의 목적으로 흔히 이루어지고 있다. 마이크로세틀라이트(variable number short tandem repeats; VNTRs : Box 3.3)는 개체군 연구를 위한 선택 표시물(marker of choice)로 쓰여 왔다. 마이크로세틀라이트는 매우 가변적(variable)이고, 개체의 유전자형이 바로 추론될 수 있으며 개체들은 비친습성 샘플링에 따라 분류될 수 있기 때문에 DNA 변이를 측정하는 다른 방법들보다 유리하다. 미이크로세틀라이트는 일반적으로 각각의 종마다 각 유전자좌위에 대한 프라이머를 새로 개발해야 된다는 단점을 가지고 있다. 한 종에 대해 개발된 프라이머로 매우 가까운 유연관계를 지닌 종들에서도 이용할 수 있다. 예를 들어, 인간의 프라이머는 보통 침팬지에서도 이용되고, 사육되는 반추동물(domestic ruminant)의 어떤 프라이머들은 아라비아 오릭스(Arabian oryx, 영양의 한 종류)에서 이용된다.

Box 3.3 DNA에서 유전적 다양성을 측정하기 위한 기법들(Avise 2004; schlötterer 2004; Behura 2006)

마이크로세틀라이트(SIMPLE SEQUENCE REPEATS: SSR, OR SHORT TANDEM REPEATS: STR)

마이크로세틀라이트 유전자좌위(microsatellite loci)는 DNA의 짧은 연쇄 반복 염기서열로, 대개 길이가 1~5bp이다. 예를 들어, 7회와 9회 반복되는 DNA 염기서열 CA(대립유전자 A_1과 A_2)가 아래와 같이 보여 진다. CA 반복은 많은 종에서 발견된다. 마이크로세틀라이트 반복 횟수는 DNA 복제 도중 '미끄러짐(slippage)'으로 인해 매우 가변적(다형성)이다. 세 가지 유전형의 이중가닥인 DNA서열, 두 개의 다른 동형접합자와 하나의 이형접합자는 겔(gel)에 전기영동에 따른 띠 모양(banding pattern)과 함께 아래에 설명되어 있다. **X**와 **Y**는 반복되는 마이크로세틀라이트 양 끝의 보전(conserved) DNA 염기서열(프라이머 지역)이다.

A_1A_1	A_1A_2	A_2A_2
XCACACACACACACA**Y**	**X**CACACACACACACACACA**Y**	**X**CACACACACACACACACA**Y**
XGTGTGTGTGTGTGT**Y**	**X**GTGTGTGTGTGTGTGTGT**Y**	**X**GTGTGTGTGTGTGTGTGT**Y**
XCACACACACACACA**Y**	**X**CACACACACACACA**Y**	**X**CACACACACACACACACA**Y**
XGTGTGTGTGTGTGT**Y**	**X**GTGTGTGTGTGTGT**Y**	**X**GTGTGTGTGTGTGTGTGT**Y**

겔 위의 DNA 단편 크기 The samples loaded at top, migration is down the page, with smaller fragments coded tor by the A_1 allele migrating furthest)

마이크로세틀라이트 다양성(microsatellite diversity)은 PCR을 이용하여 DNA를 증폭시킴으로써 알아낼 수 있다(Fig.3.1). 증폭된 결과물인 DNA 조각은 아크릴아마이드 겔(acrylamide gels) 또는 아가로스 겔(agarose gels) 전기영동을 통해 크기에 따라 분리된다. 분리가 된 후, 조각들은 다음 과정을 통해 알아낼 수 있다. (1) 형광 표지된 프라이머의 활용과 DNA 염기서열 분석기기(DNA sequencing machine)를 이용 (2) 방사선 표지된 프라이머의 활용과 겔의 자기방사법(autoradiography) 또는 (3) 브롬화에티듐(EtBr)으로 염색한 겔 (DNA 염색). 만약 개체가 서로 다른 반복 횟수를 보이는 2개의 마이크로세틀라이트 대립유전자를 가진 이형접합체(heterozygous)라면, 위에서 보여 지는 것처럼 2개의 서로 다른 크기의 band가 발견될 것이다.

짧은 연쇄반복 염기서열(tandem repeats)은 DNA의 비암호화 지역에 위치해 있기 때문에 마이크로세틀라이트는 일반적으로 자연적인(선택에 노출되지 않음) 유전자좌위들에 대한 유전적 변이를 측정한다.

AFLP: AMPLIFIED FRAGMENT LENGTH POLYMORPHISM

DNA가 제한효소(restriction enzyme)에 의해 잘리고, 짧은 DNA 조각(adapters)이 염기서열(sequence)의 cut ends에 결합된다. 효소-특이적 뉴클레오티드 염기서열(enzyme-specific nucleotide sequence)이 있는 곳이 어디든 제한효소가 DNA를 자르기 때문에 DNA는 가변길이(variable length)로 잘려지고 개체들 간 이 패턴의 가변성(variability)은 DNA 염기서열 변이를 반영한다. PCR은 '선택적인' 뉴클레오티드에 adapter sequence까지 결합된 프라이머를 사용하여 진행된다. 이 방법은 band 존재(우성; dominant) 또는 band 부재(열성; recessive)

로써 분명한 다유전자좌위 DNA 지문분석(multilocus DNA fingerprint)을 만들어낸다. 단일 AFLP 유전자좌위(single AFLP locus)가 세 가지 유전자형에 대해 겔 상에서 관찰된 패턴과 함께 아래에 나타나있다. 'o'는 특정 제한효소에 의해 잘린 염기서열을 가지는 DNA 부위를 나타내고, 실선은 PCR에 의해 증폭된 DNA 조각을 나타낸다. A는 우성이고 a는 열성(프라이머 지역 없음)이다.

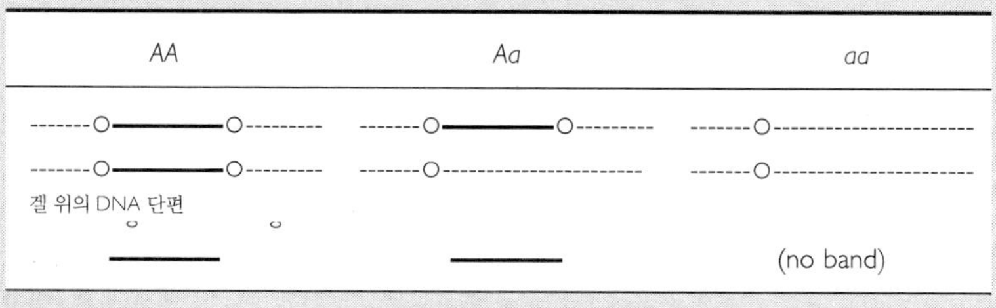

SNP: SINGLE NUCLEOTIDE POLYMORPHISM

둘 또는 그 이상의 대체 염기(alternative base)가 상당한 빈도(>1%)로 발생하는 종들의 DNA 자리를 단일염기다형성(single nucleotide polymorphism)이라 한다. 이들 단일염기다형성은 염기서열분석(sequencing)의 대립유전자 특이적 PCR(allele specific PCR) 또는 microarray chip(많은 짧은 DNA 염기서열들이 slide에 결합)을 포함한 매우 다양한 기법들에 의해 발견될 수 있다 (Black & Vontas 2007; Kim & Misra 2007). 예를 들면, 2종류의 효모(yeast strain)들 사이에 알려진 90%의 SNP 차이점들은 단일 DNA 칩으로 발견할 수 있다 (Gresham *et al.* 2006). SNPs는 염기서열이 밝혀진 종들 또는 유연관계가 매우 가까운 종들에 아주 실용적이다. 많은 종들의 염기서열 순서가 밝혀져 있기 때문에 보전유전학(conservation genetics)에서 SNP의 유용성이 증가하고 있다 (10장).

RAPD: RANDOMLY AMPLIFIED POLYMORPHIC DNA

이 기법에서는 보통 길이 10–20 bp(base pairs)인 임의의 프라이머 염기서열(primer sequence)이 핵 DNA 샘플(nuclear DNA sample)의 PCR 반응에 이용된다. 이는 agarose gel 또는 sequencing gel에서 분리되는 일련의 DNA 조각을 만들어낸다. 일반적으로, 각각의 프라이머에 대해 몇 가지 band가 발견되기 위해 100–200bp 범위의 몇몇 DNA 조각들이 증폭된다(Fig 21.8). DNA의 프라이머 지역에 변이가 있다면, 어떤 band는 위의 AFLP와 유사한 존재–부재 패턴(presence–absence pattern)이 나타날 것이다.

유전적으로 물려받는 특성(inheritance)은 우성(presence)/ 열성(absence)이고, RAPD는 게놈(genome)의 염기서열을 밝혀낼 필요없이 많은 유전자좌위를 분석하고 특정 프라이머를 제작한다. 이것의 단점은 유전의 우성형태(dominant mode of inheritance)와 결과의 반복성에 대한 문제이다. 이러한 단점은 AFLP에 의해 대체되어 왔다. RAPD는 식물에서 폭넓게 사용되어 왔으나 동물에서도 적지 않게 사용되어 왔다.

DNA 지문법(minisatelliteS, OR VARIABLE NUMBER TANDEM REPEATS: VNTR)

VNTRs(variable number tandem repeat sequences)는 인간과 다른 진핵생물의 게놈을 통해 알게 되었다. 이러한 minisatellite 염기서열(minisatellite sequence)은 10–100개 범위의 염기

를 가지는 중심반복 염기서열(core repeat sequence. 즉, 마이크로세틀라이트보다 더 큼)을 가진다. 개체 분류에서 DNA 지문법의 결과인 'barcode'는 각각의 개체에서 대게 특별한 곳이다. minisatellite를 확인하기 위해서 DNA가 정제되고, 반복구조(repeat) 바깥쪽을 쪼개는 제한효소에 의해 잘리고 minisatellite DNA 조각이 방출될 것이며, 잘린 DNA 조각은 아가로오스 겔 상에서 크기에 따라 분리된다. DNA 조각의 이중가닥이 분리되고(변성; denatured) 막(membrane)으로 이동된다(서던블로팅; southern blotting). DNA가 결합된 막은 방사능으로 표지된 특정 중심 반복 염기서열(specific core repeat sequence)의 많은 단일 DNA 가닥이 포함되어 있는 용액에 둔다(probed). 방사능으로 표지된 중심염기서열은 상보적인 염기쌍에 의해 막에서 minisatellite 조각에 결합한다(잡종결합; hybridize). 단일가닥의 비잡종화(unhybridized)된 탐침 DNA(probe DNA)는 씻겨 내려간다. 막이 건조되고 minisatellite 위치가 자기방사법(autoradiography)에 의해 밝혀진다.

이계교배하는 각각의 개체들이 갖는 특별한 DNA 지문법의 반복되는 수는 매우 가변적이다. 단일 minisatellite 유전자좌위에 대한 세 가지 유전자형의 겔(gel) 상에서의 band 패턴은 아래 그림에 나타나있다. 'o'는 중심염기 서열(core sequence)의 단일 반복구조를 나타낸다. 이러한 많은 유전자좌위들이 동시에 밝혀지고, 바코드와 유사한 band 패턴을 나타낸다(Box 3.1).

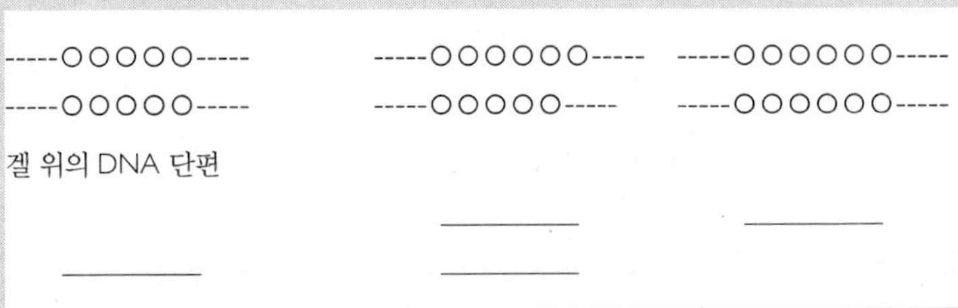

다양한 유전자좌위에 걸친 핵 DNA 변이를 평가하는 DNA 지문법은 매우 가변적이고 분류되어 있는 종에서 이전의 DNA 염기서열에 대한 정보를 필요로 하지 않는다. 그러나 그 조각들은 게놈의 여러 다른 장소에서 얻어지고 분류하는 데 상당히 많은 양의 DNA를 필요로 하므로 보통 개체유전자좌위는 식별할 수 없다. DNA 지문법은 현재 microsatellite 또는 AFLPs와 같은 PCR에 의한 비침습성 샘플링(non-invasive sampling)을 허용하는 방법으로 대체되어 오고 있다.

RFLP : RESTRICTION FRAGMENT LENGTH POLYMORPHISM

이 방법에서는, 정제된 DNA를 제한효소로 자르고 겔에서 서로 다른 크기의 DNA 절편들을 분리시킨다. DNA 가닥이 분리되어 막으로 이동되고 막이 건조된다. 막은 의문의 장소에 대한 많은 단일가닥 복사본, DNA의 방사선 표지된 부분을 포함하는 용액에 담겨진다. 상보적인 염기쌍이 형성된 후 비잡종화된 단일 가닥의 탐침(unhybridized single-stranded probe) 분자들은 씻겨지게 되고, 막이 건조된 후 자기방사법(autoradiography)을 시행한다. 만약 제한효소로 잘린 부위의 DNA 염기서열에 변이가 있다면 서로 다른 크기의 절편들이 아래에서 보여 지는 것처럼 자기방사법에서 분명히 드러나게 된다. 'o'는 특정 제한효소에 의해 잘린 염기서열을 나타내고(동일지점 상에서의 점선은 잘린 부위가 없음을 나타냄), probe에 의해 인식되는 부위는 실선으로 보인다.

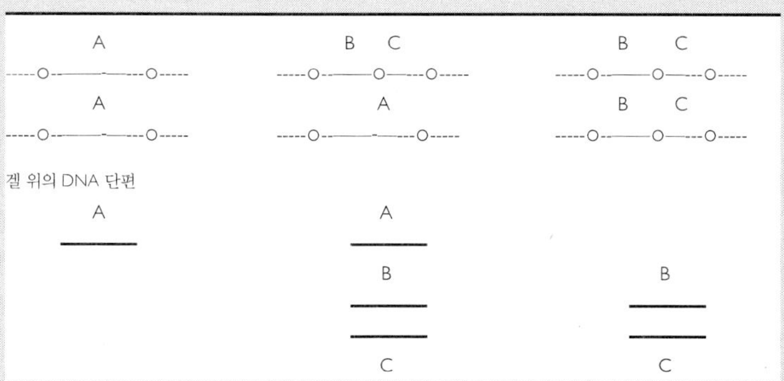

공동우성 유전(co-dominant inheritance)을 보여 주는 RFLP는 알려진 유전자들에서의 변이를 추적하게 되며, 적절히 변이가 존재하는 것으로 알려져 있다. RFLP법은 많은 양의 DNA를 필요로 하고 비침습성 샘플링(non-invasive sampling)으로 분류될 수 없기 때문에, RFLP 방법들이 조금 더 편리한 방법인 PCR 기반의 방법들로 대체되고 있다.

SSCP: SINGLE-STRAND CONFORMATIONAL POLYMORPHISMS

서로 다른 개체들로부터의 PCR 산물들 사이의 유전적 다양성은 염기서열 분석없이 SSCP를 이용함으로써 발견될 수 있다. 이 과정은 PCR 산물로부터 DNA의 상보적인 두 가닥이 높은 온도에서 분리되고(denatured), 즉시 냉각시키고 단일가닥의 산물들을 낮은 온도에서 폴리아크릴아미드 겔(polyacrylamide gel) 상에서 전기영동한다. 이러한 상태에서 단일 DNA 가닥들은 염기서열 특이적 방법으로 그들 스스로 접힌다. 이러한 분자들은 이들 크기와 형태에 따라 겔 상에서 이동한다. 이 방법은 mtDNA와 몇몇 핵 유전자좌위(특히 MHC 유전자좌위)에서 유전적 다양성의 발견에 적용되어 왔다. 두 가지 mtDNA 염기서열(반수체형;haplotype)의 예와 SSCP를 따르는 이들의 이동성이 아래에 나타나 있다(after Smith & Wayne 1996). 단일 상보적인 DNA가닥의 각각에 대한 band가 있음을 언급하고 있다.

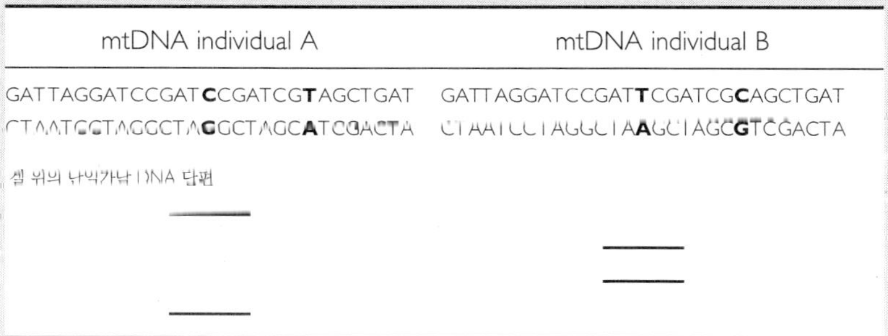

DNA 서열

유전적 다양성을 측정하기 위한 가장 정확한 방법은 DNA 서열 분석기기를 이용해 염기들의 서열을 알아내는 것이다. 이는 주로 mtDNA와 핵 유전자좌위가 적은 개체들에 대한 염기서열을 밝히려는 분류학적 목적으로 이용되어 왔다. 그러나 이는 인간 게놈 프로젝트와 다른 종에서의 동등한 노력과 같은 기술의 발달로 인해 DNA 서열을 밝히는 시간과 비용을 현저하게 감소시켰다. 현재 많은 종에 대한 전체 게놈이 분석되었고, 게놈 수준의 분석은 종의 역사와 생물학을 이해하기 위한 영향력 있는 새로운 방법들을 제공하였다(10장).

유전적 다양성을 측정하는 서로 다른 특성의 분자 기법들이 Table 3.2에 비교 설명되어 있다. 유전 방식은 유용한 기능의 중요한 결정 요소이다. 공동우성 유전(co-dominant inheritance)은 모든 유전자형을 구별할 수 있게 해주기 때문에 가장 가치가 있다. 대부분의 보전생물학에서 사용되는 높은 유전적 다양성을 보여 주는 방법은 더 높은 정확성을 제공한다. 예를 들어, 멸종위기종과 비멸종위기종에 대한 매우 효과적인 비교를 제공하며, 혈통 등을 잘 구별할 수 있다. microsatellite는 알로자임(allozyme)보다 유전자좌위 당 유전적 다양성의 더 높은 수준을 보여 주는 반면에 RAPDs, AFLPs와 DNA fingerprint는 일반적으로 알로자임에서 조사 가능한 것보다 더 많은 유전자좌위들이 조사될 수 있도록 해준다. 많은 SNPs는 염기서열이 밝혀져 있는 종들에서 보여질 수 있다.

Table 3.2 유전적 다양성 평가에 대한 서로 다른 분자적 방법들의 특성

방법	시료	비침해적 표본	비용	분석시간[a]	유전
Allozymes	blood, kidney, liver, leaves	No	Low	None	Co-dominant
Microsatellites	DNA	Yes	Moderate	Moderate	Co-dominant
AFLP	DNA	Yes	Moderate	Short	Dominant
SNP	DNA	Yes	Moderate–high	Considerable	Co-dominant
DNA fingerprints	DNA	No	Moderate	Short	Dominant
RAPD	DNA	Yes	Low–moderate	Short	Dominant
SSCP	DNA	Yes	Moderate	Moderate	Co-dominant
DNA sequencing	DNA	Yes	High	None	Co-dominant

[a] 멸종위기종에 대한 genotyping을 하기 위해 기법을 개발하는 데 걸리는 시간의 표시.

미토콘드리아 DNA (mtDNA)

미토콘드리아 DNA는 대부분의 종들에서 모계 유전된다. 종 내에서 개체군 사이의 분류학적 관계와 차이를 평가하기 위해 폭넓게 이용된다.

미토콘드리아는 대부분의 종에서 모계 유전되고 주로 재조합(recombination) 없이 전달되는 작은 원형의 반수체형 DNA 분자(small circular haploid DNA molecules)를 포함한다(Barr *et al.* 2005). 세포 하나에는 많은 미토콘드리아가 있기 때문에 상대적으로 미토콘드리아 DNA는 풍부하고 정제하기 쉽다. mtDNA에서 유전적 다양성은 염기서열 분석(sequencing), SSCP 또는 제한효소를 이용한 절단(RELP)으로 밝힐 수 있다(Box 3.3). 현재 대부분의 종에서 작용하는 DNA 프라이머는 mtDNA의 여러 장소에 사용할 수 있다. 이들 유전자좌위는 PCR에 의해 증폭될 수 있고, 증폭된 염기서열은 서열이 결정된다. mtDNA 염기서열 결정법은 비침습적 샘플링에 따라 이루어질 수 있다는 점에서 다른 기법들 보다 유리한 이점을 가지는데, mtDNA는 동물에서 높은 돌연변이율(mutation rate)을 가지고 매우 가변적이며 특히 가계에서 모계(female line) 또는 이주 패턴(migration pattern)을 추적하는 데 사용될 수 있다. 단점은 오직 단일 모계 유전 단위(single maternally inherited unit)만을 추적할 수 있다는 것이다. 보전에서의 주된 이용은 불확실한 분류체계의 해결, 관리 단위의 정

의, 종생물학의 이해를 돕는 중요한 면을 갖는 것이며, 나아가 mtDNA의 변이에 대한 고려 사항을 16장과 21장에서 다루도록 한다. 식물의 엽록체(chloroplast)에 있는 동일한 소기관의 DNA도 유사한 목적으로 이용될 수 있다.

유해한 대립유전자

돌연변이의 대다수는 기능적인 대립유전자에서 덜 기능적인 대립유전자 상태로 되는 것, 개체군에서 나타나는 유전적 다양성의 일부는 인간과 다른 종들에서 유전적 질병을 유발하는 것과 같은 유해한 대립유전자로 인해 나타난다. 이러한 유전적 다양성 형태의 발견에는 유전으로 인한 기형(deformity)과 기능 불량(malfunction)의 구별이 필요하다. 그러나 유해한 대립유전자는 일반적으로 드물고 대부분 열성이며, 대개 이형접합 상태(heterozygous state)로 숨겨져 있다. 결과적으로 실험동물과 재배식물에서 유해한 대립유전자를 드러나게 하는 데에 인위적인 근친교배가 사용되었다(13장). 안전한 염색체 동형접합체(chromosome homozygous)를 만들고(짧은 시간 동안의 완전한 근친교배), 치사 · 반치사 · 유해한 대립유전자의 수를 밝히기 위해 특별한 기법이 초파리에서도 이용할 수 있다(Lewontin 1974). 결과적으로 유해한 대립유전자에 대한 많은 정확한 자료는 초파리로부터 왔다. 근친교배는 유해하기 때문에 멸종위기 종에서 유해한 대립유전자의 빈도를 평가하기 위해 인위적으로 근친교배할 수 없다. 그러므로 불가피한 근친교배 혹은 우연한 근친교배로부터 한정된 이용 가능한 자료가 얻어진다.

> 열성의 유해한 대립유전자(recessive deleterious allele)는 친족 간의 교배(근친교배)로 인해 나타난다.

양적 형질

개체들은 번식(reproduction)과 생존에 있어 다양한 특징을 지닌다[예: 번식초기 연령, 한 배 새끼수, 종자, 일생 동안의 생식물질 방출량(lifetime reproductive output), 평균수명]. 이러한 특성들과 크기, 무게 등과 같은 측정 가능한 다른 형질들을 **양적 형질**(quantitative characters)이라고 한다.

양적 형질에서 변이는 인간에게서 확실하게 나타난다; 우리는 키, 몸무게, 형태가 다르다. 그러나 이 변이는 유전적 원인과 환경적 원인 때문이다. 인위선택(artificial selection) 또는 친족관계 간 유사성의 통계학적 분석은 양적 형질에 대한 개체들 간 유전 성분의 차이를 보여주는 데 이용된다(5장).

> 양적 형질에 대한 변이는 유전적 · 환경적 원인 때문이다. 유전요소(genetic component)는 인위선택(artificial selection)에 대한 반응에 의해 보여 지고 또는 공통의 환경으로 인한 것이 아닌 상대적인 유사성에 의해 확인된다.

진화 가능성(Evolutionary potential)은 번식적응도에 대한 양적 유전변이에 의해 가장 정확하게 측정될 수 있다(Franklin 1980). 불행하게도 양적 유전변이는 유전적 다양성을 나타내고 측정이 매우 어렵기 때문에 멸종위기종의 최소한의 정보만을 가지고 있다(5장). 유전적 다양성의 분자적 측정은 일반적으로 양적 유전변이와 거의 관련 없음을 보여 준다.

> 생활사 특성에 따른 양적 유전변이(quantitative genetic variation)는 진화 가능성(evolutionary potential)의 주요한 결정 요인이다.

염색체

염색체 다양성이 주로 이용되는 것은 종을 구별하는 것이다(Benirschke & Kumamoto 1991). 종은 보통 염색체의 수, 모양, 밴드 패턴(banding pattern)이 서로 다르다. 예를 들어, 중국문착(chinese muntjac, 사슴의 한 종류)과 인도문

> 종 내에서 개체들 간의 염색체의 수, 크기, 모양은 일반적으로 같지만 종 간 염색체는 서로 다르다.

착[indian muntjac(barking deer)]은 매우 유사하게 보여 몇몇 관계당국은 이들을 같은 종으로 간주한다. 그러나 중국문착은 46개 염색체($2n$=46)를 가지고 인도문착은 수컷은 6개, 암컷은 7개를 가진다($2n$=6/7) (Ryder & Fleischer 1996).

염색체는 분열세포(dividing cell)로부터의 배열된 염색체(핵형; karyotype) 모습을 사진으로 현상함으로써 특징지어졌다. 동물의 체세포는 혈액 또는 피부 조직검사로부터 배양될 수 있고 생식세포는 정소조직검사로부터 배양될 수 있다. 식물에서는 근단(root tip)이 체세포를 제공하고 꽃눈(flower bud)이 생식세포를 제공한다. 또한 염색체분염법(differential staining methods)이 염색체 밴드를 드러나게 하는 데 이용될 수 있고, 이것은 종 내에 개체들 간의 변이를 드러낸다. 예를 들어, 서로 다른 유전자 순서(전위; inversions)를 가지는 변종은 인간을 포함한 다양한 종들에서 발견된다(White 1973; Levy *et al*. 2007). 게놈 분석은 또한 종 내에서 전위, 결실, 게놈 단위반복변위(copy number variation-erCNV)를 포함한 추가적인 염색체 변이를 밝혀 왔다(Hoffmann *et al*. 2004; Levy *et al*. 2007). 염색체재배열(chromosome rearrangement)의 일부 유형에 대해 이형접합체 개체들은 생식력이 감소되어 왔고, 포획 사육 프로그램(captive breeding programs)에서 번식장애(reproductive difficulty)를 가지는 동물들이 세포학적으로 검사되었다. 식물의 개체군들은 배수성 수준(ploidy level)이 다르다(염색체 세트의 수 : $2n$ 이배수체, $4n$ 사배수체 등). 염색체에 대한 추가적인 정보는 16장에서 설명된다.

유전적 다양성의 정도

자연적인 이계교배를 하는 종의 큰 개체군은 대개 상당히 많은 유전적 다양성을 비축하고 있으며, 이는 DNA, 단백질, 유해 대립유전자(deleterious allele), 양적 형질 분석에 의해 발견된다.

Nuclear DNA

이계교배를 하는 종 내의 DNA 염기서열에서 유전적 다양성은 다양하다.

개체군 내 유전자좌위에 대한 DNA 염기서열 변이의 첫 번째 연구는 Kreitman (1983)이 초파리의 알코올탈수소효소(Adh)에 대해 연구한 것이다. 11개의 샘플들 중에서, 2379 염기쌍 중 43개의 가변지역이 발견되었다. 대부분의 염기 변화(42/43)는 유전자좌위의 암호화되지 않은 지역에서 일어나거나 아미노산에 대한 3개 염기 중 세 번째 염기에서 발생하기 때문에 아미노산 치환을 야기하지 않는다(즉, **동일치환**(silent substitutions)). 대부분의 **엑손**(exons, 아미노산을 암호화하고 있는 부분)은 변이가 적다. 그러나 다형성은 Adh 단백질에서 아미노산 다형성의 원인이 되는 하나의 다형성 지역 주변에서 가장 높고, 그 지역은 선택에서 유전적 다양성의 지지를 받는 곳이다(9장). 이계교배를 하는 유채속(brassica)의 두 식물 종의 *Adh* 유전자좌위 내 염기 변이가 오히려 초파리에서 발견된 것보다 더 높았다(Liu *et al*. 1998).

인간에게서, 평균 1,000개 염기 마다 SNPs가 발생하고, 9백만 개 이상 기록되었다(Kim & Misra 2007). 평균적으로 한 유전자좌위는 126개의 단일 염기

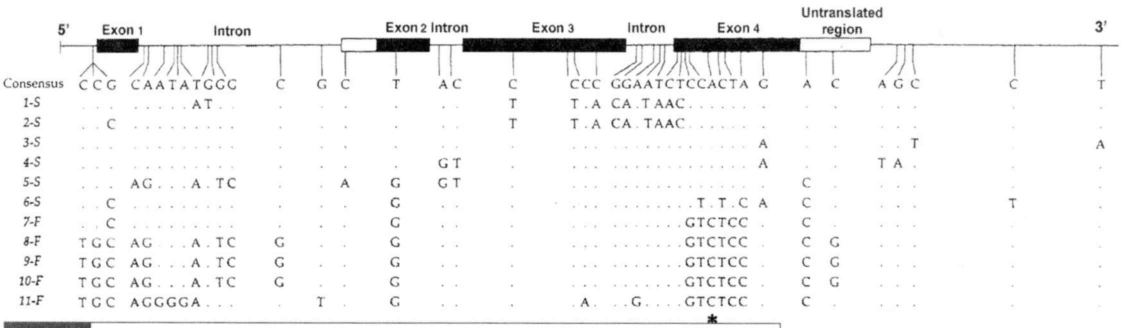

Fig. 3.2 야생 초파리의 알코올탈수소효소(Adh)에 대해 11개 샘플에서 발견된 DNA 염기서열 변이(after Li & Graur 1991 from data of Kreitman). 다형성 지역만 나타내었다. 가장 일반적인 염기서열과의 차이만 가장 윗줄에 알파벳으로 나타낸 반면 일치하는 염기는 점으로 표시하였다. 엑손 4의 별표는 알로자임 전기영동 이동성에 관여하는 트레오닌(threonine) 대체물인 라이신(lysine) 지역이다.

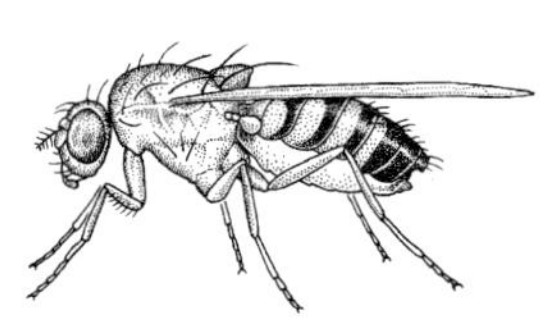
초파리

다형성을 가지고 있는데, 그중 46개는 흔하고(minor allele frequency > 0.05), 5개는 암호화된 지역에서 발견된다(Crawford *et al.* 2005). 포유류에는 약 20,000개의 암호화된 유전자좌위(coding loci)가 있고, 그 지역의 바깥에 훨씬 많은 염기서열 변이가 있다는 것을 고려해 볼 때, 대부분의 종에는 DNA 수준에서 막대한 양의 유전적 다양성이 있다. 몇 가지 자료들은 지금까지도 멸종위기종에 대한 SNP 변이(SNP variation)에 이용할 수 있다.

DNA 수준에서 다형성의 대부분은 암호화되지 않은 지역에서 발생하기 때문에 기능적 중요성을 거의 가지지 않거나 단백질에 대한 아미노산 서열을 변화시키지 않는다.

DNA에서 유전적 다양성의 가장 높은 수준은 일반적으로 기능적 중요성을 거의 가지지 않는 지역에서 발견된다; 기능적 산물(functional product)을 암호화하고 있지 않은 지역이나 분자적 기능을 변화시키지 않는 지역에서 발견된다. 바꾸어 말하면, 가장 낮은 유전적 다양성은 주로 효소의 활성 지역과 같은 기능적으로 중요한 지역에서 발견된다(Hartle & Clark 2007). 예를 들어, 인간의 암호화 지역의 SNPs(4%)가 비암호화 지역(96%)보다 더 적다(Crawford *et al.* 2005). 생물체 내 많은 DNA는 기능적 산물에 대해 암호화하고 있지 않다(10장). 이들 지역에서의 염기서열 변화는 적응도(fitness)에 거의 영향을 미치지 않는다. 이들 지역은 유전자좌위들 사이 뿐만 아니라 유전자좌위 내에도 존재하는데, 인트론은 선사는 되지만 번역은 되지 않는다. 게다가 유전자좌위 내 염기 치환의 약 70%가 침묵돌연변이이기 때문에 이들 대부분은 매우 약하게 자연선택되는 대상이 될 수 있다. 폴리펩티드 사슬의 몇몇 지역들은 기능성 단백질이 생성되기 전에 쪼개어진다. 이들 지역, 그리고 효소와 단백질의 활성화 부위 이외의 많은 지역들은 기능적 요구의 제한으로 통제된다.

중요한 기능을 하는 지역에서 다형성이 가장 낮다는 것을 일반화하는 데는 두 가지 주요한 예외가 있다. 이는 주조직적합유전자 복합체(major histocompatibility complex; 척추동물의 면역계에서 중요한 역할을 담당하는 큰 유전자 집단)와 식물의 자기불화합성 유전자좌위(self-incompatibility loci)이다. 두 지역 모두 자연선택으로 인해 매우 높은 수준의 유전적 다양성을 가지고 있다(2장, 9장).

종 내의 DNA 염기서열 변이는 원핵생물에서 가장 많고, 그 다음 단세포동물, 무척추동물 그리고 육상식물 순이다.

종 내의 DNA 염기서열 변이 정도는 주요 분류군들 간에 서로 다른데, 분류군 내 개체군 크기에 따라 그 정도가 커진다(Fig. 3.3).

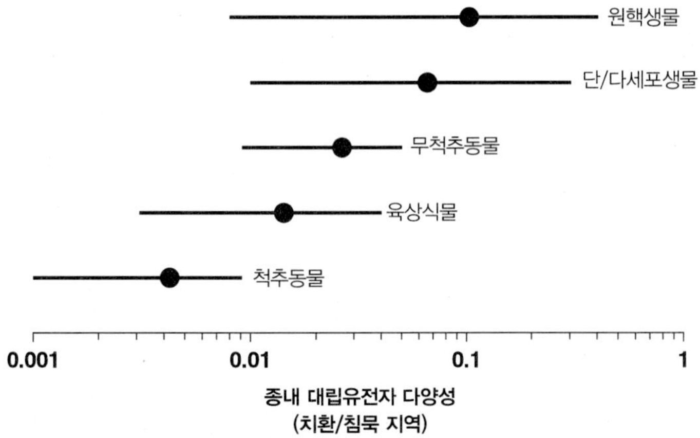

Fig. 3.3 주요 분류군의 silent 지역에 대한 DNA 뉴클레오티드 변이 수준의 평균(Lynch 2006). 평균과 범위가 나와 있다. 범위(scale)는 대수(logarithmic)로 나타내었다.

마이크로세틀라이트 변이 정도

마이크로세틀라이트는 유전적 다양성의 정도가 높다. 마이크로세틀라이트는 멸종위기종의 유전적 다양성 조사에 있어서 가장 강력하고 실용적인 방법이다.

마이크로세틀라이트는 다양한 종들의 유전적 다양성을 측정하는 데 사용되어 왔고 그중 멸종위기종이 많았다. 마이크로세틀라이트는 일반적으로 높은 수준의 다형성을 보여 주고 하나의 유전자좌위가 갖는 대립유전자가 많다. 예를 들어, CA 반복은 흔하고 개체군 내의 반복 횟수가 다르다; 10번 반복되는 대립유전자와 12번 혹은 15번과 같이, 같은 개체군 내에서도 구분할 수 있다. 이러한 다양성은 지금까지 연구된 모든 종에서 발견되었다. 예를 들어, 야생 침팬지 39마리에서 8개의 유전자좌위에 대한 마이크로세틀라이트 변이를 조사한 결과 유전자좌위 당 평균 5.75개의 대립유전자가 발견되었고 평균 이형접합성(heterozygosity)은 0.70이었다(Table 3.3). 비멸종위기종의 큰 개체군에서의 높은 수준의 유전적 다양성은 아래 Table 3.5에 있는 예를 통해 분명하게 나와 있다.

마이크로세틀라이트의 종간 유전적 다양성의 비교는 알로자임 보다 복잡하다.

Table 3.3 탄자니아의 Gombe 국립공원에 있는 야생 침팬지 39마리에서 8개의 유전자좌위에 대한 microsatellite 변이. 대립유전자 빈도가 각 유전자좌위에 대한 이형접합성 비율(H)과 유전자좌위 당 대립유전자의 평균수(A)와 함께 나타나있다.

	유전자 좌								
대립유전자	D19S431	D9S905	D18S536	D4S243	D1S548	D9S922	D2S1326	D9S302	
1	0.458	0.086	0.412	0.197	0.219	0.016	0.258	0.071	
2	0.097	0.186	0.074	0.224	0.516	0.210	0.182	0.014	
3	0.042	0.057	0.074	0.210	0.266	0.064	0.061	0.057	
4	0.014	0.243	0.265	0.013		0.290	0.288	0.014	
5	0.028	0.429	0.176	0.132		0.355	0.182	0.071	
6	0.361			0.224		0.064	0.030	0.100	
7								0.586	
8								0.029	
9								0.057	
H	0.647	0.712	0.718	0.799	0.615	0.737	0.780	0.629	Av. *H* = 0.705
									A = 5.75

출처: After Constable *et al.* (2001).

침팬지

마이크로세틀라이트 돌연변이율(microsatellite mutation rate)은 종 간에 서로 다르고 반복구조(repeat)가 더 많은 마이크로세틀라이트가 반복이 적은 것보다 더 많은 변이를 가진다. 게다가 한 종에 대해 개발된 프라이머를 다른 종에서 사용할 때 낮은 수준의 변이로 발견되는 것을 야기할 수 있다(Primmer *et al*. 1996).

단백질 변이 정도

큰 개체군 크기를 가지는 대부분의 비멸종위기종들(non-threatened species)은 알로자임에 대해 높은 수준의 유전적 다양성을 보여 준다. 예를 들어, 인간의 유전자좌위 32%가 다형성이고 개체는 평균적으로 유전자좌위의 6%가 이형접합적이며, 아프리카 사자도 유사한 가변성을 보여 준다(예제 3.1). Table 3.4는 몇몇 주요 분류군에 대한 알로자임 이형접합체(allozyme heterozygosity)를 요약한 것이다. 종 내에 평균 이형접합성(average heterozygosity, H)은 무척추동물(11.2%)이나 식물(23%) 보다 척추동물(6.4%)에서 더 낮은데, 이는 아마도 척추동물이 더 적은 개체군 크기를 가지고 있기 때문으로 보인다(8장, 11장).

대부분의 이계교배를 하는 종의 큰 개체군들에서 단백질을 암호화하는 유전자좌위(protein-coding loci)에는 광범위한 유전적 다양성이 있다. 평균적으로 유전자좌위의 28%가 다형성(polymorphic)이고 유전자좌위의 7%는 평균 개체(average individual)에서 이형접합성(heterozygous)인 것이 전기영동으로 평가되었다

단백질 전기영동(Protein electrophoresis)은 1000종 이상의 유전적 다양성을 추정할 수 있는 1960년대 후반부터 1980년대까지의 주된 분자적 기법이었다(see Ward *et al*. 1992). 현재는 알로자임보다 훨씬 더 큰 유전적 변이 수준을 보여 주는 마이크로세틀라이트 분석(microsatellite analyses)으로 바뀌고 있는 추세이다(예제 3.1과 Table 3.5를 비교하라); 이계교배를 하는 큰 개체군에서 마이크로세틀라이트는 2개의 대립유전자를 가지는 알로자임에 비하여 보통 다형성 유전자좌위 당 5~10개의 대립유전자를 가진다.

Table 3.4 서로 다른 분류군에서의 알로자임 유전적 다양성(allozyme genetic diversity). H는 개체군 내에서의 평균 이형접합성(average heterozygosity)이고 G_{ST}는 개체군들 간 변이에 기인하는 대립유전자 빈도에서의 변이율이다.

	H	G_{ST}
척추동물		
평균	0.064	0.202
포유류	0.054	0.242
조류	0.054	0.076
파충류	0.090	0.258
양서류	0.094	0.315
어류	0.054	0.135
무척추동물		
평균	0.113	0.171
곤충류	0.122	0.097
갑각류	0.063	0.169
연체동물	0.121	0.263
식물		
평균	0.113	0.224
겉씨(나자)식물	0.160	0.068
속씨(피자)식물	0.105	0.263

출처: After Hamrick & Godt (1989); Ward *et al*. (1992).

유해한 대립유전자 변이 정도

모든 이계교배를 하는 개체군은 근친교배로 인해 나타나는 드문 유해한 대립유전자의 '하중(load)'을 포함하고 있다.

유해한 대립유전자에서 생기는 개체군에서의 다양성 정도는 보전에 있어 상당히 중요한데, 이는 이러한 유해 대립유전자가 근친교배를 통해 동형접합성(homozygous)이 될 때 번식적응도(reproductive fitness)를 감소시키기 때문이다(13장). 유해한 대립유전자는 돌연변이로 인해 끊임없이 발생되고 선택(selection)에 의해 제거된다. 결과적으로, 모든 이계교배를 하는 개체군들은 희귀한 유해 대립유전자를 포함한다(돌연변이하중; mutation load) (7장). 일반적으로 이의 발생빈도는 1% 보다 작다. 페닐케톤뇨증(phenylketonuria), 백색증(albinism), 헌팅턴병(huntington's disease)과 같은 희귀한 인간의 유전적 증후군(genetic syndrome)이 그 예이다. 동일한 증후군들은 식물과 동물의 야생형 개체군들에서 찾을 수 있다. 예를 들어, 엽록소(chlorophyll)의 결핍을 초래하는 돌연변이는 많은 식물 종에서 발견되고, 유전적인 기반을 둔 결함들이 멸종위기 동물을 대상으로 설명되어 왔다(캘리포니아 콘도르의 왜소증, 프시왈스키말의 비타민 E 흡수 불량, 플로리다 퓨마의 잠복고환과 치명적인 심장병, 붉은목도리여우원숭이의 대머리; Ryder 1988; Roelke *et al*. 1993; Ralls *et al*. 2000).

대부분의 유해한 대립유전자는 진화 가능성에 유용한 기여를 하지 못한다. 그러나 몇몇 유해 대립유전자들은 서로 다른 환경에서 이점을 가지고 소수에서 이형접합 우세(heterozygote advantage)를 보여 주기도 한다. 인간의 겸상 적혈구 빈혈(sickle−cell anaemia)에 대한 이형접합체는 정상의 동형접합체(normal homozygote) 보다 말라리아에 대한 더 강한 내성을 가지고 있는 반면 대부분의 겸상 적혈구 빈혈 동형접합체는 결함을 가진 헤모글로빈(defective haemoglobin)으로 인해 죽는다(반치사; semi−lethal) (9장).

양적 변이의 정도

양적 형질은 근본적으로 이계교배를 하는 큰 개체군들에서 모든 형질들에 대해 광범위한 유전적 다양성을 보여 준다.

생식 형질(닭의 산란과 양, 쥐, 돼지, 초파리의 자식 수, 식물의 수확량 등), 성장률(소, 돼지, 쥐, 닭, 초파리와 식물), 화학성분(동물의 지방, 옥수수의 단백질과 기름), 행동(곤충과 포유류), 식물 및 동물의 질병저항성에서 양적 형질 유전변이(quantitative genetic variation)가 발견되어 왔다(Lewontin 1974). 친숙한 예로 같은 종에 속하는 모든 가정에서 기르는 개의 품종 다양성이라 할 수 있다(Fig. 3.4). 약간의 돌연변이를 제외하고 개 품종의 다양성은 조상 늑대(ancestral wolves)에서 나누어진 광범위한 유전적 다양성에서 나타난다. 식물 종 또한 광범위한 유전적 다양성을 나타낸다. 예를 들어 양배추 종은 캐비지; cabbage(먹을 수 있는 잎), 콜라비; kohlrabi(먹을 수 있는 뿌리), 방울다다기양배추; brussels sprouts(먹을 수 있는 싹), 브로콜리; broccoli(먹을 수 있는 꽃) 등으로 다양해져 왔다(Diamond 1997). 개체군의 크기가 큰 종들은 일반적으로 양적형질에 대한 막대한 진화 가능성을 가진다(5장, 6장).

최근에 양적형질에 대한 다양성의 보편성에 대해서 예외가 발견되었다. 오스트레일리아의 두 열대우림 초파리 종들의 몇몇 개체군들은 건조저항성(desiccation resistance)에 대한 양적 유전변이가 부족하지만, 다른 형질들에 대한 양

Fig. 3.4 개 품종의 다양성. 모든 것은 회색늑대(gray wolf)에서 비롯되었다.

적 유전변이는 정상 수준이다(Hoffmann *et al*. 2003; Kellermann *et al*. 2006). 반대로 몇몇 다른 초파리 종들은 건조저항성에 대한 양적 유전변이가 높은 수준임을 보여 준다.

멸종위기 종에서의 낮은 유전적 다양성과 병목 개체군

멸종위기 종들은 대개 비멸종위기 종에 비해 낮은 수준의 유전적 다양성을 가지고 있다

멸종위기에 처한 포유류, 조류, 어류, 곤충 및 식물의 170종 중에서 77%는 분류학적으로 유연관계가 가까운 비멸종위기종(non-endangered species)보다 알로자임에 대한 분자 유전적 다양성(molecular genetic diversity)이 더 낮다 (Spielman *et al*. 2004a). Table 3.5에 나열되어 있는 멸종위기에 처한 분류군 15종 모두 분류학적으로 유연관계가 가까운 비멸종위기종의 microsatellite 보다 더 낮은 이형접합체(heterozygosity)를 가진다. 주요 동 · 식물 분류군의 멸종위기 종들은 평균적으로 비멸종위기종의 약 65% 정도의 유전적 다양성을 가진다. 또한 비슷한 결론이 DNA fingerprints, RAPD 그리고 AFLP와 관련된 비교에 적용된다.

더 작은 개체군 또는 병목 개체군(bottlenecked population)은 보통 유전적 다양성이 감소되어져 왔다.

큰 개체군에서 발견되는 풍부한 유전적 다양성은 아주 작은 개체군 또는 병목 개체군에서 발견되는 유전적 다양성과 뚜렷한 차이를 보인다(Garner *et al*. 2005). 예를 들어, 북방코끼리바다사자(northern elephant seal)는 사냥에 의해 거의 멸종되었으나 그후 20~30개체의 병목 개체군 크기로 복구되었지만 알로자임 다양성을 가지지 않는다(Bonnell & Selander 1974).

코모도왕도마뱀

치타

Table 3.5 다양한 멸종위기 분류군 및 이들과 분류학적으로 유연관계가 가까운 비멸종위기 분류군에서 microsatellite 유전적 다양성의 정도. 다형성 유전자좌위에 대해 유전자좌위 당 평균 대립유전자의 수(A)와 이형접합성(H)이 주어져 있다. 세계적으로 멸종위기에 처했거나 이전에 멸종위기에 처했던 종(또는 아종)들은 가까이 위치해 있는 유연관계가 아주 밀접한 비멸종위기 종(또는 아종)의 데이터를 이용한다.

위협종	*A*	*H*	비위협종	*A*	*H*	참고문헌
아프리카 야생개	3.5	0.56	사육 견	6.4	0.73	1
검은코뿔소	4.2	0.69	아프리카 들소	8.6	0.73	2,3
치타	3.4	0.39	푸마	4.9	0.61	1
침팬지		0.64	인간		0.78	1
에디오피아 늑대	2.4	0.21	코요테	5.9	0.68	1
자이언트판다	3.7	0.44	갈색곰	6.8	0.66	4,5
멕시코 늑대	2.7	0.42	회색늑대	4.5	0.62	1
긴발쥐캥거루	3.7	0.56	캥거루	12.0	0.86	1
고삐발톱꼬리왈라비	11.6	0.83				1
북방콧등털 웜뱃	2.1	0.32	남방콧등털 웜뱃	5.9	0.71	1
마리아나 까마귀	1.8	0.16	아메리카 까마귀	6.0	0.68	1
모리셔스 황조롱이	1.4	0.10	유럽황조롱이	5.5	0.68	1
세이셸 황조롱이	1.3	0.12	큰황조롱이	4.5	0.59	1
코모도 왕도마뱀	4.0	0.31	미국악어	8.3	0.67	1
온두라스 마호가니	9.7	0.55	로얄마호가니	9.3	0.67	1

참고문헌: 1, Frankham (2000b); 2, O'Ryan *et al.* (1998); 3, Brown & Houlden (1999); 4, Lu *et al.* (2001); 5, Waits *et al.* (2000)

공간과 시간에 따른 변이

유전적 요소에 있어 공간적 변이는 유전자 흐름(gene flow)의 속도, 개체군 크기 그리고 선택에 심각하게 의존한다.

거의 정확하게, 동물 개체들의 유전적 분화 정도는 분산 능력에 반비례 관계를 가진다(14장). 이것은 Table 3.4의 GST 값을 통해 확인할 수 있다. GST는 개체군 내에서가 아니라 개체군 사이에서 발생하는 전체 변이의 비율을 측정하는 것이다. 높은 분산 능력을 가진 조류는 전체 척추동물 중에서 가장 낮은 GST값을 보여 준다. 유사하게, 쉽게 이동하는 곤충도 무척추동물 중에서 가장 낮은 GST 값을 가진다.

식물은 일반적으로 양적 유전형질에 대해서 지역적 적응 경쟁을 보여 주고 흔히 개체군들 간에 알로자임 차이를 보이며 특히 자가수분하는 종이 그러하다. 연속변이(clines) 즉, 환경의 변화(온도, 위도, 고도)에 따른 유전적 변이 빈도의 연속적인 변화는 일반적으로 형태적 변이, 적응도 형질(fitness characters), 염색체 역위(chromosomal inversions)이다(Hoffmann *et al.* 2004). 이들은 유전적 변이에 영향을 미치는 자연선택의 변화를 반영한다.

큰 개체군은 전형적으로 유전적 다양성에서 무시해도 될 정도의 단기간 변화를 보인다. 반대로, 작은 개체군은 보통 시간이 지남에 따라 유전적 다양성을 빠르게 잃는다.

큰 개체군에서의 대부분의 대립유전자 빈도는 수십 년의 과정동안 분자 유전적 마커로서 비교적 안정적이다. 예를 들어, 지난 25년 동안(250세대) 야생 초파리 개체군에서의 알로자임 빈도는 일관된 변화를 보이지 않았다(Frankham & Loebel 1992). 같은 개체군에서, microsatellite 대립유전자 빈도는 4년 동안 비슷했다(England *et al.* 2003).

이에 반해 멸종위기 종의 작은 개체군은 일반적으로 시간이 지남에 따라 유전적 다양성을 잃어버렸다. 오래전에 멸종된 종과 아메리카 흰두루미, 아라비아 오릭스, 모리셔스 황조롱이, 하와이 기러기처럼 현재 개체군 병목을 겪는 종의 개체군과의 비교 분석에서 유전적 다양성의 손실을 보여 주었다(Glenn *et al.* 1999; Marshall *et al.* 1999; Groombridge *et al.* 2000; Paxinos *et al.* 2001; 8장, 11장).

몇몇 유전자좌위에서의 역위와 알로자임 변이를 포함한 적응 가능한 유전적 변이의 범위는 최근 전 세계적인 기후 변화에 따라 달라지고 있다(Hoffmann *et al.* 2004; Umina *et al.* 2005). 오랜 기간에 걸쳐, 최근 60,000년 동안 버지니아의 고대 불곰의 DNA 샘플에서 유전적 · 지리적으로 뚜렷이 다른 집단이 비교적 쉽게 각기 다른 것으로 대체되는 것을 보여 주었다(Barnes *et al.* 2002; Nicholls 2005).

아메리카 흰두루미

종간의 유전적 차이

DNA나 단백질에서 얻은 분류학적 지위가 높은 종간의 계통수(trees of relationship)는 형태학을 기반으로 한 것과 비교적 유사하다. 그러나 다른 속(genera)에 속하는 종간의 유전적 다양성은 크게 다르며 분류학적인 분류의 임의적

종간의 유전적 차이는 이들의 분류학적 분기(divergence)를 대략적으로 반영한다.

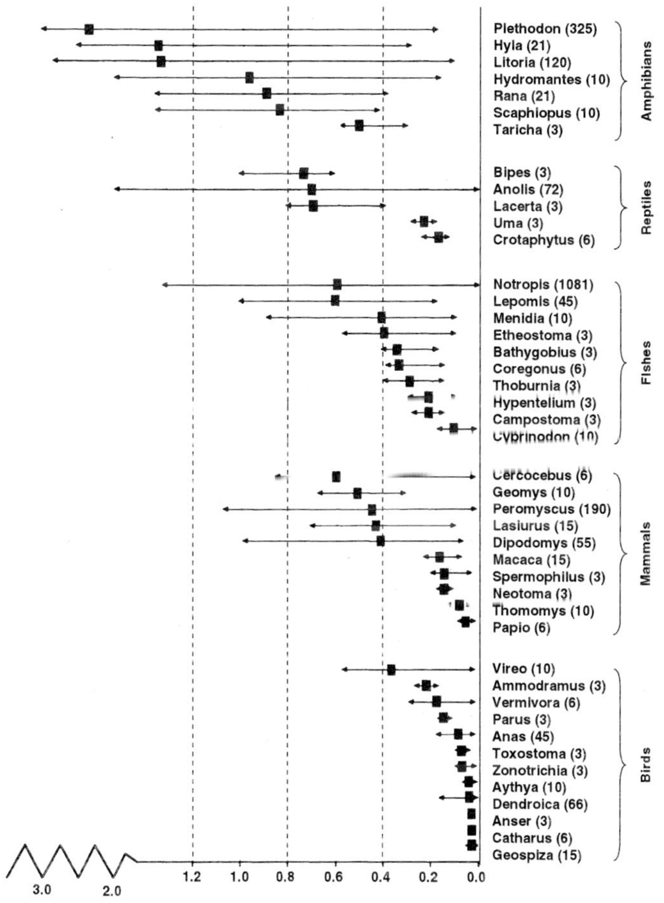

Fig. 3.5 선택된 척추동물속(genera) 내의 종간 유전적 차이(after Avise 2004 p.11). 종간의 유전적 거리의 평균과 범위는 다유전자좌위(multilocus) 단백질 전기영동을 기반으로 한 것이다. 이는 종간 DNA 염기서열 차이의 양을 측정하는 간접적인 방법이다. 속내 종 간의 유전적 거리는 척추동물 분류군들 간에 상당히 다르다.

인 본성을 어느 정도 반영한다(Fig. 3.5). 조류의 유전적 분화는 평균적으로 다른 척추동물의 유전적 차이보다 더 적다(Johns & Avise 1998). *Drosophila*속의 초파리 종들은 일반적으로 현재 분류학적으로 다른 과에 속해 있는 영장류보다 훨씬 더 많은 유전적 차이를 보여 준다(Avise & Johns 1999). 분류학적 불확실성을 해결하기 위해 분류군 사이의 유전적 다양성을 이용하는 것은 16장에서 다룬다.

요약

1. 유전적 다양성은 변화하는 환경에 대한 종의 적응과 진화를 위해 필수적인 가공되지 않은 재료에 해당한다.

2. 유전적 다양성은 DNA, 단백질, 유해 대립유전자 그리고 양적 형질을 통해 측정될 수 있다.

3. 마이크로세틀라이트는 현재 개체군 내의 DNA 변이를 측정하기 위한 가장 실용적이고, 유용한 정보를 주는 분자적 기술이다.

4. 비멸종위기종의 큰 개체군은 일반적으로 광범위한 유전적 다양성을 가진다.

5. 대부분의 멸종위기 종들은 분류학적으로 유연관계가 있는 비멸종위기종에 비해 유전적 다양성이 감소된다.

추가적인 읽을 거리

Avise (2004) *Molecular Markers, Natural History and Evolution*. Clear descriptions of the molecular methods for measuring genetic diversity and results achieved with them.

Hamrick & Godt (1989) Compilation of data on electrophoretic variation in plants and factors affecting it.

Hartl & Clark (2007) *Principles of Population Genetics*. Provides an easy-to-follow coverage of genetic diversity and its importance.

Hedrick (2005a) *Genetics of Populations*. Textbook with an extensive coverage of genetic diversity.

O'Brien (2003) *Tears of the Cheetah*. A popular book describing studies on molecular genetics of cheetahs and other species.

Schlötterer (2004) Excellent review of molecular markers, their history, uses, advantages and disadvantages.

Spielman *et al*. (2004a) Contains a comprehensive comparison of molecular genetic diversity in threatened and taxonomically related non-threatened species.

Ward *et al*. (1992) Compilation of data and analyses on electrophoretic variation over more than 1000 animal species.

소프트웨어

GEMINI: Software for testing the effects of genotyping errors and multitube approach for individual identification from microsatellites with poorquality DNA (e.g. faeces) (Valiere et al. 2002). http://pbil.univ−lyon1.fr/software/Gemini/gemini.htm

문제

3.1 유전적 다양성. 유전적 다양성은 보전생물학에서 왜 중요한가?

3.2 유전적 다양성의 측정. 유전적 다양성의 정도를 측정하는 단백질 전기영동분리를 사용하는 기준은 무엇인가?

3.3 유전적 다양성의 측정. 마이크로세틀라이트는 무엇인가?

3.4 유전적 다양성의 측정. AFLP는 무엇인가?

3.5 유전적 다양성의 측정. RAPD는 무엇인가?

3.6 유전적 다양성의 측정. DNA 지문법은 무엇인가?

3.7 유전적 다양성의 측정. 비침습 샘플링에 의해 어떤 유전자 마커가 표시될 수 있는가?

3.8 유전적 다양성. 진화적 잠재성을 고정하는 데 가장 중요한 유전적 다양성의 형태는 무엇인가?

3.9 유전적 다양성의 수준. 주요 분류학상의 그룹에서 유전적 다양성은 어떻게 비교하는가?

3.10 유전적 다양성의 수준. 멸종 위협에 처한 종과 분류학적으로 유사한 멸종 위협에 처하지 않은 종 간의 유전적 다양성은 어떻게 비교하는가?

실습 : 마이크로세틀라이트를 이용한 유전적 다양성의 측정

이 실습은 PCR 증폭과 마이크로세틀라이트 타이핑과 같은 비침습 샘플링을 수반한다. 이미 알려진 종의 마이크로세틀라이트를 선택한다(예. 분자생태학 노트 참조). 유전자좌위의 형광 처리된 마이크로세틀라이트 프라이머는 사용하기 이전에 미리 합성되어 있어야 한다. 모든 과정을 진행하면서 교차 오염을 조심해야 한다. 이것은 2주에 걸쳐 쉽게 실습할 수 있으며, 첫 번째로 DNA 추출과 DNA 증폭을 위한 머리카락을 준비해야 한다. 마이크로세틀라이트 타이핑은 추출과 증폭 과정 사이에 시퀀싱 기기에 의해 완료된다. 두 번째 주에 컴퓨터 화면 상에 유전자형이 그림으로 나타나고 결과도 분석된다.

DNA는 흥미로운 종의 털에 포함되어 있을 수 있다(타마왈라비의 털 사용). 이것은 살아 있는 종, 또는 동결 표본으로부터 수집될 수 있다. 모근이 온전한 털을 선택하고 면도칼로 모근 부분을 약 3mm 정도를 절단한다.

DNA는 모근으로부터 간단하게 끓이는 방법으로 추출할 수 있으며, Sloane *et al.* (2000)이 이와 같이 하였다. 비록 하나의 유전자좌위도 충분하지만 서로 다른 형광물질로 표시된 두 개의 유전자좌위는 적절한 자료를 제공한다. 마이크로세틀라이트 DNA 프라이머, *Taq* 중합효소, 뉴클레오티드와 완충액 그리고 증폭시킬 DNA를 추가한다.

DNA 시퀀싱 기기에서 증폭된 마이크로세틀라이트 조각들이 분리되고, 선사 이미지 형태로 저장된다. 대립유전자 빈도와 이형접합성을 포함한 분석 자료와 결과를 보여 준다.

4장

유전적 다양성의 특징: 단일 유전자

용어

사배수체(tetraploid)
관찰 이형 접합성(observed heterozygosity)
기대 이형 접합성(expected heterozygosity)
유효 대립유전자 수(effective number of alleles)
대립유전자 풍부도(allelic richness)
동질 사배수체(autotetraploid)
반성(sex-linked)
배수체(polyploid)
연관비평형(linkage disequilibrium)
염기분화율(nucleotide diversity)
유전자 다양성(gene diversity)
단상형 다양성(haplotype diversity)
임의교배(random mating)
자기증식(selfing)
자웅동체(hermaphrodite)
하디-바인베르크 평형(Hardy-Weinberg equilibrium)

각 유전자좌위(loci)에 대한 대립유전자의 빈도와 이형접합성(heterozygosities)은 개체군의 유전적 다양성을 결정하는 데 이용된다. 외부에서 아무런 힘이 작용하지 않을 때 임의적 교배에서 대립유전자와 유전자형 빈도는 평형상태가 된다.

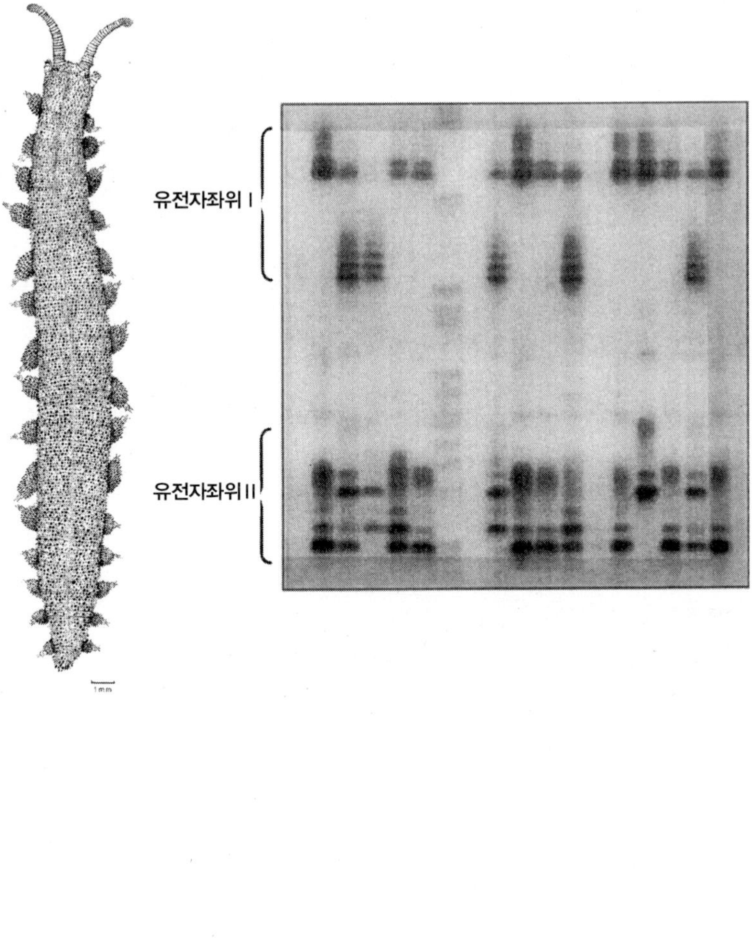

Australian velvet worm과 이 종의 microsatellite 유전자좌위(microsatellite loci)의 유전적 다양성을 보여 주는 방사능 사진

유전적 다양성의 묘사, 언급

지금까지 개체군 혹은 각 개체들의 유전자형을 알아보기 위한 분자적 기술들에 대해 알아보았다. 지금부터는 모든 개체군에서 얻은 표본으로부터 추론할 수 있는 허용량의 한도를 알아보도록 하자. 이러한 값은 개체군이나 종간 비교, 더 나아가 개체군의 유전적 구성의 변화를 예측하는 데 필수적이다. 이 장에서는 단일 유전자좌위(single loci)에 대한 한도에 대해서 알아보고, 좀 더 복잡한 다중유전자좌위와 양적 형질(quantitative characters)에 대한 한도는 5장에서 설명할 것이다.

유전적 다양성 측정은 유전적 변이의 손실, 진화적 변화(evolutionary change) 그리고 개체군의 유전적 분화를 기록(document)해야 한다.

대립유전자와 유전자형의 빈도

아래에 수집된 정보는 유전자좌위에 있는 유전자형의 수에 대한 자세한 정보이다. 이것은 개체수가 심각하게 줄어들고 있는 스코틀랜드 솜털오리의 난백단백질(egg-white protein) 유전자좌위에 대해 나타낸 것이다(Table 4.1). 유전자형 빈도는 전체 표본에서 그 유형이 차지하는 비율을 이용해서 간단하게 계산할 수 있다(예. FF의 유전자형 빈도 = 37/67 = 0.552).

개체군의 유전적 구성은 보통 이형접합성, 대립유전자의 빈도 그리고 대립유전자의 수로 설명될 수 있다.

Table 4.1 단백질 전기영동을 통한 스코틀랜드 솜털오리의 난백단백질(egg-white protein) 유전자좌위에서의 각 유전자형의 수와 그 빈도; F는 faster migrating allele이고 S는 slower migrating allele이다.

	유전자형			
	FF	FS	SS	합계
개체수	37	24	6	67
유전자형빈도	0.552	0.358	0.090	1.00

참고문헌: Milne & Robertson (1965).

솜털오리

정보는 보통 유전자형의 빈도보다는 대립유전자의 빈도형태로 나타낸다. 여기서는 유전자좌위의 대립유전자의 빈도를 나타내기 위해서 p와 q를 사용한다. 솜털오리 개체군 내의 대립유전자 F의 빈도(p)는 F로 조사된 모든 대립유전자의 비율(proportion)이다. 솜털오리는 2배체이기 때문에 각 동형접합체의 수와 개체의 전체 수를 두 배로 계산한다.

$$p = \frac{(2 \times \text{FF}) + \text{FS}}{2 \times \text{Total}} \tag{4.1}$$

예제 4.1을 통해 계산하면 F 대립유전자의 빈도는 73%이고 S는 27%이다.

마이크로세틀라이트 유전자좌위에서 발견되는 것처럼, 하나의 유전자좌위에 두 개 이상의 대립유전자가 있을 때 대립유전자의 빈도를 구하기 위해서 이와 유사한 과정을 이용한다. 멸종위기종인 Hawaiian Laysan finch는 세 개의 대립유전자를 가지는 마이크로세틀라이트 유전자좌위를 가지고 있으며 각 유전

예제 4.1 | 솜털오리의 난백단백질 자리에서 F와 S 대립유전자의 빈도 계산

F 대립유전자의 빈도 p는 다음과 같이 얻을 수 있다:

$$p = \frac{[(2 \times 37) + (1 \times 24)]}{(2 \times 67)} = 0.73$$

그리고 S에 대한 대립유전자의 빈도 q:

$$q = \frac{[(2 \times 6) + (1 \times 24)]}{(2 \times 67)} = 0.27$$

모든 대립유전자의 빈도의 합은 반드시 1.00이 되어야 한다.

$$p + q = 0.73 + 0.27 = 1.00$$

또한 대립유전자빈도는 %로 나타낼 수도 있다.

자형의 개수는 Table 4.2에 나와 있고, 그 중 하나의 빈도를 측정하는 방법이 예제 4.2에 나와 있다.

Table 4.2 멸종위기종인 Hawaiian Laysan finch에서 세 가지 대립유전자를 가지는 microsatellite 유전자좌위에서의 각각의 유전자형의 수. 대립유전자의 명칭 91,95 그리고 97은 증폭된 PCR 조각의 크기이다.

	유전자형						
	91/91	91/95	91/97	95/95	97/95	97/97	Total
개체수	7	10	8	5	11	3	44

출처: Milne & Robertson (1965).

예제 4.2 | 멸종위기종인 Laysan finch에서 세 가지 대립유전자를 가지는 유전자좌위에서의 대립유전자 빈도 측정

대립유전자 91의 빈도(p)는 다음과 같이 대립유전자 91의 수(유전자형 91/91의 개수를 2배한 값과 91/95와 91/97의 개수의 합)를 전체 개체수를 2배한 값으로 나누면 알 수 있다:

$$p = \frac{[(2 \times 7) + 10 + 8]}{(2 \times 44)} = 0.364$$

대립유전자 95와 97의 빈도를 이와 같은 방법으로 계산하면 각각 0.352와 0.284이다. 이 세 가지 대립유전자 빈도의 합은 1.000이다.

관찰 이형접합성(Observed heterozygosity: H_O)는 한 유전자좌위에 있는 이형접합체의 수를 전체 개체수로 나눈 값이다. 예를 들어 솜털오리의 난백단백질 자리에서 관찰된 이형접합체의 빈도는 24/67=0.36(Table 4.1)이다. 하나의 유전자좌위에 두 개 이상의 대립유전자가 있을 때는 이형접합체의 수를 더해서 계산한다. Laysan finch의 microsatellite에서 관찰 이형접합성은 (10+8+11)/44=0.659가 된다(Table 4.2). 평균 이형접합성(average heterozygosity)은 일반적으로 개체군 또는 종 사이의 유전적 다양성 정도를 비교하기위해 사용된다. 또한 나중에 살펴볼 기대 이형접합성(H_e)은 관찰 이형접합성보다 표본 크기에 덜 민감하기 때문에 이계교배종(outbreeding species)에 대해 사용된다.

이형접합성(heterozygosity)은 single loci의 특징적인 유전적 다양성 진단을 위한 가장 일반적인 측정 방법이다.

지금부터는 서로 다른 교배 시스템의 결과에 따라 대립유전자와 유전자형의 빈도에 영향을 미치는 요소에 대해서 다룰 것이다.

하디-바인베르크 평형

교배가 임의로 일어나고 돌연변이나 이주 또는 선택이 발생하지 않는 큰 개체군의 경우부터 살펴보자. 이 경우, 대립유전자와 유전자형 빈도는 한 세대 이후에 평형을 이루게 되고 그 후에도 변함없이 유지된다. 이를 **하디-바인베르크 평형**(Hardy-Weinberg equilibrium)이라고 한다. 하디-바인베르크 평형은 간단하지만, 보전유전학과 진화유전학에 있어 아주 중요하다. 이는 임의 교배, 선택에 대한 실험, 근친교배와 선택의 영향을 모델링하는 것 그리고 우성으로 나타나는 유전자좌위에 대한 대립유전자의 빈도를 측정하는 것으로부터 발생하는 편차에 대한 기초를 제공해 준다.

임의교배를 하는 큰 개체군에서는 외부의 힘(돌연변이, 이주, 선택)이 작용하지 않을 때, 상염색체의 유전자좌위에서 대립유전자와 유전자형의 빈도는 한 세대 이후에 평형을 이룬다.

우리는 간단한 수학적 모델을 이용하여 대립유전자와 유전자형 빈도 사이의 관계를 알아낼 수 있다. 임의로 교배가 일어나는 큰 개체군의 p와 q의 빈도를 가지는 두 대립유전자 A_1과 A_2가 있는 유전자좌위를 다루고 있다고 가정하자. 생식세포를 물에 내뿜어 우연히 정자와 난자가 결합하도록 하는 **자웅동체**(hermaphroditic)의 해양 생물(각 개체에서 정자와 난자 모두를 배출)을 상상해보자(Table 4.3). 개체군 내에서 A_1의 대립유전자 빈도를 p라 하기 때문에, 정자 또는 난자가 가지는 대립유전자의 빈도 또한 p가 된다. 따라서 A_1을 가지는 정자가 같은 대립유전자를 가지는 난자와 결합하여 A_1A_1 접합체를 생성할 가능성은 $p \times p = p^2$이고 A_2를 가진 정자가 같은 난자와 수정하여 A_2A_2 접합체를 생성할 가능성은 마찬가지로 $q \times q = q^2$이 된다. 이형의 접합체는 A_1난자×A_2정자 또는 A_2난자×A_1정자와 같은 두 가지 방법을 통해 생성될 수 있고, 각각은 pq이 빈도를 가지므로 전체 빈도는 $2pq$가 된다. 그 결과, A_1A_1, A_1A_2 그리고 A_2A_2 접합체에 대한 기대되는 유전자형 빈도는 p^2, $2pq$ 그리고 q^2이다. 이것이 **하디-바인베르크 평형**의 유전자형 빈도이다.

큰 개체군에서 대립유전자와 그 빈도에 있어 손실이나 이득이 없는 상태를 평형(quilibrium)이라고 한다. 이는 그 자손에 대한 새로운 대립유전자 빈도(p_1과 q_1)를 계산함으로써 입증될 수 있다. 예제 4.1에 나와 있는 것처럼, 특정 대립유전자의 수를 대립유전자의 전체 수로 나누어 준다. 자손 p_1에서 A_1의 빈도는:

Table 4.3 상염색체 상에서 임의 교배로 인한 유전자형의 빈도

			Ova	
			A_1	A_2
		빈도	p	q
정자	A_1	p	$\boldsymbol{p^2}$ A_1A_1	$\boldsymbol{pq}$ A_1A_2
	A_2	q	$\boldsymbol{pq}$ A_2A_1	$\boldsymbol{q^2}$ A_2A_2

후대의 유전자 빈도 결과는

A_1A_1	A_1A_2	A_2A_2
p^2	$2pq$	q^2

이들은 **하디 바인베르크 평형** 유전자형의 빈도이다.

대립 유전자 A_1과 A_2의 빈도는 다음 0.9 및 0.1 인 경우
하디 바인베르크 평형 유전자형 빈도는:

A_1A_1	A_1A_2	A_2A_2	총계
0.9^2	$2 \times 0.9 \times 0.1$	0.1^2	1.0
0.81	0.18	0.01	1.0

$$p_1 = \frac{(2 \times p^2) + 2pq}{2(p^2 + 2pq + q^2)}$$

따라서 $p^2 + 2pq + q^2 = (p+q)^2 = 1$, 간단하게 하면:

$$p_1 = p^2 + pq = p\ (p -$$

A_2의 빈도 또한 $q_1 = q$이다. 그 결과, 대립유전자와 유전자형의 빈도는 임의 교배의 한 세대 이후에는 평형상태가 되고, 이는 다른 영향이 미치지 않는 한 영구적으로 지속된다.

하디-바인베르크 평형은 성염색체 상에 있는 유전자를 제외하고는 모든 유전자에 적용된다(자세한 이유는 아래에 나온다).

하디-바인베르크 평형에 따른 대립유전자와 유전자형 빈도의 관계는 Fig.4.1에 나와 있다. 이는 두 가지 포인트를 제시하고 있다. 첫 번째, 두 가지 대립유전자를 가지는 하나의 유전자좌위에 대한 이형접합체의 빈도는 50%를 넘을 수 없다. 이 최대치는 두 대립유전자 모두 0.5의 빈도를 가질 때 발생한다. 두 번째, 하나의 대립유전자가 드물게 나타나는 경우로 이 대립유전자는 대부분 이형접합체의 형태로 존재하는 반면 그 빈도가 높을 경우에는 동형접합체의 형태로 빈번하게 관찰된다. 예를 들어, 대립유전자 A_2가 0.1의 빈도를 가지고 있을 때, 동형접합체인 A_2A_2의 빈도는 0.01이 되고, 이형접합체의 빈도는 0.18이 된다(Table 4.3). 대립유전자 A_2의 90%가 이형접합체의 형태인 것이다. 반대로, 0.5의 빈도에서는 세 유전자형이 각각 0.25, 0.50, 0.25의 빈도를 가진다. 대립유전자의 반이 이형접합체이고 나머지 반은 동형접합체이다.

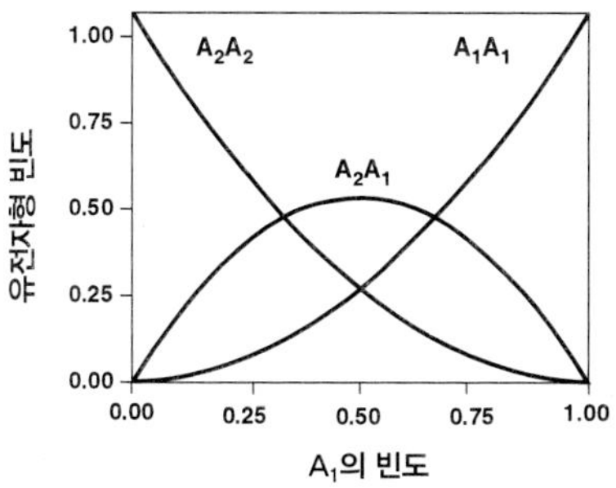

Fig. 4.1 하디-바인베르크 평형 상태의 개체군에서 유전자형 빈도와 대립유전자 빈도의 관계.

하디-바인베르크 평형을 유지하기 위해서는 다음과 같은 조건이 충족되어야한다:

- 개체군의 크기가 커야함
- 이동이 없는 폐쇄된 개체군
- 임의 교배
- 멘델의 분리의 법칙을 따르는 대립유전자
- 부모 유전자형의 동일한 생식능력
- 배우자의 동일한 번식 능력
- 모든 유전자형이 동등하게 생존
- 돌연변이가 없어야 함

대부분의 유전자좌위 유전자형의 빈도는 일반적으로 대규모 자연 이계교배 집단에서 하디-바인베르크의 기대에 부합한다.

하디-바인베르크 평형을 확인하기 위해서 솜털오리의 난백단백질 유전자좌위의 유전자형 빈도를 Table 4.4에서 이용하였다. 앞서 계산한 p와 q의 값을 사용하여 p^2, $2pq$, q^2을 계산하였다. 그리고 나서 이 빈도에 전체수(67)를 곱하면 세 가지 유전자형에 대한 예상되는 수를 얻을 수 있다.

Table 4.4 하디-바인베르크 평형을 확인하기 위한 솜털오리의 난백단백질 유전자좌위의 유전자형 빈도를 이용한 테스트

	표현형			
	FF	FS	SS	Total
관측치(O)	37	24	6	67
예상 빈도	p^2	$2pq$	q^2	1.0
	0.73^2	$2 \times 0.73 \times 0.27$	0.27^2	1.0
	0.5329	0.3942	0.0729	1.0
예상치(*E*) (예상 빈도 × 67)	35.7	26.4	4.9	67

각 유전자형에 대한 실제 관찰된 수는 하디-바인베르크 평형을 통해 예상되었던 것과 거의 유사하게 나왔다. 관찰된 값과 예상되는 값의 차이가 통계적으로 유의한지를 알아보기 위해서는 두 값 사이의 편차를 χ^2 test를 이용하여 테스트해 보면 된다(Box 4.1). 이 경우, 관찰되는 수(O)와 예측되는 수(E) 사이의 차이는 분명하지 않다. 일반적으로, 자연스럽게 이계교배(outbreeding)가 일어나는 개체군에서는 대부분의 유전자좌위에서 예측되는 것과 거의 일치한다(임

의 교배가 더 많이 혹은 더 적게 발생). 이는 유전자좌위가 돌연변이, 이주, 선택, 표본 추출의 영향으로부터 자유롭다는 것이 아니라, 실제 표본 크기에 영향을 미치기에는 그 영향의 크기가 아주 미미하다는 것이다.

Box 4.1 관찰값과 예측값 사이의 일치성을 평가하기 위한 Chi-square(χ^2) test

관찰값과 예측값 사이의 차이는 우연에 의해서 발생한다. 그 차이가 통계적으로 유의한지를 확인하기 위해서는, 관찰값(O)과 예측값(E) 사이의 편차를 chi-square(χ^2) test를 이용해서 다음과 같이 테스트해 보면 된다:

$$\chi^2 = \sum \frac{(O-E)^2}{E}$$

Σ는 값들의 합을 의미한다. 관찰값과 예측값 사이의 차가 클수록 χ^2값도 커진다. Table 4.4의 데이터에 대한 χ^2 값은 다음과 같다:

$$\sum \frac{(O-E)^2}{E} = \frac{(37-35.7)^2}{35.7} + \frac{(24-26.4)^2}{26.4} + \frac{(6-4.9)^2}{4.9}$$

$$\chi^2 = 0.047 + 0.218 + 0.247 = 0.512$$

얻어진 χ^2값의 확률(probability)을 평가하기 위해서는 자유도(df)를 알아야 한다. 이것은 유전자형의 수(3)에서 1을 빼고, 여기에 대립유전자의 수에서 1을 뺀 값(이 경우 1)을 다시 빼면 된다. 따라서:

$$\text{df} = 3 - 1 - 1 = 1$$

우연히 최소 0.512의 χ^2를 얻을 확률은 47%이다. 따라서 관찰된 유전자형의 빈도는 예상값과 크게 다르지 않다고 결론지을 수 있다. 만약 확률이 <0.05이였다면, 예측값에서 큰 편차가 있었다고 볼 수 있다.

기대 이형접합성

하디-바인베르크 기대 이형접합성(H_e)은 관찰된 이형접합성(observed heterozygosity)보다 표본 크기에 덜 민감하기 때문에 유전적 다양성을 설명할 때 주로 사용한다.

두 대립유전자로 이루어진 단일 유전자좌위의 빈도가 p와 q이면, **기대 이형접합성(expected heterozygosity: H$_e$)** (H_e)은 $2pq$이고(**유전자 다양성**이라고도 함), 이는 하디-바인베르크 평형에 따른다. 두 개 이상의 대립유전자가 있을 때, 1에서 모든 동형접합체의 빈도를 뺌으로써 간단하게 기대 이형접합성을 계산할 수 있다:

$$H_e = 1 - \sum_{i=1}^{\#\text{alleles}} p_i^2 \tag{4.2}$$

p_i는 i번째 대립유전자의 빈도이다. 그 이유는 $p^2+2pq+q^2=1$이기 때문에, $2pq=1-p^2-q^2$이다. 이는 Equation 4.2에 해당하는 것이다.

예제 4.3은 Laysan finches의 마이크로세틀라이트 유전자좌위에 대한 기대 이형접합성을 계산한 것이다.

예제 4.3 Laysan finches의 마이크로세틀라이트 유전자좌위에 대한 기대 이형접합성 계산

대립유전자 91, 95, 97에 대한 대립유전자 빈도는 각각 0.364, 0.352, 0.284이다(예제 4.2). 따라서 기대 이형접합성은:

$$\begin{aligned} H_e &= 1 - (0.364^2 + 0.352^2 + 0.284^2) \\ &= 1 - (0.1325 + 0.1239 + 0.0807) \\ &= 0.663 \end{aligned}$$

이 유전자좌위의 관찰 이형접합성과 기대 이형접합성은 각각 0.659와 0.663으로 아주 유사하다..

종의 진화 가능성은 지놈의 유전적 다양성에 의존한다. 그러므로 단일 유전자좌위에 있는 정보는 종 내에 있는 모든 유전자좌위의 유전적 다양성을 정확하게 설명하지는 못할 것이다. 예를 들어 포유류는 약 20,000개의 유전자좌위를 가지고 있다. 따라서 유전적 다양성을 측정하는 것(H_o, H_e)은 임의로 표본 추출한 많은 유전자좌위의 평균을 이용한다. 이러한 방법들은 멸종위기종인 에티오피아늑대(ethiopian wolves), 길들여진 개, 회색늑대(gray wolves) 그리고 코요테(coyotes)의 9개의 마이크로세틀라이트 유전자좌위에 근거한 유전적 다양성 정도의 비교를 통하여 증명되었다(Box 4.2).

일부 유전자좌위의 평균 이형 접합은 종이나 집단의 유전적 다양성을 특성화하기 위해 사용된다.

유전적 다양성의 손실은 개체군이 근친교배(inbreeding)를 하고 있고 그들의 진화 가능성이 감소하고 있다는 것을 나타내기 때문에, 보전생물학자들은 종종 시간이 지남에 따른 유전적 다양성 수준에서의 변화를 우려하고 있다. 이형접합체(heterozygosity)는 종종 시간이 지남에 따라 유지되는 이형접합체의 비율로 표현된다. 즉, H_t/H_0, H_t는 t세대에서의 이형접합성 정도이고 H_0는 일부 이전 시점에서의 이형접합성 정도이며, 시간 0(time 0)이라고도 한다. 예를 들어, H_0는 개체군 충돌 이전의 이형접합성이고, H_t는 충돌 이후의 것이다. 모리셔스 황조롱이(Mauritius kestrel)는 1974년에 단일 쌍 병목현상(single-pair bottleneck)을 경험했고, 1997년까지 400–500개체로 회복되었다. 병목현상 이전 마이크로세틀라이트의 평균 이형접합성은 0.23이었지만 1997년까지 이는 0.10까지 떨어졌다(Groombridge *et al*. 2000). 이런 이유로 모리셔스 황조롱이는 병목현상을 겪으면서 유전적 다양성의 57%를 잃었다.

다른 기간의 대립에서 이종 접합으로부터 유전적 다양성의 손실을 비교하여 측정할 수 있다.

대립유전자 다양성

대립유전자의 다양성(allelic diversity)은 유전적 다양성의 또 다른 척도가 된다. 예를 들어, 솜털오리에서 난백단백질의 차이를 결정하는 유전자좌위에는 두 개의 대립유전자가 있고, Laysan finches에 있는 마이크로세틀라이트 유전자좌위에는 세 개의 대립유전자가 있다. 하나 이상의 유전자좌위가 있을 때, 대립유전자의 다양성(A)은 유전자좌위에 대한 대립유전자수의 평균이다:

대립유전자는 또한 유전적 다양성을 특징짓는 데 사용된다.

$$A = \frac{\text{대립유전자 수}}{\text{유전자좌의 수}} \tag{4.3}$$

예를 들어, 멸종위기종인 에티오피아늑대의 사네티(Sanetti) 개체군(Box 4.2)은 9개의 마이크로세틀라이트 유전자좌위를 조사한 결과 18개의 대립유전자가 있어 A=18/9=2.0이다. 대립유전자의 다양성 측정은 표본 크기에 아주 민감하기 때문에 표본 크기가 비슷한 것끼리 비교하거나 반복된 표본 작업 또는 희박화(rarefaction)를 통해 표본 크기가 조절된 경우에 이용되어야 한다(Leberg 2002). FSTAT(Goudet 2002)과 같은 소프트웨어는 표본 크기를 조절하는 데 유용하게 이용된다.

대립유전자의 수를 반영하는 두 번째 방법은 유효 대립유전자 수이다. 이것은 모든 대립유전자가 동등한 빈도를 가진다고 했을 때, 같은 이형접합성을 제공하는 데 필요한 대립유전자의 수를 말한다. 예를 들어, 모두 0.2의 빈도를 가지는 다섯 개의 대립유전자의 이형접합성(H_e=0.8)은 0.92, 0.02, 0.02, 0.02, 0.02의 빈도를 가지는 다섯 개의 대립유전자(H_e=0152)보다 훨씬 더 큰 이형접합성을 가진다. 이 측정법은 표본크기와 드물게 나타나는 대립유전자(rare alleles)에 대해 덜 민감하다. 유효 대립유전자 수(n_e)는 다음과 같이 계산한다:

$$n_e = \frac{1}{\sum p_i^2} \tag{4.4}$$

p_i는 각 대립유전자의 빈도이고, 그 값은 모든 대립유전자에 대한 합이다. 예를 들어, 침팬지의 D9S905 마이크로세틀라이트 유전자좌위는 다섯 개의 대립유전자를 가지지만, 유효 대립유전자 수는 3.47이다(예제 4.4). 이와는 대조적으로, 예제 4.3에 나와 있듯이 3개의 대립유전자를 가진 Laysan finch의 마이크로세틀라이트유전자좌위는 대립유전자 빈도가 거의 같기 때문에 실제 값과 아주 유사한 2.96의 n_e값을 나타낸다.

예제 4.4 | 침팬지 D9S905 마이크로세틀라이트 유전자좌위의 유효 대립유전자 수

D9S905 마이크로세틀라이트 유전자좌위에 대한 다섯 개의 대립유전자 빈도는 0.086, 0.186, 0.057, 0.243, 0.429이다(Table 3.3). 따라서, 유효 대립유전자 수는:

$$n_e = \frac{1}{\sum p_i^2} = \frac{1}{(0.086^2 + 0.186^2 + 0.057^2 + 0.243^2 + 0.429^2)} = 3.47$$

그러므로, 이 유전자좌위의 effective number of alleles는 3.47이다.

에티오피아늑대

Box 4.2 | 멸종위기종인 에티오피아늑대의 유전적다양성 특성화와 보전 결과(after Gottelli *et al.* 1994; Anonymous 2003)

심각한 멸종위기의 개과 동물 중 하나인 에티오피아늑대는 에티오피아의 고립된 6개 지역에 살고 있으며, 그 개체수는 400마리 이하이다. 이 수는 농업, 과도한 방목 그리고 증가하는 인

간에 의한 압박과 광견병의 발병으로 인해 감소하고 있다. 게다가, 한 개체군은 길들여진 개(domestic dogs)와 공존하면서 잡종을 형성하기도 하였다. 또한 개들과 먹이 경쟁을 하기도 하며, 질병의 매개체가 되기도 한다.

에티오피아늑대의 두 개체군에 대한 9개 마이크로세틀라이트의 대립유전자 빈도가 아래에 나와 있으며, 하나는 개가 거의 없는 지역인 Sanetti Plateau이고, 또 다른 한 곳은 개가 풍부한 지역인 Web valley이다. 이러한 결과들은 전세계적으로 비멸종위기의 개과 동물인 회색늑대(gray wolves), 코요테(coyotes) 그리고 길들여진 개와 비교되었다.

좌위	대립유전자 1	2	3	4	5	A	H_o	H_e	n_e	샘플 크기
225	0.933	0.067				2	0.133	0.125	1.14	15
109	0.133	0.867				2	0.267	0.231	1.30	15
204	1.000					1	0.000	0.000	1	15
123	1.000					1	0.000	0.000	1	16
377	0.889	0.028	0.028	0.028	0.028	5	0.222	0.207	1.26	18
250	0.933	0.067				2	0.133	0.125	1.14	15
213	0.031	0.969				2	0.063	0.060	1.06	16
173	0.533	0.467				2	0.533	0.498	1.99	15
344		1.000				1	0.000	0.000	1	18
평균										
에티오피아늑대										
sanetti 지역						2.0	0.150	0.138	1.21	16
web valley 지역						2.8	0.313	0.271	1.37	23
길들여진 개						6.4	0.516	0.679	3.11	35
회색늑대						4.5		0.620	2.63	18
코요태						5.9		0.675	3.08	17

유전적 다양성은 관찰 이형접합성(H_o), 기대 이형접합성(H_e, Equation 4.2), 대립유전자의 다양성(A, Equation 4.3), 유효 대립유전자 수(n_e, Equation 4.4)를 이용해서 특성화(characterizing)된다. 표의 아래에 9개 유전자좌위에 대한 평균이 나와 있다. 분자유전적 자료 분석에 이용되는 몇몇 소프트웨어는 이 장의 마지막에 나와 있다(Labate 2000).

이 정보로부터, 보전 타당성(conservation relevance)의 세 가지 관점(points)을 얻을 수 있다. 첫 번째, 에티오피아늑대 개체군은 비멸종위기종인 회색늑대, 코요테, 길들여진 개에 비해 낮은 유전적 다양성을 나타내고 있다.

두 번째, 비교적 '순수한' Sanetti 개체군은 Web Valley 개체군보다 낮은 유전적 다양성을 가지고 있는데, 이는 Web Valley에서는 길들여진 개와 공존하고 있어 개와 잡종을 형성한 것이라 제안되었다. 이는 표현형적으로 비정상적인 에티오피아늑대 7마리가 '순수한' 에티오피아늑대의 것이 아닌 길들여진 개에서만 나타나는 대립유전자를 포함하고 있는 것을 통해서 입증되었다(7장).

세 번째, Ho와 He는 에티오피아늑대 개체군 사이에서 특별히 다르지 않았다. 따라서 늑대의 교배는 군집 내에서 거의 임의로 이루어지고 있는 것이다.

이 연구에서는 또한 에티오피아늑대가 다른 개과 동물과는 명백하게 다르다는 것을 밝히고 있지만, 회색늑대와 코요테와는 관계가 있다는 것을 보여 준다.

본 연구에 따른 권고되는 관리 방안은:

- 떠돌아다니는 길들여진 개는 잡종과 질병의 확산을 막기 위해서 조절되어야 한다.
- 유전적으로 '순수한' 에티오피아늑대를 즉시 도입하여야 한다.
- 다른 에티오피아늑대 개체군을 조사해 보아야 한다. 그리고
- 에티오피아늑대를 보전할 만한 가치가 있는 종으로 인식하여야 한다.

DNA 염기서열 변화 특성화

개체군 내 DNA 염기서열의 차이에 대한 분석이 가능해지면서 자료의 양이 증가되고 있다. 이는 전형적으로 다형성 뉴클레오티드 지역의 비율, 뉴클레오티드 다양성(nucleotide diversity) 또는 반수체형 다양성(haplotype diversity), 다형성과 관련해 아래 설명된 이형 접합성으로 특성화된다.

다형성 뉴클레오티드 지역(polymorphic nucleotide site: p_n)의 비율은 다형성 지역의 염기서열 비율을 말한다. 예를 들어, 초파리의 Adh 서열의 변이(Fig.3.2)에 대한 연구에서 2,379개의 염기서열 중에 43개의 다형성 지역이 있는 것으로 나타났으며, 이를 통해 산출하면 $p_n = 43/2379 = 0.0181$이다.

임의교배가 가능한 개체군에서, **뉴클레오티드 다양성(nucleotide diversity: π)** 은 뉴클레오티드 수준에서의 이형접합성을 의미하며, 이는 다음과 같이 측정한다;

$$\pi = \frac{\sum \pi_{ij}}{n_c} \tag{4.5}$$

π_{ij}는 i번째와 j번째 서열 사이에서 서로 다른 뉴클레오티드의 비율이다. 이는 전체 쌍대비교(pairwise comparison)의 합을 비교된 총 수 n_c로 나누어준 값이다(n 서열은 $n(n-1)/2$의 comparisons를 가진다). 초파리 *Adh* 유전자좌위의 대립유전자 F의 경우, 대립유전자 다섯 개가 차례로 배열되어 있고 이들 사이의 비교 값은 $(5\times4)/2=10$이며, 여기서 산출된 서로 다른 뉴클레오티드의 비율은 0, 0, 0, 0.0038, 0.0038, 0.0038, 0.0042, 0.0042, 0.0042, 0.0046이다. 뉴클레오티드 다양성은 이 값들의 평균, 즉, 0.0286/10=0.00286이다. 개체군 내의 뉴클레오티드 다양성은 종종 0.005−0.020로 떨어지지만(Stephan & Langley 1992) 조사되는 유전자좌위와 종에 따라 달라진다.

반수체형 다양성(Haplotype diversity: h)은 이형접합성(heterozygosity)의 DNA 수준 유사체(DNA level analogue)이지만, 반수체형에 대한 것이다. 이는 $h=1-\Sigma f_i^2$으로 계산되며, f_i는 i번째 반수체형의 빈도이다. 초파리 *Adh* 유전자좌위의 경우, 11개 반수체형의 염기서열 분석을 하였더니, 9개가 다르게 나왔는데, 이중 8개는 1/11이고 하나는 3/11이었다. 따라서 단상형 다양성은;

$$h = 1 - \Sigma f_i^2 = 1 - [8 \times (1/11)^2 + (3/11)^2] = 1 - 0.14 = 0.86$$

열성대립유전자에 대한 대립유전자 빈도 추정

> 하디–바인베르크 평형은 임의교배가 가능한 개체군에서 열성 대립유전자의 빈도를 측정하기 위한 방법을 제시하였다.

동형접합자는 표현형에서 이형접합자와 구별할 수 없기 때문에 위에서 설명한 대립유전자의 수를 세는 방법으로 우성 유전자좌위의 대립유전자 빈도를 밝히는 것은 불가능하다. 그러나 열성 대립유전자의 빈도는 관찰된 동형접합성의 열성 표현형의 빈도를 q^2(열성 동형접합체에 대한 하디–바인베르크 평형 빈도)와 동일시함으로써 알 수 있고, 이 빈도의 제곱근을 통해 열성 대립유전자의 빈도를 얻을 수 있다. 멸종위기종인 캘리포니아 콘도르의 연골 위축증에 대한 계산법이 예제 4.5에 나와 있다. 이 대립유전자의 빈도는 0.17로, 의외로 열성치사대

예제 4.5 하디–바인베르크 평형 빈도를 이용한 캘리포니아 콘도르의 열성 연골 위축증 형질의 빈도 측정

캘리포니아 콘도르의 연골 위축증은 긴 뼈를 짧아지게 하고(왜화(矮花)) 알에서 부화할 때 쯤 죽게한다. 이는 집에서 기르는 칠면조와 유사하게 열성 대립유전자의 동형접합체 때문인 것으로 여겨진다. 콘도르의 169개의 부화한 알 중에 5개에서 연골 위축증이 별견되었는데 그 빈도는 0.0296이다(Ralls *et al.* 2000). 정상 형질에 대해서는 +, 연골 위축증 형질에 대해서는 *dw*를 사용하고 그 빈도에 대해서는 *p*와 *q*를 사용한다면, 유전자형에 상응하는 표현형과 예상되는 하디–바인베르크 평형 빈도는 다음과 같다.

캘리포니아 콘도르

	표현형	
	정상	연골 위축증
유전자형	(++, +*dw*)	*dwdw*
실제 빈도(Ho)	0.9704	0.0296
하디–바인베르크 평형 예상 빈도	p^2+2pq	q^2

만약 하디–바인베르크 평형을 통한 예측이 맞지 않다면, 영향을 받은 개체의 실제 빈도를 q^2와 동일시함으로써 *dw*의 빈도를 다음과 같이 계산할 수 있다:

$$q^2 = 0.0296$$

그리고

$$q = \sqrt{q^2} = \sqrt{0.0296} = 0.17$$

연골 위축증 형질은 어린 새 중 약 17%가 가진다. 이는 해로운 대립유전자에 대한 것으로는 아주 높은 수준이지만, 콘도르가 매우 낮은 숫자로 감소하고 있다는 사실은 놀라운 일이 아니다(최소 14개체).

립유전자의 빈도가 높게 나왔다. 특히 특정 열성 유전 결함을 가지며, 다른 멸종 위기종이나 유전적으로 고립된 인간 개체군을 포함한 소수의 창시자에서 유래된 다른 개체군에서도 비교적 높은 빈도로 발견되었다(7장).

*q*를 측정하는 이 방법에는 근본적인 몇몇 가정(임의 교배, 이동과 선택이 없음)이 있기 때문에, 유전자좌위에서 구별되는 모든 유전형에 사용할 수는 없다.

보인자의 빈도(이형접합체)

열성 돌연변이의 보인자의 빈도는 보전유전학에서와 마찬가지로 의학, 수의학에서도 흥미로운 것이다. 그러나 해로운 열성인자의 보인자(Aa)는 보인자가 아닌 것(AA)과 구분이 되지 않는다. 그럼에도 불구하고, 정상적인 표현형을 가진 것들 중에서 보인자의 빈도는 하디–바인베르크 평형으로부터 예측될 수 있다. 정상적인 표현형(AA+Aa=p^2+2pq)을 가지는 전체 개체에 대한 이형접합체 빈도(Aa=$2pq$)의 비율을 둘 다 *p*로 나누어 주고 $p+q$=a로 대체함으로써 다음과 같이

하디–바인베르크 평형은 유전적 질병에 대한 보인자(carriers)의 빈도를 예측할 수 있게 해준다.

간단하게 나타낼 수 있다:

$$빈도(보인자) = \frac{2q}{(1+q)} \tag{4.6}$$

연골 위축증의 경우, 정상적인 표현형을 가진 개체들 가운데 보인자의 빈도는 $2 \times 0.17/(1+0.17)=0.29$로 예상된다. 따라서 콘도르 개체군의 약 30%가 보인자이고, 열성 동형접합체(affected homozygotes)의 거의 10배에 가까운 빈도이다.

하디-바인베르크 평형에서의 편차

하디-바인베르크 평형 유전자형 빈도로부터 얻어진 편차(deviations)는 근친교배(inbreeding), 개체군의 파편화(population fragmentation), 이주(migration) 그리고 선택(selection)여부를 확인하는 데 아주 유용하게 이용된다.

하디-바인베르크 평형은 그 개체군이 임의교배를 하지 않았는지, 이주가 있었는지, 선택이 있었는지에 대한 테스트에 반하는 귀무가설(null hypothesis)을 제공한다. 달리 말하면, 하디-바인베르크 평형에서 얻어진 편차는 앞서 언급한 하나 혹은 그 이상의 추정이 위반되었는지를 알려준다. 선택이 일어나는 동안 임의교배가 일어나지 않는 것에 대해서는 6장에서 다루고 이주에 대해서는 7장에서 다루도록 한다.

근친교배

근친교배는 임의교배에 비해 이형접합성(heterozygotes)의 빈도를 감소시킨다.

근친교배는 번식적응도(reproductive fitness)의 감소를 이끌기 때문에 보전유전학에서 중요하다(2장, 12장, 13장). 유연관계가 높은 개체들끼리의 교배가 예상했던 것보다 높은 비율로 일어날 때, 이형접합성의 빈도는 하디-바인베르크 예측(expectations)에 비례하여 감소하고 동형접합체 빈도는 그만큼 증가한다. 자가수정(근친교배의 극단적인 형태)에 대해서 Fig. 4.2에 나와 있다. A_1A_2 개체의 자가수정은 자손세대에서 이형접합성을 반으로 줄어들게 한다. 하디-바인베르크 평형에서 예상했던 이형접합체의 빈도는 50%였지만, 2세대에서의 이형접합체의 빈도는 25%였고, 이는 그 다음세대에서도 계속해서 반으로 줄어들었다.

따라서, 하디-바인베르크 평형을 통해 예측한 것과 비교했을 때, 개체군 내 이형접합성이 부족한 것은 Table 4.5에 나와 있는 지면패랭이처럼, 임의적인 교배가 일어나지 않았음을 의미한다. 이 종은 높은 수준의 자가수분을 보여준다. 그에 반해 근친교배는 예상된 이형접합체보다 낮게 유도되고, 이계교배하거나 근친교배를 회피할 경우 예상 이형접합체보다 높게 유도되었다. 근친교배는 12장에서 자세하게 다룬다.

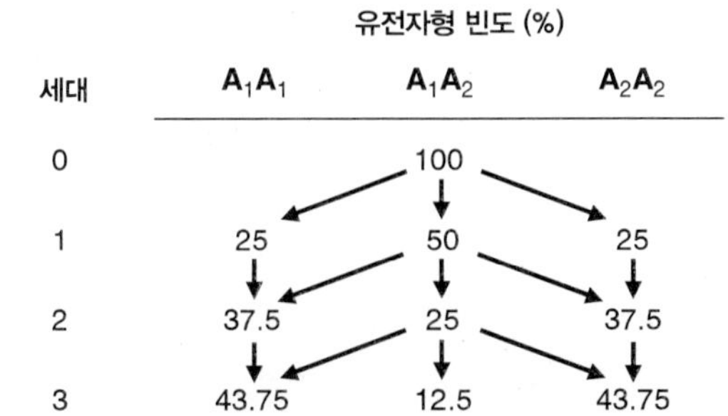

Fig. 4.2 자가수분이 유전자형 빈도에 미치는 영향. 이형접합체의 빈도는 자가수분 세대가 거듭될수록 반으로 줄어든다.

Table 4.5 근친교배가 이루어지는 식물 군집에서의 이형접합체의 결핍(deficiency). 지면패랭이꽃 개체군의 phosphoglucomutase-2 유전자좌위의 세 가지 유전자형에 대한 관찰된 값과 기대되는 하디-바인베크르 평형에서 임의교배 개체군의 수가 주어졌다. 이 종의 경우, 종자의 75%가 자가수분의 결과로 추정된다.

	유전자형		
	FF	FS	SS
관측치	15	6	14
하디-와인베르크 기대값	9.3	17.5	8.3

참고문헌: Data from Hartl & Clark (2007) after Levin

파편화된 개체군

파편화된 개체군으로 제한된 유전자흐름은 하디-바인베르크 예상에 비해 많은 이형접합자의 결핍을 보여준다.

고립된 개체군들 사이에서 대립유전자의 빈도는 가능성(chance)과 선택(selection)에 의해서 나누어진다(14장). 이 결과 심지어 각각의 개체군 자체가 하디-바인베르그 평형상태라도 대부분 이형접합자 결핍이다. 극단적인 경우, 한 개체군은 A_1 대립유전자만을 가지고, 다른 개체군은 A_2 대립유선자만을 가진다고 할 때, 이곳에는 이형접합체가 존재하지 않게 된다. 이것은 대부분의 빈도가 0.5인 대립유전자가 이형접합체의 임의교배 기대치인 50% 보다 훨씬 적다. 예를 들어, 오스트레일리아 서쪽 해안의 배로우섬(Barrow Island)과 몬드리안섬(Mondrain Island)에 사는 검은발바위왈라비의 고립된 두 개체군은 Pa297 microsatellite 유전자좌위의 136, 124 대립유전자에 대해 각각 동형접합성(homozygous)을 나타낸다(Table 14.1).

이형접합체 결핍은 또한 수수께끼종(cryptic species) — 형태적으로 아주 유사해서 분자적 기술 없이는 다른 종이라고 따로 말하기 어려운 종 — 을 구분하는 데 이용될 수 있다. 예를 들어, 시드니 인근 블루 마운틴에 있는 하나의 통나무에서 나온 우단벌레(velvet worms)를 알로자임 전기영동을 통해 유전자형을 분석하였더니 몇몇 유전자좌위에서 유전적 다양성이 발견되었지만, 이형접합체는 없었다. 몸 색깔에서 약간의 차이를 보이는 두 가지 형태는 모든 유전자좌위에서 동형접합으로 발견되었는데, 표본추출된 유전자좌위의 86%가 서로 다른 대립유전자에 대한 동형접합체였다. 이는 두 벌레(이전에는 한 종에 속하는 것으로 여겨졌다)가 같은 서식지를 공유하고 있음에도 불구하고 두 가지 형태가 대립유전자를 교환하지 않는다는 것을 분명하게 나타내고 있다. 따라서 이들은 서로 다른 종이라고 할 수 있다(Briscoe & Tait 1995). 유전자 마커(genetic markers)는 개체군 사이에 유전자 흐름(gene flow)이 있는지를 판단하고, 분류학적으로 불분명한 것을 해결하는 데 이용될 수 있다(16장).

하디-바인베르크 평형의 확장

하디-바인베르크 평형은 임의교배가 일어나는 개체군에서 대립유전자의 수와는 상관없이 상염색체상의 유전자좌위에서 발생한다.

세 개의 대립유전자

하디-바인베르크 평형은 한 유전자좌위에 대한 두 개 이상의 대립유전자에 대해서도 표현될 수 있다. 만약 한 유전자좌위에 A_1, A_2, A_3, 세 개의 대립유전자가 p, q, r의 빈도로 있다면, 하디-바인베르크 평형 유전자형 빈도(Hardy-Weinberg equilibrium genotype frequencies)는 이항확장$(p+q+r)^2$으로 나타낼 수 있다(예제 4.6). 유전자형 빈도는 이대립유전자좌위(diallelic locus)와 유사한 방법으로 얻어질 수 있다(Table 4.3). 예제 4.6은 멸종위기인 Laysan finch의 세 가지 대립유전자를 가진 유전자좌위에 대해 예상되는 유전자형 빈도의 계산 방법을 보여 주고 있다.

예제 4.6 | 세 가지 대립유전자의 유전자좌위에서 예상되는 하디-바인메르크 평형의 계산

Laysan finches의 91, 95, 97 마이크로세틀라이트 대립유전자의 빈도는 0.364 (p), 0.352 (q), 0.284 (r)이다(Table 4.2). 따라서 예상되는 유전자형 빈도는 다음과 같다:

	유전자형						
	91/91	91/95	91/97	95/95	95/97	97/97	Total
기대 빈도	p^2	$2pq$	$2pr$	q^2	$2qr$	r^2	1.0
	0.364^2	$2 \times 0.364 \times 0.352$	$2 \times 0.364 \times 0.284$	0.352^2	$2 \times 0.352 \times 0.284$	0.284^2	1.0
	0.132	0.256	0.207	0.124	0.200	0.081	1.0

성연관 유전자좌위

성연관 유전자좌위(sex-linked loci)는 성별에 따라 그 수가 다르게 존재하기 때문에, 성에 따라 서로 다른 유전자형 빈도를 가진다.

포유류와 초파리는 성연관 유전자좌위(sex-linked loci)가 X염색체상에 있는데, 암컷은 XX 성염색체를 가지고 수컷은 XY를 가진다. Y염색체에는 X염색체에 존재하는 대부분의 유전자좌위가 없다. 따라서 암컷은 대부분의 유전자좌위를 한 쌍씩 가지는 반면, 수컷은 하나만을 가진다. 반대로, 조류와 나비목(Lepidoptera)의 수컷은 ZZ를, 암컷은 ZW를 가지는데, 이들의 수컷은 한 쌍의 성연관 유전자좌위를 가지고 암컷은 하나만을 가진다. 성연관 유전자좌위를 다룰 때는, X 또는 Z염색체의 위쪽에 표기를 하고(예. X^A 또는 Z^A), 성연관 대립유전자가 없는 것은 Y나 W라고 표기하여, 상염색체 유전자좌위와 혼동되는 것을 피한다.

성염색체 유전자좌위에 대한 하디-바인베르크 평형 유전자형 빈도는 상염색체의 빈도와는 다르기 때문에 성연관 유전자좌위를 구분하는 것은 중요하다. 따라서 이러한 차이는 근친교배, 비 임의교배 또는 개체군의 파편화가 미치는 영향과 혼동될 수 있다. 포유류에서 성비가 같은 경우, 성연관 유전자좌위의 2/3가 암컷에서 발견되었고 1/3이 수컷에서 발견되었는데, 두 성에서의 이 비율은 조류와 나비목에서는 반대로 나타난다.

성연관 유전자좌위에 대한 대립유전자 빈도를 계산하는 과정은 예제 4.1에서 사용된 대립유전자 수를 세는 것과 유사하다. 단지 이 경우에는 암컷과 수컷에서 서로 다른 유전자좌위의 수를 고려해 주어야 한다. 트리니다드(Trinidad)의 *Heliconius* 나비의 성연관 유전자좌위 6-pgd에 대한 유전자형 빈도가 Table 4.6에 나와 있고, 예제 4.7에 대립유전자 빈도가 나와 있다.

Table 4.6 트리니다드의 *Heliconius* 나비의 성연관 유전자 6-phosphogluconate dehydrogenase enzyme (6-pgd) 유전자좌위에 대한 암컷과 수컷의 각 유전자형의 수와 하디-바인베르크 평형에 따라 예상되는 수. 수컷은 ZZ를, 암컷은 ZW 성염색체를 가진다.

	수컷				암컷		
	Z^FZ^F	Z^FZ^S	Z^SZ^S	Total	Z^FW	Z^SW	합계
개체수	39	46	27	112	29	33	62
기대값	32.1	55.7	24.2	112	33.2	28.8	62

참고문헌: Simplified from Johnson & Turner (1979).

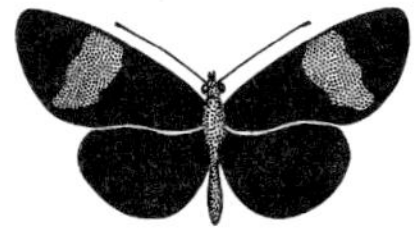

*Heliconius*속 나비

예제 4.7 트리니다드의 *Heliconius* 나비의 성연관 유전자 6-pgd 유전자좌위에 대한 대립유전자 빈도 측정

대립유전자 Z^F의 빈도는 앞서 그랬던 것처럼 보는 수컷과 암컷에서 대립유전자 F의 수를 세면 얻을 수 있다. 그러나 나비의 성연관 유전자좌위의 경우, 암컷은 하나를 가지고 수컷은 한 쌍을 가진다. 따라서 대립유전자 F의 수를 보면 수컷의 Z^FZ^F에서 2×39=78, 수컷의 Z^FZ^S에서 46개 그리고 암컷의 Z^FW에서 29개로 대립유전자 F의 총 수는 153개이다.

이 수를 대립유전자의 총 수(수컷 112×2, 암컷 62이므로 총 286개)로 나누어준다.

따라서 성연관 Z^F 대립유전자의 빈도(p)는:

$$p = \frac{[(2 \times 39) + 46 + 29]}{[(2 \times 112) + 62]} = \frac{153}{286} = 0.535$$

유사하게 성연관 Z^S 대립유전자의 빈도(q)는:

$$q = \frac{[(2 \times 27) + 46 + 33)]}{[(2 \times 112) + 62]} = \frac{133}{286} = 0.465$$

그리고 $p + q = 0.535 + 0.465 = 1$이다.

그러므로 성연관 F 대립유전자의 빈도는 53.5%이고, S는 46.5%이다.

XX:XY 성염색체를 가진 종의 하디-바인베르크 평형에서의 성연관 유전자좌위에 대해, 암컷 유전자형 빈도는 상염색체의 유전자좌위의 빈도와 같은 반면에 수컷의 유전자형 빈도는 p와 q이다. 만약 수컷과 암컷에서의 대립유전자 빈도가 같다면, 임의 교배가 발생하는 한 세대에서 개체군은 상염색체처럼 대립유전자와 유전자형 빈도가 평형을 이룰 것이다(Table 4.7). 두 성간에 서로 다른 대립유전자 빈도를 가진 개체군은 세대를 거듭할수록 암·수에서 대립유전자 빈도가 같을 때 평형에 이르는 것과 같이, 두 성간에 대립유전자의 비가 같아질 때까지 점근적으로 평형 유전자형 빈도(equilibrium genotype frequencies)에 도달한다(Falconer & Mackay 1996).

성연관 유전자좌위는 서로 다른 유전자형 빈도를 가진 암컷과 수컷의 임의교배 하에서 하디-바인베르크 평형에 도달한다.

Table 4.7 임의 교배에 따른 성연관 유전자좌위에 대한 암컷과 수컷에서의 하디-바인베르크 평형 유전자형 빈도, 암컷은 XX이고 수컷은 XY이다.

암컷			수컷	
X^AX^A	X^AX^a	X^aX^a	X^AY	X^aY
p^2	$2pq$	q^2	p	q

수컷이 ZZ를 가지고 암컷이 ZW를 가지는 조류와 나비목의 경우 Table 4.7과는 반대로 나타난다. *Heliconius* 나비 개체군의 성연관 6-pgd 유전자좌위에 대해 관찰된 것과 하디-바인베르크를 통해 예측된 수가 Table4.6에 비교되어있다. 수컷과 암컷 모두 하디-바인베르크에서 예상한 것에서 크게 벗어나지 않았지만, 수컷에서 부분적으로 고립된 개체군의 개체간 결합으로 인한 이형접합체의 의심스러운 결핍(suspicious deficiency)이 있었다.

배수체

하디-바인베르크 평형은 사배수체(tetraploid)에서도 발생하지만, 대립유전자 빈도가 같을 때 이배체에서 발견되는 것 보다는 이형접합체의 빈도가 높게 나타난다.

많은 식물들과 몇몇 동물들은 한 쌍 이상의 염색체를 가진다(polyploids). 예를 들어, 남동 오스트레일리아의 멸종위기 종인 grassland daisy의 몇몇 개체군은 사배수체(tetraploid)이다(Young & Murray 2000) (16장).

이 다음에 사배수체에서 언급하겠지만, 이 원리는 모든 짝수배수체(6*n* 6배체, 8*n* 팔배수체 등)에 적용될 수 있다. 삼배수체(3*n*)는 일반적으로 비정상적인 감수분열을 하거나 몇몇 독자생존이 가능한 종자(viable seeds)를 생산한다.

사배수체에서 대립유전자의 빈도는 이배체에서 사용하였던 것과 같이 동일한 대립유전자의 수를 세는 방법을 이용해서 계산될 수 있지만, 각 개체의 유전자좌위당 2쌍의 대립유전자와 두 개의 대립유전자에 다섯 가지 유전자형을 가진다(Table 4.8). 동질사배수체(autotetraploid)에서 두 대립유전자를 가진 하나의 유전자좌위에 대한 하디-바인베르크 평형 유전자형 빈도는 이항 확장$(p+q)^4$으로 표현할 수 있다(Table 4.8).

사배수체의 두 대립유전자를 가진 다형성 유전자좌위(polymorphic locus)에는 세 개의 이형접합된 유전자형($A_1A_1A_1A_2$, $A_1A_1A_2A_2$, $A_1A_2A_2A_2$)이 있고, 이들의 전체 빈도는:

$$H_e = 4p^3q + 6p^2q^2 + 4pq^3 = 2pq\,(2p^2 + 3pq + 2q^2) = 2pq\,(2 - pq) \tag{4.7}$$

따라서 $2pq\ (2-pq)$의 이형접합체 빈도는 동등한 이배체의 $2pq$ 보다 상당히 높게 나타난다(Bever & Felber 1994). 예를 들어, 두 대립유전자의 빈도가 각각 0.6, 0.4인 유전자는 동질사배수체에서 0.84의 이형접합체 빈도를 보이고, 동등한 이배체에서는 0.48의 빈도를 보인다. 이는 유전적 다양성의 손실과 작은 개체군에서의 근친교배에 대해 고려할 때, 이배체의 유전적 관리에 중요한 영향을 미친다(17장).

Table 4.8 임의교배가 일어나는 동질사배수체의 하디-바인베르크 평형 유전자형 빈도

	유전자형					합계
	$A_1A_1A_1A_1$	$A_1A_1A_1A_2$	$A_1A_1A_2A_2$	$A_1A_2A_2A_2$	$A_2A_2A_2A_2$	
빈도	p^4	$4p^3q$	$6p^2q^2$	$4pq^3$	q^4	1.0
예 : $p = 0.6$ 그리고 $q = 0.4$						
빈도	0.1296	0.3456	0.3456	0.1536	0.0256	1.0

하나 이상의 유전자좌위: 연관비평형

A와 B 유전자좌위는 각각 대립유전자 A_1과 A_2, B_1과 B_2를 가지고 상대적 빈도 p_A, q_A, p_B, q_B이다. 이들 대립유전자는 생식세포 A_1B_1, A_1B_2, A_2B_1, A_2B_2를 형성한다. 임의교배와 독립적인 조합 상태에서, 이들 생식세포의 구성은 결과적으로 대립유전자 빈도를 결정하게 된다. 예를 들어, 생식세포 A_1B_2는 p_Aq_B의 빈도를 가질 것이다. 서로 다른 유전자좌위의 대립유전자간 임의조합을 **연관평형**(linkage equilibrium)이라 한다. 임의교배가 이루어지는 큰 개체군에서 대부분 유전자좌위에 있는 대립유전자는 그들이 가깝게 연관되어 있지 않다 하더라도 연관평형상태에 있다(Ardlie *et al*. 2002).

서로 다른 유전자좌위에 있는 대립유전자들은 평형상태일 때 임의교배가 이루어지는 큰 개체군에서 임의로 연관(associated)될 것으로 예상된다. 즉, 이들은 연관평형(linkage equilibrium)을 보인다.

작은 개체군에서 병목현상과 같은 우연한 기회를 통해 서로 다른 개체군이 섞이고 선택이 일어나는 것은 유전자좌위, 특히 같은 염색체상에 물리적으로 연관된 유전자좌위 사이에서 비 임의조합을 야기할 수 있다(Box 4.3). 임의적인 교배가 이루어지는 큰 개체군에서 **연관비평형**(linkage disequilibrium)을 보이는 유전자좌위는 종종 자연선택의 강한 힘이 있어야 나타난다(Box 4.4).

연관비평형(linkage disequilibrium)은 대립유전자의 운명이 이웃한 유전자좌위의 운명과 연관이 있는 것과 같이 서로 다른 유전자좌위에서 대립유전자 빈도의 임의 조합으로부터 이탈(deviation)된 상태를 말한다.

비 임의조합과 인근 유전자좌위에 의해 강하게 선택된 대립유전자 때문에 작은 개체군에서의 자연적인 대립유전자는 만약 선택 아래에 있어도 유전자형 사이에서 선택적 차이가 없는 것처럼 행동할지 모른다.

연관비평형은 보전에 있어 중요한데 그 이유는 다음과 같다.

- 연관비평형은 크기가 작은 개체군 같은 멸종할 위기에 직면한 종에서 흔하다 (Service *et al*. 2006).
- 연관비평형이 있을 때 진화과정은 달라진다.
- 기능적으로 중요한 유전자 집단에서 보이는 연관비평형은 멸종위기종의 지속에 매우 중요하다.
- 연관비평형은 구분된 개체군들의 혼합을 알아낼 수 있는 신호 중에 하나이다.
- 연관비평형은 유전적으로 효과적인 개체군 크기를 측정하는 데 이용될 수 있다(11장).

연관비평형의 효과는 Box 4.3 예시를 통해서 나와 있다.

Box 4.3 연관비평형(linkage disequilibrium)의 영향

연관비평형의 영향을 증명하기 위해서는 유전자형 $A_1A_1B_1B_1$, $A_2A_2B_2B_2$를 가진 두 단형성 개체군이 결합하여 임의로 교배해야 한다. 각 상염색체에서 한 유전자좌위의 대립유전자는 임의교배가 일어난 한 세대 안에 하디-바인베르크 평형에 이를 것이다. 그러나 서로 다른 유전자좌위의 대립유전자는 두 유전자좌위 사이의 재조합 빈도에 따른 속도로 점근적으로 연관평형에 도달한다. 위와 같이 결합된 개체군에서 2개씩 유전자형이 같은 암컷과 수컷의 70%가 $A_1A_1B_1B_1$을 가지고, 30%가 $A_2A_2B_2B_2$를 가진다. 오직 A_1B_1, A_2B_2 두 가지 생식세포만 형성될 것이고, 그래서 다음 세대의 자손은 세 가지 유전자형 $A_1A_1B_1B_1$, $A_1A_2B_1B_2$, $A_2A_2B_2B_2$만 존재할 것이고, 다른 6개의 유전자형은 아무것도 가능하지 않다. 이들 유전자좌위는 분명한 연관비평형상태이다.

그 다음 세대에서 가능한 다른 두 생식세포 A_1B_2, A_2B_1은 두 배의 이형접합성 유전자형에서의 재조합에 의해 생산된다. 예를 들어, A_1B_1/A_2B_2 이형접합체는 재조합 생식세포 A_1B_2, A_2B_1을 $1/2c$의 빈도로 생산하는데, 이때 c는 재조합 비율이다. 그리고 재조합되지 않은 생식세포 A_1B_1과 A_2B_2는 $1/2(1-c)$의 빈도로 생산된다. 만약 두 유전자좌위가 서로 다른 염색체 쌍에 위치해 있다면, 이들은 독립적인 분류(assortment)인 $c = 0.5$를 보여 줄 것이다. 만약 유전자좌위가 물리적으로 연관되어 있다면, $c \le 0.5$이고 이는 일반적으로 연관평형상태에 도달하는데 오래 걸릴 것이다. 결국 가능한 모든 아홉 가지의 유전자형이 형성되어 연관평형상태에 도달할 것이다.

연관비평형(linkage disequilibrium)은 연관평형으로부터의 반수체형 빈도의 편차로 측정될 수 있다.

Table 4.9에 나와 있듯이, 연관비평형 D를 결정하는 기준은 A_1B_1, A_2B_2 생식세포 빈도의 생산물(r과 u)과 A_1B_2, A_2B_1 생식세포 빈도의 생산물(s와 t) 사이의 차이이다:

$$D = ru - st \tag{4.8}$$

ru와 st는 $p_Aq_Ap_Bq_B$와 같고 $D = 0$이기 때문에, 평형상태에서 $ru = st$이다. 예시에서, 네 가지 유전자형은 첫 번째 세대에서 0.7, 0, 0, 0.3의 빈도를 가지기 때문에, $D = 0.7 \times 0.3 - 0 \times 0 = 0.21$이다. D의 최대값은 0.25이고 최소값은 −0.25이다. D의 최대값은 네 가지 유전자형의 빈도가 1/2, 0, 0, 1/2일 때 발생한다.

보통 임의 교배가 일어나는 큰 군집에서 1센티모건(1% 교차) 보다 더 멀리 떨어져 있는 유전자좌위는 만약 그들이 선택에 있어 균형잡힌 유전자좌위의 집단에 포함되어 있지 않다면 연관비평형을 보이지 않을 것이다(9장). 연관비평형은 척추동물에서 이식거부 반응, 질병 유기체 방어와 같은 면역 반응에 관여하는 유전자좌위 집단인 MHC(major histocompatibility complex)에서 발견된다(9장)(Box 4.4). 예상했던 대로 MHC의 유전자좌위 쌍 사이에서의 연관비평형은 일반적으로 서로에게 가까운 유전자좌위에 대해서 더 크게 나타난다(Hedrick *et al*. 1991).

연관비평형(linkage disequilibrium)은 유전자좌위 사이의 재조합 빈도에 따른 속도로 쇠퇴한다.

연관비평형은 재조합이 불충분하게 표시된 생식세포(underrepresented gametes)를 생산함에 따라 쇠퇴한다. 재조합은 비연관 유전자좌위의 독립적인

Table 4.9 두 유전자좌위 A와 B의 대립유전자들 사이에서의 연관비평형 측정. 각 유전자좌위는 대립유전자 A_1과 A_2, B_1과 B_2를 p_A, q_A,, p_B, q_B의 빈도로 가진다.

	배우자형 (배체형)				
	A_1B_1	A_1B_2	A_2B_1	A_2B_2	Total
실제 빈도	r	s	t	u	1.0
평형 빈도	p_Ap_B	p_Aq_B	q_Ap_B	q_Aq_B	1.0

불균형 $D = ru - st$

수치예 : $p_A = 0.7$, $q_A = 0.3$, $p_B = 0.7$, $q_B = 0.3$

실제 빈도	0.7	0.0	0.0	0.3
평형 빈도	$0.7 \times 0.7 = 0.49$	$0.7 \times 0.3 = 0.21$	$0.3 \times 0.7 = 0.21$	$0.3 \times 0.3 = 0.09$

$D = 0.7 \times 0.3 - 0.0 \times 0.0 = 0.21$

Box 4.4 인간의 MHC에서의 연관비평형

아래 데이터는 2106 반수체형를 기반으로 백인 MHC에 있는 HLA–A와 HLA–B 유전자좌위에 있는 대립유전자 사이의 비 임의연관을 나타낸 것이다(Spiess 1989). 이 데이터는 하나의 유전자좌위에 대한 네 개의 대립유전자와 또 다른 유전자좌위에 대한 세 개의 대립유전자를 나타내기 위해서 간소화되었다. 여기에는 실제로 더 많은 대립유전자들이 있다.

두 유전자좌위에서 대립유전자 사이의 모든 비 임의연관은 예상대로 편차를 보여 주므로 통계적으로 중요하다. 예를 들어, A1–B7 반수체형의 빈도는 0.0074였는데, 연관평형상태에서는 $0.1439 \times 0.1143 = 0.0164$의 빈도를 가질 것으로 예상되었고, 결과적으로 –0.0090의 결핍(deficiency)을 보여 준다. 이 결핍은 이 반수체형와 관련된 연관비평형이고, 이러한 빈도를 가진 대립유전자에 대해 D가 가질 수 있는 최대값의 55%이다.

연관비평형(linkage disequilibrium)은 유전자좌위 사이의 재조합 빈도에 따른 속도로 쇠퇴한다.

		HLA–A 대립유전자			모든 HLA–B 대립유전자의 빈도
		A1	A2	A3	
HLA–B 대립유전자	B7	0.0074(−)	0.0260(−)	0.0477(+)	0.1143
	B8	0.0672(+)	0.0110(−)	0.0012(−)	0.0971
	B35	0.0029(−)	0.0178(−)	0.0257(+)	0.1052
	B44	0.0089(−)	0.0503(+)	0.0068(−)	0.1242
모든 HLA–A 대립유전자의 빈도		0.1439	0.2855	0.1335	

분리와 연관된 유전자좌위 사이에서의 교차에 의한 결과이다. 위의 첫 번째 예시에서, 생식세포 A_1B_2, A_2B_1처럼 임의 교배로 인해 쇠퇴된 연관비평형은 자손의 다양한 이형접합성 유전자형의 재조합에 의해 생성된다. 비평형의 감소 비율은 Fig.4.3에 나와 있는 것처럼 재조합 빈도와 관련이 있다. t세대 이후에, 남아 있는 비평형은 다음과 같다(Falconer & Mackay 1996):

$$D_t = D_0(1 - c)^t \tag{4.9}$$

c는 재조합 빈도이다. 두 유전자좌위 사이의 재조합 양은 염색체 상의 위치에 따라 달라지는데, 일반적으로 유전자좌위 사이의 거리에 따라 증가한다. 비연관 유전자좌위에 대한 연관비평형은 세대에 따라 반으로 줄어들고, 약 다섯 세대 안에 연관평형상태에 도달한다. 바꾸어 말하면, 가까이에 연관된 유전자좌위에 대한 비평형의 쇠퇴는 느리게 일어난다.

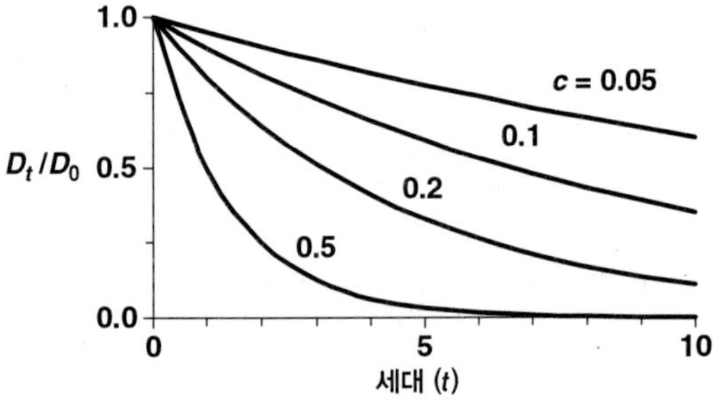

Fig. 4.3 임의 교배가 이루어지는 두 유전자좌위 사이의 연관비평형의 쇠퇴. 이들의 재조합 빈도는 c= 0.05, 0.1, 0.2, 0.5이다(비연관 유전자좌위). 남아 있는 연관비평형의 비율(D_t/D_0)은 세대(t)와 반비례 관계이다.

요약

1. 개체군 내 유전적 다양성은 각 유전자형의 빈도에 의해 특징지을 수 있다. 이는 일반적으로 각 유전자좌위에 있는 대립유전자(유전자) 빈도를 통해서 간단하게 나타낼 수 있다.
2. 외부의 힘이 작용하지 않고 임의교배가 일어나는 큰 군집에서 상염색체의 대립유전자와 유전자형 빈도는 한 세대 이후에 평형상태이다(하디–바인베르크 평형).
3. 하디–바인베르크 평형 유전자형 빈도들의 편차는 근친교배, 개체군 파편화, 이주, 선택을 알 수 있도록 해 준다.
4. 이형접합체의 결손은 예상보다 높은 비율로 근친교배가 일어나고 있거나, 개체군이 파편화되었다는 것을 나타낸다.
5. 만약 서로 다른 유전자좌위(연관비평형)의 대립유전자 사이에 비 임의연관이 있다면, 대립유전자의 운명은 이웃한 유전자좌위에 의해 영향을 받을 것이다. 연관비평형은 유전자좌위 사이의 재조합 빈도에 따른 비율로 평형상태를 향해 쇠퇴한다.

추가적인 읽을거리

Balding *et al*. (eds.) (2001) *Handbook of Statistical Genetics*. Advanced reviews on a broad range of topics in statistical genetics.

Falconer & Mackay (1996) *Introduction to Quantitative Genetics*. Contains a very clear introduction to topics in this Chapter.

Hartl & Clark (2007) *Principles of Population Genetics*. Clear introduction to population genetics.

Hedrick (2005a) *Genetics of Populations*. Clearly written coverage of population genetics.

소프트웨어

The following software packages can be used for analysing molecular population genetics data:

ARLEQUIN: www.anthropologie.unige.ch/arlequin
FSTAT: www2.unil.ch/popgen/softwares/fstat.htm
GDA: GENETIC DATA ANALYSIS: www.lewis.eeb.uconn.edu/lewishome/gda.html
GENALEX: www.anu.edu.au/BoZo/GenAlEx/
GENEPOP (Rousset 2008): http://kimura.univ-montp2.fr/rousset/Genepop.htm
POPGENE: www.ualberta.ca/fyeh/index.html

문제

4.1 대립유전자 빈도. 그린란드 인구(after Falconer & Mackay 1996) 표본의 M과 N 대립인자의 빈도를 추산하라.

	혈액형 유전자형			
	MM	MN	NN	합계
수	475	89	5	569

4.2 하디-바인베르크 평형. 기대되는 하디 바인베르크 평형 빈도와 문제 4,1에서 기술된 인간 개체군에서의 MN 혈액형의 유전자좌위의 수는? 관찰된 값은 하디-바인베르크 평형에 따른 기대되는 값과 다른가?

4.3 4개의 대립유전자를 가진 유전자좌위에 대한 대립유전자 빈도. 멸종될 위기에 처한 Laysan finch of Hawaii(data of Tarr 등. 1998)의 11B4E 마이크로세틀라이트 유전자좌위의 85, 91, 93, 95 대립유전자의 빈도는?

	유전자형									
	85/85	85/91	85/93	85/95	91/91	91/93	91/95	93/93	93/95	95/95
수	2	13	0	0	15	2	12	0	0	0

4.4 관찰된 이형접합성. 문제 4.3의 Laysan finches의 마이크로세틀라이트 유전자좌위의 관찰된 이형접합성은 무엇인가?

4.5 삼대립 유전자좌위에 대한 하디-바인베르크 평형. Table 4.2의 Laysan

finches 마이크로세틀라이트 유전자좌위에 대해 기대되는 유전자형의 빈도는 무엇인가? 관찰된 수는 하디-바인베르크 평형에 대해 동의할 수 있는가?

4.6 삼염색체 생물에서의 하디-바인베르크 평형. 만약 사람의 21번 염색체에 위치한 유전자좌위의 전기영동 유전자좌위 F와 S 대립인자의 빈도가 0.6과 0.4이라면 다운증후군 환자(21번 염색체가 3개)의 인구에서의 하디-바인베르크 평형 유전자형 빈도는 무엇인가?

4.7 임의교배. 인간의 ABO식 혈액형에서 3개의 대립유전자는 백인에서 약 0.3 A, 0.1 B, 0.6 O의 빈도를 가진다. AA × OO 교배에서 기대되는 빈도는 무엇인가?

4.8 임의 교배. 일본의 아시베쓰에 있는 사람들은 MN 혈액형 유전자좌위에 대하여 임의 교배를 했을까? 각각의 혈액형 유전자형에 대한 사람의 수는

MM	MN	NN	합계
406	744	332	1482

이였다. 그리고 741 교배 쌍은 다음에 나타난 유전자형의 분포를 따른다.

MM x MM	58
MM x MN	202
MM x NN	88
MN x MN	190
MN x NN	162
NN x NN	41

4.9 유효 대립유전자 수. Table 4.1에 기술된 솜털 오리의 난백단백질 유전자좌위의 유효 대립유전자 수는 얼마인가?

4.10 DNA 서열 다양성 특징화. 노랑초파리의 S adh 대립유전자 서열 자료로 부터 다형성 뉴클레오티드 위치의 비율, 뉴클레오티드 다양성, 단상형 다양성, 주어진 6개의 S 대립유전자의 2379 뉴클레오티드의 서열과 30개의 다형성 위치를 계산하라. 6개의 단상형 모두 각각 다르며, 6개의 단상형들 간의 뉴클레오티드의 비율은 0.0013, 0.0059, 0.0067, 0.0063, 0.0025, 0.0080, 0.0084, 0.0055, 0.0046, 0.0080, 0.0067, 0.0038, 0.0046, 0.0059이다.

4.11 열성 대립유전자 빈도. 황금사자타마린에서의 탈장은 상염색체 열성으로 물려받고, 96마리는 정상적인 표현형을 가지고 4마리는 탈장을 가진다고 가정하자. 탈장을 유발하는 열성 대립유전자의 빈도는 얼마인가?

4.12 연관비평형. 다음과 같은 생식세포 빈도를 보이는 개체군에서의 연관비평형 D는 얼마인가? 평형에서 생식세포 빈도는 얼마인가?

	A_1B_1	A_1B_2	A_2B_1	A_2B_2
빈도	0.2	0.5	0.2	0.1

4.13 연관비평형 붕괴. 두 유전자좌위 사이의 초기 연관비평형 D가 0.20이었고, 두 유전자좌위가 5%의 재조합을 나타내면, 20세대 후에 D의 값은 얼마인가?

5장

유전적 다양성의 특성 묘사: 양적 변이

용어

가산적(Additive)
모체효과(maternal effects)
번식적응도(reproductive fitness)
분산(variance)
부가적 분산(additive variance)
상호작용 분산(interaction variance)
상하위성 분산(epistatic variance)
선발차(selection differential)
양적 유전자 변이(quantitative genetic variation)
양적 형질 유전자좌위(quantitiative trait locus(QTL))
우성분산(dominance variance)
유전율(heritability)
유전자형-환경상호작용(genotype × environment interaction)
이주 실험(common garden experiment)
잡종강세(heterosis)
정규분포(normal distribution)
주변형질(peripheral character)
초우성(overdominance)

보전생물학에 영향을 미치는 특성은 주로 양적인 유전적 · 환경적 요인에 의한 변이이다. 양적 유전변이의 요소들은 종의 진화 · 적응능력, 번식적응도에 대한 근친교배와 이계교배의 효과를 밝힌다.

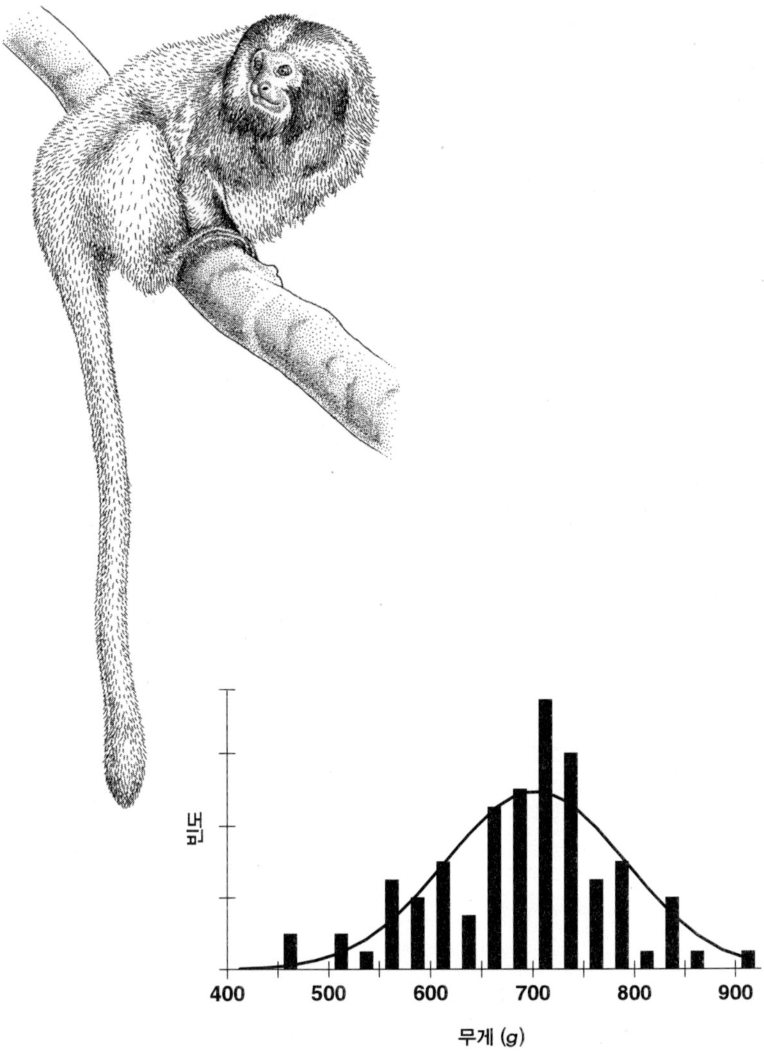

황금사자타마린 성체의 체중(양적 형질)분포

양적 형질의 중요성

보전생물학에 있어 가장 영향을 많이 미치는 특성은 개체들 사이에 나타나는 양적 변이이다.

보전생물학자에게 가장 중요한 양적(또는 계량적, 또는 다인자적) 형질은 번식적응도(reproductive fitness)와 관련이 있다. 이것은 생식연령까지 생존한 하나의 개체로부터 생산된 번식 능력이 있는 자손의 개체수를 말하며, 번식적응도에 대한 양적 변이는 아래의 것들에 포함된다(Hard 1995; Frankham 1999):

- 근친교배로 인한 번식적응도의 감소(근친교배약세)
- 작은 군집 크기로 인한 진화능력(evolutionary potential)의 감소
- 서로 다른 번식적응도를 가진 개체군들의 교배로 인한 **잡종강세**(heterosis) 또는 **이계퇴화**(outbreeding depression)
- 하나의 환경에서 다른 곳으로 이동한 개체들의 영향

이러한 변이에 대한 연구를 '양적 유전학(quantitative genetics)'이라고 한다. Box 5.1은 뿌리를 썩게 만드는 진균류에 대한 유칼리나무의 저항성에 대한 양적 유전변이와 그 보전 결과(conservation implications)에 대해서 설명하고 있다.

위에서 본 네 가지의 주제는 11장부터 17장에서 자세하게 다룰 것이다. 이 장에서는 양적 유전학의 용어와 그 분석 및 예측 방법에 대한 기본적인 개념을 소개한다.

유전적 다양성의 분자적 측정은 유전적 다양성의 분자적 측정과 양적 측정 사이의 연관성이 낮기 때문에 우리가 보전생물학과 연결시키고자 하는 많은 문제들의 해답을 주지는 못한다.

Box 5.1 뿌리를 썩게 만드는 진균류에 대한 호주 유칼리나무의 저항성에 대한 양적유전변이와 그 보전 결과(Stukely & Crane 1994; McComb 2002)

뿌리를 썩게 만들어 '잎마름병'을 야기하는 진균류는 호주 서부에 있는 90개체의 드물거나 멸종위기에 놓인 토종식물을 공격하였다. 이는 야생화 관광을 주요 사업으로 하는 호주 서부지역의 상당히 많은 식물 군집에 심각한 파괴를 초래해왔다. 그에 따른 한 피해종은 마호가니고무나무이며, 경제적으로 중요한 유칼리나무 생재이다. 잎마름병이 생긴 마호가니고무나무 숲은 이전에 소나무와 호주 동부의 유칼리나무(잎마름병에 비교적 저항성이 있다)같은 외래식물이 옮겨 심어졌고, 이로 인해 새, 포유류 그리고 무척추동물들의 서식지에 상당한 손실 또는 변화가 일어났다. 서식지 손실과 같은 것을 피하기 위해서, 토종식물을 다시 심는 것을 현재의 목표로 세우고 있다.

건강한 마호가니고무나무는 가끔 잎마름병의 영향으로부터 살아남지만 이것이 운이 좋아서 살아남은 것인지, 나무들이 유전적으로 그 병에 대한 저항성을 가지고 있는 것인지는 밝혀지지 않았었다. 진균류(fungus)를 접종시킨 16과(families) 묘목들과 그렇지 않은 대조군을 질병이 없는 장소에서 인접시켜 놓았다. 아래 그림처럼 접종 처리된 과(families) 간에는 의미 있는 차이를 보였지만 대조군에서는 그렇지 않았다. 이것은 진균류에 대한 저항성에 있어 유전적

마호가니고무나무(오스트레일리아 원산)

변이가 있음을 증명한다. 과(families)가 연속적인 치사 범위를 나타낼 때부터, 양적 유전 변이는 단일유전자좌위변이 대신에 나타난다.

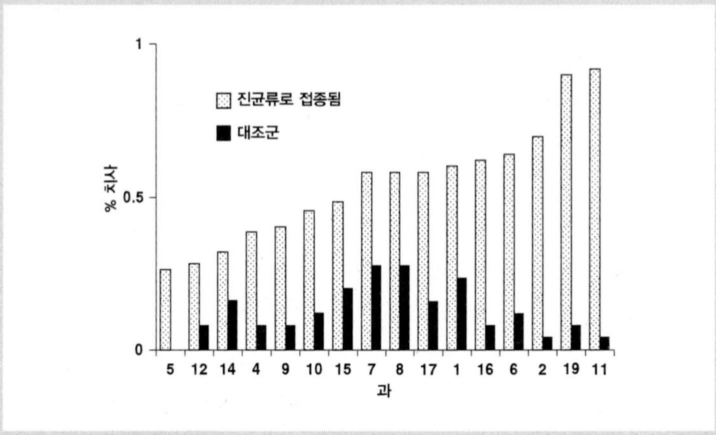

잎마름병에 저항성이 있는 마호가니고무나무를 공급하기 위해 채종원(원종을 증식하여 농가에 배포할 종자를 생산하는 곳, seed orchard)이 설립되었다. 따라서 숲 서식지는 멸종위기종을 위해 유지될 수 있을 것이며, 더 나아가 위협을 받고 있는 다른 종 또한 저항성에 대한 유전적 변이를 나타낼지도 모른다.

양적 형질의 특성

양적 형질들은 연속적인 분포를 보이는데, 이들은 여러 유전자좌위의 영향을 받으며 환경의 영향도 상당히 많이 받는다.

Table 5.1에 나와 있는듯이 양적 형질 특성은 질적형질과 대조를 보인다. 양적 형질은 개별 분포보다는 대개 연속적이고, 거의 일반적인 분포를 가진다. 번식 적응도(reproductive fitness), 수명(longevity), 키(height), 무게(weight), 질병저항성(disease resistance)과 같은 것들이 그 예이다. 이들은 영양 상태와 같이 여러 유전자좌위와 환경의 영향을 함께 받는다(Lynch & Walsh 1998). 그러므로 우리는 개체들 사이에 나타나는 종류의 차이보다는 정도의 차이를 좀 더 비중있게 다룰 것이다.

유전자형과 표현형의 연계는 질적 형질보다 양적 형질에서 더 약하게 나타난다.

양적 형질은 관찰되는 표현형으로부터 유전자형을 바로 알아내기란 불가능하다. 같은 유전자형을 가진 개체들은 서로 다른 표현형을 나타낼 수 있고, 같은 표현형을 나타내는 개체들도 서로 다른 유전자형을 나타낼 수 있다. 예를 들어, 여섯 마리의 새끼를 낳은 검은발족제비는(Fig. 5.1b) 평균적으로 한 마리의 새끼를 낳은 족제비보다 더 많은 대립유전자를 운반한다. 그러나 높고 낮은 그룹 모두 발달과정 동안 긍정적 또는 부정적인 환경요인으로 인해 번식 행동(reproductive performance)에 심하게 영향을 받은 몇몇 동물들을 포함할 것이다.

Table 5.1 양적 형질과 질적 형질의 특성 비교

특성	양적 형질	질적 형질
분포	단봉형이고 연속적	다양하고 별개로 나타남
유전자형-표현형의 관계	불완전함	가까움
유전자좌위	많음	하나 혹은 소수
환경적 영향	많이 받음	적게 받음
Parameters for describing	평균, 분산, h^2, V_A	p, q
예	번식적응도, 무게, 키	달팽이 껍데기(갈색 vs. 노란색), Adh의 전기영동에서의 이동성 차이, DNA 염기서열 차이

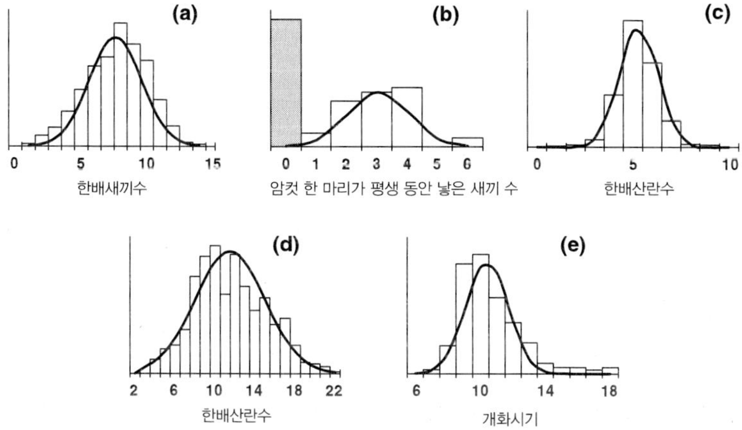

Fig. 5.1 번식접합도의 구성요소인 다섯 개의 양적 형질에 대한 표현형의 분포도: (a) 쥐의 한배새끼수, (b) 멸종위기종인 검은발족제비 암컷 한 마리가 평생 동안 낳는 새끼 수, (c) 찌르레기의 한배산란수, (d) 방울뱀의 한배산란수, (e) 애기장대의 개화시기. 정규분포는 데이터에 적합하다. 검은발족제비에서 다수의 비번식 개체들은 아마 포획된 상태에 적응을 하지 못했기 때문일 것이다. 자료 출처 (a) Falconer & Mackay (1996), (b) Russell (1999), (c)와 (d) Wright (1968), (e) Jones & Wilkins (1971).

환경적 변이

개체들 사이에서 관찰되는 양적 형질 변이의 일부는 유전보다는 환경적 요인이 원인이다.

개체들 사이에서의 환경적 차이는 동물에서는 먹이 공급, 생활 상태, 질병의 유무 등으로부터 발생할 것이고, 식물에서는 토양의 비옥함, 온도, 빛, 과밀 등에 의해서 발생할 것이다. 예를 들어 Cousin섬에 사는 멸종위기 종인 세이셸휘파람새(Seychelles warbler)에 있어 매년 새로 태어나 1년 동안 생존하는 새끼의 수는 암수 한 쌍 당 평균 0.28마리이지만, 환경이 좋지 않은 영역에서보다 질이 좋은 환경에서 번식하는 자손의 수는 7.3배 더 높다. Cousin섬보다 새들이 먹이로 이용할 수 있는 곤충이 3배 이상 더 많은 Aride섬으로 이동해 갔을 때, 같은 종의 조류가 낳는 새끼의 수는 44마리로 증가한다(Komdeur *et al.* 1998).

양적 유전변이의 기초

양적 형질은 많은 유전자좌위에서 발생하는 유전적 변이에 의해 영향을 받는다.

이계교배된 개체군에서 양적 형질에 대한 유전적 다양성은 **양적 형질 유전자좌위(quantitative trait loci (QTL))**라 불리는 복대립유전자의 분리때문이다(Maloof 2006; Frankham 2009a). 이들 유전자좌위에는 형질의 중요도를 높이거나 손상시키는 대립유전자를 포함하고 있으며, 이들 유전자좌위는 각각 멘델의 분리의 법칙과 연관에 대해서 보여 준다.

유전율(h^2)은 양적 형질의 유전적 다양성을 측정하는 데 이용된다.

새 개체군 내 형질의 **유전율(heritability)**은 선택에 대한 진화 능력을 결정하는 주요 요인이다. 이것의 가장 간단한 형태를 보면, 개체군 내에서 나타나는 표현형 변이의 일부는 개체들 사이의 유전적 차이 때문이다. 좀 더 구체적으로 말하면, 유전율은 부모가 자손에게 넘겨줄 수 있는 유전적 변이로 인한 표현형 변이의 한 부분이다. 유전율은 h^2로 나타낼 수 있으며, 이때 윗 첨자 2는 숫자적인 의미를 가지고 있지 않다.

이 개념에 대한 두 가지 예가 있다. 월레미소나무(Wollemi pine)의 수백 개 DNA marker 유전자좌위에는 유전적 변이가 부족하고, 조사된 모든 개체들은 잎마름병균에 민감했다(Peakall *et al*. 2003). 나무들 사이에서의 변이는 전부 환경에 의한 것($h^2 = 0$)으로 이 종의 진화 가능성은 0이라고 할 수 있다. 그에 반해서 뿌리가 썩는 병의 병원균에 대한 마호가니고무나무의 저항성은 큰 유전율을 가지기 때문에(Box 5.1) 마호가니고무나무의 저항력은 진화할 수 있다.

양적 유전변이를 찾아내기 위한 방법

양적 형질의 유전적 변이는 동일한 환경 조건 하에 있는 서로 다른 유전자형에서 얻어진 자료를 이용하여 찾아낼 수 있다.

개체들 간의 유전적 변이로부터 양적 형질이 표현형 변이의 일부인지 밝히는 데 사용되는 세 가지 방법:

- 개체군들 사이 그리고 개체군 내에서의 변이
- 근친교배된 개체군과 이계교배된 개체군의 비교
- 유연관계가 있는 개체들 간의 유사성

환경이 양적 형질에 중요한 영향을 미치기 때문에, 모든 비교는 같은 환경에서 동시에 수행되는 것이 중요하다('common garden' experiment).

만약 동일한 환경조건에서, 근친교배된 개체군의 표현형적 변이가 이계교배된 개체군의 변이 보다 더 적다면, 형질의 기저를 이루고 있는 유전적 구성요소가 분명하게 존재한다고 할 수 있다. Box 5.2는 담배 화관길이에 대한 것이다. 근친교배가 많이 발생한 개체군의 표현형적 변이는 오로지 환경적 요인 때문인 반면, F_2 세대에서의 변이는 개체들 간의 환경 및 유전적 차이 때문이다. 양적유전변이는 이계교배된 변이(outbreed variation)가 유전적으로 변하지 않는 유전자형을 넘어서는 정도를 말한다(예제 5.1).

Box 5.2 담배 화관 길이의 양적 유전변이(after Strickberger 1985, East의 연구를 근거로 함)

양적 형질의 유전에 대한 예전 연구에서, East는 화관의 길이가 서로 다르고 근친교배(동형접합성)가 많이 일어난 담배의 두 부모 개체군(P)을 교배시켰다. 그는 이를 재배하여 F_1과 F_2를 같은 장소에서 동시에 교배하였다.

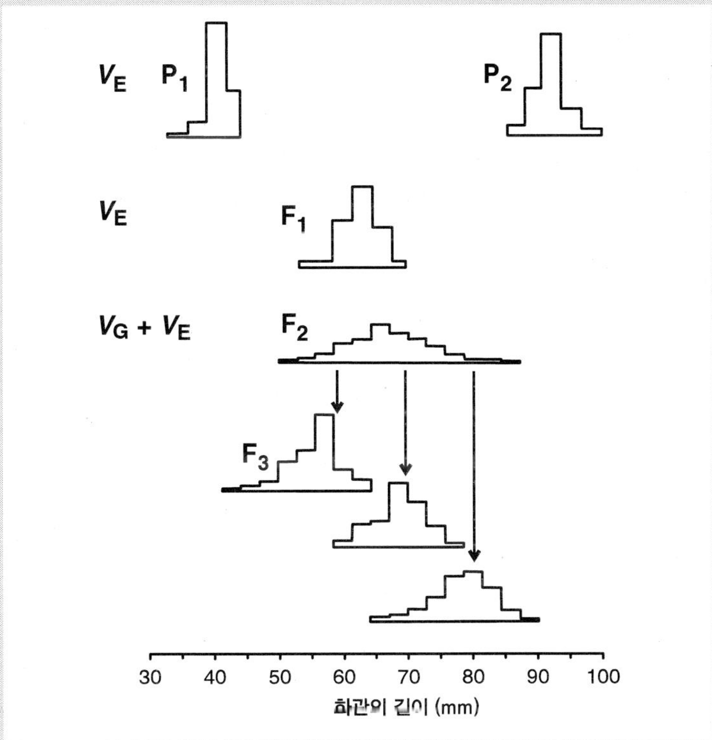

화관 길이의 양적유전변이(V_G)는 두 부모 개체군의 평균이 다르다는 것과 그들의 분포가 겹치지 않는다는 것을 통해 알 수 있다. 부모 개체군과 F_1 세대 내에서 볼 수 있는 개체들 사이에서의 변이는 환경적 변이(V_E)이다.

부모세대나 F_1 세대에서 보다 F_2 세대에서 변이가 더 많이 일어났기 때문에, 이 연구는 두 번째 방법을 통해 화관 길이의 유전적 변이를 증명하였다. 화관 길이에 영향을 미치는 유전자 좌위에 대해서, 모든 유전자형이 유사한 환경적 변이를 가졌을 때 F_2 세대는 대립유전자의 분리로 인해 부모세대나 F_1 세대보다 더 많은 변이를 보일 것이라고 예상할 수 있다. 예를 들어, 만약 부모 개체군이 A_1A_1, A_2A_2를 가진다면, F_1 세대는 A_1A_2를 가지는 반면, F_2 세대는 $1/4A_1A_1$, $1/2A_1A_2$, $1/4A_2A_2$를 가지게 된다.

East는 서로 다른 화관 길이를 가진 개체들을 교배시키고 그 자손세대가 부모와 평균이 다르다는 것을 보여 줌으로써 F_2 세대 개체들 사이에 유전적 차이가 있다는 것을 증명하였다.

유전적으로 변동이 심한 개체군에서 유연관계가 높은 개체들 사이에서의 표현형적 유사성은 그들의 유전적 구조의 유사성이 높을수록 증가한다. 유사성은 일란성 쌍둥이(혹은 복제생물, clone) 사이에서 최대가 되고, 전형매(full-sibs) 사이 혹은 부모와 자손 사이에서 좀 더 낮게 나타나며, 아무런 관계가 없는 개체들 사이에서 최소가 된다. 인간의 일란성 쌍둥이(유전적으로 동일)와 이란성 쌍둥이(평균 50%의 유전적 동일성을 보임)의 비교를 통해 성격적 특성, 정신 능력, 질병 위험 등을 분석하는 것은 아마 가장 잘 알려진 분석 방법일 것이다. 만약 유전되는 변이가 없다면, 그땐 관계 정도가 서로 다른 개체들은 0의 상관관계를 보일 것이다. 유연관계가 높은 개체들 사이에서의 특별한 유사성(연관성 혹은 regression)은 멸종위기종인 파튤라 달팽이(partula snail)의 껍데기 너비에서 볼 수 있는 것처럼 양적 형질에 대한 유전적 변이를 증명하는 것이다(Box 5.3). 앞서 언급한 유연관계가 높은 개체들 사이에서의 유사성은 이계교배를 하는 많은 동·식물 종의 무수한 형질에 대해 입증한다.

유전적 변이와 환경적 변이의 분할

유전적 · 환경적 변이는 서로 다른 유전자형 혹은 동일한 환경에서 비교된 과(families)로부터 얻어진 자료를 이용하여 분할될 수 있다.

지금까지 개체들에서 나타나는 표현형이 각 개체가 물려받은 대립유전자와 발달과정 동안에 접했던 환경의 영향으로 인한 결과물이라는 것을 간단하게 언급하였다. 대수적으로, 위 문장은 다음과 같이 표현할 수 있다:

$$P = G + E \tag{5.1}$$

이때, P=표현형(phenotype), G=유전자형(genotype) 그리고 E=환경(environment)이다. 지금부터는 유전적 구성성분이 어떻게 환경적 구성성분과 분할되는지에 대해 알아 볼 것이다.

한 개체군 내에서의 표현형적 변이(V_P)는 유전적 다양성(V_G), 환경적 변이(V_E) 그리고 유전자형과 환경 사이의 상호작용(G×E의 상호작용)의 합으로 표현 될 수 있다:

$$V_P = V_G + V_E + 2\,Cov_{GE} \tag{5.2}$$

Cov_{GE}는 유전적 그리고 환경적 영향 사이의 공분산(covariance)이다. 이는 모든 개체들이 같은 환경 조건에서 성장했을 때는 무시해도 된다. 예제 5.1은 각 변이들을 분할하는 것에 대한 수적인 예이다. F_2 세대의 화관 길이에 대한 변이 중 68%는 다형성 유전자좌위의 분리(V_G) 때문이고 32%는 환경에 의한 변이(V_E) 때문이다. 유사한 방법으로, 마호가니고무나무의 질병 저항성에 대한 변이의

예제 5.1 | 유전적 그리고 환경적 변이의 분할

Box 5.2에 나와 있는 담배 화관 길이에 대한 변이에서 동형접합성의 두 부모 개체군은 48과 32이고 F_1 개체군은 46 그리고 F_2는 130.5이다. 두 부모 개체군과 F_1 개체군은 오로지 환경적 변이(V_E) 때문이다. 따라서 V_E에 대한 세 개의 독립적인 측정 방법을 통해 그 평균을 계산한다.

$$V_E = \frac{(V_{P_1} + V_{P_2} + V_{F_1})}{3} = \frac{(48 + 32 + 46)}{3} = 42$$

F_2의 변이는 유전적 다양성과 환경에 의한 변이 때문이다.

$V_{F_2} = V_G + V_E = 130.5$

따라서 VG를 다음과 같이 측정할 수 있다.

$V_G = V_{F_2} - V_E = 130.5 - 42 = 88.5$

그러므로 화관 길이에 대한 F_2의 변이 중 88.5/130.5 = 68%는 다형성 유전자좌위의 분리 때문이고, 나머지 32%는 환경에 의한 변이 때문이다.

85%는 유전되는 것이었다(Box 5.1).

식 5.2에 있는 공분산을 제거하기 위해서, 환경 범위에 걸쳐 무작위로 개체들을 할당하는 것은 일상적으로 재배 혹은 사육 상태가 표준화된 식물이나 가축을 이용한 양적 유전 실험에서 수행된다. 그러나 이를 야생 개체군에서 수행하기에는 무리가 따른다. 예를 들어 세력권을 주장하는 조류와 포유류 종의 경우, 유전적으로 가장 적합한 부모는 아마 가장 좋은 영토를 가지고 있을 것이다(그리고 그렇지 않은 개체들은 열악한 영토를 차지하고 있을 것이다). 최상의 유전자를 물려받은 자손은 또한 좋은 환경도 물려받을 것이기 때문에, 그 결과 양의(positive) 유전자형×환경의 공분산을 야기하고 유연관계가 높은 개체들 사이에서의 표현형적 유사성을 증가시키는 결과를 야기할 것이다.

모계 환경(maternal environment)은 특히 포유류에 있어 형질의 범위에 영향을 미친다. 예를 들어, 한배새끼수가 많은 포유류의 자손은 무게가 덜 나가는데 이는 새끼 한 마리가 태어나기 이전과 이후에 받는 식량의 양이 적기 때문이다. 배 이식(embryo transfer), 교차양육(cross-forstering) 그리고 한배새끼수의 표준화는 모계효과를 동일하게 하는 데 이용될 수 있다. 수컷에 의해 길러진 자손(sire−offspring)은 이런 영향을 받지 않는 반면, 암컷에 의해 길러진 자손(dam−offspring)은 영향을 받는다. Mousseau & Fox (1998)는 모계효과에 대해 더 자세하게 다루었다

양적 유전변이의 분할

유전적 변이(V_G)는 **부가적유전분산**(additive genetic variance, V_A), **우성분산**(dominance variance, V_D), **상호작용분산**(interaction variance, V_I)으로 다음과 같이 나누어 질 수 있다.

> 양적 형질의 유전적 다양성은 적응할 수 있는 진화능력(V_A), 우성편차(V_D) 그리고 이계교배의 효과(V_I)로 분리할 수 있다.

$$V_G = V_A + V_D + V_I \tag{5.3}$$

V_A는 유전자좌위의 평균효과에 대한 변이이고, V_D는 우성편차에서의 변이, V_I는 유전자좌위 사이의 상호작용 편차에 대한 변이로부터 발생한다. 이들 구성요소 중 첫 번째와 세 번째는 다음과 같이 보전에 중요한 영향을 미친다.

- V_A와 V_A/V_P (유전율)는 연구 중에 있는 형질에 대해 개체군이 적응할 수 있

는 진화능력을 반영한다.

- V_I는 이계교배의 효과에 이롭거나 해로운 영향을 미친다.

이러한 유전적 변이의 구성성분에 대한 유전적 기초와 이들에 대한 측정방법은 13장과 16장에서 알아볼 것이다.

변이의 분할을 설명하는 단일-유전자좌위 모델

V_A와 V_D의 의미를 이해하기 위해서는 두 개의 대립유전자를 가지는 단일-유전자좌위 모델(single-locus model)을 고려해야 한다. 세 개의 유전자형 A_1A_1, A_1A_2 그리고 A_2A_2는 a, d 그리고 $-a$라는 할당된 유전자형 값(genotypic values)을 가진다 (Fig. 5.2). 동형접합체는 유전자형 값을 $2a$로 가지고, 이형접합체는 d로 두 동형접합체의 평균과는 다른 값을 가진다.

Fig. 5.2 임의교배 하에서 나타나는 그 빈도에 따라 유전자형 값은 유전자좌위에서 세 가지 유전자형으로 분리되었다.

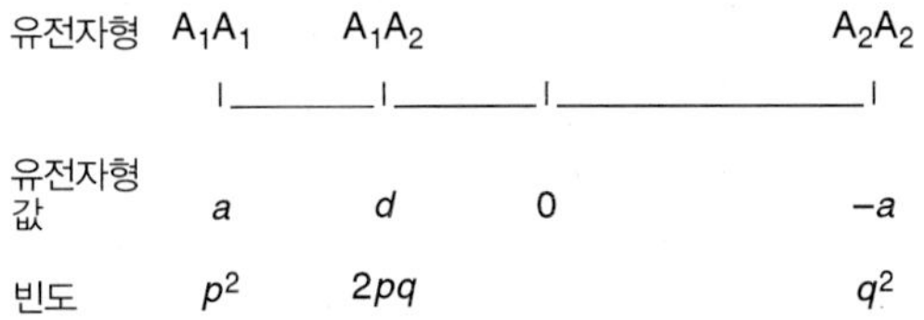

부가적(additive), **우성**(dominant), **초우성**(overdominant) 유전자좌위에 대한 유전자형 값이 Fig.5.3에 나와 있다. 부가적 유전자좌위(additive locus)의 경우, 이형접합체는 동형접합체들의 중간 값을 가진다. 따라서 세 유전자형은 a, 0 그리고 $-a$의 값을 가지므로 d는 0이 된다. 만약 A_1 대립유전자가 우성이라면(A_2는 열성), 유전자형은 a, a 그리고 $-a$의 값을 가져 $d=a$가 된다. 반대로 A_1이 열성이라면, 유전자형은 a, $-a$ 그리고 $-a$ 값을 가지게 되어 $d=-a$가 된다. 초우성 유전자좌위의 경우 유전자형 값은 $-a$, a 그리고 $-a$가 되어 $a=0$, $d=2a$가 된다. 예제 5.2는 메리노 양의 Booroola 유전자좌위(B)에서 한배새끼수에 대한 a와 d의 계산에 대해 나와 있다. 이 경우 대립유전자 B는 불완전한 우성(partially dominant)이다.

Fig. 5.3 부가적(additive), 우성(dominant), 초우성(overdominant) 유전자좌위에 대한 유전자형 값

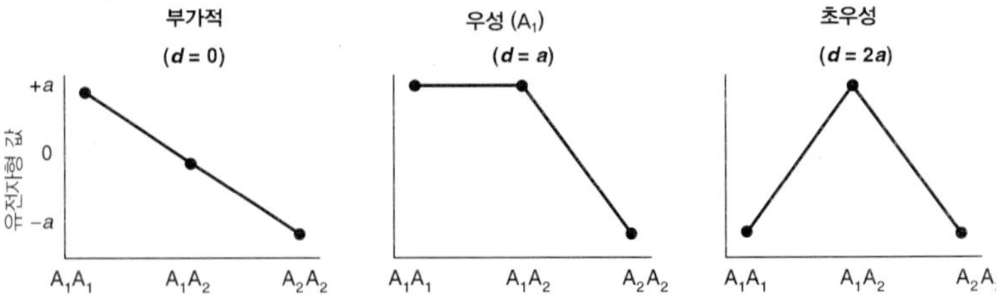

예제 5.2 메리노 양의 Booroola 유전자좌위에 있는 유전자형의 평균 한배산란수에 대한 a와 d의 계산(after Lynch & Walsh 1998)

메리노 양에서 Booroola (B) 대립유전자는 한배산란수를 증가시킨다. Booroola 유전자좌위에서 세 유전자형에 대한 평균 한배산란수는 다음과 같다:

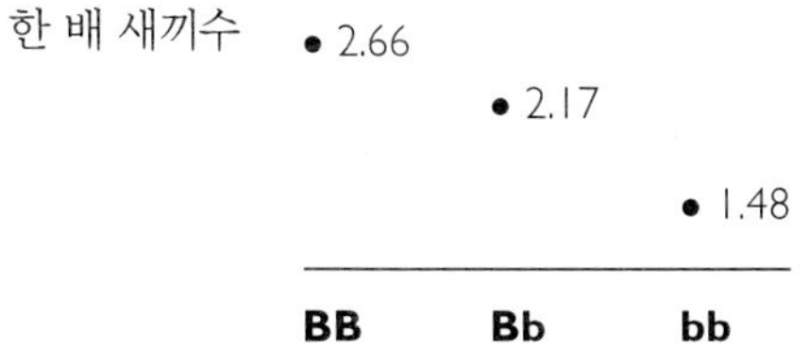

a의 값은 다음과 같이 계산 할 수 있다:

$$a = \frac{\text{BB 값} - \text{bb 값}}{2} = \frac{2.66 - 1.48}{2} = 0.59$$

Fig. 5.2에서 두 동형접합체의 유전자형 값의 중간지점은 0이라고 하였고 d 값을 결정하기 위해 이용된다. 이것은 (2.66 + 1.48)/2 = 2.07이다. 따라서 우성편차 d은 다음과 같다:

$$d = \text{Bb value} - \text{중간값} = 2.17 - 2.07 = 0.10$$

그러므로 Booroola 대립유전자 각각의 사본은 평균 0.59만큼의 한배새끼수를 증가시키고, 두 동형접합체의 평균보다 0.10 높은 값의 이형접합체를 가지는 불완전 우성이다.

부가적 유전변이(V_A)

Fig. 5.2에 주어진 것처럼 부가적 효과(d=0)와 빈도 그리고 유전자형 값을 가지는 다형성 유전자좌위에 대한 부가적 유전변이는 다음과 같이 정의될 수 있다:

부가적 유전변이는 개체군 내에 있는 이형접합체의 정도(level)와 대립유전자의 평균 효과에 따라 달라진다.

$$V_A = 2pqa^2 \quad (5.4)$$

이처럼 부가적 유전변이는 개체군 내의 이형접합성($2pq$)에 영향을 받는다. 게다가 V_A는 동형접합체의 유전자형들(a) 간의 평균의 절반에 따라 달라진다. 두 동형접합체 사이의 차이가 클수록 V_A의 값도 커진다.

우성이 존재할 때($d \neq 0$), 부가적 유전변이는:

$$V_A = 2pq\,[a + d\,(q - p)]^2 \quad (5.5)$$

그러므로, V_A는 우성편차 d에 따라서도 달라진다.

개체군 내 형질에 대한 V_A는 특정 형질에 영향을 미치는 모두 분리되는 유전자좌위의 결합된 효과 때문이다.

진화능력과 부가적 변이 그리고 유전율

유전율은 형질이 부모에게서 자손으로 이동되는 것을 말한다. 부모세대에 있는 이로운 형질의 유전이 가능하다면 이들은 자손에게 이동될 것이다. 예를 들어, 포획된 개코원숭이가 첫 번째 번식할 때의 연령이 유전될 가능성이 크다면, 번식을 일찍한 암컷의 딸 또한 조기에 번식을 시작할 것이다(Williams–Blangero

선택압(진화능력)에 대응하는 개체군의 능력은 유전율에 따라 달라진다.

and Blangero 1995).

유전율(h^2)은 전체 표현형적 변이에 대한 부가적 유전변이의 비율로 정의된다.

$$h^2 = \frac{V_A}{V_P} \tag{5.6}$$

유전율은 0에서 1의 범위를 가진다. 만약 유전적 변이가 부가적(additive)이라면, 0의 값은 근친교배가 높게 발생하여 유전적 변이가 없는 개체군에서 발견되는 반면, 1의 값은 이계교배된 개체군에서 환경에 의한 변이가 전혀 없는 형질에 대해서 발견된다.

유전율 추정치는 특정 환경에서의 특정 형질과 개체군에서 특이적이다.

유전율은 특별한 환경 조건에서 생활하는 특정 개체군에서 특수하게 나타난다. 높은 부가적 변이를 가진 개체군은 같은 환경에서 비교했을 때 높은 유전율을 보일 것이다. 예를 들어, 초파리 개체군은 시간이 지날수록 알로자임의 유전적 다양성을 잃어버리고, 배 옆판의 짧고 뻣뻣한 털의 수가 감소한다(Briscoe *et al*. 1992). 이러한 조건에도 불구하고 유전율을 추정하는 것은 종 내 그리고 종을 넘어서 개체군들 간의 유사한 형질에 대한 범주에서 비교적 일관된 패턴을 보여 준다(아래 참조).

유전율의 추정

양적 변이는 평균, 분산, 공분산 등을 포함하는 통계적 계수를 통해 나타낸다.

양적 변이를 나타내기 위해서, 유연관계가 있는 개체들 사이의 유사성 연구를 통해 변이를 유전적 요소와 환경적 요소로 나눈다. 그 결과, 양적 형질을 묘사하고 그 변이를 나누기 위해서 이용된 계수는 통계학적인 값이다; 평균(means), 분산(variances), 공분산(covariances), 회귀(regressions), 상관관계(correlations). Box 5.3은 멸종위기종인 타히티 섬의 달팽이에 대한 자료이다.

Box 5.3 멸종위기 종인 타히티 섬의 달팽이 껍질의 너비의 양적 형질 변이를 나타내기 위해 이용된 통계

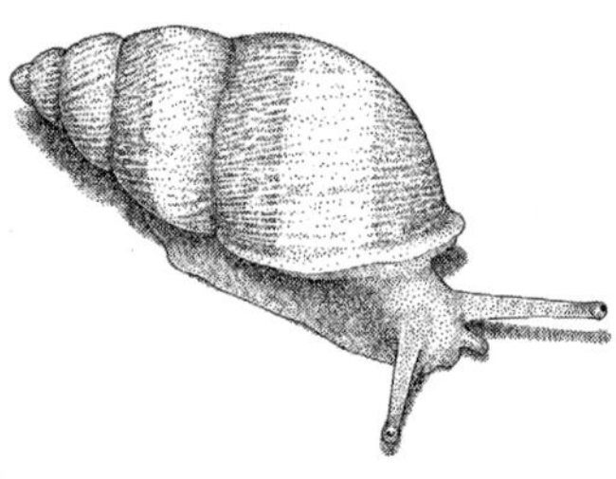

타히티 섬의 파튤라달팽이

타히티의 무레아 섬(Moorea Island)에서 기원한 멸종위기 종인 파튤라 달팽이(partula snail)의 부모와 그 자손 40개체의 껍데기 너비에 대한 데이터가 아래에 나와 있다(data from Murray & Clarke 1968). 이 달팽이를 포함한 몇몇 멸종위기 종들은 외래종인 육식성 달팽이에 의한 포식으로 인해 개체수가 많이 감소하였다. 각각의 데이터 쌍은 부모(P)와 자손(O)의 껍데기 너비의 평균을 나타내고 껍데기 너비는 mm 단위로 나타내었다.

부모의 껍데기 너비의 **평균(mean)** $\bar{P}$ = 7.65mm

$$\bar{P} = \frac{\sum_{i=1}^{n} P_i}{n} = \frac{(6.8 + 6.9 + \cdots + 8.5)}{40} = 7.65 \text{ mm}$$

부모의 껍데기 너비의 평균	자손의 껍데기 너비의 평균	부모의 껍데기 너비의 평균	자손의 껍데기 너비의 평균	부모의 껍데기 너비의 평균	자손의 껍데기 너비의 평균
6.8	7.3	7.5	7.3	7.8	7.5
6.9	7.4	7.6	7.7	7.9	7.6
6.9	7.6	7.6	7.7	7.9	7.7
7.1	7.5	7.6	7.9	7.9	7.7
7.3	7.3	7.6	7.4	7.9	7.7
7.3	7.2	7.6	7.5	7.9	7.8
7.3	7.4	7.6	7.4	8.0	7.7
7.4	7.7	7.7	7.6	8.0	7.9
7.5	7.6	7.7	7.9	8.0	7.8
7.5	7.5	7.8	7.5	8.1	7.8
7.5	7.7	7.8	7.8	8.1	7.8
7.5	7.4	7.8	7.9	8.1	7.9
7.5	7.8	7.8	7.6	8.5	8.1
7.5	7.6				

자손의 껍데기 너비의 평균 $\bar{O} = 7.63$mm

$$\overline{O} = \frac{\sum_{i=1}^{n} O_i}{n} = 7.63 \text{ mm}$$

분산(**variance**)은 데이터가 평균값 주위에 퍼져 있는 정도를 측정하는 것이다.

부모의 표현형 분산 $V_P = 0.125$

$$V_P = \frac{\sum_{i=1}^{n} (P_i - \overline{P})^2}{(n-1)} = \frac{[(6.8 - 7.65)^2 + \cdots + (8.5 - 7.65)^2]}{(40 - 1)} = 0.125$$

자손의 분산 $V_O = 0.043$

$$V_O = \frac{\sum_{i=1}^{n} (O_i - \overline{O})^2}{(n-1)} = \frac{[(7.3 - 7.63)^2 + \cdots + (8.1 - 7.63)^2]}{(40 - 1)} = 0.043$$

부모와 자손의 **표준편차**(**standard deviations**) SD_P와 SD_O는 각각의 분산의 제곱근 값이다. 부모와 자손에 대한 표준편차 SD_P와 SD_O는 다음과 같다:

$$SD_P = \sqrt{0.125} = 0.354$$

$$SD_O = \sqrt{0.043} = 0.207$$

보통 표준편차는 평균값±SD로 나타내므로, 부모의 껍데기 너비의 값은 7.65±0.350이다.

부모와 자손사이의 **공분산**(**covariance**) Cov_{PO}는 그들이 조화로운 것인지(concert, +), 독립적인지(independently, 0) 아니면 반대되는 것(opposition, −)인지를 측정하는 것이다. 이는 다음과 같이 정의할 수 있다.

$$Cov_{PO} = \frac{\sum_{i=1}^{n}(P_i - \bar{P})(O_i - \bar{O})}{(n-1)}$$

$$= \frac{[(6.8 - 7.65)(7.3 - 7.63) + \cdots + (8.5 - 7.65)(8.1 - 7.63)]}{(40 - 1)}$$

$$= 0.050$$

부모와 자손 사이의 **상관관계(correlation)**, r_{PO}는 그들이 조화로운(concert) 정도를 측정하는 표준화된 방법이다. 상관관계의 범위는 −1에서 +1이고 이는 다음과 같이 정의된다.

$$r_{PO} = \frac{Cov_{PO}}{\sqrt{(V_P \cdot V_O)}} = \frac{0.050}{\sqrt{(0.125 \times 0.043)}} = 0.679$$

이와 같이 부모와 자손 사이의 상관관계가 양수로 나왔다는 것은 껍데기의 너비가 넓은 부모는 평균 너비 이상의 자손을 가지는 반면, 너비가 좁은 껍데기를 가지는 부모는 평균보다 작은 너비의 껍데기를 가진 자손을 낳는다는 것이다.

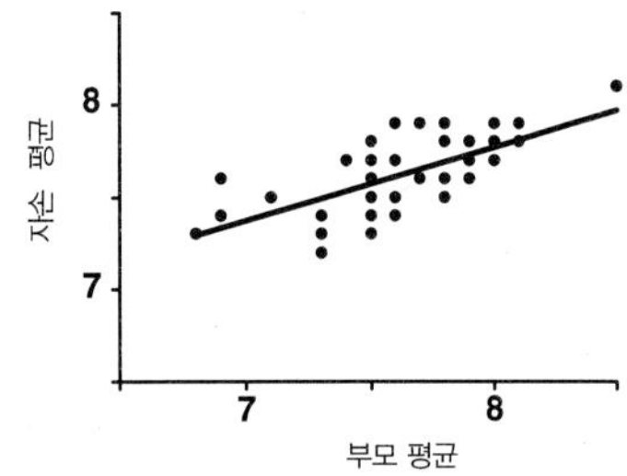

부모에 대한 자손의 **회귀(regression)**, b_{OP}는 위에 있는 그림처럼 자손과 부모의 관계에 대해 가장 적합한 선의 기울기를 말한다.

$$b_{OP} = \frac{Cov_{PO}}{V_P} = \frac{0.050}{0.125} = 0.40$$

회귀는 추가적인 유전적 원인(heritability–유전율)에 의한 변이의 정도를 측정하기 때문에 중요한 가치가 있다. Partula의 껍데기 너비에 대한 유전율은 40%인데, 이는 관찰된 변이의 40%는 추가적인 유전의 차이 때문이고 60%는 각각의 개체들이 경험한 환경에 의한 것이라는 의미로 해석할 수 있다. 유전율에 대한 것은 아래에서 좀 더 자세하게 다룬다.

위 측정 방법들에 대한 더 자세한 것은 통계학 책에 나와 있으며, 이는 공학용 계산기 또는 데이터 처리 프로그램의 통계를 통해 쉽게 계산할 수 있다.

자손의 평균과 부모의 평균 사이의 기울기(slope)는 형질의 유전율(h^2)을 직접적으로 측정하는 방법이다.

유전율과 V_A는 양적 형질이 세대를 넘어서 얼마나 잘 전달되는지를 측정하는 근본적인 방법이다. Fig. 5.4는 부모와 자손의 관계에 대한 세 가지의 경우를 보여 주고 있으며, 그에 상응하는 유전율의 차이를 나타내고 있다. Fig. 5.4a는 완전유전되는 예를 보여 준다. 평균 이상의 값을 가진 부모는 마찬가지로 큰 값을 가지는 자손을 생산하는 반면, 평균 이하의 작은 값을 가진 부모는 역시 평균보다 작은 값을 가진 자손을 생산한다. 이 형질의 유전율은 1이다. 이런 경우, 부모의 평균과 자손의 평균(회귀계수) 사이의 기울기는 1이 된다. 예를 들어, 부모들 사이 그리고 자손들 사이에서의 환경적 차이는 형질이 표현되는 데 있어 무시해도 될 만큼의 영향을 미친다고 할 수 있다. 사람에게서 지문의 등줄기 수는 상기 수준의 관계를 가진다.

Fig. 5.4b는 불완전한 유전에 대한 것이다. 높은 표현형 값을 가진 부모의 자손은 평균 이상의 값을 가지기는 하지만 부모보다는 개체군의 평균에 가까운 값을 가지게 된다. 또한 낮은 값을 가지는 부모의 자손은 부모보다는 높은 값을 가지지만 평균을 넘어서지는 못한다. 이 경우 자손의 평균과 부모의 평균 사이의 기울기는 1보다 작고, 유전율은 중간 값을 가진다. 특정 형질에 대한 부모의 우세함 혹은 열등함은 유전보다는 환경의 영향이 크기 때문에 그 자손에게 유전되

지는 않는다. 파툴라 달팽이의 껍데기 너비 그리고 멸종위기 종인 솜털머리타마린(cotton−top tamarin)의 몸 크기를 포함한 다수의 양적 형질이 이러한 종류의 관계를 가진다(Cheverud *et al*. 1994).

Fig. 5.4c는 부모와 자손 사이에 아무런 관계가 없다는 것을 보여 주는 것이다. 이때의 기울기는 0이며 h^2 = 0이다. 높거나 낮은 값을 가진 부모는 평균 주위에 무작위로 분포하는 값을 가진 자손을 만든다. 이 경우 h^2는 0이다. 이러한 유형의 관계는 개체들 간에 나타나는 모든 차이가 환경적 영향 때문인 월레미소나무(woll mi pine)와 같은 동형접합성 개체군에서 발견된다. 게다가 근친교배 개체군에서의 몇몇 번식 형질(reproductive characters)들이 이러한 값을 가진다.

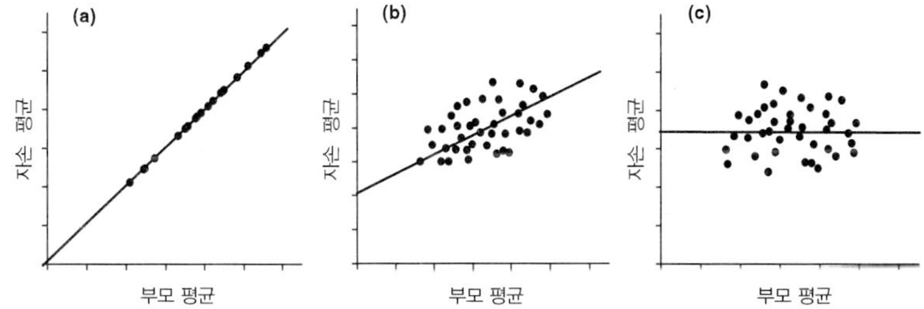

Fig. 5.4 부모의 평균값과 자손의 평균값 사이의 관계 (a) 완전한 관계, (b) 불완전한 관계, (c) 관계 없음. 실선은 부모와 자손의 관계를 가장 잘 나타내는 선이다.

유전율은 전형매 · 반형매 상관으로부터 부모 평균에 대한 자손 평균의 회귀분석을 통해 측정될 수 있다. 이러한 경우, 유연관계가 높은 개체들의 유전적으로 관계된 정도는 반드시 고려되어야 한다. 예를 들어, 형질의 유전율은 부모 평균에 대한 자손의 회귀 결과와 같고 한쪽 부모에 대한 자손의 회귀 결과의 두 배이며(예제 5.3), 전형매 연관은 두 배, 반형매 연관은 4배이다. Falconer & Mackay(1996)와 Lynch & Walsh(1998)는 이 방법에 대해 좀 더 자세하게 다루었다.

예제 5.3 어미 평균에 대한 딸 평균의 회귀분석을 통하여 작은 눈 거위의 한배산란수에 대한 유전율 측정

아래에는 어미−딸 132쌍에 대해서 어미의 평균 한배산란수에 대한 딸의 평균 한배산란수가 점으로 표시되어 있다(Findlay & Cooke 1983).

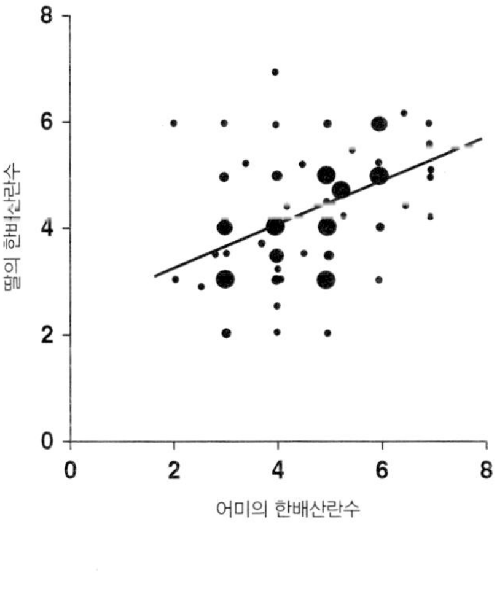

레서스노거위

어미의 한배산란수(M)에 대한 딸의 한배산란수(D)의 회귀는

$$D = 2.538 + 0.306\ M$$

그래프에 있는 선의 기울기는 유전율의 반과 같다. 따라서 유전율은:

$$h^2 = 2 \times 0.306 = 0.612$$

그러므로 작은 눈 거위의 한배산란수의 유전율은 61%이다. 이는 한배산란수는 주어진 환경에서 최적의 값으로 빠르게 적응할 수 있음을 나타낸다.

선택 반응 예측

양적 형질에 대한 선택 반응은 제공되는 선택 강도(intensity)와 형질의 유전율에 따라 달라진다.

방향성 선택(directional selection)에 의한 유전적 변화는 Fig. 5.5의 그래프처럼 선택 강도와 유전율을 통해서 예측될 수 있다. 가장 높은 값을 가진 개체들은 부모가 될 수 있도록 선택되고 이 부모들은 부모세대에 있어 모든 개체군의 평균을 웃도는 평균 S를 가지는데, 이때 S는 선발차(selection differential)를 나타낸다. 이러한 우월성은 일부는 환경적인 영향 때문이고 또 다른 몇몇은 유전적 효과에 의한 것이다. 따라서 선택 R에 대한 반응(모든 부모의 자손과 선택된 부모들의 자손을 비교했을 때 나타나는 차이)은

$$R = Sh^2 \tag{5.7}$$

그러므로 선택반응(진화적인 변화)은 선택(selection)이 작용하고 부가적 유전변이가 있는 경우($h^2 > 0$)에 발생할 것이다. 근친교배가 높은 수준으로 일어나 유전적 변이가 없는 개체군($h^2 = 0$)에는 선택반응이 없다.

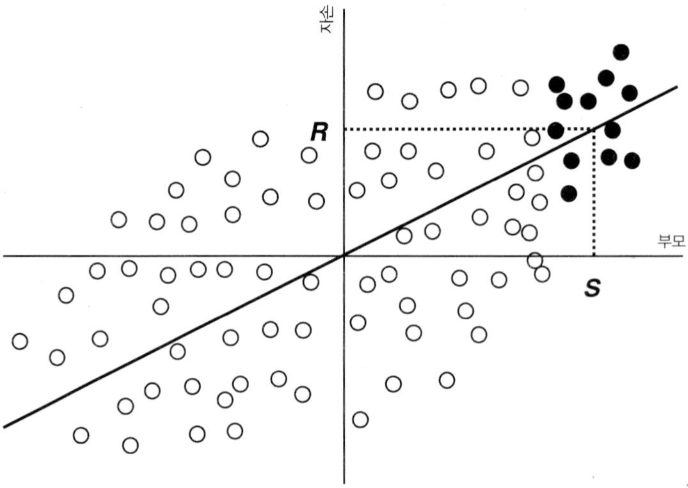

Fig. 5.5 방향성 선택에 대한 반응 예측. 자손의 양적 형질에 대한 값의 분포는 양적 형질에 대한 그 부모의 평균(채워진 동그라미)에 영향을 받는 것이다. 비스듬한 선은 부모 평균에 대한 자손 평균의 선형회귀선이다(h^2의 기울기). 기본적인 기하학을 사용하여, X축 위의 선택된 부모의 평균(S)에서 회귀선까지 수직선을 그리고 그 지점에서 Y축(R)으로 수직선을 그음(R)으로 해서 선택반응을 예측할 수 있다. R은 모든 부모의 자손에 비해 선택된 부모의 자손의 우월성을 나타내는 것이다. 유전적 변화(Genetic change)는 $S\times$기울기(h^2)를 통해 예측할 수 있다.

예제 5.4는 갈라파고스 섬의 핀치새에 대해 선택반응을 예측(prediction)한 것이다. 부리 너비에서 예상되는 변화는 부모가 평균보다 넓은 부리를 가졌을 때는 긍정적으로(positive), 좁은 부리를 가진 부모에 대해서는 부정적으로(negative) 나왔다.

일반적으로 식 5.7은 단기선택반응 특히 적응도에 중요하지 않은 특징들(주변형질, peripheral characters)에 대해서 적절한 예측을 보여 준다(Falconer & Mackay 1996; Roff 1997). 예를 들어 Fig. 5.6은 해마다 크게 엘리뇨와 기후순환의 결과로 강한 자연선택의 영향을 받는 갈라파고스 섬의 핀치새에서 예상되는 선택반응과 관찰되는 선택반응이 잘 일치됨을 보여 준다.

양적 형질에 대해 예상되는 선택반응과 관찰되는 선택반응은 일반적으로 일치한다.

식 5.7의 예측은 개체군의 유전적 성질이 선택의 결과로 인해 변하기 때문에 단 한 세대에 대해서만 유효하다. 실제로 최소한 다섯 세대 동안에는 타당한 예측이 가능하다(Falconer & Mackay 1996). 중요한 것은 이러한 예측은 단지 유전율이 측정된 환경 상태하의 특정 개체군에 대해서만 가능하다는 것이다.

예제 5.4 갈라파고스 섬에 서식하는 medium ground finch의 부리 너비에 대한 방향성 선택반응 예측(after Grant & Grant 1995, 2000)

1976년 중반부터 1978년말까지, 18개월 이상의 기간 동안 가뭄(drought)이 지속되었고 번식 활동이 일어나지 않으면서 핀치새의 사망률이 85%에 이르렀다. 살아 남은 개체들의 부리는 원래의 개체군(S)보다 0.25mm 더 넓었다. 이 개체군에서 부리 너비의 유전율은 74.5%이다. 이런 이유로, 살아 남은 개체들의 자손(R)에서의 유전적 변화를 다음과 같이 예측하였다:

$$R = S\,h^2 = 0.25 \times 0.745 = 0.19 \text{ mm}$$

예측한 값은 0.19mm였지만, 실제로 관찰된 자손의 평균 부리 너비는 0.25mm로 증가하였다.

이러한 유전적 변화에 관여하는 각각의 유전자좌위는 확인되지 않는 동안 두 개의 유전자좌위(bone morphogenetic protein 4와 calmodulin)가 부리에 큰 영향을 미친다는 것을 발견하였다. 이들은 다윈의 핀치새 종 사이에서 다르게 표현되어 지는데, 이는 부리 크기와 모양에서 큰 차이를 보인다(Abzhanov *et al*. 2006).

갈라파고스 섬에 서식하는 medium ground finch

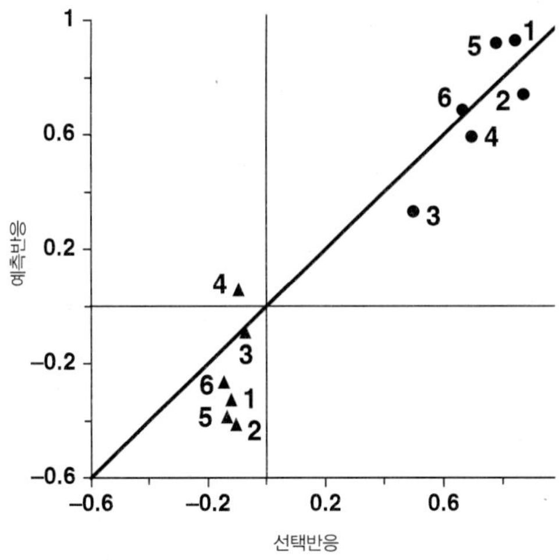

Fig. 5.6 자연선택에 대한 갈라파고스 섬의 medium ground finch에서 관찰되는 선택반응과 예측되는 선택반응의 비교(after Roff 1997m based on Grant & Grant). 직선은 관찰되는 선택반응과 예상되는 선택반응이 완벽하게 일치되었을 때의 선이다. 1, 무게; 2, 날개길이; 3, 부척길이; 4, 부리길이; 5, 부리깊이; 6, 부리너비.

> 적응도 형질(fitness characters)에 대한 선택반응은 일반적으로 감소된 적응도(reduced fitness)보다 더 좋지 못한 반응을 보이며, 불균형적으로 나타난다.

식 5.7은 높고 낮은 방향(directions)에서 균형적인 선택반응을 예상할 수 있는 반면, 번식적응도 형질은 보통 감소된 적응도(reduced fitness)에 비해 증가된 적응도에서 약한 선택반응을 보인다(Frankham 1990). 적응도 특성의 선택이 비대칭적 반응을 보이는 것은 번식적응도가 지향성 자연선택의 대상이므로 그리 놀랍지 않다. 따라서 감소된 적응도보다 향상된 적응도에 대해 선택반응을 적게 보일 것이라고 예상할 수 있을 것이다.

유전율의 크기

> 자연적으로 이계교배하는 종의 대부분의 양적 형질은 유전변이를 보인다($h^2 > 0$).

조류의 야생 개체군에서 크기와 부리같은 형질들에 대한 유전율을 측정해 보면 $h^2 > 0$ 이다(Table 5.2). 이는 근본적으로 이계교배하는 동물과 식물 개체군 모두에서 유사한 결과를 얻을 수 있다. 예를 들어, 인간의 98개 양적 형질에 대한 유전율은 모두 0보다 훨씬 큰 값을 보인다(Pilia *et al.* 2006).

> 유전율은 다른 형질보다 번식 접합도와 관련된 형질에 대해 낮게 나타난다.

야생 조류에 대한 적응도 형질의 평균 유전율은 21%이고, 크기는 61% 그리고 주변 형질(peripheral characters, 부리 크기)은 67%이다(Table 5.2). 인간과 가축 그리고 실험실 종들로부터 추정한 평균 또한 적응도 형질에 대한 유전율이 낮게 측정되었고(Table 5.3), 포유류, 조류, 어류의 야생 개체군에 대해서도 같은 결과가 나왔다(McCleery *et al.* 2004; Funk *et al.* 2005). 주변형질보다 낮은 적응도 형질의 유전율이 낮은 부가적 유전변이보다 환경적 변이와 비부가적인 변이가 높기 때문이다.

> 유전율은 보통 자가수정하는 종이 이계교배하는 종보다 낮다.

자가수정하는 종은 유전적 다양성의 정도가 낮기 때문에, 자가수정을 많이 하는 종에서 양적 유전변이는 이계교배 종의 단지 1/3−1/4 밖에 되지 않는다는 것은 놀라운 일이 아니다(Hamrick & Godt 1989; Charlesworth & Charles worth 1995). 그 원인에 대해서는 11장과 12장에서 다룰 것이다.

다른 종에서의 다양한 특성 각각의 유전율 추정치는 상당히 다르게 나타난다(Table 5.2). 이러한 많은 변이는 개별 추정치의 큰 표준 오차 때문이다. 추정치의 정확성은 가계원의 수, 연구된 개체의 총 수, 유전율 자체의 규모에 의해 결정된다. 대개 유전율의 정확한 추정치를 측정하기 위해서는 30개 또는 그 이상의 부모 그룹으로부터 수백에서 천여 개체 정도의 자손이 필요하다(Falconer & Mackay 1996).

유전율 측정 시 수백에서 수천 개의 개체를 대상으로 하지 않으면 그 값은 부정확하다.

Table 5.2 야생조류의 적응도, 몸의 크기 그리고 부리 크기에 대한 유전율. 값은 0%에서 100%의 범위로 나타내지만 실험 대상의 수가 적기 때문에 100%보다 크거나 0%보다 작은 값이 생길 수 있다. 모계 영향으로 인한 부모-자손간의 환경적 상호 관계와 편향 또한 100% 보다 높은 값을 만들 수 있다.

종	h^2 (%) 적응도	몸의 크기	부리 크기
캐나다 거위		11	46
Collared flycatcher	−5, 0, 29, 32	47, 59	35, 48, 56, 40, 44
Darwin's medium ground finch	−17	56	84
Darwin's cactus finch		37, 110, 126	2, 13, 44, 129
Darwin's large cactus finch		54, 95	67, 69, 104, 137
유럽 찌르레기	34	49[a]	
박새	37, 48	59, 59, 61, 64, 76	49, 71, 68
펭귄		92	76
비둘기		28, 50	50, 58
붉은뇌조	30	35, 50	
멧종다리		27, 36,[a] 71, 101[a]	40,[a] 123, 71, 59
평균	**21**	**61**	**67**

[a] 태어날 때 생물학적 부모로부터 떨어져 대리부모에게서 키워진 자손은 태어난 후 생물학적 부모의 영향을 최소화한다.
출처: After Smith (1993); Weigensberg & Roff(1996); Lynch & Walsh(1998); Keller *et al*. (2001).

Table 5.3 서로 다른 형질에 대한 평균 유전율. (1) 사람, 가축 그리고 실험실동물 (2) 초파리를 제외한 동물 (3) 초파리 (4) 식물

종집단	h^2 (%) 적응도	크기		주변 형실/ 여러 형질
(1) 사람, 가축 그리고 실험실 동물의 평균	11	50	48	
	생활사	행농	생리	형태
(2) 초파리를 제외한 동물	26	30	33	46
(3) 초파리	12	18	–	32
(4) 식물			43	23[a], 39[b]

[a] 식물 형태학.
[b] 꽃 형태학
출처: (1) after Strickberger (1985); Falconer & Mackay (1996). (2) and (3) Roff (1997). (4) Ashman & Majetic (2006).

멸종위기종에서의 유전율

멸종위기종으로부터 아주 적은 수의 유전율 추정치가 만들어졌다(Table 5.4). 유전적 다양성을 분자적으로 측정할 수 있는 경우가 일반적으로 유연관계에 있는 종(3장)에서보다 멸종위기 종에서 더 적기 때문에, 유전율 또한 같은 경향으로 다를 것이라고 예상할 수 있다. 사실, 다섯 개의 유전율 중 4개를 멸종위기종이 아닌 종과 비교했을 때 멸종위기 종에서 더 낮게 측정되었으나, 이 주제를 풀기에는 불충분한 자료이다. 따라서 멸종위기 종에서 유전율을 측정하기 위해서 더 많은 측정값이 필요하다는 것은 분명하다.

Table 5.4 멸종위기종의 유전율과 이와 비교할 만한 종의 유전율

멸종위기종	형질	h^2(%)	유연관계에 있는 종	형질	h^2(%)
목화머리타마린	몸 무게	35	실험실 동물, 가축	몸 크기	50
달팽이					
partula taeniata	껍데기 길이	36	*Arianta arbustorum*	껍데기 너비	70
	껍데기 너비	40			
partula suturalis	껍데기 길이	81			
	껍데기 너비	53			

출처: Murray & Clarke (1968); Cook (1965); Cheverud *et al*. (1994).

우성 분산 (V_D)

우성 분산은 이형접합성과 우성 편차 d에 따라 달라진다.

Fig. 5.2에 정의되어 있는 빈도를 가진 유전자좌위에 대한 우성 편차는 다음과 같다(Falconer & Mackay 1996):

$$V_D = (2pqd)^2 \tag{5.8}$$

대립유전자가 어느 정도의 우성을 보인다면, 우성 분산은 분리된 유전자좌위에서 나타난다($d \neq 0$). 근친교배에 대한 형질의 반응은 $2pqd$와 근친교배의 정도에 따라 달라지고 이는 V_D로 표현할 수 있다(12장). 개체군 내에서의 V_D는 우성의 성질을 보이는 유전자좌위 모두의 조합 때문에 발생한다.

V_D 측정

V_D는 일반적으로 전형매와 반형매 공분산의 차이를 통해 측정할 수 있다.

V_D를 측정하기 위해서는 많은 전형매 그룹과 부계 반형매 그룹에 대한 자료를 수집해야 한다. 전형매 사이의 공분산(covariances)은 V_A와 V_D에 의해서 달라지지만, 반형매 사이의 공분산은 단지 V_A에 의해서만 달라지기 때문에, 우리는 V_D의 측정값을 전형매 공분산을 4배한 값에서 반형매 공분산을 8배한 값을 빼줌으로써 얻을 수 있다(Table 5.5). 이 측정값을 통하여 전형매 사이의 유사성에 기여하는 환경적 영향(V_{EC})은 없다고 가정한다.

Table 5.5 전형매와 반형매 사이의 공분산과 그 구성은 V_A, V_D, V_{EC}로 표현된다. V_D의 측정값은 표의 아래쪽에 나와 있다.

동족	공분산
전형매	$Cov_{FS} = \frac{1}{2} V_A + \frac{1}{4} V_D + V_{Ec}$
반형매	$Cov_{HS} = \frac{1}{4} V_A$
	$4\ Cov_{FS} = 2\ V_A + V_D + 4\ V_{Ec}$
	$-8\ Cov_{HS} = 2\ V_A$
	$= V_D + 4\ V_{Ec}$

출처: After Falconer & Mackay (1996).

V_D의 크기

비부가적 유전변이는 적응도 형질(fitness character)에 대해서 가장 높게 나타나고 주변 형질(peripheral characters)에 대해서는 가장 낮게 나타난다(Table 5.6).

번식적응도 형질은 다른 형질보다 큰 우성 분산을 보인다.

Table 5.6 전형매와 반형매 사이의 공분산과 그 구성은 V_A, V_D, V_{EC}로 표현된다. V_D의 측정값은 표의 아래쪽에 나와 있다.

지표	생활사	행동	생리	형태
V_D/V_G	54	24	27	17
V_D/V_P	31	4	21	13

출처: Crnokrak & Roff (1995).

상호작용 분산 (V_I)

다중유전자에에 있는 유전자좌위가 독립적으로 행동한다면, 그 때의 전반적인 효과는 각 유전자좌위에 있는 유전자형의 효과의 평균들의 합으로 간단하게 표현할 수 있다. 그러나 유전자좌위 사이의 상호작용은 상호작용 분산(V_I)처럼 분명한 편차를 만들어야 한다. V_I은 근친의 교배가 해로운 영향을 가지는지 또는 이로운 영향을 가지는지를 결정하는 구성요소 중 하나이다(16장).

실제로 V_D와 V_I를 나누는 것은 매우 어렵기 때문에 유전적 변이는 부가적인 것(V_A)과 비부가적인 것($V_D + V_I$)으로 구분하는 것이 일반적이다. 더 자세히 알고 싶으면 Falconer & Mackay(1996)와 Lynch & Walsh(1998)을 참고하지.

시간 경과에 따른 유전적 변화 측정

시간 경과에 따른 유전적 변화는 유전적으로 안정적인 대조군 개체군을 비교하거나, 보관된 종자 또는 저온보관된 배아를 이용하여 현대의 것과 비교함으로써 알아낼 수 있다.

임의 교배된 이계교배체 개체군의 시간 경과에 따른 유전적 변화(예. 근교퇴화 또는 선택으로 인한 변화)를 알아내기 위해서는 세대에서 세대로의 환경 변화를 알아보기 위한 대조군으로 이용할 수 있게 연관된 종 또는 저장되어 있는 종자

큰뿔양

양적 유전변이와 유전적 다양성을 분자적으로 측정하는 것 사이의 상관관계는 낮으며, 생활사 형질(life history traits)에 대해서는 무(無)의 관계를 보인다.

나 저온보관된 배아가 반드시 있어야 한다.

Coltman *et al*.(2003)은 시간의 흐름에 따른 변화 측정의 명쾌한 예를 제공하였다. 그들은 캐나다에서 큰뿔양 사냥대회를 통해 몸과 뿔 크기의 유전적 감소 결과를 보여 주었다.

분자적 그리고 양적 유전변이 사이의 상관관계

부가적 유전변이는 이형접합성의 기능을 하기 때문에, 이형접합성을 분자적으로 측정하는 것과 양적 유전변이는 밀접한 관계가 있을 것이라 예상된다. 그러나 메타분석에 의하면 이들 사이의 평균 상관관계는 0.21에 불과하다(Reed & Frankham 2001). 뿐만 아니라 생활사 형질(life history traits)에 대해서는 상관이 없는 것으로 나타났다(−0.09). 선택(selection)은 번식적응도(생활사 형질)에만 작용하고 유전자 마커(genetic marker)에는 별로 영향을 미치지 않기 때문에 낮은 상관관계를 보였을 수도 있다. 게다가, 양적 형질에 대한 유전적 변이 측정에 있어 정확성이 낮은 것 또한 둘 사이의 낮은 관계에 영향을 미쳤을 것이다(Gilligan *et al*. 2005). 따라서 유전적 변이를 분자적으로 측정하는 것은 기껏해야 양적 유전변이와 진화 가능성에 대해 부정확한 지표가 될 뿐이다.

유전자형×환경의 상호작용

유전자형은 종종 서로 다른 환경에서 서로 다른 결과로 나타난다.

서로 다른 환경에서 다양하게 나타나는 유전자형의 결과를 유전자형×환경의 상호작용(genotype×environment interaction)이라 한다. 이는 개체군이 특정 환경조건에 적응했을 때 발생하고, 다른 환경에서 보다 본래의 환경에서 더 잘 생존하고 번식함을 의미한다. 캘리포니아의 높은 고도, 중간 고도 그리고 낮은 고도에서 옮겨 심어진 양지꽃속 개체들의 성장과 생존에 대해서 Fig. 5.7에 나와있다.

유전자형×환경의 상호작용은 멸종위기 종의 유전자를 관리하는 데 있어 다음과 같은 이유로 중요한 의미가 있다고 할 수 있다:

- 만약 유전자형×환경의 상호작용이 있다면 새롭게 들어온 개체의 번식적응도를 예측할 수 없다.
- 성공적인 개체군의 재도입은 포획된 상태에 대한 유전적인 적응으로 인해 위태로워질 수 있다 — 포획된 상태에서 우수하게 나타난 유전자형은 야생에 도입되었을 때 좋지 못하게 발현된다.
- 파편화된 개체군의 유전물질은 서로 다른 환경에 적응되어 있어 이를 혼합하는 것은 특정 조건 혹은 모든 조건에서 발현되지 않는 유전자형을 만들 수 있다.
- 유전자형×환경의 상호작용은 야생으로 돌아갈 수 있는 개체군을 선택하는 데 영향을 미칠 수 있다.

이들에 대해서는 16, 17, 19, 20장에서 다룰 것이다.

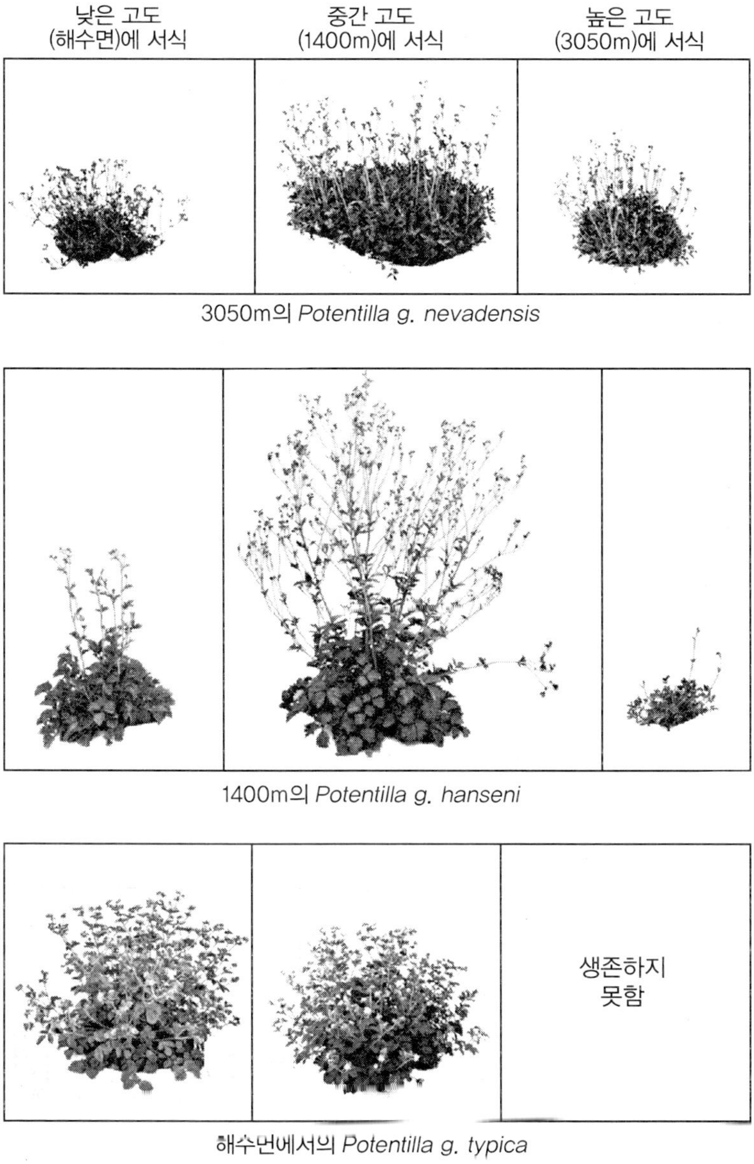

Fig. 5.7 양지꽃속 식물의 유전자형×환경의 상호작용. 높은고도, 중간 고도 그리고 낮은 고도에 서식하는 양지꽃을 캘리포니아 내의 서로 다른 환경에 옮겨 심은 뒤 식물의 성장과 생존을 관찰하였다(Clausen *et al* 1948). 개체군들은 일반적으로 본래의 환경에서 가장 잘 자라고 그 환경과 많이 다를수록 잘 자라지 못한다.

유전자형×환경의 상호작용은 생존이 가능한 지리적, 생태적 또는 고도의 범위가 넓은 종에서 잘 발견할 수 있다(Frankham & Weber 2000) (Fig. 5.7). 게다가, 번식적응도와 가까운 관계에 있는 양적 형질은 주변 형질(peripheral characters)보다 유전자형×환경의 상호작용이 나타나기 더 쉽다. 유전자형×환경의 상호작용은 동물보다 식물에서 더 잘 나타나는데, 이는 식물이 이동성이 적고 그 환경(토양의 화학적 성분, 방목압, 바람 등)에 유전적으로 적응이 아주 잘 되어있기 때문이다(Briggs & Walters 1997).

유전자형 × 환경의 상호작용은 유전적 차이와 환경적 차이가 클 때 가장 흔하게 나타난다.

요약

1. 보전생물학에 있어 중요한 특성은 양적 형질, 특히 번식적응도(reproductive fitness)이다.
2. 개체들 간의 양적 형질변이는 유전적인 영향과 환경에 의한 영향 때문이다.
3. 개체들의 그룹은 양적 형질을 위해 반드시 연구되어야 하고, 그 변이를 분할하고 연구하기 위해 통계적 방법을 이용하여야 한다.
4. 양적 형질의 유전적 다양성은 다양한 양적 형질 유전자좌위(QTL)의 분리 때문이다.
5. 개체군에서 형질의 진화 가능성은 그 형질의 부가적 유전변이와 유전율(전체 변이의 한 부분으로써의 부가적 유전변이)을 통해 알 수 있다.
6. 유전율은 일반적으로 번식적응도 형질에 대해서 낮게 측정된다.
7. 유전율은 일반적으로 유연관계가 높은 개체들 사이에서 나타나는 양적 형질의 유사성으로부터 추정할 수 있다. (예. offspring-parent regressions and half-sib correlations)
8. 우성편차로 인한 변이는 주변 형질보다 적응도 형질에 대해 높게 나타난다.
9. 상호작용 변이는 서로 다른 개체군을 이계교배시킨다는 측면에서 중요하다.
10. 서로 다른 유전자형은 서로 다른 환경(유전자형×환경의 상호작용)에서 뒤바뀐 순위(altered ranking)를 보여 줄 것이다; 이는 개체들의 이동에 대한 측면에 있어 중요하다.

추가적인 읽을거리

Falconer & Mackay (1996) *Introduction to Quantitative Genetics*. An excellent readable textbook on quantitative genetics.

Frankham (1999) Review on quantitative genetics in conservation biology.

Frankham (2009a) Review on the genetic architecture of quantitative genetic variation.

Lynch & Walsh (1998) *Genetics and Analysis of Quantitative Traits*. A comprehensive advanced treatment of quantitative genetics.

Roff (1997) *Evolutionary Quantitative Genetics*. A readable textbook on quantitative genetics with an evolutionary focus.

소프트웨어

Regressions, correlations and analyses of variance can be computed using a range of general software packages, including:

GENSTAT: Commercial software for a broad range of statistical analyses. www.vsni.co.uk/products/genstat/

MINITAB: Commercial software for a broad range of statistical analyses. www.minitab.com/

SAS/STAT: Commercial software for a broad range of statistical analyses. www.sas.com/technologies/analytics/statistics/stat/index.html

VASSARSTATS: Free software for statistical analyses, including analyses of variance, correlations and regressions. http://faculty.vassar.edu/lowry/VassarStats. html

문제

5.1 통계. 멸종위기에 처한 타이티섬의 파튤라 달팽이 21과의 껍데기 크기 자료를 바탕으로 부보와 자식의 평균, 분산 그리고 부보와 자손 사이의 공분산을 구하시오(data from Murray & Clarke 1968). 각각의 자료들은 한 과의 부모(P)와 그들 자손(O)의 평균 껍데기 길이이다.

P	O	P	O
18.5	17.5	20.1	18.5
18.6	18.3	20.3	21.6
18.7	19.1	20.3	18.9
18.9	19.0	20.4	19.3
19.2	18.7	20.7	21.3
19.4	17.4	20.7	20.7
19.6	18.3	20.7	19.1
19.8	19.2	21.2	20.3
19.8	17.8	21.2	19.3
19.9	19.4	21.4	20.2
20.0	19.9		

5.2 유전율. 문제 5.1에서 주어진 파튤라 달팽이의 껍데기 길이 자료에서 부모에 대한 자식의 회귀를 계산하여라. 그들 사이의 관계를 표기하고 회귀선을 삽입하여라.

5.3 유전율. 다음의 멸종위기의 캘리포니아 콘도르의 일곱 과에서의 평생의 자식 수에 대한 가상의 자료를 가지고 부모의 평균에 대한 자식의 평균의 회귀와 유전율을 계산하라. 자식의 평균과 부모의 평균사이의 관계를 나타내고, 회귀선을 삽입하시오.

Family	1	2	3	4	5	6	7
Offspring mean	5.4	5.6	5.8	6.0	6.2	6.4	6.6
Parent mean	3.0	4.0	5.0	6.0	7.0	8.0	9.0

5.4 유전율. 흰빰기러기의 아버지 몸길이에 대한 자손이 몸길이의 회귀의 기울기가 0.27인 경우 이 개체군에서의 몸길이에 대한 유전율은 얼마인가(Weigensberg & Roff 1996)?

5.5 유전자형 값. 대립형질 A_1와 A_2에서 A_2가 열성일 때(a, d 그리고 −a) 유전자좌위에 대한 유전자형 값을 Fig. 5.3과 비슷하게 명시하라.

5.6 V_A와 이형접합성 사이의 관계. 아래의 단일 가산적 유전자좌위에 대한 표현을 결정하라.

유전자형	A_1A_1	A_1A_2	A_2A_2
유전자형 값	a	0	$-a$
빈도	p^2	$2pq$	q^2

우선 평균을 구한 다음, 유전자형의 분산을 계산하라.

$$V_A = \frac{\sum^{n} f_i (X_i - \bar{X})^2}{\sum f_i}$$

5.7 이형접합성과 양적 유전적 변이. 이형접합성이 10%가 되면 V_A, V_D, h^2는 어떻게 되는가?

5.8 이형접합성과 양적 유전적 변이. 이형접합성이 50%로 떨어지면 V_A, V_D, h^2는 어떻게 되는가?

5.9 선별차. 우리에서 사육되는 멸종위기종 개체는 '야생'을 의미하는 점수로 8을 받고, 모든 개체군은 10을 보이는데, 선별차는 얼마인가?

5.10 선택에 대한 반응. cotton-top tamarin 개체군의 전체 평균크기는 450g인데 반해 생식가능한 개체의 평균 몸무게가 400g이고, 몸크기의 유전율이 35%이라면 이 개체군의 개체크기에 대한 선택의 기대되는 반응은 무엇인가?

5.11 선택에 대한 응답. 1977년 가뭄 때문에 갈라파고스 섬에서 살고 있는 Darwin's medium ground finch 부리의 깊이에 대해 예상되는 선택에 대한 응답은 무엇인가(Grant & Grant 1995, 2000)? 이 개체군에서의 부리 깊이에 대한 유전율은 0.73이다. 가뭄 전 부리 깊이는 9.42mm이었고, 가뭄에서 살아 남은 새들의 부리 깊이는 9.96mm이었다.

6장

큰 개체군 규모 내에서의 자연선택의 진화적 영향

종은 환경 변화를 극복하기 위해 진화해야 한다. 규모가 큰 개체군 내에서의 적응 진화적 변화는 이로운 유전자의 빈도를 증가시키려는 선택(selection)의 결과로 일어난다.

용어

고정 (fixation)
방향성 선택 (directional selection)
부분 우성 (partial dominance)
분단선택 (disruptive selection)
상대 적응도 (relative fitness)
생태형 (ecotype)
선택계수 (selection coefficient)
수렴진화 (convergent evolution)
안정화 선택 (stabilizing selection)
자연선택 (natural selection)
적응 진화 (Adaptive evolution)
적응도 (fitness)
치사 (lethal)
표현형 적응성 (phenotypic plasticity)

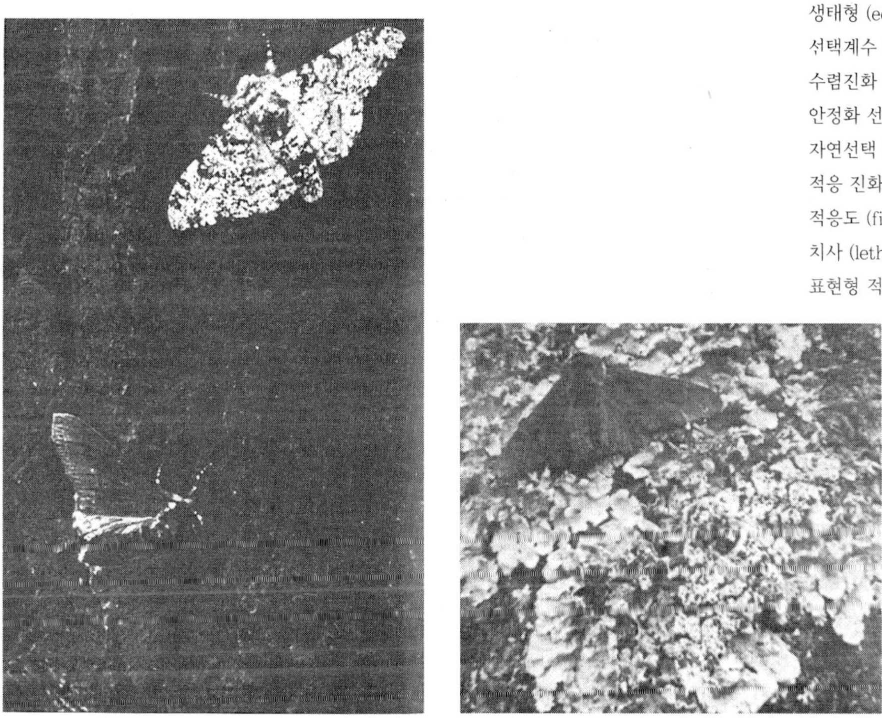

회색가지나방(peppered moth)에서의 공업암화(Industrial melanism): 오염된 지역과 오염되지 않은 지역(Europe)에 서식하는 회색가지나방과 흑색나방. 흑색나방의 형태는 오염된 지역에서 위장하기에 더 알맞고, 회색가지나방은 오염되지 않은 지역에서 위장하기에 더 알맞다(from Kettlewell 1973).

진화의 필요성

환경 변화는 종이 경험하는 흔한 상태의 특성이다. 결과적으로 이들 종들은 멸종을 피하기 위해 적응해야 한다.

종들은 시간이 지남에 따라 물리적 환경 및 생물적 환경(해충, 기생충, 질병 그리고 경쟁자) 특히, 인간 활동에 의한 끊임없는 변화에 대항해야 한다. 현재 세계적인 기후 변화는 화석 연료의 연소로 인해 발생하고 있다(UNEP 2007). 살아 있는 생물체에 대한 지구 온난화의 영향은 산호초 백화현상을 포함한 수백 여종의 데이터들로부터 이미 증명되었다(Parmesan & Yohe 2003; Root *et al.* 2003). 지질 연대(geological timescale)에 빙하기와 간빙기 사이의 주요 기후 변화(climatic shifts)가 있다.

병원체는 새로운 변종으로 진화하고 새로운 지역으로 확산되며, 새로운 질병이 발생하고 병원균이 숙주를 바꾸기도 한다(Garrett 1994). 경쟁자, 해충 및 기생충에서의 적응은 종이 경쟁자에 뒤처지는 것을 피하기 위해 끊임없이 진화해야 함을 의미한다('붉은여왕가설; Red Queen' hypothesis': Van Valen 1973).

병원체에게 변화(alteration)는 종과 직면한 가장 빠르게 퍼지는 그리고 빈번한 환경적 변화이다. 예로, 중국 역사상 기원 전 243년부터 1911년까지 7년마다 한번 꼴로 총 300여 건의 전염병이 기록되었다(McNeil 1976). 14세기 유럽에서는 전염병으로 2천만 명이 사망하였으며, 1890년대 동아프리카 지역에서 발생한 우역(rinderpest; 소의 전염병)으로 인해 누(great wildebeest)와 아프리카물소(Cape buffalo) 무리의 95%가 폐사했다(O'Brien & Evermann 1988; K. F. Smith *et al.* 2006). 새로운 인플루엔자 변종은 거의 해마다 나타나며 전 세계적으로 확산되는데, 최근의 예는 조류 독감의 H5N1 변종을 들 수 있다. 침팬지와 인간에서 발생하는 HIV−1(AIDS의 원인), 개와 아프리카 사자 그리고 미국의 검은발 족제비에서 발생하는 개 홍역(canine distemper), 호주의 과일박쥐부터 말과 인간에까지 발생한 헨드라 바이러스(Hendra virus)를 포함한 많은 질병들이 종의 경계를 넘나든다(Daszak *et al.* 2000). 또한 인간 활동은 병원체를 발병 지역에서부터 다른 곳으로 확산시키기도 한다. 예로 톡소플라스마증(toxoplasmosis)은 진성태반동물(eutherian mammal)을 통해 유럽에서 호주로 옮겨져 유대류에 영향을 미쳤다. 게다가 하와이로 전파된 조류 말라리아를 포함한 조류 병원균들은 하와이에 서식하는 절반 이상의 고유종을 전멸시켰다(van Riper *et al.* 1986).

환경 변화에 직면했을 때 종은 반드시 적응하거나, 멸종하게 된다.

적응은 개체들이 바뀐 환경 조건에 대항하기 위해 변화하는 생리학적 · 행동학적 변화의 형태 혹은 자연선택으로 여러 세대에 걸쳐 개체군의 유전 성분을 바꾸는 유전적 적응의 형태라 할 수 있다.

개체의 생리적 적응(표현형 적응성; phenotypic plasticity)은 고도에 따른 헤모글로빈의 변화와 질병에 대항하기 위한 면역반응, 새로운 먹이를 활용하는 효소의 유도 등을 포함하며, 행동적 적응은 달라진 먹이원 선호, 포식자 도피행동 등을 포함한다. 그러나 이러한 생리적 · 행동적 적응에는 한계가 있다. 만일 환경적 변화가 개체가 적응할 수 있는 범위를 상회한다면 그 종은 멸종하고 말 것이다.

자연선택(natural selection)을 통한 진화적 변화는 환경 변화에 대한 장기적인 유전 반응이고, 이는 **적응 진화**(adaptive evolution)로 불린다. 적응 진화 변화가 시간이 지남에 따라 계속 되면, 이 변화들은 개체가 본래 견디는 것보다 좀 더 극한 조건 하에서 개체군이 번성할 수 있게 해준다.

적응 진화적 변화는 예전에 어떤 개체도 견디지 못했던 조건에 개체군이 대처할 수 있게 해준다.

유전적으로 매우 다양한 개체군들이 바뀐 생물적 혹은 물리적 환경 어디에서나 겪는 적응 진화가 관찰되어 왔다. 이는 다음의 8가지 보전적인 상황에서 매우 중요하게 작용한다.

- 진화하는 종의 능력을 유지하기 위한 관리
- 작은 개체군에서의 적응 진화적 가능성의 손실을 최소화시키기 위한 파편화된 개체군(fragmented populations)의 관리
- 현재 대부분의 멸종위기종의 경우 본래의 분포 범위 외곽에 서식하며 따라서 과거 경계 지역 즉 접경지역 환경에 적응해야 한다(Channell & Lomollno 2000).
- 사육 개체의 유전적 적응(genetic adaptation)과 이것의 재도입(reintroduction) 성공에 대한 해로운 영향 (20장)
- 이주된 개체군들의 새로운 환경에 대한 적응 (17장)
- 침입 종(invasive species)과 포식동물이 생물에 유해한 화학물질(biocides)에 대항하기 위한 적응 능력
- 새로운 지역에 적응하기 위한 침입종의 능력
- 서로 다른 환경에 적응하는 개체군들의 교배는 번식적응도(reproductive fitness)를 감소시키거나 혹은 새로운 환경에 적응할 수 있도록 해준다(14장과 16장).

이 장에서는 적응 진화적 변화에 대한 증거를 제시할 것이며 개체군의 진화를 조절하는 인자와 선택이 개체군에 미치는 영향에 대해 생각해 볼 것이다.

적응 진화적 변화는 동물 형태학, 행동학, 색, 숙주 식물에 대한 저항성, 먹이 크기, 몸 크기, 알코올에 대한 내성, 질병에 대한 저항성, 천적 회피, 오염에 대한 내성, 유독 물질에 대한 내성 등에서 기록되어져 왔다(Thompson 1998; Mouusseau *et al*. 2000; Hoekstra 2006).

환경 조건에 따른 종의 유전 적응(Genetic adaptation)은 유전적 다양성을 지닌 종들에게 있어 아주 흔히 일어나는 일이다.

식물에서의 적응 진화적 변화는 토양 조건, 수분 스트레스, 범람, 광주기, 바람에 대한 노출, 가축에 의한 먹힘, 공기 오염 그리고 제초제 등에서 설명되어 왔다(Biggs & Walters 1997). 식물의 경우 초식동물에 의한 먹힘을 방지하기 위해 다양한 2차 화합물을 진화시켜 왔다. 예로, 화이트클로버(white clover)와 벌노랑이(bird's−foot trefoil)는 민달팽이와 달팽이와 같은 초식성 동물에 의한 포식을 막아 수는 시안화 배당체(cyanogenic glucosides)의 생성에 대해 다형성(polymorphic)이다(Briggs & Walters 1997). 다양한 생태적 상황에 적응한 식물 개체군은 흔히 그들 나름의 용어를 지닌다(**생태형**; ecotype).

적응 진화적 변화는 지구상의 거의 모든 곳에 종들이 살 수 있도록 해준다. 에베레스트 산의 해발 6,500m 지역에서부터 심해의 해구까지, 영하 23℃의 극지방 염호에서 뜨거운 온천까지, 해수와 담수로부터 사막까지 세상의 모든 곳에

서 생명은 서식하고 있고 식물 또한 거의 모든 토양에서 적응한 체 살아가고 있다(Dobzhansky *et al*. 1977).

유사한 환경에서 서로 다른 종들은 유사한 형질로 전환된다. – 수렴진화(convergent evolution).

다른 원종(progenitor: 생물학적 선조)에서 분화하였지만 동등한 생태적 지위에서 유사한 형태의 **수렴 진화**(convergent evolution)는 적응 진화의 영향력을 보여 준다. 예를 들면, 박쥐, 새 그리고 익룡(pterodactyl)은 독립적으로 하늘을 날 수 있도록 진화했으며, 호주의 유대류(marsupials)와 세계 다른 지역의 진성태반동물(eutherian mammal) 간에는 형태학적으로 유사한 형태로 진화했다(Futuyma 1998).

적응 진화적 변화는 상당히 빠르다.

측정 가능한 적응 진화적 변화는 다윈 핀치류의 부리와 몸의 크기에서 해마다 관측되며 이러한 변화는 엘리뇨–남방진동 기후 변화(El Niño–southern oscillation climate)와 연관된 환경적 변화에 기인한다(5장). 이주율(migration rates)이 높은 진화적 변화는 새와 식물들에게서 설명되어 왔다(Berthold *et al*. 1992; Cody & Overton 1996).

인간이 야기한 많은 환경 변화들에 대응하여 진화적 변화들이 관찰되어져 왔다.

Palumbi(2001)는 인간이 현재 진화에 가장 큰 영향을 미친다고 주장해 왔다. 대부분의 경우, 적응 진화적 변화는 인간의 영향을 받는 종들(human–affected species)에서 보고되어 왔다. 호주의 토끼는 개체군 조절을 위해 도입되었을 때 이들 종은 myxoma 바이러스에 내성을 가지도록 진화했다(Box 6.1). 지구상의 200여 종의 나방의 경우 공업화된 오염된 환경에서 공업암화(industrial melanism)를 나타낸다(Kettlewell 1973). 몇몇 식물의 경우 중금속 폐기물 지역에 이식될 경우 중금속에 대한 내성을 지니는 쪽으로 진화하였으며, 거의 200여 종의 식물들은 제초제에 대한 저항성도 진화시켜 왔다(Briggs & Walters 1997; Heap 2007). 네바다 주에 서식하는 checkerspot butterfly 아종의 개체군은 숙주 선호도를 바꾸도록 진화해 왔으며, 현재는 도입된 잡초가 주요 먹이 자원이다(Singer *et al*. 1993).

Box 6.1 호주 토끼의 개체군 조절을 위해 도입된 myxoma 바이러스에 대한 빠른 적응 진화(Fenner & Ratcliffe 1965; Nowak 2004)

호주의 정착민들은 19세기에 스포츠 사냥을 목적으로 야생 토끼를 도입한 후, 야생 토끼가 급

속도로 증가하였으며, 이들로 인해 많은 고유 식물들이 사라졌고, 유대류인 빌비(bilby) 또한 감소하게 되었다.

1950년대에 개체군 조절을 위해 myxoma 바이러스가 도입하게 되자 이에 감염된 토끼의 99%가 사망하였다. 이후 myxoma 바이러스에 대한 내성 유전자가 빠르게 증가하는 강한 방향성 선택(directional selection)이 일어났으며, 바이러스에 의한 사망률 또한 아래서 보는 바와 같이 90%에서 25%로 떨어졌다. 아래의 자료는 연구 기간 동안 사용한 동일한 균주에 대한 토끼의 유전적 변화를 보여 준다.

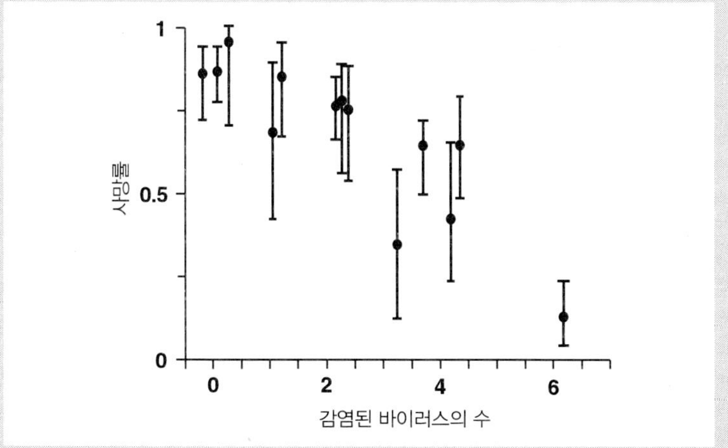

최근에 callici 바이러스가 호주 토끼 개체군으로 유입되었고, 이 바이러스에 대한 내성을 가지는 적응을 할 것으로 기대된다.

많은 종들이 생물화학제(살충제, 항생제 등)에 대한 저항성을 가지도록 진화해 왔다(Georghiou 1986). 예로, 수백종의 곤충은 살충제에 대한 내성을 지니도록 진화해 왔고(McKenzie 1996), 많은 병원균들은 각각 새로운 항생제에 대한 저항성을 가지도록 빠르게 진화한다(Garrett 1994). 집쥐나 생쥐의 경우 와파린(warfarin)과 항 응고성 쥐약에 대한 내성을 가지도록 진화해 왔다(Futuyma 1998).

기후 변화로 인한 적응 진화적 변화는 붉은다람쥐, 검은머리꾀꼬리 새, 초파리, 유럽 너도밤나무에서 이미 관찰되어져 왔다. 불행히도, 박새와 유럽 너도밤나무에서의 적응 속도는 환경 변화의 속도를 따라가지 못했다(Reusch & Wood 2007).

개체군 진화를 조절하는 인자

보전유전학의 목적은 환경 변화에 적응하기 위해 진화하는 동적인 존재로써의 종을 보전하는 것이다. 결과적으로 유전적 다양성이 어떻게 발생하는지, 유전적 다양성이 어떠한 형태로 존재하고 어떻게 손실되는지를 이해해야 한다.

개체군들은 선택, 돌연변이, 이주 그리고 기회를 통해 진화한다.

진화는 개체군의 유전성분의 변화를 포함한다. 가장 간단한 단계로, 진화는 돌연변이(mutation), 선택(selection), 이주(migration) 혹은 기회(chance)로 인한 대립유전자 빈도의 변화를 나타낸다.

가장 간단한 단계에서의 진화는 대립유전자 빈도의 변화를 말한다.

이러한 인자들의 영향은 다음과 같이 요약할 수 있다:

- 돌연변이는 모든 유전적 다양성의 원천이지만, 일반적으로 돌연변이 속도는 매우 느리기 때문에 짧은 시간 동안 진화적 압력(evolutionary force)은 매우 약하다.
- 선택은 적응 진화적 변화를 일으키는 유일한 힘이다.
- 이주(유전자 흐름; gene flow)는 돌연변이와 선택, 기회로 발생된 개체군들 간의 차이를 감소시킨다.
- 작은 개체군들 내에서의 기회 효과(chance effect)는 유전적 다양성의 손실을 야기한다.
- 단편화(fragmentation)와 유전자 흐름의 제한으로 감소된 이주는 동일한 개체군을 기원으로 하는 아개체군(sub-population)들 간의 무작위적 파생을 유도한다.

이러한 정보는 개체군 모델의 정밀한 고찰을 통해 얻어졌다. 개체군 진화는 돌연변이나 이주, 선택과 기회, 번식 시스템 배경 내에서의 조정 등에 영향을 받는 복잡한 시스템이다(Fig. 6.1). 진화하는 개체군의 구성요소의 중요성을 평가하기 위해, 인자가 작용하지 않은 경우와 각각의 인자가 개별적으로 작용하는 경우 또한 두 가지 인자가 동시에 작용하는 경우를 모델링한다. 이렇게 함으로써 각 인자가 얼마나 큰 영향을 지니는지 그리고 진화에서 어떤 역할을 할 수 있는지에 대해 예측할 수 있다. 또한 모든 인자가 동시에 중요한 영향을 지니기는 어렵기 때문에 특정인자들이 무시될 수 있는 정황을 구분할 수 있다. 예로, 돌연변이는 아주 낮은 비율로 발생하고, 우리는 종종 짧은 기간 동안 이들 돌연변이를 무시할 수 있다.

4장에서 보았듯이 돌연변이, 이주, 선택 혹은 기회의 영향이 없는 개체군 내에서의 임의적인 교배를 통해 한 세대가 지난 후 상염색체 유전자좌위에서 대립유전자와 유전자형의 빈도는 하디-바인베르크 평형(Hardy-Weinberg equilibrium) 상태에 도달한다. 이 장과 다음 장에서는 선택, 돌연변이, 이주의 독립적인 작용을 고려하고 뒤이어 돌연변이와 선택의 합동 작용과 이주와 선택의 합동 작용에 대해 고찰 할 것이다. 큰 개체군에서 기회효과(chance effect)는 대체로 작다. 따라서 이에 대해서는 8장에서 상세히 다룰 것이다.

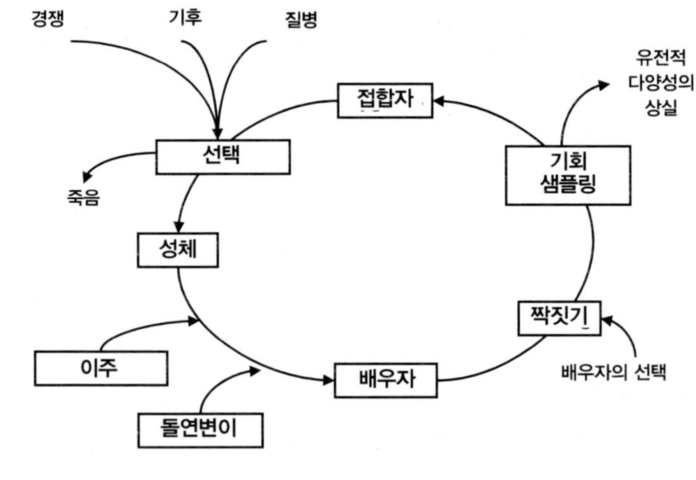

Fig. 6.1 복잡한 시스템으로 진화하는 개체군.

수리학적 모델의 역할

선택과 변이, 이주와 기회의 진화적 영향을 연구하기 위해서는 간단한 수리학적 모델을 만들 필요가 있다. Wilson(1975)은 이러한 모델이 다음과 같은 일들을 할 수 있음을 언급하였다 :

간단한 수리학적 모델은 진화 과정의 유전학을 밝히는 중대한 역할을 한다.

- 근본적인 과정을 설명할 수 있는 양적인 법칙을 수립할 수 있다.
- 분석 가능한 예측을 제공한다.
- 측정하기 어렵거나 불가능한 요소를 측정하기 위한 식을 제공한다.
- 아직 발견되지 못한 현상과 예상하기 어려운 현상들 간 관계들의 실체를 예측한다.

모델은 보통 실세계를 간소화시킨다. 모델이 실세계를 설명할 수 있는 지에 대한 여부를 확신하기 위해서는 실험 혹은 관측 자료와 비교하여 평가될 수 있는 양적인 예측들이 필요하다. 예로, 열성 치사 대립형질(recessive lethal allele) 빈도의 감소를 예측하기 위한 수식은 이 장 후반에서 평가되고, 캘리포니아 콘돌의 연골발생장애(chondrodystrophy)의 빈도의 변화를 예측하는 데 적용될 것이다. 11장에 계산식은 가계 크기가 실질적으로 포획 개체군 크기의 2배와 같음에 대한 예측을 보여 준다(그래서 부족한 포획 번식 공간의 이용을 최대화한다).

우리가 알고자 하는 매개 변수(parameter)를 평가하기 위한 방법들은 대체로 명확하지 못하다. 모델을 통해 평가되어져 온 매개 변수들은 다음을 포함한다:

- 사람에서의 돌연변이율(돌연변이와 선택 간의 균형으로부터)
- 나방의 공업암화(industrial melanism)에서 선택의 중요성(대립유전자 빈도를 변화시키기 위해 소요된 시간에 대한 모델로부터)
- 개체군과 종 내에서 유전자 흐름(gene flow)의 범위(서로 다른 개체군들에서의 대립유전자 빈도로부터)는 인간 개체군에서의 이주율(migration rate)을 포함한다.
- 멸종위기 종의 개체군들에서 유해한 대립유전자의 영향과 상대적인 수(사망률에 관한 근친교배의 영향으로부터)

진화과정의 수리학적 모델을 만듦으로 해서 새로운 사실들이 밝혀졌다. 예로, 이타적인 행동의 비용편이 분석(cost benefit analysis)은 일반적으로 유연관계가 가까운 동족과 관련되고, 2배체에서보다 벌목(Hymenoptera)과 같은 반-배수체(haplo-diploid) 종에서 좀 더 일반적이라는 예측을 이끌어낸다.

선택

번식 연령까지 생존이 가능한 자손을 더 많이 보유한 보인자의 대립유전자는 그 빈도가 증가하는 반면 적은 후손을 지닌 경우는 감소한다. 선택은 생활사의 모든 단계에 작용한다. 동물의 경우 배우자선택, 암수의 번식 능력, 정자와 난자의 성공적인 수정, 한배새끼수, 번식 연령까지 생존 가능한 자손의 수 등이 선택에 포함된다. 식물은 화분생산, 화분이 암술머리에 도달할 수 있는 능력, 발아, 암

선택은 적응 진화를 야기한다.

컷 생식세포의 수, 수정된 접합체의 생존 능력과 분산 능력, 생식적 성숙까지의 성장 등을 포함한다. 간단히 말해서, 접합체의 형성에서부터 성숙할 때까지 개체들의 서로 다른 생존율을 포함하는 모델을 사용할 수 있다. 생활사 내 다른 단계에서의 선택 결과는 유사하게 나타난다.

열성치사

선택은 해로운 대립유전자의 빈도를 감소시킨다.

자연선택을 보여 주고 모델화하기 위해서, 모든 열성 동형접합체는 죽음에 이르며 이형접합체는 정상적으로 생존이 가능한 열성치사와 같은 극단적인 경우에 대해 먼저 알아보자. 예를 들어 멸종위기종인 캘리포니아 콘도르의 경우 연골위축성 왜소증(chondrodystrophic dwarfism)에 대해 동형접합체를 가진 개체(dwdw)들 모두는 부화시기에 사망한다. 연골위축성에 대한 각 세대별, 무작위 교배 그리고 자연선택에 대한 순서도가 Fig.6.2에 나와 있으며 Table 6.1에 그 모델에 대해 나와 있다.

정상 대립유전자 (+)의 빈도는 p이고 열성치사 대립유전자 (*dw*)는 q의 빈도를 가진다. 무작위 교배 속에서 각 접합체 유형에 대한 유전자형 빈도는 하디-바인베르크 평형 빈도인 p^2, $2pq$, q^2을 따른다. 그러나 이 세 유전자형은 서로 다른 생존율을 보이며 이는 절대적인 것이 아니라 상대적이다. 예를 들어 ++, +*dw* 그리고 *dwdw* 유전자형이 각각 75%, 75%, 0%의 생존율을 가질 때, 상대적 값 1, 1, 0은 선택의 영향을 결정한다; 이러한 값들을 **상대적 적응도**(relative fitnesses)라고 한다.

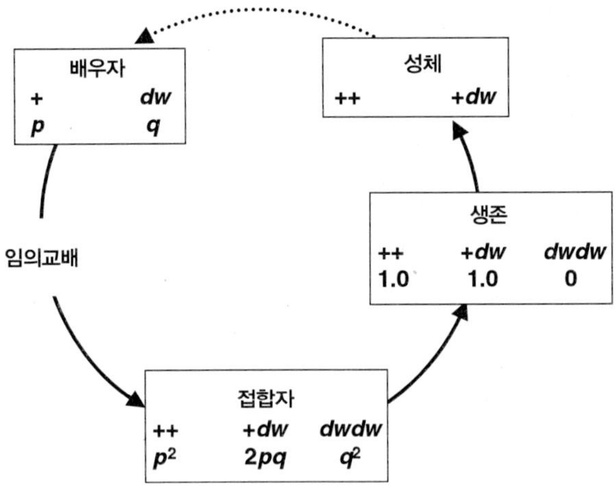

Fig. 6.2 열성치사에 대한 선택 모델.

성체 생존의 빈도는 접합체의 빈도와 상대적 적응도를 곱함으로써 얻을 수 있다. 예를 들어 치사 동형접합체의 빈도는 수정 단계에서의 q^2에서부터 성체 시기의 $q^2 \times 0=0$까지 이다. 선택 이후에 개체군의 일부($-q^2$)가 손실되기 때문에 $(1-q^2)$로 나누어 주어야 한다.

다음 세대에서의 대립유전자 빈도는 4장에서 설명한 대립유전자의 수를 세는 방법을 이용하여 생존 개체에서의 대립유전자 빈도를 결정함으로써 구할 수 있다. 식 6.2는 빈도의 변화량 (Δq)이 (−)임에 따라 치사 대립유전자 *dw*가 항상 감소한다는 것을 보여 준다. 게다가 변화량은 빈도의 제곱에 비례하므로 감소되는 속도는 낮은 빈도에서 현저하게 느리다(Fig. 6.3). 예제 6.1은 식 6.1을 이용하여 캘리포니아 콘돌의 대립유전자 *dw*의 빈도 변화를 계산한 것이다.

초파리 개체군을 이용한 실험에서 열성 치사 대립유전자의 관찰되는 빈도

Table 6.1 캘리포니아 콘도르의 연골위축증(열성치사)에 대한 선택의 영향 모델링

	표현형			
	정상형	정상형	왜소형	
	유전형			
	++	+*dw*	*dwdw*	합계
접합자 빈도	p^2	$2pq$	q^2	1.0
상대적응도	1	1	0 (수치)	
선택 후 (빈도 × 적응도)	$p^2 \times 1$	$2pq \times 1$	$q^2 \times 0 = 0$	$1 - q^2$
적응 빈도	$\frac{p^2}{1-q^2}$	$\frac{2pq}{1-q^2}$	0	1.0

q_1 선택 후에 다음 세대의 *dw* 대립유전자의 빈도는

$$q_1 = \frac{\text{동형접합체} + 1/2\text{이형접합체}}{\text{합계}} = \frac{0 + pq}{1 - q^2} = \frac{q(1-q)}{(1-q)\,(1+q)}.$$

$$q_1 = \frac{q}{1+q} \tag{6.1}$$

$1-q$는 p, 또는 $p+q=1$로 대체할 수 있다.

빈도 Δq의 변화는

$$\Delta q = q_1 - q = \frac{q}{1+q} - q = \frac{q - q(1+q)}{1+q}$$

$$\Delta q = \frac{-q^2}{1+q} \tag{6.2}$$

캘리포니아 콘도르

예제 6.1 멸종위기종 캘리포니아 콘도르의 연골위축증 대립유전자의 빈도 변화

자연선택으로 인한 성체의 연골위축증 대립유전자의 빈도는 식 6.1을 이용하고 q=0.17(예제 4.5에서의 최초 빈도)로 대체함으로써 다음과 같이 예측할 수 있다:

$$q_1 = \frac{q}{1+q} = \frac{0.17}{(1+0.17)} = 0.145$$

따라서 빈도는 한 세대를 거듭할수록 자연선택으로 인해 17%에서 14.5%로 감소할 것으로 예상된다.

는 식 6.1에 의해 예측되는 비율과 비슷하게 계속해서 감소하였고, 시간이 지날수록 천천히 감소하였다(Fig. 6.3). 이들 관계의 중요한 의미는 해로운 열성치사 대립유전자의 빈도가 점차 더 감소하게 된다는 것이다.

실제 관측된 감소율은 예측보다 다소 빠르게 나타났으며, 이형접합체는 동형접합체와 비교했을 때 다소 감소된 적응도를 가지는 것으로 분석되었다. '열성' 대립유전자는 이형접합체에서는 작은 영향을 미친다.

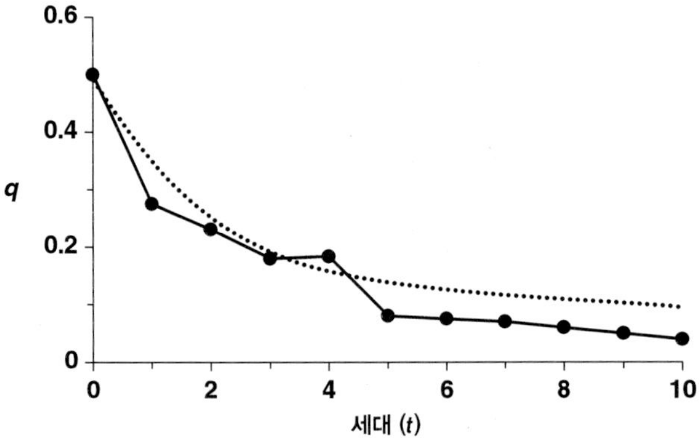

Fig. 6.3 시간이 지남에 따른 초파리 개체군의 열성치사 대립유전자 빈도 (q)의 변화. 실선은 관측된 변화이고 점선은 식 6.1을 통해 예측한 것이다 (after Wallace 1963).

선택이 치명적인 것으로만 적용되는 것은 아니다. 보인자의 상대적 적응도를 변화시키는 대립유전자가 선택의 대상이 될 것이다. 만약 적응도의 효과가 작다면 빈도의 변화 역시 이에 맞게 작아질 것이다. 선택의 다른 형태들로 인한 대립유전자 빈도 변화를 얻기 위한 방법은 위의 방법과 유사하다.

적응 진화적 변화

선택은 이로운 대립유전자 빈도를 증가시킨다.

보전유전학에서 우리는 돌연변이에 대응하는 선택과 변화하는 환경에 적응하기 위한 개체군의 능력을 향상시키는 이로운 대립유전자에 대한 선택에 관해 알아보았다. 적응 진화적 변화를 설명하기 위하여 영국 '회색가지나방'의 공업암화(industrial melanism)를 이용할 것이다(Kettlewell 1973; de Roode 2007). 산업혁명에 앞서, 회색가지나방은 작은 반점이 있는 이끼로 뒤덮힌 나무에서 휴식할 때 위장을 통해 천적으로부터 보호될 수 있었다. 그러나 유황 오염으로 인해 많은 이끼류가 사라졌고 그을음이 나무를 뒤덮어 작은 반점을 가진 나방이 선명하게 드러나게 되었다. 반면 이전에 드물게 나타나던 검은 개체들(흑색증)은 검은 나무에서 포식자로부터 안전하게 생존할 수 있었다. 산업지역에서 흑색증 대립유전자(M)는 그렇지 않은 지역에 비해 높은 빈도로 출연하였다(Box 6.2). 회색가지나방의 흑색증 형태는 1848년에 처음 발견되었으나 1900년에 이르러서는 오염지역인 영국의 중부지방에서 전체 나방의 약 99%가 흑색증 형태를 보였다.

Box 6.2에 있는 이러한 선택의 모델은 대립유전자 M의 빈도가 고정될 때(p=1)까지 계속해서 증가함을 보여 준다. 변화율은 비흑색형에 대응한 선택의 강도(s, 선택 계수)와 대립유전자 빈도 p와 q에 따라 달라진다.

오염을 통제하는 것은 선택의 힘을 반전시킬 것으로 예상할 수 있었고 이는 실제로 확인되었다. 리버풀 근처 지역에서 이후 40년 동안에 흑색형의 빈도는 90%에서 10%까지 떨어졌다. 이러한 감소는 영국의 다른 지역에서도 확인되었고, 같은 방향으로의 변화가 북미의 회색가지나방 아종에서도 발생하였다(Grant & Wiseman 2002; Cook *et al.* 2008).

다른 선택 모델

Box 6.2 오염지역에서 선택으로 인한 공업암화 빈도에서의 적응적 변화(after Kettlewell 1973; de Roode 2007)

아래 도표에서 보듯이 1950년대 회색가지나방의 흑색형은 공업지역(중부지역, 남동쪽의 런던 인근과 북서쪽의 글래스고 인근)에서 높은 빈도로 나타났으며 오염이 덜된 지역에서는 낮은 빈도로 출연한 것이 영국 아래의 지도 파이형 분포도에 의해 보여진다(kettlewell 1973).

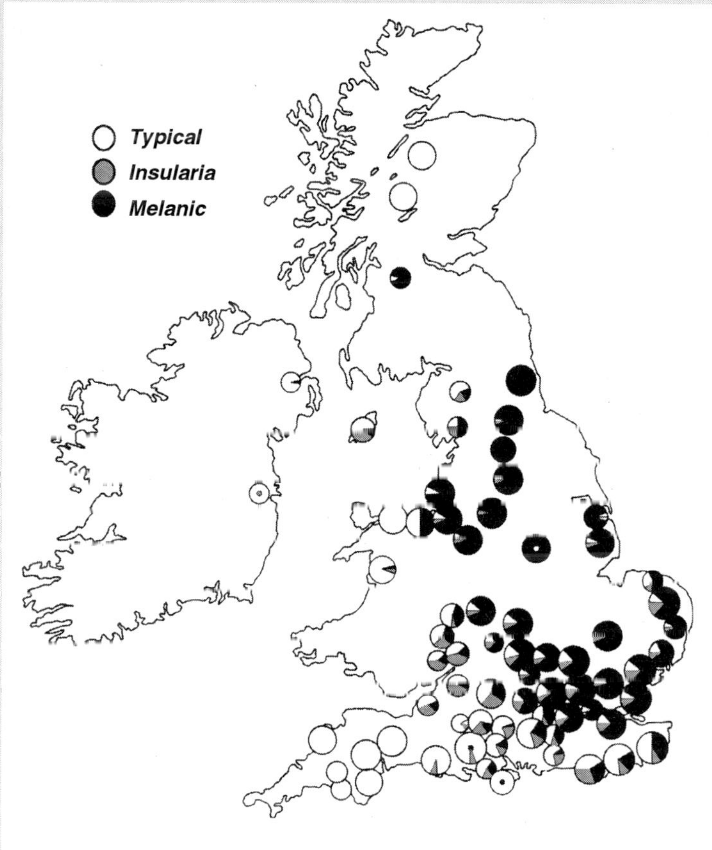

(맥밀란 출판사의 동의를 얻어 Kettlewell (1958)의 논문에서 조사된 결과를 재인쇄함)

나방의 흑색형은 하나의 우성유전자 때문에 나타나는 것이다. 흑색형에 미치는 선택의 예상되는 영향과 일반적인 대립유전자 빈도는 아래에 주어져 있다. 흑색형(M)과 일반형(t) 대립유전자의 빈도를 p와 q라 하며, 이주와 돌연변이 없이 임의교배가 일어난다고 가정하였다. 선택은 번식 이전의 성체에서 발생한다고 가정하였다. 흑색형에 비해 오염지역에서 tt 유전자형을 가진 개체가 적기 때문에 상대적 적응도를 $1-s$로 두며, 이때 s는 선택계수이다. s값은 유전자형 MM과 Mt에 비교하여 유전자형 tt의 적응도에서의 감소를 나타낸다. 예를 들어, tt의 생존율이 MM과 Mt의 70%에 불과하다면 선택계수는 $1 - 0.7 = 0.3$이 된다.

	흑색형 MM	흑색형 Mt	일반형 tt	합계
접합자 빈도	p^2	$2pq$	q^2	1.0
상대적응도	1	1	$1-s$	
선택 후	p^2	$2pq$	$q^2(1-s)$	$1-sq^2$
적응 빈도	$\frac{p^2}{1-sq^2}$	$\frac{2pq}{1-sq^2}$	$\frac{q^2-sq^2}{1-sq^2}$	1.0

선택(p_1) 이후 M의 빈도는 다음과 같다.

$$p_1 = \frac{p^2}{1-sq^2} + (\tfrac{1}{2})\frac{2pq}{1-sq^2} = \frac{p^2+pq}{1-sq^2} = \frac{p\,(p+q)}{1-sq^2} = \frac{p}{1-sq^2}$$

M의 빈도 변화(Δp)는 다음과 같다.

$$\Delta p = p_1 - p = \frac{p}{1-sq^2} - p = \frac{p-p(1-sq^2)}{1-sq^2} = \frac{spq^2}{1-sq^2}$$

따라서 Δp가 양의 값을 가지기 때문에 흑색형 대립유전자 빈도는 증가한다. 증가율은 선택계수와 대립유전자 빈도에 따라 달라진다.

만약 1848년 오염지역에서 흑색형 대립유전자의 빈도가 $p = 0.005$이고, 일반형은 흑색형 생존율의 70% 를 지닌다면 흑색형 대립유전자 빈도는 다음과 같이 변할 것이다.

$$p_1 = \frac{p}{1-sq^2} = \frac{0.005}{[1-(0.3\times 0.995^2)]} = 0.0071$$

빈도의 변화는 다음과 같다.

$$\Delta p = p_1 - p = 0.0071 - 0.005 = 0.0021$$

이와 같이, 흑색형 대립유전자는 한 세대에서 40%까지 증가하였다.

적응도에 대한 우성의 정도에 따른 네 가지 모델이 Fig. 6.4에 나와있다. 각각의 경우, 선택계수(s)는 가장 적합한 유전자형(적응도=1)과 비교하여 유전자형의 상대적 적응도에서의 감소를 나타낸다. s값의 범위는 0에서 1사이이다. **부가적 우성**(additive dominance)의 경우, 이형접합체는 두 동형접합체 사이의 중간 적응도를 가지는 반면, **완전 우성**(complete dominance)은 동형접합체 A_1A_1의 적응도와 동일하다. **부분 우성**(partial dominance)의 경우, 이형접합체는 한 유형의 동형접합체 근처의 적응도를 가지는데 그 위치는 h값에 따라 달라진다. **초우성**(overdominant)의 경우에는 이형접합체가 두 동형접합체에 배해 더 높은 적응도를 가진다.

선택계수는 유전자형의 생존 개체를 통해 계산될 수 있는데 먼저 생존 개체수를 상대 적응도로 전환시킨다. 그리고 모든 생존 개체 값을 세 유전자형의 생존율의 최고치로 나눔으로써 알 수 있다. 추가적인 예로 90%, 70% 그리고 50% 모두를 90으로 나누어 주면 상대적응도는 90/90=1, 70/90=0.778 그리고 50/90=0.556이

선택의 영향은 선택의 강도, 유전 방법 그리고 대립유전자의 빈도에 따라 달라진다.

부가적(우성이 아님)

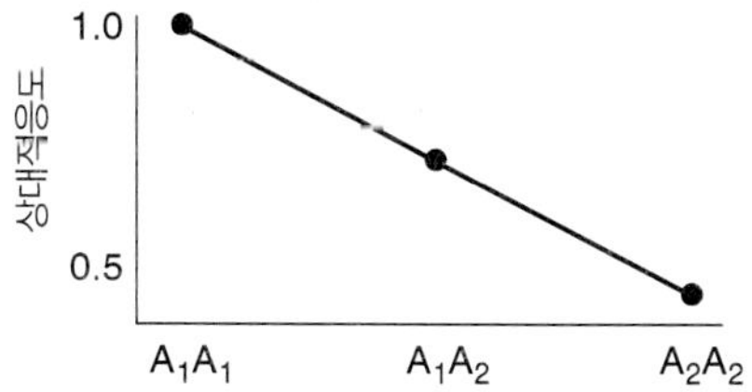

예 (생존율(%), 상대적응도 그리고 선택계수)

A_1A_1	A_1A_2	A_2A_2
1.0	$1 - ½ s$	$1-s$
90%	70%	50%
1.00	0.78	0.56
		$s = 0.44$

완전한 우성 (A_1)

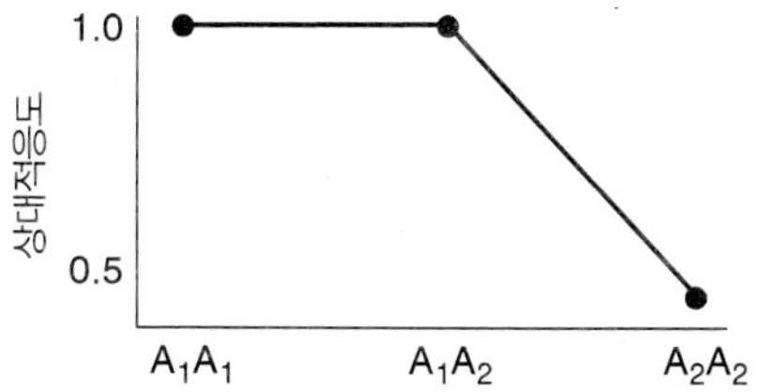

A_1A_1	A_1A_2	A_2A_2
1.0	1.0	$1 - s$
85%	85%	75%
1.00	1.00	0.882
		$s = 0.118$

부분 우성 (A_1)

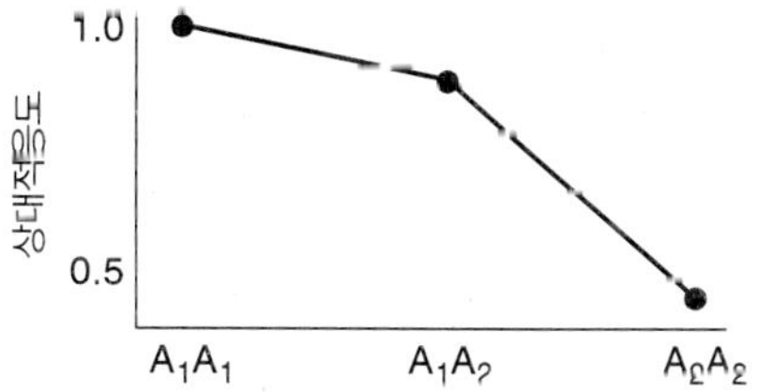

A_1A_1	A_1A_2	A_2A_2
1.0	$1 - hs$	$1 - s$
80%	70%	70%
1.00	0.975	0.875
	$hs = 0.025$	$s = 0.875$

초우성

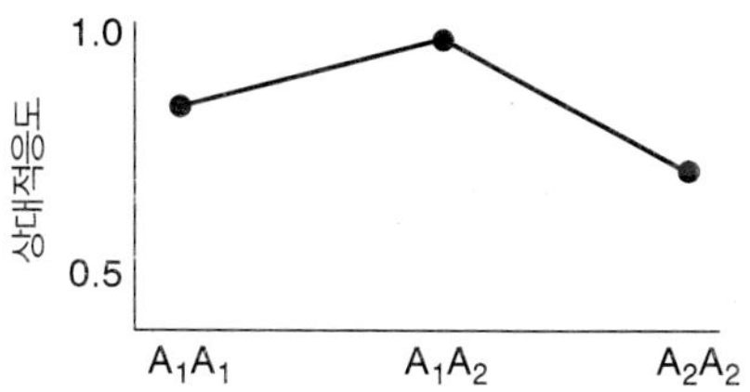

A_1A_1	A_1A_2	A_2A_2
$1 - s_1$	1.0	$1 - s_2$
83%	90%	80%
0.922	1.00	0.889
$s_1 = 0.078$		$s_2 = 0.111$

Fig. 6.4 적응도에 대한 우성의 정도 그리고 각각에 대한 생존율(%), 상대적 적응도, 선택계수(s)의 예.

된다. A_2A_2의 상대적응도(0.556)는 $1-s$와 동일하므로 s는 0.444가 된다.

상염색체와 성연관 유전자좌위의 서로 다른 우성 정도에 대한 대립유전자 빈도의 변화가 Table 6.2에 나와 있다. 이들은 선택으로 인한 적응적 변화 그리고 해로운 대립유전자에 대한 선택에 있어 중요하다. 따라서 앞으로 선택에 관련한 세부적 내용에 대해 자세히 알아볼 것이다.

앞서 설명한 모든 모델에 대한 선택의 효과(대립유전자 빈도 변화)는 모두 p, q 그리고 s에 비례한 것이다(Table 6.2). 양적 형질에 대한 선발 반응 또한 pq(식 5.5)와 선택(S)의 측정(식 5.7)에 따라 달라진다.

열성 대립유전자 A_2에 대한 선택으로 인해 대립유전자 빈도의 변화는 다음과 같다.

$$\Delta q = \frac{-spq^2}{(1 - sq^2)} \tag{6.3}$$

이 식에 의해 다음 세 가지 중요한 사실을 알 수 있다.

- (−) 기호는 해로운 대립유전자 A_2가 완전히 제거될 때까지 빈도가 감소한다는 것을 의미한다.
- 변화율은 선택의 양(s)에 따라 달라진다.
- 변화율은 대립유전자 빈도 p와 q에 따라 달라진다.

Table 6.2에 있는 모든 모델을 고려할 때, 변화의 방향은 항상 가장 낮은 적응도를 가지는 보인자의 대립유전자에 반하는 방향이다. 예를 들어, 부호(signs)는 A_1 (Table 6.2의 c)에 대한 것과 비교했을 때 A_2(Table 6.2의 b)에 대한 것은 선택에 있어 반대의 방향을 나타낸다. 이형접합체우세(초우성)의 경우는 좀 더 복잡하기 때문에 이는 9장에서 다루도록 하겠다.

선택계수가 같고 이로운 대립유전자의 빈도가 모두 같은 빈도에서 시작했을 경우에, 시간 경과에 따른 대립유전자 빈도 변화 패턴은 우성, 부가적 그리고 열성 대립유전자에 따라 다르다(Fig. 6.5). 이로운 우성 대립유전자의 빈도는 부가적 또는 열성 대립유전자보다 초기에 좀 더 빠르게 증가한다. 그러나 변화 속도는 선택이 작용하는 열성 동형접합체가 점점 더 드물게 나타남으로써 우성 대립유전자의 빈도가 높아졌을 때 현저하게 느려진다. 반대로 이로운 열성 대립유전자 빈도는 초기에 매우 느리게 증가하고 그 빈도가 10%에 도달한 후 **고정**(fixation; 개체군이 모두가 동형접합성이 되는 것, p=1)될 때까지 빠르게 증가한다. 우성과 열성 패턴은 서로 좌우대칭형(mirror image)이다. 부가적 대립유전자는 초기에 우성보다는 조금 더 느리기는 하지만 계속해서 증가하며 곧 고정에 도달하는 경향을 보인다.

동등한 상황에 대한 선택은 부가적 상염색체의 이배체 유전자좌위와 부가적 성연관 유전자좌위 중간형보다 반수체형 유전자좌위에 더 큰 영향을 미친다.

같은 강도의 선택은 부가적 상염색체의 이배체 유전자좌위와 부가적 성연관 유전자좌위 중간형(additive sex-linked locus intermediate)보다 반수체형 유전자좌위에 더 큰 영향을 미친다. 동등한 상황에 대한 이들의 Δq 값의 비율은 1:1/2:2/3 (Table 6.2)이다. 게다가 열성에 대한 선택은 상염색체 유전자좌위보다 성연관 유전자좌위에 훨씬 더 효과적으로 작용하는데 이는 반수체형 수컷에

Table 6.2 상염색체와 성연관 유전자좌위(A_1과 A_2에 대한 초기 빈도는 p와 q이다.) 적응도에 대한 서로 다른 우성을 가진 한 세대에서의 대립유전자 빈도 변화

초기 빈도와 유전자형의 적응도					빈도 변화
상염색체					
A_1A_1 p^2	A_1A_2 $2pq$	A_2A_2 q^2			$\Delta q = q_1 - q_0$
(a) 부가적: A_2에 대한 선택					
1	$1 - \frac{1}{2}s$	$1 - s$			$\dfrac{-\frac{1}{2}spq}{(1 - sq)}$
(b) A_1의 완전한 우성, A_2에 대한 선택(A_2 열성)					
1	1	$1 - s$			$\dfrac{-spq^2}{(1 - sq^2)}$
(c) A_1의 완전한 우성, A_1에 대한 선택(A_2 열성)					
$1 - s$	$1 - s$	1			$\dfrac{spq^2}{[1 - s(1 - q^2)]}$
(d) A_1의 부분 우성, A_2에 대한 선택					
1	$1 - hs$	$1 - s$			$\dfrac{-spq[q + h(p - q)]}{(1 - 2hspq - sq^2)}$
(e) 초우성, A_1A_1 그리고 A_2A_2에 대한 선택					
$1 - s_1$	1	$1 - s_2$			$\dfrac{pq(s_1p - s_2q)}{(1 - s_1p^2 - s_2q^2)}$
성연관[a]					
암컷			수컷		
$X^{A1}X^{A1}$ p^2	$X^{A1}X^{A2}$ $2pq$	$X^{A2}X^{A2}$ q^2	$X^{A1}Y$ p	$X^{A2}Y$ q	Δq
(f) 열성 성연관, X^{A_2}에 대한 선택					
1	1	$1 - s$	1	$1 - s$	$\dfrac{-\frac{1}{3}spq}{(1 - sq)}$ (대략)
(g) 부가적 성연관, X^{A_2}에 대한 선택					
1	$1 - \frac{1}{2}s$	$1 - s$	1	$1 - s$	$\dfrac{-\frac{2}{3}spq}{(1 - sq)}$
반수체형					
A_1 p 1	A_2 q $1 - s$				$\dfrac{-spq}{1 - sq}$

조류와 나비목의 경우 성별이 반대이어야 한다.

Fig. 6.5 이로운 우성, 열성 그리고 부가적 대립유전자에 대한 세대 흐름에 따른 빈도 변화. 해로운 것이 1%를 넘었을 때, 빈도 p=1% 에서 모두 시작했을 때 이로운 동형접합체는 모든 선택적 이점을 갖는다(after Nei 1975).

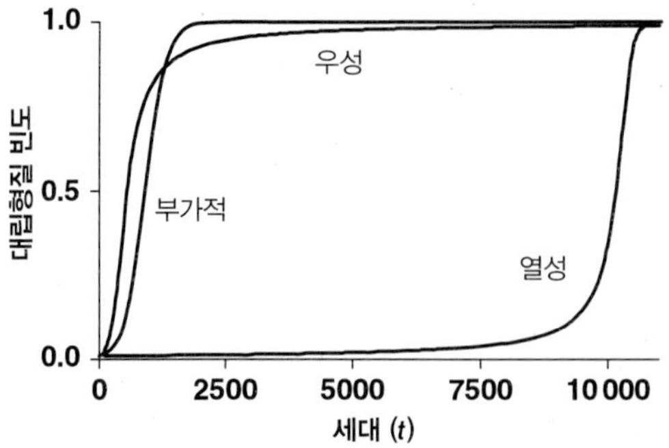

서 아주 효율적으로 선택이 작용하기 때문이다. 이러한 관찰은 다음 장에서 돌연변이와 선택 사이의 균형을 다룰 때 아주 중요하다.

대립유전자 빈도에서 주어진 변화 값을 얻는 데 필요한 세대 수

선택 계수, 상속 유형 그리고 대립유전자의 우성 유형에 따른 빈도 변화를 위해 필요한 세대 수.

열성 치사의 경우, 주어진 만큼의 빈도 변화를 얻기 위해 몇 세대가 필요한지는 식 6.1을 재조정함으로써 얻을 수 있다. 0, 1, 2, 그리고 t세대 이후의 대립유전자 빈도를 q_0, q_1, q_2, q_t라 하면

$$q_1 = \frac{q_0}{(1 + q_0)}$$

그리고

$$q_2 = \frac{q_1}{(1 + q_1)}$$

q_1을 대체하고 이를 간단하게 정리하면,

$$q_2 = \frac{q_0}{(1 + 2q_0)}$$

더 나아가:

$$q_t = \frac{q_0}{(1 + tq_0)} \tag{6.4}$$

이 식을 재배열함으로써 q_0에서 q_t까지의 대립유전자 빈도 변화에 요구되는 세대 수 t를 알 수 있다:

$$t = \frac{(q_0 - q_t)}{q_0 q_t} = \frac{1}{q_t} - \frac{1}{q_0} \tag{6.5}$$

이 식을 이용하여 캘리포니아 콘돌의 연골위축증 대립유전자의 빈도가 17%에서 1%까지 감소하는 데 94세대가 걸릴 것이라고 예측할 수 있다(예제 6.2).

선택이 약하게 일어날 때, 대립유전자 빈도가 주어진 만큼 변화하는 데 걸리는 시간은 더 길어진다. 대립유전자 빈도 변화에 있어 요구되는 세대 수에 대

한 식은 또한 다른 모델에서도 이용할 수는 있지만 미적분이 이용되어야 한다(Crow & Kimura 1970). 이는 또한 Fig. 6.5의 증거로 인해 유전자좌위에서의 우성관계에 따라 달라진다.

예제 6.2 캘리포니아 콘도르의 열성치사 유전자인 연골위축증 대립유전자의 빈도가 1%까지 감소하려면 얼마나 걸릴까?

열성치사 유전자인 연골위축증 대립유전자의 빈도가 0.17에서 0.01까지 감소되는데 필요한 세대 수를 알기 위해서는, 식 6.5를 이용하여 q_0에는 0.17을 대입하고 q_t에는 0.01을 대입하여 다음과 같이 구하면 된다:

$$t = \frac{1}{q_t} - \frac{1}{q_0} = \frac{1}{0.01} - \frac{1}{0.17} = 100 - 5.9 = 94.1 \text{ generation}$$

따라서 자연선택을 통해 연골위축증 대립유전자의 빈도를 1%까지 감소시키는 데는 94세대가 걸릴 것이다.

선택계수

대립유전자 빈도 변화를 나타내는 표현(Δq)은 선택계수를 측정하는 데 이용될 수 있다. 예를 들어, Haldan(1924)은 오염된 환경에서 일반적인 회색가지나방의 상대적 적응도가 흑색형의 약 1/3 수준이라는 것을 측정하였다(Box 6.3).

Box 6.3 회색가지나방의 공업암화에 포함된 선택의 중요성(after Haldan 1924 and Kettlewell 1973)

영국 중부지방의 오염된 지역에서 회색가지나방의 흑색형의 빈도는 52년 동안 약 1%에서 99%까지 증가하였다. Haldan(1924)은 우성의 이로운 대립유전자(M)에 대하여 p_0에서 p_t까지 빈도를 증가시키기 위해 필요한 세대 수에 대한 대략적인 식을 얻기 위하여 다음과 같은 추리를 이용하였다.

	흑색형 MM	흑색형 Mt	일반형 tt	합계
접합자 빈도	p^2	$2pq$	q^2	1.0
상대적응도	1	1	$1-s$	
1848년 빈도	0.01		0.99	$p_0 = 0.005$
1900년 빈도	0.99		0.01	$p_t = 0.90$

q_0에 대한 값은 1848년 일반형의 빈도 (0.99)를 q_0^2과 동일시함으로써 얻을 수 있는데 이를 제곱근하여 q_0=0.995을 얻을 수 있으며, $p_0=1-q_0=1-0.995=0.005$임을 알 수 있다.

이와 유사하게, p_t는 q_t^2=0.01임을 이용하여 q_t=0.1이며 p_t=1−q_t=1−0.1−0.9임을 알 수 있다.

$$\Delta p = \frac{spq^2}{(1-sq^2)} \sim spq^2$$

위와 같은 흑색형 대립유전자의 빈도 변화에 대한 식(Box 6.2)은 미적분을 이용하여 시간이 지남에 따른 대립유전자 빈도 변화율(dp/dt)과 동일시 될 수 있고 이는 또한 세대 수 t 에 관한 식을 얻기 위해 통합될 수 있다:

$$t = \frac{1}{s}\left\{\ln\left[\frac{p_t(1-p_0)}{p_0(1-p_t)}\right] + \frac{1}{1-p_t} - \frac{1}{1-p_0}\right\}$$

회색가지나방이 일년에 한 번 번식하기 때문에, $t = 52$ 세대이다. 따라서 선택계수는 다음과 같다.

$$s = \frac{1}{52}\left\{\ln\left[\frac{0.90 \times 0.995}{0.005 \times 0.10}\right] + \frac{1}{0.100} - \frac{1}{0.995}\right\}$$
$$\therefore s = 0.32$$

즉, 일반 나방의 생존은 오염지역에서 흑색형 보다 각 세대에서 32% 낮을 것으로 예측되었다. 당시 사람들은 이 측정방법을 비웃었다.

30년 후, Kettlewell의 실험은 아래 표와 같이 선택계수를 산출해 냈다. Kettlewell은 흑색형과 일반형 나방을 잡아서 표시한 뒤 이들을 다시 풀어 주었다. 나방의 두 번째 샘플은 얼마 되지 않아 곧 다시 잡혔다. 그 결과는 다음과 같다:

	오염된 지역		오염되지 않은 곳	
	흑색형	일반형	흑색형	일반형
표시 후 방사	447	137	473	496
재포획된 나방의 비율	27.5%	13.1%	6.34%	12.5%

오염된 지역에서 재포획된 흑색형의 비율은 일반형보다 대략 두 배 정도 높았으며, 선택계수는 약 50%로 계산되었다. 비오염 지역에서의 선택은 대략 반대방향으로 그 만큼 강하게 나타났다. 선택계수는 Haldane이 예측한 것 보다 높았는데 이는 실험이 진행된 지역이 오염이 상당히 많이 된 지역이었고 비오염지역으로부터 나방의 이입이 있었기 때문이다.

형태상의 특성 특히, 위장과 관련된 다형성에 대한 선택계수는 아마 강하게 나타날 것이다. 그러나 단백질과 DNA 다형성에 대한 선택은 1% 혹은 그 미만으로 매우 약할 것이라고 여겨지고 있다. 예를 들어, MHC에서의 선택계수는 단지 1% 혹은 그보다 더 작다(Satta *et al*. 1994). DNA 수준에서의 많은 다형성은 아마 선택적 차이를 포함하지 않거나 매우 약한 선택을 포함하고 있을 것이다. 이는 알로자임 다형성이 논쟁의 중립적인 것인지 또는 약한 선택을 조건으로 하는 것인지에 관해서는 논쟁거리이다(9장).

양적 형질에서의 선택

지금까지 단일 유전자좌위에서 대립유전자 빈도에 대한 선택의 영향을 논했다. 양적 형질의 변이가 환경적 영향에 의한 다양한 입력이 결합된 많은 유전자좌위에서 일어나는 분리에 의해 결정되므로 양적인 형질은 지나친 단순화이다. 결론적으로 앞으로 고찰의 내용을 대립형질의 빈도에 대한 선택의 영향에서 유전자형 변화에 대한 선택의 영향에 대한 내용으로 바꿔 진행할 것이다. 양적 형질에서, 진화의 주된 대상인 변이는 환경적 영향으로부터 다양한 요인들의 조합을 가지는 다중유전자좌위(multiple loci)에서의 분리에 의해 결정된다(5장). 결과적으로 앞으로 대립유전자 빈도에 대한 선택의 영향을 표현형 평균 및 변이에 대한 선택의 영향을 논하는 것으로 전환한다.

적응 진화적 변화는 번식 적응도, 양적 형질에 대한 자연선택의 결과이다.

양적 형질에 작용하는 선택에는 3가지 기본 유형이 있다: 방향성, 분단성, 안정성(Fig. 6.6). **방향성 선택**(directional selection)은 한 방향으로의 표현형(phenotype)을 선호하며 결과적으로 그 방향으로 평균값이 이동한다(유전적 변이가 있는 것을 조건으로 하여) (5장). **안정성 선택**(stabilizing selection)은 표현형의 중산형을 선호하며 평균값에는 변화가 없지만 미래 세대에서 변이는 적다. **분단성 선택**(disruptive selection)은 양극형의 표현형을 선호하며 평균값의 변화는 없지만 미래 세대에서 변이가 증가할 것이다.

양적 형질에 대한 자연선택은 형질 평균 및 변이에 영향을 미친다.

지속적이고 비교적 균일한 환경에서 번식적응도는 방향성 선택의 영향을 받기 쉬운 반면, 번식과 생존에 대한 주변 형질은 일반적으로 표현형의 중간형을 선호하는 선택을 나타낸다(안정성 선택). 이질적인 환경에서, 선택은 서로 다른 서식처에서 서로 다른 방향으로 다를 수 있다(분단성 선택). 자연 개체군들의 표현형 선택의 검토는 강한 방향성 선택이 흔하지 않음을 나타내고, 안정성 선택은 분열성 선택보다 강하지도 않고 흔하지도 않음을 나타낸다(Kingslover *et al.* 2001). 선택의 3가지 형태에 대해 아래에서 상세히 설명한다.

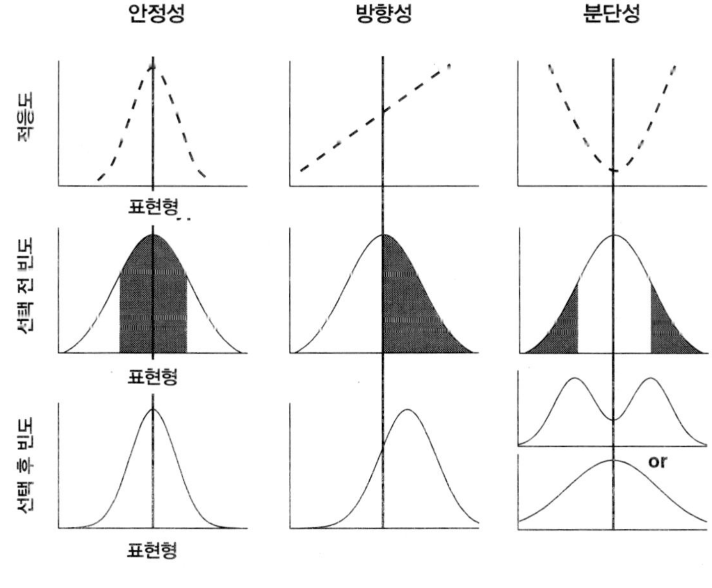

Fig. 6.6 양적 형질에 대해 작용하는 선택의 형태 (Futu-yma 1979). 안정성 성택, 방향성 성택, 분단성 선택을 부여 주고 있다. 맨 윗줄의 그래프들은 표현형(phenotype)과 적응도(fitness) 사이의 관계를 나타내고 있고, 중간 줄의 그래프들은 선택이 일어나기 전 표현형 분포를 나타내며, 맨 아래 줄의 그래프들은 선택이 일어 난 후 나음 세내의 표현형 분포를 나타낸다. 중간 줄의 그래프에서 어두운 부분의 면적은 선택에 의해 선호되는 분포의 부분을 나타낸다.

방향성 선택

유전적 다양성이 존재하는 한, 한 방향으로의 일관된 선택(방향성 선택)은 그 방향으로 표현형을 변화시키는 결과를 가져온다.

방향성 선택은 지구 온난화, 대기·물·토양의 오염물질이 증가하였을 때 같이 환경이 일관적인 방식으로 변했을 때 또는 새로운 질병이 개체군에서 나타났을 때 발생한다. 방향성 선택은 야생동물, 가축 혹은 식물 등 많은 종의 이계교배를 하는 개체군들에서 큰 변화가 일어날 때 보여 진다. 이들 변화는 번식률, 몸 크기에 대한 성장률, 행동, 화학 성분, 중금속에 대한 내성, 질병에 대한 저항성을 포함한다(Frankham & Weber 2000). 예로, 은여우의 경우 극도의 공격적 성향의 동물이 개처럼 온순해지기까지 17세대가 걸렸다. 캐나다 큰뿔야생양(bighorn sheep)의 야생 개체군에서 Trophy hunting(박제 장식을 위한 사냥)으로 인한 큰 뿔을 가진 숫양의 선택적 제거는 뿔 크기와 몸 크기의 유전적 감소를 가져왔다(Coltman *et al*. 2003).

상대적으로 지속적인 환경에서 번식적응도는 방향성 선택에 의존한다. 높은 적응도를 가진 개체의 후손은 성적으로 성숙할 때까지 최고의 생존율을 지니며 다음 세대에 유전자를 전달하는 가장 큰 공헌자 역할을 한다.

포획 개체군들에서의 적응 진화적 변화는 매우 빨리 발생한다. 예를 들어, 자연선택 하에서 25세대 동안 사육 상태가 유지된 야생 쥐는 사육 환경에서 번식적응도가 3배 이상 증가한(King 1939) 반면, 사육 상태의 큰 흰 나비 개체군들은 100–150세대에 걸쳐 13배 가까이 생식력(fecundity)이 증가하였다(Lewis & Thomas 2001). 멸종위기종의 포획 개체군(captive populations)은 유사한 적응을 보인다. 이는 일반적으로 야생으로의 재도입 시 적응도를 감소시킨다(20장).

단기간의 선택은 돌연변이가 드물게 발생하기 때문에 주로 새로운 돌연변이에서 보다 기존의 유전적 다양성에서 작용한다.

적응 진화적 변화는 기존의 유전적 다양성을 활용하거나 혹은 돌연변이로 인해 발생할 수도 있다. 이로운 돌연변이가 거대한 개체군에서 발생하기 위해서는 오랜 기다림이 있어야 하므로 대부분의 단기간에 일어나는 적응은 기존의 유전적 다양성에 의한 것이다(Hartley *et al*. 2006; 7장). 유전적 다양성이 없는 종들은 저항력을 가지도록 진화하지 않은 반면, 영국에서 오염된 지역에 서식하고 중금속에 내성을 가지도록 진화한 식물 종들은 중금속에 대한 기존의 유전적 변이를 가지고 있다(Bradshaw 1991). 도입된 밤나무줄기마름병(chestnut blight disease)으로 인해 미국 밤나무(American chestnut) 대부분이 멸종에 이르렀는데, 이는 아마도 미국 밤나무가 저항력에 대한 유전적 다양성을 가지고 있지 않고 그 질병에 대한 저항성 돌연변이도 발생하지 않았기 때문으로 보인다(Burdon 1987). 반대로, 병원균 개체군들은 워낙 방대하여 매 세대마다 새로운 돌연변이가 대부분의 유전자좌위들에서 발생하기 때문에, 이들 개체군들은 빠르게 적응할 수 있다.

장기간의 적응적 변화

큰 개체군들에서 많은 세대에 대한 방향성 선택은 매우 큰 유전적 변화를 일으킨다.

긴 시간을 거듭할수록 발생하는 유전자형의 큰 변화는 방향성 선택과 관련한, 특히 실험실이나 가축 등과 같은 많은 개체군에서 관찰된다(Fig. 6.7). 선택에 대한 빠르고 지속적인 반응 중 하나는 초파리의 비행 속도이다. 100세대가 지나는 동안 비행속도는 초당 2cm에서 초당 170cm로 증가하였다.

화석 기록을 보면, 말 어금니의 높이가 4000만 년 동안 4.7mm에서 52.5mm로 증가하였다. 이는 나뭇잎이나 다육식물을 뜯는 경우 규소가 포함된 치아를 빨리 닳게 하는 식물을 먹게 되는 변화에 적응한 것으로 추정된다(Manly 1985; Futuyma 1998). 인간의 뇌 크기는 3백만 년 동안 400cm^{3}에서 1400cm^{3}로 뚜렷하게 증가하였다(Futuyma 1998). 뉴질랜드의 하스트독수리(Haast eagle)는 백만년 만에 그 크기가 10배까지 증가하였다(Bunce *et al.* 2005). 인공 선택에 의한 단위 시간당 변화는 주로 화석 기록이나 현 시대에서 새로운 지역에 서식하는 종들의 변화보다 더 크다(Futuyma 1998).

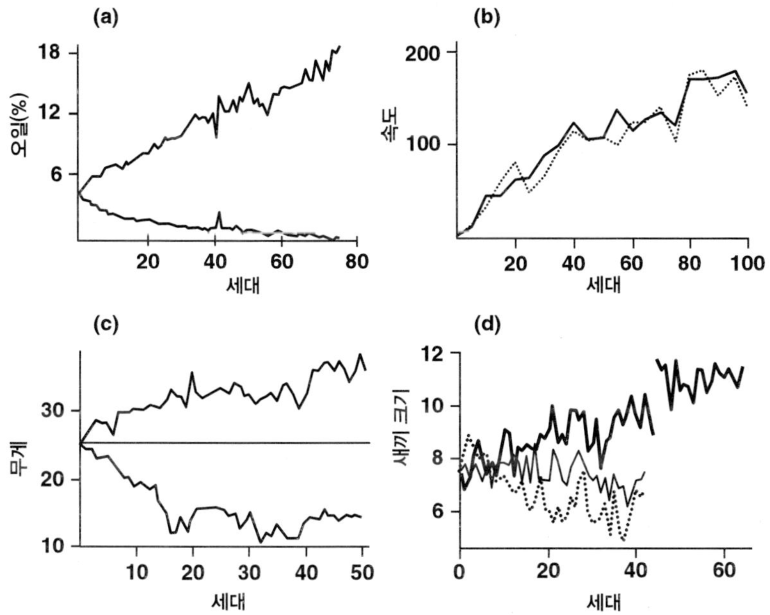

Fig. 6.7 긴 기간은 방향성 선택에 반응한다. (a) 옥수수 종자에서 기름 함유량에 대한 2가지 방향의 선택(Dudley 1977). (b) 초파리 개체군에서의 비행 속도 증가에 대한 선택(Weber 1996). (c) 쥐에서 6주 간 체중 증가에 대한 2가지 방향의 선택(Roberts 1966). (d) 쥐의 새끼 크기에 대한 선택(Falconer 1977); 굵은 실선은 새끼 크기 증가에 대한 선택의 영향을 보여 주고, 점선은 새끼 크기 감소에 대한 선택, 가는 실선은 선택되지 않은 대조군 개체군을 나타낸다.

안정성 선택

안정성 선택은 비교적 균일한 서식처에서 개체군의 주변 양적 형질(번식적응도와 관련이 적은 양적 형질)에 대해 발견되는 가장 흔한 형태의 선택이다. 예를 들어, 안정성 선택은 인간의 출생 몸무게에서 발견되는데, 아주 적은 몸무게이 신생아와 체중이 많이 나가는 신생아는 중간 체중의 신생아보다 낮은 생존율을 보인다(Fig. 6.8). 낮은 몸무게의 신생아는 다소 부족하게 성숙하는 반면 큰 몸무게의 신생아의 경우 출산 후유증으로 사망하는 경우가 많다(최근에는 의료행위로 인해 많이 줄어들었다). 이와 유사하게 오리를 비롯한 가금류에서 중간 크기의 알이 부화율이 높으며 고둥류에서는 패각의 크기가 중간형인 개체가 생존율이 높다. 그 외 도마뱀류에서 중간 크기의 몸 크기나 제비 암컷의 중간형의 몸 부피에서 높은 생존율을 보인다(Lerner 1954).

안정적인 환경에서 대부분의 주변 양적 형질들(peripheral quantitative characters)은 중간의 표현형을 선호하는 경향을 보인다(안정성 선택; stabilizing selection)

Fig. 6.8 인간의 출생 몸무게에 대한 안정성 선택(after Mather 1973)

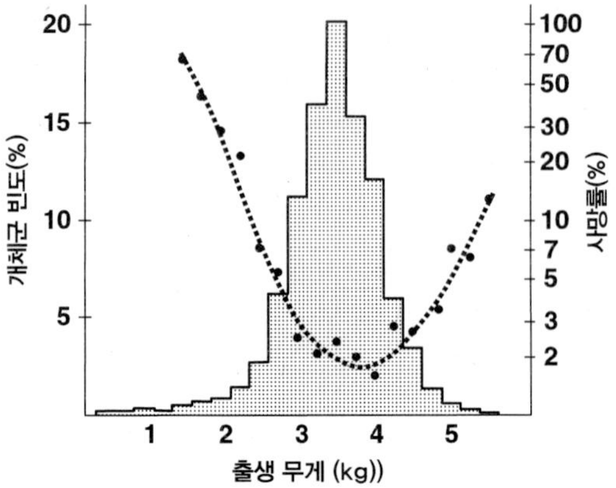

안정성 선택은 표현형의 중간형을 선호함에 따라 형질들의 평균값(mean)은 변하지 않는 것으로 예측된다. 가장 간단한 형태의 안정성 선택은 유전적 다양성을 감소시키는 것으로 예상된다(Roff 1997). 그러나 이형접합성을 선호하는 선택은 유전적 다양성을 보유하는 표현형 안정성 선택을 유발할 수 있다(Robertson 1956; 9장).

분단성 선택

환경이 이질적(heterogeneous)인 공간일 때, 선택은 다른 서식처에서 서로 다른 방향으로 일어난다.

보전학적으로 중요한 개체군들은 대체로 단편화되어 있다. 서로 다른 파편들(fragments)이 다른 환경 조건을 가지고 있다면 자연선택은 파편들 전체에 걸쳐 다양한 방향으로 작용할 것이다(Rueffler *et al.* 2006). 예를 들어, 선택은 웨일즈(Wales)의 오염된 지역에 서식하는 초본류에서 중금속에 내성을 가지는 유전자형을 선호하며, 인근의 오염되지 않은 환경에서는 선택이 작용하지 않는다(Bradshaw & McNeilly 1981; Box 7.3).

파편화된 서식지에서 분열성 선택의 전체 결과는 지역적 적응(local adaptation)의 발생이다. 장기간의 분단성 선택의 결과는 종 분화(speciation)이다(16장).

요약

1. 변화는 종이 직면한 환경적 여건의 어디에나 존재하는 특징이다.
2. 환경의 변화가 행동학적으로나 생리학적으로 적응하기 힘들지라도 살아 남기 위해서 종은 진화해야 한다.
3. 적응 진화는 개체군내 유전적 다양성의 작용으로 인한 자연선택을 통해 일어난다. 이는 간단히 이로운 대립유전자의 빈도 변화로 표현될 수 있다.
4. 단일 유전자좌위에서의 선택의 영향은 선택계수, 대립유전자의 빈도, 우점과 유전의 양식에 좌우된다.

추가적인 읽을 거리

Bradshaw & Holzapfel (2006) Brief review of adaptive evolutionary changes in a range of species as a result of global climate change.

Briggs & Walters (1997) *Plant Variation and Evolution*. Reviews evidence for adaptive genetic changes in plants.

Crow & Kimura (1970) *Introduction to Population Genetics Theory*. Classic reference for theoretical population genetics. More mathematical and advanced than this text.

Falconer & Mackay (1996) *Introduction to Quantitative Genetics*. Provides a very clear treatment of the topics in this chapter.

Hedrick (2005a) *Genetics of Populations*. Has a more extensive treatment of many of the topics in this chapter.

Mousseau et al. (2000) *Adaptive Genetic Variation in the Wild*. Recent reviews on natural selection and adaptation in the wild.

Reusch & Wood (2007) Recent review of adaptive genetic changes in response to global climate change.

소프트웨어

SELECTION: Free software to simulate the effects of selection, drift, mutation and migration on a single locus. www.gsoftnet.us/GSoft.html

WINPOP 2.5: Free software to simulate selection, drift, gene flow and migration. www.genedrift.org/winpop.php/

문제

6.1 진화. 그 환경에서 종의 유전적 적응을 설명하는 유일한 과정은 무엇인가?

6.2 도태계수. 유전자좌위에서 부분적인 지배력을 보이는 3가지 유전자형이 그림과 같은 생존율이 보일 때, 상대적인 적응도와 s와 hs의 값을 결정하시오.

A_1A_1	A_1A_2	A_2A_2
1	$1 - hs$	$1 - s$
90%	88%	40%

6.3 선택. 초기 빈도가 14.5%일 때(문제 6.1), 멸종위기에 처한 캘리포니아 콘도르의 자연선택의 결과 다음 3세대의 연골 위축증 대립유전자(열성치사)의 빈도는 얼마인가?

6.4 선택. 자연선택의 결과 몇 세대를 지나야 연골 위축증(열성치사)의 빈도가 17%에서 0.1%로 줄어들 것 인가?

6.5 선택. 우성대립유전자(A)의 상대적인 적응도는 아래와 같고 초기 p의 빈도는 0.3이며, 접합자 단계에서의 유전자형 빈도를 따르며, 선택을 통해 빈도를 조정한다. 선택 p1 이후와 빈도 Δp의 변화 후의 새로운 대립유전자의 빈도를 구하여라.

	Genotypes			
	AA	Aa	aa	Total
Genotype frequencies at fertilization				1.0
Relative fitnesses	1	1	0.9	
After selection				
Adjust so total is 1				
New frequency of A = p_1 =				
Change in frequency $\Delta p = p_1 - p_0$ =				

6.6 선택. 첨가 유해 대립유전자에 대한 저항의 선택결과 변화된 빈도를 이끌어 내어라. 주어진 초기 유해 대립유전자의 빈도는 q이고 상대적인 적응도는 아래 표에서 보여주는 것과 같다.

	Genotypes			
	AA	Aa	aa	Total
Genotype frequencies at fertilization				1.0
Relative fitnesses	1	$1-\frac{1}{2}s$	$1-s$	
After selection				
Adjust so total is 1				
New frequency of A = p_1 =				
Change in frequency $\Delta p = p_1 - p_0$ =				

6.7 선택의 영향. 우리는 야생에서 선회되는 대립유전자를 다루는 것으로 가정하지만, 이는 포획된 것에서는 유해하다.
대립유전자 초기 빈도는 0.9였고 0.1의 선택계수에 대항하여 선택된 첨가(a), 열성(b), 우성(c) 그리고 hs=0.02(d)에 의한 대리유전자 빈도의 변화는 얼마인가?

실습 : 컴퓨터 시뮬레이션

SELECTION과 같은 컴퓨터 시뮬레이션 프로그램을 사용하여 다음 시뮬레이션을 수행:

1. 연골 위축증에 대한 캘리포니아 콘도르의 선택(열성 치사).

++	+dw	dwdw
1	1	0

이 유전자좌위에서의 세가지 유전자형의 상대적인 적응도는
빈도가 0.17인 dw 대립유전자에서 시작하여 이 상태에 대한 선택을 100회 시뮬레이션 한다. 당신은 무엇을 관찰해야 하는가?

2. 회색가지나방에서의 공업암화 선택(선호 우성 대립유전자)

공업암화에서 대립유전자의 빈도가 1848년 0.005에서 1900년 0.90으로 증가하였다(52세대).

시행착오를 거쳐, 이 진화적인 사건을 충분히 설명할 수 있는 s의 값을 찾아보자(예를 들어 0.5인 tt에 대한 상대적인 적응도를 시행해 보고, 그 후 t에 대한 다른 적응도 값을 시행해본다). 선택된 모델은 무엇인가?

tt	*Mt*	*MM*
$1-s$	1	1

3. 유리한 첨가 대립유전자의 빈도의 변화에 다른 선택계수의 영향. 선택계수 0.4, 0.1 및 0.01에서의 대립유전자 빈도 궤적을 비교한다. 모든 경우의 시작 빈도는 0.01로 한다. 각각이 고정되는 걸리는 시간은 얼마인가? 1000 세대를 위한 시뮬레이션을 실행해야 한다.

aa	Aa	AA
$1-s$	$1-\frac{1}{2}s$	1

대립유전자 빈도 변화의 속도에 대해 다른 크기의 선택계수의 영향은 어떠한가?

4. 우성에서의 대립유전자 빈도 변화의 영향. 상대적 적응도에 대한 유전자좌위의 유리한 우성, 첨가, 열성대립유전자의 대립유전자 궤도를 비교하여라. 각각의 경우 대립유전자의 선호되는 빈도는 0.01에서 시작하고 2000 세대를 시행한다. 그것들은 어떻게 다른가?

	aa	Aa	AA
Dominant	0.9	1	1
Additive	0.9	0.95	1
Recessive	0.9	0.9	1

만약 이형접합체에 가해지는 약간의 효과가 부분적으로 열성인 경우, 어떤 차이점이 열성의 경우를 만드는가(0.902의 이형접합체 적응도로 시도하여라)?

5. 유해한 종이 살생물제에 저항하는 진화

오스트레일리아에서 작은 포유류를 위협하는 주된 요인은 유럽붉은여우에 의한 포식이다. 여우를 제어하는 데 나트륨 플루오르 독(1080)이 유용하게 널리 사용된다. 만약 1080 다양성이 존재하는 우성 대립유전자의 초기 빈도가 0.1%라면, 1080에 의해 지속적으로 영향을 받는 지역에서 그 빈도가 50%까지 올라가는 데 얼마나 많은 시간이 걸릴 것인가(이주 없음)? 영향 아래에서 RR, RS, SS 각각의 상대적인 적응도는 1, 1, 0.5로 가정한다.

7장

선택이 작용하는 대규모 개체군에서 돌연변이와 이주, 이들의 상호작용이 미치는 진화적 영향

용어

돌연변이 부하(mutation load)
돌연변이(mutation)
돌연변이-선택 균형(mutation-selection balance)
안정평형(stable equilibrium)
연속변이(Cline)
유전자 이입(introgression)
유전자 흐름(gene flow)
유전적 부하(genetic load)
이주(migration)
전이체(transposon)
중립적 돌연변이(neutral mutation)
침묵치환(silent substitution)

돌연변이와 이주는 소실된 유전적 다양성을 회복하는 유일한 방법들이다. 돌연변이와 선택의 균형은 근친교배약세(inbreeding depression)로 나타나는 희귀한 유해 대립유전자의 '부하(load)'를 야기한다.

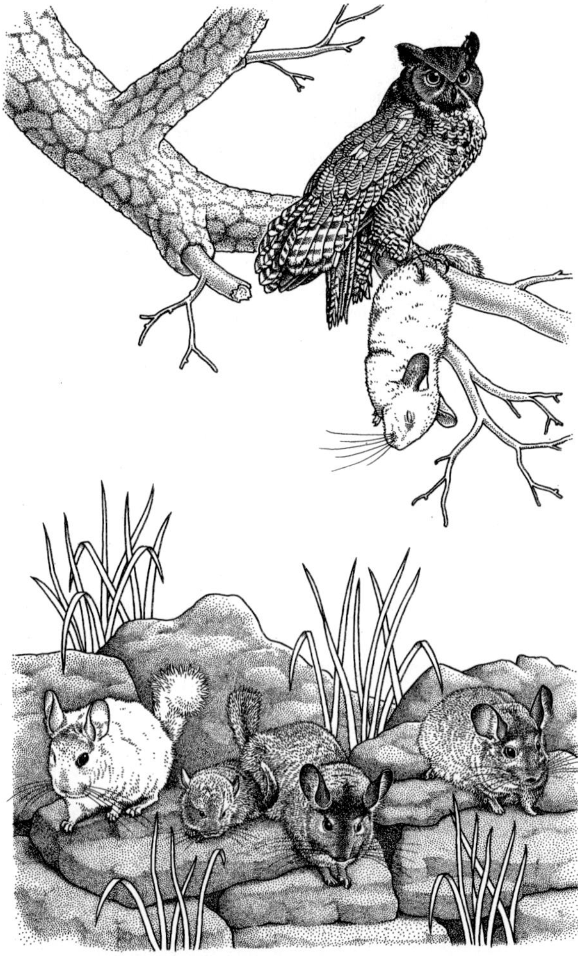

돌연변이-선택의 균형: 남아메리카에 서식하는 하얀털의 돌연변이 친칠라(chinchilla)는 큰귀뿔부엉이(great horned owl)에게 포식되는 반면 위장색의 아구티형 친칠라※(agouti chinchilla)는 살아남는다.

(역자 주석 ※ 아구티형 유전자가 발현된 친칠라를 지칭하며, 털색과 관련된 이 유전자의 발현에 의해 위장의 기능을 하는 어두운 털색을 지니게 됨)

개체군의 진화를 조절하는 요인들

개체군은 복잡한 진화 체계에 의해 진화하며, 이 진화 체계는 번식 과정 중에 작용하는 돌연변이와 이주, 선택, 우연에 의해 영향을 받는다. 이 장에서는 대규모 개체군을 대상으로 돌연변이와 이주, 그리고 이 두 가지가 선택을 동반했을 때 조합되어 나타나는 작용들에 대해 다룰 것이다. 이것들은 본질적인 결정의 힘(deterministic forces)으로 작용하기 때문에 이에 대한 대규모 개체군의 반응은 예측이 가능하며, 유전적으로 동일한 다른 개체군들도 동일한 조건에 놓였을 때 매우 유사한 반응을 보일 것이다.

개체군은 돌연변이, 이주, 선택과 우연을 통해 진화한다.

보전에 있어 선택을 동반한 돌연변이와 이주, 이들 상호작용의 중요성

선택을 동반한 돌연변이와 이주, 그리고 이들의 상호작용은 보전유전학에서 6가지 중요한 의미(implication)를 지닌다:

- 유전적 다양성은 우연과 선택에 의해 소실되고 돌연변이를 통해서 재생되나 그 속도는 매우 느리다.
- 생존에 위협을 받고 있는 소규모 개체군의 유전적 다양성이 소실되었을 때 유전적으로 구별되는 다른 개체군의 이주에 의해 유전적 다양성은 곧바로 회복될 수 있다. 이는 자연적 이주 또는 계획된 이입(translocation)을 통해서 이루어질 수 있다. 이는 단절된 개체군의 유전적 관리에 있어 대단히 중요한 도구가 된다(14장과 17장).
- 이주는 일반적으로 근친교배약세를 완화시킨다(reverse).
- 많은 희귀종들은 흔한 근연종과의 교배에 의해 '잡종화(hybridized out of existence)' 되어진다(18장).
- 돌연변이와 이주는 유전적 다양성의 유지에 있어 일반적으로 중요한 결정 인자가 된다(9장).
- 유해 돌연변이와 선택의 균형은 개체군 내에 낮은 유해 돌연변이(돌연변이 부하) 풀을 유지하게 하나, 근친교배(inbreeding)는 이러한 돌연변이를 발현시켜 번식과 생존율을 감소시키고 멸종의 위험을 증가시킨다(12장과 13장).

유전적 다양성의 기원과 재생

유전적 다양성은 적응을 위한 진화적 변화에 기본적이자 필수적인 근원이다. 자연 상태에서 이종교배(outbreeding)하는 내나수 종들의 대규모 개체군들은 풍부한 유전적 다양성을 보유하고 있는 반면, 소규모 개체군에서는 이 유전적 다양성이 우연에 의해 소실된다. 이로 인해 다음의 질문들이 제기된다.

- 유전적 다양성은 어떻게 만들어지는가?
- 이는 얼마나 빨리 재생되어질 수 있는가?

지금부터 이 질문들에 대해 고찰해보자.

돌연변이

돌연변이는 모든 유전적 다양성의 궁극적인 공급원이다.

돌연변이는 대립유전자 또는 염색체의 급작스러운 유전적 변화를 말하며, 모든 유전적 다양성은 돌연변이에 의해 발생된다. DNA는 산소, 방사선, 다양한 화학물질과 세포 자체의 작용에 의해서도 끊임없이 손상을 입게 된다. DNA 복구 과정들은 이러한 손상을 복구하고, 돌연변이를 (제거하지 않고) 최소화하며, 암과 노화에 대항해 보호 작용을 하도록 진화해 왔다(Fuss & Cooper 2006).

이 장에서는 단일 좌위의 돌연변이에 대해 집중해서 다룰 것이다. 이런 돌연변이들은 DNA상에서 염기의 치환, 추가, 제거와 유전자의 복제, DNA의 전이체(transposons)라 불리는 DNA의 이동성 단편들의 삽입과 삭제에 의해 발생된다. 이러한 치환이 초파리의 경우 자연적으로 발생하는 돌연변이의 절반 또는 그 이상의 원인이 되나 인간의 돌연변이에 있어서 이 원인에 의한 돌연변이는 1% 이하이다(Biemont & Vieira 2006). 염색체 돌연변이(복제, 삭제, 역위, 전좌, 다배수체)는 종분화의 추적과 잡종의 불임에 있어 중요한 부분으로 이에 대해서는 16장에서 다룰 것이다.

보전의 측면에서 가장 중요한 돌연변이는 적응적 형질에 영향을 주는 좌위들에서 발생하는 것으로 이러한 돌연변이는 대부분 심각한 치사를 일으키거나 유해한 영향을 주게 된다. 반면 어떤 돌연변이는 생존에 유리하다(6장). 그렇지만 게놈의 비암호 부위(non-coding region)에서 돌연변이가 나타나고 돌연변이가 단백질의 아미노산 치환을 유발하지 않는(침묵치환, silent substitutions) 많은 돌연변이들은 종종 적응도에 미치는 영향이 전무하거나 거의 영향을 미치지 않는다(중립적 돌연변이, neutral mutation). 그렇다 하더라도 중립적 돌연변이는 개체와 개체군 그리고 종 사이의 유전적 차이에 대해 귀중한 정보를 제공하는 분자표지와 시계(molecular maker and clock)로서 중요하다.

돌연변이는 일반적으로 매우 낮은 비율로 발생한다.

진핵생물종 좌위들의 범위에 있어 형태학적 돌연변이의 일반적인 자연 발생률은 세대 당 100,000개의 배우체 좌위 당 하나 꼴로 새로운 돌연변이가 발생한다(Table 7.1). 마이크로세틀라이트와 mtDNA와는 별개로 돌연변이 발생률은 모든 진핵생물에 있어 상당히 유사하다. 동물의 미토콘드리아 DNA는 핵 좌위에 비해 훨씬 높은 돌연변이 발생률을 나타내는데 이는 단기간의 진화적 과정을 연구하는 유용한 도구가 된다(20장).

돌연변이 발생률은 각각의 좌위에 있어서도 차이가 나는데(Lynch *et al.* 2006), 포유류의 마이크로세틀라이트 좌위 〉 형태적 돌연변이를 유발하는 좌위 〉 전기영동 변이체(electrophoretic variants)의 순으로 발생률이 높다. 뉴클레오티드의 염기 당 돌연변이 발생률은 보통 1,000 염기 또는 그 이상으로 유전자좌위(gene locus) 당 발생률보다 확실히 더 낮다.

양적 형질에 대한 돌연변이 발생률은 전체 진핵생물종 범위에서 대략 세대 당 환경 변이의 10^{-3} 배이다(Table 7.1). 단일 좌위와 비교하여 이렇게 명확하게 높은 비율로 나타나는 것은 양적 형질의 기원이 되는 수많은 좌위들 중 어느 것에 돌연변이가 발생하더라도 외형적 특성에 영향을 줄 수 있기 때문이다.

자연적 돌연변이 발생률은 시기와 관계없이 거의 일정하게 유지된다. 그렇지만 돌연변이 발생률은 스트레스가 가해지는 조건 하에서 증가할 수 있는데 여기에는 환경적 인자들(방사선, 화학적 돌연변이원, 대기오염)과 유동성 유전적 요소들(mobile genetic elements)이 포함된다(Hoffmann & Parsons 1997; Samet *et al*. 2004). 스트레스는 돌연변이 발생률에 단지 적정 수준의 영향만을 주기 때문에 돌연변이의 진화적 측면에서 실제로 큰 영향을 주는 것 같지 않다.

Table 7.1 다양한 진핵생물종에서 각각의 좌위와 형질들에서의 자연적 돌연변이 발생률. 특별한 경우를 제외하고 하나의 좌위에서 세대당 새로운 돌연변이의 대략적 평균 발생 빈도

돌연변이형	비율
형태적 돌연변이	
쥐, 옥수수, 초파리(정상→돌연변이)	$\sim 1 \times 10^{-5}$ / 좌위(locus)
역돌연변이(돌연변이→정상)	0.3×10^{-5} / 좌위
알로자임 좌위들 (mobility change)	0.1×10^{-5} / 좌위
마이크로세틀라이트	
포유류	1×10^{-4} / 좌위
초파리	0.7×10^{-5} / 좌위
DNA 뉴클레오티드	10^{-8}–10^{-9} / 염기 / 년
포유류	2×10^{-9} / 염기 / 년
mtDNA 뉴클레오티드	
포유류	5–10 × 핵(nuclear)
양적 형질	
초파리, 쥐, 옥수수	$10^{-3} \times V_E$[a] / 형질(trait)

[a] V_E 는 해당 특성에 대한 환경적 변이(5장).
출처: Houle et al. (1996); Kumar & Subramanian (2002); Hedrick (2005a).

돌연변이가 오랜 시간동안 지속적으로 발생한 곳이라면 이 지역의 돌연변이 발생은 평소와 다른 바 없이 정상적으로 반복되는 과정의 하나이다. 하나의 개체군에 대한 돌연변이의 영향을 모형화할 수 있는데 각각 p와 q의 빈도를 나타내는 A_1과 A_2 두 개의 대립유전자를 가진 단일 좌위에서 오직 A_1에서 A_2로 변화하는 돌연변이는 세대 당 u의 발생률에서 다음과 같이 모형화할 수 있다:

돌연변이 발생률은 매우 낮기 때문에 돌연변이의 진화적인 영향은 매우 미약하고 가끔은 무시할 수 있는 정도이다.

$$\text{초기 대립유전자 빈도} \quad \begin{matrix} A_1 \\ p_0 \end{matrix} \xrightarrow{\quad u \quad} \begin{matrix} A_2 \\ q_0 \end{matrix}$$

대립유전자 A_1의 다음 세대 빈도는 p_1이며, 이는 돌연변이가 발생하지 않는 대립유전자의 빈도이다. 즉,

$$p_1 = p_0(1 - u) \tag{7.1}$$

따라서 대립유전자 A_1의 빈도는 감소하게 된다.

대립유전자 A_1의 빈도 변화(Δp)는 2세대에서 각 빈도들 간의 차이가 된다.

$$\Delta p = p_1 - p_0 = p_0(1-u) - p_0$$

$$\Delta p = -up_0 \tag{7.2}$$

연속적으로 대립유전자 A_1의 빈도는 돌연변이 발생률인 u와 초기 빈도인 p_0를 곱한 값만큼 감소한다. 이는 대립유전자 A_2의 빈도가 증가($\Delta q = +up_0$)하는 것에 상응한다. 형태적 돌연변이 발생률이 대략 10^{-5}이기 때문에 대립유전자의 최대 빈도 변화는 p=1일 때 10^{-5}이다. 이는 여러 조건, 특히 짧은 기간에서는 무시해도 될 정도의 작은 값이다.

유전적 다양성은 오직 수백에서 수백만 세대의 기간 동안 발생하는 돌연변이에 의해 재생된다.

특정 종에서 유전적 다양성이 소실되었을 때 이는 오직 돌연변이에 의해 매우 느린 속도로 다시 재생될 수 있다. 유전적 다양성의 재생에는 매우 긴 시간이

치타

Box 7.1 돌연변이에 의해 유전적 다양성이 회복되는 시간

치타와 북방바다코끼리와 같은 몇몇 멸종위기종들은 그들의 유전적 다양성을 상당 부분 소실하였는데 이는 개체군의 크기가 너무 작은 것에 따른 영향으로 추측된다(Bonnell & Selander 1974; O'brien 1994; 3, 8, 11장).

소실된 유전적 다양성은 오직 돌연변이에 의해 재생된다. 아래에서 우리는 이미 소실된 대립유전자가 0.5의 빈도로 재생되는 데 어느 정도의 시간이 필요한지 답을 얻을 수 있다. 방정식 7.1에서 돌연변이에 의한 대립유전자 빈도의 변화는 다음과 같다.

$$p_1 = p_0\ (1-u)$$

이 방정식은 하나의 단일세대 전이 빈도를 나타냄으로 다음과 같이 쓸 수 있다

$$p_2 = p_1\ (1-u)$$

여기에서 위의 p_1 을 치환하면 다음 식을 얻을 수 있다

$$p_2 = p_0\ (1-u)^2$$

결과적으로 t 세대가 지난 후의 빈도 p_t는 다음과 같이 표현할 수 있다

$$p_t = p_0\ (1-u)^t \sim p_0\ e^{-ut}$$

자연로그(ln)를 취한 후 재배열하면 p_0 에서 p_t로 빈도가 변화하는 세대 t에 대한 다음의 식을 얻을 수 있다

$$t = \frac{\ln p_0 - \ln p_t}{u}$$

조건을 p_0 = 1이고, p_t = 0.5라고 하고, 대략 $u = 10^{-6}$의 돌연변이 발생률을 가진 알로자임이라 간주하다면 다음을 값을 얻을 것이다.

$$t = \frac{(\ln 1 - \ln 0.5)}{10^{-6}} = 693147 \text{ 세대}$$

$u = 10^{-4}$인 포유류의 마이크로세틀라이트의 경우에 필요한 세대는 다음과 같을 것이다

$$t = \frac{(\ln 1 - \ln 0.5)}{10^{-4}} = 6931 \text{ 세대}$$

확실히 유전적 다양성은 오직 돌연변이에 의해서만 매우 느린 속도로 재생된다. 유전적 다양성의 재생에 대한 보다 상세한 연구를 통해 단일 좌위의 형태적 또는 알로자임 다양성의 재생에는 $10^5 - 10^7$의 세대가 필요하며, 포유류 마이크로세틀라이트의 유전적 다양성 재생에는 10^4의 세대가 필요한 것으로 알려져 있다(Lande & Barrowclough 1987).

필요한데, 특히 단일 좌위 변이에서 일반적으로 수천에서 수백만의 세대가 필요하다(Box 7.1). 재생 시간은 돌연변이 발생률에 좌우되는데 양적 형질과 마이크로세틀라이트(포유류)의 경우에는 보다 짧고 알로자임과 단일 좌위의 형태적 변이는 더 길다(15장).

돌연변이와 역돌연변이 간의 균형에 의해 존재하고 있는 두 대립유전자의 평형이 유지된다. 그러나 이보다 더 강한 다른 힘에 의해 가끔 평형은 깨어진다.

만약 순방향과 역방향의 돌연변이 발생률이 각각 u와 v라면 돌연변이가 각 방향으로 동일하게 발생할 때 평형($up=vq$)이 이뤄지며 이러한 평형 빈도 $\hat{q}$는 다음과 같다.

$$A_1 \underset{v}{\overset{u}{\rightleftarrows}} A_2$$

초기 빈도 p q

$$\hat{q} = \frac{u}{(u+v)} \tag{7.3}$$

따라서 대립유전자 A_2에 대한 평형 빈도는 오직 돌연변이와 역돌연변이 발생률인 u와 v에 의해 좌우된다. 만약 평형 상태가 흔들리게 되면 이 빈도는 다시 평형점으로 되돌아가게 됨으로서 안정된 평형 상태를 유지한다.

돌연변이와 역돌연변이 발생률에 특정 숫자 값을 대입함으로서 평형 빈도를 구할 수 있다(예제 7.1). 평형에 도달하기 위해서는 상당히 긴 세대가 소요되기 때문에 직접적인 관찰을 통한 확인은 박테리아와 같은 세대가 짧은 종에서만 가능하다. 평형을 이끄는 힘은 매우 약하기 때문에 자연선택과 같은 다른 강한 힘에 의해 쉽게 압도된다.

예제 7.1 돌연변이와 역돌연변이 사이의 균형에 의한 평형 빈도

$u=10^{-5}$이며 $v=3\times10^{-6}$의 값을 방정식 7.3에 대입하면 아래의 값이 산출된다.

$$\hat{q} = \frac{u}{(u+v)} = \frac{10^{-5}}{10^{-5} + (3 \times 10^{-6})} = \frac{10}{13} = 0.77$$

따라서 대립유전자 A_2의 평형 빈도는 77%이며, 대립유전자 A_1의 평형 빈도는 23%가 된다.

돌연변이-선택 균형과 돌연변이 부하

돌연변이 선택값

> 새롭게 나타난 돌연변이의 대부분은 유해하다.

새로운 돌연변이는 비록 느린 비율이지만 개체군에 지속적으로 추가가 되어진다. 이러한 돌연변이는 다음의 4가지로 나눌 수 있다.

- 중립적 돌연변이
- 유해 돌연변이(정도가 약한 것에서부터 치사에 이르게 하는)
- 기회적 선호 돌연변이
- 어떤 특정 조건이나 환경만을 선호하는 돌연변이

기능적 좌위 이외의 대부분의 돌연변이들은 중립적이거나 거의 중립에 가까울 것이라 예상된다. 이에 반해 기능적 좌위에서 발생하는 돌연변이는 유해할 가능성이 현저하게 높은데 이는 어떤 좌위에서 DNA 서열의 임의적 변화가 발생했을 때 대체로 기능성이 보다 낮은 상태로 변화하기 때문이다. 일부 돌연변이는 유익하다(Bataillon 2003). 그러나 이에 대해서는 제한된 증거만 있을 뿐이며, 이러한 돌연변이가 표현형적으로 영향을 지니는 경우 자발적이건 유도되었던 간에 돌연변이의 축적은 평균 적응도를 감소시킴으로서 뚜렷한 유해 돌연변이가 된다(Garcia-Dorado *et al.* 1999; Yang *et al.* 2001).

돌연변이 효과의 분포는 다음 두 가지 보전 상황에서 중요한 논점이 된다.

- 유전적 다양성의 유지(9장)
- 새롭게 나타난 가벼운 유해 돌연변이의 축적(15장)

Fig. 7.1은 각기 다른 범주에 속하는 돌연변이들의 대략적 예측 범위를 나타낸다. 초파리에서 자연적 돌연변이의 약 90%가 유해하며, 이 중 약 50%가 치사 돌연변이다(Simmons & Crow 1977). 오직 10% 정도 만이 중립과 중립에 가까운 범주에 속한다(Lande 1995). 선호되는 돌연변이의 비율은 1–2% 보다 많지

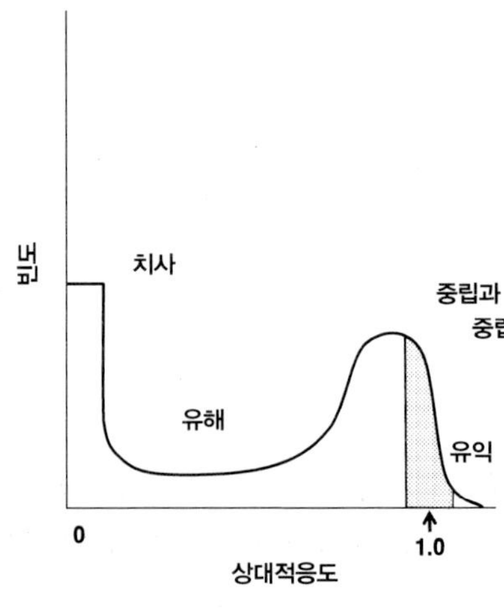

Fig. 7.1 번식 적응도에 대한 기능적 좌위들에 있어 새로운 돌연변이 효과의 가설적 분포. 일부 돌연변이는 치사에 이르게 할 수 있고, 대부분은 유해하며, 다른 일부는 중립적이거나 중립에 가깝다(어두운 부분). 그리고 오른쪽의 작은 부분은 생존에 도움이 된다.

는 않을 것으로 추정된다.

일부 돌연변이는 특정 조건에서는 유해하나 다른 조건에서는 선호되며 유전자형×환경의 상호작용과도 관련된다(Kondrashov & Houle 1994). 그렇지만 이 범주에 포함되는 돌연변이의 비율에 대해서는 어떠한 추정치도 알려져 있지 않다. 이처럼 돌연변이에 대한 연구는 매우 어려운데, 특히 돌연변이의 효과가 매우 미세하여 이를 파악하기 위해 방대한 실험이 필요한 경우는 더욱 그러하다.

초파리와 선충류, 양치류에서 열성 치사 돌연변이의 축적율은 세대 및 반수체형 게놈당 약 0.01 정도이다(Drake *et al.* 1998). 이는 초파리에서 세대 및 좌위당 돌연변이 발생률(10^{-5})과 치사 돌연변이가 나타날 수 있는 좌위의 수(~3,600: Miklos & Rubin 1996)로서 쉽게 알 수 있다. 치사에 이르지 않는 다른 유해한 돌연변이들에서의 축적율은 주목할 정도로 더 높다. 이 값은 세대 및 반수체형 게놈당 초파리에서 0.6, 식물에서는 0.1–0.8, 설치류에서는 0.01, 인류와 침팬지, 고릴라의 영장류에서는 0.6–1.6의 값으로 측정되었다(Drake *et al.* 1998; Eyre-Walker & Keightley 1999; Haag-Liutard *et al.* 2007). 그렇지만 이 같은 측정값들은 불확실성을 지니고 있으며, 게놈당 유해 돌연변이의 전반적인 비율은 상대적으로 높다.

유해한 돌연변이가 게놈 내 수천 개의 좌위에서 나타나는데 이로 인해 유해 돌연변이의 축적율은 상대적으로 높다.

돌연변이 부하

선택은 개체군에서 유해 대립유전자를 제거하게 되나 그러기에는 수많은 세대를 거쳐야 하며, 특히 열성 대립유전자일 경우 더욱 그러하다. **돌연변이–선택 균형**(평형)은 돌연변이에 의한 유해 대립유전자의 추가와 자연선택에 의한 유해 대립유전자의 제거를 통해 도달된다. 그 결과로서 Table 7.2의 인류의 예와 같이 자연적으로 이종교배(cutbreeding)하는 모든 개체군에서 유해 대립유전자는 낮은 빈도로 발견된다(돌연변이 부하). 이러한 돌연변이는 근친교배의 유해한 영향을 이해하는 데 있어 매우 중요한데 근친교배는 동형접합성 유전자형이 발현될 가능성을 증가시키기 때문이다(12장과 13장).

모든 이종교배 개체군에서의 수많은 좌위에서 유해 돌연변이 대립유전자는 낮은 빈도로 발견되는데 이는 돌연변이의 발생과 자연선택에 의한 제거의 균형 때문이다.

돌연변이 부하의 몇 가지 중요한 점을 요약하면 다음과 같다:

- 돌연변이의 부하는 멸종위기종(Table 7.3)을 포함한 모든 종에서 나타난다.
- 유해 대립유전자는 오직 낮은 빈도로만 나타나며 일반적으로 모든 좌위에서 1% 이하보다 훨씬 낮다.
- 유해 대립유전자들은 수 많은 좌위에서 발견된다.
- 유전 방식 및 우성 정도에 따라 개체군 내 유해 대립유전자의 빈도는 특징적인 차이가 있다(Table 7.2).
- 모든 유해 돌연변이는 부분적인 열성이다.

주어진 유전 방식에서 돌연변이-선택 평형 빈도는 오직 돌연변이 발생률과 선택계수에 의해 결정된다. 다른 유전 방식을 지닌 유전적 질병에서 또 다른 대립유전자 빈도를 이해하기 위해 Fig. 7.2의 흐름도를 이용하여 돌연변이–선택 균형

Table 7.2 유전 방식에 따라 배열된 백인종(Caucasian humans)의 유해 돌연변이 빈도

질병	빈도
상염색체 우성	
태아연골이영양증	5×10^{-5}
망막아종	5×10^{-5}
헌팅턴 무도병	5×10^{-4}
상염색체 열성	
알비노증	3×10^{-3}
색소성 건피증	2×10^{-3}
페닐케톤 요증	7×10^{-3}
낭포성 섬유증	2.5×10^{-3}
테이색스 증후군	1×10^{-3}
성연관 열성	
혈우병	1×10^{-4}
뒤센형 근위축증	2×10^{-4}

출처: Nei(1975)

Table 7.3 격리된 위기종에서 발견된 유해 돌연변이

종	유해 돌연변이	인용문헌
갈색곰	실명	1
캘리포니아 콘도르	연골발생장애	2
플로리다 팬더	잠복고환증, 심장결함	3
황금사자타마린원숭이	허니아 또는 탈장, 간 효소결핍	4, 5
회색늑대	실명	1
갈기늑대	잠복고환증, 시스틴요증, 간질	1
프르제발스키말	비타민 E 흡수불량	4
빨강주름여우원숭이	무모, 누두흉 또는 오목가슴	4
라쿤	알비노증	1
호랑이	부분 알비노증	1

인용문헌: 1. Laikre *et al.* (1999); 2. Ralls *et al.* (2000); 3. Roelke *et al.* (1993); 4. Ryder (1988); 5. Schulman *et al.* (1993).

에 따른 대립유전자 평형의 식을 유도할 수 있다.

유해 열성 대립유전자에 있어 돌연변이($\Delta q_{\text{mutation}}$)와 선택($\Delta q_{\text{selection}}$)의 조합된 영향에 따른 대립유전자 빈도의 변화는 다음과 같다:

$$\Delta q = \Delta q_{\text{mutation}} + \Delta q_{\text{selection}}$$

유해 대립유전자는 돌연변이에 의해 증가하고(*up*)(방정식 7.2), 선택에 의해 제거된다[$-spq^2/(1-sq^2)$] (Table 6.2b). 따라서 다음과 같이 표현된다.

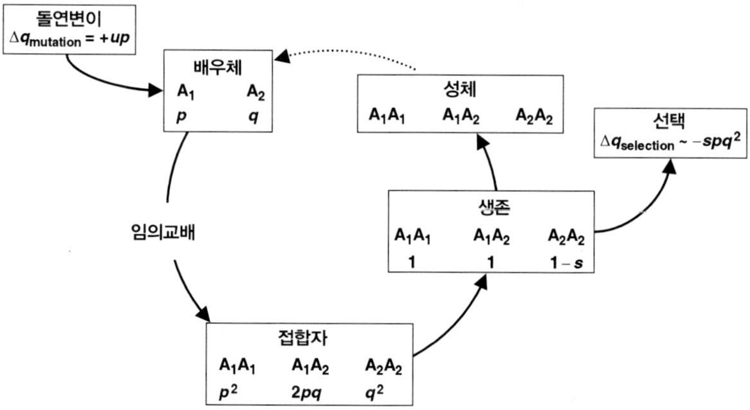

Fig. 7.2 돌연변이–선택 균형의 흐름도.

$$\Delta q = up - \frac{spq^2}{1 - sq^2} \sim up - spq^2$$

(희귀한 대립유전자에서 sq^2은 아주 작은 값을 가지므로 분모는 반드시 1이 된다).

평형상태에서 $\Delta q = 0$, 그러므로

$$up \sim spq^2$$

그리고

$$q^2 \sim \frac{u}{s}$$

따라서 평형빈도 $\hat{q}$는

$$\hat{q} \sim \sqrt{\frac{u}{s}} \tag{7.4}$$

돌연변이와 선택 사이의 평형은 오직 돌연변이 발생률과 선택 계수에 의해 결정된다. 이 평형은 임의 교배가 일어나는 개체군에서 유해 대립유전자의 빈도를 낮게 한다. 가벼운 유해 대립유전자의 빈도가 가장 높으며, 치사 대립유전자의 빈도가 가장 낮을 것이다. 예를 들어 만약 돌연변이 발생률이 세대 및 유전자당 10^{-5}이며, 돌연변이가 치명적(s=1)이라면, 평형 빈도는 $\sqrt{10^{-5}/1} = 3.2 \times 10^{-3}$이 되며, 만약 선택 계수가 0.1이면 평형 빈도는 10^{-2}이 된다.

우성의 정도가 다른 상염색체와 성연관 좌위 평형 빈도는 위의 식(표) 7.4와 같이 동일한 원리를 통해 산출된다. 우성 정도와 좌위가 상염색체인지 성연관인지에 따라 평형은 다르지만 모든 평형은 오직 돌연변이 발생률과 선택 계수 두 가지에 의해 결정된다. 평형빈도는 (동일한 선택계수와 돌연변이 발생률을 지닌 대립유전자에 있어) 우성 대립유전자보다 열성 대립유전자가 더 높은데 추가적인 대립유전자는 중간 정도이다. 더 나아가 열성 형질에 대한 평형 빈도는 성연관 좌위보다 상염색체에서 더 높은데 이는 반접합성 성에서 열성 형질에 대한

유해한 정도가 동일한 돌연변이에 있어 상염색체성 열성은 더 높은 평형 빈도를 나타내고 상염색체성 우성은 이보다 낮으며 성연관 열성은 중간 정도의 평형 빈도값을 나타낸다.

선택의 효율이 훨씬 더 크기 때문이다. 전반적으로 평형 빈도는 인간의 유해 대립유전자 빈도의 관찰 양상과 일치한다(Table 7.2).

대립유전자들이 완전하게 열성인 경우는 거의 드물다(Simmons & Crow 1983). 예를 들어 초파리에서 '열성' 치사 형질은 일반적으로 이형접합자에서 1–3% 정도의 적응도를 감소시킨다. 이는 평형 빈도에 대해 실제 효과를 나타내는데 이형접합자의 생존에 있어 2%의 감소는 5×10^{-4}의 치사 평형 빈도의 변화를 야기하며, 이는 완전 열성의 치사형질의 평형 빈도보다 거의 10배 가까이 낮은 수치이다(Table 7.4).

Table 7.4 우성의 정도가 다른 대립유전자에서 이배수체와 사배수체에서의 돌연변이–선택 평형 빈도들. 부분 열성(hs=0.02)에 대한 평형 빈도와 함께 10^{-5}의 돌연변이 발생률(u)을 가진 치사 대립유전자(s=1)에 대한 예상 평형 빈도의 예를 보여 준다.

유전 방식과 우열	평형 빈도 ($\hat{q}$)	치사 형질에 대한 예상 평형 빈도
이배수체		
상염색체		
열성	$\sqrt{(u/s)}$	3.16 × 10−3
부분 열성	u/hs	5 × 10−4
우성	u/s	10−5
추가	2u/s	2 × 10−5
성연관		
열성	3u/s	3 × 10−5
반수체형	u/s	10−5
사배수체		
열성		
이질사배수체	$(u/s)^{1/4}$	0.056
동질사배수체		
동원체에 근접	$(u/s)^{1/4}$	0.056
동원체로부터 떨어짐	〈 $(u/s)^{1/4}$	〈 0.056
부분 열성		
이질사배수체	u/hs	5 × 10−4

출처: Lande & Schemske (1985); Falconer & Mackay (1996).

다배수체의 돌연변이–선택 균형

열성에 대한 돌연변이–선택 평형 빈도는 이배수체보다 다배수체에서 더 높으나 부분 열성에 있어서는 비슷하다.

식물 중에서 많은 종이 다배수체이기 때문에(16장, 17장), 다배수체 대 이배수체에서 근친교배의 영향(12장, 13장)을 다루기에 앞서 다배수체와 이배수체에 있어서의 돌연변이-선택 평형을 대해 먼저 알아볼 필요가 있다. 여기에서는 이와 관련된 원리를 설명하기에 적합한 사배수체를 중심으로 설명할 것이다.

완전히 열성인 대립유전자의 평형 빈도는 동일한 이배수체 좌위보다 사배수체에서 통상적으로 더 높다(Table 7.4). 예를 들어 돌연변이율이 10^{-5}인 치사 형질은 사배수체에서는 약 0.056, 이배수체에서는 3×10^{-3}의 평형빈도를 가진다. 배수성이 증가할수록 유해 대립유전자가 선택으로부터 회피할 수 있는 더 많은 기회가 존재하는데, 이를 다시 말하면 유해 열성 대립유전자에 대한 선택은 반수체형 좌위에 대해 가장 효과적이며 성연관, 이배수체, 사배수체 좌위의 순으로 그 효과는 점진적으로 감소한다. 평형 빈도는 돌연변이–선택의 균형에 맞춰 유사하게 정해진다. 이와 비교하여 부분 열성 돌연변이는 이배수체와 사배수체의 평형과 유사하다. 모든 유해 돌연변이는 부분 열성으로 나타나기 때문에 실제적으로 후자의 상황이 보다 많이 나타난다.

돌연변이–선택 균형으로부터 돌연변이 발생률 예측

이형접합자와 동형접합성 상대의 유전형은 표현형적으로 구별할 수 없기 때문에 이배수체 종에서 열성 돌연변이를 탐지하기는 극히 어렵다. 예를 들어 성연관 출혈성 질병인 혈우병(haemophilia)은 유럽의 왕족에서 빈번하게 발생했으나 누구에게서 이 돌연변이가 발생했는지 결정하거나 또는 어느 여성이 이형접합성이었는지를 구별하는 것은 불가능하다.

돌연변이 발생률에 대한 많은 예측치들이 돌연변이와 선택 사이의 균형으로부터 산출되었다.

돌연변이 발생률에 대한 예측값은 돌연변이–선택 방적식을 통해 산출할 수 있다. 예를 들어 인간에게서 돌연변이 발생률의 첫 예측값은 성연관 혈우병 대립유전자에 대해 얻어졌는데 평형 빈도의 예측값과 병원 기록으로부터 구해진 선택 계수에 기초하였다(예제 7.2). 이 예측값은 대략적으로 3×10^{-5}이었는데 이는 보다 직접적인 방법으로 돌연변이 발생률이 측정되어진 초파리와 식물종들의 예측값을 따르고 있었다.

예제 7.2 돌연변이–선택 평형으로부터 인간의 혈우병에 대한 돌연변이 발생률의 예측(after Falconer & Mackay 1996)

Haldane은 돌연변이-선택 평형에 대한 방정식을 재배열함으로써 돌연변이 발생률을 예측할 수 있다는 것을 발견했다. 성 관련 열성형질(Table 7.4)에 대한 돌연변이–선택 평형의 방정식을 재배열하면 아래의 식을 얻게 된다.

$$u = \frac{s\hat{q}}{3}$$

Haldane은 덴마크의 병원 기록을 이용하여 남성에서 혈우병의 빈도(q)를 측정한 결과, 그 값은 대략 10.5×10^{-5}이었다. 혈우병의 생존율은 성인 남성의 경우$(1-s)$에 0.25였다.

$$u = \frac{s\hat{q}}{3} = \frac{(0.75 \times 10.5 \times 10^{-5})}{3} = 2.6 \times 10^{-5}$$

따라서, 인간에 있어서 돌연변이 발생률의 첫 예측값은 대략 3×10^{-5} 이었다.

돌연변이–선택 균형과 적응도

이종교배 개체군이 동형접합성일 때 번식적응도를 감소시키는 희귀한 부분 열성 대립유전자의 부하를 지니게 된다.

돌연변이–선택 균형은 단일 좌위와 번식 적응도와 같은 양적 형질 두 가지 모두에 영향을 미친다. 적응도에 대한 이러한 유해 대립유전자의 영향은 동형접합성 염색체를 실험적으로 만들어 봄으로써 측정할 수 있다. 초파리 염색체의 동형접합자는 알–성체의 생존을 감소시킨다(Fig. 7.3). 전체 번식적응도에 대해서는 보다 더 큰 영향을 끼쳤는데, 염색체 동형접합자의 적응도 평균은 실험 범위 내의 염색체 이형접합자의 평균 적응도와 비교하여 70–90% 감소되었다(Latter & Sved 1994). 이종교배 종으로부터 채취된 모든 염색체의 거의 대부분이 동형접합자일 때 유해한 대립유전자를 보유하고 있었다. 그렇지만, 특정 염색체의 다른 샘플들에서도 유해 대립유전자의 다른 보체(complements)를 지니고 있었는데, 즉 개별적으로 희귀한 유해 대립유전자가 수 많은 독립 좌위에서 발견된다. 근친교배 실험은 위에서 언급한 것과 유사한 결론을 나타내며 멸종위기종을 포함한 매우 다양한 범위의 종들에게도 이를 적용할 수 있다(13장).

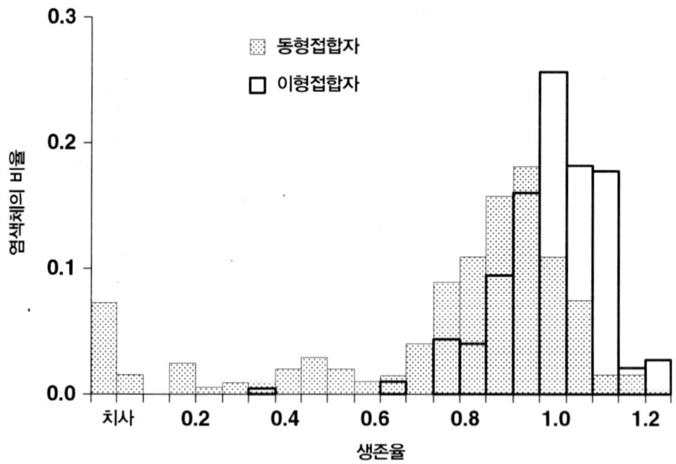

Fig. 7.3 초파리 두 번째 염색체의 동형접합자와 이형접합자의 생존률(after Hedrick 1983). 이 실험을 통해 게놈의 40% 만이 동형접합자로 만들어졌다. 만들어진 동형접합성 염색체의 적응도에 대한 평균 영향은 일부 동형접합자들은 치사를 초래할 정도로 유해하며, 대다수는 유해 정도가 낮고 일부는 비교적 보통 수준이다.

이주

한 개체군에서 다른 개체군으로 이주자가 도입되면(유전자 흐름) 개체군들 간의 유전적 이질성은 감소되며 대체로 소실된 유전적 다양성이 회복된다.

개체군의 유전자 풀은 우연과 선택의 결과로서 오랜 시간에 걸쳐 분화하며 이에 따른 차이점들은 유전자의 흐름에 의해 감소한다(14장). 이주의 영향은 유라시아 대륙 전반에 분포하는 인류의 B형 혈액형 대립유전자의 빈도로 설명할 수 있다(Fig. 7.4). 서기 500년 이전에 B형 대립유전자는 서부 유럽에는 원래 존재하지 않았으나 동쪽에서는 높은 빈도로 존재하였다. 서기 500년에서 1500년 사이의 몽골과 타타르의 유럽 침략은 겁탈과 약탈의 상흔과 함께 일부의 B형 대립유전자를 남겼으며, 이를 통해 동쪽에서부터 서쪽으로 B형 혈액형 그룹의 빈도에 있어 점진적인 감소가 나타나게 되었다(이를 연속변이라 부른다).

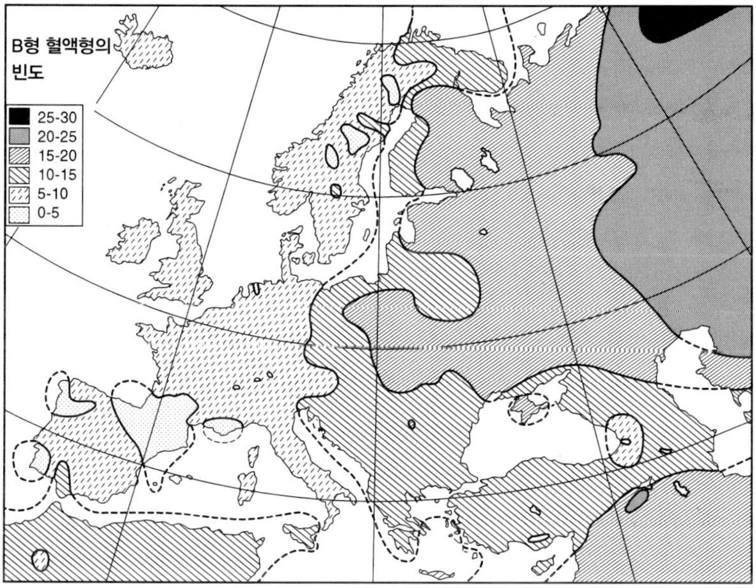

Fig. 7.4 서기 500년에서 1500년 사이의 몽골과 타타르의 침략으로 인한 유라시아 대륙의 B형 혈액형 대립유전자의 빈도(The Distribution of the Human Blood Groups and Other Polymorphisms, Mourant, A.E., C. Kopé and Kazimiera Domaniewska-Sobczak (1976) 2nd edn. Oxford University Press 허락에 의해 재인쇄. © Oxford University Press 1976.). 이보다 앞서 B형 혈액형 대립유전자는 서부 유럽에는 존재하지 않았던 것으로 추정되는데 현재도 스페인의 바스크 원주민들과 또 다른 독립된 민족들에서는 B형 혈액형이 여전히 존재하지 않는다.

이주에 의한 대립유전자 빈도의 변화는 Box 7.2에서 모형화된 것처럼 다음과 같다.

이주의 유전적 영향은 이주에 의해 제공되는 대립유전자의 비율과 원래 개체군과 이주자 사이의 빈도 차이에 의해 결정된다.

$$\Delta q = m(q_m - q_0) \tag{7.5}$$

따라서 대립유전자의 빈도 변화는 이주자들(m)에 의해 제공되는 대립유전자의 비율과 이주자들(q_m)과 원래 개체군(q_o) 사이의 빈도 차이에 의해 결정된다. 이주는 대립유전자 빈도에 매우 큰 영향을 줄 수 있다. 예를 들어, 만약 이주자가 토착 개체군에 존재하지 않는 대립유전자에 대해 동형접합성이며, 다음 세대에서 개체군의 20%가 이주자들이라면 이주자의 대립유전자 빈도는 한 세대만에 0에서 0.2로 증가하게 된다.

방정식 7.5는 대립유전자 빈도 자료로부터 이주 비율을 측정하는 데 이용될

Box 7.2 개체군의 유전적 구성에서 이주에 의한 영향의 모형화

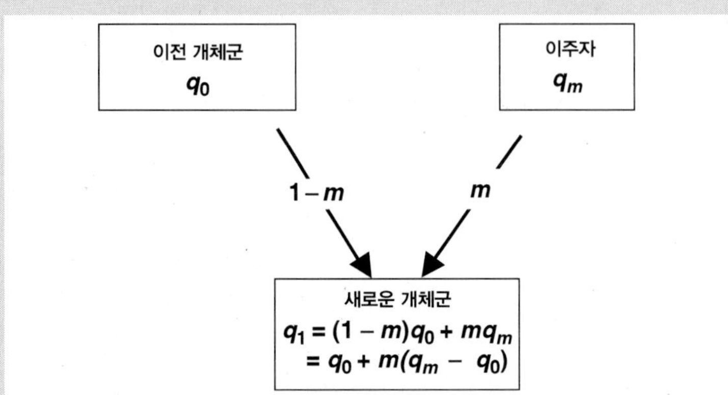

이주 후에 새로운 개체군은 빈도 q_0의 토착개체의 비율$(1-m)$과 빈도 q_m의 이주개체의 비율(m)에 의해 결정된다. 즉,

$$q_1 = (1-m)q_0 + mq_m = q_0 + m(q_m - q_0)$$

원래의 개체군(q_0)으로부터 이주가 이루어진 후 새로운 개체군(q_1)으로의 빈도 변화는 다음과 같다.

$$\Delta q = q_1 - q_0 = q_0 + m\,(q_m - q_0) - q_0$$
$$= m\,(q_m - q_0)$$

수 있는데 멸종위기에 처한 에티오피아늑대(Ethiopian wolf)에서 개 유전자로부터의 혼혈의 범위에 대해 예제 7.3에서 설명하고 있다. 많은 종들은 위험에 처하지 않은 근연종으로부터 유전자 흐름(유전자 이입, introgression)에 의해 위협을 받는다(18장).

예제 7.3 멸종위기에 처한 에티오피아늑대에서 마이크로세틀라이트 대립유전자 빈도를 이용한 개 유전자 이입 정도 측정(data from Gottelli *et al*. 1994)

에티오피아늑대는 개와 유전적으로 구별되지만 두 종이 동시에 출현하는 에티오피아의 Web Valley지역에서는 두 종 사이에 잡종이 발생한다(Box 4.2). Sanetti Plateau의 개체군은 비교적 순수하다. 마이크로세틀라이트 좌위 344에 위치한 J 대립유전자는 개에게는 없는 반면 '순종' 에티오피아늑대는 이에 대해 동형접합자이다. 이 대립유전자의 빈도는 다음과 같다.

		J 대립유전자 빈도
Sanetti 개체군	q_0	1.00('구')
Web 개체군	q_1	0.78('신'–개와의 혼혈을 포함)
개	q_m	0.00('이주자')

Web의 개체군 중 J 대립유전자가 없는 모든 개체는 개와의 잡종임을 알 수 있다. 에티오피아늑대의 Web 개체군에서 개와의 잡종의 범위는 Box 7.2의 방정식을 통해 산출할 수 있다. 이 식을 이주율 m으로 재배열하면 다음과 같다.

$$q_1 = q_0 + m(q_m - q_0)$$
$$m = \frac{q_1 - q_0}{q_m - q_0}$$

위에 제시된 대립유전자의 빈도를 이 식에 대입하면 다음과 같다

$$m = \frac{0.78 - 1.0}{0 - 1.0} = 0.22$$

따라서 에티오피아늑대의 Web Valley 개체군의 유전적 구성에서 약 22%는 개로부터 유입된 것을 알 수 있다. 이것은 개로부터 유입된 대립유전자의 축적된 비율이며 세대 당 측정값은 아니다. 표현형적으로 정상과 다른 개체들은 잡종 개체로 의심되며 개체군의 약 17%를 차지한다. 측정값은 다른 마이크로세틀라이트 좌위로부터도 산출할 수 있으며, 사료를 입수할 수 있는 모든 좌위의 정보를 조합함으로서 가장 정확한 측정치를 산출할 수 있을 것이다.

이주-선택 평형과 연속변이

차별적인 선택을 받게 되는 개체군들 사이에서의 이주는 대립유전자 빈도에서 단계적 차이로 나타날 수 있다(연속변이).

연속변이는 다양한 서식지에서 서로 다른 선호도를 가진 대립유전자에 대한 선택(지역적 적응)과 서식처 간에 일어나는 이주(유전자 흐름) 사이의 균형이 이루어질 때 형성된다. 예를 들어 Wales의 오염된 광산 폐기장으로부터 부근의 오염되지 않은 목초지까지 분포하는 군락성의 겨이삭류(bent grass) 식물은 중금속에 대한 내성에 있어 연속변이가 존재한다. 광산 폐기물로 오염된 지역에서는 중금속에 내성을 가진 개체가 선택을 받게 되지만 오염되지 않은 환경의 목초지에서는 내성을 지닌 개체에 대해 선택의 힘이 작용하지 않으며, 꽃가루는 개체군 사이를 넘어 확산된다(Box 7.3).

연속변이는 형태학적 및 양적 형질에서 흔히 나타난다. 실제로 생태지리학적 법칙이 제시하는 특징과 일치하는 것을 쉽게 알 수 있다(Futuyma 1998). Bergmann의 법칙은 추운 기후에 서식하는 아종들(races)은 보다 따뜻한 기후에 서식하는 아종보다 몸집이 더 크다는 것을 제시한다. Allen의 법칙은 온혈동물의 돌출된 부위들(예를 들어 귀, 꼬리)은 따뜻한 기후의 아종보다 추운 기후의 아종이 더 짧다는 것을 말하며, Gloger의 법칙은 온혈 척추동물의 아종에 있어 춥고 어두운 지역보다 덥고 습한 지역에서 더 어두운 체색을 띠는 것을 설명한다.

이러한 법칙들은 표현형을 지칭하는 것이기 때문에 통상적으로 환경과 유전적 차이 모두를 반영한다. 유럽의 초파리는 날개길이에서 위도에 따른 연속변이

를 나타낸다. 이는 다른 지역의 파리가 동일한 실험 조건 하에서 사육되어졌을 때에도 여전히 동일한 양상이 발견되는 것처럼 적어도 부분적으로 유전적 차이에 기인한다. 초파리 종들이 북미에 도입되어졌을 때 20년 내에 다시 진화가 이루어진 것처럼 이러한 연속변이는 자연선택에 기인한다(Huey et al. 2000). 연속변이는 알로자임 또는 DNA 표지들보다 양적 형질에서 보다 더 빈번하게 나타나는 것으로 생각된다(see Hedrick & Savolainen 1996).

이주와 선택은 대립유전자의 확산에 있어서도 동일한 방향과 속도를 나타낼 수 있다. 예를 들어, DDT와 일정 범위의 다른 살충제에 대해 내성을 지닌 초파리의 단일 대립유전자는 국가 간의 검역 장벽에도 불구하고 1930년대 이후부터 전 지구적으로 확산되어 왔다(Dobron *et al*. 2002).

Box 7.3 이주–선택 평형에 기인한 군락성 겨이삭류(bent grass)의 중금속 내성에 대한 연속변이(Bradshaw & McNeilly 1981)

유전적으로 결정되는 중금속 내성은 Wales의 오래된 광산의 오염된 폐석재 위에서 살아가는 개체에서는 높게 나타나지만 중금속에 상대적으로 오염되지 않은 주변 목초지에서는 낮게 나타난다. 광산 폐기물 위에 정착한 개체의 꽃가루는 대부분이 우세하게 부는 바람의 방향으로 확산되는데 이는 중금속 내성이 광산으로부터 멀어질수록 점차 낮아지는 단계적 차이를 만든다. 선택은 광산 폐기물 위에서는 중금속 내성을 선호하고 일반 목초지의 내성 식물에게는 이와 반대로 작용한다. 중금속 내성은 다른 몇 종의 초본류(군락성 겨이삭류의 일종 *Anthoxanthum odoratum*과 *Festuca ovina*를 포함)들이 오염된 광산 부산물에 정착하여 성장할 수 있도록 진화해 왔다(Jones & Wilkins 1971; Briggs & Walters 1997).

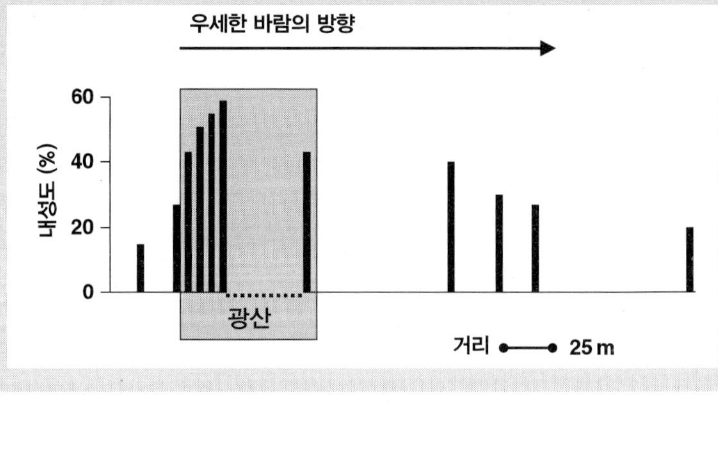

연속변이의 분포 형태는 종의 분산 능력과 관련이 있다.

연속변이는 분산율이 낮을 때 급격한 차이(즉, 짧은 거리에서 큰 차이를 보이는 경우)를 보이며, 분산율이 높을 때 보다 점진적인 차이를 보일 것으로 예상할 수 있다. 예를 들어 영국의 심하게 오염된 지역에서 오염되지 않은 지역으로 갈수록 분산력이 약한 스캘럽개암나무나방(scalloped hazel moth)이 분산력이 훨씬 더 강한 후추나무나방(peppered moth)과 비교해 나방의 공업 암화형에 대한 정상적인 빈도보다 더 급격한 연속변이의 차이를 보인다(Bishop & Cook 1975). 먼 거리를 쉽게 분산하는 종은 국지적으로 작은 차이를 나타내며 분산 능력이 낮은 종들보다 더 적은 연속변이를 지닌다(14장). 이동성이 없는 식물들은 토양과 기후에 대해 주목할 만한 지역적 적응성을 보이며, 아마도 동물보다 더 빈번하게 연속변이를 발전시킬 것이다.

Fig. 7.5는 이주와 선택 사이의 평형에 대한 간단한 모형으로 평형은 오직 이주율(m)과 선택계수(s), 이주자들의 대립유전자 빈도(q_m)에 의해 결정되는데, 이는 초기 개체군에서의 대립유전자 빈도와는 관련이 없다는 것을 말한다. 이주율이 높고 선택이 약하게 작용할 때, 이주는 이 모든 과정을 지배하고 필수적으로 지역적 적응을 제거한다('swamping'). 역으로 이주율이 낮고 선택이 강하게 작용할 때 지역적 적응이 나타날 것이다. 이는 앞서 설명한 것처럼 급격한 차이가 존재하는 연속변이에서 분산율의 효과와 일치한다. 예제 7.4는 선택계수와 이주율, 이주자 빈도의 값이 주어졌을 때 평형이 이루어지는 과정을 설명한다.

선택–이주 평형빈도는 선택의 강도와 이주자의 비율, 이주자의 대립유전자 빈도에 의해 결정된다.

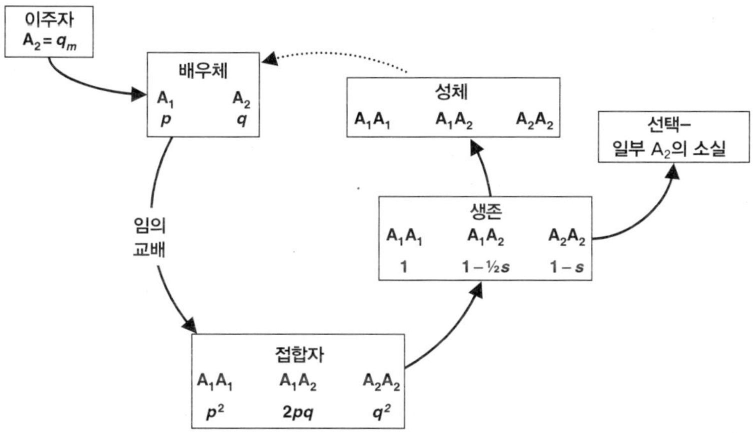

Fig. 7.5 이주와 선택 사이의 균형 모형. 대규모 임의 교배 개체군의 유지를 위해서는 추가적인 생존력 선택이 필요한데 이는 다른 개체군으로부터 이주에 의해 대립유전자의 비율이 균형을 유지하는 것을 말한다.

$$\Delta q_{\text{selection}} = \frac{-\frac{1}{2}sq\,(1-q)}{1-sq} \approx \frac{1}{2}sq^2 - \frac{1}{2}sq \qquad \Delta q_{\text{migration}} = m\,(q_m - q)$$

전체 $\Delta q = \Delta q_{\text{selection}} + \Delta q_{\text{migration}}$

$$= \frac{1}{2}sq^2 - \frac{1}{2}sq + m\,(q_m - q) = \frac{1}{2}sq^2 - q\,(m + \frac{1}{2}s) + mq_m$$

(sq가 작다고 가정했을 때 분모는 1에 가까움)

평형 Δq=0에서 평형 빈도는 2차 방정식의 풀이를 통해 구해진다(Li 1976).

$$\hat{q} = \frac{(2m+s) \pm \sqrt{[(2m+s)^2 - 8\,smq_m]}}{2s} \tag{7.6}$$

방정식으로부터 2개의 해답이 있기 때문에 해답들 중 하나가 실제 구하는 값이 될 것이다(빈도는 0과 1 사이의 값).

연속변이는 온도, 고도 등과 같은 환경 조건의 단계에 따른 선택의 변화를

예제 7.4 | 이주-선택 평형

만약 s=0.2, m=0.1, q_m=0.1이라면 평형 빈도는 아래와 같이 대립유전자 평형 빈도 산출식 7.6에 이 값들을 대입함으로서 구할 수 있다.

$$\hat{q} = \frac{(2m+s) \pm \sqrt{[(2m+s)^2 - 8msq_m]}}{2s}$$

$$\hat{q} = \frac{[(2 \times 0.1) + 0.2] \pm \sqrt{\{[(2 \times 0.1) + 0.2]^2 - (8 \times 0.1 \times 0.2 \times 0.1)\}}}{2 \times 0.2}$$

$$= \frac{0.4 \pm \sqrt{[0.16 - 0.016]}}{0.4}$$

$= 0.0513$ (또는 1.95, 불가능한 답)

따라서 평형 빈도는 5.1%인데 이는 이주와 선택 사이의 균형에 기인한다.

반영한다. 이러한 연속변이는 선택적 힘에 의해 결정되기 때문에 만약 선택적 힘이 변화하면 연속변이도 변화하게 된다. 전 지구적으로 나타나고 있는 기후 변화의 영향으로 인해 호주, 유럽, 북미와 남미의 초파리에서 알로자임 좌위들과 염색체 연속변이의 이동이 확인되고 있다(Umina *et al.* 2005; Balayá *et al.* 2006). 또한 연속변이는 이미 살펴보았듯이 단기간의 역사적 대규모 이주의 결과로도 나타날 수도 있다(Fig. 7.4).

위기종에 있어서 만약 서식지 단편화가 대립유전자의 흐름을 완전히 막아 버린다면 이주-선택 균형의 결과인 연속변이는 붕괴될 것이다. 이것은 국지적 적응의 방향성에 있어 이주의 '물결'과 국지적 적응 사이의 균형을 변형시킬 것이다.

야생 개체를 사육 상태로 들여오거나 또는 그 반대의 규칙적인 이동이 있을 때 위기종의 야생 개체군과 사육 개체군 사이에서도 이주-선택 균형은 나타날 수 있다. 예를 들어, 네네(하와이기러기) 야생 개체군의 경우 많은 어류종에서처럼 사육을 통해 번식된 개체를 정기적으로 방사함으로써 야생 개체군의 규모를 증가시키고 있다. 사육 개체군은 사육 환경에 적응하게 되며, 원래의 자연 서식지로 방사되었을 때에 대체로 번식적응도는 감소하게 된다(20장).

요약

1. 돌연변이는 모든 유전적 다양성의 근본적인 공급원이다.

2. 돌연변이와 이주는 변화와 선택을 통해 소실된 유전적 다양성을 다시 회복하는 유일한 방법이다.

3. 돌연변이는 매우 낮은 비율로 나타나기 때문에 단기간을 넘어 나타나는 약한 진화적 동력이다.

4. 자연적으로 이종교배하는 모든 개체군은 돌연변이-선택 균형에 기인하는 유해 돌연변이의 부하를 안고 있다. 개체군이 근친교배될 때 이러한 돌연변이는 번식적응도를 감소시키는 원인이 된다(근친교배약세).
5. 이주(유전자 흐름)는 자연선택과 우연에 의해 (개체군 간의) 유전적 이질성을 감소시킨다.
6. 도입된 종의 이주는 멸종위기종의 유전적 순수성을 감소시킨다.
7. 이주와 선택의 결과로서 균형이 유지되거나 연속변이가 나타날 수 있다.

추가적인 읽을거리

Falconer & Mackay (1996) *Introduction to Quantitative Genetics*. Provides a very clear treatment of the topics in this chapter.

Hartl & Clark (2007) *Principles of Population Genetics*. Covers many of the topics in this chapter.

Hedrick (2005a) *Genetics of Populations*. Has a more extensive treatment of many of the topics in this chapter.

소프트웨어

EASYPOP: Free simulation software for population genetics allowing investigation of the effects of mutation, population size, migration and population fragmentation (Balloux 2001). www.unil.ch/dee/page36926_fr.html

WINPOT 2.5: Free software to simulate selection, drift, gene flow and migration. www.genedrift.org/winpop.phd/

문제

7.1 돌연변이. 만약 치타의 마이클로세틀라이트 대립유전자 돌연변이 발생률의 현재 빈도는 0.1이며 다른 대립유전자에서 이 유전자로의 돌연변이 발생률이 10^{-4} 이라면 치타의 마이크로세틀라이트 대립유전자의 빈도는 한 세대에 얼마나 변화하는가?

7.2 순방향 및 역방향 돌연변이. 순방향과 역방향 돌연변이 발생률이 각각 10^{-5}과 10^{-6}인 좌위에서 평형 빈도는?

7.3 돌연변이에 의한 유전적 다양성의 재생. 북방코끼리물범은 과도한 남획으로 인해 개체군 크기의 병목현상을 겪음으로서 알로자임 변이의 대부분을 소실하였다. 돌연변이 발생률이 4×10^{-6}이라고 가정했을 때 돌연변이만에 의해서 대립유전자의 빈도가 0.4로 소실되기까지 얼마나 많은 세대를 거쳐야 하는가?

7.4 돌연변이–선택 평형. 캘리포니아콘도르에서 나타나는 열성 치사 연골발생장애(chondrodystrophy) 돌연변이 발생률이 2×10^{-5}이었다면 돌연변이-선택 평형의 결과로서 평형 빈도는 얼마가 될 것인가?

7.5 돌연변이-선택 평형. 사육하에서 태어나는 어린새 중에서 연골발생장애(chondrodystrophy)의 현재 빈도가 약 17%로 이를 설명하기 위해 필요한 돌연변이 발생률은 얼마인가? 이 비율이 현실적인 돌연변이 발생률인가? 치사 대립유전자의 빈도가 왜 그렇게 높다고 생각하는가?

7.6 돌연변이-선택 평형. 돌연변이-선택 평형의 결과로서 상염색체 부가적 좌위에 대한 평형빈도를 산출하시오. 대립유전자 빈도(Δp가 아닌 Δq를 대입)에서 전체 변화에 대한 식을 얻기 위해 방정식 7.2와 표 6.2의 식을 이용하시오.

$\Delta q = \Delta q_{\text{mutation}} + \Delta q_{\text{selection}} =$

(힌트: 선택 항(term)의 분모는 희귀 대립유전자에 있어 대략 1로 추정하는 것이 타당하다.)

At equilibrium Δq

$\therefore$

7.7 돌연변이-선택 평형. 인간의 우성 상염색체 왜소발육증(dwarfism) 대립유전자의 돌연변이 발생률을 적절한 돌연변이-선택 평형 방정식을 이용하여 측정하시오. 왜소발육증의 표현형 빈도는 출생시에는 10/94,000이며 상대적응도는 대략 20%이다(after Strickberger 1985).

7.8 돌연변이-선택 평형. 상염색체 열성과 부가적 상염색체, 상염색체성 우성, 성-연관 열성, 반수체형 등 이들 각 좌위들에 있어 선택계수가 0.10이며 돌연변이 발생률은 세대 및 좌위당 10^{-5}일 때 평형 빈도를 계산하시오. 평형 빈도에 대해 배수성(반수체형 대 이배수체)과 우성 형질은 어떤 영향을 미치는가?

7.9 이주. 더피식 혈액형(Duffy blood group) 좌위에서 아래의 Fy^a 대립유전자 빈도를 통해 미국 조지아주의 흑인에 대한 인종 혼합 정도를 이주 방정식을 이용하여 측정하시오.

	Fy^a 빈도
아프리카 흑인	0.000
백인 미국인	0.422
흑인 미국인	0.045

8장

작은 크기의 개체군에 대한 유전적 영향

개체군을 이루고 있는 개체의 수가 적고 감소 중에 있거나, 이 두 가지 중 하나에 해당하는 경우에도 그 개체군은 보전의 대상이 된다. 작고 고립된 개체군은 근친교배가 가속화되면서 유전적 다양성이 소실되고 이로 인해 번식적응도(reproductive fitness)가 감소하게 된다(근친교배약세, inbreeding depression). 또한 환경의 변화에 대응하여 변화할 수 있는 능력도 감소하게 된다.

용어

이항분포(Binominal distribution)
병목현상(Bottleneck)
유효개체군 크기(effective population size)
진화적 잠재성(evolutionary potential)
고정(fixation)
이상적 개체군(idealized population)
근친교배(inbreeding)
푸아송 분포(Poisson distribution)
무작위 유전자 부동(random genetic drift)
확률적인(stochastic)

모리셔스황조롱이(Mauritius kestrel)는 개체군의 수가 한 쌍까지 감소하는 병목현상을 겪은 후 다시 수가 늘어났으나 유전적으로는 여전히 위태로운 상태이다.

보전생물학에서 작은 개체군의 중요성

보전의 대상은 개체군의 크기가 작거나 개체군이 감소하고 있는 종들이다.

위협에 처한 종에 있어 개체군 크기나 작거나 개체수가 감소하고 있다면 크고 안정된 개체군에 비해 멸종에 더 취약하다. IUCN은 번식 가능한 성숙한 개체의 수가 50, 250 또는 1000개체 이하인 종들에 대해 각각 심각한 멸종위기(critically endangered, CR), 멸종위기(endangered, EN) 그리고 멸종에 취약(vulnerable, VU)의 멸종위협 등급을 지정했다(1장). 멸종위기(CR) 등급인 털코웜뱃(hairy nosed wombat)은 성체와 어린 개체를 합해 겨우 100개체 이하만이 호주에 생존하고 있으며, 하와이의 Mauna Kea silversword(*Argyroxiphium* 속의 식물종)는 약 24주(株)만이 남아 있을 정도로 감소하였다. 일부 종들은 오직 사육 상태에서만 과거 존재하였거나 현재 생존하고 있을 정도로 그 수가 크게 감소하였는데, 이와 같은 종으로는 아라비안오릭스(Arabian oryx), 검은발페릿(black footed ferret), 유럽들소(European Bison), 사불상(Pere' Davids deer), 프르제발스키말(Przewalski's horse), 긴칼뿔오릭스(또는 시미터오릭스, scimitar horned oryx), 캘리포니아콘도르(California condor), 괌뜸부기(Guam rail), 11종의 파툴라달팽이(*Partula* snail), Cook's Kok'io plant(식물종), Franklin tree(*Franklinia*속의 식물종), Malheur wirelettuce(*Stephanomeria*속의 식물종) 등이 있다(WCMC 1992; Falk *et al*. 1996).

괌뜸부기

일부 종의 경우 현재는 개체군의 크기가 어느 정도 회복되었으나 한때 개체수의 감소를 경험하기도 하였다(**병목현상**). 모리셔스황조롱이는 한때 한 쌍까지 감소하였으나 현재는 400–500개체로 회복되었다(Box 8.1). 북방코끼리물범(Northern Elephant seals)은 20–30개체까지 감소하였으나 현재는 175,000개체 이상으로 증가하였다(Box 8.2) 이들 개체군들은 병목현상 이후에 전형적으로 뒤따르게 되는 높은 근친교배율, 유전적 다양성 및 번식적응도 감소와 이에 따른 진화 능력의 감소와 같은 손실을 입게 된다(Box 8.1).

Box 8.1 모리셔스황조롱이의 개체군 병목현상과 이에 따른 유전적 영향(after Groombridge *et al.* 2000)

모리셔스황조롱이는 서식지인 천연림의 파괴와 함께 감소하기 시작하였다. 1940년대부터 사용되기 시작한 살충제인 DDT는 이 종의 알껍질 두께를 얇게 함으로써 부화율이 급격하게 감소하였고 이로 인해 멸종 직전의 위기까지 몰리게 되었다. 1974년에 이르러 전체 개체군은 번식 가능한 한 쌍을 포함하여 4개체까지 감소하였으나 이후 집중적인 관리를 통해 1997년에는 400–500개체까지 증가하였다.

다행히도 모리셔스황조롱이의 수는 다시 회복되었으나 멸종 직전까지 감소했던 이유로 인해 유전적인 상처(genetic scar)를 안고 있는데 멸종위기에 처하지 않은 다른 황조롱이류 6종과 비교하여 마이크로세틀라이트 좌위들(microsatellite loci)에 있어 아주 낮은 유전적 다양성을 지니고 있다.

1829–1894년 동안에 수집된 박물관 표본을 통해 감소 전 모리셔스황조롱의 유전적 다양성은 멸종위기에 처하지 않은 종들에 비해서는 낮으나 비교적 풍부한 유전적 다양성을 지니고

있었다는 것이 밝혀졌다. 세이셸황조롱이(Seychelles kestrel) 또한 그 수가 감소하였다가 회복됨으로 인해 낮은 유전적 다양성을 지니고 있다.

종	A	H_e
멸종위기		
모리셔스황조롱이(Mauritius kestrel)		
복원 개체군	1.41	0.10
조상 개체군	3.10	0.23
세이셜황조롱이(Seychelles kestrel)	1.25	0.12
비(非)멸종위기		
유럽황조롱이(European kestrel)	5.50	0.68
카나리아제도황조롱이(Canary Island kestrel)	4.41	0.64
남아프리카바위황조롱이(South African rock kestrel)	5.00	0.63
큰황조롱이(Greater kestrel)	4.50	0.59
작은황조롱이(Lesser kestrel)	5.41	0.70

모리셔스황조롱이는 병목현상을 겪고 난 후 기초 개체군의 근친교배에 의해 번식적응도에 악영향을 받았으며 이로 인해 비교적 가까운 분류군인 매류(falcons)보다 수정율과 번식률이 낮고 사육시에 성조의 사망률이 높다.

보전생물학의 보편적인 관심 대상은 크기가 작은 개체군이다. 이런 작은 크기의 개체군은 앞서 언급한 유전적 손실과 함께 멸종의 가능성이 더 클 뿐만 아니라 규모가 큰 개체군과는 또 다른 진화 과정을 겪게 된다. 따라서 작은 개체군들이 직면하고 있는 특별한 진화적 문제점들을 이해하는 것이 매우 중요하다.

큰 개체군보다 작은 개체군에서 우연(chance)의 역할은 더 크며 선택의 영향은 더 작다.

큰 개체군에서는 실제적으로 돌연변이와 선택, 그리고 이주가 결정적 영향을 주며, 중립 대립유전자를 제외하고 대체로 우연에 의한 영향은 미미하다. 반대로 작은 개체군에서는 우연의 역할이 더 크며, 선택의 영향은 대체로 감소하거나 아예 없을 수도 있다. 우연은 작은 개체군의 진화 과정에 무작위 혹은 **확률적**인 요소로 작용하여 복제 좌위(replicate loci)와 개체군에 다양한 결과를 나타나게 한다. 작은 개체군은 근친교배가 불가피하기 때문에 큰 개체군보다 빠른 속도로 근친교배가 이루어지게 된다.

우리는 작은 개체군에서 우연의 영향에 대해서만 우선 살펴보고 이를 시작으로 근친교배, 선택, 돌연변이-선택 평형의 영향에 대해서도 차례로 살펴볼 것이다. 작은 개체군에서 이주의 역할은 개체군 단편화(fragmentation)에 대해 기술한 14장에서 다룰 것이다.

우연 효과

우연 효과는 작은 개체군에서 배우체(gametes)의 무작위 추출(random sampling)로부터 나타난다.

유성번식 개체군(sexual population)이 번식을 하게 되면 다음 세대는 부모의 배우체(gametes)를 무작위로 이어받게 된다. 작은 개체군에서 어떤 대립유전자(특

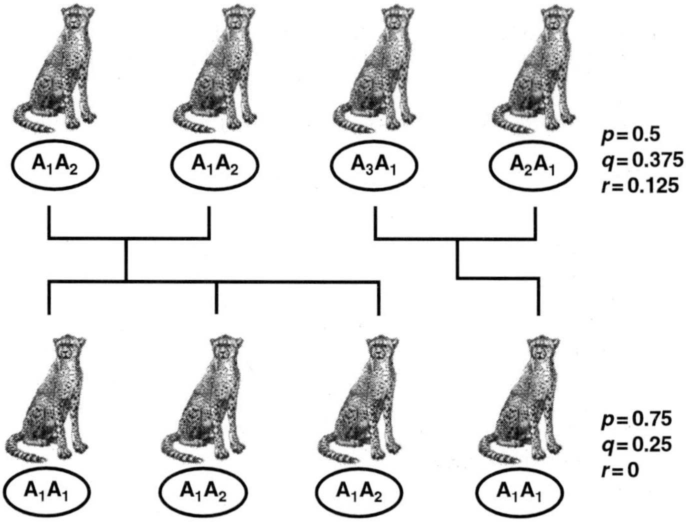

Fig. 8.1 치타의 작은 개체군에서 대립유전자의 유전적 부동. p, q, r은 각각 대립유전자 A_1, A_2, A_3의 빈도. 다음 세대로 진행되면서 대립유전자 A_3는 우연에 의해 소실되고 A_1은 높게, A_2는 낮게 빈도가 변화한다.

히 희귀한 대립유전자)는 단지 우연에 의해 소실될 수 있고, 다음 세대로 전달되는 대립유전자의 빈도는 부모 세대의 빈도와 달라질 수 있다(Fig. 8.1). 대립유전자의 빈도는 한 세대에서 다음 세대로 진행되면서 변화하거나 부동이 발생하는데 이런 현상을 무작위 **유전적 부동**(random genetic drift)이라고 한다.

유전적 부동

유전적 부동은 작은 개체군의 진화에 주요한 영향을 준다.

개체군의 유전적 구성에 있어 우연 효과는 단지 작은 영향만을 주는 것으로 보일 수 있다. 그렇지만 작은 개체군 내에서 배우체의 무작위적 추출은 진화와 보전의 측면에서 다음의 세 가지 중요한 결과를 가져온다:

- 개체군 내에서 유전적 다양성의 소실과 대립유전자의 고정으로 인해 결과적으로 진화할 수 있는 능력이 감소
- 동일한 기원(예를 들면 단편화된 개체군, fragmented population)으로부터 복제된 개체군(replicate populations)에서의 대립유전자 빈도의 다양화
- 자연선택을 압도하는 유전적 부동

큰 개체군보다 작은 개체군이 우연의 영향을 더 많이 받는다.

이러한 특징들이 나타나는 예로서 Fig. 8.2의 밀가루딱정벌레(flour beetle) 개체군을 예로 들 수 있다. 첫째, 각 개체군들은 세대를 거치는 동안에 대립유전자 빈도의 유전자 부동을 보여 준다. 예를 들어 그래프의 위쪽에 별표로 표시된 대립유전자의 빈도는 0.5로 시작하여 3세대를 지나면서 감소하였다가 이후 약 6.5가 될 때까지 20세대를 거치는 동안 증가와 감소를 반복한다. 개체군의 크기(N)가 10인 개체군의 대립유전자 빈도의 변동 폭은 크기가 100인 개체군보다 훨씬 더 크다.

둘째, 증식된 개체군 내에서는 무작위적인 다양화가 나타나며 크기가 10인 개체군에서 특히 그렇다. 모든 개체군이 0.5의 빈도에서 시작되나 결국 0과 1 사이의 다양한 빈도값을 나타낸다. 증식된 개체군의 다양화는 앞의 경우처럼 크기가 100인 개체군에서 훨씬 적게 나타난다.

세 번째, 일부 개체군은 유전적 다양성을 잃고 고정된다. 크기가 10인 개체군에서 20세대 동안 12개 중 7개의 개체군이 고정되었는데, 이들 중 6개 개체군은 야생형 대립유전자, 1개는 흑색형 대립유전자로 고정되었다. 크기가 큰 개체군은 12개 중 어느 개체군도 20세대 안에 고정되지 않았다.

최종적으로, 자연선택은 흑색 돌연변이보다 야생형 유전자를 더 선호하였다. 그럼에도, 유전적 부동은 이 자연선택을 압도하여 결국 개체군 크기가 10인 하나의 개체군에서 흑색형 대립유전자를 고정시켰다.

자연적으로 단편화된 개체군들은 모든 유전자 좌위에서 이런 효과들이 발생될 것이며 작은 단편들은 큰 단편들보다 더 큰 유전적 부동을 겪게 된다.

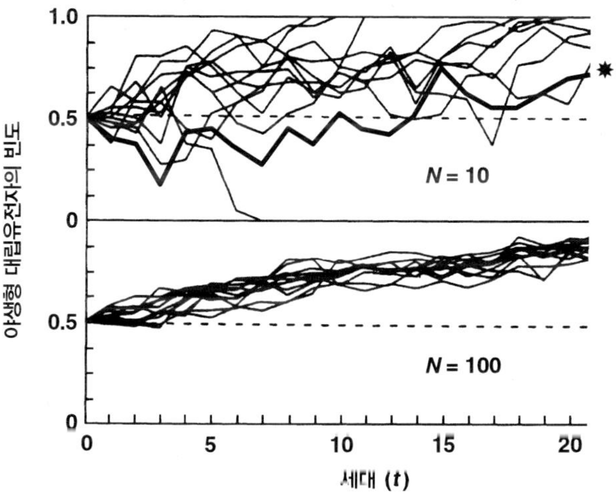

Fig. 8.2 붉은밀가루딱정벌레(red flour beetle)에서 체색을 결정하는 대립유전자좌위에서 야생형 대립유전자(+)의 무작위 유전자 부동. 24개의 개체군들 모두 +와 흑색 대립유전자에 대해 0.5의 빈도에서 시작되었으며, 각각 다음 세대의 부모 개체들 역시 10과 100이 되도록 무작위적 추출로 유지되었다(after Falconer & Mackay 1996).
증식체들 사이에서 그리고 세대로 이어지는 개체의 증식들 양쪽 모두에서 일어나는 무작위 유전자 부동에 의해 큰 개체군보다 작은 개체군에서 훨씬 더 큰 대립유전자 빈도의 편차가 발생하였다. 자연선택은 야생형 대립유전자를 선호하였다.

대립유전자 빈도의 유전자 부동 모델링

유전자 부동은 이항표본추출 이론을 통해 예측될 수 있나.

우연 효과의 특징은 자연선택, 돌연변이, 이주의 영향이 없는 상태에서 표본 추출 과정의 모델링을 통해 이해할 수 있다(Fig. 8.3). 우선, 유전형 A_1A_2인 지기배수체로부터 자손에 대한 대립유전자의 표본 추출을 고려해보자. 이 경우는 두 개의 동전을 던지는 것과 같다. 예측 가능한 결과들은 두 개의 앞면과 두 개의 뒷면, 앞면과 뒷면, 혹은 뒷면과 앞면으로 모든 확률은 각각 1/4씩 이다. 단지 앞면만 나올 우연의 확률은 $1/2 \times 1/2 = 1/4$ 이다. 그러므로 단지 하나의 자손만이 생산된다면 하나 혹은 다른 대립유전자가 소실될 확률은 1/2 이다. N 개체의 자손이 있을 때, $2N$개의 동전을 던지면 단지 두 개의 앞면 혹은 두 개의 뒷면이

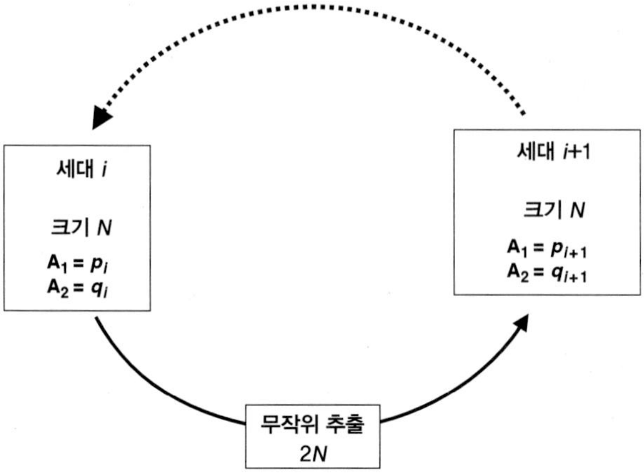

Fig. 8.3 돌연변이, 이주, 선택이 없는 작은 개체군의 단순화된 모델

나올 우연의 확률은 $(1/2)^{2N}$ 이다. 따라서 만약 N이 커지게 되면 A_1이나 A_2 모두 소실될 가능성은 줄어든다. 더 나아가, 작은 개체군에 비해 큰 개체군에서 자손의 대립유전자 빈도는 부모의 빈도와 더욱 더 비슷해 질 것이다. 통계적 이론에 따르면 (유전적) 표본의 크기가 더 큰 경우 표본의 크기가 작은 경우에 비해 보다 정확한 부모 세대의 대립유전자 빈도를 추정할 수 있다.

증식된 개체군들 또는 좌위들 간 대립유전자의 빈도 편차는 그 대립유전자의 빈도와 개체군의 크기에 좌우된다.

개체군의 크기가 N인 집단이 번식을 하면 $2N$의 배우체가 만들어져 다음 세대를 형성하게 된다(Fig. 8.3). 만약 표본 추출된 개체군이 초기 빈도가 각각 p_0과 q_0인 A_1과 A_2 두 개의 대립유전자를 가지고 있다면 (그리고 다른 그 어떤 힘도 작용하지 않을 때) 많은 수의 증식개체군에서 다음 세대 대립유전자 A_1의 평균 빈도(p_1)는 변하지 않는다.

$$p_1 = p_0$$

그렇지만 증식개체군들의 대립유전자 빈도에는 무작위적 변이가 있을 것이다. N=2인 다음 사례에서(예 8.1), 증식개체군들에서 예상되는 대립유전자 빈도 분포는 $(p+q)^4$의 이항식(binomial expansion)으로 표현된다. 다섯 가지 가능한 결과가 있는데, 처음과 마지막 결과는 동형접합이 된다(고정). 결과적으로 모든 증식개체군에서 평균적으로 이형접합체는 감소하게 된다(아래를 보라).

개체군의 크기가 N인 경우, 두 대립유전자를 지닌 좌위에 대한 결과의 기대 분포는 이항식인 $(p+q)^{2N}$으로 표현된다(이는 한쪽으로 치우친 동전을 던지는 것과 유사하다). 개체군이 모두 A_1 대립유전자를 가질 확률은 p^{2N}이며, 반면에 개

예제 8.1 | 크기가 N=2인 개체군의 대립유전자 빈도의 기대 분포

만약 대립유전자 A_1, A_2의 빈도가 각각 p와 q인 동일 개체군에서 수많은 2개체의 표본을 수집한다면(4개의 배우체), 대립유전자의 기대분포는 $(p+q)^4$의 이항식으로 표현된다. 여기에서 4승은 추출된 배우체의 수를 의미한다. 예로서 각각의 빈도가 p=0.6, q=0.4일 때 이 식은 다음과 같이 전개된다.

결과	p	빈도(f)	예 (p = 0.6, q = 0.4)
4 A_1, 0 A_2	1.00	p^4	$0.6^4 = 0.1296$
3 A_1, 1 A_2	0.75	$4p^3q$	$4\times0.6^3\times0.4 = 0.3456$
2 A_1, 2 A_2	0.50	$6p^2q^2$	$6\times0.6^2\times0.4^2 = 0.3456$
1 A_1, 3 A_2	0.25	$4pq^3$	$4\times0.6\times0.4^3 = 0.1536$
0 A_1, 4 A_2	0.00	q^4	$0.4^4 = 0.0256$
합계		1.0	1.0000

그러므로 우리는 대립유전자 A_1에 대해 1, 0.75, 0.5, 0.25와 0의 다섯 가지 산출 가능한 결과를 예상할 수 있다. 예로 든 최초 원 개체군의 빈도 p=0.6과 q=0.4에 대해 각 결과의 비율은 각각 12.96%, 34.56%, 15.36%, 2.56%로 예상할 수 있다.

그 평균 빈도는 아래와 같이 산출된다.

$$\begin{aligned}\text{Mean } p &= \sum p_i f_i \\ &= [(1\times0.1296)+(0.75\times0.3456)+(0.5\times0.3456) \\ &\quad +(0.25\times0.1536)+0] \\ &= 0.6\end{aligned}$$

따라서, 평균 빈도는 변하지 않는다.

체군이 모두 A_2 대립유전자를 가질 확률은 q^{2N}이다. 이 두 가지 상황 모두 유전적 다양성을 모두 소실한 개체군과 동일한 상황으로 볼 수 있다. 개체군이 r A_1 대립유전자와 $(2N-r)$ A_2 대립유전자를 가질 확률은 아래와 같다.

$$\binom{2N}{r} p^r q^{2N-}$$

여기에서 $\binom{2N}{r}$은 이항방정식 $2N!/[r!(2N-r)!]$을 나타낸다.

크기가 10과 100인 수많은 증식개체군의 대립유전자 빈도의 기대 분포는 그림 8.4에 나타나 있다. 증식개체군들 사이에서 평균 대립유전자 빈도 주변의 분산은 이항표본 분산으로 주어진다.

$$\sigma_p^2 = \frac{p_0\, q_0}{2N} \tag{8.1}$$

그러므로 대립유전자 빈도의 분산은 개체군의 크기와 대립유전자 빈도에 좌우된다. 분산은 큰 개체군보다 작은 개체군에서 더 높고, 두 대립유전자의 빈도가 0.5일 때 가장 크다. 이는 두 대립유전자가 $\sigma_p^2 = \sigma_q^2$일 때이다.

표본 추출은 작은 개체군에서 매 세대마다 나타나며 그 효과는 축적된다. 이에 대해서는 Fig. 8.2에서 볼 수 있으며 크기가 10인 증식개체군에서 세대가 거듭될수록 더 많은 분기가 일어나는 것을 알 수 있다. 세대를 거치면서 유전적 부동의 축적 효과는 보전 유전학에서 매우 중요한데 이에 대해서는 11–14장에서 다룰 것이다.

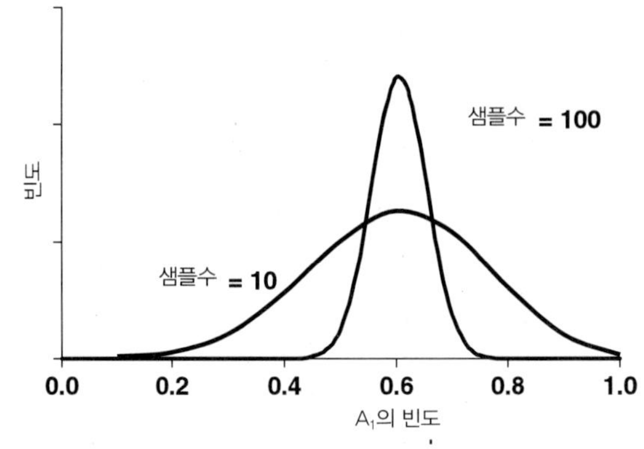

Fig. 8.4 A1 대립유전자의 빈도가 0.6인 개체군에서 크기가 10과 100인 수 많은 증식 샘플들이 추출되었을 때의 대립유전자 빈도의 기대 분포

고정

한 세대에서 하나의 대립유전자를 소실할 확률은 큰 개체군보다 작은 개체군에서 더 높으며 흔한 대립유전자일 때보다 희귀한 대립유전자일 때 더 크다.

유전자 부동은 최종적으로 소실될 하나의 대립유전자를 제외한 나머지 모두를 남기게 된다. 배우체가 대립유전자 A_1을 가지고 있지 않을 확률은 $(1-p)$이다. 따라서 임의 교배 개체군이 한 세대에서 대립유전자 A_1을 소실할(개체군의 모든 개체들이 A_2A_2가 되는 것) 확률은 배우체가 대립유전자 A_1을 보유하지 않는 확률로, 추출된 배우체의 이배수로 제곱되어 증가한다. 즉, 다음과 같이 표현된다.

$$\Pr(\text{losing } A_1) = (1-p)^{2N}$$

이와 유사하게 대립유전자 A_2를 소실할 확률(모든 개체가 A_1A_1이 되는 것)은 $(1-q)^{2N}$이 된다. 예를 들면, 대립유전자 A_1과 A_2의 초기 빈도가 각각 0.25와 0.75일 때 크기가 4인 이배수체형 개체군로부터 샘플링한 한 세대에서 A_1을 소실할 확률은 $(1-0.25)^8=0.100$이 된다. A_2를 잃을 확률은 $(1-0.75)^8=1.53\times10^{-5}$이다. 여기에서 보다 더 희귀한 대립유전자가 소실될 확률이 훨씬 더 높은 것에 주목할 필요가 있다. 크기가 100인 개체군에서 한 세대에 이와 같은 빈도를 지닌 대립유전자가 소실될 확률은 본질적으로 0이 된다.

개체군 병목현상의 영향

유전적 다양성은 개체군 병목현상에 의해 감소된다.

병목현상은 개체군 크기의 급격한 감소로 단기간 혹은 장기간에 일어난다. 수많은 멸종위기종들이 병목현상을 겪었으며(Table 8.1) 평균적으로 유전적 다양성도 감소하였다(3장). 그 예로 과거에 멸종위기에 처했던 모리셔스황조롱이와 북방코끼리물범은 병목현상을 겪었으며 유전적 다양성이 감소하였다(Box 8.1과 8.2)

Box 8.2 북방코끼리물범의 개체군 병목현상(Hoelzel 1999)

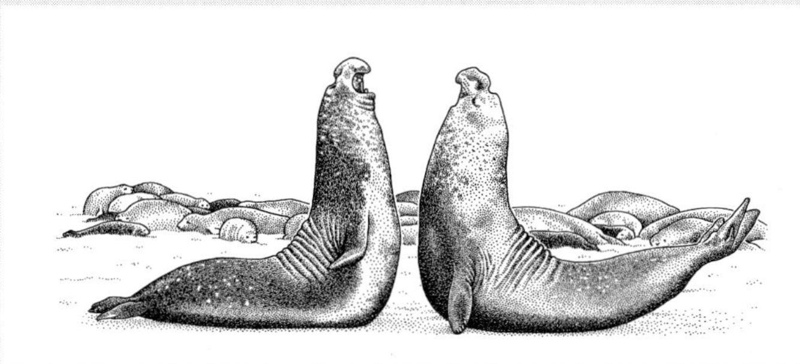

북방코끼리물범은 모피와 지방을 얻기 위한 남획으로 개체수가 심각하게 감소하여 19세기 후반에 들어서는 멸종한 것으로 받아들여졌었다. 그러나 다행이도 태평양의 과달루페섬(Isla Guadalupe)에서 20–30여 개체의 작은 개체군이 생존해 있는 것을 발견하였다.

과거 연구에서 Bonnell과 Selander(1974)는 유사종인 남방코끼리물범이 평균적인 수준의 유전적 다양성을 지니고 있는 데 비해 이러한 병목현상을 겪은 북방코끼리물범 개체군은 20개의 알로자임 좌위에서 유전적 다양성이 존재하지 않는다는 것을 보여 주었다. 계속해서 Hoelzel(1999)은 남방코끼리물범이 24개의 미토콘드리아DNA 반수체형을 지니고 있으며, 병목현상을 겪기 전의 북방코끼리물범 다섯 마리의 표본에서 4개의 미토콘드리아DNA 반수체형이 확인된 것(Weber *et al.* 2000)에 비해 현재의 북방코끼리물범은 단지 2개만을 보유하고 있다는 것을 발견하였다. 또한 북방코끼리물범은 남방코끼리물범과 비교하여 DNA 핑거프린트와 면역체계 좌위(MHC), 그리고 마이크로세틀라이트에서의 유전적 변이도 감소하였다(이형접합성 0.167 대 0.875).

사냥으로부터 보호를 받게 된 이후 북방코끼리물범은 175,000개체 이상으로 개체수가 회복되었고 멸종위기종 목록에서 제외되었다(Weber *et al.* 2000). 이처럼 개체군 크기에 있어서 병목현상의 발생으로 인해 필연적으로 그 종이 바로 멸종하는 것은 아니다. 그렇지만 유전적 다양성의 소실은 새로운 질병이나 또 다른 환경 변화로부터 멸종의 위험에 보다 더 취약해 질 가능성을 높아지게 한다. 더 나아가 개체군은 부분적으로 근친교배가 일어나고(12장) 결과적으로 번식적응도가 감소하게 될 것이다(13장). 이러한 병목현상의 결과에는 우연이 큰 요소를 차지한다. 만약 잔존하는 개체군에서 우연에 의해 유해 돌연변이가 거의 존재하지 않는 상황이라면 상대적으로 해가 없을 것이다. 반면 개체군의 운이 그다지 좋지 못해 유해 돌연변이가 고정되는 경우라면 그 개체군은 멸종의 길로 들어서게 될 것이다.

Table 8.1 멸종위기종들의 병목현상(숫자는 사육 상태에서 번식한 초기 개체수)

종명	병목현상 개체군 크기	인용문헌
포유류		
아라비안오릭스(Arabian oryx)	10	1
검은발페렛(Black–footed ferret)	7	2
유럽들소(European bison)	13	3
인도코뿔소(Indian rhinoceros)	17	3
사불상(Pere David's deer)	~5	4
프르제발스키말(Przewalski's horse)	12(1개체 또는 그 이상의 사육 암컷 말 포함)	5

아라비안오릭스

네네(하와이 기러기)

Table 8.1 (계속)

종명	병목현상 개체군 크기	인용문헌
붉은목도리여우원숭이 (Red–ruffed lemur)	7	5
시베리아호랑이(Siberian tiger)	25	3
조류		
캘리포니아콘도르(California condor)	14	6
채텀섬검은울새(Chatham Island black robin)	5	7
괌뜸부기(Guam rail)	12	8
모리셔스황조롱이(Mauritius kestrel)	2	9
모리셔스분홍비둘기 (Mauritius pink pigeon)	6	10
네네(하와이기러기)	17	11
푸에르토리코앵무(Puerto Rican parrot)	13	12
아메리카흰두루미(Whooping crane)	14	13

출처: 1, Marshall *et al*. (1999); 2, Russell *et al*. (1994); 3, Hedrick (1992); 4, Ballou (1989); 5, Hedrick & Miller (1992); 6, Geyer *et al*. (1993); 7, Ardern & Lambert (1997); 8, Haig *et al*. (1994); 9, Groombridge *et al*. (2000); 10, Wayne *et al*. (1994); 11, Rave *et al*. (1994); 12, Brock & White (1992); 13, Glenn *et al*. (1999).

개체군 병목현상에 의해 대립유전자(특히 희귀한 유전자들)의 소실이 일어나며 유전적 다양성을 감소되고 대립유전자 빈도는 무작위적으로 변화한다.

초파리 실험 개체군에서 단일 쌍이 겪은 병목현상으로 인해 마이크로세틀라이트 대립유전자(특히 희귀한 대립유전자)가 소실되었으며, 병목현상 이후의 증식된 개체군들에서 대립유전자의 빈도 및 빈도의 편차가 변화하였다(Fig. 8.5). 이형접합성은 기초 개체군의 0.61에서 병목현상 개체군에서는 0.44로 감소하였으며 대립유전자의 수는 12개에서 3.75개로 감소하였다. 개체수(N_e)가 100개체로 유지된 개체군에서 57세대가 지난 후 누적된 영향에 있어서도 비슷한 정도의 유전적 다양성 소실이 나타났다는 사실에 주목할 필요가 있다(11장 참조).

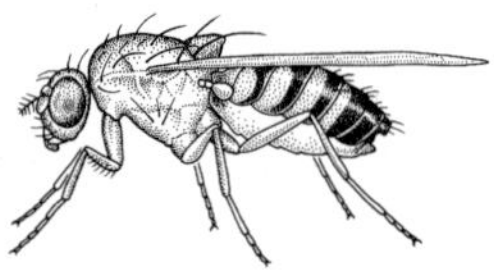

초파리

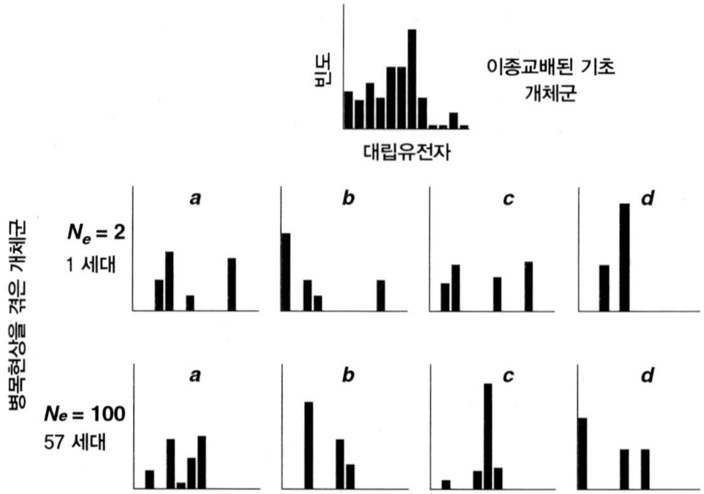

Fig. 8.5 초파리의 실험 개체군들에서 단일 쌍 개체군 병목현상의 영향. 광범위하게 이종교배하는 기초 개체군과 한 쌍의 병목현상을 겪은 4개 증식 개체군 그리고 57세대 동안 100개체의 크기로 유지된 4개 개체군에서의 마이크로세틀라이트 좌위의 대립유전자 빈도 분포(England *et al*. 2003). *대립유전자들, 특히 희귀한 대립유전자들이 더 잘 소실되며 병목현상을 겪은 개체군들에서 대립유전자 빈도는 많은 변화가 나타난다.*

단일 쌍 병목현상이 이형접합성에 미치는 영향은 Table 8.2에 제시되어 있다. 이형접합성은 $2pq$에서 $1.5pq$가 되며 이는 25%의 감소를 나타낸다. 이를 통해 보다 더 큰 개체군 크기에서의 병목현상을 일반화할 수 있는데 단일 세대 병목현상 후에 유지되는 초기 이형접합성의 비율은 다음과 같다.

$$\frac{H_1}{H_0} = 1 - \frac{1}{2N} \tag{8.2}$$

여기에서 H_1과 H_0는 각각 병목현상 직후와 병목현상 전의 이형접합성이다. 원래의 이형접합성에서 $1/(2N)$ 만큼의 비율이 소실된 것이다. 따라서 병목현상이 이형접합성에 미치는 실제적인 영향에 앞서 단일 세대 병목현상의 영향은 더 심각할 수 밖에 없다. 개체군 크기가 2인 개체군은 병목현상을 겪은 후에도 여전히 초기 이형접합성의 75%를 지니고 있다. Fig. 8.5에서 제시된 실험에서 병목현상 후에 이형접합성은 0.61에서 0.44로 감소한 것이 확인되었는데 이는 위의 예측과 일치한다.

Table 8.2 | 단일 쌍, 단일 세대 병목현상이 이형접합성에 미치는 영향의 도출. 이형접합성은 단일 쌍 병목현상 후에 예상되는 이형접합성(H_e)이다. 기초 개체군은 각각 p와 q 빈도의 A_1과 A_2 두 개의 대립유전자를 가지고 있다(이형접합성은 $2pq$).

2개체의 샘플에서 가능한 대립 유전자 조합들	빈도(f)	이형접합성 (H_e)	$f \times H_e$
4 A_1	p^4	0	0
3 A_1:1 A_2	$4p^3q$	0.375	$1.5p^3q$
2 A_1:2 A_2	$6p^2q^2$	0.5	$3p^2q^2$
1 A_1:3 A_2	$4pq^3$	0.375	$1.5pq^3$
4 A_2	q^4	0	0
합계	1.0		$1.5pq(p^2 + 2pq + p^2)$ $= 1.5pq$

병목현상을 겪은 개체군들의 평균 이형접합성 $H_1 = 1.5\,pq$

따라서, $\frac{H_1}{H_0} = \frac{1.5pq}{2pq} = 0.75 = 1 - \frac{1}{2N}$

이를 통해 단일 쌍 병목현상 후에 평균적으로 초기 값의 25% 만큼 이형접합성이 감소하는 것을 알 수 있다.

유전적 다양성의 소실은 단일 세대의 병목현상보다 개체군 크기의 지속적인 감소에 의해 보다 현저하게 나타난다(11장). 보리셔스황소롱이의 이형접합성은 단일 쌍 병목현상에 의해 0.23에서 0.10으로 57%나 감소하였다(Box 8.1). 이는 예측치보다 더 큰 값으로 개체군 크기가 50개체 이하였던 6세대 동안 유전적 다양성이 추가적으로 더 소실되었기 때문일 것으로 생각된다.

병목현상이 대립유전자 다양성에 미치는 영향은 상관성이 있으나 종종 비율적으로 더 큰 영향을 끼친다. 전반적으로 단일 세대 병목현상 후에 유지될 것으로 예상되는 대립유전자의 수는 다음과 같다.

$$A = n - \sum_{i=1,}^{\#\,\text{alleles}} (1 - p_i)^{2N} \tag{8.3}$$

여기에서 n은 병목현상 전의 대립유전자 수이며, p_i는 i번째 대립유전자의 빈도이다. Σ는 소실된 대립유전자의 수를 나타낸다. 예제 8.2는 Fig. 8.5에 나타난 초파리의 마이크로세틀라이트 좌위에 대해 두 개체의 병목현상에 따른 대립유전자의 소실을 위의 방정식을 이용하여 예측하고 있다.

예제 8.2 단일 쌍 병목현상이 이형접합성과 대립유전자 다양성에 미치는 영향의 예측값과 관찰값

Fig. 8.5 초파리의 병목현상 실험에서 기초 개체군은 0.61의 초기 이형접합성을 보유하고 있었다. 단일 쌍 병목현상(N=2)의 영향은 다음과 같이 예측된다.

$$H_1 = H_0\left(1 - \frac{1}{2N}\right) = 0.61\left(1 - \frac{1}{2 \times 2}\right) = 0.46$$

병목현상을 겪은 초파리 개체군의 이형접합성 관찰값은 0.44로 이 예측값과 상당히 유사하다.

기초 개체군은 마이크로세틀라이트 좌위 DMU1951에 11개의 대립유전자를 가지고 있으며 이들 대립유전자들의 빈도는 각각 0.067, 0.067, 0.090, 0.157, 0.157, 0.149, 0.097, 0.142, 0.007, 0.060, 0.007이다(Fig. 8.5의 값들과 약간의 차이가 있음). 방정식 8.3을 이용하여 단일 쌍 병목현상 후의 대립유전자 수를 다음과 같이 예측할 수 있다.

$$\begin{aligned} A = n - \sum_{i=1,}^{\#\,\text{alleles}} (1 - p_i)^{2N} &= 11 - [0.933^4 + 0.933^4 + 0.910^4 + 0.843^4 \\ &\quad + 0.843^4 + 0.851^4 + 0.903^4 + 0.858^4 \\ &\quad + 0.993^4 + 0.940^4 + 0.993^4] \\ &= 11 - 7.67 = 3.33 \end{aligned}$$

병목현상을 겪은 개체군에서 관찰된 대립유전자의 수는 3.57로 이론적인 예측과 상당히 부합하는 것을 알 수 있다.

양적인 유전적 다양성에 대한 개체군 병목현상의 영향

개체군 병목현상은 진화적 잠재성을 감소시킨다.

오직 부가적인 유전적 변이만을 보여 주는 양적 형질에 있어 병목현상으로 인한 양적인 유전적 변이의 소실 예상치 역시 1/(2N)의 비율로 감소한다. 이와 같은 예상 값은 초파리에 대한 여러 선택 실험들을 통해 확인되었다(Frankham 1980).

비부가적인 유전적 변이를 나타내는 형질들에 있어서 이와 같은 상황은 더 복잡해지는데 병목현상은 희귀한 열성 대립유전자에 있어 동형접합성 증가에 따른 부가적인 유전적 변이를 실제로 증가시킬 수 있기 때문이다(Robertson 1952). 이러한 증가는 비부가적 변이를 나타내는 형질에 대해 병목현상을 겪

은 개체군들에서 관찰되었다(Briggs & Goldman 2006; van Buskirk & Willi 2006; Willi *et al*. 2006). 그렇지만 진화적 잠재성에 대한 이들의 관련성은 현재까지 의문점으로 남아 있는데 형질에 대한 평균값이 근친교배로 인해 하락하기 때문이다. 초파리와 카놀라 식물(canola plant)에서 진화적 잠재성에 대한 개체군 병목현상의 영향을 직접적으로 실험한 결과, 둘 다에서 병목현상으로 인한 명확한 감소가 확인되었다(Fig. 8.6).

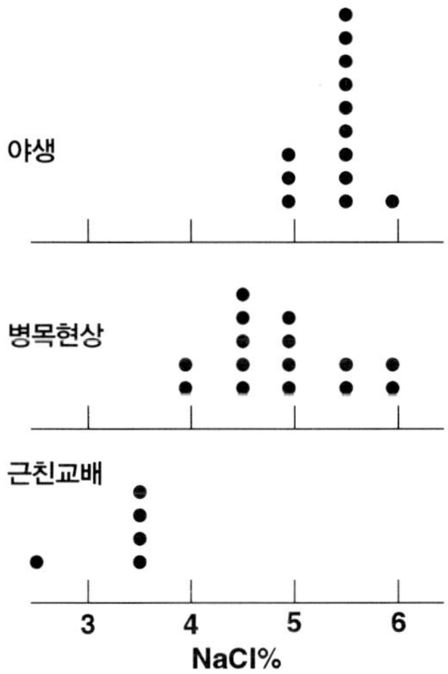

Fig. 8.6 초파리에서 개체군 병목현상이 진화적 잠재성에 미치는 영향(Frankham *et al*. 1999). 실험은 개체군들이 한 세대에 한 쌍의 병목현상을 겪도록 설계되었다. 이 개체군들과 그들의 기초 개체군 그리고 같은 무리에서 고도로 근친교배가 이루어진(동형접합성) 개체군들을 모두 동일한 개체군 크기로 증가시킨 후 사육조에서 사멸될 때까지 NaCl의 농도를 증가시켜 나갔다. *병목현상을 겪은 개체군이 더 빨리 사멸하였으며 사멸까지의 시간은 야생 기초 개체군보다 더 다양하게 나타났다.*

근친교배

Fig. 8.7의 멕시코늑대의 가계도에서 두 번째 세대 이후의 모든 개체들은 부모 개체와 관련되어 있다. 근친교배는 보다 큰 개체군들에서도 필연적으로 발생하지만 더 긴 시간이 소요된다. 예를 들어, 크기가 100인 개체군이 평균적으로 57세대를 거쳐야 형제 자매간 교배와 같은 근친교배가 일어나게 된다(11장).

근친교배는 근친교배는 보다 큰 개체군에서도 필연적으로 발생하지만 더 긴 시간이 소요된다.

근친교배는 이형접합성을 감소시키고 번식과 생존율이 낮아지며(근친교배 약세, inbreeding depression), 멸종의 위험을 증가시키기 때문에 보전생물학에서 심오한 중요성을 지니고 있다(2장과 13장).

근친교배는 임의교배를 하는 작고 폐쇄된 개체군에서 필연적으로 나타나며 번식과 생존율의 감소를 야기한다.

개체군 크기의 측정

지금까지 개체군의 크기가 절대적이든, 실제 조사된 크기이든 간에 개체군의 크기가 개체군 내의 유전적 과정에 미치는 영향에 대해 논하였다. 그러나 실제로 이러한 경우는 거의 없다. 개체군 크기가 명백하게 커서 '안전한' 개체군들에서도 그들이 유전적으로 위기에 처하는 수준까지 감소할 수 있는 수많은 상황들이 존재한다. 예를 들어, 소형 포유류와 곤충, 산호초 생명체들(coral reef organisms)의 많은 개체군들은 개체군 크기가 큰 폭으로 변동하며, 유전적 과정에 상

유전적 영향과 관련된 개체군의 크기는 실제 조사된 개체군 크기보다 일반적으로 작다.

Fig. 8.7 작은 개체군에서 근친교배는 불가피하게 발생한다. 공식 확인된 멕시코늑대 개체군의 가계도(from Hendrick, Miller, Geffen & Wayne, ©1997 Zoobiology, 16: 47-69, Wiley- Liss, Inc., John Wiley and Sons, Inc. 자회사의 허락 하에 재인쇄). 사각형, 수컷; 원, 암컷; 다이아몬드, 성불명. *몇 세대 내로 모든 개체들의 부모는 공통조상을 공유하게 되는데 이는 바로 근친교배의 자손임을 나타내는 것이다.*

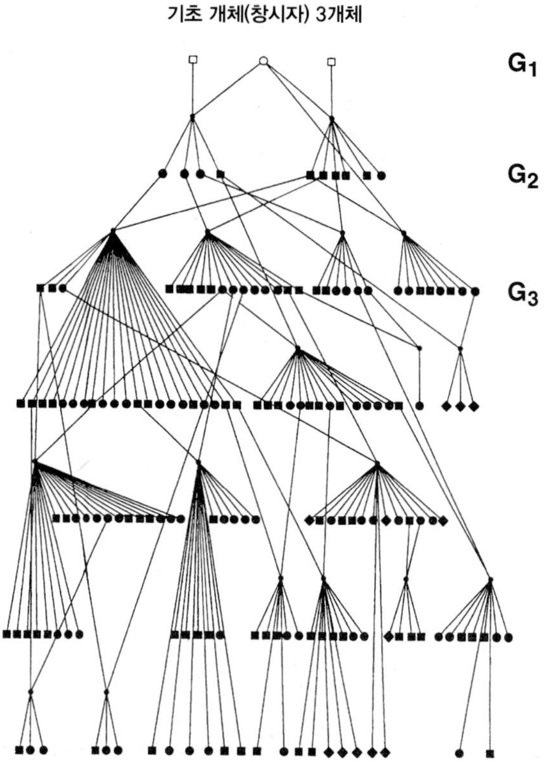

멕시코늑대

당히 심각한 영향을 줄 정도의 최소 개체군 크기까지 감소하기도 한다(11장 참조). 대부분의 개체군들은 어린 개체와 무성 개체 그리고 번식이 종료된 개체들을 포함하고 있는데 이들은 번식 개체군의 크기를 산정할 때 포함될 수 없다. 번식 가능 개체들 중에서도 후세대에 대한 기여도는 개체에 따라 상당히 큰 편차가 있을 것이다. 더 나아가 임의 교배와 자가수정 그리고 무성생식에서의 유전적 영향이 서로 다르듯 일부일처제와 일부다처제에서의 유전적 영향 역시 차이가 있다.

개체군 구조와 번식체계에 따라 종들마다 유전적으로 유효한 개체군 크기가 각기 다르기 때문에 개체수가 동일하다 하더라도 매우 다른 유전적 영향을 나타낼 수 있다. 그렇기 때문에 보전유전학에서 개체군의 크기가 무엇을 의미하는지 명확하게 정의를 내릴 필요가 있다. 이는 실제 개체군과 이론적인 **이상적 개체군**(idealized population)을 비교함으로써 개체군 크기에 대한 의미를 정의할 수 있다. 실제 조사된 개체군 크기를 유효 개체군 크기로 변환하는 것은 다양한 구조와 번식체계를 지닌 여러 종을 포괄하여 비교와 예측을 가능하게 하는 일반적인 척도를 제공한다.

다른 모든 개체군과 비교되는 이상적 개체군은 자웅동체로 이루어진 폐쇄된 무작위적 교배 개체군으로 세대가 분리되어 있고 개체군 크기가 일정하며 가족의 크기는 무작위적(푸아송) 차이를 나타낸다.

이상적 개체군

먼저 무작위적 교배를 하는 크기가 큰 (무한하다고 가정) 기초 개체군이 있다고 가정하고 그 개체군에서 N개체의 성체를 추출하여 이상적인 개체군을 만든다(Fig. 8.8). 이 개체군은 무작위적으로 교배하며 후대에도 폐쇄된 개체군으로 유지된다. 대립유전자는 우연에 의해 소실될 수 있고 대립유전자 빈도는 유전적 부동에 의해 변동될 수 있다. 이상적 개체군에 적용되는 단순화된 조건은 다음과 같다:

- 번식에 참여하는 개체의 수는 모든 세대에서 일정하다.
- 각 세대는 뚜렷이 구분되며 겹치지 않는다.
- 이주 또는 유전자 흐름은 없다.
- 모든 성체는 잠재적인 번식 가능 개체이다.
- 모든 개체는 자웅동체이다(암컷과 수컷의 생식기관을 모두 가지고 있다.).
- 자가수정을 포함하여 배우체의 결합은 무작위적이다.
- 생활사의 어느 단계에서도 자연선택은 일어나지 않는다.
- 돌연변이는 무시된다.
- 잠재적 번식 가능 개체에서 다음 세대의 잠재적 번식 가능 개체로 전달되는 배우체는 평균 2개이며 분산은 2이다.

개체군 내에서 번식개체들은 접합체가 형성되는 풀에 동일하게 배우체를 제공한다. 접합체의 생존은 무작위적이기 때문에 성체들이 다음 세대에 기여하는 정도는 동일하지 않다. 성체 당 생산하는 자손의 평균 개체수는 1이나 각 개체들에서는 0, 1, 2, 3, 4 등으로 무작위적으로 다양한 자손의 수를 나타내는데 이는 **푸아송 분포**(Poisson distribution)를 따른다.

이러한 가정들로 인해 이상적 개체군의 특성은 잘 정의되며 많은 이론들의 주요 내용은 이를 바탕으로 도출되었다. 따라서 실제 개체군을 이상적 개체군에 대입함으로써 실제 예측을 하는 데 활용할 수 있다.

유효 개체군 크기(N_e)

개체군 크기에 대한 정의는 **유효 개체군 크기**(N_e)라는 용어로 개체군을 설명함으로써 표준화될 수 있다. 개체군의 유효 크기는 실제 개체군과 동일한 비율로 유전적 다양성을 소실하게 되는 (또는 근친교배가 일어나거나 유전적 부동이 나타나

작은 개체군의 유전적 과정은 실제 개체수보다 유효 개체군 크기에 의존된다

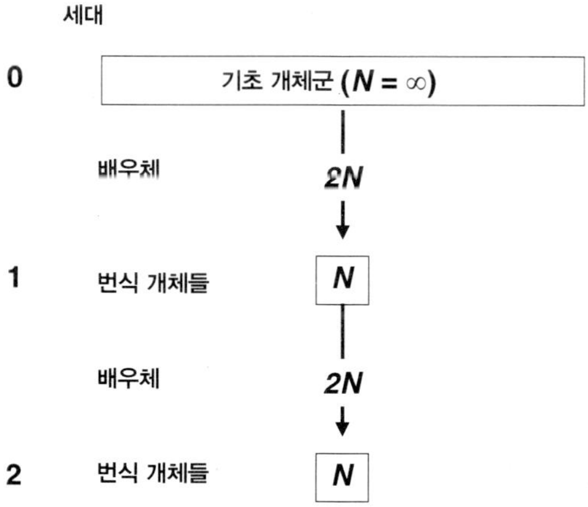

Fig. 8.8 이상적 개체군. 아주 큰 기초 개체군에서 N개체의 성체 샘플을 추출하고 이 개체군은 무작위적 교배를 하며 각 세대마다 일정한 수의 부모가 있는 폐쇄된 개체군으로 유지된다.

는) 이상적 개체군의 크기이다. 예를 들어, 만약 크기가 100인 이상적 개체군과 동일한 비율로 실제 개체군이 유전적 다양성을 소실한다면 실제 개체군이 1,000개체라 하더라도 100의 유효 개체군 크기를 가지고 있는 것이다. 그러므로 개체군의 N_e는 그 개체군의 유전적 행동의 척도로서 이상적 개체군의 크기와 관련이 있다.

작은 개체군 크기에서 나타나는 모든 불리한 유전적 결과들은 절대 개체수보다 유효 개체군 크기에 좌우된다. 실제로, 개체군의 유효한 크기는 대체로 번식 개체들의 숫자보다는 훨씬 적다. 실제 개체군은 이상적 개체군에서 가정한 기준과는 구조적으로 많은 차이가 있는데 그 차이는 실제 개체군의 경우 분리된 성(암컷과 수컷), 성비의 불균형, 무작위적이지 않은 번식체계, 가족 크기의 심한 차이, 연속되는 세대에서의 개체수 변화 그리고 세대의 중첩으로 인해 발생한다. N_e를 계산하는 자세한 내용은 11장에 제시되어 있다. 당분간은 대부분의 식에서 사용되는 개체수가 실제 개체수(N)가 아닌 유효크기 N_e라는 것만 알고 있으면 된다.

작은 개체군들에서의 선택

> 선택은 큰 개체군과 비교하여 작은 개체군에서는 효과적이지 않다

큰 개체군은 작고 위기에 처한 개체군보다 더 큰 진화적 적응 능력을 보여 준다. 붉은밀가루딱정벌레의 몸 색깔에 관여하는 선택은 크기가 작은 개체군에 비해 크기가 큰 개체군에서 보다 더 일관되게 나타난다(Fig. 8.2). 검은색 대립유전자가 선택을 받지 못함에도 불구하고 한 작은 개체군은 이 유해 대립유전자에 대해 동형접합성이 되어버렸다. 이는 보전유전학에 있어 중대한 사실 한 가지를 제공한다: 선택은 큰 개체군과 비교하여 작은 개체군에서는 효과적이지 않다는 것이다.

> 작은 개체군은 양적 형질에 대한 방향성 선택에 있어 큰 개체군보다 낮은 반응을 보인다.

작은 개체군들은 각 세대에서 유전적 다양성이 소실된다; 따라서 선택 반응은 큰 개체군들과 비교해 감소될 수 밖에 없다. 이 과정의 모형을 통해 Robertson(1960)은 방향성 선택에 대한 선택 반응의 총 양(한도)은 유효 개체군 크기와 그 선택 격차의 결과에 좌우된다고 예측했다. 이러한 예측은 초파리, 쥐, 닭과 옥수수를 포함하는 일련의 종들에 대한 몇 가지 다른 양적 형질 실험에서도 확인되었다(Weber 2004).

> 유해 대립유전자는 큰 개체군보다 작은 개체군에서 더 쉽게 고정된다.

위기에 처한 종들은 위기에 처하지 않은 종들과 비교해 초기의 유전적 다양성이 더 낮다는 것(3장)과 각 세대에서 더 큰 비율로 유전적 다양성을 소실(15장)하기 때문에 이들 종의 진화적 잠재성은 심각하게 손상을 받게 된다.

큰 개체군에 비해 작은 개체군에서 선택의 효과가 낮은 것은 중요한 결과와 연결되는데 유해 대립유전자가 자연선택에 의해 제거되기가 어렵고 심지어는 고정되는 경우가 있기 때문이다(Fig. 8.2). 이는 번식 적응도의 직접적인 감소로 이어질 수 있으며 멸종의 위험은 증가하게 된다(13장과 15장).

> 유해 대립유전자의 평형빈도는 평균적으로 큰 개체군보다 작은 개체군에서 더 낮다.

작은 개체군들에서의 돌연변이-선택 평형

개체군 내 수많은 좌위에서 유해 돌연변이는 돌연변이-선택 균형에 의해 낮은

빈도로 유지된다(7장). 그렇지만 대립유전자들은 크기가 한정적인 (작은) 개체군 내에서 유전적 부동에 의해 소실되는데 희귀한 돌연변이일수록 더욱 그러하다. 더 나아가 유전적 부동에 의해 빈도가 증가하는 열성 대립유전자들은 선택에 의해 더욱 효과적으로 제거된다. 이로 인해 유해 대립유전자의 평형빈도는 평균적으로 큰 개체군에 비해 작은 개체군에서 더 낮게 나타난다(Fig. 8.9). 예를 들어, 돌연변이 비율이 10^{-5}인 열성 치사 대립유전자의 예상된 평형빈도는 크기가 아주 큰 개체군에 비해 크기가 10인 개체군에서 30배 정도 더 낮다. $\sqrt{u}$ (식 7.4)의 열성 치사 대립유전자의 평형빈도는 유효 개체군 크기(N_e)가 적어도 100만 이상일 때만 적용될 수 있다. 평형빈도와 개체군 크기와의 이러한 관계는 부분적 열성 치사 대립유전자에서 더 약하다. 예를 들어, 이형접합자 적응도에 2.5%의 감소를 가져오는 부분적 열성 치사 대립유전자는 매우 큰 개체군에서 4×10^{-4}의 평형 빈도를 나타내며 유효 개체군 크기가 10인 개체군에서는 약 10^{-4}의 값을 나타낸다.

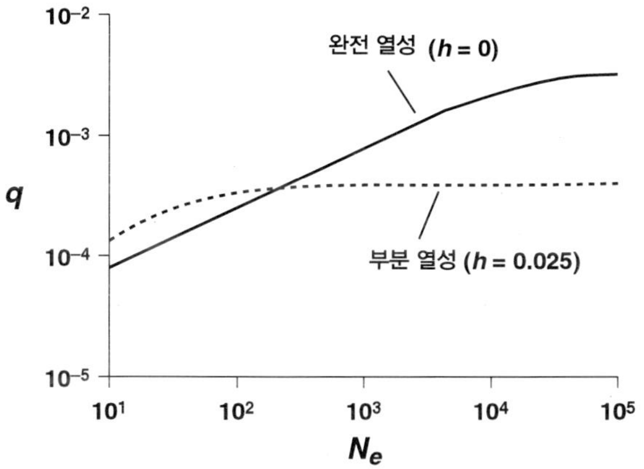

Fig. 8.9 서로 다른 크기의 개체군에서 열성치사 대립유전자에 대한 평형 빈도들. 돌연변이 발생률은 10^{-5}로 가정하였다. 실선은 완전 열성 치사 대립유전자이며, 점선은 이형접합자일 때 번식적응도가 2.5% 감소하는 부분 열성 치사 대립유전자이다(after Crow & Kimura 1970).

유해 대립유전자 빈도의 분산은 작은 개체군에서 높아진다. 수많은 좌위는 유해 대립유전자를 가지지 않으나 캘리포니아콘도르의 연골발생장애증(chondrodystrpphy, 17%의 치사 대립유전자 빈도, 4장)과 같이 일부는 우연에 의해 상대적으로 높은 빈도가 나타난다. 이 대립유전자는 큰 개체군에서 약 0.3%의 돌연변이–선택 균형을 나타낼 것으로 예상된다(7장). 병목현상을 겪은 인간 개체군들이 그랬던 것처럼 멸종위기에 처한 다른 종들에서 유전적 질병들(Table 7.3)을 유발하는 대립유전자의 빈도가 증가된 것이 확인되었다(Diamond & Rotter 1987).

컴퓨터 시뮬레이션

> 컴퓨터 시뮬레이션은 작은 개체군에서 선택 또는 돌연변이의 영향과 같이 수학적으로 풀기 어려운 문제를 계산하기 위해 이용된다

유전적 부동 현상의 확률적 특성(stochastic nature)으로 인해 작은 개체군들에서 대립유전자 빈도에 대한 선택의 영향은 대수적으로 모형화하기가 어렵다. 이

로 인해 컴퓨터 시뮬레이션은 우연과 선택의 영향을 연구하는 데 자주 이용된다 (Box 8.3). 예를 들어 Fig. 8.2에서 제시된 밀가루딱정벌레의 실험이 Fig. 8.10에서 시뮬레이션되었다. 여기에서 실험 자료에 의한 결과와의 유사성에 주목할 필요가 있다.

Fig. 8.10 크기(N)가 10과 100인 증식된 개체군에서 선택의 작용을 나타내는 컴퓨터 시뮬레이션. 선택은 s=0.1인 누적 모형에 대한 것이다. 이러한 시뮬레이션은 스프레드시트 소프트웨어에서 난수(random number)의 생성을 이용하여 분석이 수행되었다.

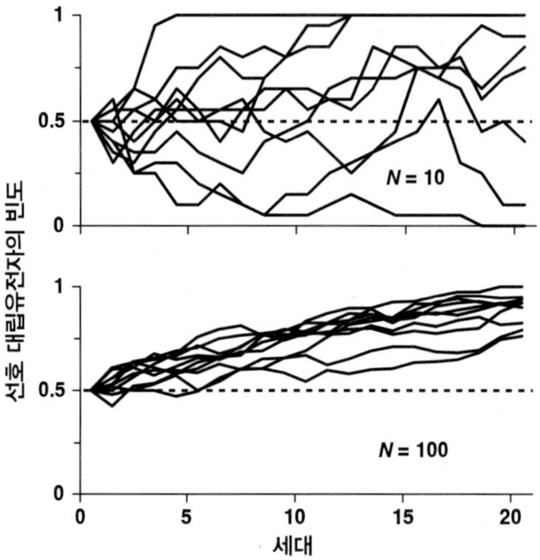

Box 8.3 | 복잡한 모형과 컴퓨터 시뮬레이션

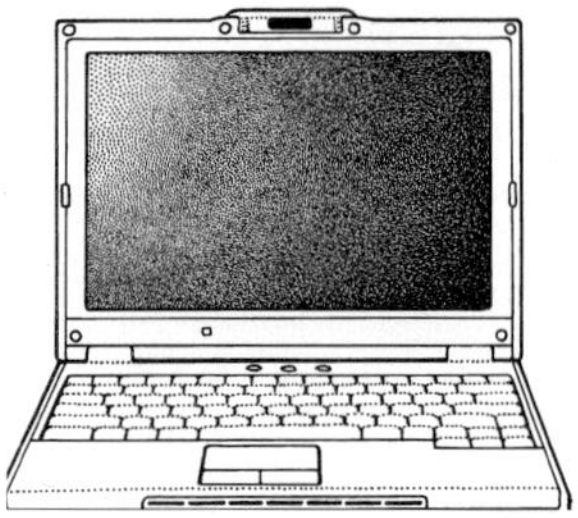

선택을 동반한 우연, 이주, 그리고 돌연변이가 조합되어 나타나는 영향은 대수적 모형을 이용해 조사하기에는 너무 급격하게 복잡해진다. 이에 대해서는 확산방정식(diffusion equations)과 같은 비교적 복잡한 수학을 이용하거나 확률 컴퓨터 모형(stochastic computer model)의 구축을 통해 연구된다. 어느 공국의 유명한 카지노 이름을 붙여 몬테카를로(Monte Carlo) 시뮬레이션이라 불리는 컴퓨터 모형들은 우연 현상을 포함하고 있다. 몬테카를로 시뮬레이션은 Fig. 8.10에서 보여 주는 바와 같이 단일 결과보다는 결과물들의 분포를 작성하여 보여 준다.

컴퓨터 시뮬레이션은 보전유전학에서 여러 가지 다른 방법으로 이용되는데 다음과 같이 이용될 수 있다:

- 수학적 모형의 결과 검증
- 확률 수학적 모형에 의해 만들어진 식의 수치 해법(numerical solutions) 제공
- 문제에 대한 대략적인 수학적 해법의 유효성 확인
- 수학적으로 연속해서 풀릴 수 있는 문제의 해법 제시
- 실험적 결과를 비교할 수 있는 '귀무' 가설의 제공
- 수학적 모형으로 풀기에 너무 복잡한 문제의 연구

이후의 교재 내용에서는 컴퓨터 시뮬레이션을 통해 실제 생명체들을 실험 재료로 쓰게 됨으로써 너무나 복잡해지는 실험들을 간단히 다룰 수 있는 (많은 단순화된 가정들을 가진) 수학적 모형과 연결시킬 수 있다. 컴퓨터 시뮬레이션은 상당히 복잡한 대부분의 문제들을 현실적으로 처리할 수 있다. 예를 들어, Lacy(1987)는 유전적 부동, 선택, 이주와 개체군 분할이 멸종 위기에 처한 작은 개체군에 미칠 수 있는 영향을 평가하기 위해 컴퓨터 시뮬레이션을 이용하였다. 복

잡한 가계도에서 오랜 시간에 걸쳐 대립유전자가 소실되거나 유지될 가능성은 'gene drop'이라는 특정 컴퓨터 시뮬레이션을 통해 계산할 수 있다(MacCluer et al. 1986). 더 나아가 Ballou와 Lacy(1995)는 유전적 다양성의 유지와 멸종위기종을 위해 제안된 선택적 유전자 관리 계획으로써의 근친교배에 대한 영향을 평가하기 위해 컴퓨터 시뮬레이션을 이용하였다. 그들은 시뮬레이션을 통해 서로 다른 혈통에서 시작된 개체군들을 기초로 여러 세대를 거치며 증식된 수많은 증식 개체들의 단일 좌위를 추적했다. 그들은 이 작업을 통해 사육 개체군들의 유전적 관리에 도입된 새로운 방법(minimizing mean kinship, 평균 혈연도 최소화)을 이끌어 내었다(19장). 수많은 단순화된 가정들에 불구하고 컴퓨터를 이용한 그들의 예측들은 이후 초파리에 대한 실험을 통해 검증이 되었다.

생존에 중대한 위협을 주는 모든 과정에 따른 멸종 위험도를 평가하기 위해 더 많은 복잡한 컴퓨터 모형이 이용되는데 개체군 생존능력 분석(population viability analysis)이라 불리는 분석법이 그 중 하나이다(Fig. 2.4; 22장).

요약

1. 보전의 주요 관심사는 작거나 감소하고 있는 개체군들이다.
2. 작은 개체군에서의 진화는 큰 개체군에 비해 우연과 근친교배의 영향을 더 많이 받는다.
3. 우연의 영향(유전적 부동)은 배우체의 무작위적 추출에 의해 나타난다.
4. 유전적 부동의 결과로 대립유전자 빈도의 무작위적 변동(random fluctuation), 증식된 개체군 간의 다양화, 고정과 유전적 다양성의 소실이 일어난다.
5. 작은 개체군에서의 유전적 결과는 실제 개체군의 크기가 아닌 유효 개체군 크기에 좌우된다.
6. 선택은 큰 개체군과 비교하여 작은 개체군에서는 효과적이지 않다
7. 돌연변이-선택 균형에 의한 유해 대립유전자의 평형 빈도는 큰 개체군에 비해 작은 개체군이 일반적으로 더 낮다.

추가적인 읽을 거리

Crow & Kimura (1970) *Introduction to Population Genetics Theory*. Relatively advanced treatment of evolutionary theory in small populations.

Falconer & Mackay (1996) *Introduction to Quantitative Genetics*. Chapter 3 provides a very clear introduction to the topics in this chapter.

Hartl & Clark (2007) *Principles of Population Genetics*. Covers topics of this chapter.

Hedrick (2005a) *Genetics of Populations*. Has a more extensive treatment of many of the topics in this chapter.

Willi et al. (2006) Excellent review on the impacts of small population size in reducing ability to adapt.

소프트웨어

BOTTLENECK: Software to test for a signal of a population bottleneck from allele frequency data (Piry *et al*. 1999).
www.montpellier.inra.fr/URLB/bottleneck/bottleneck.html

DRIFT: A free animation of how alleles are passed from one generation to the next. http://nationalzoo.si.edu/goto/Ballou/

EASYPOP: Software to simulate the effects of mutation, population size, drift, migration and population fragmentation (Balloux 2001). www.unil.ch/dee/page36926_fr.html

SELECTION: Software to simulate the effects of selection, drift, mutation and migration on a single locus. www.gsoftnet.us/GSoft.html

문제

8.1 대립유전자의 우연적인 소실 확률. 만약 유전형이 A_1A_2인 이형접합성 뇌산호(brain coral)가 자가수정을 통해 세 개체의 자손을 갖는다면, 이 자손에서 A_1 대립유전자가 나타나지 않을 확률은 얼마인가?

8.2 대립유전자의 우연적인 소실 확률. 만약 유전형이 A_1A_2, A_1A_3인 두 개체의 시베리아호랑이 부모가 네 마리의 자식을 가진다면 A_1 대립유전자가 자손에게서 나타나지 않을 확률은? A_2 대립유전자가 자손에게서 나타나지 않을 확률은? A_3 대립유전자가 자손에게서 나타나지 않을 확률은?

8.3 대립유전자의 우연적인 소실 확률. 만약 A_1, A_2 대립유전자의 빈도가 각각 0.9:0.1인 괌뜸부기 개체군에서 (a) 만약 12개체의 자손이 생겼을 때 그 다음 세대에서 A_2 대립유전자가 사라질 확률은? (b) 만약 100개체의 자손이 생겼을 때 그 다음 세대에서 A_2 대립유전자가 사라질 확률은? (a)와 (b)를 비교하시오.

8.4 무작위적 추출(random sampling)에서 대립유전자가 유지될 확률. Fig. 8.1의 치타 가계도에서 가장 상단의 첫 번째 개체를 추출했을 때 A_1 대립유전자가 95%로 나타나기 위해서는 얼마나 많은 자손이 필요한가?

8.5 유전적 다양성의 소실. 다음의 단일 세대 병목현상에서 초기의 이형접합이 유지되는 비율은 얼마인가? (a) 하와이 고유 야자수 종인 *Pritchardia munroi* 단일 개체, (b) 5개체로 감소한 채텀섬검은울새, (c) 14개체로 감소한 미국흰두루미, (d) 약 70개체로 감소한 네팔 치트완 지역의 인도코뿔소, (e) 300,000개체로 감소한 남방참다랑어.

8.6 대립유전자 다양성의 소실. 다음과 같은 단일세대 병목현상 후 대립유전자의 초기 빈도 q가 소실될 확률은? (a) q=0.1인 Giant red Indian paintbrush(*Castilleja miniata* Douglas ex Hook.) 1개체, (b) q=0.1인 2개체의 모리셔스황조롱이, (c) q=0.1인 50마리의 북방털코웜뱃(northern hairy-nosed wombats), (d) q=0.05인 25개체의 시베리아호랑이.

실습: 컴퓨터 시뮬레이션

아래의 컴퓨터 시뮬레이션 실습은 크기가 작은 개체군에서 일어나는 진화의 양상에 대해 독자들의 이해를 돕기 위해 설계되었다. 부동(drift)의 단독 영향에 대한 실습은 EASYPOP과 같은 패키지 프로그램으로 분석이 가능하며, 부동과 선택을 모두 포함하는 경우에는 SELECTION 패키지 프로그램을 이용할 수 있다.

1. 유전적 부동과 다양화. 시작 빈도(q=0.5와 q=0.1)와 크기(10개체와 50개체)

가 각기 다른 경우에서 100세대가 지났을 때 다음 각각의 개체군들의 비율을 비교하시오; (i) 여전히 다형성을 유지하고 있는 개체군, (ii) 고정(q=1)될 개체군, 그리고 (iii) 대립유전자 A_2를 소실(q=0)할 개체군.
여기에는 50−100회의 반복이 필요한데 이는 개별적으로 수행하거나 또는 실습에 참여한 모든 학생들의 결과를 취합하여 종합할 수도 있다.

시뮬레이션	고정 q = 1	다형성	소실 q = 0
q_0 = 0.5 N = 50			
q_0 = 0.5 N = 10			
q_0 = 0.1 N = 50			
q_0 = 0.1 N = 10			

결과는 (a) 개체군 크기와 (b) 다른 시작 빈도에 따라 각기 어떻게 달라지는가?

2. 강한 선택이 작용하는 적응 진화. 후추나방(peppered moth)의 공업암화(industrial melanism)(선호되는 우세 대립유전자). 공업암화로 인해 대립유전자의 빈도는 1848년의 q=0.005에서 1900년에 0.90으로 증가하였다(52세대). 상대적응도는 대략적으로 다음과 같다.

	일반형 *tt*	암화형 *Mt*	암화형 *MM*
상대적응도	0.7	1	1

이 경우, N=50이며 100세대가 경과한 후의 결과를 시뮬레이션해 보고 아래의 표에 결과를 기입하시오.

시뮬레이션	고정 q = 1	다형성	소실 q = 0
q_0 = 0.005 N = 50			

각각의 경우 얼마의 비율에서 유해 대립유전자가 고정되는가?
이 결과를 6장의 결정론적 경우(deterministic case)와 비교해 보시오.

3. 약한 선택이 작용하는 적응 진화. 다음의 적응도를 지닌 무문식으로 우세한 좌위(알로자임 좌위 또는 MHC 대립유전자와 유사)에 대해 시작 빈도 q=0.1이며 N=50과 N=10일 때, 2,000세대가 경과한 후에 각각의 대립유전자 빈도 변화를 시뮬레이션해 보시오.

A_1A_1	A_1A_2	A_2A_2
0.99	0.992	1.0

아래 표에 결과값을 기입하시오.

시뮬레이션	고정 q = 1	다형성	소실 q = 0
q_0 = 0.1 N = 50			
q_0 = 0.1 N = 10			

각각의 경우 얼마의 비율에서 유해 대립유전자가 고정되는가?
이 결과를 동일한 적응도와 시작 빈도로 시뮬레이션한 결정론적 경우(deterministic case)와 비교해 보시오.

9장

유전적 다양성의 유지

용어

결합적 과대 우성(Associative overdominance)
균형선택(Balancing selection)
효과적 중립성(effectively neutral)
빈도의존선택(frequency-dependant selection)
이형접합자 이익(heterozygote advantage)
인트론(intron)
역위(inversions)
중립적 돌연변이(neutral mutation)
비동일성 치환(non-synonymous substitutions)
과대 우성(overdominance)
위유전자(psudogene)
희귀 대립유전자 이익 선택(rare advantage selection)
선택적 중립성(selectively neutral)
동일성 치환(synonymous substitutions)
일시적 다형성(transient polymorphisms)
종간동일 다형성(trans-species polymorphism)

개체군에서의 유전적 다양성은 중립적 돌연변이 및 무작위적 유전적 부동, 유해 돌연변이, 선택과 균형선택을 포함하는 자연적인 과정을 통해 유지된다. 일반적으로 균형선택은 유전적 다양성의 소실을 저해한다. 유전적 다양성을 유지하는 주요한 기작은 형질들 간에 차이가 있으며, 작은 개체군과 큰 개체군 사이에도 차이가 있다.

말라리아와 인간의 유전적 다양성. 열대열말라리아(faliparum malaria)의 분포(a)와 질병에 저항성을 지니는 대립유전자(alleles)의 빈도, (b) 겸상적혈구빈혈증(sickle-cell anaemia), (c) 지중해빈혈(thalassemia), (d) G6pd 결핍(after Strickberger 1985. based on Allison 1961)

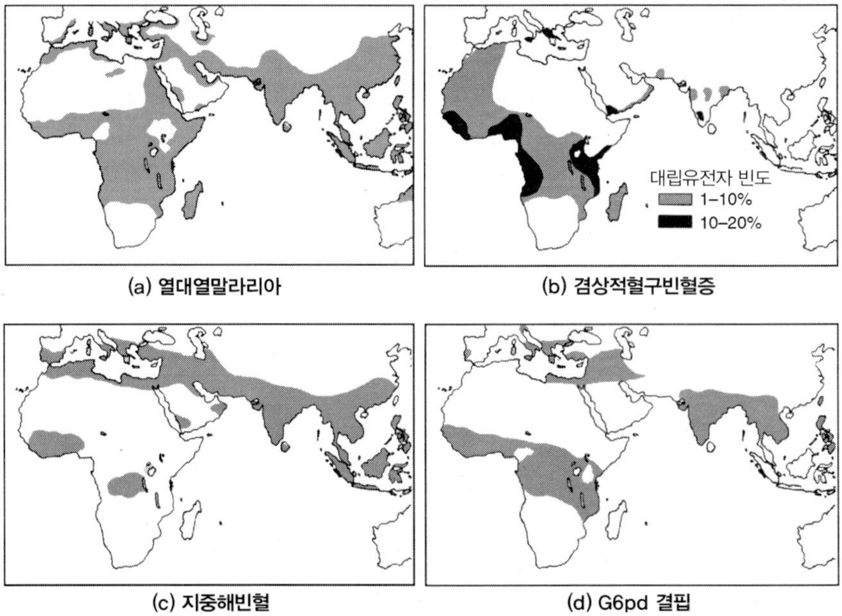

(a) 열대열말라리아 (b) 겸상적혈구빈혈증
(c) 지중해빈혈 (d) G6pd 결핍

유전적 다양성의 보전

만약 보전 프로그램이 관리 중에 있는 멸종위기종 개체군의 유전적 유지를 위해 계획된 것이라면 보전생물학자는 어떻게 유전적 다양성이 자연적 과정을 통해 유지되는가를 이해하는 것이 필요하다.

유전적 다양성은 개체군의 진화에 필수적인 요구조건으로 유전적 다양성의 유지는 보전 프로그램에 있어 하나의 주요한 목표이다.

개체군은 그들의 유전적 나양성 수준에서 다양한 양상을 보인다(3장). 대부분 개체군이 크고 널리 분포하는 종은 높은 수준의 유전적 다양성을 보유하나, 작은 개체군 및 섬 개체군과 멸종위기종은 종종 훨씬 낮은 수준의 다양성을 나타낸다. 이러한 차이들은 특정한 번식체계 안에서 작용하는 자연선택 및 유전적 부동, 돌연변이와 이주의 상호작용 과정들의 직접적인 결과이다. 따라서 다양성의 수준은 어떤 과정이 보다 우세한 지에 영향을 받는다. 이러한 유전적 다양성은 서로 다른 형질들(different characters)에 대해 다양하게 나타날 수 있으며 큰 개체군과 비교하여 작은 개체군에서 또 달라진다. 일반적으로 작은 개체군에서는 유전적 부동 현상이 결정적 기작(deterministic mechanism) (예, 자연선택)보다 우세하다.

유전적 다양성의 유지에 대한 균형선택과 중립적 돌연변이–무작위적인 유전적 부동의 기여도를 고려하기 전에 서로 다른 돌연변이들과 이와 관련된 선택적 가치(selective values)를 먼저 고려할 필요가 있다.

중간적인 빈도로 대립유전자의 유전적 다양성이 유지되는 것에 대해 두 가지 가설이 존재한다: 무작위적인 유전적 부동과 균형선택을 겪는 중립적 돌연변이

서로 다른 돌연변이의 종류와 운명

돌연변이의 주요한 종류는 다음과 같다 :

- 유해 돌연변이(deleterious mutations)
- 유익 돌연변이(beneficial mutations)
- 중립적 돌연변이(neutral mutations)
- 어떤 환경에서는 돌연변이의 영향이 선호되나 다른 환경에서는 그렇지 않은 돌연변이(7장)

각각의 돌연변이의 운명은 아래와 같다.

새롭게 나타나는 돌연변이의 대부분은 유해 돌연변이이다. 유해 돌연변이는 선택에 의해 제거되나, 돌연변이에 의해 지속적으로 추가된다.

비록 이 네 종류의 돌연변이에 대한 정확한 비율은 알 수 없으나 표현형에 대해 영향을 지닌 돌연변이가 압도적으로 해롭다는 것에는 의심의 여지가 없다. 유해 돌연변이는 지속적으로 선택에 의해 제거된다. 일반적으로, 돌연변이와 선택 긴의 균형은 유해 대립유전자를 매우 낮은 빈도로 유지시킨다(7장).

(매우) 낮은 비율의 돌연변이만이 유익하다. 만일 이러한 돌연변이가 빈도가 높지 않은 초기세대에 우연하게 제거되지 않는다면 고정(fixation)에 도달하기까지 그 빈도가 증가한다. 이러한 대립유전자를 갖는 좌위는 고정에 도달하기 전 그 빈도가 증가하는 단계 동안 다형성을 나타낼 것이다(**일시적 다형성, transient polymorphisms**). 이러한 돌연변이를 갖는 좌위는 단지 드물게 다형성이 나타나는데, 이는 이러한 돌연변들이 소수에 속하며 유익한 대립유전자들

유익한 돌연변이는 자연선택에 의해 고정된다.

은 선택적 이익(selective advantage)에 따른 비율로 상대적으로 빠르게 고정되기 때문이다.

기능적 부위 밖의 많은 돌연변이와 그 부위 내의 몇몇 돌연변이는 중립적이다.

일정 비율의 돌연변이는 중립적으로(Fig. 7.1), 예를 들어 기존에 존재하는 대립유전자처럼 번식적응도(reproductive fitness)에 대해 동일한 영향을 갖는다. 번역되지 않은 DNA(좌위들, 그리고 인트론 사이의 부위들)의 많은 돌연변이와 아미노산 변화를 일으키지 않는 DNA 염기치환(동일치환, synonymous substitutions)이 이런 범주에 해당될 것이다. 중립적 돌연변이의 운명은 유전적 부동에 의해서만 결정되고, 더불어 일시적 다형성을 만들기도 한다. 따라서 이러한 중립적 돌연변이는 번식적응도에 있어 유전적 다양성의 유지에 대한 논의에는 포함되지 않는다. 중립적 돌연변이의 운명은 개체군 크기와 중립적 돌연변이의 비율에 전적으로 좌우된다.

모든 형태의 균형선택에 종속된 돌연변이는 큰 개체군에서 능동적으로 유지된다.

돌연변이의 네 번째 종류는 어떤 환경에서는 선택을 받게 되나, 다른 환경에서는 선택되지 않는다. 이를 **균형선택(balancing selection)**이라고 한다. 이들 대립유전자는 그 개체군에서 상대적으로 중간적 빈도로 유지되며, 결과적으로 다양성을 나타나게 한다.

균형선택에는 세 가지 주요 형태가 있다. 어떤 대립유전자는 이형접합자에서는 이롭지만, 동형접합자에서는 해롭고(**이형접합자 이익** 또는 **과대 우성**, heterozygote advantage or overdominance), 반면에 다른 대립유전자는 드물 때에는 이롭고, 흔할 때에는 해롭다(**희귀 대립유전자 이익** 또는 **빈도의존 선택**, rare allele advantage or frequency-dependent selection). 마지막으로, 이러한 돌연변이의 일부는 어떤 환경에서는 유리하고 다른 조건에서는 불리한 선택적인 가치를 가지고 있다. 예로서, 한 계절과 또 다른 계절, 혹은 어떤 환경적 니치(environmental niche)와 또 다른 환경적 니치를 들 수 있다. 이러한 대립유전자는 유전형×환경의 상호작용을 나타낸다(5장). (돌연변이-선택 균형은 균형선택으로 설명되지 않는다.)

개체군에서 관찰되는 대부분의 유전적 다양성은 중립적 대립유전자와 균형선택에 종속된 대립유전자를 의미할 것이다.

유해 돌연변이와 유익한 돌연변이 모두 소실되거나 급격하게 고정되기 때문에 자연개체군에서 중간적 대립유전자 빈도를 갖는 다형성은 기본적으로 균형 선택에 의해 유지되는 대립유전자와 함께 중립적 대립유전자를 의미한다.

큰 개체군에서의 유전적 다양성의 유지

선택은 큰 개체군의 유전적 다양성 유지에 상대적으로 더 큰 역할을 하는 반면 작은 개체군에서는 부동이 더 중요한 역할을 한다.

큰 개체군의 유전적 다양성 유지에 대한 논의는 먼저 유전적 부동 하에서의 중립적 운명을 고려함으로 시작되는데, 서로 다른 좌위와 형질에 대한 선택의 정도를 고려하고, 큰 개체군에서의 균형선택을 논의하며, 적합성 형질에 대한 유전적 다양성의 유지로 결론을 맺는다. 작은 개체군에서의 유전적 다양성 유지는 큰 개체군에 대한 상황과 비교하고 대조하기 위해 이 장의 후반부에 주로 다룰 것이다.

무작위적 유전적 부동 하에서의 중립적 돌연변이

대부분의 중립적 돌연변이는 출현 후 수 세대 안에 소실된다(왜냐하면 중립적 돌연변이는 매우 낮은 빈도로 시작되기 때문이다). 그렇지만 새로운 돌연변이는 지속적으로 생성된다. 단지 우연에 의해 작은 비율의 빈도로 나타나고 일부는 고정된다(Fig. 9.1). 새롭게 출현한 돌연변이(*de novo* mutation)의 초기 빈도가 $1/2N_e$일 때, 그 돌연변이의 비율은 $1/2N_e$이다. 이 대립유전자의 흐름이 이처럼 진행된다면 어느 시점에서 일부 좌위는 다양성을 띄게 된다. 이것은 분자진화학의 **중립이론**(neutral theory)으로 불린다.

자연개체군에서 일정부분의 유전적 다양성은 그 운명이 무작위적인 유전적 부동에 의해 결정되는 중립적 돌연변이에 기인한다.

비암호화 DNA(non-coding DNA)에서의 진화는 주로 중립적 돌연변이 – 무작위적인 유전적 부동(특히 위기종, threatened species)에 기인하는 반면 단백질 진화에서의 역할은 여전히 논쟁의 대상이 되고 있다(Kimura 1983; 10장).

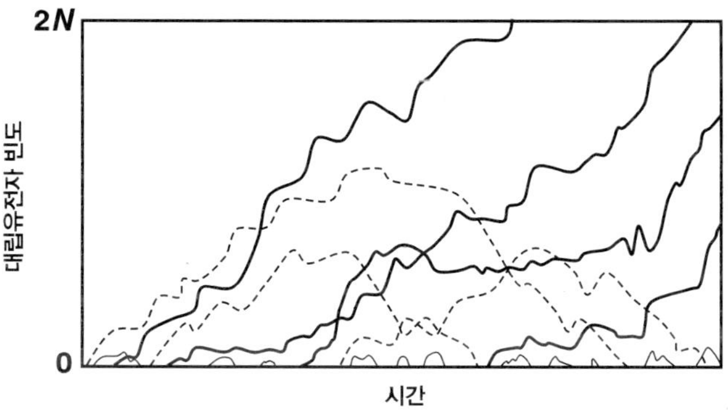

Fig. 9.1 중립적 돌연변이–무작위적 유전적 부동 (Crow & Kimura 1970)
이 그림은 매우 큰 개체군에서 아주 오랜 세대 동안의 중립적 돌연변이의 흐름을 나타내고 있다. 대부분의 돌연변이는 몇 세대 안에 소실된다(얇은 선). 몇몇 돌연변이는 그 빈도가 증가한다. 이러한 돌연변이 중 일부가 최후에 고정이 되고(굵은 선), 반면에 나머지는 사라진다(점선). *어느 시점에서나 다형성 좌위는 존재한다(일시적 다형성).*

중립이론을 지지하는 여러 가지 증거들이 아래에 제시되어 있으며, 이들 중 대부분은 다른 대안적 가설에 의해 예측되지 못한 것들이다.

분자진화 속도와 중립적 돌연변이 비율 간의 관계에 대한 유도식은 다음과 같다. 크기가 N_e인 개체군에서 세대 당 중립적 돌연변이의 수는 $2N_eu$이다. 여기서 u는 중립적 돌연변이의 비율이다. 그러나 어떤 중립적 돌연변이가 고정될 확률은 그 돌연변이의 초기 빈도인 $1/2N_e$이다. 결과적으로, 평형상태에서의 치환율(다른 대립유전자를 대체하는 하나의 대립유전자)은 위 두 값들의 결과인 $2N_eu \times 1/2N_e = u$이다. 그러므로 분자진화 속도는 서로 다른 크기의 개체군들에서 일정할 것으로 기대되며, 중립적 돌연변이의 비율과 동일할 것으로 기대된다. 이 유도식은 세대마다 변하지 않고 일정하게 나타난다. 그러나 Kimura는 세대의 길이와 상관없이 생식계열(germ line) 세대 수가 매년 대략적으로 일

중립 이론은 개체군 크기와 관계없이 분자 진화의 속도는 일정할 것으로 예측한다.

정하기 때문에 그 비율이 일정할 것이라고 주장한 바 있다. 분자진화 속도가 매년 혹은 매 세대마다 일정한지 그렇지 않은지는 여전히 논란의 여지가 남아 있으나, 포유류의 경우에는 매년 보다는 매세대 동안 거의 일정하다고 알려져 있다(Nikolaec *et al*. 2007).

여러 증거들을 통해 단백질에서의 아미노산 치환율은 대체로 일정성을 보인다(fig. 9.2)(Kimura 1983, but see Gillespie 1991). 이러한 치환율은 서로 다른 중립적 돌연변이 발생률을 가지고 있기 때문에 기능적 제약 정도가 다른 단백질에 대해 치환율이 다른 것으로 예상된다.

Fig. 9.2 아미노산의 치환율은 중립이론에서 예측된 것과 같이 대략적으로 일정하나 단백질 간에는 차이가 있다(atfer Hartl & Clark 2007).

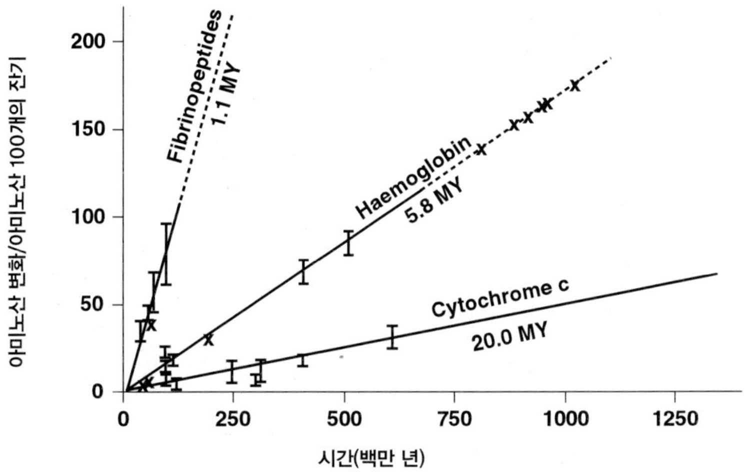

중립이론은 보다 낮은 기능적 제약을 받는 게놈 부위에서 더 높은 다형성을 예측한다.

예상했던 바와 같이, 비번역 DNA(인트론과 위유전자–비기능성 유전자좌위)와 **동일성 돌연변이**(단백질의 아미노산 서열을 바꾸지 않는 돌연변이)의 다형성은 명확한 기능을 가진 DNA 부위보다 높다(Hartl & Clark 2007). 더 나아가, 단백질 다형성의 수준은 중립이론에 의해 예측된 것과 같이 단백질의 크기와 관련되어 있다(Ward *et al*. 1992). 일반적으로 큰 단백질은 작은 단백질보다 더 높은 중립 돌연변이 발생률을 가지고 있다.

중립이론은 유전적 다양성과 개체군 크기 간에 양의 상관관계가 있을 것으로 예측한다.

중립이론 하에서, 대립유전자를 추가하는 돌연변이와 대립유전자를 제거하는 부동 간의 균형이 유전적 다양성의 수준을 결정한다. 대립유전자는 큰 개체군보다 작은 개체군에서 더 빠르게 고정으로 부동하기 때문에 중립이론은 기대이형접합성 H_e와 유효대립유전자수 N_e는 작은 개체군보다 큰 개체군에서 높을 것으로 예측한다.

$$H_e = \frac{4N_e u}{(4N_e u + 1)} \quad (9.1)$$

$$n_e = 4N_e u + 1 \quad (9.2)$$

유전적 다양성과 개체군의 크기 간의 예상되는 관계는 Fig. 9.3에 나타나 있으며, 수치적 사례를 들어 예제 9.1에 설명하였다.

중립적 돌연변이 발생률은 전체 돌연변이 발생률보다 더 낮았는데, 이는 유해 돌연변이(deleterious mutations)와 선호 돌연변이(favourable mutations)를 배제하였기 때문이다. 전형적인 돌연변이 발생률은 매년 각 뉴클레오티드 당 10^{-9}이지만 그 아미노산 분자에 대한 기능적 제약에 따라 서로 다른 부위에 대해 광범위하게 다양하다(Kimura 1983).

종 간과 종 내 유전적 다양성과 개체군 크기 간의 어떤 관계에 대해 강한 증거가 존재하는 반면(Frankham 1996; Leimu *et al*. 2006; 11장), 그 관계의 형태는 중립이론에서 예측한 형태와는 다르다(Fig. 9.3). 관찰된 관계 역시 균형선택에서의 예측을 따르지 않으나, 아래와 같이 근중립적 돌연변이 모델(a model of near neutral mutations)과는 유사하다.

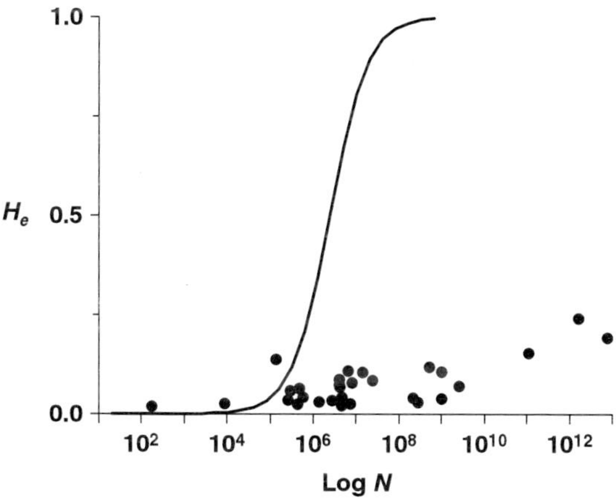

Fig. 9.3 중립이론에 따라 예측되는 이형접합성과 개체군 크기 간의 관계 및 실험적으로 관찰된 관계(after Nei 1987). 곡선은 중립적 돌연변이 발생률이 10^{-7}일 때 예측된 관계이며 점들은 실제 관찰된 자료이다. *관찰된 이형접합성은 개체군 크기가 증가함에 따라 함께 증가하나 중립이론에 의해 예측된 것보다는 훨씬 느린 속도로 증가한다.*

예제 9.1 서로 다른 크기의 개체군에서 중립이론에 따라 예측되는 이형접합성과 유효 대립유전자수

어떤 좌위에 대한 중립적 돌연변이 발생률이 3×10^{-6}이고, 유효대립유전자수가 100인 개체군과 1,000만인 개체군이 있다고 가정해 보자. 작은 개체군에 대한 이형접합성은 다음과 같이 예측된다.

$$H_{small} = \frac{4N_e u}{(4N_e u + 1)}$$

$$= \frac{(4 \times 100 \times 3 \times 10^{-6})}{[(4 \times 100 \times 3 \times 10^{-6}) + 1]} = 1.2 \times 10^{-3}$$

반면에 큰 개체군에 있어서는

$$H_{large} = \frac{(4 \times 10^7 \times 3 \times 10^{-6})}{[(4 \times 10^7 \times 3 \times 10^{-6}) + 1]} = 0.99$$

이다.

작은 개체군의 유효대립유전자수는 아래와 같을 것이다.

$$n_{e-small} = 4N_e u + 1 = (4 \times 100 \times 3 \times 10^{-6}) + 1 = 1.0012$$

반면에 큰 개체군에서는 다음과 같은 예상된다.

$$n_{e-large} = (4 \times 10^7 \times 3 \times 10^{-6}) + 1 = 121$$

결과적으로, 1,000만인 안정적 개체군은 100인 개체군 보다 훨씬 더 높은 이형접합성과 대립유전자의 다양성을 가질 것으로 예상할 수 있다.

완전중립이론은 분자진화 혹은 유전적 다양성을 적절하게 설명하지 못하며 적합성 형질에 적용되지 못한다.

분자진화의 완전중립이론을 받아들일 수 없는 타당한 근거들이 있다(see Kreitman & Asahi 1995; Hey 1999; Nei 2005). 엄격하게 중립적인 대립유전자와 온화하게 유해한 대립유전자 모두를 포함하고 있는 근중립이론(near neutral theory)이 더 설득력이 있는 것으로 고려되고 있다(Ohta 1996; Hartl & Clark 2007). 이 이론에서는 개체군으로 들어오는 돌연변이들의 유입이 있고, 이 돌연변이들은 중립이론에서처럼 소멸되거나 고정된다. 그러나 적은 비율만이 중립적이고 많은 비율은 매우 온화하게 유해한 돌연변이들이다(Fig. 7.1). 대부분의 온화하게 유해한 대립유전자들은 선택에 의해 큰 개체군에서 제거되지만, 작은 개체군에서는 효과적으로 중립적이다. 근중립이론은 아마도 선택에 영향을 받는 여러 형질들과 DNA 염기서열에 대한 상당부분의 유전적 변이를 설명할 것이다(아래 참조). 예를 들어 인간의 비치환적 위치에 대한 진화학적 양상은 근중립이론의 예상과 일치한다(Nikolaev *et al.* 2007).

그러나 중립이론이나 근중립이론 모두 모든 좌위에 적용되지는 않는다. 몇몇 단백질 다형성, MHC(major histocompatibility complex), 자기비적합성 좌위, 반수체형-배수체에서의 성 좌위, 많은 역위 다형성, 대부분의 시각적 다형성 상에서 균형선택의 명확한 증거들이 있다(Hoffman *et al.* 2004; Charlseworth 2006; Hoekstra 2006). 중립이론은 주요한 보전 초점의 하나인 생식적 적합성에 대한 유전적 다양성에는 명확하게 적용되지 않는다.

선택 강도는 형질 간에 서로 다르다

서로 다른 형질에 대한 선택력(selective forces)은 서로 다르다. 예를 들어 비번역된 DNA에 대해서는 매우 약하거나 없으며, 대부분의 번역된 DNA와 단백질 다형성에 대해서는 약하다. 반면 역위 및 MHC와 자기부적합 좌위에 대해서는 보다 강하며, 시각 다형성과 번식 적합성에 대해서는 가장 강하다

서로 다른 형질들에 있어 유전적 다양성을 유지하는 힘을 이해하기 위해서는 이들 형질에 작용하는 선택력을 명확히 이해하는 것이 매우 중요하다. 서로 다른 형질에 대한 선택의 등급(selective values)은 Fig. 9.4에 설명된 것처럼 무시할 수 있거나 약하게 선택되는 것부터 강하게 선택되는 것까지 폭 넓게 분포한다. 비번역된 DNA에서 대부분의 돌연변이는 중립적 또는 거의 중립적이라 믿어진다(10장). 아미노산 치환을 일으키는 대부분의 돌연변이는 유해하며 자연선택에 의해 제거된다. 단백질 다형성을 유지시키는 아미노산 배열에서의 이러한 변

화에 대해 일부는 중립적이고 일부는 균형선택에 영향을 받는다(Brookfield & Sharp 1994; Kreitman & Akashi 1995). 매우 낮은 비율의 아미노산 치환은 이롭다. 단백질 다형성에 대한 선택의 증거가 있는 경우 조차도 선택력은 보통 낮다(see Kimura 1983; Gillespie 1991; Hey 1999).

단일 선택적 단위에서 발견되는 여러 그룹의 좌위(mtDNA, 역위, 척추동물 MHC와 식물 자기부적합성 좌위와 같은 연관비평형(linkage disequilibrium)에 있는 좌위군)에 있어서는 선택의 명확한 증거들이 있다.

시각적 다형성(예, 줄무늬–비줄무늬, 노랑색–갈색 달팽이 껍질, 다형적 보호색, 얼룩나방–검정나방)은 종종 강한 선택에 영향을 받는다(Edler 1986; Mousseu *et al*. 2000). 번식적응도는 종종 상대적으로 강한 선택에 영향을 받는다.

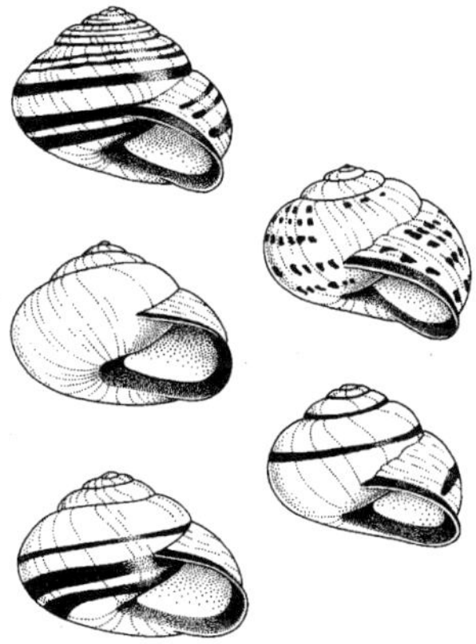

달팽이에서의 시각적 다형성

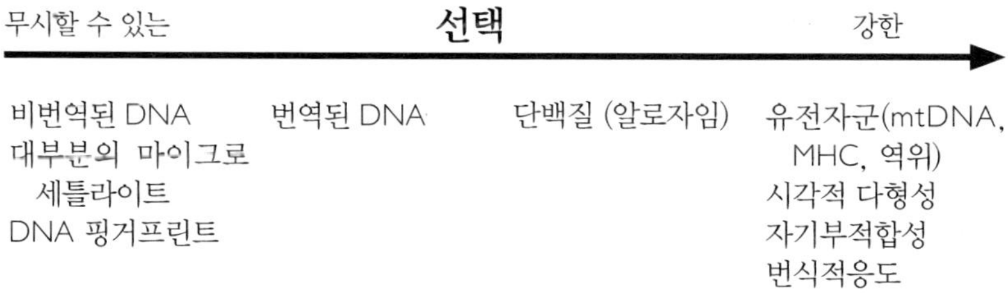

Fig. 9.4 서로 다른 형태의 형질들에 대한 선택의 강도

균형선택

균형자연선택(balancing natural selection)의 세 가지 주요한 형태(이형접합자 이익, 희귀 대립유전자 이익 또는 시간과 공간적으로 다양한 방향의 선택)에 대해서는 아래에서 고찰하고 있다. 이들 각각은 능동적으로 유전적 다양성을 유지하는데, 큰 개체군에 대한 영향을 앞서 다루고, 이후 작은 개체군에 대한 영향을 고찰한다.

균형선택은 일반적으로 유전적 다양성의 소실을 저해한다.

이형접합자 이익(과대 우성)

이형접합자 이익의 고전적 예는 말라리아 발생 지역에 사는 인류의 겸상적혈구 빈혈증이다(Box 9.1). 정상의 동형접합성인 사람은 말라리아에 높은 사망률을 나타내는 반면, 이형접합자는 말라리아에 대해 증가된 저항성을 보인다. 겸상적혈구 대립유전자가 동형접합자인 사람은 빈혈증으로 인해 높은 사망률을 나타낸다.

이형접합자 이익은 능동적으로 다형성을 유지하게 하는 평형을 이끈다.

Box 9.1 인간의 겸상적혈구 빈혈증에 대한 과대 우성 선택과 균형 다형성(Allison 2004)

겸상적혈구 빈혈증은 비정상적인 헤모글로빈의 대립유전자(S)에 기인하는데, SS 동형접합자일 경우 심한 빈혈로 인해 낮은 생존율을 나타낸다. 그러나 S 대립유전자가 이형접합자일 때 말

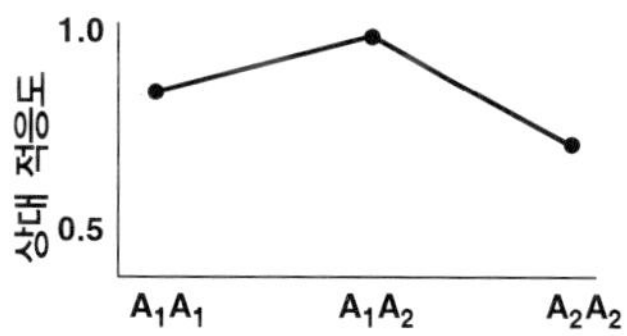

과대 우성

라리아 감염으로부터 보호를 받게 된다. 균형선택은 아프리카, 지중해, 아시아를 걸친 겸상적 혈구 빈혈증과 말라리아 분포 간의 상관성으로부터 처음 추론되었다(see chapter frontispiece)

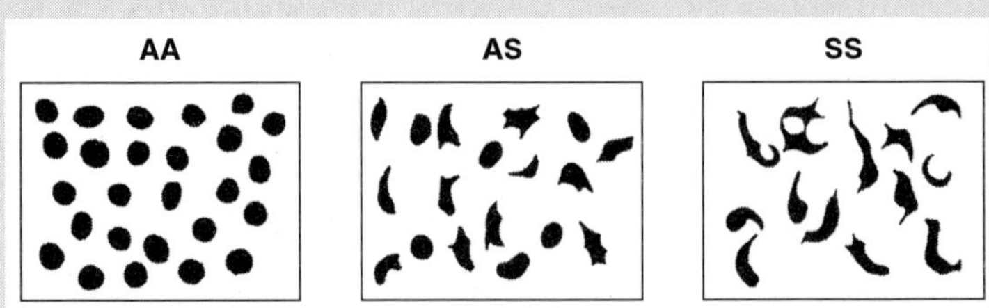

산소 결핍 하에서의 유전형 AA, AS, SS의 적혈구 세포

아프리카 말라리아 지역에서 유아와 성인의 헤모글로빈 좌위 상 유전형 빈도에 대한 Allison의 자료는 아래의 표에 나타나 있다(after Falconer & Mackay 1996). 세 가지 유전형의 상대적 응도에 대한 추정은 이형접합자 이익을 보여 준다. 그 개체군은 신생아에서는 하디-바인버그 평형(Hardy–Weinberg equilibrium)에 있으나, 성인에서는 선택이 잉여 이형접합자를 이끌어 낸다(Problem 9.2).

	유전형			
	AA	AS	SS	빈도(S)
유아의 수	18	89	9	
성인의 수	400	249	5	
유아에서의 빈도	0.659	0.310	0.031	0.186
성인에서의 빈도	0.612	0.381	0.008	0.198
상대적 생존 $\frac{\text{성인 빈도}}{\text{유아 빈도}}$	0.929	1.228	0.242	
AS에 대한 상대적 적합성	0.929/1.228 0.757	1.228/1.228 1	0.242/1.228 0.197	
선택계수	s_1 = 1−0.76 = 0.24		s_2 = 1−0.20 = 0.80	

평형 상태의 개체군에 대한 예측과 같이 *S* 대립유전자의 빈도는 유아와 성인에서 유사하다.

이형접합자 이익 현상에서 평형 빈도는 단지 두 동형접합자 유전형에 대한 선택계수의 상대적 값에 따라 달라진다.

과대 우성 선택에 영향을 받는 두 대립유전자가 포함된 어떤 좌위에 대해 평형 빈도는 다음과 같이 Table 6.2의 Δq가 0이 되는 방정식을 계산하여 얻을 수 있다:

$$\Delta q = \frac{pq\ (s_1 p - s_2 q)}{(1 - s_1 p^2 - s_2 q^2)} = 0$$

여기서, S_1과 S_2는 각각 A_1A_1과 A_2A_2의 선택계수이다. 평형은 분자의 괄호친 부분이 0일 때에 일어남으로 아래의 식이 되며,

$$s_1 p = s_2 q$$

이를 $p = 1-q$로 치환 후 재정리하면 대립유전자 *S*의 평형 빈도에 대한 식은 아

래와 같게 된다:

$$\hat{q} = \frac{s_1}{(s_1 + s_2)} \tag{9.3}$$

따라서 평형 빈도는 오직 두 선택계수의 상대적 값들에 좌우된다. 예를 들어 $s_1 = s_2$일 때 평행빈도는 0.5이다. 예제 9.2에서 이 방정식은 사망률 자료를 바탕으로 겸상적혈구 빈혈증의 평형 빈도를 예측하는 데 사용된다. 대립유전자 S에 대해 예상되는 평형 빈도는 0.23으로 이는 아프리카의 말라리아 지역에서 관찰되는 값과 유사하다.

이것이 안정된 평형으로, 예를 들어 이 평형 빈도에서 시작하는 개체군은 평형 빈도를 그대로 유지하는 반면에 이 평형 빈도보다 높거나 낮은 빈도를 갖는 개체군은 이 평형 빈도를 향해 이동한다(예제 9.3).

예제 9.2 이형접합자 이익에 따른 겸상적혈구 빈혈증의 예상 평형 빈도

대립유전자 s에 대해 예상되는 평형 빈도는 s_1 =0.24, s_2 =0.8의 값을 아래의 방정식 9.3에 대입하여 얻어진다(Box 9.1)

$$\hat{q} = \frac{s_1}{(s_1 + s_2)} = \frac{0.24}{(0.24 + 0.80)} = 0.23$$

결론적으로, 겸상적혈구 대립유전자에 대해 예상되는 평형 빈도는 0.23이며, 정상 헤모글로빈 대립유전자에 대한 평형 빈도는 1−0.23 = 0.77이다.

예제 9.3 이형접합자 이익에 의한 안정된 평형

말라리아 지역에서 겸상적혈구 빈혈증의 평형이 안정적인지를 확인하기 위해 이론적으로 평형의 위와 아래에 있는 값으로 빈도를 교란시킬 수 있고, 이를 통해 Δq에 대한 영향을 결정할 수 있다. 만약 평형이 안정적이라면 선택은 빈도를 평형으로 되돌려놓게 된다. 예를 들어, 만약 대립유전자 S에 대한 빈도를 0.23(평형)에서 0.5로 교란시킨다면 Δq는 음수가 될 것이며, 반대로 q = 0.1 일 때 Δq는 양수가 될 것이다.

대립유전자 S의 빈도가 0.5, 0.23, 0.1일 때, Δq의 값은 아래와 같이 결정된다(s_1=0.24이고 s_2=0.80)(Box 9.1).

$q = 0.5, p = 0.5$일 때,

$$\Delta q = \frac{pq\ (s_1 p - s_2 q)}{(1 - s_1 p^2 - s_2 q^2)} = \frac{0.5 \times 0.5\ (0.24 \times 0.5 - 0.8 \times 0.5)}{[1 - (0.24 \times 0.5^2) - (0.8 \times 0.5^2)]} = -0.095$$

$q = 0.23, p = 0.77$일 때,

$$\Delta q = \frac{0.77 \times 0.23\ (0.24 \times 0.77 - 0.8 \times 0.23)}{[1 - (0.24 \times 0.77^2) - (0.8 \times 0.23^2)]} = 0$$

$q = 0.1, p = 0.9$일 때,

$$\Delta q = \frac{0.9 \times 0.1\ (0.24 \times 0.9 - 0.8 \times 0.1)}{[1 - (0.24 \times 0.9^2) - (0.8 \times 0.1^2)]} = 0.015$$

교란된 빈도는 위와 아래 값으로부터 평형으로 되돌아가기 때문에 이 평형은 안정을 유지하는데, 이에 반해 평형 빈도에 있는 개체군은 변하지 않고 계속 유지된다.

말라리아에 대한 이형접합자 이익과 관련된 다른 다형성에는 탈라세미아(thalassaemia)와 성연관 glucose–6–phosphate 탈수소효소 결핍이 있다(Tishkoff *et al.* 2001) (see chapter frontispiece).

DNA 염기서열 자료의 테스트에 의하면 어떤 단백질 다형성은 균형선택에 의해 영향을 받는다. 여기에는 초파리에서의 알콜탈수소효소 좌위(Kreitman 1983 ; Fig 3.2)가 포함된다. 추가적으로 쥐(rat)에서 워파린(warfarin) 저항성의 다형성은 대부분의 시각적 다형성과 마찬가지로 과대 우성을 보인다. 그렇지만 여러 가지 증거는 아주 적은 부분의 좌위만이 과대 우성을 보이는 것으로 나타내고 있다(Kimura 1983 ; Falconer & Mackay 1996 ; Nei 2005). 예를 들어 반수체형의 생물체는 배수체의 생물체와 유사한(또는 더 높은)알로자임 다양성을 가지고 있으나, 이형접합자는 가지고 있지 않다. 북미가 원산지인 6종의 쥐에 대한 테스트에서 151개의 좌위 중 11개의 좌위만이 중립성에서 벗어났고, 그 중 2개는 균형선택의 경향을, 9개는 공간적으로 다양한 선택을 나타내었다(Storz & Nachman 2003)

희귀 대립유전자 이익

균형 다형성(balanced polymorphism)은 어떤 대립유전자가 희귀할 때 선택되나, 반대로 흔할 때는 선택되지 않는다.

희귀 대립유전자 이익(이는 빈도의존성선택, 붉은여왕가설(the Red Queen hypothesis) 혹은 이동표적가설(the moving target hypothesis)로도 알려져 있다)은 특히 질병과 관련된 일련의 실제적 상황에서 발생한다(Sommer 2005). 질병 저항성에서 서로 다른 유전형들은 희귀유전자 이익에 영향을 받을 것이다. 병원체는 흔한 유전형을 감염시킬 수 있게 적응하고 따라서 그들의 적합성을 감소시키며 희귀한 유전자형에 최소한의 영향을 남기게 된다(Lively & Dybdahl 2000). 이때에 맞추어 희귀 대립유전자의 빈도는 증가하게 되며, 차례로 희귀 대립유전자가 흔해짐에 따라 병원체는 그들에 대해 적응하게 될 것이다. 이것은 대립유전자 빈도와 적응도의 순환을 일으키게 된다.

MHC는 척추동물에서 병원체와 싸우는 주된 역할을 가지고 있다. 균형선택이 인간과 그 외 다른 척추동물의 MHC에서의 높은 수준의 유전적 다양성을 유지하고 있다는 강력한 증거가 있다(Box 9.2). 균형선택에 있어 이형접합자 이익과 희귀 대립유전자 이익 두 가지가 모두 포함될 수 있으나, 이 균형선택이 전자인지 혹은 후자에 의한 것인지는 명확하지 않다. 또한 이러한 높은 수준의 유전적 다양성은 식물의 질병 저항성 유전자에서 나타나기도 하는데, 이는 희귀 대립유전자 선택에 기인한 것일 수 있다(Dodds *et al*. 2006).

만약 유전형들이 조금씩 다른 자원을 이용한다면 어떤 유전형은 희귀할 때 자원이 풍부함에 따라 선택될 수 있으나, 유전형이 흔할 때에는 자원이 고갈됨에 따라 불리하게 될 수도 있다. 포식작용은 종종 시각 다형성을 보이는 먹이종에 대해 희귀 대립유전자 이익를 낳기도 한다. 조류는 흔한 먹이의 표현형을 바탕으로 써칭 이미지(searching images)를 형성하기 때문에 더 희귀한 표현형은 더 높은 생존율을 갖는다. 그러나 원래 희귀한 표현형이 가장 풍부하게 될 때 그 표현형은 써칭 이미지의 기본이 된다(Clarke 1969). 또한 희귀 대립유전자 이익은 포식어류의 존재 하에서 구피(guppy fish) 수컷의 색상에 대해서도 보고된 바 있다(Olendorf *et al*. 2006). 이러한 예에도 불구하고 아마도 희귀 대립유전자를 선호하는 선택은 단지 소수의 좌위에서에서만 유전적 다양성을 유지할 것이다(Falconer & Mackay 1996).

Box 9.2 주조직적합성복합체(major histocompatibility complex, MHC)에서의 균형선택(after Hendrick & Kim 2000; Garrigan & Hendrick 2003; Sommer 2005; Piertney & Oliver 2006)

HLA로 불리는 인간의 MHC(HLA)는 약 400만 개의 DNA 염기 부위를 포함하는 100개 이상의 좌위를 지니고 있다. 이 좌위는 Ⅰ, Ⅱ, Ⅲ의 세 주요 그룹으로 나뉘며, 각각은 유전자 복제에 의해 생성된 밀접한 관련을 지닌 좌위들로 이루어져 있다.

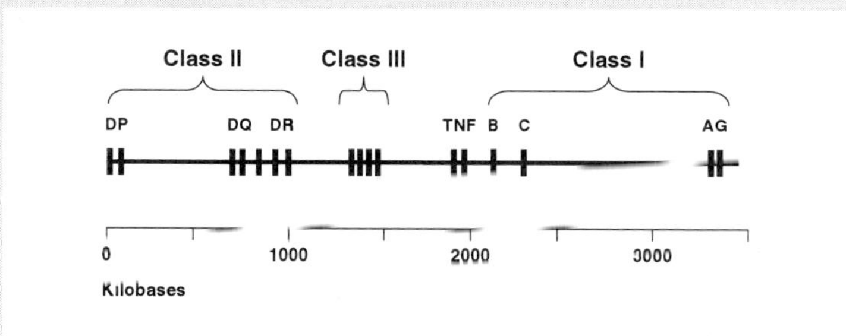

이들은 병원체와 싸우고 암과 전투하며, 조직 이식의 수용/거부를 통제하는 기능들을 포함하는 주요 좌위들이다(see Hendrick & Kim 2000).

MHC 좌위는 척추동물에서 알려진 모든 기능적 좌위 중에서 가장 높은 다형성을 보인다. 예를 들어, 전 세계의 인간은 MHC class 1 HLA-A, HLA-B, HLA-C 좌위에서 각각 243, 499, 321개의 대립유전자를 가지고 있다(Piertney & Oliver 2006). 높은 MHC 다양성은 다른 많은 척추동물 종에서도 발견되고 있다(Sommer 2005).

MHC 좌위에서의 변이가 균형선택에 의해 유지된다는 것을 여러 가지 증거들이 보여 주고 있다:

1. 아래에 HLA-A, HLA-B, HLA-C에 설명된 것과 같이 여섯 종류의 인간 HLA 좌위의 기능적 중요 단백질 결합 부위(peptide binding regions, PBR)에서 상동성 치환 이상의 과도한 비상동성 치환(아미노산 변화를 일으키는)이 존재한다(after Hughs & Yeagher 1998). 또한 이것은 다른 많은 척추동물에서도 명확히 확인되는데 여기에는 큰뿔산양(bighorn sheep), 늑대, 프르제발스키말, 영장류, 팬더, 참새류(sparrows)와 어류(fish)가 포함된다(Garrigan & Hendrick 2003; Bonneaud *et al*. 2004; Sommer 2005; Wan *et al*. 2006). 대조적으로 대부분의 다른 좌위(그리고 이들 좌위 중 non-PBR 지역)에서 비상동성 치환보다도 더 과도한 비상동성 치환을 보이고 있다.

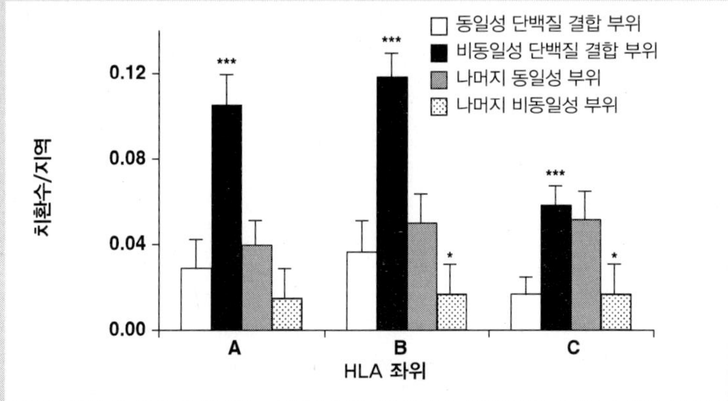

비상동성 치환과 상동성 치환율의 비교에 대해 $^{*}P < 0.005$, $^{***}P < 0.001$

2. MHC 좌위에서의 대립유전자 빈도는 중립적인 대립유전자에서 예측되는 것보다 더 높다.

3. 다형성은 영장류, 연어류, 유제류, 기각류, 설치류, 도마뱀붙이류 및 솔새류와 같은 많은 분류군에서 아주 오래되고 종의 경계를 넘어 나타난다(**종간동일 다형성, trans-species polymorphism**)(Piertney & Oliver 2006). 예를 들어, 아래의 유전자 트리에 의해 나타난 것처럼, HLA-A와 HLA-B 좌위 모두에서 각각의 침팬지(C) 대립유전자는 다른 침팬지 대립유전자보다 인간(H) 대립유전자와 더 밀접하게 관련되어 있다(after Nei & Hughes 1991). 인간 및 침팬지와 다른 영장류에서 공유되는 다형성은 3,000만 년 전에 그들의 공통조상에게 존재했던 것이 확실하다(Piertney & Oliver 2006).

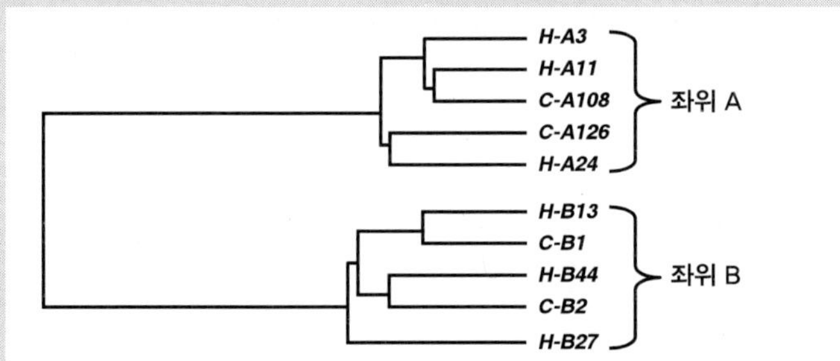

4. MHC 좌위에서의 이형접합자 과다는 원주민 개체군, 생쥐, 꿩 등에서 보고되었으나, 큰뿔산양에서는 보고되지 않았다(Hendrick & Kim 2000; Garrigan & Hendrick 2003).

5. MHC 좌위 간에는 연관 비평형(Box 4.4 참조)이 존재하는데, 이는 아마도 가까이 연관된 좌위에 대한 선택의 결과일 것이다.

6. MHC 유전자형과 병원체에 대한 저항성 간의 여러 가지 직접적인 관련성이 보고되어 왔다. 예를 들어 특정 MHC 좌위에 대한 이형접합자 이익은 B형 간염과 HIV 감염에 따른 인간의 반응으로 밝혀진 바 있다(Thurz *et al*. 1997; Carrington *et al*. 1999). 더 나아가, 특정 MHC 대립유전자는 인간의 HIV, 말라리아, B형과 C형 간염, 결핵, 나병과 소이양의 장내 선충, 닭의 말렉스 질병 종양, 집참새의 말라리아, 대서양 연어의 박테리아와 바이러스성 질병과 같이 많은 척추동물의 저항성/민감성과 관련되어 있다(Sommer 2005; Bonneaud *et al*. 2006; Pierney & Oliver 2006).

다른 선택압 또한 MHC를 조절할 수도 있다. 자연유산율은 MHC 대립유전자를 공유하는 번식쌍이 공유하지 않는 번식쌍보다 높게 나타난다(Hendrick & Kim 2000). 더 나아가 많은 포유동물이 MHC 대립유전자에 있어 어미와 다른 수컷의 부계를 선호하였다. 결론적으로, 가까운 근친교배를 피하기 위한 선택이 존재할 수도 있다(Schwensow *et al*. 2008).

MHC 상에서의 균형선택에 대한 강한 증거에도 불구하고 선택계수는 인간의 서로 다른 좌위에서 4.2%, 1.9%, 1.5%, 0.85%, 0.28%, 0.26%, 0.07%로 대체로 낮은 편이며, 두 종의 쥐(mice)에서의 선택계수는 0.1%인 것으로 알려졌다(Satta *et al*. 1994; Garrigan & hendrick 2003). 이와 대조적으로 어떤 경우에는 아주 강한 선택이 보고되기도 하였다(Black & Hendrick 1997). 이러한 차이는 개체군이 최근에 얼마나 자주 심각한 질병의 창궐에 영향을 받았는지와 관련이 있을 것이다. 대부분의 증거는 종의 진화사 동안 어떤 시점에 작용했던 선택과 연관되며 현재에 반드시 작용하는 것은 아니다. MHC 상에 작용하는 균형선택에 있어 여러 가지 다양한 형태들의 상대적인 중요성은 여전히 명확하게 밝혀지지 않고 있다.

희귀 대립유전자 이익 선택의 가장 명확한 사례는 식물의 자기부적합성(SI) 좌위에서 일어난다(Box 9.3). 이들은 현재까지 알려진 좌위 중 가장 다형적이며, MHC 좌위의 다형성과 유사한 다양성을 가지고 있다(Charlseworth & Awandalla 1998). 자기부적합성 체계는 작은 개체군에서 SI 대립유전자의 소실이 번식적응도를 감소시키는 것 만큼 보전생물학에서 중요한 의미를 갖고 있다(11장). 또한 반수-배수체에서 성좌위에 있는 대립유전자 역시 희귀 대립유전자 이익 선택에 의해 유지되고 그들의 소실은 개체군 생존에 영향을 미친다(Hasselmann & Beye 2004; Zayed & Packer 2005, 17장).

Box 9.3 희귀 대립유전자 이익 선택에 의한 식물에서의 자기부적합성 대립유전자의 유지(after Richman & Kohn 1996; Castric & Vekemans 2004)

자기부적합성(2장)은 서로 다른 많은 식물 집단에서 근친교배 회피 체계로써 진화해 왔다. 자기부적합성은 여러 가지 서로 다른 형태로 존재한다. 여기에서는 단지 현삼과(Scrophulaiacae), 바늘꽃과(Onagracae), 양귀비과(Papaveraceae), 가지과(Solanaceae), 장미과(Rosaceae)와 여러 다른 현화식물과에서 발견된 것과 같은 단일 좌위에 기인한 다중-대립유전자 배우체의 자기부적합성만을 설명한다.

배우체의 자기부적합성은 다음과 같은 특성을 가지고 있다:

- 수분의 적합성은 단일 좌위의 SI 대립유전자에 의해 조절된다.
- 큰 개체군에서 많은 SI 대립유전자를 포함한다(14–193개).
- 만 반수체형 꽃가루 한 알이 배수체 암술과 어떤 SI 대립유전자를 공유한다면 밑씨(ovule)를 수정하는데 실패할 것이다(예, S_1S_3 암술 위의 S_1 화분).
- 암그루와 유전적으로 다른 식물의 꽃가루는 수정된 씨앗을 생산할 것이다(예, S_2S_4 식물의 꽃가루는 S_1S_3 식물의 밑씨를 잠정적으로 모두 수정시킬 수 있다).
- 종간 동일 다형성(trans–species polymorphisms): 자기부적합성 다형성은 매우 오래된 것이며, 종종 관련 종 혹은 속의 종분화에 앞서기도 한다.
- 희귀 대립유전자 이익 선택은 자기부적합성 대립유전자에 대한 다형성을 유지한다.

이 체계의 운영에 대한 예는 3개의 대립유전자 체계로 아래에 제시되어 있다(after Hendrick 2005a). 아래의 표는 연속된 세대에서 유전형의 빈도 간의 관계를 나타낸다. 오직 이형접합자만이 형성될 수 있기 때문에, $P_{12} + P_{13} + P_{23} = 1$ 이다.

모계,	꽃가루,	빈도	자손 S_1S_2	S_1S_3	S_2S_3
S_1S_2	S_3	P_{12}	–	$1/2\ P_{12}$	$1/2\ P_{12}$
S_1S_3	S_2	P_{13}	$1/2\ P_{13}$	–	$1/2\ P_{13}$
S_2S_3	S_1	P_{23}	$1/2\ P_{13}$	$1/2\ P_{23}$	–
		1.0	$1/2(1-P_{12})$	$1/2(1-P_{13})$	$1/2(1-P_{23})$

다음 세대에서 세 가지 유전형의 빈도는 표의 아래에 나타나 있다. S_1S_2에 대한 유전형의 빈도 변화는 다음과 같다.

$$\Delta P_{12} = P'_{12} - P_{12} = \tfrac{1}{2}(1 - P_{12}) - P_{12}$$
$$= \tfrac{1}{2}(1 - 3P_{12})$$

평형 유전형 빈도는 $\Delta P_{12} = 0$으로 설정함으로써 얻어지며

$\hat{P}_{12} = 1/3$이 된다.

또한 P_{13}과 P_{23}의 평형 빈도 역시 1/3로 모든 대립유전자가 동일한 빈도를 나타낸다. 이 평형은 그 선택이 강할수록 급속하게 도달하게 된다.

만약 세 개의 암컷 부모가 동일한 빈도를 갖지만, S_1, S_2, S_3 세 개의 꽃가루가 1/2, 1/3, 1/6 (각각 평형 위, 평형, 평형 아래)의 다른 빈도를 가지고 있다면, 모든 대립유전자는 다음 세대에서 1/3의 빈도를 가질 것이다. 결론적으로 평형 위의 빈도를 갖는 꽃가루 대립유전자는 더 낮은 상대 적응도를 가지며, 평형보다 낮은 빈도의 대립유전자는 더 높은 상대 적응도를 갖는다. 즉, 적응도는 대립유전자의 빈도에 의존하고 그 평형은 안정하다.

이질적인 환경에서 서로 다른 방향으로의 선택

계절에 따라 변동하는 선택은 어떤 안정적인 다형성을 유도할 수도 있다(Haldane & Jayakar 1963). 예를 들어 캘리포니아에 서식하는 초파리의 CH 역위는 6월에 더 선호되나 3월과 10월에 선택되지 않는데 이러한 양상은 시간이 지나도 지속된다(Fig. 9.5).

계절에 따라 다르게 나타나는 선택은 유전적 다양성을 유지시킬 수도 있다.

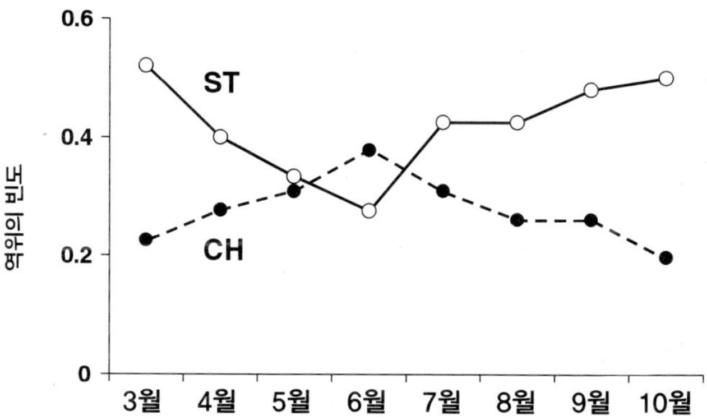

Fig. 9.5 캘리포니아 Pinon flat에 서식하는 초파리에서 나누어지는 염색체 역위(CH와 ST) 빈도의 계절적 변화(Dobzhansky *et al.* 1977). *여러 해 동안 다형성은 비슷한 양상을 보이며, 이는 안정된 상태임을 확인시켜 준다.*

Box 9.4는 호주 Tasmania 지역에서 이주와 선택의 균형에 의해 유지되는 여러 종의 유칼립투스 나무의 고도에 따른 잎의 회백색화(glaucousness 또는 leaf waxiness)의 연속변이를 자세히 보여 주고 있다. 서리내성에 대한 선택은 높은 고도에서는 회백색 개체를 선호하는 반면, 낮은 고도에서는 곤충탁엽화(insect defoliation)에 기인한 선택이 그 개체에 반대로 작용한다. 이주와 선택 균형에 기인한 연속변이는 Wales의 오래된 중금속광산 폐기물 지역과 주변 초지 사이의 군락성 겨이삭류 식물(7장) 및 오염지역에서부터 비오염지역에 걸쳐 나타나는 후추나방류에서의 공업암화(Bishop & Cook 1975)와 여러 알로자임 좌위에서의 대립유전자(Powers *et al.* 1991)에서 발견되었다. 형태학적 형질에 대한 연속변이는 상대적으로 흔하며, 어떤 경우엔 아주 잘 퍼지기 때문에 생태지리학적 법칙(ecogeographic rule)으로 언급되기도 한다(7장). 그렇지만 선택에서의 공간적 혹은 시간적 변이를 포함하는 기작들에 의해 유전적 다양성의 유지를 위한 조건들이 오히려 제약을 받는 것으로 생각된다(Proust 2000). 그럼에도 불구하고 야생쥐들(native mice)의 알로자임 다형성에 대한 테스트는 균형적 선택 보다 다양화된 선택이 더 흔하다는 것을 보여 주었다(Storz & Nachman 2003).

다양한 서식지에서 다른 선택이 있고 그 서식지 간의 이주가 있을 때 어떤 다형성이 나타날 수도 있다

유칼립투스 나무

Box 9.4 호주 Tasmania의 여러 유칼립투스 종에서 잎 회백색화의 변속변이, 이는 꽃가루의 흐름에 의해 서로 다른 고도에서 균형을 이루는 차이 선택에 의해 나타난다. (Barber 1955; Barber & Jackson 1957; Thomas & Barber 1974)

어떤 유칼립투스 나무는 뚜렷한 회백색층(waxy or glaucous layer)을 갖는 잎을 지니고 있다. 타스매니아에서는 이러한 고무나무류(gum trees) 중 최소 8종이 회백색화의 평행적 연속변이를 보이는데, 더 높고 서리가 끼는 고도에서 회백색화된 잎의 빈도가 더 높다. 더 나아가 어떤 종은 다른 지역에서도 유사한 연속변이를 보이기도 한다.

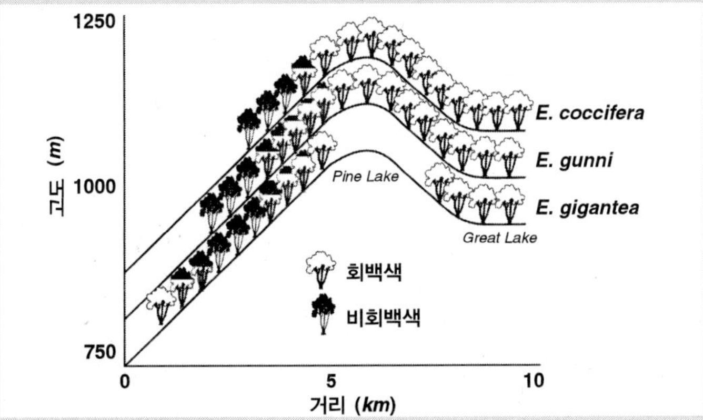

회백색 잎은 극심한 서리에도 보다 높은 생존율을 나타낸다. 반면에 낮은 고도에서 회백색 식물은 곤충의 공격에 의한 탈엽(defoliation)으로 더 큰 피해를 입는다. 선택적 차이는 어린식물과 성체식물 간의 빈도가 다르다는 사실을 통해 증명되었다(see lower figure)

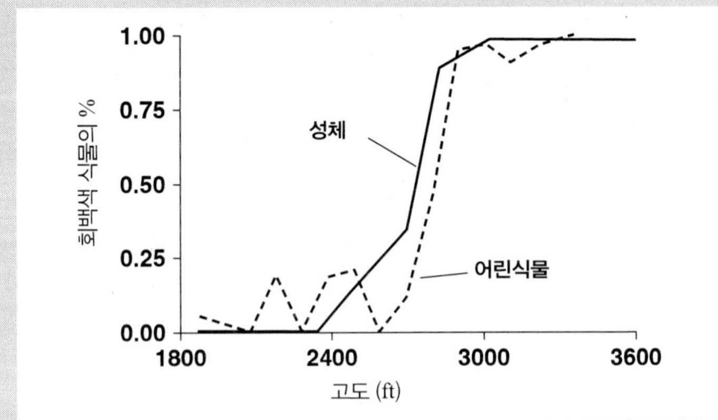

개체군 간 꽃가루의 흐름은 다른 고도로부터 온 대립유전자를 섞이게 하는 반면, 생활사에서 어린시기와 성체시기 사이에 작용하는 선택은 위의 유칼립투스나무(Urn gum)에서처럼 고도 간의 차이를 다시 안정되게 한다(after Barber 1955)

번식적응도

번식적응도에 영향을 주는 좌위의 유전적 다양성은 정의된 것처럼 적응도에 영향을 미치지 않는 중립적 돌연변이를 제외하고 앞서 언급된 과정에 의해 잠재적으로 유지될 수 있다.

돌연변이-선택 균형은 번식적응도를 위한 유전적 다양성 유지에 중요한 요인으로 널리 알려져 있다.

적응도 형질에 대한 유전적 다양성의 상당부분은 돌연변이-선택 균형에 기인하나 정확한 비율은 확실치 않다(Charlesworth & Hughes 2000; Rodríguez-Ramilo *et al*. 2004). 현재 과대 우성이나 희귀 대립유전자 이익 선택 둘 다, 적응도에 대한 양적인 유전적 다양성에 있어 중요한 수단으로 고려되고 있지 않으나, 시간적으로나 공간적으로 변화하는 선택에 어느 정도 기여하는 바는 있을 것이다(Charlesworth & Hughes 2000; Grant & Grant 2002).

작은 개체군에서의 유전적 다양성의 유지

유전적 다양성은 보통 큰 개체군에 비해 작은 개체군에서 더 낮다(3장). 이는 유전적 부동이 작은 개체군에 더 큰 영향을 미치고, 균형선택은 효과가 적기 때문이다. 여기에서 아래의 다섯 가지 중요한 요점이 부각된다:

작은 개체군에서 유전적 부동은 더 큰 효과를 나타내며, 균형선택의 영향은 더 작다.

- 유전적 부동은 작은 개체군에서 더 급속하게 대립유전자를 고정시킨다.
- 큰 개체군에서 약한 선택의 영향을 받는 좌위는 작은 개체군에서는 실질적인 중립성에 접근한다.
- 돌연변이-선택 평형은 큰 개체군에 비해 작은 개체군에서 더 낮다.
- 한정된 개체군 크기가 균형 다형성에 미치는 영향은 평형 빈도에 좌우된다. 중간빈도 대립유전자의 고정은 선택에 의해 지체되나, 이 기작에 의해 낮은 빈도 대립유전자의 고정은 빨라지게 된다.
- 균형선택은 유전적 다양성의 소실을 지체시킬 수 있으나, 작은 개체군에서 유전적 다양성의 소실을 막을 수는 없다.

작은 개체군에서의 선택과 부동

선택과 부동 사이의 균형은 개체군의 크기와 선택의 강도에 좌우된다(Willi *et al*. 2006). 두 가지 요인이 모두 작용할 때 Fig 8.2의 붉은밀가루딱정벌레(red flour beetle)의 사례에서 보는 것처럼 선택은 아주 큰 개체군에서 우세한 반면, 부동은 작은 개체군에서 우세하다.

작은 개체군에서 균형선택에 의해 영향을 받는 좌위에 대해서도 유전적 부동은 주요한 영향을 준다.

부동은 선택의 영향을 상쇄할 수도 있다

작은 개체군에서 적응도에 영향을 미치는 대립유전자는 마치 선택에 영향을 받지 않는 것처럼 보일 수 있으며, 한 세대로부터 다음 세대까지 빈도에 있어 무작위적으로 부동할 수도 있다(Wright 1931). 엄격하게 중립적인 대립유전자와 더불어 작은 개체군에서 약하게 선택된 대립유전자를 **실질적 중립**(effectively neutral, 또는 선택적 중립, selectively neutral)이라 부른다.

만약 어떤 대립유전자의 선택계수가 $1/2N_e$ 보다 작으면 대립유전자는 실질적으로 중립이 된다

실질적 중립성에 대한 조건은 선택계수와 유효개체군 크기 간의 관계에 좌우된다. 약하게 선택된 좌위에 대해 대립유전자의 빈도 분포는 중립성(s=0)과 s>$1/2N_e$까지의 빈도 분포와 유사하다. 이에 따라 Kimura(1983)는 어떤 실질적 중립 대립유전자를 아래와 같이 정의하였다.

$$s < \frac{1}{2N_e} \tag{9.4}$$

예를 들어 선택계수 5%(큰 개체군에서 매우 강한 결정력)는 유효 개체군의 크기가<10인 어떤 개체군에서 실질적으로 0이 된다. 대립유전자가 실질적으로 중립이 되는데 필요한 개체군 크기의 추가적인 예는 예제 9.4에 나와 있다. 이 예들은 개체군의 유효 크기가 300 보다 작은 개체군에서 대부분의 알로자임 좌위가 실질적으로 중립이 될 것임을 나타내고 있다. MHC 대립유전자는 종종 유효 크기가 50 또는 이보다 작은 개체군에서 중립인 것처럼 보이기도 한다. 유효 개체군 크기가 실제 크기의 약 10%이기 때문에(11장) 대부분의 보전관심 개체군에서 알로자임과 DNA 다형성은 종종 마치 중립 또는 거의 중립에 가까운 것처럼 보일 것이다.

예제 9.4 | 대립유전자는 어떤 크기의 개체군에서 실질적으로 중립적인가?

선택계수가 0.15%이거나 더 작은 알로자임은 $s < 1/(2N_e)$일 때 실질적으로 중립이 될 것이다(Kreitman 1996). 따라서

$$0.0015 < \frac{1}{2N_e}$$

즉

$$N_e < \frac{1}{2 \times 0.0015} < 333 \text{ 일 때이다.}$$

따라서 알로자임 대립유전자는 유효크기가 약 300 혹은 이보다 작은 개체군에서 실질적으로 중립이 될 것이다.

선택계수가 1%인 MHC 대립유전자는 다음의 경우 실질적으로 중립이 될 것이다.

$$0.01 < \frac{1}{2N_e}$$

즉

$$N_e < \frac{1}{2 \times 0.01} < 50 \text{ 일 때이다.}$$

따라서 선택계수가 1%인 대립유전자는 N_e가 50보다 작은 개체군에서 실질적으로 중립이 될 것이다.

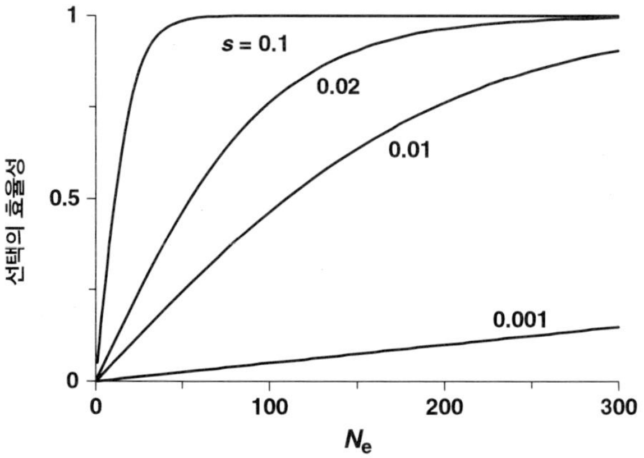

Fig. 9.6 큰 개체군에 비해 작은 개체군에서 선택의 효과는 작다. 각기 다른 선택계수(s)를 갖는 대립유전자에 대해 선택의 효율성과 N_e의 관계가 제시된 그래프이다. 효율성이 1인 대립유전자는 크기가 무한한 개체군에서의 고정 확률과 동일한 고정 확률을 갖는다. 효율성은 $(P_{\text{fixation}}-p)/(1-p)$로 정의되며, p는 대립유전자의 최초 빈도이고 P_{fixation}는 특정 크기의 개체군에서 대립유전자에 대한 고정 확률이다.

식 9.4는 실질적 중립성이 나타나는 한계 개체군 크기 이하의 값이 있음을 제시하고 있으며, 선택의 효율성은 유효개체군 크기가 감소함에 따라 대체로 지속적인 경향으로 실제로 감소하게 된다(Fig. 9.6). 10%의 선택계수를 갖는 대립유전자는 N_e가 50 이하로 떨어질 때까지 어떤 무한한 개체군 크기에서 만큼 효과적으로 선택된다. N_e가 50 이하에서 선택의 효율성은 N_e가 감소함에 따라 급격하게 떨어지고 대립유전자는 실질적으로 중립이 된다. 1%의 선택계수를 갖는 대립유전자는 개체군의 크기가 300일 때 조차도 완전한 효율성을 가지고 선택되지 않는다.

작은 개체군에서의 균형선택과 부동

균형선택은 작은 개체군에서 유전적 다양성의 소실을 늦추기도 하지만 정상적으로 막지는 못한다. MHC에서의 유전적 다양성은 균형선택으로 인해 크기가 큰 개체군에서 높은 반면, 병목현상을 겪은 많은 개체군에서는 낮게 나타나는데 여기에는 호주덤불쥐(Austrailian bush rat), 멸종위기에 처한 뉴질랜드의 채텀섬검은울새(Chatham Island black robin) 그리고 큰뿔산양(bighorn sheep)의 섬 개체군이 포함되나 아일랜드여우(island foxes)의 경우에는 그렇지 않았다(Seddon & Baverstock 1999; Aguilar *et al.* 2004; Sommer 2005). 더 나아가 시각 다형성과 역위는 둘 다, 작은 개체군에서 유전적 부동에 영향을 받는다(Lamotte 1959; Montgomery *et al.* 2000).

MHC, 역위, 자기부적합성 대립유전자와 시각 다형성에 대해 강하게 선택되는 균형 다형성조차 작은 개체군에서는 유전적 부동에 의해 유전적 다양성을 잃게 된다.

자기부적합성 대립유전자의 수는 개체군 크기와 관련이 있을 것으로 예상된다(Fig. 9.7). 희귀 대립유전자 이익 선택에도 불구하고 여러 작은 식물개체

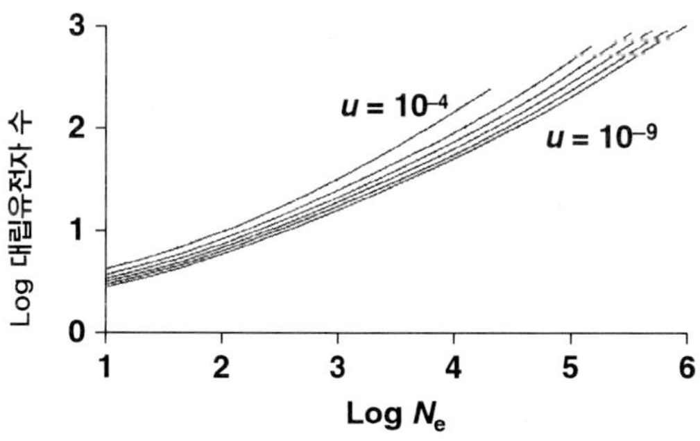

Fig. 9.7 작은 식물 개체군은 큰 개체군보다 더 적은 자기부적합성 대립유전자를 갖는 것으로 예상된다. 다양한 돌연변이율(u)에 대해 서로 다른 유효크기(N_e)를 갖는 개체군에서 예상되는 S 대립유전자의 수(after Richman & Kohn 1996). 이 모델은 부동 및 돌연변이와 자기부적합성 선택을 포함하고 있다.

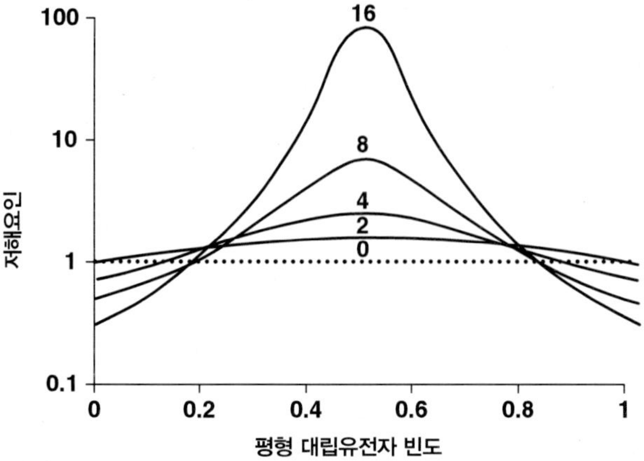

Fig. 9.8 크기가 유한한 개체군 내 각기 다른 평형 빈도에서 중립적 좌위와 비교한 과대 우성 좌위들의 고정 확률 저해 정도(alter Robertson 1962). 저해요인이 1.0을 넘을 때 선택된 좌위는 중립적 좌위보다 더 큰 유전적 다양성을 보유한 것으로 나타나나, 1.0보다 작을 때에는 고정이 가속화됨을 보여 준다. 곡선 위의 숫자는 선택계수와 유효개체군 크기 [$N_e(s_1+s_2)$]의 각기 다른 결과값을 나타내며, 0일 때가 중립적인 경우이다. *과대 우성 선택은 0.2–0.8 범위에서 고정을 저해하나 평형 빈도 범위 밖에서는 오히려 고정을 가속화시킨다.*

이형접합자 이익은 0.2–0.8 범위의 평형 빈도를 갖는 대립유전자의 고정을 저해하나 중립 대립유전자와 비교할 때 이 범위 밖의 대립유전자에 대해서는 고정을 가속화시킨다.

군에서 대립유전자의 소실이 보고된 바 있다(Les *et al*. 1991; Demauro 1993; Young *et al*. 2000;).

작은 개체군에서 이형접합자 이익은 0.2–0.8 범위의 평형 빈도를 갖는 대립유전자에 대해 고정을 저해한다. 그러나 중립적 대립유전자와 비교하여 이 범위 밖의 평형 빈도를 갖는 대립유전자의 고정율을 실제적으로 *증가시킨다*는 것은 널리 알려져 있지 않다(Fig. 9.8). 이는 더 중간적인 빈도로 부동하는 대립유전자가 선택에 의해 극단적인 평형 빈도를 향해 되돌아 가기 때문에 나타나는 것으로, 이로 인해 이 대립유전자를 부동에 의한 소실에 더 취약하게 만든다. 다시 말해, 선택은 이러한 희귀 대립유전자들이 부동으로부터 더 높은 빈도로 부동하는 것을 억제한다. 많은 다형성 DNA와 알로자임 좌위의 대립유전자는 이러한 낮은 빈도 범위로 떨어지게 된다. 심지어 0.2–0.8의 평형을 갖는 대립유전자들에 대해서 조차 선택계수가 크지 않거나 개체군의 크기가 매우 크지 않은 이상 유전적 부동의 영향을 받게 된다(Robertson 1962). DNA 염기서열 다형성, 알로자임과 MHC 다형성 조차도 위협에 처한 개체군에서는 이 선택 값의 범위 안으로 떨어지기 쉽다.

거의 모든 멸종위기종에서 자연선택의 영향은 이들의 개체수가 고갈된 이후 실제로 감소되어졌다. 이러한 내용이 보전의 측면에서 암시하는 바는 명확하고 매우 중요하다.

결합적 과대 우성

유전자 블록들에 대한 이형접합자 이익은 작은 개체군에서 유해 대립유전자 간의 연관비평형에 의해 여러 세대 동안 나타난다.

작은 개체군에서 균형선택과 부동 사이에는 그 이상의 상호작용이 일어난다. **결합적 과대 우성**(assciative overonminance)은 명확한 과대 우성으로 서로 다른 좌위에 존재하는 유해 대립유전자 간의 연관비평에 의해 나타난다. 이는 염색체의 반수체형가 우연하게 소실되기 때문에 작은 개체군에서 여러 세대를 거치며 나타나게 된다(Fig. 9.9). 결합적 과대 우성은 초기의 유전적 다양성 소실을 저해하지 않는다(예, 좌위 m_1, m_3, m_4 m_5에서의 고정). 이후 단계에서 염색체의 동형접합자는 하나 또는 그 이상의 유해 열성 대립유전자에 대해 동형접합성이다. 반대로, 염색체의 이형접합자는 이들 대립유전자에 대하여 이형접합성이다. 결과적으로 염색체의 동형접합자는 손상을 입게 되는 반면, 이형접합자는 더 높은 번식적응도를 갖는다. 이때 대립유전자의 운명은 주변의 좌위들에 의해 결정된다. Fig. 9.9의 중립적 좌위(A)는 분명한 과대 우성을 나타내고 있는데 이는 이 좌위가 유해 대립유전자 m_2 및 m_6와 무작위적이지 않게 결합되어 있기 때문이다.

결합적 과대 우성은 유전적 다양성의 연이은 소실을 느리게 하나 이를 막지는 못한다.

많은 좌위들을 가진 크기가 작은 개체군의 컴퓨터 시뮬레이션은 중립적 좌위와 유해 대립유전자, 혹은 과대 우성을 보이는 좌위 간의 연관비평형이 중립적 좌위에서의 고정은 느리게 하나 최종적으로 고정되는 것을 막지 못한다는 것을 보여 준다(Latter 1998).

여기에 포함된 선택력은 대부분의 단일 좌위에서 작용하는 것보다 훨씬 더 강할 것인데, 다시 말해 작은 개체군에서의 주요한 선택력은 대체로 결합적 과대 우성일 것이다.

개별적 좌위의 행동은 종종 인접 좌위에 영향을 받기 때문에 10장은 전체 게놈의 진화적 유전학을 다루고 있다(**개체군 유전체학**, population genomics). 일반적으로 많은 좌위들의 행동 간 비교는 개별적 좌위에 대한 분석보다 선택을 감지하는 더 큰 힘을 가지고 있다.

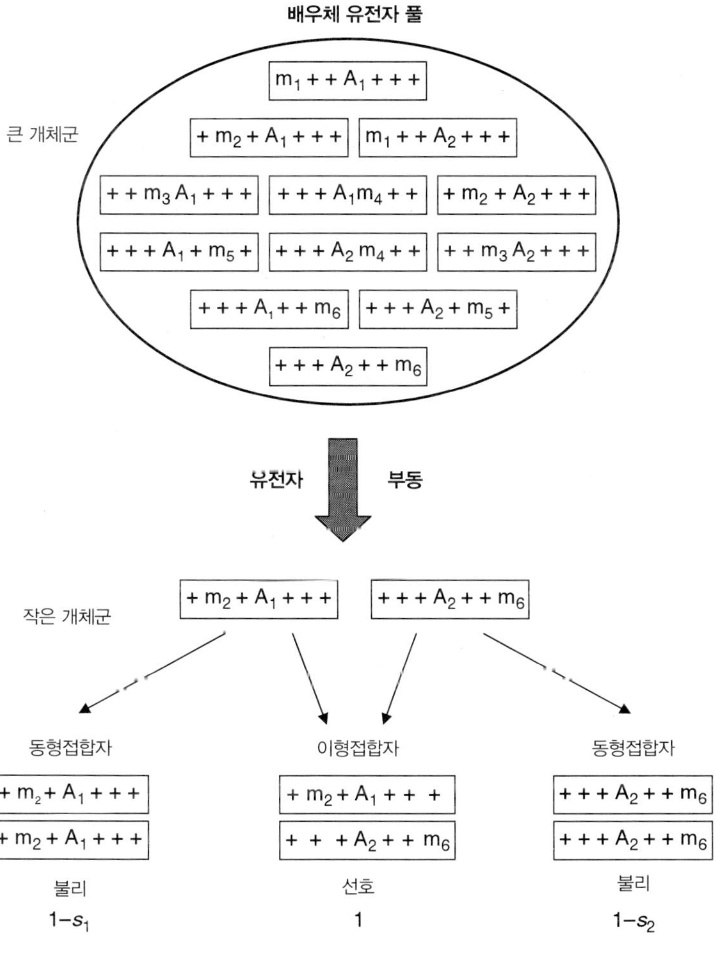

Fig. 9.9 작은 개체군에서 결합적 과대 우성의 발현. 큰 개체군의 유전자 풀은 유해 대립유전자(m)와 중립적 마커 좌위(A) 간의 연관비평형을 보여 주는 일련의 염색체로 채워져 있다. 작은 개체군에서 여러 세대 간의 유전적 부동은 두 염색체의 반수체형을 제외한 모든 반수체형의 소실을 유발하고 이는 연관비평형을 이끌게 된다(작은 개체군에서 이를 막기에는 재조합만으로는 불충분). 그 결과 유전형은 과대 우성 현상을 보이는데, 이는 각 염색체의 동형접합자가 서로 다른 열성 유해 대립유전자(m_2 또는 m_6)에 대해 동형접합성이지만, 염색체의 이형접합자는 두 유해 대립유전자에 대해 이형접합성이기 때문이다. 결과적으로, 염색체상의 중립적 대립유전자(A_1 vs. A_2)는 마치 이형접합자 이익을 보이는 것처럼 행동하게 된다(결합적 과대 우성).

요약

1. 중립적 돌연변이(neutral mutation), 무작위적인 유전적 부동(random genetic drift) 그리고 균형선택(balancing selection)은 자연 개체군에서의 유전적 다양성에 직접적인 역할을 하는 주요한 기작으로 이는 중간 빈도 대립유전자에 기인한다.
2. 균형선택은 일반적으로 유전적 다양성의 소실을 저해한다. 이는 공간 혹은 시간에 걸쳐 다양한 방향의 이형접합자 이익(heterozygote advantage), 희귀 대립유전자 선택(rare advatage selection) 혹은 선택(selection)의 형태를 취한다.
3. 유전적 다양성의 수준을 결정하는 데 있어 선택 대 부동(selection vs. drift)의 상대적 기여도는 개체군 크기와 고려되는 형질에 좌우된다. 작은 개체군에서는 부동의 효과가 우세하나 큰 개체군에서는 선택이 가장 효과적이다.
4. 선택은 시각 형태적 다형성과 번식적응도에 대해서 단백질 다형성 중간산물을 갖는 비번역 DNA보다 더 중요한다. 부동은 반대의 중요한 양상을 나타낸다.
5. 번식 적응도에 대한 유전적 변이는 돌연변이–선택 균형과 균형선택의 조합에 의해 유지된다.
6. 개체군의 크기는 작은 개체군과 보전 관심종의 모든 좌위와 형질에 있어 유전적 다양성의 주요한 결정요인이다.

추가적인 읽을거리

Allison (2004) Excellent histroical review on heterozygote advantage for sickle-cell disease in malarial areas in Africa.

Castric & Vekemans (2004) Wide-ranging review of the evolutionary biology of self-incompatibility in plants.

Hedrik (2005a) *Genetics of Populations*. Thorough converage of topics in his chapter.

Kimura (1983) *The Nutral Theory of Molecular Evolution*. A fine exposition of the neutral theory for maintenance of genetic diversity.

Nei (2005) Wide-ranging review of molecular evolution, morphological evolution and maintenance of genetic variation.

Piertney & Oliver (2006) Review of mechanisms maintaining genetic diversity at AMHC loci in a broad range of vertebrates.

소프트웨어

DNAsp: Software to carry out several statistical tests of neutrality. www.uc.es/dnasp/

EASYPOP: Software for simulating the effects of mutation, population size, migration and population fragmentation (Balloux 2001). www.unil.ch/dee/page36926_fr.html

SELECTION: Software to simulate the effects of selection, drift, mutation and migration on a single locus. www.gsoftnet.us/GSoft.html

WINPOP 2.5: Software to simulate selection, drift, gene flow and migration. www.genedrift.org/winpop.php/

문제

9.1 중립성 하의 유전적 다양성. 유효 크기가 20인 개체군에서 중립 돌연변이 발생률이 10^{-7}인 좌위에 대해 중립성 하에서 예측되는 평형 이형접합성과 대립유전자의 유효수는 얼마인가?

9.2 선택에 의한 과도한 이형접합성. 성인에 대한 헤모글로빈 좌위에서의 유전형 빈도는 Box 9.1의 자료에 대한 하디-와인버그 평형과 다르게 나타나는가? 유아의 유전형 빈도 역시 하디-와인버그 기대치와 다르게 나타나는가?

9.3 이형접합자 이익. 만약 유전형 A_1A_1, A_1,A_2, A_2,A_2의 상대 적응도가 각각 0.99, 1, 0.97이라면 두 대립유전자의 평형 빈도는 얼마인가?

9.4 이형접합자 이익. 만약 아래와 같이 세 유전형의 생존율이 주어진다면 쥐에서 와파린독의 존재 시 와파린 저항성대립유전자 R의 평형 빈도는 얼마인가 (modified from Greaves *et al*. 1977)? (선택은 단지 생존에만 작용한다고 가정)

RR	RS	SS
0.3	0.8	0.56

9.5 이형접합자 이익. 만약 어떤 좌위에서 세 유전형 A_1A_1, A_1A_2, A_2A_2의 상대 적응도가 각각 0.7, 1, 0.9라면 A_1의 최초 빈도가 각각 (a) 0.1 (b) 0.3, (c) 0.9일 때 개체군의 최종 상태는 각각 어떻게 될 것인가?

9.6 이형접합자 이익과 평형 빈도. 어떤 좌위에서 이형접합자를 선호하는 선택에 기인한 평형 빈도 산출식을 유도하시오. A_1과 A_2 대립유전자의 초기 빈도는 각각 p와 q.

	유전형			
	A_1A_1	A_1A_2	A_2A_2	Total
수정시의 빈도				
상대 적응도	$1-s_1$	1	$1-s_1$	
선택 이후				
전체가 1이 되도록 조정				
A_1의 새로운 빈도 $= p_1 -$				
$\Delta p =$				
평형에서의 $\Delta p =$				

9.7 자기부적합성. Box 9.3에 기술된 체계에 대하여, 암나무에서 동일한 빈도의 세 유전형을 지닌 개체군의 꽃가루에서 각각의 SI 대립유전자의 상대적 적합성을 구하시오. 꽃가루에서 S_1, S_2, S_3 대립유전자의 빈도는 각각 1/6, 1/3, 1/2.

9.8 자기부적합성. 만약 암나무의 유전형이 동일한 빈도를 가지고 꽃가루에서의 대립유전자 S_1, S_2, S_3, S_4가 각각 0.33, 0.33, 0.33, 0.01의 빈도를 갖는다면 Box 9.3에 제시된 예에서 새로운 대립유전자 S_4의 상대 적응도는 얼마가 되는가?

9.9 선택적 중립성. 선택계수가 2%인 대립유전자가 실질적으로 중립이 되는 개체군의 크기는 얼마인가?

실습: 컴퓨터 시뮬레이션

SELECTION 혹은 유사한 소프트웨어 패키지를 이용하여 큰 개체군 대 작은 개체군에서의 이형접합자 이익에 의한 유전적 다양성의 유지 양상을 시뮬레이션하시오.

1. 강한 자연선택

겸상적혈구 빈혈에 대한 대립유전자 빈도 곡선을 시뮬레이션하시오. 다른 대립유전자 빈도에서 시작하며 1956년 Allison에 의해 확인된 상대 적응도를 이용하시오:

AA	AS	SS
0.76	1	0.20

(i) 무한 (혹은 매우 큰) 개체군, (ii) N = 100, (iii) N = 10인 각각의 개체군에 대해 S 대립유전자 빈도 0.1로 시작해 100세대 동안 수행하고, 뒤의 두 개체군 크기에 대해서는 20회 반복하시오. 세 가지 개체군 에서의 결과를 비교하시오.

2. 약한 자연선택: 평형 q = 0.5

약한 선택을 가지고 다음의 이형접합자 이익 모델에 대한 대립유전자 빈도 변화를 시뮬레이션하시오.

A_1A_1	A_1A_2	A_2A_2
0.99	1	0.99

(i) 무한 개체군, (ii) N = 100, (iii) N = 10인 각각의 개체군에 대해 q = 0.5로 시작해 100세대 동안 수행하시오. 뒤의 두 가지 개체군 크기에 대해서는 50회 반복하시오. 중립성(모든 유전형의 상대 적응도가 1)을 지닌 동일한 개체군 크기에 대해서는 반복 수행하시오. 균형선택에 의한 개체군 다형성 비율이 중립적인 경우에 대해 100세대에서 각 개체군에서의 개체군 다형성 비율을 비교하시오.

3. 약한 자연선택: 평형 q = 0.1

약한 자연선택을 가지고 다음의 이형접합자 이익 모델에 대한 대립유전자 빈도 변화를 시뮬레이션하시오.

A_1A_1	A_1A_2	A_2A_2
0.99	1	0.999

(i) 무한 개체군, (ii) N = 100, (iii) N = 10인 각각의 개체군에 대해 q = 0.1로 시작해 100세대 동안 50회 반복 수행하시오. 중립성을 지닌 동일한 개체군 크기에 대해서는 반복 수행하시오. 균형선택에 의한 개체군 다형성 비율이 중립적인 경우에 대해 100세대에서 각 개체군에서의 개체군 다형성 비율을 비교하시오

10장

개체군 유전체학

게놈 구조와 게놈에서 작동하는 진화의 원동력에 대한 향상된 통찰은 전체 게놈의 염기서열과 유전자 발현 연구들로부터 나왔다. 게놈의 단지 적은 부분만이 단백질을 암호화하고 있으며, 추가적으로 번역되지 않는 기능성 염기서열이 존재한다. 진핵생물의 게놈 중 상당 부분은 알려진 기능이 없고, 많은 전이체(transposon)를 포함하고 있다. 전체 게놈의 분석은 효과적인 검사를 이용하여 보여지는 유전적 부동(genetic drift)으로부터 선택에 지배를 받는 좌위를 구분하게 하고 선택의 방식을 구별하게 한다. 유전체학의 도구와 통찰은 시간에 맞게 특별한 적응적 중요성을 갖는 좌위에 대한 개별적인 관리로 현재 전체 게놈 관리를 증대하기 위한 유전적 관리의 수행을 이끌고 있다.

용어

RNA간섭(RNAi)
개체군 선택(population selection)
마이크로 RNA(miRNA)
마이크로어레이(microarrary)
배경 선택(background selection)
비암호화 RNA(non-coding RNA, ncRNA)
비전사지역(untranscribed region, UTR)
상보적 DNA(cDNA)
선택적 일소(selective sweep)
소간섭RNA(siRNA)
시스(cis)
위대립유전자(null allele)
인델(indel)
전사체(transcriptome)
정화 선택(purifying selection)
게놈(genome)
게놈 활성화 분류군(genome enabled taxa)

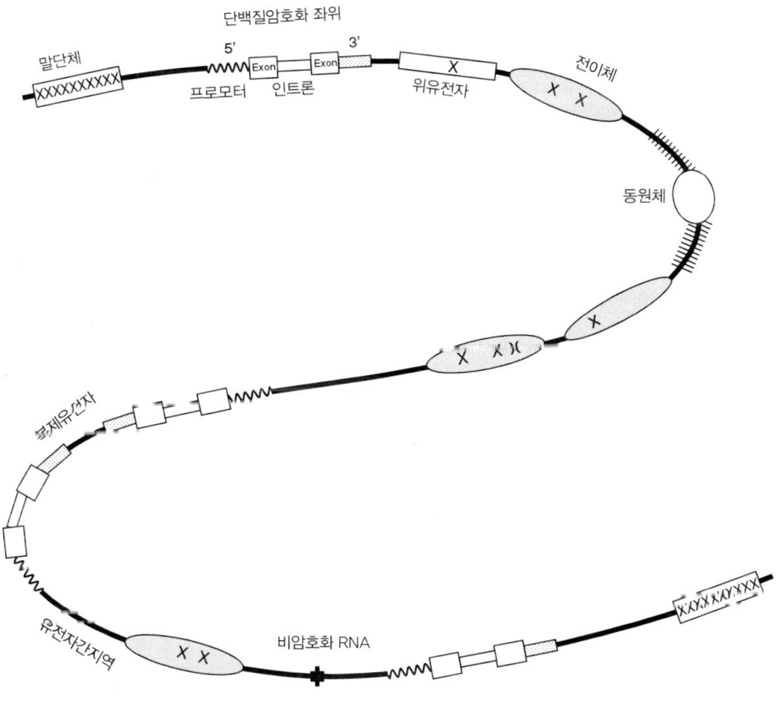

말단체, 단백질 암호화 좌위(프로모터, 엑손, 인트론, 정지신호와 3' 비전사지역을 포함하는), 유전자간 지역, 전이유전자, 위유전자, 동원체, 복제된 좌위들, 비암호화 RNA를 갖는 게놈(염색체)의 일부분의 묘사.

게놈 시퀀싱과 개체군 유전체학

개체군 유전체학은 전체 게놈에 대한 진화적인 과정을 연구하는 것이다.

지금까지 우리는 다른 좌위들로부터 분리된 개별적인 좌위를 우선적으로 다루었다. 전체 게놈의 연구(유전체학)는 모든 생물체의 기능 및 구조와 진화에 대한 향상된 통찰력을 제공하고 있다. 유전체학은 개체군과 종내 또는 종간의 분석을 위한 강력한 도구를 제공하고 있다.

2007년 11월에 125종의 진핵생물, 557종의 박테리아, 48종의 진균류를 포함한 730종이 시퀀싱되었다. 게놈 시퀀싱 프로젝트는 현재까지 진행 중에 있거나 많은 추가적인 종에 대하여 새롭게 계획되고 있다. 시퀀싱된 진핵생물에는, 많은 무척추동물 및 하등 진핵생물들과 더불어 17종의 척추동물과 41종의 고등식물이 포함되어 있다(Box 10.1). 이들 중에는 인간, 침팬지, 아프리카코끼리, 집쥐, 생쥐, 12종의 초파리와 애기장대(*Arabidopsis*) 식물이 포함되어 있다.

침팬지와 아프리카 코끼리 외에 소수의 위협종 만이 지금까지 완전하게 시퀀싱되어 왔다. 그러나 약 1,000종의 위협종은 시퀀싱된 종과 동일한 목 내에 속한다. 관련된 종의 시퀀싱된 게놈이 어떤 위협종의 게놈 분석에 도움이 될 수 있기 때문에, 이러한 관련종은 **게놈 활성화 분류군(genome-enabled taxa)**라고 불린다(Kohn *et al.* 2006). 또한 매머드 및 멸종한 동굴곰과 네안데르탈인을 포함한 많은 수의 멸종위기종이 시퀀싱되고 있다(Noonan *et al.* 2006; Poinar *et al.* 2006).

포유류의 게놈은 매우 거대하다. 예를 들어, 반수체형 인간의 게놈은 길이가 약 3.2×10^9 bp이고, 다른 포유류의 게놈도 유사한 길이이다. 하나의 게놈을 시퀀싱하는 데 필요한 일반적인 과정은 게놈을 조각으로 쪼개기, 미생물 벡터에 그 조각을 클로닝, 조각들을 증폭, 다시 그 조각들을 추출, 염기서열을 얻기 위해 DNA 시퀀싱 장치에 넣어 분석하는 것이다. 서로 다른 단편들의 염기서열들은 중첩되는 단편을 구별하기 위해 하나로 연결(정렬, aligned)되어야 하고(샷건 시퀀싱, shotgun sequencing), 염색체 상에서 지도화되어야 한다. 다양한 방법들이 이용되고 있고 그 기술은 급속히 발전하고 있다. 예를 들어, 글랜빌표범나비(Glanville fritillary butterfly)의 단백질을 암호화하는 지역들을 대상으로 여러 개체로부터 mRNA를 역전사(reverse transcription)하여 DNA(**cDNA**)를 얻은 후, 454 파이로시퀀싱(pyrosequencing)을 이용한 직접 시퀀싱(direct sequencing)에 의해 염기서열이 분석되었다(Vera *et al.* 2008).

대부분의 위협종들을 대상으로한 전체 게놈의 시퀀싱 비용은 현재 엄청나게 비싸지만 지속적으로 감소하고 있다. 첫 번째 인간 게놈의 염기서열은 2003년 27억 달러를 들여 13년 동안에 완료되었다. 반면 제임스 왓슨의 게놈은 2008년 150만 달러를 들여 4.5개월 만에 완료되었다(Wadman 2008). 크레이크 벤터는 10년 안에 한 종의 전체 게놈 시퀀싱 비용이 1000달러까지 떨어질 것으로 예측하고 있다(Jones 2006). 그리 멀지 않은 시기에 위협종을 대상으로 전체 게놈 시퀀싱이 가능하고 수행될 수도 있을 것이다.

그러나 **개체군 유전체학**(populaiton genomics)은 종내에서의 게놈 시퀀싱(sequencing genomes)과 다형성 염기서열의 구별(identifying polymorphic

Box 10.1 게놈 시퀀싱이 완료된 종들의 예와 각 단백질 암호화 좌위들의 대략적인 수 (http://www.ensembl.org 2007; http://www.genome.jp/kegg/catalog/org_list.html 2007)

종	단백질암호화 좌위의 수
포유류	
인간	23700
침팬지	20600
원숭이	21900
생쥐	23800
시궁쥐	23000
고양이	14800[a]
소	21800
아프리카코끼리	15717[a]
오파섬	19400
오리너구리	17956
조류	
닭	16700
양서류	
서양발톱개구리	18000
어류(4종)	
복어	21900
제브라피쉬	21300
무척추동물	
초파리	14000
선충류	20100
식물(41종)	
애기장대	27000
포플러	45600
벼	26811
단세포성 진핵생물	
효모	7000
박테리아(557종)	
대장균	4300

[a] 염기서열의 낮은 중복으로 인해 과소평가됨

침팬지

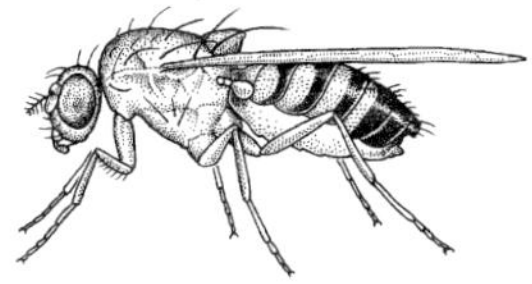

초파리

sequences) 모두에 의존하다. 다형성의 구별은 여러 개체의 시퀀싱을 통해 직접적으로 또는 간접적인 방법으로 이루어질 수 있을 것이다. 이러한 연구들은 광범위한 유전적 다양성을 알려 주었다. 크레이그 벤터는 자신의 배수체 게놈 염기서열과 퍼블릭 데이터베이스에 있는 인간 염기서열을 비교하였는데, 300만 개의 SNP, ~292,000개의 이형접합성의 염기 **삽입/결실**(insertion/deletion, indels), 90개의 역위(inversions), 중복(duplications), 카피수 변이 지역들(copy number variant regions)을 보여 주었다(Levy *et al*. 2007). 더욱이 29개의 개체군, 400명 이상의 샘플에 대하여 500,000개 이상의 지점에서 SNP 변이가 보고되었다. 인간의 변이를 목록화하기 위해서 앞으로 3년 내에 1,000명의 염기서열 분석이 있을 예정이다(Kaiser 2008).

대부분의 게놈 변이 연구들은 SNPs에 초점을 두고 있다. Black & Vontas(2007)와 Kim & Misra(2007)는 개체군 내의 SNP 변이를 판별하기 위한 많은 방법들을 리뷰하였다. 첫 번째로, SNP 이형접합자는 특정 위치에 두 개의 염기를 나타내기 때문에 배수체 개체의 시퀀싱으로 판별될 수 있을 것이다(Stephens *et al*. 2006). 두 번째로, 간접적인 방법들이 염기서열 다형성을 구별하는 데 이용되고 있고, 많은 부분 **마이크로어레이**(microarrays)에서 이루어질 수 있다(Gilchrist & Haughn 2005). 마이크로어레이는 현미경 슬라이드 글라스에 정확하고 알려진 양상으로 단일가닥의 DNA가 부착되어 있는 100−250㎕의 수천 개의 점들(spots)로 이루어져 있다(Gilchrist & Haughn 2005). UCLA의 로버트 웨인의 그룹은 마이크로어레이칩을 이용하여 늑대의 127,000개 SNP을 지노타이핑하였다(M. Gray and R.K. Wayne pers. comm.). 간접적인 방법들은 대립유전자 구별(allele discrimination)과 대립유전자 판독(allele detection)과 같은 두 가지 단계를 포함하고 있다. 대립유전자 구별방법은 (a) 대립유전자에 특이적인 상보적 염기 결합(allele−specific complementary base pairing) 및 (b) 특이적인 대립유전자의 PCR 증폭(PCR amplification of specific alleles)과 (c) SNP 위치에 걸친 단일 염기 연장(복제, 또는 비복제; replication, or not)을 포함하고 있다. 대립유전자에 특이적인 산물은 일반적으로 매스 스펙트로미터, 형광감광기 또는 화학감광기로 판독된다.

이 장에서는 이러한 게놈 내에서 게놈을 시퀀싱하고, DNA 염기서열의 변이를 특징화하며 기능적 좌위의 발현을 측정하여 얻어진 게놈의 진화와 기능에 대한 통찰을 기술하였다. 이러한 내용은 다음 장들에서 고려될 이슈들에 대한 중요한 정보를 제공하고, 3−9장에서 고려될 이슈들을 강화하는 것이다. 특히, 단일의 좌위가 아닌 많은 좌위들을 포함하는 분석을 통하여 얻어질 수 있는 정보와 그 좌위들이 보여 주는 다중좌위의 진화적인 과정들을 논의할 것이다. 더 나아가 개체군 유전체학으로부터 어떠한 보전 이익을 얻을 수 있는지에 대하여 평가할 것이다.

cDNA 발현 마이크로어레이

마이크로어레이는 게놈상의 수천 개의 좌위들에서 동시적으로 전사 수준을 측정하는 데 사용될 수 있다.

일단 한 종의 염기서열이 분석되면, 암호화 지역으로부터 얻은 많은 단일가닥 cDNA 염기서열들이 장착된 마이크로어레이칩을 제작할 수 있고 유전자 기능을 측정하는데(**기능적 게놈**, functional genome) 게놈의 수천 좌위들에서 동시에 이용될 수 있다(Whitehead & Crawford 2006a). 이들은 **cDNA 발현 마이크로어레이**(cDNA expression microarray)로 불린다(Fig. 10.1). mRNA는 유전자 발현이 측정되어질 유전자형의 개체들로부터 얻어지고, cDNA로 역전사되며, 형광물질로 표지되어 슬라이드 상에서 부동성의 단일가닥 cDNA에 DNA−DNA 교접 이전에 단일가닥으로 분리된다(Ranz & Machado 2006). 어떤 특정한 좌위에 대한 형광물질의 수준은 그 좌위의 전사 수치를 의미하는 것이다.

여러 대립유전자 또는 개체군의 전사 수준에서의 차이는 효소 또는 단백질의 가능한 정량적인 차이를 나타낸다. 모든 전사된 요소들(mRNAs, rRNAs, tRNAs, regulatory non-coding RNAs)의 게놈상에서의 발현 양상은 **전사체**(transcriptome)라고 불린다. 마이크로어레이 데이터는 mRNA 스프라이싱(splicing)과 단백질의 수준에서의 영향을 배제한 것이기 때문에, 유전자 제이에 관련된 모든 구성요소들을 포함하지는 않는다.

정확한 유전자형의 차이를 판독하기 위해서는 신중한 실험 제어와 광범위한 반복(replications)을 필요로 하는데, 이는 전사 수준이 환경적 영향에 민감하고 종종 조직, 연령, 성별에 따라 차이를 보이기 때문이다(Eisenstein 2006). 최근에는 전사 수준에서 1.5배 또는 그 이상의 차이가 통계적으로 유의하게 판독 가능하다.

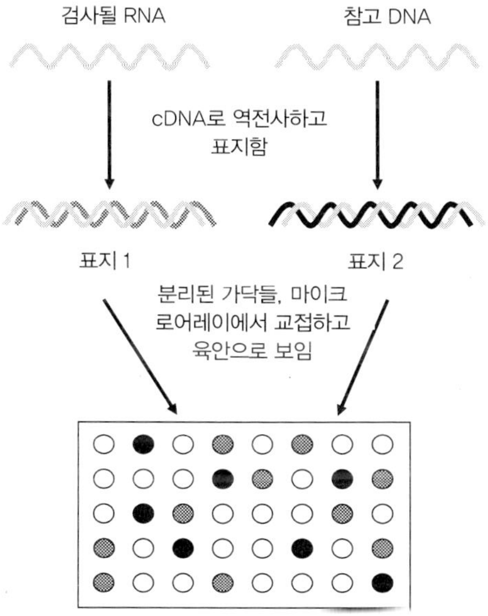

Fig. 10.1 cDNA 발현 마이크로어레이.

유전체학으로부터 어떤 보전 이익을 얻을 수 있나?

우리는 위협종의 유전학적 관리에서 최근의 직접적인 유전체학 정보의 사용에 대해 인식하지 못하고 있다. 결론적으로 우리는 이러한 정보의 미래 잠재성과 이를 적용할 때 생길지도 모르는 함정에 한정지어 논의할 것이다. Ryder(2005)와 Kohn *et al.*(2006)은 보전 유전체학으로부터 도출되는 잠재적인 이익들을 고려하였다. 전체 게놈 시퀀싱과 마이크로어레이 분석은 유효개체군 크기, 인구통계학적 역사, 근친교배 정도, 유전자 흐름의 비율, 개체군과 분류학적 위치의 구별에 대한 정확하고 치우침 없는 측정을 가능하게 할 것이다. 이들에 대해서 우리는 다음과 같은 것을 추가할 수 있다:

> 유전체학은 진화적인 과정의 더 큰 이해와 개체군의 유전적인 특징의 더 정확한 묘사를 가능하게 할 것이고, 어떤 경우에는 위협종의 개별적 좌위에 대한 유전학적 관리를 이끌 수 있을 것이다

- 위협종에서 유전병에 관련된 좌위 식별(19장)
- 선택에 영향을 받는 좌위 식별과 선택의 종류 기술(9장과 관련)
- 적합성에 중요한 변이를 갖는 좌위의 개별적인 유적학적 관리로 예를 들어, 타스매니아 데빌에서의 종양에 대하여 저항성을 갖는 MHC 변이(Box 10.3)
- 근친교배약세에 영향을 주는 해로운 대립유전자 판별(13장)
- 개체군과 종간의 번식적 고립에 영향을 주는 좌위 제시(16장)
- 보전에 중요한 종생물학에 대한 정보 획득으로 예를 들어, 가계도(pedigrees) 재작성과 인구통계학적 역사 제시(21장)
- 사육개체군의 창시자(founders) 간의 관계 구별(19장)
- 어떤 종에서 기능을 갖는 지역의 수와 길이로부터 해로운 돌연변이를 생산할 수 있는 전체 염기의 수(대상 돌연변이의 길이) 추정(7장, 13장)
- 전체 돌연변이 비율의 더 정확한 추정치 획득(Haag-Luitard *et al*. 2007; 7장, 12장)
- 반수체형 게놈에서 단일 대 다중 카피로써 존재하는 좌위의 비율 구분, 왜냐하면 이러한 좌위는 해로운 대립유전자 발현의 기회에 영향을 주기 때문이다(13장)
- 선택적으로 중요한 좌위에 대한 다형성으로부터 한 개체군의 진화적 잠재성 예측(11장)
- 중요한 질적 특징, 특히 번식적 적합성에 영향을 주는 좌위의 수 추정(5장)
- 숙주 전환의 유전학적 근거와 독성에서의 변화를 포함한 질병역학에 대한 통찰력 획득(21장)

가장 초기의 이용들 중 하나는 시퀀싱된 종에서의 유사한 조건들에 대한 정보로부터 위협종의 유전질병과 관련된 좌위를 식별하는 것이다, 예를 들어, 닭에서의 왜소증(dwarfisms)과 관련된 DNA 염기서열에 대한 정보로부터 캘리포니아 콘도르의 연골발생장애(chondrodystrophy) 좌위의 식별이 있다. 이러한 식별은 보인자(carrier)에 대한 어떤 검사를 고안할 수 있게 할 것이며, 그 개체군으로부터 치사 대립유전자가 제거될 수 있을 것이다(19장).

아래에서 우리는 게놈의 본질에 대한 중요한 발견들과 보전유전학에 대한 중요한 배경 정보를 제공하는 게놈으로부터 진화에 대한 통찰을 기술하고 있다.

> 게놈은 rRNA, tRNA, ncRNA 좌위, 조절 염기서열, 동원체, 말단체들을 포함한 단백질 암호화 좌위 외에도 많은 기능적인 요소들로 구성되어 있다. 대부분의 진핵생물의 게놈은 대개 기능이 없는 유전자간 지역(intergenic regions), 반복염기서열(repetitive sequences), 위유전자(pseudogenes)와 특히 전이체(transposons)로 구성되어 있다.

게놈 구조

게놈에는 많은 요소들이 존재한다(Table 10.1). 단백질 암호화 좌위는 게놈의 주요한 기능적 요소를 대표한다. 그러나 이 단백질 암호화 좌위는 전체 게놈에서 단지 작은 부분만을 차지한다. 더욱이 그 외의 많은 부분들이 아래와 같은 중요한 기능을 수행한다. 게놈의 가장 큰 요소는 전이유전자 때문일 것이다. 이 DNA 기생체는 좌위 간의 이동과 삽입에 의해 또는 중복(duplications)과 결손(deficiencies)의 재조합과 생산에 의해 돌연변이를 생산할 수 있다.

Table 10.1 게놈의 요소들 및 그 대략적인 카피수와 인간에게서 나타나는 비율

구성요소	기능	수(K = 1000)	인간에서의 %
단백질 암호화 좌위	효소와 단백질 암호	20–25K	1.2
엑손	전사와 번역	200K	1.1
인트론	전사와 절단	160K	24.0
프로모터	전사조절	27–33K	
3' UTR	전사종결	≥ 20–25K	
기능성 RNA 분자			
rRNA 좌위	번역기작	5개 클러스터에 300–400	
tRNA 좌위	번역에 포함	~ 500	
비암호화 RNAs	몇몇은 조절분자		
동원체	유사분열과 감수분열에서 염색체분열에 대단히 중요	46	
말단체	염색체말단의 안정	92	
유전자간지역	대개 무기능		27
위유전자	암호화 좌위의 무기능 잔해	20K	
전이체	이동하는 기생성 DNA	230만	48

게놈에서 기능을 가지는 비율은?

> 게놈의 매우 작은 부분만이 단백질을 암호화하고 추가적인 작은 부분은 조절과 다른 기능들을 가지고 있다

인간 게놈의 놀라운 특징 중 하나는 약 1.2%만이 단백질을 암호화하고 있다는 것이다(Anonymous 2007). 추가적으로 비암호화 지역의 약 3.8%가 생쥐에 비해 변이가 적고, 아마도 중요한 기능을 가지고 있을 것이다. 이들 중 몇몇은 유전자 발현을 조절하는 조절서열일 것이다. 그러나 그 나머지들의 기능은 명확하지 않다. 이러한 특징은 다른 척추동물 및 무척추동물과 식물에서도 유사할 것이다. 따라서 해로운 돌연변이를 만드는 게놈의 비율은 전체 게놈의 크기보다 더 작다.

서로 다른 분류군에서 암호화 좌위들이 수

> 포유류는 20,000–25,000개의 단백질 암호화 좌위를, 무척추동물은 15,000개 이상을, 반면에 식물은 일반적으로 10,000개 이상의 다양한 수를 가지고 있다.

게놈 시퀀싱은 우리가 서로 다른 분류군에서 단백질을 암호화하는 좌위들의 수를 판단할 수 있게 할 것이다(Box 10.1). 인간은 포유류가 가지는 전형적인 수인 약 20,000에서 25,000개의 좌위들을 가지고 있다. 초파리는 약 14,000개의 단백질 암호화 좌위를 가지고 있다. 식물은 다양한 수의 좌위를 가지고 있다. 이는 부분적으로 그들이 진화에서 다양한 수의 다배수화 사건(polyploidy events)에 기인한다. 애기장대(*Arabidopsis*)는 11,000개의 유전자 그룹, 약 27,000개의 좌위를 가지고 있다(Arabidopsis Genome Initiative 2000). 단백질 암호화 좌위 수의 추정치는 정확한 것이 아닌데, 이는 암호화 서열을 예측하는 서로 다른 컴퓨터 알고리듬이 조금은 다른 결과를 나타내기 때문이다

> 단백질을 암호화하지 않는 추가적인 기능적 서열이 존재한다.

대규모 다유전자 족(family)에서의 rRNA 및 tRNA(소규모 족에서의)와 작은 조절 비암호화 RNA(small regulatory non–coding RNA; **ncRNA**) 분자

를 포함한 기능을 갖는 추가적인 DNA 서열은 전사되지만 번역은 되지 않는다(Moulton 2005). 이들 중 몇몇(RNA를 간섭하는, interfering RNA : **RNAi**)은 바이러스 감염과 전이유전자에 대한 방어와 관련되어 있다(Dalmay 2006). 동물에서 ncRNA의 수는 아직 보고되지 않고 있지만, 약 75,000개의 발현된 짧은 RNA가 애기장대에서 구별되었다(Lu *et al*. 2005). 특히 단백질 암호화 좌위의 번역 시작 서열 앞쪽에 위치한 5' 지역의 조절 서열을 포함한 그 밖의 다른 서열들은 전사는 물론 번역도 되지 않는다.

이러한 기능을 갖는 추가적인 서열은 단백질 암호화 좌위를 훨씬 넘어서까지 해로운 대립유전자를 만드는 돌연변이를 일으킬 수 있는 지역(돌연변이 대상)의 길이를 증가시킨다. 또한 이 서열은 적응진화적 변화에 관련되어 있다. 예를 들어, 짧은 ncRNA(19–24 염기)는 식물과 동물 모두에서 환경 적응에 관련되어 있다(Dalmay 2006). 마이크로 RNA(**miRNA**)는 식물과 동물에서 발견되는 짧은 비암호화 RNA로서, 종종 전사 후 유전자 발현을 방해하는 역할을 한다. 예를 들어, 양의 품종 사이에서 근육의 가장 큰 차이는 miRNA에 대한 대상 위치를 만드는 마이오스타틴(myostatin) 좌위에 있는 3'의 전사되지 않는 지역(3' UTR)에서의 변화인데, 이것은 번역을 방해하는 결과를 초래한다(Clop *et al*. 2006). 사람과 생쥐의 SNP 데이터베이스의 분석은 원래의 miRNA 대상 위치를 생성하거나 파괴하는 돌연변이가 무수히 많으며, 표현형 진화에 중요한 영향을 미칠 수도 있을 것임을 언급하고 있다(Clop *et al*. 2006).

더욱이, 많은 전사체는 기능이 알려져 있는 어떠한 요소들과도 관련되어 있지 않다. 초파리에서 전사의 약 20%는 단백질 암호화 좌위와 관련되어 있지 않고, 다른 알려진 기능적 요소들에 의해 설명되지 않고 있다. 반면에 인간의 전사체 중 23%는 유전자간 지역에 존재한다(*Drosophila* 12 Genome Consortium 2007 ; The Encode Project Consortium 2007).

카피수의 변이

> 표현형에서 해로운 대립유전자의 발현 가능성은 그 좌위의 카피 수에 달렸다.

표현형에서 해로운 돌연변이를 발현할 가능성은 어떤 좌위가 한 개, 두 개, 세 개, 네 개 또는 그 이상에서 존재하느냐 존재하지 않느냐에 좌우된다. 무작위적 짝짓기(random mating)를 하는 어떤 개체군에서 q라는 빈도의 열성 돌연변이는 그 좌위의 한 개, 두 개, 세 개 또는 네 개 카피를 갖는 개체에서 대략 q, q^2, q^3, q^4의 표현형으로 발현될 것이다(4장). 어느 정도의 좌위들이 카피수 변이를 보일까?

> 종 내 혹은 종 간 유전자 카피수에는 광범위한 변이가 존재한다.

유전자 수의 소실과 획득은 종 내와 종 간에서 확연하다. 이것은 단백질 암호화 좌위 및 rRNA와 같은 전사된 서열과 위유전자와 마이크로세틀라이트와 같은 비전사된 서열에 적용된다. 카피수 변이는 인간과 초파리를 포함한 다양한 원핵생물에서 발견되고, 모든 원핵생물에서 일어날 것이다. 인간의 경우, 암호화 유전자의 14.2%가 카피수에서 변이를 보인다(Nozawa *et al*. 2007). 무작위적인 개체들 간에는 평균 61.5 카피가 다르게 나타난다. 270명의 샘플에서, 1,447개의 카피수 변이 지역(1kb 또는 더 긴)이 발견되었고, 이러한 변이들의 약 절반은 한 사람 이상에서 존재한다(Redon *et al*. 2006). 변이 지역은 수백 개의 좌위 및 기능적인 단위와 단편의 중복물을 포함하고 있다. 이러한 카피수 변이는 인간의 개체군 사이에서 차이를 보인다.

인간에서는 541개의 결실 변이들이 구별되었고 이 중 절반 이상이 서로 복잡하게 관련되어 있지 않는 개인들에게서 발견되었다(McCarroll *et al*. 2006). 이들은 1kb에서 745kb의 길이로 다양하다. 스테로이드 대사, 냄새, 약제 반응(drug responses)에 포함된 10개의 발현 암호화 엑손들은 흔하게 제거되었다.

카피수 변이는 특히 rRNA, 글로블린, MHC 좌위와 같은 다유전자 족에서 명확하게 나타난다. 다유전자 족은 복제 지연(replication slippage)과 불균등 교차(unequal crossing-over)로 인하여 그 카피수가 다르게 된다.

카피수 변화의 적합성에 대한 영향은 다양하다. 어떤 유전자 중복은 해롭지만(초파리의 긴 막대모양 눈의 중복), 녹말의 소화에서 인간의 아밀라아제 좌위의 중복과 같은 다른 것에서는 유익하다(Perry *et al*. 2007). 인간의 헤모글로빈과 gluclose-6-phosphate dehydrogenase 좌위의 카피수 감소는 말라리아 지역에서 이형접합자 우세(heterozygote advantage)를 보여 준다(9장). 초파리의 좌위 중, 작은 부분은 한 번 또는 세 번의 말라리아 감염 시 매우 해롭거나 치명적일 수 있다(Lindsley *et al*. 1972).

게놈에서 전이성 요소의 비율은?

전이성 DNA 요소는 대부분의 진핵생물 게놈에서 가장 많은 부분을 차지하고 그들의 이동은 돌연변이를 생성하게 된다.

전이성 요소(이동가능한 유전적 요소)는 원핵생물에서 상당부분을 차지한다(Table 10.2). 실질적인 비율은 분류군에 따라 다르나, 많은 경우 50% 또는 그 이상을 차지한다. 전이성 요소는 새로운 염색체 위치로 삽입이 가능한 DNA 단편으로, 종종 그들 스스로가 이동과정에서 중복된 카피를 만들 수 있다(Wessler 2006). 이러한 'DNA 기생충(DNA parasites)'는 코딩 좌위 내 또는 부근에서 삽입에 의해 많은 돌연변이의 원인이 된다(7장). 더욱이, 그들은 요소들 간의 재조합에 의해 중복과 결손을 생성하게 된다. 전이성 요소들의 삽입은 초파리에서 50%, 생쥐에서 10%, 인간에서 0.1% 이상의 즉각적인 돌연변이(spontaneous mutations)에 영향을 준다(Maksakova *et al*. 2006). 이러한 차이는 서로 다른 종들에서 이동할 수 있는 전이체(transposons)의 경향을 반영한다.

Table 10.2 서로 다른 종의 게놈에서 전이체들의 비율

종	게놈에 대한 전이체의 기여
인간	48%
생쥐	40%
개구리	77%
초파리	15-22%
식물	15%에서 90%까지
박테리아	0.3%

출처: Biemont & Vieira (2006); Sabot & Schulman (2006)

게놈 복잡성의 기원

중복된 유전자, 인트론, 전이성 요소에서의 종간 차이는 유효개체군 크기(effective population size)와 관련된 것으로, 개체군의 크기가 작은 종일수록 더 많은 수가 발견된다.

게놈의 크기는 광범위하게 차이가 나고 생물체의 복잡성과 약한 관련성을 가지고 있다. 예를 들어, 폐어는 포유류의 40배에 달하는 DNA를 가지고 있다(Nei 1987). 이러한 모순점을 설명하기 위해 여러 가지 적응적 가설들이 제안되었지만, 어떤 것도 이를 정확히 설명하지는 못하고 있다.

분자적 진화의 근중립 이론(near neutral theory)의 기발한 확장은 게놈의 좌위의 중복물, 인트론, 전이가능성 요소들의 크기와 구조의 진화에 적용되어 왔다. Lynch(2007)는 위의 각각의 요소가 유효개체군 크기가 큰 종보다는 작은 종에서 더 많이 축적될 수 있을 것이라고 예측하였다. 약간의 카피수는 어느 정도 해로운 것이 되겠지만, 더 작은 유효개체군 크기의 종에서 효과적으로 중립적이기 때문에 그 종에 축적이 될 수 있을 것이다. 예상한 것처럼, 각각의 이러한 변이는 더 작은 *Ne*에서 더 흔하게 발견된다. 이 이론은 아직 논쟁적이지만 여러 가지 실험적 검증을 통하여 설명되어져 왔다.

유전체학으로부터 진화로의 통찰

게놈의 가장 희망적인 적용 분야 중 하나는 게놈에 걸쳐 있는 좌위들에서 변이의 적응적 가치를 구분하는 것이다(6장, 9장). 좌위 내에서 서로 다른 지역간(암호화 대 비암호화; 코돈 내에서의 서로 다른 위치) 및 종 내에서 좌위간과 서로 관련 있는 분류군간의 유전적 다양성을 비교하는 것은 유전적 다양성의 선택적 본질(중립의, 유익한 또는 해로운; neutral, advantageous or deleterious)에 대한 통찰력을 제공할 것이다. 다음 섹션에서는 게놈이 어떻게 서로 다른 종류의 선택에 의해 영향을 받는 좌위를 구분하는 데 도움을 주는지를 살펴볼 것이다.

방향적 선택성에 영향을 받는 좌위의 비율은?

아마도 기능을 갖는 소수의 좌위는 방향적 선택에 영향을 받을 것이다. 그러나 그 정확한 비율에 대해서는 확실히 알지 못하고 있다.

게놈 수준에서, 좌위들 간 행동의 비교는 분석의 통계학적인 힘을 증가시키기 위해 광범위하게 이용되어 왔다. 대다수의 좌위들과 유의한 차이를 보이는 방향으로 행동하는 예외적인 좌위(outlier loci)는 선택에 영향을 받을 지 모른다. 이러한 예외들을 판별하기 위한 여러 가지 통계학적 검사가 있다(Luikart *et al.* 2003). 게놈 분석으로부터 적응적 선택을 판별학기 위한 다섯 가지 주요 방법이 있다(Sabeti *et al.* 2006).

- 인간의 MHC에 있는 좌위에서 알려진 것처럼 어떤 좌위에서 비동일성(아미노산) 치환의 비율이 배경 비율보다 높다. 이것은 침팬지와 같은 다른 종들과의 비교를 통하여 판독된다.
- 어떤 게놈의 지역에서는 같은 종 내의 다른 지역들에 비교하여 유전적 다양성이 감소된다. 이것은 어떤 좌위에서 한 대립유전자가 선택에 의해 고정되고 이러한 과정에서 주변 지역의 유전적 다양성이 감소하는 것(선택적 일소

또는 편승; **selective sweep** 또는 **hitchhiking;** Fig. 10.2 참조)을 암시한다. 한 가지의 선택적 일소는 락테이즈 좌위에서 일어나는데, 이는 유럽의 성인과 아프리카의 목축업자들에서의 우유 소화 능력에 관계된 락테이즈를 지속시키는 대립유전자에 대한 선택에 기인한다(Tishkoff *et al*. 2007). 이것은 해로운 새 돌연변이의 제거에 기인한 것으로 약한 **배경 선택**으로부터 나타나는 것이다(Fig. 10.3).

- 동일종의 서로 다른 개체군간에서 다른 좌위에서의 변이에 비해 높은 변이를 보이는데, 이것은 어떤 좌위가 각각의 개체군에서 양의 선택을 받고 있는지 여부를 나타낸다. 인간의 Duffy 좌위에서의 FY*O 대립유전자는 사하라 사막의 남부 아프리카인들에서는 거의 고정되어 있는데, 이는 말라리아 저항에 대한 선택에 기인한 것으로 그 외의 세계에서는 희귀한 것이다.
- 긴 DNA의 지역에 대한 연관불평형(linkage disequilibrium). 이것은 락테이즈 좌위 주변에서도 발견된다(Tishkoff *et al*. 2007).

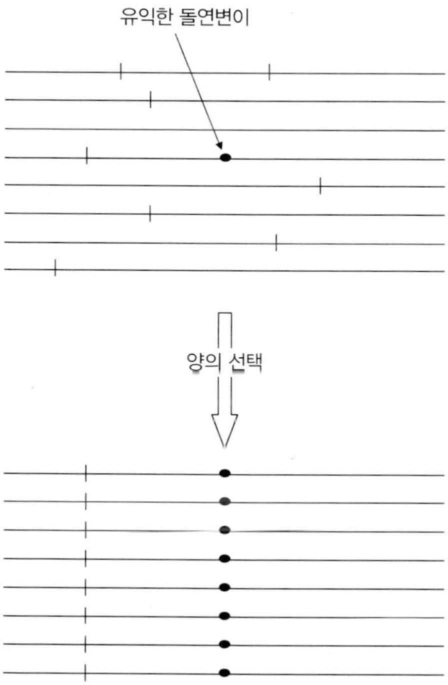

Fig. 10.2 새로운 적응적 돌연변이에 기인한 선택적 일소(after Nachman 2006). 각각의 선은 하나의 염색체를 나타내고, 짧은 수직선은 주변 좌위에 있는 중립적인 변이를 나타낸다. *최초의 희귀한 대립유전자의 고정은 선택된 좌위와 주변 좌위 모두에서 유전적 다양성을 감소시킨다. 이것은 또한 연관불평형을 생성하게 한다.*

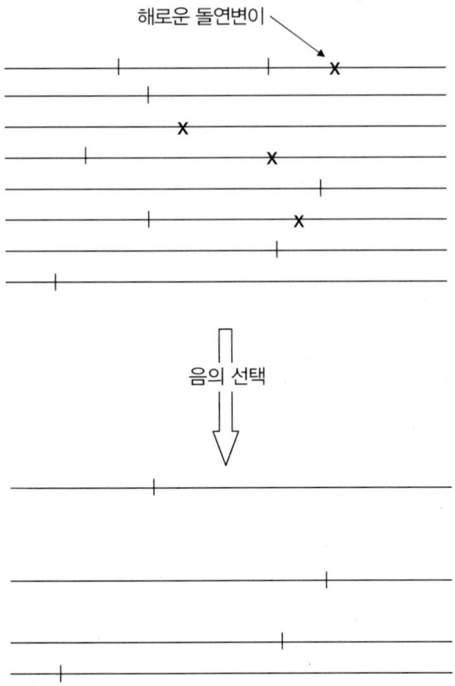

Fig. 10.3 배경 선택. 이것은 해로운 새 돌연변이의 선택적 제거 중에서 주변의 중립적인 변이에 대한 영향을 묘사하고 있다.

사육 개체군(위협종의 개체군을 포함)의 상태는 이들이 사육에 적응됨에 따라 선택적 일소에 대해 매우 큰 영향을 받게 된다. 게놈에 걸쳐 일어나는 선택적 일소는 사육되고 사육 상태에서 멸종위기종에 대하여 권고된 것처럼 50세대 동안 관리된 23개의 초파리 개체군에서 발견되었다(Montmont, Woodworth, England, Briscoe & Frankham, unpublished data). 중립적인 예상과 비교하여, 마이크로세틀라이트 이형접합성의 소실이 12% 더 빨랐고(Fig. 11.2), 복제물에 걸쳐 마이크로세틀라이트 대립유전자 빈도에서의 변이가 25% 더 컸으며, 대립유전자 빈도에서의 일시적 변이 역시 33% 더 높았다. 이러한 편승의 영향은 위협종의 장기사육 개체군들에서 예상된다.

어떤 단일 좌위에 대한 분자 수준에서의 선택을 판별하는 데 이용되는 고전적인 방법은 Box 10.2에 기술된 McDonald–Kreitman test이다. 이 방법은 또한 여

Box 10.2 선택에 대한 McDonald–Kreitman test(McDonald & Kreitman 1991 ; Hedrick 2005a ; Eyre–Walker 2006)

분자적인 다형성에 대한 선택을 판별하는 가장 널리 이용되는 테스트 중 하나는 McDonald & Kreitman(1991)에 의해 고안되었다. 이 테스트는 한 종 내의 변이의 양을 어떤 좌위의 암호화 지역 내 동일치환지역과 비동일치환지역을 서로 다른 종간에서의 발산(고정된 차이, fixed differences)과 비교하는 것이다. 이 검사는 동일치환들이 중립적이라는 것을 가정하고 있다.

만약 관찰된 비동일치환 변이가 중립적이라면, 종간 염기치환(발산, divergence)과 종 내 다형성의 비율은 모두 돌연변이 비율의 기능일 것이다. 결론적으로, 우리는 비동일치환 대 동일치환 지역에 대한 종간 발산 비율(D_n/D_s)이 비동일치환 대 동일치환 지역에 대한 종내 다형성의 비율(P_n/P_s)과 일치할 것이라고 예상할 수 있다. 그러나, 만약 비동일치환 지역에서 방향적 선택이 일어난다면, 이것들은 종간 발산에 상당한 영향을 주게 되지만 다형성에는 거의 영향을 주지 않을 것이다. 따라서 $D_n/D_s > P_n/P_s$이란 결과를 보여 주게 된다. 예를 들어, 아래의 초파리의 데이터에서 발산 비율 3648/7365 = 0.50은 다형성의 비율 439/1741 = 0.25 보다 더 크다. 따라서 비동일적 발산은 부분적으로 적응적 고정에 기인한 것이다. 만약 영장류의 mtDNA 암호화 좌위의 경우에서처럼 반대로 발산 비율이 다형성의 비율보다 더 크다면, 이것은 대부분의 종간 비동일적 다형성이 약간 해롭고 다른 종에서 고정되기 전에 제거된 것이라 추정할 수 있다.

두 종의 초파리에서 115개 좌위들로부터 얻은 분자적 다형성 데이터

	발산	다형성
비동일	3648	439
동일	7365	1741

이 정보는 아래와 같이 모든 동일치환이 중립적이라 가정하고 위의 표로부터 값을 대입하여 적응적 비동일치환의 비율(α)을 측정하여 이용할 수 있다.

$$\alpha = 1 - \frac{D_s P_n}{D_n P_s}$$

$$\alpha = 1 - \frac{7365 \times 439}{3648 \times 1741} = 0.49$$

따라서 초파리 종간 아미노산 치환의 약 절반이 적응적 치환임을 알 수 있었다.

러 관련 검사의 기초가 되고 있다.

위 게놈의 방법을 이용한 7가지 인간에 대한 연구들은 선택 하에서 좌위들 간에 동일한 측정치를 보이지 못했고, 이전에 긍정적인 양의 선택의 대상으로 판별된 질병의 좌위들보다 적은 수만이 이들 분석에서 최상의 후보자로 순위 매겨졌다(Sabeti *et al.* 2006).

또 다른 연구에서는 조사된 SNP 중 1.6% 만이 연관불평형쇠퇴검사(linkage disequilibrium decay test)를 이용하여 유익한 대립유전자(양의 선택)에 대한 선택의 신호를 보여 주었다(Wang *et al.* 2006). 판독된 1,800개의 좌위들은 숙주-세균 상호작용, 번식, DNA 대사작용/세포주기, 단백질 대사작용 그리고 뇌세포 기능과 상당히 관련되어 있었다. 적응적 변화(adaptive changes)는 인간과 침팬지 간에 소수의 DNA 염기서열 차이만으로 이루어져 있다(Nielsen *et al.* 2005). 선택의 증거를 보여 주는 좌위들은 현저히 감각 인지 및 면역 방어, 종양 억제, 자살 기작과 정자 생성에 관여한다. 따라서 영장류에서 단지 작은 부분의 SNP 변이만이 자연선택에 영향을 받게 된다.

몇몇 학자들은 치사율이 낮고, 가족의 크기 변이가 피임에 의해 제한적이기 때문에 현대 인류는 선택에 거의 영향을 받지 않는다고 제안하기도 했는데, 이

것은 유전적으로 관리되는 위협종의 사육 개체군을 연상시키는 상황이기도 하다. 그러나 중국계 미국인 및 유럽계 미국인과 아프리카계 미국인 개체군들의 130만 개의 SNP에 대한 한 검사는 선택적 일소에 대한 매우 강한 증거가 101개의 SNP에서 나타나 최근의 양의 선택의 신호를 보여 주었다(Williamson *et al*. 2007). 더 많은 신호들은 그룹간에 공유되어 있기보다는 개체군에 특이적이었다. 몇 개의 신호는 유럽인들의 락테이즈 좌위와 중국인들의 알콜 탈수소화효소 좌위와 같이 이미 알려진 좌위들에 상응하였다. 또한 여러 동원체들을 포함하는 선택적 일소가 존재하였다.

균형 선택(balancing selection)에 영향을 받은 지역에 대한 인간을 대상으로 한 조사들은 그 외의 게놈 지역보다 더 높은 유전적 다양성을 가진 지역들의 판별과 인간과 침팬지 간에 공유된 과거의 다형성의 탐구를 통하여 수행되었다(Asthana *et al*. 2005; Bubb *et al*. 2006). 두 연구들 모두 인간의 게놈에서 매우 낮은 평형다형성 부분을 나타내었다.

아미노산 치환에서 해로운 것의 비율은?

> 대부분의 아미노산 치환은 해롭고 작은 유효개체군 크기를 갖는 종에서 더 높은 비율을 보인다.

동일치환(K_S)으로의 아미노산 치환(K_A)을 일으키는 염기치환의 비율은 해로운 아미노산 치환의 비율을 측정할 수 있게 한다. 이것은 McDonald–Kreitman test의 D_n/D_s와 유사하지만(Box 10.2), 뉴클레오티드가 아닌 아미노산에 적용된다. 인간의 K_A/K_S는 0.23인데, 이것은 인간의 77%의 아미노산 변형이 자연선택에 의해 제거되어져야 할 만큼 충분히 해롭다는 것을 암시한다(The Chimpanzee Sequencing and Analysis Consortium 2005). 설치류(murids)의 K_A/K_S 비율은 겨우 0.13이고, 이것은 인류(hominids)보다 쥐류(87%)에서 더 강한 기능적 억제가 있음을 나타내는 것이다. 아마도 영장류에서 부정적인 선택이 덜 효과적이었을 것으로 생각되고, 이는 낮은 장기적 유효개체군 크기에 기인할 것으로 생각된다. 인간에게서 돌연변이를 치환하는 아미노산에 대한 적합성효과의 분포 측정은 낮은 비율의 적합성 평균 감소를 나타내고 있는데, 50% 이상이 온화한 효과를, 15% 이하가 대단히 해로운 효과를 가지고 있다(Eyre-Walker *et al*. 2006).

인간의 아미노산치환의 작은 비율은 긍정적인 적응적 선택에 기인한다. 한 8,079개 좌위의 분석에 따르면 양의 선택에서 예상되는 것과 같이, D_n/D_s비율은 0.4%로 나타났다(Nielsen *et al*. 2005)(Box 10.2).

선택은 비암호화 DNA에 작용을 하는가?

> 적어도 몇몇 비암호화 DNA는 선택에 영향을 받는다.

바코딩 DNA 염기서열에 대한 선택의 작용 여부 검사는 그들의 다형성과 동일치환 지역에 대한 진화비율을 비교함으로써 가능하다. 이러한 검사들은 초파리의 UTR 및 인트론과 유전자간 DNA에서 선택의 증거들을 보여 주고 있다(Andolfatto 2005). 이들 모두는 동일치환보다 다형성이 적고 더 느리게 진화한다. 인트론과 유전자간 DNA에서 뉴클레오티드 발산의 약 20%는 아마도 양의 선택에 의해 고정되고 UTR은 약 60%가 고정된다. 양의 선택과 음의 선택(억제, constraint)을 고려한다면, UTR에서 약 83%의 뉴클레오티드가 기능적으로 중요하다. 인트론과 유전자간 지역은 각각 46%와 60%이다. 인간은 포유류에서 매우 보존적인 지역의 98.5%가 단백질 암호화 염기서열 밖에 위치하고 있다(Pollard *et al*. 2006). 이것은 이전의 인간과 침팬지간의 주요한 결정적 차이가 게놈의 조절지역에 있다는 증거와도 상통하는 것이다(Carroll 2005). 또다른 연구는 인간게놈에서 해로운 대립유전자에 대한 선택(정화 선택; purifying selection)에 모든 염기서열 중 약 2/3가 영향을 준다는 것을 보여 주고 있다. 집쥐와 생쥐의 경우, 암호화 DNA보다는 비암호화 DNA 내에서 세 배 이상 많은 선택적으로 억제된 비반복 지역이 존재한다. 이것은 다양한 척추동물의 경우에서도 유사하다(Gaffney & Keightley 2006). 무척추동물 게놈의 비암호화 지역 상당부분 역시 선택적으로 억제되고 있다. 그러나 이러한 부분은 암호화 지역에 비해 더 낮다(Siepel *et al*. 2005). 조절 염기서열과 암호화 지역 모두 진화적인 변화에 기여는 하지만, 조절 염기서열에서의 진화적 변이가 더 중요할 것이다.

단백질 암호와 좌위의 5′ 말단에 있는 지역은 전사요소들의 결합 지역을 비롯한 조절 염기서열을 포함하고 있다. 이러한 시스조절 염기서열은 자연선택에 의해 억제된다. 예를 들어, 성게 시스조절 지역은 대부분 기능적인 중요 신호인 어떠한 작은 삽입(inserts)과 결손(indels)도 포함하고 있지 않다(Cameron *et al*. 2005). 모든 종에서 이와 비슷한 선택이 조절 염기서열에서 나타날 것이다.

시스(Cis)조절 염기서열은 안정화 선택(stabilizing selection)에 의해 억제된다.

동일치환은 중립적인가 아니면 선택에 영향을 받는가?

동일변이들이 중립적이라는 것은 종종 가정되고 있다(위의 내용과 9장 참조). 그러나 게놈의 자세한 분석들은 초파리, 애기장대, 선충, 인간에서 동일치환에 작용하는 약한 선택에 대한 증거를 보여 주었다(Cameron 2005). 이러한 선택은 선호되는 코돈이 비암호화된 동일치환 코돈보다 번역 효율이 더 크기 때문이다. 이러한 동일 변위에 대한 선택은 일반적으로 매우 약해서(평균 $s \sim 10^{-6}$) 위협 종에서의 부동(drift)에 의해 압도된다(Carlini 2004).

동일변이는 광범위한 분류군에 걸쳐 매우 약한 선택에 영향을 받는다는 증거를 보여 주고 있다.

돌연변이 대상의 크기

근친교배약세는 보전생물학에서 주요 관심사이다. 이것은 주로 돌연변이선택균형(mutation selection balance)에서 해로운 대립유전자에 대한 동형접합성에 기인한다(13장). 근친교배약세의 전체 크기는 주로 해로운 돌연변이를 생산하기 위해 돌연변이를 일으킬 수 있는 좌위의 수와 그 돌연변이 비율에 따른다. 해로운 돌연변이 대상의 크기는 암호화 좌위와 비암호화 지역의 기능적 위치의 수와 크기에 의해 결정된다. 해로운 돌연변이에 대한 **돌연변이 대상 크기**(mutational target size)는 전체 게놈의 크기보다는 현저히 작지만 전체 단백질 암호화 좌위의 크기보다는 크다. 생쥐의 보전적인 염기서열에서 이 돌연변이의 대상크기는 게놈의 5%에 불과하다(Anonymous 2007).

게놈의 해로운 돌연변이 비율은 게놈에 있는 기능적 요소의 전체 크기와 돌연변이 비율에 달려 있다.

돌연변이율은 즉각적인 DNA 복제 오류의 비율과 전이체 유도 돌연변이의 비율에 좌우된다. 전이체의 정렬(array)과 활성(activity)은 돌연변이 유발인자의 잠정적인 영향을 나타낸다.

전체 게놈 돌연변이 비율의 측정은 초파리에서 이루어졌는데, 돌연변이 비율/염기(rate/base)가 세대 당 8.4 × 10^{-9}로 나타났다. 이것은 한 세대의 배수체 게놈 당 전체 게놈의 해로운 돌연변이 비율이 1.2임을 나타내는 것으로, 돌연변이–선택 균형과 근친교배약세와 관련하여 상대적으로 높은 비율이다.

유전자 발현 연구로부터의 고찰

종 내 개체들간 유전자 발현 수준에서의 광범위한 유전적 변이가 존재한다.

개체들간 전사 수준에서의 변이는 광범위하고, 이는 인간, 생쥐, 어류 그리고 무척추동물에 대하여 보고되고 있다(Ranz & Machado 2006). 개체들간 발현 변이는 커다란 유전가능한 구성요소를 가지고 있다(Whitehead & Crawford 2006a). 종 내에서 근친교배된 실험(replicate) 개체군(동형접합성이지만 유전적으로 다른)은 생쥐, 초파리, 옥수수의 많은 좌위들에서 발현에 있어 차이를 보인다(Whitehead & Crawford 2006a). 단백질 암호화 좌위 부근의 시스로 작용하는 조절 지역에서의 차이에 추가적으로, 그밖에 많은 좌위들은 특정한 좌위들의 발현에 영향을 준다.

유전자 발현의 적응적 차이는 종 내 개체군 간에 판별이 되었다.

개체군간 전사 수준에서의 유전적 차이를 갖는 좌위들은 적응적 차이에 관련되어 있다(Ranz & Machado 2006). 예를 들어, 송사리 *Fundus heteroclinus*의 주요 대사경로와 관련된 329개의 좌위들에서의 유전자 발현은 일반적인 야외 실험을 통하여 서로 다른 온도구배를 갖는 미국 동부의 메인과 조지아 간에 검사되었다(Whitehead & Crawford 2006a). 이 실험에서 44개(13%)의 좌위가 자연선택에 영향을 받고 있다는 것을 보여 주었다(4% 방향적 선택, 7% 안정화 선택, 2% 균형 선택). 개체군간 유전자 발현에서의 평균 차이보다 유이하게 더 큰 차이를 보이는 예외적인 좌위들은 개체군간 다양한 방향으로 방향적 선택에 영향을 주었다. 반대로, 개체군간 평균보다 더 적은 차이를 보이는 발현들은 균형화 선택 또는 안정화 선택을 겪고 있는 좌위들의 신호를 보여 주었다. 마이크로어레이 연구 역시 잡종불임과 종분화에 관련된 좌위들을 확인하는 데 이용되고 있다(Ranz & Machado 2006).

잡종강세의 유전적 근거

잡종강세는 주로 선호하는 대립유전자의 우점에 기인하고, 일부 요인은 이형접합자 우세에 기인한다.

멸종위협종의 작은 근친교배 개체군을 구제하기 위한 주요한 방법은 그들을 다른 개체군들과 이계교배하는 것이다(13장). 이러한 방법은 단편화된 개체군들을 관리하는데 가장 중요하다(17장). 근친교배 개체군이 교배될 때, F_1 자손은 일반적으로 **잡종강세(hybrid vigour or heterosis)**로 불리는 증가된 번식적 적합성을 보인다. 이것의 유전적 근거는 지난 세기 초 이래로 논쟁거리가 되어 오고 있는데, 그 경쟁 가설이 되고 있는 두 가설은 유리한 대립유전자의 우성

(dominance of favourable alleles)과 이형접합자 이익(heterozygote advantage)란 가설이다(13장)

약 14,000개의 cDNA를 포함한 발현 마이크로에레이는 두 근친교배된 옥수수 부모와 그들의 F_1에서의 mRNA 수준을 비교하기 위해 이용되었다. 잡종강세에 기여하는 주요 유전자 활동의 사례 중에서, 70%는 생산성이 더 높은 부모에서 유전자 발현에 있어 우성(dominance)을 보였고, 13%는 과대 우성(over-dominance)를, 그 나머지는 생산성이 더 낮은 부모에 대하여 우성과 부분 우성(partial dominance) 또는 과소 우성(underdominance)를 보였다(Swanson–Wagner *et al.* 2006). 우성은 잡종강세에 기여하는 유전자 활동의 주요한 형태이지만, 과대 우성 역시 유의한 기여 유전자이기도 하다. 전자만이 자연선택에 의한 제거(정화, purging)에 영향을 준다(13장).

아래에 멸종위협종의 개별적 좌위의 유전학적 관리에 대한 기대들을 논의할 때 필요한 게놈정보들을 적용하였다.

개별적 좌위의 유전학적 관리에 대한 전망

> 적합성에 가장 큰 영향을 주는 다형성은 다양한 좌위들에서 알려져 있다. 어떤 좌위들에 대해선, 중립적인 예상에 근거하여 남아 있는 변이들을 관리하는 동안 개별적인 유전적 관리가 필요할 것이다.

개체군 유전체학은 선택에 영향을 받는 좌위들을 추적하고 작용하는 선택의 형태를 구별할 수 있게 해주기 때문에, 이들 좌위에 부분적으로 집중함으로써 유전적 다양성의 유지를 극대화할 수 있었다. 반면에 나머지 게놈을 관리하는 것은 유전적 다양성의 유지를 최대화할 수 있을 것이다. 호주의 타스매니아데빌은 아마도 게놈의 다른 좌위와는 독립적으로 MHC 좌위의 관리가 필요할지 모른다. 이는 이 종이 서로 무는 과정에서 전파되는 종양으로 인해 야생에서 심각한 멸종위기에 처해 있기 때문이다(Box 10.3). 운 좋게도 서로 다른 MHC 대립유전들이 존재하기 때문에 몇몇 개체들에서 유전적인 저항성이 나타났다. 이러한 저항성 반수체형는 사육 개체군의 관리에 필요하고 어떤 연속적인 재도입시 중요할 것이다.

그러나 개별적 좌위에서의 유전학적 관리에 대한 중요한 조건들이 존재한다. 첫 번째 논점들은 주로 샘플링 변이와 통계학적 힘에 기인하여 생긴다. 외견적으로 선택된 좌위들 중 몇몇은 선택된 그 자체가 아닌, 중립적이거나 선택의 형태가 잘못 진단되거나 선택된 좌위와 연관되어 있을 수 있다. 두 번째 문제점은 몇몇 좌위들이 미래 환경을 포함한 다양한 환경들에서 서로 다른 선택의 양상을 가지고 있기 때문에 생겨난다. 예를 들이, 사육 상태에서 적합한 대립유전자가 종종 야생 상태에서는 해로운 것이 되기도 한다(Frankham 2008).

드문 경우에, 외견상 유익한 대립유전자가 사실은 해로운 것이어서 그 좌위에 대한 개별적 관리가 해로운 것이 될 수 있을 것이다. 후보 좌위에 대한 선택을 확인하는 것이 필요하겠지만 이러한 확인은 어렵고 비용과 시간이 소모되는 과정이다. 어떤 후보 좌위의 선택에 대한 증거는 다음의 질문에 대한 긍정적인 답변들이 있다면 강화될 수 있다:

- 정확한 시기에 정확한 조직에서 그 좌위가 기능을 하는가? 예를 들어, 성체가 젖당(lactose)을 소화하는 능력을 부여하는 것으로 생각되는 어떤 대립유전자가 성체의 소화기관에서 기능을 수행하는가?
- 유익한 대립유전자가 정확히 전사되고 번역되는가?
- 외견상 유익한 대립유전자의 유전자 산물이 예상한 방향과 차이를 보이는가? 예를 들어, 녹말의 소화에 대한 적응과 관련된 아밀라아제 대립유전자가 아밀라아제 효소 활성을 감소시키기보다는 증가시키는가?
- 후보 좌위가 또 다른 종에서 가정된 효과를 가지고 있는가? 예를 들어, MHC와 자기부적합성 좌위는 많은 종들에서 균형화 선택의 분자적 신호를 보인다(9장).
- 유익한 후보 대립유전자를 포함한 어떤 전이유전자(transgene)가 해로운 것으로 추정되는 대립유전자를 포함한 전이유전자에 비해 그 종으로 삽입될 때 이익이 되는 표현형적 효과를 가지고 있는가?

초파리와 생쥐와 같은 모델종에서, 후보 좌위를 포함한 전이유전자를 자손에게로의 도입 영향을 평가하는 것은 일반적으로 특수한 효과의 인과관계를 확인하는 데 필요하다고 생각되고 있다(Daborn *et al*. 2002). 그러나 이것은 드문 경우로, 만약 있다면 위협종에서 실행가능할 것이다. 이 종들에서 추정상의 선택적 좌위들은 위의 첫 네 가지 질문들을 포함한 다양한 증거들의 일치에 의해 '확인'될 수 있을 것이다. 위의 논의는 우리가 개별적인 좌위의 유전적 관리에 대한 조심성 있는 접근법을 권고하게끔 한다.

Box 10.3 타스매니아 데빌에서 MHC의 독립적 관리(Jones et al. 2004; McCallum & Jones 2006; Siddle et al. 2007)

타스매니아 데빌

최근에 타스매니아 데빌에 대한 MHC의 가능성있는 독립적인 유전학적 관리를 보여 주는 한 사례가 있다. 데빌은 개 크기의 유대류 포식자로서 서로 무는 과정에서 감염된 개체에서 감염되지 않은 개체로 클론성 종양(clonal tumor)이 전파되어 호주의 타스매니아섬에 걸쳐 멸종의 물결에 고통받고 있다(2장). 대부분의 타스매니아 지역에 걸쳐 데빌은 MHC에서 매우 유사하여, 데빌에서 유래된 종양조직을 거부하지 않는다. 그러나 예비적인 증거에 따르면 타스매니아 남서부지역에 종양에 대한 더 저항성이 있는 다른 MHC 대립유전자를 갖는 약간의 개체들이 서식하고 있는 것을 보여 주었다.

야생에 서식하는 이 종은 높은 멸종위기에 쳐하게 되었기 때문에, 한 사육개체군이 확립된 바 있었다. 이런 개체군은 보통 9장에서 언급한 방법들을 이용하여 최대 유전자 다양성을 유지시키기 위하여 전체 게놈 수준에서 관리되어진다. 그러나 이러한 경우에는 저항성을 갖는 데빌을 야생으로 재도입을 위해서 그 개체군에서 저항성 MHC 반수체형의 빈도를 증가시키기 것이 요구된다. 동시에 나머지 게놈에서의 유전적 다양성의 유지를 최대화시키는 것이 바람직하다. 유전학적 관리계획은 아직까지 연구 중에 있다. 그러나 아래의 논의는 고려되어져야 할 몇몇 논점과 선택사항 그리고 가능한 해결책을 보여 주고 있다.

MHC의 관리는 부분적으로 종양 저항성이 우성이냐 열성이냐에 달려 있다(우성일 것이다). 저항성을 갖는 동형접합성의 MHC 반수체형을 만드는 것은 현명하지 못하다. 이것은 다른 질병에 대한 저항성이 이 유전자형에서 더 낮기 때문이다. 모든 주요 MHC 반수체형은 미래의 질병 도전을 극복하기 위해 보전되어야 할 필요가 있을 것이다. MHC 반수체형은 어떤 빈도로 유지되어져야 하는가? 하나의 옵션은 종양 저항성 반수체형의 저항성을 어떤 높은 빈도(예를 들어, 0.5)까지 증가시키는 것이다. 만약 예상되는 저항성이 우성이라면, 이는 무작위적 짝짓기 하에서 75%의 저항성 개체들을 생산할 것이고, 이는 종양이 존재하더라도 재도입된 개체군의 생존을 아마도 충분히 가능하게 할 것이다. 그 외 다른 반수체형들은 다른 중요한 정보의 부재 시 동일한 빈도로 관리되는 것이 최선일 것이다. 그 외 나머지 게놈에서 유전적 다양성의 관리를 위한 한 가지 옵션은 미국흰두루미에서 진행되었던 것과 관련있는 방법으로 최대 마이크로세틀라이트 다양성을 관리하는 것이다(Jones *et al.* 2002). 운 좋게도 북서부의 저항성을 갖는 데빌과 그 외 지역의 데빌의 교배는 저항성 반수체형의 빈도를 증가시키고 사육개체군에서 마이크로세틀라이트 유전적 다양성을 증가시켰다. 만약 그 저항성 반수체형이 북서부에 높은 빈도로 존재한다면, 0.5%의 저항성 반수체형 빈도를 얻기 위한 개념적으로 가장 단순한 접근은 그외 지역의 모든 데빌을 저항성을 갖는 동형접합자(가능하다면 많은 개체를 이용하여)와 교배시키는 것이다. 이것은 또한 마이크로세틀라이트 다양성을 최대화시킬 것이다. 연속적인 관리는 0.5의 빈도에서 저항성 반수체형을 유지하기 위해 과내 선택에 초점을 두어야할 것이다. 반면에 과간 관리를 통하여 전체 게놈(마이크로세틀라이트)의 다양성 유지를 최대화하여야 한다. 만약 종양이 야생의 작은 부분에서 지속된다면, 개체들이 재도입될 때 단지 유전적으로 저항성이 있는 이형접합성 개체들만을 이용하는 가능성이 존재할 것이다.

이러한 유전적 관리프로그램의 모든 필요한 목적들을 조합하기 위해 새로운 구체적인 방법들의 고안이 요구될 것이다. 분석적 연구와 컴퓨터 시뮬레이션은 타스매니아데빌의 사육개체군의 유전학적 관리를 최적화시키기 위한 결정적인 방법일 것이다. 또한 북서부의 데빌 개체군에서의 저항성 MHC 반수체형의 빈도를 측정하고 종양에 대한 저항성이 우성인지 열성인지 결정하는 것 역시 중요할 것이다. 최근에 이 종양은 증가된 돌연변이율을 진화시킨 것처럼 보인다. 결론적으로 종양은 숙주의 저항성을 압도하는 방법으로 진화할 것이고, MHC를 관리하는 노력에 대한 의심을 불러 일으키고 있다.

이론적으로 우리는 근친교배약세와 관련된 해로운 대립유전자을 정의할 수 있어야 한다. 이것은 신중하게 해로운 대립유전자를 선택하지 않으므로, 근친교배에 대한 개체군의 취약성을 감소시킨다는 예상을 제공한다. 인간의 경우, 생물통계학이 단백질상의 비동의 SNP(non synonymous SNPs)의 결과를 예상하는 데 이용된다(Kohn *et al.* 2006). 극단적인 경우에, 단백질 암호화 지역 내 정지 코돈을 야기하는 변이들은 일반적으로 해로운 대립유전자가 될 것이다. 더욱이 단백질 내 기능적인 위치 또는 프로모터 내 전사인자들의 결합위치에서 아미노산을 치환하는 변이들은 기능적 유의성을 가질 수도 있을 것이다.

근친교배약세와 관련된 몇몇 대립유전자는 개체군 유전체학을 이용하여 구별이 가능하고 그 대립유전자들 중 일부를 직접적으로 선택하는 데 유익할 것이다.

이런 맥락에서, Kristensen *et al.*(2005)은 마이크로에레이를 이용하여 이종교배와 근친교배된 초파리 개체군들에서 전사 수준을 비교하였고, 발현에서 일정한 변화를 갖는 67개의 좌위들을 구별하였다. 이들 중 많은 좌위들은 물질대사와 스트레스 반응에 관여하였고, 노화와 산화적 스트레스에 의해 영향을 받는 좌위들과 중첩되었다.

최근 게놈에 걸쳐 이러한 해로운 대립유전자를 추적하거나 제거하는 것은 실용적이지 않다.

개별적 좌위의 유적학적 관리 수행

개별적인 좌위의 유전적 관리는 친족 내 수준에서 적용되지만, 전체 최대 유전적 다양성에 대한 관리는 여전히 번식시킬 개체들의 친족간 선택에 근거하여 적용될 수 있다.

개별적인 좌위의 유전적 관리를 수행하는 것으로 옮겨가기 전에 개별적으로 관리되어야만 하는 대립유전자가 현재와 미래 야생의 환경에 지속적으로 유익한 (또는 해로운) 영향을 주는 지를 설정하는 것이 중요하다. 구체적인 단일 좌위 관리는 일반적으로 사육상태에서 이루어져야하기 때문에, 이것은 대립유전자가 사육과 야생의 환경 모두에서 같은 방향으로 유익한 (또는 해로운) 영향을 주는 것이 필요하다.

어떤 좌위가 개별적으로 관리되어야 하는가? 첫째, 척추동물에서 MHC 좌위 및 식물에서 자기부적합성 좌위와 벌목의 성 좌위가 명확한 후보들이다. MHC 좌위에서의 다양성에 대한 선택이 이미 제시되었지만, MHC에 작용하는 선택력의 더 많은 이해가 있기 전까지 이것은 일반적인 접근법으로 권고될 수 없다. 그러나 타스매니아 데빌의 사례는 MHC의 독립적 관리를 필요로 할 것이다(Box 10.3). 둘째는 작은 멸종위기 개체군에서의 부동으로 인해 높은 빈도에 도달한 특정 해로운 대립유전자들이고, 그 예로는 캘리포니아 콘돌의 연골발생장애 대립유전자(chondrodystrophy allele)가 있다(4장, 19장). 일단 이형접합자가 식별가능하다면, 이러한 열성 대립유전자를 제거하는 것이 적절할 것이다. 이런 사례는 보전유전학에서 게놈의 첫 번째 직접적인 이용 중에 하나일 것이다.

만약 조심스러운 주의가 없다면, 개별적인 좌위의 유전적 관리 수행이 유전적 다양성을 유지하기 위한 전체 관리로부터 벗어나게 될 수 있다. 번식개체들의 친족간 선택으로 최대 전체 유전적 다양성을 관리하는 동안 이러한 문제들을 최소화하는 하나의 접근법은 친족내에서 개별적인 좌위의 관리를 적용하는 것이다. 이러한 접근법은 캘리포니아 콘도르의 연골발생장애에 대해 수행되었다. 번식 개체들은 평균 유사성(kinship)을 최소화함으로 선택되어져야 한다(19장). 선택된 친족 내 연골발생장애 좌위에서 동형접합성의 정상 개체만이 다음 세대에 기여를 하게 된다.

이러한 접근이 위협종에 적용되기 전에 평균 유사성을 최소화하는 것과 결합하여 개별적인 좌위의 관리 체제의 컴퓨터 시뮬레이션이 요구되어진다. 이 시뮬레이션은 좌위들 상에서 선택을 잘못 진단하는 위험에 대하여 정의할 필요가 있을 것이다. 그후 실습의 필요성이 초파리, 생쥐 또는 애기장대와 같은 모델 생물들에 대하여 확인되어져야만 한다. 비슷한 맥락에서, 보조적 마커 선택(marker−assisted selection)은 가축과 식물에 적용될 것이고, 이것은 멸종위기종에 대한 개별적인 좌위의 유전적 관리의 가능한 이익에 관련된 가이드라인을 제공해야 한다(Tuberosa & Salvi 2006).

개별적 좌위의 관리 수행은 유전자 타이핑의 비용에 대해 무게를 두어야 한다. 비용과 정확성의 관심은 개별적인 좌위의 관리가 단지 상대적으로 작은 수의 선택된 좌위들 중 가장 확실한 사례를 보이는 좌위들에게만 적용되어야 하는 것을 의미한다. 우리는 개별적인 좌위의 관리가 가까운 미래에는 광범위하게 표준화된 게놈 관리에 보조적인 역할을 하게 될 것이라고 기대하고 있다.

요약

1. 게놈 진화로의 많은 새로운 고찰들은 전체 게놈의 시퀀싱과 종내 DNA 염기서열 변이를 특징화하는 기술로부터 나왔다.
2. 염기서열 정보는 게놈에 걸쳐 유전자 발현의 즉각적인 측정을 가능하게 하는 마이크로어레이 기술에 이용될 수 있다.
3. 시퀀싱은 현재 너무 비용이 높아 대부분의 위협종에 대해 수행할 수 없지만, 빠르게 감소하는 비용은 더 많은 위협종의 시퀀싱을 가능하게 할 것이다.
4. 개체군 유전체학은 암호화 좌위 및 비암호화 염기서열과 카피수 변이에 대한 유전적 다양성에 관한 자세한 정보를 제공할 것이다.
5. 개체군 유전체학은 선택에 영향을 받은 좌위의 부분 및 해로운 아미노산 치환의 부분, 비암호화 DNA에서의 선택의 정도와 해로운 돌연변이에 대한 대상의 크기를 포함한 게놈 진화로의 중요한 고찰을 제공해 왔다.
6. 게놈의 연구들은 우리가 선택적 일소 및 배경 선택과 결합된 과대 우성을 포함한 다중 좌위의 영향을 추적할 수 있게 한다.
7. 보전유전학에서 유전체학의 첫 번째 이용들 중에 관련된 염기서열이 밝혀진 종에서 좌위 판독에 의한 캘리포니아 콘도르의 연골발생장애와 같은 단일 좌위 유전적 질병에 대한 보인자 판별 검정을 고안한 것이다.
8. 위협종에서의 개체군 유전체학은 이형접합성의 게놈 차원에서의 관리가 몇몇 개별적인 좌위 관리와 함께 증대될 수 있을 해줄 수 있을 것이다. 그러나 선택된 좌위들과 대립유전자 묘사의 부정확성은 그러한 기술들을 적용할 때 상당한 주의를 필요로 한다. 개별적 좌위 관리는 사육과 야생에서 유사한 선택에 대한 증거들이 매우 분명할 경우에 적은 수의 좌위들과 대립유전자에만 적합할 것이다.

추가적인 읽을 거리

Kohn *et al*, (2006) Brief review on genomics and conservation genetics.

Lee & Mitchell-Olds (2006) Brief review on ecological and evolutionary genomics of populations in nature.

Luikart *et al*. (2003) Review on population genomics, with emphasis on statistical tests for detecting outlier loci.

Ranz & Machado (2006) Review of methods and evolutionary studies on gene expression using microarrays.

Ryder (2005) Reviews on potential impacts of whole genome sequencing and expression microarray studies in conservation of threatened species.

Van Straalen & Roelofs (2006) *Introduction to Ecological Genomics*. Textbook on population genomics.

소프트웨어

BLAST: Provides sequence similarity searches of sequence databases. Included in Genbank (see below).

DNAsp: Software for statistical testing for selection. www.uc.es/dnasp/

GARFIELD: Genome annotation resources for the domestic cat genome sequence, a sequence that genome enables threatened cats (Pontius & O'Brien 2007). http://lgd.abcc.ncifcrf.gov/

GENBANK: Central repository for DNA sequence data (Benson et al. 2007). www.ncbi.nlm.nih.gov/

PAML 4: Programs for analyses of molecular data to estimates phylogenies, calculate Dn and Ds, detect of loci subject to selection, estimate species divergence times and reconstruct ancestral sequences (Yang 2007). http://abacus.gene.ucl.ac.uk/software/paml.html

문제

10.1 게놈이란?

10.2 게놈활성화종(genome−enabled species)이란?

10.3 마이크로에레이란?

10.4 miRNA란?

10.5 전사체(transcriptome)란?

10.6 어떠한 방법으로 가까이 연관된 좌위들이 어떤 특정한 좌위의 진화에 영향을 줄 수 있는가?

10.7 인간과 종 내 또는 종 간의 MHC 차이를 해석하기 위해 McDonald−Kreitman test를 이용하여라(Hedrick 2005a p.440).

	발산(고정)	다형성
비동일	0	76
동일	0	49

2부 개체군 크기 감소의 효과

멸종 위기종의 개체군 크기는 작거나 감소하는 경향을 보인다. 개체군 수가 감소하게 되면, 개체군 내 유전적 다양성이 감소하게 되고 근친교배(결과적으로 번식 적응도가 지속적으로 감소하게 됨)와 이로 인한 악성돌연변이가 증가하게 된다. 2부에서는 이와 관련된 내용이 종의 멸종 위험에 영향을 미치는 영향에 대해서 자세히 다루기로 한다. 이번 섹션에서 다루게 될 내용은 3부에서 다루게 될 멸종 위기종의 유전적 관리 방안에 대한 공부를 위한 배경지식의 역할도 할 것이다.

개체군 크기 감소에 영향을 미치는 요인들

인간은 벌목, 서식지 파편화, 자연자원의 과도한 이용, 오염 및 유해 외래종의 도입 등으로 야생 개체군의 크기와 분포를 감소시킨다. 이와 같은 행위 가운데 서식지 파괴는 지금의 개체군 감소에 가장 큰 영향을 미치고 있으며, 전 세계적인 기후변화 또한 어느 때보다 큰 위협으로 다가오고 있다.

유전적 다양성의 손실

소규모 개체군에서의 유전적 다양성의 손실은 매순간 변화하는 자연환경에 대한 생물들의 진화적응 능력을 감소시킨다. 유전적 다양성 손실을 유발하는 네 가지 요인들은 다음과 같다:

- 개체군 또는 종의 멸종
- 소규모 개체군 내 교배로 인한 대립유전자의 손실
- 근친교배 등으로 동형접합적(heterozygous) 개체 또는 개체군 간 유전적 다양성이 재분배되어 이형접합성(heterozygosity)이 감소
- 특정 대립유전자에 대한 선택 편향(selection favouring)으로 다른 유전자의 손실 발생 및 이로 인한 유전자형의 고정(fixation)

유전적 다양성 손실에 대한 가장 큰 위협은 유한한 크기의 개체군 내에서 유전적 부동이 발생해서 대립유전자들이 소멸되는 것이다. 개체군 크기 감소가 유발하는 유전적 다양성에 미치는 모든 부정적인 영향의 정도는 개체의 전체 크기

(census size)보다는 유효 개체군의 크기에 의해서 결정된다. 유효 개체군 크기는 개체군 크기, 가계(family) 크기, 성비 불균형 정도 등이 지속적으로 증감을 반복하는 동안(fluctuation) 감소하게 된다. 11장에서는 소규모 개체군이 유전적 다양성에 미치는 영향과 유효개체군 크기에 영향을 주는 요인들에 대해서 살펴볼 것이다. 추가적으로, 합류(coalescence)와 시계열 분석을 다루는 유전자 계통 분석 등 분석에 필요한 다양한 내용에 대해서 소개한다.

근친교배

근친교배는 소규모 개체군에서는 필연적으로 발생하는 현상이다. 개별 개체들이 유전적으로 연관되기 때문에 이와 같은 현상은 반드시 발생하게 된다. 12장에서는 근친교배의 수준 또는 개체군 크기가 제한적일 때의 근친교배 발생 증가율 등을 계산하는 방법을 소개한다. 근친교배는 악성돌연변이를 유발하고 번식 접합도를 감소시켜서 개체군의 멸종 위험도를 증가시킨다. 13장에서는 근친교배약세(inbreeding depression)가 발생한 사례를 살펴보고 근친교배로 인한 유전적 편향(bias) 및 이를 해결할 수 있는 방안으로 사용되고 있는 이종교배에 대해서 논의한다.

개체군 파편화

서식지 파편화는 개체군의 크기를 감소시키고 파편화된 개체군 간의 고립을 증가시킨다. 개체군 파편화가 개체 또는 종 전체에 미치는 영향의 크기는 개체군의 구조와 유전자 계통에 의해서 결정된다. 완전히 고립된 각각의 개체군들은 근친교배율 증가 및 이로 인한 유전적 다양성 손실이라는 악순환을 경험하고 있으며, 이들과 개체수가 동일한 단일 개체군과 비교했을 때 멸종 위험도가 훨씬 높다. 14장에서는 개체군 파편화 문제로 인한 유전적 다양성 손실 문제를 해결하는 방법으로 사용되는 개체군 분화 측정, 유전가 계통 추론, 경관 유전학(landscape genetics) 등에 대해서 공부한다.

유전적으로 취약한 개체군

2부의 전반적인 내용을 15장 '유전적으로 취약한 개체군'에서 요약, 정리한다. 15장에서 우리는 "근친교배약세, 또는 유전적 잠재력 손실 문제와 악성돌연변이가 누적되어 발생하는 등의 문제들을 극복해 낼 수 있는 최소한의 개체군 크기는 어떻게 계산할 수 있는가?"라는 질문을 하게 된다. 이 문제에 대한 해답을 찾기 위해서 멸종위기에 처하지 않은 개체군과 멸종위기에 처한 실제 개체군 수를 비교해 볼 것이다. 인간에 의해서 사육되거나 보전되고 있는 개체군들의 유전적 다양성 관리 방안에 대한 현실적인 타협안은 시간이 지남에 따라 유전적 다양성 정도는 낮아진다는 사실을 수용하는 것이다.

11장

소규모 개체군에서의 유전적 다양성의 손실

유전적 다양성 손실의 가장 큰 원인은 개체군의 크기 감소이다. 개체의 유출입이 없는 폐쇄된 집단에서의 유전적 손실율은 유효개체군 크기(N_e)와 세대수(number of generation)에 의해 결정된다. N_e은 개체군 내의 성체의 수(number of adults)보다 훨씬 적다. 시간적 범위를 포함할수록 유전자 트리(gene tree)와 합류 분석(coalescence analysis)을 이용한 유전적 다양성 분석이 보다 효과적일 수 있다.

용어

합류(Coalescence)
유전자 트리(gene trees)
조화평균(harmonic mean)
이상적 개체군 크기(idealized population)
일처다부제(polyandry)
일부다처제(polygyny)

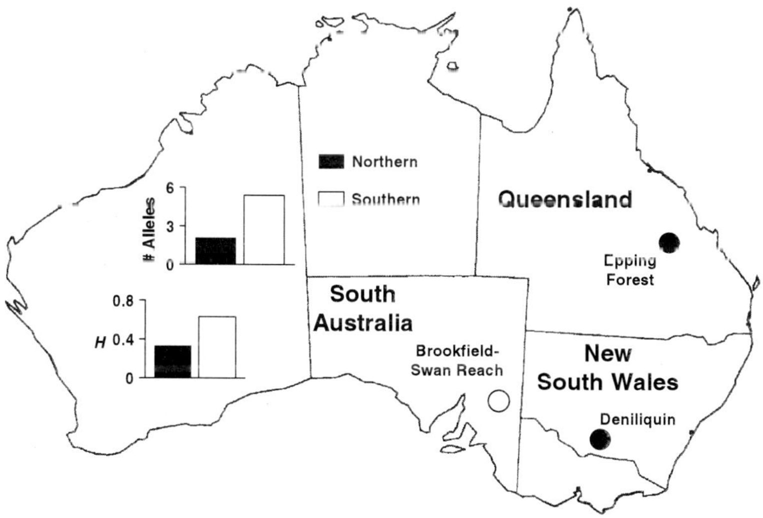

극심한 멸종위기종인 북방콧등털웜뱃은 남방과 비교할 때 상대적으로 낮은 유전적 다양성을 나타내고 있다(Smith & Wayne, 1996).

시간에 따른 유전적 다양성 변화

특정 개체군이 가지는 현재의 유전적 다양성은 오랜 시간 동안 반복된 유전적 변이, 자연선택, 특히 개체군 크기 변화 등의 효과가 누적되어 나타난 결과이다.

Section I에서 유전적 다양성에 영향을 미치는 진화의 힘(evolutionary force)과 이것이 개체군 크기에 따라 미치는 상반된 영향에 대해 살펴보았다. 우리가 도달한 결론들을 다시 살펴보면:

- 유전적 다양성은 진화적 적응 변화의 원동력
- 유전적 다양성의 손실은 개체수가 적은 폐쇄 집단에서는 필연적으로 발생함
- 돌연변이는 모든 유전적 변이의 최고 근원
- 돌연변이와 이주를 통해서 유전적 다양성의 손실에 대한 보상이 가능함; 유전적 다양성이 매우 낮은 멸종위기종에 대해서는 돌연변이의 발생 비율이 매우 낮기 때문에 이 방법들을 사용할 수 없음
- 단일 좌위(single locus), 정량적 그리고 게놈 유전적 다양성(total genomic genetic diversity)은 실험적 테크닉을 통해서 측정 가능
- 일부 적응적 유전변이(adaptive genetic variation)는 개체군 내에서 균형선택(balancing selection)을 통해 유지됨
- 자연선택의 영향은 개체군 크기에 따라 달라짐
- 대부분의 멸종위기종의 대립유전자들은 확률적 요소에 의해 결정됨
- 개체군의 크기가 작은 경우 이형접합성의 감소로 인한 근친교배가 필연적으로 발생함
- 조사된 센서스 크기와 대립되는 개념인 유효개체군수(N_e)에 의해 유전적 다양성의 손실 정도와 근친교배 정도가 결정됨.

이해를 돕기 위해서 처음에는 단일 세대 변화(single-generation change)를 살펴볼 것이다. 하지만 개체군의 현재의 유전적 특징이 이전의 수많은 세대로부터 유전적 영향들이 축적된 결과로 나타난 것이기 때문에 미래의 변화 정도를 예측하는 범위 또한 수많은 세대로 확장되어야 한다.

소규모 개체군의 유전적 다양성 손실은 근친교배, 개체군의 평균적인 이형접합성 및 번식 적합성(reproductive fitness)과 양의 상관관계를 가진다.

초기에는 유전적 다양성 손실이 장기적으로 진화 적응에 관한 문제에 영향을 미칠 것으로 생각하였지만, 단기적 적응도 손실이라는 문제가 즉각적으로 발생하였다.

보전생물학에서 근친교배약세에 인한 유전적 다양성의 손실은 진화적 잠재성(evolutionary potential)의 손실과 단기적인 적응도의 문제를 다룬다(아래 내용과 12장 참고). 두 번의 메타분석(meta-analysis)를 통해서 개체군의 평균적인 유전적 다양성 정도와 개체군 적응도 사이의 관계를 규명하였는데, 개체군 적응도와 개체군의 평균 이형접합성 간의 상관관계가 0.3–0.4로 나타났다(Reed & Grankham 2003; Leimu *et al*. 2006). 식물과 동물 전반에서 유전적 다양성이 질병에 대한 저항/내성과 상관이 있는 것으로 나타났다(2장 참고).

크기가 작은 식물 개체군에서 자기불화합성(self incompatibility) 유전자위에 위치한 대립유전자의 손실은 개체군의 번식 적합성을 감소시킨다.

유전적 다양성의 손실과 적응도 감소와의 관계

단–복상(haplo–diploid) 식물과 자기불화합성(self–incompatibility)을 가진 종

의 경우, 유전적 다양성의 손실과 적응도(fitness) 감소 간의 관계가 근친교배로 인해 발생한 것이 아니었다. 자기불화합성을 가진 식물 개체군의 경우 SI 대립유전자의 손실로 인해 개체군 적응도가 감소하였다(Demauro 1993; Yiung et al. 2000; Castric & Vekemans 2004)(표 11.1). 자기불화합성을 가지는 다른 멸종위기 식물종들도 위와 같은 손실에 대한 영향이 큰 것으로 나타났다. 단복상 식물종의 경우 성 좌위(sex locus)의 유전적 다양성 손실이 개체군 적응도를 감소시키는 것으로 나타났다(Zayed & Packer 2005; 표 17.5).

무작위로 개체군간 수정을 시킨 결과, 각 개체의 이형접합성과 번식적응도(reproductive fitness) 사이에 일정한 관계가 나타나지는 않았지만(inconsistent)

Box 11.1 자기불화합성을 가지는 멸종위기 야생 데이지의 SI 대립유전자 다양성 손실과 번식적응도 간의 관계(Young et al. 2000; A. G. Young pers. comm; Pickup & Young 2007).

자기불화합성 식물의 SI 대립유전자 손실은 수정(授精)가능한 화분(花粉)과 수정된 배주의 비율 모두를 감소시키는 것으로 나타났다.

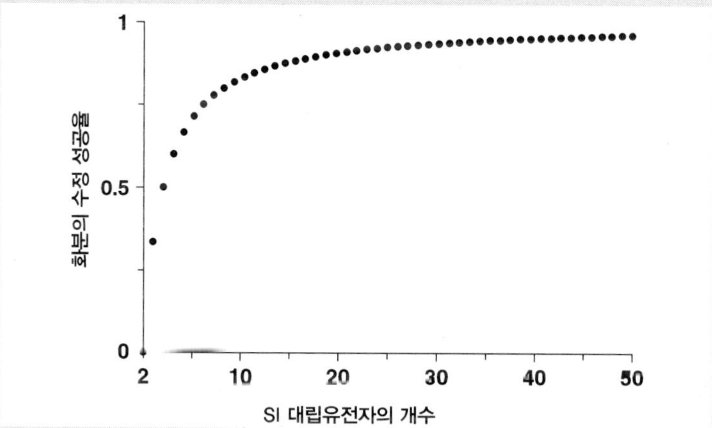

배우체 불화합성인 자기불화합성 식물의 SI 대립유전자 손실이 수정(授精)가능한 화분(花粉)의 최대비율에 미치는 영향

멸종위기의 야생 데이지

SI 대립유전자 손실이 번식적응도의 감소에 미치는 영향에 대한 직접적인 증거가 호주 동부의 소규모 멸종위기 grassland daisy 개체군에서 발견되었다. 5~70,000개체 규모로 파편화된 5개의 개체군 집단에서 SI 대립유전자 다양성(알로자임 다양성)이 감소하였다. 식물 한 개체당 씨앗의 개수는 log N과 관계가 있다. 씨앗/식물개체수 비율과 개체군과의 관계는 암술머리 하나당 50개 화분 낱알로 나타났고, 이것이 단일배주(single ovule)였던 것으로 미루어 볼 때 소규모 개체군의 꽃가루 매개자 감소로 인한 것이 아니었다. 타개체군의 화분을 사용했을 때 소규모 개체군의 씨앗수가(seed set) 증가하였는데, 이것으로 볼 때 소규모 개체군의 SI 대립유전자의 감소가 씨앗수를 감소시켰다고 볼 수 있다.

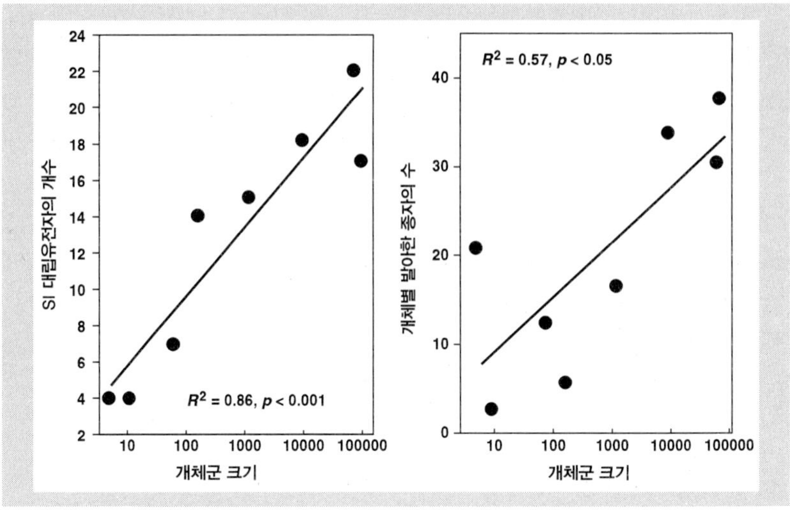

개체의 이형접합성과 개체의 번식 적합성은 근친교배가 없다고 가정했을 때, 양·음의 상관관계를 모두 가질 수 있다.

거의 대부분의 경우 양의 상관관계가 나타났다(Deng & Fu 1998; Acevedo-Whitehouse *et al*. 2006). 핀란드의 Glanville fritillary 나비 개체군에 관한 연구에서 PGI 좌위의 대립유전자 변이 정도가 개체군 성장에 영향을 미쳤고, 이때 개체군이 증가하거나 감소하는 등 개체군에 미치는 영향의 크기가 지역, 개별 서식지 패치(patch) 간 공간적인 연결성에 따라 다르게 나타났다(Hanski & Saccheri 2006). 이와 대조적으로, 6개의 서로 다른 좌위(locus)의 유전형 차이와 개체군의 성장과의 상관관계는 나타나지 않았다.

일반적으로 개체들의 개별 적응도와 이형접합성이 양의 상관관계를 나타내기 위해서는 과대 우성(overdominance)이 필요하다고 생각하지만, 실제로 그런 것은 아니다. 양의 상관관계는 이형접합체의 적응도가 동일한 좌위(locus)에서 서로 다른 두 개의 이형접합체가 가지는 적응도의 가중 평균보다 큰 경우에 나타났다(Deng & Fu 1998).

첫 번째로, 유효 개체군 크기가 작은 개체군에서 여러 세대에 걸쳐 일관성 있게 나타나는 중립적인 유전적 다양성(Genetic diversity)을 살펴보고, 그 다음 세대별, 가계 크기별(famliy size) 그리고 불균등한 성비가 개체군의 크기 차이에 미치는 영향을 다룰 것이다. 그 다음, 유효개체군의 크기를 계산하는 방법을 살펴보고 마지막으로 유전자트리와 시간적 범위를 개체군 유전자 분석에 첨가한 합류분석(coalescence analysis)을 소개할 것이다.

유전적 다양성에 지속된 개체군 크기 제한이 미치는 효과

유효개체수가 지속적으로 제한적인 수준을 유지하는 현상은 유전적 다양성 손실의 일차적인 원인이 된다.

8장에서 개체군 수의 급격한 감소(bottlenecks, 병목현상)가 한 세대 또는 여러 세대에 걸쳐 유전적 다양성 손실에 미치는 영향을 살펴보았다. 하지만 이러한 유전적 다양성 손실은 일반적인 개체군 제한(population restriction)의 경우에도 여러 세대에 걸쳐 누적된다. 초식동물의 경우 1970년에서 2000년까지의 기간 동안 개체수가 40% 감소하는 등 전 세계적으로 많은 종들이 개체군 감소를 보이고 있다(Millenium Ecosystem Assessment 2005a). 유효개체수가 100(취약종(vulnerable)들의 일반적인 경우)인 경우, 57세대에 이르는 동안 이형접합성이 25% 감소하였는데, 이것은 단일 세대에서 한 쌍의 병목현상(the same loss as a single-generation bottleneck of one pair, 그림 8.5)과 동일하였다. 예를 들어, 일리노이 주의 큰초원뇌조(greater prairie chicken) 개체군은 130년 기간 동안 수백만 마리에서 50개체로 감소하였고, 이때 유전적 다양성도 감소하였다(표 11.2)

Box 11.2 큰초원뇌조의 지속된 개체군 크기 제한으로 인한 유전적 다양성 손실(Bouzat et al. 1998).

1860년대 일리노이의 큰초원뇌조 개체수는 수백만 마리에 이를 것으로 추정되는데 1993년에는 50마리 이하로 급감하였다. 이와 반대로, 캔자스, 미네소타, 네브라스카에서는 4,000 또는 그 이상으로 비교적 많은 개체수가 서식하는 것으로 나타났다.

현재 일리노이의 개체군들은 좌위(locus) 하나당 마이크로세틀라이트 부립유전자가 캔자스, 미네소타, 네브라스카에서 서식하는 개체들보다 적은 것으로 나타났다. 특히 1960년 이후에 대부분의 손실이 발생하였는데(박제품들의 유전자형을 이용한 추정), 아래표의 굵은 글씨로 표시한 대립유전자들은 현재 일리노이에서 서식하는 개체들에게서는 발견되지 않는다.

큰초원뇌조

	Locus						
개체군	1	2	3	4	5	6	Allelic diversity
일리노이 주(州)							
현재	ABC-*	ABCD-	A--D-F-H	ABC---	-B--E--	--C-EFGHI---	3.67
−1960	AB--	-BCD**E**	A--D-F--	ABC-**E**-	-B**CD**E**FG**	-**B**C**D**EFG-I--**L**	5.12
캔자스 주	ABCD	-BCDEF	A-CDEFGH	ABCDE-	ABCDE--	ABCDEFGHI---	5.83
미네소타 주	ABCD	ABCD--	ABCDEFGH	ABC-E-	-BCDE--	-BCDEFGHI---	5.33
네브라스카 주	ABCD	ABCDE-	ABCDEFGH	-BC-EF	-BCDE--	-BCDEFGHIJK-	5.83

*−대립유전자의 부재 또는 결핍

이제부터는 개체군 크기가 작을 때 이에 의한 영향이 세대에 걸쳐 미치는 영향을 예측할 수 있는 이론에 대해서 다룰 것이다.

8.2의 식은 일정하게 유지되는 개체군의 크기가 이형접합성에 미치는 영향을 예측하는 데에도 사용될 수 있다.

이형접합성은 유효개체수(N_e)의 역수에 대해서 지수함수 형태로 감소한다.

$$H_1 = \left(1 - \frac{1}{2N_e}\right)H_0$$

$$H_2 = \left(1 - \frac{1}{2N_e}\right) H_1$$

두 번째 식의 H_1에 첫 번째 식을 대입하면 다음과 같다.

$$H_2 = \left(1 - \frac{1}{2N_e}\right)^2 H_0$$

나아가, 세대 t에서 이형접합성은 아래와 같다.

$$H_t = \left(1 - \frac{1}{2N_e}\right)^t H_0$$

t 세대에서의 초기 이형접합성의 비율은 다음과 같은 일반식으로 표현할 수 있다.

$$\frac{H_t}{H_0} = \left(1 - \frac{1}{2N_e}\right)^t \sim e^{-t/2N_e} \quad (11.1)$$

이형접합성은 개체군 별로 세대가 지남에 따라 지수적으로 감소하는데, 이것은 그림 11.1과 같이 나타난다. 이것은 다음을 시사한다.

- 이형접합성은 센서스(census)보다 유효개체군 크기에 비례하여 감소한다.
- 이때, t 값은 세대수를 나타낸다.
- 이형접합성은 세대가 지남에 따라 지속적으로 감소한다.
- 이형접합성이 초기의 절반으로 감소하는 데 필요한 세대수는 $1.4N_e$이다.

Fig. 11.1 개체군 크기별 세대 변화에 따른 이형접합성 감소 예측

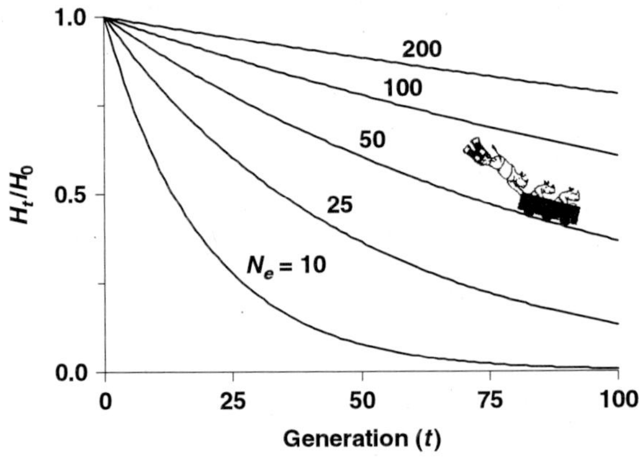

예제 11.1은 식 11.1을 이용해 값이 각각 500, 25일 때 50세대 후 예상되는 이형접합성을 예측한 것이다. 전자의 경우 50세대가 지나는 동안 5%의 손실을 나타낸 반면, N_e=25일 때는 처음 대비 64%의 손실이 발생할 것으로 나타났다.

세대수가 짧을수록 매년 발생하는 손실의 정도가 크다. 결과적으로, 동일한 개체군의 한 세대의 수가 2년인 검은발족제비(black−footed ferrets)의 경우 세

예제 11.1 개체군별 이형접합성 손실 예측

유효개체군크기가 500인 경우 50세대가 지나는 동안 보존되는 이형접합성의 비율은,

$$\frac{H_t}{H_0} = \left(1 - \frac{1}{2N_e}\right)^t = \left(1 - \frac{1}{2 \times 500}\right)^{50} = \left(\frac{999}{1000}\right)^{50} = 0.951$$

개체군 크기가 큰 경우 50세대 동안 발생하는 손실은 5%이다.

N_e = 25인 경우, 50세대가 지나는 동안 보존되는 이형접합성의 비율은,

$$\frac{H_t}{H_0} = \left(1 - \frac{1}{2N_e}\right)^t = \left(1 - \frac{1}{2 \times 25}\right)^{50} = \left(\frac{49}{50}\right)^{50} = 0.364$$

결과적으로, 개체군 크기가 작은 경우 50세대 동안 발생하는 손실은 64%이다.

대당 수명이 26년인 코끼리보다 세대가 지남에 따른 유전자 손실이 더 급격하게 발생한다.

이 이론을 적용하기 위해서는 유효개체수를 알아야 한다. Lynch(2006)는 원핵생물의 경우 평균 유효개체수가 10^8, 단세포 진핵생물(unicellular eukaryotes) 10^7, 초식동물 10^6, 육식동물 10^4, 일년생식물 10^6, 수목 10^4으로 추정하였다. 이때 평균적으로라는 표현은 멸종위기를 겪지 않는 일반적인 경우를 말하는데, 멸종위기종의 경우 N_e 값은 일반적인 경우보다 훨씬 작다. 종별 N_e 값에 대한 설명은 이 장의 마지막 부분에서 다를 것이다.

이상의 논의에서 우리는 대립유전자가 중립적이고(neutral, 우성 열성의 구분이 없다는 뜻 같음), 각각의 좌위(locus)가 독립적인 경우를 가정하였지만(염색체 분열 시 교차 등이 일어나지 않는다는 뜻 같음), 이러한 가정은 현실적으로 타당하지 않을 수 있다. 마이크로세틀라이드의 다양성은 식 11.1(그림 11.2)에 따라 손실이 정도가 정해지는 반면에, 대립유전자에 의해 생성되는 효소(allozyme)와 유전적 변이의 양적인 특성의 손실은 위의 식에서보다 훨씬 더 느리게 진행된다(Montgomery *et al.* 2000, 2008; Gilligan *et al.* 2005). 유전적 다양성은 인구통계학적 위협(demographic threat)을 경험한 포유류 개체군에서 그렇지 않은 개체군보다 더 낮게 나타난다(Garner *et al.* 2005).

소규모 개체군에서 마이크로세틀라이트 좌위(염색체위)의 이형접합성은 간단한 중립이론(neutral theory)에 의해 예상된 수준으로 감소한다.

식 11.1은 이형접합체의 평균(기대)치를 나타내는데, 개별 좌위(locus)의 작용은 그 자체의 확률적 요인, 그리고 개체군수에 따라 매우 다양하게 나타난다. 이형접합체에 대한 추정에 몇 가지 좌위(locus)에 대한 평균을 이용하는 것이 일반적으로 높은 신뢰성을 가진다. 마찬가지로, 반복된 개체군(replicate population) 내의 변이는 소규모 개체군의 경우가 큰 개체군보다 더 큰 것으로 나타났다(14장).

소규모 개체군은 유전적 변동(variation)으로 인해 번식적응도가 감소하게 된다.

중립 좌위(neutral loci)에 적용되는 위의 식은 중립적 선택(neutral selection)에

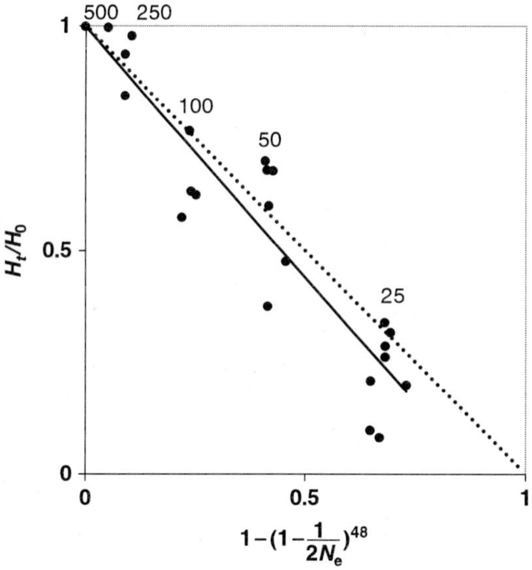

Fig. 11.2 서로 다른 초파리 개체군(플랏(plot)은 $1-(1-1/2[N_e])$의 48세대(H_{48}/H_0) 번식 후 최초 마이크로세틀라이트의 이형접합성 예측결과 및 실제 발생결과(Montgomery et al. 2009). 그림의 위에 위치한 숫자는 유효개체군 크기를 의미하고, 실선은 적응도가 가장 높은 선형회귀결과이며, 점선은 중립이론이 예측한 결과임. 유전적 다양성 감소는 예측된 감소율과 대략적으로 일치함.

대해서만 적용되기 때문에 번식적응도를 확인하기 위한 유전적 변이 확인에는 사용하지 않는다. 하지만 9장에서 후자의 경우에도 소규모 개체군에서는 손실이 발생하고, 초파리를 대상으로 한 몇몇 실험을 통해서 확인되었다(그림 11.3).

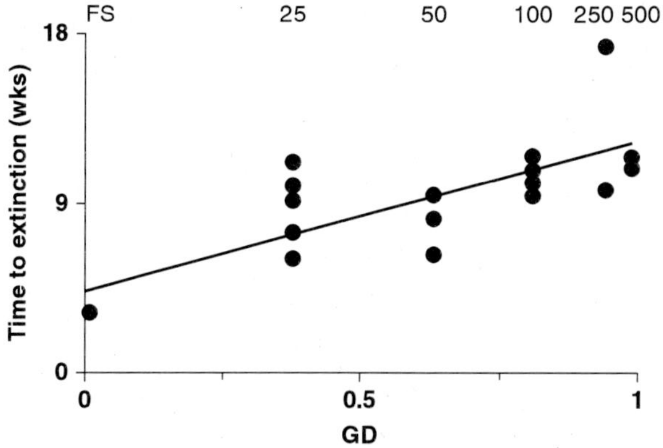

Fig. 11.3 개체군 수가 적은 초파리에서 나타나는 진화 잠재력의 손실(R.Frankham, E. H. Loew, L. M. Woodworth, M. E. Montgomery & D.A. Briscoe, 미출판 자료). 각 개체군은 동일안 집단에서 선택되었고 50세대 동안의 유효개체수만 다르게 선택하였다(그림의 제일 위에 표시된 숫자). NaCl의 농도를 증가시켜서(변이를 만들기 위함인 듯) 사육한 large cage population에서 개체수를 동일하게 선택하였다(이상 실험군 및 대조군 설정을 위한 듯). FS는 전형매교배(full-sib mated) for 35 generation을 뜻한다. 평균적으로, 유전적 다양성이 낮은 집단에서 개체군이 더 빨리 소멸하였다.

시간(세대)가 지나는 동안 개체군 크기에 변동이 발생할 때, 최소 개체군 크기가 유전적 다양성 손실에 큰 영향을 미친다.

지금까지는 개체군의 수가 일정한 경우에 대해서만 살펴보았다. 하지만 실제로는 세대에 따라 개체수가 크게 차이가 나타난다. 유사한 예로 '유해종', 메뚜기(plague species)와 집쥐를 들 수 있다. 이들이 보여 주는 세대간 개체수의 변동은 이협접합성(heterozyosity), 유효개체수, 근친교배 등에 상당한 영향을 미친다. 개체수 변화가 이형접합성(heterozygosity)에 미치는 영향은 다음의 기호(Π)로 나타내며, 식 (11.2)로 표현할 수 있다.

$$\frac{H_t}{H_0} = \prod_{i=1}^{t}\left(1 - \frac{1}{2N_{ei}}\right) \tag{11.2}$$

이형접합성의 감소는 가장 작은 유효개체수와 세대에 의해 결정된다. 예를 들어, 4대(four generation)에 걸친 유효개체수가 10, 100, 1000, 10000인 경우 5.5%의 이형접합성 손실이 발생하고(예제 11.2), N_e=10인 경우 모든 세대에서 5%의 손실이 발생하였다.

예제 11.2 | 개체군 크기 변동에 따른 이형접합성의 손실

유효 크기가 각각 10, 100, 1000, 10000인 개체군이 4세대에 이르는 동안 이형접합성을 유지하는 비율은 식 11.2를 이용해서 다음과 같이 계산할 수 있다:

$$\begin{aligned}\frac{H_t}{H_0} &= \prod_{i=1}^{t}\left(1 - \frac{1}{2N_{ei}}\right)\\ &= \left(1-\frac{1}{20}\right)\left(1-\frac{1}{200}\right)\left(1-\frac{1}{2000}\right)\left(1-\frac{1}{20\,000}\right)\\ &= 0.95 \times 0.995 \times 0.9995 \times 0.99995 = 0.945\end{aligned}$$

결과적으로 이 개체군은 4세대가 지나는 동안 5.5%의 이형접합성 손실을 겪는다. 이 중 5%는 개체수가 10인 세대로 인한 것이다.

개체군 크기와 야생 개체군의 유전적 다양성과의 관계

앞의 식 11.1과 11.2로부터 개체군수와 야생 개체군의 유전적 다양성 사이에는 양의 상관관계가 있을 것으로 예상할 수 있다. 이 가정은 곧 유전적 다양성이 크기가 작은 개체군에서 중립(neutral)이거나 적어도 약한 정도로 선택(weakly selected)되어 유전적 부동(Genetic drift)을 나타내었을 것이라고 가정한다(9장). 따라서 현재의 개체군 크기가 해당 개체군의 유효개체수의 연대기적 특징을 반영한다고 할 수 있다.

유전적 다양성의 정도는 종간 및 종 내 개체군 간의 개체군 크기와 연관이 있다.

메타분석(meta-analysis)를 통해서 종간, 종내에서 개체군 크기와 중립 유전적 다양성 사이에 관계가 있음을 분명하게 확인할 수 있었다(Hamrick & Godt 1989; Frankham 1996; Leimu *et al.* 2006). 예를 들어, 유전적 다양성과 넓은 범위의 종의 집합체(a wide array of species) 개체군의 크기는 서로 강한 상관관계가 있음이 확인되었다(그림 11.4a). 개체군의 크기가 종간 이형접합체에 50% 정도로 발생한 변이의 원인임을 확인할 수 있었다. 종간 관계에 대한 그림은 11.4b에 나타나 있다. 또, 지역적 범위를 통해서 식물종 내의 유전적 다양성

의 정도를 설명할 수 있는 것으로 나타났다(Hamrick & Godt 1989). 모든 연구에서 개체군 크기와 유전적 다양성 사이에 특정 관계가 있음이 나타난 것은 아니다. 이들 중 일부는 통계적 유의성이 낮게 나타났고, 다른 연구들에서는 현재의 개체군 크기가 유효개체수 크기의 누적적인 내용을 담고 있지 않는 것도 확인되었다.

mtDNA 다양성과 종간 개체군의 크기에 관해서는 연구 결과가 상반되게 나왔다. 다른 주요 분류군(texa)의 mtDNA 변이 비율과 선택적 일소(selective sweep)의 빈도가 높은 것 등이 이유가 될 수 있을 것이다(Frankham 1996; Bazon *et al*. 2006; Lynch et al. 2006; Mulligan *et al*. 2006).

Fig. 11.4 종(種)별 유전적 다양성과 개체군 크기 간의 관계 (a) H_e와 종(種)별 개체군 크기의 로그 함수(Frankham, 1996), (b) 뉴질랜드 전나무 Halocharpus bidwilli의 복제화와 개체군 크기와의 관계(Billington, 1991)

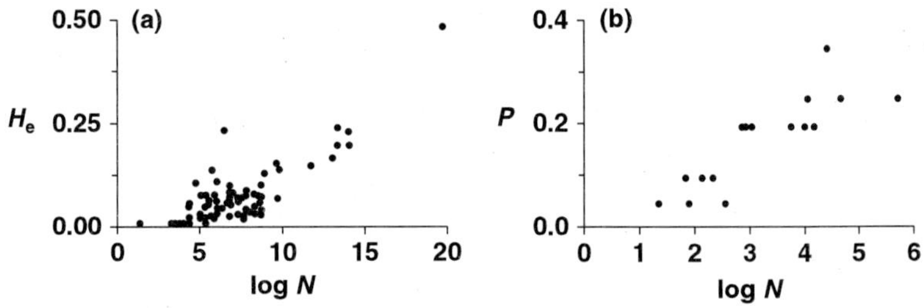

멸종위기는 일반적으로 일반 개체군에 비해서 유전적 다양성이 낮은 수준을 보인다.

멸종위기종은 개체군의 수가 적거나 감소하고 있으며, 유전적 다양성이 멸종위기를 겪지 않는 생물종에 대해 적을 것으로 예상되는 생물집단으로 정의된다. 평균적으로, 멸종위기종은 분류학상, 분자의 이형접합성이 일반적인 생물집단과 비교했을 때 65%에 불과하다(Speilman et al. 2004al 표 3. 5 참고). 예를 들어, 호주에 서식하는 멸종위기종인 북방털콧등웜뱃(northern hairy-nosed wombat)의 개체군 수는 100마리 남짓한데, 남부 지역의 같은 속에 속하는 종에 비해 유전적 다양성이 낮게 나타났다(표 11. 3).

Box 11.3 멸종위기종인 북방털콧등웜뱃의 낮은 유전적 다양성 (Taylor et al. 1994; Beheregaray et al. 2000)

북방털콧등웜뱃은 상당한 기간 동안 개체군 수가 매우 적게 유지되어 왔고, 현재 호주 퀸즈랜드주의 중앙에 서식하고 있는 개체수는 겨우 100여 마리에 불과하다. 이 집단은 남부에 서식하는 남부로 내려갈수록 개체군 수가 크게 분포하고 있는 southern hairy-nodes wombat에 비해 마이크로세틀라이트(microsatellite) 유전적 다양성이 낮게 나타났다.

종	*A*	H_e
북부	2.1	0.32
남부	5.9	0.71

반수체, 복수체 및 성관련 좌위의 유전적 다양성 손실

종(種)은 염색체조(chromosomal set)의 개수 차이에 따라 달라지는데, 반수체(n), 배수체($2n$), 복수체($3n$ 이상, 사배수체 $4n$, 등)등으로 표현된다. 성염색체(X 또는 Z)와 Y, W 좌위(locus) 등은 두 가지 성염색체 내에서 서로 다르게 존재한다. 나아가, 엽록체와 미토콘드리아 게놈들은 일반적으로 모계 유전된다. 유전자 다양성 손실은 결과적으로 보았을 때 결국 샘플링 과정이므로(sampling process) 유전자 손실의 정도는 부모에게서 자손으로 전해지는 유전자 복제 결과에 의해 결정된다(Bever & Felber 1994)(Table 11.1). 예제 11.3에 나와 있는 것처럼, 유전자 다양성 손실과 세대에서 세대로 전해지는 유전자 복제의 수(number of gene copies)는 반비례한다. Y 염색체 좌위(locus)와 mtDNA는 상염색체에 배해 유전자 손실이 발생할 확률이 4배 더 높고, 사배수체의 경우 2배체보다 유전자 손실 정도가 절반 수준이다.

동일한 크기의 개체군이라고 해도 유전적 부동이 있을 경우, 반수체형, 성염색체 관련 염색체위, 이배체 및 사배수체보다 mtDNA, 엽록체 DNA 염색체위의 유전적 다양성 손실이 더 빠르게 진행된다.

실험을 통해서 관찰한 유전적 다양성은, Y, W염색체의 좌위(locus)에서는 낮게 나타났고, X에서는 중간 정도, 그리고 상염색체 좌위(autosomal loci)에서 가장 높게 나타났다(Hedrick & Parker 1997; Berlin & Ellegren 2004; Handley *et al.* 2006). 또, 사배수체가 2배체보다 유전적 다양성이 높은 것으로 나타났다(Brown & Young, 2000; Hardy & Vekemans 2001; Luttikhuizen *et al.* 2007). 종합해 보면, 배수체의 경우 이배체보다 전화 잠재성(evolutionary potential)의 감소 정도가 낮다(17장).

Table 11.1 같은 크기의 반수체형, 성염색체 관련(sex-linked), Y염색체 관련(Y-linked), 이배수체, 사배수체 또는 mtDNA, 엽록체 DNA 염색체좌에서의 세대당 기대이형접합성(expected heterozygosity, H_e) 손실 비율. N_e는 유효개체군 수, N_{ef}, N_e은 각각 암컷, 수컷의 유효수(effective number)를 뜻함. 생식세포당 mtDNA 또는 엽록체 게놈(genome)이 다음 세대에 영향을 준다고 가정하고, 이상적인 개체군의 경우만 고려함(idealized populatin)(Wright 1969).

유전 형태	유전적 다양성의 손실 비율 (H_e)
반수체형	$\frac{1}{N_e}$
성염색체 관련 또는 Haplo-diploid	$\frac{1}{1.5N_e}$
Y염색체 관련	$\frac{1}{N_{em}}$
배수체	$\frac{1}{2N_e}$
사배수체	$\frac{1}{4N_e}$
엽록체 DNA	$\frac{1}{N_{ef}}$
mtDNA	$\frac{1}{N_{ef}}$

예제 11.3 반수체형, 성염색체 관련(sex-linked), Y염색체 관련(Y-linked), 2배체, 사배수체 또는 mtDNA, 엽록체 DNA 염색체좌에서의 유전적 다양성 손실

5개체의 암수로 이루어진 개체군 내에서 유전적 다양성 손실 비율(Hardy-Weinberg 이형접합성)은 다음과 같다:

$$\text{반수체} = \frac{1}{N_e} = \frac{1}{10}$$

$$\text{성염색체 관련} = \frac{1}{1.5N_e} = \frac{1}{15} = 0.067$$

$$\text{Y염색체 관련} = \frac{1}{N_{em}} = \frac{1}{5}$$

$$\text{배수체} = \frac{1}{2N_e} = \frac{1}{20} = 0.05$$

$$\text{사배수체} = \frac{1}{4N_e} = \frac{1}{40} = 0.025$$

$$\text{mtDNA} = \frac{1}{N_{ef}} = \frac{1}{5}$$

배수체를 기준으로 비교한 유전적 다양성의 손실 비율은 mtDNA , cpDNA 및 Y염색체 관련 4배, 반수체형의 2배, 성염색체 관련 경우 33%, 사배수체의 절반으로 나타났다.

유효개체군의 크기

개체군의 유효 크기는 실제 개체군 크기가 이상적인 개체군의 가계 분포, 성비의 범위와 벗어나기 때문에 일반적으로 성인 개체수보다 작다.

소규모 개체군에게 불리한 모든 유전적 결함들은 유효개체군의 크기에 의해 결정된다. 따라서 유효개체군의 크기와 센서스 대비 유효개체군의 크기가 어떻게 달라지는지에 대해서 잘 이해하고 있어야 한다.

8장에서 유효개체군의 크기는 *관찰 개체군에서의 이형접합성(heterozygosity) 손실 비율이 이상적인 개체군의 크기*로 정의하였다. 이상적인 개체군과 차이가 있는 실제 관찰 개체군의 특징들(8장)은 센서스(census)가 N_e와 달라지게 하는 원인이 된다. 첫 번째 요인으로 세대별 개체군 크기가 일정하지 않고, 가계의 변이 증가 및 성비불균형 등을 들 수 있다.

N_e/N의 비율을 살펴본 결과 일반적으로 이 값은 1보다 작은 값을 나타냈다. 여기서는 실제 개체군의 평균 N_e값을 이용해서 N_e에 영향을 주는 요인이 무엇이고 이것이 미치는 영향을 살펴볼 것이다.

N_e/N 비율(Ratios)

N_e/N 비율 추정값은 총 개체수 크기의 해당하는 모든 관련 변수들의 11% 수준만 반영한다.

일반적으로 멸종위기종에 대해서 우리가 알고 있는 정보는 전체 개체군 크기(census population size, N)가 전부이다. 따라서 우리는 이 센서스에 대한 유효 비율(N_e/N)을 알아야 N_e을 추정할 수 있다.

연관된 요소들을 포함하는(포괄적인 추정치) N_e/N값은 38 경우에 대한 메타분석(meta-analysis)(그림 11.5) 통해 분석한 결과 평균적으로 11%에 불과한 것으로 나타났다. 결과적으로 말하면, 장기간(long-term) 유효개체군 크기는 센서스 크기(census size)보다 작다. 예를 들어, 캘리포니아 새크라멘토(sacramento)강의 멸종위기종 왕연어(chinook salmon)의 개체수는 약 2,000마리 정도이지만 유효개체수 크기는 겨우 85마리인 것으로 나타났다(N_e/N=0.04). 이것은 이전까지 알려진 수치보다 훨씬 낮은 것이다(Bartley et al. 1992). 개체수가 2,000마리라는 것보다는 유전적 다양성 보존의 차원에서 유효크기가 85라는 것에 대한 대책이 시급한 것이다.

장기간(long-term) 유효 개체군 크기는 실제 크기의 1/10이다. 멸종위기종의 성체(adult)수가 250이라면 유효개체군 크기는 25이고, 이 경우 지금 시점부터 34세대가 지나는 동안 현재의 이형접합성의 절반을 잃게 될 것이다. 멸종위기종의 성체의 수가 N=1,000이라면 N_e=100이고, 이형접합성이 현재의 절반이 되려면 138세대가 지나야 한다.

어류, 굴, 새우 등 다산성(多産性:fecund) 종에 대한 최근의 연구 결과는 이들의 N_e/N의 값이 10^{-3}에서 10^{-6}에 불과하다는 것을 확인하였다(Hauser *et al.* 2002; Turner *et al.* 2002; Hunchinson *et al.* 2003; Hedrick 2005b; Hoarau *et al.* 2005; Poulsen *et al.* 2006; Ovenden *et al.* 2007).

N_e/N에서 N의 값으로 산출 평균값을 사용하는 것과 조화평균값을 사용하는 것에 대한 의견이 분분한데(Kalinowski & Waples 2002), N에 대한 대부분의 정보들이 산술평균값을 사용하고 있기 때문에 실질적으로 산술평균값이 더 자주 사용된다(Frankham 1995e).

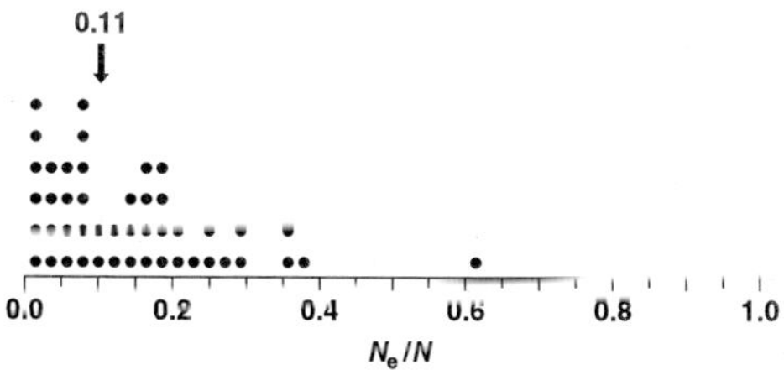

Fig. 11.5 유효개체군 크기/실제개체군 크기 비율 의 분포 형태. 추정치는 개체군 크기의 변동, 가계 크기 및 성비 등을 포함하고 있으며, 따라서 장기간 유효개체군 크기(Frankham 1995c에 따름)를 나타내는데, 평균적으로 11%(화살표)에 불과한 것으로 나타났다.

N_e/N을 감소시키는 가장 큰 요인은 개체군 크기의 변화이며, 가계 크기의 변동이 중간 정도의 영향을 미치는 것으로 나타났고 성비불균형에 의한 영향은 적었다(Frankham 1995c). 중첩 세대를 비중첩 세대와 대비했을 때 큰 차이가 나타나지 않았고, 생활사(life history) 또한 큰 영향을 미치지 않는 것으로 나타났다. 분류학상으로 큰 집단 간의 뚜렷한 차이는 없었지만 최근의 자료들을 포함시켜 분석한다면 이들 차이로 인한 영향이 나타날 것으로 예상된다.

개체군 크기 변동은 유효개체수 N_e감소에 미치는 영향력이 가장 크고, 그 다음으로 영향을 미치는 요인은 가계의 크기 변화이다.

유효개체군 크기의 측정

$N_e \ll N$이기 때문에, 이 비율이 세대간, 가계 크기별, 성비 및 중첩 세대 별로 유효개체군 크기에 미치는 영향을 측정하고 예측할 필요가 있다. 이들이 미치는 영향이 다음 장에 제시되어 있다(Crow & Kimura 1970 참고)

개체군 크기의 변동

세대가 지속되는 과정에서 개체군 크기 변동이 일어나면 유효개체수 N_e은 성인 개체의 수보다 작게 된다.

야생동물의 개체군 수는 먹이, 기후 조건, 질병, 자연 재해 및 포식자 등의 요인에 의해 결정된다(Reed *et al.* 2003b). 예를 들어, 스라소니와 흰발토끼(snowshoe hare)의 개체수 변화 정도를 살펴보면, 흰발토끼의 경우 연도에 따라 최대 30배, 스라소니의 경우 최대 80배까지 차이가 나는 것으로 나타났다(그림 11.6).

개체군 수의 변화 정도가 큰 종의 유효크기(effective size, 비율식의 분모에 해당하는 값)는 산술평균 대신 시간에 따른 개체수의 조화평균을 사용한다.

$$N_e \sim \frac{t}{\sum(1/N_{ei})} \tag{11.3}$$

이때, N_{et}는 t번째 세대의 유효 크기, N_e는 장기간(long−term), 유효개체군 크기를 뜻한다.

장기간(long−term) 유효크기는 가장 작은 단일 세대(single generation N_e를 사용한다. 예를 들어, 북방코끼리바다표범(northern elephant seal)의 개체수는 한때 20−30개체였다가 현재는 175,000으로 개체수를 회복하였다. 이 기간 동안의 유효개체군 수는 60이었다(예 11.5). 이 수치는 평균 또는 최대개체군 수보다는 최소개체군 수와 가장 가깝다. 이 관계는 개체군 크기가 작은 집단의 한 세대 내에서의 대립유전자의 손실로서 설명할 수 있다. 비슷한 이유로 개체군의 크기가 작음으로서 발생하는 근친교배 효과는 개체군의 크기가 증가할 때 일정하게 유지된다.

스라소니

개체군 크기 변동이 유전적 다양성 손실 미칠 것으로 예상되는 결과들 즉 근친교배 및 번식 적응도를 확인하기 위해 초파리를 대상으로 실험하였는데(Woodworth *et al.* 1994), 개체군 크기 변동이 야생 개체군의 N_e를 평균적으로 약 65%정도 감소시키는 것으로 나타났다(Frankham 1995c).

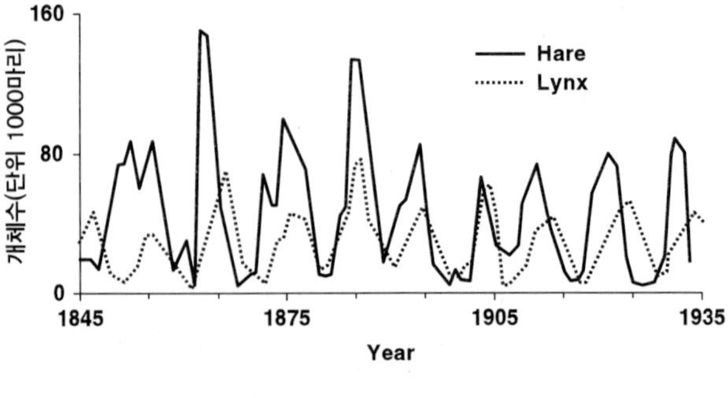

Fig. 11.6 허드슨 베이 회사(모피교역회사)의의 스라소니와 흰발토끼 개체수 조사를 통한 개체군 변동 정도(Hedrick 1983).

예제 11.4 | 개체군 크기 변동으로 인한 N_e의 감소

북방코끼리바다표범(northern elephant seal)의 개체수가 첫 세대 175,000마리에서 두 번째 세대 20마리로 감소하였다가 세 번째 세대에서 175,000마리로 회복하였다고 가정하고, 각각의 개체수가 각 세대에서의 유효 크기였다고 가정할 경우, 개체군의 유효 크기는:

$$N_e \sim \frac{t}{[(1/N_{e1}) + (1/N_{e2}) + (1/N_{e3})]}$$

$$\sim \frac{3}{[(1/175\,000) + (1/20) + (1/175\,000)]} \sim 60$$

3세대 동안의 유효 크기 60은 평균 크기(116763)보다 최소개체수에 더 가까운 것을 확인할 수 있다.

가계 크기의 변화

> 가계 크기의 변동이 포아송 분포 범위를 초과하게 되면 N_e/N 비율은 1보다 작게 된다.

야생개체군의 가계 크기(개체당 일생동안 낳는 자식의 수, family size)는 일반적으로 이상적 개체군에서의 가계 크기보다 훨씬 변동이 심하다(Poisson). 무작위교배(randomly mating)된 종의 안정적 개체군(stable population)내에서 평균 가계 크기(k)는 한 마리의 수컷와 한 마리의 암컷의 가계 크기의 평균값이다. 푸아송(Poisson) 분포에 따라, 한 가계 내에서의 자손의 수 0, 1, 2, 3, 4, 5에 대한 확률은 각각 0.135, 0.271, 0.271, 0.180, 0.090으로 나타났다. 분산(V_k)은 푸아송 분포의 평균, 즉 이상적인 개체군의 경우 V_k/k=1로 나타났다.

대부분의 종에 대한 이상적인 개체군에서의 V_k/k은 1보다 큰 것으로 가정한다(표 11.2). 야생동물의 가계 크기 변동 정도는 자손이 없는 개체들, 지나치게 크거나 작은 가계들이 존재에 의해 결정된다(Hedrick 2005b). 많은 가계들에서 그들의 자손들이 생존하지 못할 경우 N_e/N 값은 생존한 가계의 비율에 근사할 것이고, 따라서 어류, 새우의 경우 이 비율은 매우 낮게 타나날 것이다(Walpes 2002).

N_e가 이상적인 개체군이 아닌 경우의 가계 크기 변화 정도에 미치는 영향은

$$N_e = \frac{4N - 2}{V_k + 2} \tag{11.4}$$

로 나타낼 수 있다. 이 값은 가계 크기로만 나타낸 단일 세대의 유효개체군 크기이다. 이상적인 개체군에서는 암컷과 수컷을 더하여 V_k=2(암컷 수컷 각각 V_k=1)로 나타낼 수 있고 따라서 $N_e \sim N$이다. 가계 크기의 변동이 심한 경우 유효개체군 크기는 N으로 감소한다. 예를 들어, 다윈 선인장 핀치(Dawin's Cactus finch)의 경우 가계 크기의 분산의 경우, 푸아송 기대값(2)과 비교했을 때 유효개체군 크기를 번식 개체수의 절반 이하로 감소하였다(예 11.5). 다양한 종에 걸쳐, 가계 크기의 분산 정도가 평균 N_e값을 N 대비 54%로 감소시키는 것으로 나타났다(Frankham 1995c).

Table 11.2 멸종위기종의 종별 일생동안의 번식 성공(V_k)의 분산과 가계 크기의 평균(k). V_k/k 비율이 1보다 크기 때문에 분산은 포아송 분포(Poissin distribution)에서의 값보다 크게 나타나고 유효크기는 센서스(cencus)보다 작다.

종	사육(c) 야생(w)	Sex	V_k	k	V_k/k	Reference
포유류						
Asiatic lion	c	m	31.10	1.64	19.0	1
	c	f	34.00	1.67	20.4	
Eastern barred bandicoot	w	f+m	11.6	1.0	11.6	2
Golden lion tamarin	c	m	12.10	1.7	7.1	3
	c	f	13.5	1.6	8.4	
Golden-headed lion tamarin	c	m	7.27	1.07	6.8	1
	c	f	5.74	1.05	5.5	
Grevy's zebra	c	m	34.00	1.90	17.9	1
	c	f	1.20	1.14	1.1	
Przewalski's horse	c	m	23.44	1.18	19.9	1
	c	f	9.92	1.27	7.8	
Scimitar-horned oryx	c	m	127.90	1.48	86.4	1
	c	f	10.44	1.24	8.4	
Sumatran tiger	c	m	22.50	2.46	9.1	4
		f	16.61	2.09	7.9	
조류						
Darwin's cactus finch	w	f+m	6.74	1.8	3.7	5
Darwin's large cactus finch	w	f+m	0.53	0.3	1.8	6
Darwin's medium ground finch	w	f+m	7.12	1.6	4.5	5
Pink pigeon	c	m	31.24	1.54	20.3	1
	c	f	5.74	1.05	5.5	1
Red-crowned crane	c	m	9.10	1.76	5.2	1
	c	f	4.80	1.64	2.9	1

참고문헌: 1, Dobson et al. (1992); 2, Sherwin & Brown (1990); 3, Ballou & Foose (1996); 4, Ballou & Seidensticker (1987); 5, Grant & Grant (1992); 6, Grant & Grant (1989)

예제 11.5 다윈 선인장 핀치의 가계 크기 분산에 따른 유효개체군의 크기 감소

다윈 선인장 핀치

다윈 선인장 핀치의 가계 크기 분산은 6.74로, 이상적인 개체군의 2보다 훨씬 크다(표 11.2). 식 11.4를 다시 쓰면,

$$\frac{N_e}{N} \sim \frac{4}{V_k + 2}$$

관찰 결과를 위 식에 대입하면,

$$\frac{N_e}{N} \sim \frac{4}{6.74 + 2} = 0.46$$

만약 세대에 따라 개체군의 크기가 달라진다면, 유효크기에 대해 가계 크기 분산이 미치는 영향은 다음과 같다:

$$N_e = \frac{Nk - 1}{k - 1 + (V_k/k)} \tag{11.5}$$

이때 N은 이전 세대의 성체의 수를 나타내고, k는 평균 가계크기를 뜻한다(단, 단일 세대의 N_e). 다른 요소들은 이상적인 개체군에서와 동일하다고 가정한다. 예제 11.6은 위 식을 사육된 인도 사자 개체군에 적용한 것이다. 가계 크기의 변화로 인해 유효 크기가 야생종보다 92%가 감소한 것으로 나타났다.

예제 11.6 가계 크기 변화로 인한 Asiatic lion의 유효개체군 크기의 감소

사육된 인도 사자는 평균 가계크기가 1.65, 가계 크기의 분산이 32.65(표 11.2)로 나타났다. 식 11.5를 사용해서 다음과 같이 나타내면,

$$\frac{N_e}{N} = \frac{(Nk - 1)}{N[k - 1 + (V_k/k)]} \sim \frac{\text{k}}{[k - 1 + (V_k/K)]}$$

위 식에 관찰을 통해 구한 값을 대입하면,

$$\frac{N_e}{N} \sim \frac{1.65}{[1.65 - 1 + (32.65/1.65)]} = 0.081$$

가계 크기의 변화 정도로 인해 Asiatic Lion의 유효개체군의 크기가 약 8% 감소하였다.

인도 사자

가계 크기의 분산이 이상적인 개체군의 값보다 적다면 예상 외로 $N_e \rangle N$ 이라는 결과를 얻게 된다. 만약 모든 개체가 다음 세대에 대한 기여 정도가 동일하다면(V_k=0), $N_e \sim 2N$이 된다. 이것은 이상적인 개체군의 경우 가계의 크기가 푸아송 분산을 나타낸다는 것을 생각하면 쉽게 이해할 수 있을 것이다. 모든 가계가 다음 세대를 위한 대립유전자에 미치는 영향이 동일하다면, 대립유전자 발생 빈도(allele frequencies)의 교란은 최소화될 것이고, 반대로 유전적 다양성은 세대가 지날수록 최대값을 나타낼 것이다. 일부일처 종(monogamous species)의 개체군이 안정적인 상태를 유지한다면 V_k=0이라는 값은 암수 각각 1마리가 다음 세대에 대해 기여하기 때문이다. 따라서 이 경우에는 근친교배의 비율도 최소화된다(12장).

> 가계 크기의 평형(EFS, Equalization of family sizes)은 실제 개체군 크기와 비교했을 때 유효개체군 크기를 두 배로 증가시키는 효과를 가진다.

이상의 관찰 결과들은 사육되는 개체군의 관리에 매우 중요한 자료가 된다. 가계 크기의 평형(equalization of family size: EFS)은 잠재적으로는 제한된 번식 공간에서 생활하는 멸종위기종의 개체수를 효과적으로 두 배 가량 증가시킬 수 있는 기회를 제공한다. 유전적 다양성 손실의 최소화에 있어 가계 크기 평형의 이점을 확인하기 위하여 초파리를 대상으로 다양한 실험을 하였다(Box 11.4). 사육되고 있는 멸종위기종의 관리를 위한 EFS 값은 종에 따라 다양하게 나타났다(19장).

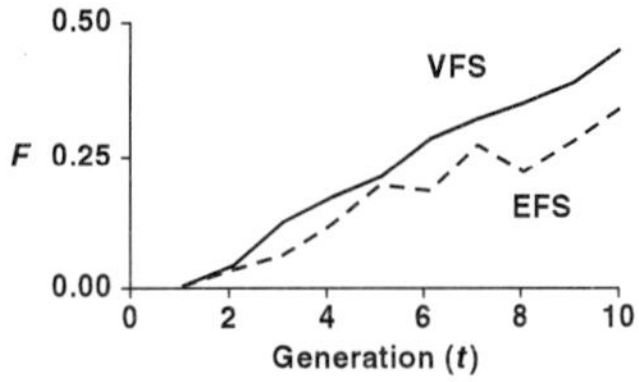

EFS와 VFS 처리군의 근친교배 수준

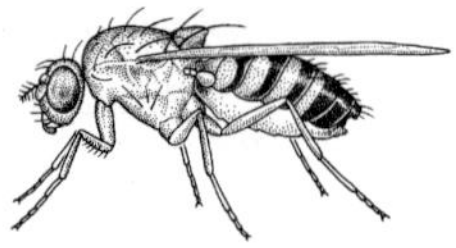

초파리

Box 11.4 동일 가계 크기가 초파리의 유전적 다양성 손실, 근친교배, 번식 접합성에 미치는 영향 측정(Borlase *et al.* 1993).

야생초파리 집단으로부터 20개의 복제 개체군을 만들고 10세대에 걸쳐 조사하였다. 10개의 복제 개체군은 가계 크기를 동일하게 하였고(EFS), 나머지 10개에 대해서는 가계 크기를 다르게 조작하였다(VFS). 각 세대별로 암수 각각 4마리(N=8)를 사용하였고, EFS, VFS의 유효개체군 크기는 식 11.4를 이용하여 계산한 결과 각각 16, 8로 계산되었다. 즉, EFS 집단에서의 유전적 다양성 손실이 더 적고, 근친교배 비율과 번식 접합성의 감소 정도 또한 낮을 것으로 예상하였다.

알로자임(allozyme) 이형접합성의 경우 아래 왼쪽과 같은 결과가 나타났고, 근친교배 및 번식 접합성 정도(아래 오른쪽)가 각각 아래와 같이 나타났고, EFS에서 유전적 변이 정도가 더 높은 것으로 나타났다(Frankham 2000a).

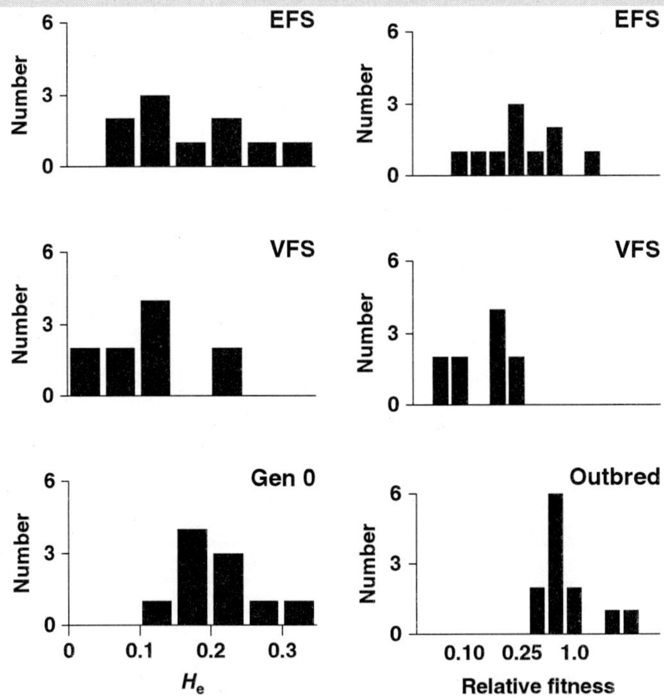

평균적인 알로효소 이형접합체들의 초기세대(0)와 10세대 후의 EFS, VFS 선의 분포

EFS와 VFS 개체들의 11번째 세대의 번식 적응도 분포와 이종교배한 대조군 개체

성비불균형

성비불균등은 개체군의 유효크기를 성비가 균일한 개체군들의 유효크기보다 감소시킨다.

야생 개체군에서는 번식 가능한 개체들의 성비가 서로 비슷하지 않은 경우가 많다. 일반적으로 포유류에서는 암컷의 수가 더 많고 조류의 경우 반대 현상이 나타난다(Donald 2007). 수컷의 경우 많은 경우에서 일부다처 형태를 나타내는데, 실제로는 유전적 다양성을 높이는 데 아무런 기여도 하지 못하는 수컷의 수도 많다. 예를 들어, 코끼리바다표범의 경우 한 마리의 수컷이 수백 마리 이상의 암컷과 짝짓기를 한다. 물꿩(jacana)과 같은 몇몇 종의 경우 일처다부 형태를 나타낸다. 조류의 경우 번식 가능한 수컷의 비율이 암컷보다 33%나 높게 나타나고 이것은 멸종위기종에게 부정적인 영향을 미친다(Donald 2007). 성비불균형에 의한 영향을 측정하는 식은 다음과 같다.

$$N_e = \frac{4N_{ef}N_{em}}{N_{ef}+N_{em}} \quad \text{(근사식)} \tag{11.6}$$

N_{ef}는 번식 가능한 암컷의 유효수, N_{em}은 번식 가능한 수컷의 유효수를 나타낸다. 단, 단일 세대 유효개체군 크기를 의미하며, 나머지 조건은 이상적인 개체군에서와 동일하다고 가정한다.

성비가 1:1에서 서로 다른 방향으로 변화할수록 N_e/N 비율의 감소 정도가 심해진다(그림 11.7). 예를 들어, 수컷 코끼리바다표범 한 마리와 짝짓기를 하는 암컷 100마리의 유효 크기는 겨우 4에 불과하다(예제 11.7)

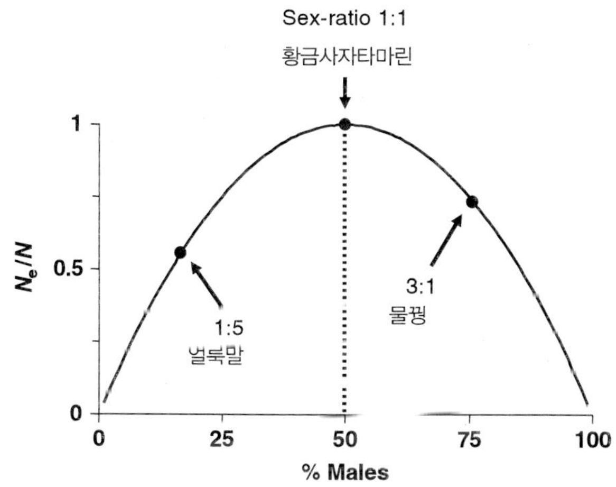

물꿩

Fig. 11.7 성비불균형이 N_e/N 비율에 미치는 영향. 성비가 1:1에서 서로 다른 방향으로 변화할수록 N_e/N 비율은 감소한다.

하지만, 실질적으로 중요한 영향을 미치는 것은 한 세대에서의 일생(lifetime) 성비이다. 남방코끼리바다표범의 경우 수컷 한 마리가 차지하는 암컷의 수가 번식기일 때는 평균적으로 40마리 정도인데(ewell 1976), 유전적 자료를 조사한 결과 한 세대 동안의 성비는 암컷 5마리에 수컷 1마리로 나타났다(Slade *et al.* 1998). 초파리를 이용한 실험에서는 성비불균형이 유전적 다양성 손실 및 근친교배에 미치는 영향이 다양하게 나타났다(Briton *et al.* 1994).

예제 11.7 | 코끼리바다표범의 비불균형으로 인한 유효 크기의 감소

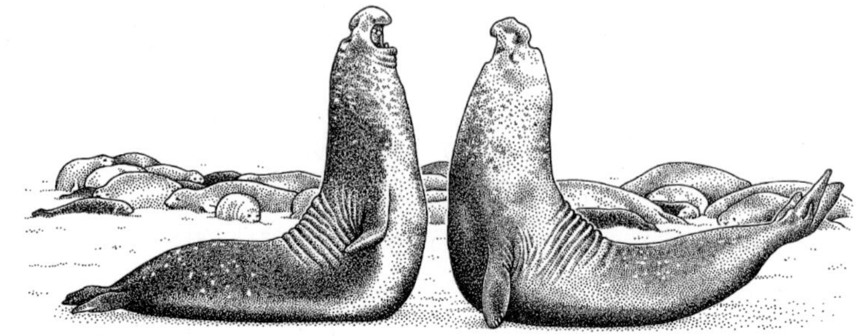

한 마리의 수컷이 100마리의 암컷과 짝짓기를 할 때의 유효 크기는,

$$N_e = \frac{4N_{ef}N_{em}}{N_{ef} + N_{em}} = \frac{4 \times 100 \times 1}{100 + 1} = 3.96$$

수컷 한 마리가 차지하는 암컷의 유효 크기는 실제 크기(101)의 약 4% 정도로 나타났다.

인도코끼리

성비불균형은 사냥 등에 의해서도 영향을 받는다. 예를 들어, 인도 남부의 아시아 코끼리의 성비는 밀렵으로 인해 암컷 605 당 수컷의 개체수가 6마리였다(Sukumar *et al*. 1998). 이 개체군의 유효 크기는 겨우 24였으며(문제, 11.2), N_e/N 비율은 0.04였다. 기후변화로 인한 번식기의 기온 변화는 거북이, 악어 및 파충류의 성비불균형에 영향을 미치는 것으로 나타났다(Hays *et al*. 2003).

전반적으로 성비불균형은 유효 개체군 크기를 실제 크기보다 평균적으로 약 36% 감소시키는 것으로 나타났다(Frankham 1995c).

가까운 친척간 교배로 인한 배제

무작위 교배로 이루어진 개체군에서는 자가수분이나 형매교배(sib-mating)가 N_e에 미치는 영향이 매우 적다.

자가수정은 자웅이체 종(dioecious species)에서는 일어날 수 없고, 많은 종들은 근친교배는 피하려고 한다. 하지만, 이상적인 개체군을 가정했을 때 이런 분화(deviation)는 유전자 다양성 손실에 미치는 영향이 아주 적고, 근친교배의 비율—자가수정 또는 형제간 교배(sib–mating)가 일어날 확률—도 개체군의 크기가 아주 작은 경우가 아니라면 매우 낮게 나타난다. 단일 세대에서 분화가 유효 개체군 크기에 미치는 영향은 다음과 같다.

자가수정을 배제했을 때,

$$N_e = N + 1/2 (\text{근사적으로}) \quad (11.7)$$

형제간 교배(sib–mating)도 배제한 경우,

$$N_e = N + 2 (\text{근사적으로}) \quad (11.8)$$

중첩 세대

대부분의 자연발생 개체군은 이상적인 개체군에서의 개별 세대(discrete generations)보다 중첩이 더 자주 발생한다. 중첩 세대의 N_e에 미치는 영향은 특정 방향성을 나타내지 않고 불분명하다(Nunney 2002). 다년생 식물 가운데 종자은행(seed bank)의 형태로 수년 간 생존할 수 있는 종의 경우, 세대당 유효개체군의 크기는 종자은행이 없는 경우와 비교했을 때 보통 높게 나타났다. 이것은 종자은행이 N세대가 지나는 동안에 발생할 수 있는 변동의 정도를 감소시키기 때문이다. 하지만, 일부다처인 동물종의 경우 성체는 수년 동안 번식행위를 지속하고, 중첩 세대로 인해서 중첩이 없는 경우보다 N_e이 감소하는 것으로 나타났다. 우두머리 수컷은 일생동안 수많은 암컷과 교미하는데, 따라서 가계 크기의 변이도 증가하게 된다. 중첩 세대의 영향에 대한 실증적인 실험 결과 N_e/N 비율에 미치는 영향은 유효하지 않은 정도로 나타났고, 전체적으로 미치는 영향이 크지 않다고 말할 수 있다(Frankham 1995c).

중첩세대들은 N_e에 대해서 일정한 방향성을 가지고 영향을 미치지 않는다.

중첩 세대이 N_e에 미치는 영향을 측정하는 식이 있기는 하지만(Nenney 2002; Engen *et al.* 2007), 거의 사용되지 않고, 복잡한 컴퓨터 모델이 더 자주 이용된나(Allendorf *et al.* 1991).

인자들의 조합

우리가 최종적으로 알고자 하는 것은 N_e에 영향을 미치는 요소들을 모두 반영하는 N_e을 찾아내는 것이다. 예제 11.8은 가계 크기, 성비불균등이 황금사자타마린의 변이에 미치는 영향을 보여 준다. 여러 가지 요인을 반영하여 N_e을 구하는 것은 번잡한 계산 과정을 필요로 하는데 일반적으로는 컴퓨터 프로그램을 통해 구한다.

예제 11.8 사육되고 있는 황금사자타마린을 대상으로 가계 크기 및 성비불균형이 변이에 미치는 영향(N_e) 측성(after Ballou & Foose 1996).

황금사자타마린의 암컷, 수컷 개체수와 이들이 영향을 다음 세대에 영향을 준 사손들의 평균(k), 분산(V_k):

	암컷	수컷
성체수	275	269
k	1.6	1.7
V_k	13.5	12.1

가계 크기의 분산에 따른 암컷의 유효 크기 (N_{ef})을 식 11.5를 이용해서 구하면

$$N_{ef} = \frac{N_f k - 1}{k - 1 + (V_k/k)} = \frac{275 \times 1.6 - 1}{1.6 - 1 + (13.5/1.6)} = 48.6$$

가계 크기의 분산에 따른 수컷의 유효크기(Nem)는

$$N_{\mathrm{em}} = \frac{N_{\mathrm{m}}k - 1}{k - 1 + (V_k/k)} = \frac{269 \times 1.7 - 1}{1.7 - 1 + (12.1/1.7)} = 58.4$$

N_e를 구하기 위해 성비불균형을 반영하면:

$$N_{\mathrm{e}} = \frac{4N_{\mathrm{ef}}N_{\mathrm{em}}}{N_{\mathrm{ef}} + N_{\mathrm{em}}} = \frac{4 \times 48.6 \times 58.4}{48.6 + 58.4} = 106.1$$

황금사자타마린 개체군의 유효 크기는 106이고, 실제 크기는 544, N_e/N은 0.2이다.

근친교배와 유효 크기의 변화

근친교배와 유전적 다양성 손실을 예측하기 위해서는 서로 다른 유효 개체군 크기에 대한 정보가 필요하다. 일반적으로는 이 두 가지는 비슷한 값을 가지지만 세대가 지남에 따라 개체 크기에 큰 변동이 있는 경우에는 서로 차이가 날 수 있다.

지금까지는 유효 개체군의 크기를 단일 모수로 가정하였다. 하지만 세 개의 모수가 더 존재하는데, 근친교배, 고유치, 유효 크기의 분산 세 가지가 있다. 엄밀하게 말하면, 유전적 다양성 손실 정도를 결정하는 유효 크기는 고유치 유효 크기이다. 근친교배 유효 크기는 근친교배가 발생하는 비율을 결정하고, 유효 크기 분산은 복제된(replicated) 개체군의 분화 정도를 결정한다. 이 세 가지 유효 크기들은 개체군 크기가 일정한 집단에서는 비슷한 값을 가지지만 특정 환경, 특히 개체군 크기가 세대가 지남에 따라 변하는 경우 서로의 값이 상당한 정도로 달라진다. 자세한 내용은 Crow & Kimura(197)와 Templeton & Read(1994)를 참고하라.

N_e 추정

N_e 추정은 인구통계학적(demographic), 유전학적 방법들을 주로 이용하였다. 개체 통계학적 방법은 식 11.3–11.8에 기초한 방법이다. 이 방법을 사용하기 위해서는 방대한 양의 개체 통계학적 자료가 뒷받침되어야 하는데 이것은 현실적으로 불가능하다.

유전학적 방법은 다음의 내용을 기반으로 한다:

- 세대에 따른 이형접합성 손실 정도(식 11.1과 예 11.9)
- 유전자부동에 의한 대립유전자의 출현 빈도 변화(Tallmon *et al*. 2004a ; 14장)
- 왕연어(chinook salmon)와 기타 다른 어류를 대상으로 사용되었던(Bartley *et al*. 1992)것처럼 연관 비평형(linkage disequilibrium)에서의 감쇠율(rate of decay)을 이용
- 암수 출현 빈도(frequency)의 drift로 인한 이형접합성의 초과 발생(Wang 2005)
- 가계 내의 근친 교배 상관계수의 비율 증가 또는 가계 내의 유전적 다양성 손실(Equation 12.5)
- 대립유전자의 다양성 손실(Saccheri *et al*. 1999)
- DNA 서열의 부동–변이 평형 또는 오랜 기간 동안 누적된 마이크로세틀라이트(microsatellite) 자료(Wang 2005)

- 단절되지 않은 개체군에서의 N_e 추정과 이주(migration) 비율(Wang & Whitlock 2003); 다른 방법들은 개체군이 단절된 것으로 가정

(예제 11.9)는 세대가 지남에 따라 멸종위기종인 북방콧등털웜뱃의 유전적 다양성 손실 정도를 이용하여 N_e를 추정한 결과를 보여 준다. 유효 크기는 실제 개체군 크기 70에 대해서 약 7로 나타났다.

예제 11.9 멸종위기종인 북방콧등털웜뱃의 시간에 따른 유전적 다양성 손실을 이용한 N_e 추정(Taylor *et al.* 1994)

북방콧등털웜뱃의 개체수는 지난 120년(12세대) 동안 1,000마리 이상에서 1981년 25마리, 그 후 1990년대 초반 70마리로 개체수 변화를 겪었다. 이 기간 동안 이형접합성은 41%로 감소하였다.

식 11.1을 이용해서 이 종의 장기간(long-term) 유효 개체군 크기를 추정하였다:

$$\frac{H_t}{H_0} = \left(1 - \frac{1}{2N_e}\right)^t \sim e^{-t/2N_e} = e^{-12/2N_e} = 0.41$$

자연로그 $\log_e$를 취하면,

$$\ln(0.41) = \frac{-12}{2N_e}$$

다시 정리하면,

$$N_e = \frac{-12}{2\ln(0.41)} = 6.7$$

따라서 지난 120년 동안의 이 종의 유효개체군 크기는 약 7이다.

장기적인 관점에서의 진화적 유효 개체군 크기는 변이발생율이 알려진 경우 부동-변이 평형 모형으로 예측할 수 있다.

부동-변이 평형은 암컷의 mtDNA 다양성을 이용해서 진화적 유효 크기를 추정한다:

$$N_{ef} = \frac{\Theta}{2u} \tag{11.9}$$

이때, Θ는 뉴클레오티드(nucleotide) sites의 평균 비율을 뜻하는데, 이 값은 반수체형의 무작위 쌍과 세대당 기본 대체비율인 u 사이의 값을 가진다.

nuclear loci에서 N_e 값을 구하려면:

$$N_e = \frac{\Theta}{4u} \tag{11.10}$$

(예제 11.10)에 나온 것처럼, 귀신고래(gray whales)의 유효 개체군 크기는 Θ의 추정치와 변이 비율을 이용해서 구한 결과 39,117로 나타났다.

Roman & Palumbi(2003)가 북미 지역의 혹등고래(humpback)과 긴수염고래(fin whale)의 유효개체군 크기를 위의 방법에 성비 및 어린 개체의 비율을 보정한 값을 적용하여 포경 전 개체수를 각각 240,000 및 360,000으로 추정하였는데, 이 연구는 많은 논란을 불러 일으켰다. 이 값들은 기존의 추정 값보다 훨

씬 크게 추정되었고 지금 존재하는 개체군 크기보다도 6–20배 정도 높았다. 이 결과는 위의 두 종에 대한 포획을 허용할 수 있을 정도로 개체수를 충분히 회복하였는지에 대한 논쟁에 상당한 영향을 미쳤다.

예제 11.10 식 11.10을 이용하여 귀신고래(gray whale)의 유효개체군 크기 추정

Alter *et al*.(2007)은 seven autosomal loci의 세대당 평균값 Θ을 0.001161, 대체 비율을 4.79×10^{-10}개의 base pair 및 한 세대의 평균 수명을 15.5년으로 보고하였다. 대체 비율은 돌연변이 비율 u를 반영하는 것으로 가정하였다. 하지만 실제로는 세대당 돌연변이 비율에 한 세대의 평균 수명을 곱하여 변환시켜야 했다.

$$u = 15.5 \times 4.79 \times 10^{-10} = 7.42 \times 10^{-9} \text{ mutations/generation}$$

식 11.10을 이용해서 유효개체군의 크기를 추정한 결과는 다음과 같다:

$$N_e = \frac{\Theta}{4u} = \frac{0.001161}{4 \times 7.42 \times 10^{-9}} = 39\,117$$

추정된 N_e 값은 편중되었고, 컴퓨터 시뮬레이션을 통해 구한 값과 비교한 결과 추정의 정확성에 있어 상당한 차이를 보였다(Tallmon *et al*. 2004a; Waples 2006). Caballeo(1994)는 개체 통계학적 추정 절차를 다루었고, Wang(2005)은 유전학적 방법을 통해 N_e을 추정하는 절차를 검토하였다.

유전자 트리와 합류

유전자 계통과 합류 분석은 서로 다른 시간상의 결과를 고려하기 때문에 더욱 효과적인 유전 분석이 가능하다.

DNA 서열은 개체군 크기, 개체군의 파편화, 자연 선택의 결과 등 이전 세대의 진화의 역사에 대한 정보를 담고 있다. 예를 들어, 탈수소효소화 시킨 두 base 차이나는 초파리류의 두 개 좌위(locus)가 11base pairs 만큼, 다른 두 개의 대립유전자보다 유전적으로 더 가깝고 최근에 분화된 것으로 나타났다(그림 3.2). **합류**(coalescence)와 **유전자 트리**(gene tree)는 시간의 변화에 따른 변화를 거꾸로 추정해 가는 방법을 통해서 정확한 정보를 얻을 수 있다(Rogenberg & Nordborg 2002). 샘플링 이론에 기초해서 중립 좌위를 대상으로 한 실험에서, 이들은 분화의 이유를 설명하기 위해 가설검정을 하였다. 이 방법은 현재의 분포(distribution)와 DNA sequence 차이를 이용한 기존의 방법에 비해 훨씬 더 설득력을 가진다.

이어지는 장에서 우리는 유전자 트리와 합류(coalescence)의 개념을 살펴보고 유효개체군 크기, 개체군의 진화 시점, 개체군 병목현상(bottleneck)의 발생 시점 등을 추정하는 방법을 살펴볼 것이다. 그리고 21장에서 개체군 구조 및 이주와 선택을 규정하기 위해 위의 내용을 적용하는 방법을 다룰 것이다.

합류(Coalescence)는 한 개체군 내에서 충분히 긴 기간에 대해 현재의 대립유전자 서열을 추적해 가면 최종적으로 한 개체의 서열로 합쳐진다는 개념에 기초한 방법이다(그림 11.8). 한번 발현된 다른 대립유전자는 유전적 부동 또는 선택에 의해 사라진 것이고, 새로운 대립유전자는 돌연변이를 통해 새롭게 나타난 것이다. 현재 좌위의 대립유전자들의 분포 양상은 서열의 분화를 나무로 볼 때 한 선조 대립유전자의 서열의 가지들에 해당된다.

합류(Coalescence) 분석은 대립유전자의 DNA 염기서열 간 분포와 분화를 분석하는 것으로, 이러한 차이 분석을 위해서 시간, 사건 등을 고려한다.

유전자 트리(Gene tree)는 대립유전자, 가계 등의 기원, 손실 등을 위의 방법과 같은 방식으로 추적해 나가는 것이다. 예를 들어, 영국 왕실 가족의 성염색체 관련 혈우병 유전자를 대영제국 시절 빅토리아 여왕(Queen Victoria)까지 추적해 나가는 것과 같은 방식이다.

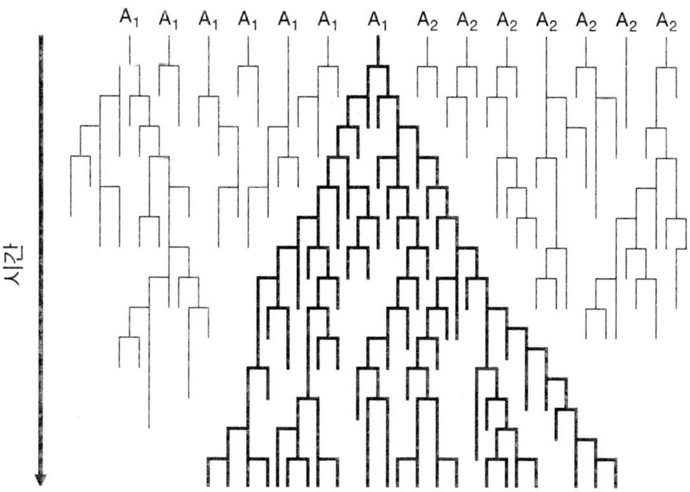

Fig. 11.8 유전자 트리(gene tree)와 합류(coalescence): 두 대립유전자의 14개의 복제 중 하나인 A_1이 시점 0으로부터 시작하여(그림의 제일 위) 전해진 서열에 대한 모식도. 몇몇 서열은 멸종하기도 하고 다른 것들은 하나 또는 그 이상으로 분화되기도 하였다. 현재 발현된(제일 바닥 부분)것들은 A_1의 단일 조상으로부터 발현된 것이나. 만약, 자손까지 전해지는 과정이 실패하는 사건이 임의로 결정되는 것이라면, 바닥 부분의 서열 각각은 시점이 0인 모든 세대로부터 동일한 확률적 분화에 의해 결정될 것이다(after Futuyama 1998).

중립 이론(neutral theory)를 통해서 합류(coalescence)로부터 몇 세대가 지났는지를 예측할 수 있다. 이 이론에 따르면, mtDNA의 두 개의 대립유전자는 한 세대 전의 동일한 대립유전자로부터 $1/N_{ef}$의 확률로 전해진 것이다(배수체의 경우, $1/2N_e$). 반면, 두 개의 대립유전자는 한 세대 전의 서로 다른 대립유전자로부터 $1-1/N_{ef}$($1/N_{ef}$는 암컷의 유효개체 크기)의 확률로 전해진 것일 수도 있다(또는 수 세대 전의 서로 다른 대립유전자로부터 전해진 것일 수도 있다). 유전적 부동에 대한 중립 이론에 따르면, 합류(coalescence) 과정은 시간에 따른

합류는 개체군의 혈통에서 시간이 흐르는 동안 대립유전자의 확산과 생존 모델에 이론을 제공한다.

특징을 가진다. 중립 좌위에서 k개의 대립유전자를 가진 배수체의 개체군에서 $k-1$개의 대립유전자를 가지고 있던 기존의 합류(coalescence)가 발생하는 데 소요되는 평균 시간(average time in generations, T_k)은 다음과 같다:

$$T_k = \frac{4N_e}{[k(k-1)]} \text{ 세대} \tag{11.11}$$

따라서, 각각 5, 4, 3, 2개의 대립유전자를 가지고 있을 때 소요되는 시간은 각각 $4N_e/20$, $4N_e/12$, $4N_e/6$, $N_e/2$ 세대이다. 한 개체군 내에서 k개의 모든 대립유전자가 최초의 한 개의 대립유전자로 합류하는 데 걸리는 시간은 $4N_e[1-(1/k)]$ 세대이다(그림 11.9). 예제 11.11은 배수체 개체군에서 유효개체 크기가 50, 100에 이르기까지 소요된 합류 시간을 계산하는 과정을 보여 준다. 합류하는 데 소요된 시간은 개체군 크기에 직접적으로 비례한다는 것을 주의해야 한다.

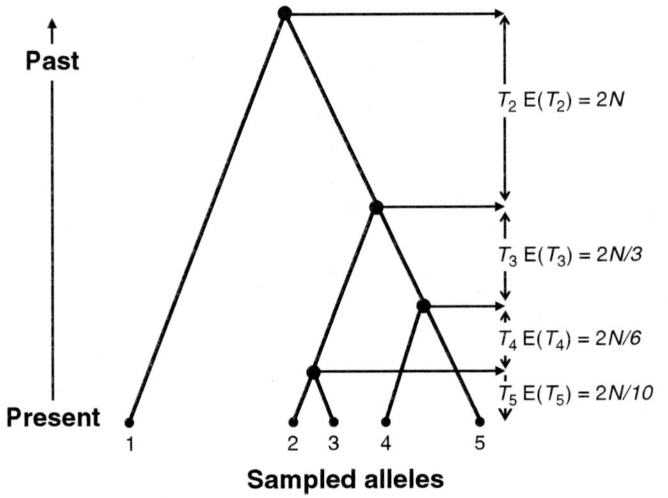

Fig. 11.9 유전자 계통과 합류 시간: 5개의 대립유전자 계통. 가장 큰 동그라미는 합류를 의미한다(Hedrick, 2000). T_j는 현재의 j 대립유전자가 j−1대립유전자와 결합하는 데 소요되는 시간을 의미하고, 각 결합 간의 간격은 예상 기간의 비율로 나타냈다.

예제 11.11 | 합류 시간을 계산하는 방법

대립유전자가 3개인 개체군의 유효 크기 N_e이 50인 경우에 바로 앞 번에 진행된 합류가 이루어진 시점(대립유전자가 2개 있을 때) 다음과 같이 계산한다:

$$T_3 = \frac{4N_e}{[k(k-1)]} = \frac{(4 \times 50)}{(3 \times 2)} = 33 \text{ 세대}$$

N_e=100 인 경우:

$$T_3 = \frac{4N_e}{[k(k-1)]} = \frac{(4 \times 100)}{(3 \times 2)} = 67 \text{ 세대}$$

따라서, 비교하고자 하는 개체군의 크기가 대조군의 2배인 경우 합류가 이루어진 시간은 대조군에서 분화가 이루어진 시간의 2배가 된다.

요약

1. 유전적 다양성은 개체군의 크기가 작은 폐쇄된 집단에서 유효개체군 크기에 반비례하여 감소한다.
2. 유효개체군의 크기는 이형접합체의 손실을 발생시키는 개체의 수 또는 이상적인 개체군의 특성을 가진 경우라면 근친교배가 발생하는 계수와 같다.
3. N_e는 개체군 내 성체의 수보다 일반적으로 작고, 장기간 평균은 개체의 전체 크기(census size)의 10%이다.
4. 유효개체군 크기는 세대가 지나는 동안 개체군의 크기 변동이 심한 경우, 가계 크기의 변수가 큰 경우, 성비불균형인 경우 발생한다.
5. 유효개체군 크기는 개체군 크기에 관한 4변수 연립방정식을 이용해서 계산하거나, 시간이 경과함에 따라 유전적 다양성이 변하는 정도를 계산하는 유전학적 방법, 개체군의 연관 평형(linkage equilibrium)을 이용해서 계산한다.
6. 유전자 트리와 합류에 시간차원(time dimension)을 과거의 진화 발생에 적용해서 병목현상, 개체군의 크기, 유입 및 기타 발생 사건 등을 추적할 수 있다.

추가적인 읽을 거리

Crow & kimura(1970) *An Introduction to Popilatino Genetics Theory*. Advanced treatment of effective population size and other topics in this chapter.

Falconer & Mackay(1996) *Introduction to Quantitative Genetics*. Clear treatment of effective population size and other topics in this chapter.

Frankham(1995c) A review and meta-analysis of N_e/N ratios and factors that affect the ratio.

Frankham(1996) *Genetics of Population*. Has a clear introduction to coalescence and gene tree.

Lande & Barrowclough(1987) Conservation-orientated review of the issues in this chapter.

Rosenberg & Nordborg(2002) Concise review on coalescence and gene trees.

Saccheri & Hanski(2006) Fine review of the impact of natural selection on population dynamics.

소프트웨어

EASYPOP: Free software for population genetics simulations (Balloux 2001).
www.unil.ch/izea/softwares/easypop/html

MLNE: Free software for simultaneous estimation of effective population size and migration rate from marker allele frequencies (Wang & Whitlock 2003).
www.zoo.cam.ac.uk/ioz/software.htm#MLNE/

NeEstimator: Free software for estimating effective population size, using a variety of genetic methods (Peel et al. 2004).
www.dpi.qld.gov.au/cps/rde/xchg/dpi/hs.xsl/28_6908_ENA_Print.htm

문제

11.1 소규모 개체군의 이형접합체 손실. (a) 개체군 크기가 60이고 한 세대가 최대 20년까지인 자바코뿔소(Javan rhinoceros)의 초기 유전적 다양성 비율이 100년에 어떻게 유지되어야 하는가? (b) 만약 유효 개체군 크기가 10에 불과하다면 초기 이형접합체의 비율은 어떻게 되어야 하는가?

11.2 이형접합체의 손실. 식11.1을 사용해서 (a) 크기가 N_e인 개체군이 처음의 이형접합체의 50% 수준에 도달하는 데 소요되는 시간을 계산하라(단, $H_t/H_0=0.5=e^{-t/2Ne}$로 설정하고 식의 양변에 자연로그(ln)를 취해서 정리할 것). (b) 또, 95% 수준에 도달하는 데 소요되는 시간도 계산하라

11.3 개체군 크기 변동에 의한 이형접합체의 손실. 개체군 크기가 세대별로 100, 10, 100, 200으로 변동하는 개체군의 이형접합체의 손실 정도를 크기가 200, 100, 100, 10으로 변동하는 개체군과 비교하라.

11.4 유효개체군 크기. 영국 들귀뚜라미(field cricket)의 개체군 크기가 세대별로 10, 100, 1000, 250로 변동할 때의 유효개체군 크기를 계산하라.

11.5 유효개체군 크기. 4마리로 이루어진 영국 두루미(British re−crown crane) 가계가 세대별로 0, 1, 2, 5마리의 자식을 낳을 때 유효개체군 크기를 구하여라.

11.6 유효개체군 크기. 불법포획으로 남인도 Periyar 지역의 인도코끼리 개체군 성비가 수컷 6마리 대 암컷 605마리이다. 이 경우 유효 크기는 얼마인가? 성인 코끼리의 일반적인 성비(1:3, 수컷 202마리 대 암컷 605마리)인 경우 유효크기는 얼마인가?

11.7 유효개체군 크기. 수마트란 호랑이의 성인 개체군이 수컷 60마리와 암컷 80마리로 구성되어 있다. 표 11.2의 자료를 사용해서 가계 크기의 분산과 성비불균형 효과를 감안한 N_e를 계산하라.

11.8 유전적 다양성 손실로 인한 N_e계산. 식 11.1을 이용해서 17세대까지 이어져 오는 동안 이형접합체의 57% 손실이 발생한 모리셔스 황조롱이(Mauritius kestrel)의 유효 크기를 계산하라Groombridge *et al*. 2000).

11.9 유전적 부동 균형을 이용해서 암컷의 유효개체수를 추정하는 문제. 식 11.9를 사용해서 mtDNA Θ가 0.0216인 혹등고래의 N_{ef}를 계산하라. 단, mtDNA의 중립적 변이율은 1.5×10^{-8} /base/year이고 세대당 생존년수는 24년 임(Roman & Palumbi, 2003).

11.10 합류 시간. 개체군의 N_e가 50인 경우, 4개의 대립 유전자가 총 통합되는 데 소요되는 시간은 얼마인가? 만약 개체군의 N_e가 10인 경우는 어떠한가?

실습: 컴퓨터 시뮬레이션

EASYPOP 또는 동일 기능의 컴퓨터 시뮬레이션 패키지를 이용해서 다음의 문제를 풀어라.

1. 최초 출현빈도 $p=q=0.5$를 이용해서 개체군 크기가 10, 50, 100일 때 50세대까지의 시뮬레이션 50회를 시행하라. 그 결과를 다른 조건은 동일하고 $p=0$ or 1인 경우의 평균적인 이형접합체에서의 50회 시행 결과와 비교하라.
2. 최초 출현빈도 $p=0.9$, $q=0.1$을 이용해서 개체군 크기가 10, 50, 100일 때 50세대까지의 시뮬레이션 50회를 시행하라. 그 결과를 다른 조건은 동일하고 $p=0$ or 1인 경우의 평균적인 이형접합체에서의 50회 시행 결과와 비교하라.

12장

근친교배

용어

가계도(pedigree)
공통조상(common ancestor)
근친교배 계수(inbreeding coefficient)
근친교배 약세(inbreeding depression)
기본 개체군(base population)
동질접합(autozygous)
무작위교배(panmictic)
상속적 동일 상태(identity by descent)
역교배(backcross)
이질접합(Allozygous)
장화(purging)
형매간 교배(full-sib mating)

근친교배는 혈연이 가까운 근친 간의 교배를 통해 번식이 이루어지는 것을 말한다. 이것은 하나의 좌위 내 두 개의 대립유전자가 자손(암컷)에게서 동일할 확률로 계산한다. 근친교배는 동형접합성 및 발현이 잘 되지 않는 열등 대립유전자 출현 빈도를 증가시킨다.

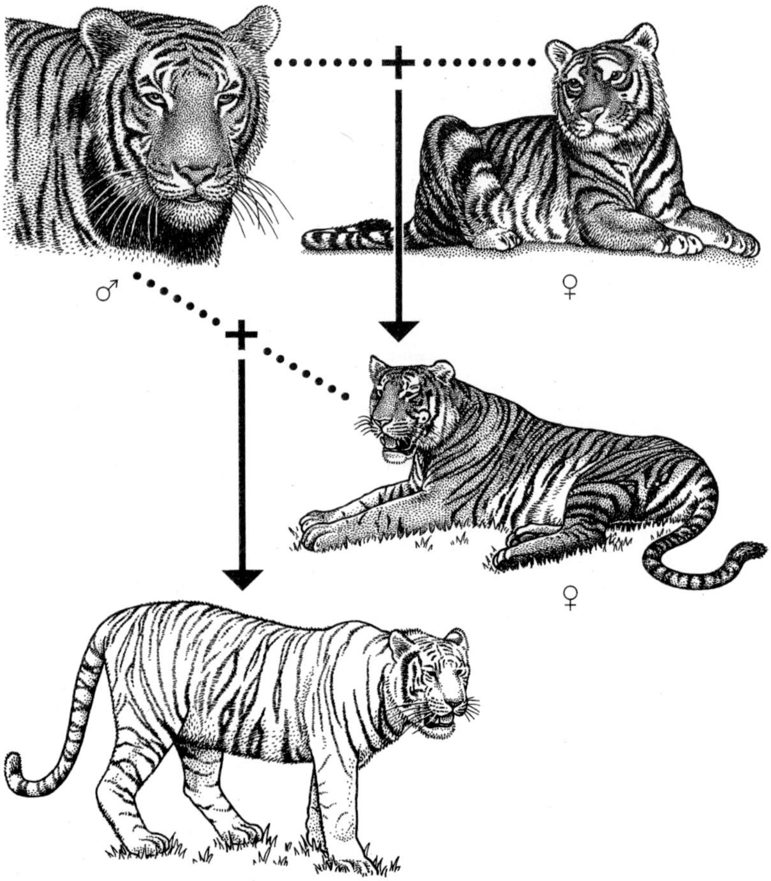

수컷 성체와 암컷 자손 개체의 교배 결과 흰 호랑이가 태어났다(인도).

근친교배는 무엇인가?

한 개체가 근친교배를 통해 발생하였다는 것은 부모가 하나 또는 그 이상의 선조를 공유하고 있다는 것(즉, 서로 친척 관계)을 의미한다. 예를 들어, 앞장에 묘사된 것처럼 호랑이의 아버지와 딸 간 교배를 생각해 볼 수 있다. 근친교배는 자가수정, 형제 자매간 교배, 아버지와 딸, 어머니와 아들 간, 또는 친척간 교배 등 다양하다.

근친교배는 서로 조상 세대에서 연관된 개별 개체들 간의 교배에 의해 다음 세대가 태어나는 것을 의미한다.

개체군의 크기가 작은 집단에서는 시간의 경과에 따라 서로의 연관 정도가 증가하기 때문에 근친교배의 발생은 피할 수 없는 결과이다. Box 12.1은 멸종위기 야생말인 프세발스키(Przewalski)의 가계를 나타낸 것이다. 지금의 개체군은 13개체로부터 유래된 것으로 추측하고 있는데, 이 경우 근친교배를 완전히 막을 수 있는 방법은 없다.

Box 12.1 | 멸종위기인 프세발스키(Przewalski)의 근친교배

프세발스키(Przewalski: Mongolian wild horse)는 야생에서는 멸종하였고, 수년 동안 사육 상태로만 생존해 있었다가 이후 몽골 내 야생으로 방사되었다(Ehrlich & Ehrlich 1981). 현재의 개체군은 야생 개체 12마리와 사육한 암컷 한 마리로부터 번식한 것으로 추정된다. 아래 계통표에는, 13개체 각각에 번호가 매겨져 있는데, 231번을 제외한 나머지는 계통표의 가장 위쪽을 차지하고 있다. DOM 은 사육된 암컷을 나타낸다. 동그라미 표시와 네모 표시는 각각 암컷, 수컷을 나타내고 다이아몬드 표시는 아직 번식을 하지 않은 개체를 뜻한다.

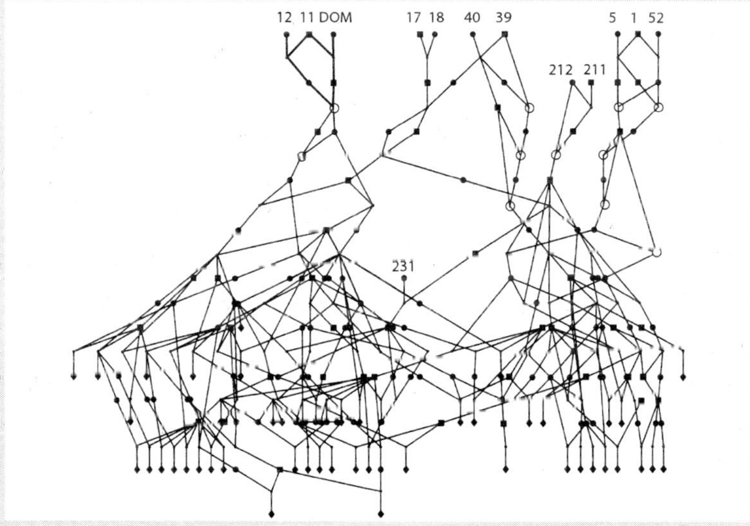

프세발스키말

계통표를 보면 근친교배가 상당히 많이 발생한 것을 알 수 있다. 수컷 11은 암컷 12, DOM과 암컷과 수컷 한 마리를 낳았고, 이들이 근친교배를 통해 암수 다시 암컷과 수컷을 낳았다(수컷은 굵은 선으로 표시). 조사 결과, 근친교배는 암컷 한 마리당 자손의 열등 변화 발생 정도 및 평균 수명에 영향을 미친 것으로 나타났다(Grankel & Soule 1981). 유전적 관리(genetic management)를 통해 번식 초기 사육된 암컷이 유전적으로 미치는 경향을 최소화시켰고, 1970년부터는 근친교배 발생을 줄이기 위한 노력을 시작하였다.

평균 암컷 수와 근친교배 발생 정도는 아래의 그림에 나타나 있다(after Volf 1999).

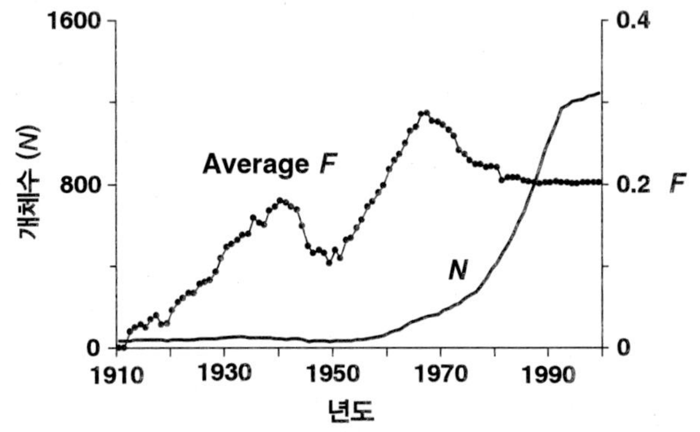

최근 분자 유전학적 분석 결과 위의 계통표에는 오류가 있으며, 사육된 말이 한 마리 더 영향을 미친 것으로 나타났다(Bowling *et al.* 2003).

근친교배와 생물종 보전에 관한 우려

근친교배는 번식적응도(reproductive fitness)를 감소시킨다(근친교배 약세).

근친교배는 번식적응도(reproductive fitness)을 감소시키기 때문에 보전생물학 분야에서 가장 중요하게 여기는 문야이다. 근친교배는 멸종 위험을 증가시킨다(12장). 예를 들어, 사육하고 있는 44개의 포유류 개체군에 대한 연구에서 근친교배를 통해 태어난 자손은 이계교배로 태어난 자손에 비해 유년 사망률이 훨씬 더 높은 것으로 나타났다(41개 개체군)(그림 12.1). 애기하마(피그미하마/pygmy hippopomatus)의 경우, 이계교배를 통해 태어난 자손의 유년 사망률이 25%였던 반면 근친교배를 통해 태어난 자손의 경우 사망률이 55%로 나타났다. 형재자매 간 교배로 태어난 자손의 경우 생존률이 평균적으로 33% 정도 감소한다.

이 장에서는 근친교배 발생 정도를 계산하고, 유전자 발현에 근친교배가 미치는 유전학적 영향을 살펴볼 것이다. 근친교배약세(Inbreeding depression)에 대해서는 다음 장에서 다룬다.

어떤 개체의 근친교배 상관계수(F)는 특정 유전자좌위에서 세 혈통이 동일한 대립유전자를 가지게 될 확율을 의미한다.

근친교배의 계산: 근친교배 상관계수(F)

가계 내 교배로 인한 영향 중 가장 큰 특징은 동일 DNA 서열로부터 복제된 대

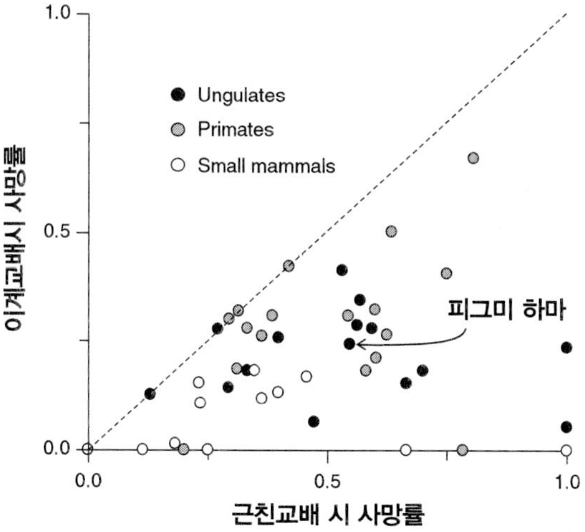

Fig. 12.1 사육된 44개체 포유류의 근친교배로 인한 유년기 생존률 감소(Ralls & Ballou 1983). 이계교배 개체들의 유년기 사망률과 근친교배로 발생한 개체군의 유년기 사망률이 표시되어 있는데, 점선은 근친교배된 개체와 이계교배된 개체의 동일한 생존률을 나타낸다. 근친교배는 대부분의 개체군에서 생존에 부정적인 작용을 한다.

립유전자의 유전 확률이 증가한다는 것이다(autozygous). 그림 12.2에서 A_1A_2, A_2A_2는 자가교배를 통해 태어났는데 부모로부터 동일한 대립유전자가 유전되었다. 한 대립유전자로부터 유전된 동일한 두 개의 복제 대립유전자는 앞선 세대로부터 전해질 필요가 없고, 더 앞선 공동조상(common ancestor) 유전되어야 했다. 그림 12.1에서 자식들 간 교배가 이루어지면 대립유전자 A_1A_2, A_3A_4 또는 A_5의 복제 유전자가 유전될 것이고, 이것은 부모세대보다 한 세대 앞선 세대로부터 전해진 것이다. 할아버지 세대를 공통조상(common ancestor)으로 부르는데, 손자 세대의 아버지, 어머니 모두의 선조를 뜻한다.

한 개체 내의 동일 좌위에서 두 개의 대립유전자가 결합하는 확률은 각 후손들에게서 모두 동일한데, 이것을 **구친교배계수**(*F*: Inbreeding coefficient)라 부른다. *F*는 확률변수이고, 0은 이계교배, 1은 완전 근친교배를 나타낸다.

혈통간 동질성은 관련이 있지만, 동형접합성과는 관련이 없다. 일부 동형접합체(homozygosity)는 두 개의 동일한 대립유전자를 자손에게 전달히지민(autozygous), 그외 유전자들은 전달하지 않는다(allozygous). 예를 들면, 그림 3.2에서 비교적 가까운 동일 조상으로부터 유전된 두 개의 복제 Adh7을 가지고 있는 각 개체의 부모들은 혈통이 동일하다.

자가수분으로 인해 한 개체의 근친교배 상관계수는 1/2이고, 형제자매 간 교배로 인한 개체의 상관계수는 1/4이다(그림 12.2). 근친교배계수(F)를 첫 번째 법칙으로 구하기 위해서는, 이계교배된 조상(ancestor)에게 각각 A_1A_2, A_3A_4 등 서로 다른 대립유전자 라벨을 표시한다(그림 12.2). 가계 내에서 동일한 두 개의 대립유전자가 각 개체로 유전될 확률은 유전 경로를 이용해서 계산한다. 이때, 멘델의 분리법칙을 따르는 것으로 가정한다. 자가수정하는 식물의 경우, 근친교배 상관계수는 두 개의 A_1 또는 A_2 대립유전자가 자손 X에게 유전될 확률로 계산한다. 개체 X는 1/2의 확률로 배주에 A_1이 유전되고, 1/2의 확률로 꽃가루에 A_2가 유전된다. 따라서 동일한 두 개의 A_1가 X로 유전될 확률은 1/2×1/2=1/4이다. 마찬가지로 동일한 두 개의 A_2가 X로 유전될 확률도 1/2×1/2=1/4이다. 따라서 근친교배 상관계수는 A_1A_1 또는 A_2A_2가 유전될 확률=1/4+1/4=0.5이다. 동일한 방법으로, 형제자매 간의 교배로 인한 F의 값은 0.25이다.

자가수정

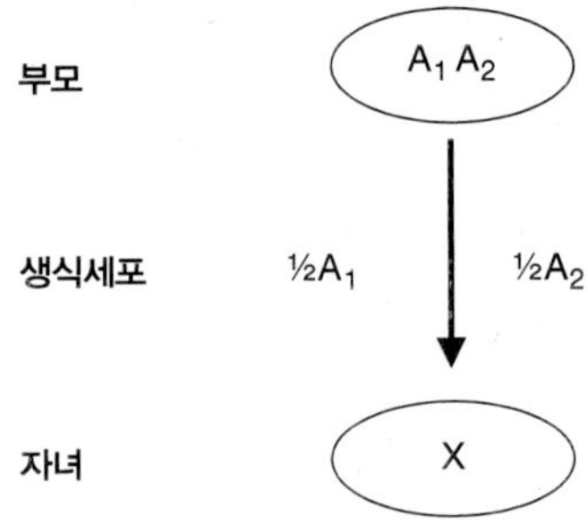

$$F_X = \Pr(X = A_1A_1) + \Pr(X = A_2A_2)$$
$$= 1/4 + 1/4 = 1/2$$

형제간 교배/형매교배

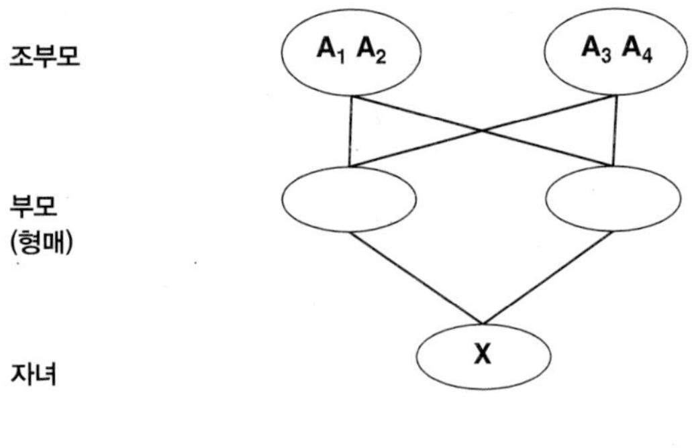

$$F_X = \Pr(X = A_1A_1 \text{ or } A_2A_2 \text{ or } A_3A_3 \text{ or } A_4A_4)$$
$$= 1/16 + 1/16 + 1/16 + 1/16 = 1/4$$

Fig. 12.2 자가수정(self-fertilization) 및 형매교배(full-sib mating)시 각 개체의 근친교배 상관계수.

기본 개체군

기본 개체군(Base Population)은 F의 계산을 위해서 뿐 아니라, 종의 보전에 대한 이해 및 적용을 위해 아주 중요한 개념이다. 원천(source)은 앞 세대일 수도 있고, 동떨어진 지역에서 이어져 온 10세대의 부모들일 수도 있고, 본토에 처음 섬 개체군을 형성한 개체군의 각 개체일 수도 있고, 1,000세대 이전의 개체군일 수도 있다. F로 측정되는 근친교배의 정도는 앞의 기본 개체군과 연관된 근친교배의 축적 정도로 이해할 수 있다. 예를 들어, F 값은, 복합세대간 가계(아래 참고)로부터 구할 수 있는데, 이를 통해서 대상 개체군의 시조 때부터 지금까지 축적되어 온 근친교배 정도를 알 수 있다. F값은, 관찰된 이형접합성을 예상 이형접합성과 비교해서 구할 수도 있다(아래 참고). 이 방법은 앞선 세대를 기본 개체군으로 사용한다. 첫 번째 방법으로는 현재까지 누적되어 온 근친교배 정도를 계산할 수 있고, 두 번째 방법을 통해서는 무작위 교배로부터의 분화 정도만 알 수 있다. 다음 장에서 F의 개념 및 측정 방법을 서로 다른 기본 개체군과 연관시켜 설명하고, 이것이 보전 유전학적으로 가지는 의미를 살펴볼 것이다.

> 모든 근친교배는 기준 집단에 대한 상대적 비교를 통해 측정하지만, 비율의 범위는 적용 집단마다 다르다.

근친교배의 유전적 영향

이계교배 개체군에서는 변이−선택 균형(7장)에서 보았듯이 열성 유전자의 출현 비율이 낮다. 근친교배는 동형접합성을 증가시키고(그림 4.2), 동형접합체와 같은 열성 유전자의 출현 빈도를 증가시키고, 적응도를 감소시킨다. 이것이 바로 근친교배약세(inbreeding depression)다. 이것이 미치는 영향을 양적인 지표로 표현하는 방법은 아래와 13장에 나와 있다.

> 근친교배는 동형접합체의 비율을 증가시키고 유해 열성유전자의 발현을 증가시킨다.

우선, 두 개의 대립유전자 +와 m이 각각 p, q 좌위에 있는 무작위 교배된 개체군으로부터 시작하자. Table 12.1(a)은 무작위 교배 하에서 Hardy−Weinberg equilibrium genotype 출현빈도의 기댓값을 나타낸다. (b)는 + 또는 m의 동형접합체로 나타난 완전 근친교배의 비율을 나타낸다.

부분적으로 근친교배가 발생한 (c)는 두 가지 방법으로 계산된 유전자형으로 구성되었다.

(i) 생식세포의 무작위 결합으로 인한 것: 비율은 $1-F$

(ii) 가계 내(by descent) 동일한 유전자형의 결합: 비율은 F

이상의 유전자형 출현빈도는 두 가지 요소의 합이다. 다음 세대에서 이형접합체의 출현 빈도는 $2pq(1-F)$이다. m/m 동형접합체의 출현 비율은 재결합에 의해 $q^2(1-F)+Fq=q^2+Fpq$이다. 동일한 방식으로, +/+ 동형접합체의 출현 비율은 p^2+Fpq이다. 따라서 근친교배는 이형접합성을 떨어뜨리고 동형접합성을 증가시킨다.

Table 12.1 | 무작위 교배시의 유전자형 출현빈도를 근친교배 상관계수(F)가 각각 0, F일 때의 개체군과 비교한 결과

		유전자형		
개체군	F	$+/+$	$+/m$	m/m
(a) 무작위 교배 (N=∞)	0	p^2	$2pq$	q^2
(b) 완전 근친교배	1.0	p	0	q
(c) 부분 근친교배	F	$p^2(1-F)+Fp$ p^2+Fpq	$2pq(1-F)+F\times 0$ $2pq(1-F)$	$q^2(1-F)+Fq$ q^2+Fpq

근친교배로 인해서 이형접합체의 출현 빈도는 근친교배 상관계수에 대한 비율만큼 감소하게 되고, 동형접합체는 근친교배 상관계수의 절반에 해당하는 수준으로 증가한다.

근친교배로 형성된 개체군의 이형접합성의 비율(H_{inbred})을 무작위 교배 개체군(H_e)으로 표현하면:

$$\frac{H_{inbred}}{H_e}=\frac{2pq\ (1-F)}{2pq}=1-F \tag{12.1}$$

따라서 근친교배로 인한 세대 내 이형접합성의 감소는 근친교배 상관계수 F와 직접적인 연관성이 있다. 예상할 수 있는 것처럼, 한 개체군 내에서 근친교배로 인한 이형접합성의 손실은 개별 개체들에 의해 정해진다(Table 12.2).

근친교배 상관계수는 예상 이형접합체 출현빈도 대비 실제 관찰되는 유전자형 빈도의 비율에 의해 결정된다. 이상의 계산방식으로 무작위 교배와의 차이를 알 수 있지만, 장기간에 걸쳐 누적된 근친교배에 대해서는 알 수 없다.

식 12.1을 다시 정리하면:

$$F=1-\frac{H_O}{H_e} \tag{12.2}$$

Table 12.2의 자료와 식 12.2를 이용해서 구한 근친교배 상관계수는 1−(0.071/0.486)=0.85이다.

Table 12.2 | 자가수정이 활발하게 일어나는 야생 귀리의 검정색, 회색 정도 결정하는 좌위의 이형접합성 손실(Hedrick 2005a after Jain & Marshall). 관찰된 표현형의 출현빈도와 무작위 교배가 되었을 때 발현 빈도의 차이는 다음과 같다.

	표현형			대립유전자 출현빈도	
	BB	Bb	bb	p(B)	q(b)
관찰된 값	0.548	0.071	0.381	0.5835	0.4165
Hardy-Weinberg 기댓값	0.340	0.486	0.173		

근친교배 자체로는 대립유전자의 출현빈도를 변화시킬 수 없다.

Table 12.1의 +, m 대립유전자의 출현빈도는 각각 p, q로 그대로 유지되었다(예제 12.1). 근친교배가 개체군의 크기가 작아서 발생한 것이라면, 각 개체의 개체군에서 대립유전자 출현빈도는 유전자부동(genetic drift)에 의해서 변할 것이다. 하지만 개체수가 많은 복제된 개체군에서의 평균 출현빈도는 달라지지 않을 것으로 예상된다.

예제 12.1 | 근친교배 하에서의 대립유전자 출현빈도

근친교배가 발생한 개체군에서 대립유전자 +의 출현빈도 p_1은 대립유전자의 개수를 통해서, 다음과 같이 계산할 수 있다.

$$p_1 = \frac{[2 \times \text{freq}\ (+/+) + \text{freq}\ (+/m)]}{2}$$
$$= \frac{[2 \times (p^2 + Fpq) + 2pq(1 - F)]}{2} = p^2 + Fpq + pq - Fpq$$
$$= p^2 + pq = p(q + p) = p$$

$$\therefore p_1 = p$$

결과적으로, 대립유전자 +의 출현빈도는 변화가 없다. 마찬가지로 대립유전자 m의 출현빈도도 q로 동일하다.

> 유해대립유전자가 발현하기 위한 동형접합체 출현빈도의 상대적 증가 정도는 F값과 해당 대립유전자의 출현빈도에 의해서 결정된다.

근친교배에서 열성인 동형접합체의 출현 비율을 무작위 교배로 나타내면 다음과 같다.

$$\text{ratio} = \frac{(q^2 + Fpq)}{q^2} = \frac{1 + Fp}{q} \tag{12.3}$$

이때 q는 열성대립유전자의 출현빈도이다. 위의 결과는 곧, 근친교배의 정도가 심해질수록 값이 증가하고 이때의 값은 흔한 대립유전자들보다 드문 대립유전자에서 더 크다는 것을 보여 준다.

예를 들어, 캘리포니아 콘도르(California condor)의 동형접합인 dw/dw의 출현빈도는 근친교배 상관계수가 25%인 개체군의 두 배 이상이고, 완전 근친교배된 개체군과 비교했을 때는 6배 더 높은 것으로 나타났다(Table 12.3).

Table 12.3 | 캘리포니아 콘도르(California condor)의 chondrodystrophy locus 표현형 출현빈도에 대한 기댓값. 열성 대립유전자의 출현빈도는 ~17%, 정상 대립유전자는 ~83%로 나타났다(예제 4.5). 표현형의 출현빈도는 Table 12.1에 무작위교배, 완전 근친교배, 완전 자매간 교배(F=0.25)일 때 어떻게 달라지는지 나타나 있다. 근친교배, 이계교배 등에서의 dw/dw 출현빈도 비율은 다음과 같다.

	표현형			
	+/+	+/dw	dw/dw	비율
무작위 교배	0.6889	0.2822	0.0289	
F=0.25	0.7242	0.2116	0.0642	2.2
근친교배 F=1	0.8	0	0.17	5.9

생존에 치명적인 대립유전자의 출현빈도는 보통 17% 이하로 알려져 있다. 부분적으로 열성인 치명적 대립유전자의 돌연변이-선택 균형에서의 출현빈도는 ~5×10⁻⁴(7장). 형제자매간 교배로 인해 근친교배 상관계수가 25%인 개체군에서는 치명적 동형접합체의 출현빈도를 근친교배가 아닐 때의 출현빈도의 비율로 나타내면,

$$\text{비율} = 1 + \frac{Fp}{q} = 1 + \frac{[0.25 \times (1 - 5 \times 10^{-4})]}{5 \times 10^{-4}} = 501$$

이다. 즉, 형제자매간 교배로 발생한 다음 세대의 치명적 동형접합체의 출현빈도는 정상적인 경우보다 약 500배 이상 높은 것으로 나타났다.

무작위교배(q^2)로 인한 치명적 동형접합체의 출현빈도는 $q=5\times10^{-4}$일 때, 25×10^{-8}이다. 반면 형제자매간 교배(q^2+Fpq)의 경우 $25\times10^{-8}+1.25+10^{-4}$이다. 근친교배 개체군에서의 치명적 동형접합체의 출현빈도는 근친교배 정도에 의해 결정된다. 치사적 표현형(lethal genotype)의 출현빈도 증가는 단일 좌위에서는 매우 작은 반면, 동일한 효과가 치사적 게놈(lethal genome)에 비슷한 영향을 미칠 것이다.

근친교배는 게놈의 모든 유전자좌위에 걸쳐서 매우 큰 누적 효과를 가진다.

포유류 게놈에는 ~20,000개의 단백질 코딩 좌위가 존재하고, 생쥐의 경우 이 가운데 적어도 5,000개 이상의 치명적 돌연변이가 발생할 수 있다(Miklos & Rubin 1996). 50,000개 좌위에 누적된 근친교배의 영향으로 약 형제자매간 교배로부터 발생하는 모든 접합체의 47%가 치명적 대립유전자의 하나의 동형접합성을 가질 것이다. 또, 이 외에도 많은 열성 대립유전자가 있는데, 이것의 동형접합성은 근친교배 개체군의 번식 접합성을 떨어뜨린다. 47%라는 값은 포유류의 형제자매간 교배로 인해 발생한 세대의 유년기 생존율 33%보다 높다(Ralls & Ballou, 1983). 하지만 많은 lethal들은 생존 이전에 접합체의 사망을 유도할 것이고, 유년기 사망수에 포함되지 않는다.

부분적으로 열성을 나타내는 대립유전자의 동형접합성 증가는 근친교배가 야생 생태계에서 이계교배하는 종의 번식 접합성 때문에 나타난 명백한 메커니즘을 통해 잘 보여 주었다(13장).

Box 12.2 근친교배된 개체군에서 치사적 대립유전자(lethal alleles)에 대한 동형접합성을 나타내는 개체의 총 출현빈도

생쥐의 경우 최소 5,000개의 좌위가 돌연변이로 치명적 대립유전자를 생성해 낼 수 있고, 이것은 다른 포유류도 비슷한 것으로 추정하고 있다. 부분적으로 열성인 치사적 유전자의 일반적인 돌연변이–선택 균형 출현 정도는 5×10^{-4} (7장)이다.

접합체가 단일 좌위에서 무작위로 교배되었을 때 치사적 표현형의 동형접합체가 아닐 확률(P)은 $1-q^2$이다. 전체 게놈에 대한 확률을 구하기 위해서는 앞의 식을 좌위의 수만큼 가중치를 부여해서 치명적 대립유전자가 구분되도록 해야 한다(이 경우 5,000). 따라서 결과는 다음과 같다.

$$\text{P(치명적 동형접합체가 아닌 경우)} = (1-q^2)^{5000}$$

여기서 q를 빼면,

$$\text{P(치사적 동형접합체가 아닌 경우)} = [1-(5\times10^{-4})^2]^{5000} = 0.99875$$

즉, 무작위 교배로 이루어진 개체수가 많은 개체군에서는 전체 접합체의 0.125%만 치사적 유전자의 동형접합성을 나타낸다.

형제자매 간의 교배일 경우, 한 개체가 치사적 동형접합체가 아닐 확률은 각 좌위에서 $1-q^2-\text{Fpq}$이다. 이때 게놈 내에서 치명적 표현형이 동형접합체가 아닌 경우의 치명적 확률은:

$$\text{P(치명적 동형접합체가 아닌 경우)} = (1-q^2-Fpq)^{5000} \sim (1-q^2-Fq)^{5000}$$

형제자매간 교배의 자손(F=0.25)일 때의 확률은:

$$P(\text{치사적 동형접합체가 아닌 경우}) = [1-(5\times10^{-4})^2-(0.25\times5\times10^{-4})]^{5000} = 0.53$$

결과적으로 한 개체가 하나 또는 그 이상의 좌위에서 치사적 대립유전자가 동형접합체를 나타낼 확률은 1−0.53=0.47이다.

이제 개체수가 작고 폐쇄된 집단 내의 근친교배 정도의 증가를 살펴보자.

개체수가 작고 폐쇄된 집단 내의 근친교배

개체수가 작고 폐쇄된 집단 내의 근친교배 하에서는 모든 개체는 결과적으로 선조에 의해 결정되는 부분이 있다. 이것은 불가피하며, 앞에서 예를 들었던 Przewalski's horse(Box 12.1)에서 명확히 알 수 있을 것이다. 선조(ancestors)들의 숫자는 금방 이전의 개체군 크기(historical population size)를 초월할 것이고, 개체들은 공통조상(common ancestors)을 가지게 될 것이다. 예를 들어, 현재의 우리를 기준으로 10세대 전에는 1,024명의 조상들이 있는 것과 마찬가지이다. 결과적으로, 이전의 개체군의 크기가 현재 개체군 수에 1,024를 곱한 값보다 적다면, 폐쇄된 집단 내에서의 각 개체들은 정도에 차이는 있지만 근친교배로 태어났다고 볼 수 있다.

작고 폐쇄된 집단에서의 개체군에서는 무작위교배가 일어난다고 하더라도 근친교배가 필연적으로 발생하게 된다.

개체군의 크기가 작은 집단에서의 근친교배 이론

개체군의 크기가 근친교배의 발생에 미치는 영향을 세대 별로 이상적인 무작위 교배 상태에서의 동일 형태가 발현될 확률의 변화를 추적함으로써 계산해 냈었다(11장). 이때, 개체군의 시초가 되는 개체들(세대 0)은 근친교배로 태어나지 않았고, 혈통이 서로 연관되지 않았고, 각자 서로 다른 대립유전자를 가지고 있다고 가정하였다. 자웅동체인 해양 생물종의 경우, 정액을 바다로 내뿜는데 무작위로 결합(수정)되고, $2N$인 조상의 대립유전자는 A_1, A_2, A_3, ..., A_{2N}을 가진다고 가정하였다. 세대 1의 각 개체들은, 한 주머니 내에서 공을 선택할 때 한 번 선택한 것을 다시 주머니에 넣고 선택하는 것과 동일한 방식으로 두 개의 대립유전자를 선택하는 샘플링 과정으로 형성이 된다. 첫 번째로 A_6이 선택되었다면, 다음에 다시 A_6(동일한 대립유전자가)이 선택될 확률은 $1/(2N)$이다. 모든 개체가 동일한 대립유전자를 가질 확률은 $1/(2N)$이다. 결과적으로, 세대 1에서 근친교배 상관계수는 $1/(2N)$이다.

개체군 수가 N_e인 집단에서 무작위교배가 일어날 때 근친교배는 세대 당 $1/(2N_e)$의 비율로 증가하게 된다.

다음 세대에서 동일한 대립유전자가 선택되어 접합자(zygote)가 되는 것은 두 가지 경로를 통해서 가능하다(그림 12.3):

- 동일한 대립유전자의 두 개의 복제물은 1/(2N)의 확률로 선택할 때
- 이전 세대의 근친교배로 인해 형성된 동일한 두 개의 대립유전자를 선택할 때

서로 다른 두 개의 대립유전자가 선택될 확률은 $1-1/(2N)$이고, 이때 각각의 대립유전자의 F 비율은 이전 세대의 근친교배로 인해 동일하게 된다. 따라서 이전 세대의 근친교배가 기여하는 정도는 $F_{t-1}\times[1-1/(2N)]$이다.

세대에서 동일한 두 개의 대립유전자가 세대 t에서 접합자를 형성할 확률은 이들의 합으로 구한다.

$$F_{t-1} = \frac{1}{2N} + \left(1 - \frac{1}{2N}\right)F_{t-1} \tag{12.4}$$

이때, F_{t-1}은 세대 $t-1$에서 근친교배계수(Inbreeding coefficient)를 나타낸다. 개체군의 크기가 이상적으로 증가해서 더 이상 새로운 근친교배가 발생하지 않더라도, 개체군에서 이전에 발생했던 근친교배로 인한 영향은 사라지지 않는다.

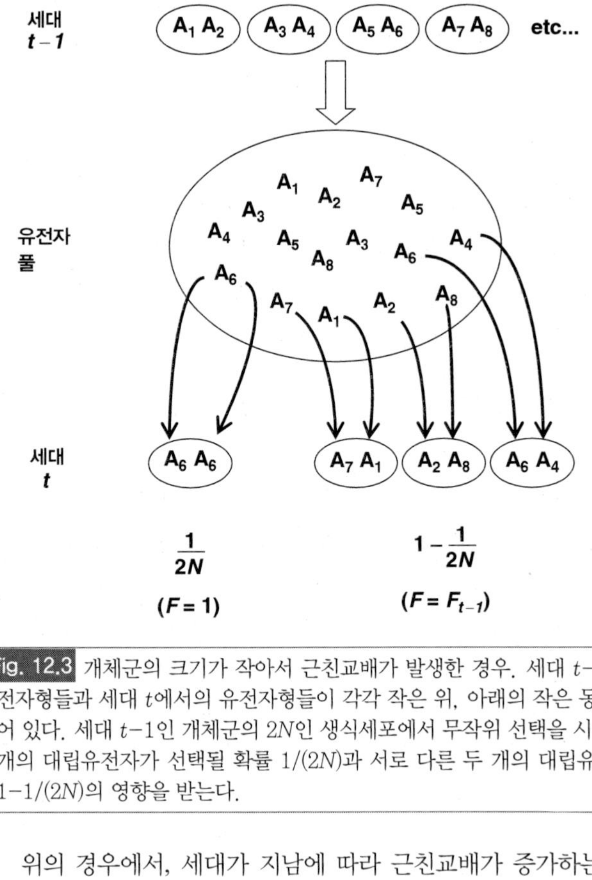

Fig. 12.3 개체군의 크기가 작아서 근친교배가 발생한 경우. 세대 $t-1$에서 서로 다른 유전자형들과 세대 t에서의 유전자형들이 각각 작은 위, 아래의 작은 동그라미 내에 표시되어 있다. 세대 $t-1$인 개체군의 $2N$인 생식세포에서 무작위 선택을 시행할 때는 동일한 두 개의 대립유전자가 선택될 확률 $1/(2N)$과 서로 다른 두 개의 대립유전자가 선택될 확률 $1-1/(2N)$의 영향을 받는다.

근친교배는 큰 개체군보다는 작은 개체군 내에서 더욱 빠르게 일어난다.

위의 경우에서, 세대가 지남에 따라 근친교배가 증가하는 정도(근친교배의 발생 비율)는:

$$\Delta F = \frac{1}{2N} \tag{12.5}$$

이다. 결과적으로, 근친교배의 비율은 개체군 크기의 역수에 비례한다. 식 8.2에서 한 세대에서 이형접합성의 손실이 발생할 확률이 $1/(2N)$이었던 것과 동일하다. 세대가 진행됨에 따라 근친교배가 증가하는 정도는 세대의 진행에 따라 이형접합성이 손실되는 정도와 동일하고, 이것은 한 종을 무작위교배할 때 발생하는 근친교배와 유전적 다양성의 손실 정도가 서로 연관이 있음을 보여 준다.

지금까지는, 근친교배 상관계수를 이전 세대에서 발생한 사건의 확률에 의해 결정되는 함수로 간주하였다. 이제 근친교배의 누적 정도를 계산해 보자. 개체군의 크기가 세대가 지나도 동일하다고 가정하면, F_t는 식 12.4를 다시 배열함으로써 구할 수 있다:

폐쇄된 개체군 내에서 무작위교배가 일어날 경우, 근친교배는 세대가 지남에 따라 축적된다.

$$1 - F_t = 1 - \frac{1}{2N} + \left(1 - \frac{1}{2N}\right)F_{t-1} = \left(1 - \frac{1}{2N}\right)(1 - F_{t-1})$$

따라서,

$$1 - F_t = \left(1 - \frac{1}{2N}\right)^t (1 - F_0)$$

이때, 초기 개체군은 근친교배로 인해 발생한 것이 아니라고 가정(F_0=0)하면, t 세대에서의 누적 근친교배계수는 다음과 같다.

$$F_t = 1 - \left(1 - \frac{1}{2N}\right)^t \qquad (12.6)$$

식을 살펴보면, 폐쇄된 유한한 크기의 개체군에서 시간에 따라 근친교배 정도가 누적됨을 알 수 있다(그림 12.4). 위 식은 자가수정이 생식세포의 무작위 결합이 발생할 때의 비율을 가지는 이상적인 개체군인 경우에만 제한적으로 사용할 수 있다. 자웅동체가 아니고 자가수정이 일어나지 않는 종의 경우, 세대 2 이전에는 근친교배가 발생하지 않고, 이때 근친교배의 누적 비율은 상대적으로 적은 값을 가진다(Crow & Kimura 1970 참고).

세대별 개체군의 수가 4인 작고 폐쇄된 집단을 예를 들어보자. 이 경우 10세대 동안의 평균 근친교배 상관계수는 74%이다(예제 12.2). 이 값은 두 세대에서 자가수정이 발생했을 때 또는 6세대에서 형제자매간 교배시와 유사하지만, 개체군 내에서 무작위교배로 인해 발생하였다는 것이 다르다. 각 동물원에서 사육하고 있는 멸종위기종의 경우 보통 앞의 경우처럼 개체군의 크기가 작고, 따라서 근친교배의 영향을 피하기 위해서는 개체 또는 정액 등을 다른 기관으로 이동시켜 번식하도록 해야 한다(19장).

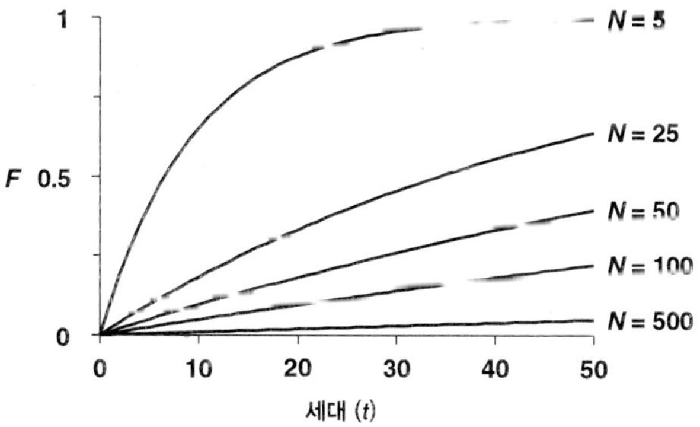

Fig. 12.4 개체군 크기(N)별로 세대가 지남에 따라 근친교배 상관계수 F가 증가하는 정도. 근친교배는 개체군의 크기가 작을수록 급격하게 증가한다.

예제 12.2 사육되는 폐쇄된 소규모 개체군에서의 근친교배 누적 정도

각 동물원에서 사육되고 있는 멸종 위기종의 대부분은 개체수가 작다. 동물원에서 4마리의 유전적으로 서로 다른 파튤라 달팽이를 번식시키려고 할 때, 다른 개체의 유입 없이 번식 행위를 하는 개체의 마리수를 세대에 상관없이 네 마리로 동일하게 유지할 경우, 근친교배 상관계수는 다음과 같이 증가한다:

세대 0 $F = 0$

세대 1 $F = 1 - \left(1 - \frac{1}{2N}\right)^1 = 1 - \left(1 - \frac{1}{8}\right) = 0.125$

세대 2 $F = 1 - \left(1 - \frac{1}{2N}\right)^2 = 1 - \left(1 - \frac{1}{8}\right)^2 = 0.23$

세대 3 $F = 1 - \left(1 - \frac{1}{2N}\right)^3 = 1 - \left(1 - \frac{1}{8}\right)^3 = 0.33$

세대 10 $F = 1 - \left(1 - \frac{1}{2N}\right)^{10} = 1 - \left(1 - \frac{1}{8}\right)^{10} = 0.74$

위의 결과에서 볼 수 있듯이, 근친교배 상관계수는 세대 10에서 74%에 이른다. 위의 경우는, 동물원에서 사육되고 있는 멸종위기종을 대상으로 하되 자가수정이 이루어지지 않고 세대 2 이전에는 근친교배가 발생하지 않을 경우를 가정한 것이다. 하지만 이런 가정이 없더라도 몇 세대가 지나면 큰 차이가 없을 것이다.

이상적인 형태의 개체군이 아닌 경우, 예측 방정식에서 N대신 N_e를 사용한다.

이상적인 개체군의 특징을 가지지 않을 때 일정한 크기의 개체군에서 F의 증가를 구하려고 할 때 초기 세대의 경우에는 N 대신 N_e을 사용해도 무방하다.

세대별 개체군 크기의 차이가 심한 경우(실제로는 대부분의 경우에 해당), t 세대에서 근친교배 상관계수는 다음과 같다:

$$F_t = 1 - \prod_{i=1}^{t}\left(1 - \frac{1}{2N_{ei}}\right) \tag{12.7}$$

이때, N_{ei}는 i 세대의 유효 크기를 나타낸다. 예제 12.3에서 이 식을 북부바다물개의 개체수가 20–30개체일 때의 병목현상(bottleneck)으로 인한 근친교배 수준의 최소값을 추정하는 데 사용했었다. 식 12.6에서 조화평균 N_e를 사용해도 동일한 결과를 얻을 수 있다.

예제 12.3 개체군 크기 변동이 심한 경우의 근친교배

북방코끼리바다표범의 개체수는 20–30으로 감소하였지만, 지금은 개체수가 175,000 이상이다. 단순하게 생각했을 때, 연속된 3세대에서의 유효개체수가 각각 175,000, 20, 175,000이었다면, 식 12.7의 식을 이용해서 근친교배 상관계수를 구하면

$$F_t = 1 - \prod_{i=1}^{t}\left(1 - \frac{1}{2N_{ei}}\right)$$
$$= 1 - \left[\left(1 - \frac{1}{2 \times 175000}\right) \times \left(1 - \frac{1}{2 \times 20}\right) \times \left(1 - \frac{1}{2 \times 175000}\right)\right]$$
$$= 1 - 0.975 = 0.025$$

즉, 북방코끼리바다표범의 근친교배계수는 현재의 개체수가 175,000 이상임에도 불구하고 이전의 병목현상(bottleneck)으로 인해 2.5 이하로 나타났다. 특히, 세대 최소개체수를 이용했던 것도 주의해야 한다. 이 종의 일부다처 특성과 세대별로 실제 생존해 있었던 개체수가 매우 작았다는 사실을 감안하면 실제 근친교배 상관계수는 앞의 결과보다 훨씬 클 것이다.

근친교배계수의 간접 추정

대부분의 개체군에서, 근친교배의 정도가 알려진 경우는 거의 없다. 하지만 시간의 경과에 따른 유전적 다양성 손실 정도를 이용하면 개체군 내에서 누적된 근친교배계수를 추정하는 것이 가능하다. 식 11.1과 12.6에서, t=0(H_0)일 때의 기본 개체군(base population)의 이형접합체의 기댓값을 t세대(H_t)의 이형접합성 기댓값의 비율로 나타내면 다음과 같다.

시간이 지남에 따라 예상되는 이형접합체의 발생 기댓값은 근친교배의 축적 정도를 이용해서 추정할 수 있다.

$$\frac{H_t}{H_0} = \left(1 - \frac{1}{2N_e}\right)^t = 1 - F \qquad (12.8)$$

시간 (F)에 따른 근친교배 정도를 계산하면,

$$F = 1 - \frac{H_t}{H_0} \qquad (12.9)$$

으로 나타낼 수 있다. Box 12.3은 Isle Royale에 서식하는 북미의 멸종위기 회색늑대 개체군의 근친교배 상관계수를 추정한 예이다. 추정치 55%는 이 멸종위기의 섬(island) 개체군의 근친교배 정도가 매우 높다는 것을 보여 준다.

Box 12.3 초기 개체군의 크기 및 시조(founder)의 적은 개체군 수가 초래한 멸종위기 로얄섬의 회색늑대 개체군(after Wayne *et al.* 1991)의 근친교배

로얄섬(Royale island)의 회색늑대는 1949년 경 슈페리어 호수(Lake Superior)가 추운 겨울 날 얼었을 때 한 쌍의 회색늑대로부터 발생한 것으로 추정된다. 이들의 먹이인 무스(Moose)는 이들보다 이전에 섬에서 번식하였던 것으로 여겨진다. 1980년대에 회색늑대의 개체군은 50이었지만 1990년에는 14마리로 감소하였다. 이렇게 개체수가 감소한 것은 먹이의 감소, 근친교배로 인한 효과 또는 이 두 가지의 복합적인 영향인 것으로 추측된다.

섬 개체군은 시조(founder)의 수가 적고 지속적으로 개체군의 크기가 작게 유지되기 때문에 근친교배가 발생하게 된다(둘 또는 세 쌍). 25개의 좌위에 의한 알로자임(Allozyme)이형접합체는

회색늑대

인근 대륙의 개체군에서 8.7%로 나타난 것과 비교해서 Royale 섬 개체군에서는 3.9%에 불과했다(사용). 식 12.9를 이용해서 유효 근친교배 상관계수를 구하면,

$$F_e = 1 - \frac{H_{island}}{H_{mainland}} = 1 - \frac{0.039}{0.087} = 0.55$$

결과적으로, 멸종위기인 섬 개체군에서 근친교배 정도가 매우 높게 나타났다. 근친교배로 인한 번식적응도(reproductive fitness)의 감소(Laikre & Ryman 1991, Liberg et al. 2005)가 개체군 감소의 원인이 된 것으로 볼 수 있다.

다형성 좌위(polymorphic loci)를 이용해서 근친교배계수를 추정할 수 있는데, 이것은 멘델의 분리법칙에 따른 확률적으로 다양한 동형접합체의 변이가 존재하기 때문이다.

알로자임(allozyme)의 Hardy−Weinberg equilibrium의 다양한 표현형 편차 또는 DNA marker 등은 식물의 자가수정 비율을 계산하는 데 널리 사용된다(21장).

가계도

계통을 이용해서 근친교배의 존재 여부를 간편히 파악할 수 있다.

자료를 확보할 수만 있다면, 가계도(pedigree)를 이용해서 근친교배계수를 구할 수 있다. 이를 통해 각 개체의 서로 다른 근친교배 정도를 나타내는 자료를 이용해서 근친교배가 종의 생존 또는 번식 비율 등에 미치는 영향을 추정해 낼 수 있다. 가계도(pedigree)가 매우 복합한 프레발스키말(Przewalski's hoarse)(Box 12.1) 등의 경우에는 첫 번째 원리를 이용하여 *F*값은 구하는 것이 불가능하다. 이처럼 복잡한 가계를 가진 경우에는 다른 방법을 이용해서 계산해 낼 수 있다.

우선, 첫 번째 원리를 이용해서 근친교배계수를 구해낼 수 있는지 살펴보고, 그 다음 이 방법이 복잡한 가계를 가진 경우에 적용될 경우 어느 정도 단순화될 수 있는지를 확인해 볼 것이다. 그림 12.5는 반형매(half−sib)간의 교배가 발생한 가계를 보여 준다. 개체 X의 부모는 그들의 공통 부모 A와 관계가 있다(유전자형 A_1A_2). 이 경우 우리는 대립유전자가 A에서 D로, 그리고 E에서 X로 전해지는 과정만 고려하면 된다. 개체 X의 근친교배계수(F_X)는 개체 X가 A_1A_1 또는 A_2A_2일 확률, 즉 동일 대립유전자를 유전받는 경우의 확률, 계산을 통해서 구해 낼 수 있다. A_1이 할아버지 대인 A에서 D로 유전될 확률은 1/2이고, 다시 D에서 X로 전해질 확률도 1/2이다. 이와 유사하게, A_1이 A로부터 E로 전해질 확률은 1/2이고, 다시 E에서 X로 전해질 확률도 1/2이다. 즉, X가 A_1A_1일 확률은 위의 네 가지 경로의 사건이 발생할 확률에 의해 결정된다.

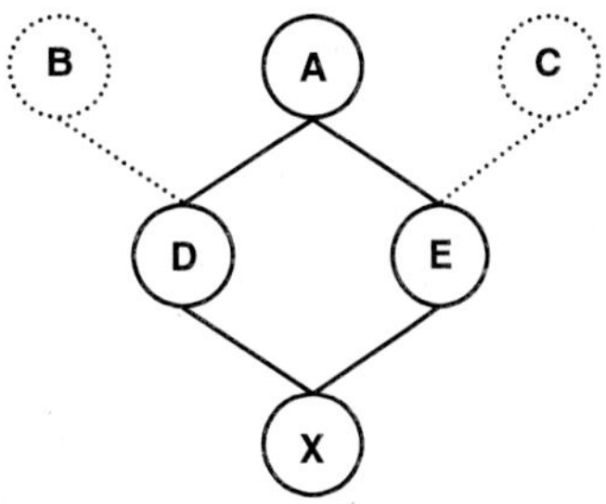

Fig. 12.5 반형매(half−sib) 간의 교배된 가계.
$Pr(A_1A_1) = 1/16$
$Pr(A_2A_2) = 1/16$
$Pr(A_1A_2) = 1/8$.

$$Pr(X = A_1A_1) = (1/2)^4 = \frac{1}{16}$$

마찬가지로, X가 A_2A_2일 확률은 $(1/2)^4$=1/16이고, F_X는 다음과 같이 계산된다.

$$F_X = Pr(X = A_1A_1 \text{ or } A_2A_2) = \frac{1}{16} + \frac{1}{16} = \frac{1}{8}$$

X가 동형접합을 나타낼 확률은 A를 공동조상(Common ancestor)으로 하는 새로운 근친교배로부터 구할 수 있다.

하지만, A가 이미 근친교배로 인해 발생하였다면(즉 A_1 또는 A_2가 다음 세대에서 동일할 확률이 F라면), 추가적인 동형접합체가 발생한다. A_1을 유전받은 개체와 A_2를 유전받은 개체는 동일한 대립유전자를 유전받았을 것이다. 자손이 A_1A_2를 물려받은 개체일 확률은 다음과 같다.

$$\Pr(X = A_1A_2) = (\tfrac{1}{2})^4 + (\tfrac{1}{2})^4 = (\tfrac{1}{2})^3$$

A_1이 A_2와 다음 세대에서 동일할 확률은 A의 근친교배계수 F_A와 같다. 따라서 X가 이전 세대와 동일하게 동형접합성을 나타낼 확률은 다음과 같다.

Pr(X는 과거의 근친교배로 인해 동형접합임) = $(1/2)^3F_A$

이상의 경우를 모두 합한, 이미 근친교배가 발생한 상태이거나 새롭게 근친교배가 일어날 경우, X의 근친교배 상관계수는 다음과 같다.

$$F_X = (\tfrac{1}{2})^3 + (\tfrac{1}{2})^3F_A = (\tfrac{1}{2})^3(1 + F_A)$$

즉, 공통조상이 근친교배의 결과로 발생한 경우라면, 근친교배는 세대가 진행될수록 증가한다.

특정 개체의 근친교배 상관계수는 각각의 공통조상의 F값과 부모 개체의 연결된 패스(path)의 수를 이용해서 계산할 수 있다.

근친교배계수는 한 개체의 모계와 부계를 거슬러 올라가 공통조상(부모 모두 포함)에 이를 때까지를 계산하는 방법을 이용해서 더 쉽게 구할 수 있다. 1/2은 특정 대립유전자가 한 세대에서 다음 세대로 전해지는 것을 반영하고, 이것을 n번 곱하는 것($(1/2)^n$)은 가계 내에서 부모−자식 간의 연결 단계를 반영한다. 그림 12.5를 살펴보면, 공동조상 A를 통해 개체 X의 부모와 연계된 3개체(D, A, E)를 확인할 수 있다. A가 근친교배로 발생하지 않았을 경우, X의 근친교배 상관계수는 $(1/2)^3$이 된다(위에서 구한 값과 같다).

이보다 더 복잡한 가계에서는, 한 개체의 부모가 하나 이상의 공통조상을 가지고 있을 수도 있고, 아니면 동일한 조상으로부터 서로 다른 경로를 통해 발생했을 수도 있다. 각각의 공통조상들과 이때의 경로들은 자손이 동일한 유전자를 나타낼 확률에 추가적으로 영향을 미친다. 이 경우 근친교배계수는 다음과 같이 구한다.

$$F = \Sigma(\tfrac{1}{2})^n(1 + F_{ca}) \tag{12.10}$$

이때 n은 모계와 부계 가운데 한 부모로부터 공통조상까지 이르는 경로 사이에 존재하는 개체의 수와 공통조상으로부터 다른 부모로 이어지는 경로 사이에 존재하는 개체의 수를 나타낸다. F_{ca}는 각 공통조상의 근친교배계수를 나타낸다. 한 부모로부터 공통조상까지의 경로를 각각 다 더한 값이 구하고자 하는 F가 되는 것이다.

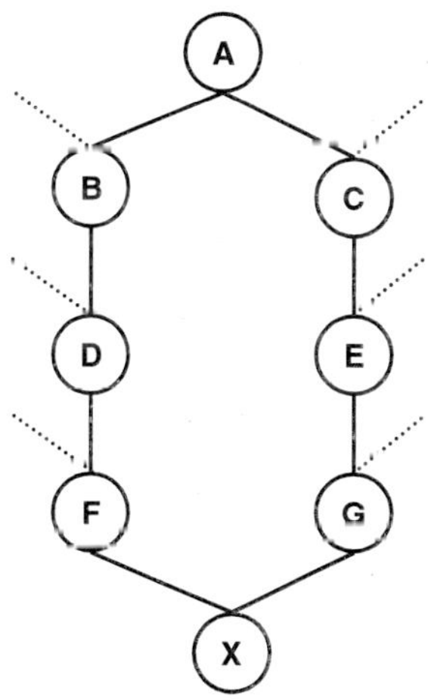

Fig. 12.6 공통조상이 먼 경우의 가계. 점선은 다른 조상으로의 경로를 나타내며, 이들은 A와 관련이 없다.

이 방법을 비교적 간단한 가계도를 나타내는 그림 12.6에 적용하고, 복잡

도르카스 가젤

한 가계도를 나타내는 그림 12.7에 적용해 보자. 그림 12.6에서 한 부모에서 공통조상 A, 그리고 다시 다른 부모로 이어지는 경로 사이에는 F, D, B, A, C, E, G가 존재하고, 즉 n=7이고, A가 근친교배로 발생하지 않았다면 F_X는 $(1/2)^7(1+F_A)=1/128$이 된다.

도르카스 가젤(Dorcas gazelle)의 근친교배계수를 표현하는 그림 12.7의 가계도를 살펴보면, 6개의 다른 경로 가운데, 두 개의 경로가 공통조상의 근친교배와 연관된 것으로 나타나 있다(예제 12.4). 이 경우 근친교배계수는 0.266이고, 가장 최근의 공통조상(E)으로의 경로가 상당한 영향을 미쳤음을 알 수 있다. 거리가 먼 공통조상들은 근친교배계수의 값에 미치는 영향이 크지 않았다.

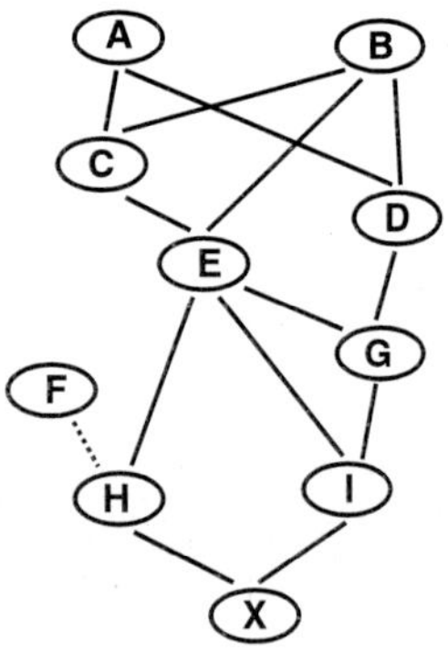

Fig. 12.7 수컷 도르카스 가젤(X)의 가계도. 국립동물공원, 워싱턴.

예제 12.4 그림 12.7에 제시된 가계에서 도르카스 가젤(Dorcas gazelle) X의 근친교배 상관계수 계산

개체 A, B, E는 H와 I가 서로 상관이 있음을 보여 주는 공통조상이고, H와 I는 X의 부모이다. 상관 경로, 경로 내에서 부모로부터 공통조상에 이르는 동안 존재하는 개체의 수(n), 공통조상의 근친교배계수 및 각 경로가 근친교배 상관계수 F_X에 미치는 경향이 아래에 제시되어 있다. A, B, F는 서로 연관되어 있지 않았고 근친교배로 발생하지 않았다고 가정한다. 개체 E는 부모 B와 가진 C의 교배로 발생하였고, 근친교배계수는 $(1/2)^2=0.25$이다. X의 최종 근친교배계수는 0.2656이다.

상관 경로(공통조상은 두꺼운 글씨로 표시)	n	공통조상의 F	F_X에 미치는 영향
HEC**A**DGI	7	0	$(1/2)^7=0.0078$
HEC**B**DGI	7	0	$(1/2)^7=0.0078$
HE**B**DGI	6	0	$(1/2)^6=0.00156$
H**E**GI	4	1/4	$(1/2)^4\times5/4=0.0781$
H**E**I	3	1/4	$(1/2)^3\times5/4=0.1563$
			$F_X=0.2656$

가계가 복잡한 경우, 근친교배계수는 컴퓨터 프로그램을 사용해서 계산하는 것이 일반적이다(Pollak et al. 2009).

근친교배의 일반적인 시스템

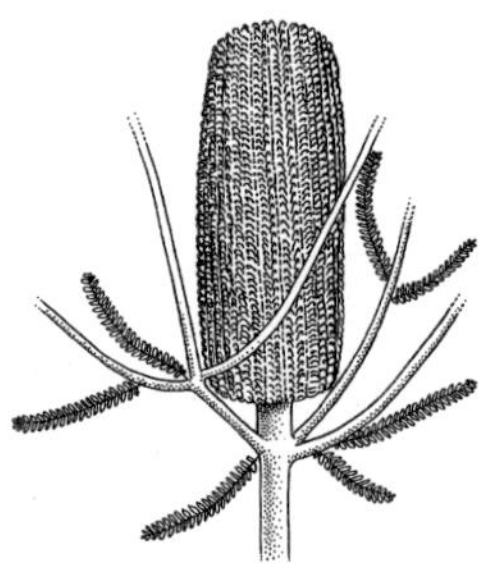

브라운 뱅크시아

일부 종들은 일상적으로 자가수분을 통해서 번식을 한다.

자가수정은 식물에서 흔하게 일어나는 현상이다: 20%는 매우 높은 자가수정을 보이고, 33%는 자가수정과 이계교배가 사이의 중간 정도를 나타낸다(Vogler & Kalisz 2001; Barrett 2002). 또 자가수정은 자웅동체인 산호나 달팽이, 민달팽이 등에서도 나타나며 몇몇 동물들의 경우에는 자매교배(sib mate)가 일반적인 경우도 있다(Selander 1983; Carlon 1999). 예를 들어, 서호주의 멸종위기종인 브라운 뱅크시아는 30% 정도가 자가수정을 하는 것으로 나타났다(Sampson et al. 1994). 반면 호주 대산호(Great Barrier Reef)의 뇌산호(brain coral)의 경우

50%가 자가수정을 하는 것으로 나타났다(Stoddart *et al*. 1988). 이제 우리는 세대가 지남에 따라 반복적으로 발생하는 근친교배에 대해 살펴볼 것이다.

그림 12.8은 세대가 지남에 따라 자가수정, 전형매교배(full–sib mating), 부모 개체와의 역교배(backcrossing) 등 근친교배가 증가하는 것을 나타내고 있다. 이것과 관련한 재발생 관계(recurrence relationships)가 Table 12.4에 제시되어 있다. 자가수정하는 식물의 재발생 관계와 전형매교배(full–sib mating)의 사례는 각각 예제 12.5와 예제 12.6에서 보여 준다.

뇌산호

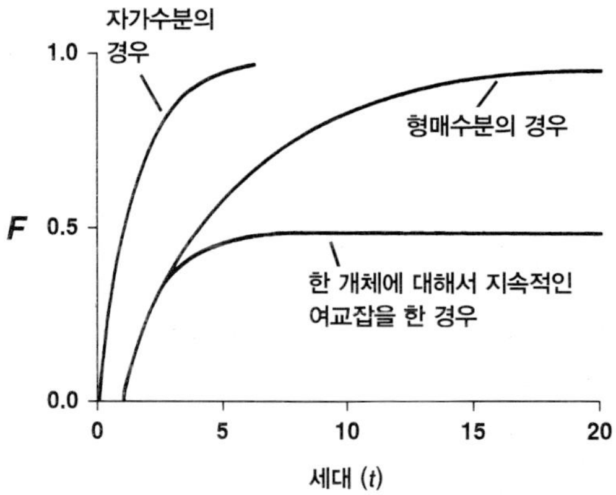

Fig. 12.8 한 개체에서 세대가 지남에 따라 반복되는 자가수정, 형매교배(full–sib mating), 부모와 교배 등으로 인한 근친교배 상관계수 값의 증가.

Table 12.4 근친교배의 일반적 시스템에서의 점화식

근친교배 형태	점화식[a]
자가수정	$F_t=1/2(1+F_{t-1})$
자매간 교배	$F_t=1/4(1+2F_{t-1}+F_{t-2})$
한 개체와 역교배, A	$F_t=1/4(1+F_A+2F_{t-1})$

[a] *F*는 근친교배계수, t는 세대(표기는 Falconer & Mackay 1996을 따름)

예제 12.5 자가수정하는 식물종에서 세대가 지남에 따른 근친교배 누적 정도

자가수정이 연속적으로 이루어지는 종의 근친교배 상관계수의 증가는 표 12.4의 재발생 관계를 이용해서 계산할 수 있다.

$$F_t = \tfrac{1}{2}(1 + F_{t-1})$$

만약, 첫 개체군이 이계교배로 형성되었다면, $F_{t-1} = 0$이고, 식은 나음과 같다.

$$F_1 = \tfrac{1}{2}(1 + 0) = 0.5$$

$$F_2 = \tfrac{1}{2}(1 + 0.5) = 0.75$$

$$F_3 = \tfrac{1}{2}(1 + 0.75) = 0.875$$

개체군은 $F \sim 1$로 수렴한다(완전 근친교배).

예제 12.6 | 반복되는 형매교배(full–sib mating)으로 인한 근친교배의 누적 정도

군집생활을 하는 벌거숭이두더지(naked mole rat) 등과 같은 몇몇 동물종의 경우, 전형매교배(full–sib mating)은 일반적으로 일어나는 번식 형태이며(Reeve *et al*. 1990), 실험 목적으로 실험용 근친교배 개체군을 만들기 위해 이 방법을 사용하기도 한다. F의 증가 정도는 Table 12.4의 재발생 관계(recurrence relationships)를 이용해서 다음과 같이 계산한다.

$$F_t = \tfrac{1}{4}(1 + 2F_{t-1} + F_{t-2})$$

앞 세대에서 근친교배가 없었다고 가정($F_{t-1}, F_{t-2} = 0$)하면

$$F_1 = \tfrac{1}{4}(1 + 0 + 0) = 0.25$$

$$F_2 = \tfrac{1}{4}(1 + 2 \times 0.25 + 0) = 0.375$$

$$F_3 = \tfrac{1}{4}(1 + 2 \times 0.375 + 0.25) = 0.5$$

결과적으로, 형매교배(full–sib mating)의 근친교배계수는 3세대 후 0.5에 도달하는데, 가자수정으로는 다음 세대에서 같은 값에 도달한다. 근친교배계수는 자매간 교배가 진행됨에 따라 증가하다가 20세대 후 $F{\sim}1$으로 수렴한다.

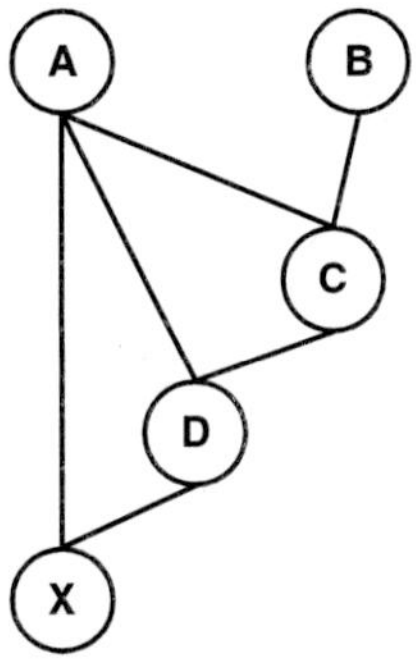

Fig. 12.8 동일 개체의 반복된 역교배에 의한 가계도

역교배

역교배(Backcrossing)은 아종(sub–species)의 개체군 수가 단 한 마리로 감소한 경우 개체군 복원을 위해 사용된다(그림 12.9). 예를 들어, 단 한 마리 생존해 있는 노어퍽 아일랜드 솔부엉이(Norfolk Island boobook owl)을 호주에 서식하는 가장 가까운 아종(sub–species)과 교배시켰다. 단 한 마리 생존한 A를 B(다른 아종)와 교배시키고, 그 자손 및 그 다음 세대를 A와 다시 교배시킨다. 최초 부모와의 역교배(backcrossing)는 이들의 자손을 통해서 표현되는 멸종위기 아종(sub–species)의 표현형을 증가시키지만, 마찬가지로 근친교배 정도도 증가한다. boobook owl 암컷이 네 세대와의 역교배(backcrossing)이 가능할 정도로 오래 생존했다면, 그 결과로 발생한 자손들의 평균 근친교배계수는 ~50%이 될 것이다(예제 12.7)

예제 12.7 | 한 개체와의 반복적인 역교배(backcrossing)

노어퍽 아일랜드 솔부엉이의 암컷은 단 한 개체가 남아있는데, 호주에 서식하는 아종(sub–species)과 교배를 시켰다. 그 자손과의 역교배(backcrossing)를 통해서 노어퍽 아일랜드 솔부엉이의 유전자 풀 대부분을 가지고 있는 개체군을 만들었다. 이때 자손들은 근친교배로 인해 어떤 영향을 받았는지 살펴보자.

우선, 이 암컷이 근친교배로 발생하지 않았다고 가정해 보자. 다른 아종(sub-species)과의 교배로 태어난 자손은 근친교배 상관계수가 0일 것이다. 그 다음 첫 번째 역교배(backcrossing)를 통해 발생한 자손의 근친교배 상관계수 및 세대별 상관계수는 다음과 같이 구한다.

$F_1 = 0.25$ (since $F_{t-1} = 0$)

$F_2 = \frac{1}{4}(1 + 2F_1) = \frac{1}{4}(1 + 1/2) = 0.375$

$F_3 = \frac{1}{4}(1 + 2F_2) = \frac{1}{4}(1 + 3/4) = 0.4375$

$F_4 = \frac{1}{4}(1 + 2F_3) = \frac{1}{4}(1 + 7/8) = 0.46875$

즉, 새롭게 만들어진 노어퍽 아일랜드 솔부엉이의 개체군의 근친교배 상관계수는 4세대 후 47%가 된다.

자손 세대로 유전된 노어퍽 아일랜드 솔부엉이의 유전자형의 비율은 첫 번째 교배에서 50%, 그리고 첫 번째, 두 번째, 세 번째, 네 번째 역교배(back-crossing)을 통해서 유전된 유전자형의 비율은 각각 75%, 87.5%, 93,75%, 96.9%였다.

만약, 노어퍽 아일랜드 솔부엉이 암컷이 전형매교배(full-sib)의 자손이라면(F_4 = 1/4), 첫 번째 잡종의 F값은 F=0일 것이지만, 역교배(backcrossing)를 통한 다음 세대의 F값은 다음과 같이 계산해야 한다.

$F_1 = \frac{1}{4}(1 + \frac{1}{4}) = 0.3125$

같은 방법으로 계산하면 네 번째 역교배(backcrossing)의 결과 근친교배 상관계수는 약 59%로 나타났다. 실제 이 암컷은 부분 근친교배로 태어난 것으로 보인다.

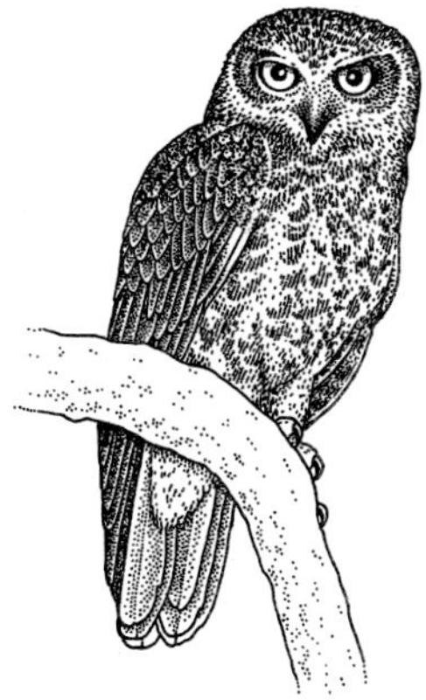

노어퍽 아일랜드 솔부엉이

근친교배와 돌연변이-선택 균형

근친교배는 동형접합체의 출현 빈도를 증가시키고 또 열성 대립유전자가 선택에 의해 제거될 기회를 높인다(정화/purging). 근친교배 종의 변이-선택 평형(mutation-selection euilibrium)의 빈도는 이계교배하는 종에서보다 낮게 나타난다(Table 12.5). 이것은 예 12.8에서 치사적 대립유전자(lethal alleles)의 우성 정도(degree ot dominance)를 보여 준다. 완전 열성 대립유전자의 출현 빈도 감소는 잘 알려진 사실이고, 어느 정도는 부분 열성보다 심하지 않은 것으로 나타났다. 연속적인 자가수정과 같이 근친교배 정도가 심한 경우에는 평형 빈도(equilibrium frequency)가 대략적으로 u/s의 값을 가진다. 하지만, 개체군의 크기가 작은 소규모 집단에서의 중간 정도의 열성 대립유전자의 경우에는 위와 다른 양상을 보이는데, 전형매교배(full-sib) 근친교배 하에서의 열성 유전자 소멸에 정화(purging)에 미치는 영향이 매우 작은 것으로 나타났다.

자가수분을 하는 종들은 유해대립유전자의 수렴 출현빈도가 낮은 경향을 보인다.

Table 12.5 자가수정과 무작위교배시 해로운 대립유전자의 돌연변이-선택 평형 비교. u는 변이 정도, s는 열성 동형접합체의 선택 계수(coefficient), hs는 이형접합체의 선택계수, F는 근친교배 상관계수를 의미함.

	근친교배	무작위교배
완전 열성	$\sim \frac{\sqrt{(F^2 + 4u/s)} - F}{2}$	$\sqrt{\frac{u}{s}}$
부분 열성	$\sim \frac{u}{[s(h+F)]}$	$\frac{u}{hs}$
Highly inbred (우/열성 구분하지 않음)	$\sim \frac{u}{s}$	

출처: Li(1955); Crow & Kimura(1970)

예제 12.8 근친교배와 무작위교배시 열성 대립유전자의 돌연변이-선택(Mutation-selectio) 평형의 비교

무작위 교배시의 변이 비율이 10^{-5}인 개체군에서 치사적 열성 대립유전자(recessive lethal)의 평형 빈도는 아래와 같다.

$$\hat{q} = \sqrt{\frac{u}{s}} = \sqrt{\frac{10^{-5}}{1}} = 3 \times 10^{-3}$$

와 대조적으로, F가 0.33(50% 자가교배)인 개체군에서 열성 대립유전자의 평형 빈도는 무작위 교배 개체군의 1/100을 나타냈다.

$$\hat{q} \sim \frac{\sqrt{(F^2 + 4u/s)} - F}{2} = \frac{\sqrt{(0.33^2 + 4 \times 10^{-5}/1)} - 0.33}{2} = 3 \times 10^{-5}$$

hs=0.02(s=1, h=0.02)인 경우의 부분 열성 대립유전자가 무작위 교배 개체군에서 가지는 평형 빈도는 다음과 같다.

$$\hat{q} = \frac{u}{hs} = \frac{10^{-5}}{0.02} = 5 \times 10^{-4}$$

반면, 근친교배계수 F=0.33인 개체군의 평형 빈도는 무작위 교배 개체군의 1/17이었다.

$$\hat{q} = \frac{u}{s\ (h+F)} = \frac{10^{-5}}{1\ (0.02+0.33)} = 2.86 \times 10^{-5}$$

자가수정이 반복되는 개체군 등 근친교배 정도가 심한 개체군에서는 F값이 1에 근사하였고, 평형 빈도는 대략적으로 다음과 같이 나타난다.

$$\hat{q} \sim \frac{u}{s} \sim 10^{-5}$$

결과적으로, 부분 열성인 대립유전자와 완전 열성인 대립유전자의 평형 빈도값은 근친교배의 영향으로 무작위 교배 개체군에서 가지는 평형 빈도값과 비교했을 때 각각 1/50, 1/300으로 나타났다.

배수체에서의 근친교배

많은 동식물종은 배수체(polyploid)이고, 배수체의 경우 근친교배의 영향을 어떻게 받는지 살펴볼 필요가 있다. 이론 전개를 위해서 여기서는 동질사배수체(autotetraploids)인 경우를 살펴보기로 한다. 사배수체(tetraploid)에서는 완전 열성인 유전자가 표현되기 위해서는 모든 유전자의 복제 결과물이 반드시 동일 동형접합체이어야만 한다. 따라서, 배수체에 비해서 사배수체는 근친교배의 영향을 적게 받을 것이라고 추측할 수 있다.

근친교배로 인한 이형접합성 감소 정도는 이배체보다 배수체에서 더욱 느리게 나타난다.

사배수체의 염색체 분리(segregation)는 배수체의 경우보다 훨씬 복잡한데, 이것은 중심체(centromere)보다 좌위(locus)에 의한 영향을 상대적으로 더 받기 때문이다. 두 가지 경우에서의 성염색체 표현형이 Table 12.6에 제시되어 있다. 좌위가 중심체로부터 떨어져 있는 경우 중심체와 좌위 사이의 crossing over로 인해서 좌위가 Aaaa인 부모로부터 AA 성염색체를 만들 수 있고, 또 AAAa인 부모로부터 aa인 성염색체도 만들 수 있다. 각각의 결과물은 중심체와 좌위(loci)가 가까운 경우 일반적으로는 거의 발생하지 않는다.

Table 12.6 동질사배수체의 중심체와 좌위의 거리에 따른 생식세포의 발현 결과

	생식세포 발현 결과	
	중심체로부터의 거리	
부모의 유전자형	가까운 경우	먼 경우
AAAa	1AA:1Aa	15AA:12Aa:1aa
AAaa	1AA:4Aa:1aa	3AA:8Aa:3aa
Aaaa	1Aa:1aa	1AA:12Aa:15aa

출처: After Bever & Felber(1994).

동질사배수체에서 자가수정이 미치는 영향은 Table 12.7에 제시되어 있다. 배수체가 Aa 이형접합체인 경우 자가수정으로 aa 열성 동형접합체를 25%의 확률로 복제하는 것과 대조적으로 AAaa인 동질 사배수체는 자가수정으로 aaaa를 복제할 확률이 좌위(locus)의 배치에 따라(position) 2.8% 또는 4.6%에 불과하

Table 12.7 동질사배수체의 서로 다른 유전자형의 자가교배시 나타나는 표현형의 비율

	표현형의 비율	
	중심체로부터의 거리	
부모의 유전사형	가까운 경우	먼 경우
AAAA	All A	All A
AAAa	All A	783A: 1a
AAaa	35A:1a	20.8A: 1a
Aaaa	3A:1a	2.5A: 1a
aaaa	All a	All a

출처: After Allard(1960)

다. 배수체는 자가수정시 각 세대별로 이형접합체가 나올 확률이 절반인데, 동질 사배수체의 좌위(locus)의 경우에는 좌위(loci)와 중심체 간의 거리가 멀거나 가까운 경우에 따라 각각 현재 세대의 1/5 또는 1/6의 비율로 나타난다(Bever & Felber 1994). 결과적으로 보면, 사배수체의 경우 배체수보다 근친교배가 번식적응도(Reproductive fitness)에 미치는 영향이 적을 것으로 예상할 수 있다(13장).

근친교배, 이형접합체, 유전적 다양성 및 개체군 크기 간의 관계

작은 섬에서 발견되는 근친교배와 이형접합성의 손실 간의 밀접한 연관성은 일상적으로 근친교배를 하는 다른 종들에게서는 발견되지 않는 현상이다.

무작위교배 개체군의 경우 근친교배 정도, 소규모 개체군, 이형접합체에 대한 기댓값 등이 상호연관을 가지는 것이 특징이라고 할 수 있는데 반해서, 자연적으로 발생한 근친교배 개체군에서는 위와 같은 연관성이 없다(그림 12.10).

안정적인 크기의 개체군에서 무작위교배가 일어날 때의 유전적 다양성 손실 정도는 근친교배계수와 동일하다. 반대로, 개체군의 크기가 큰 자가수정을 통해 번식하는 식물종의 경우에 각 개체 간 근친교배계수는 매우 높고, 이형접합체의 출현 빈도는 매우 낮게 나타날 것이다. 또 대립유전자는 개체 내에서보다 개체 별로 분포되어 있어 집단 전체의 유전적 다양성은 매우 높을 것이다. 다형성(polymorphism)으로 인한 유전적 다양성의 손실과 대립유전자의 다양성은 근친교배보다는 sampling에 의한 결과이다.

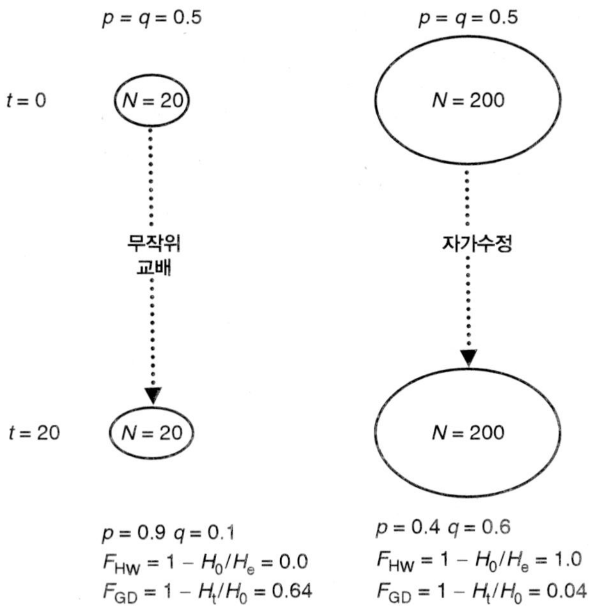

Fig. 12.10 개체군의 크기가 크고 작은 경우, 이형접합체와 근친교배간의 관계. 개체군의 크기가 작은 집단 내에서 무작위교배가 일어날 경우 유전자형은 Hardy–Weinberg equilibrium를 따를 것이고(F_{HW}=0), 모든 근친교배(all inbreeding)는 drift(F_{GD}=0.64)로 인한 결과이다. 개체군의 크기가 큰 자가수정 집단에서는 모든 개체가 동형접합(F_{HW}=1.0)을 나타내지만, drift(F_{GD}=0.04)로 인한 근친교배 발생은 매우 낮다.

요약

1. 근친교배는 가계 내에서 서로 연관된 개체 간의 교배를 통해 자손을 생산하는 것이다.
2. 근친교배는 개체군의 크기가 작은 경우에는 피할 수 없는 결과이다.
3. 근친교배는 개체군의 번식적응도(Reproductive fitness)를 감소시키고 멸종위기를 증기시키기 때문에 생물종 보전을 위해서 고민해야 할 문제이다.
4. 근친교배의 정도는 근친교배계수 F를 이용해서 계산할 수 있는데, 이 F 값은 가계 내에서 특정 좌위의 두 개의 대립유전자가 다음 세대에서 동일하게 나타날 확률이다.
5. 근친교배는 동형접합성과 열성 대립유전자의 노출 빈도를 증가시킨다.
6. 개체군의 특성에 큰 영향을 미치는 열성 대립유전자의 근친교배 하에서의 돌연변이–선택 평형(mutation–selection equilibria)은 무작위 교배가 이루어졌을 때보다 낮지만, 대입유전자의 영향이 크지 않은 경우와 비교했을 때 큰 차이가 없는 경우도 있다.
7. 근친교배가 이배체에서 발생한 경우보다 배수체에서 발생한 경우 동형접합성을 증가시키는 정도가 더 크지만, 각각의 개체군에서의 번식적응도에 미치는 경향은 크지 않다..

추가적인 읽을거리

Charlesworth & Charlesworth(1987) Excellent review of theory and empirical issues relating to the impact of inbreeding.

Crow & Kimura (1970) *Introduction to population genetics theory*. Advanced treatment of inbreeding.

Falconer & Mackay(1996) *Introduction to quantitative genetics*. Provides a clear treatment to inbreeding.

Malecot (1969) *The mathematics of heredity*. The classic work that defined inbreeding in probability terms.

Ralls & Ballou (1983) Highly influential study describing deleterious effects of inbredding on captive wildlife.

소프트웨어

SAS Proc Inbreed: Commercial software that includes procedures for calculating inbreeding coefficients from pedigrees. www.sas.com/

PMx: Free software for calculating inbreeding and demographic analyses on populations with pedigrees (Pollak *et al.* 2009). www.vortex9.org/pmx.html

PEDSYS: A commercial database system for management of genetic, pedigree and demographic data. www.sfbr.org/pedsys/pedsys.html

문제

12.1 근친교배 상관계수. 앞의 장에서 예시로 들었던 흰호랑이의 수컷 성체–암컷 자식 간 근친교배의 상관계수는 얼마인가?

12.2 작은 개체군 내에서의 근친교배. 10번째 세대에 대한 유효크기가 5인 르와이얄 회색늑대 개체군 근친교배 상관계수 평균값은 얼마인가?

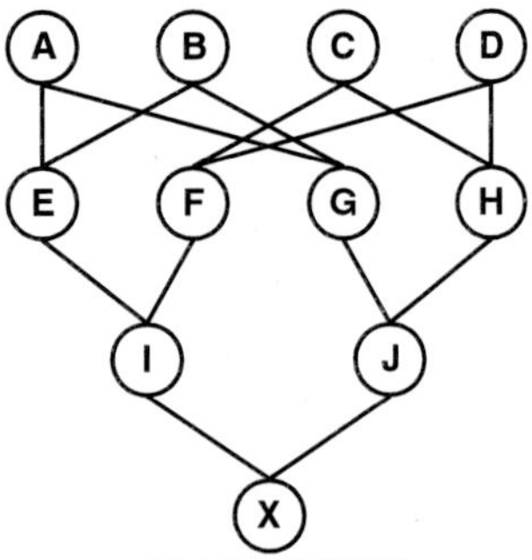

Problem 12.9

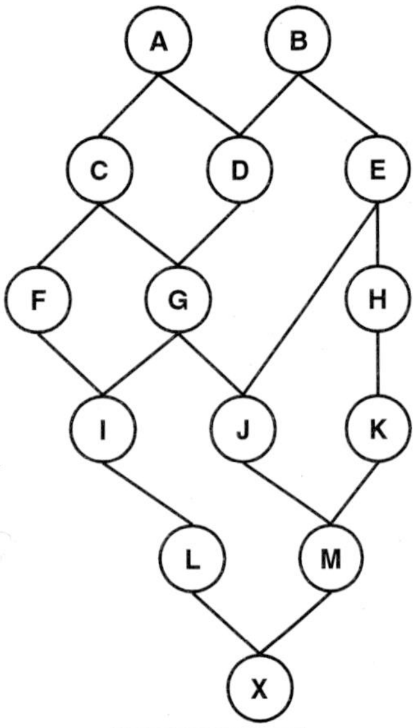

Problem 12.10

12.3 개체군 수 변동이 심한 경우의 근친교배. 계체군의 크기가 2, 100, 2, 100으로 변화하는 모리셔스 황조롱이 개체군의 근친교배 상관계수를 계산하라.

12.4 근친교배에 대한 유전자형 출현빈도. 근친교배가 일어났을 때 캘리포니아 콘돌 자손의 연골 위축증 유전자좌위의 유전자형 출현빈도를 계산하라(표 12.3 참고).

12.5 근친교배와 동형접합성. 유해 열성 대립유전자의 출현빈도가 1%인 무작위교배 집단과 비교했을 때 (a) 완전 형매교배가 일어나는 경우와 (b) 첫 번째 사촌 간 교배가 발생했을 EO의 유해 대립 열성유전자의 출현빈도에 영향을 주는 요인은 무엇인가?

12.6 반복적 근친교배. 벌거숭이 두더지 개체군에서 완전 형매교배가 반복적으로 발생하는 경우 처음 다섯 세대의 근친교배 상관계수는 얼마인가?

12.7 근친교배와 이형접합성. 무작위교배시의 근친교배 상관계수가 0.47인 캘리포니아 주목나무 개체군에서 Mdh−2 유전자좌위의 대립유전자 *F*와 *S*의 출현빈도가 각각 0.4와 0.6일 때 이형접합성 출현빈도는 얼마인가?

12.8 유효 근친교배 상관계수. 뉴파운드 섬의 검은곰 개체군의 마이크로세틀라이트 이형접합성이 36%, 캐나다 본토에서는 79.2%이다(Paetkau & Strobeck, 1994). 본토의 개체군에 대한 뉴파운드 섬의 상대적인 유효 근친교배 상관계수는 얼마인가?

12.9 가계 근친교배. 옆의 그림에서 보이는 것과 같은 혈통을 가진 개체의 근친교배 상관계수 값을 구하여라(첫 번째 사촌 간 교배가 두 번 발생한 결과).

12.10 가계 근친교배. 옆의 그림에서 보이는 것과 같은 혈통을 가진 개체 X의 근친교배 상관계수는 얼마인가(Hedrick, 1983)?

12.11 가계 근친교배. 파리 동물원의 나이지리아 기린(개체 X, 상자 2.1)의 근친교배 상관계수는 얼마인가?

12.12 근친교배의 유해 효과. 자가수분의 결과로 태어난 생존에 치명적인 영향을 줄 수 있는 대립유전자를 만들어 낼 수 있는 유전자좌위가 2,000개인 이계교배 식물에서 생존에 치명적인 영향을 줄 수 있는 동형접합석인 대립유전자가 최소한 한 개 존재할 확률은 얼마인가? 각 유전자좌위의 열성 대립유전자들의 균형 출현빈도는 5×10^{-4}인 것으로 가정하라. 이 값을 완전 무작위교배가 일어나는 개체군에서의 확률값과 비교하라.

13장

근친교배약세

근친교배는 자가교배를 한 종에서보다 자연상태에서 이계교배한 종의 번식과 생존에 미치는 영향이 더 큰 것으로 알려져 있다. 이계교배(outcrossing)는 이러한 부정적인 영향을 감소시킨다.

용어

우성(Dominance)
상우성(epistasis)
유전적 구제(genetic rescue)
이계교배(outcrossing)
잡종강세(heterosis)
치사등가(lethal equivalents)

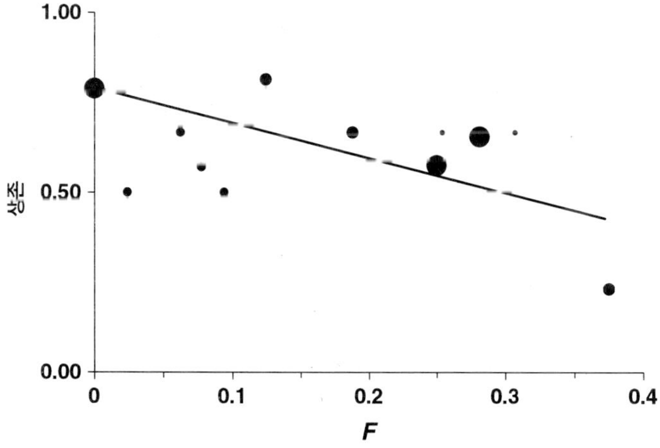

근친교배약세: 아프리카의 피그미하마(pygmy hippopotamus)의 어린 개체의 생존율은 근친교배(F)가 증가할수록 감소한다.

자연상태에서 이계교배하는 종의 근교약세

> 자연상태에서는 이계교배가 이루어지는 동식물의 근친교배는 번식 접합도가 감소한다(근친교배약세로 불림).

다윈은 30과(family), 52속(fenera)에 속한 57종에 대한 근친교배약세를 기록하였다.(Table 13.1). 근친교배 식물은 대체로 이계교배(out breed)된 식물보다 짧은 길이, 적은 무게, 늦은 개화, 적은 씨앗 수 등의 특징을 지녔다. 자가수분 식물(selfed plant)은 14% 정도 적게 씨앗을 생산하며 무게는 13% 정도 적다. 모든 종, 모든 특성에서 근친교배약세가 나타나는 것은 아니지만 거의 모든 종에서 대부분의 특성에서 근친교배약세가 나타난다. 이후 근친교배약세는 실험동물, 가축, 이계교배(out breed)된 식물, 인간에서도 보고되었다(Lynch & Walsh 1998; Hedrick & Kalinowski 2000; Keller & Waller 2002; Frankham 2005) (Table 13.2)

Table 13.1 다윈(Darwin)이 57개 식물종에 대해서 근친교배가 자가수정(I), 이계교배(O)에 미치는 영향을 비교한 결과

특성	종	실험횟수	O>I	O<I	유사성[a]	차이(O−I)
높이	54	83	57	8	18	13%
무게	8	11	8	1	2	
개화기간	32	58	44[b]	9	5	
종자생산	23	33	26	2	5	41%

[a] 다윈은 서로 간의 차이가 5% 미만일 경우 유사한 것으로 기록하였다.
[b] 이계교배한 식물의 개화시기가 더 빠르다.
출처: Darwin(1876).

Table 13.2 근친교배계수가 25% 증가했을 때 동물과 식물에서 관찰된 근친교배약세 결과. 이계교배에 대한 근친교배의 상대적 평균 감소율(%)

종	특징	근친교배약세(%)	종	특징	근친교배약세(%)
인간			**야생동물**		
	키(10세)	4			
	IQ 점수	11	Deer mice		
				한배새끼수	15
가축				이유기생존률	8
			House mice(야생종)		
소				Litter size	10
	우유 생산	8		몸무게	−10
양				번식 행위	10
	솜털무게	14	Japanese quail		
	몸무게(1년)	9		번식 및 생존	64

Table 13.2 (계속)

종	특징	근친교배약세(%)	종	특징	근친교배약세(%)
돼지				번식률	21
	Litter size	8		0–5주 사이의 생존률	10
	몸무게(154일)	11		몸무게	4
생쥐			Chukar partridges		
	Litter size	18		번식 및 생존	58
	몸무게(6주)	2		산란수	16
닭				몸무게	1
	번식 및 생존	26	무지개 송어		
				Hatchability	−10, 9, 14
	산란수	10		치어 생존률	8, 11
	몸무게	5		몸무게(150일)	12
칠면조			Zebrafish		
	생존 및 번식	38		Hatchability	89
				생존률(30일)	43
	산란수	10		몸길이(30일)	11
	몸무게	10	Channel catfish		
옥수수				Hatchability	−11
	종자생산(자매교배)	14		몸무게(4주)	43
	종자생산(selfing)	17		몸무게(12주)	7
	식물의 높이(자매교배)	5			
	식물의 높이(selfing)	6			

출처: Abplanalp(1990); Falconer & Mackay(1996); Roff(1997).

야생에서의 근친교배약세

야생 개체군을 대상으로 한 조사 결과 근친교배약세는 대부분 발생하는 것으로 나타났다.

근친교배약세에 대한 초기의 비판에도 불구하고 현재는 근친교배약세가 야생 군집에 미치는 영향에 대한 명백하고 반박 불가능한 증거가 있다(Frankham 2005). 자연상태에서 34개 분류군에 대한 157개의 자료 가운데 90%가 자연 상태에서 근친교배약세가 일어나고 있음을 보여 주었다(Crnokrak & Roff 1999). 이 외에도 15개 분류군에서 상당한 정도의 근친교배약세가 보고 되었는데(Frankham 2000b), 예를 들면, 브라질의 야생 서식지에 서식하는 멸종위기종인 황금사자타마린이 근친교배 자손이 이계교배 자손보다 생존율이 낮은 것으로 나타났다(그림 13.1). 또, 99종의 조류의 번식 실패율은 부모와의 유전적 유사성이 높을수록 증가하는 것으로 나타났다(Spottiswoode & Moller 2004). 사막열대어(Box 13.1)은 야생에 서식하는 생물 가운데 근친교배 연구에 상당히 유용한 종이다.

근친교배가 발생할 경우에만 근친교배약세가 일어난다는 일반적인 가정에 위배되는 사례가 광범위하게 발표되고 있다.

몇몇 종에서는 근친교배약세가 관찰되지 않았는데, 하지만, 이것은 이들에 대한 연구가 드물고, 부모에 대한 유전적 정보 부족 등으로 인한 것일 뿐이다. 예를 들어, Rowley *et al*.(1993)은 서호주의 다양한 fairy wrens들을 대상으로 조

Fig. 13.1 브라질 자연에서 서식하는 멸종위기종 황금사자타마린의 근친교배약세

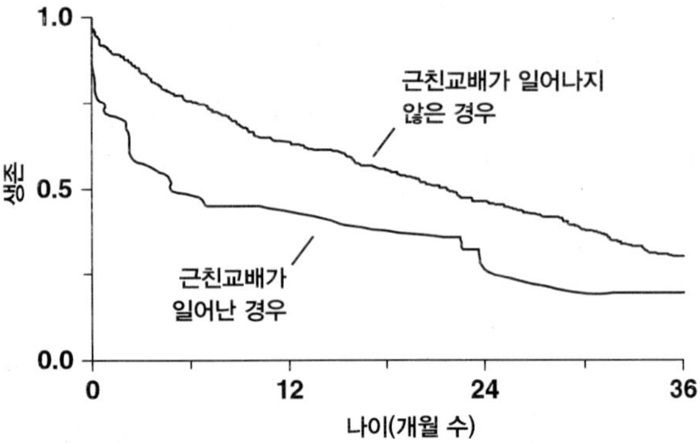

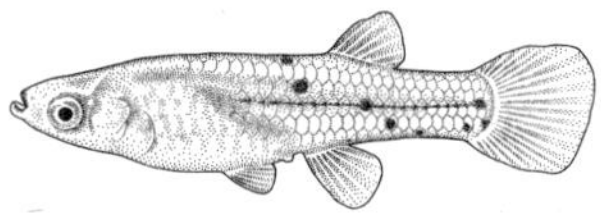
사막열대어

Box 13.1 야생 desert topminnow fish의 근친교배약세(after Vrijenhoek 1994)

멕시코 Sonora 지역의 사막열대어 fish 개체군은 Platanos의 상류에 서식하는데, 1975년 가뭄이 심해지면서 개체수가 급감하였다. 1978년에 다시 이들의 개체수가 증가하였는데 알을 가진 암컷들만 남아 있었다. 가뭄이 있기 이전에, 사막열대어는 같은 속에 속하는 단위생식하는(parthenogenetic) 다른 종과 각각 76%, 24%의 비율로 함께 서식하고 있었다. 가뭄 이후 개체수를 회복하였을 때 93%가 근친교배로 인해 발생한 것으로 나타났으며 번식 능력이 있는 개체는 5%에 불과하였다. 근친교배가 발생하지 않은 하류지역에서는 이와 같은 변화가 일어나지 않았다. 근친교배로 발생한 개체들은 등뼈가 휘거나 산소 부족에 대한 적응력이 낮게 나타났다. 1983년, 하류지역에 서식하는 30개체의 암컷 톱미노들과 상류 하트 풀에 서식하는 근친교

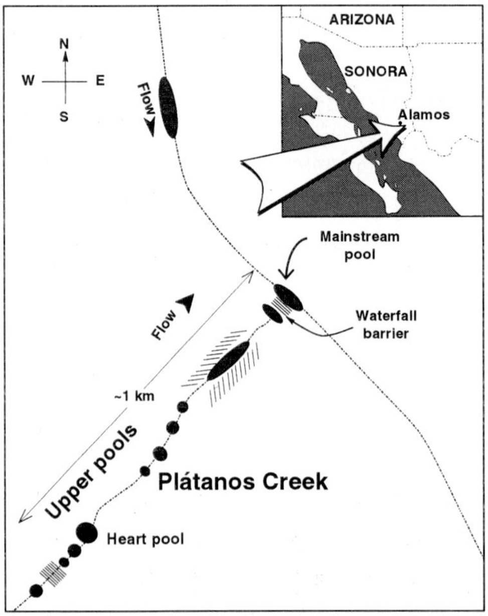

배된 30개체의 암컷 사막열대어의 서식지를 서로 바꾸었다. 1985년에 성번식이 가능한 사막열대어의 비율이 80%까지 회복되어 무성번식의 유전자형을 가진 사막열대어보다 우세하는 것을 보여 주었고, 이것은 이계교배 사막열대어 개체군이 근친교배약세를 극복한 것으로 볼 수 있다.

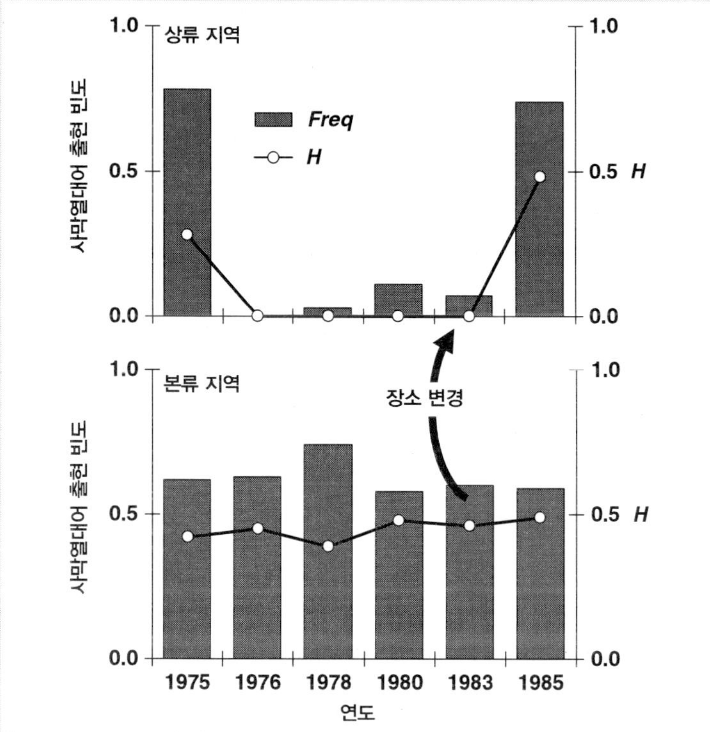

추가적으로, 트리마토드라는 기생충(앞서 제시된 그림의 검은 점들)에 의한 영향은 이계교배 개체들에서는 매우 적었고, 근친교배 개체들에서는 가장 높았다(Lively *et al.* 1990).

사한 결과 근친교배약세의 영향을 발견할 수 없었지만, 이후 부모에 대한 연구 결과 자손의 최소 64%가 부계를 따르지 않았다. 즉, 할아버지에서 아버지로 이어진 유전자가 자식에선 발견되지 않았다. Komdeur *et al.*(1998)은 Seychelles warblers 내에서 근친교배약세를 발견하지 못했지만, 자손을 대상으로 한 연구 결과 12개체만 이계교배되었고 17개체는 근친교배된 것으로 나타났다.

개체군의 규모가 작아서 발생하는 근친교배약세

개체군 크기가 작아서 발생하는 근친교배는 근친교배약세를 야기한다.

앞에서 제시한 근친교배약세 사례들은 급속한 근친교배의 결과, 즉 자가수정 또는 전형매교배(full-sib mating)등의 결과이다. 하지만, 멸종위기종의 근친교배는 개체군의 크기가 작고 닫혀 있지만 무작위 교배가 이루어질 것으로 예상할 수 있는 집단(12장)에서 상당히 느린 속도로 일어난다. 근친교배가 천천히 일어나는 경우, 검은발바위왈라비, 왈라루, 큰초원뇌조, 뱀, 사막열대어, 초파리, 집파리, 식물(세 개의 종) 등 무작위교배가 일어나는 것으로 간주할 수 있는 소규모 개체군 적응도가 감소한다(Frankham 1995a; Heschel & Paige 1995; Madsen *et al.* 1996; Fischer & Matthies 1998; Westemerier *et al.* 1998; Bryant *et al.* 1999; M. D. B. Eldridge *et al.* 1999, pers.comm.). 예를 들어, Box 13.2는 근친교배약세가 스웨덴에 서식하는 소규모 살무사 개체군의 한 배 새끼수(litter size)와 자손의 기형 정도와의 관계를 나타내고 있다.

Box 13.2 스웨덴의 고립된 소규모 살무사 개체군의 근친교배약세 (Madsen et al. 1996, 2004)

스위덴의 40개체 미만의 고립된 소규모 살무사 개체군은 최소 한 세기 이상 다른 개체군으로부터 격리되었다. 알로자임(Allozyme)의 다양성과 DNA 분석 결과 이들은 유전적 다양성이 낮고, 근친교배 정도도 높게 나타났다.

개체군의 크기가 작은 경우 근친교배약세가 나타났는데, 이들의 한 배 새끼수(litter size)는 작았고, 정상적인 자손의 비율도 큰 개체군에서보다 낮게 타나났다. 서로 다른 환경 조건이 비정상 자손의 비율 차이의 원인인 것으로 보이는데, 개체군의 크기가 큰 집단의 수컷과 소규모 개체군의 암컷을 교배한 결과 비정상적인 자손이 나오는 비율이 감소하였다.

스웨덴 북살모사

근친교배, 개체군의 생존 및 멸종

근친교배는 다양한 환경에서 서식하는 대부분의 생물들의 멸종 위험도를 증가시킨다.

근친교배는 생식능력과 생존률을 감소시키고, 종의 멸종 위험을 증가시키는 것으로 여겨진다. 멸종을 초래하는 다른 조건들을 통제한 채로 사육하고 있던 초파리와 쥐를 대상으로 한 실험에서도 이런 현상을 확인할 수 있었다(Frankjam 1995b; 그림 2. 1). 개체군의 멸종은 근친교배의 정도가 중간 단계(intermediate)를 지날 때까지는 시작되지 않는데, 이러한 시간 차이가 근친교배의 정도가 심하지 않다는 것을 뜻하지는 않는다. 개체군의 성장률이 감소를 나타내고 있다는 것은 이미 근친교배로 인해 번식 능력과 생존 가능성이 개체군의 번식에 필요한 수준 이하로 감소하였다는 것을 의미한다. 근친교배가 미치는 이와 같은 부정적인 영향에 대한 비판적인 시각이 여전히 존재하고 있는 상황에서, 근친교배가 초래한 유전적 영향에 대해서도 여전히 비판적인 시각이 존재하는 것은 당연할지 모른다. 후자의 경우에는 멸종을 초래한 유전적 결함에 대한 직접적인 증거의 부재로 인한 것이다. 하지만, 지금에 와서는 근친교배가 초래한 유전적 결함이 야생 종식물 개체군의 멸종 원인이 된다는 이론에 대한 설득력 있는 근거가 존재한다(Frankham 2005; 2장);

- 근친교배로 인한 나비와 식물 개체군의 멸종 위험 증가
- 컴퓨터 분석을 통한 야생동식물의 실제 생존 조건 하에서의 멸종 위험 증가 (Liberg *et al.* 2005; O'Grady *et al.* 2006)

- 근친교배가 섬 개체군의 멸종 원인으로 지목되는 정황적 증거(F 1998; Groombridge 2007).

개체의 유출입이 없는 닫힌 개체군 내에서의 근친교배에 대한 확률적인 영향은 아직까지 발견된 것이 없다(통계학적, 환경적 확률). 닫힌 개체군 내에서 근친교배가 발생하면, 개체군 수가 일정 이상을 회복하더라도 근친교배가 계속해서 반복된다. 또, 추가적으로 개체군의 크기가 감소하는 경우에는 근친교배가 증가하며 쳇바퀴 도는 것처럼 그 증가 정도는 더욱 빨라진다.

근친교배와 개체군의 생존

> 근친교배가 개체군의 생존능력에 미치는 영향은 매우 복합적으로 작용하지만, 대부분의 경우 장기간에 걸쳐 유해한 영향을 준다.

근친교배가 개체군의 생존에 상당한 영향을 미칠 것이라는 주장에 대한 비판은 지속되어 왔고, 이에 대한 증거로 근친교배가 상당한 정도로 이루어진 개체군에서의 근친교배약세가 없다는 것을 제시하였다(Caro & Laurenson 1994; Caughley & Gunn 1996). 예를 들면, 개체군의 크기가 작고, 근친교배가 이루어졌을 것으로 추정되는 Chatham Island black robin, Hawaiian crow, Mauritius kestrel, Seychelles robin 등 섬 개체군이 생존하고 있다는 것이다(Dhondt & Mattuysen 1993; Craig 1994; Box 8.1). 또, 북방코끼리바다표범(northern elephant seal)처럼 표주박 모양의 개체 분포를 가지고 있는 개체군의 경우에도 부정적인 징후 없이 개체군의 수를 회복하였다(Box 8.2). 예로 든 개체군들에 대한 어떠한 근친교배 통제가 없었기 때문에 근친교배가 이들 개체군에 미친 영향을 측정하는 것 또한 불가능하다. 또, 이들은 이미 멸종한 개체군들은 무시한다(Laikre *et al.* 1997). 근친교배를 통제한 연구에서는 개체군의 수가 작은 집단의 적응도에 대한 반대의 영향을 보여 주기도 하였다. 뉴질랜드 토착종과 유입종 가운데 표주박 모양의 개체군 분포를 보인 조류들 가운데 일부는 그렇지 않는 개체군보다 더 높은 부화 실패율을 보였다(Briskie & Mackintosh 2004). 또 초파리를 대상으로 한 실험에서 대조군인 일반 개체군보다 근친교배가 일어난 $F=8$인 개체군의 적응도가 더 낮게 나타났다(Reed *et al.* 2003a).

> 근친교배약세가 반드시 개체군 크기 감소를 야기하지는 않는다

근친교배는 개체군의 생존 변수, 개체군 성장률 및 개체군 크기의 변화 폭에 영향을 미친다. 이들 간의 관계는 매우 복잡하지만, 이계교배하던 개체군에서 근친교배가 발생하면 이들 개체군이 닫힌 집단인 경우 장기적으로 봤을 때 근친교배가 개체군 크기에 미친 영향이 명확하지 않더라도 근친교배로 인한 부정적인 영향을 경험하게 된다(O' *et al.* 2006). 예를 들어, 이계교배로만 이루어진 건강한 소규모 개체군이 서식지의 수용 한계(carrying capacity)가 K인 지역에 서식하는 경우, 개체군의 크기는 매우 빠른 시간 내에 K에 도달하게 된다(Box 13.3). 근친교배의 정도가 미약한 경우에도 앞의 경우와 비슷하게 도착할 것이고, 근친교배의 정도가 중간 정도인 개체군의 경우에도 K에 도달하지는 하지만 두 번째 경우보다 도달하는 데 더 오랜 시간이 소요될 것이다. 반면, 근친교배 정도가 매우 높은 경우 성장률이 음의 값을 나타내고 결국에는 개체군이 멸종하게 될 것이다. 앞의 세 경우에는 어떻게든 K에 도달하지만 각각의 개체군이 질

병, 기생충 또는 포식자의 등장과 같은 환경의 급격한 변화로 인해 개체군 수가 급감하였을 때 원래의 개체군 크기를 회복할 수 있는 잠재력은 서로 다르다. 하지만 근친교배가 심한 개체군은 앞의 세 경우 모두에 비해 열등하다.

Box 13.3 근친교배가 개체군 생존에 미치는 영향

근친교배가 개체군의 성장에 미치는 영향은 생태학에서 사용하는 개체군 성장 방정식을 이용해서 나타낼 수 있다(Gotelli 2008 또는 생태학 교과서를 참고하라). 개체군 크기가 N인 소규모 집단이 환경 변화가 없고, 서식지로 활용할 수 있는 잠재 지역이 많이 존재하는 곳에 있다고 가정했을 때의 개체군 성장은 지수함수 형태를 나타낸다. 개체군 크기의 단위 시간당(dt) 성장률(dN)은 번식률(b)과 사망률(r) 및 개체군 크기 N에 의해 아래와 같이 결정된다:

$$\frac{dN}{dt} = (b - d)N = rN$$

또, 시간 t 에서의 개체군 크기 N_t는 다음과 같다.

$$N_t = N_0 \, e^{rt}$$

근친교배가 일어나지 않고 성장률 r이 0.04인 경우를 생각해 보자. 근친교배는 F가 10% 증가할 때마다 r을 25%만큼 감소시키는 것으로 알려져 있다(Frankel & Soule 1981). F가 20%인 근친교배 개체군의 r은 ~0.04(1−2.5×0.2)=0.02(즉, 50%감소)이고, F가 0.3으로 근친교배 정도가 심하지 않은 경우에는 ~0.01이다. F=0.5인 경우에는 성장률이 음의 값인 ~−0.01이다.

일반적으로 개체군의 크기는 서식지의 수용 한계 범위 내에서 존재하고 로지스틱 개체군 성장을 나타낸다. 이계교배 및 근친교배의 정도가 미약, 중간 정도인 개체군의 크기는 동일한 수용 한계 K 내에서는 시간의 차이는 있지만 모두 K에 도달한다. 하지만 근친교배 정도가 심한 경우 멸종하게 된다. 따라서 개체군 가운데 근친교배약세를 나타내는 경우에도 동일한 K를 가질 수 있지만 훨씬 더 오랜 시간이 걸린다고 할 수 있다.

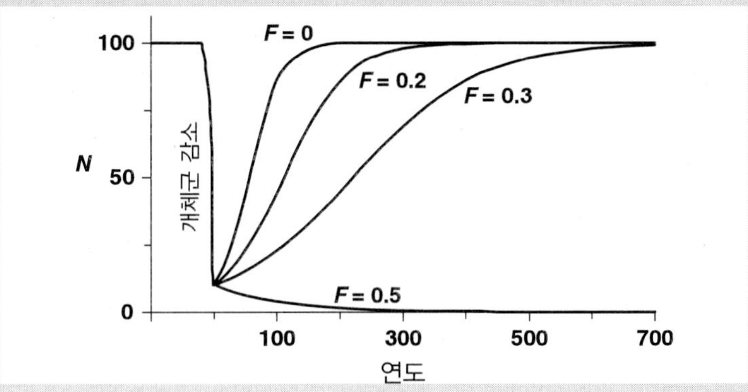

이계교배와 근친교배의 정도가 미약, 중간 정도인 개체군은 서식 환경이 급변하여 개체군의 수가 급감하였을 때 원래의 상태로 회복하는 데 소요되는 시간이 서로 다르다. 예를 들어, 환경 급변으로 개체군이 90% 감소하였을 때($N_t = 10N_0$), 원래의 개체수를 회복하는 데 필요한 시간은 다음과 같이 구한다.

$$\frac{N_t}{N_0} = 10 = e^{rt}$$

양변에 자연로그를 취하고 식을 정리하면 개체군을 원래의 수준으로 회복하는 데 필요한 시간은 다음과 같이 나타낼 수 있다;

$$t = \frac{\ln(10)}{r}$$

위 식에 따르면 이계교배한 개체군의 경우 원래의 크기를 회복하는 데 57.6년이 필요하고, 근친교배 정도가 미약한 경우에는 115년, 중간 정도인 경우 230년이 필요하다. 근친교배 정도가 높은 경우 ($F = 0.5$) $r = -0.01$이고, 이 경우에는 원래의 개체군을 회복하지 못하고 멸종하게 된다. 근친교배 정도가 미약하거나 중간 정도인 경우에도 최종적으로는 원래의 개체군 수준으로 회복하는 것이 가능하지만, 이 기간 동안 환경 급변으로 인한 또 다른 피해가 언제든지 생길 수 있다.

개체군의 성장률에 영향을 미치는 부정적인 효과들은 동부 송사리류, 밀가루 등에 꾀는 작은 갑충, 두 종류의 야생거미류 및 거의 대부분의 자연상태에서 이계교배하는 개체군들에게서 발생한다(O'Grady *et al.* 2006; Reed *et al.* 2007). 형매간 교배가 일어났던 송사리류의 개체군 집단은 유전적으로 서로 연관되지 않는 다른 집단에 비해서 성장률이 56% 정도 낮게 나타났다(Leberg 1990a). 밀가루 등에 꾀는 작은 갑충 개체군의 경우 개체군 성장률 감소의 정도가 매우 컸고, 근친교배로 인한 부정적인 영향은 F에서만 발견되었고, 전체 개체 가운데 약 10% 수준이었다.

북방코끼리바다물범 개체군은 개체 수가 20–30마리에 불과해 근친교배가 발생하였지만 개체군 크기는 증가해서 175,000마리까지 개체수가 증가했다(상자 8.2). 이에 대한 설명은 두 가지가 가능한데, 과거 개체수가 감소한 요인이 과도한 남획이었지만 현재는 개체수 보호를 위해서 남획이 금지되었기 때문이고, 또 한편으로는 이 개체군의 경우 근친교배가 개체군 성장에 부정적인 영향을 받지 않았기 때문이다.

근친교배약세의 특징

번식 접합도를 결정하는 모든 요소들은 근친교배약세의 영향을 받는다.

이제까지 근친교배는 자손의 수, 유아개체의 생존, 수명, 번식 간격(interbirth), 짝짓기 성공률, 정자의 생산 및 활력도, 난사의 선상성, 생존 성생력, 생육 기간, 질병에 대한 면역 등 번식적응도에 대한 모든 측면에서 부정적인 영향을 끼친다는 것을 살펴보았다(Reid *et al.* 2003; Spielman *et al.* 2004b; Whiteman *et al.* 2006)(표 13.2). 예를 들어, old–field–mice의 경우, 근친교배한 경우에는 번식 횟수도 적고 두 번째 임신 성공률도 낮은 것으로 나타났다(Lacy *et al.* 1996). 두 번째 임신으로 태어난 자손은 생존율이 낮고(69% vs. 93%), 근친교배로 태어난 자손의 무게도 이계교배로 태어난 경우보다 훨씬 낮게 나타났다. 개체군 크기가 작은 사자와 플로리다 팬더 정자의 기형율은 개체군이 큰 집단과 비교

번식 적응도와 가장 관련성이 큰 요인들(characters)이 적응도와 관계 정도가 낮은 요인들에 비해서 근친교배약세 정도가 더욱 컸다.

근친교배약세는 개별 적응도보다는 종합적인 적응도이 더 크다.

근친교배약세는 서식 환경이 생존에 불리할 때 더 크게 나타난다.

했을 때에 비해 훨씬 높았고 정자의 사망률은 낮았다(Wildt 1996). 식물의 경우, 화분(pollen)의 양, 배주의 수, 씨앗의 양, 수정률, 성장률 및 생존 경쟁력 등이 근친교배약세(Inbreeding depression)를 나타냈다(표 13.1, 13.2).

씨앗 생산량 및 곡물 수확량은 식물의 키와 같은 형질에 비해서 근친교배약세 정도가 더 높게 나타났다(표 13.1, 13.2). 동물의 경우에도 번식, 생존 및 자손의 크기 등이 몸 크기에서 나타나는 근친교배약세 정도보다 높게 나타났다(표 13.2).

올드필드쥐, 집쥐, 닭, 칠면조, 메추라기, 바위자고새(메추라기닭) 및 북미참새 등에서 적응도 전반에 걸친 상당한 정도의 근친교배약세가 관찰되었다(Beilharz 1982, Abplanalp 1990, Lacy *et al*. 1996; Keller 1998; Mcagher *et al*. 2000; 표 13.2). 근친교배가 적응도 전반에 미치는 영향은 매우 큰데, Mcagher *et al*.(2000)은 생쥐를 대상으로 반 야생 상태 하에서 근친교배와 이계교배 집단의 적응도를 비교했을 때 근친교배 집단의 적응도가 57% 감소한 것을 확인하였다. 북미참새의 경우 전형매교배(full-sib mating)인 경우에서 개체간 연관이 없는 경우와 비교했을 때 자손의 수가 79% 감소한 것으로 나타났다.

메타분석을 통한 34건의 연구를 통해서 근친교배약세는 정상적인 경우에 비해서 평균적으로 69% 정도 더 스트레스를 받는 것으로 나타났다(Armbruster & Reed 2005). 식물의 경우 근친교배약세는 온실에 있을 때보다 야생상태에 있을 때 더 높게 나타났다. 예를 들어, Dudash(1990)은 근친교배한 핑크색 장미는 온실에서 53%의 근친교배약세을 보인 반면 야생에 있을 때는 75%의 근친교배약세를 나타냈다(그림 13.2).

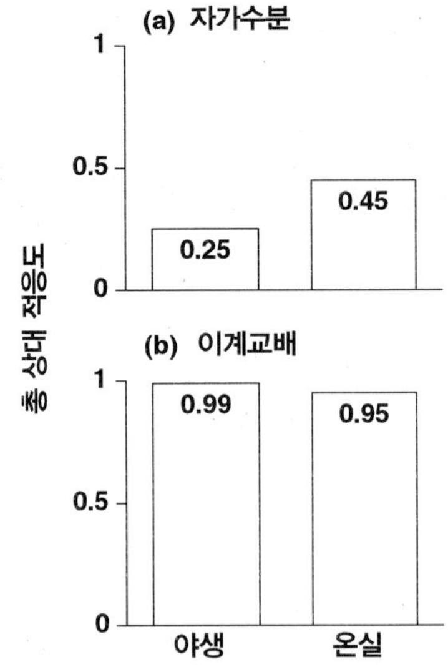

Fig. 13.2 스트레스가 심한 환경 하에서의 핑크색 장미의 근친교배약세(after Dudash 1990). 온실에서 재배된 경우와 야생에서 재배된 경우의 자가수정, 교차수정 번식 결과의 상대적 적응도(relative fitness).

개체군 밀도가 높은 상황에서 근친교배는 소이 양의 생존률을 감소시키는 것으로 나타났는데, 이것은 내장의 선충으로 인한 것이었고, 개체군 밀도가 낮고 선충이없는 경우에는 이러한 현상이 관찰되지 않았다(Coltman *et al*. 1999).

또, 초파리를 대상으로 한 실험에서는 근친교배 개체군이 스트레스가 심한 환경 하에서 멸종확률이 증가하는 것으로 나타났다(Bijlsma *et al*. 2000; Reed *et al*. 2002).

포유류의 경우 근친교배약세가 사육되는 상태에서보다 야생상태에서 6.9배 더 높은 것으로 나타났는데, 이것은 사육장의 평온한 상태보다 야생생태의 생존 스트레스의 차이로 볼 수 있다(Crnokrak & Roff 1999).

근친교배약세는 일반적으로는 사육 환경보다는 야생 환경에서 더 큰 영향을 미친다.

근친교배약세 하에서의 생존

근친교배약세는 확률적 요소가 크다.

근친교배약세는 큰 확률적 요소를 가질 것으로 여기는 경향이 있는데, 이것은 근친교배약세가 생존에 유해한 대립유전자의 동형접합체의 출현 빈도에 의해 결정되기 때문이다. 유전자 부동(gene drift)으로 인해서, 같은 대립유전자가 한 개체군 내에서 사라질 수도 있지만, 다른 개체군에서는 상당히 높은 비율로 나타날 수도 있다. 또, 다른 좌위는 확률적으로 경우에 따라 다른 개체들에서 동일할 수도 있다. 결과적으로, 서로 다른 종, 개체군, 가계, 개체들은 서로 다른 비율로 유해한 대립유전자들을 가지게 되고, 서로 다른 좌위에서 동형접합성(homozygosity)을 나타내게 된다. 따라서 근친교배약세에 대한 적응 정도도 서로 달라지게 된다. 다양한 좌위들이 번식적응도에 영향을 미치기 때문에 모든 좌위들 가운데 하나 이상은 유해한 대립유전자가 존재할 것이라고 생각하는 것이 더 합리적일 것이다. 이 가정은 일반적으로 일어나는 일이지만 그 변화 정도가 매우 큰 근친교배약세의 본질을 잘 설명해 준다.

근친교배약세에 있어서 종, 개체 및 가계별 차이가 존재한다.

실증 자료를 통한 분석은 앞에서 예상한 것처럼 근친교배약세가 종간, 개체군간, 가계간, 개체간 매우 다양한 형태로 나타난다는 것을 보여 준다. Ralls와 Ballou(1983)는 근친교배의 영향이 서로 다른 44개 종의 포유류 내에서 상당히 많은 변이를 가지는 것을 확인하였다(그림 12.1). 혈통간, 종간 근친교배약세의 변이는 올드필드쥐, 젖소, 초파리, 쌀도둑거저리 등에서 관찰되었고(Reed *et al*. 2002; Armbruster & Reed 2005), 자연 상태의 이계교배가 이루어지는 모든 종들에서도 관찰될 것으로 기대된다. 근친교배약세는 올드필드쥐의 3개의 아종들에서 서로 달랐고, 같은 종 내의 표본 3개 간에도 차이를 보였다(그림 13.3). 또

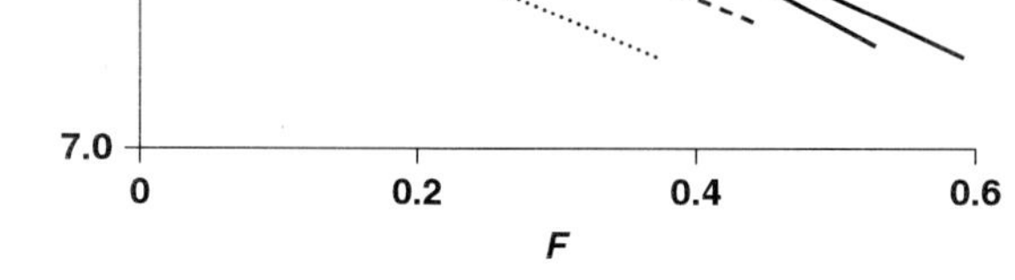

올드필드쥐

Fig. 13.3 올드필드쥐의 3개의 아종간(굵은 선, 점선, 가는 점선) 및 각 아종 내에서의 서로 다른 3개체 간의 자손의 무게에 대한 근친교배약세 차이(after Lacy et al. 1996). 회귀선은 적응도와 관련이 있고, 근친교배계수에 대해 나타내었다.

Karkkainen *et al*(1996)은 유럽소나무의 근친교배 약세가 지형적 변이를 보임을 보고하였다.

종과 개체군에 따라 근친교배가 적응도의 여러 요소들에 미치는 영향이 다양하게 나타난다. 사육된 멕시코 늑대와 붉은늑대들은 근친교배약세가 유년기의 생존에 미친 영향이 관찰되지 않았지만, 다 자란 후에는 근친교배약세를 보였다(Kalinowski *et al*. 1999; Wilcken 2002). 올드필드쥐의 경우에도 복제된 개체(replicates) 간에 근친교배가 적응도에 미친 영향이 다르게 나타났다(Lacy *et al*. 1996).

분류군 상의 거의 대부분의 동식물 종은 자연 상태에서 이계교배 할 때 근친교배약세가 나타난다.

대표적인 분류군 상의 집단에서 근친교배에 대한 감수성의 정도 차이는 크지 않은 것으로 보이지만, 종 내에서는 차이가 있다. 어린 개체들의 생존에 있어서 포유동물의 계통 상 근친교배약세는 큰 차이를 보이지 않았다(Ralls *et al*. 1998). 근친교배약세는 조류, 포유류, 변온동물과 식물들 간 비슷한 수준을 보였다(Crnokrak & Roff 1999).

나자식물과 속씨식물은 근친교배약세에서 분명한 차이를 보였다(자가 수정으로 인해한 적응도 감소 정도가 각각 64% 와 39% 수준으로 나타났다: Husband & Schemske 1996). 이러한 차이는 세대당 생존 기간이 짧은 속씨식물에 비해서 생존 기간이 긴 전나무류에서 돌연변이 발생률이 더 높고 이로 인한 영향의 종합적인 영향에서 차이가 있었기 때문이다(Lynch & Walsh 1998). 또, 속씨식물이 상대적으로 높은 자가 수정율을 나타냈고, 나자식물의 배수체에서 더 낮은 수준을 보였다(아래 참조)(Scofield & Schultz 2006; 16장).

근친교배가 일상적으로 일어나는 종 내에서의 근친교배약세

자연발생적으로 근친교배가 일어나는 종들의 경우 근친교배약세가 나타나긴 하지만, 그 정도는 자연 상태의 이계교배하는 종에 비해서 일반적으로는 낮은 수준을 보였다.

자연 상태에서도 근친교배가 일어나는 종들은 그렇지 않은 종에 비해서 근친교배약세에 의한 영향이 적다(12장). 예를 들어, 식물의 경우에 자가수정이 일반적으로 일어나는 식물과 그렇지 않은 식물의 적응도 감소정도는 각각 23%, 53%으로 나타났고, 특히 근친교배약세와 자가수정의 비율 간에는 음의 상관관계가 나타났다(Husband & Schemske 1996).

자가수정을 하는 종에서 근친교배약세가 낮은 것은 근친교배 이전 또는 자연선택 과정에서 이미 유해한 대립유전자가 사라졌기 때문일 수 있다. 근친교배로 인한 근친교배약세는 세대가 지남에 따라 근친교배계수(ΔF)가 증가하면서 일어난다. 이계교배하는 개체군에서 근친교배가 일어나면 ΔF는 1/2이고, 이미 자가수정으로 발생한 식물의 경우에는 ΔF이 1/4이다. 위의 결과는 Husband와 Schemske(1996)의 연구 결과에 따른 것으로, 이들이 연구한 근친교배 종의 경우 근친교배약세가 근친교배한 종과 그렇지 않은 종에서 차이가 나는 것은 그 앞 세대에서 근친교배가 일어났는지의 여부이다. 하지만 근친교배약세를 없애는 것은 매우 복잡하다(아래 참고).

근친교배약세의 유전학적 이해

근친교배약세의 유전학적 이해를 위해서 각 형질의 평균값의 결과가 근친교배의 영향을 잘 반영할 수 있는 간단한 모형을 이용하기로 한다(표 13.3). 근친교배계수가 F인 개체군에서 대립유전자 A_1과 A_2가 각각 p와 q의 확률로 발현하며 자연선택은 없다고 가정한다(no selection). 유전자형 A_1A_1, A_1A_2, A_2A_2의 표현형이 a, d, $-a$라고 하면(그림 5.2), 근친교배 개체군의 평균은 다음과 같다:

근친교배약세의 정도는 유해 대립유전자의 이형접합도($2pq$), 대립유전자의 우열 여부(d), 근친교배 정도(F)에 의해서 결정된다.

$$M_F = M_0 - 2pqdF$$

결과적으로, 근친교배약세(δ)는 다음과 같다:

$$\delta = 2pqdF \tag{13.1}$$

따라서, 근친교배약세는 근친교배계수, 이형접합성 및 열성대립유전자에 대한 우열 정도(deviation)에 의해서 결정된다. 위의 식은 근친교배약세와 F 간의 선형 관계를 보여 준다.

Table 13.3 근친교배가 개체군 평균값에 미치는 영향: 단일 좌위 모형(그림 5.2)

		유전자형 출현빈도		유전자형 출현빈도 × 값	
유전자형	값	무작위 교배	근친 교배	무작위 교배	근친 교배
A_1A_1	a	p^2	$p^2 + Fpq$	p^2a	$p^2a+Fpqa$
A_1A_2	d	$2pq$	$2pq(1-F)$	$2pqd$	$2pqd(1-F)$
A_2A_2	$-a$	q^2	$q^2 + Fpq$	$-q^2a$	$-q^2a - Fpqa$
			Means	$M_0 = a(p-q) + 2pqd$	$a(p-q) + 2pqd - 2dpqF$ $M_F = M_0 - 2dpqF$

좌위(locus)는 d〉0인 경우에만 근친교배약세에 영향을 준다. 열성 대립유전자는 부분 또는 완전 열성(반대로 우성유전자는 완전 우성 또는 부분 우성)이거나 과대 우성(overdominance)(그림 5.3)인 경우에만 예제 13.1에서처럼 근친교배약세에 영향을 준다. 두 경우 모두 근친교배약세를 일으키지만, 자연선택에 대해서는 서로 다른 결과가 나타난다. 우성인 경우, 자연선택은 열성 대립유전자의 출현 빈도를 낮추지만 과대 우성인 경우에는 이렇게 할 수 없다('정화/Purging' section 참고). 유리한 유전자에 대한 우성(dominance)은 과대 우성(overdominance)보다 근친교배약세에 더 큰 영향을 준다(Charlesworth & Charlesworth 1999; Swanson–Wagner *et al.* 2006).

근친교배약세는 유전자 발현의 우열 또는 초우성인 인자가 존재할 때에만 발생한다.

예제 13.1 서로 다른 수준의 우성(dominance)이 근친교배약세에 미치는 영향

부가적(additive), 우성적(dominant), 과대 우성적(overdominant)인 좌위의 d의 값(이형접합체에 대한 우성의 편차)이 각각 0, a 그리고 〉 a라고 하자(그림

5.3). A_1의 출현빈도가 0.99, 열성인 A_2는 0.01라고 하고, 생존에 미치는 영향이 10%라고 하면, 전형매교배(full-sib mating)인 경우(F=0.25)의 근친교배약세는 다음과 같다.

완전 우성인 좌위의 경우(d=a=0.05), 근친교배약세(δ)는 다음과 같다.

$$\delta = 2pqdF = 2 \times 0.01 \times 0.99 \times 0.05 \times 0.25 = 2.47 \times 10^{-4}$$

동일한 좌위의 부분 우성인 경우(d=0.05/2=0.025), 근친교배약세는 앞의 경우의 절반의 값을 가질 것이다.

과대 우성인 좌위에서의 근친교배약세는 대립유전자의 출현빈도가 중간 정도이기 때문에 $2pq$보다 더 높은 값을 가질 것으로 예상할 수 있고, $d(>a)$도 우성인 경우보다 더 높을 것이다. 반대로 부가적(additive) 좌위의 경우(d=0) 근친교배약세는 다음과 같다.

$$\delta = 2pqdF = 2 \times 0.01 \times 0.99 \times 0 \times 0.25 = 0$$

근친교배약세의 영향은 열성 대립유전자의 모든 유전자좌위 다형성에 누적되어 나타난다.

만약, 결합된 유전자형의 값이 아래처럼 각 좌위의 영향의 합으로 주어져 있다면 개체군 평균은 다음과 같다:

$$M_F = \sum_{i=1}^{\#\text{ loci}} [a_i(p_i - q_i) + 2d_ip_iq_i(1-F)]$$
$$= M_0 - 2F \sum_{i=1,}^{\#\text{ loci}} d_ip_iq_i$$

결과적으로, 좌위에 대한 누적 근친교배약세는 다음과 같다:

$$\delta = 2F \sum_{i=1}^{\#\text{ loci}} d_ip_iq_i \tag{13.2}$$

따라서, 근친교배약세는 F(유해한 대립유전자의 다형성 좌위 수)와 대립유전자의 우성 및 출현빈도에 의해 결정된다. 근친교배로 평균(mean)이 달라지기 때문에 우성(dominance)(d)은 방향성—유해한 대립유전자가 반드시 부분적으로 완전 열성(recessive)하는 것처럼—을 가져야 한다. 이러한 방향성을 가지는 우성은 충분히 예상할 수 있는 현상이며 실제로 관측도 되었다(표 7.4).

lethal로 분리된 다수의 좌위의 누적된 효과는 Box 12.2에서 본 것처럼 뚜렷한 근친교배약세의 원인이 될 수 있다. 실제로는, 근친교배약세는 여러 대립유전자들의 열성이거나 치명적인 정도가 복합적으로 작용한 결과이다. 초파리의 경우, 근친교배약세는 치명적인 열성 대립유전자나 그러한 영향이 적은 대립유전자들이 미치는 영향이 비슷했다(Simmons & Crow 1977; Lynch & Walsh 1998).

간단한 이론을 통한 예측 결과는 적응도 성격의 중간 값과 근친교배 상관계수 간 선형 관계가 있는 것으로 나타났고, 자료를 이용한 실증 분석 결과 또는 예측 결과를 뒷받침하는 것으로 나타났다.

근친교배약세와 F의 선형 관계

근친교배약세는 근친교배계수 F와 선형의 관계가 있을 것으로 예상되는데, 이것은 서로 다른 좌위의 영향이 더해질 수 있을 때만 가능하다(식 13.2). 생존 정도를 알기 위해서는, 서로 다른 좌위의 적응도의 영향을 곱하고, 이 결과에 로그를 취한 값이 아래에서 다룰 내용처럼 반드시 근친교배 정도와 선형의 관계를 보여야 한다. 좌위 간의 상호작용과 관련된 근친교배약세의 더욱 복잡한 모형들에서는 *F*에 영향을 받는 곡선 형태의 그래프가 나타날 것이다.

획득한 자료들은 일반적으로 평균 적응도와 근친교배계수 간의 선형 관계를 보여 준다(Lynch & Walsh 1998). 예를 들어, 옥수수의 생산량과 키의 관계는 선형으로 근친교배 정도에 대해 선형으로 감소하는 그래프를 보여 준다(그림 13.4). 하지만, 몇몇 경우에서는 비선형인 관계가 나타나기도 한다.

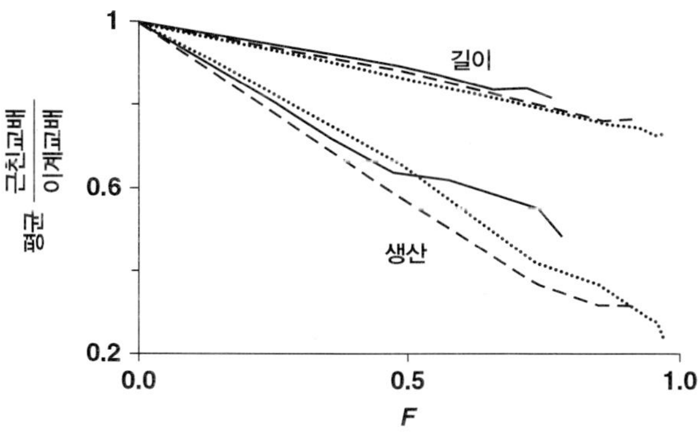

Fig. 13.4 근친교배계수와 옥수수의 키 및 생산량의 선형 관계(Falconer & Mackay 1996, 이들은 Halauer & Sears의 자료(점선) 및 Cornelius & Dudley(길게 이어진 점선)의 자료를 이용하였다). 점선 및 길게 이어진 점선은 근친교배가 지속적으로 일어났을 때이고 실선은 전형매교배(full-sib mating)일 때이다. *F*에 대해서 거의 선형의 감소 형태를 나타내고 있으며 키보다는 생산에 더 큰 영향을 미치는 것으로 나타났다.

배수체에 의한 영향

근친교배약세는 반수체형, 배수체(ploidy), 사배수체 등에 따라 다르게 나타나는데, 유해한 대립유전자의 발현, 이형접합체의 출현빈도와 관련이 있기 때문이다. 반수체형에서는 숨겨진 유해한 열성 대립유전자가 없기 때문에 근친교배약세가 나타나지 않는다. 잘 계획된 실험의 결과들은 사배수체가 배수체보다 근친교배약세가 더 적은 것으로 나타났다. 고정률(rate of fixation)은 사배수체보나 2배체에서 너 느린 것으로 나타났고, 반면에 부분 열성 대립유전자의 유전적 부하(genetic load)는 배수체와 사배수체에서 비슷한 것으로 나타났다(12장). 과대 우성(overdominance)이 근친교배약세의 주 원인인 경우에는(그런 경우는 드물지만), 근친교배약세는 배수체보다 사배수체에서 더 크게 나타나는 것으로 알려져 있다(Husband & Schemske 1997). fireweed의 경우, 자가수정(selfing)된 경우 누적 적응도에 근친교배약세가 미치는 영향은 배수체(0.95)가 사배수체(0.68)보다 높았다.

배수성은 근친교배약세에 상당한 영향을 미친다: 반수체형는 근친교배약세를 보이지 않는 반면, 배수체는 2배체보다는 낮은 수준을 보이는 것으로 여겨진다.

정화

정화(Purging)는 식물, 생쥐, 조류 및 초파리 등 많은 종에서 관찰되었다(Byers & Waller 1999; Crnokrak & Barrett 2002; Boakes *et al*. 2007; Leberg &

근친교배약세는 유해 대립유전자와 다른 것을 선택함으로써 감소시킬 수 있지만, 완전히 없앨 수는 없다.

Firmin 2008).

정화에 영향을 주는 요인 네 가지는 다음과 같다:

- 근친교배약세에 의한 유전적 영향(우성 대 과대 우성)
- 자연선택이 유해 대립유전자의 출현빈도를 낮출 때
- 앞선 근친교배의 영향으로 새로운 근친교배가 줄어들 때
- 새로운 돌연변이의 영향

자주 관찰되지 않는 유해 열성 대립유전자가 근친교배로 인해 발현되고 따라서 자연선택으로 제거될 확률도 높아진다. 하지만 정화는 위의 작용과 같은 유전적 부하(genetic load)에 영향을 미치지 않는데, 이것은 자연선택이 선호되는 이형접합체에 대해서만 계속 일어나기 때문이다(Charlesworth & Charlesworth 1987).

새로 발생하는 열성 돌연변이는 매 세대마다 개체군 내에서 증가하게 된다.

개체수가 작은 개체군에서 근친교배약세가 지속적으로 나타나는 이유 가운데 하나는 유해한 돌연변이의 출현이 반복된다는 것이다. 소규모 개체군 크기가 지속적으로 근친교배약세에 미치는 영향은 돌연변이-선택 평형(Mutation-selection equilibria)의 결과에 의해 결정된다. 8장에서 살펴본 것처럼(그림 8.9), 개체군크기가 부분적 열성(우성적 돌연변이 근친교배약세의 원인)에 대한 돌연변이-선택 평형에 미치는 영향은 심하지 않다. 따라서, 개체군의 크기가 지속적으로 작았던 경우라면(또는 근친교배가 반복되는 경우라면) 이어지는 세대에서의 근친교배약세는 감소할 것이지만 완전히 사라지지는 않을 것이다.

근친교배 및 선택

부분적으로 근친교배가 일어나는 개체군 내에서는 열성 유해 대립유전자를 선택하지 않는 것이 효과적이기는 하지만, 그 영향의 정도는 개체군 크기와 대립유전자의 영향력 크기에 의해서 결정된다.

개체군의 크기가 크고 부분적으로 근친교배가 일어난 개체군의 경우 자연선택의 영향은 상대 적응도(relative fitnesses) $A_1A_1=1$, $A_1A_2=1-hs$, $A_2A_2=1-s$인 유해한 부분적 열성(recessive) 대립유전자(출현빈도 q)에 대한 자연선택 모형을 설정함으로써 구할 수 있다. 유해한 대립유전자 A_2에 대한 출현빈도의 감소는 다음과 같이 계산한다:

$$\Delta q = \Delta q_{\text{outbred}} + spqF\ (1 - 2h) \tag{13.3}$$

이때, $\Delta q_{\text{outbred}}$는 대립유전자 출현빈도의 변화로, 이계교배가 일어나는 개체군에서의 자연선택에 의해 일어나는 것이고, 식 오른쪽 항은 근친교배로 인한 추가적인 변화를 뜻한다. 유해한 부분적 열성에 대한 자연선택은 개체군 크기가 큰 근친교배가 일어나는 집단이 이계교배가 일어나는 크기가 큰 개체군집단보다 더 효과적으로 일어나며, 그 영향은 근친교배 정도(F), 자연선택 상관계수(s), 대립유전자 출현빈도와 대립유전자의 우성(h)에 의해서 결정된다.

부분적으로 근친교배가 발생하는 소규모 개체군에서는 자연선택이 앞선 경우보다 효율적이지 못하고 영향력이 큰 유해한 대립유전자들만 효율적으로 제거된다(Hedrick 1994). 영향력이 미미한 일부 유해 대립유전자들은 소규모 집단에서 유전적 부동에 의해 고정(fixed)되는 것으로 나타났다(8장). 따라서 제거 현상(즉, 유해한 대립유전자의 제거를 위해서 의도적으로 발생하는 근친교배)는 번식

적응도를 감소시킨다. 소규모 개체군 내에서 소수의 유해한 대립유전자는 유전적 다양성의 전반적인 수준이 큰 개체군과 비교했을 때 다음과 같이 나타난다:

- 정화(자연선택에 의해 일어나는) 현상으로 영향이 큰 유해한 대립유전자의 출현빈도가 낮아짐
- 돌연변이–선택–부동 균형으로 중간 정도의 영향을 미치는 부분적으로 열성인 유해 대립유전자의 출현빈도가 낮아짐
- 소규모 개체군에서는 중립적(effectively neutral)이고 따라서 돌연변이–선택–부동 균형 대신 돌연변이–부동 균형이 작용하여 영향이 미미한 유해 대립유전자의 출현빈도는 높아짐

초파리는 영향이 큰 유해 대립유전자 때문에 절반 정도에서 근친교배약세가 나타나고 영향이 적은 대립유전자는 절반 수준으로 유지되도록 작용한다(Simmons & Crow 1997). 하지만, 잔존하는 항목의 감소 정도는 불분명하고 개체군 크기에 의해 달라진다. 전체적으로 유해 대립유전자의 유전적 다양성은 큰 개체군보다 작은 개체군에서 더 낮아지는데, 그 차이는 크지 않다.

근친교배약세와 근친교배 비율 간의 관계

자연상태에서 서식하는 멸종위기종에서 발생하는 대부분의 근친교배는 개체군 크기가 작은 것으로 인한 영향이 누적되어서 나타난 결과이다. 근친교배가 천천히 일어나는 경우에 열성 유전자를 제거하는 자연선택이 발생할 확률이 더 크기 때문에, 근친교배가 천천히 일어나는 개체군이 근친교배가 동일 수준으로 일어나지만 그 속도가 더 빠른 개체군에 비해서 근친교배로 인한 영향이 더 적을 것으로 예상할 수 있다. 이러한 예측은 그림 13.5에서 보여지는 것처럼 대부분 정확한 것으로 증명되었지만, 두 개체군 간의 차이는 크지 않은 것으로 나타났다.

동일 수준으로 근친교배가 발생할 경우, 근친교배가 빠르게 일어날 때에 비해서 천천히 일어날 때 근친교배약세가 적지만, 그 영향력 차이는 일반적으로는 크지 않다.

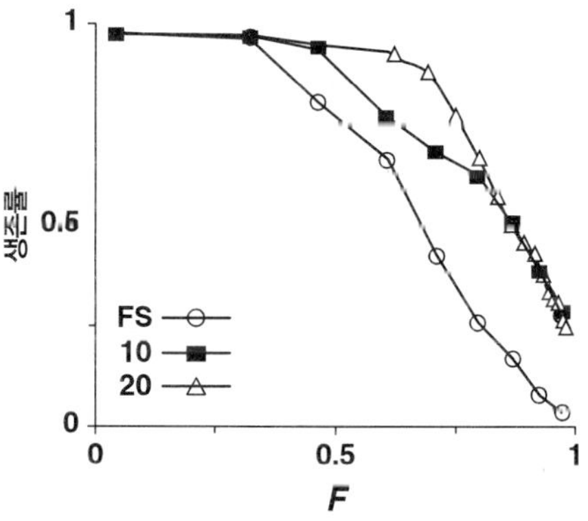

Fig. 13.5 유전적인 유효 크기가 각각 10, 20인 전형매교배(brother–sister mating(full–sib, FS)를 이용해서 근친교배 정도와 (*F*)와 번식에 성공한(replicate population) 개체군의 내수군에 대한 비율(Reed et al. 2003a). 후자의 두 경우는 자연상태 개체군이 세대당 성체의 개수를 각각 100, 200으로 했을 때의 비율로 나타내었다. 멸종위기종의 개체군의 비율은 근친교배 정도에 상관없이 증가하는데 근친교배가 빠르게 일어나는 경우 멸종 위험이 더 크다.

병목현상 이후의 적응도 회복

병목현상(bottleneck) 결과로 일부 유해 대립유전자들이 고정되고, 일부는 소멸되고 또다른 일부는 출현빈도가 달라지게 된다. 고정된 대립유전자들은 평균 적응도의 감소를 유발하고 후세대에서도 이런 현상이 지속된다. 병목현상으로 출현빈도가 높아진 유해 대립유전자들은 자연선택으로 출현빈도가 감소하게 되

번식적응도는 심각한 개체군 병목현상으로 인해 감소하는 것이 일반적이지만, 열성 대립유전자를 제거하는 자연선택을 통해서 부분적으로 원래의 상태를 회복할 수 있다.

는데, 특히 이들 대립유전자가 미치는 부정적 영향이 크고 개체군의 크기가 클수록 더욱 감소하는 경향을 보인다. 따라서 병목현상 후 세대가 지나면서 적응도는 다시 회복된다.

집파리, 나비 및 초파리 등의 개체군에서 심각한 수준의 병목현상 이후 적응도의 부분적인 회복이 확인되었다(Bruant *et al.* 1990; Saccheri *et al.* 1996; Fowler & Whitlock 1999; Crnokrak & Barrett 2002). 초파리의 경우 single-pair 병목현상 이후 평균 적응도가 3세대 째에서 28% 감소하였지만, 20세대 째에서는 21%의 약세만 남아 있었다. 회복은 특정 환경 하에서만 일어나기도 하는데, 근친교배된 초파리 개체군을 인공적으로 정화시켰을 때 스트레스가 심한 다른 환경에서 적응도 감소를 보였다(Bijlsma *et al.* 1999).

지속적으로 작은 개체군 크기를 유지한 종/개체군에서의 근친교배약세

한때 개체군 크기가 작았다는 것을 통해서 근친교배약세가 감소했을 것이라고 예상할 수 있지만, 대부분의 경우 근친교배약세가 완전히 사라지지 않는다.

일부 과학자들은 수 세대 동안 개체군의 크기가 작은 채로 유지되어 온 이형접합성이 낮은 개체군 또는 종은 근친교배 정도가 심해졌을 때 근친교배약세가 나타나지 않을 것이라고 예상하였다(Lande & Schmeske 1985). 하지만 실험적 결과는 정화 효과가 크지 않고, 개체군의 크기가 작고 일부만 근친교배가 일어난 개체군의 경우 근친교배 정도가 심해지더라도 여전히 근친교배약세를 보인다는 것을 확인하였다(Latter *et al.* 1995; Ballou 1997; Boakes *et al.* 2007). 예를 들어, 이계교배하는 비교 집단과 근친교배 정도가 높은 개체군 간 교차 교배를 시킨 결과로 근친교배약세를 보이는 집단을 비교했을 때, 서로 다른 처리를 한 두 집단에서 큰 차이가 나지 않았다(그림 13.6). 또, 일상적으로 근친교배가 일어나는 벌거숭이두더지들은 코로나바이러스의 발병 기간 동안 강한 근친교배약세를 보이는 것으로 나타났다(Ross-Gillespie *et al.* 2007).

흰발쥐의 세 개의 개체군을 대상으로 한 연구에서 근친교배의 영향은 근친교배약세의 정화부터 근친교배약세의 강화 등 다양한 범위를 나타냈다(Lacy & Ballou 1998). 이 실험의 결과들은 개체군의 역사를 통해서 예측한 것처럼 나왔다: 첫 번째의 경우 영향이 컸고, 두 번째는 주기적으로 병목현상을 경험하였고, 세 번째는 적었다.

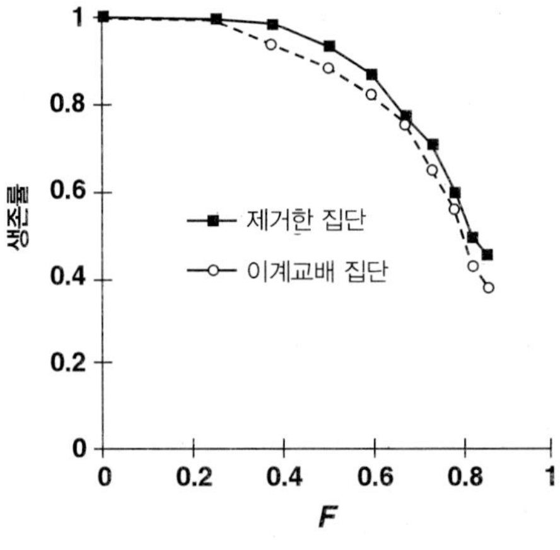

Fig. 13.6 근친교배에 따른 멸종단계에서 정화의 효과. 이계교배 내 근친교배약세에서 생존한 비율과 지속적인 형매간 교배 시 정화된 개체의 비율. 정화된 개체군은 근친교배율이 높은 개체군(교배에 앞서 20세대 동 형매간 교배된 개체군) 사이에서 4가지 교배로 형성된다(Frankham et al. 2001) 정화된 개체군과 그렇지 않은 개체군 간의 교잡에서 멸종률(extinction rate)의 차이는 작고 또한 뚜렷하지 않다.

근친교배약세의 판별 및 측정

생존과 번식은 환경조건에 의해 상당한 영향을 받는다(5장). 따라서 우리는 근친교배의 적응도를 그렇지 않는 개체들과 비교할 때 동일한 환경 조건을 전제할 수 있어야 한다. 예를 들어, 사육하는 포유류의 근친교배로 인한 부정적 영향은 타 개체의 유입이 없는 동물원 내에서 근친교배와 이계교배 자손의 유년기의 생존을 비교함으로써 확인할 수 있었다(Ballou & Ralls 1982). 자연 상태에서 흰발쥐 개체군 내 근친교배의 부정적 영향은 근친교배 및 이계교배로 태어난 동일한 나이의 자손들을 동일한 시점에 자연 상태로 유입시키고 각 집단의 생존 정도 및 몸무게를 비교함으로써 측정할 수 있었다(Jimenez *et al*. 1994).

동일한 조건 하에서 근친교배 및 이계교배 결과로 태어난 개체들(또는 개체군들)을 동기 비교 함으로써 근친교배약세를 확인할 수 있다.

그렇지 않은 경우, 근친교배약세는 이계교배로 인한 자손의 적응도가 동일한 상황 하에서의 근친교배 자손의 적응도와 비교했을 때 증가한다는 것을 보임으로써도 구분해 낼 수도 있다. 이 방법은 톱미노(북미송사리), 큰초원뇌조, 유럽살모사를 대상으로 사용되었다(Box 13.1과 그림 13.8).

한 개체군의 가계도(pedigrees)를 구할 수 없는 상황에서 multiple 마이크로세틀라이트와 같은 유전적 마커(genetic marker)를 사용해서 각 개체의 근친교배 정도를 추론하는 방법도 사용할 수 있는데, 이 경우에도 동일한 환경 하에서 근친교배와 이계교배의 결과를 비교해 볼 수 있다. 이 방법은 점박이물범, 소이양, 붉은사슴, 거머리말 등을 대상으로 적용되었다(Coltman *et al*. 19991 Slate *et al*. 2000; Höglund *et al*. 2002; Hämmerli & Reusch 2003).

치타를 대상으로 한 연구가 야기한 논란은 근친교배약세의 측정 과정에 대한 문제점을 잘 보여 준다(May 1995 참고). 치타는 유전적 다양성이 낮은데 이는 개체군 병목현상의 결과로 인한 근친교배가 원인인 것으로 추측하고 있다. 하지만 누구도 치타(종 자체로서)가 근친교배약세에 영향을 받은 것인지는 단언할 수가 없다. 왜냐하면 실제로 근친교배로 인한 결과로 지금의 치타가 있는 것이라면 어디에서도 지금의 개체군과 비교를 할 수 있는 이계교배된 대조군을 찾을 수 없기 때문이다. 하지만 현재 사육되고 있는 치타의 개체군은 동일한 시점에서의 근친교배 및 이계교배 개체군의 적응도를 도대로 근친교배약세가 분명히 나타났다(Hedrick 1987).

근친교배약세의 측정

근친교배약세를 측정하는 일반적인 방법은 표현되는 형질(적응도 등)이 근친교배로 인해 감소하는 평균적인 비율로 나타내는 것이다:

근친교배약세는 일반적으로 근친교배 상관계수의 한 단위 증가 시 평균 표현형에 비례하여 감소하는 것으로 나타났다.

$$\delta = 1 - \frac{\text{근친교배로 태어난 자손의 적합성}}{\text{이계교배로 태어난 자손의 적합성}} \tag{13.4}$$

이 방법은 앞에서 정의한 값(식 13.1)을 이계교배 개체군의 평균으로 나눈 것이다. 예 13.2는 식 13.4를 이용해서 Dorcas gazelle의 근친교배약세를 추정하는 것을 보여 준다. 이 식은 근친교배의 정도(level)를 구체적으로 나타내지 않는

데, 이에 대한 기준이 반드시 필요하다. 표 13.2에 나타난 형매교잡(sib–mating)(F=0.25)으로 인한 근친교배약세의 추정은 위의 방법을 이용해서 나타낸 것이다.

δ는 식물의 경우에 자주 사용되는데, 이 경우에는 보통 자가수정(F=0.5) 및 이계교배된 경우와 비교를 한다.

예제 13.2 | 도르카스 가젤의 근친교배약세(Ralls & Ballou 1983)

50개체의 이계교배 및 42개체의 근친교배된 도르카스 가젤의 유년기 생존률은 각각 72.0%, 40.5%였다. 유년기 개체의 생존에 있어서의 근친교배약세(δ)는 다음과 같다:

$$\delta = 1 - \frac{\text{근친교배로 태어난 자손의 적합성}}{\text{이계교배로 태어난 자손의 적합성}} = 1 - \frac{0.405}{0.720} = 0.44$$

근친교배로 태어난 각 개체들의 평균 근친교배 상관계수는 약 0.31이었다.

치사율 등식

동물의 생존에 영향을 미치는 근친교배약세의 정도를 비교, 표현하는 일반적인 방법은 치사 상응값을 사용하는 것이다.

치사율 등식(equivalent)은 근친교배 정도에 따른 생존률 회귀식 기울기를 통해서 추정한다. 생존확률 S는 근친교배계수 F의 함수로 나타낼 수 있다(Morton *et al*. 1956):

$$S = e^{-A}e^{-BF} = e^{-(A+BF)} \tag{13.5}$$

이때, e^{-A}는 이계교배 개체군의 생존량, e^{-BF}는 근친교배 개체군에서의 생존량, F는 근친교배계수, B는 근친교배 정도가 변함에 따라 감소하는 생존량의 비율을 뜻한다. B는 추가적인 유전적 손실을 나타내는 데 완전 동형접합(F=1) 등으로 나타낼 수 있으며, 이 수치는 생식 세포당 치사율식(equivalent)의 수치이다. $2B$는 개체당 수를 나타낸다. 치사율식은 해로운 열성 대립유전자 그룹으로 정의되는데, 동형접합인 경우 하나의 치사적 대립유전자 또는 두 개의 대립유전자가 각각 동일하게 개체의 사망에 50%의 영향을 준다면 평균 1의 사망률을 가진다고 할 수 있다. 이 정의는 혼란을 야기하는데 몇 가지 예를 살펴보자. 반수체형의 치사율식은 B=1인 경우, F=0.25일 때 생존율이 22% 감소($1-e^{-1\times0.25}$), F=0.25일 때와 F=1일 때, 각각 39%와 86% 씩 감소함을 보여 준다. B=2일 때는 생존이 F=0.25일 때 39% 감소하고, F=1일 때는 86% 감소하는 것으로 나타났다. 예제 13.3은 Ralls *et al*.(1998)이 사육하는 포유류에게서 발견한 3.14 치사 상응값으로 인한 생존률 감소의 영향을 계산한 것이다.

식 (13.5)의 양변에 자연로그를 취하면 다음과 같다.

예제 13.3 | 치사율식과 근친교배 상관계수가 생존률에 미치는 영향 계산

Ralls *et al.* (1988)은 은 38개의 포유류 개체군 내 어린 개체의 치사 상응값의 중간값이 3.14 이배수체 치사 상응값(2*B*)임을 발표했다. 서로 연관되지 않은 개체들 간의 교배로 인해 태어난 자손의 생존율에 대한 완전 형매교배로 인해 태어난 자손의 상대적 생존률(*S*)은 식 13.5를 사용해서 계산할 수 있다:

$$\frac{S_{\text{inbred}}}{S_{\text{outbred}}} = \frac{e^{-(A+BF)}}{e^{-(A)}} = e^{-(BF)}$$

B=3.14/2=1.7, F=0.25를 위 식에 대입하면 완전형매교배(full–sib)의 자손의 상대적 생존율이 다음과 같이 감소할 것으로 예상할 수 있다.

$$\frac{S_{\text{inbred}}}{S_{\text{outbred}}} = e^{-(BF)} = e^{-(1.57 \times 0.25)} = \mathbf{0.67}$$

따라서 완전형매교배(full–sib)인 자손의 생존율은 (1–0.67)×100 = 33% 정도 감소할 것이다.

$$\ln S = -A - BF \qquad (13.6)$$

따라서 *F*와 자연로그를 취한 생존률 간에 선형관계가 있음을 확인할 수 있다. 치사량식을 추정하기 위해서 서로 다른 *F* 값에 대한 생존률 자료를 수집하고 가중 평균한 선형 회귀식을 이용해서 A, B 값을 추정할 수 있는데 이는 표 13.4와 그림 13.7에 나타나 있다. 회귀선의 기울기(*B*)는 –1.80이고 이 개체군이 1.8 반수체형 및 3.6 배수체 치사량식을 가진다는 것을 알 수 있다.

하지만 야생 개체군의 경우 사육한 개체군보다 더 높은 수준의 근친교배약세를 나타내며, 전체 적응도에 대해서 평균적으로 ~12 배수체 치사량식을 가진다(O'Grady *et al.* 2006). 예를 들면, 자연 상태에서의 북미 야생참새(wild song sparrow) 개체군은 전체 적응도에 대해서 12.5 배수체 치사량식을 가지는 반면, 야생쥐(wild mouse) 개체군은 6.75 배수체 치사량식을 나타냈다(Meagher *et al.* 2000). 또 야생늑대(wild wolf) 개체군은 암컷 당 생존한 자손의 수에 있어 6.04 치사량식을 보였다(Liberg *et al.* 2005).

오카피(기린과)

Table 13.4 | okapi의 서로 다른 근친교배 정도(*F*)에 대한 자손의 생존률 자료

F	생존	사망
0	86 (61%)	55 (39%)
0.125	5 (71%)	2 (29%)
0.25	12 (40%)	18 (60%)
0.375	1 (17%)	5 (83%)

출처: de Bois *et al.* (1990).

Fig. 13.7 오카피의 생존률과 근친교배 상관계수 간 관계도(de Bois *et al*. 1990). 자연로그 함수인 생존률과 근친교배 상관계수 간 관계가 점으로 표시되어 있고 선형 회귀선이 중간을 지나고 있다(두 변수 간 관계가 곡선으로 이어지는 것처럼 보이지만, 자료 수가 많이 않아서 타당성에 대해서는 언급하기 어렵다).

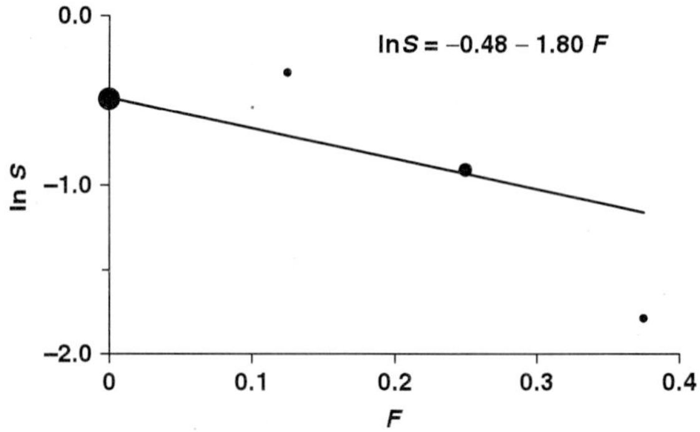

유전적 구제

근친교배약세는 이계교배를 통해서 감소시킬 수 있다.

이계교배는 근친교배 약세 상태를 개선시키는 방법으로 특히 실험실에서 사육하는 동식물이나 농축산업 분야에서 자주 사용되어 왔다(Spoelman & Frankham 1992; Falconer & Mackay1996). 또한 최근에는 개체수가 많지 않고 근친교배가 일어난 종, 특히 큰뿔양, 흰발쥐, 플로리다 팬더, 회색늑대, 사자, 멕시코 늑대, 큰초원뇌조(그림 13.8b), 스웨덴불살모사(그림 13.8a), 사막열대어(Box 13.1), 기타 식물 일부 종을 대상으로 사용되고 있다(Willi et al. 2007; 2장). 유전적 구제(genetic rescue)는 이계교배된 개체군, 또는 서로 다른 근친교

Fig. 13.8 (a) 북살모사 (b) 일이노이 주에 서식하는 큰초원뇌조 두 개체군은 부분적으로 근친교배를 나타내는 상태였고, 다른 지역에서 서식하는 개체들을 도입해서 유전자형 회복(rescue)을 시도한 결과. 개체들은 1992년부터 도입하기 시작했음(Westemeier *et al*. 1998).

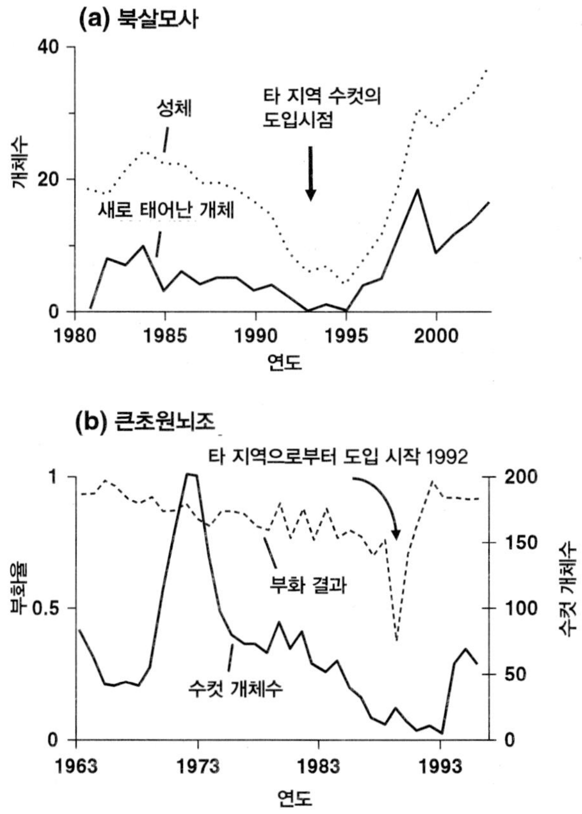

큰초원뇌조

배 개체군 간의 교배 등으로 가능할 것이다.

서로 다른 개체군 간의 교배(crossing)는 이계교배약세, 부모 개체 간의 유전적 차이로 인한 잡종의 적응도 감소(16장)가 나타날 것이다. 하지만, 분류 체계가 명확해지고, 비슷한 서식지의 개체군들이기 때문에 교배(crossing)가 가지는 장점이 이계교배약세로 인해 발생할 수 있는 위험보다 항상 훨씬 크다고 할 수 있다. 이것은 특히 개체군이 앞선 세대에서 유전적 부동(gene flow)을 경험한 적이 있는 경우 더 크다(16장).

요약

1. 세심하게 진행된 모든 연구 사례에서 자연적인 이계교배로 이루어진 동식물 개체군에 근친교배가 발생하면 번식적응도의 감소가 나타남을 보여 준다(근친교배약세 Inbreeding depression).

2. 번식적응도의 모든 요소들은 근친교배약세(Inbreeding depression)에 영향을 받는다.

3. 근친교배약세는 전체 적응도에 미치는 영향이 일부 개별 요소들에 미치는 영향의 합보다 더 크다.

4. 근친교배약세는 환경 조건이 나쁠 때 더 크게 나타나고, 사육되는 개체보다 야생개체들이 받는 피해 정도가 더 크다.

5. 근친교배약세는 유해한 대립유전자가 종별, 가계별, 개체군별로 분포하는 정도가 다르고 또 멘델 유전이 가지는 우연적인 특성 때문에 상당한 확률적 요인을 포함한다.

6. 근친교배약세는 부분적으로 열성인 유해 대립유전자에 대한 동형접합체에 의해서 발생하며, 우성이 발현된 좌위에 미미한 영향을 미친다.

7. 근친교배약세 정도는 $\Sigma 2pqdF$로 나타낼 수 있고, 따라서 열성 대립유전자에 대한 다형성 좌위의 수, 이들의 이형접합성 및 방향적 우성(directional dominace), 근친교배의 양의 비율 등에 의해서 결정된다.

8. 근친교배약세는 주어진 근친교배 수준에 대한 평균(δ)의 비례적인 변화, 즉 치사등식(lethal equivalent)로 측정할 수 있다

9. 영향력이 큰 유해한 대립유전자는 근친교배 개체군에서 정화될 수 있다(빈도의 감소). 하지만 유해한 정도가 이보다 미약한 경우 계속 남아 있고, 우성좌위(overdominant loci)는 정화(purge)가 일어나지 않는 경우도 있다.

10. 근친교배약세는 자가수분이 일어나는 종에서 발생하는데, 자연적으로 이계교배하는 종에서 발견되는 것보다는 광범위하지 않다.

11. 이계교배(Outcrossing)은 근친교배의 영향을 상쇄시킨다(genetic rescue).

추가적인 읽을 거리

Charlesworth & Charlesworth(1987, 1999) Excellent review of theory and empirical issues relating to inbreeding depression.

Falconer & Mackay(1996) *Introduction to Quantitative Genetics*. Provides a clear treatment of inbreeding depression.

Hedrick & Kalinowski(2000) A review on inbreeding depression and its importance in conservation biology.

Keller & Waller(2002) A fine review of inbredding depression in wild habitats.

Lynch & Walsh(1998) *Genetics and Analysis of Quantitative Traits*. Chpater 10 has a comprehensive reivew of theory and experimental evidence on inbreeding depression.

Ralls *et al.*(1998) Highly influential study on the effects of inbreeding depression for captive wildlife.

소프트웨어

Regression of phenotypic value on inbreeding coefficient can be done with a wide array of statistical software, including Microsoft EXCEL, MINITAB, SAS, SPSS, STATISTICA and VASSARSTATS(Chapter 5)

문제

13.1 근친교배약세. 개체군에서 근친교배약세가 발생했을 때 근친교배약세의 수준은 어떤 요인을 결정하는가?

13.2 근친교배약세. 반수체형 유기체에서는 근친교배가 어떤 영향을 유발하는가?

13.3 근친교배약세. 다음의 세 가지 유전자좌위는 각각 대립유전자 출현빈도가 0.9 +: 0.1m이라고 하자. 자가 수정이 발생했을 때의 생존의 근친교배약세는 얼마인가?

	+/+	+/m	m/m
(a) 생존률 % (부분 우성)	90	89	70
(b) 생존률 % (초우성)	80	90	70
(c) 생존률 % (가산적)	90	80	70

13.4 근친교배약세 δ. 근친교배와 이계교배로 태어난 난쟁이 하마의 어린 개체의 생존율이 각각 45%, 75%이다(그림 12.1 참고). δ으로 측정한 근친교배약세는 얼마인가?

13.5 치사 상응값. 근친교배 상관계수와 생존률이 자연로그 함수 형태를 가지는 파나마 왈라비 어린 개체의 성장률이 근친교배 상관계수 *F*가 0, 0.625, 0.125, 0.25, 0.375일 때, 각각 80%, 68%, 59%, 43%, 31%으로 나타났다고 하자. 이때의 회귀식 계산하라. 치사 상응값이 (a) 반수체형 당 (b) 배수체 당 몇 개가 존재하는가?

13.6 치사 상응값, 생존률, 근친교배약세. Keller(1998)가 만다르트 섬에서 발견한 멧종다리 알의 근친교배 상관계수 *F*가 0.25이고 평균적으로 총 적응도 손실이 79%를 보일 때, 반수체와 배수체의 치사 상응값을 계산하라.

14장

개체군 파편화

개체군 파편화가 유전자에 미치는 영향은 파편화된 개체군 사이의 유전자 흐름 정도에 따라 결정된다. 개체군 파편화로 인해 유전자 교환이 이루어지지 않는 집단은 같은 크기의 단일 개체군 집단에 비해서 시간이 지날수록 근친교배의 발생 확률이 높아지고, 결과적으로 유전적 다양성의 감소 및 멸종 위기의 증가로 이어지게 된다.

용어

할당검증(Assignment test)
베이지안(Bayesian)
F_{ST},
F 통계(F statistics)
경제유전학(Landscape genetics)
메타개체군(meta populator)
슬로스(SLOSS: 단일거대 개체군 혹은 다수 소개체군)
소스-싱크(source-sink)
공간적인 자기상관(autocorrelation)
왈런드 효과(Wahlund effect)

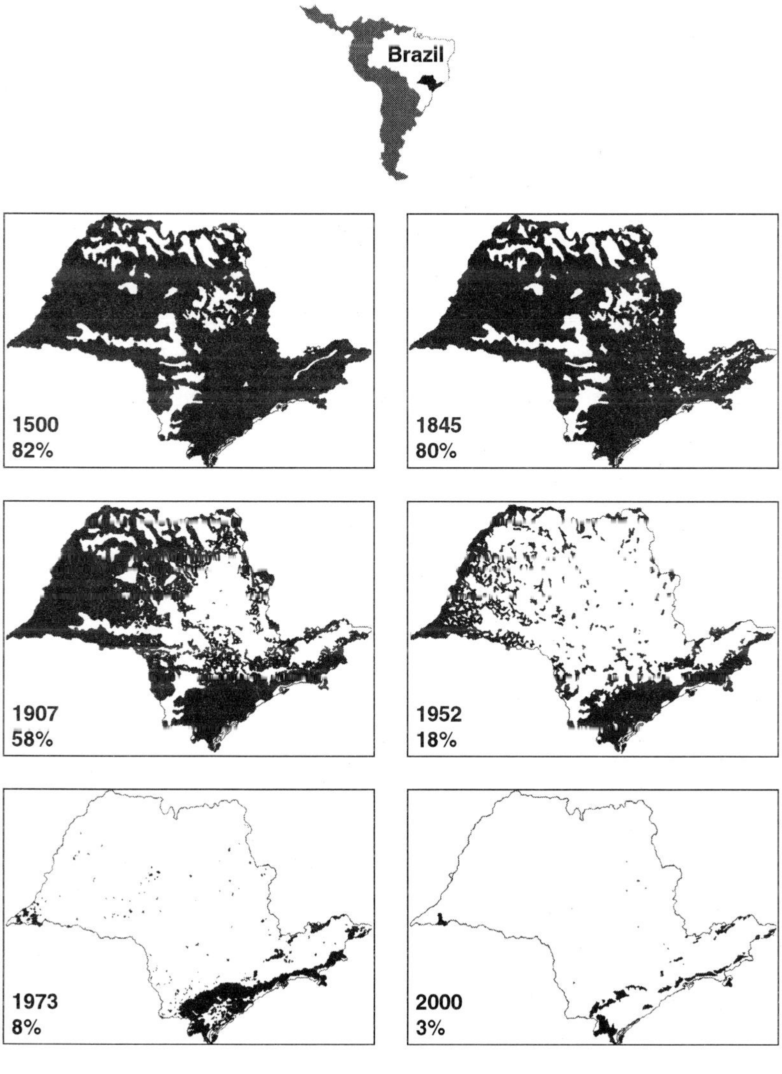

브라질 상파울로주(州) 숲의 파편화. 1500년대에는 전체 면적의 80%가 숲이었지만, 2000년에는 3% 수준으로 숲의 면적이 감소하였다(Oedekoven, 1980).

서식지 파편화

서식지 파편화는 하나의 연속적인 서식지가 전체 서식지면적 감소와 함께 몇 개의 작은 단위로 나누어지고, 패치(patch)들이 서로에 대해서 고립되는 현상을 뜻한다.

서식지 파편화는 전체 서식지 면적의 감소와 하나의 연속적이고 큰 서식지 형태가 생존에 적합하지 않은 여러 개의 '섬' 형태로 분리되는 두 가지 과정으로 구분할 수 있다. 이 같은 현상은 브라질 상파울로주(州)에 위치하는 숲의 사례에서도 확인할 수 있다. 인간에 의한 야생동물의 서식지 감소 및 서식시 파편화는 생물다양성 감소의 주요 원인으로 지목된다(UNEP, 2007).

서식지 파편화는 거의 모든 종의 개체군 감소로 이어지고, 파편화된 개채군 간의 개체군 이동(유전자 흐름)을 감소시킨다. 2장과 11, 12, 13장에서 이미 살펴본 것처럼, 개체군 감소로 인한 부정적인 영향으로는 유전적 다양성의 감소, 근친교배의 증가 및 멸종 위험 증가 등이 있다.

이번 장에서는 단일 개체군이 몇 개의 파편화된 개체군으로 나누어지거나 완전히 고립되는 개체군 파편화가 유전자에 미치는 영향에 대해서 살펴볼 것이다. 특히, 개체수가 동일한 단일 개체군과 파편화된 개체군의 유전적 특징을 비교하고자 한다(단일 개체군 또는 몇 개로 나누어진 소규모 개체군들, SLOSS).

개체군 파편화

개체군 파편화의 유전적인 영향은 유전자 흐름의 정도에 의해서 결정된다. 유전자 흐름이 제한된 개체군은 장기적으로 봤을 때 부정적인 영향을 받게 된다.

파편화된 서식지 간에는 유전자의 교환이 원활하게 이루어지지 않는다. 도로, 강, 산 등 자연적이거나 인위적인 요인들 또한 개체군간 유전자 교환을 방해한다. 예를 들어, 미국 로스앤젤레스 인근의 벤추라 하이웨이는 보브캣(bobcat)과 코요테 개체군들의 서식지를 파편화시켜 유전자의 흐름을 차단하고 있다(Riley 등, 2006). 서식지 파편화가 유전자 교환에 미치는 영향은 다음의 요인들에 의해 결정된다.

- 파편화된 개체군의 수
- 파편화된 개체군들의 개체수 분포
- 파편화된 개체군들 간의 물리적 거리
- 개체군들이 지형 등 서식지의 공간적 특징에 의해 분표되어 있는 양상
- 종의 분산 능력(dispersal ability of the species)
- 파편화된 개체군 간의 개체 이동 비율
- 새로 유입된 개체의 정착 및 번식 능력
- 개체군들의 서로 분포하고 있는 양상 및 이로 인한 개체군 분산의 영향
- 개체군이 파편화된 시점으로부터 현재 시점까지의 시간 간의 차이
- 파편화된 개체군들의 서식지 내 재정착률 및 멸종비율

개체군 파편화로 인해 개체군의 크기가 감소함으로써 발생하는 유전적 다양성의 감소와 근친교배 증가로 인한 열성 형질의 확산이 미치는 영향은 개체수가 동일한 단일 개체군에 비해 훨씬 크다. 결과적으로 개체군 파편화는 개체군의 멸종으로 이어진다고 할 수 있다.

미국 동부의 멸종위기종인 붉은벼슬딱다구리(red-cockaded woodpecker) 사례는 크고 연속적인 형태를 나타내던 특정 생물종의 서식지가 파편화됨에 따라 개체군이 경험하게 되는 문제점—유전적 다양성의 감소, 개체군이 몇 개의 단위로 나누어져 물리적으로 흩어지고 고립되는 등—을 여실히 드러내고 있다(Box 14.1). 이런 현상은 식물에서도 동일하게 나타난다(Honnay와 Jacquemyn, 2007).

Box 14.1 서식지 파편화가 미국 남동부지역의 붉은벼슬딱다구리 메타개체군(metapopulation)에 미치는 영향(Stangel 등, 1992; Kulhavy 등, 1995; Daniels 등 2000).

붉은벼슬딱다구리는 미국 남동부의 오래된 소나무림에서 쉽게 볼 수 있었지만, 서식지의 감소로 인해 개체수가 감소하였고, 1970년에 멸종위기종으로 분류되었다. 현재는 일부 지역에 고립된 형태로 존재하고 있으며(아래 지도 참고. James, 1995), 복원을 위한 노력이 진행되고 있다.

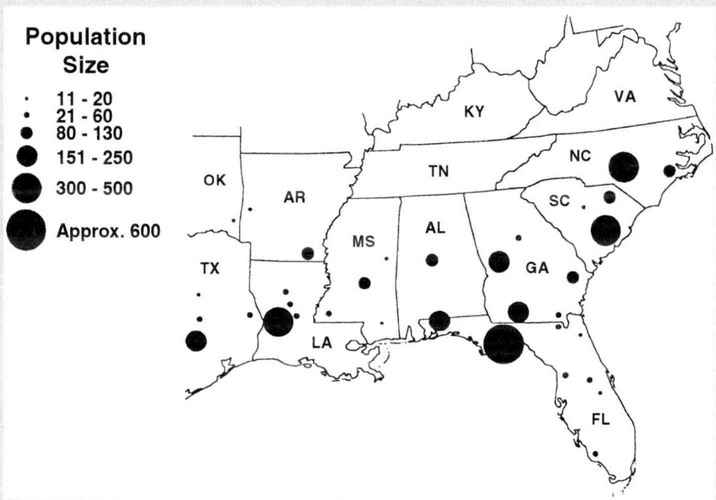

붉은벼슬딱다구리

개체군 간 개체의 유출입이 거의 발생하지 않기 때문에 유전자의 흐름도 없고, 이로 인해 상당한 정도의 유전적 다양성 손실이 발생하고, 개체군도 서로 다른 형태로 분화하게 되었다. 파편화된 개체군의 크기가 작을수록 유전적 다양성 정도가 낮게 나타났다(Meffe와 Carroll, 1997).

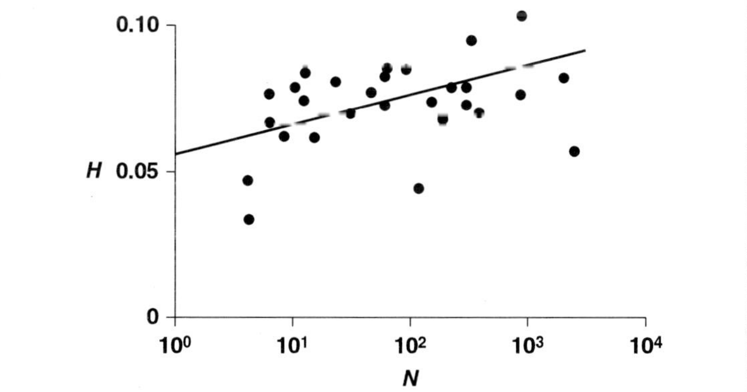

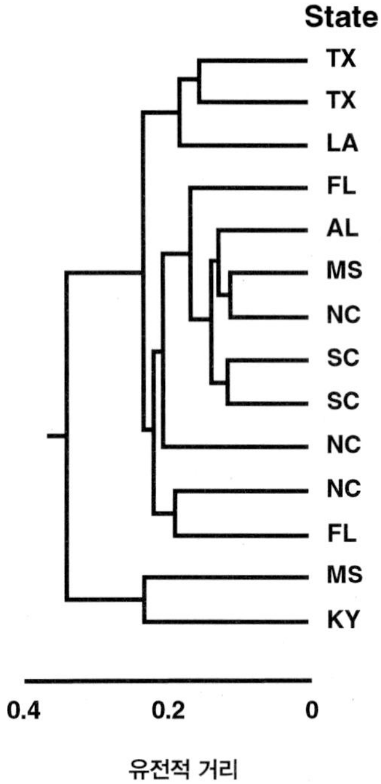

딱다구리 개체군 사이에는 대립유전자의 출현빈도 분화 정도가 심하지 않은 수준이었다. F_{ST}(F_{ST}=0이면 분화가 일어나지 않음. 1.0이면 완벽한 고립을 나타내며 이에 대해서는 뒤에서 다시 다루기로 한다)로 표현되는 분화의 경우 알로자임(allozyme) 분석결과 0.14로 나타났고, RAPD 자료를 이용했을 때에는 0.19로 나타났다. 14개 개체군의 유전적 차이를 분석하기 위해 군집 분석(cluster analysis)을 실시한 결과, 지리적으로 근접한 개체군들은 유전적으로 유사한 경향을 보였다(Haig와 Avise, 1996).

컴퓨터를 이용한 시뮬레이션에서는 개체군 크기가 가장 작은 집단에서 근친교배로 인한 피해가 가장 빨리 발생하는 것으로 예측되었다(Daniels 외, 2000).

딱따구리의 분포와 밀집 정도는 이들이 둥지로 삼는 오래된 숲의 존재 유무에 의해 결정되는데, 딱따구리를 보호하기 위해서 먼저 숲을 보호하는 작업이 진행되었다. 하지만 1989년에 발생한 거대한 허리케인은 숲을 훼손시켰고, 딱따구리를 포함한 일부 종의 새들도 피해를 입었다. 허리케인으로 인해 남부 캐롤라이나의 Francis Marion 국립공원 내에서 딱따구리의 둥지로 사용되었던 나무의 87%가 피해를 입었고, 조류의 63%도 사망하였다. 1992년에 개체수 복원을 목적으로 인공 둥지를 설치했고, 그 결과 개체수의 33%를 회복하였다.

딱따구리의 개체수 관리는 서식지 보호, 인공둥지 제공 또는 다른 지역에서 일부 개체를 옮겨오는 방법을 사용할 수도 있고, 개체군 수가 작은 경우에는 개체군 수를 늘려서 근친교배의 발생 비율을 줄이고 유전적 다양성의 손실을 막는 등의 방법을 사용할 수도 있다. 개체수 회복을 위한 가이드라인에서는 유효 개체군 크기를 파편화된 개체군 당 500개체로 제시하고 있다.

이번 장에서 우리는 앞에서 살펴본 것과 다른 개체군의 구조와 완전하게 파편화된 개체군(가장 극단적인 경우)의 유전적인 특징을 살펴보고자 한다. 개체 이동의 영향과 유전자 흐름, 현재 존재하는 개체군 내의 유전적 분화의 정도를 측정하고 유전자 흐름을 추론하는 방법(F 통계) 및 서로 다른 개체군 구조를 간의 유전적인 영향의 차이를 배울 것이다.

개체군 구조

개체군 파편화의 영향을 개체군 구조가 어떻게 이뤄진 것인가에 따라 다르게 나타난다.

개체군 파편화가 개체군 내 개체의 유전적 특징에 미치는 영향은 경미한 수준일 수도 있고 생존에 불리한 심각한 경우도 있는데, 이러한 영향은 개체군의 구조적인 특징과 파편화된 개체군 간의 유전자 흐름에 의해서 결정된다. 파편화된 개체군의 구조에 대한 몇 가지 이론적 모형들은 서로 다른 특징을 지니고 있어서 구분이 가능하다(그림 14.1):

- 완전히 고립되어 유전자 흐름이 전혀 일어나지 않는 경우('섬')
- 파편화되긴 했지만, 크기가 충분히 커서 유전자 흐름이 활발하고 하나의 단일 개체군으로 유지가 가능한 경우
- 섬과 같은 형태로 동일한 크기의 파편화된 개체군들에서는 동일한 수준의 개체의 유출이 발생함
- 선형의 징검다리 구조로, 서로 인접한 개체군끼리 개체의 이동이 발생함(강을 따라서 형성된 하안식생에서 서식하는 경우)
- 이차원적인 징검다리 구조로 둘러싸고 있는 개체군들간에 개체의 이동이 발생함
- 대륙–섬구조 또는 소스-싱크 구조

• 메타개체군

7가지 유형 가운데 후반부의 5가지 유형은 그림 14.1에 묘사되어 있다.

메타개체군(metapopulations)은 다른 개체군 구조와는 차이점이 있는데, 이 형태에서는 파편화된 개체군의 소멸과 재정착이 반복적으로 발생한다. 이 형태에 멸종이 없는 것으로 가정한 이론적인 개체군 형태도 존재한다(Hanski & Gaggiotti, 2004). 예를 들어, 핀란드의 글랜빌(Glanville) 표범나비 개체군은 서식에 적합한 1,600 곳의 초원 가운데 1993년부터 1996년 사이에는 320–524 곳에서 서식했지만, 200개의 개체군이 소멸하고 114개의 개체군만이 매년 확인되고 있다. 메타개체군 구조가 개체군 내 개체들에게 미치는 유전적인 영향은 다른 개체군 구조에 비해서 훨씬 유해한 것으로 알려져 있다(완전히 고립된 개체군은 제외했을 때에만 해당).

이 외에도 서로 다른 개체군 구조의 유전적인 변화 과정을 설명하기 위한 확장된 형태의 개체군 유전 이론이 계속 소개되고 있다.

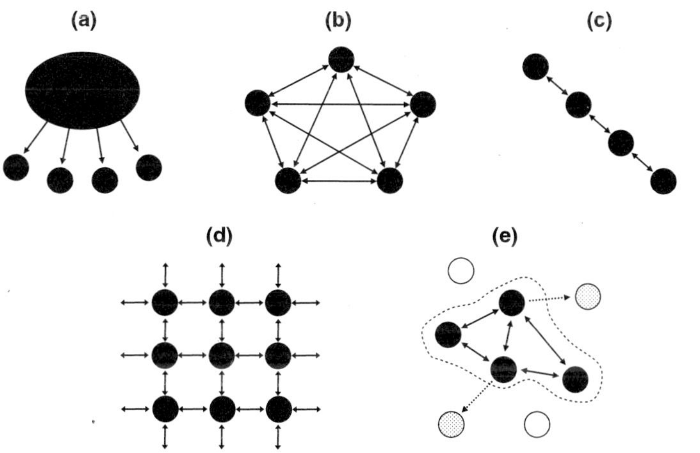

Fig. 14.1 서로 다른 5가지 유형의 파편화된 개체군: (a) 대륙–섬 구조(또는 소스–싱크 구조), 대륙은 섬 개체군으로 개체를 유입시키는 역할을 한다, (b) 섬 구조, 섬의 크기가 같으면 개체의 유출도 같은 수준으로 일어난다, (c) 선형의 징검다리 구조, 서로 인접한 개체군끼리 개체의 이동이 발생한다, (d) 2차원적 징검다리 구조, 서로 인접한 개체군끼리 개체의 이동이 발생한다(Hedrick, 1983) (e) 메타개체군–속이 비어 있는 동그라미는 파편화된 개체군이 멸종한 것을 뜻하고 점선으로 표현된 형태는 새롭게 정착한 개체군을 의미한다(Hanski & Gilpin, 1997).

개체군은 무엇인가?

지금까지 우리는 개체군이라는 용어를 사용하고 있는데, 이에 대한 명확한 정의는 아직 제시하지 않았다. 개체군에 대한 정의는 최소 16가지 이상이며, 이들은 생태적, 진화적, 통계적 패러다임을 반영한다(Waples & Gaggiotti, 2006). 우리가 지금 다루고 있는 보전 유전학의 진화에 관한 문제를 다루고 있기 때문에 이후부터 사용되는 진화를 반영하는 개체군에 대한 정의를 따르기로 한다.

개체군(population)은 생태적으로나 공간적으로 가까우며 상호 번식이 가능한 긴밀함에 속에 살아가는 개체들의 그룹으로 정의할 수 있다.

완전히 고립된 개체군과 개체군간 연계가 잘 되어있는 개체군 사이에는 유

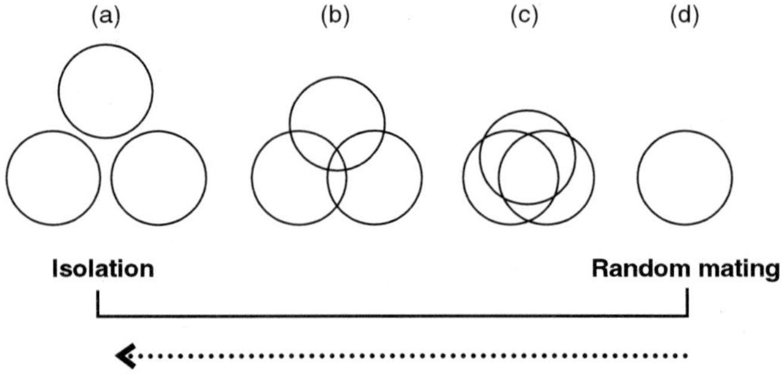

Fig. 14.2 개체군간 분화(differentiation)의 연속(Waples & Gaggiotti, 2006). 각각의 동그라미 그룹은 서로 다른 연결성을 가진 하위 단위의 개체군을 의미한다(각 개체군들의 서식지는 지리적으로 겹치기도 하고, 개체군간 유출도 일어난다). (a) 완전히 독립적인 경우, (b) 서로 연계성이 있는 경우, (c) 개체군간 연계성이 강한 경우, (d) 무작위 교배; 하위 개체군의 크기와 형태가 완전히 동일한 경우.

전자의 흐름(flow)과 분화 정도에 따라 일종의 연속체(continuum)가 존재한다(그림 14.2). 번식 응집력은 유전자 흐름의 정도에 따라 결정되는데, 각 세대간 교환된 이주(migrant) 개체 수에 영향을 받는다.

> 같은 크기 일지라도 철저히 고립되고 파편화(fragments)된 개체군은 단일한 하나의 큰 개체군보다 유전적 다양성 감소를 겪게 되고 근친과 절종의 위험이 높다.

완벽하게 고립된 파편화된 개체군

개체군 파편화로 인해 발생하는 장단기 유전적 변화를 하나의 파편화된 개체군의 총 수와 동일한 단일 개체군과 비교한 결과가 그림 14.3에 제시되어 있다. 개체군의 생존에 불리한 영향은 장기적으로 보았을 때 더욱 뚜렷해진다. 이를 정량적으로 나타내기 위해 우리는 아래에서 다음과 같은 이론을 고안하였다.

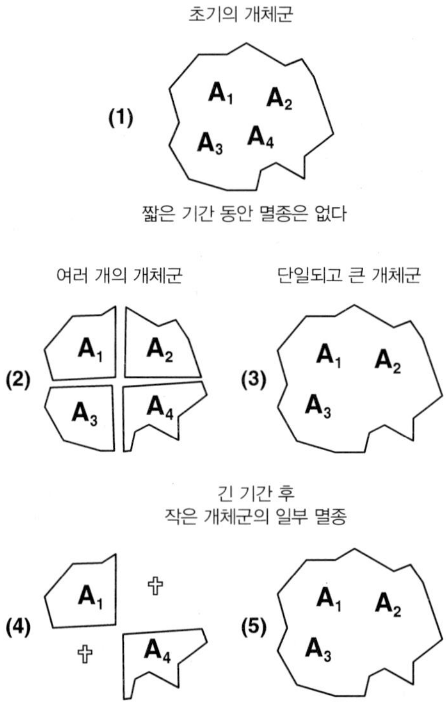

Fig. 14.3 크기가 큰 단일 개체군(SL)과 처음에는 앞의 집단과 크기가 동일했지만, 외부 요인에 의해 작은 크기로 파편화되고 고립된 다수의 개체군(SLOSS)의 유전적인 변화 결과를 시간의 흐름에 따라 비교한 결과. (1) A_1−A_4는 초기 개체군 내에 존재했던 서로 다른 대립유전자를 나타낸다. 단기에서는 소멸이 없이 여러 개의 작은 개체군으로 존재하고 있다. (2) 각각의 대립유전자형이 더욱 빠른 속도고 고착화되고 있지만 개별 개체군 전체를 생각할 경우에는 크기가 큰 단일 개체군에 비해서 유전적 다양성이 오히려 더 높다(3). 개별 대립유전자가 크기가 큰 단일 개체군으로부터 손실될 가능성이 작은 개체군으로 나누어져 있는 경우 전체를 대상으로 한 경우보다 대립유전자의 손실 가능성보다 더 높다. 하지만 SS개체군은 SL 개체군에 비해서 근친교배의 발생 가능성이 훨씬 높다.
장기적인 관점에서는 작은 개체군들 가운데 일부는 소멸하지만, 하나의 단일 개체군에서는 소멸이 나타나지 않고, 작은 개체군들의 생존 정도(4)는 단일 개체군인 (5)의 경우보다 유전적 다양성이 낮게 나타난다.

'섬'처럼 고립된 파편화된 개체군

앞에서 설명한 것처럼, 섬 내 개체군은 일반적으로 근친교배의 빈도가 잦고, 유전적 다양성이 낮으며 멸종의 위험성도 대륙(mainland)에서 서식하는 개체군에 비해서 높게 나타난다(2장). 예를 들어, 호주 서부의 일부 섬 지역에 서식하는 검은발바위왈라비 개체군은 본토에 서식하는 개체군에 비해서 유전자좌위당 마이크로세틀라이트(microsatelite)의 수가 훨씬 적은 것으로 나타났다(Table 14.1). 또한, 섬 개체군들이 보유하고 있는 대립유전자들도 정도의 차이는 있지만 서로 달랐다. 특정 개체군은 암컷의 생식력이 근친교배약세(inbreeding depression)를 나타냈다(Box 2.3). 이들 섬개체군은 고립된 채로 1600세대를 지내왔지만, 유전적 다양성의 감소는 이보다 훨씬 적은 세대를 지나는 동안 진행되었다. 이러한 현상은 태국의 한 강에 댐을 설치하면서 개체군이 파편화 된 세 종류의 포유류 사례에서도 이미 확인된 것이다(Srikwan & Woodruff, 2000).

고립되고 파편화된 개체군은 '섬 개체군' (island population)의 특성들을 보인다.

Table 14.1 8,000년에서 15,000년 전 해수면 상승으로 인한 섬지역 개체군의 파편화가 유발한 검은발바위왈라비 개체군의 유전적 다양성 감소 사례. 호주 본토와 인근 섬지역의 6개 해안에 서식하는 개체군을 대상으로, 4개의 마이크로세틀라이트 염색체좌에 대립유전자가 존재하면 (+), 존재하지 않으면 (−)로 나타내었다(Eldridge 등, 1999). 섬 개체군은 본토의 개체군에 비해서 대립유전자 보유 빈도가 매우 낮게 나타났지만, 이들은 대부분 본토에서 서식하는 개체군의 아종인 경우가 많았다. 서로 다른 섬에서 서식하는 개체군들은 일반적으로 서로 다른 대립유전자를 보유하고 있었고, 이것은 유전자 부동(genetic drift) 때문인 것으로 판단된다.

			섬지역					
Locus	Allel	대륙	BI	SI	PI	MI	Wil	Wel
Pa297	102	+	−	−	−	−	−	−
	106	+	−	−	−	−	−	−
	118	+	−	−	−	−	−	−
	120	−	−	−	+	−	−	−
	124	+	−	−	−	+	−	−
	120	I		I	−	−	+	+
	130	+	−	−	−	−	−	−
	136	+	+	−	−	−	−	−
Pa385	157	+	−	−	−	−	−	−
	159	+	−	−	+	−	+	+
	161	+	−	+	−	−	−	−
	163	+	−	−	−	+	−	−
	135	+	−	−	−	−	−	−
	173	−	−	−	−	−	−	−
Pa593	105	+	−	−	−	−	+	+
	113	−	+	−	−	−	−	−
	123	+	−	−	−	−	−	−
	125	+	−	−	+	−	−	−
	127	+	−	−	−	−	−	−
	129	+	−	−	−	−	−	−
	131	+	−	+	−	−	−	−
	133	+	−	−	−	−	−	−
	135	+	−	−	−	−	−	−

검은발바위왈라비

Table 14.1 (계속)

Locus	Allel	대륙	섬지역 BI	SI	PI	MI	Wil	Wel
	137	−	−	−	−	+	−	−
Me2	216	+	−	−	−	−	−	−
	218	+	−	−	−	+	+	−
	220	+	+	−	−	−	−	+
	222	+	−	+	−	−	−	−
	224	+	−	−	−	−	−	−
	230	−	−	−	+	−	−	−

이상적 개체군에 개체군 파편화가 발생할 경우

파편화되고 고립된 개체군 내의 유해한 유전자의 영향은 시간이 지날수록 축적되며 작은 조각일 수 록 더 악화된다.

우리는 우선적으로 이상적으로 파편화된 개체군에 대해서 살펴보고자 한다. 하나의 개체군이 서로 개체수가 동일한 다수의 개체군으로 파편화되는 경우, (a) 대립유전자의 분화 정도에 미치는 영향과 (b) 세대가 지남에 따라 해당 유전자형의 출현빈도가 어떻게 변화하는지를 살펴볼 것이다.

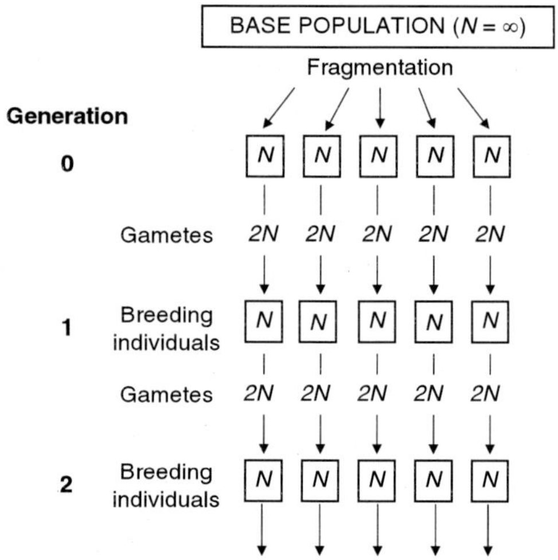

Fig. 14.4 이상적 개체군에서 개체군 파편화 모델. 기본 개체군(base populator)은 무한하며, 여기서 비롯된 개체군의 크기는 같고, 서로 간의 이주는 없다. 파편화된 개체군의 각 개체는 그 자체로 이상적 개체군이다(idealized population). (after Falconer & Mackay 1996 p.50)

개체군 파편화가 두 가지 단계에 걸쳐 발생한다고 가정하자.

(1) 개체군의 파편화로 인해 개체군 내에서 최초로 유전적 세분화가 발생하고,

(2) 파편화된 개별 개체군에서 시간이 지남에 따라 유전자 부동, 근친교배의 영향이 축적됨

개체군 파편화가 초래하는 초기 유전적 영향

파편화된 개체군에서 대립유전자의 빈도 차이는 큰 조각보다 작은 조각일수록 더 뚜렷하다.

어떤 요인에 의해 개체군이 파편화되는 경우, 개별 개체군의 최초 대립유전자 출현빈도는 서로 다를 것이다. 이러한 분화는 대립유전자 출현빈도의 분산을 통해 나타낼 수 있고(Box 5.3), 이항표본조사를 통해 예측도 가능하다. 최초의 개체군에서 어떤 유전자좌위에 A_1과 A_2 두 가지의 대립유전자가 각각 p와 q의 확률로 발현된다고 가정하자. 파편화된 각 개체군 내 개체수가 N일 때, 각 개체군

내 A_1 출현빈도의 이항분산 $\sigma_p{}^2$는 다음과 같다.

$$\sigma_p{}^2 = \frac{pq}{2N} \tag{14.1}$$

위 식을 통해서, 파편화된 개체군의 개체수가 큰 경우와 작은 경우의 차이가 매우 클 것이라고 예상할 수 있다(예제 14.1). 또, 초기의 대립유전자 출현빈도가 서로 동일할 때(p와 q가 각각 0.5일 때), pq의 값이 최대가 되어 분산도 커지는 것을 알 수 있다.

예제 14.1 파편화된 개체군의 크기가 서로 다른 경우 대립유전자 출현빈도의 변화 정도

초기의 대립유전자 출현빈도가 각각 0.6과 0.4인 유전자좌위를 가정할 경우, 100개체에서 유전자복제가 발생하는 경우 파편화된 개체군별 대립유전자 출연빈도의 변화 정도는 식 14.1을 사용해서 계산할 수 있다.

$$\sigma_p{}^2 = \frac{pq}{2N} = \frac{0.6 \times 0.4}{(2 \times 100)} = 0.0012$$

파편화된 개체군의 크기가 10인 경우의 대립유전자 출현빈도의 분산은 다음과 같다:

$$\sigma_p{}^2 = \frac{pq}{2N} = \frac{0.6 \times 0.4}{(2 \times 10)} = 0.012$$

따라서 개체군 내에서 샘플링을 한 이후의 대립유전자 출현빈도의 분산은 샘플의 크기에 정비례한다.

파편화가 발생하지 않은 기본개체군에서 표본을 선정할 때 이형접합성의 평균 감소율은 $1/(2N)$이다(식 8.2). 개체군 파편화로 인해 최초로 이형접합성이 감소할 때 해당 개체군의 개체수가 매우 적은 경우(개체수가 10 미만인 경우)가 아니라면 감소 정도는 미미할 것이다. 이러한 효과는 Table 8.2에 제시되어 있다.

파편화된 개체군에서 이형접합성(heterozygosity)은 본래의 연속된 개체군에서 보다 더 낮아지고 조각들 간에도 다르게 나타난다.

개체군 파편화가 여러 세대에 걸쳐서 미치는 영향

대립유전자 출현빈도의 분화 현상은 각각의 개체군에서 동일해질 때까지 계속된다(p=1, q=0). 식 14.1을 여러 세대에 대해서 적용할 경우, t 세대 이후의 대립유전자 출현빈도의 분산은 다음과 같다.

고정될 때까지, 세대를 거듭할수록 조각들 간의 대립유전자 빈도는 유전자 부동(genetic drift)에 의해 다양해지며, 모든 개체군이 고정(fixation)에 이르기까지 지속된다.

$$\sigma_p{}^2 = p_0 q_0 \left[1 - \left(1 - \frac{1}{2N}\right)^t\right] \tag{14.2}$$

p_0와 q_0는 최초의 대립유전자 출현빈도를 뜻하고, 파편화된 개체군의 크기는 시간이 변하더라도 일정한 것(N)으로 가정한다.

이상의 식으로부터, 다음과 같이 대립유전자 출현빈도의 분산이 가지는 특징을 알 수 있다.

- 세대가 지남에 따라(t) 증가

• 파편화된 개체군의 개체수가 작을수록 더욱 빠르게 증가

세대가 지남에 따라서 두 가지 서로 다른 p값의 기댓값에 대한 이론적인 분포가 그림 14.5에 나타나 있다. 시간이 지남에 따라 대립유전자 출연빈도의 분포가 일정해지고 $2N$세대부터는 균등 분포를 나타낸다(단, 개체군의 개체수가 고정되어 있는 경유는 고려하지 않을 경우에 대한 것임).

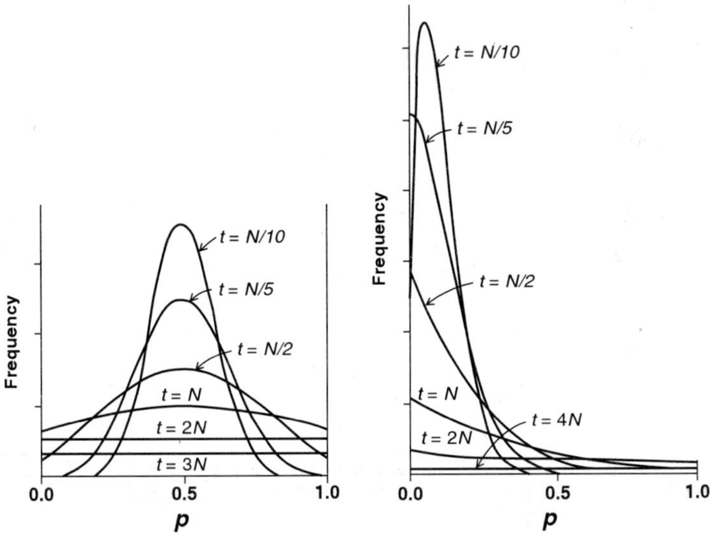

Fig. 14.5 서로 다른 세대(시간)이 지났을 때 파편화된 개체군간의 대립유전자 출현빈도 분포의 예측값을 파편화된 개체군의 크기 N으로 나타내었다. 왼쪽 그림은 p_0=0.5일 때, 오른쪽 그림은 p_0=0.1인 경우이다. 고정된 개체군은 제외시켰다. 수평축은 대립유전자 출현빈도(p)를 나타낸 것이다. 수직축은 확률을 뜻하는데, 각각의 그래프 아래의 면적이 일치하도록 비례 조정하였다(Falconer & Mackay, 1996).

초파리 개체군 내 대립유전자의 분포를 관찰한 결과는 앞에서 예측한 결과와 비슷하게 나타났다(그림 14.6). 또 붉은벼슬딱다구리와 검은발바위왈라비의 파편화된 개체군에서도 앞에서 예측한 것과 비슷하게 각 개체군 간 대립유전자의 확산(dispersion) 현상을 확인할 수 있었다(Box 14.1). 예제 14.2에서 특정 대립유전자가 개체군 파편화로 인해 분산되는 양상을 계산하였다. 개체군 내 개체수

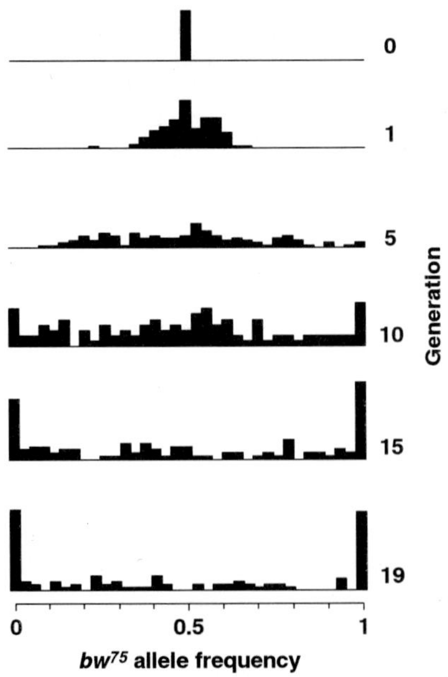

Fig. 14.6 초파리의 파편화된 개체군의 대립유전자 출현빈도가 시간이 지남에 따라 분산되는 것을 나타낸 그림. 105번 복제된 19세대에 걸친 bw^{75} 대립유전자의 출현빈도의 분산이 나타나 있는데, 세대별로 16쌍은 유지되었다. 모든 개체군의 초기 출현빈도는 0.5였다(Buri, 1956).

예제 14.2 시간이 지남에 따른 대립유전자 출현빈도 분산의 증가

Buri가 실험한 초파리(그림 14.6)은 $p=q=0.5$에서부터 시작하였고, 세대별로 각 개체군은 16개체의 부모 개체로 이루어졌다. 첫 번째 세대가 지난 후의 대립유전자 출현빈도의 분산의 기댓값은 식 14.2와 컴퓨터를 이용해서 다음과 같이 계산하였다.

$$\sigma_p{}^2 = pq\left[1 - \left(1 - \frac{1}{2N}\right)^t\right] = 0.5 \times 0.5\left[1 - \left(1 - \frac{1}{(2 \times 16)}\right)^1\right] = 0.0078$$

두 번째 세대가 지난 후에는 다음과 같다.

$$\sigma_p{}^2 = pq\left[1 - \left(1 - \frac{1}{2N}\right)^t\right] = 0.5 \times 0.5\left[1 - \left(1 - \frac{1}{(2 \times 16)}\right)^2\right] = 0.015$$

19세대가 지난 후에는 다음과 같다.

$$\sigma_p{}^2 = pq\left[1 - \left(1 - \frac{1}{2N}\right)^t\right] = 0.5 \times 0.5\left[1 - \left(1 - \frac{1}{(2 \times 16)}\right)^{19}\right] = 0.113$$

대립유전자 출현빈도의 분산은 점차적으로 증가하다가 $pq=0.25$일 때 최대값을 나타냈고, 개체군은 더 이상 변동이 없었다(고정되었다).

실제 초파리를 대상으로 관찰한 결과 예측값보다 훨씬 빠른 속도로 증가하는 것으로 나타났는데, 이것은 실제 유효 개체군 크기(N_e)가 예측시에 가정한 부모 개체의 수 16(N)보다 작았기 때문이다.

가 큰 경우, 각 세대별로 개체군 수는 동일하다고 가정했을 때, 분산은 p_0q_0이다.

개체군 파편화는 개체군 전체에 대해서 하디-와인버그(Hardy-Weinberg) 기대공식(expectation)을 적용한 결과와 비교했을 때, 이형접합체의 결함(deficiency)이 나타난다. 이런 현상은 이 현상을 처음 발견한 왈런드(Wahlund)의 이름을 따라 왈런드 효과라고 한다. 이해를 위해서 다음과 같이 예를 들어보자. 최초의 대립유전자 출현빈도가 $p=q=0.5$라고 할 때, 이형접합체의 결과는 최대값을 가진다($2pq=0.5$). 하지만 파편화된 각각의 개체군에서 유전자 부동(drift)으로 인해 대립유전자의 출현빈도가 $p=q=0.5$과는 다른 값을 가지게 되고, $2pq$의 값도 작아지게 된다(예를 들어, $p=0.3$, $q=0.7$, 또는 $p=0.7$, $q=0.3$인 경우 이형접합 평균은 0.42이다). 특정 개체군이 많은 수로 파편화 되었다면, p, q의 평균값은 0.5에서 크게 벗어나지 않지만 평균 이형접합은 감소하게 된다.

> 파편화된 개체군간 유전적 부동은 모든 파편화된 개체군의 이형접합체를 하디-와인버그 평형(Hardy-Weinberg equilibrium)으로 계산한 전체 개체군에서의 값보다 감소시키는 것으로 나타났다.

예상되는 이형접합체 비율보다 낮은 값을 이용해서 유전적으로 파편화된 개체군을 평가하는 데 사용할 수도 있다 예를 들어, 멸종위기의 담쟁이덩굴(avens plant)의 이형접합체는 미국 동부지역의 5개 개체군을 조사해서 평균적으로 0.052인 것으로 나타났는데, 위의 식을 이용한 예측 결과는 거의 두 배에 가까운 수치를 나타냈다(0.098) (Hamrick & Godt, 1996). 이상의 분석 결과는 이형접합체의 결함은 개체군 파편화와 파편화된 개체군 내에서의 근친교배로 인한 영향이 종합적으로 작용한 결과임을 보여 준다.

> 파편화된 개체군의 이형접합체 손실은 유전적 부동 또는 근친교배 과정을 통해서 해결할(treated) 수 있다.

Table 14.2는 유전자 부동 및 근친교배가 발생했을 때 모든 파편화된 개체군에 대한 전반적은 유전자형 출현빈도를 보여 준다. 유전자 부동으로 인해서, 이형접합체의 감소는 대립유전자 출연 빈도의 분산값의 2배한 결과와 동일하다 (Falconer & Mackay, 1996). 근친교배의 경우, 이형접합체는 F에 대해서 일정하게 감소한다(식 12.1). 예제 14.3은 개체군 파편화로 인한 영향을 판단하기 위해서 근친교배가 발생했을 때와 유전적 부동이 발생했을 때를 가정하는 각각의 방법이 동일한 결과를 가져다 주는 것을 보여 준다.

Table 14.2 전체 개체군(모든 파편화된 개체군을 하나로 합한 것으로 가정함)를 유전적 부동 또는 근친교배가 발생한 것으로 가정할 때의 유전자형 출현빈도. $\sigma_p^2=Fp_0q_0$ 라고 하자.

유전자형	파편화 발생 이전의 출현빈도	전체개체군을 가정했을 때 개체군 파편화 발생 이후의 출현빈도	
		유전적 부동	근친교배
A_1A_1	p_0^2	$p_0^2+\sigma_p^2$	$p_0^2+Fp_0q_0$
A_1A_2	$2p_0q_0$	$2p_0q_0-2\sigma_p^2$	$2p_0q_0\,(1-F)$
A_2A_2	q_0^2	$q_0^2+\sigma_p^2$	$q_0^2+Fp_0q_0$

예제 14.3 파편화된 개체군의 이형접합체 감소

두 개의 대립유전자의 출현빈도가 각각 0.7, 0.3인 유전자좌위에서, 무작위 교배를 가정한 하디–와인버그 이형접합체 예측값 H_e는 2×0.7×0.3=0.42이다. 하지만, 근친교배 상관계수값 F가 0.64인 경우에는 위 값이 다음과 같이 감소하게 된다.

$$H_F = 2 \times 0.7 \times 0.3 \times (1 - 0.64) = 0.15$$

이형접합체의 감소율 (0.42−0.15)/0.42=64%는 근친교배 상관계수에 직접적으로 비례한다.

모든 세대의 유효 개체군 크기가 10인 파편화된 개체군 그룹이 있다고 가정할 때, 이 그룹이 서로에 대해서 20세대가 지나는 기간 동안 고입되어 있었다고 가정하면(F=0.64), 대립유전자 출현빈도의 분산의 기댓값은 다음과 같다.

$$\sigma_p^2 = 0.7 \times 0.3 \left[1 - \left(1 - \frac{1}{(2 \times 10)}\right)^{20}\right] = 0.135$$

이 개체군의 전체 이형접합체 기댓값은 다음과 같이 계산할 수 있다.

$$H_{\text{frag}} = 2p_0q_0 - 2\sigma_p^2 = 0.42 - 2 \times 0.135 = 0.15$$

이 값 또한 무작위 교배를 가정한 하디–와인버그의 예측치보다 낮게 나타났다.

개체군 파편화를 근친교배의 발성 또는 유전적 부동으로 간주하고 계산해도 결과는 동일하게 나온다.

파편화된 개체군간 분화 경향의 양적형질(quantitative character)은 세대가 지남에 따라 대립유전자 출현빈도가 증가하는 것과 비슷한 형태로 증가한다(그림 14.7). 개별 유전자좌위와 유전자좌위 내 대립유전자들이 다음 세대로 전해지는 경로를 추적하는 것이 불가능하기 때문에, 상호독립적인(additive) 유전적 분산을 더해서 변화를 측정한다. 파편화된 개체군 각각의 상호독립적 유전적 분산(V_A)은 파편화된 개체군수가 증가할수록 증가하고, 이형접합체와 비슷하게 개체군 내에서는 감소한다. 상호독립적인 유전자좌위(우성이 없는 경우)의 경우 개체군간 유전적 분산은 $2FV_A$까지 증가하고, 개체군 내에서는 $V_A(1-F)$까지 감소한다(Falconer & Mackay, 1996). 우성이 있는 경우에는 훨씬 복잡해지는데, 개체군간 유전적 분산은 F와 함께 증가하고, 개체군 내에서의 분산은 처음에는 F와 같이 증가하지만 어느 시점부터 감소하기 시작하고 최종적으로는 F의 값이 최대가 될 때 0이 된다(Van Buskirk & Willi, 2006).

양적형질(quantitative character)은 유전자 부동에 의해 개체군 내에서 다양성을 보인다.

특정 개체의 양적형질에 영향을 미치는 여러 가지 유전자좌위 각각은 서로 독립적으로 유전적 부동을 나타내게 된다. 일부는 고정이 되기도 하고, 또는 다형성(polymorphic)을 나타내기도 한다. 지놈(genome)의 모든 유전좌자에 대해서 결합적으로 일어나는 효과는 우리가 앞에서 설명했던 개체군 파편화의 영향의 평균적인 수준, 즉 이형접합체의 전체적인 감소라고 할 수 있다(Table 14.2). 하지만, 동일한 개체군으로부터 파편화되어 서로 다른 개체군으로 구분된 경우에는 복제된 개체군(파편화된 개체군 내에서 번식, 성장한 새로운 개체들)은 서로 다른 유전적 분화를 나타낼 것인데, 이것은 대립유전자 가운데 고정된 것과 다형성인 것들이 파편화된 개체군별로 서로 다르기 때문이다.

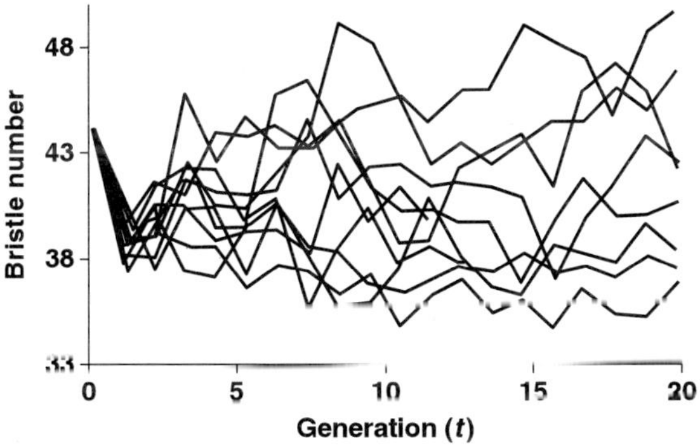

Fig. 14.7 초파리의 비정상적으로 짧은 털의 개수에 영향을 미치는 유전자의 무작위 유전적 부동(Falconer & Mackay, 1996, based on Rasmuson). 그래프는 단일 개체군에서 10개의 개체군으로 구분된 각각의 개체군이 세대별 평균적인 털의 개수를 나타내고, 각각의 세대는 한 쌍의 암수 개체로부터 번식된 것임. 10개 개체군 가운데 2개는 멸종해서 그래프에 반영되지 않음. 개별 개체군의 세대에 다른 평균적인 유전적 부동과 개체군간 분화정도는 세대가 지남에 따라 증가하는 것으로 나타났다.

개체군 파편화의 측정: *F* 통계

파편 간의 분화 정도는 개체군간 혹은 개체군 내에서의 근친교배 분할로 묘사될 수 있다.

Sewall Write(Wright, 1969)는 전체(T) 개체군(F_{IT})에서 근친교배를 다음과 같이 구분하였다:

- 아개체군(sub-population)과 관계가 있는 개별 개체군들 사이의 근친교배 (F_{IS}), 또는 전체 개체군에 대한 상대적인 개체군 파편화
- 아개체군(sub-population) 간의 차이에 의한 근친교배, 전체 개체군에 대한 상대적인 개체군 파편화, F_{ST}

F_{IT}, F_{IS}, F_{ST}는 통계량을 뜻한다(Wright, 1969). F_{IS}는 근친교배 상관계수, F(12장)값으로 모든 파편화된 개체군 내 모든 개체들의 평균적인 근친교배 수준을 나타낸다. F_{ST}(복합 대립유전자좌위를 뜻하는 G_{ST}관련이 있다)는 개체군 가운데 일부 개체들에 대한 영향을 뜻한다. 두 개의 대립유전자를 가지는 하나의 유전자좌위에 대해서 F_{ST}는 다음과 같이 정의된다.

$$F_{ST} = \frac{\sigma_p^2}{\bar{p}(1-\bar{p})} \tag{14.3}$$

$\bar{p}$는 대립유전자의 평균 출현빈도, σ_p^2는 대립유전자 A_1의 아개체군에 대한 출현빈도의 분산을 뜻한다. 모든 아개체군 내에서 대립유전자 출현빈도가 동일한 경우에는, σ_p^2와 F_{ST} 모두 0이 된다. 만약 분산이 이항분산이라면 최대값은 $p(1-p)$가 되고 이때는 F_{ST}=1이 된다. 결과적으로, F_{ST}는 두 개의 대립유전자를 가지는 유전자좌위에 대해서 0(파편화된 개체군 간 차이가 없음)부터 1(파편화된 개체군의 서로 다른 대립유전자가 고정되어 있음) 사이의 값을 가질 수 있다. $\sigma_q^2=\sigma_p^2$

F 통계는 이형접합체와 근친교배에 관한 식 12.9를 사용해서 계산할 수 있다. 이형접합체로부터 결정되는 F 통계는 다음 식을 통해서 결정된다.

$$F_{IS} = 1 - \frac{H_I}{H_S} \tag{14.4}$$

$$F_{ST} = 1 - \frac{H_S}{H_T} \tag{14.5}$$

$$F_{IT} = 1 - \frac{H_I}{H_T} \tag{14.6}$$

H_I은 모든 파편화된 개체군에서 관찰된 이형접합체들의 평균, H_S는 모든 파편화된 개체군에서 예상되는 이형접합체의 평균, H_T는 모든 개체군을 합한 하나의 개체군이 있다고 생각할 때(H_e와 같다) 예상되는 이형접합체의 값을 나타낸다.

표 14.3은 F 통계를 가상적인 상황에 적용한 예이다. (A) 사례에서는 대립유전자 출현빈도가 동일하지만 개체군 2의 경우 파편화로 인해 근친교배가 발생한 경우인데, 이 때문에 F_{ST}의 값은 0보다 커야 한다. 대립유전자 출현빈도가 서로 다른 파편화된 개체군에서 유사하다면, 개체군 내 개별 개체의 유출이 높거나 또는 개체군들이 비교적 최근에 파편화된 경우 둘 중 하나이며, 이때는 분화 정도가 낮고, $H_S \sim H_T$이고, $F_{ST} \sim 0$이다. (B) 사례는 각각의 개체군에서 근친교배가 발생하지 않은 것으로 가정하였는데, 이형접합체의 예측치와 실제 이형접합체의 관측치가 서로 동일하였고(H_T=H_S), F_{IS}=0이었다. 하지만, 파편화된 개체군 각각은 대립유전자 출현빈도가 서로 달랐고, 이 경우 유전자의 흐름이 매우 제한적일 것으로 예상된다. H_T가 H_S보다 크고, F_{ST}〉0이다. (C) 사례에서는 대립유전자 출현빈도와 근친교배의 발생이 서로 달랐는데, F_{IS}와 F_{ST}가 0보다 크

Table 14.3 유전형 자료로 부터 F 통계 측정의 가상적인 예.

Population	Genotypes A_1A_1	A_1A_2	A_2A_2	Allele frequency	F	H_e $(=2pq)$
(A) 대립유전자 빈도가 같은 개체군, 한 번의 무작위 교배(random breeding), 그외 근친교배						
1	0.25	0.5	0.25	$p=0.5$ $q=0.5$	0	0.5
2	0.4	0.2	0.4	$p=0.5$ $q=0.5$	0.6	0.5
Combined	$H_I=0.35$			$p=0.5$ $q=0.5$		$H_S=0.5$ $H_T=0.5$
$F_{ST}=0$	$F_{IS}=0.3$	$F_{IT}=0.3$				
(B) 다른 대립유전자 빈도를 지닌 무작위 교배한 개체군						
1	0.25	0.5	0.25	$p=0.5$ $q=0.5$	0	0.5
2	0.04	0.32	0.64	$p=0.2$ $q=0.8$	0	0.32
Combined	$H_I=0.41$			$p=0.35$ $q=0.65$		$H_S=0.41$ $H_T=0.455$
$F_{ST}=0.099$	$F_{IS}=0$	$F_{IT}=0.099$				
(C) 다른 대립유전자 빈도를 지닌 개체군, 한 번의 무작위 교배, 그외 근친교배						
1	0.25	0.5	0.25	$p=0.5$ $q=0.5$	0	0.5
2	0.14	0.13	0.74	$p=0.2$ $q=0.8$	0.6	0.32
Combined	$H_I=0.31$			$p=0.35$ $q=0.65$		$H_S=0.41$ $H_T=0.455$
$F_{ST}=0.042$	$F_{IS}=0.31$	$F_{IT}=0.312$				

고, 하나의 개체군으로 가정했을 때의 근친교배값 F_{IT}는 위의 두 가지 효과를 모두 반영한다(식 14.6).

북미 서부 지역의 멸종위기종 태평양주목(pacific yew)의 F 통계을 이형접합체를 이용해서 계산한 결과(예제 14.4) 개체군 내에서 근친교배가 존재하고 ($F_{IT}>0$), 개체군 간 차이도 존재했다($F_{ST}>0$).

태평양주목

예제 14.4 | 멸종위기종인 태평양주목의 F 통계 계산

캐나다에서 서식하는 9개체들의 21번 유전자좌위의 평균적인 이형접합체 관측치는 0.085였고, 이들 개체군에 대한 이형접합체의 예측치(H_S)는 0.166이었다 (EI−Kassaby & Yanchuk, 1994). 결과적으로, 개체군 내 근친교배 통계량 F_{ST}는 다음과 같다.

$$F_{IS} = 1 - \frac{H_I}{H_S} = 1 - \frac{0.085}{0.166} = 0.49$$

근친교배 통계량은 자가수분을 하는 경우에는 위의 값처럼 높게 나타나기도 하지만 태평양주목은 자웅 이주이기 때문에 자가수분에 의한 것이라고 볼 수 없고, 이들 수목의 열매를 먹이로 하는 조류 또는 설치류 등에 의해 어린 개체들이 부모 개체 주변에 밀집해 있기 때문인 것으로 생각할 수 있다. 9개체에 대한 전체적인 이형접합체 통계량 예측치(H_T)는 0.18이었다. 따라서 개체군 분화(population differentiation)에 의한 근친교배 통계량(H_T)은 다음과 같다.

$$F_{ST} = 1 - \frac{H_S}{H_T} = 1 - \frac{0.166}{0.180} = 0.078$$

이상의 결과는 개체군 분화의 정도가 미미한 수준임을 의미한다. 개체군 파편화로 인한 개체군 내에서의 근친교배 및 개체군간 분화를 모두 나타내는 F 통계량 (F_{IT})은 다음과 같다.

$$F_{IT} = 1 - \frac{H_I}{H_T} = 1 - \frac{0.085}{0.18} = 0.53$$

F_{ST}는 알로자임(allozyme)이나 마이크로세틀라이트 이형접합 자료를 사용해서 추정할 수도 있다. R_{ST}값 또한 마이크로세틀라이트 자료를 이용해서 계산해낸 것인데(Slatkin, 1995), 이 두 가지 값을 수치를 이용해서 비교한 결과 거의 차이가 없었다(B). 한편, F_{ST}값이 대립유전자의 수가 3개 이상인 경우 0과 1 사이를 벗어나는 경우가 나타났는데(마이크로세틀라이트 등), 이때에는 서로 다른 마이크로세틀라이트 내 유전자좌위와 알로자임을 마이크로세틀라이트들과 비교하는 것이 불가능하다. 이 문제를 해결하기 위해 Hedrick(2005c)은 F_{ST}의 범위를 주어진 자료의 특성에 따라 최대한으로 확장시키는 방식으로 유전적인 차이를 표준화하는 방법을 고안하였다.

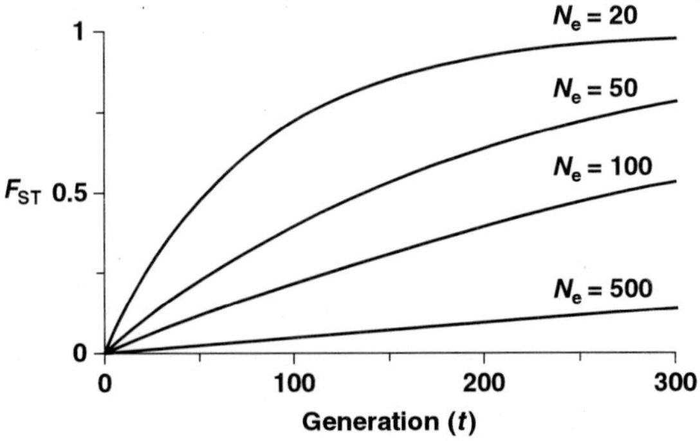

Fig. 14.8 개체군 크기가 서로 다를 때 고립된 세대(시간)이 증가함에 따른 F_{ST}값은 이론적으로 증가하는 것으로 나타났다.

그림 14.8은 개체군의 수가 상대적으로 적은 경우 세대가 지남에 따라 F_{ST}값의 증가가 더욱 빠르다는 것을 보여준다. 특히, F_{ST}값이 0부터 0.15사이인 경우에는 파편화된 개체군 간의 유전적 차이가 상당하다고 생각할 수 있다.

F_{ST}값은 파편화된 시점으로부터 세대(시간)가 지나면서 증가하는 것으로 나타났고, 개체군 크기에 반비례하는 것으로 나타났다.

파편화된 개체군 간의 유전자 흐름

파편화에 의한 부정적인 영향은 유전자 흐름의 정도에 따라 결정되는데, 개체군 내 개체의 유전적 흐름(migration)이 있을 경우에는 파편화에 의한 피해를 줄일 수 있다. 유전자 흐름이 원활히 진행될 경우에는 파편화된 개체군들은 파편화되기 이전의 하나의 단일 개체군으로 존재하던 때와 동일한 양상을 나타낼 것이다. 일반적으로 파편화된 개체군들 간에는 어느 정도 유전자 흐름이 존재하는 것으로 나타나지만, 파편화 되기 이전 하나의 연속적인 개체군으로 존재했을 때보다는 적은 수준이다. 만약 파편화된 개체군 간 유전자 흐름이 원활하게 이루어져서 개체군 파편화의 부정적인 영향을 상쇄하게 되는 것은 언제일까?

유전자 흐름은 파편화된 개체군의 유전적인 영향을 감소시킨다.

Sewall Wright는 이상적인 개체군들에 있어서, 각각의 세대에서 한 번의 이동만 일어난다면 개체군의 크기에 상관없이 완벽한 분화(그리고 고정)이 발생하지 않도록 차단할 수 있다는 것을 확인하였다(W, 1969). 이것은 역설적으로 보일 수도 있지만, 개체군의 개체수가 적은 집단에서 유출이 일어났을 때는 개체군의 개체수가 많은 집단에서 동일한 유출이 발생했을 때보다 상대적으로 더욱 큰 영향을 줄 수 있다고 생각할 수 있다. 개체군의 개체수가 적은 집단에서 유출의 비율이 높게 나타났을 경우 유전적 부동에 의한 분산의 손실에 더욱 효과적으로 대응할 수 있게 된다.

세대가 지남에 따라 개체군의 유입이 한 번 있다면 개체군의 크기와는 별도로 완벽한 고립을 충분히 예방할 수 있는 것으로 알려져 있다.

이 장의 처음에서 우리는 '섬 모형'을 이용해서 유출 비율이 서로 동일한 크기의 파편화된 개체군들 모두에 대해서 같은 경우를 살펴보았다. 그림 14.9는 서로 다른 이주율을 가지고 있는 파편화된 각각의 개체군 내에서 대립유전자의 출현빈도가 이루게 되는 이론적인 균형점을 보여 주고 있다. 그림에서 m은 개체군의 유전자(gene)에 대한 이주율(migration rate)을 나타낸 것으로 각 세대별 유출 정도를 이용해서 계산하였다(7장). Nm은 세대별 유출 정도를 뜻한다. 각 세대별로 유출이 1번 발생하는 경우보다 유출률이 큰 개체군의 경우(Nm=2 또는 4)인 경우 고정이 발생하지 않지만, 세대당 유출이 1보다 작은 경우에는(Nm=1/2 또는 1/4)일부 개체군에서는 대체가능한 대립유전자(alternative alleles)가 고정되어 분화가 일어난다.

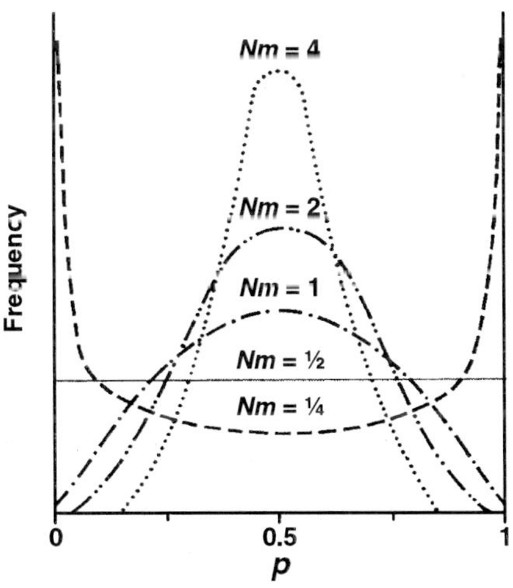

Fig. 14.9 개체군 크기가 N인 개체군이 이주율에 따른 대립유전자 출현빈도의 분화(distribution) 정도(Wright, 1940). 한 세대당 하나 이상의 개체의 이주가 있는 경우 완전히 고립되지(differentiate) 않는 것으로 나타났다. 반면, 개체군 크기에 비해서 이주율이 낮은 개체군의 경우 일시적으로 고정 상태에 도달하게 된다.

현실적으로는, 개체군 파편화로 인한 고정을 방지하기 위해서는 한 세대에서 한 번 이상의 유출이 있어야 한다.

실제 개체군에서는 일반적으로 세대당 1번 이상 유출이 있는 경우가 대부분인데, 개체군이 유출되어 다른 개체군으로 포함이 되면, 기존 개체들끼리만 번식하던 때보다는 번식 성공률이 낮게 되고, 결과적으로 동일한 개체군들만으로 이루어진 채로 존재할 수 없게 된다. 개체군의 수가 5인 경우, 세대별로 1−10이나 10이상 유출이 이루어지는 것이 적절하다고 알려져있다(Lacy, 1987; Mills & Allendorf, 1996; Vu , 2000). 동일한 유전자형의 개체들로만 이루어진 개체들이 아닌 경우에는 복잡성이 증가하는데, 이러한 복잡성은 값(N_em이 값은 1이 될 것이라고 Wright이 처음 예상하였다)을 평가함으로써 해결할 수 있다.

이주(migration)와 근친교배

파편화된 개체군에서 유출이 발생한다면 근친교배의 발생률을 낮출 수 있다.

근친교배는 특정 개체군으로 다른 개체군에 속한 개체를 도입함으로써 상당한 정도로 감소시킬 수 있다(13장). 서로 다른 개체군에 속해 있던 개체들이 하나의 파편화된 개체군 내에서 존재하고 있는 경우에도 앞의 예와 동일한 원리로 근친교배 문제가 해결될 수 있다.

파편화된 개체군의 근친교배는 이주율(migration rate)과 유효개체군 크기(effective population size)에 달려 있다.

개체군 수와 이주율이 일정하게 유지된다면, 근친교배와 개체의 이주는 일종의 균형상태를 이루게 되어 유전적 부동으로 인한 근친교배 발생 증가와 개체의 이주로 인한 교란의 감소가 서로 균형을 이루게 된다. 이때의 균형점을 F_{ST}를 이용해서 표현하면 다음과 같다(Wright, 1969).

$$F_{ST} = \frac{1}{4\,N_e m + 1} \tag{14.7}$$

이 식은 m이 작고, 개체군 크기와 개체군 간 유출률이 서로 동일할 때에만 사용할 수 있다. 그림 14.10은 세대별 유출 개체수(N_em)와 근친교배 상관계수와의 관계를 나타낸 것이다. 한 세대에서 유출이 1번 일어난다면, $F_{ST}=1/(4+1)=0.2$이다. 반대로, 근친교배 상관계수는 한 세대에서 유출의 값이 1보다 작을 때 빠르게 증가하는 경향을 보이고, 유출이 없는 경우에는 1.0의 값을 가지게 된다(완벽한 분화(divergence)−개체군 내에서 고정됨).

실험적 결과는 위에서 제시한 예측 결과를 지지해 준다(Br , 1999; Ne , 2001). 예를 들어, 캐놀라를 대상으로 한 실험에서, 캐놀라 한 세대당 개체수를 5로 유지하고, 5세대를 지나오는 동안 세대별로 각각 0, 1, 2.5의 유출이 발생했을 때 근친교배 상관계수는 각각 0.33, 0.08, 0으로 나타났고, 캐놀라 하나당 씨앗의 수는 각각 35, 75, 79로 나타났다.

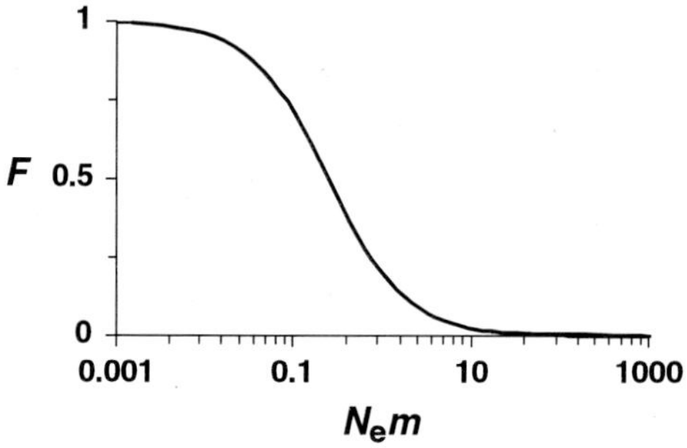

Fig. 14.10 섬 모형에서 유전적 부동과 유출이 균형을 이루고 있을 때 근친교배 상관계수 균형점과 세대별 유출 횟수와의 상관관계.

실제 개체군에 대해서는 개체군 파편화가 유전적으로 미치는 여향을 예측하기 위해서 컴퓨터시뮬레이션을 주로 사용한다.

이상적이지 않은 개체군에서 파편화가 일어난 경우

실제 자연에서 관찰할 수 있는 개체군의 경우에는, 각각의 파편화된 개체군의 개체수가 서로 다르고, 개체군별로 유출률도 다를 수 있고, 개체군이 서로 다른 시점에서 각각 파편화되어 고립되는 경우처럼 파편화의 시간적 차이도 있을 수 있고, 각각의 개체군이 서로 다른 구조를 이루고 있거나, 자연선택에 의해 파편화가 진행된 것일 수도 있다. 이상의 요인들이 상호작용하면 각 요인들이 미치는 영향을 예측하는데 어려움이 발생하게 된다. 실제 개체군의 파편화 결과를 예측하기 위해서 최근에는 컴퓨터를 이용한 시뮬레이션을 주로 사용하게 된다(McCullough *et al*, 1996; Young & Clarke, 2000; Reed, 2004).

실제 개체군에서는 유전적 분화에 파편화가 미치는 영향, 근친교배나 각 종이 가지고 있는 유전적 다양성이 사라지는 정도가 개체군 크기 조사로부터 계산해 낸 예측치보다 크게 나타나는데, 이것은 $N_e < N$이기 때문이고, 어떤 경우에는 magnitude(11장) 순서 때문이기도 하다.

이상적이지 않은 개체군에서 유효 개체군 크기 N_e 대신 N을 사용한다.

지금까지 우리가 살펴본 방법들은 대립유전자 각각이 선택될 확률이 서로 동일하다고 가정하였다. 이 경우 분화되는 비율이 예측치보다 낮게 나타난다. 특정 개체군(patch)에서 우성으로 받아들여지는(favoured) 대립유전자가 다른 개체군에서는 열성이 되는 등의 원인으로 인해서 분화 결과로 선택되는 각각의 대립유전자의 비율이 각각의 개체군별로 다르게 나타난다면 실제로 분화되는 결과는 예측한 값보다 훨씬 크게 나타날 것이다. 하지만 개체군의 크기가 작고 자연선택이 활발하게 일어나지 않는다면, 대립유전자 각각이 선택되는 비율은 동일할(neutral) 것이다(8장과 9장).

유전자 흐름의 측정

이주율을 직접 측정하기 위해서는 개별 개체 또는 식물의 경우, 꽃가루 하나하나를 살펴보아야 하는데 현실적으로 실행하는 데에는 어려움이 많다. 또, 새로 유입된 개체들이 새로운 개체군 내에서 번식에 성공하는 경우가 없을 수도 있다. 유전자 흐름은 식 14.7과 같이 개체군 크기와 이주율에 의해서 결정되는 F_{ST}를 이용해서 추론할 수도 있다. 예를 들어, 식 14.7을 변형하고 태평양주목에 관한 자료를 이용하면, $Nm=(1/F_{ST}-1)/=(1/0.078-1)/4-2.96$이라는 값을 계산할 수 있고, 이것은 평균적으로 각 세대별로 3개체가 태평양주목 개체군으로 유입이 된다는 것을 의미한다. 이러한 결과는 균형 상태에서 유전자 흐름이 시간이 지남에 따른 진화의 발생률을 보여 주는 것이라고 해석할 수 있으며, 현재까지도 같은 경향을 보인다고 해석하는 것은 무리가 있다(Steinberg & Jordan, 1998). 위의 결과는 섬 모형을 이용한 것이지만 그 외의 것들은 유출모형을 적용해서 해석한 것이다(Neigel, 1996을 참고할 것).

유전자 흐름은 개체군 간 유전적 차이(differentiation)를 이용해서 계산한다.

현실에서는 각각의 개체군의 특성을 '섬 모형'으로 완전하게 설명하는 것이 불가능한 것이 사실이며, F_{ST}값을 이용해서 유전자 흐름의 제약을 측정하는 방법이 주로 사용되고 있다. 이 값을 이용해서 계산해 낸 유출률 값은 항상 신뢰할 수 있는 것은 아니지만, 분석하고자 하는 개체군이 섬 개체군의 구조적 특성을 반영하고 있다면 해당 개체군의 상대적인 유전자 흐름의 비율을 나타낸다고 생각할 수 있다.

몇 가지 통계적인 검증 방법을 이용해서 개체군 간의 차이를 확인하거나 유전자 흐름의 비율을 추정하는 것이 가능하다. 이 방법에 대한 통계학적 이론이나 특징에 대한 자세한 내용은 Latch 외(2006), Ryman 외(2006), Waples & Gaggiotti (2006) 등에서 확인할 수 있다.

서로 다른 지리적 환경에서 서식하는 개체들의 복합 유전자좌위(multilocus) 마이크로세틀라이트 유전자형을 이용한 군집(Cluster) 방법을 이용해서 유입 여부를 확인하는 방법이 사용되어 왔다. 이 방법 외에도 이주율과 유전자 흐름을 추정하는 방법들에 대해서 이 장의 후반부와 21장에서 설명하고자 한다.

분산과 유전자 흐름

파편화된 개체군 간의 유전자 흐름은 분산(개체가 영역을 넓히는 것) 능력과 관련이 있다.

개체군 간의 차이는 유전자 흐름의 수준에 의해서 결정되는데, 이것은 종의 확산 능력과 개체군들의 고립 정도와 관련이 있음을 알 수 있다. 따라서 개체군간 유전적 차이의 정도(F_{ST})는 다음과 같은 특징을 가진 개체군들 사이에서 더욱 클 것으로 예상할 수 있다:

- 분산률(dispersal rate)이 낮은 종 vs. 분산률이 높은 종
- 서식지가 구획되어진 경우 vs. 서식지가 연속적으로 이어진 곳
- 파편화된 개체군 간 거리가 가까운 경우 vs. 먼 경우
- 파편화된 개체군의 크기가 작은 경우 vs. 개체군의 크기가 큰 경우
- 한 세대가 긴 종 vs. 한 세대가 짧은 종
- 개체군별 적응 능력이 서로 다른 경우 vs. 적응 능력이 비슷한 경우

많은 사례들을 통해서 위와 같은 추측이 일반적으로 타당하다는 것을 확인하였다(Hastings & Harrison, 1994; Hamrick & Godt, 1996). 예를 들어, 20개 동물군 333종을 대상으로 한 메타 분석(meta-analysis)에서 종의 분산 능력(dispersal ability)와 F_{ST} 사이에 −0.73의 상관관계가 존재하는 것으로 나타났다(Bohonak, 1999). 대표 생물종의 평균적인 F_{ST}가 Table 14.4에 제시되어 있다. 하늘을 날 수 있는 조류와 곤충 같은 경우에는 그렇지 않은 분류군에 비해서 F_{ST}값이 낮다. 또, 식물의 경우에는 자가수분을 하는 식물의 F_{ST}값이 그렇지 않

Table 14.4 분류군의 범위에 따른 고정 지표(Fixation index, F_{ST})

종	FST	reference
포유류(57개 종)	0.24	1
조류(23개 종)	0.05	2
파충류(22개 종)	0.26	1
양서류(33개 종)	0.32	1
어류(79개 종)	0.14	1
곤충(46개 종)	0.10	1
식물		
자가생식	0.51	3
자가생식과 타교잡의 혼합		
동물매식물	0.22	3
바람매식물	0.10	3
이계교배		
동물매식물	0.20	3
바람매식물	0.10	3

reference: 1. Ward 등(1992); 2. Evans(1987); 3. Hamrick & Godt(1989)

은 식물군에 비해서 높게 나타났다(Table 14.4). Box 14.2에 Tumut 지역의 파편화로 인해서 3개 종(種)이 어떤 영향을 받았는지 설명해 두었다.

Box 14.2 호주 Tumut 지역의 파편화에 관한 연구(Lindenmayer & Peakall, 2000; Banks 등, 2005a, b; Peakall & Lindenmayer, 2006; Taylor 등, 2007)

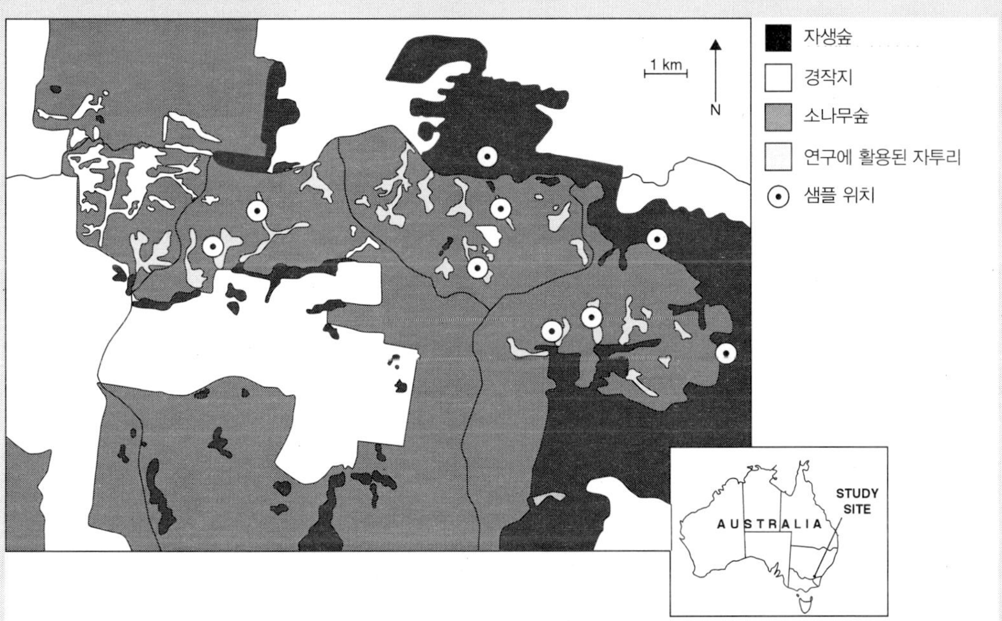

호주 남동부의 Tumut 지역 근처에서 서식지 파편화가 다양한 동식물에게 미치는 영향에 대한 연구를 진행하였다. 이 지역에는 유칼립투스 숲이 넓게 퍼져 있었지만 외래종인 몬테레이 소나무 플랜테이션 농장이 들어서면서 1949년부터 1956년 사이에 벌목이 이루어졌다. 그 결과 5만 ha에 이르는 지역에 192개의 작은 파편화된 유칼립투스 숲(0.1–125ha)이 산재하게 되었다. 인근의 파편화되지 않은 유칼립투스 숲에 48개 구역이 대조군으로 설정되었다. 호주 덤불쥐(Australian bush rats)와 유대류 두 종류가 서식지 파편화에 의해 어떤 영향을 받았는지를 마이크로세틀라이트 자료를 이용해서 조사하였다.

아길 엔테치누스(Agile Antechinus)는 몸무게가 20–30g 정도로 작은 초식 유대류인데 이들의 서식지는 조사 지역 내에서 40–50개 정도의 작은 구역으로 서식지가 파편화되었다. 대부분의 개체들이 몬테레이 소나무 조림지에서 둥지로 사용할 수 있는 적당한 나무 구멍을 찾지 못해서 오래 생존하지 못했다. 하지만, 3–85개체 정도의 소규모 엔테치누스 개체군이 조사 지역의 70%, 23개의 파편화된 서식지에서 발견되었고, 대조군으로 설정한 48개 모든 지역에서는 서식하고 있는 것으로 조사되었다. 서식지가 파편화된 지역에서 서식하고 있는 개체들의 15번 마이크로세틀라이트 유전자좌위의 유전적 다양성과 mtDNA d–loop 순서(sequence)는 서식지가 파편화되지 않는 지역에서 서식하고 있는 개체들에 비해서 뚜렷한 차이를 보이지 않았고, 고립된 개체군인 경우에서의 예상 결과와도 일치하지 않았다. 하지만 몬테레이 소나무가 유칼립투스 숲 내에서 한쪽 방향 폭이 250m 이상인 지역에서는 각각의 단편적인 서식지들간 분산율을 낮게 만드는 것으로 나타났다. 유칼립투스 숲이 파편화된 서식지를 연결하는 일종의 '동로' 역할을 하는 지역에서는 그렇지 않은 지역에 비해서 분산되는 경향이 높게 나타났다. 유입이 가능한 경우에는 엔테치누스가 근처의 고립되지 않은 지역으로 이동해서 생존할 수 있었지만, 독자 생존이 가능한 개체군들이었다고 해도 지리적으로 먼 지역에 고립된 경우에는 유입이 원활하게 이루어지지 않아서 생존하지 못했다.

한편, 호주 덤불쥐는 몬테레이 소나무 조림지에서 거의 포획되지 않았고, 서로 다른 6개의 파편화된 서식지에서 발견된 개체들의 유전적 다양성도 파편화되지 않은 유칼립투스 숲 지역에서 발견된 개체들과 비슷한 수준으로 나타났다(6번 마이크로세틀라이트 유전좌자에 대해서 H_e=0.7). 파편화된 개체군 간에는 유전적 차이가 낮은 수준으로 나타났다(F_{ST}=0.044). assignment test에서 개체의 유입이 거의 발견되지 않았기 때문에 현재의 F_{ST}값은 균형점에 도달하지 못한 것으로 판단된다.

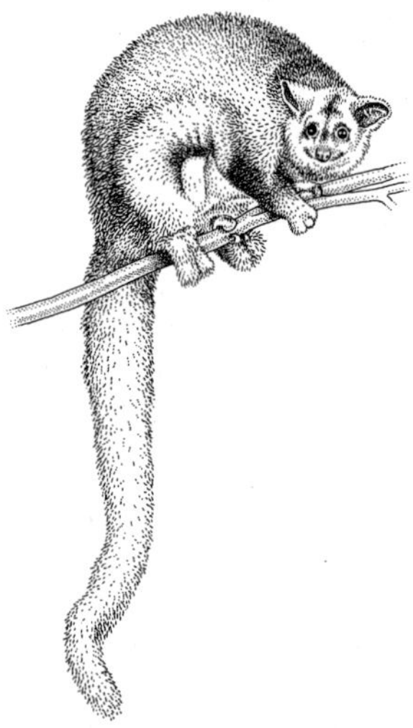

큰주머니날다람쥐

큰주머니날다람쥐는 나무 위에서 서식하는 유대류인데, 활발히 움직이는 동물은 아니다. 이 동물은 유칼립투스 잎을 먹이로 하는데, 활동 범위가 파편화되지 않은 유칼립투스 숲의 대조군(38%)에 비해서 파편화된 지역(20%)에서 훨씬 낮은 것으로 나타났다. 11개 개체군의 개체수는 3에서 18개체였는데, 이처럼 개체군의 크기가 작음에도 불구하고 몬테레이 소나무 조림을 위해서 유칼립투스 숲을 벌목한 이후로 짧게는 4세대에서부터 길게는 8세대까지 이어졌고 12번 마이크로세틀라이트 유전자좌위의 유전적 다양성(H_e=0.57~0.81)은 대조군에서의 다양성(H_e=0.70~0.74)과 비교했을 때 비슷한 수준을 나타냈고, 특히 완전히 고립된 것으로 가정했을 때의 기댓값보다 훨씬 높게 나타났다. 서식지 내 활동 범위와 유전적인 분석 결과는 각각의 파편화된 서식지로 일부 개체들이 유입되었음을 의미한다(greater glider의 특성상 나무에서 나무 사이를 비행해서 이동했을 것으로 추측된다). 하지만 고립된 정도가 심하거나 다른 지역과의 거리가 먼 파편화된 서식지(patch)의 경우에는 이동 정도가 높지 않은 것으로 나타났다.

대부분의 연구 결과에서 몬테레이 소나무 조림지역으로 일부 개체들이 유입된 것을 확인할 수 있었지만, 유입된 개체들의 영역의 분산 정도는(dispersal) 대조군으로 설정한 유칼립투스 지역 내 서식지들보다 낮은 것으로 나타났다. 각각의 파편화된 서식지에서 서식하는 개체들은 이주-부동 균형(migration-drift equilibrium)에 도달하지 못한 것으로 나타났고, 유전적으로 부정적인 영향이 추가적으로 나타날 것으로 보인다.

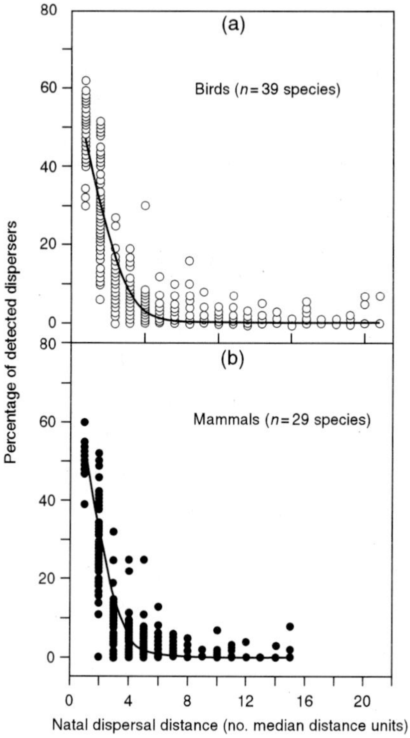

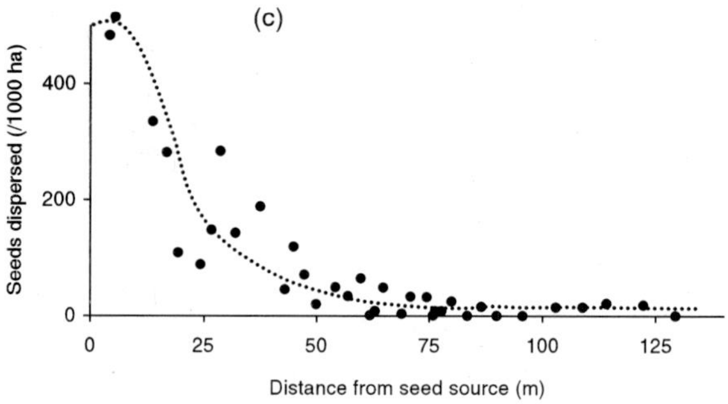

Fig. 14.11 영역의 확대 거리 (a) 조류 (b) 포유류(Sutherland 등, 2000) (c) 유칼립투스 나무(from Cremer, 1966). (a), (b)는 서로 다른 종에 대해서 자료의 중간값에 대한 상대적인 비율로 나타냈다. *이주율은 일반적으로 거리가 멀어질수록 급속하게 낮아지는 것으로 나타났다.*

파편화된 개체군들 간의 유전자 흐름과 거리

서로 거리가 먼 파편화된 개체군은 유전자 흐름이 낮은 것으로 나타났다.

개체군 간의 분산 정도(dispersal rate)는 일반적으로 동물과 식물 모두에서 개체군간의 거리가 멀수록 감소한다(그림 14.11). 따라서 서로 다른 서식지에서 서식하는 개체들의 유전적으로 차이가 발생하는 것은 지리적인 거리와 관련이 있다.

이것을 **거리에 의한 고립(isolation by distance)**이라고 한다(Wright, 1969). 예를 들어, 북미지역에 서식하는 큰뿔야생양(bighorn sheep)과 회색늑대, 곰 등은 다른 개체들과의 지리적 거리가 멀어질수록 유전적인 차이도 증가하는 것으로 나타났고(Box 14.1), 북방점박이올빼미와 다른 대부분의 동물의 경우에도 유전적인 차이와 서식지 간의 거리가 서로 연관성이 있는 것으로 나타났다(Haig 등, 2001).

하지만, 확산률이 높고, 거리가 짧은 경우에는 서식지 간 기리에 의힌 고립의 정도가 유전자 흐름에 의한 분화(differenciation)가 일어날 수 있는 충분한 조건은 아닌 것으로 보인다. 이러한 현상은 벨기에의 일부 지역에 자생하는 *Anthyllis vulnearia*라는 식물에서 관찰된 것이다(Honnay *et al*, 2006).

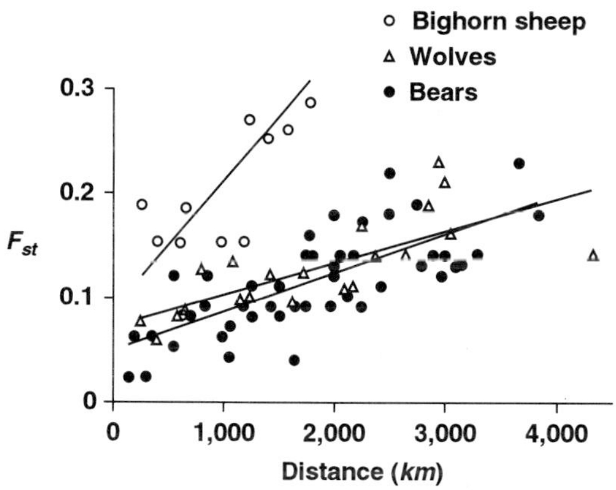

Fig. 14.12 파편화된 서식지간의 거리에 의한 고립. 북미지역에서 서식하는 큰뿔야생양, 회색늑대, 불곰 개체군의 마이크로세틀라이트 유전자좌위의 유전적 차이의 정도와 개체들의 서식지 간의 거리와의 관계에서, F_{ST}값은 다른 개체들과의 서식지의 거리가 멀수록 증가하는 것으로 나타났다.

불곰

회색여우

큰뿔야생양

지형적인 특성에 따른 유전적 차이

일반적으로 지형적인 특성이 유전자 흐름을 방해하는 것으로 생각하는 경향이 있는데, 개별 종들이 지형적인 특성을 이용하거나 실제로 지형적인 특성이 이들 개체의 활동에 어느 정도로 제약을 가하는지에 대해서는 자세히 알려진 것이 없다. 이러한 특성은 유전적 다양성을 지형도에 표시(**landscape genetics**)를 함으로써 확인할 수 있다(Manel *et al*, 2003). 지형적 특성에 따른 유전적인 변화를 검증하는 방법은 마이크로세틀라이트, mtDAN 서열자료, AFLP 등을 이용한다. 예를 들어, 그림 14.13은 캘리포니아 지역에 서식하는 코요테를 대상으로 군집과 관련한 마이크로세틀라이트의 유전자형을 서식지별로 표시한 것인데 유전자 흐름을 방해하는 지형에 의한 물리적인 장벽은 없는 것으로 나타났다.

지형적 특성에 따른 유전적 다양성의 특성 분석은 일반적으로 방향성을 가지고, 거리가 멀수록 고립 정도는 심해지며, 유전자 흐름의 유전적 장벽이 존재하고, 이소개체군 동태군집 등을 설명해 준다.

유전적 차이는 공간적인 자기상관(auto-correlation)을 사용해서 확인할 수도 있는데, 공간적으로 인접한 개체들은 공간적으로 먼 개체들에 비해서 유전적인 특징이 훨씬 더 유사한 것으로 나타났다. 만약 유전적인 분화가 공간적인 자기

상관에 의해 결정되는 지형적 특성에 따라 증가하는 것이라면, 일본의 지형적 특성이 긴 것이 사람들에게 영향을 준 것처럼, 일종의 연속적인 변이가 존재하는 것으로 생각할 수 있다. 유전자 흐름을 방해하는 장벽은 유전적인 특징이 불연속적으로 나타나는 개체들의 서식지의 환경 조건을 확인함으로써 찾아낼 수가 있는데, 예를 들어 개울에 서식하는 char fish의 경우에는 폭포가 장벽 역할을 할 수도 있고, 나비의 경우에는 초원과 숲의 경계지역이 장벽 역할을 하기도 한다(Manel *et al*, 2003).

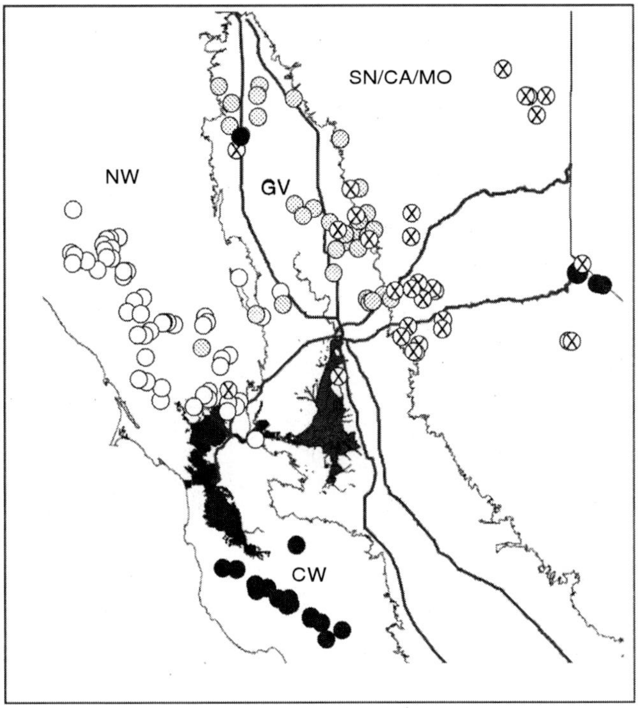

Fig. 14.13 캘리포니아에 서식하는 코요태의 유전적 차이점을 서식하는 지역의 지형도에 표시하였다(Sacks et al, 2004).

지금까지, 개체군 파편화와 유전적 흐름이 유전적 다양성에 미치는 영향을 살펴보았다. 하지만, 개체군 파편화는 우리가 지금부터 설명하고자 하는 것처럼 번식 적합성에도 상당한 영향을 미친다.

서로 다른 개체군 구조가 번식 접합성에 미치는 영향

개체군의 구조적인 차이가 번식 접합성에 미치는 영향에 대한 전반적인 영향은 각각의 개체군의 근친교배 상관계수값에 의해 일차적으로 결정된다.

서로 다른 개체군 구조와 유전자 흐름이 번식 접합성에 미치는 영향은 이것이 종의 멸종 확률에 영향을 미치기 때문에 이에 대해서 정의하고 이해하는 것은 매우 중요하다. 서로 다른 개체군 구조가 미치는 영향은 파편화되지 않은 단일 개체군과 비교했을 때 다음과 같은 결과를 초래한다.

- 섬과 징검다리 모형(island and stepping stone model)에서, 근친교배와 번식 적합성은 결과적으로 유전자 흐름과 서로 다른 섬에서 서식하고 있는 개체군의 크기의 변화 정도에 의해 결정된다(Nunney, 1999). 유전자 흐름이 없는

경우에는 근친교배의 발생은 개별 개체군의 유효 개체군 크기에 의해서 결정되고 그 영향은 SL.보다 훨씬 크다. 반대로, 개체군 간에 유전자 흐름이 활발히 이루어지고 있다면, 근친교배는 모든 개체군을 합한 하나의 개체군이 있다고 가정했을 때 그 개체군에 해당되는 유효 개체군 크기에 의해서 결정되며, SL.와 비슷한 경향을 보인다.

- 소스-싱크관계(source-sink)(대륙에서 서식하는 개체군과 인접한 섬에 서식하는 개체군의 관계와 유사한 형태) 구조에서는, 유효 개체군 크기는 전체 개체군이 하나의 단일 개체군으로 존재한다고 가정할 때의 값 대신 대륙에 서식하는 개체군(source)에 의해서 결정된다. 따라서 근친교배와 이로 인한 적합성의 손실은 SL. 구조에 비해서 훨씬 높은 경향을 보인다.
- 이소개체군무리동태(metapopulation)의 경우에는, 유효개체군의 크기가 번식이 가능한 성체의 수보다 작은 것이 특징인데, 이것은 재착생(recolonization)과 멸종(extinction)의 주기에 의해서 결정된 것이다(Pannell & Charlesworth, 1999; Wang & Caballero, 1999; Whitlock, 2004). 이들 개체군의 근친교배 비율은 파편화된 다른 개체군과 파편화되지 않은 개체군에 비해서 훨씬 높고, 적합성은 가장 낮게 나타났다.

자연적으로 파편화된 개체군의 경우, 서식지의 고립으로 인해서 적합성이 유해한 영향이 나타나고 근친교배가 발생함과 동시에 유전자 흐름에 의한 유전적인 구조(rescue)와 멸종 위험의 분산이라는 긍정적인 효과가 나타난다(2장). 파편화된 구기리 개체군은 그렇지 않은 개체군에 비해서 적합성이 낮게 나타났지만(Johannson *et al*., 2007), 호주 커닝핵 도마뱀의 파편화된 개체군에서는 번식 활도(breeding rate)가 개선(rescue)된 것으로 나타났다(Box 14.3). 유전자 흐름의 큰 적합성 장점들이 이소개체군무리동태 구조의 물벼룩 개체군에서 발견되었다(Ebert *et al*., 2002). 두 종의 도마뱀을 비교한 결과 분산 정도가 클수록 유전적 다양성 손실이 적었고, 개체군 멸종률도 낮은 것으로 나타났다(Hoehn 등, 2007).

Box 14.2 | 개체군 파편화가 호주 커닝햄 도마뱀에 미친 영향(Stow & Sunnucks 2004a, b)

바위로 덮인 지역에 서식하는 커닝햄 도마뱀 개체군에 대한 이소부수체 분석 결과 암수간의 친밀도가 높은 것으로 나타났다. 하지만, 산림황폐화로 개체군이 파편화된 경우에는 그렇지 않은 개체군에 비해서 분산 정도가 낮았고 개체간 (유전적인) 관련성은 높은 것으로 나타났다. 유전적인 관계가 낮은 개체들 간의 짝짓기 선호가 존재해서 근친교배의 발생 비율이 조정되었지만, 결과적으로는 짝짓기를 할 수 있는 기회가 줄어들게 되어 개체군이 파편화되지 않은 지역에 서식하는 개체들에 비해서 번식에 성공한 개체의 비율이 낮게 나타났다.

커닝햄 도마뱀

메타개체군의 특징에 대한 설명을 아직 자세하게 다루지 않았기 때문에 이에 대해서 조금 더 살펴보기로 하자.

메타개체군에서 멸종과 재정착은 유사한 유전적 흐름과 동일한 크기로 파편화된 개체군보다 유해한 유전적 영향을 초래한다.

그림 14.14는 메타개체군에 있어서 파편화된 개체군의 멸종 과정과 재정착(recolonization)과정에서 발생하는 병목현상을 모식화한 것이다. 파편화된 개체군의 멸종으로 인해서 파편화된 개별 개체군의 유효 크기는 이들 개체군을 합한 것과 동일한 크기의 가상적인 개체군에 비해서 유효 크기가 줄어들게 된다. 재정착 과정에서 일어나는 병목현상은 N_e의 값을 더욱 감소시킨다.

일부 개체군의 크기가 큰 파편화된 개체군들의 멸종과 재정착이 반복된다면, 이들의 구조는 소스-싱크관계를 보이게 되고, 개체수가 동일한 단일 개체군에 비해서 유전적 다양성이 낮은 수준으로 유지된다(Gilpin, 1991). 반대로, 개체의 유출이 자주 일어나고 파편화된 개체군들의 멸종률이 낮은 이소개체군무리동태의 경우에는 파편화된 개체군을 합한 것과 동일한 크기의 단일 개체군과 비슷한 성격을 보이게 된다. 일반적으로, 메타개체군의 멸종률과 재정착률이 높은 수준을 보일수록, 유전적 다양성과 번식 적합성 모두 부정적인 영향을 받게 된다.

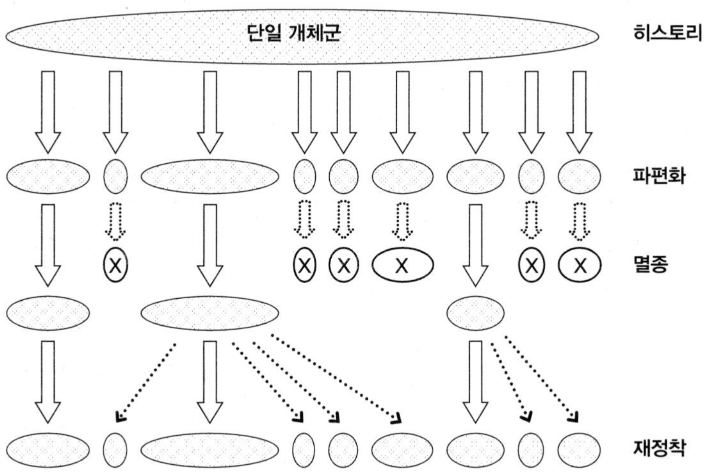

Fig. 14.14 메타개체군의 멸종과 재정착의 순환을 모식화한 것으로, 어떤 종(種)이 있을 때 유효 크기를 감소시키는 역할을 한다. 점선은 재정착 과정에서 병목현상이 일어나는 것을 표현한 것이다.

17장에서는, 생태통로 또는 서식지의 이전 등의 방법을 통해서 개체군 파편화의 부정적인 영향을 완화시킬 수 있는 방법에 대해서 살펴보고자 한다.

요약

1. 개체군 파편화는 개체군의 생존에 있어서 장기적인 관점에서 봤을 때 파편화되지 않은 개체군에 비해서 유전적으로 불리한 영향을 받게 된다.

2. 전체 개체수가 동일한 두 개의 파편화된 개체군이 있을 때, 개체군 파편화의 영향은 각각의 개체군 내 파편화된 작은 개체군들 간의 유전자 흐름의 정도에 의해서 서로 다른 결과를 나타내게 된다. 하나의 개체군이 몇 개의 작은 개체군으로 파편화되었는지, 개체군의 구조가 어떻게 되어 있는지, 파편화된 개체군들이 서로에 대해서 위치하고 있는 거리는 어떻게 되는지, 그리고 해당 개체군의 종(種)의 특성 등에 의해서 달라지게 된다.

3. 파편화된 개체군들 가운데서도 근친교배 및 번식 적합성의 감소 정도는 유전자 흐름이 낮고, 파편화된 개체군 수가 많을수록, 그리고 파편화된 채로 지낸 세대가 길어질수록 심해진다.
4. 파편화된 개체군들의 대립유전자 출현빈도와 이형접합체는 서로 방향으로 변하게 된다.
5. 유전자 흐름이 제한적인 파편화된 개체군은 섬 개체군들과 비슷한 특징을 보이고, 이 둘 모두 멸종 위험이 높게 나타난다.
6. 파편화된 개체군 간의 차이를 측정하기 위해서 F 통계량이 주로 사용되며, 유전자 흐름의 경로 및 수준(historic level)을 추정하는 데 사용된다.
7. 멸종, 재정착 및 개체군 파편화 등을 경험하는 메타개체군 구조는 그렇지 않은 경우에 비해서 생존에 매우 불리하다.
8. 지형적 특성(landscpae)에 따른 유전적 다양성 분석은 유전적 특성의 경향, 개체군 간의 거리가 멀어서 생기는 고립, 유전자 흐름을 방해하는 장벽, 메타개체군 및 무작위 행태 등을 보여 준다.

추가적인 읽을 거리

Crooks & Sanjarayan (2006) *Connectivity Conservation*. Collection of chapters on fragmentation and population connectivity.

Hanski & Gaggiotti(eds.) (2004) *Ecology, Genetics and Evolution of Metapopulations*. Collection of relevant papers on metapopulations.

Hedrick (2005a) *Genetics of Populations*. Chapter 9 provides a clear treatment of genetic issues relating to population fragmentation.

Manel *et al*. (2003) Excellent review of landscpae genetics.

Quammen (1996) *The song of the Dodo*. An interesting book on island biogeography and extinction written for a general audience.

Rousset (2004) *Genetic Structure and Selection in Subdivided Populations*. Book on genetics of fragmented popuplation.

Waples & Gaggiotti (2006) Review on delineating population boundaries.

Young & Clarke (eds.) (2000) *Genetics, Demography and the Viability if fragmented Populations*. Collection of studies on animals and plants.

소프트웨어

ARLEQUIN: Calculuates using AMOVA framework (Schneider et al. 2000). http://cmpg.unibe.ch/software/arlequin3/

BAPS: Bayesian clustering software to estimate the number if populations(Corander & Marttinen 2006). http://web.abo.fi/fak/mnf//mate/jc/software/baps.html

EASYPOP: Simulation software for investigating the effects of mutation, population size, migration and popukation fragmentation (Balloux, 2001). www.unul.ch/dee/page36926 fr.html

FSTAT: Calculates Fand R statistics and does partial Mantel test(Goudet, 2002). http://www2.unul.ch/popgen/softwares/fstat.htm

GenAlEx: Computes basic popuplation genetic statistics, including statistics and Matel tests (Peakall & Smouse 2006). www.anu.edu.au/BoZo/GenAlEx/

GENECLASS2: Free software for genetic assgnment and first−generation migrant detection (Piry et al. 2004). www.montpellier.inramfr/URLB/geneClass2/Setup.htm

GENEPOP: Computes statistics, isolation by distance and Mantel tests (Rousset 2008). http://kimura.univ−montp2.fr/~rousset/Genepop.htm

MIGRATE: Estimates effective population sizes and past migration rates between n population (Beerli, 2006). http://popgen.scs.fsu.edu/Migtate−n.html

PARTTION: Package for identifying population subdivision and assigning individuals to populations (Dawson & Belkhir, 2001). www.genetix.univ−montp2.fr/partition/partition.htm

STRUCTURE 2.2: Uses Bayesian slustering to identify population ubits (Falush et al. 2007). http://pritch.bsd.uchicago.edu/structure.html

문제

14.1 파편화. 개체군 파편화가 유전적으로 미치는 영향은 어떤 것이 있는가?

14.2 대립유전자 출현빈도의 변이(variation). 대립유전자 출현빈도가 0.1, 0.2, 0.2, 0.3, 0.3, 0.3, 0,4, 0.4, 0.5인 개체군의 대립유전자 출현빈도 변이를 계산하라(Box 5.3의 변이 부분 참고).

14.3 대립유전자 출현빈도의 변이(variation). 두 개의 대립유전자 출현빈도가 각각 0.3과 0.7인 최초의 개체군이 다수의 개체군으로 파편화되었고, 유효크기가 50인 수준으로 유지되고 있다면, 대립유전자 출현빈도의 기대값은 (a) 20세대가 지난 후 어떤 값을 가지는가? (b) 100세대가 지난 후 어떤 값을 가지는가?

14.4 이주율 결정. F_{ST}가 0.2인 점박이부엉이 아종의 Nm값을 계산하라.

14.5 개체군 구조. 표 14.3의 세 가지 구조의 H_I, H_S, H_T값을 계산하라.

14.6 개체군 분화(differentiation)와 F통계. 미국 동부의 산 정상 부근에서 자생하는 멸종위기종인 담자리꽃나무(spreading avens)의 F_{IS}, F값을 계산하라(Hamrick & Godt, 1996). F통계의 의미와 개체군 구조에 대해서 설명하라.

개체군	관찰된 이형접합체	이형접합체 예측값
PMT	0.056	0.091
RMT	0.050	0.086
GMT	0.049	0.066
CTP	0.054	0.064
CGG	0.050	0.061
개체군 평균	0.052(H_I)	0.074(H_S)
종(Species)		0.098(H_T)

14.7 개체군 분화(differentiation)와 F통계. 멸종위기인 미국 동부의 swamp oink plant가 다음의 알로자임 이형접합체를 보였을 때(Hamrick & Godt, 1996), F_{ST}값을 계산하라.

개체군	관찰된 이형접합체	이형접합체 예측값
Appalachian	0.038	0.061
Virginia	0.028	0.045
New Jersey	0.021	0.033
종(Species)		0.053

14.8 근친교배와 개체군 분화. 유효 크기가 50인 단일 개체군으로 유지되고 있는 상황 또는 유효 크기가 각각 25와 30인 파편화된 개체군이 있을 때, 이들의 근친교배 상관계수는 얼마인가?

15장

유전적으로 생존가능한 개체군

멸종위기종을 위한 자원들이 제약되어 있기 때문에, 유전적 '건강'을 유지하기 위해 필요한 최소개체수를 정의하는 것은 중요하다. 근친교배약세를 피하고 단기적 적합성을 유지하기 위해 $N_e \gg 50$이 요구된다. 멸종위기종의 현재 개체수는 일반적으로 너무 작아 유전적인 악화는 피할 수 없다.

용어

돌연변이 용해(mutational meltdown)
최소 생존 가능 개체군 크기(Minimum viable population size, MVP)

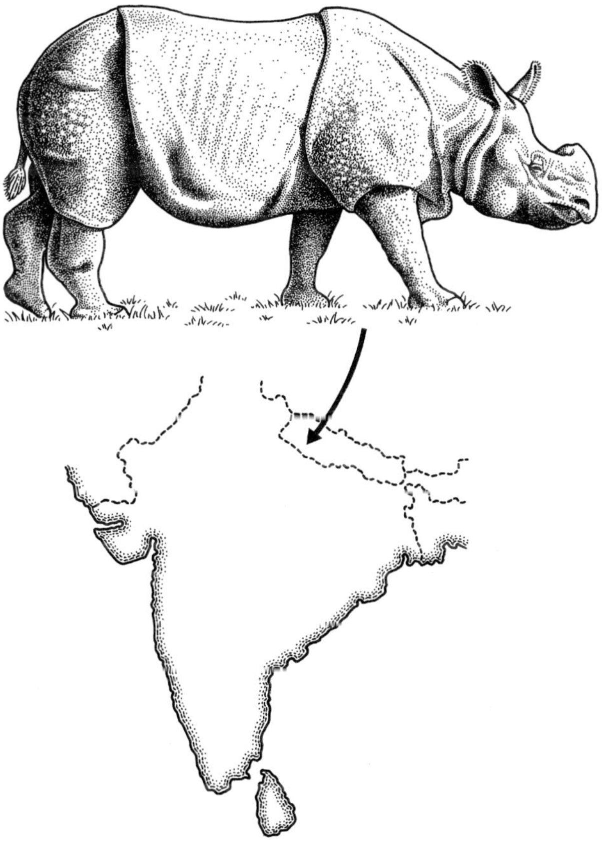

멸종위기의 인도 코뿔소

위협종에 대한 공간 부족

아생서식지와 사육서식지 모두에서 위협종을 위한 공간이 심각하게 부족하다.

멸종위기종을 보전하기 위해 요구되는 재정적, 물리적 자원들은 막대하고, 현재의 자원들은 보전을 위해 대단히 불충분하다. 서식지 소실은 멸종위기종이 살아가는 공간을 감소시키고 있다. 국립공원과 같은 보호구를 제공하는 것은 비용이 많이 들고, 종종 증가된 토지 이용에 대한 인간의 요구와 충돌을 일으키기도 한다. 사육번식 프로그램은 하나의 부분적인 해결책이지만, 또한 시설의 만성적인 부족 역시 존재한다. 약 4000–6000종의 멸종위기 척추동물들은 사육번식을 필요로 하고 있고, 그 수는 최근 양서류의 위기로 인해 두 배로 증가하고 있다(Anonymous 2006). 그러나 비록 양서류를 위한 몇몇 추가적인 공간이 생겨나고 있지만, 약 800종을 위한 공간만이 존재하고 있다(Tudge 1995). 자원들을 배분하는 실질적인 결정들이 이루어져야 할 것이다. 우리가 이전에 언급하였듯이, 너무 적은 개체들의 보전은 해로운 유전적 결과들을 이끌어낼 것이다. 반면에, 한 종을 위한 너무 많은 배분은 다른 종들을 위한 비용에서 나올 수밖에 없을 것이다.

결론적으로, 어떤 종의 장기적인 생존가능성에 요구되는 최소 개체수를 정의해야 하는 것이 긴급하게 필요하다. 이 문제는 **최소 생존개체수(MVP)**의 제목하에 논의되었으나, 그 개체수가 반드시 최소 또는 생존 가능은 아니다. 그보다는 수천 년 동안 번식적 적합성과 진화적 잠재성의 감소가 없었던 어떤 개체군을 유지하기 위해 요구되는 최소수를 고려할 것이다. 이것은 더 적은 수의 개체군들이 아무런 미래가 없다는 것을 의미하는 것이 아니고, 단지 그들의 번식적 적합성과 진화적 잠재성이 결과적으로 나타나는 증가된 멸종위기와 절충될 수 있다는 것을 의미한다. Soule(1987)이 강조한 것처럼 '절망적인 상황은 없다. 다만 희망이 없는 사람과 어려운 상황만 있을 뿐이다.

특정 개체군 또는 종에 대하여, 이 질문은 다음과 같이 축소된다:

- 그 개체수가 번식적 적합성의 소실을 피할 수 있을 만큼 충분히 큰가?
- 그 종이 환경적인 변화에 반응에서 진화할 수 있을 만큼 충분한 유전적 다양성을 가지고 있는가?
- 그 개체군이 해로운 돌연변이들이 축적되는 것은 피할 수 있을 만큼 충분히 큰가?

첫 번째 두 질문들은 Box 15.1에서 멸종위기의 인도코뿔소와 북방바다코끼리에 대하여 설명되어 있다.

Box 15.1 | 그 종이 유전적으로 중장기간 생존가능한가?

코뿔소 개체수는 충분히 큰가?

인도코뿔소는 한 때 수십 만 마리 이상이었다. 서식지 감소 및 단편화와 뿔의 밀렵으로 인해, 그 수는 지리적으로 분리된 8개 지역에서 약 2,600마리로 감소했다(International Rhino Fund, pers. comm.). 이 종은 정상적인 수준의 알로자임에 대한 유전적 다양성을 가지고 있다

(Dinerstein & McCracken 1990). 전체적인 종에 대하여, 근친교배와 적응적인 진화적 변화를 겪을 수 있는 위태로운 능력으로 인해 멸종을 피할 수 있을 만큼 충분한 개체들이 존재하는가? 유감스럽게도, 이 장에서 언급한 논쟁은 우리를 인도코끼리와 그 밖의 많은 종들이 장기적으로 서서히 유전적인 악화를 겪게 될 것이라는 예상을 불러 일으키게 한다.

북방바다코끼리는 충분한 유전적 다양성을 가지고 있는가?

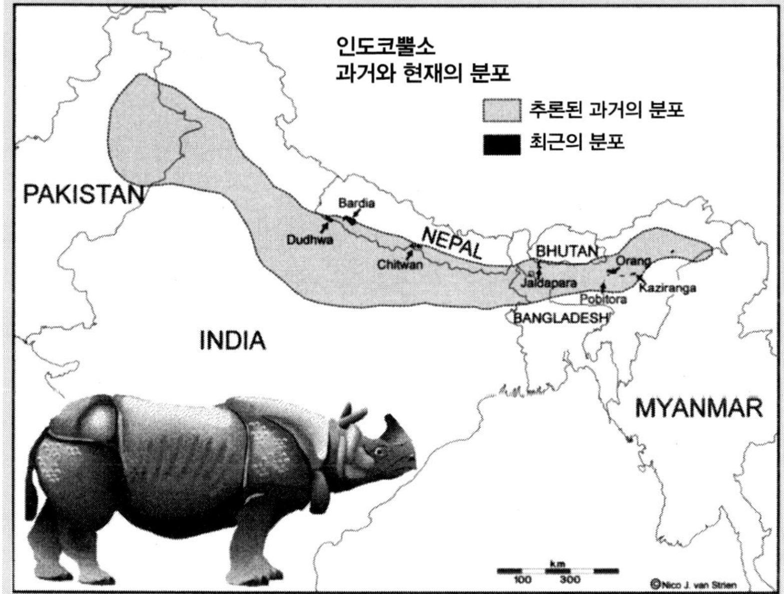

지역	개체군 크기
큰 개체군들을 가진 지역	
Kaziranga(인도, 아샘)	1825
Chitwan(네팔)	372
작은 개체군들을 가진 지역	
Pobitora(인도, 아샘)	81
Dudhwa/Bardia(네팔/인도)	58
Jaldapara(인도, 서부벵갈)	180
Orang(인도, 아샘)	68
Goruma(인도, 아샘)	27
Manas(인도, 아샘)	4
전체(다른 두 작은 개체군들을 포함)	2619

북방바다코끼리는 약 20–30마리의 개체수 병목현상을 겪었으나, 175,000마리 이상으로 회복된 이래 더 이상 멸종위기종으로 기재되지 않고 있다. 그러나 이종은 알로자임의 유전적 다양성이 전혀 없고(Bonnell & Selander 1974; Hoelzel 1999), 단지 2개의 mtDNA 반수체형체(관련이 있는 남방바다코끼리는 24개)만을 보이고 있다. 그 외 다른 많은 멸종위기종들은 유전적 다양성이 부족하다(3장). 이러한 종들은 멸종할 운명인가? 아래에서 우리는 이러한 종들이 환경적인 변화에 반응하여 진화하는 데 악화된 능력을 가질 수 있다는 것과 그로 인하여 증가된

멸종위기를 가질 수 있다는 것을 볼 수 있을 것이다. 그러나 만약 새로운 질병과 같은 예측하지 못한 재해를 겪지 않는다면, 그들이 가까운 미래에 멸종하게 될 것이라고 예상되지는 않는다.

얼마나 큰가?

위에서 정의된 목표들을 성취하기 위해 요구되는 개체수의 다양한 예상은 Table 15.1에 주어져 있다.

Table 15.1 유전적 건강을 유지하기 위해 개체군이 얼마나 커야 하는가? 요구되는 유효개체군 크기(*Ne*)의 다양한 측정치가 다양성의 완전 소실에 따른 유전적 다양성이 정상적인 수준으로 회복되는 시간과 함께 주어져 있다.

목표	N_e	회복기간(세대)	참고문헌
근친교배약세 회피	50		1, 2
진화적 잠재성	500	10^2–10^3	1, 3
유지	5000		4
	570–1250		5
단일좌위의 유전적 다양성	10^5–10^6	10^5–10^7	3
해로운 돌연변이의	1000		4
축적 회피	100		6
	12		7

참고문헌: 1. Franklin (1980); 2. Soule (1980); 3. Lande & Barrowclough (1987); 4. Lande (1995); 5. Franklin & Frankham (1998); 6. Lynch *et al*. (1995a); 7. Charlesworth *et al*. (1993).

번식적응도 유지

어떤 유한개체군(finite population)도 궁극적인 근친교배약세를 피할 수 없다.

Franklin(1980)과 Soule(1980)은 모두 동물 번식가의 경험을 근거로 하여 50의 유효개체군 크기가 단기적으로 근친교배약세를 피하기 위해 충분하다고 제시하였다. 50이란 유효 크기는 세대당 1%의 근친교배계수에서의 증가와 일치한다. 그들의 예상 내용은 5–10세대 동안, N_e가 50일 때 근친교배약세가 거의 없다는 것이다. 그러나 근친교배는 세대당 $1/(2N_e)$의 비율로 증가하여 모든 유한폐쇄개체군은 궁극적으로 근친교배된다. 더욱이 근친교배약세가 근친교배계수와 비례관계가 됨에 따라(13장), 실제로 어떠한 역치(이 아래에서의 근친교배는 해롭지 않다)도 존재하지 않는다. 사육되는 포유류에서 발견되는 치사율의 중앙값에 따르면, F가 0.005일 때 약 2%, F가 0.01일 때 4%, 그리고 단지 자손의 생존에 대한 F가 0.05일 때 15%의 근친교배약세를 예상할 수 있다.

초파리 개체군에서 묘사된 근친교배약세는 210세대 동안 N_e를 50마리를 유지하였고(Latter *et al.* 1995), 50세대 동안 50마리 또는 이하의 N_e를 보였다(Woodworth *et al.* 2002). 집파리의 근친교배약세는 단지 다섯 세대 이후 N_e가 90마리인 개체군에서 확연히 나타났다(Bryant *et al.* 1999; Reed & Bryant 2000). 식물에 대해서는 Reed(2005)가 2500의 중앙값 개체수가 최초 적합성의 95%의 장기적 유지에 필요하다고 추정하였다.

50마리의 유효수를 갖는 초파리 개체군과 90마리의 유효수를 갖는 집파리 개체군은 근친교배약세를 보인다.

우리는 장기적인 적합성에 영향을 주는 의미 있는 근친교배약세를 피하기 위해 개체군이 얼마나 커야 하는지 정확히 알지 못하고 있다. 그러나 요구되는 수는 유효수인 50마리보다는 분명히 더 커야할 것이다. 멸종위기종과 멸종위기에 근접한 종에 대한 수는 평균 113마리(N_e ~33)(ISIS 2007)이고, 멸종위기 포유류의 모든 사육개체군들의 약 절반 정도가 N 〈 50(Magin *et al.* 1994)이며, 상대적으로 빠른 시일 내에 근친교배약세를 겪을 것으로 생각된다. 이것은 N_e 〈 15(Mace 1986)와 유사하다.

실질적으로 1985–1991년 사이에 멸종위기로 기재된 야생개체군들의 개체수는 100–1000마리 정도였다(Wilcove *et al.* 1993). 이는 일반적으로 N_e/N 비율이 ~0.1이기 때문에 N_e ~100–1,000마리와 유사하다(11장). 비슷하게, 멸종위험의 범주화를 위한 IUCN 요강에 따르면, 심각한 멸종위기, 멸종위기, 취약 카테고리에 대한 최소값으로 50, 250, 1000마리(N_e ~5, 25 and 100)의 성체를 목록화하였다(IUCN 2007). 이 개체군들 중 많은 수는 유효수로 50 또는 그 이하를 가지고 있으며, 만약 이러한 유효수가 상당히 증가하지 않는다면 근친교배약세(다른 요인들의 고려 없이)로 인한 멸종 위험에 처할 것이다.

서로 다른 크기의 집파리 개체군들에 대한 예상된 멸종 시간은 대략 세대들의 유효크기와 유사하였다. 예를 들어, N_e = 500에 대해서 480세대이다(Reed & Bryant 2000). 급속히 근친교배된 생쥐와 초파리 개체군에서의 멸종위기는 F = 0.5와 그 이하에서 심각히 증가하였고(Figs. 2.1, 13.5), 멸종에 놓인 집파리 개체군에 대한 F값은 비슷한 범위 내에 있었다(0.38–0.66).

근친교배로 인한 세대들에서의 멸종 기간은 그 개체군의 유효 크기에 가까웠다.

진화적 잠재성 유지

진화적 잠재성을 유지하기 위해 필요한 개체군 크기에 대한 다양한 범위의 측정치들이 존재한다. 그러나 일반적으로 동의되는 N_e는 최소한 500마리이다(Table 15.1). 이러한 문제에 대한 논쟁이 멸종위기종의 유전학적 관리에 대한 주요 문제가 되기 때문에, 우리는 조금 더 자세히 이 추정치를 고찰한다.

500–5,000마리의 유효개체군 크기는 진화적 잠재성을 유지하기 위해 필요한 것으로 제시되었다.

Franklin(1980)은 대립유전자 다양성보다는 부수적인 유전적 변이가 진화적 잠재성을 결정하고, 이것은 직접적으로 이형접합성과 관련 있다고 주장하였다(Equation 5.5). 그의 추정치는 질적인 유전적 변이의 소실과 돌연변이에 의한 보충(replenishment) 간의 조화에 기반을 두고 있고, 다음과 같이 얻어진다:

$$\Delta V_A = V_m - \frac{V_A}{2N_e} \qquad (15.1)$$

ΔV_A는 한 세대 동안 부가적인 유전적 변이에서의 변화이고, V_m은 세대당 돌연변이로 인해 얻은 유전적 변이, 그리고 $V_A/(2N_e)$는 세대당 유전적 부동으로 인한 부가적인 유전적 변이의 소실이다. 평형상태에서 $\Delta V_A = 0$, 따라서

$$N_e = \frac{V_A}{2V_m} \tag{15.2}$$

그러므로 요구되는 유효개체군 크기는 원래의 부가적인 유전적 변이에 좌우되고, 그 변이의 비율로 돌연변이에 의해 유효개체군 크기는 회복되게 된다. V_A와 V_m에 대한 실험적인 데이터는 필요한 N_e 값을 얻는 데 요구된다. V_m의 추정은 최초의 동형접합성 개체군에서의 새로운 유전적 변이의 축적으로부터 얻어지고, 결론적으로 환경적 변화(V_E; 5장)의 곱으로 기록된다. Franklin(1980)은 초파리의 강모 형질에 대하여 V_m가 $\sim 10^{-3} V_E$라고 기재하였다(그 당시 가용한 V_m의 소수 추정값 중 하나). 이 값을 공식 15.2에 대입하여, 다음과 같이 필요한 N_e를 추정하였다.

$$N_e = \frac{V_A}{(2 \times 10^{-3} \times V_E)} = 500 \frac{V_A}{V_E} \tag{15.3}$$

이것을 풀기위해 V_A/V_E의 값은 다음과 같이 유전가능성으로부터 얻을 수 있다. 왜냐하면 유전가능성은

$$h^2 = \frac{V_A}{V_P} \sim \frac{V_A}{V_A + V_E}$$

그리고

$$\frac{V_A}{V_E} \sim \frac{h^2}{1 - h^2}$$

결론적으로,

$$N_e = \frac{500\, h^2}{1 - h^2} \tag{15.4}$$

Franklin(1980)은 50%의 유전 가능성을 표면적인 형질들에 대한 합리적인 유전가능성 추정값으로 가정하였다(Table 5.3). 결론적으로 Franklin은 부속적인 유전적 변이와 장기적인 진화적 잠재성을 유지하는 데 500이라는 유효 크기가 필요하다고 예측하였다.

Lande & Barrowclough(1987)은 안정화 선택 및 부동과 돌연변이 간의 평형을 포함한 모델을 기반으로 비슷한 결론에 도달하였다. 그러나 Lande(1995)는 대부분의 돌연변이가 해로운 것이기 때문에 새로이 발생한 돌연변이의 약 10%만이 미래의 유전적 변화에 유용하다고 주장하면서 나중에 그의 산정법을 고안해 내었다. Lande는 $V_m = 10^{-4} V_E$를 이용하여 해로운 돌연변이에 대하여 정의하였다(Lopez & Lopez−Fanjul 1993의 데이터로부터). 이 값을 공식 15.2에 대입하고 위에 언급한 동일한 유전가능성을 이용할 때, 그는 진화적 잠재성을 유지하기 위해 N_e를 5,000으로 추정하였다.

여러 가지 제한들이 이러한 높은 추정값에 관하여 나타났다(Franklin & Frankham 1998). 첫째, $V_m = 10^{-3} V_E$의 많은 추정값들은 많은 무제한적인 해로

운 돌연변이들이 제거될 것이라는 장기적인 실험으로부터 유도되었다. 둘째, 해로운 돌연변이들의 문제를 도입함으로써, Lande는 표면적인 형질들보다는 적합성을 고려하였다. 이들에 대한 유전가능성은 일반적으로 10–20% 또는 그 이하이다(Table 5.2, Table 5.3 참조). 우리는 10%의 유전가능성과 $V_m = 10^{-4}V_E$를 이용하여 N_e가 560이고, 20%의 유전가능성에 대해서는 $N_e = 1250$임을 알 수 있었다(Franklin & Frankham 1998). 셋째, 현재 환경에서 해로운 돌연변이들이 변화된 미래 조건들 하에서 이익이 될 수도 있을 것이다. 예를 들어, 사육에 대한 유전적 적응은 야생에서 해로운 희귀한 대립유전자로부터 현저하게 생겨나는 것으로 보인다(Frankham 2008). 진화적 잠재성은 환경변화에 적응하는 능력에 관련되어 있는 까닭에, 우리가 현재의 환경에서 유익하고, 해롭고, 중립적인 유전적 다양성을 보전하는 것이 필요하다.

위의 계산은 자연선택을 무시하거나 적절히 고려하지 않는 모델들에 근거하고 있다. 번식적응도는 진화적 잠재성을 위한 핵심적인 형질이다. 그러나 현재 진화적 잠재성에 대하여 작용하는 돌연변이 및 부동과 방향성 자연선택 하에서 평형 추가적인 유전적 변이를 예상할 수 있게 해주는 이론은 없다. 따라서 위의 요구되는 N_e의 추정값은 정확하지 않다. 이는 번식적 적합성에 대한 돌연변이적 변이와 그 영향에 있어 유익한, 해로운, 조건적 돌연변이들의 비율에 관한 확실성이 없기 때문이다(Keightley & Lynch 2003).

적정한 N_e/N 비율의 추정값이 약 0.1이기 때문에(11장), 야생개체군에서의 조사 개체수는 우리가 계산했던 N_e값보다 한 단계 더 높은 크기임에 틀림없다(예, 5,000–50,000). 이것은 장기적 생존가능성을 유지하기 위해 최소개체수에 대한 낮은 한계를 설정하고, 그밖에 다른 위협들에 대한 고려로부터 얻어진 값들의 범위 내에 있다.

자연의 야생개체군들은 위에서 추정된 N_e값보다 약 10배 정도 큰 성체의 조사 개체수(수천에서 수만)를 필요로 한다.

위협에 처한 개체군은 얼마나 큰가?

다양한 멸종위기종에 대한 실재 조사 개체군 크기는 Table 15.2에 나타나 있다. 이들의 대부분은 500보다 더 적은 개체수를 가지고 있고, 아마도 유효개체군 크기는 이보다 훨씬 작을 것이다. Ellstrand & Elam(1993)은 캘리포니아에 출현하는 743종의 식물분류군에서 53%가 100개체보다 적다고 보고하였다.

멸종위기종의 개체군 크기는 보통 유전적인 목적들을 만족시키기 위해 필요한 수보다 더 적다.

Table 15.2 야생에서의 개체수(N)와 다양한 멸종위기 분류군에 대한 멸종 카테고리 이 카테고리는 주로 IUCN 체계를 기반으로 하였고 개체수 이상의 것들을 설명하고 있다(1장).

종	지역	카테고리[a]	N^b	참고문헌
포유류				
아시아사자	인도	Cr. E	250 mature[c]	1
동부가로줄무늬캥거루쥐	호주(대륙)	Cr. E	〈1000	1
에티오피아늑대	에티오피아	E	442	1
다윈늑대	칠레	Cr. E	〈250 mature	1

동부가로줄무늬캥거루쥐

Table 15.2 (계속)

종	지역	카테고리[a]	N[b]	참고문헌
플로리다팬더	미국	Cr. E	30–50 adult	1
판다	중국	E	~1600	1
황금사자타마린	브라질	E	〉1000 (+490[d])	1
혹등고래	대양	V	6000	2
자바코뿔소	인도네시아	Cr. E	60	3
북방긋등털웜뱃	호주	Cr. E	113	4
북대서양참고래	북아메리카 동부 해안	E	300–350	1
조류				
흰뿔쇠찌르레기	인도네시아	Cr. E	25	5
로드하우 섬뜸부기	호주	E	~160	6
분홍비둘기	모리셔스	E	250	1
푸에르토리코 앵무새	푸에르토리코	Cr. E	~40	5
세이셸울새	세이셸	V	~1500	7
붉은벼슬 딱다구리	미국	V	〈10000 mature	1
흰두루미	북아메리카	E	231 (137d)	8
파충류				
아루바섬방울뱀	카리브해	Cr. E	350	9
코모도왕도마뱀	인도네시아	V	〈3000	10
무척추동물				
팔로베르데 푸른부전나비	캘리포니아	E(미국)	200	11
식물				
아팔래치콜라 로즈마리	플로리다	E	555[e]	12
코콜라우(*Bidens amplectens*)	하와이	V	〈1000	1
카탈리나 마호가니	캘리포니아	Cr. E	6[e]	1, 13
코리건 그레빌리아	호주	E	27	14
마우나케아 은칼꽃	하와이	Cr. E	〈50 mature	1
텍사스 스노우벨	텍사스	E	39[e]	12
울레미소나무	호주	Cr. E	~40 adults	1, 15

[a] Cr. 심각한 멸종위기; E. 멸종위기; V. 취약.
[b] 숫자는 연구 시점에서의 수를 반영하고, 반드시 현재의 수는 아니다.
[c] 성숙한 개체들은 IUCN 정의 하에서 번식가능한 것으로 가정된다.
[d] 사육개체군.
[e] 사육번식과 재도운 프로그램 이전.
참고문헌: 1. IUCN (2007); 2. McIntosh (1999); 3. Pain (1998); 4. Banks *et al*. (2003); 5. Seal (1991). 6. NSW NPWS (2002); 7. Komdeur *et al*. (1998); 8. Jones et al. (2002); 9. Seal (1992); 10. Ciofi & Bruford (1998); 11. Nelson (1995); 12. Falk *et al*. (1996); 13. Rieseberg & Swenson (1996); 14. Rossetto *et al*. (1995); 15. NSW NPWS (1998).

푸에르토리코 앵무새

마우나케아 은칼꽃

N_e < 500인 종에게 어떠한 일이 일어나는가?

유전적 다양성의 장기적 유지에 충분치 못한 유효수를 갖는 종들이 즉각적인 멸종의 운명을 가지고 있는 것은 아니다. 평균적으로 유전적 다양성의 고갈, 느린 근친교배, 건강성의 감소 그리고 특별한 환경적 위협들에 반응하여 진화할 수 있는 능력의 감소를 겪게 될 것이다. 그 종들은 생존을 위해 인간의 증가된 간섭을 요구하게 될 것이다. 이것은 더 온화한 환경 제공(경쟁자들로부터 분리, 질병의 유입 회피, 환경 개선)의 형태나 번식과 생존(예, 캘리포니아 콘도르에서와 같은 보완적 먹이공급)을 증가시키기 위한 관리 형태를 가진다.

500보다 작은 유효크기를 갖는 종들이 멸종할 운명을 가지고 있는 것은 아니다. 그러나 시간이 지남에 따라 증가된 멸종 위험으로 더 취약해질 수 있을 것이다.

위협종에서 장기적인 진화적 잠재성이 감소되는가?

방향성 선택의 여러 세대들에 대한 반응(response: R)은 다음과 같이 예측된다:

$$\sum R = Sh^2 \sum \left(1 - \frac{1}{2N_e}\right)^{t-1} \tag{15.5}$$

S = 선택 차이(selection differential)이고 h^2 = 유전 가능성(5장)이다. 오른쪽의 시그마는 유전적 부동으로 인한 각 세대의 유전적 다양성 침식(erosion)을 반영한다. 장기적으로 최초 개체군의 유전적 변이로부터 유래된 선택에 대한 전체 반응은 대략적으로 $2N_eSh^2$로 예상된다(Robertson 1960).

위협종은 환경변화에 반응하여 진화하는 능력을 심각히 손상받고 있다. 이것은 낮은 N_e와 종종 감소된 번식율과 낮은 유전적 변이에 기인한다.

위협종은 낮은 N_e로 인해 진화할 수 있는 능력이 감소될 것이다. 더욱이, 멸종위기종이 평균적으로 분류학적으로 관계가 없는 비멸종위기 분류군보다 35% 더 낮은 유전적 다양성을 가지는 것처럼 많은 종들은 낮은 h^2로 인해 감소될 것이다(Spielman *et al*. 2004a).

새로운 돌연변이로 인한 진화적인 변화에 대하여, 돌연변이와 부동이 평형에 도달한 이후 각 세대 당 점근적 비율(asymptotic rate)은 다음과 같이 예상된다(Hill 1982).

$$R_{mutation} = \frac{2N_e\ S\ V_m}{V_P} \tag{15.6}$$

V_P는 표현형의 변이이다. 이 공식은 반응의 대략적인 예상값을 제공한다(Frankham 1983; Mackay *et al*. 1994). 중요한 것은 두 예상 공식 모두 진화적인 잠재성이 N_e의 역할을 증가시킨다는 것이다. 실재로 선택 반응은 개체수에 따라 증가하지만, N_e보다는 $\log N_e$에 비례한다(Fig. 15.1).

진화적 변화 또한 공식 15.5와 15.6의 선택 자이(S)를 통해 번식적응도에 영향을 준다. 분류학적으로 관계가 있는 비위협종과 비교할 때, 많은 위협종은 이마도 근친교배약세로 인해 번식적응도가 감소하게 된다(Spielman *et al*. 2004a).

예제 15.1은 작은 섬에 서식하는 회색늑대 개체군에서의 진화적 잠재성에 대한 위의 요인들의 가능한 영향을 설명하고 있다. 이 늑대들은 내륙의 커다란 개체군에 비해 진화능력이 절반 밖에 되지 않는다.

위협종과 비위협종이 진화할 수 있는 능력에 대한 비교 데이터는 없지만, 일화적 증거는 이러한 능력이 비위협종에서 보다는 위협종에서 더 낮을 것이라고 지적하고 있다. 예를 들어, 큰 개체군의 해충들은 광범위한 농약들에 대한 저항성을 진화시켜 왔다(McKenzie & Batterham 1994). 반대로 많은 멸종위기종은, 특히 섬에 서식하는, 유입된 포식자, 해충, 기생충과 질병 형태의 환경적 변화에 굴복되었다.

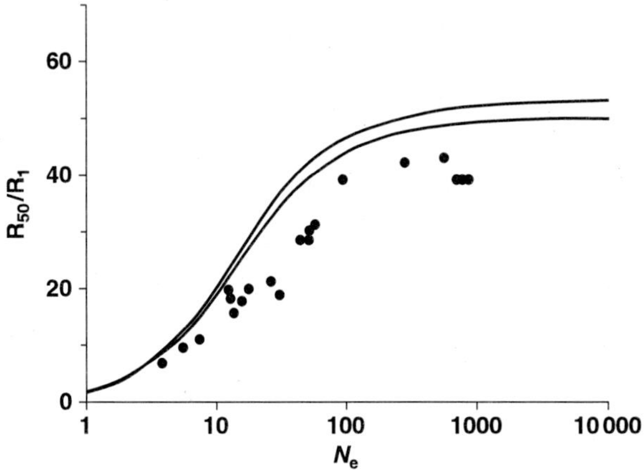

Fig. 15.1 방향성 선택에 대한 장기적 반응과 유효개체군 크기 간의 관찰된 관계(Weber 2004). 생쥐, 초파리, 바구미 옥수수의 다양한 형질에서의 선택에 대한 첫 세대에서의 반응으로 나누어진 50세대 동안 누적된 반응(R_{50}/R_1)은 개체군에 대하여 $\log N_e$에 대하여 표시되어 있다. 두 점근선은 공식 15.5에 기반을 둔 50세대 예상값(아래 곡선)과 공식 15.6을 이용하여 추가된 돌연변이와 함께 얻은 예상값(윗곡선)이다. 장기적 선택 반응은 개체군 크기에 따라 증가한다.

예제 15.1 | 진화적 잠재성에 대한 개체수의 영향(Wayne *et al.* 1991)

우리는 아일 로열 회색늑대(Isle Royale gray wolf)를 이용하여, 진화적인 잠재성에 대한 제한된 개체수의 가능한 영향을 설명하였다. 우리는 유전적 데이터에 의해 나타난 것처럼, 수피리얼 호수의 아일 로열에서 한 쌍이 이 개체군을 창시했다고 가정하고 있다. 결론적으로, 이 섬개체군의 이형접합성은 대륙의 $(1-1/2N) = (1-1/4) = 3/4$이 될 것이다. 유전가능성은 이형접합성에 비례하기 때문에, 이 창시에서의 병목현상은 h^2에 대한 영향을 통하여 약 1/4까지 진화적 잠재성을 감소시킬 것이다.

선택 차이(S)는 근친교배약세에 인해 아일 로열 개체군에서 감소될 것이다. 25%의 최초 근친교배 계수로, 일생동안 성성숙에 도달하는 자손의 생산 감소는 약 50%일 것이다(Frankel & Soule 1981). 우리는 대륙 개체군이 5년 동안 각 쌍마다 30마리의 새끼를 낳고 섬개체군은 15마리만을 낳는다고 가정할 것이다. 만약 개체수가 안정하다면, 각각의 쌍으로부터 태어난 한 쌍의 새끼들은 다음 세대들에 기여를 하게 된다. 이것은 대륙개체군 번식의 6.7%이고 섬개체군 번식의 13.3%이다. 선택 차이(S)는 1.9와 1.6으로 각각 나타난다(Becker 1984의 tables을 이용하여). 따라서 이 섬개체군은 대륙개체군보다 16% 더 낮은 선택 차이를 가지게 된다.

만약 대륙의 늑대 개체군이 세대당 5,000마리의 번식하는 개체들이고 아일 로열 개체군이 25마리의 잠재적으로 번식하는 개체들이라면, 보전적인 N_e/N의 비율이 0.2일 때 유효 크기는 각각 1,000과 5가 된다. 결론적으로 대륙개체군에 대한 유전적 다양성의 소실은 매우 작을 것이고(세대당 1/2,000), 20세대 후에는 초기 이형접합성의 1%만 소실될 것이다. 그러나 섬에서의 5마리의 유효개체들로는 존재하는 유전적 변이의 10%가 각 세대에서 소실될 것이다. 공식 15.5로부터, 아일 로열 개체군에서의 첫 5세대 동안 선택 R에 대한 반응은 다음과 같다.

$$R_1 = {}^3\!/_4\, h^2 \times 1.6 = 1.2\, h^2$$
$$R_2 = {}^3\!/_4\, h^2 \times 1.6 \times \left(1 - \frac{1}{10}\right) = 1.08\, h^2$$
$$R_3 = {}^3\!/_4\, h^2 \times 1.6 \times 0.9^2 = 0.97\, h^2$$
$$R_4 = {}^3\!/_4\, h^2 \times 1.6 \times 0.9^3 = 0.87\, h^2$$
$$R_5 = {}^3\!/_4\, h^2 \times 1.6 \times 0.9^3 = 0.79\, h^2$$

아일 로열 회색늑대에서 이 다섯 세대 동안 누적된 반응은 4.91 h^2가 될 것이고, 반면에 거대한 대륙 개체군에 대한 누적된 반응은 위와 같이 계산하면 9.5 h^2가 될 것이다.

따라서 아일 로열 개체군에서의 반응은 대륙 개체군의 겨우 4.91/9.5 = 52%가 될 것이다.

위와 예제 15.1의 주장은 근친교배와 유전적 변이의 소실을 최소화시키고 환경 변화에 반응하여 진화능력을 향상시키기 위해 멸종위기종의 개체수를 증가시키는 것의 중요성을 강조하고 있다.

단일 좌위에서 유전적 다양성의 장기적 지속

> 10^5–10^6의 유효개체군 크기는 돌연변이와 부동 간의 균형에 기인한 단일 좌위의 다양성을 유지하기위해 필요하다.

식물의 자기부적합성 좌위 및 송사리의 성 좌위와 척추동물의 MHC 좌위와 같은 몇몇 좌위들은 생존에 중요하여 이들의 유전적 다양성을 유지해야 한다. 단일좌위 다양성을 유지하기 위해 필요한 개체군 크기는 양적인 형질들에 대한 다양성보다 더 크다. 이는 단일좌위에서 기능적 변이들에 대한 돌연변이율이 겨우 10^{-5}–10^{-6}이기 때문이다.

돌연변이–부동 평형에 근거하여, Lande & Barrowclough(1987)은 10^5–10^6의 유효개체군 크기가 단일좌위 다양성을 유지하는 데 필요하다고 제시하였다. 이러한 수는 현재의 서식지 가용성과 보전자원 하에서는 대부분의 보전관심종들(특히 척추동물)에 대해 달성하기 어려운 것이다. 균형선택에 영향을 받는 좌위들의 다양성을 유지하기 위해 필요한 개체군 크기는 단일 좌위보다는 적지만, 이것 역시 달성하기 어려울 것이다.

유전적 다양성을 회복하기 위한 시간

만약 유전적 다양성이 소실된다면, 돌연변이에 의해 매우 서서히 회복될 것이다. 이러한 원래의 수준으로의 회복은 수백에서 수천 세대가 걸린다.

만약 유전적 다양성이 돌연변이에 의해 신속하게 회복된다면 이 유전적 다양성의 소실은 크게 걱정스러운 것은 아닐 것이다. 그러나 돌연변이율이 매우 낮기 때문에 유전적 다양성을 회복하는 시간은 매우 길다(Table 15.1). 세대당 10^{-5}–10^{-6}의 돌연변이율을 갖는 단일좌위 다양성을 회복하기 위해선 십만에서 천만 세대가 걸린다. 질적인 유전적 변이는 세대당 $10^{-3}V_E$의 돌연변이율로 추정되고, 회복하는 데 단지 100–1,000세대만이 필요하지만, 한 세대가 긴 코끼리의 경우 2,600–26,000년이 필요하게 되는 것이다. 분명히, 우리는 멸종위기종의 유전적 다양성을 회복하는 데 적어도 보전관심 기간에서 돌연변이만을 의존할 수만은 없다. 이것이 암시하는 것은 첫 번째로 현재의 유전적 다양성의 소실을 막기 위해 모든 노력들이 이루어져야 할 것이다.

해로운 새 돌연변이의 축적 회피

작은 개체군들에서 어떤 온화하게 해로운 돌연변이들은 우연히 고정되고 감소된 번식적 적합성을 갖게 된다. 그러나 돌연변이의 축적은 근친교배와 유전적 다양성의 소실보다는 훨씬 더 적은 위협으로 보인다.

영향이 적은 해로운 돌연변이는 작은 개체군들에서 효과적으로 중립적이고 그들 중 일부는 우연히 고정될 것이다(9장). 이것은 멸종을 향한 쇠퇴(돌연변이 용해, mutational meltdown)를 이끄는 감소된 번식적 적합성을 가져오게 된다(Lande 1995; Lynch *et al*. 1995a).

돌연변이율은 낮기 때문에 이들은 서서히 축적된다. 따라서 그 위협은 장기적으로만 명확하게 된다. 그럼에도 불구하고 돌연변이 축적이 무성생식을 하는 개체군들의 쇠퇴를 일으킨다는 증거들이 존재한다(de la Pena *et al*. 2000; Paland & Lynch 2006). 대조적으로 이종교배하는 유성생식 개체군들에서의 재조합은 자연선택이 더 효과적으로 해로운 대립유전자들을 고정되지 못하게 한다. 이는 어떤 자손이 그들의 부모보다 더 높은 번식적 적합성을 가지고 있기 때문이다.

유성생식으로 번식을 하는 개체군들에서의 돌연변이 축적의 중요성은 논쟁거리이다. Lande(1995)는 1,000 이하의 유효개체군 크기는 온화한 새 해로운 돌연변이의 무작위적 고정에 의해 심각한 쇠퇴를 겪게 된다고 제시하였다(Fig. 15.2). 그러나 Lynch *et al*.(1995a)은 이러한 문제가 $N_e < 100$의 수를 가진 개체군들에서만 일어난다고 주장하였고, 반면에 Charlesworth *et al*.(1993)은 이러한 요인을 만약 $N_e < 12$가 아니라면 심각한 위협으로 고려하지 않았다. 개체군 존속에 대한 돌연변이 축적의 영향은 대부분의 돌연변이 대립유전자가 큰 해로운 영향을 줄 때 온화하지만, 작은 해로운 영향을 갖는 많은 돌연변이 대립유전자가 있는 때 심각하다(Garcia–Dorado 2003). 이익이 되고 보완적인 돌연변이는 적합성과 멸종위험에 대하여 해로운 돌연변이의 영향을 감소시킨다(Lande

1998; Whitlock 2000; Eses & Lynch 2003; Whitlock *et al*. 2003). 새로운 돌연변이 영향의 비율과 분포에 관한 어떠한 일치점도 존재하지 않는다(Keightley & Lynch 2003).

실험적인 증거들은 자연적으로 이종교배하는 종에서의 돌연변이 축적은 대부분의 보전 측면의 시간틀(100–200년)에서 그리 중요한 것은 아니라고 나타내고 있다. 유효 크기 25, 50, 100, 250, 500에서 45–50세대 동안 유지된 초파리 개체군들(Gilligan *et al*. 1997)과 2,900세대 동안 N_e = 250을 유지한 12개의 무성생식을 하는 효모 개체군들에서 돌연변이 축적에 대한 아무런 증거도 발견하지 못했다(Zeyl *et al*. 2001). 증가된 돌연변이율(정상의 200배)을 가지 12개 효모 개체군들에서 조차 2,900세대 동안 단 하나의 멸종만이 존재하였다. N = 1인 정상적 돌연변이율을 가진 선충류 개체군들은 세대 당 그들의 적합성의 1%보다 작은 부분만을 소실하였다(Vassilieva *et al*. 2000; Estes *et al*. 2004). 실재 근친교배약세는 돌연변이약세가 심각한 문제가 되기 전에 멸종을 일으킬 것이다. 예를 들어, 어떤 돌연변이 축적의 영향도 추적되지 않는 반면, 근친교배약세는 Gilligan *et al*.(1997)에 의해 연구된 N_e = 25와 50인 개체군들에서 분명하게 추적된다(Woodworth *et al*. 2002).

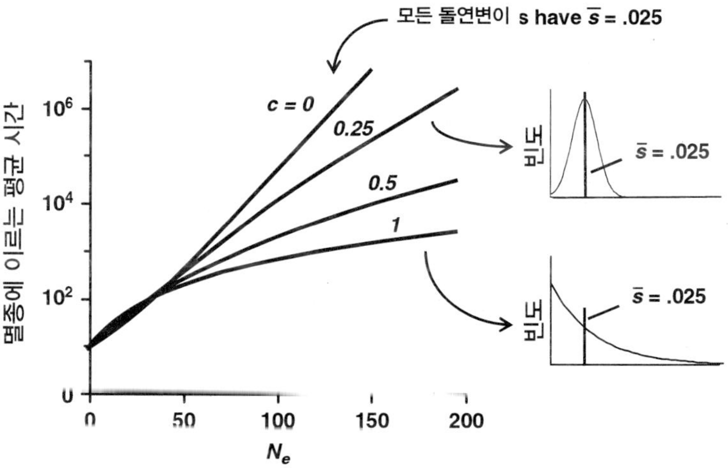

Fig. 15.2 새로운 돌연변이의 고정에 따른 유효개체군 크기의 기능으로써 멸종까지 걸리는 평균 시간(세대)(after Lande 1995). *C*의 값은 설명된 것처럼 새로운 돌연변이 영향의 분포에 관한 서로 다른 가정들을 나타낸다.

야생개체군 관리에서의 유전학적 목표

야생의 멸종위기종에 대한 관리프로그램은 거의 유전학적 목적을 포함하고 있지 않다.

우리는 유전학적 목적이 정의된 야생의 멸종위기종에 대한 일부 관리계획만을 인식하고 있다. 황금사자타마린에서 그 목적은 100년 동안 유전적 다양성을 98% 유지시키는 것인데, 이것은 유효 크기 약 400마리와 일치하는 것이다(예제 15.2). 최근에 약 2,100 개체가 남아 있다(1,600 야생개체, 400 도입개체 그리고

500 사육개체). 그렇게 되기는 어려울 것 같지만, 만약 N_e/N 비율이 모든 개체들에 대하여 0.19 또는 0.25를 넘지 않는다면, 유전적 목적을 성취하기 어려울 것이다. 개체군 팽창을 위한 가용한 서식지의 부족이 주요한 제약이다.

예제 15.2 황금사자타마린에서 100년 동안 98%의 유전적 다양성을 유지하기 위해 필요한 유효개체군 크기

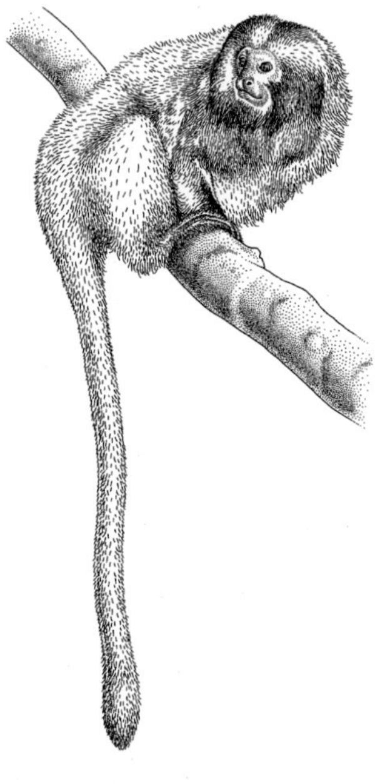

황금사자타마린

필요한 개체군 크기를 얻기 위해 공식 11.1을 이용한다:

$$\frac{H_t}{H_0} = \left(1 - \frac{1}{2N_e}\right)^t \sim e^{-t/2N_e}$$

H_t/H_0를 0.98로, t를 100/6 = 16.7로 대입하여, 다음을 얻는다.

$$0.98 = e^{-16.7/2N_e} = e^{-8.333/N_e}$$

양변에 자연로그(ln)를 취한 후, 다음을 얻는다.

$$\ln\ 0.98 = -\frac{8.3}{N_e}$$

그리고

$$N_e = \frac{-8.33}{\ln\ 0.98} = 412$$

따라서 야생의 황금사자타마린에서 100년 동안 98%의 유전적 다양성을 유지하기 위해 필요한 유효 크기는 400년 동안의 유효 크기이다.

실제로 이 목표를 이루기 위해 필요한 N_e는 컴퓨터 시뮬레이션으로 추정된 것이다. 이때, 모든 중요한 생명표와 개체군 구조에 관한 구체적인 사항들을 고려하였다(Holst *et al.* 2006).

종을 목록에서 제외시키기 위해 이용되는 개체군 크기에 대한 회복 목표

멸종위기종 목록에서 제외시키기 위한 개체군 크기 목표는 다양하지만, 일반적으로 유전적 고려가 권고되는 것보다는 작다.

Table 15.3은 다양한 멸종위기종을 목록에서 제외시키기 위해 필요한 목표수를 목록화한 것이다. 이들은 수많은 고찰들을 기반으로 한 것이지만, 종종 유전학적인 측면을 무시하고 있다. 비록 대부분의 목표수는 수천이지만, 이러한 수는 일반적으로 0.1의 N_e/N 비율에 근거한 유전학적 주장이 요구하는 것보다 적다. 매(peregrine falcons)와 캘리포니아 콘도르(California condors)의 목표 크기(N)는 특히 놀라운 것으로 약 900마리와 450마리이다. 매와 흰머리수리(bald eagle)는 그들의 목표 개체군 크기를 넘었기 때문에 현재 목록에서 제외되었다.

Table 15.3 많은 멸종위기종을 목록에서 제외시키기 위해 특화된 개체수 목표

종	목록에서 제외시키기 위한 대상 크기	참고문헌
포유류		
아시아코뿔소	10 + 개체군에서 2500 (N_e > 500)	1
검은발패럿	10 + 개체군에서 1500성체	2
해달	2650	3
조류		
애트워터 초원뇌조	서로 다른 세 지역에서 5000	4
흰머리수리	3900 쌍	5
캘리포니아 콘도르[a]	야생 2150 + 사육 150	6
매	456 번식 쌍	7
붉은벼슬딱다구리	500개체를 갖는 5개체군 = 2500	8
식물		
레이크사이드데이지	1000 식물	9

[a] 멸종위기종에서 위협종으로 내려감

참고문헌: 1. Foose *et al.* (1995); 2. Clark (1994); 3. Ralls *et al.* (1996); 4. Bowdoin & Williams (1996); 5. Millar (1999). 6. Ralls *et al.* (2000); 7. Mesta (1999); 8. Kulhavy *et al.* (1995); 9. Demauro (1994).

사육개체군들의 관리에서의 유전학적 목표: 절충안

멸종위기종의 사육개체군들은 일반적으로 100년 동안 그들의 유전적 다양성의 90%를 유지할 수 있게 관리되고 있다.

가용한 자원들은 사육번식의 가치가 있는 모든 종들을 유지하기 위해 필요한 것보다 훨씬 적게 존재하기 때문에, 현재의 절충안은 100년 동안 자연적인 유전적 다양성의 90%를 보전하는 프로그램을 관리하는 것이다. 100년이라는 시간틀은 야생의 서식지가 100–200년 안에 예상되는 인구수의 감소 이후 가용하게 될 것이라는 가정에 기반을 두고 있다(Soule *et al.* 1986). 필요한 수에 대한 대략적인 표현은 공식 11.1을 이용하여 얻을 수 있는데, 다음과 같다.

$$\frac{H_t}{H_0} = \left(1 - \frac{1}{2N_e}\right)^t \sim e^{-t/2N_e}$$

자연로그를 취하면서, H_t/H_0에 0.9를, t에 $100/L$을 대입하여 다시 정리하면, 다음과 같은 공식을 얻을 수 있다(L은 세대 길이로 단위는 년이다)

$$N_e = \frac{475}{L} \qquad (15.7)$$

결론적으로, 요구되는 수는 그 종의 세대 길이에 반비례하게 된다(Fig. 15.3). 다양한 예들이 Table 15.4에 나타나 있다. 여기에서 원래의 이형접합성의 90%를 유지하기 위해 필요한 유효수가 연간 한 세대를 가지는 어떤 종에 대하여 475마리이고, 캐리비안 플라밍고(세대 길이 = 26년)에 대해서는 19마리, 미국흰발붉

Fig. 15.3 서로 다른 세대 길이를 갖는 종들에 대해 100년 동안 90%의 유전적 다양성을 유지하기 위해 필요한 유효개체군 크기

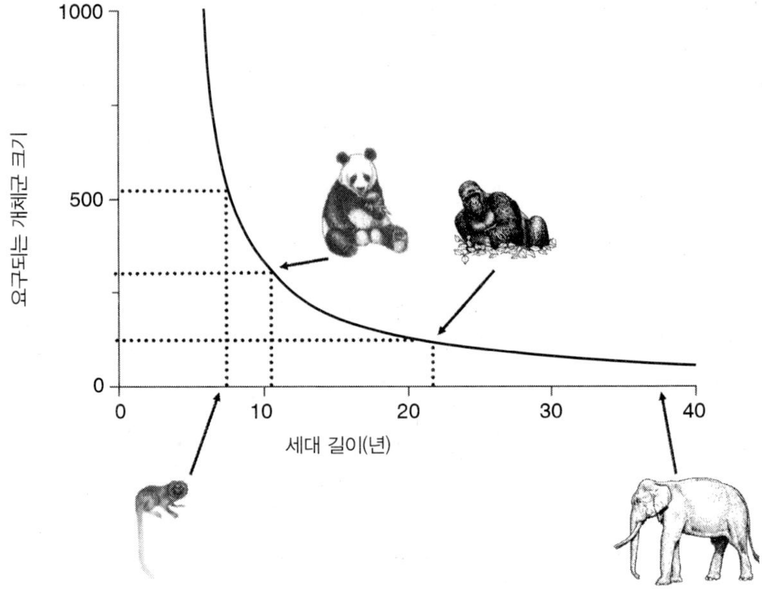

은쥐(white-footed mouse)에 대해서는 1,759마리이다. 이것은 수명이 긴 종이 유리한 몇 가지의 조건들 중 하나이다.

100년 동안 유전적 다양성의 90%를 유지하는 것은 하나의 합리적인 실질적 절충안임에도 불구하고, 사육번식이 필요한 모든 종들에 도움이 될 수는 없

Table 15.4 서로 다른 세대 길이를 갖는 종들에서 100년 동안 원래 이형접합성의 90%를 유지하기 위해 필요한 유효개체군 크기

종	세대 기간(년)	N_e
검은발생쥐	0.27[a]	1759
주머니풀밭쥐	0.75	633
휴스턴두꺼비	1	475
파듈라달팽이(*Partula* snails)	5[b]	95
빗꼬리베통(Brush-tailed bettong)	6	79
황소개구리	7	68
시베리아호랑이	7	68
나이알라(Nyala)	8	58
아라비아오릭스	10	48
아프리카검은목코브라	10	48
모리셔스분홍비둘기	10	48
인도코뿔소	18	26
캐리비안플라밍고	26	18
흰두루미	26	18

[a] Millar & Zammuto (1993)
[b] P. Pearce-Kelly (pers. comm.)
출처: Modified from Conway (1986).

을 것이다. 종들은 자원 부족의 결과로써 더 적은 목적(과 더 작은 수)만을 가지고 유지되고 있다.

90% 절충안의 손실은 증가된 근친교배와 감소된 번식적응도이다. 12장으로부터:

$$F - 1 - \frac{H_t}{H_0}$$

이형접합성의 받아들여지는 10%의 소실은 결과적인 근친교배약세로 인한 F의 10% 증가와 일치한다. 사육상태에서, 이것은 어린 개체들의 생존을 평균 15%까지, 전체 적합성을 24%까지 감소시킬 것이다(13장). 만약 종들이 연속적으로 더 혹독한 야생의 환경에 재도입된다면, 적합성 손실은 훨씬 더 커질 것이다(Armbruster & Reed 2005). 따라서 사육번식 프로그램은 제한적인 가용자원들 내에서 나머지 멸종위기종들을 유지하는 이익에 대한 100년 동안 보통 정도의 근친교배를 허용하는 손실로 균형을 잡을 것이다.

위의 논의는 창시된 사육 개체군과 관련된 병목현상을 무시하고 있고 개체수가 즉각적으로 원하는 수로 증가될 수 있다는 가정을 하고 있다. 사육 개체군은 일반적으로 소수의 창시자들을 가지고 있고 마지막의 수로 천천히 증가하게 된다. 이러한 요인들은 함께 사육 번식 프로그램 초기의 유전적 다양성의 예상된 소실보다 더 크게 소실을 일으키게 한다. 결론적으로, 100년 동안 유전적 다양성의 90%를 유지하기 위해 필요한 유효개체군 크기는 일반적으로 위에서 주어진 것보다 더 크다. Box 15.2는 황금사자타마린의 사육개체군에 필요한 크기를 설명하고 있다.

100년 동안 유전적 나양성의 90%를 유지하기 위해 필요한 개체군 크기는 작은 창시자(founder) 수 및 서로 다른 개체군 성장률과 단일개체군(unity)보다 작은 N_e/N 비율에 의해 영향을 받는다.

Box 15.2 황금사자타마린에서 100년 동안 유전적 다양성의 90%를 유지하기 위해 필요한 유효개체군 크기를 결정하기

100년 동안 90%의 이형접합성을 유지하기 위해 필요한 N_e(목표 유효개체군 크기)의 계산은 세대 길이 및 창시자 수와 잠재적인 성장률에 대한 지식을 요구한다(창시자와 요구되는 N_e까지의 개체군 성장을 모델링하기 위해서).

황금사자타마린은 약 6년의 세대 길이(평균 번식연령)를 가지고 있다. 그들은 약 15마리의 유효창시자들로 시작하였고, 비록 더 실질적인 값은 해마다 10%이지만 그 개체군은 해마다 20% 급속히 성장하였다. 서로 다른 개체군 성장률의 영향은 그림 (a)에 나타나 있다. 위의 왼쪽 패널은 두 가지 서로 다른 성장률에 대하여 시간에 따른 개체군(N_e) 증가를 보여 주고 있다. 위의 오른쪽 패널은 시간에 따른 이형접합성의 소실을 보여 주고 있다. 천천히 증가하는 개체군은 더 큰 최종수(N_e = 312)에 도달하기 위해서 빠르게 성장하는 개체군(N_e = 155)보다 더 많은 시간이 필요하다. 이것은 더 빠르게 성장하는 개체군보다 더 느리게 성장하는 개체군이 초기에 더 큰 이형접합성을 소실하기 때문에 나타난다. 따라서 초기의 소실을 보완하기 위해 더 큰 최종 크기에 도달하는 것이 필요하다.

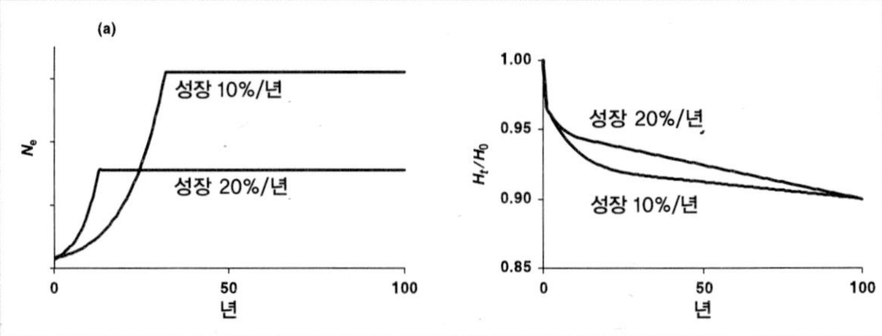

창시자의 수 역시 필요한 N_e에 영향을 준다. 그림 (b)는 동일한 성장율(20%/년)을 갖지만 15 또는 30 창시자를 갖는 두 개체군에서 목표 개체군 크기에 대한 병목현상의 영향을 설명하고 있다. 전자의 개체군(N_e = 155)은, 더 심각한 창시자 병목현상 동안의 이형접합성의 소실로 인하여, 후자의 개체군(N_e = 98)보다 더 큰 최종수가 필요하다.

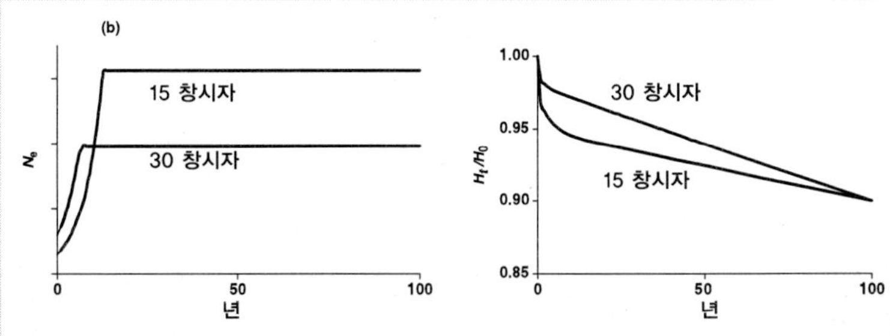

계획된 짝짓기를 통한 사육개체군의 유전적 관리는 야생보다 더 높은 N_e/N의 비율을 얻게 해준다(일반적으로 0.3). 위의 예에서, 황금사자타마린의 100년 동안 90%의 이형접합성을 유지하는데 필요한 개체군 크기는 창시가 잘 이루어지고 빠르게 성장한 개체군에 대한 326에서 작은 수에서 창시된 느리게 성장하는 개체군에 대해 1040까지 범위를 갖는다. 현재 사육개체군은 약 500개체로 관리되고 있다(Box 20.1).

원하는 개체군 크기를 수용하기 위한 공간의 부족은 짧은 세대 길이를 가진 소형 포유류에 대하여 가장 심각하다. 검은발패럿(black–footed ferrets)은 100년 동안 그들의 이형접합성의 90%를 유지하기 위해 19,000 이상의 개체들을 요구한다. 그들의 세대 길이는 약 2.5년이고 이들의 개체군은 단지 8개체의 유효창시자로 시작되었다.

필요한 자원들이 가용한 자원들보다 많을 때, 프로그램은 그 개체군이 10%보다 많이 더 근친교배되거나 혹은 관리를 위한 시간 틀이 100년보다 더 짧다는 것을 받아드려야만 한다. 예를 들어, 검은발패럿에서 사육관리 목적은 50년 동안 이형접합성의 90% 유지로 조정되어 있다. 재도입 프로그램은 첫 번째 3세대 내에 효력이 나타났기 때문에 더 짧은 시간 틀이 더 적절하였다(Ballou & Oakleaf 1989). 사육번식과 재도입의 유전적 문제들은 19장과 20장에서 구체적으로 다룬다.

작은 생존개체군의 잘못된 편견

심한 병목현상 이후 소수의 작은 개체군들의 지속은 근친교배와 유전적 다양성의 소실이 일반적으로 해롭고, 장기적인 생존가능성을 위해 수천의 개체수가 일반적으로 필요하다는 결론과 모순되지 않는다.

여러 종들이 소수의 개체들의 병목현상에서 생존해 온 반면에 다른 종들은 상당한 기간 동안 작은 수로 생존해 왔다(Craig 1994) (비록 더 많은 종들이 멸종했지만). 예들로는 북방바다코끼리, 채텀섬 검은울새, 하와이 까마귀, 모리셔스 황조롱이, 모리셔스 분홍비둘기, 세이셸울새, 소코로섬 붉은꼬리매가 있다(13장). 결론적으로 어떤 저자들은 개체군 생존가능성에서 근친교배와 유전적 다양성 소실의 중요성에 대하여 의문을 가져왔다(Craig 1994; Elgar & Clode 2001).

소수의 살아남은 병목현상이 일어난 개체군들로부터 병목현상이 멸종의 원인이 아니라고 주장하는 것은 오류일 것이다(Soule 1987). 이것은 '증조할아버지가 하루에 30개피의 담배를 피웠고 80세까지 살아서, 담배는 암에 영향을 끼치지 않는다'라고 주장하는 것과 비슷하다(Sunnucks 2000). 병목현상을 경험한 몇몇 개체군들은 살아남지만, 살아남는 데 실패한 개체군들(Laikre *et al.* 1997) 또는 멸종의 회오리에 갇힌 개체군들을 무시해서는 안 된다(Fig. 2.2).

근친교배의 영향은 해로운 대립유전자의 우연한 고정에 좌우되기 때문에 커다란 불확실성의 요소(stochastic element)를 가지고 있다(13장). F 〉 90%까지 인위적으로 근친교배된 약 5–20%의 개체군들은 온화한 실험실 조건에서 생존한다(Frankel & Soule 1981). 이 작은 야생동물의 생존 개체군들은 무작위적으로 샘플링되지 않은 것이다. 이들은 살아남은 소수의 심하게 근친교배된 그룹들 또는 오랫동안 살아남은 소수 흡연자들과 유사하다. 무작위적 샘플들이 연구되었을 때 생존하는 작은 개체군들이 감소된 적합성을 가졌다고 보고하였다(13장). 섬 개체군들의 멸종 경향성이 증명된 것처럼, 이들 작은 근친교배 야생개체군들은 매우 취약할 수 있을 것이다(Frankham 1998).

많은 잔여 개체군들은 강도 있는 관리로부터 혜택을 받았다. 예를 들어, 북방바다코끼리는 수렵으로부터의 보호 이후, 바로 모리셔스황조롱이는 DDT 사용의 금지 이후, 유럽 들소떼는 수렵금지와 겨울 동안 대체먹이공급 이후, 세이셸솔새는 먹이공급원들이 더 풍부한 부근 섬들에 이주된 이후 회복되었다.

위협에 처한 몇몇 섬 개체군들은 내륙 개체군을 멸종으로 몰아가는 포식자와 질병이 없기 때문에 살아남는다. 예를 들어, 검은발바위왈라비는 도입된 붉은여우에 의해 호주 대륙에서 사라졌지만, 여우가 없는 섬들에서는 왈라비가 살아가고 있다. 그러나 섬 개체군들은 심각한 유전적 문제들의 증후들을 보이고 있다(유전적 다양성의 소실과 근친교배약세: Frankham 1998; Eldridge *et al.* 1999; Groombridge *et al.* 2000).

우리는 종종 유전적으로 불멸의 개체군이 지속할 것이라는 잘못된 생각을 하지 말아야할 것이다. 우리는 많은 종들이 멸종하게 방치하거나 단지 예외적인 종들만 보전하는 것이 아니라, 위협에 처한 대다수의 종들을 보전하기를 바란다.

이 장의 결론은 단지 유전적 생존 가능성에 대한 최소 개체군 크기를 설정하였다. 자연적인 개체군에서 인구통계학적 불확실성 및 환경적인 불확실성과 재해는 멸종위기를 증가시키는 유전적 요인들과 결합하게 된다(22장).

요약

1. 야생과 사육 모두에서 위협종을 유지하기 위한 자원들이 제한적이기 때문에 여러 가지 시도들이 유전적으로 생존가능한 개체군들에 대한 최소 크기를 정의하기 위해 이루어져 왔다.
2. 근친교배약세를 피하기 위해 요구되는 개체군 크기는 N_e = 50보다 더 커야 한다. 모든 이종교배종의 작은 개체군들은 궁극적으로 근친교배를 겪고 있다. 사육상태에서 근친교배약세로 인한 멸종에 이르는 시간(세대)은 유효개체군 크기에 근접한다.
3. 진화적인 잠재력을 보유하기 위해, 야생에서 5000−50000의 실제 개체군 크기에 상응하는 500−5000의 유효개체군 크기가 권고되고 있다.
4. 모든 위협종은 본질적으로 장기적인 진화적 잠재력을 소실해 왔다. 이것은 N_e, 유전적 다양성 그리고 번식률과 관련 있다.
5. 새로운 해로운 돌연변이들의 축적을 피하기 위해 요구되는 개체군 크기는 분명하지 않고 논쟁적이다. 그러나 이러한 요인은 근친교배보다 더 중요하지는 않은 것으로 나타난다.
6. 야생과 사육상태에서 가장 위협받는 종에 대한 현재 개체군 크기는 일반적으로 너무 작아서 보전관심의 시간틀 내에서 유전적 악화를 피하기 어렵다.
7. 공간과 자원의 제약으로 인해, 멸종위기종의 사육개체군은 일반적으로 100년 동안 그 유전적 다양성의 90%를 보유할 수 있게 관리되고 있다.
8. 작은 개체군들이 생존하고 있는 소수 사례들의 존재는 작은 개체군들이 높은 멸종위기에 처해 있다는 일반적인 규칙에 반하는 것은 아니다.

추가적인 읽을 거리

Franklin (1980) Classic paper that estimated sizes required for population to be genetically viable for conservation.

Franklin & Frankham (1998) Response to Lande's (1995) estimate that N_e=5000 is required to retain evolutionary potential.

Lande (1995) Revised the N_e required to maintain evolutionary potential from 500 to 5000. Also considered the likely impact of mutational accumulation.

Soulé *et al.* (1986) Proposed the captive breeding goal of retaining 90% of genetic diversity for 200 years (later modified to 100 years).

Soulé (1987) *Viable Populations for Conservation*. Book with papers considering different aspects of 'How large', both genetic and ecological.

Whitlock *et al.* (2003) Review of mutation accumulation models and data.

소프트웨어

PMx: Software used to estimate N_e required to maintain 90% of genetic diversity for 100 years (Pollak et al. 2009). www.vortex9.org/pmx.html

문제

15.1 진화적 잠재력. 어떤 형질에 대해, $V_m = 3 \times 10^{-3} V_E$의 예측치를 얻었다. 만약 그 형질이 15%의 유전가능성을 가진다면, 단기적인 진화가능성을 보전하기 위해 필요한 N_e는 얼마인가?

15.2 진화적 잠재력. 만약 돌연변이의 90%가 해롭다면, 문제 15.1의 조건들 하에서 필요한 N_i는 얼마인가?

15.3 유전적 다양성의 유지. 100년 동안 유전적 다양성의 95%를 유지하기 위해 필요한 유효 크기에 대한 식을 유도하라.

15.4 유전적 다양성의 유지. 해마다 세 세대를 갖는 제방밭쥐(bank vole) 개체군이 그 유전적 다양성의 90%를 유지하기 위해 얼마나 커야 하는가?

15.5 유전적 다양성의 유지. 세대 길이가 20년인 멸종위기 야자관앵무(palm cockatoo)가 100년 동안 그 다양성의 95%를 유지하기 위해 얼마나 큰 개체군을 필요로 하는가?

15.6 유전적 다양성의 유지. 얼마나 많은 코끼리(세대당 26년)와 사슴쥐(매년 세 세대)가 (a) 100년 동안 그 다양성의 95%를 위지하기 위해, (b) 50년 동안 원래 다양성의 90%를 유지하기 위해 얼마나 많은 수가 필요한가?

15.7 진화적 잠재력. 캘리포니아 콘도르 회복 프로그램에 대한 개체군 크기 목표는 세 개의 개체군 각각에서 150개체이다(야생개체 2와 사육개체 1). 이것은 진화적 잠재성을 유지하기 위해 필요한 N_e보다 상당히 작다. 캘리포니아 콘도르는 이러한 이유로 멸종할 것인가?

3부

이론에서 실제로

3부에서 우리는 개체군 진화 유전학의 결론과 개체군 크기 감소의 치명적인 유전적 결과(1부와 2부에서)를 취약종이나 개체군의 유전적 관리에 적용할 것이다.

분류학적 불확실성과 관리 단위

한 종을 보호하는 데 있어 중요한 첫 단계는 그것의 분류에 대한 분명한 이해가 있어야 한다는 것이다. 관심 개체군은 유일한 종인가? 실제로는 여러 은폐종으로 구성되어 있지 않은가? 그것은 단지 흔한 종의 또 다른 개체군이지 않은가? 이러한 지식 없이는, 위협종의 보호는 거부될 것이고, 흔한 종의 개체군에 자원을 낭비하게 될 것이다. 분류학적 불확실성을 해결을 돕기 위한 유전학적 기술의 이용에 대해 16장에서 서술하였다. 이것을 하기 위해서, 우리는 먼저 종이란 무엇을 의미하는 지 정의해야만 하고 어떻게 종분화가 일어나는지 간단히 살펴봐야 한다. 종 내 개체군들은 너무 떨어져서 교배하면 생식적응도의 감소로 고생할 수 있을 것이다(이계교배약세). 이 장은 종 내 관리 단위를 정의하는 방법들을 고찰하며 결론지을 것이다.

야생개체군의 관리

야생개체군의 유전적 관리에 대해 19장에서 고찰하였다. 일반적으로 야생개체군의 관리는 개체군 크기를 증가시키고 개체군 단편화의 영향을 경감하는 데 있다. 개체군들 사이에 부적절한 유전자 흐름을 가지고 있는 종은 유전자 흐름이 재수립되지 않는다면, 근친교배약세와 유전적 다양성의 손실 그리고 결국 개체군이 멸종하는 나쁜 과정을 겪게 될 것이다. 안타깝게도, 이 분야에서는 단지 제한적인 활동만이 계속 되고 있다. 단편화된 개체군들의 유전적 관리는 보전생물학에서 가장 채워지지 않은 유전적 도전 분야이다. 이번 장은 또한 다양한 번식 체계를 가지고 있는 종들에 필요한 다른 관리 양식도 제공한다.

침입종의 보전유전학

침입종은 포식이나, 기생, 전염병, 교잡 및 경쟁을 통해 고유종에게 커다란 위협 중에 하나가 되고 있다. 종이 침입종이 될 가능성과 토착종의 진화에 있어 침입종의 영향 및 침입종의 방제와 관련하여 중요한 유전적 문제들이 있다. 이러한 문제들이 이번 판에 새로 추가된 18장에서 논의될 것이다.

사육관리와 재도입

점점 더 많은 수의 종들이 인간이 관여하지 않는다면 멸종에 이를 정도로 개체수가 줄어들고 있다. 많은 경우에 이들 종을 구할 유일한 방법은 **서식지 외 보전**에 의한 것으로, 예를 들어, 종을 그들의 자연 서식지를 떠나서 보호하는 것이다. 육상 척추동물 하나에서 약 4,000–6,000종이 멸종에서 구하기 위해 사육번식이 필요하다. 현지 외 보전은 많은 형태가 있으며, 동물원과 야생동물공원, 수족관에서의 사육 번식, 식물원과 수목원에서의 식물의 보호, 씨앗 보존과 동물과 식물, 세포 배양 및 배우체의 냉동 보존 등을 포함한다. 그러나 공간과 수, 비용, 지속성 및 사육조건에의 적응이 현지 외 보전의 가치를 제한한다. 서식지 외 보전은 대형 척추동물과 식물에 가장 적합하다. 19장은 사육개체군의 유전적 관리를 다루고 있다. 야생으로의 재도입에 대한 가능성을 염두하고 생존력 있는 개체군을 유지하는 것이 많은 프로그램들의 목적이다. 20장은 재도입 성공에 반하는 유전적 변화를 최소화하기 위한 사육개체군의 유전적 관리와 재도입 과정 자체에 포함된 유전적 문제를 다룬다.

법의학과 종의 생태를 이해하기 위한 분자유전학의 이용

분자 유전학적 방법이 멸종위기종의 불법적인 사냥과 교역을 찾기 위해 법의학에서 이용된다. 이러한 방법들은 또한 종의 보전에 필요한 지식인, 종의 기본적인 생태를 이해하는 데 도움을 준다(21장). 예를 들어, 유전자 표지는 친권 문제를 해결하거나, 새와 해양 포유류의 성 감별, 짝짓기 형태와 개체군 구조, 분산율, 개체군 크기와 먹이의 종류의 결정, 질병 및 다른 종과의 교잡을 발견하기 위해 이용될 수 있다.

보다 넓은 맥락

자연 서식지의 야생개체군은 멸종을 야기할 수 있는 인간의 영향(서식지 감소와 손실, 난개발, 오염, 종의 도입)과 확률적 위협들(인구통계학적, 환경적, 유전적 확률성과 재난)에 고생을 한다. 22장에서는 모든 결정적 위협과 확률적 위협의 복합적인 영향에 대해 고찰하여, 보전유전학과 보전생물학의 많은 문제들 사이에 연결점을 제공할 것이다. 확률적 컴퓨터 투사(개체군 생존능력 분석–PVA)는 모든 위협과정의 조합으로 인한 멸종의 위험을 예측하기 위해 이용되는 주요 도구이며, 또한 종복원의 관리 방법들을 비교할 수 있는 조사 방법이다.

16장

분류학적 불확실성의 해결과 관리 단위의 정의

용어

DNA 바코딩(DNA barcoding)
계통도(phylogenetic trees)
계통분리(lineage sorting)
관리단위(management unit)
다중계통의(polyphyletic)
단일계통의(monophyletic)
동소의(sympatric)
동종의(conspecific)
동질삼배수체(autotetraploid)
복이배수체(amphidiploids)
분류군(taxa)
분자적 운영분류 단위(molecular operational taxonomic units, MOTU)
생물학적 종개념(biological species concept)
아종(sub-species)
유전적 거리(genetic distance)
이소의(allopatric)
이계교배약세(outbreeding depression)
이질삼배수체(allotetraploid)
자매종(sibling species)
종(species)
종분화(speciation)
진화적으로 의미있는 단위(evolutionarily significant units, ESU)
최대우도(maximum likelihood)

분류학적 위치는 멸종위기종이 보호되지 않거나 개체수가 많은 종들에 노력이 낭비되고 있는 지를 확신하기 위해 정확히 설정되어져야만 한다. 유전학적 정보는 분류학적 불확실성을 풀고 종 내 관리 단위를 정의하는 데 도움을 준다.

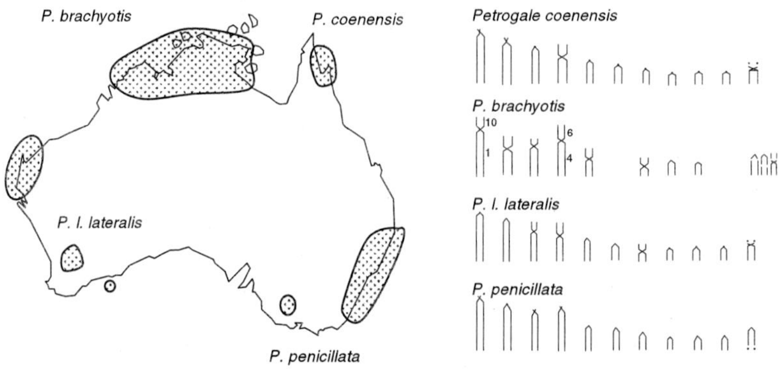

호주의 바위왈라비와 그 종의 한 표본으로부터의 염색체(after Eldridge & Close 1992). 많은 개체군들은 멸종위기에 처해 있다. 유전적 방법들은 이 그룹의 분류학적 불확실성을 해결하는 데 도움을 준다.

보전생물학에서 정확한 분류의 중요성

많은 분류군의 분류학적 위치는 풀리지 않고 있다. 이것은 특히 하등식물과 무척추동물에서 사실이지만, 또한 사슴, 코끼리, 왈라비, 늑대를 포함한 대형동물과 눈에 잘 띄는 동물들의 경우에도 예외는 아니다.

만약 어떤 분류군이 정확하지 않다면, 많은 부적절한 보전결정이 이루어질 수 있다.

보전에 있어서, 만약 개체군의 분류학적 위치가 잘못 지정되면 다음과 같은 많은 잘못된 결정들이 이루어질 수 있다.

- 인식되지 못한 멸종위기종이 멸종될 수도 있을 것이다.
- 멸종위기종이 법적인 보호를 받지 못할 수도 있고, 반면 흔한 종의 개체군 또는 종간 잡종이 보호를 받을 수도 있다.
- 부정확하게 진단된 종이 다른 종들과 교잡할 지도 모르고, 이것은 감소된 번식 적합성을 초래하게 될 것이다.
- 근친교배된 개체군의 적합성을 향상시키기 위해 이용될 수 있는 개체군들이 간과될 지도 모른다.

이 장에서는 분류학적 위치를 정의하기 위한 이론적 근거와 방법론들을 다루고 있다. 또한 유전적으로 차이가 있는 개체군들의 교배가 개체군의 감소된 적응도(이종교배약세)를 야기할 수 있기 때문에, 종 내 관리 단위의 실질적인 정의를 고찰할 것이다.

분류학적 불확실성은 다음의 세 가지 원인으로부터 발생한다:

- 부적절한 데이터
- 서로 다른 종 정의의 사용, 그리고
- 종분화 과정의 진화적 발산(divergence)을 통하여 최근에 분리된 개체군

많은 종들의 묘사는 적은 수의 알려지지 않은 유전적 근거의 특성들(주로 형태적인)의 지리학적 분포에 대한 제한된 정보에 기반을 두고 있다(Avise 1996). 호주의 발톱벌레(velvet worms), (유조 동물문)는 하나의 극단적인 예를 제공한다. 1985년 리뷰에서 단지 7개의 이름을 가진 종만이 알려졌다. 그러나 알로자임을 이용하여 100개로 명확히 분지된 종들이 연속적으로 확인되었다(Briscoe & Tait 1995).

서로 다른 여러 종을 하나의 종으로 잘못 묶는 것(lumping)은 멸종위기종에 대한 보호를 부인하는 것이다. 이러한 오류는 멸종위기종 켐프리들리바다거북(Kemp's Ridley turtle; *Helianthus exilis*), 캘리포니아에 서식하는 해바라기에서 일어났다(Rieseberg 1991; Bowen & Avise 1996). 뉴질랜드에 서식하는 위협에 처한 투아타라(tuataras)의 분류는 확실하지 않고 2 또는 3개의 다른 개체군 또는 분류군을 포함할 지도 모른다. 이 중 하나는 심각한 멸종위기에 처해 있다(Box 16.1).

반대로 한 종을 둘 또는 더 많은 인지된 분류군으로 쪼개는 것(splitting)은 잘못된 보전 결정을 이끌어낼 지도 모른다. 날개가 없는 뉴질랜드 채퍼풍뎅이(chafer beetles) 및 아메리카 대륙의 흰기러기(snow goose)와 검은머리물떼새

발톱벌레

(black oystercatchers)의 경우, 종 내 변종들이 부정확하게 다른 종으로 분류되었다(Emerson & Wallis 1994; Hebert *et al*. 2004). 더욱이 심각한 멸종위기에 처한 플로리다 팬더를 포함한 8개로 인식된 북미 퓨마는 유전적으로 서로 상이한 종이 아닌 것으로 나타났다(Box 16.1).

투아타라

Box 16.1 투아타라와 북미 퓨마에서의 분류학적 불확실성과 그들의 보전 혼란(Culver et al. 2000; Hay et al. 2003)

투아타라

위협에 처한 뉴질랜드의 투아타라들은 원시 파충류의 옛도마뱀목(Rhynchocephalia)의 단 하나의 생존자이자 단 한 종으로 생각되었다. 서로 다른 섬 개체군들의 여러 알로자임 좌위들, mtDNA, 면역학적 비교, 형태를 이용한 연구들은 두 개 또는 세 개의 상이한 그룹들이 존재함을 보여 주었다. 이들은 현재 독립된 보전단위로 관리되고 있지만, 분류는 불확실하게 남아있다.

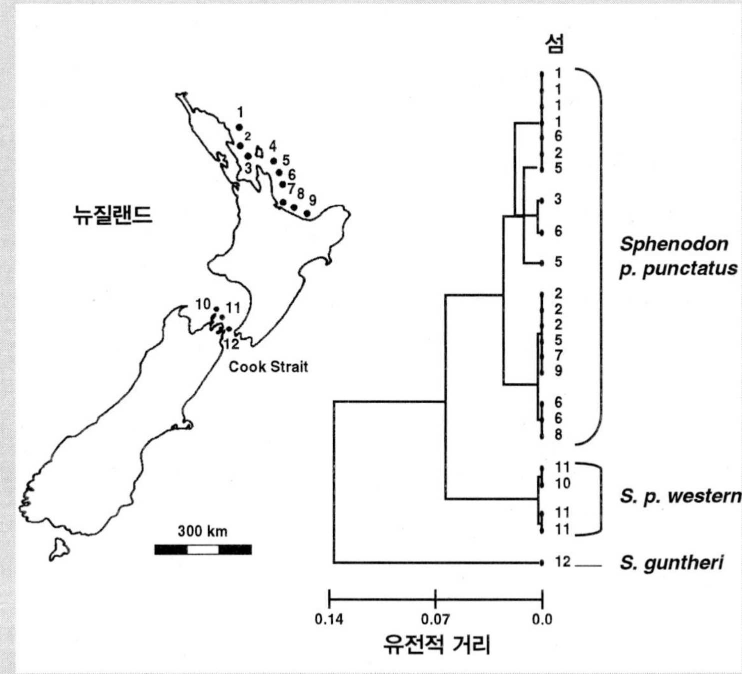

북미 퓨마

포유류학자들은 심각한 멸종위기에 처한 플로리다 팬더를 포함하여 대략 8개의 형태적인 북미 퓨마(또한 쿠르거, 팬더 그리고 마운튼라이언으로 불리워짐)를 인지하고 있었다. 그러나 마이크로세틀라이트와 mtDNA 분석은 이들 개체군들간에 유의한 분화가 없는 것을 밝혔다. 그러나 북미 퓨마를 남미의 많은 아종들과 분리시켰다.

이에 따라, 보전을 필요로 하는 독립된 아종의 수는 감소되었다. 더 나아가 근교약세를 완화시키기 위해 텍사스 아종의 개체들을 이용하여 플로리다 팬더를 증식시키려는 논쟁적인 결정은 현재에는 이주로 인식될 수 있었다.

플로리다 팬더

분류가 정확하지 않은 개체군들 간의 잡종화는 몇몇 보전 노력에서 여러 가지 문제들을 야기한다. 예를 들어, 마지막으로 남은 검은바다멧참새(dusky seaside sparrow)는 적절하지 않은 바다멧참새(seaside sparrow) 아종과 성공적으로 잡종이 이루어지지 않아 멸종하였다. 그러나 나중의 연속된 분석들은 더 가까운 유연관계를 갖는 아종이 존재하고 있음을 보여 주었다(Avise 2004). 딕딕(dik–diks)과 올빼미원숭이(owl monkeys)의 사육개체군들에서의 불임은 서로 다른 염색체 혈통의 잡종화(아마도 알려지지 않은 종)에 기인하였다(Templeton 1986; Ryder *et al.* 1989). 추가적으로, 흔한 종들 간의 잡종은 때때로 보전 가치가 있는 희귀종으로 잘못 구분되기도 하였다(Stuart & Parham 2007).

보르네오 오랑우탄과 수마트라 오랑우탄 아종(아마도 분리된 종) 간의 유전적인 분화 정도 파악의 실패는 이전 많은 동물원들에서 그들의 잡종화를 발생시켰다(Box 16.2). 반대로 2개의 사육 멕시코 늑대 개체군은 이들이 개, 코요테 또는 회색늑대들과 잡종화되지 않았다는 것이 밝혀지기 전까지, 다른 한 작고, 근친교배된 순수 개체군과 격리되어 왔다(Hedrick Frederickson 2008; 21장).

미국 남부의 멸종위기종 붉은늑대는 하나의 분리된 종 또는 회색늑대와 코요테 간의 잡종으로 간주되어 왔다. 이종에 대해 막대한 재정적 자원이 요구되는 사육 번식과 재노입 프로그램이 수행되었다. 마이크로세틀라이트와 mtDNA를 이용하여, Wayne과 그의 동료들은 붉은늑대가 잡종 개체군이라고 결론을 내렸다(Fgi. 16.1a). 이 붉은늑대는 회색늑대와 코요테에게 존재하지 않는 대립유전자를 역시 가지고 있지 않았다. 연속적으로 Wilson *et al.*(2000)은 캐나다 동부의 소형(알곤퀸) 늑대가 회색늑대와 코요테와는 다른 종이지만 붉은늑대와는 매우 유사하다고 제시한 바 있다(Fig. 16.1b).

실재로 특정 개체군 그룹들의 분류는 일반적으로 충분한 형태 및 번식과 유전학적 데이터를 이용하여 해결이 될 수 있다(염색체, 마이크로세틀라이트, 알로자임, DNA 핑거프린팅, mtDNA). 그러나 이러한 유전자 마커의 사용을 하기 위해서는, 먼저 생물학적 종이 의미하는 것, 우리가 보전하려는 것이 무엇인지 그리고 어떻게 개체군들이 분화되고 종분화되는지를 리뷰해야 할 것이다.

회색늑대

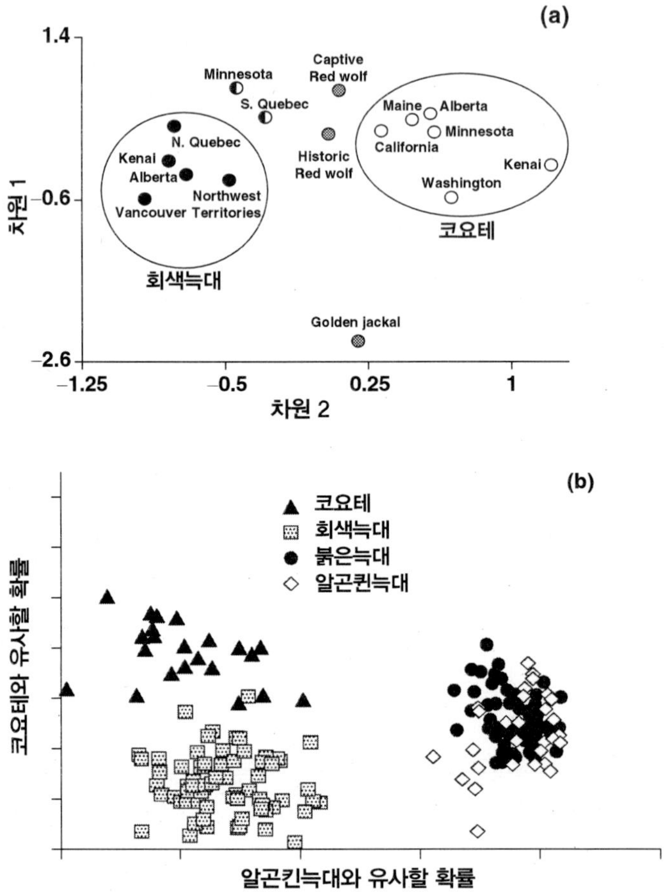

Fig. 16.1 붉은늑대는 하나의 분리된 종인가? 아니면 회색늑대와 코요테 간의 잡종인가?(Wayne 1996; Wilson *et al.* 2000).
(a) 붉은늑대, 회색늑대 그리고 코요테에 대한 마이크로세틀라이트의 2차원적 스케일링. 회색늑대를 나타내는 원은 비잡종화 개체군을 포함하는 반면에 미네소타와 남부 퀘벡 개체군은 코요테로부터 이입되었다. 붉은늑대는 순수혈통의 회색늑대와 코요테 사이에 존재하였는데, 이는 만일 그들이 하나의 잡종개체군이라 예상될 때 기대되는 것과 같았다(Wayne 1996).
(b) 마이크로세틀라이트 데이터(아래)와 mtDNA 염기서열 데이터는 모두 알곤퀸과 붉은늑대가 코요테와 회색늑대와 상이한 그룹으로써 집단을 이루는 것을 보여 주고 있다.

종이란?

보편적으로 받아들여지는 종에 대한 정의는 존재하지 않는다

혼란스럽게도 적어도 22개의 종에 대한 정의가 존재한다(Claridge *et al.* 1997). 이것들은 형태학 및 생태학과 유전학에 기반을 둔 정의들로부터 생물학적 특징 및 진화학적 특징과 계통학에 기반을 둔 정의에 까지 이른다. 어떤 정의들은 한 종에서의 두 성을 다른 분리된 종으로 구별할 수 있고 또 구별해 왔다. 보전 목적을 위한 가장 적절한 정의들은 진화학적 단위와 유전자 흐름에 기반을 두고 있다.

대부분의 이름을 가지고 있는 종들은 형태학적 특성에 근거하여 다른 모든 그

룹들과 구별되는 개체들의 그룹으로 기술되어 왔다. 그러나 종의 형태적인 정의들은 유전학과 진화학에 대한 결합을 제한해 왔을지 모른다. 어떤 개체들의 그룹들은 최초에 형태학적으로 구별이 불가능한 것으로 나타났지만, 이들은 2개 또는 그 이상의 고유한 종으로 구성되어 있다(미지종 또는 자매종). 예를 들어, 중국 문쟉과 인도 문쟉은 형태적으로 유사하지만 중국 문쟉은 46개의 염색체를, 반면 인도 문쟉은 수컷이 6개, 암컷이 7개의 염색체를 가지고 있다(Ryder & Fleischer 1996).

생물학적 종 개념(biological species concept)은 개체군 유전학과 진화유전학 그리고 보전유전학에서 가장 영향력이 있는 종의 정의이다. 이것은 종을 실질적으로 또는 잠재적으로 상호교배하는 개체와 자연개체군의 그룹으로 정의하고 있다. 그러나 그 밖의 다른 모든 그룹들의 개체들과는 상호교배가 불가능하다(Simpson 1961; Mayr 1963). 이러한 정의는 종 내 모든 개체들이 대립유전자를 상호교환할 수 있으나, 다른 종의 모든 개체들은 보통 그렇지 못하는 것으로 간주하고 있다.

종의 정의는 일반적으로 이종교배하는 종 내의 개체들이 서로 유전물질을 교환할 수 있지만, 다른 종의 개체들과는 교환할 수 없다는 것으로 인식된다.

이 정의는 종을 유전학적으로 기술하는 데 실용적인 수단을 제공한다. 동일 종의 개체군들은, 만약 교배되면, 첫 번째와 연속적인 세대들에서 번식 능력을 갖는 자손을 생산할 것이다. 반대로 다른 종의 개체군들은 상호번식에 실패하거나 감소된 생존 능력과 번식 능력을 갖는 자손을 생산할 것이다. 예를 들어, 사자와 호랑이는 교잡이 가능하지만, 그들의 자손은 번식 능력이 없다.

미국의 멸종위기종보호법(US Endangered Species Act)은 생물학적 종 개념을 기반으로 한다. 그러나 이 지침은 보전으로부터 교잡을 배제하는 것과 무성생식 형태를 적절히 다루지 못하는 것 같은 어려움을 직면하게 되었다. 생물학적 종 개념은 무성생식하는 형태와 선천적으로 자가번식하는 형태를 적절히 다루고 있지 못하고, 교잡하는 종에 대해 뚜렷하지 않으며, 화석표본의 분류에 대한 중요성을 거의 갖고 있지 못하다. 이러한 제한점들로 인하여 이 개념이 논쟁적이라는 것은 그리 놀라운 사실이 아니다.

보편적으로 인식되고 있는 종 정의의 부족은 보전생물학에서 커다란 어려움들을 야기하게 했고, 이는 많은 논쟁들이 다른 정의들을 이용한 결과이기 때문이다. 예를 들어, 계통분류학적 종 개념은 동일 생물 그룹에 대하여 생물학적 종 개념보다 48% 더 많은 종들을 양산했다(Marris 2007). '분류학적 인플레이션'에 관한 많은 우려들이 표현되었는데, 이는 종 수의 확대가 보전을 위한 재원을 매우 어렵게 만들고 있기 때문이다(Isaac *et al*. 2004; Meiri & Mace 2007). 이런 증가의 많은 부분은 종의 변화하는 개념에 기인한 것으로, 아종은 완전한 종 지위로 격상된다.

우리의 리뷰에서, 보전을 위한 종 개념은 진화학적인 주장에 기반을 두어야만 한다. 예를 들어, 종내 개체들은 그들이 유전자 교류를 할 수 있기 때문에 진화학적인 운명을 함께 해 왔다. 반면, 다른 종들은 독립적인 진화학적 궤도를 가지고 있다. 이 리뷰에 대하여 어느 정도의 조화가 존재한다(Hey *et al*. 2003). 어떠한 정의를 이용하던지, 분류군들이 종분화의 경로를 따라가는 도중에 있다면 항상 어려운 사례들이 존재할 것이다.

최근, 분류학적 구별은 형태적, 행동적, 번식적, 분자적, 염색체적 특징의 정의되지 않은 혼합에 기반을 두고 있다. 더욱이 지구 상에서 대부분의 종은 아직 구분이 되지 않고 있고, 전체 5백만에서 1억만으로 추정된 종들 가운데 약 175만 종들만이 이름을 갖고 기술되고 있다(Blaxter 2003; Kim & Byrne 2006). 분류학자가 너무 부족하여, 새로운 종을 공식적으로 기술하기 위해서는 상당한 시간이 걸린다.

이러한 문제들을 해결하기 위해서, Tautz *et al.*(2002, 2003)은 DNA 염기서열이 종 구별을 위한 보편적인 참고 표준으로 이용되어져야 한다고 제안하였다. 참고 표본은 DNA 염기서열 데이터 및 보관된 개체들과 다른 데이터들과 관련된 DNA 추출물이 된다. DNA 분류는 이름의 변화가 고려되는 종의 정보를 연동시킬 때, 재료를 구별하고, 새끼의 형태를 쉽게 구별하며, 문제들을 어느 정도 해결하는 과정을 촉진할 것이다. 종을 기술할 수 있는 DNA 차이의 정도는 여전히 정의가 필요하지만, 이것은 경험적으로 이루어지고 있다. 이러한 제안은 여전히 논쟁적이지만, 커다란 장점을 가지고 있다. DNA 바코딩에 대한 다음 섹션은 이러한 타입의 한 가지 제안을 설명하고 있다. 현대적인 방법을 활용하는 접근법이 1750년대 린네에 의해 고안된 체계의 의존을 지속하기보다는 분류학의 위기들을 설명하기 위해 필요하다는 것은 분명한 사실이다(Wheeler *et al.* 2004).

광범위하게 접속가능한 컴퓨터 데이터베이스는 세계적으로 많은 단체들에서 보유하고 있는 여러 가지 형태의 표본들에 접근하는 문제들과 과다하게 많은 저널들의 걸쳐 퍼져 있는 종 기술들의 문제들을 극복하기 위해 개발 중에 있다. 이러한 데이터베이스에는 Zoobank(Polaszek *et al.* 2005; www.iczn.org), the Catalogue of Life(http://www.catalogueoflife.org)와 the Encyclopedia of Life(www.eol.org)가 있다.

DNA 바코딩

> 어떤 mtDNA 지역의 염기서열을 기반으로 개체들을 동물종에 할당하자는 제안들이 이루어져 왔다.

위에서 언급된 분류학적 문제들을 설명하기 위해서, Hebert *et al.*(2003a)은 (i) 알지 못하는 개체를 종으로 할당하기 위해, 그리고 (ii) 새로운 종의 발견을 향상시키기 위해 미토콘드리아의 cytochrome C oxidase 1 좌위(CO1)의 648bp 지역에 대한 DNA 염기서열을 이용하자고 제안하였다(Blaxter 2003; Moritz & Cicero 2004). 이것은 DNA 바코드로써 언급되었다. 고립된 개체군들의 mtDNA 염기서열은 핵 좌위보다 더 빨리 분화한다. 왜냐하면 mtDNA의 유효 개체군 크기는 핵 DNA의 1/4이고, 그 돌연변이율은 일반적으로 핵 DNA보다 더 높기 때문이다. 더욱이 대부분의 종들에 대하여 mtDNA 염기서열을 증폭하기 위한 프라이머 염기서열을 쉽게 얻을 수 있다.

비록 DNA 바코딩이 논쟁적임에도 불구하고, 특히 분류학자들 사이에, 이 방법은 상당한 영향력을 얻어 왔다. 지구 상의 모든 동물들의 다양성은 10억 달러로 20년 내에 바코딩으로 특징화될 수 있을 것으로 추정된다(Hebert *et al.* 2003a). 현재의 분류학적 방법들을 이용하여 지구 상의 모든 생물들의 백과사전을 완성하기 위해서는 수 세기가 필요할 것으로 생각된다(Wilson 2003).

희망적인 결과들이 11개 문(phyla)에 걸친 13,320개 동물종의 98%에서 2% 이상의 염기서열 발산(divergence)을 보여 준 선행연구들에서 얻어졌다(Hebert *et al*. 2003b). 더욱이 영장류, 조류, 어류, 복족류, 인시류, 거미류, 홍조류와 같은 실험 그룹에서 95% 이상의 종들이 구별되었다(Lorenz *et al*. 2005; Hajibabaei *et al*. 2007). 주목할 만한 것으로 해양 이끼벌래류에서의 짝짓기 실험에서 CO1 바코드 계보와 생식적 고립 간의 밀접한 일치를 보인다는 것이 있었다(Gomez *et al*. 2007). 대단히 많은 수의 신종들이 바코딩을 이용하여 구별되었고, 이는 특히 연구가 부족한 분류군 및 탐험이 진행되고 있는 지역과 서식지에서의 생물들에 대해서 그러하다(Barber & Boyce 2006; Herre 2006; Gomez *et al*. 2007).

그러나 DNA 바코딩은 아직까지 논쟁적이다(Dasmahapatra & Mallet 2006). 관심의 대상이 되는 것들에는 흔한 조상 개체군에서의 다형성, 수컷에 편향적인 유전자 흐름, mtDNA상에서의 선택, 잡종화 이후의 유전자 흐름, 핵으로의 mtDNA 좌위 이동을 포함하고 있다(Moritz & Cicero 2004)(Box 16.3). 바코딩은 양서류에서는 효과적이지 못하고, 쌍시류 종의 구별에 있어 70%보다 낮게 나타났다(Meier *et al*. 2006; Whitworth *et al*. 2007).

만약 어떤 종들이 이전에 구별된 종들과 연결될 수 없다면, 바코딩에 의해 구별된 단위들은 분자적 운영분류 단위(MOTU)로 불린다(Blaxter *et al*. 2005). 정의된 염기서열 차이의 수준은 분자적 운영분류 단위에 대한 분리점으로 이용되고, 이것은 연구에 이용된 분류군에서 보통 알고 있는 진정한 종(good species)과의 보정 통해 이루어진다.

CO1 좌위는 고등식물과 몇몇 산호에서의 바코딩에는 적합하지 않는데, 이것은 식물이 대부분의 동물에서 발견되는 것보다 mtDNA의 진화속도가 매우 느리기 때문이다. 식물의 경우, 핵 지역과 엽록체 지역의 조합된 DNA 염기서열이 제안되어 오고 있다(Pennisi 2007).

아종

멸종위기에 처한 아종은 종종 법률적인 보호를 받고, 상당한 보전 노력에 초점이 된다. 아종은 종 내 개체군의 그룹으로 고유한 지리학적 분포 또는 서식지를 공유하고, 여러 가지 유전적인 특징에 의해 그 종의 다른 그룹들로부터 구별될 수 있다(Avise & Ball 1990; O'Brien & Mayr 1991). 아종은 완전한 종분화를 향한 뷰지의 진화적인 과정에 중에 있는 개체군이다. 서로 다른 아종의 구성원들은 뚜렷한 생식적 격리를 거의 보이지 않는다. 보르네오와 수마트라 오랑우탄 아종들 간의 교배는 생존율에서 분명한 감소를 보이지 않는 생식가능한 자손들을 생산한다(Box 16.2).

아종은 한 종 내에서 부분적으로 분화된 개체군이다.

이러한 아종 개념은 종의 개념보다 더 주관적이고, 많은 아종의 사실성이 의문시되어 왔다. 조류의 경우, 단지 36%의 아종만이 서로 다른 mtDNA 염기서열을 가지고 있어 계통유전학적으로 구별되는 것으로 알려져 오고 있다(Phillimore & Owens 2006).

종은 어떻게 생겨나는가?

종 분화는 개체군들이 번식적으로 고립될 때까지 유전적 발산을 수반한다.

종은 두 가지 주요한 방향으로 생겨난다. 첫 번째는 다양화로써, 기존에 존재하는 종이 둘 또는 그 이상의 자손 종으로 생겨난다. 이것은 개체군들이 유전적으로 분화되고 생식적으로 고립되었을 때 나타난다. 이러한 종 분화는 빈번히 적어도 부분적인 지리학적 격리를 포함한다. 두 번째는 시간에 따라 한 혈통 내에서의 점진적인 변화이다. 따라서 이전에 존재하는 종이 나중에 다른 이름의 종으로 불린다. 이 장에서는, 전자에 관심을 가지고 있다 – 종의 다양화. 분리의 과정은 반드시 연속적인 것은 아니고, 아마도 발산을 포함하고 있을 것인데, 영구적인 분리 이전에 후속적인 유전자 교환으로 산재되어 있을 것이다. 이는 침팬지와 인간의 종분화에서 나타난 것이다(Patterson *et al*. 2006).

식물과 곤충에서 보고된 것처럼, 종분화는 또한 현재의 배수체종들 간의 잡종화가 어떤 새로운 환경에 대해 작용하게 할 때 일어난다(Rieseberg *et al*. 2003; Schwarz *et al*. 2005; Mavarez *et al*. 2006). 염색체에서 어떠한 변화가 없는 잡종의 종분화는 드물게 나타난다.

고립 요인들

개체군은 지리학적 특징(이소) 또는 동일한 환경(동소) 내에서의 변화(숙주 전환)에 의해 고립된다.

물리적인 고립 요인들은 종종 지리적인 변화(산의 상승, 사막화, 강의 우회, 해수면 변화, 대륙의 이동)와 특이적인 영역으로 생물들이 확산하기 때문에 나타난다. 만약 고립된 개체군들이 유전적으로 매우 다르게 되면 이 개체군들은 두 번째 접촉에서 상호 번식을 하지 않을 것이다. 그때 종분화를 이소적(allopatric)이라고 칭한다. 이것은 동물의 종분화 중에서 가장 흔한 형태이다(Coyne & Orr 2004; Gavrilets 2004).

또한 종 분화는 조상 종의 분포 내에서 일어날 수도 있는데(동소적 종 분화, sympatric speciation), 예로 어떤 기생충 종이 한 숙주에서 또 다른 숙주로 이동할 때 일어난다. 성장 중인 숙주식물 위에서 구애하고 짝짓기를 하는 서양산사나무파리(Hawthorn flies)는 1864년에 사과를 1960년에는 체리를 이용하기 시작하였다(Howard & Berlocher 1998). 이 나무들의 조금 다른 개화 시기는 시간적 고립기작과 다른 숙주들에 위치한 개체군 간의 분화를 이끄는 선택력을 제공하였다. 이것은 기생충에서 하나의 흔한 형태의 종분화일 것이다(bush 1975). 동소 종분화의 확실한 사례들은 매우 적지만, 계속 축적되고 있다(Howard & Berlocher 1998; Hopkin 2006).

종 분화의 다른 기작들이 제시되어져 왔다. 예를 들어, White(1978)는 염색체의 변화가 종분화의 근본이라고 생각하였다. 동소적인 염색체의 혈통(race) 구역에서 생성된 잡종의 감소된 적합성은 생식적 격리의 진화에 대한 원동력을 제공한다. 그러나 어떤 관련된 종들은 동일한 염색체 배치를 가지고 있고, 대부분의 종들은 염색체의 혈통이 부재하여, 이것은 보편적인 종분화 기작은 아니고 일반적으로 드문 것으로 생각되어진다.

생식적 격리는 일반적으로 서로 다른 환경에 대한 적응으로부터 생겨난다.

특이적 환경에 대한 적응은 생식적 격리를 일으키는 주요한 역할을 한다(Coyne & Orr 2004; McKinnon *et al*. 2004; Nosil & Crespi 2006; Rieseberg

& Willis 2007). 예를 들어, 캐나다 서부의 3개의 고립된 호수 개체군들에 서식하는 큰가시고기(three-spined stickleback)는 10,000년 전 해빙기 이후에 독립적으로 서로 다른 크기와 먹이를 가지는 저서성(benthic; 바닥에 서식하는, bottom dwelling)과 조광성(limnetic; 열린 수계, open water)의 형태로 진화하였다. 동일한 또는 다른 호수의 저서성과 조광성 큰가시고기는 생식적인 격리를 보여 주었지만, 서로 다른 호수에 서식하는 각각의 저서성 가시고기와 조광성 가시고기는 생식적으로 격리되지 않았다. 더욱이 생태적인 발산은 식물 및 무척추동물과 척추동물 분류군에서 얻은 8개의 데이터 세트에서 생식적 격리의 정도와 긍정적인 관련을 보였다(Funk *et al*. 2006). 반대로 여러 증거들은 유전적 부동이 종분화에 주요한 역할을 한다는 것을 지지하지 않고 있다(Rice & Hostert 1993; Coyne & Orr 2004; Gavrilets 2004). 또한 성 선택 역시 종 분화와 관련될 수도 있을 것이다(Coyne & Orr 2004).

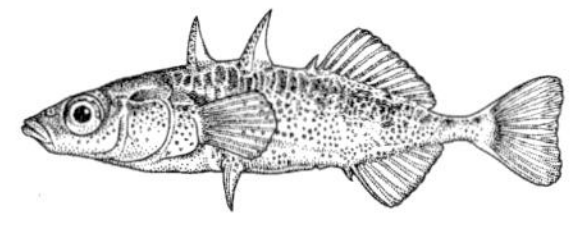

큰가시고기

'즉각적인' 종 분화

많은 식물종들은 염색체의 수가 증가할 때 배수성을 통하여 즉각적으로 생겨났나(예, $4n$, 사배수체)(Ramsey & Schemske 2002). 이러한 형태들은 그들의 자손들로부터 상당히 생식적으로 격리된다. 예를 들어, 캘리포니아 삼나무(redwood tree)는 66개의 염색체를 갖는 6배수체이고, 반면에 이 종과 가장 가까운 관계의 현존하는 친척은 $2n = 22$이다(Lewis 1980).

많은 식물종들은 배수성으로 인해 즉각적으로 생겨나고 있다.

배수성의 2가지 형태는 **동질배수성**(autopolyploidy)과 **이질배수성**(allopolyploidy)으로 나타난다. 동질배수체는 한 종내 염색체 세트의 수를 증가시켜

캘리포니아 삼나무

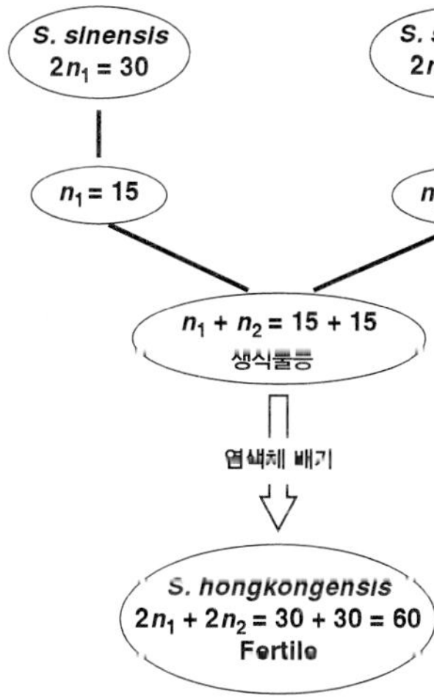

Fig. 16.2 희귀한 홍콩 타레난초에서의 이질배수성을 통한 즉각적인 종분화(Sun 1996). 희귀한 난초인 *Spiranthes hongkongensis*는 30개의 염색체를 각각 갖는 두 2배수체 조상들(*S. sinensisand*와 *S. spiralis*)의 잡종으로부터 생겨났다. 그 2배수체 조상종 간의 최초의 교잡은 생식불능의 잡종을 생산하였다. 염색체 수를 즉각적인 배가(doubling) 이후, 또는 이배수 배우자들의 생산에 의해, 60개의 염색체를 갖는 생식가능한 2질배수체(allopolyploid)가 생겨났다. *Spirnthes hongkongensis*는 단 한번 생겨났는데, 이는 거의 모든 개체들이 동일한 다중 알로자임 유전자형을 갖고 있기 때문이다. 그 2배수체 조상들은 생식불능의 3배수체를 생산하였다.

홍콩 타레난초

형성되는데, 아마도 2배수체의 생산에 의한 것으로 생각된다. 예를 들어, 호주의 동부에 서식하는 멸종위기 초원데이지(grassland daisy)는 2배수체($2n$ = 22)와 동질 사배수체($4n$ = 44) 둘 다 존재한다(Young & Murray 2000).

이질 배수체 종은 Fig.16.2의 희귀한 이질 배수체인 홍콩 타래난초(lady's tresses)에 대하여 묘사한 것처럼, 이전에 존재한 2개의 종들로부터 완전한 염색체 구성을 결합하여 형성된다. 이러한 배수성의 형태는 동질 배수성보다 더 흔하게 나타난다(Soltis *et al*. 2003).

게놈의 이배수화는 현재 광범위한 것으로 알려져 있는데, 아마도 대부분의 생물 그룹에서 나타나는 것으로 생각된다(Soltis *et al*. 2003). 척추동물은 적어도 하나의 배수화를 경험한다. 예를 들어, 양서류에게 있어 배수성은 중요했고, 연어류는 조상의 배수체이다. 대부분의 식물들(만약 전부가 아니라면)은 배수성을 포함한 모든 종분화 사건들의 대략 2–4%, 고사리들에서는 7%로 하나 또는 그 이상의 배수화의 과정을 거쳤다.

종 분화는 일반적으로 느리다

종 분화는 배수성에 기인한 것과는 다르게 수천 년에서 수백만 년에 걸려 일어난다.

종 분화는 일반적으로 수천에서 수백만 년에 걸쳐 점진적으로 일어난다(Coyne & Orr 2004). 예를 들어, 최소 2천만 년 동안 지리적으로 격리되어온 아메리카와 아시아의 무화과(sycamores)와 프랜테인(plantains)과 같은 몇몇 식물 개체군들은 여전히 생식가능한 잡종을 형성한다. 생존가능한 잡종을 생산할 수 있는 포유류 및 개구리류와 조류 간의 평균 발산 기간은 각각 200–300만 년, 2100만 년, 2200만 년이다(Coyne & Orr 2004). 평균적으로 초파리는 동소 지역에서 종분화하기 위하여 110만 년의 분리가 필요하고 동소지역에서는 10만 년의 시간이 걸린다(Coyne & Orr 2004). 어떤 종분화의 사례들은 더 빠르나, 여전히 수천 년의 시간이 걸린다. 하와이 초파리는 50만 년에 걸쳐 종분화되었다. 아프리카의 나부가보 호수에 서식하는 시클리드는 4000년에 걸쳐 종분화되었고, 빅토리아 호수의 시클리드는 10만 년에 걸쳐 종분화되었다(Verheyen *et al*. 2003). 산사나무파리(위)의 동소 종분화는 가장 빠른 예들 중의 하나이다.

진화는 하나의 계속 진행 중인 과정이기 때문에, 어떤 개체군들은 종분화 과정 도중에 관찰될 것이다. 예를 들어, 호주의 바위왈라비(rock wallaby) 개체군들 중 많은 개체군들이 멸종위기에 처해 있는데, 이들은 형태, 염색체, 알로자임, mtDNA에서 다양한 분화의 정도를 보이고 있고, 단지 부분적인 생식적 고립을 보이며 여러 개의 잡종 구역(hybrid zones)이 존재하고 있다(Eldridge & Close 1992, 1993).

동소 종의 묘사

유전자 마커는 이소 개체군들의 분류학적 지위의 하나의 결정적인 진단을 제공하기 위해 이용될 수 있다.

동소 개체군들은 동일한 또는 중첩된 지리적인 분포를 보인다. 생물학적 종 개념에 따르면, 동일 종의 동소 개체군들은 대립유전자를 교환하지만, 동일한 지리학적 지역을 공유하는 다른 종은 그렇지 않다. 결론적으로 만약 어떤 유전자 마커가 유전자 교환의 부족을 보여 준다면, 서로 다른 종에 속하는 두 동소 개체군들은 구별될 것이다. 실재로 이러한 진단을 하기 위해서는 여러 가지 좌위들이 필요하다. 예를 들어, 호주의 남동부의 두 동소 형태의 포토루(potoroos; 작은 유대류, small marsupials)는 그들의 서로 다른 염색체 수와 5개의 알로자임 좌위에서의 공유된 대립유전자의 부족에 근거하여 생식적으로 고립되어 있다는 것을 보여 주었다(Fig. 16.3). 긴발쥐포토루(long-footed potoroo)는 매우 적은 수로 존재하는 분리된 종이고 멸종위기에 처해 있다. 시드니 블루마운튼 내륙의 통나무로부터 나온 형태적으로 유사한 발톱벌레(velvet worms)는 21개의 알로자임 좌위들의 86%에서 변이들이 고정되었고, 수백만 년 전에 분화되어 명백하게 분리된 종으로 나타났다(Briscoe & Tait 1995).

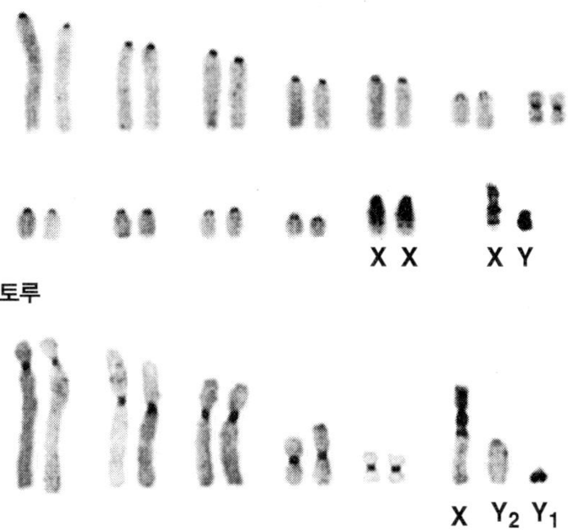

긴발포토루

Fig. 16.3 유전자 교환의 부족에서 제시된 것처럼(Seebeck & Johnston 1980; Johnston *et al*. 1984), 독립된 종에 속하는 호주 남동부의 두 동소 쥐캥거루(유대류, macropod). 1967년과 1978년 사이에, 4개체의 쥐캥거루가 호주 남동부에서 수집되었다. 이 쥐캥거루는 더 긴 뒤발과 2배의 몸길이를 가지고 있어 그 지역에서 알려진 종과는 달랐다 이 두 가지 형태들은 서로 다른 염색체 수(24개의 염색체, 암컷 12개 대 수컷 13개)를 가지고 있고 22개의 알로자임 좌위들 중 5개에서 대립유전자들을 공유하고 있지 않다.

이소 종의 묘사

이소 개체군들의 분류학적 위치의 확립은 종종 더 어려운 일인데, 이것은 일반적으로 개체군들이 유전물질을 교환할 기회를 가지고 있지 못하기 때문이다 생물학적 종 개념은 종을 확실하게 구분하기 위해서 이상적으로 잡종의 생식 불능이나 현저히 감소된 생존을 요구한다. 반대로, 만약 잡종이 여러 세대에 걸쳐 완벽하게 생존 가능하고 생식 가능하다면, 그 개체군들은 동일 종에 속할 것이다. 이러한 교배는 보통 실제로는 존재하지 않는데, 특히 위협에 처한 종들에서는 더욱 그러하다.

> 염색체적으로 다른 이소 개체군은 종종 독특한 종이다. 그러나 다른 유전자 마커의 이용은 덜 명확하고 다른 인식된 종의 유전적 차이에 대한 보정이 요구된다.

결론적으로 유전자 마커들은 이소 종을 기술하는 데 이용된다. 고정된 염색체의 차이들은 많은 염색체의 차이들이 부분적인 이형접합성 개체들에서 생식불능을 일으키는 것처럼 보통 독립된 종의 위치에 대한 결정적인 증거를 제공하게 된다. 예를 들어, 중국과 인도 문작은 형태적으로 유사하지만 서로 다른 염색체 수를 가지고 있기 때문에 분명히 독립된 종이다(Ryder & Fleischer 1996). 호주의 바위왈라비와 토착종인 설치류들에 대한 데이터는 염색체가 분자적 마커보다 생식적 격리에 대한 더 나은 예측을 제공한다고 제시하고 있다(Eldridge & Close 1992; P.R. Baverstock *et al.* pers. comm.). 이소 개체군들에서 염색체의 유사성이 동일 종이란 결정적인 증거는 아니다. 유감스럽게도, 최근 염색체의 분석들은 분류학적 위치를 기술하는 것에 대하여 시대에 뒤떨어진 것이 되었지만 재검토할만한 가치가 있을 것이다.

미토콘드리아 DNA는 분류군을 기술하는 데 가장 흔하게 이용되는 유전자 마커들 중 하나이다. 그러나 이 마커는 일반적으로 모계유전된 것이기 때문에, mtDNA 분화는 암컷의 확산의 부족으로 생겨날 수 있다. 더욱이 서로 다른 개체군들에서의 양상은 조상종에서의 선택과 다형성의 결과로써 오인될 수 있다(Nei 1996; Box 16.3). 결과적으로, 분류학적 위치를 기술할 때 단독 기반으로 mtDNA를 이용하는 것은 현명하지 못할 것이다.

교배 데이터가 없을 시에 가장 확실한 종의 기술은 형태, 번식행동, 염색체, 핵마커, mtDNA를 포함한 폭넓은 요소들의 일치를 기반으로 한다. 미래에 생식적 격리에 관련된 좌위들의 분자적 비교가 종의 묘사에 대해 향상시킬 수 있으리라 상상한다.

분자 마커에 기반을 둔 분류는 동소종에 대한 것보다 더 임의적인데, 이는 추론된 생식적 고립에 근거를 두고 있기 때문이다. 실재로 만약 어떤 두 개체군이 유전학적으로 분화되어 하나의 관련된 그룹에서 잘 인식된 두 종이라면, 두 개체군이 서로 다른 종으로 생각된다. 예를 들어, 보르네오와 수마트라 오랑우탄은 mtDNA, 단백질, DNA 지문에서 차이가 있고 다른 잘 알려진 독립된 영장류종 만큼 많은 염색체의 역위에 의해 차이가 난다. 결론적으로 이전에 이 두 종이 두 아종으로 구별되었던 것과 달리, 서로 다른 종으로 구분되어져야 한다고

Box 16.2 보르네오 오랑우탄과 수마트라 오랑우탄 간의 유전적 차이: 그들은 서로 분리된 종인가?(Xu & Arnason 1996; Zhi *et al.* 1996; Kanthaswamy *et al.* 2006; IUCN 2007)

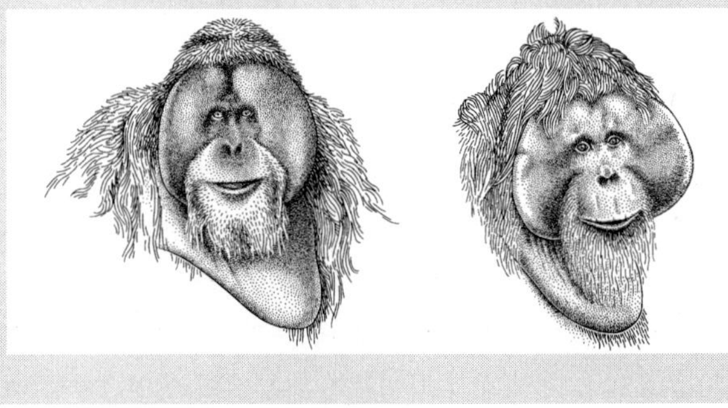

보르네오와 수마트라 오랑우탄(각각 왼쪽과 오른쪽 그림)은 동남아시아의 그들 각각의 섬들에 제한되어 있다. 그들이 형태, 행동, 염색체, mtDNA 염기서열, 단백질 암호화 핵좌위들, DNA 지문에서 서로 다르고, 9개의 좌위들 중 8개에서 마이크로세틀라이트가 유의한 차이를 보이는 것으로 보고되었기 때문에, 그들은 아종 또는 독립된 종으로 지정되었다. 그들이 최소한 침팬지와 보노보에서 만큼 유전적으로 다른 것으로 생각되어지기 때문에, 이 두 형태에 대한 완전한 종 지위가 몇몇 학자들에 의해 지정되었다.

그러나 많은 동물원에서 잡종이 발견되었고, 이 잡종들은 F_1과 F_2 세대에서 번식가능하다(Muir et al. 1998). 결론적으로 그들은 생물학적 개념에 따라 동일한 종이라 하겠다. 더 나아가 더 많은 샘플링은 이전에 주장되었고 타당하지 못한 분리된 종 위치로써 mtDNA 염기서열이 서로 중첩되지 않는 것을 보여 주었다(상호 **단일계통**이 아님). 그들은 엄격하게 진화적으로 유의한 단위(아래 참조)가 아니지만 독립된 관리가 적합할 것이다. 이것은 서로 다른 종의 개념들에 의해 생겨나는 혼동을 설명하고 있고, 그 지정이 개체군들의 많은 샘플링으로 변경될 수도 있다는 것을 보여 주고 있다.

제안되고 있다(Box 16.2). 대조적으로 이 두 형태간의 교배는 F_1과 F_2에서 생존가능하고 생식능력이 있어 동종임이 제안되고 있다.

유전자 마커들은 베트남과 라오스에서 새롭게 발견된 포유류가 알려진 종들과 차이가 있다는 것을 정립하는 데 이용되어 왔다. 예를 들어, 소과에 속하는 사올라(saola) 또는 부꽝(Vu Quang)은 형태와 DNA 분석을 근거로 서로 다른 독립된 종으로 구별되었다(Whitfield 1998).

만약 이소 개체군들 간 분화가 잘 인식된 동일 종 혹은 관련이 있는 속의 두 종간 분화보다 더 작다면, 이 개체군들은 동일 종에 속하는 것으로 간주된다. 예를 들어, 미국 조지아의 집단을 이루는 포켓고퍼 개체군은 1960년대에 100개체 이하로 이루어졌고, 멸종위기종으로 등재되었다. 형태, 알로자임, 염색체, mtDNA를 통한 연속적인 분석들은 이 개체군과 부근의 흔한 남동부의 포켓고퍼 개체군들과 일정한 차이가 없다는 것을 보여 주었다. 따라서 하나의 분리된 종으로 인정을 받지 못하게 되었다(Laerm *et al*. 1982). 유사하게 케이프베르드 솔개(Cape Verde kite)는 솔개(black kites)와 독립된 종이 아니다(Box 1.1).

포켓고퍼

유전적 거리

유전적 분화 또는 **유전적 거리(genetic distance)**의 측정은 개체군, 아종 또는 독립된 종과 같이 이소 개체군들의 위치를 결정하는 것에 도움을 주기 위해 필요하다. 이때 관련된 그룹에서의 '합리적인' 종 간의 유전적 거리와 이 거리를 비교할 수 있다. 가장 흔하게 이용되는 측정은 Nei의 유전적 거리 D_N이다(Nei 1987). 첫 번째로 유전적 유사성 I_N의 Nei의 인덱스를 정의한다.

Nei의 유전적 거리는 개체군과 종간의 유전적 차이에 대하여 가장 널리 이용되는 방법이다.

$$I_N = \frac{\sum_{i=1,}^{m} (p_{ix}\, p_{iy})}{\left[\left(\sum_{i=1,}^{m} p_{ix}^2\right)\left(\sum_{i=1,}^{m} p_{iy}^2\right)\right]^{1/2}} \tag{16.1}$$

그리고 Nei의 유전적 거리를 얻기 위해 자연로그를 취한다.

$$D_N = -\ln(I_N) \tag{16.2}$$

여기서 p_{ix}는 개체군(또는 종) x에서의 대립유전자 i의 빈도이고, p_{iy}는 개체군(또는 종) y에서의 대립유전자 i의 빈도이고, m은 그 좌위에서의 대립유전자의 수이며, ln은 자연로그이다.

대립유전자 빈도가 두 개체군에서 유사할 때($p_{ix} = p_{iy}$), 유전적 유사성은 1에 접근하고, 유전적 거리는 0에 접근한다. 반대로 두 개체군이 대립유전자를 공유하지 않을 때, 유전적 유사성의 인덱스는 0, 유전적 거리는 무한대가 된다. 예제 16.1은 멸종위기종 붉은벼슬딱다구리(red-cockaded woodpeckers)의 한 알로자임 좌위로부터의 유전적 거리의 계산을 설명하고 있다. 측정은 믿을 수 있는 유전적 거리를 제공하기 위해 수많은 좌위들에 기반을 두어야 한다(Nei & Takezaki 1994). 서로 다른 좌위들에 대한 정보를 결합하는 방법은 Nei(1987)에 의해 얻어진다.

붉은벼슬딱다구리

예제 16.1 Nei'의 유전적 거리의 계산

멸종위기 붉은벼슬딱다구리의 세 개체군들은 락토오즈 탈수소화효소(lactate dehydrogenase, LDH) 좌위에서 다음의 빈도를 가지고 있다(Stangel *et al*. 1992).

	빈도		
Ldh 대립유전자	버논	아팔라치콜라	게임랜드
B	0.023	0.019	0.981
C	0.977	0.885	0.019
D	0.000	0.096	0.000

유전적 거리를 계산하기 위해, 우리는 대립유전자의 제곱과 개체군 간의 그 빈도들의 곱을 구할 필요가 있다.

버논(Vernon) 개체군에 대해, 제곱된 빈도들의 합은

$$\Sigma p_{ix}^2 = 0.023^2 + 0.977^2 + 0.000^2 = 0.955$$

그리고 아팔라치콜라(Apalachicola)는

$$\Sigma p_{iy}^2 = 0.019^2 + 0.885^2 + 0.096^2 = 0.793$$

분자는 다음과 같이 곱들의 합계이다:

$$\Sigma(p_{ix}\,p_{iy}) = 0.023 \times 0.019 + 0.977 \times 0.885 + 0 \times 0.096 = 0.865$$

결론적으로 버논과 아팔라치콜라 비교에 대한 Nei'의 유전적 유사성은

$$I_N = \frac{\Sigma(p_{ix}\,p_{iy})}{[(\Sigma p_{ix}^2)(\Sigma p_{iy}^2)]^{1/2}} = \frac{0.865}{(0.955 \times 0.793)^{1/2}} = \frac{0.865}{0.870} = 0.994$$

그리고 유전적 거리는

$$D_N = -\ln(I_N) = -\ln(0.994) = 0.006$$

결론적으로 딱다구리의 버논과 아팔라치콜라 개체군들 간의 유전적 거리는 겨우 0.006이다. 이들 개체군들은 유전적으로 매우 유사하다.

진정한 종 구분을 위해 얼마나 큰 유전적 거리가 필요한가?

유전적 거리는 일반적으로 생식적 고립의 수준이 높으면 증가하지만, 그 관계는 매우 불분명하다.

개체군들 간의 생식적 격리의 정도는 그들의 유전적 분화와 상관관계를 가지고, 유전적 거리는 일반적으로 종 내 개체군들로부터 종 등까지 분류학적인 체계를 높게 진행함에 따라 증가한다(Coyne & Orr 2004). 예를 들어, *Drosophila willistoni* 종의 초파리에서의 평균 알로자임 유전적 거리는 지리적으로 고립된 개체군들 집합(평균 D = 0.03)에서부터, 아종(D = 0.23)까지, 독립된 종(D = 1.21)으로 갈수록 증가한다. 그러나 이러한 관계는 매우 대략적이고 정확하지 못하다. 예를 들어, 파충류 아종은 마카크원숭이류, 고퍼류, 조류 종보다 더 큰 유전적 거리를 보여 주고, 인간–침팬지와의 차이는 다른 그룹에 속하는 많은 종의 차이보다 더 작다(Nei 1987). 알로자임 좌위에 대한 유전적 거리에 바탕을 둔 분류학적 위치의 지정(designation)은 정확하지 않고, 유사한 결론은 척추동물에서의 mtDNA의 유전적 거리에도 적용되었다(Johns & Avise 1998).

계통도 구축

유전자 또는 형태적 마커들로부터 얻은 정보는 계통도를 구축하기 위해 이용될 수 있다.

우리는 종종 개체군과 종 사이의 진화적 관계에 관심을 갖는다(17장, 21장 참조). 예를 들어, 우리는 위협에 처한 종을 회복하기 위한 교배 프로그램에 이용하기 위해 가장 밀접하게 관련된 개체군 또는 아종을 구별하기를 원하다. 만약 6아종의 바다멧참새(seaside sparrow) 간의 진짜 관계가 알려졌다면, 마지막 검은바다멧참새(dusky sparrow) 아종은 아마도 성공적으로 될 관련이 있는 걸프 해안의 아종이 아닌 대서양 해안의 아종과 교배가 이루어졌을 것이다. 또한 계통도는 보전 자원을 분할하는 가이드로써 계통학적 확실성을 측정하는 데 이용하도록 권고되고 있다(Crozier *et al*. 2005).

종(또는 개체군) 간의 진화적인 관계를 반영하는 계통도는 유전적 데이터를 이용하여 구축될 수 있다(Avise 2000; Nei & Kumar 2000). 예 16.2는 노퍽섬에 서식하는 울음솔부엉이(Norfolk Island boobook owl)의 가장 가까운 친척들에 대한 mtDNA 염기서열 데이터를 바탕으로 구축된 계통도의 간단한 설명을 제시하고 있다.

대단히 많은 통계학적 방법들은 현재 분자마커 또는 형태로부터 계통도를 유도할 수 있고 여기에는 distance matrix method(UPGMA), maximum parsimony, maximum likelihood, Bayesian method가 있다(Nei & Kumar 2000; Felsenstein 2004; Hall 2004a). Maximum parsimony는 그 변이가 무엇이든

간에 최소 변이수를 기반으로 간단히 계통도를 구축할 수 있다. 더 복잡한 모델은 전이(transition)와 전환(transversion) 돌연변이(전자는 보통 더 흔하다), 염기의 빈도 등 간의 차이에 대해 이용되고, 여러 지역에 걸쳐 진화적인 비율의 이형성에 대해 이용된다(Whelan *et al.* 2001).

만약 충분한 정보(예, 좌위들의 수, 뉴크레오티드 또는 아미노산의 수 또는 형태적인 형질 또는 이 형질들의 조합)가 있다면, 위의 방법들은 일반적으로 신뢰성 있는 계통도를 생성한다(Nei 1996). 계통도를 구축하기 위한 주요한 소프트웨어 패키지들은 이장의 마지막에 기재되어 있다. 이 방법들에 대한 더 자세한 내용은 Felsenstein(2004), Hall(2004b), Kolaczkowski & Thornton(2004)을 참고하기 바란다.

예제 16.2 DNA 염기서열 데이터로부터 계통도 작성

노폭섬 울음솔부엉이

노폭섬 울음솔부엉이(Norfolk Island boobook owl, NI B)는 단 하나의 개체로 감소하였고, 최선의 회복을 위한 선택은 그 개체를 가장 가깝게 관련된 아종과 교배시키는 것이었다. 남은 암컷과 관련된 뉴질랜드 울음솔부엉이(New zealand boobook owl, NZ O) 아종과의 교배는 16개체의 F_1 자손들을 생산하였다. mtDNA 염기서열(298 bp의 cytochrome *b* 좌위)의 연속적인 분석들은 교배에 선택된 아종이 가장 밀접하게 관련되었다는 것을 확인하였고 형태적 데이터에 따른다는 것을 확인하였다(Norman *et al.* 1998).

비교	mtDNA 염기쌍 차이
NI B – NZ B	2
NI B – Tas B	8
NZ B – Tas B	8
PO – RO	13
NI B – PO	21
NI B – RO	23

UPGMA 방법은 가장 가까운 친적들을 가장 가깝게 위치시키고, 그 조각들의 길이가 분류군간 염기 차이의 수에 비례하는 하나의 트리를 구축하는 작업을 한다. 따라서 아래 NI 울음솔부엉이와 NZ 울음솔부엉이의 노드에 대한 가지의 길이는 각각 1이다(둘 사이 전체 2의 차이). 이들은 타스 울음솔부엉이와 8개의 염기가 다르다. 따라서 타스 울음솔부엉이(Tas boobook, Tas B)에서부터 그 아래 노드까지 4를 부여하였고, 그 노드에서부터 NI 울음솔부엉이와 NZ 울음솔부엉이에 4를 부여하였다. 하나의 염기 차이는 이미 NI–NZ 울음솔부엉이 노드에 대한 거리로 부여되었다, 3은 그들로부터 타스 울음솔부엉이와 연결된 노드의 부분에 부여되었다. 도깨비솔부엉이(powerful owl, PO)와 적갈색솔부엉이(rufous owl, RO) 간 13의 차이의 절반(6.5)이 부여되었다. 마지막으로 NI 울음솔부엉이–도깨비솔부엉이와 NI 울음솔부엉이–적갈색솔부엉이는 평균 22개의 염기가 다르고, 따라서 우리는 가장 아래의 노드에 대한

각 경로에 이것의 절반을 부여하였다(11). 왼쪽 면에는 이미 4를 부여하였고, 가장 아래 노드 부분에 대하여 7을 남겨놓았다. 오른쪽 면에는 첫 번째 노드에 대한 경로에 6.5를 배치하였고, 4.5를 이 노드에서부터 가장 아래 노드까지의 경로에 대하여 남겨 놓았다.

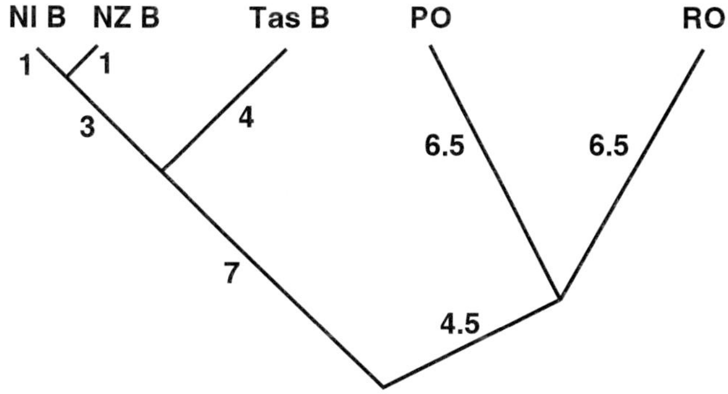

Box 16.3은 창시자 개체군, 선택, 추론된 계통도 상의 동일하지 않은 진화속도에서 다형성의 효과를 설명한 예를 이용하고 있다. 예를 들어, 영장류에 대한 mtDNA 계통도는 다양한 형태적, 행동적, 염색체적, 다른 유전적 증거들로부터 나온 정보들과 일치하지 않는다. 이것은 아마도 선택의 결과 때문일 것이다. 선택이 일어나거나 또는 돌연변이율이 서로 다른 계보에서 일치하지 않을 때(B), 진화의 속도는 서로 다른 계보에서 동일하지 않고, 분지의 길이가 왜곡되어 있고 추론된 계통도는 실재의 계통도와 다를 수 있을 것이다. 여러 가지 핵 좌위들에 근거한 영장류에서의 일치된 계통(consensus phylogeny)은 그외 증거들과 일치한다(Herbert *et al*. 1999).

유전자 마커들에 기반을 둔 계통도는 만약 진화의 속도가 서로 다른 계보에서 일정하지 않고, 마커들이 중립적이지 않거나 창시자 개체군이 다형성을 가지고 있다면 그 진화적인 관계들을 정확히 반영하지 못할 수도 있다. 마지막 이슈는 많은 독립적으로 유전되는 마커들을 이용하여 극복할 수 있다.

시작하는 개체군이 다형성을 보일 때(C), 동일하지 않은 계보들에서의 서로 다른 초기 염기서열의 고정(계보 분리, lineage sorting)은 부정확하게 추론된 계통을 이끌어낼 수 있을 것이다. 이러한 사례들은 빈번하게 나타난다. 만약 데이터가 많은 독립좌위들로부터 이용가능하다면, 이 문제는 해결될 수 있을 것이다; Nei & Takezaki(1994)는 약 30개의 다형성 알로자임 좌위들과 20개의 마이크로세틀라이트 좌위들이 필요하다고 제안했다. 어떤 DNA 사이트에서 반복된 치환들이 특이한 변화를 되돌릴 수 있고 이는 분명한 유사성(상사성, homoplasy)을 갖게 하지만 특정 위치에서의 어떤 특성 요소의 결합을 되돌릴 수 없고, 극성을 띠기 때문에 이동성 요소(transposable element)의 삽입은 대단히 정보가 풍부한 좌위들을 제공하게 된다(Takahshi *et al*. 2001; Kriegs *et al*. 2006).

Box 16.3 계통도를 작성하기 위한 DNA 염기서열의 이용

다음의 가설적인 예는 DNA 염기서열 데이터가 믿을 만한 계통도를 이끌어 낼 수 있는 조건들과 그렇지 않을 수 있는 조건들을 나타내고 있다. 각각의 예에서, 우리가 페이지를 내림에 따라 최초 염기서열은 진화하게 된다. 그래서 돌연변이(△, ▽)는 시간이 지남에 따라 축적된다.

정확한 계통은 단일 계통의 최초 개체군과 각 계보(가지)에서 일정한 진화율을 갖는 A에서만 추론된다. 반대로 부정확한 계통들은 동일하지 않은 진화율(B) 또는 다형성의 최초 개체군(C)이 존재할 때 생기게 된다.

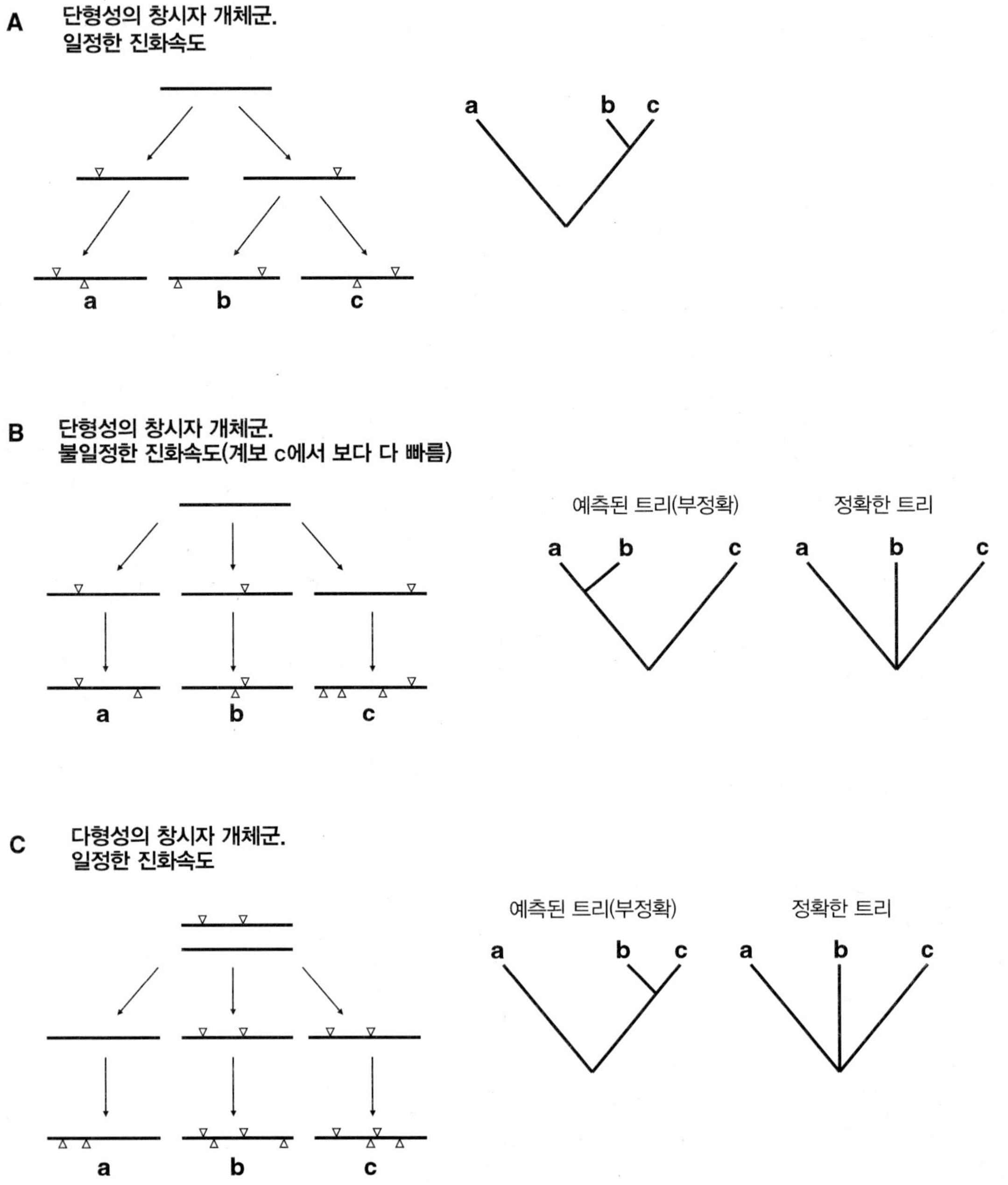

이계교배약세

이계교배약세는 발산된 개체군들의 교배로부터 일어날 수 있는 생식적 적합성의 감소이다.

유전적으로 분화된 개체군들 또는 고등 분류군들의 교배는 첫 번째와 연속적인 세대들에서의 잡종 자손이 감소된 생식적 적합성을 겪게 될 것이다.

이계교배약세는 서로 다른 아종 또는 종 간의 교배에서 예상될 수 있을 것이다.

잘 정의된 많은 아종들은 그들 사이의 교배가 감소된 적합성을 나타내는 지점으로 발산해 왔다. 벵갈호랑이와 시베리아호랑이 간의 교배가 각자의 환경에 적합한 자손을 생산할 수 있을 것으로 예상되지 않는다. 계통학적 불확실성을 해결하는 주요한 이유는 이러한 교배를 피하기 위함이다.

호랑이

이계교배약세의 위험은 개체군들이 서로 다른 서식지에 적응해 오고 있을 때 상승하고, 차별화된 진화의 세대가 길어질 수록 증가한다.

생식적 격리와 종 분화를 이끄는 주요한 요인은 차별적인 자연선택이기 때문에, 서로 다른 환경에 대한 적응이 이계교배약세에 대한 주요 위험 요인이 된다. 이러한 위험은 환경에 대해 적응하는 세대가 길어질수록 증가한다(Rice & Hostert 1993; R. Frankham et al. umpublished theory and analyses). 반대로 제한된 세대수 동안 유사한 환경에 서식하는 개체군들은 낮은 이계교배약세의 위험을 갖는다. 예를 들어, 동일한 환경에서 170세대까지 유지된 초파리 개체군들 간의 교배는 어떠한 이계교배약세로도 보이지 않는다. 반대로, 서로 다른 환경에서 유래된 어떤 개체군들은 온화한 이계교배약세를 나타내었다. 일반적으로 고립된 개체군들은 만약 그들이 유사한 환경을 공유하고, 동일한 핵형과 이전에 교환된 유전자를 갖고, 긴 세대 간격(예, 대형 포유류)을 갖는다면, 이계교배약세로부터 제한된 위험을 갖는다. 반대로 만약 개체군들이 짧은 세대 간격(예, 무척추동물과 일년생 식물)을 가지고 장기간 고립되고 서로 다른 서식지에서 살아간다면 그 위험은 상당할 것이다.

동물과 식물에서 이계종교배약세의 정도

종 내 개체군들 간의 교배에서의 이계교배약세는 상대적으로 동물에서 거의 보고되고 있지 않았지만, 식물에서는 더 흔하게 나타날 것이다.

이계교배약세의 정도와 중요성은 논쟁이 되고 있다. 포유류와 조류에서 분류가 적절히 해결되지 않은 것들을 제외하고는 이계교배약세의 사례들이 거의 없다(R. Frankham *et al.* unpublished data). 가장 광범위하게 인용되는 일화적인 예는 슬로바키아 태트라산맥의 아이벡스이다(Turcek 1951). 이 개체군은 터키와 시나이로부터의 사막에 적응한 개체들을 유럽 개체군에 도입한 이후 멸종하였다. 부적응한 잡종들은 초가을에 짝짓기를 하였고, 치명적으로 가장 추운 2월에 새끼를 출산하였다.

가장 설득력 있는 증거는 어류의 종 내 개체군들 간 교배의 메타분석으로부터 나왔다. 교배는 적합성에 대한 다양한 결과들을 보였지만, 평균적으로 이익이 되는 경향을 보였다(McClelland & Naish 2007). 더 나아가 종의 교배는 거의 동일하게 해로운 것과 같은 이익이 되는 것으로 나타났다(Arnold 1997). 이계교배약세는 생쥐의 아종 간의 여러 실험적인 교배들에서의 몇몇 특징에 대하여 판독되어 왔다. 그러나 교배의 이익적인 효과(잡종강세, heterosis)들 보다는 작았다(Lacy 1998). 멸종위기 아라비아오릭스는 근친교배약세와 이계교배약세로부터 즉각적으로 어려움을 겪어왔지만, 이 개체군을 나누는 염색체의 차이가 있었다. 이것은 이계교배약세를 설명하는 것이라 하겠다(Benirschke & Kumamoto 1991; Marshall & Spalton 2000).

동물에서 이계교배약세가 추적되었던 여러 가지 사례들에서, 추정된 분류에 오류가 있음이 증명되었다(P. Frankham et al. unpublished data). 예를 들어, 다른 지역에 서식하고 상이한 염색체 수를 갖으며 교배시 생식가능한 자손을 생산하는 올빼미원숭이(owl monkeys)와 딕딕영양(dik–diks)의 개체군들은 아마도 서로 다른 미기재 종이었을 것이다(Templeton 1986). 더욱이 온화한 이계교배약세를 보이는 호주의 코로보리개구리(corroboree frogs)는 독립된 종으로 재분류되었다(Osborne et al. 1996).

코로보리개구리

대부분의 이계교배약세에 대한 증거는 서로 다른 환경에 대하여 제한된 확산 특징과 적응을 갖는 식물과 동물들에서 나온 것이다(Waser 1993; Dudash & Fenster 2000). 예를 들어, Dudash & Fenster(2000)는 미국에 서식하는 이계교배 콩류에서 즉각적인 근친교배약세와 이계교배약세를 발견하였다. 그러나 이계교배약세는 2,000km 떨어진 지역의 개체군들 간에서만 주목할 만하게 나타났다. 이계교배약세는 확연한 유전적 분화와 상대적으로 짧은 지리적 거리에 걸쳐 제한된 확산을 보이는 조간대 유각류에서 명확히 보고되었다(Burton *et al.* 1999). 그러나 이들 개체군들은 1,660만 년 동안 격리되어 왔던 것이다(Edmands *et al.* 2005 참조). 광범위한 분류군들에 대한 이계교배약세의 빈도 및 강도와 분포의 정량적인 측정은 지체 없이 요구되고 있다.

최근 혼재된 개체군들에 관한 커다란 경고가 나타나고 있다. 예를 들어, 비록 회색늑대들은 확실히 동일한 종에 속하지만, 이 종의 서로 다른 개체군들을 교배하는 지혜에 관한 의구심이 표현되고 있다(Shields 1984). 많은 개체군 유전학자들은 분류가 명확히 이해되어있지 않은 종과 너무 과장되고 있는 종들에 대하여 이계교배약세에 대한 우려를 숙고하고 있다. 이종교배약세는 종종 언급되고 있으나, 교배의 이익에 대해서는 언급이 적은 편이다. Figure 16.4는 이계교배약세의 위험을 평가하기 위해 필요한 질문들과 그 결과적인 실질적 결정의 흐름도를 제시하고 있다.

비록 개체군들의 교배가 즉각적인 이계교배약세를 가져오더라도, 자연선택은 일반적으로 신속한 회복과 종종 더 높은 궁극적인 적합성을 가져올 것이다.

이계교배약세가 부분적으로 근친교배되고 분화된 개체군들의 교배 이후 나타나는 곳에서, 이것은 장기적으로 나타나는 현상이 아닐 것이다. 만약 F_1 잡종 개체들이 매우 낮은 적합성을 갖지 않는다면, 자연선택은 이 잡종개체군의 광범위한 유전적 변이에 역할을 할 것이다. 그 결과 여러 가지 관찰된 사례들처럼 향상된 적합성과 환경에 대한 적응을 나타낼 것이다(Lewontin & Birch 1966; Rieseberg *et al.* 1996; Carney *et al.* 2000; Erickson & Fenster 2006).

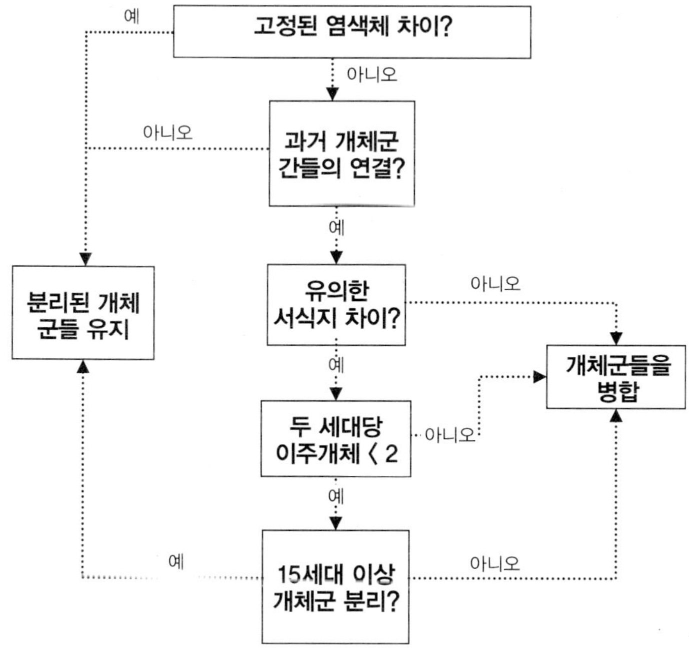

Fig. 16.4 이계교배약세의 위험을 평가하기 위해 필요한 질문들과 그 결과적인 실질적 결정의 흐름도(R. Frankham *et al.*, unpublished theory and analyses).

이계교배약세의 유전학적인 근거

이계교배약세는 개체군들에서 서로 다른 환경에 적응하게 하는 대립유전자들의 조합으로부터 생겨난다. 따라서 잡종 개체군들은 각각의 환경에 잘 적응하지 못한다.

이계교배약세는 두 개의 서로 다른 기작으로 인해 발생한다. 첫 번째, 서로 다른 환경적 조건에 적응된 개체군들은 비토착적 환경에 열악하게 적응할 것이고(Fig. 5.7), 잡종개체군들은 각각의 환경에 덜 적합한 대립유전자들의 유전적 조합을 포함할 것이다(Fig. 16.5). 유럽 아이벡스와 중동 아이벡스 간에 태어난 F_1 잡종은 두 부모개체군들의 출산시기 중간에 새끼를 낳았다. 그러나 이 시기는 겨울 중반이어서 모든 자손들은 살아남지 못하였다.

서로 다른 상호작용을 하는 대립유전자 세트(공적응된 유전자 복합체)를 이용하여 진화해 온 개체군들은 대립유전자가 조합될 때 해롭게 되어 이계교배약세를 보일 것이다.

두 번째, 더 복잡한 이계교배약세는 다른 개체군들이 서로 다른 공적응된 **유전자 복합체(coadapted gene complexes)**를 발달시켰을 때 나타난다. 공적응된 유전자복합체는 다중좌위들의 대립유전자들의 그룹으로, 이들 다중좌위들의 적합성이 좌위들 간의 상호작용(상위적 작용, epistatic interaction)에 의존한다. 이것은 유사한 환경에 적응된 개체군들에서도 발달될 수 있다. 예를 들어, 한 개체군이 유전자형 aabb와 또다른 AABB로 진화할 수도 있는데, 이것은 대립유전자 a와 b가 A와 B만큼 유익하기 때문이다. 이들이 교배될 때, 잡종 개체군에서 게놈 간의 분리(segregation)와 재조합(recombination)은 해로운 새로운 대립유전자조합을 생산하게 된다(예, AAbb와 aaBB 유전자형). 공적응된 유전자 복합체들의 붕괴로부터 생기는 이계교배약세는 요각류 및 생쥐와 콩류 *Chamaecrista fasciculata*에서 보여진다(Lacy 1998; Burton *et al.* 1999; Dudash & Fenster 2000). 그러나 이러한 증거는 일반적으로 이 기작의 중요성을 지지해 주지는 않는다. 동일한 환경에 적응된 초파리 개체군들 간의 교배는 거의 이계교배약세를 보이지 않는다(Rice & Hostert 1993).

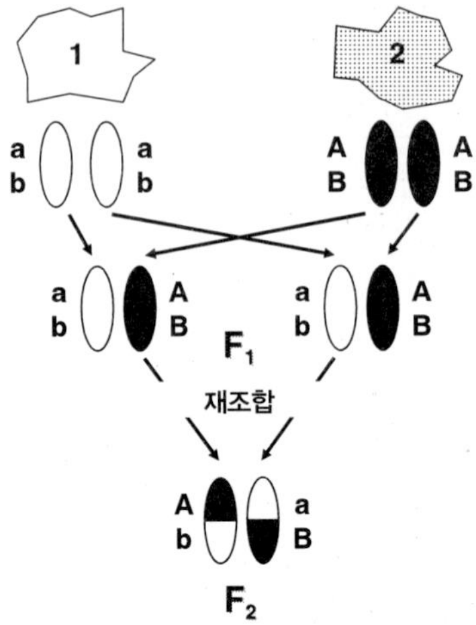

Fig. 16.5 이계교배약세의 유전적 기작. 그림은 어떻게 서로 다른 지역적 환경(응달 대 양달)에 적응된 두 좌위(공적응된 유전자 복합체, coadapted gene complexes)에서 유전자형과 대립유전자의 세트가 F_1과 F_2 잡종의 적응도를 감소시키는가를 보여 주고 있다. 여기서 유전자형 aa bb와 AA BB는 환경 1과 환경 2에 각각 적응되어왔다. 더 나아가 이 두 대립유전자 a/b와 A/B는 동일한 소스개체군의 대립유전자를 포함할 때만 높은 적응도를 보이는 공적응된 유전자 복합체를 형성하였다.

F_1에서의 적합성 감소는 서로 다른 개체군들의 대립유전자가 F_1이 존재하는 환경에 대해 적응하지 못한 유전자형을 형성할 때 발생한다. 예를 들어, aa와 AA는 그들의 원래 환경에 적응하여 왔지만, 유전자형 Aa의 F_1은 어느 환경에도 적응하지 못한다. 적합성은 분리와 재조합이 공적응된 유전자 복합체를 붕괴시킬 때 F_2에서 더욱 감소된다. 재조합 이후, 대립유전자 a는 B와 대립유전자 A는 b와 함께 하게 된다.

공적응된 유전자 복합체의 붕괴로 인한 이계교배약세를 근친교배약세와 구별하는 기술은 Lynch(1991)과 Marshall & Spalton(2000)에 의해 제공되어졌다.

종 내 관리 단위의 정의

종 내 개체군들은 독립된 관리에 필요한 적응적 특징 또는 유전적 구성에서 충분히 분화되어 있을 것이다.

종 분화의 길 위에 있는 종 내 개체군들은 독립적인 관리가 옳을 것이다. 바람직한 독립적 관리는 두 (또는 둘 이상) 개체군 대 한 개체군을 유지하는 데 드는 비용 간의 그리고 이계교배약세의 위험과 개체군을 잡종화함으로 생기는 이익(더 높은 유전적 다양성과 적합성) 간의 균형에 의존하게 된다. 아래에 우리는 **진화적으로 의미있는 단위**(evolutionarily significant units)의 개념과 유전학적이고 생태적인 교환가능성을 바탕으로 이러한 단위들을 정의하는 또 다른 제안을 함께 설명하고 있다.

진화적으로 의미있는 단위

진화적으로 의미있는 단위(ESU)란 독립적인 보전을 위해 높은 우선권을 갖는 개체군이다.

많은 보전생물학자들은 종내 유전적으로 분화된 개체군들은 독립적인 관리가 필요하고 마지막 수단으로 통합되어져야 한다고 믿고 있다(Mortiz 1995 참조). 이들 개체군들은 진화적으로 의미있는 단위로 언급된다. 최초로 이 개념은 그 종 내 다른 개체군들로부터 생식적이고 역사적 격리와 적응적 차이를 갖는 개체군들에 적용되었다(Crandall *et al*. 2000). Moritz(1995)는 유전자 마커들이 종내 관리 단위를 정의하는 데 이용되어져야 한다고 제안한 바 있다. 만약 mtDNA가 개체군간 어떠한 중첩도 보이지 않고(**상호 단일계통성, reciprocal monophyly**) 핵 좌위들이 대립유전자 빈도들의 유의한 발산을 보여 준다면, 그때 이러한 개체군들은 독립된 ESU로 정의되고 독립적으로 관리되어져야 한다. 광의적 의미에서, 이것은 종종 잘 정의된 아종이 관리의 단위라는 것을 의미한다.

많은 ESU가 위협에 처한 종에서 정의되어 오는 동안, 이 개념은 비판을 받아왔다. 특히 중립적인 분자유전자 마커들만을 이용하여 정의된 ESU는 적응적 차이를 무시하고 있다(Crandall *et al*. 2000). ESU는 비록 개체군들이 적응적 차이를 갖고 있고 아마도 독립된 관리가 필요하지만, 높은 유전자 흐름을 갖는 종 내에서 판별하기는 어려울 것이다(Box 7.3). 반대로 유전자 흐름이 낮은 분류군에서 유전적 부동에 의해 분화된 개체군들은 비록 적응적으로 차이가 없더라도 독립된 ESU로 불린다 – 이러한 사례에서 개체군들은 유전자 흐름으로부터 이익을 보게 될 것이나.

교환가능성에 근거한 관리단위의 정의

Crandall *et al*.(2000)은 종 내 관리 단위가 개체군들이 생태적으로 또는 유전적으로 상호 간에 대체 가능한 지(교환 가능한 지, exchangeable)에 근거를 두어야 한다고 제안하였다. 이 제안은 적응적 분화가 있는지, 유전자 흐름이 있는지와 분화가 과거의 것인지 아니면 최근의 것인지에 바탕을 둔다. 실질적으로 그 개체군들은 각각 4개의 셀 안에 최근과 과거의 유전적, 생태학적 교환가능성을 나타나는 *(교환가능성을 거부) 또는 0(수용) 분류로 표시된다. 결과적으로 두 개체군들간 16개의 카테고리의 발산을 볼 수 있다(Table 16.1). 일반적으로, * 가 더 많을수록 분화는 더 크다.

관리단위는 생태적이고 유전적인 교환가능성을 이용하여 정의될 수 있다.

유전적 교환가능성은 유전자 흐름을 통하여 새로운 유전적 변이들의 확산에 대한 제한들과 관계가 있다. 교환가능성은 개체군들간의 제한된 유전자 흐름의 증거가 있을 때 거부(*)되는 반면, 충분한 유전자 흐름의 증거가 있는 때 수용(0)된다. 유전자 흐름에 대한 증거는 이상적으로 다중핵 좌위들(알로자임, 마이크로세틀라이트 등)에 근거를 둔다.

생태학적 교환가능성은 자연선택 또는 유전적 부동으로 인한 개체군 분화에 대한 증거가 있는 곳에서 거부된다. 증거는 생활사 특징, 형태, 서식지, 선택 하에 있는 좌위들에시의 차이에 근거를 둘 수 있다. 이러한 차이들은 두 세대 동안 상호적인 이식 또는 흔한 정원실험에서의 적합성 특징의 측정을 바탕으로 이상적으로 증명할 수 있도록 유전가능해야만 한다(Rader *et al*. 2005). 이것은 근본적으로 적응적 분화를 반영하는 것이다.

최근 그리고 과거의 시간틀은 근래의 개체군 고립으로부터 제한된 유전자 흐름의 자연적 진화과정을 구별하기 위해 고안되었다. 더욱이 이러한 시간틀은 장기적인 유전자 흐름으로부터 이차적인 접촉을 구별한다.

추천되는 관리활동들은 Table 16.1에 8개 관리 그룹으로 수집된 각각의 16개 카테고리에 제시되어 있다.

Table 16.1 유전적, 생태적 교환가능성을 근거로 종 내 관리 단위를 정의하는 것과 서로 다른 카테고리에 대하여 추천되어진 관리(Crandall *et al.* 2000). 개체군 상이성의 카테고리는 최근과 과거의 시간틀 동안 유전적, 생태적 교환가능성의 귀무가설 거부(*) 또는 거부 실패(0)에 근거를 둔다. 증거의 상대적인 힘을 대표하는 수는 증가한다. 따라서 유의한 개체군 분화에 대한 증거들도 그러하다.

H_0 교환가능성

시간틀	유전적	생태학적
최근		
과거		

<table>
<tr><th>증거의 상대적 강도
(수에 의해 나타난)</th><th>적응적 특이성의 증거</th><th>권고된 관리 활동</th></tr>
<tr><td>8</td><td>*|*
|</td><td>분리된 종으로서 취급</td></tr>
<tr><td>7</td><td>*|*
0|* 또는 *|*
*|0</td><td>분리된 종으로서 취급</td></tr>
<tr><td>6</td><td>0|*
|</td><td>상이한 개체군들로서 취급(최근, 유전적 상이성의 소실)</td></tr>
<tr><td>5</td><td>*|0
|</td><td>생태적 교환가능성에 대한 자연적 수렴–단일 개체군으로서 취급</td></tr>
<tr><td>4</td><td>(a) (b) (c)
| 0|* 0|0
0|0 0|* *|*</td><td>인위적인 수렴–상이한 개체군들로서 취급. (a)와 (b) 최근 생태적인 상이성, 따라서 상이한 개체군들로서 취급) 최근 개체군 구조와 일치하는 유전자 흐름 허용</td></tr>
<tr><td>3</td><td>0|*
0|0</td><td>최근 개체군 구조와 일치하는 유전자 흐름 허용; 상이한 개체군들로서 취급</td></tr>
<tr><td>2</td><td>*|0
*|0</td><td>최근 개체군 구조와 일치하는 유전자 흐름 허용; 단일 개체군들로서 취급</td></tr>
<tr><td>1</td><td>*|0 0|0 0|0
0|0 0|* *|0
|0 0| 0|0
0|* *|0 0|0</td><td>단일 개체군들로서 취급; 만약 교환가능성이 인위적인 결과에 의한 것이라면, 과거의 조건들로 복원하라; 만약 자연적이라면, 유전자 흐름을 허용</td></tr>
</table>

예제 16.3은 검은코뿔소(black rhinoceros), 크라이언숫사슴나방(Cryan's buck-moths), 퓨리탄길앞잡이(puritan tiger beetles)에 대한 방법론의 적용을 설명하고 있다. 이 방법론은 적응적 분화를 보여주지 않는 과도한 수의 관리 단위들을 가지지 않고 독립된 관리가 적절한 개체군들을 기술하기 위한 논리적 수단을 제공한다. 대조적으로 ESU란 용어는 Table 16.1의 모든 카테고리에 적용되어 왔는데, 이것은 매우 많은 수의 관리 단위들을 이끌고 어떤 것들은 불확실한 적절성을 보이기도 한다. 이들 저자들은 이 체계가 ESU 과정이 의심스러운 타당성의 산물을 생산하는 많은 사례들을 더 적절히 다루고 있다고 주장하고 있다. 그러나 적응적 분화에 필요한 데이터가 종종 부재하는 경우들이 있다.

예제 16.3 검은코뿔소, 크라이언숫사슴나방, 퓨리탄길앞잡이의 Crandall *et al.*(2000)에 의해 정의된 카테고리로의 지정

검은코뿔소

아프리카의 검은코뿔소(Black rhinoceros)에 대하여, 유전적 교환가능성이나 생태적 교환가능성을 거부할 충분한 근거는 없다. 개체군은 유전자 흐름을 보이고 그들의 서식지들은 비슷하다. 결론적으로, 이 종은 카테고리 1$\left(\frac{0|0}{0|0}\right)$로 분류되어 이 종이 단일한 개체군으로 관리되어야 한다고 권고되고 있다. 반대로 mtDNA 데이터는 두 개체군들이 독립적으로 관리되어져야 한다고 주장하기 위해 이용되었다(O'Ryan *et al.* 1994).

검은코뿔소

크라이언숫사슴나방

크라이언숫사슴나방(Cryan's buckmoths)에 대하여, Legge *et al.*(1996)은 mtDNA 또는 알로자임(적절한 유전자 흐름이 존재)에 근거하여 유전적 교환가능성을 거부할 만한 어떤 증거도 발견하지 못했다. 그러나 과거가 아닌 최근의 개체군간 생태적 교환가능성을 거부할 수 있는 증거가 존재했다$\left(\frac{0|*}{0|0}\right)$(카테고리 3). 연구자들과 Crandall *et al.*(2000) 모두 생태적인 분화의 적응적 중요성을 주장하였고, 따라서 비록 최근의 개체군 구조와 일치된 유전자 흐름이 받아들여지고 있지만 독립된 관리 단위로의 인식을 주장하였다.

퓨리탄길앞잡이

미국의 커네티컷강(Connecticut River)과 췌사피크만(Chesapeake Bay)의 퓨리탄길앞잡이(Puritan tiger beetles)는 mtDNA에 근거하여 유전적으로 교환가능하지 않다(낮은 유전자 흐름과 유의한 분화). 더욱이, 그들은 서식지 인자들에 근거하여 생태적으로 교환가능하지 못한다. 따라서 그들은 카테고리 7 $\left(\frac{*|*}{*|0}\right)$로 분류되어 강한 적응적 분화와 보전 목적을 위해 독립된 단위로서 두 개체군들을 관리해야 한다는 권고를 보여 주고 있다. 췌사피크만의 동부와 서부 해안의 개체군들은 유전적으로, 생태적으로 교환가능성이 있다$\left(\frac{0|0}{0|0}\right)$

요약

1. 개체군들의 분류학적 위치의 정확한 진단은 보전 목적에 매우 중요하여, 진단되지 않은 종은 멸종되지 않고, 해로운 결과들로 잡종화되지 않거나 자원들이 멸종위기종으로 잘못 구분된 개체군들 또는 동일한 잡종 개체군에 낭비되지 않게 된다.

2. 보편적으로 수용되는 종의 개념은 없다.
3. 생물학적 종개념은 개체군과 보전 생물학에 매우 영향력이 있다. 이 개념은 종을 실질적으로 또는 잠정적으로 다른 그룹들로부터 고립된 상호번식하는 개체들의 그룹으로 정의한다.
4. 이 개념에 따르면, 서로 다른 종들은 유전자를 교환하지 않기 때문에 유전자 마커들이 동소 개체군 간의 종을 개념적으로 진단하는 데 이용될 수 있다.
5. 이소 개체군에 대해서, 종의 정의적 진단은 개체군간의 번식가능성과 교배의 생존가능성에 대한 정보를 필요로 한다. 주요 염색체 차이들은 또한 정의적 분류를 이끈다. 분자 마커들 또한 분류학적 위치를 진단하는 데 도움이 되지만 이것은 더 주관적이고 관련된 생물그룹에서 알려진 '진정한(good)' 종의 유전적 분화에 대해 정량화되어야 한다.
6. 이계교배약세는 어떤 개체군들이 교배될 때 일어날 수 있는 건강성에서의 감소이다. 이것은 많은 세대들이 다양한 환경과 제한된 유전자 흐름에 대한 상이한 적응을 보일 때 더욱 잘 일어난다.
7. 한 종의 개체군들은 만약 그들이 적응적인 유전적 분화를 보이게 된다면 독립된 단위로써의 관리가 적합할 것이다. 이러한 개체군들의 묘사는 그들의 유전적, 생태적 교환가능성에 관한 정보를 필요로 할 것이다.

추가적인 읽을거리

Catalogue of Life: A comprehensive catalogue that plans to include all known species of organisms on Earth by 2011. www.catalogueoflife.org/

Consortium for the Barcode of Life: Universal barcode library to which comparisons of unidentified taxa can be made. www.barcoding.si.edu

Coyne & Orr (2004) *Speciation*. Authoritative and scholarly review of speciation.

Crandall et al. (2000) Defines method for using genetic and ecological exchangeability between populations to designate populations deserving separate management.

Dasmahapatra & Mallet (2006) Brief review of advantages and limitations of DNA barcoding.

Felsensteins (2004) *Inferring Phylogenies*. Book on building phylogenetic trees from one of the major figures in this field.

Gavrilets (2004) *Fitness Landscapes and the Origin of Species*. Book on speciation with a theoretical emphasis.

Hall (2004a) *Phylogenetics Made Easy*. A clearly written guide to building phylogenetic trees from molecular data.

Rieseberg & Willis (2007) Authoritative recent review on plant speciation.

소프트웨어

BEAST: Bayesian Evolutionary Analysis Sampling Trees software for inferring phylogenetic trees and testing evolutionary hypotheses from molecular data (Drummond & Rambaut 2007). http://beast.bio.ed.ac.uk/Main_Page/

MrBayes 3: Free package for estimating trees by Bayesian methods (Ronquist &

Huelsenback 2003). http://morphbank.ebc.uu.se/mrbayes/388 16 TAXONOMIC UNCERTAINTIES AND MANAGEMENT UNITS

PAUP: Commercial package that implements a wide variety of methods for phylogenetic inference. www.sinauer.com/titles/frswofford.html

PHYLIP: Felsenstein's very informative website with free programs for phylogenetic inference using a wide range of methods. www.evolution.genetics.washington.edu/phylip.html

TreeBASE: Phylogenetic database of DNA sequences among species and phylogenies derived from them. www.treebase.org/

문제

16.1 분류학적 불확실성. 왜 보전적 관심에 분류학적 불확실성이 있는가?

16.2 분류학. '동소적(sympatric)'의 의미는?

16.3 분류학적 불확실성. 동소적 개체군은 다음의 특징을 보인다. 이들은 동일종인가? 아니면 서로 다른 종인가? 그렇다면 왜 그런가?

(a) 개체군 A에서 20개, 개체군 B에서 22개의 이배수체 염색체

(b) 한 개체군에서 SS와 다른 개체군에서 FF를 갖는 Adh 좌위에서의 알로자임 유전자형(S와 F는 서로 다른 전기영동 이동성을 나타낸다.).

(c) 한 개체군에서 11, 12, 22, 다른 개체군에서 33, 34, 44의 마이크로세틀라이트 유전자형

(d) 한 개체군에서 11, 12, 22, 다른 개체군에서 11의 마이크로세틀라이트 유전자형

16.4 분류학. '이소적(allopatric)'의 의미는?

16.5 분류학적 불확실성. 이소적 개체군은 다음의 특징을 보인다. 이들은 동일종인가? 아니면 서로 다른 종인가? 그렇다면 왜 그런가?

(a) 캘리포니아의 자이언트레드우드(giant redwood tree)는 모든 개체들이 66개의 염색체를 갖지만, 중국의 형태적으로 관련 있는 한 식물개체군은 모든 개체들이 22개의 염색체를 갖는다(Lewis 1980).

(b) 호랑이는 아시아 대륙에 광범위하게 분포하지만, 수마트라 개체군은 6,000–10,000년 전 해수면 상승으로 고립된 하나의 섬에 분포한다. 형태적인 근거로 기인한 분리는 거의 없다. 호랑이 아종간의 교배는 가능하다. Cytochrome *b* 좌위에서의 mtDNA 염기서열에 대해, 1,140개 중에 3개의 염기들이 대륙과 수마트라 호랑이 간의 고정된 차이를 보인다(Cracraft 1998).

(c) 발톱벌레의 두 개체군들(하나는 호주 시드니 부근의 블루마운튼이고 다른 하나는 약 1000km 떨어진 보더레인지)은 조사된 20개의 좌위들 중 70%에서 고정된 차이들을 보인다(D. A. Briscoe & N. N. Tait pers. comm.).

16.6 유전적 거리. 한 단일 좌위의 대립유전자에 대한 다음의 빈도들을 이용하여 두 개체군 x와 y에 대한 Nei의 유전적 거리를 계산하라.

	대립유전자		
	1	2	3
(a) 개체군 x	0.1	0.2	0.7
개체군 y	0.1	0.2	0.7
(b) 개체군 x	0.5	0.5	0.0
개체군 y	0.0	0.0	1.0
(c) 개체군 x	0.5	0.5	0.0
개체군 y	0	0.7	0.3

16.7 유전적 거리. 예제 16.1의 데이터를 이용하여 버논과 게임랜드 개체군들 간의 Nei의 유전적 거리를 계산하라.

16.8 관리단위. 세 개의 코호연어 개체군을 구별하기 위한 Crandall *et al.*(2000)의 교환가능성 방법을 이용하여라. 개체군 A와 개체군 B는 개체군 C와 마이크로세틀라이트 빈도와 생태적으로(형태, 유영능력 그리고 성숙연령) 중요한 유전가능한 형질에서 유의하게 다르다. 어떻게 세 개체군들이 관리되어지기를 추천하는가?

16.9 이계교배약세. 이계교배약세란 무엇인가? 왜 이것이 보전 관심 중에 있는가? 어떤 주요 요인들이 이 이계교배약세의 발생 위험에 영향을 주는가?

연습문제: 계통도 작성

PAUP과 PHYIP 같은 컴퓨터 소프트웨어 패키지로 계통도를 제작을 위해 DNA 염기서열 데이터를 이용하여라. 영장류에 대한 적절한 DNA 염기서열 데이터는 Hayasaka *et al.* (1988)에서 찾을 수 있고, 다른 종에 대한 염기서열들은 GENBANK 또는 TREEBASE에서 찾을 수 있다. 다른 방법들을 이용하여 동일한 계통도를 얻을 수 있는지를 판단하여라.

17장

야생개체군들의 유전적 관리

멸종위기종의 유전적 관리는 원래의 장소에서 소수 근친교배된 개체군들의 회복 및 단편화된 개체군들의 관리와 수렵의 해로운 피해를 최소화하는 것들을 포함한다.

용어

유전적 구제(genetic rescue)
유전적 침식(genetic erosion)
이동통로(corridor)
이주(translocation)
자화이주성의(gynodioecious)
클론(clones)

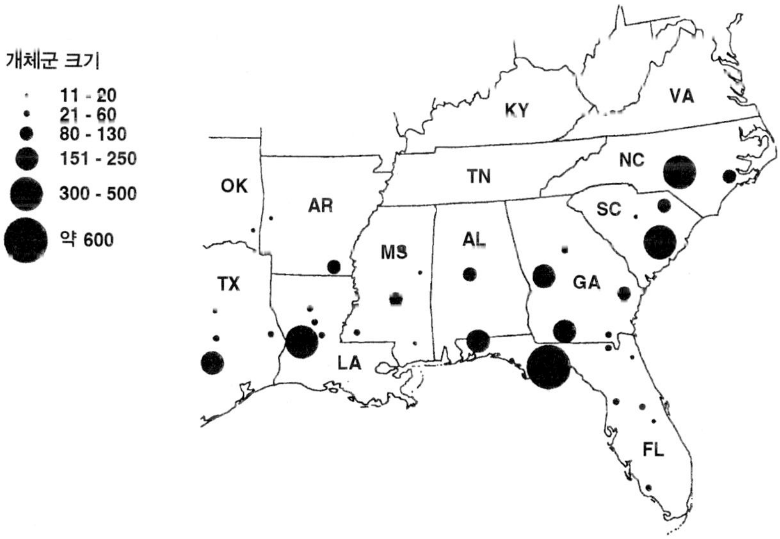

멸종위기 붉은벼슬딱다구리와 미국 남동부의 최근 단편화된 분포 (James 1995)

야생개체군에서의 유전적 문제

서식지 내 위협에 처한 개체군의 유전적 관리는 걸음마 수준에 있다.

자연 서식지에서 멸종위기에 처한 분류군들의 실질적인 관리에서 유전학은 매우 제한적으로 적용되어왔다. 유전적 문제는 야생개체군에서 중요하지만, 불행하게도 이런 중요성은 거의 인식되고 있지 못하고 있다. 우리는 이미 야생개체군들의 유전적 관리의 알려진 많은 예들을 언급하였고, 많은 수가 여기에서 더 자세하게 보여질 것이다.

우리가 이전에 논의하였던 것을 정리하자면, 보전생물학에 대한 중요한 유전학적 기여들은 다음과 같다:

- 분류학적인 불확실성을 해결하기. 관리자들은 유지하고자 노력하는 개체군들의 위치와 관계를 확신할 수 있을 것이다(16장)
- 종 내 어떤 독립적인 관리단위를 기술하기(16장)
- 유전적 다양성의 감소를 판별하기(11장)
- 과거를 묘사하고, 미래의 유전적 변이와 근친교배를 예측하는 이론을 개발하기. 이러한 모든 이론들은 유전적 영향이 *Ne*에 의존적이라는 것을 보여 준다(11–14장)
- 개체군들의 유효크기가 빈번히 그들의 전체 개체수 크기보다 더 낮은 상태라는 것을 인식하기(11장)
- 번식적 적합성에 대한 유전적 다양성의 소실이 환경변화에 반응하여 진화할 수 있는 개체군들의 능력을 감소시키는 것을 인식하기(8, 11, 15장)
- 근친약세가 거의 모든 사례들에서 광범위한 근친교배의 예상되는 결과라는 것을 인식하기(13장)
- 잠정적인 근친교배약세는 유전적 변이의 감소와의 상호관계로부터 추론될 수 있다는 것을 인식하기
- 단편화의 정도와 유전자 흐름의 속도는 개체군 내와 개체군 간의 유전자 마커의 분포로부터 추론될 수 있다는 것을 인식하기

이러한 여러 가지 문제들은 플로리다 팬더의 예로 설명되었다(Box 17.1).

플로리다 팬더

Box 17.1 플로리다 팬더에서의 유전적인 문제들의 판별과 이러한 문제들을 완화시키기 위한 유전적 관리(Roelke *et al.* 1993; Culver *et al.* 2000; Land & Lacy 2000; Mansfield & Land 2002; Gross 2005; Stokstad 2005; Pimm *et al.* 2006; Culver *et al.* 2008)

멸종위기의 플로리다 팬더는 하나의 작은 잔존 개체군에 제한되어 있었다. 이 잔존 개체군은 플로리다 주로 빅사이프레스와 인접한 에버글레이즈 국립공원 생태계에서 두 세대 동안 6개체, 더 긴 기간 동안 40개체로 병목현상을 거쳤다. 유럽인들의 거주 이전, 그들은 미국의 남동부 전역에 걸쳐 분포하였고, 다른 아종은 북미와 남미에 걸쳐 퍼져 있었다. 1973년 이래로, 그

들의 사망에 있어 주요 원인은 로드킬, 밀렵 또는 부상이었다. 1989년 한 개체군 생존가능성 분석은 만약 치료 활동이 이루어지지 않는다면, 단기간 내 높은 멸종확률이 있을 것으로 예측하였다(Seal & Lacy 1989). 더 최근의 평가는 더 낙관적이지만, 입력 데이터의 타당성이 의심되었다(Gross 2005).

알로자임 및 형태와 mtDNA를 이용한 분석들은 그 개체군의 일부가 1954년과 1966년 사이에 남미 퓨마 아종으로부터 유전적 유입(유전자 이입, introgression)을 받았다는 것을 보여주었다. 잡종개체는 대부분의 확실한 개체들로부터 떨어진 지역들에 격리되어 있다.

확실한 플로리다 팬더 개체군은 그 잡종 및 다른 퓨마 개체군과 고양이과에 일반적으로 비교해서 매우 낮은 알로자임 수준 및 DNA 지문, 마이크로세틀라이트와 mtDNA 유전적 다양성을 가지고 있었다.

아종	알로자임 *He*(%) (범위)	DNA 지문 H_e(%)	마이크로세틀라이트 H_e(%)
플로리다(확실한)	1.8	10.4	14.7
플로리다(이입된)	1.8	29.7	–
플로리다(박물관)	–	–	31.1
미국 서부	4.3 (2.0–6.7)	46.9	34.8
다른 필드	3–8	–	–
다른 고양이과 종	–	44.0	–

확실한 플로리다 팬더는 또한 형태적인 기형(꼬인형태의 꼬리) 및 심장 결함과 매우 빈약한 정자의 질과 같은 근친교배약세의 증거들을 보였다(아래 figure 참조; J. Howard & B. Pokazhhenthi). '순수혈통' 수컷의 약 절반이 적어도 하나의 불강하고환(undescended testis)을 가지고 있고 그 발병률은 시간이 지남에 따라 증가하였다. 플로리다 팬더는 또한 감염성 질병의 높은 확산을 겪었다.

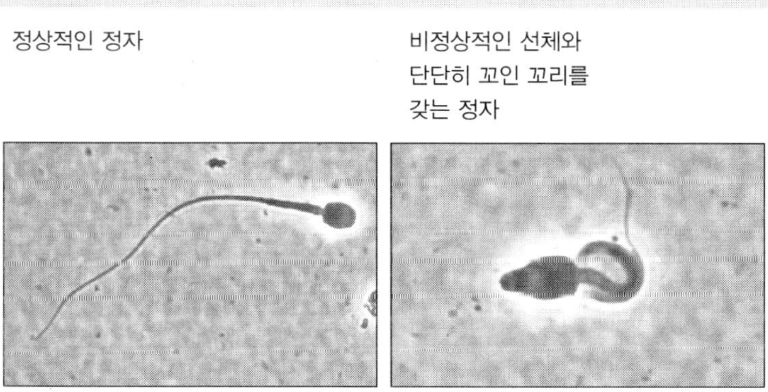

확실한 플로리다 팬더를 어떻게 회복할 수 있을까? 첫 번째 우선 과제는 추가적인 서식지의 보호 및 개선과 현존하는 위협들의 감소를 통하여 개체군 크기를 증가시키는 것이다. 고속도로 아래의 배수도랑의 시공은 유의하게 고속도로 치사를 감소시켰다. 이 팬더들이 근친교배약세의 유전적, 물리적 특징을 모두 보인 이래로, 그들의 적합성은 플로리다 개체군과 인접한 개체군으로 아마도 과거 감소 전 유전자 교류가 있었던 텍사스의 가장 가까운 아종으로부터의 이입을 통하여 증가되었다. 이계교배약세는 잡종 플로리다 개체들에서나 사육 퓨마들의 혼합된 개체군들에서 증거가 없었기 때문에 있을 것 같지는 않았다. 연속된 분석들은 모든 북미 팬더/쿠르거가 분자 마커에서 매우 유사하다는 것을 보여 주었다.

텍사스의 8개체 퓨마가 1995년에 도입되었으나, 대부분의 유전적 유입은 그들 중 2개체 또는 3개체로부터 나왔다. 2004년까지, 몇몇 두 번째 세대 개체들과 잡종들로부터 역교배된 자손들을 포함하여 54개체의 잡종새끼들이 태어났다. 잡종 자손들은 일반적으로 꼬인 형태의 꼬리와 잠복고환을 가지고 있지 않았고, 확실한 플로리다팬더들보다 더 강한 것으로 나타났다. 잡종새끼들은 순수혈통보다 성체가 될 수 있는 확률이 세 배정도 더 높았다. 잡종 성체 암컷들은 순수혈통의 암컷들보다 더 잘 생존하였지만, 수컷들 간에 명확한 차이는 없었다. 새끼들의 수와 크기는 순수혈통과 잡종 암컷들 간에 다르지 않았다. 유전적 구제 이후, 팬더들은 그들이 자리잡고 이용하는 알려진 서식지의 범위를 계속 확장해가고 있다.

야생개체군들의 유전학적 관리의 목표는 근친교배를 최소화하여 적합성을 유지하는 것과 환경 변화에 대한 적응적 진화를 가능하게 하는 적절한 유전적 다양성이 있다는 것을 보장하는 것이다.

위에서 언급한 점들을 제거함으로써, 우리는 야생에서 유전적 관리가 환경 변화에 적응된 종과 개체군의 번식적 적합성을 유지하고 종과 개체군에 대한 유전적 다양성을 보전하는 두 가지 주요 목표를 가져야 한다는 결론에 도달하게 된다.

이 장은 흐름도(Fig. 17.1)에 보여지는 것처럼 대략적으로 야생개체군들에 대한 연속적인 유전적 관리 활동을 다룰 것이다. 모든 보전에서처럼, 관리 계획을 고안하기 전에 우리가 무엇을 보전할 지를 알고 분명한 보전 목표를 가지고 있어야만 한다. 우리는 이 장의 나머지 부분에서 분류학적 불확실성과 관리단위가 해결되었다는 가정 하에, 관리단위 내에서의 유전적 문제들을 언급할 것이다.

개체수 증가시키기

야생개체군을 관리하는 데 있어 일차적인 목적은 작은 개체군의 크기를 증가시키는 것이다.

멸종위기에 처한 종 관리의 첫 번째 목적은 개체군이 상대적으로 불확실적 위협(인구통계학적, 환경적, 재해적 그리고 유전적)에 저항성을 갖는 지점까지 개체군 크기를 증가시키는 것이다. 만약 개체군들이 단지 최근에 더 큰 크기에서 N_e가 50으로 감소했다가 급속히 팽창하였다면, 유전적인 영향은 최소에 지나지 않을 것이다(8장).

이 과정의 첫 번째 단계는 감소의 원인들을 확인하고 제거하는 것이다. 이것은 야생동물학자와 생태학자들의 분야이다. 취해야 할 행동들에는 사냥과 수확에 대한 법적인 조정, 보호구의 설정, 오염원의 감소, 서식지 질의 개선, 인위적 포식자와 경쟁자의 박멸이 필요하다. 이러한 활동들은 일반적으로 관리지역에 서식하는 많은 고유종들에게 이익이 된다. 주의 보호구들은 현재 전체 육상지역의 12%를 차지하지만, 5000개의 해안보호지역의 해안 서식지의 0.5–1%만을 차지하고 있다. 이 두 지역 모두는 지속적으로 급속히 증가하고 있다(Chape *et al*. 2003; Young & Randerson 2005). 추가적으로 많은 사유보호구와 미국의 자연관리위원회(the Nature Conservancy in the USA)에 의해 유지되는 보호구가 있다. 남아프리카공화국에서 토지소유자들에게 야생동물의 소

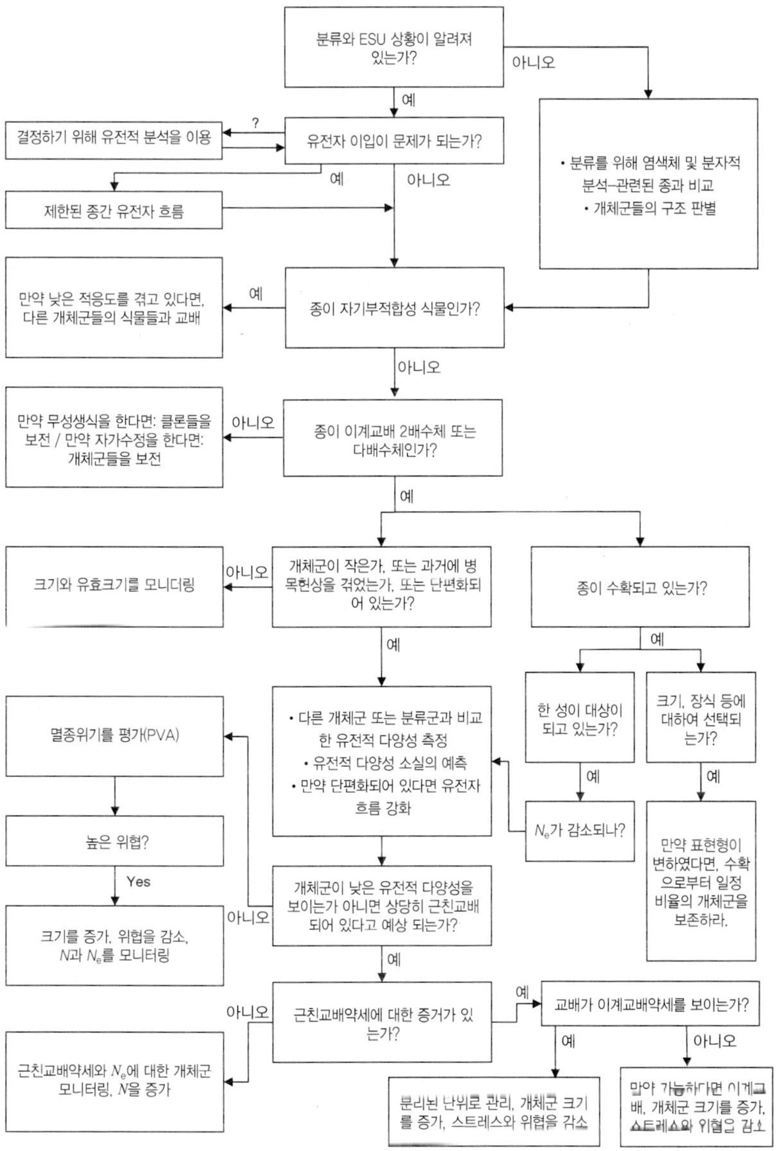

Fig. 17.1 야생에서 멸종위기에 처한 종의 유전적 관리에서 접하게 되는 질문들의 흐름도.

유권을 부여하기 위한 법적인 변화들은 사유보호구의 상당한 확대를 일으켰다(Hayward & Somers 2009). 이러한 절차들은 다양한 종들에서 성공적이었다. 예를 들어, 인도코뿔소는 네팔의 치완국립공원에서 사냥 금지와 국립공원으로써 왕실사냥보호구의 설정 이후 27개체에서 372개체로 증가했다. 마찬가지로, 북방바다코끼리는 사냥의 중지와 법적 보호 이후 20–30개체에서 175,000개체로 증가하였다(Weber *et al.* 2000). 모리셔스솔개, 흰머리수리와 매의 개체군들은 모두 DDT 이용의 통제 이후 보조적인 번식과의 일반적인 결합으로 회복되었다(Groombridge *et al.* 2000). 채텀섬검은울새(Chatham Island black

인도코뿔소

robin)는 보호 및 교배-사육과 이주 이후 5개체에서 140개체 이상으로 증가하였다(Butler & Merton 1992), 반면에 하와이뜸부기(Lord Howe Island woodhen)는 그들의 주요 위협인 금속 덩어리들의 제거와 단기적 사육번식과 방사 프로그램 이후 26-29개체에서 약 200개체로 회복되었다(Brook *et al*. 1997a). 세이셸울새(Seychelles warbler)는 1959년에서 1968년 사이 쿠진섬(Cousin Island)에서 26-29마리 이하로 서식하였는데 관리와 인근 섬들로의 이주 이후 1996년에는 1,186마리로 증가했다. 식물의 경우, 수확의 최소화를 위한 법적인 보호 및 보호구의 설립과 초식자의 제거 이후 회복이 이루어졌다(Bowles & Whelan 1994; Primack 2006). 개체수가 극도로 작은 경우에는 실험실 내에서의 보전 형식이 이용되었고, 이후 재도입이 이루어졌다(10장, 20장).

유전적 정보가 보전생물학자들에게 멸종의 정도에 대한 경각심을 주는 데 도움이 될지는 모르지만, 개체군 크기를 증가시키기 위한 관리활동에 유전학은 거의 또는 전혀 포함되어 있지 않다. 그러나 많은 심각하게 근친교배되고 있는 개체군들은 이계교배 이후 상당히 향상될 수 있다(Fig 13.8).

어떤 야생개체군들은 규칙적으로 사육개체군들로부터 증가되지만, 이것은 장기적으로는 유전적으로 해로울지 모른다.

하와이기러기(nen 또는 Hawaiian goose)는 야생개체군이 독자적으로 유지가 불가능하기 때문에 사육상태에서 장기적 증식 프로그램이 진행되어왔다(Black 1995). 이러한 프로그램들은 사육상태에서 번식할 수 있는 접합성이 일반적으로 야생에서는 해롭기 때문에 장기적으로는 생산적이지 못하다(Frankham 2008). 이것은 여러 세대 동안 사육상태에 있는 어류의 개체군들이 야생 서식지로 방류하기위해 이용되지만 야생 개체들보다 번식적 적합성이 낮아 심각한 문제가 된다(20장).

유전적 문제들의 진단

야생개체군의 관리에 대한 유전학의 주요한 기여는 그들의 유전적 위치를 진단하는 것이다.

위협종 야생개체군의 유전학적 관리에 대해 필요한 선행 작업은 다음의 질문들을 대답함으로써 그들의 위치를 진단하는 것이다:

- 그 개체군이 얼마나 큰가(N_e)?
- 과거에 심각한 병목현상을 겪었는가?
- 유전적 다양성을 소실하였는가?
- 근친교배약세를 겪고 있는가?
- 지리학적 분포는 어떠한가?
- 유전적으로 단편화되어 있는가?

치타(cheetahs), 북방털콧등웜뱃(northern hairy-nosed wombats), 붉은벼슬딱다구리(red-cockaded woodpeckers), 울레미소나무(Wollemi pines)와 같은 많은 위협종들은 그들의 상태를 평가하기 위해 조사되었다. 유전적 다양성 또는 근친교배의 직접적인 측정이 없는 경우엔 예제 17.1과 같이 유전적 다양성의 소실을 예측할 수 있는 이론을 이용할 수 있다.

비록 이러한 진단들이 많이 존재하지만, 보전관리를 계획하기 위한 이러한 정보들의 이용은 여전히 시작에 불과하다. 아래에 유전적 문제들을 완화시키기 위해 취해야 할 관리활동들을 고찰하고 있다.

예제 17.1 | 작은 개체군의 크기에 기인한 유전적 다양성의 소실과 근친교배 예측하기

플로리다 팬더 개체군은 1900년대 초에 개체군 크기가 6–40개체로 감소하였다(Box 17.1). N_e/N이 0.10, 세대 길이가 7년이라고 가정하고 1920년에서 1990년까지 보수적으로 N = 40이라고 가정하면, 1990년에 플로리다 팬더가 낮은 유전적 다양성을 가졌고 심각하게 근친교배되었다고 예측할 수 있겠는가?

공식 11.1에서, N_e를 40 × 0.1 = 4로, 70년을 10세대로 대입하면, 그 개체군에서 유지되는 원래의 이형접합성의 비율은:

$$\frac{H_t}{H_0} = \left(1 - \frac{1}{2N_e}\right)^t = \left(1 - \frac{1}{2 \times 4}\right)^{10} = 0.875^{10} = 0.26$$

이론만을 근거로, 우리는 이형접합성의 74%가 소실되었다고 예측하였는데, 이 수치는 플로리다 팬더를 미국 서부의 퓨마와 비교하여 추론되어진 관찰된 소실과 대략 일치하는 값이다(Box 17.1). 공식 12.9에서, 근친교배계수는 0.74로 예상되고, 이는 해로운 영향이 명백히 예상되는 근친교배의 수준이다.

이계교배를 통한 근친교배된 작은 개체군들의 유전적 구제

번식력 적합성을 향상시키고 유전적 다양성(유전적 구제, genetic rescue)을 복원시키기 위해 다른 개체군들로부터의 개체들의 도입은 낮은 유전적 다양성을 갖는 작은 근친교배된 개체군의 회복에서 하나의 효과적인 관리전략이다(Tallmon *et al*. 2004b; 13장). 예를 들어, 이러한 개체들의 도입은 사슴쥐(deer mice), 회색늑대(gray wolves), 사자(lions), 멕시코 늑대(Mexican wolves), 큰초원뇌조(greater prairie chickens), 스웨덴 살모사(Swedish adders), 사막얼대어(desert topminnow fish)과 주홍길리아(scarlet gilia)를 포함한 여러 식물종들의 자연개체군에서 적합성을 증가시켜 왔다(Fig. 17.2).

근친교배된 작은 개체군들은 관련되어있지 않은 개체들을 도입함으로 유전적으로 구제될 수 있다.

이러한 절차의 분명한 이익에도 불구하고, 실행되고 있는 사례는 매우 드물다(아래 참조). 이러한 활동은 종종 이계교배약세에 관한 과장된 우려로 제약되곤 한다.

스웨덴 살모사

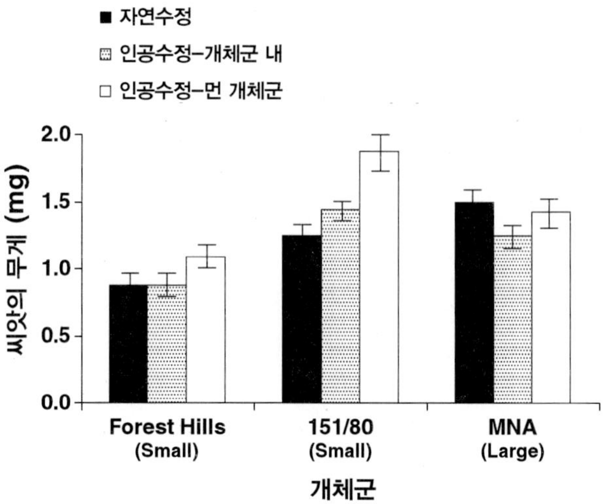

Fig. 17.2 주홍길리아(scarlet gilia plant)에서의 이계교배를 통한 근친교배약세를 완화시키기(after Heschel & Paige 1995). 세 지역의 개체군들에 대한 식물 당 씨앗의 무게(seed mass)는 자연수정(natural pollination), 개체군 내 인공수정(hand pollination within populations) 그리고 먼 개체군들의 화분을 이용하여 인공수정(hand pollination using pollen from distant populations)에 대하여 보여지고 있다. 작은 개체군들(Forest Hills and 151/8)은 씨앗의 무게에 대하여 근친교배약세를 나타낸다. 서로 다른 지역들에서의 상이한 평균 씨앗 무게들은 다양한 환경적 조건들에 기인하고 있다. 이계교배는 작은 근친교배 개체군들에서 씨앗의 무게를 향상시켰지만, 반면에 큰 비근친교배 MNA 개체군은 이계교배에 영향을 받지 않았다.

유전적으로 거리가 먼 개체군들의 개체들이나 관련된 종간 생식가능한 분류군들의 개체들은 작은 근친교배된 개체군들을 증가시키는 데 이용될 수 있다.

유전적 증대를 위한 관련되어 있지 않은 개체들의 자원

적합성과 유전적 다양성의 회복을 위한 근친교배 개체군으로의 도입에 선택된 개체들은 다음과 같은 것 중 하나이어야 한다:

- 이계교배(만약 가용하다면)되어 있거나 또는,
- 근친교배되어 있지만 근친교배된 개체들이 도입될 개체군들과 유전적으로 분화되어 있어야 한다(Spielman & Frankham 1992).

예를 들어, 검은발바위왈라비(black-footed rock wallaby)는 잡종강세를 통해 유전적 다양성을 증가시키고 번식적 적합성을 향상시키기 위해 합쳐질 수 있는 여러 근친교배된 섬 개체군들을 가지고 있다(Eldridge *et al.* 1999; Table 14.1). 만약 존재하고 있는 정보가 명확하지 않는다면, 증식을 위한 상이한 개체군들을 선택하는 하나의 가이드로써, 다중핵 좌위들(예, 마이크로세틀라이트)을 이용한 유전적 분석이 개체군들의 유전적 조성을 푸는 데 이용될 수 있을 것이다.

만약 동일 분류군과 관련이 없는 개체들이 가용하지 않다면, 또 다른 아종으로부터의 개체들이 근친교배약세와 유전적 다양성의 소실을 완화하는 데 이용될 수 있다(Box 17.1). 중국의 마름병은 아메리카 밤나무를 심하게 고갈시켰고 이종의 유전적 저항성은 알려져 있지 않았다. 중국 밤나무는 이 마름병에 저항성을 가지고 있어 저항성 대립유전자들을 도입하기 위해 아메리카 밤나무와 교배되었다(Hebard 2006). 더 나아가 여러 가지 시도들이 이식유전자(transgene)를 도입함으로 아메리카 밤나무에 질병 저항성을 부여하기 위해 시도되고 있다(Powell *et al.* 2006).

위협종을 관련되어 있지 않는 종과 교배하는 선택은 대단히 주의가 요구되고 완전한 수행이전에 교배가 F_1과 연속적인 세대들에서 이로운 결과를 가지고 있다는 것을 확신하기 위해서 실험적 기초에서 평가되어져야만 한다. 종간 유전적 분화는 상당히 다양하기 때문에, 어떤 분류군들의 종간 교배는 단지 다른 분류군들의 아종간 교배와 유사할 것이다(Table 16.1). 종간 교배는 번식적 적합성에 이롭거나 해로운 결과를 가질 확률이 동일한 것으로 알려져 있다(Arnold 1997).

단일 개체군인 종과 고갈된 유전적 다양성의 관리

감소된 유전적 다양성을 갖는 단일 개체군으로 구성된 종에 대해서, 단 하나의 옵션은 그들의 환경을 향상시키고 변환된 환경(특히 질병)과 작은 개체군 크기와 연결된 위협들을 최소화하는 것이다

유전적인 측면에서, 최악의 상황은 멸종위기종이 증식을 위해 어떠한 가용한 아종이나 관련된 종이 없이 하나의 근친교배된 개체군으로 존재하는 것이다. 유전적 소실에 대한 정보는 그 종의 취약성의 지표로써만 단지 유용하다. 이러한 취약한 종들을 위해 아래의 목적으로 관리제도가 만들어져야 할 것이다:

- 그들의 개체군 크기를 증가(아래 참조)
- 여러 지역에 개체군들을 확보(재해들의 위협을 최소화하기 위해)
- 그들의 환경을 향상시킴으로 번식률을 최대화(예, 먹이공급원 보충, 포식자와 초식자의 제거)
- 사육번식 또는 다른 실험실 내 보전절차를 만드는 것을 고려
- 도입된 질병 및 해충, 포식자와 경쟁자와 격리를 포함한 환경 변화로부터의 그들을 격리
- 모니터링을 통하여 새로운 환경적 위협들의 발생과 동시에 구제 활동이 시행될 수 있어야 한다.

예를 들어, 호주에서 최근 발견된 멸종위기 울레비소나무는 개체군 내 혹은 개체군간 유전적 다양성이 없다(Peakall *et al.* 2003). 그 회복 계획은 (a) 그들의 위치를 비밀로 유지하여 개체군들에 접근을 제한하는 것, (b) 허가된 사람들에게만 접근을 제한하는 것, (c) 질병의 유입되는 것을 피하기 위해 엄격한 위생 프로토콜을 만드는 것, (d) 산불관리, (e) 식물원(NSW NPWS 1998)에서 각 식물 개체들의 실험실 내 표본을 보유할 것을 요구하고 있다. 더 나아가 이 종이 새로운 많은 지역들로 퍼져나감에 따라, 상업적인 증식이 개체군 크기를 증가시켰고, 확률적인 위협들을 감소시켰다(Jamieson 2005).

검은발페렛에 대한 회복 계획은 사육개체군의 생성과 질병과 다른 환경적인 재난의 위협들을 최소화하기 위해 서로 다른 지역들에서 10개의 야생개체군들이 재확립을 요구하고 있다.

단편화된 개체군들의 유전적 관리

개체군 단편화의 해로운 유전적 결론들은 단편화된 개체군들간 과거의 유전자 흐름의 수준을 재확립하고, 서식지 질을 향상하며, 그들이 멸종되었던 지역들에서 개체군들을 재확립함으로써 완화시킬 수 있다.

많은 위협종들은 Fig. 17.3에서 판다에 대해 설명한 것같이 단편화된 서식지들을 가지고 있다. 단편화된 개체군들의 유전적 다양성을 최대화시키고 근친교배와 멸종위기를 최소화시키기 위한 관리 옵션은 아래의 목적을 가지고 있다:

- 서식지 면적과 질을 증가시킨다.
- 과거의 수준으로 맞추기 위해 유전적 교류(예, 이주를 통하여)를 인위적으로 증가시킨다.
- 서식지 이동통로를 만든다.
- 이미 멸종한 지역의 적합한 서식지에 개체군들을 재확립한다.

Fig. 17.3 중국의 자이언트 판다 (giant panda)의 서식지 단편화 (after Lu *et al.* 2001)

판다

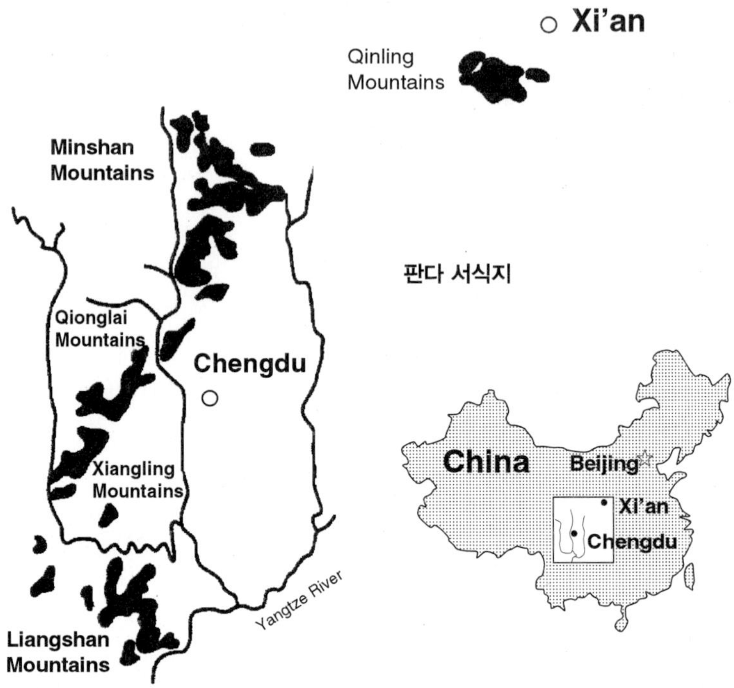

유전자 흐름은 유전적으로 고립된 단편화된 서식지들에서 멸종의 위기를 감소시키기 위해 재확립되어져야 한다.

고립된 단편들에서의 유전적 침식을 완화시키기 위해서 유전자 흐름은 개체들(**이주**, translocation) 또는 배우체들을 이동시키거나 또는 **이동통로**(migration corridors)를 설치함으로 재확립되어야 할 필요가 있다. 이입의 이익은 많은 사례들에서 확립되었다(13장, 14장). 작은 초본류의 식물에서 개체군간 교배들은 개체군 내 교배에서보다 2.5배 높은 적합성을 가졌다(van Treuren *et al.* 1993). 컴퓨터 시뮬레이션은 이입이 동아프리카의 두 작은 검은코뿔소 개체군들에 대한 멸종위험을 감소시킬 것이고(Box 17.2), 개체군 단편들간 이주는 캘리포니아의 단편화된 튤 엘크(tule elk) 개체군에 이익이 될 것이라 나타냈다(McCullough *et al.* 1996).

개체군간 개체들의 이동은 특히 대형 동물의 경우 많은 비용이 들어갈지도 모르고, 방사 시 상처 및 질병 전염과 행동학적 붕괴의 위험들을 수반할 할 수도 있을 것이다. 예를 들어, 도입된 수컷 사자는 정규적으로 새끼를 죽인다. 더 나아가 많은 종의 성적으로 성숙한 수컷은 침입자들을 죽일 수도 있다. 이주의 비용은 인공수정이 완벽한 종들에 대해 인공수정을 통해 감소될 수 있다. 이전에 논의된 이계교배약세를 피하기 위해 동일한 주의가 이주를 계획하는데 훈련되어야만 할 것이다.

서식지 단편들간 이동 통로(비유전학적 이유들을 위해 빈번히 추천되는)는 고립된 개체군들간 유전자 흐름을 재확립할 수 있다. 예를 들어, 21개의 단편화된 가늘고 긴 서식지들이 브라질에 서식하는 황금사자타마린의 고립된 서식지 단편들 간에 확립되었다(A.M. de Godoy Teixeira, pers. comm.). 효과적인 이주 경로가 될 수 있는 이동 통로의 요구들은 종들마다 다양하지만(Lindenmayer & Nix 1993), 이동 통로는 여러 가지 사례들에서 유전자 흐름을 재확립하는 데 효과적이라는 것을 보였다(Haddad *et al.* 2003). 이러한 것 중 가장 야심찬 제안은 대륙에 걸쳐 북쪽과 남쪽을 연결하는 이동 통로를 제공하는 북미의 The Wildland Project 계획과 호주의 관련된 계획이다(Davis 1992; Pulsford *et al.* 2003). 이동통로는 현존하는 보호구들과 보호구와 이통 통로 주변지역을 적합한 완충지대와 연결할 것이다. 이러한 이동 통로들은 정치 및 사회와 재정적 난제들로 설치하는 데 수십 년의 시간이 걸릴 것이다. 그럼에도 불구하고 이러한 체계들은 특히 지구의 기후 변화에 직면하여 만약 장기적인 종다양성을 보전하기 위한다면 필수적이다.

위협종 개체군들의 광범위한 단편화에도 불구하고, 우리는 중대된 유전자 흐름이 야생에서 근친교배와 유전적 다양성 소실을 완화시키기 위해 실용적인 수단으로써 이용되고 있는 소수의 사례들을 인식하고 있다. 주목할만하게, 이러한

단편화된 개체군들의 관리는 보전 유전학에서 가장 대답하기 어려운 난제이다.

Box 17.2 케냐의 검은코뿔소 개체군들의 생존에서의 근친교배약세와 이입 영향의 모델링(after Dobson *et al.* 1992)

검은코뿔소

검은코뿔소 개체군은 그들의 전체 분포지에 걸쳐 일차적으로 밀렵으로 인해 위협받고 있다. 1990년대 초에 이 연구가 수행된 당시 동아프리카에서 어떤 개체군도 60개체 이상이 되지 않았고, 이러한 상황은 현재 아마도 더 나빠졌을 것이다. 개체군은 대부분 또는 모든 단편들 간에 어떠한 이주도 없이 단편화되었다.

확률론적인 컴퓨터 시뮬레이션은 출생과 사망까지 그들의 번식결과를 포함한 각 개체의 일대기를 예측하는 데 이용되었다. 자연보호구 개체군들로부터 얻은 데이터를 이용한 입력 파일들은 각 개체의 부계, 연령과 성 특이적 생존율 그리고 서로 다른 나이와 성의 클래스의 이입율과 함께 번식을 포함하고 있다.

케냐의 레와다운스와 나쿠루 국립공원의 개체군들은 (a) 이입이 없고 근친교배약세 없음(단지 인구통계학적, 환경적 불확실성만 있음), (b) 근친교배약세의 추가가 있으나 이입이 없음, 그리고 (c) 근친교배약세가 있고 다음 50년 동안 매 10년마다 하나의 이입자의 이입이 있음으로 200년에 대하여 모델링되었다. 생존에 대한 근친교배약세는 2배수체 게놈 당 치사등가(lethal equivalents) 4.0 의 온화한 수준에서 적용되었다. 두 개체군들의 최초 크기는 그들의 실제 크기로 설정되었는데, 레와다운스에서는 10개체의 암컷과 3개체의 수컷으로, 나쿠루국립공원에서는 7개체의 암컷과 11개체의 수컷으로 설정되었다. 수용 능력은 레와다운스에서 20개체, 나쿠루에서 71개체로 추정되었다.

(a)의 경우에, 불확실성 요인들이 200년 이후 더 작은 레와다운스 개체군에서 〉 50%의 멸종위기를 이끌었지만, 더 큰 나쿠루 개체군에서 〈 10%의 멸종위기를 이끌었다. 근친교배약세가 있을 시(사례 b), 멸종확률은 76%와 22%로 각각 상승했다. 근친교배약세와 이입이 있을 시, 멸종확률은 더 낮아 약 40%와 5%로 각각 나타났다(사례 c). 결론적으로, 이입은 이들 단편화된 코뿔소 개체군들에서 멸종위기를 감소시켰다. 50년 이후의 추가적인 이주는 멸종위기의 더욱 감소된 결과를 가져올 것이다.

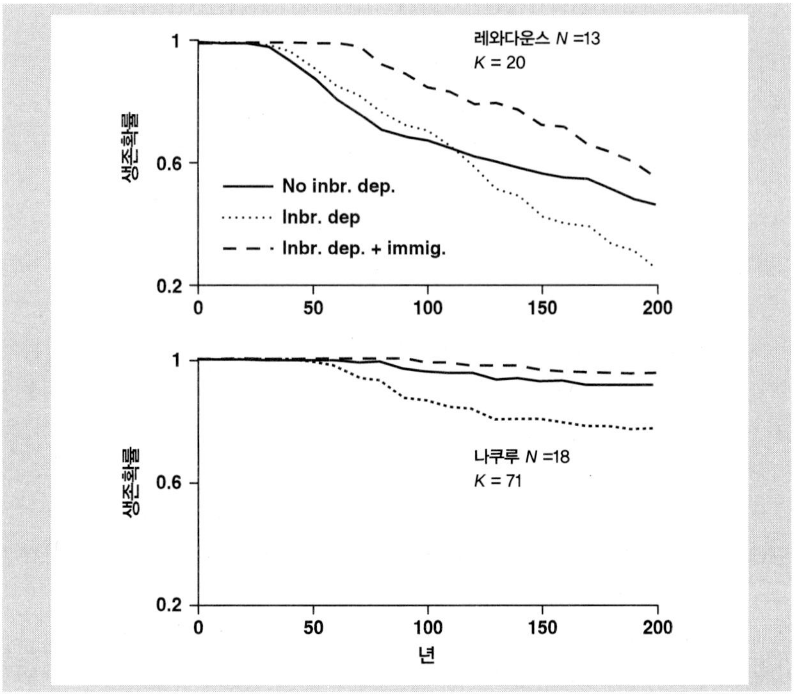

유전자 흐름의 강화는 남아프리카의 아프리카 야생개 및 사자, 코끼리와 검은코뿔소에 이용되고 있다(Frankham 2009b). 다른 개체군들로부터의 개체들은 멸종위기 붉은벼슬딱다구리(red–cockaded woodpeckers)의 작은 개체군들로 도입이 되고 있다. 이는 컴퓨터 시뮬레이션이 증식 없이는 그들이 멸종할 것이라고 예측했던 것과 같다(Haig *et al.* 1993). 다른 사례들에는 멸종되었거나 근친교배되었던 플로리다팬더(Box 17.1)와 황금사자타마린(box 20.1)이 포함된다.

두 가지 식물의 사례들에는 자기부적합성 식물들이 포함된다; 이계교배는 일리노이즈의 위협에 처한 레이크사이드데이지(lakeside daisy) 개체군과 멸종위기에 처한 마우나케아 은칼꽃(Mauan kea silver–sword)이 있다(Demauro 1994; Robichaux *et al.* 1997).

유전자 흐름 관리하기

이주를 관리하는 것은 지속적인 유전적 모니터링, 관리 옵션을 최적화하기 위한 컴퓨터 프로젝션, 적응적 관리이다.

유전자 흐름을 관리하는 것은 아래와 같은 많은 문제들이 언급되어져야만 하기 때문에 상당한 복잡성을 가지고 있다:

- 어떤 개체들이 이주되어져야 하는가?
- 얼마나 많이?
- 얼마나 자주?
- 어디에서 어디로?
- 언제 이주가 시작되어져야 하는가?
- 언제 끝나야 하는가?

이 질문들에 대한 대답들은 그 개체군이 유전적으로 모니터링되어져야 한다는 것을 요구한다. 최적화하기 위한 상당히 많은 변수들이 존재하기 때문에, Box 17.2에 주어진 형태의 컴퓨터 예측들은 종종 허용가능한 비용을 가지고 유전적으로 생존가능한 개체군들을 유지하고 다른 관리적 제약 내에서 적합한 양식을 정의(그리고 개선)하기 위해 필요하다.

이주에서의 유전적 문제

지구의 기후 변화의 결과로써, 많은 종들은 그들이 선호하는 기후지대에 남아 있기위해 이동을 해야만 한다(Thomas *et al*. 2004). 종들이 적합하지 못한 서식지에 의해 단절된 단편화 분포들을 보이는 곳에서, 개체들은 개체군의 생존을 확신하기 위해 단편들 간의 이주를 필요로 할 것이다. 이것은 특히 산 정상 또는 섬에 서식하는 종과 제한된 확산 능력을 가지는 종들의 경우에 더 그러할 것이다.

많은 종들은 그들이 적합한 서식지로 도움이 없이 이동할 수 없기 때문에 저지구적인 기후 변화에 적응하기 위해 이주를 필요로 할지 모른다.

최근 새로운 개체군들을 확립하기 위한 이주들은 낮은 성공률을 가지고 있다. 사막의 어류를 복원하는 프로젝트들의 26%만이 성공하였고, 파충류와 양서류(재배치, relocation; 송환, repatriation; 이주, translocation을 위한)에 대한 수치는 19%, 포유류와 조류에 대한 수치는 44%로 나타났다(Griffith *et al*. 1989; Dodd & Siegel 1991; Minckley 1995). 결론적으로 여러 가지 조건들을 최적화하는 것이 중요하다.

이주에 있어서의 유전적 문제들은 방사 환경에 대한 적응과 방사된 개체군(들)의 근친교배와 유전적 다양성이다. 만약 그 종의 어떠한 개체군도 방사 환경에 적응하지 못한다면, 교배는 가용한 개체군들과 방사된 F_1 개체들 간에 소멸될 것이다. 왜냐하면 이러한 교배들은 새로운 환경에 가장 높은 적합성을 가지기 때문에 최대 유전적 다양성은 그 환경에 대한 적응을 가능하게 하기 때문이다.

이주에 이용되는 개체들은 주어진 환경에 적응해야만 하고 낮은 근친교배와 높은 유전적 다양성을 가져야만 한다.

이주된 개체군이 소스 개체군을 대표한다는 것을 확신하기 위해 주의가 반드시 필요하다. 위협에 처한 코리건그레빌리아(Corrigan grevillea)에서, 한 이주프로그램은 47종의 알려진 식물들 중 10종을 수집하였고, 266개의 식물을 이주시켰다(Krauss *et al*. 2002). 그러나 8개 클론만이 대표성을 가지고 있었고, 전체 식물의 54%가 하나의 클론으로부터 나왔으며, 그 이주된 개체군은 소스 개체군보다 더 높은 근친교배와 더 낮은 유전적 다양성을 가지고 있었다.

이주에 이용될 개체군들은 어디서건 높은 유전적 다양성과 낮은 수준의 근친교배를 가져야만 한다. 개체군의 잘못된 선택의 한 사례는 호주 남동부지역에 서식하는 코알라에 의해 주워졌다(Box 17.3). 충분한 개체들이 섬개체군들로부터 가용하였기 때문에 낮은 유전적 다양성을 갖는 이들 섬개체군들이 재도입에 이용되었다. 유전적 문제들은 무시되었고 해로운 유전적 결과들이 나타났다. 일반적으로 섬개체군들이 이주를 위한 소스 개체군들로 고려될 때에는 주의가 필요하다. 왜냐하면 섬개체군들은 일반적으로 낮은 유전적 다양성을 가지고 근친교배되기 때문이다(Frankham 1997, 1998; Eldridge *et al*. 1999).

현존하는 개체군들(많은 식물과 어류)간 적응적 유전적 분화의 증거가 있는 곳에서, 이주된 개체들은 재도입 서식지에 가장 잘 적응된 개체군들로부터 와야만 한다.

코알라

Box 17.3 호주 남동부에서의 코알라 이주(Houlden *et al.* 1996; Sherwin et al. 2000; Seymour et al. 2001)

코알라는 호두 동부의 고유한 유대류 토착종이다. 이 종은 문화적 아이콘이면서 관광 수입에 있어 하나의 중요한 기여자이다. 코알라는 한때 퀸즐랜드에서부터 빅토리아 그리고 호주 남부까지 분포하였다(지도 참조). 그러나 그 수는 사냥 및 서식지 소실과 질병에 의해 감소하였다. 1930년까지, 코알라는 그들의 이전 분포지의 50% 이하에 서식하였고, 호주 남부에서는 사라졌으며, 빅토리아에서는 거의 멸종하였다. 코알라가 모든 주에서 법적으로 보호된 1930년대 이들의 가죽 거래는 금지되었다. 코알라는 여전히 주요한 도움없이 연속적으로 회복된 퀸즐랜드에서는 흔하게 서식하고 있다.

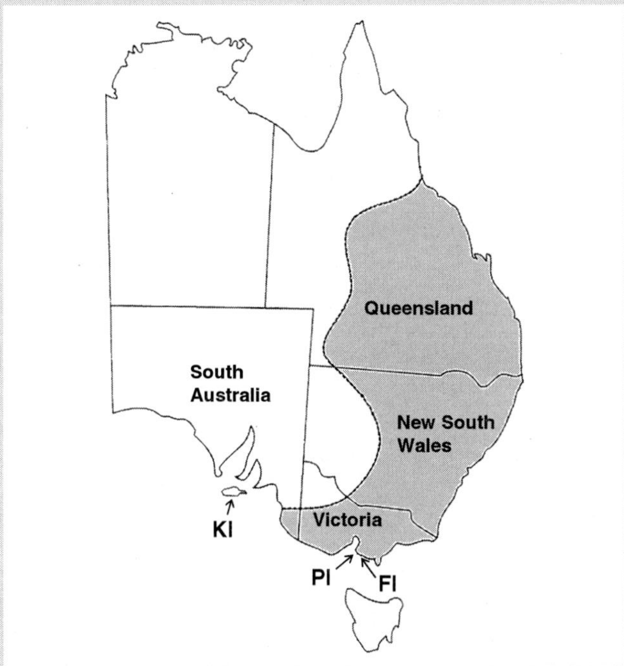

광범위한 코알라의 이주는 남동부에서 일어났다. 한 개체군은 둘 또는 세 개체의 적은 수로 19세기 말 빅토리아의 프랜치섬(FI)에 확립이 되었다. 1923년 이래로 직접 혹은 간접적으로 10,000개체가 빅토리아와 호주 남부의 70개의 지역들로 이주되었다. 프랜치섬의 개체들은 또한 1923–25년에 캥거루섬(KI)(10개체의 창시자와 어린 개체들)의 한 개체군을 확립하는 데 이용되었다. 캥거루섬 코알라는 차례로 이후의 이주들에 이용되었다. 최근 호주 남부 내륙 개체군은 3차례의 병목현상을 겪어 왔다(빅토리아 내륙 → 프랜치섬 → 캥거루섬 → 호주 남부 내륙).

빅토리아와 호주 남부의 개체군들은 더 북쪽에 서식하는 덜 교란받은 개체군들에서 발견되는 유전적 다양성의 약 절반 정도를 가지고 있다. 캥거루섬 개체군은 조사된 모든 개체군들 중에서 가장 낮은 유전적 다양성을 가지고 있었다. 모든 남동부 개체군들은 유사한 마이크로세틀라이트 대립유전자 빈도와 유사한 mtDNA 반수체형를 보여지만, 반면에 더 북쪽의 개체군들은 개체군들간 상당한 유전적 분화를 보였다. 병목현상이 있는 남부 개체군들은 또한 고환이 없는 수컷(고환무형성증)의 상승된 빈도를 보였고, 이것은 호주 남부의 가장 병목현상이 심한 개체군에서 가장 악화되었다.

만약 프랜치섬 개체군이 더 많은 개체들로 확립되었거나 아니면 그들의 유전적 다양성이 그들에게 더 광범위한 유전적 기반을 제공할 수 있게 증대된다면, 유전적 다양성의 소실과 근친교배약세는 피할 수 있을 것이다.

최근의 문제들을 되돌릴 수 있는 가장 효율적인 전략은 더 높은 유전적 다양성을 높은 유전적 다양성을 갖는 가장 가까운 개체군들로부터 남동부 개체군으로 도입하는 것이다(섬과 내륙 모두).

멸종 개체군들의 재확립

만약 서식지가 여전히 종을 지탱할 수 있다면, 멸종된 개체군들은 현존하는 개체군들로부터 재확립될 수 있다. 만약 모든 대체 개체군들이 방사 지역에 대해 유사한 적응력을 가진다면, 재확립은 방사 환경 또는 개체군들간 교배에서 가장 높은 번식적 적합성을 갖는 가장 유전적으로 다양한 개체군을 활용해야 한다.

개체군들을 가능한 가장 커다란 크기로 유지하기 위해서 멸종개체군들이 다른 개체군들로부터 이주를 통하여 재확립하는 것이 필요하다.

보호구역 설계에서의 유전적 문제

많은 생태적, 유전적, 정치적 문제들은 자연보호구 지정에 조화를 이루어야한다. Soule & Simberloff(1986)는 세 가지 단계들이 포함되어야 한다고 제안했다: (a) 보호구에서의 소실이 생물 다양성을 심각하게 감소시키는 대상종(target species) 또는 핵심종(keystone species)을 구별하고, (b) 이 종들이 장기적으로 높은 확률의 생존을 보장하는 데 필요한 최소 개체군 크기를 정하며, (c) 알려진 개체군 밀도를 이용하여 이 종들의 최소 개체군 크기를 유지하는 데 필요한 지역을 추정한다. 그 이후 보호구 설계에서의 문제는 다음과 같다:

보호 구역은 대상종을 수용할 만큼 충분히 클 필요가 있고, 그 종이 적응할 수 있는 서식지를 포함해야 한다. 자연적 또는 인위적 유전자 흐름은 보호구들 간에 일어나야만 한다.

- 그 보호구가 유전적으로 생존가능한 개체군을 부양할 정도로 충분히 큰가?
- 그 보호구에서 그 종이 서식지에 적응했는가?
- 하나의 큰 보호구가 있어야 하는가? 아니면 여러 개의 작은 보호구들이 있어야 하는가?

하나의 보호구는 15장과 22장에서 주어진 주장들에 근거하여 적어도 수백의 N_e와 수천의 실제 개체수를 유지할 필요가 있다.

위협종은 하나의 큰 단일 보호구에서 유지되어져야 하는가? 아니면 여러 개의 작은 보호구들에서 유지되어져야 하는가? 만약 작은 보호구들에서 개체군들이 멸종할 위험이 있다면, 일반적으로 하나의 큰 단일 보호구가 유전적인 관점에서 더 바람직하다(14장). 그러나 재난들에 대한 보호는 하나 이상의 보호구가 필수적이라는 것을 지적하고 있다. 가장 최선의 절충안은 하나 이상의 어느 정도 큰 크기의 보호구들을 가지는 것이지만, 그 보호구들간 자연적 또는 인위적 유전자 흐름이 있어야만 한다. 실재로 보호구들의 선책은 종종 무작위적인 과정으로 진행되어 왔는데, 이는 생물학적인 원칙보다는 지자체의 정책, 대체 토지 이용과 여러 가지 목적들을 위한 보호구들의 필요성에 의해 결정된다.

수렵의 영향

수확은 성비, N_e, 번식체계, 세대길이, 번식적 적합성과 유전자 흐름을 바꿀 수도 있고, 일반적으로 근친교배와 유전적 다양성의 소실을 가속화시킬 수도 있다.

많은 야생동물종과 식물종은 수확되거나 밀렵된다(예, 어류, 나무, 사슴, 코끼리). 이러한 수확과 밀렵은 해로운 결과로 인해 유효개체군 크기와 유전적 다양성을 변화시킨다. 예를 들어, 밀렵은 아시아 코끼리의 성비, 번식률, 유효개체군 크기에 영향을 주어 왔다(Box 17.4). 더 나아가, 무스와 흰꼬리사슴의 사냥은 유전적 다양성을 심각하게 감소시킬 것으로 예측되었다(Ryman *et al*. 1981). 벌목은 스리랑카에서 서식하는 희귀한 나무의 근친교배 수준을 증가시켰는데, 1차 수림에서 15%의 자가수정으로부터 벌목된 수림에서 35%의 자가수정까지 증가시켰다(Murawski *et al*. 1994).

아시아코끼리

Box 17.4 아프리카코끼리의 성비, 유효개체군 크기, 번식적 적합성 그리고 개체군 생존가능성에 대한 밀렵의 영향(Sukumar *et al*. 1998)

지난 20년 동안 인도 남부의 상아 밀렵은 아시아 코끼리 수컷만이 상아를 가지고 있어 수컷 개체군을 대량학살해 왔다. 페리야르 보호구에서 605개체의 성체 암컷에 대해 단지 6개체의 성체 수컷만이 존재한다. 공식 11.6에서, N_e = 24이다. 그러한 수컷의 적은 수로 암컷 번식율은 감소되었는데, 이는 초기에 번식을 하지 않는 암컷이 그들의 일생에 걸쳐 생식적으로 새끼를 못 낳는 상태를 유지하기 때문이다. 포획은 성비와 유효크기에 영향을 줄 뿐만 아니라 번식적 적합성 역시 감소시킨다.

인간의 선택적 수렵은 개체군들의 유전적 구성과 표현형을 변화시킬 수 있을 것이다.

선택적인 수확은 개체군 내 특이한 표현형들을 고갈시킬지 모른다(예, 대형 어류, 상아가 있는 코끼리, 큰 뿔을 가진 사슴). 이러한 선택은 그 종의 표현형을 변화시킬 수도 있고, 이는 자연선택력과 배치되는 것이고 그 개체군의 전체 건강성을 감소시키는 것이다(Cotman 2008). 예를 들어, 상하의 남획은 아프리카와 아시아의 여러 개체군들에서 상아가 없는 코끼리 수컷의 빈도를 증가시켰다(Dobson *et al*. 1992; Sukumar *et al*. 1998). 상아가 없는 수컷은 짝을 찾는데 성공적이지 못하고 포식자들을 방어하는 데 능력이 떨어진다. 사냥은 우선 큰뿔을 갖는 큰뿔산양(bighorn)의 수컷을 대상으로 하고 이는 캐나다의 한 개체군에서 뿔(horn)과 체장(body size)에서 유전적 감소를 가져왔다(Cotman *et al*. 2003).

상업적으로 탐구된 어류는 종종 조기성숙과 작은 크기의 경향을 보이는데, 이것은 아마도 어업으로 유도된 진화에 기인한 것으로 생각된다(Kuparinen & Merila 2007; Hutchings & Fraser 2008). 예를 들어, 조기성숙은 야생에서 탐구된 노르웨이의 크레일링(trayling fish)와 북대서양의 대구(cod)에서 확연하다. 아마도 이러한 진화적인 변화들은 상당히 빠를 것이다.

선택적인 수확의 영향은 수확 제도를 바꾸거나 그 종의 일부를 수확하지 않고 보전함으로써 완화될 수 있을 것이다.

이러한 문제들에 대한 분명한 해법은 선택적 수확과 수확의 강도를 감소시키는 것이나, 이는 종종 실질적으로 달성하기 어려운 것이다(Kuparinen & Merila 2007; Hutchings & Fraser 2008). 코끼리 상아의 수확은 그 자체가 불법적인 활동으로 규제되고 있지 못하다. 많은 국제적인 동의들에도 불구하고,

전체 어류포획은 많은 어업협정의 붕괴로 인해 규제하기가 어렵다. 비록 수확종이 종종 감소하기도 하지만, 대량일 때 하나의 옵션은 수확으로부터 그 개체군의 일정 부분을 보전하는 것이다. 이러한 방법으로, 온전한 야생군체(wild stocks)가 수확지역에서 다시 개체군을 서식하게 하고 수확의 유전적 영향을 최소화하기 위해 유지되어야 한다. 대안적으로, 어류에서 최소 크기를 설정하는 것은 수확의 선택성을 감소시킬 수 있다.

해안보호지역은 어획의 영향을 최소화시키는 잠재력을 가지고 있고, 많고 증가하는 수는 확립될 수 있다. 이 지역의 디자인에서 유전적 문제들은 Palumbi(2003)에 의해 고찰되었다. 그러나 그 효력에 대해선 거의 정보가 없다. 탐구된 감성돔(white sea bream fish)은 해안보호지역이 지중해의 비보호지역에서보다 더 높은 대립유전자 다양성을 보였다(Perez–Ruzafa *et al*. 2006).

이계교배를 하지 않는 배수체 종의 유전적 관리

많은 식물종과 몇몇 동물종들은 2배수 타가(이종) 번식자가 아니어서 수정된 관리 방안이 요구된다. 이러한 종들은 다음과 같다:

배수체의 이계교배를 하지 않는 종은 변형된 유전적 관리가 필요하다. 그들은 종종 유전적 다양성의 소실의, 개체군들간 분화 그리고 근친교배에 반응하는 속도에서 배수체의 이계교배종들과 다르다.

- 무성생식성(asexual or clonal)
- 자가번식성(self–fertilizing)
- 자기부적합성(self–incompatible)
- 자화이주성(gynodioecious)
- 반수–2배수성(haplo–diploid)
- 반수성(haploid)
- 배수성(polyploidy)

아래에 그들의 특징과 필요한 유전적 관리에 대한 개선을 고찰하고 있다.

무성생식종

많은 식물종들은 기는줄기(runners), 비늘줄기(bulbs), 알뿌리(corms) 등을 통하여 영양(클론)생식(vegetative reproduction)을 할 수 있다. 오로지 무성생식을 을 하는 종들은 일반적으로 하나 또는 소수의 클론으로 존재한다. 아마도 유전적 다양성은 클론 간에 일어날 것이다. 그러나 동일한 클론의 개체들은 반듯이 유전적으로 동일하다. 예를 들어, 호주의 멸종위기의 3배수체 초본인 킹스로마시아(King's lomatia)와 밀업말리(Meelup mallee tree)는 각각 단 하나의 클론으로 존재한다(Lynch *et al*. 1998; Rossetto *et al*. 1999). 반면에 스페인의 멸종위기의 바다라벤더(sea lavender plant)는 여러 개의 3배수체 클론들로 이루어져 있다(Palacios & Gonzalez–Candelas 1997). 부분적으로 클론생식은 또한 북미의 레이크사이드데이지(lakeside daisy), 위독성 수마크(false poison sumac) 그리고 산타크루즈섬 초원아욱(Santa Cruz Island bush mallow)를 포함한 여러 가지 다른 위협식물들에서 발견된다(Demauro 1994; Hamrick & Godt 1996;

무성 생식종에서, 많은 개체들은 독특한 유전형을 가질 수 있어서 그 종 내 다양한 클론들을 수집하는 데 커다란 주의가 필요할 것이다.

Rieseberg & Swensen 1996). 무성생식은 포유류에서 흔하지 않지만, 일반적으로 종간 잡종화가 일어나는 다양한 도마뱀들에서 발견된다(Fu et al. 1998).

완전한 클론종들에서, 근친교배는 관심거리가 아니다. 그러나 단일 클론으로 존재하는 종들은 반드시 환경변화에 대한 적응에서 어떠한 변이도 가지고 있지 않다. 이러한 연약성은 울레미소나무에 이용된 형태의 관리가 필요하다(아래 참조).

유성과 무성생식을 동시에 하는 종들에서, 유전적으로 차이가 있는 개체들의 수는 실제 조사된 개체들의 수보다 훨씬 더 적을 것이다. 예를 들어, 멸종위기 호주의 관목 *Haloragodendron lucasii*의 53개체들은 단 7개의 클론들로 구성되어 있는데, 이는 유사한 이계교배종에 비해 감소된 유전적 다양성을 가지고 있는 것이다(Hogbin *et al*. 2000).

무성생식을 하는 종에서의 유전적 다양성의 유지는 이러한 개체군의 구조가 서식지내 보전, 멸종개체군의 재확립 그리고 서식지외 보전을 위한 샘플링에서 인식되어져야 할 필요가 있다. 주요한 보전유전학은 가능한 많은 상이한 클론을 구별하고 유지하는 것이 필요하다.

돌연변이의 축적은 유성생식 개체군들에서보다는 무성생식하는 개체군들에서 장기적으로 더 심각한 위협이 되고, 더 큰 개체군에 대한 필요성을 강조하고 있다(Paland & Lynch 2006).

자가번식성 종

자가종은 일반적으로 개체군 내에서 적은 이형접합성과 이계교배종보다 개체군간 더 많은 분화를 갖는다. 결론적으로 이계교배종보다 다양한 개체군들을 보전하기 위해 더 높은 우선권이 부여되어야만 한다.

식물종의 약 20%는 선천적으로 자가번식을 하고 또 다른 33%는 경우에 따라 자가번식을 한다. 몇몇 무척추동물(예, 일부 민달팽이와 달팽이) 또한 자가수정을 한다(12장). 멸종위기 말레르 와이어레터스(Malheur wirelettuce)는 절대적인 동종번식자이지만(Falk *et al*. 1996), 브라운 뱅크시아는 부분적으로 자가번식을 한다(Sampson *et al*. 1994).

뚜렷한 자가번식종은 일반적으로 이계교배하는 종보다 이형접합성을 덜 띠고, 낮은 수준의 유전적 다양성과 개체군내 보다는 개체군간 유전적 다양성의 더 높은 비율을 가진다(Hamrick & Godt 1989; Charlesworth & Charlesworth 1995; Mable & Adam 2007). 예를 들어, *Arabidopsis thaliana*는 자가수정의 높은 빈도를 가지고, 대부분의 좌위들에서 동형성을 띠며, 동일 속의 다른 이계교배종에서 보다 50% 낮은 수준의 DNA 다형성을 보인다(Mitchell-Olds & Schmitt 2006). 이계교배종에 비교하여, 자가번식을 하는 종은 그들의 더 낮은 이형접합성과 종수준 유전적 다양성으로 인하여 일반적으로 환경적 변화에 따라 진화하는 능력이 감소되었다.

근친교배는 자가번식종들에서 덜 문제가 된다. 왜냐하면 자가번식종들은 일반적으로 이계교배종들보다 더 낮은 근친교배약세를 겪기 때문이다(13장). 자가번식을 하는 종은 이계교배종보다 단편화된 개체군들에서 더 낮은 유전적 다양성의 소실을 보인다(Honnay & Jacquemyn 2007). 그러나 대부분의 자가번식 개체군들은 주기적으로 이계교배를 하고, 그렇게 할 수 있는 기회가 위협종에서 유지되어져야만 한다.

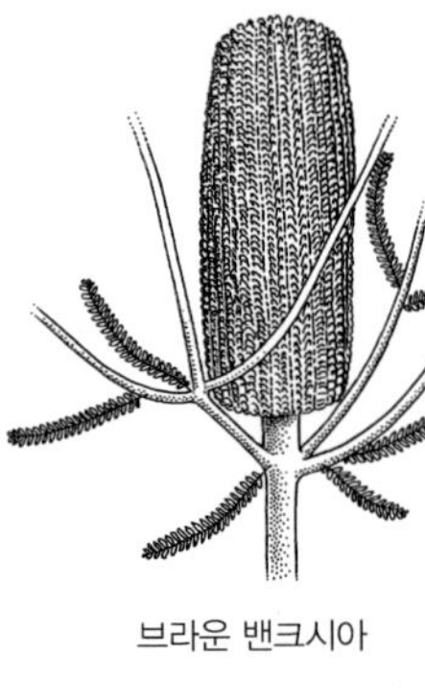

브라운 뱅크시아

자가번식종은 따라서 이계교배자들 보다는 여러 개체군들의 보전에 더 큰 관심을 필요로 한다.

돌연변이의 축적은 유성생식 개체군에서보다는 절대적인 자가번식종에서 더욱 더 심각한 장기적 위협이다. 이것은 큰 개체군 크기를 유지할 필요가 있음을 강조하는 것이라 하겠다(Lynch *et al*. 1995b).

자기부적합성 종

많은 식물종과 몇몇 달팽이와 민달팽이들은 자가번식을 방지하는 자기부적합성 체계를 가지고 있다. 이러한 체계는 큰 개체군들에서 많은 대립유전자들을 가지는 하나 또는 그 이상의 좌위들에 의해 조절된다(Box 9.3, Box 11.1). 이러한 대립유전자들은 작은 개체군들에서는 소실되어, 짝짓기 능력을 감소시키고, 적합성을 감소시키며 멸종위험을 증가시킨다. 추가적으로, 이 종들은 자연적으로 이계교배하는 종의 근친교배약세에 대한 보통의 민감성을 가지고 있다. 만약 개체군들이 충분히 작게 된다면, 식물의 진화에 많이 나타나는 것처럼 개체군들은 아마도 자기부적합성과 자가번식으로 전환할 수도 있을 것이다(Porcher & Lande 2005). 그러나 멸종의 위험은 그처럼 전환되는 동안 높을 것이다.

자기부합성 종은 자기부적합성 대립유전자를 소실하기때문에 특히 작은 개체군 크기에 민감하고, 이것은 감소된 적응도와 멸종에 대한 증가된 민감성을 결과적으로 가져온다.

자기부적합성종의 관리는 접합성종에 요구되는 것보다 작은 개체군 크기의 해로운 영향에 대해 더 많은 관심이 요구된다. 더 나아가, 단편화된 개체군들간 유전자 흐름을 재확립하기 위한 노력이 더욱 중요할 것이다.

자화이주성 식물

많은 식물종들은 완전한 양성화(암꽃과 수꽃의 구조물)와 암꽃(암꽃의 구조물)을 가지는 혼합되어 있는 식물들로 이루어져 있다. 양성화 이후, 이것은 개화식물들의 가장 흔한 번식체계이다(Richard 1997). 이 두 가지 꽃 형태들은 세포질의 수꽃 생식불능 좌위들(mtDNA 변이에 의해 결정되는)과 핵의 회복유전자 좌위들에서의 우성 대립유전자의 결합된 영향에 의해 조절된다(Schnable & Wise 1998). 작은 고립된 개체군들에서, 자가번식은 암꽃 식물의 빈도를 증가시키고, 종종 꽃가루 부족 및 더 적은 수정된 배와 가속화된 개체군 감소를 이끌게 된다. 이것은 스페인의 *Silene littorea*에서도 관찰되었다(Vilas & Garcia 2006). 또한 그들이 근친교배약세를 겪음에 따라, 자화이주성 식물종은 자웅동체성 종들보다 개체군 크기의 감소와 근친교배에 더 민감하게 될 것으로 생각된다.

자화이주성 종에는 암꽃을 갖는 몇몇 식물들과 그 외 양성화를 갖는 식물들이 있다. 이들은 근친교배될 때 씨앗을 감소시키고 멸종위기를 증가시키면서 암꽃의 증가된 수준을 보여 준다.

반수-2배수체 종

동물종의 15% 이상은 일차적으로 막시류(Hymenoptera, 개미, 벌, 말벌)로 반수체형-2배수체 번식을 한다(Hedrick & Parker 1997). 더 나아가 생활사 중 중대한 반수체형 단계 또한 배우체(gametophyte)가 반수체형이고 포자체(sporophyte)가 2배수체인 해조류, 이끼류, 고사리류에서 발견된다.

반수-배수체 종은 2배수체 이계교배종보다 더 낮은 유효개체군 크기와 더 작은 유전적 다양성을 갖고, 유전적 다양성을 보유하기 위해 더 큰 개체군 크기가 필요하다. 이들은 성결정 좌위에서의 유전적 다양성의 소실로 인한 멸종에 매우 민감하지만, 근친교배약세에는 덜 민감하다.

막시류에서, 암컷은 일반적으로 2배수체이고 수컷은 반수체형이다. 반수체형-2배수체에 대한 유효크기는, 번식체의 성비를 암컷을 1과 수컷을 1로 가정하였을 때, 동일한 조사 개체군 크기의 2배수체의 유효크기의 3/4에 불과하다(Table 11.1). 더욱이, 매우 작은 부분의 성체만이 사회성의 막시류에서 번식체들로 이것은 2배수체에서 보다 더 낮은 N_e/N 비율을 나타낸다. 하나의 군체마다 단일 수컷과 짝짓기를 한 단일 여왕개미를 갖는 반수체형-배수체 종에서 유효 개체군 크기는 대략 군체들의 수의 1.5배이다. 예를 들어, 파나마의 배로콜로라도 섬에 단일 여왕개미와 약 400,000마리의 생식불능의 일개미를 갖는 약 50개의 군체들이 존재하는데, 대략적으로 2000만 마리의 병정개미가 존재한다. 이는 여왕개미가 하나 아니면 많은 숫개미와 번식하느냐에 따라 113($N_e/N = 6 \times 10^{-6}$) 또는 그 이하의 유효개체군 크기를 생성하였다(Chapman & Bourke 20010). 따라서 반수체형-2배수체 종에서의 유효개체군 크기와 유전적 다양성은 일반적으로 2배수체 곤충에 비해 더 낮게 나타난다(Hedrick & Parker 1997).

반수체형 수컷에서의 선택이 해로운 열성 대립유전자를 효과적으로 제거하기 때문에, 반수체형-2배수체 종은 2배수체보다 낮은 근친교배약세를 보여줄 것이라 예상된다(Werren 1993; Hedrick & Parker 1997). 반수체형-2배수체 곤충과 진드기는 예측된 것처럼 평균적으로 2배수체 곤충보다 낮은 근친교배약세를 겪는다(Henter 2003).

반수체형-2배수체 종은 성연관 좌위들에서 유전적 다양성 소실로부터의 멸종에 더욱 민감하게 나타나는데, 이는 자기부정합성 대립유전자의 소실 효과를 생각나게 하는 결과이다(Box 17.5).

반수체형-2배수체 종의 보전관리는 동일비율의 유전적 다양성을 유지하고 성좌위에서 대립유전자의 소실로부터 멸종을 방지하기위해 2배수체 종에서 보다 더 큰 개체군 크기를 필요로 할 것이다(pamilo & Crozier 1997; Zayed & Packer 2005).

원핵미생물은 일반적으로 반수체형이고, 종종 무성생식적인 방법을 이용하여 일차적으로 번식을 하며, 보통 수평적 유전자 이동(horizontal gene transfer)을 경험한다. 주요한 문제는 서로 다른 환경에 적응된 유전형을 보전하는 것이다.

반수체형

생활사에 걸쳐 반수성은 많은 미생물들에서 발견된다. 그러나 소수 멸종위기 미생물의 생물다양성의 사례만이 식별가능하다(Souza *et al*. 2006).

난초벌

Box 17.5 2배수체 성에 의한 치사: 반수-2배수체 종에서 성좌위에서의 유전적 다양성 소실의 개체군 생존가능성에 대한 영향(Cook & Crozier 1995; Pamilo & Crozier 1997; Zayed *et al*. 2004; Zayed & Packer 2005)

많은 국가에서 수분자인 벌종에서의 가능한 감소에 관한 광범위한 우려가 있다(Millennium Ecosystem Assessment 2005b; Beiesmeijer et al. 2006). 최근까지 반수체형-2배수체는 위에서 언급한 것처럼 2배수체보다 근친교배약세를 덜 겪기 때문에, 작은 개체군 크기의 영향에 덜 민감하다고 생각되었다. 그러나 현재의 증거는 이들이 사실 성좌위에서의 대립유전자의 소실과 2배수체 수컷의 생산으로 인해 2배수체보다 더 민감할 지 모른다.

대부분의 막시류에서의 성결정은 하나의 단일한 보완 성결정좌위(sl-CSD)에 의해 조절된다. 이형배우체는 암컷인 반면, 반수체는 수컷이다. 그러나 2배수체의 동형배우체는 생식불능이거나 생존불가능한 수컷이다. 예를 들어, 만약 2배수체의 이형접합성 암컷은 그 암컷의 CSD 대립유전자들 중 하나를 공유하는 수컷과 짝짓기를 한다. 그 암컷의 2배수체 자손의 절반은 암컷이 아닌 2배수체 수컷이 된다.

암컷 ♀		수컷 ♂
a/b	×	b
	↓	
2배수 자손		반수체형 자손
1/2 abl ♀		1/2 a ♂
1/2 b/b 2배수체 ♂		1/2 b ♂

큰 개체군들은 희귀 대립유전자 이익 선택에 의해 많은 CSD 대립유전자들(흔히 9–20)을 유지한다. 2배수체 수컷은 결론적으로 큰 개체군에서는 드물게 된다. 작은 개체군들에서, CSD 대립유전자들은 유동으로 인해 소실되는데, 이것은 2배수체 수컷의 상승된 빈도를 가져온다. 예를 들어, 파나마의 저지대 산림에서 가장 많은 난초벌인 *Euglossa imperialis*는 평균적으로 겨우 3.1개의 성대립유전자를 가지고 수컷의 34.4%가 2배수체이다. 여러 다른 파나마 난초벌들은 더 높은 2배수체 수컷들의 비율을 가지고 있다. CSD 대립유전자들의 소실과 2배수체 수컷의 생산은 반수체형–2배수체에서의 감소된 개체군 성장율과 관련되어 있다.

확률론적 컴퓨터 모델링은 반수체형–2배수체의 작은 개체군들에서의 CSD 대립유전자들의 소실이 멸종위기 P(E)를 대단히 증가시킬 것으로 나타내고 있다(아래의 figure 참조). 더 나아가 이것은 2배수체 종에서의 근친교배약세보다 개체군 생존가능성에 대한 더 큰 위협을 보여 주고 있다.

(a) 2배수체 수컷 생산 못함 (DMP) (b) 생존불가능한 2배수체 수컷을 갖는 DMP (c) 생존가능한 2배수체 수컷을 갖는 DMP

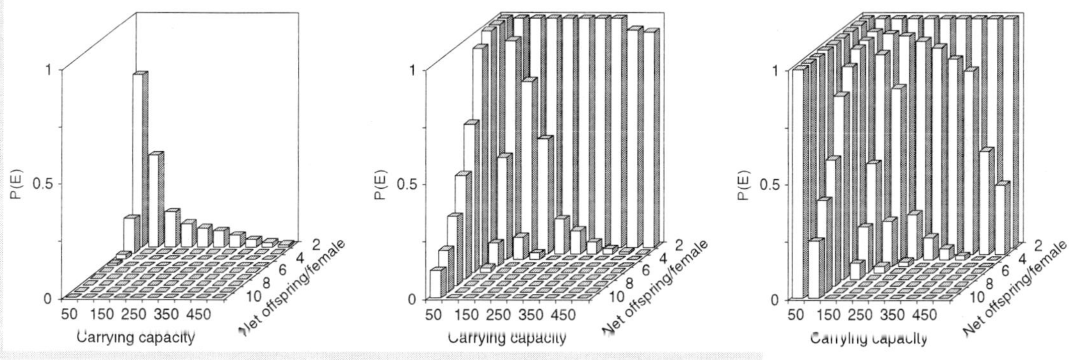

우리는 박테리아의 보전유전학의 어떠한 가치도 인식하지 못하고 있다. 그러나 분명히 이 문제는 2배수체의 이계교배 원핵동물들과는 다르다. 박테리아는 일반적으로 반수체형이고 근친교배약세를 겪지 않는다. 미생물은 무성생식으로 많은 시간 번식을 한다. 일반적으로 새로운 유리한 돌연변이들을 가진 미생물에서의 자연선택은 우연적이다. 이러한 돌연변이는 게놈 어디에선가에서 일어나며, 다른 좌위들에서 유전적 다양성을 감소시키는 선택적 일소(selective sweep)를 일으킨다. 유성생식은 상대적으로 드물지만, 박테리아는 빈번히 그 종의 밖으로부터 유전적 다양성을 획득하고(평행적 유전자 이동, horizontal gene transfer), 원핵생물보다 더 쉽게 소실된 유전적 다양성을 새로 보충한다.

일반적으로 박테리아는 유전적 부동이 제약된 영향을 갖고 돌연변이가 소실된 유전적 다양성을 새로 효과적으로 보충하는 매우 큰 개체군크기를 가지고 있다. 개체군 크기 감소에 관한 우려는 원핵동물들보다는 크지 않다. 미생물을 보전하는 것에서, 그들의 분류가 해결되고, 서로 다른 환경에 적응된 개체군들이 보전되어질 필요가 있다는 것을 확신하기 위해 주의가 필요가 있다. 일반적으로 유전적 우려는 2배수체 원핵동물보다 미생물의 보전에서 훨씬 덜 할 것으로 생각된다.

배수체 종

배수체 종에 대한 유전적 관리 문제는 2배수체 종에 대한 문제와 유사하다. 그러나 작은 개체군 크기와 근친교배에 대한 더 적은 우려가 존재한다.

이계교배 배수체 종(대부분의 피자식물과 이끼)의 유전적 관리는 유사한 번식체계를 갖는 2배수체와 동일한 원칙을 따른다. 그러나 유전적 우려는 일반적으로 대응하는 2배수체에 비하여 덜 심각한다(Brown & Young 2000; Buza *et al.* 2000). 예를 들어, 사배수체의 한 개체군은 동일한 유효개체군 크기를 갖는 2배수체의 한 개체군에서보다 각각의 대립유전자를 두 배 많게 가지고 있으며 유전적 다양성의 소실을 덜 겪고, 아마도 2배수체보다 작은 개체군들에서 근친교배 약세가 덜 할 것이다(Ramsey & Schemske 2002; 11장, 13장). 결론적으로 다배수체는 2배수체보다 더 적은 개체군 크기를 견디어 낸다. 그러나 인구통계학적, 환경적 불확실성과 재해를 피하는데 요구되는 개체군 크기는 2배수체의 개체군크기와 유사할 것이다(22장 참조). 유전적 관리는 만약 다배수체와 2배수체가 종 내에서 함께 나타난다면, 이 둘의 잡종화를 피해야만 한다.

요약

1. 야생개체군들의 유전적 관리는 개체군 크기를 증가시키는 것, 작은 근친교배 개체군들의 회복, 단편화된 개체군들의 관리 그리고 수확의 유전적 영향을 최소화하는 것을 포함한다.
2. 낮은 유전적 다양성을 갖는 작은 근친교배 개체군들은 다른 개체군들(그들이 서식하는 곳의)로부터 이입자들을 추가시키고, 더 이상의 유전적 해로움을 최소화하기 위해 그들의 크기들을 증가시킴으로 회복될 수 있다.
3. 부적당한 유전자 흐름을 갖는 단편화된 개체군들은 유전적 해로움을 피하기 위해 이주 또는 생태 통로의 설치를 필요로 한다. 더 나아가, 절멸된 개체군들은 개체군 크기를 최대화시키기 위해 재확립되어져야 한다.
4. 선택적 수확은 유전적으로 종을 변화시킨다. 수확 제도는 계획되어져야하고 따라서 그들은 가능한 비선택적이어야 하거나, 그 개체군의 일부분은 남획없이 유지되어야만 한다.
5. 이계교배하는 2배수체가 아닌 종은 유전적 다양성의 소실과 근친교배약세에 대한 민감성을 변화시키고, 개선된 유전적 관리 제도를 필요로 한다.

추가적인 읽을거리

Avise & Hamrick (1996) *Conservation Genetics*. Contains case histories on wild management of threatened species.

Coltman (2008) Review on the evolutionary impacts of selective harvest.

Falk & Holsinger (1991) *Genetics and Conservation of Rare Plants*. Book containing papers on wild management of threatened plant species.

Tallmon et al. (2004b) Concise review on genetic rescue of small inbred populations.

Trinkel et al. (2008) Describes genetic rescue of a small lion populations.

Woodford (2000) *The Wollemi Pine*. An interesting popular book on the discovery, Conservation and genetics of the Wollemi pine.

World Database of Protected Areas: A comprehensive data set on terrestrial and marine protected areas worldwide. www.unep-wcm.org/wdpa/

Zayed & Packer (2005) Documents impacts of loss of sex alleles on extinction risk in Hymenoptera.

소프트웨어

VORTEX: Population viability analysis software that allows comparison of option for management of single or fragmented populations(Lacy et al.2005). www.vortex9.org/

문제

17.1 근친교배된 개체군의 회복. 적정한 크기이지만 근친교배된 배로우섬의 유로캥거루(euro kangaroos) 개체군의 유전적 문제를 어떻게 완화할 수 있는가? 다른 근친교배되지 않은 개체군들이 대륙에 존재하고 있다

17.2 근친교배된 개체군의 회복. 0의 이형접합성과 유전자형 $A_1A_1B_1B_1C_1C_1$를 갖는 한 작은 근친교배된 개체군을 회복하기 위해 어떤 개체군을 선택할 것인가? (a) $A_1A_1B_1B_1C_1C_1$의 유전자형을 갖는 하나의 큰 개체군, 아니면 (b) $A_2A_2B_1B_1C_2C_2$의 유전자형을 갖는 하나의 작은 개체군?

17.3 근친교배된 개체군의 회복. 0의 이형접합성과 유전자형 $A_1A_1B_1B_1C_1C_1$를 갖는 한 작은 근친교배된 개체군을 회복하기 위해 어떤 개체군을 선택할 것인가? (a) 0의 이형접합성을 갖는 하나의 큰 개체군, 아니면 (b) 2.5%의 이형접합성을 갖는 하나의 작은 개체군?

17.4 유전적 관리. 자기부적합성 좌위에서 대립유전자의 소실 문제와 멸종위기 초원데이지의 작은 개체군에서 낮은 한 배의 씨앗의 문제를 어떻게 설명할 수 있는가(Young *et al.* 2000)?

17.5 유전적 관리. 어떻게 멸종위기종 검은발바위왈라비의 고립된 섬 개체군들 간 단편하의 문제를 설명할 수 있는가?

17.6 단편화된 개체군의 관리. 한 단편화된 서식지에서 어떤 종이 지역적 개체군들에서 번식적합성과 유전적 다양성을 유지하기 위해 가장 이주를 필요로 할 것으로 예상되는가? 조류, 달팽이 아니면 설치류(모든 종이 각 패치에서 동일한 유효 크기를 가지고 있다고 가정)?

17.7 선택적 수확. 수 세대 동안 한 산림의 나무종에서 가장 큰 나무들의 선택적 수확으로부터 무엇을 기대할 수 있을까?

17.8 유전적 관리. 호주 타스매니아의 무성생식 식물인 킹스로마시아(King's lomatia)의 유전적 관리를 어떻게 설명할 수 있는가? 모든 개체들은 단 하나의 클론에 속한다(Lynch et al. 1998).

17.9 이주. 이주프로그램에서 고려할 필요가 있는 유전적 문제들은 무엇인가?

18장

도입종과 침입종의 유전적 쟁점들

용어

생물학적 조절(Biological control)
유전자 이입(introgression)
침입종(invasive species)

유전적 요인은 종의 침입종으로서의 가능성, 지역 조건에 대한 종의 적응력 및 그들의 통제 가능 여부에 영향을 미친다. 침입종은 또한 토착종들의 진화적 반응을 일으키기도 한다.

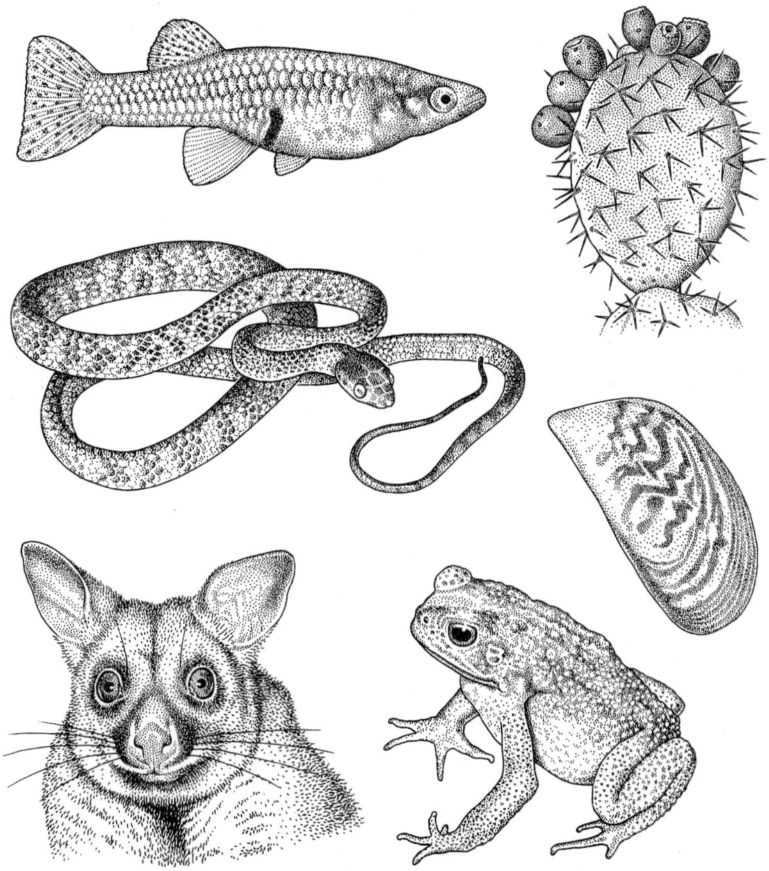

대표적인 침입종들(시계 방향으로): 감부시아물고기, 가시배선인장, 유라시안얼룩무늬홍합, 케인두꺼비, 솔꼬리주머니쥐, 갈색나무뱀 (Gambusia fish, prickly pear cactus, Eurasian zebra mussel, cane toad, brushtail possum, brown tree snake)

침입종이 생물종 다양성에 미치는 영향

새로운 지역에 도입된 침입종은 전형적으로 광범위한 지역에 퍼져나가며 확고히 자리를 잡을 뿐 아니라 많은 토착종들에게도 영향을 미친다(Allendorf & Lundquist 2003). 지구 상에 존재하는 종들은 고의든 그렇지 않든 확장되는 무역과 함께 이동하여 왔고, 이는 자유무역협상에 의하여 더욱 가속화되었다(Mooney & Cleland 2001 ; McNeely & Schutyser 2003). 전 세계의 무역량은 1965년 192억 달러에서부터 신장하여 2000년에는 6조 달러까지 이르렀으며, 이는 165백만 개의 컨테이너로 1년에 5억 톤에 이르는 화물을 운반하는 양으로, 이러한 무역은 대부분 바다를 통해서 이루어졌다(McNeely & Schutyser 2003). 화물의 흐름은 세관 및 검역을 통해 통제되지만 그 누구도 침입종의 동반 홍수까지 멈추게 할 순 없었다. 종들은 승객들의 부주의나 물 밸러스트(선박의 안정을 위해 선저에 싣는 물), 상업적인 목적을 위해 의도적으로(농업, 수경재배, 원예산업, 애완동물 무역 등) 또는 불법적으로 도입되었다. 북미 지역에서 이국적 식물의 도입은 긍정적으로는 지역의 경제적 활성과 연관되어 있다(Taylor & Irwin 2004).

도입종들, 특히 침입종은 생물 다양성에 큰 위협이 되고 있다.

문제의 규모는 상상을 초월한다. 북미의 약 5%의 척추동물 종이 유럽에서부터 도입되었고, 반대도 마찬가지이며, 이 중 약 50%가 정착되었고, 이 중 절반은 넓은 지역에 광범위하게 퍼져나갔다(Jeschke & Strayer 2005). 2000년에서 2004년 사이에 약 1억 마리 이상의 동물이(이 중 80%는 물고기다) 합법적으로 미국으로 들어왔다(Aldhous 2007). 수입된 약 2,241종의 외래종 중, 302종은 알려진 위험을 가지고 있고, 246종은 침입종으로 알려져 있으며, 다른 61종은 인간과 가축에게 심각한 질병을 초래할 수 있는 가능성을 갖고 있는 것으로 나타났다. 지난 400년 동안 캐나다와 미국에 약 4,000여 종 이상의 식물이 도입되었으며, 이 종들은 현재 대륙의 20%를 대표하는 유관속 식물로 자리매김하고 있다(Davis 2003). 침입 외래종들은 열대와 온대 지역 모두에서 사실상 모든 주요 강과 호수, 해안 지대에 영향을 주고 있다(McNeely & Schutyser 2003)

침입종들은 자생식물 상과 동물 상에 포식, 초식, 대체 경쟁과 질병 등을 포함하는 많은 부정적 영향을 준다. 예를 들어, 호주에 도입된 여우와 고양이들은 작은 유대류들의 존속을 위협하는 가장 큰 요인이다. 호수의 토끼, 케인누꺼비, 여우, 집고양이, 가시배선인장, 비토우부시, 고무덩굴, 뉴질랜드의 솔꼬리주머니쥐, 미국의 유라시안 귀리류, 유라시안얼룩무늬홍합, 집시나방, 유럽과 미국에서 남아프리카로 침입된 소나무, 호주에서 아프리카, 유럽, 미국으로 건너간 유칼립투스나무, 괌과 다른 섬의 갈색나무뱀, 각국의 쥐, 감부시아물고기, 아르젠티나개미, 불개미들과 같은 침입종들은 다양한 질병과 기생생물들을 퍼뜨렸다. 예로, 치트리드균은 전 세계적으로 퍼져나가며, 다양한 양서류들을 멸종으로 이끌었다(Mooney 1999).

많은 면에서 도입되는 침입종들은 유행성 질병과 유사하다. 소수의 창시자들은 새로운 환경에 도착 한 후 광범위한 지역에 스스로를 정착시키기 위하여 급속도로 퍼져나가고 해당 지역에 서식하는 다른 종들을 파괴하는 영향력을 갖는다.

침입종들의 정착 과정

침입종은 일반적으로 새로운 서식지로의 도입기와 정착, 지체, 확산기를 거친다.

Fig. 18.1은 침입종의 발달 단계를 보여 주고 있다.

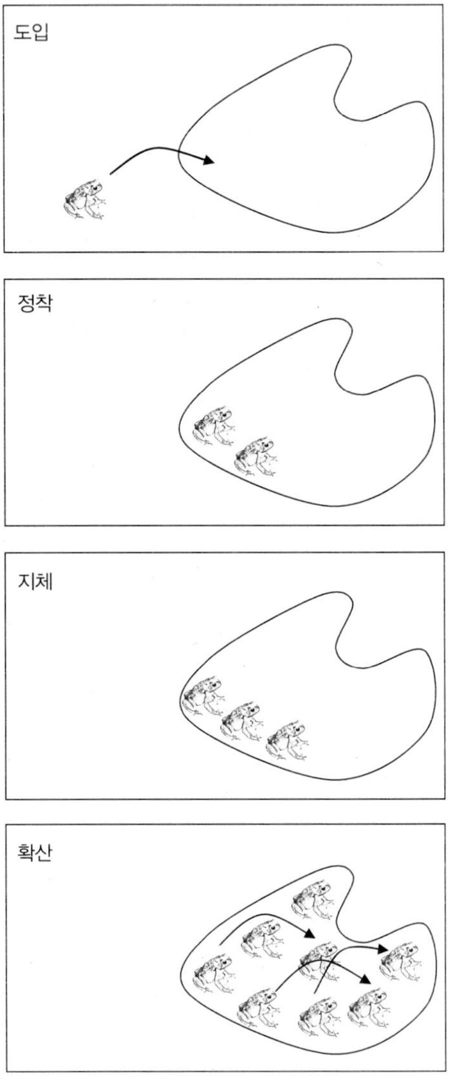

Fig. 18.1 침입종이 되는 경로.

도입과 정착

한 종이 새로운 서식지로 확산될 기회는 그 종의 번식력과 분산 능력, 적응력에 달려 있다.

침입종에 대한 토착 군집들의 감수성은 항상은 아니지만 자주 생태계 교란과 연관되어 있다. 프로파귤 압력은 외래종들이 정착할 수 있을지를 가늠하는 가장 좋은 예견지표이다(Fyfe 1978; Kolar & Lodge 2001). 도입되는 개체의 수가 많을수록, 그리고 도입되는 횟수가 잦을수록, 정착의 기회는 더 커진다. 따라서 높은 생식능력을 갖춘 종들이 침입종이 될 가능성이 높다.

많은 외래종의 도입은 실패한다. 예를 들면 호주에서 성공적인 토끼 종들의 도입이 전염병을 일으키기 전에 여러 차례의 종의 도입에서 실패가 있었다(Fenner & Ratcliffe 1965). 새에서도 유사한 사례들이 있다(Fyfe 1978).

지체 단계

지체 단계의 근본적인 요인들은 분명하지 않다. 인구통계학적 요인과 유전적 적응, 유전적 다양성을 증가시키기 위한 추가적인 도입의 필요성들이 제안되어 왔다. 도입종들이 침입종이 될 가능성을 예측하기 위한 노력은 대개 제한적으로 성공하여 왔다. Strauss *et al.* (2006)은 적어도 캘리포니아의 화본과 식물들의 경우에는, 자생종과 연관성이 적은 이국적인 분류군들이 침입종이 되기에 적합하다는 것을 발견하였다. 이것을 다른 분류군들에게도 일반화하거나 다른 지역에도 적용할 수 있을지 결정하는 것이 중요하다.

인구통계학적 요인들과 유전적 적응 그리고 유전적 다양성을 증가시키기 위한 추가적인 도입 모두가 지체기를 만드는 데 기여한다.

개체군의 팽창과 확산

침입 개체군이 초기에 병목현상을 경험하였다면, 유전적 다양성의 영향은 병목의 크기와 이후 개체군 크기의 증가 속도, 생식체계에 의존적이다(Barrett *et al.* 2008 ; 11장). 병목 후에 그 크기가 급속도로 증가한 종들은 느리게 확장한 종들보다 유전적 다양성 손실이 적다. 개체군 팽창과 확산의 양상은 매우 다양하다.

도입부터 빠른 개체군 확장까지의 지체기와 침입력은 매우 다양하다.

침입종 생태의 유전적 이슈들

이제 우리는 어떻게 유전적 요인들이 도입종이 침입종 될 기회에 영향을 주는지, 그들의 조절에 대한 전망, 침입종들의 진화적 변화와 그들이 토착종에 미치는 진화적 과정에 대해 토론할 것이다.

침입개체군의 기원 모집단

유전자 표지 연구는 침입종들이 기원한 개체군을 식별할 수 있도록 해 준다. 예를 들어 얼룩무늬홍합은 미토콘드리아 염기서열 자료에 의하면 흑해, 카스피안 및 아조크 해로부터 유입되어 유럽과 미국의 침입종이 되었다(May *et al.* 2006). 하와이의 고유 조류들을 멸종시킨 조류 말라리아는 구대륙에서 도입되었고 다양한 종들 중에 단 하나의 기생 종과 연관이 있다(Beadell *et al.* 2006).

잠재적인 모개체군의 유전적 다양성과 침입개체군의 그것과의 비교는 종종 그들의 기원을 그릴 수 있게 한다.

잡종 침입종

Ellastrand & Schierenbeck(2000)는 잡종에 의해 생긴 7개의 이질 배수체의 침입종들을 열거하였다(Hurka *et al.* 2003). 예를 들어 대미초(*Spartina anglica*)는 미국 동부로부터 영국으로 가는 화물선에 의한 *S. alternifolia*의 도입과, 이후 토착종인 *S. maritima*와의 잡종교배에 의해 생성된 새로운 종으로 이는 초기

어떤 침입종은 토착종과 도입종의 교잡으로 일어나며, 이후 생식 가능한 이질배수체를 형성하기 위해 염색체 수가 두 배가 된다.

대미초

불염성의 잡종세대를 거쳐 결과적으로 염색체 2배수 현상을 거치며 임성의 이질 사배수체를 형성하였다(Mooney & Cleland 2001). 이 같은 새로운 종은 강하고 공격적인 다년생으로 영국과 유럽의 염생습지에서 군집을 형성하였다. 영국 섬의 도입된 종들의 약 2%는 잡종교배에 의해 형성되었다(Suarez & Tsutsui 2008).

침입종들의 유전적 특징

도입에는 보통 적은 수의 번식체가 포함되기 때문에, 낮은 유전적 다양성과 낮은 진화 능력을 기대할 수 있다. 더 나아가 창시개체군들은 만일 그들이 자연적인 이종교배자들이라면 근친교배약세로 고통받을 것이다. 그러므로 단성이고, 자연적인 근친교배 종들이며, 다배체를 갖는다면 침입종으로의 가능성이 높다고 예견할 수 있다(Allendorf & Lundquist 2003 ; Hurka *et al*. 2003).

침입종의 유전적 다양성은 보통 모개체군에서보다 낮지만 몇몇 종에서는 자생지 내 어떤 개별 개체군보다 높다.

침입개체군들과 종들은 항상은 아니지만 대개 메타분석(Fig. 18.2)에 의하면 낮은 유전적 변이를 갖는다. 갈색아놀도마뱀은 분화된 쿠바 개체군에서 플로리다로 반복적으로 도입되면서 침입종이 된 유일한 종이다. 이것은 쿠바의 어느 개체군에서보다 플로리다 개체군에서 높은 이형적합성을 이끌어 내었다(Kolbe *et al*. 2004). 자생개체군에서보다 도입개체군에서 높게 나타나는 유전적 다양성은 플로리다 및 도미니카 공화국의 또 다른 아놀리스 도마뱀, 뉴질랜드의 푸른머리되새(Chaffinches), 재도입을 위한 부화장의 연어류들과 캘리포니아의 라파누스(Raphanus)와 세케일(Secale), 독일의 제비꽃류(Viola)를 포함하는 식물류 등에서도 발견할 수 있다.

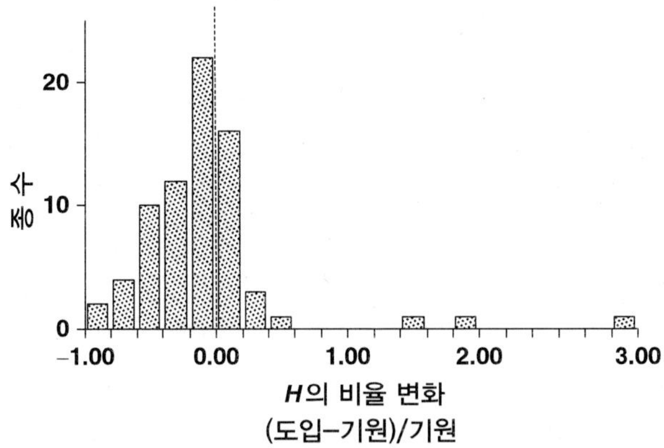

Fig. 18.2 종이 기원한 본래의 개체군이 보여 주는 유전적 다양성 대비 침입개체군의 유전적 다양성(Dlugosch & Parker 2008). 점선은 차이가 없음을 나타낸다. *대부분의 침입개체군은 유전적 다양성이 줄어 들었다.*

침입종은 종종 그들의 새로운 환경에 적응한다. 이것이 아마도 침투성의 진화에 주요 원인 제공자일 것이다.

도입된 종들의 진화

도입과 급속한 확장 사이의 지체기는 지역 환경에 대한 유전적 적응을 포함할 수 있다(Sakai *et al*. 2001). 침입종들에서의 적응적 변화의 예는 수없이 많다

(Barrett *et al*. 2008; Suarez & Tsutsui 2008). 예를 들어 중국수지나무(Chinese tallow tree)는 아르헨티나 개미들과 붉은불개미들처럼 도입 지역에서의 경쟁 능력을 증가시키도록 진화되었다(Allendorf & Lundquist 2003). 개화시기의 진화적인 변화는 북동미의 자주부처꽃(purple loosestrife)에서 나타나는 것처럼 침입종들의 확장과 연관이 있다. Cody & Overton(1996)는 섬에 도입된 식물들의 분산 능력에서 진화적 변화가 일어난다는 것을 보여 주었다. 초기에 이들은 높은 분산 능력을 보여 주지만 후에는 대륙의 기원 모집단보다 분산 능력이 낮아졌다. 게다가, 침입종에서 이계교배에서 자가교배 또는 무성생식으로의 진화적 변화가 일어났다(Barrett *et al*. 2008).

도입종에 반응한 토착종의 진화

토착종은 종종 도입종에 의해 진화된다(Mooney & Cleland 2001). 토착종은 침입자들에게 심각한 영향을 받을 수 있고, 특히 이들이 케인두꺼비처럼 유독성일 경우는 더욱 그러하다(Box 18.1). 호주에서 이들 두꺼비들의 확산은 포식자의 멸종을 이끌었다.

침입종의 존재는 침입자의 악영향을 최소화하기 위해서나 그들을 자원으로 이용하기 위해 종종 토착종의 진화를 야기한다.

Box 18.1 호주에서 케인두꺼비 침입의 영향 (Phillips & shine 2004, 2006; Phillips *et al*. 2006)

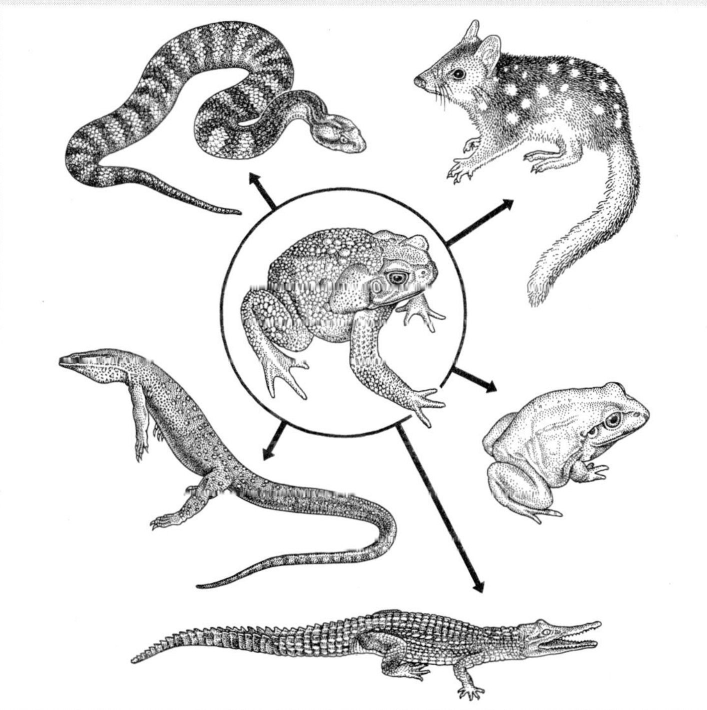

중앙의 케인두꺼비와 이로부터 영향을 받는 종들, 시계방향으로 death adder, northern quoll, giant frog, Johnson's crocodile, goanna

유독성 케인두꺼비는 사탕수수 재배에 유해한 딱정벌레를 조절하기 위해 1935년 호주로 도입되었다. 초기에 이들 종은 점진적으로 확산되었으나 현재에는 대륙의 북부를 가로질러 급속도로 확산되었다. 이들 경로를 따라 northern quolls, goannas, 49종의 뱀, johnson's crocodile와 giant frogs을 포함한 다수의 토착 육식동물들은 절멸되고 있다. 이들 종 중 몇몇은 지속적으로 부분적 회복세를 보여 주고 있다. 이것은 아마도 행동, 형태 또는 독소저항에 대한 적응 변화와 관련이 있을 것이다. 두 종류의 뱀은 머리의 크기를 변화시켜서 더 적게 먹거나 더 작은 두꺼비를 먹게 되었지만, 반면 두꺼비들로부터의 위협이 적은 또 다른 두 종류의 뱀에게서는 이러한 변화가 나타나지 않았다(Phillips & Shine 2004). 더 나아가, 검은뱀들은 두꺼비 독소에 저항력을 높이는 방향으로 진화하였으며 먹이로서의 두꺼비 선호도를 낮추었다(Philips & Shine 2006). 만약 독소저항 유전자를 찾아낼 수 있다면, 초기 침입자가 이입한 지역의 유전적으로 내성이 있는 포식자 개체들과 아직 이입하지 않은 지역의 포식자 개체들을 교배시킴으로써 개체군의 크기와 생존능력에 대한 두꺼비의 영향을 줄일 수 있을 것이다.

케인두꺼비는 침입종이 되기 전에 아주 긴 지체기간을 갖고 있었다. 그러나 확산율은 60년에 걸쳐 5배 정도 증가하였다. 초기 침입 두꺼비들은 과거 개체군들(older populations)의 두꺼비들보다 더 멀리, 자주 그리고 직선으로 이동한다. 몸체의 길이와 연관이 있는 발달 길이는 시간의 흐름에 따라 증가되었고 이것은 이동의 가속도를 증가시켰다.

그러나 몇몇 포식자들은 새로운 특징을 발달시켰고, 결과를 보면 부분적으로 회복되었다. 유사하게 미국의 뉴잉글랜드의 파랑홍합들은 포식자인 아시아 shore crab이 도입된지 15년 안에 우발성의 두터운 껍질을 발달시켰다(Freeman & Byers 2006).

토착종들은 도입된 종을 이용하기 위해 숙주 특이성을 변화시키도록 진화할 수 있다. 호주산 seed-feeding soapberry bugs는 도입된 forest-invading balloon vines을 공격할 수 있고, 이 새로운 숙주를 좀 더 효과적으로 이용할 수 있도록 구기가 좀 더 길어지는 방향으로 진화하였다(Carroll 2008). 반면에, 북미의 soapberry bug는 도입된 Asian flamegold tree의 군집이 형성된 후 좀 더 짧은 구기를 갖도록 발달되었다(Lee 2002; Carroll 2008).

유전자 이입과 잡종형성에 의한 보다 복잡한 경우로 토착종인 tephritid fruit flies가 잡종과 유전자 이입에 의해 미국 북동부의 honeysuckle 식물로 숙주를 이동한 예에서 찾아볼 수 있다(Schwarz *et al*. 2005). 숙주를 바꾼 Tephritid flies의 침입종 숙주 식물에서는 새로운 2배체 종들이 발견되었고, 두 종류의 토착 초파리 종들의 잡종 형성에 의해 만들어졌다.

침입종의 방제

가장 효율적인 침입종의 방제는 그들의 정착을 막거나 그들이 도착하자마자 근절하는 것이다. 더 오랫동안 그들이 정착할수록, 제거하기는 더 어려워진다.

침입종들의 이상적인 방제는 새로운 지역으로의 그들의 도입을 방지하는 것이다. 예를 들어 많은 해양 침입종들은 배의 밸러스트 물에 의해서 퍼져나가게 된다. 밸러스트 물에 질소를 섞어 물에 포함될 수 있는 해양 생물들을 죽임으로써 이러한 위험을 줄이는 과정이 고안되었다(McNeely & Schutyser 2003). 이러한 과정은 배의 부식률을 낮출 뿐만 아니라 광범위하게 실행할 수 있는 기회를 증가시킨다.

이러한 방제 절차는 침입종이 감지되자마자 시작하는 것이 필수적이다. 이것은 인구통계학적 및 유전학적 이유 모두에 바람직하다. 기대되는 새로운 환경에 적응함으로 도입된 종은 후기보다는 초기에 조절하는 것이 쉽다. 낮은 유전적 다양성을 갖는 개체군이 생물학적으로 조절하기가 쉬우며(Burdon & Marshall 1981) 화학적으로 또한 마찬가지일 것이다.

생물학적 조절

생물학적 조절이란 침입종의 밀도를 낮추기 위해 기생충, 포식자 및 병원미생물을 도입시켜 이용하는 것이다(McFadyen 1998). 그것은 특히 식물을 포함한 많은 침입종에 대해 유일하게 실현가능한 조절 방법이 될 것이다. McFadyen은 (1998) 수입된 곤충과 병원미생물을 이용한 잡초의 생물학적 방제가 안전하고, 환경 친화직이며 비용면에서도 효과적이라고 결론지었다. 예를 들어, 호주의 이국적이고 침입적인 부채선인장(prickly pear cactus)의 성공적인 생물학적 방제는 선인장명나방(cactoblastis moth)의 도입에 의해서 수행되었다. 유사한 예로, 수중 잡초인 물양치류(salvinia)는 많은 지역에서 weevils(바구미과의 곤충)를 도입함으로서 조절되었다. 그러나 생물학적 조절을 위한 종의 도입은 대상종 외에도 그 조절제가 영향을 줄 수 있는 위험성을 안고 있다. 이것은 미국의 선인장명나방에서 일어나고 있는데, 거기서 그들은 현재 위협에 처한 선인장 종들을 공격하고 있다(McFadyen 1998). 이것은 잡초 생물적 방제에서 멸종위기종을 심각하게 위협하는 것으로 알려진 유일한 예이다(McFadyen 1998). 호주에서 케인두꺼비의 도입은 국가적 재앙이 되었다(Box 18.1). 유사하게 몽구스는 많은 지역에서 쥐를 죽이기 위해 도입되었으나 빈번하게 토착종의 주요 포식자가 되었다.

많은 침입종, 특히 식물의 경우, 생물학적 방제가 유일하게 실현 가능한 방제 방법이다.

병원균의 도입은 유해종의 임시적인 방제를 제공할 수 있지만, 침입종들은 저항을 발전시킨다. 이것은 토끼를 방제하기 위해 호주에 도입된 점액종증(myxomatosis)에서 발생하였다(Box 6.1). 호주에서 토끼들은 방제하기 어려운 침입종으로 설명된다. 방제 절차는 가스 처리, 비소와 나트륨 플루로아세테이트(1080)를 이용한 독살, 토끼굴 부수기, 사냥, 담비를 이용한 사냥, 수천 킬로미터 길이의 차단막 설치와 점액종증 및 칼리시 바이러스의 도입을 포함한다. 그러나 토끼는 여전히 건재하다.

면역피임제

면역피임제(immunocontraception)는 자신의 정자, 난자 또는 생식호르몬들에 대항해 개체들이 면역체계를 갖게 하는 것을 포함한다(Grant & Malin 1997). 이러한 노력은 호주에서 토끼, 여우 그리고 야생 고양이, 뉴질랜드의 호주산 유대류(Australian brushtail possums), 미국의 섬말(island horse) 개체군들을 대

면역피임제를 통해 도입된 유해 동물을 방제하기 위한 많은 노력들이 진행 중이다.

상으로 하였다(Box 18.2). 계획안은 생식 세포들에서 성 특이적 분자들을 동정하고, 많은 양의 이러한 항원단백질을 생성하고 그들을 바이러스들 또는 미끼들을 이용해 유해종에게 옮기는 것이다. 이러한 프로그램은 자연선택에 의해 방제 효과가 빠르게 떨어질 수 있다는, 일부 비판적인 예견들 때문에 논쟁의 여지가 있다(Cooper 1999; Cooper & Herbert 2001; Magiafoglou *et al.* 2003).

면역피임제의 실현가능성을 평가하는 가장 중요한 방법은 Box 18.2(22장)에서 소개되는 것처럼 개체군 생존력 분석이다.

Box 18.2 애서티그섬 말의 면역피임 방제 (Zimmerman *et al.* 2006)

야생말들은 애서티그 섬에(미국의 버지니아와 매릴랜드의 대서양에서 약 37마일 떨어진 섬) 1600년대부터 살고 있다. 개체군은 아마도 초기 정착자들에 의해 설립되었으며 최근까지도 내륙으로부터 유전적 다양성을 보존하고 근친교배약세를 피하기에 충분한 유전자 유동이 이루어졌다. 이들은 현재 두 무리로 관리되고 있다. 버지니아의 개체군은 매년 가축 모으기와 경매를 통해 관리되고 매릴랜드의 개체군은 불간섭 주의의 관리를 받고 있으며, 가끔 섬을 방문한 사람들에게 문제를 일으킨 개체들만 제거한다.

1968년에 매릴랜드 무리는 허리케인에 의해 약 28개체로 그 수가 급감하였으나 1994년에는 166개체로 증가하였다. 말들은 멸종위기에 있지도 유전적으로 스트레스를 받고 있지도 않지만 지금 집중적인 관리를 필요로 한다. 왜냐하면 그들의 밀도가 섬에 있는 다른 멸종위기 종이나 생태적 과정에 심각한 영향을 줄 수 있을 정도로 높아졌기 때문이다. 면역피임 돼지투명대(porcine zona pellucida, PZP)를 이용한 개체군 피임 방제 프로그램은 1994년에 시작되었다. 그러나 생식의 압박없이 피임된 수컷은 기대보다 유이하게 오래 살았고 무리는 초기 희망한 것처럼 빠르게 줄어들지 않았다.

2006년 미국 국립공원관리국(National Park Service, NPS)과 보존번식특화부서(Conservation Breeding Specialist Group, CBSG)는 대체 관리 계획을 평가하기 위하여 개체군과 서식처의 생존력 워크샵을 열었다. 경쟁 관심들은 (1) 복잡한 섬 생태계에(멸종위기종과 희귀식물 군락을 포함하는) 말의 개체군을 균형 있게 관리하기, (2) 무리의 크기를 일상적인 방문객들을 허락할 만큼 충분한 크기로 유지하지만 야생동물들에게서 안전하게 하는 것으로 나타났다. 섬에서 말의 포획과 제거는 동물 복지와 공공 관련 관점에서 용인될 수 없다. 그러므로 PVA 컴퓨터 모델링(22장)은 단지 피임을 이용하여 개체군 크기를 줄이는 단기간 프로젝트와 근친교배의 축적에 따른 다른 목표 크기들의 영향을 평가하기 위해 사용되었다. 현존하는 면역피임법을 이용한 관리 실행 아래 개체군은 5–6년 안에 100개체, 7–8년에 80개체로 9–10년에는 50개체로 줄어들 것을 예견한다. 근친교배는 개체군 생존력의 유의한 감소에 이르기까지 약 50년에 걸쳐 서서히 축적될 것이다. 이러한 모델링은 80에서 100마리의 단기간 목표를 설정하는 결론을 도출하였으며, 이 목표는 말의 개체군 크기 변화의 영향 같은 적응적 관리를 통하여 조정될 것이고 생태계 건강은 추적 관찰되고 있다.

살생물제에 대한 내성의 진화

도입된 침입종의 방제는 종종 살생물제를 이용한 독살을 포함한다. 그러나 살생물제의 이용은 저항성의 진화에 따라 장기간으로 보면 빈번하게 실패한다. 이것은 수백 종의 곤충의 살충제에서, 183종의 잡초 제초에서, 그리고 쥐의 와파린 같은 살생물제에서 일어나고 있다(McKenzie 1996; Pelz *et al*. 2005; Heap 2007).

생물방제물질에 대한 유전적 내성의 발달은 일반적인 현상이다.

나트륨 플루로아세테이트(1080)는 호주의 도입된 여우와 뉴질랜드의 주머니쥐(brushitail possum)를 방제하기 위한 주요 방법이다. 1080의 저항성은 발전할 것으로 기대되었다. 호주 서부의 토착종은 이미 이 물질에 저항성이 있고 나트륨 플루로아세테이트는 호주 서부의 여러 토착 콩과식물들에서 나타난다(Cooper & Hebert 2001). 호주의 토끼들은 50년 이상 1080에 노출되었고 현재 증가된 저항성을 보이고 있다(Twigg *et al*. 2002).

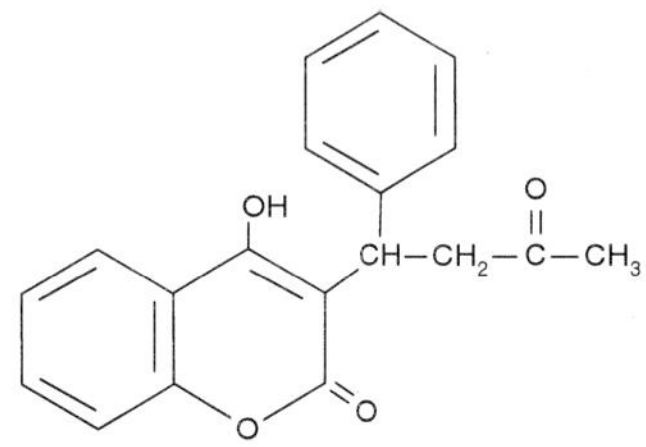

와파린

침입종들의 유전적 조절

다양한 계획안들은 침입 유해종들을 조절하기 위해 유전적 방법을 이용하는 것이다(Whitten & Foster 1975). 이들 중 가장 성공적인 것은 오직 한번만 짝짓기를 하는 종의 암컷을 위해 불임 수컷을 방출하는 것이었다. 이 프로그램은 나사벌레(Screwworm), 멜론, 초파리(Oriental fuit flies)를 포함한다. 실험실에서 길러지는 수컷은 방사선으로 살균 처리된 후 방대한 양이 방출되며 이 결과 그들은 10:1의 비율로 야생의 수컷보다 수가 많다(Robinson 2002).

침입 유해종에 대한 일련의 다양한 유전적 방제 방법이 제안되었고 일부는 야외에서 시도되었다. 하지만 단지 불임의 곤충을 방사하는 방법만이 상당한 성공을 거두었다.

복합상염색체주(Compound autosomal chromosome strains)들은 유전적 방제방법으로 제안되었는데, 왜냐하면 그들은 정상주들과의 결합으로 자손을 형성하지 못해, 결과적으로 불안정한 평형이 되기 때문이다(Box 18.3). 정상주들은 정상주 보다 상대적으로 네 배 많은 복합주를 가지고 있는 개체들을 도입함으로써 합성주에 의해 대체될 수 있다. 이것은 민감한 살충저항주를 대체하거나 난치성 질병을 옮길 수 있는 모기 개체군에 사용될 수 있다. 파리의 복합상염색체주의 과도한 이용은 정상염색체주를 성공적으로 없애는 것으로 초파리의 실험에서 나타났다(Foster *et al*. 1972). 이러한 프로그램은 호주의 양 검정파리(sheep blowfly)에서 시도되었으나 후에 무산되었다(Foster *et al*. 1985, 1991). 전좌를 위한 이형접합체들은 부분적으로 불임이고 또한 불안정한 평형을 갖는 것으로 나타났다. 결론적으로 불안정한 평형 빈도를 초과하는 빈도에서 전좌를 함유한 개체의 방출은 개체군의 유전적 구성을 변화시킨다. 감수분열부등(transmission distortion)의 이용은 고려가 되었지만 실제로는 그러한 특성을 갖는 염색체는 해로운 적응도 결과를 갖고 있어 선택되지 않으므로 이용되지 않았다. 일반적으로, 실험주는 야생 개체군의 유전적 구성을 변화시키기 위해 만들어졌고, 이들은 낮은 생식 접합도의 역사를 갖고 있어 그러한 접근들을 어렵거나 실행불가능하게 만든다.

방제 프로그램이 내륙의 수로에서 주요 문제점들을 야기하고 있는 종인, 호주의 외국산 잉어에서 딸을 낳지 않는 유전자를 도입시켜, 성비를 수컷으로 왜

Box 18.3 불안정한 균형점 초과에 의한 복합염색체주로 정상염색체주의 대체

아래 그림은 정상 초파리 게놈과 염색체 II의 두 왼쪽 팔이 하나의 동원체에 결합되어 있고, 두 오른쪽 팔이 다른 동원체에 결합되어 있는 복합염색체주의 예를 보여 주고 있다.

복합염색체주의 감수분열 동안, 두 염색체가 하나의 극으로만 분리하거나 각 극에 하나씩 분리할 수 있다. 따라서 복합염색체주는 2 왼팔과 2 오른팔로 생존 가능한 접합자(+)의 약 1/4만 가지고 나머지 3/4은 불균등한 염색체 조합을 가진다(–).

	정자			
Eggs	2L.2L 2R.2R	2L.2L –	2R.2R –	– –
2L.2L 2R.2R	–	–	–	+
2L.2L –	–	–	+	–
2R.2R –	–	+	–	–
– –	+	–	–	–

정상주과 복합주의 교배는 생존 가능한 자손을 생산하지 못하는데, 이는 아래 예로 들었듯이 모든 자손들이 불균등한 염색체 조합(–)을 가지고 있기 때문이다.

	복합주배우체			
	2L.2L 2R.2R	2L.2L –	2R.2R –	– –
정상배우체				
2L.2R	–	–	–	–

개체군이 정상주(NN)의 비율 p와 복합주(CC)의 비율 q로 구성되었을 때 무작위교배는 다음의 빈도와 적응도를 낳는다.

	NN	NC	CC	합계
접합체 빈도	p^2	$2pq$	q^2	1.0
상대적인 적응도	1	0	$1/4$	
선택 후	p^2	0	$1/4q^2$	$p^2 + 1/4q^2$
보정 합계	$\frac{p^2}{p^2 + 1/4q^2}$	0	$\frac{1/4q^2}{p^2 + 1/4q^2}$	1.0

새로운 빈도 $p_1 = \dfrac{p^2}{p^2 + \frac{1}{4}q^2}$

빈도의 변화

$$\Delta p = p_1 - p$$
$$= \frac{p^2}{p^2 + \frac{1}{4}q^2} - p = \frac{p^2 - p(p^2 + \frac{1}{4}q^2)}{p^2 + \frac{1}{4}q^2}$$
$$= \frac{p^2 - p^3 - \frac{1}{4}pq^2}{p^2 + \frac{1}{4}q^2} = \frac{p[p(1-p) - \frac{1}{4}q^2]}{p^2 + \frac{1}{4}q^2}$$
$$= \frac{p(pq - \frac{1}{4}q^2)}{p^2 + \frac{1}{4}q^2} = \frac{pq(p - \frac{1}{4}q)}{p^2 + \frac{1}{4}q^2}$$

평형에서, $\Delta p = 0$, so $\hat{p} = \frac{1}{4}\hat{q}$

$p = 1 - q$로 대체하면 $\hat{q} = \frac{4}{5}$가 나온다.

이것은 불안정한 평형이다. 왜냐하면 p가 평형 아래일 경우, Δp는 음이 되고(개체군은 CC의 고정으로 감) 평형보다 위일 경우에는 양이 되기 때문이다(개체군은 NN의 고정으로 감). 따라서 정상염색체주는 정상주에 비해 4배 이상의 많은 복합주 개체를 대량으로 도입함으로써 대체시킬 수 있다.

곡시키기 위해 진행 중에 있다(Thresher & Bax 2003). 방향화효소가 차단된 이식 유전자는 안드로겐의 에스트로겐으로의 전환을 억제하고 암컷을 수컷으로 전환시킨다. 이것은 제브라피쉬 모델에서 수행되었다. 이 프로그램은 장기간에 걸쳐 유전자 이식 수컷 잉어의 수를 늘려 방출하는 것과 연관성이 있다. 이 프로그램의 성공을 위해서는 부화장에서 사육된 유전자 이식 수컷들은 야생 수컷들과 경쟁을 하여할 것이다.

박멸 단위의 결정과 박멸 시도 모니터링

유전자 표지들은 박멸 단위를 정의하고 박멸 프로그램들을 모니터링하기 위해 이용될 수 있다.

남부 조지아 섬(4,000km^2)의 침입종 갈색쥐의 근절은 기존의 성공적인 어떤 쥐 근절 프로그램보다 광범위할 필요가 있을 것이다. 그러나 쥐 개체군들은 빙하에 의해 좀 더 관리 가능한 그기 단위로 나뉘어졌고, 마이크로세틀라이트 분석은 개체군이 분화되있고, 유전적 흐름이 아주 적다는 것을 보여 주었다(Robertson & Gemmell 2004). 따라서 박멸은 낮은 재서식의 가능성으로, 섬의 각 지역 별로 쥐를 제거하며 단계적으로 진행할 수 있을 것이다.

유전적 연구들은 또한 실패한 박멸 시도들의 원인을 기술하고 있다. 마이크로세틀라이트 분석들과 할당 검정들은 마다가스카르 해안의 작은 섬들에서 곰쥐(ship rat) 근절이 실패가 불완전한 근절과 재침입에 있다는 것을 밝혀냈다(Abdelkrim *et al*. 2007).

유전자 이입과 잡종

어떤 종은 공통의 근연종과의 상호교배로 인한 유전적 오염으로 인해 멸종위기에 처해진다. 유전자 표지들은 유전자 이입이나 잡종 개체를 찾는 데 이용될 수 있다.

유전자 이입은 한 종 또는 아종에서 다른 종으로의 대립유전자의 흐름을 말한다. 이것은 개과의 동물과 오리, 물고기 및 식물들을 포함하는 많은 종의 유전적 완전함을 위협한다(Rhymer & Simberloff 1996; Ellstrand 2003; Randi 2008). 일반적으로 잡종은 인간이 이국의 종들을 근연의 종들의 영역 안에 도입시켰을 때 일어나거나(Ellstrand *et al*. 1999), 서식지 변화로 이전에 분리되었던 종들이 현재 이차 접촉하였을 때 일어난다. 예를 들어 무지개송어는 북미연어의 서식지로 도입된 후 여러 토착종들과 잡종이 되었다. Golden 원숭이와 Capped 원숭이들은 히말라야에서 협곡에 의해 이전에 나뉘어졌지만 최근에 다리가 건설되면서 접촉이 가능해졌고 잡종교배되었다(Wangchuk 2005).

유전자 이입은 알로자임과 마이크로세틀라이트, DNA 핑거프린트, RAPDs, 그리고 필요한 경우, 염색체 등 다양한 유전자 표지들을 이용해 감지할 수 있다. 사육된 아시아 사자의 알로자임 분석은 그들이 아프리카 사자의 대립유전자를 갖고 있다는 것을 알려주었다(O'Brien 1994). 멸종위기종인 플로리다 팬더는 두 개체군으로 구성되어 있고, 이 중 하나는 남미 아종과 유전자 이입에 의한 것이라는 것이 밝혀졌다(Box 17.1). 마이크로세틀라이트 분석은 멸종위기종인 에티오피아 늑대의 암컷이 개체군마다 다양하게, 수컷 개와 교배한다는 것을 밝혔다(Box 4.2. 예제 7.3). 반대로 멕시코 늑대 개체군의 마이크로세틀라이트 자료는 개 혹은 코요테의 유전자 이입의 어떠한 증거도 보여 주지 못했다(Hedrick 등. 1997; 21장). 접종의 특별한 유해성은 2배체와 사배수체 개체군들 사이의 연관성에 있으며, 이는 불임성의 3배체로 귀결된다. 이것은 호주의 멸종위기종인 초원 데이지에서 보고된 바 있다(Young & Murray 2000).

유전자 이식에 의한 유전자 이입

이식 유전자는 유전적으로 변형된 재배식물이나 가축에서 연관된 야생종으로 이동될 것이다. 그 효과는 이식 유전자가 포함하고 있는 유전자좌위에 달려 있으며, 어떤 경우에는 이것들이 야생종에 치명적인 영향을 주기도 한다.

야생종에서 사육동물들과 재배식물들로의 유전자 공학에 의한 유전자 흐름은 특별한 유전자 이입의 경우를 제공한다. 전 세계의 8분의 1 가량의 재배식물들은 유전자 이식으로 심겨졌다(Raven 2005). 지금까지 이것의 영향력에 대한 증거는 제한적이지만 잠재적 문제점들에 대해서는 Ellstrand(2003)에 의해 논의되었다. 유전자 이식에 관한 중요한 쟁점은 그들이 함유하고 있는 염기 순서와 그것의 영향력이지, 유전자가 유전공학으로 옮겨졌느냐 아니냐가 아니다. 왜냐하면 자연 상태에서의 '유전공학'이 이미 다양한 종에서 일어나고 있기 때문이다. 글리포세이트(glyphosate)와 같은 제초제 저항 유전자를 포함한 유전자 이식은 재배 식물들에서 광범위하게 사용되고 있다(Ellstrand 2003). 이들 이식 유전자들은 주요 경제적 영향력을 갖는 연관된 잡초 종들에게 잠재적으로 이동될 수 있다. 그러나 대부분 이식 유전자들은 연관성이 적은 야생종들 지역에서 자라나고 부정적인 보존 효과들은 예전처럼 나타나지 않는다. 그럼에도 불구하고, 글리포세이트 저항 이식 유전자는 캐나다에서 재배되는 유전자 이식 카놀라종으로부터 꽃가루를 받은 야생의 십자화과 식물에서 발견되었다(Warwick *et al*. 2003, 2008). 야생 생물종 다양성에 대한 그 영향력들은 평가되지 않았다. 글리포세이트 저항 이식 유전자를 함유한 애기겨 이삭(creeping bentgrass)은 최근 미국에서 야생으로 번져 나갔으며 이것은 최초로 확인된 예이다(Reichman *et al*. 2006). 이 다년생 식물은 골프장에 광범위하게 사용되고 야생에서 흔히 볼 수 있는 근연종을 갖고 있다. 이식 유전자 함유 종들의 야생 전이에 의한 완전한 영향력은 아직 불분명하다.

상당수의 매스컴들이 Bt 독소의 생성을 위한 이식 유전자를 운반하는 옥수수 꽃가루가 제왕나비에 유독하다는 발견에 동조하였다. 그러나 이후의 야외 조사는 야생의 나비목 유충에서 Bt 옥수수의 부정적인 영향력을 발견하지 못했다(Gathman *et al*. 2006). 42개 야외 실험의 메타분석은 목표 대상이 아닌 무척추동물들이 일반적으로 살충제로 관리된 유전자 이식이 없는 곳에서 보다 Bt 목화와 Bt 옥수수밭에 더 많다는 것을 가리키고 있다(Marvier *et al*. 2007). 그러나, 살충제로부터 자유로운 제한 지역들과 비교하면, 특정 비목표 분류군은 Bt 지역에서보다 다소 적다. 식물 유전자 이식에서 가장 받아들일 만한 종다양성에 대한 위협은 작물로부터 침입 잡초들이 그들의 범위를 확장시키고 더 나아가 생물종 다양성에 영향을 줄 수 있는 환경적 내성(추위 혹은 더위에 대한 내성)에 대한 이식 유전자의 이동일 것이다.

성장호르몬 유전자를 함유한 형질전환된 물고기는 보다 더 걱정스러운데 그들은 보통 더 큰 개체들로 나타나[은연어(coho salmon)에서는 7배 이상 크게 나타난다] 경쟁에서 우위에 있고 정상적인 물고기들을 잡아먹는다. 유전자 이식된 수컷은 같은 종의 원래 물고기보다 짝짓기에 있어서 좀 더 경쟁적이지만 생식에 있어서 이식 유전자는 낮은 생존율로 고통 받는다(Devlin *et al*. 2004; Howard *et al*. 2004). 전반적으로 이식 유전자의 영향은 먹이 단계에 의해 결정된다. 낮은 먹이 단계에서 이식 유전자를 함유한 개체군들은 개체군 충돌 또는 완전한 멸종을 경험하게 되지만, 단지 정상적인 물고기들로만 구성된 무리는 훌륭하게 생존하고 그들의 개체군 크기는 지속적으로 증가한다(Devlin *et al*. 2004).

유전자 이입의 경감

카탈리나 마호가니(Box 18. 4)는 잡종에 대한 종의 관리의 예를 보여 준다. 이 프로그램의 주요 논지는 남아 있는 식물의 보호와 그들의 수를 늘리는 것과 관련이 있다. 유전적 정보는 문제를 분명히 하고 잡종 개체들을 동정하기 위해 필수적이었지만 회복 과정에서는 제한적이었다.

유전자 이입은 교배종을 제거하거나 또는 잡종 개체를 없애거나 순수한 개체의 수를 늘림으로써 완화시킬 수 있다.

유전자 이입을 해결하기 위한 선택들은 도입종을 제거하는 것이나 순수한 개체를 격리된 지역 또는 사육 조건으로 이주시키는 것을 포함한다. 이러한 선택들은 성공하기 어렵다. 에티오피아 늑대의 서식지에서 모든 사육 개들을 제거하는 것은 실현가능성이 없을 것이다. 북서 태평양의 토착 연어를 위해서 다른 연어류들이 이미 도입이 되었다. 이론적으로 닫힌 호수에서는 물고기를 몰살한 후에 순수한 토종 물고기들로 다시 채울 수 있다. 그러나 어민들의 불법적인 보충 등으로 인해, 물고기 분산의 억제는 매우 어렵다.

카탈리나 마호가니

Box 18.4 카탈리나 마호가니: 근연종과 잡종의 식별과 복원 계획 기관 (Rieseberg & Swense 1996)

카탈리나 마호가니는 캘리포니아 채널 제도의 산타 카탈리나섬 하나의 협곡에만 제한적으로 서식하는 멸종위기종의 작은 목본이다. 이 종은 극히 희귀하며, 도입된 염소 방목의 결과 1996년에는 40에서 11개 식물로 줄어들었다. 1970년 후반의 목록은 분리된 종인 마운틴 마호가니와 유사하거나 그 중간형의 개체들을 식별하였다. 알로자임과 RAPDs를 사용한 유전적 연구들은 11개의 성숙한 목본 중 6개를 진짜 카탈리나 마호가니로, 나머지 중 5개는 마운틴 마호가니와 잡종인 것을 식별하였다.

관리는 두 개의 진짜 카탈리나 마호가니 나무들을 울타리로 분리하는 것으로 시작되었고, 약 70개의 묘목을 생산하는 결과를 나았으며, 이들 대부분은 알로자임상으로 순수했다. 순수한 나무로부터 여러 개의 가지들은 번식되었고 이들 중 16개는 섬에 심겨졌다. 주요 문제는 그들을 조절하려고 하는 노력에도 불구하고 염소, 돼지 그리고 최근에 도입된 비손과 물사슴의 존재와 초식에 있다.

요약

1. 침입종은 생물종 다양성에 매우 악영향을 끼친다.
2. 침입종의 유전적 다양성은 보통 그들의 모개체군에서보다 낮다. 그러나 때로는 서로 다른 모개체군들로부터 반복적으로 도입되기 때문에 토착 지역의 어떠한 개별 개체군에서보다 높다.
3. 몇몇 침입종들은 토착종과 도입종들 사이의 잡종으로부터 형성되고 배가된 염색체수는 임성의 이질 배수성을 형성한다.
4. 도입된 환경으로의 적응은 침입종에서 자주 일어나고 침습력의 진화에 가장 큰 공헌자이다.
5. 침입종들은 종종 토착종으로 하여금, 침입종으로 인한 악영향을 최소화하거나, 침입종을 자원으로 이용하기 위해 그들의 존재에 반응하여 진화하도록 한다.
6. 침입종의 가장 효과적인 방제는 그들의 정착을 막거나 그들이 도착하자마자 없애는 것이다. 그들이 설립된 후 시간이 경과되면 될수록 그들을 제거하기 어려워진다.
7. 흔한 근연종들 간의 잡종은 몇몇 포유류, 조류들과 식물, 그리고 많은 어류 종에게 위협적이다. 관리는 흔한 종들을 줄이거나 순수한 개체군을 보호하는 것으로 잡종교배를 최소화하는 것을 필요로 한다.

추가적인 읽을거리

Ellstrand (2003) *Dangerous Liaisons*? Book on introgression in plants and potential genetic impacts of transgenic plants.

IUCN Invasive Species Specialist Group: Website with material on invasive species, including the *Global Invasive Species Database*, and information on the Global Invasive Species Programme. www.issg.org/

Lee (2002) Brief review on the evolutionary genetics of invasive species.

Molecular Ecology (January 2008) Special issue on evolutionary change in human-altered environments; has several relevant papers on invasive species.

NEMESIS: National Exotic Marine and Estuarine Species Information System; has information on exotic species in coastal marine waters of the USA. http://invasions.si.edu/nemesis/

Phillips & Shine (2004) Documents adaptation in two Australian snakes to the exotic invasive cane toad by changes in head to body size.

Phillips et al. (2006) Documents increased rate of invasion due to increased relative leg length in cane toads.

Sakai et al. (2001) Review on the population biology of invasive species.

소프트웨어

MHYBRIDLAB: Program for generating simulated hybrids to determine statistical power for hybrid detection (Nielsen et al. 2006). www.difres.dk/ffi/uk/populationgenetic/hybridlab/index.asp

NEWHYBRID: Program to detect hybrids based on genetic data (Anderson & Thompson 2002). http://ib.berkeley.edu/labs/slatkin/eriq/software/

문제

18.1 침입종의 관리. 호주의 침입종인 케인두꺼비를 어떻게 관리할 수 있다고 생각하는가?

18.2 침입종의 살생물제에 대한 내성의 진화. 무엇이 호주의 여우가 1080 독에 대한 내성을 가질 가능성에 영향을 주는가?

18.3 이식 유전자의 영향. 생물다양성에 대한 이식 유전자의 잠재적인 영향에 대해서 논의하시오.

18.4 복합염색체주에 의한 불안정 평형. 만약 복합염색체주의 상대적인 적응도가 정상주의 0.1이라면(몇몇에서 관찰되는 것처럼) 불안정 평형 빈도는 무엇인가? 이 경우 정상주를 대체하기 위해 얼마나 많은 N, 복합주를 가진 정상 개체들이 도입되어야만 하는가?

18.5 전좌에 의한 불안정 평형. TT와 TN, NN 접합자의 상대적인 적응도가 1과 0.5, 1이라면 빈도가 각각 p와 q인 정상염색체주와 전좌주가 섞여 만들어진 개체군의 평형 빈도는 무엇인가?

19장

사육개체군의 유전자 관리

용어

공조상(Coancestry)
서식지 내 보전(*in situ* conservation)
서식지 외 보전(*ex situ* conservation)
유전자 드롭(gene drop)
재도입(reintroduction)
게놈 자원 은행(genome resource bank)
창시자 효과(founder effect)
평균혈연관계(mean kinship)
혈연관계(kinship)
혈통서(studbook)

사육번식은 자연 서식지에서 생존할 수 없는 종들을 보호할 수 있게 해준다. 사육조건 하의 멸종위기종들은 종종 평균혈연관계를 최소화함으로써, 장기간에 걸쳐 높은 수준의 유전적 다양성을 유지하도록 관리되고 있다.

사육번식에 의해 멸종에서 구해진 멸종위기종들: 괌뜸부기와 프랭클린 나무(북미), 파툴라 달팽이(타이티), 포토시송사리(멕시코), 소코로비둘기(멕시코), 사불상(중국), 유럽들소

왜 사육번식을 해야 하는가?

육상척추동물 하나에서만 해도, 멸종을 막기 위해 앞으로 200여 년에 걸쳐 약 4,000에서 6,000종에 대한 사육번식이 필요할 것이며, 그 수는 최근 양서류의 위기로 인해 2배로 증가하고 있다(Soulé *et al.* 1986; Tudge 1995; Anonymous 2006; Mendelson *et al.* 2006). 아닥스(addax)와 아라비아오릭스(Arabian oryx), 검은발족제비, 캘리포니아 콘도르, 큰나무둥지쥐(Greater Stick-nest rat), 말라(mala), 사불상(Père David's deer), 프레체발스키말(Przewalski's horse), 시미타르뿔오릭스(scimitar-horned oryx)를 포함하는 최소 25종의 동물과 11종의 *Partula*속 달팽이 그리고 프랭클린 나무(Franklin tree)와 쿡스 코키오(Cook's kok'io)를 포함하는 몇몇 식물종이 야생에서의 멸종 후 사육하에서 보존되고 있다. 더 나아가 많은 위협에 처한 종들(threatened species)에 대해 야생에서의 멸종에 대한 일종의 보험으로서 사육개체군을 확보하고 있다. 동물원이나 식물원, 야생동물공원(wildlife park)에 종사하는 대부분의 관리자들은 다음과 같은 이유로 그 필요성을 인정하고 있다:

많은 종들이 주로 인간의 영향으로 인해 그들의 자연 서식지에서 생존할 수 없다.

- 동적인 진화적 실체로서 종의 유지
- 장기간의 생존력을 위한 종의 유전적 '건강'의 유지
- 자연 서식지로의 재방사할 수 있는 옵션 확보

사육번식 프로그램은 다음과 같은 방식으로 종 보호에 기여할 수 있다(IUCN 1987).

세계 최대 보전 기구인 IUCN은 종 보존의 근본적 구성요소로서 사육번식을 추천하였다.

- 원래 서식지외 지역에서 개체군을 안전하게 확보
- 보호문제에 대한 일반 대중의 교육과 참여 유도
- 보호를 위한 기금 마련의 기회 제공
- 종의 기초 생물학에 대한 연구 기회 제공, 여기서 얻은 지식은 다시 야생에서의 종 보호에 적용할 수 있다
- 적절한 곳에, 복원 프로그램을 위한 동물의 제공

서식지 밖에서의 보호 과정은 상대적으로 단순한 식물의 재배나 동물의 사육에서부터 인공수정과 생물(organisms)이나 세포, 배우자(gametes)의 냉동보존 같은 첨단 기술 과정까지 포함하고 있다. 이런 기술들은 다양한 동식물종에 적용되고 있으며, 특히 보다 관심이 높은 종들(charismatic species)에 많이 적용되고 있다.

사육번식과 증식 활동의 현황

2007년 현재, 위협(threatened) 및 위협 근접(near-threatened) 척추동물 987종이 사육조건하에서 번식되고 있으며(L. Bingaman Lackey, pers. comm.), 이 수치는 1989/90년 이후 4배나 증가한 것이다(Magin *et al.* 1994). 이는 육상척추동물 하나에서만도 약 4,000-6,000종이 사육번식이 필요하다는 사실과 안타깝게 대비된다. 전체적으로 국제종정보시스템(the International Species Information Systems (ISIS: www.isis.org))에 멸종위협 및 위협근접

상당량의 자원들이 사육번식과 그 외 다른 서식지 외 보전에 투입되었지만 모든 어려운 위협에 처한 종을 보존하기에는 불충분하다.

종, 112,000개체가 기록되어 있다.

영국 큐(Kew)에 있는 왕립식물원은 멸종위협종 약 25,000종 중 약 2,700종 정도를 수용하고 있다(www.rbgkew.org.uk; Primack 2006). 미국 식물보존센터에서 현재 미국의 멸종위기 식물 600종 이상을 보유하고 있다. 종합적으로, 전체 유관속 식물의 30%가 전 세계 약 1,500 곳의 식물원에 수집되어 있다(Briggs & Wakters 1997).

21세기의 동물원

19세기의 미네저리(menagerie)는 오늘날의 동물원이 되었고 최상의 주요 동물보호센터가 되었다.

많은 동물원들이 야생동물의 소비자 입장에서 중요한 보전기관이 되는 것으로 옮겨가고 있다. 19세기 후반에서 20세기 초반의 동물원들은 주로 한두 개체를 자연에서 포획하여 전시하였다. 동물원의 수집 방향은 1970년대에 급격하게 바뀌었다(Ginsberg 1993). 야생동물 개체군은 감소하고 있었고, 멸종위기종의 매매를 제한하기 위한 법률이 채택되고 있었으며(예, 미국 멸종위기종 조례, 1972년; CITES, 1973년), 보전 윤리가 발달하고 있었다. 저지야생동물보존기구(Jersey Wildlife Preservation Trust)와 저지동물원(Jersey Zoo)의 입안자이자 설립자인 제럴드 두렐(Gerald Durrell)씨는 보전에서 동물원의 역할을 증진시키는 데 선도적인 인물이었다. 그들은 더 많은 수의 동물을 수집 · 유지하기 시작했으며, 사육하에서 멸종위기종이 번식하도록 많은 노력을 쏟아 부었다.

국제 동물원 및 수족관 연합(WAZA: www.waza.org)은 약 1,300개의 동물원과 수족관을 포함하는 세계적인 조직으로, 매년 6억명 이상의 방문객을 수용하고 있다. WAZA는 2005년 그들의 보전 역할을 다시 확인하였다(WAZA 2005). 국제 동물원 및 수족관 보존 전략은 생물종 다양성 보존을 위한 개체군 관리와 교육, 연구, 홍보, 그리고 동물 복지에서 모든 동물원과 수족관이 이용할 수 있는 정책과 기준을 제시한다. 아마도 5–10%의 여유 공간은 멸종위기종을 위해 쓰일 수 있을 것이다(Seal 1991).

동물원은 오늘날 넓은 범위의 공동 사육번식 프로그램과 일반전인 보전 활동에 참여하고 있다.

1980년대 초반에 동물원 관리자들은 근친교배로 인한 문제점들을 피해야 했기 때문에, 보전을 위한 그들의 지원이 지역협력과 국제협력 번식프로그램을 통해 극대화할 수 있다는 것을 인식하였다. 북미지역에서는 동물원 및 수족관 연합에 의해 조율된 종생존계획(Species Survival Plans, SSPs)이 1981년 처음으로 제안되었다. SSPs는 협력기관들에 있는 모든 사육 개체들의 조정관리를 포함하고 있으며, 현재 161종에 대해 실행 중이고, 그 대부분이 멸종위협종이다(AZA 2007). 혈통서(Studbooks, 개체군 내 모든 개체의 계통도와 생활사를 담고 있는 컴퓨터 데이터베이스)는 어떤 개체를 어디서 얼마나 자주 누구와 번식시킬 것인지에 대해 결정하는 데 이용된다. 멸종위기종과 희귀종에 대해 1150 지역혈통서와 182 국제혈통서가 있으며, 후자는 WAZA에 의해 관리되고 있다. 유전적 이득을 최적화하기 위해 번식 동물들은 참여기관 사이를 빈번히 이동한다. 비슷한 협력 프로그램이 다른 많은 국가와 지역에서 발달되고 있다.

ISIS는 사육동물에 대한 정보의 중앙 저장소이다.

계통도와 개체 기록, 번식경험, 건강기록들이 각 동물원에서 수집되고 미네소타에 있는 ISIS가 관리하고 있다. ISIS는 70여 개국 650개의 동물원과 야생

동물공원에 있는 10,000종 2백만 개체에 관한 정보를 가지고 있다. ISIS는 동물기록보관시스템(Animal Record Keeping System, ARKS), 단일개체군분석과 기록보관시스템(Single Population Analysis and Record Keeping System, SPARKS), 의동물기록시스템(Medical Animal Keeping system, MEDARKS)과 같은 기록보관시스템을 개발해 왔으며, 현재에는 전 세계적으로 동물관리의 모든 면에 대한 정보를 취합할 수 있는 실시간 웹기반 응용 소프트웨어를 개발하고 있다. 또한 동물원은 로버트 레이씨(Robert Lacy)가 이끄는 IUCN의 보존번식전문가그룹(Conservation Breeding Specialist Group, CBSG)과 협조하여 서식지 내 보전과 서식지 외 보전에 기여한다. 그들의 프로그램은 (a) 한 종의 전 세계적 현황에 대한 초기 진단평가와 초기 연구와 관리 권고안을 제공하는 보존 평가와 관리 계획(CAMPs), (b) 멸종 위기 정도를 측정하고, 관리방안을 평가하며, 보존 활동의 권고안을 제시해 주는 개체군 및 서식지 생존 가능성 평가 (PHVA), (c) 동물원 보존 계획, (d) 사육번식과 관련된 전문가 제공, (e) 보존을 위해 필요한 주제에 대한 회의나 워크숍 조직 등을 포함하고 있다. CBSG는 또한 유명한 보전 프로그램에 포함되어 있는 담당기관이나 그룹 사이의 분쟁의 해결을 촉진한다(예, 플로리다 팬더, 검은발담비, 자이언트 판다).

다음 장에 언급되어 있듯이, 사육개체군들은 재도입에 필요한 동물을 제공할 수 있다.

많은 사육번식 프로그램들의 장기적인 목표는 결국 종들을 야생으로 재도입하는 것이다.

사육번식과 재도입의 단계

사육번식과 재도입은 6단계까지 포함된 과정으로 볼 수 있을 것이다(그림 19.1):

(1) 야생개체군 감소와 그것의 유전적 결과 인식
(2) 하나 이상의 사육 개체군 설정
(3) 안전한 크기까지 사육 개체군 확대
(4) 여러 세대에 걸쳐 사육 개체군 관리
(5) 재도입을 위한 개체 선택
(6) 야생에 재도입된 개체군(아마도 단편화된) 관리

첫 단계에서 가장 중요한 유전적 문제는 야생개체군의 감소율과 감소된 개체군의 크기, 그로인한 사육번식 전 유전적 다양성의 손실 및 근친교배의 증가 정도이다. 처음 네 가지 문제점은 11–15장에 소개되었고, 그것들의 관리적용은 이

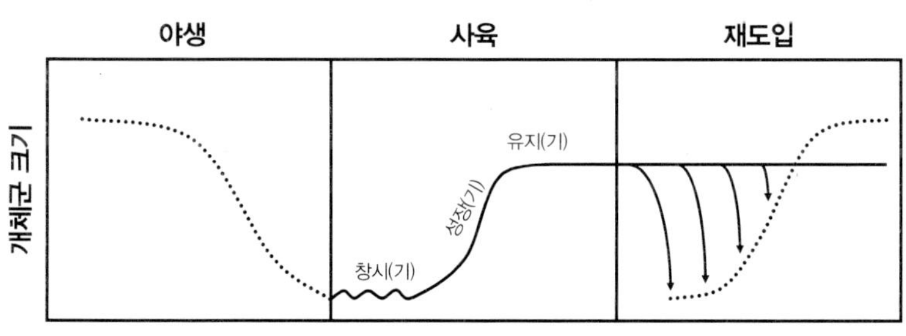

Fig. 19.1 6단계의 구성요소로서 사육번식과 재도입.

기서 논할 것이다. 네 번째 문제의 추가적인 측면과 재도입 개체군의 유전적 관리는 다음 장에서 논할 것이다.

창시(foundation)와 성장, 유지 단계 동안의 관리는 각각 다른 우선권에 초점을 맞추고 있다. 창시기 동안에는 일반적으로 개체군 크기가 작고 종종 해당 종의 사육에 관한 지식이 부족하다. 관리방안은 사육법 개발을 위한 기초 연구와 창시자의 번식을 확실하게 하기 위한 노력에 집중된다.

성장기 동안의 목표는 빠른 번식과 여러 기관으로 개체군을 분산시키는 것이다. 유지기 동안 개체군은 미리 정해진 목표 개체군 크기에서 관리된다. 일반적으로, 개체군 크기가 이 목표 크기에 이르기 전까지 동물들을 사육 개체군에서 이주시키지 않는다(예, 재도입을 위해). 이 세 단계에 걸친 황금사자타마린 사육개체군 성장의 예가 Fig. 19.2에 있다.

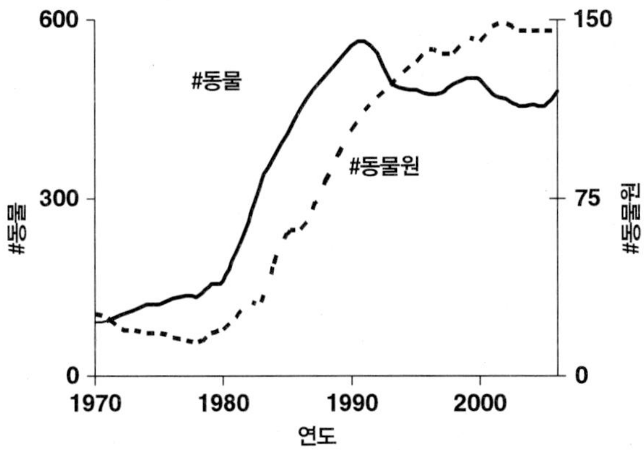

Fig. 19.2 황금사자타마린 사육개체군의 성장 (J.D. Ballou & J. Mickelberg, 미출판자료). 1970년에서 1980년 사이에 수립되었고, 1980년에서 1990년까지 성장하였으며 1990년에서 2007년까지 개체군은 적극적인 유전적 관리 속에 안정적으로 유지되고 있다.

사육개체군 설립

> 사육개체군은 적어도 20–30마리의 기원을 알고 있는 실질적인 번식 개체들에 기초해야만 한다. 그러나 많은 멸종위기종의 사육개체군은 보다 적은 개체수로, 상당량의 유전적 손실과 근친교배를 수반하며 만들어졌다.

개체군이 야생의 유전적 다양성을 포함하고 향후 근친교배를 최소화하기 위해서는 최대한의 대표적 창시자 표본이 필요하다. 실질적으로, 창시자들은 종종 다양한 근원을 갖고 있거나 기원을 알 수 없는 경우가 있다. 비슷하게, 대부분의 사육개체군은 불충분한 수의 창시자를 가지고 만들어지고 있다. 어떤 멸종위기종의 사육개체군은 이용할 수 있는 창시자가 거의 없는 '최후의 순간'에야 겨우 만들어졌다. 많은 다른 사육 번식 프로그램들의 창시자들은 프로그램이 만들어질 당시 이미 사육조건하에 있던 몇몇 동물들이었다. 몇몇 아시아 사자 프로그램의 창시자들이 후에 아프리카 사자와 아시아 사자의 잡종으로 밝혀지면서, 많은 재원을 소비하고도 프로그램은 중단되었다.

일반적으로, 야생에서 잡힌 개체들 중 일부만이 사육하에서 번식에 성공한다. 일례로, 야생에서 잡힌 242마리의 황금사자타마린이 사육개체군으로 옮겨졌지만, 겨우 48마리만이 현재의 유전자 풀에 기여하였고, 관리 전 3분의 2의 유전자 풀은 다산을 했던 한 쌍에서만 기인하였다(Box 20.1). 이를 설명하기 위해, 목표치인 20–30 개체의 실질적으로 기여하는 창시자를 만들기 위해서는 사육실로 들여오는 동물의 수가 20–30 개체보다 훨씬 많아야 할 것이다.

Table 19.1 멸종위기종 사육개체군의 창시자 수. 많은 종이 최소 권고안인 20–30 개체보다 적다.

종	창시자 수
포유류	
아리비아 오릭스	10
검은발족제비	10
유럽 들소	13
황금사자타마린	48
인도코뿔소	17
프르체발스키말	12 (2마리 혹은 그 이상의 말)
붉은목도리여우원숭이	7
시베리아호랑이	25
눈표범	7
스피키가젤	4(1♂, 3♀)
새	
캘리포니아콘도르	14 (3 집단)
괌뜸부기	9
로드하우숲뜸부기	6 (3 집단)
모리셔스분홍비둘기	6
초원비둘기	21
프에르토리코앵무새	13
무척추동물	
영국왕귀뚜라미	12(6 쌍)

출처: Ryder (1988); Brock & White (1992); Hedrick & Miller (1992); Haig *et al*. (1994); Olney *et al*. (1994); Tongue (1999).

아라비아오릭스

로드하우숲뜸부기

창시자의 수와 사육개체군 설립 비용, 100년 동안 90%의 유전적 다양성을 보전하기 위해 필요한 개체군 크기를 유지하기 위한 비용 사이에 경제적인 절충이 필요하다(15장). 창시자 수가 적다면, 개체들을 구입하기 위한 초기 비용은 최소화 되지만, 유전적 변이를 유지하고 근친교배를 피하기 위해 큰 개체군이 필요함으로 이후의 비용이 훨씬 더 커질 것이다. 창시자 수가 많다면, 초기 비용은 많이 들지만, 이후의 비용은 줄어 들어, 장기적으로는 많은 비용을 절감할 수 있을 것이다(Mansor & Ballou 1994). 대표적인 유전적 기반의 필요성과 실제 번식을 하는 창시자의 비율이 낮다는 것, 그리고 경제적인 관점 등 모든 것은 가능한 많은 창시자를 가지고 사육개체군을 만들 것을 말하고 있다.

해로운 유전적 영향을 피하기 위해, 사육개체군은 야생개체군이 절멸에 이르기 전에 만들어져야 한다. 이에 따라, IUCN(1987)은 야생개체군이 1000개체 미만으로 줄어들기 전에 사육개체군을 만들 것을 권고하고 있다. 이런 전략의 이득은 (1) 낮은 근친교배 수준에서 야생의 창시자를 확보할 수 있고 (2) 창시자 확보로 인한 야생개체군의 영향을 줄일 수 있으며, (3) 적절한 사육 기술을 개발할 수 있는 시간을 확보할 수 있다는 것이다.

IUCN은 야생개체군의 수가 1,000마리 아래로 떨어질 때 사육개체군을 수립할 것을 권고한다.

적은 창시자 수의 유전적 결과

적은 창시자의 수는 유전적 다양성의 손실과 빠른 근친교배율 및 그로인한 불가피한 근친교배약세로 이어진다.

Table 19.1에 언급되어 있는 사육개체군 중 단지 세 개의 개체군만이 최소 권고 숫자인 약 20–30의 실질적 창시자를 가지고 이루어졌다. 대부분은 유전적 다양성을 잃을 것이고 생각보다 빨리 근친교배가 일어날 것이다. Fig. 19.3에서 볼 수 있듯이 유지되는 이형접합자의 비율은 $[1-1/(2N_e)]$이다(방정식 8.2). 따라서 이종교배종(outbreeding species)에서는 단지 10마리의 실질적 창시자로 95%의 이형접합자를 확보할 수 있으며, 30마리의 창시자로는 98% 이상을 확보할 수 있다.

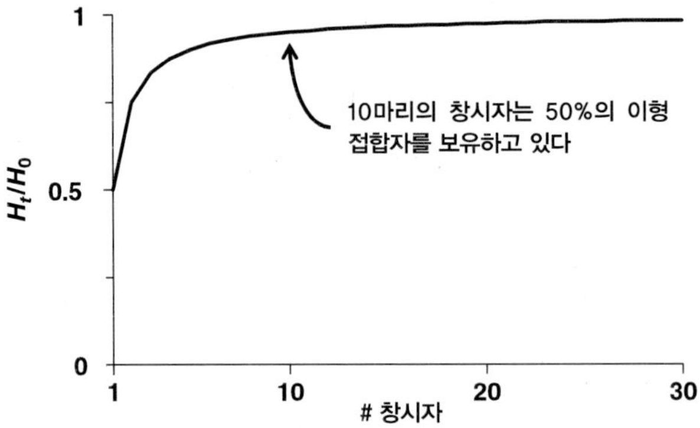

Fig. 19.3 창시자의 수와 그들이 포착한 이형접합자의 비율과의 관계. 20–30의 기여 창시자가 모집단 대부분의 이형접합자를 담아내고 있다.

대립유전자 다양성을 확보하기 위해 필요한 창시자 수는 기원모집단 내 대립유전자의 수와 빈도에 의해 결정되지만, 일반적으로 이형접합자를 확보하기 위해 필요한 개체수보다 더 많은 수의 개체를 필요로 하며, 특히 희귀 대립유전자가 포함되었을 경우는 더 그렇다. Marshall & Brown(1975)은 목표 개체군 임의 좌위에서 모든 대립유전자의 빈도가 0.05 보다 크다면, 95%의 확실성으로, 창시자의 수가 충분히 확보된 것이라고 제안하였다.

두 개의 대립유전자가 있는 하나의 좌위(locus)에 대해, n 창시자에서 무작위 추출한 창시자가 적어도 각 대립유전자 $P(A_1,A_2)$ 중 하나를 가지고 있을 확률은 다음과 같이 주어진다:

$$P(A_1, A_2) = 1 - (1 - p)^{2n} - (1 - q)^{2n} \tag{19.1}$$

여기서 p는 대립유전자 A_1의 빈도를, q는 A_2의 빈도를 나타낸다. 그림 19.4에 대립유전자 빈도가 (0.95, 0.05)와 (0.99, 0.01)인 좌위에서 창시자 수에 대한 $P(A_1,$

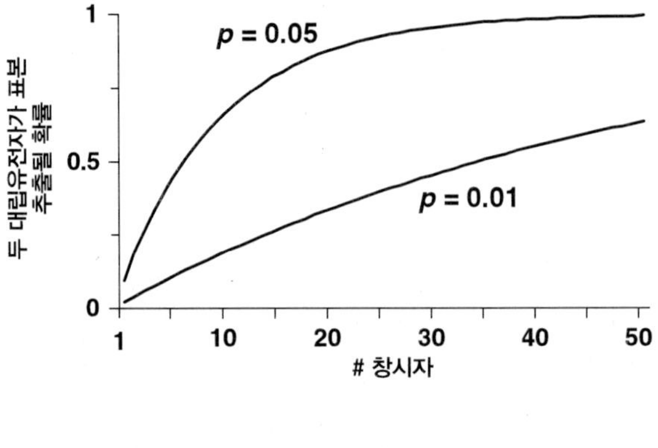

Fig. 19.4 빈도가 $p = 0.05$와 $p = 0.01$인 대립유전자의 좌위에 대해서 창시자 수에 따른 적어도 각 대립유전자의 한 쪽이 표본 추출될 확률.

A_2) 값을 그림으로 나타냈다. Marshall과 Brown의 제안을 충족하기 위해서는 적어도 30마리의 창시자가 필요하다. 빈도가 1% 정도인 대립유전자의 경우, 50마리의 창시자에서도 그 유전자가 확보될 기회는 겨우 60% 정도이다. 희귀 유전자의 경우 창시자의 숫자가 매우 많지 않는 한 확보하기가 거의 어렵다.

창시자들의 유전적 배경

사육개체군을 만들 때 중요하게 숙고해야 할 것이 창시자의 출처이다. 오랑우탄이나 기린, 거미원숭이, 긴팔원숭이, 사자, 호랑이, 흰이마기러기 등에서 볼 수 있듯이, 다른 종이나 아종간의 교배는 많은 사육번식 프로그램의 보전가치를 떨어뜨린다(Ruokonen *et al.* 2007). 비록 이종교배약세(outbreeding depression)가 사육번식 프로그램에서 큰 문제점이 된다는 증거는 거의 찾아볼 수 없지만, 다른 종이나 아종 간의 교배는 이런 이종교배약세의 가능성도 높일 수 있다(Lacy *et al.* 1993; Ballou 1995; 16장).

창시자들의 분류학적 정체는 정확히 밝혀져야 한다.

사육개체군의 성장

개체군이 빠르게 팽창하면 인구통계학적으로 안정적이게 된다. 따라서 단지 유전적으로 가치가 있는 개체들 뿐만이 아니라 대부분의 어미들이 번식하도록 해야 한다. 이 시기에 유전적 관리는 가까운 친족끼리 짝짓는 것을 피하고, 모든 동물들이 번식의 기회를 갖게 하며, 유전적으로 가장 가치 있는 동물이 성공적으로 번식할 수 있는 조건을 만들어 주는 것으로 제한된다.

사육개체군의 성장기 동안에는 우선사항이 집중적인 유전적 관리 보다는 빠른 개체군 성장에 있다.

제한된 유전적 관리는 황금사자타마린과 검은발담비, 캘리포니아 콘도르(여전히 성장중) 개체군의 성장기에 이루어졌으나, 그 후에 이 프로그램들은 아래 서술했듯이 집중적인 유전적 관리를 받았다.

목표 개체군 크기의 설정

100년 동안 90%의 유전적 다양성을 유지할 수 있는 필요 동물의 수는 결정적으로 **창시자 효과**와 N_e/N 비율, 세대 길이, 그리고 얼마나 빨리 개체군이 창시자 병목현상 이후 성장하느냐에 달려 있다(15장). 예를 들어, 작은 창시자 개체군은 병목현상 동안 잃었던 유전적 손실을 만회하기 위해 전체적으로 더 큰 N_e를 필요로 할 것이다. N_e/N 비율은 가족 크기와 성비, 혼인제도, N의 변동에 영향을 받는다.

목표 크기는 100년 동안 90%의 유전적 다양성을 유지하는 네 필요한 개체군 크기이다.

유지 단계 동안의 유전적 관리

사육하에서의 유전적 저하

사육개체군은 근친교배약세와 유전적 다양성의 손실, 야생에서는 치명적일 수 있는 사육에 대한 유전적 적응으로 인해 유전적으로 악화 된다.

개체군이 목표했던 크기에 다다름에 따라 관리의 방향은 더욱 더 유전적인 측면으로 옮겨간다. 목적은 인구통계학적 안정성을 유지하고 해로운 유전적 변화를 막는 것이 된다. 앞서 언급했듯이, 근친교배약세(inbreeding depression)와 유전적 다양성의 손실, 돌연변이 축적 영향 모두 큰 개체군에서 보다 작은 개체군에서 심각하게 나타난다. 반대로, 사육에 대한 유전적 적응은 작은 개체군에서 보다 큰 개체군에서 더 잘 이루어진다. 사육하에서 이것이 유익할 수 있지만, 사육개체군을 야생으로 돌려보낼 때는 불가항력적으로 해로워진다(Frankham 2008).

근친교배와 근친교배약세

위협에 처한 종의 많은 사육개체군은 너무 작아서 몇 세대 안에 근친교배약세를 피하기가 어렵다.

그림 19.5는 SSP 프로그램에서 멸종위기종에 대한 효율적인 개체군 크기를 나타낸다. 이것들 대부분은 너무 작아서 몇 세대 안에 근교 약세나 심각한 유전적 다양성의 손실을 입게 된다. 예를 들어, 근친교배 계수(inbreeding coefficient)가 프르체발스키말(Przewalski's horse)은 20%(Box 12.1), 남중국호랑이(the South China tiger)는 30%, 동물원에서 번식한 멕시코 늑대(Mexican wolves)는 60%에 이르렀다. 이러한 문제점을 최소화하기 위해, 멸종위기종의 전체 사육개체군을 종종 하나의 단일체로 관리하며, 지역(예, SSPs) 또는 국제관리계획(예, 황금사자타마린)하에 동물원들 사이에 서로 교환을 하고 있다.

개체나 배우자(gamete)의 상호교환에도 불구하고, 이들 전체 개체군은 여전히 충분히 크지가 않다. SSP 프로그램의 평균 N_e는 겨우 41로, 한정된 크기로 인해 근친교배약세가 일어날 정도로 충분히 작은 크기이다(13장). 그런 크기에서는, 개체군의 근친교배 계수 F가 25세대 후에는 0.26이 될 것으로, 이는 친남매간 교배, 일세대에서 생기는 값보다 큰 것이다.

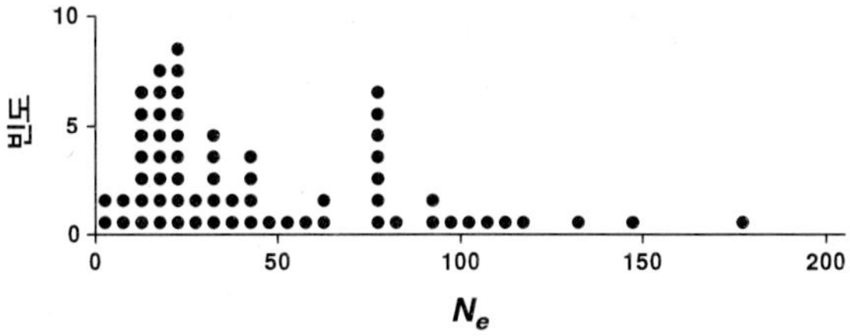

Fig. 19.5 멸종위기종에 대한 SSP 프로그램에서 유효개체군 크기의 분포(Hodskins 1997). 이것은 N_e/N의 비율을 0.3으로 추정하고 있다.

유전적 다양성의 손실

사육개체군은 설립 단계와 이후 개체군 크기가 작아지면서 유전적 다양성을 잃는다.

유전적 다양성의 손실에 대한 창시자 수의 효과 대 뒤따르는 개체군 크기의 효과는 방정식 11.1을 다음과 같이 바꾸어 결정할 수 있다.

$$\frac{H_t}{H_0} = \left(1 - \frac{1}{2N_{fo}}\right)\left(1 - \frac{1}{2N(N_e/N)}\right)^{t-1} \tag{19.2}$$

여기서 N_{fo} = 효과적인 창시자의 수. 첫 번째 항은 창시자 효과를 반영하고 두 번째 항은 뒤따르는 개체군 크기 제한의 효과를 나타낸다. 방정식 19.2로부터 사육번식 프로그램에서 유전적 변이의 유지는 다음과 같이 함으로써 최대화 할 수 있다.

- 적절한 창시자 수를 이용함으로써 초기 유전적 변이를 최대화 함
- 식물의 경우 씨앗을 저장하거나, 냉동보관, 성숙한 동물을 번식시킴으로써 사육하 세대의 수를 최소화 함
- 개체군 크기를 최대화 함

- N_e/N을 최소화 함

장기적으로 보아, 일반적으로 유전적 다양성의 손실은 창시자 개체군의 크기보다 뒤따르는 유효 개체군 크기의 제한에 주로 기인한다.

멸종위기종의 사육 개체군들에서는 전형적으로 N_e/N 비율이 0.2−0.4이다(Mace 1986). 이것은 이론적으로 최대치인 2.0보다는 낮지만, 0.1이 전형인 관리하지 않은 개체군보다는 낫다. 여전히 개선의 여지가 남아 있지만, 실질적인 고려사항[배우자 부적합성(mate incompatibility)과 수의학적 순응도(compliance with veterinary), 다른 관리 권고 사항, 확률적 요인]은 아마도 늘 N_e/N의 최대화를 제한할 것이다.

현재 사육개체군의 유전적 관리

사육개체군은 사육하에서 유전적 변화가 최소화되도록 관리된다.

창시자들이 야생 개체군을 대표하는 표본이라고 여기기 때문에(빈번히 아니지만), 다음 목적지는 한 세대에서 다음 세대로 넘어갈 때 창시자 유전자 풀의 변화를 최소화하는 것으로 옮겨진다. 다른 말로, 목표는 사육 개체군의 진화를 '멈추게' 하는 것이다. 이것은 사실 불가능하기 때문에, 재설정된 유전자 관리의 목표는 유전적 다양성의 손실을 받아드리는 것으로 옮겨가, 100년 동안 근친교배 계수의 증가가 10% 이내만 수반하도록 하고 있다(15장 참조). 불행히도 그런 목표는 많은 개체군에서 달성하기 어렵고(적은 창시자 수 와/나 공간의 제약으로 인해), 유전적 목표가 종종 완화된다(예, 100년에 80%, 또는 50년에 90%). 만약에 재도입이 가능하다면, 프로그램의 길이는 짧아질 수 있을 것이다. 처음 정했던 목표가 계속 수정 완화된다면 문제가 될 것이다. 원래의 계획은 200년 동안 90%의 유전적 다양성을 유지하는 것이었지만(Soulé *et al.* 1986), 최근에는 50년 동안 80%까지의 낮은 목표도 설정되고 있다.

다양한 종류의 유전적 전략이 제안되어 왔고, 사육 관리 동안 유전적 다양성을 유지하기 위해 이용되어 왔지만, 현재에는 평균혈연관계(kinship)를 최소화하는 것을 선호하며 널리 쓰이고 있다.

평균혈연관계의 최소화

권고되는 유전적 관리 체계는 평균혈연관계를 최소화하는 어미들을 선택하는 것이다.

평균혈연관계의 최소화를 통한 개체군 관리는 과거 근친교배나 복잡한 가계도, 불균등한 창시자 기여 등을 다루는 데 효과적으로 쓰일 수 있다. 간단히 말해, 혈연관계의 최소화는 다음 세대의 부모로 그 개체군과 가장 혈연관계가 적은 개체를 선택하는 것이다. 이 방법은 창시자 기여의 불균형을 줄일 수 있다. 서로 혈연관계가 없는 창시자들로 이루어진 개체군에서, 이 방법은 가족 크기를 동일하게 하는 것과 같은 것이다. 또한 이것은 최대한 근친교배를 피하는 것과 아주 유사한 것이다(아래 참조).

이론적 예견과 컴퓨터 시뮬레이션을 통해, Ballou & Lacy(1995)는 평균혈연관계를 최소화 하는 것이 유전적 다양성을 유지하기 위한 몇 가지 전략 중 가장 좋은 방법이란 것을 보여 주었다. 초파리를 통한 실험에서, 평균혈연관계 최소화를 통해 관리한 개체군이 다른 관리를 하지 않은 개체군이나 근친교배를 최대한 피하도록 관리한 개체군보다 유전적 다양성을 더 잘 유지하였다(Montgomery 등 1997). 하지만 각 방법 사이에 번식 값은 유의한 차이가 없었다.

> 두 개체의 혈연관계는 그들의 이론적 새끼들의 근친교배 계수를 나타낸다.

우리는 이제 **혈연관계(kinship)**를 정의하고, 이를 어떻게 계산하는 지 보여주며, 평균혈연관계를 정의하고 그것을 이용한 예를 보여줄 것이다.

두 개체 *i*와 *j* 간의 혈연관계(k_{ij}, **coancestry**)는 공식적으로 각 개체에서 하나씩 무작위로 추출한, 두 개의 대립유전자가 후대에 동일할 확률을 의미한다. 이것은 또한 근친교배의 정의이기도 하기 때문에(12장), 두 개체간의 혈연관계는 그들 새끼들(가상적)의 근친교배 계수와 같은 것이다.

> 개체 $i(mk_i)$의 평균혈연관계는 그 개체와 그 개체를 포함하는 개체군 내 모든 개체 사이의 혈연관계 값의 평균을 나타낸다.

평균혈연관계(mean kinship)는

$$mk_i = \frac{\sum_{j=1,}^{N} k_{ij}}{N} \tag{19.3}$$

예제 19.1 평균혈연관계의 계산

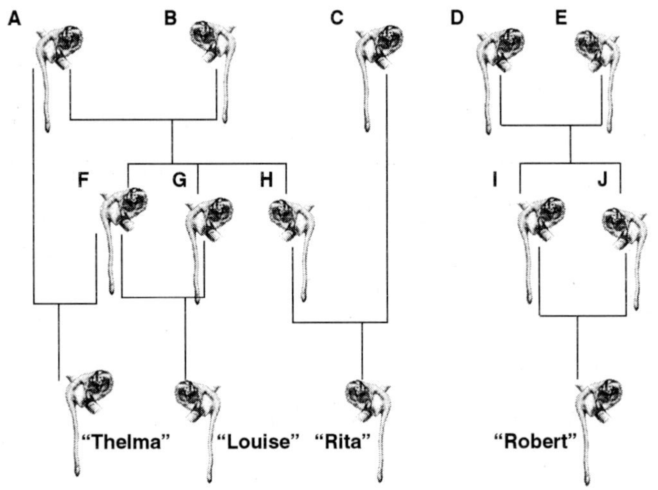

이 가계도에서 이름지어진 개체들의 혈연도가 아래 표에 나와 있다. 평균혈연관계는 열의 평균값이다.

	Thelma	Louise	Rita	Robert	평균혈연관계
Thelma	5/8	5/16	1/8	0	0.266
Louise	5/16	5/8	1/8	0	0.266
Rita	1/8	1/8	1/2	0	0.187
Robert	0	0	0	5/8	0.156

따라서, Thelma의 평균혈연관계는 (5/8+5/16+1/8+0)/4=0.266 이다. 주목할 것은 Rita를 제외한 모든 동물들이 근친교배를 하고 있고, 따라서 그들의 혈연관계가 0.5보다 크다는 것이다.

이며, 여기서 k_{ij} = i와 j의 혈연관계, N은 개체군내 개체의 수를 나타낸다. 예 19.1은 평균혈연관계 계산의 예를 보여 주고 있다.

아래 Fig. 19.6은 480 황금사자타마린 전체 개체군의 평균혈연관계의 분포를 보여 주고 있다.

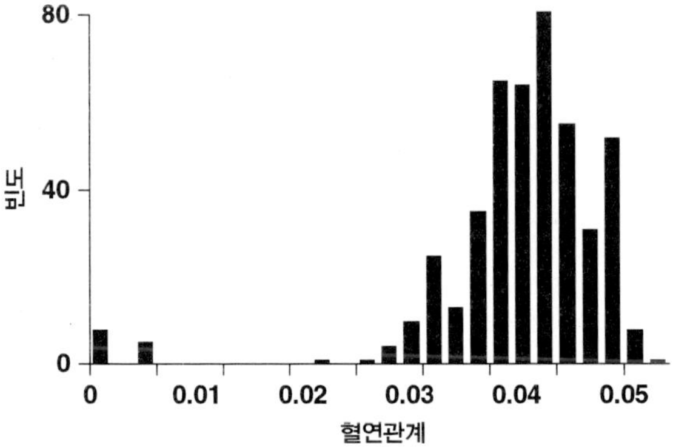

Fig. 19.6 황금사자타마린 480마리의 평균 혈연관계 값의 분포. 가장 낮은 평균혈연관계를 가지고 있는 개체들은 최근 획득한 창시자들과 아직 번식을 하지 않은 브라질 동물원에 있는 창시자의 F_1 후손들이다.

한 개체군의 평균혈연관계는 무작위 교배한 다음 세대의 기대근친교배 계수이다. 결과적으로 다음과 같이 평균혈연관계는 유전적 다양성과 역 상관관계에 있다.

개체군의 평균혈연관계는 유전적 다양성과 역의 관계에 있다.

$$\overline{mk} = \overline{F}_{t+1} = 1 - \frac{H_{t+1}}{H_0} \quad (19.4)$$

결과적으로, *혈연관계를 최소화한다면 이형접합자는 최대화될 것이다.* 그것은 또 대립유전자의 다양성을 보존하는 데 아주 효과적이다(Fernández *et al*. 2004).

낮은 평균혈연관계를 갖는 개체들이 가장 가치가 있다. 그들은 높은 평균혈연관계를 갖는 개체들보다 개체군 내에서 더 적은 친척들을 가지고 있고 따라서 더 적은 공통 대립유전자를 가지고 있다. 예제 19.1의 가계도에서 로버트는 가장 낮은 평균혈연관계(0.156)를 갖고 있고, 리디와 루이스, 텔마와 혈연관계가 없기 때문에 그의 세대에서 가장 가치가 있는 동물이다. 반대로 텔마와 루이스는 개체군 내 나머지들과 대부분의 유전자를 공유하고 있고 가장 높은 평균혈연도(0.266)를 갖고 있으므로 유전적인 관점에서 가장 가치가 낮다. 평균혈연관계를 최소화하기 위한 번식 프로그램에서는 더 낮은 평균혈연관계를 가지고 있는 동물에게 번식의 우선권이 주어진다. 이 예에서, 로버트 유전자의 기여를 늘리고 텔마와 루이스 유전자의 기여는 줄여야 할 것이다.

모든 동물이 같은 혈연관계를 가진다면, 모든 개체들은 같은 평균혈연관계를 가지게 되고, 평균혈연관계에 의한 관리는 가족 크기를 같게 하며 이는 또한 유효 개체군의 크기를 대략 배가시킨다(11장).

평균혈연관계 전략의 적용

혈연관계 최소화를 번식프로그램에 적용할 경우, 가장 낮은 평균혈연관계를 가지고 있는 개체들이 부모로 선택된다. 특정 교배를 결정하기 위해 두 가지 추가적인 고려사항이 필요하다. 첫째, 평균혈연관계가 완전히 다른 개체들 간의 교배는 향후 관리 옵션을 제한할 수 있기 때문에 피해야 한다. 예를 들어, 만약에 유전적으로 유용한 개체가 유전적으로 가치가 떨어지는 취약 개체들 중 하나와 짝을 짓는다면, 취약 개체의 기여 증대는 또한 그들의 유용한 짝의 기여를 증가시킨다. 예를 들어, 워싱턴, 국립동물원에 있는 두 마리의 자이언트 판다는 아주 높은 평균혈연관계와 아주 낮은 평균혈연관계를 가지고 있다. 따라서 유용한 암컷을 인공수정을 통해 샌디에고 동물원의 유용한 수컷과 짝을 짓기로 결정한 적이 있다. 두 번째로 가까운 친척간의 짝짓기는 근친교배를 최소화하기 위해 피해야한다. 예를 들어, 낮은 평균혈연관계를 갖는 두 친척 간에는 서로 짝을 짓게 하지 말아야 한다. 복잡한 가계도에서 평균혈연관계와 근친교배는 PMx(Pollak *et al.* 2009)와 SPARKS(Scobie 1997) 같은 소프트웨어를 이용해 계산할 수 있다.

Fernández *et al.*(2001)은 평균혈연관계를 최소화하면서, 가까운 친척 간에 짝짓기를 피할 수 있는 과정을 고찰하였다. 이용할 수 있는 가계도 정보가 없을 때에는, 마이크로세틀라이트(microsatellite)와 증폭단편길이다형성(AFLPs) 같은 분자표지(molecular marker)로부터 근연관계를 알아낼 수 있다(Fernández & Toro 2006; Dasmahapatra *et al.* 2008).

근친교배의 최대 회피

Fig. 19.7은 근친교배의 최대 회피 전략을 보여 주고 있다. 이 도식은 가족 크기의 균등과 순환성의 짝짓기 방식을 이용해 근친교배를 가능한 오랫동안 지연시

Fig. 19.7 근친교배의 최대 회피.

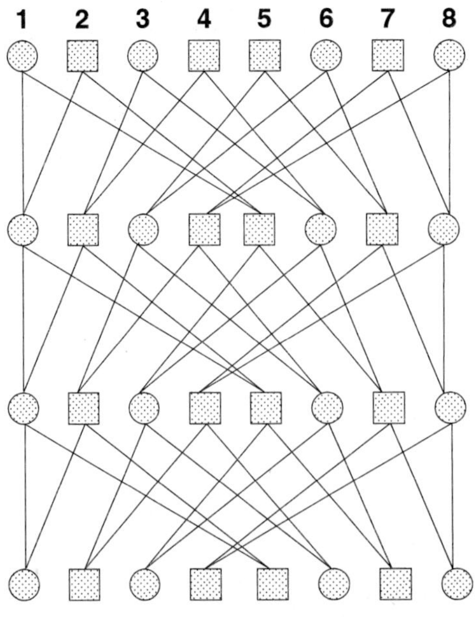

키는 것을 포함하고 있다(Crow & Kimura 1970).

이 전략에는 8마리의 혈연관계가 없는 창시자가 있어, 암컷 1은 수컷 2, 암컷 3은 수컷 4와 짝을 짓는 것을 보여 주고 있다. 각 네 쌍은 각각 암컷 한 마리와 수컷 한 마리를 생산한다. 다음 세대에서, 1×2에서 난 암컷은 3×4에서 난 수컷과 짝을 짓고, 5×6에서 난 암컷은 7×8에서 난 수컷과 짝을 짓고 있다. 이어지는 세대에서, (1×2)×(3×4)에서 태어난 암컷은 (5×6)×(7×8)에서 태어난 수컷과 짝을 짓는다. 이 지점 이후, 근친교배를 피할 수는 없다. 그러나 완전히 효율적이기 위해, 이 전략은 오직 첫 세대(창시자)부터 적용되었을 때만 실행하고 다음세대에 부모가 될 같은 수의 암컷과 수컷이 생산될 필요가 있다.

안타깝게도, 이 전략은 위협에 처한 종의 개체군에 적용하기 매우 어렵다. 첫째, 대개 유전적 관리는 창시자에서 몇 세대 지난 개체들을 가지고 시작한다. 둘째, 전략은 효과적이기 위해 정확하게 이루어져야 하는데, 새끼나 어미의 죽음은 실질적으로 일어나서는 안 되며, 번식 개체간의 불화합성(incompatibility)이나 번식력(fertility)의 감소 등도 일어나서는 안 된다. 사육번식 프로그램은 빈번히 유전적 다양성이 손실되었고, 근친교배 수준이 높으며, 부적당한 창시자를 가지고 있는 복잡한 계통도에 직면한다.

불완전한 계통도 정보

평균혈연관계 최소화 실험은 모든 창시자가 서로 유연관계가 없고 개체군의 계통도를 완전히 알고 있는 것을 필요로 한다. 그러나 많은 사육개체군들에서 모든 개체에 대한 조상은 알려져 있지 않다. 추정되는 짝과 새끼의 시료를 확보할 수 있을 때는 부모 식별을 위해 분자 유전학적 기술을 이용할 수 있지만(21장), 여러 세대 전의 조상을 알아내는 것은 종종 불가능하다. 방법이 발달하여 부모의 한쪽을 몰라도 평균혈연관계를 측정할 수 있게 되었지만, 이것이 유전적 다양성의 최적 관리방안을 제시하지는 않는다(Ballou & Lacy 1995).

아주 드문 경우를 제외하고는, 창시자들 사이의 혈연관계를 알 수는 없고, 만약 창시자들이 작은 개체군에서 비롯되었다면, 서로 혈연관계가 있을 가능성이 높다. 그러나 창시자들 사이의 혈연관계 수준을 측정하기 위해 마이크로세틀라이트 같은 분자 표시를 이용할 수 있다. 이 방법은 캘리포니아 콘도르와 괌뜸부기, 그 외 다른 종의 사육번식 프로그램에서 이용되었다(21장).

혈연관계 최소화 관리의 한계

혈연관계의 최소화가 하나의 개체군에서 유전적 다양성의 유지를 최대화 하지만, 그것이 사육개체군의 유전적 관리를 위한 유일한 방법은 아니다. 하나의 큰 단위로서 한 종의 모든 사육 동물 관리는 기관 사이의 빈번한 이동, 수반되는 많은 비용과 전염병의 위험을 포함하고 있다. 더 나아가 유전적 변이의 손실은 하나의 개체군으로 유지 되는 개체군들 보다는 어떤 소개체군도 멸종하지 않는 다는 가정 하에, 여러 개의 소개체군으로 유지되는 개체군들에서 최소화 할 수 있

하나의 큰 개체군에서 혈연관계를 최소화하는 것이 사육번식의 모든 유전적 문제들을 해결하지는 않는다. 하지만 부분적으로 단편화된 개체군에서 그것을 이용하는 것은 최선의 방법일 것이다.

다(14장). 부분적으로 쪼개진 개체군 구조(각 파편은 혈연관계 최소화를 이용해 관리됨) 또한 사육에 대한 유전적 적응을 떨어뜨릴 것이다. 만약에 종이 재도입 될 예정이라면 중요하게 고려해야할 사항이다(20장). 그런 관리는 다음 장에서 살펴 볼 것이다.

집단들의 사육관리

계통도를 이용할 수 없는 경우에는 집단 근친교배 최대회피를 통한 집단의 관리가 권고된다.

어떤 종은 여러 마리의 암수가 집단을 이룰 때 번식이 잘되며, 여기서 부성(paternity)을 알 수 없다. 예를 들어 침팬지나 많은 유인원들은 집단을 이루어 번식하며, 동시에 많은 동물들이 무리를 이루어 생활한다(사회성 조류와 포유류, 많은 물고기과 산호). 이러한 종에서는 계통도를 바탕으로 한 평균혈연관계의 최소화는 쓰일 수 없고, 관리는 집단에 대한 관리를 바탕으로 하거나 다유전자좌위 유전형(multilocus genotypes)에서 추론한 혈연관계를 바탕으로 이루어져야 할 것이다. 추론한 혈연관계는 계통도를 바탕으로 한 혈연관계보다 부정확하지만, 종종 모든 개체에게 유전적으로 동등한 가치를 주어 처리하는 것보다 나을 때가 있을 것이다(Oliehoek *et al*. 2006).

집단번식 전략이 Box 19.1에 예시되어 있다. 이 과정은 위에 언급한 근친교배 최대회피 방법을 이용하지만(Fig. 19.7), 개체가 아니라 집단에 적용을 한다. 다음 세대에 부모가 될 집단들의 기여를 균등하게 하고 개체들은 정기적으로 집단 간에 교체가 된다. Box 19.1의 첫 번째 세대에서 수컷들은 시계방향으로 한 무리씩 옮겨진다. 두 번째 세대에서 수컷들은 두 무리씩 옮겨진다. 이 예에서 근친교배는 세 번째 세대 이후 피할 수 없게 된다.

집단유전적 관리(group genetic management)는 또한 취약하지 않은 종에서도 이용될 수 있는 하나의 선택 옵션이다. 왜냐하면 그것은 자원이 혈연관계의 최소화에 의한 전체 규모의 유전적 관리를 위해서는 불충분할 때 쓰일 수 있는

Box 19.1 근친교배 최대회피를 이용한 집단의 저강도 유전적 관리 (Princée 1995)

근친교배 최대회피의 집단에 대한 적용을 아래 두 그림에 여덟 개의 집단으로 나타내었다.

모계와 부계는 문자 AB, CD, ..., OP로 나타내었다. 상자들은 번식 집단을 나타낸다. 화살표는 원래 있던 집단에서 다른 집단으로의 수컷들의 이동을 나타낸다. 수컷의 혈통은 화살표 근처에 나타냈다. MAI 시스템의 운용은 다음의 집단 1로 나타낼 수 있다. 첫 번째 세대에서, 수컷들은 시계방향의 옆 집단으로 옮겨진다. 집단 1은 A와 B의 계통으로 시작한다. 집단 1의 수컷들(혈통 AB)는 집단 2로 옮겨진다. 집단 8의 새끼 수컷들은(혈통 OP) 집단 1로 옮겨진다.

두 번째 세대에서 새끼 수컷들은 시계방향으로 두 집단을 옮겨진다. 왜냐하면 수컷을 한 집단만 옮기면 근친교배가 일어나기 때문이다. 수컷들을 두 집단 옮김으로써 집단1의 수컷들(ABOP)은 집단 3의 암컷(CDEF)들과 짝을 짓게 된다.

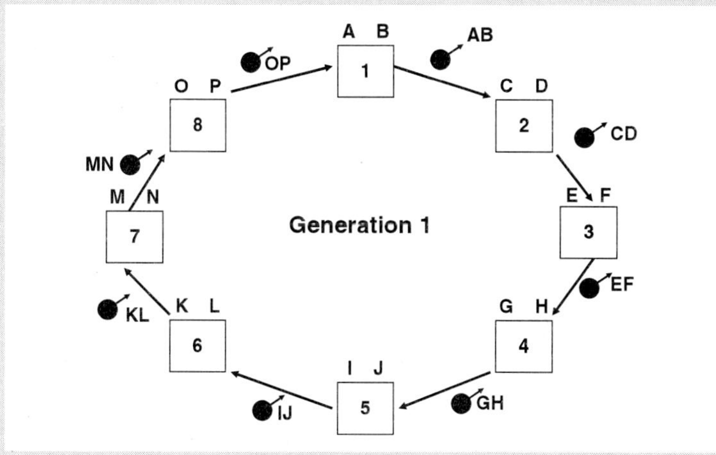

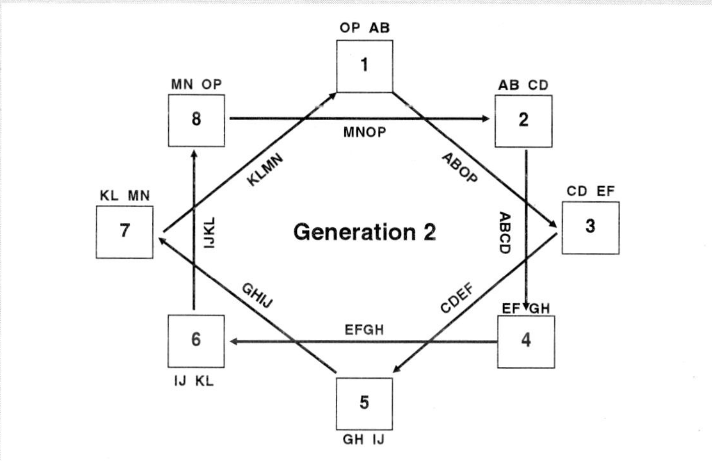

세 번째 세대에서 수컷들은 시계방향으로 네 집단씩, 즉 집단 1에서 5로, 2에서 6으로, 3에서 7로, 4에서 8로 옮겨져, 다시 근친교배를 피하게 된다. 하지만, 세 번째 세대 이후에는 모든 집단이 혈통 ABCDEFGHIJKLMNOP를 가지고 있기 때문에, 더 이상 근친교배를 피할 수 없게 된다.

이 시스템을 다른 수의 집단에 적용할 수 있는 자세한 지침이 Princée(1995)에 제공되어 있다.

서강도의 절차이기 때문이다. 그것은 또한 작은 야생 개체군의 관리에도 적합하다. 그러나 모든 동물을 이동시켜야 하는 Box 19.1의 방법은 비용이 많이 들 것이다. 집단관리가 파튤라달팽이에 적용되고 있으나, 그 과정은 위의 것들 보다 향상되어 있다. 그들은 집단 크기의 차이와 개체에 대한 평균혈연관계 전략에 상응하는 방법으로 과거 유전자 흐름을 고려한다. 집단 간의 개체들의 교환과 집단의 분할과 병합, 집단 내 출생과 사망, 집단 내 번식구조(예, 유성생식, 자가

파튤라달팽이

생식 또는 복제) 등에 대한 정보를 이용해, 개체군간 유전적 혈연관계를 측정하고 그것을 최소화하도록 관리하는 것이 가능할 것이다(Wang 2004c).

적응 유전자 다양성을 위한 관리

현재 전체 유전적 다양성보다는 적응적인 유전적 다양성의 특별한 보존을 위한 개체군을 관리하기 위한 정보는 불충분하다.

위의 방법들은 모두 전체 게놈 다양성의 최대화를 바탕으로 하고 있다. 그러나, 현재의 상황에서 이들 중 일부만이 적응적 유의성이 있을 것이다. 왜 우리는 유전적 다양성의 적응적 요소를 최대화하고자 하지 않는 것일까? 이것이 아주 바람직한 방법인 반면에, 대부분의 위협에 처한 종에서 우리는 대부분의 적응좌위들(adaptive loci)을 식별할 수 없다. 더 나아가서 현재의 환경에서 적응 유전자 다양성을 가지고 있는 좌위들이 미래 환경에 적응하기 위해 필요한 그것들과는 다를 수 있을 것이다. 개체-좌위 유전적 다양성의 관리에 대한 전망과 그런 접근의 위험성에 대해 10장에서 고찰했다.

식물의 서식지 외 보존

식물의 서식지 외 보전 대부분은 씨앗을 재생산하기 위한 재배 증식과 함께 씨앗 저장을 통해 보전된다.

재배식물 개체군의 유전적 관리는 동물처럼 거의 복잡하지 않다. 많은 식물들을 씨앗의 형태로 보관할 수 있고 일부는 저온 보관할 수 있다. 그러므로 그들은 짧은 세대에 걸친 재배를 통해 진행이 되며, 재배증식으로 인한 유전적 적응이나 유전적 다양성의 손실, 근친교배 등에서 거의 문제를 일으키지 않는다. 결과적으로, 대부분의 식물에 대한 주요 문제는 저장이나 재배 증식을 위한 표본 수집에서 이용되는 표본 추출 방법에 있다(Frankel *et al.* 1995). 그러나 씨앗의 보존은 종자 휴면을 하지 않는 약 15%의 식물(대부분이 열대식물)에서 불가능하다(Briggs와 Walters *et al.* 1997). 이런 식물들에서의 유전적 관리는 동물들에서와 같은 문제점을 다루어야 한다.

표본 추출의 두 가지 주안점은 표본의 크기와 수집한 시료가 대표성을 띄는지, 그리고 그 종의 유전적 다양성 전체를 포함하고 있는 지를 확실히 하는 것이다. 대표성은 동물에서보다 식물에서 더 중요하며, 특히 자가 수정을 하는 종에서는 그렇다. 여기에서, 유전적 다양성의 높은 비율, 특히 적응적인 유전적 변이에 대한 높은 비율은 개체군 내에서 보다 차라리 개체군 간에 분포하고 있다(13장과 17장).

일반적으로, 권고하고 있는 표본 추출법은 각 다섯 개의 떨어져 있는 취약 개체군에서 각각 10–50개체를 추출 후 개체당 1–20 씨앗을 수집하는 것이다(Falk & Holsinger 1991). 이런 표본 추출법은 동물의 사육개체군을 설립할 때도 바람직한 방법이지만, 실질적으로 시간과 재원의 제약이 있다.

초기 식물에서 강조되었던 것은 상업적으로 가치가 있는 종, 특히 재배 식물과 그들의 야생 근연종의 보존이었지만, 이전에 앞장에서 언급했듯이 멸종위기종에 대한 보존 노력이 점점 증가하고 있다(Falk & Holsinger 1991; Bowles & Wheland 1994; Falk *et al.* 1996).

증식 기술과 게놈자원은행

인공수정이나 냉동보존, 다양한 복제 기술 같은 증식 기술은 위협에 처한 종의 보존에 중요한 정보를 제공할 것이다. 멸종위기종에 대한 이런 기술의 이용은 현재 아주 제한되어 있으며 보통 가축과 혈연관계가 아주 가까운 종에서만 성공적으로 이용되고 있다(Pukazhenthi *et al.* 2006). 이런 기술들의 거의 대부분은 광범위하게 적용되기보다는 종 특이적인 조건들을 요구하고 있기 때문에 많은 연구를 필요로 한다.

증식 기술와 게놈자원은행은 유전적 관리에 중요하게 기여할 수 있지만 현재에는 제한되어 이용되고 있다.

인공수정

인공수정(AI)은 자연 상태에서 번식할 수 없는 개체들의 유전적 기여를 확보하기 위해 이용될 수 있고, 검은발담비와 치타, 자이언트 판다, 미국 흰두루미(whooping crane)에서 이용되고 있다.

냉동정자에 의한 인공수정은 적은 비용으로 유전 물질을 개체군 간에 이동하기 위해 이용할 수 있다. 그것은 또한 집단 내 상위 수컷이나 단일 수컷 외 수컷들의 정자로 암컷을 수정시킴으로써 번식 개체들 성비의 왜곡을 완화시키기 위해 이용할 수 있다.

우리가 알기로는, 위에 언급한 위협에 처한 종에서만 인공수정이 통상적으로 이루어지고 있고, 코끼리에서 이용되기 시작되었다고 한다.

인공수정은 보존에서 잠재적으로 유용한 수단이며 점점 더 많은 종에서 수행되고 있지만 현재에는 단지 몇 종에서만 보통 이용되고 있다.

냉동보존

게놈자원은행에 정자나 배(embryos)의 냉동 보관은 세대 간격을 넓힘으로써 근친교배나 유전적 다양성의 손실을 천천히 일어나게 하는 유용한 방법을 제공한다(Johnston & Lacy 1995). 위에 언급했듯이, 냉동보존한 동물의 세포나 배, 생식체는 미래 이용을 위한 유전 물질을 제공할 수 있다. 동물의 세포는 식물세포의 조직 배양처럼, 미래에 복제를 통해 개체를 재생산할 수 있는 가능성을 제공한다. 냉동보존한 생식체나 배는 식물의 종자은행에 상응한다. 그러나 동물에서는 어미 개체군이 반드시 유지되어, 수정시키거나 배아를 키우기 위해 이용할 수 있는 암컷이 있어야 한다. 몇몇의 경우에는, 혈연관계가 가까운 가축이 대리모의 역할을 할 수 있다. 이 방법은 아프리카 살쾡이와 인도 사막 고양이(집고양이에게), 큰들소(gaur, 소에게), 야생양(양에게)에서 적용되었다.

냉동보존은 각 종마다 기술이 특화되어야 하기 때문에, 현재 낮은 비율의 취약종에서만 이용이 되고 있다. 냉동보존은 식물에서 보다 일반적으로 적용되고 있는 것으로 보이며, 보다 많은 종에서 보다 직접적인 효과를 보이고 있다. 예를 들어 90종의 자생서호주식물 중 68종의 씨앗이 액체 질소에 저장한 후 발아하였다(Touchell & Dixon 1993). 정제된 DNA의 유전자은행은 연구를 위한 시료의 매우 귀중한 출처가 되지만, 살아 있는 동물 개체군에는 거의 기여를 하지 않는다(Ryder *et al.* 2000). 몇 개의 DNA 은행이 이미 존재한다. 그것들은 박물관

냉동보존은 잠재적으로 보존에서 매우 가치 있는 수단이지만, 현재에는 가축 종과 가까운 소수의 적은 종에서만 수행되고 있다. 그것은 훨씬 더 다양한 위협에 처한 식물종에 적용할 수 있다.

표본을 이용한 연구와 같은 방법으로, 미래에 유전적 다양성을 잃어버렸는지를 확인할 수 있게 해준다.

복제

복제는 보존에 도움을 줄 수 있다. 식물에서는 널리 이용되고 있지만, 현재 아주 낮은 비율의 취약 동물에서만 현재 수행이 되고 있다.

식물에서의 복제는 꺾꽂이나 조직 배양을 통해 쉽게 할 수 있고, 그럼으로써 각 개체의 많은 복제품을 만들 수 있다. 그러나 그것이 유전적 다양성의 보존을 위한 것이라면, 많은 유전형이 복제되어야만 한다. 호주에서는 모든 알려진 월레미 소나무(wollemi pine)의 야생 개체를 대상으로 복제가 이루어졌다.

동물의 경우, 다양한 종류의 가축이나 실험실 포유류, 양서류, 어류뿐만 아니라 멸종위기의 큰들소(gaur)와 들소(Banteng), 아프리카 삵, 브카르도(bucardo)의 복제를 위해 핵이식이 이용되어 왔다. 각각의 경우, 난자를 많은 가축(각각, 소, 고양이, 염소)에서 채취하고, 그것들의 핵을 멸종위기종의 핵으로 바꾼 후 그 배아를 가축에서 키우게 한다. 현재까지, 핵 이식 성공률은 매우 낮아, 수백개의 이식된 배아 중 오직 몇 마리만이 살아남았다. 몇몇 종에서의 노력은 완전히 수포로 돌아갔다. 최종 복제된 동물은 멸종위기종에서 온 핵 DNA를 가지고 있지만, 미토콘드리아 DNA는 난자를 제공한 가축의 것이다. 복제는 미래 멸종위기종, 특히 양서류와 다른 포유류 외 척추동물의 보존에 기여를 할 것이다(Holt *et al*. 2004). 예를 들어 조직과 세포주(cell lines)를 멸종위기종에서 수집하고 있으며, 후에 유전적 다양성이나 개체수를 늘리는 데 쓰일 수 있다는 희망을 가지고 냉동시키고 있다. 만약에 복제 성공률이 높아진다면, 사육개체군을 야생개체군에서 옮겨올 필요 없이 만들 수 있을 것이고, 근본적으로 유전적 다양성의 손실 없이 목표한 개체군 크기를 달성하는 데 이용할 수 있을 것이다.

쥬라기 공원: DNA로부터 멸종한 종의 소생

현재와 가까운 미래에 가능한 방법으로는 DNA로부터 멸종한 종을 부활시키는 것은 가능하지 않다. 보존 목적으로 이러한 방법의 성공 가능성에 의지하는 것은 매우 위험한 일이다.

DNA로부터 타스마니아 호랑이(Tasmanian tiger)를 소생시키는 마이클 아쳐(Michael Archer)의 제안서는 많은 관련 소식과 상당한 논쟁을 불러 일으켰다(Holt *et al*. 2004). 러시아와 일본의 과학자들은 영구동토층에 보존되어 있는 맘모스의 잔해에서 DNA를 추출, 코끼리의 난자에 삽입함으로써, 멸종된 맘모스를 복원하는 것과 관련된 연구를 진행하고 있다(Smith 2006). 타스마니아 늑대는 1932년에 멸종한 호주 타스마니아에 서식했던 육식성 유대류이다. 뼈와 에탄올에 보존된 새끼들에서 여전히 DNA를 이용할 수 있다. 개념은 DNA를 추출하고 그것을 증폭한 뒤 기능성 염색체를 만들기 위해 함께 '연결'하는 것이었다. 보존된 DNA는 많이 쪼개져 있고, 몇몇 게놈 파편은 잃어버릴 수 있다는 점에서 이 방법은 가능성이 거의 없다. 다른 한편으로, 타스마니아 주머니쥐(Tasmanian devil) 같은 근연종을 주형으로 이용할 수 있을 것이고 주머니쥐 게놈의 동일한 부분은 필요하면 타스마니아 늑대의 DNA와 대체할 수 있을 것이다. 최근의 연구들은 몇몇 좌위의 선조 DNA 염기서열을 잘 선택된 현존하는 종의 서열에서 유추할 수 있다고 말하고 있고, 몇몇 연구들은 기능성 산물을 생산할 수 있다는 것을 증명하고 있다(Holmes 2005; Hall 2006).

제안된 작업의 첫 단계일지라도, 대리모는 반드시 구해져야 한다. 그 다음 소생한 DNA를 핵을 빼낸 대리모의 난자에 삽입한 뒤 대리모의 자궁에 착상시켜 발생시킨다. 이 모든 단계에서 성공률은 낮으며, 전체 사업비용은 매우 비쌀 것이다. 현재까지, 약간의 질이 안 좋은 타스마니아 늑대 DNA만 얻었으며, 이는 전체 게놈에서 아주 낮은 비율에 불과하며(D. Colgan per. comm.), 이 일을 처음 시작한 호주 박물관은 이 프로젝트에 대한 일을 끝냈다. 예측 가능한 미래에 그런 가능성이 존재할 것이라는 가정을 바탕으로 보존에 대한 결정을 하는 것은 매우 위험한 일이다. 또한 기술이 종을 소생시킬 수 있으므로 종이 멸종해도 된다고 생각하는 것도 매우 위험한 발상이다.

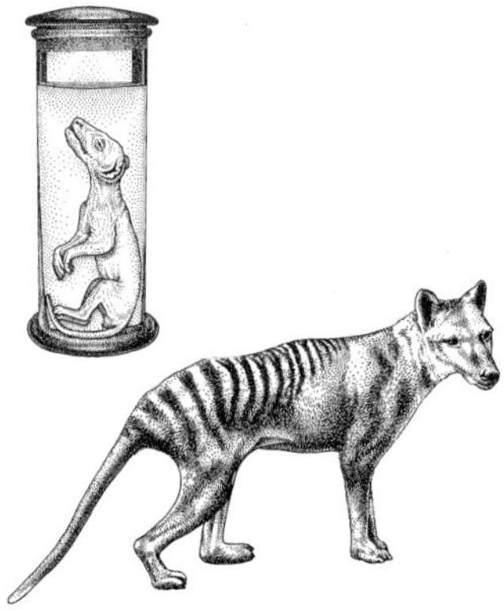

타스마니아 늑대

멸종위기종에서 유전병의 관리

플로리다 팬더와 갈기늑대(maned wolves)의 하강고환(undescended testes)이나 캘리포니아 콘도르의 왜소증(dwarfism), 황금사자타마린의 탈장(hernias), 붉은목여우원숭이 새끼의 무모증(hairless), 프르체발스키말의 비타민 E 흡수불량, 곰과 라쿤, 호랑이의 백화현상, 코알라의 고환소실과 같이, 적은 수의 창시자에서 유래한 많은 멸종위기 개체군은 유전병을 보인다(Ryder 1988; Roelke *et al.* 1993; Laikre 1999; Seymour *et al.* 2001). 각각의 경우, 작은 개체군에서 유해한 대립유전자가 상대적으로 높은 빈도로 부동되었다.

적은 창시자로 시작한 멸종위기종의 개체군은 다소 높은 빈도로 유전적 장애를 보일 것이다.

관리 옵션은 해로운 조건을 제거하거나, 그것의 표현형 빈도를 최소화 하거나, 그냥 그것을 무시하는 것이다. 초기에는 위협에 처한 종 개체군에서 선천적 결함을 제거해야 할 것처럼 보인다. 하지만, 이것은 번식 개체군에서 개체가 제거되어야 하는 비용을 지불해야 하고, 이것은 유전적 다양성의 손실이나 근친교배율의 증가로 이어질 것이다. 결과적으로, 자세한 손익 분석이 수행되어야 할 것이다.

만약에 결손 유전자가 우성이라면, 간단히 그것을 가지고 있는 개체를 없앰으로써 한 세대 안에 그것을 제거할 수 있을 것이다. 그러나 대부분의 결손 유전자는 열성이고, 대부분의 결손 대립유전자쌍은 이형접합사이다. 결과적으로, 계통도를 바탕으로 한 의심되는 보유자의 제거는 그들의 유전적 다양성과 함께, 불가피하게 높은 비율의 멸종위기 개체군을 제거가 될 것이다. 캘리포니아 콘도르의 연골발생장애(chondrodystrophy)가 그 경우이다(Box 19.2). 여기서 권고하는 것은 잠재 보유자 사이의 교배를 피하고, 영향 받은 자손을 낳은 개체들을 재교배함으로써, 영향 받은 개체의 빈도를 줄이는 것이다. 그러나 만약에 보유자를 찾아낼 수 있는 분자적 접근법이 고안된다면, 결손을 제거하는 유전적 비용을 최소화 할 수 있을 것이다.

캘리포니아 콘도르

Box 19.2 캘리포니아 콘도르에서 유전질병의 관리 (Ralls *et al.* 2000; Ralls & Ballou 2004)

우리는 하디-와인버그 평형 하에서 열성 연골발생장애 대립유전자가 0.17의 빈도를 가지고 있는 것을 측정하였다(예 4.5). Rall *et al.*(2000)은 유전자 드롭 분석(gene drop analysis)을 이용해 0.09의 값을 얻었다(그것은 단지 알려진 보유자와 그 친척의 대립유전자만 차지한다). 정확한 측정값은 0.17과 0.09 사이일 것이지만, 그 차이가 최종 관리 방안의 결정에는 영향을 미치지 않는다. 간단하게 하기 위해, 우리는 아래 빈도 계산에서 앞의 측정값을 이용할 것이다.

모든 영향 받은 개체들이 죽으면서, 자연선택에 의해 대립유전자의 빈도는 부화 시 17.2%에서 이후 생존 개체들에서 14.7%로 감소할 것이다. 무작위 교배로, 다음 세대 영향 받은 개체들의 기대 빈도는 $q_1^2 = 0.147^2 = 2.2\%$ 이다.

그러나 알려진 보유자와 의심되는 보유자 사이의 교배를 피함으로써, 표현형 빈도를 더 줄일 수 있을 것이다. 그러나 영향 받은 새끼를 갖던 번식쌍을 분리시켜 보유자일 위험성이 낮은 개체들과 짝을 지어 줌으로써 갓 부화한 새끼에서 영향 받은 개체의 빈도를 낮게 유지할 수 있을 것이다.

가계도에 대한 자세한 조사에 의하면 다음 세대에 그 유전자의 빈도를 0까지 떨어뜨리는 것이 가능하지만, 이것은 현재 번식 집단인 146 콘도르 중에서 77마리를 제거해야 하는, 멸종위기종에게는 너무 큰 비용을 필요로 한다. 결과적으로 연골발생장애 대립유전자를 제거하는 것은 현명하지 못한 것으로 간주되었다. 아래 그림은 대립유전자 빈도나 유전적 다양성에 대한 의심 보유자 제거의 영향을 보여 준다(Ralls *et al.* 2000).

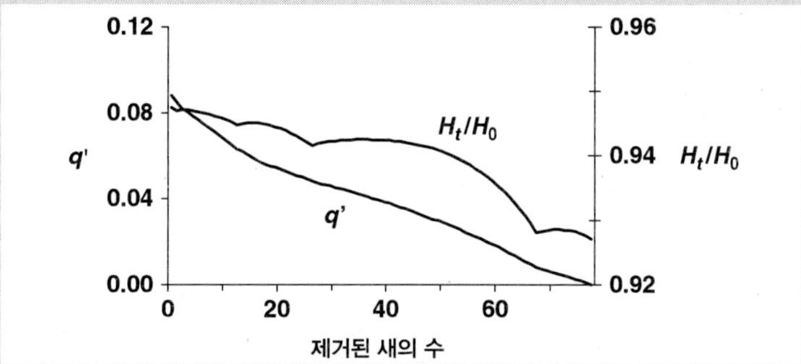

4마리의 영향 받은 개체를 낳은 번식쌍은 분리되어 각각 *dw* 대립유전자가 없을 것으로 추정되는 다른 개체들과 짝을 지었다. 짝은 현재 영향 받은 개체를 생산할 위험성이 최소화되도록 지어졌고, 동시에 평균혈연관계를 최소화함으로써 유전적 다양성의 유지를 최대화하고 있다.

요약

1. 멸종에서 구하기 위해 많은 종을 사육번식을 해야만 한다.
2. 사육번식 프로그램에서 유전적 목표는 사육하에서 일어날 수 있는 치명적인 유전적 변화를 최소화 하는 것이다.
3. 사육개체군은 근친교배약세나 유전적 다양성의 손실, 악성 돌연변이의 축적, 사육에 대한 유전적 적응(야생으로 재도입시 적응력을 약화시킴) 등으로 인해 유전적으로 악화된다.
4. 개체군에서 적절한 유전적 기반을 확립하기 위해 최초 사육개체군은 최소 20–30 마리의 실질적 창시자를 가지고 만들어져야 한다.
5. 사육 조건 하 멸종위기종에서 유전적 다양성의 유지를 최대화하기 위해 평균 혈연관계를 최소화 할 것을 권고한다.
6. 가계도를 모르는 집단번식 종에서는 집단 근친교배를 최대한 피할 수 있는 번식 방법을 권고한다.
7. 인공수정이나 냉동보존, 복제같은 기술들은 미래에 사육개체군의 유전적 관리를 증진시킬 잠재력이 있지만, 현재의 이용은 제한되고 있다.
8. 적은 창시자로부터 만들어진 개체군에서는, 우연히 아주 드문 악성 대립유전자가 상대적으로 높은 빈도로 늘어날 수 있다. 그런 상황에 대한 적절한 관리 방안을 결정하기 위해서는 자세한 손익분석이 필요하다.

추가적인 읽을거리

Ballou *et al.* (1995) *Population Management for Survival and Recovery*. Advanced treatment of topics relating to captive breeding and reintroduction; see especially the chapters by Ballou & Lacy and Prince′e.

Ballou *et al.* (2009) Review on genetic and demographic management of captive populations.

Botting (1999) *Gerald Durrell*. An entertaining and informative biography of the person who promoted the roles of zoos in both ex situ and in situ conservation.

Center for Plant Conservation, USA. www.centerforplantconservation.org

Conservation Breeding Specialist Group, IUCN. www.cbsg.org/

Holt et al. (2004) Review on the potential role of cloning and assisted reproductive technologies in conservation.

ISIS Studbook CD. Contains studbooks data for many threatened species. Available through ISIS member institutions.

Kleiman *et al.* (2009) *Wild Mammals in Captivity*. Reviews on most aspects of managing captive populations of mammals in zoos.

WAZA (2005) *Building a Future for Wildlife: The World Zoo and Aquarium Conservation Strategy*. www.waza.org

소프트웨어

MateRX: Software designed to aid in choosing which pairs to breed (Ballou *et al.* 2001). www.vortex9.org/materx.html

PMx: Genetic and demographic management software (Pollak *et al.* 2009). www.vortex9.org/pm2000.html

SPARKS: Studbook management software (Scobie 1997).

VORTEX: Population viability analysis software that allows modelling of genetic management of captive populations (Lacy et al. 2005).
www.vortex9.org/vortex.html

Zoological Information Management System (ZIMS): New generation of animal records keeping software that is under development.

ZooRisk: Used to evaluate the degree of endangerment of captive populations from-demographic, genetic and management processes (Earnhardt et al. 2005).
www.lpzoo.com/conservation/what_we_do/projects/ZooRisk/zoorisk.html

문제

19.1 사육번식. 어떠한 방식으로 인해 사육 개체군이 유전적으로 악화되는가?

19.2 혈연관계. 다음 계통도에서 개체 G와 H의 친족 계수는 무엇인가?

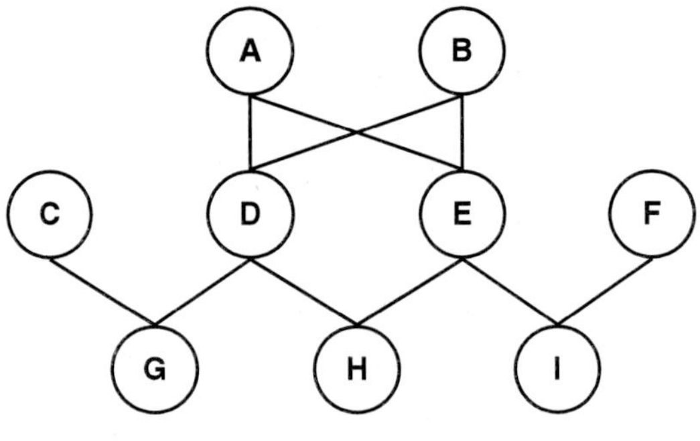

19.3 혈연관계. 예 19.1에서 텔마와 리타의 혈연관계를 계산하시오.

19.4 혈연관계. 예 19.1에서 텔마와 그녀 자신의 혈연관계를 계산하시오.

19.5 예 19.1에서 리타의 평균혈연관계를 계산하시오.

19.6 집단번식방법. 네 개의 개체군을 대상으로 한 집단번식방법에서, 처음 두 세대에서 권고하는 짝짓기 방법과 결과적인 개체군의 유전적 구성을 보여 주시오.

19.7 복제. 식물 보전에서 복제의 역할은 무엇인가? 현재 동물의 보전에서 복제의 역할은 무엇인가? 향후 20년 동물 보전에서 복제가 할 것으로 보이는 역할은 무엇인가?

19.8 유전병의 관리. 전체 125마리의 붉은목여우원숭이 사육개체군은 7마리의 조상에서 기인하였고, 그 중 3마리가 현 개체군 유전자의 70% 이상에 기여하였다. 몇몇 근친교배한 가족들은 상염색체 열성으로 인한 무모증 때문에 분리시켰다(Ryder 1988). 당신은 이 상황을 유전적으로 어떻게 처리할 것인가? 사육개체군에서 열성유전자가 10%의 빈도로 일어난다고 가정한다.

20장

재도입을 위한 유전적 관리

사육개체군은 재도입을 위한 개체들의 공급원이 된다. 재도입은 야생에서 높은 생식 적응을 도와 풍부한 유전적 다양성으로 스스로 유지 가능한 개체군을 수립해야 한다.

용어

재도입(Reintroduction)
부양증식(supportive breeding)

사육되거나 또는 증식되어 야생으로 재도입된 다양한 종류의 멸종위기종들: 마우나케아 은검초(하와이)와 캘리포니아 콘도르, 검은발족제비(북아메리카) 프르체발스키(몽고), 아라비아 오릭스

재도입

위협에 처한 종들의 많은 사육개체군은 야생으로의 최종적인 재도입 옵션을 유지하도록 관리가 되고 있다.

몇몇 보존 프로그램에서 사육개체군의 중요한 역할은 재도입을 위해 동물을 공급하거나 현존 야생개체군을 보충하는 것이다. 몇몇 재도입은 단지 짧은 기간의 사육 이후 이루어지지만(예, 검은발족제비, 캘리포니아 콘도르, 로드하우숲뜸부기), 많은 경우 오랜 사육 기간 후 이루어질 것이다. 야생 서식지가 파괴되었거나, 위협원(original threatening)이 여전히 존재하기 때문에, 현재 대부분의 종에서 재도입을 위한 상황이 좋지 않다. 많은 경우, 향후 100~200년 뒤에 그들을 재도입할 수 있기 전에 인간 개체군의 감소와 뒤따르는 야생 서식지의 이완이 필요하다(Soulé *et al*. 1986). 그럼에도 불구하고, 많은 사육번식 프로그램들은 그 옵션을 유지하기 위해 충분한 수준의 유전적 다양성과 인구통계학적 생존력을 유지하는 것을 목표로 한다.

황금사자타마린은 가장 대규모로 관리되는 사육번식, 재도입 프로그램임에 틀림없으며, 많은 관련된 문제들을 보여 준다(Box 20.1).

앞장에서, 우리는 최초 창시에서 유지까지 사육종의 유전적 관리에 관한 문제들을 논의하였다. 여기서, 우리는 사육동안 유전적 변화를 제한함으로써, 재도입 개체군의 장기 생존력을 최대화할 수 있는 방법에 집중할 것이다. 더 나아가, 우리는 재도입의 실질적인 문제 — 어떤 그리고 얼마나 많은 개체들이 방사되어야 하는가 그리고, 어디에, 얼마나 많은 야생 개체군이 재수립되어야 하는가, 새로운 개체군에 어떤 관리가 이루어져야 하는가 — 를 살펴 볼 것이다.

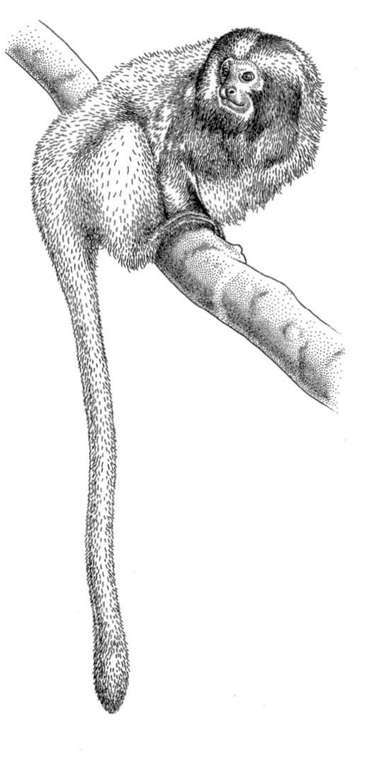

Box 20.1 사육, 재도입, 야생 황금사자타마린 개체군의 유전적 관리 (Ballou & Lacy 1995; Grativol *et al*. 2001)

황금사자타마린은 브라질에 서식하는 자고나무에 사는 일부일처제의 영장류이다. 타마린 수는 줄어들었고, 그들의 서식지인 대서양쪽 열대우림이 쪼개지고 원래의 지역의 2% 미만으로 감소하면서 이 종은 멸종위기종이 되었다. 황금사자타마린 보존 프로그램은 스미소니안 국립 동물원과 황금사자타마린 보존 협회, 브라질 정부가 참여한 공동 과제이다. 이 것은 가장 큰 국제 사육 번식과 재도입 프로그램으로, 사육 번식과, 재도입, 이동, 야생 타마린의 생태에 대한 연구, 서식지 복원, 지역 환경 교육을 통합한다(Kleiman & Rylands 2002).

사육개체군은 전 세계 154개의 동물원에 흩어져 있는 약 500여 마리의 개체들로 구성되어 있다. 평균혈연관계에 의한 유전적 관리의 개념은 원래 이 복잡한 개체군을 위해 개발된 것이었다. 비록 이 개체군은 48마리의 창시자에서 내려온 것이지만, 유전적 관리 이전, 약 3분의 2의 유전자가 단지 번식력이 높은 한 쌍에서 비롯되었다(아래 계통도를 보시오). 그러나 이후의 철저한 유전적 관리로 인해, 지금은 근친교배율이 겨우 2.6%이다.

야생개체군은 18개의 고립된 개체군에 퍼져 있는 약 1,600개체들로 구성되어 있으며(지도 참조), 가장 큰 것은 약 390마리의 타마린이 있는 포코다스안타스 생물보호구역(Poço das Antas Biological Reserve)이다. 가장 심각하게 위협받는 개체군의 개체들을 새로이 만들어진 보호구역으로 옮겨서 두 번째로 큰 보호개체군을 수립했다. 분자 분석은 작은 개체군들이 유전적 다

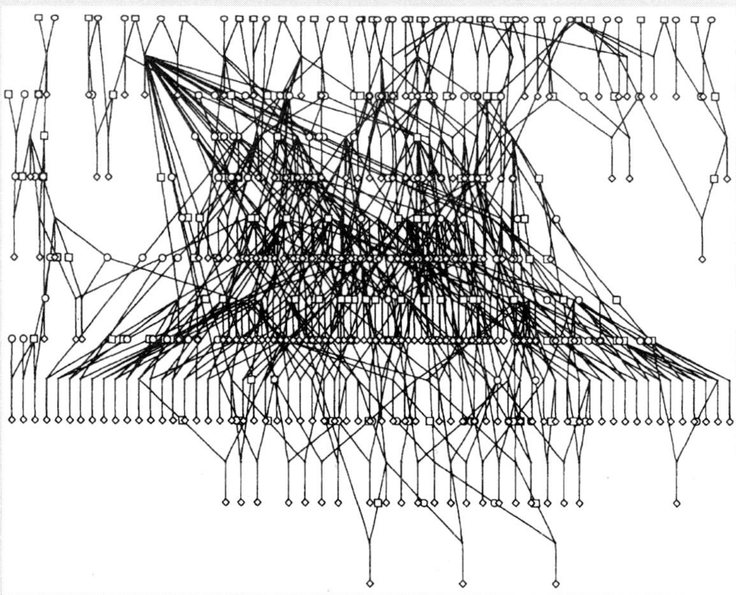

양성을 잃었고, 유전적으로 서로 분화되었다는 것을 보여 주었다. 이 종에서는 근친교배가 새끼의 생존율을 떨어뜨리기 때문에, 이러한 정보는 근친교배를 최소화하고, 전체 개체군의 유효 크기를 최대화하기 위해 고립된 서식지들 사이에 정기적인 이주 프로그램을 입안하는 데 쓰일 것이다(Fig. 13.1). 더 나아가, 21개의 서식지 연결 통로가 파편들을 연결하기 위해 만들어 지고 있다(A. M. de Godoy Teixeria pers. comm.).

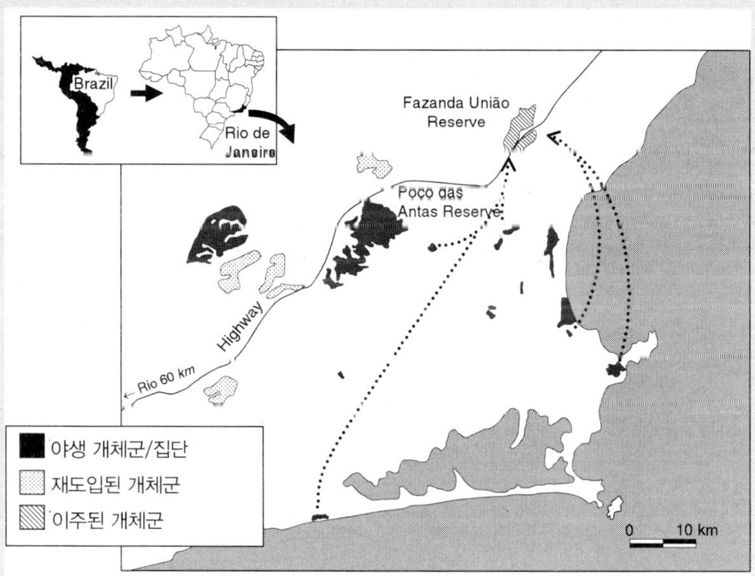

재도입 프로그램은 그들이 과거 서식하던 지역에 개체군을 재수립하기 위해 1983년 시작되었다. 총 153마리의 타마린이 방사되었고, 재도입된 개체군은 번성하여 매년 25%의 성장률을 보이며 2005년 말에는 530에서 750마리 사이에 이르렀다. 아래 그림의 재도입 수는 재도입된 년 말에 살아 있던 개체들의 수를 나타낸다.

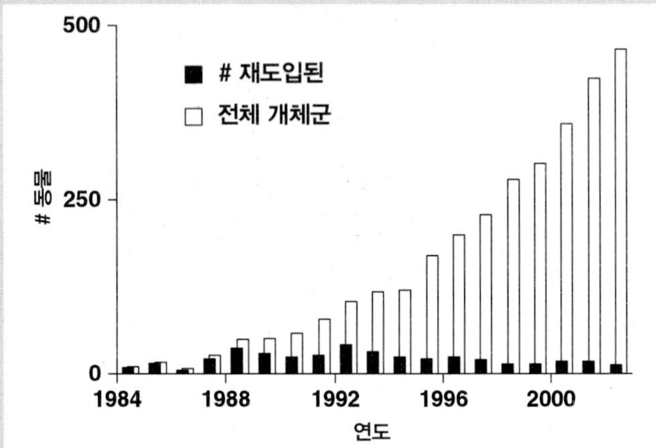

재도입 개체군은 유전적으로 동물원 개체군에서 하는 것처럼 관리된다. 최근까지, 주간 모니터링을 통해 부모 식별이나, 출생, 사망일, 무리간의 분산 등을 추적했다. 이 정보들은 혈통서 데이터베이스에 기록되고, 개체군간의 혈연관계를 확인하기 위해 쓰인다. 재도입과 사육 두 개체군의 계통도를 바탕으로, (a) 사육개체군에게 유전적으로 가치가 있는 동물들이나 (b) 이전에 재도입된 동물들과 유연관계가 가까운 개체들의 방사를 피할 수 있게 된다. 추가적인 재도입은 재도입 개체군이 성장하여 수용한계에 다다름에 따라 보류되었다.

유감스럽게도 몇몇 프로그램에서는 방사 옵션이 중요하게 여겨지지 않는다. 이것은 아마도 '절망적인 정책'으로 여겨질 것이다. 우리는 재도입이 사육번식종 대부분에 대해 최후의 목적으로 남아 있어야 한다고 주장한다. 그러나 재도입의 성공은 사육 중 유전적 저하에 의해 위태롭게 되므로, 이런 유전적 건강의 손실을 완화하기 위한 관리 프로그램들이 반드시 이행되어야 한다.

재도입 성공에 영향을 주는 사육 중 유전적 변화

근친교배약세와 유전적 다양성의 손실, 사육에 대한 유전적 적응, 자연 선택의 완화 그리고 새로운 유해 돌연변이의 축적이 재도입 성공률을 감소시킨다.

지금까지, 우리는 원래 자연 개체군의 감소 동안 유전적 저하와 사육 개체군의 설립과 성장, 유지기 동안의 유전적 저하에 대해 고찰하였다. 이번 장에서, 우리는 사육 상태에 대한 유전적 적응의 영향과 그것을 최소화 할 수 있는 방안에 대해 숙고해 볼 것이다. 야생에서 사육실로의 이동은 엄청난 환경 변화를 의미하며, 개체군에 작용하는 선택압의 변화를 나타낸다. 개체군은 그들의 새로운 환경에 적응하기 위해 진화할 것이지만, 그런 적응은 개체군이 야생으로 돌아갈 때, 불가피하게 해롭게 작용할 것이다(아래 참조).

사육 개체군과 재도입 개체군에 대한 근친교배약세의 영향과 유해 돌연변이의 축적, 사육에 대한 유전적 적응으로 인해 예상되는 생식적응력과 유효개체군 크기(N_e)의 관계가 그림 20.1에 있다. 근친교배약세나 유전적 다양성의 손실, 돌연변이 축적의 효과는 모두 큰 개체군에서 보다는 보다 작은 개체군에서 더 심각하며, 사육 환경보다 야생에서 더 가혹하다. 반대로, 사육에 대한 유전적 적응은 작은 개체군보다 더 큰 개체군에서 더 크다(8장과 11장). 이것이 비록 사육하에 있는 개체군에게 이득이 되지만, 그것의 유해한 효과는 개체군을 야생으로 돌려보낼 때 심각할 것이다. Fig. 20.2의 실험 결과는 Fig. 20.1의 기본 예측을 확증한다.

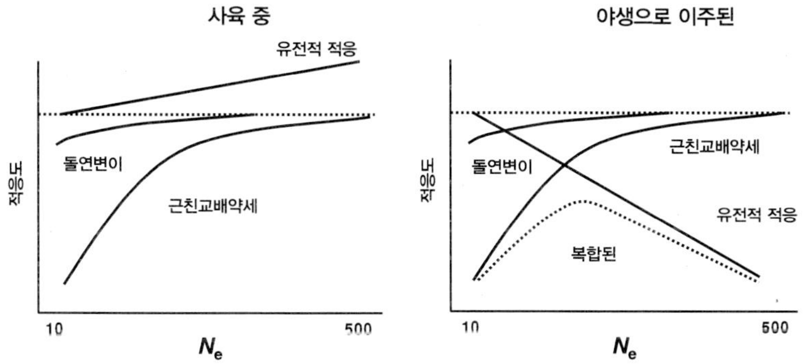

Fig. 20.1 사육 중 유전적 저하와 그것이 재도입 성공에 미치는 영향: 근친교배약세와 유해 돌연변이의 축적, 사육에 대한 유전적 적응의 영향으로 인한 생식 적응도와 유효개체군 크기(N_e)의 기대되는 관계. 사육 조건하에서의 생식 적응도는 왼쪽에 보여 지고 있고, 야생으로 이주시킨 사육개체군은 오른쪽에 보이고 있다. 직선의 점선은 큰 야생개체군 하나의 적응도이다. 복합된 곡선은 근친교배약세와 사육에 대한 유전적 적응의 축적된 영향이다. 장기간의 시간 틀이 고려되었다(약 50세대).

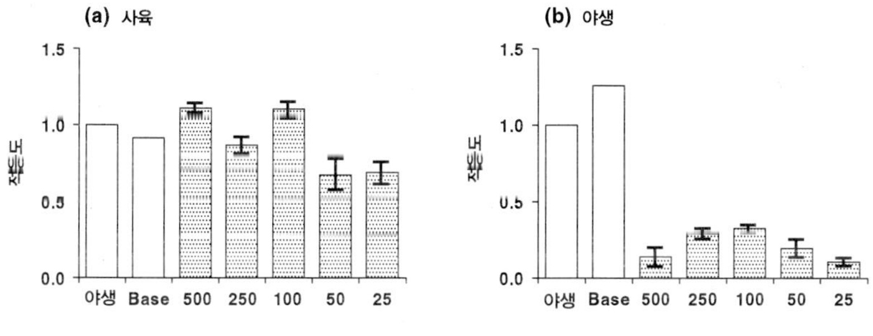

Fig. 20.2 '야생'으로 옮겨진 개체군의 사육 중 유전적 저하와 그것이 생식 적응도에 영향(Woodworth *et al*. 2002). 초파리 개체군 50번째 세대의 생식 적응도는 유효개체군 크기 25와 50, 100, 250 및 500의 안정적인 사육 조건에서 유지가 되었다. 사육 조건하에서의 적응도는 근친교배약세에 의해서 줄어들었지만 사육에 대한 유전적 적응에 의해 증가하여 더 작은 개체군에서 가장 낮은 적응도를 갖게 되었다. 밀집되고 경쟁적인 '야생'의 조건에서는 근친교배약세와 야생에서는 치명적일 수 있는 사육 환경 조건에 대한 유전적 적응으로 인해 모든 처리에서 감소하였다. 이 개체군들에서는 새로운 유해 돌연변이의 축적으로 인한 것은 발견되지 않았다(Gilligan *et al*. 1997).

사육에 대한 유전적 적응

사육에 대한 유전적 적응은 개체군들이 야생으로 돌아갈 때 압도적으로 유해하다.

사육하에서의 진화적 적응은 다윈 시대부터 인식되어 왔다. 최근까지 그것은 사육 번식에서 사소한 문제로 취급되어 왔다. 지금은 재도입 성공의 주요 위협이 될 수 있다는 것을 보여 주는 증거가 있다(Frankham 2008).

야생개체군을 사육 조건으로 데려오면 자연선택의 힘이 바뀐다. 개체군은 자연적으로 또는 의도하지 않게 구애하고, 짝짓고, 번식하고 발달하는 개체들의 능력이 사육환경에서 선택된다. 영양이나 가젤, 캥거루, 왈라비 같은 동물의 난폭한 성질은 그런 성질을 가진 개체가 울타리 등에 부딪쳐 죽으면서 선택, 제거된다. 유순함은 몇몇 사육자들이 적극적으로 선호하는 것이다. 먹이 사냥이나 포식자 회피는 더 이상 긍정적으로 선택되지 않았다. 한편 수의학적 치료와 위생관리는 질병이나 기생충 저항에 대한 대부분의 선택압을 없앤다.

사육에 대한 적응은 포유류와 어류, 곤충, 식물을 포함하는 모든 이종교배(outbreeding)종들에서 확인이 된다(Frankham 2008 참조). 변화의 정도는 매우 클 것이다. 큰배추흰나비(large white butterfly)는 사육하에서 100−150세대를 거치면서 생식력이 13배 증가하였고, 들쥐는 25세대를 지나면서 생식력이 3배 증가하였고, 60세대 동안 적응도가 거의 배로 증가하였다.

이런 적응은 칠면조나 양서류, 식물, 그리고 많은 물고기와 생물학적 방제 곤충에서 보고되듯이, 사육개체군을 야생으로 돌려보낼 때 불가항력적으로 해롭게 작용한다(Frankham 2008 참조). 예를 들어, 야생으로 돌려보내진 부화장 물고기 무리의 평생 번식 성공률(lifetime reproductive success)은 야생의 어미들에 비해 매 세대마다 38%씩 기하급수적으로 감소했다(Araki *et al*. 2007). 더 나아가, Myers와 Sabath(1980)는 생물학적 관리의 성공은 사육하에 있던 시간과 반비례한다고 보고하였다.

사육에 대한 유전적 적응은 주로 과거와 야생에서는 희귀하고 치명적이었지만, 이는 사육하에서 선호되어진 대립유전자 때문으로 보인다(Frankham 2008). 예를 들어, 검정파리(screwworm fly)에서 낮은 효소 활성의 희귀한 α−글리세로인산 탈수소효소 대립유전자의 빈도가 사육하에서 현저하게 증가하였지만, 손상된 비행 능력의 결과로 인해 야생 적응값이 감소하였다(Bush *et al*. 1976).

사육에 대한 유전적 적응의 최소화

사육에 대한 유전적 적응은 사육 중 세대수를 제한하거나 선택의 정도와 사육개체군 수를 제한함으로써 줄일 수 있다.

사육에 대한 유전적 적응이 재도입 성공여부에 부정적인 영향을 준다면, 그것의 효과를 최소화하는 방안을 고안하는 것은 중요한 일이다. t 세대 후, 크기가 N_e인 개체군에서 사육에 대한 유전적 적응(GA_t)은 (방정식 15.5):

$$GA_t \sim Sh^2 \sum \left(1 - \frac{1}{2N_e}\right)^{t-1}$$

에서와 같이 예견이 된다. 여기서 S는 선택 차이(selection differential)를, h^2는 유전율(heritability)을 나타낸다.

결과적으로, 적응되는 것은 다음을 최소화함으로써 줄일 수 있다:

- 사육 중 세대의 수 (t)
- 사육 중 선택의 크기(s)
- 개체군 내 유전적 변이(h2)
- 사육 개체군의 크기(Ne)

만약에 야생 개체군에서의 이입이 가능하다면(거의 그렇지 않지만), 유전적 적응을 다음과 같이 함으로써 최소화 할 수 있다:

- 특히 최근의 개체군에서, 야생에서 이입한 개체의 비율을 최대화 함.

유전적 적응을 최소화하는 가장 효율적인 방법은 사육 세대의 수를 제한하는 것이다. 이 방법은 식물에서 휴면 종자의 저장을 통해 널리 실행되고 있다. 2006년 초 현재, 밀레니엄 종자 은행 프로젝트는 14,000종 이상의 씨앗을 저온 저장하고 있다(www.kew.org/msbp/index.htm). 종자를 저장하는 것은 또한 미국 식물보존센터의 프로그램 중 주역할을 하고 있다(www.centerforplantconservation.org).

사육 세대의 최소화는 또한 냉동보존을 통해 달성할 수 있다(Johnston & Lacy 1995). 이것은 종 간의 기술 이전이 쉬운 식물에서는 가능한 옵션이다(Touchell & Dixon 1993). 그러나 냉동보존은 소수의 동물 종에서만 적용할 수 있으며, 대부분이 가축과 유연관계가 아주 가까운 종들이다(19장). 나이 든 동물들을 번식에 이용하여 세대 간 간격을 넓힐 수 있지만, 대개 비현실적이다. 왜냐하면 보통 어릴 때 번식을 하지 않던 동물들은 나이 들어서도 번식을 잘하지 못하기 때문이다(19장).

사육 중 세대의 수를 줄이는 것은 로드하우숲뜸부기과 검은발담비, 캘리포니아 콘도르에서 이용되고 있다. 반대로, 사불상(Père David's deer)은 몇 백 년 동안 사육되고 있으며, 프르체발스키은 20세기 대부분을 사육 조건 하에 있다.

사육 환경을 야생 환경처럼 만듦으로써 선택을 최소화 할 수 있다. 그러나 사육 번식에서 가혹한 자연 환경을 복제한다는 것은 비현실적이다. 최우선은 포식자를 제거하고, 기생충과 질병을 최소화하여 온화한 환경을 제공함으로써 안전하고 생산력 있는 위협에 처한 종의 개체군을 수립하는 것이다.

유전적 적응은 또한 창시자 대립유전자에 동등한 대표성을 부여하고, 선택적인 번식을 피하도록 개체군을 관리함으로써 줄일 수 있을 것이다. 평균혈연관계를 이용한 유전적 관리는 선택의 강도를 반감시킬 수 있다. 이것은 초파리에서 증명이 되었지만, 그것이 야생 적응에 중요한 이점으로 이어지지는 않았다(Frankham *et al*. 2000; Frankham 2008).

혈연관계를 최소화함으로써 사육에 대한 유전적 적응을 반으로 줄일 수 있다.

사육 중 유전적 적응을 최소화하기 위한 방법으로서의 개체군 파편화

개체의 교환이 종종 있는 개체군의 파편화는 사육에 대한 유전적 적응을 줄일 수 있고, 동일한 전체 크기인 하나의 개체군보다 더 높은 전체적인 유전적 다양성을 유지할 수 있다

재도입될 종을 위해 이용할 수 있는 가장 좋은 사육 관리는 무엇인가? 큰 개체군도, 작은 개체군도 유전적 다양성을 유지하고, 동시에 근친교배약세를 피하

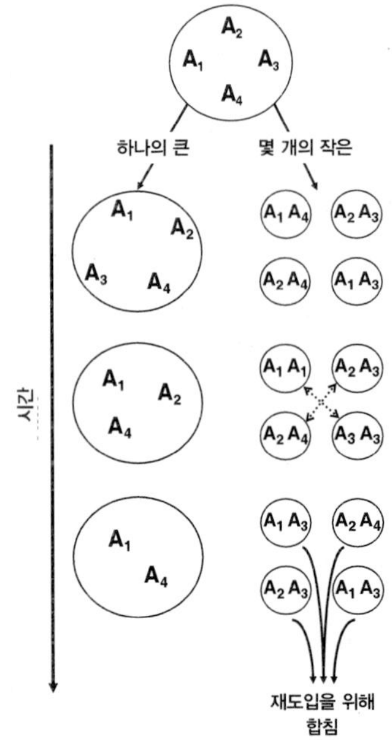

Fig. 20.3 하나의 큰 또는 여러 개의 작은: 사육개체군에 대한 상대적인 유전적 관리 방안. *여러 개의 부분적으로 고립되고 파편화된 아개체군은 합쳐졌을 때 동일 크기로 하나의 큰 개체군에 비해 보다 더 유전적 변이를 유지하고 있고 사육에 대한 유전적 적응을 덜 보이며, 더 낮은 근친교배 계수를 갖고 있다.*

며, 사육 중 유전적 적응을 피하는 것에 이상적이지 않다(Fig. 20.1 참조).

절충안은 전체적으로는 하나의 큰 개체군을 유지하면서, 그것을 부분적으로 분리된 하위 개체군들로 쪼개는 것이다(Fig. 20.3). 유전적 적응은 파편화로 인해 줄어들지만 근친교배를 증가시킬 것이다. 하위 개체군들은 근친교배가 우려할 만한 수준에 이를 때까지 처음에는 따로 관리한다. 이것은 *F*값이 0.2에 다다를 때쯤 일어날 것이다. 하지만, 이전에 적응도 저하의 조짐을 파악하기 위해 개체군을 모니터링 해야만 한다. 그 후 하위 개체군들 사이에 이주 개체들을 서로 교환한다. 다시 하위 개체군들을 근친교배가 축적될 때까지 독립적으로 유지시킨다. 이런 구조는 전체 크기는 같지만 하나의 개체군인 경우 보다 높은 유전적 다양성을 유지하고, 사육에 덜 치명적인 유전적 적응을 보이게 할 것으로 기대된다. 낮은 하지만 허용할 수 있는 수준의 근친교배약세가 있을 것이다.

모든 하위 개체군을 합쳤을 때(예, 재도입을 위한 동물을 생산하기 위하여) 합친 개체군은 같은 크기의 하나의 큰 개체군에서 보다 더 낮은 수준의 근친교배와 높은 유전적 다양성을 보유하고 있을 것이다. 이러한 예견들은 초파리 실험에서 증명되었다(Fig. 20.4). 파편화를 이용하는 데에 있어서 중요한 요구 사항은 어떤 하위 개체군도 죽어 없어지지 말아야 한다는 것이다. 그러므로 그것은 개체군이 멸종할 확률을 낮게 유지할 수 있는 사육하에서 이용할 수 있고 멸종 확률이 높은 야생 개체군에서는 적용하기 어렵다.

또한 이런 구조는 사육 번식 중 다른 요구 사항도 충족시킨다. 파편화 구조는 덜 빈번한 이주를 포함하고, 비용을 경감시키며 부상과 질병 전염의 위험을 감소시킨다.

어떻게 파편화된 구조를 구현시킬 것인가? 처음에는 유전적 관리를 위한 기관들 간 동물의 이동을 중지시키는 한편, 기관 내 개체군들은 평균혈연관계를 최소화하게 관리하는 것을 생각해 볼 수 있다. 근친교배 수준이 약 0.2에 이를 때 가까운 동물원들 사이에, 예를 들어 모든 번식 수컷들처럼, 동물들을 교환한다. 새로운 이종 교배 개체군은 다시 근친교배율이 약 0.2로 올라갈 때까지 독립

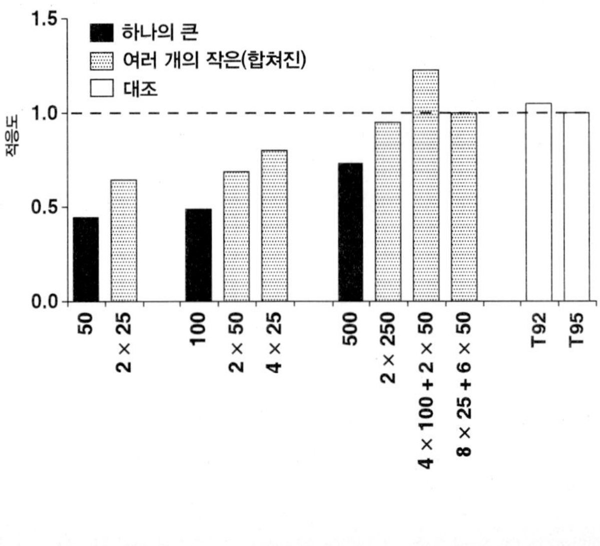

Fig. 20.4 재도입을 목표하고 있는 개체군의 사육 관리를 위한 개체군 파편화의 실험적 평가. 이전에 안정적인 사육 조건에서 50세대동안 유지되었던 초파리 개체군의 야생 조건하에서의 생식 적응도가 하나의 큰 개체군과 전체 크기가 같은 여러 개의 작은 개체군이 합쳐진 경우와 비교하여 보여 주고 있다. 여러 개의 작은 개체군은 50세대 후에 합쳐졌다(Margan *et al*. 1998). 모든 경우에서, 적응도는 하나의 큰 개체군에서 보다 여러 개의 작은 개체군이 합쳐진 경우에 더 컸다.

적으로 관리된다. 그 다음, 보다 멀리 떨어져 있는 동물원들 사이에 동물들을 교환한다. 그 과정은 집단에서의 근친교배 최대회피와 비슷하다(Box 19.1). 동물 전송 사이에 세대의 수는 각 개체군의 N_e에 달려 있으며, 큰 개체군보다 작은 개체군에서 보다 빈번할 것이다.

이미 이 과정은 많은 사육번식 프로그램의 지역화로 인해 광범위한 규모에서 일어나고 있는 것으로 보인다. 대부분의 동물 전송은 지역 내에서 일어나며 지역 간의 교환은 오직 유전적 다양성이 낮아졌을 때에만 수행된다.

이 전략이 공식적으로 승인된 것은 아니지만, 개념적으로나 실질적으로 장점을 가지고 있다.

재도입 개체군에서 사육에 대한 유전적 적응으로 부터의 회복

N_e =500으로 50세대 동안 사육하에 있다가 "재도입" 개체군이 된 후 야생개체군 적응도의 단지 14% 만을 가졌다. 그러나 이후 12세대를 거치면서 다섯 배나 증가하여, 야생개체군 적응도의 70%에 이르렀다(Woodworth *et al*. 2002). 자연선택은 개체군들이 유전적 다양성을 가지고 있고 유지한다는 가정 하에, 모든 도입 개체군들에서 비슷한 방법으로 작동할 것이다.

유전적 다양성이 있고 개체군이 야생에서 유지될 정도로 충분한 생식 적응도를 가지고 있다는 가정 하에, 야생에서의 자연선택은 사육하에서 일어났던 유해한 적응에 반하여 작동할 것이다.

재도입을 위한 유전적 관리

재도입을 계획할 때 실질적으로 고려해야할 사항이 많이 있다. 유전적인 면은 몇몇 결정에 있어서 상대적으로 작은 부분을 차지하고 있지만(Kleiman *et al*. 2009), 종종 그러하듯이, 무시해서는 안 된다. 모든 부분이 심사숙고된다면 성공률이 더 높아질 것이다. 유전적인 면은 다음과 같이 기여할 수 있다:

- 재도입을 위한 장소의 선택
- 방사할 유전형의 선택
- 방사할 개체와 수의 선택
- 방사할 지역 수의 결정
- 방사된 개체군의 유전적 관리

이러한 문제들에 대해 아래에 차례로 고찰하고 있다.

재도입 프로그램의 유전적 목적은 야생 조건에서 최대 생식 적응도를 가질 것으로 기대되는 개체들을 이용하여, 높은 유전적 다양성을 가지는 개체군을 재정착시키는 것이다.

재도입을 위한 장소의 선택

재도입 지역은 사육번식 전, 개체군이 적응했었던 환경과 가능한 가깝게 일치하여야 한다. 그 지역은 종의 과거 분포 영역 안에 있어야 하며, 이상적으로 주변 서식지이기 보다는 중심의 가장 좋은 지역이어야 한다. 이러한 과정은 재도입 개체군이 필요로 하는 적응 진화의 정도를 최소화 할 것이다. 예를 들어, 나비의 재도입에서, 재도입 지역은 그 종이 가장 잘 적응하는 먹이-식물이 충분해야 한다. 식물은 그들의 재도입 지역의 기후 조건과 낮 길이, 토양에 유전적으로

재도입과 도입은 종이 가장 생존할 기회가 높은 야생에서 수행되어야 한다.

적응되어 있어야 한다. 예를 들어, *Nasella pulchra*의 사망률은 자생지역의 개체군보다 비자생지역의 개체군이 더 높았다(Fig. 20.5). 비슷한 결과가 많은 다른 식물의 연구들에서 나왔다(Guerrant *et al*. 1996; Montalvo & Ellstrand 2000). 더 나아가, 스웨덴에 재도입된, 북동 유럽이 원산지인 황새는 북아프리카 기원의 새들보다 더 높은 적응도를 보였다(Olsson 2007).

Fig. 20.5 지역 조건에 적응한 개체군들은 멀리 있는 것들 보다 높은 적응도를 가지고 있다. 위터스(Winters)에 심어진 4개의 *Nasella pulchra* 식물 개체군의 사망률(Knapp & Dyer 1998).

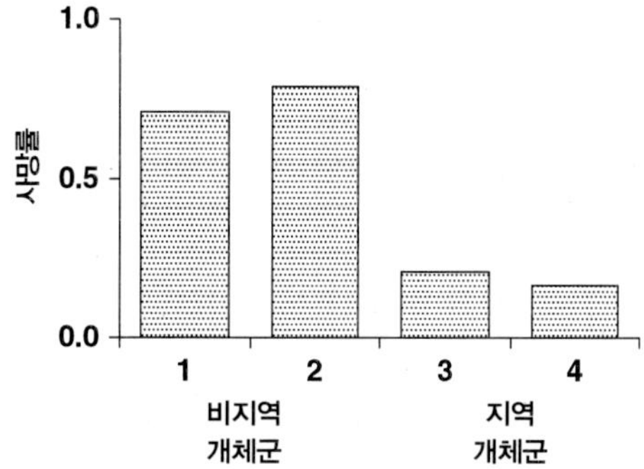

재도입할 개체와 유전형의 선별

재도입 프로그램에서는 가능한 높은 번식력과 유전적 다양성을 가지고 있는 건강한 개체를 이용해야 한다.

다른 모든 조건이 같을 때, 번식 가능성이 높고, 근친교배 계수는 낮으며 유전적 다양성이 높은 건강한 개체가 재도입을 위해 선택되어야 한다. 근친교배로 태어난 사슴쥐(deer mice), 달팽이, 아메리카 황조롱이, 식물들은 각각의 이계교배로 태어난 개체들보다 야생으로 방사되었을 때 생존율이 더 낮은 것으로 나타났다(Frankham 1995a; Kephart 2004; Vilas *et al*. 2006). 유전적 변이가 높은 로즈 클로버 개체군이 낮은 유전적 변이의 개체군보다 새로운 환경으로 옮겨졌을 때 훨씬 더 성공률이 높았다(Martins & Jain 1979).

재도입을 위한 동물을 선별할 때에는, 그들을 이입시켰을 경우 새로운 개체군에서의 유전적 영향과 그들이 제거됨으로서 사육개체군이 갖는 유전적 영향을 모두 평가해야 한다.

한 개체가 재도입 되었을 때, 그것의 유전적 다양성이 야생개체군으로 더해지지만 사육개체군에서는 없어지게 된다. 그러므로 재도입 개체의 두 사육과 야생개체군에 대한 영향을 주의 깊게 평가하여야 한다. 예를 들어, 유전적으로 가치가 있는 개체의 방사는 사육개체군에 치명적인 악영향을 줄 것이고, 만약 재도입 사망률이 높다면 그들의 가치를 모두 잃게 될 것이다. 반대로, 그렇지 않으면, 이상적인 재도입 후보는 아마도 이전에 방사한 동물들과 혈연관계가 가까울 것이고, 그들의 이입은 실제로 야생개체군에서 근친교배율을 증가시킬 것이다.

Fig. 20.6의 캘리포니아 콘도르에 예시되어 있듯이, 두 개체군 간의 이해는 자주 충돌한다. 4분면 A에 있는 개체들(점들)은 재도입함으로써 재도입 개체군의 유전적 다양성에는 이득을 주지만, 사육개체군에게는 피해를 주는 개체들이다. 이들은 야생 개체군에는 거의 친족이 없는 유전적으로 가치가 있는 사육 동물이다. 4분면 B에 있는 개체들은 야생개체군과 사육개체군 모두에게 이득이 될 것이다. 이들은 재도입된 개체가 거의 없는 유전적으로 과다 대표

(over−represented)의 사육 동물이다. 4분면 C에 있는 개체들은, 사육개체군에서 가치가 있지만, 많은 재도입된 친족이 있기 때문에, 이들의 방사는 두 개체군 모두에게 피해를 줄 것이다. 4분면 D에 있는 개체들은 양 개체군에서 모두 과다 대표이다. 그들의 방사는 사육개체군에게 유리하지만, 재도입 개체군에는 해롭다.

높은 사망 위협이 사육−번식된 동물과 주로 연관되어 있기 때문에, D 행태의 개체들이 처음에 이용되어야 한다. 이 방법은 황금사자타마린과 캘리포니아 콘도르, 검은발담비, 프르체발스키에서 행해졌다. 도입 개체군 개체들의 번식과 생존은 주의 깊게 모니터링 되어야 한다. 이것들이 나아지면, 더 가치 있는 동물들이, 사육개체군 유전적 다양성의 전체가 야생에 반영될 때까지 추가되어야 한다. 계통도나 유전표지의 꼼꼼한 모니터링 없다면, 마우나케아 은검초와 갈라파고스 거북에서 일어났듯이, 재도입 개체군의 유전적 구성이 왜곡될 것이다 (Milinkovitich *et al*. 2004).

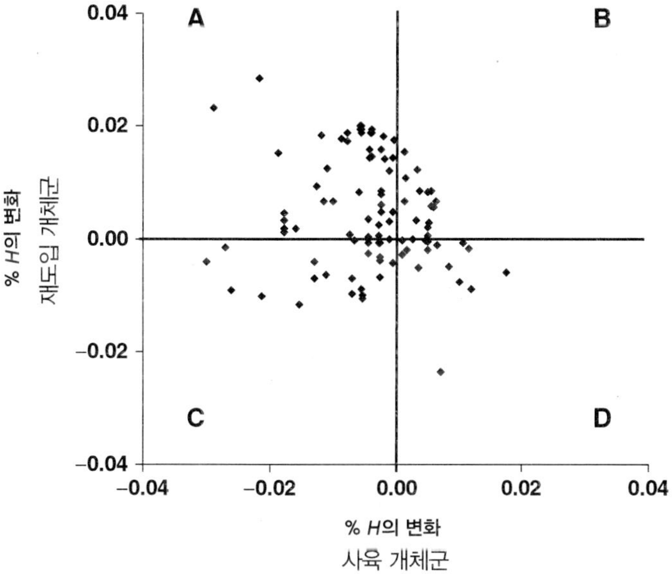

Fig. 20.6 방사한 캘리포니아 콘도르 개체들에 의한 사육개체군과 재정착 개체군의 유전적 다양성의 변화. 각 점은 그 개체의 재도입이 어떻게 재정착 개체군의 이형접합성(*H*)에 영향을 줄 것인지 그리고 그 개체의 제거가 어떻게 사육개체군의 이형접합자에 영향을 줄 것인지를 보여 주고 있다.

여러 개의 사육개체군을 이용할 수 있을 때 재도입 개체의 선택

위의 재도입 옵션 중 최선의 선택을 하기 위해서는 그들의 성공 가능성에 대한 평가가 필요하다(Guerrant 1996). 관련된 사전정보가 없는 곳에서는, 재도입 지역에서 후보 개체군과 그들의 잡종간 적응도를 비교하는 실험들을 해 볼 필요가 있다.

여러 개의 사육개체군이 존재할 때는 재도입을 위한 개체들은 하나의 개체군에서 구하거나, 여러 개의 개체군에서 추출하거나 또는 다른 개체군에서 온 개체들을 섞어서 이용할 수 있을 것이다.

강한 지역 적응을 가지는 종에서는, 하나의 가장 잘 적응된 개체군을 재도입에 이용해야 한다. 이것은 기원 개체군의 정확한 기록이 필요하고, 환경이 심각하게 바뀌지 않는다는 것을 가정으로 한다. 뒤의 가정은 종종 사실이 아니다. 왜냐하면, 종의 초기 위험은 환경 파괴에 기인하기 때문이다.

만약 환경이 바뀐다면, 개체군간의 교잡을 통해 나온 개체들을 이용할 때 재도입 성공률이 가장 높을 것이다. 더 나아가, 다른 장기 사육개체군 간의 교배는 사육에 대한 유전적 적응을 일으키는 해롭고, 부분적으로 열성인 대립유전자를 감춤으로써 야생의 적응도를 증가 시킬 수 있었다(Woodworth *et al*. 2002; Frankham 2008).

만약에 종이 자연상태에서 이종교배하고 사육개체군들이 근친교배할 경우, 개체군 간의 교배를 이용한다면 재도입 성공률을 최대화 할 것이다. 각각 낮은 유전적 다양성을 가지고 있는 여러 개의 분화된 작은 개체군 개체들의 재도입이 미국 미주리 지역의 목무늬도마뱀(collared lizard)에서 이용되었다. 그러나 그런 경우에는 이종교배약세를 피하기 위해 반드시 주의를 기울여야 한다. 가장 신중한 접근법은 한 개체군의 순종 개체와 개체군간 교잡 개체간 번식 성공률과 생존율을 모니터링하는 실험을 바탕으로 재도입을 진행하는 것이다. 이 방법은 플로리다 팬더에서 텍사스 아종 개체의 도입 후 실행되었다(Pimm *et al*. 2006). 그런 자료는 향후 재도입을 위한 최적 접근법을 결정하는 데 이용될 수 있다.

얼마나 많은 재도입 개체군을 설정해야 하는가?

여러 개의 재도입 개체군을 수립하면 유전적, 비유전적 이득이 있다.

다른 지역의 개체들을 서로 이동 시킬 수 있다면, 개체수를 최대화 하기 위해 많은 수의 재도입 개체군을 수립함으로써 유전적 다양성의 손실과 근친교배의 가능성을 최소화 할 수 있을 것이다(Leberg 1990b). 그것은 또한 환경적 불확실성이나 재해 등으로 인한 멸종의 위기를 감소시킬 것이다. 예를 들어, 적어도 10개의 검은발담비 개체군이 권고되었다(17장).

재도입 개체군의 유전적 관리

일단 개체군이 재도입되고 스스로 유지할 수 있다면 모든 이용 가능한 유전적 다양성을 받아야 한다.

재수립된 개체군이 자립하게 되면, B 형태의 보다 가치 있는 동물과 뒤를 이어 A 형태가 방사되어야 한다(Fig. 20.6). 결국 야생개체군은 사육개체군에서 이용할 수 있는 모든 유전적 다양성을 받을 것이고, 근친교배는 최소화되며, 번식 적응도는 증가할 것이다. 뒤를 이은 야생개체군에 대한 유전적 관리는 17장에서 고찰하였다.

재도입은 얼마나 성공적인가?

재도입은 현재 대개 낮은 성공률을 갖는 복잡한 과정이다.

위협에 처한 종의 재도입은 종의 생물과 생태에 대한 상당한 이해가 필요한 복잡한 과정이다. 토끼나 찌르레기 같은 널리 퍼져 성공적인 유해조수의 도입 조차도 실패했었다(Fenner & Ratcliffe 1965; Fyfe 1978).

Beck *et al*. (1994)은 인간의 도움 없이 적어도 500개체에 이른 재도입 개체군을 기준으로 하여, 단지 11%의 재도입 프로그램이 성공적이었다고 간주하였다. 성공적인 재도입에는 들소(bison)와 아라비아오릭스(arabian oryx), 야생 염소(Alpine ibex), 황금사자타마린, 흰머리독수리, 매, 알류산 기러기(Aleutian goose), 갈라파고스 거북이가 포함된다. 이들 성공적인 프로그램들은 많은 수의 동물을 오랫동안 방사했다는 특징을 나타낸다. 성공적인 프로젝트는 다른 것들에 비해, 종종 더 많은 지역 고용과 지역사회교육 프로그램을 포함한다. 두 번째 연구는 출판될 당시 26%의 재도입과 몇몇 이주를 성공한 것으로 분류하였고, 27%는 실패, 47%는 상황을 알 수 없는 것으로 분류하였다(Fischer & Lindenmayer 2000). 성공률은 기원 개체군이 사육(13%)보다는 야생개체군(31%)일 때, 그리고 많은 동물들이 방사되었을 때, 원래 감소의 이유를 제거했을 때 더 높아졌다. 야생에서 복원 노력의 성공률 역시 낮다(17장).

들소

몇몇 연구들은 성공하기에는 충분한 시간이 주어지지 않았기 때문에, 다소 낮은 재도입 성공률은 놀라운 것이 아니다. 더 나아가 몇몇 연구는 다소 성급하게 진행이 되었다. 동물들은 재도입되었고, 스스로 살아가도록 남겨졌다. 재도입 성공률은 관련 과학이 진보하면서, 상당히 높아질 것이다.

우리는 식물에서 재도입 성공의 어떤 정량적인 평가에 대해서는 알지 못한다. 그러나 재도입 개체군에서는 높은 유전적 변이가 바람직하다는 것은 널리 받아들여지고 있다(Huennke 1991; Fiedler & Karieva 1998; Helenurm 1998). 향기풀의 실험에서 유전적으로 다양한 계통(sexual)이 자연 상태에서 유전적으로 동질의 계통(asexual)보다 적응 이익이 있다는 것을 보여 주었다(Ellstrand & Antonovics 1985).

부양증식

비유지(non-sustaining) 야생개체군의 확대가 종종 필요하다. 하와이 기러기의 야생개체군은 스스로 유지할 수 없고 사육번식 개체들을 이용해 지속적으로 증대시켜야 한다(Black 1995). 과거 몇 년에 걸쳐, 여러 종의 멸종위기 민물 고동새끼, 백만 마리 이상이 미국 동부의 강에 방사되었다. 사육 증식과 방사는 그들의 보전이 아주 중요하다. 부화장의 물고기들이 야생 물고기 수, 특히 낚시꾼들이 선호하는 물고기의 수를 늘리는 데 널리 이용되고 있다.

일부 야생 개체군들은 사육하에서 태어난 동물들을 이용해 주기적으로 증가시킨다(부양증식).

컴벌랜드빗조개

안타깝게도, 많은 물고기 부화장에서 체계적인 유전적 관리를 실행하지 않는다. 부화장 개체군의 유효 크기는 종종 매우 작고 방사될 환경과는 아주 다른 환경에 적응하는 극단적인 선택이 일어난다. 그런 경우에는, 부양증식이 (a) 야생 유효 개체군 크기의 감소, (b) 야생에는 치명적인 사육에 대한 유전적 적응으로 인한 번식 적응력의 감소, 그리고 아마도 (c) 근친교배약세를 야기할 것이다. 예를 들어, Araki *et al*. (2007)은 야생 군체와 비교해 볼 때, 사육 번식으로 태어난 연어과 물고기의 야생 적응력에서 빠른 유전적 감소의 축적을 보고하였다.

사육번식과 재도입의 사례 연구

아라비아 오릭스

아라비아 오릭스

아라비아 오릭스는 점점 더 정교해진 무기에 의한 사냥에 의해 거의 멸종하기에 이르렀다. 그 종은 1962년에 마지막 동물들이 포획됨으로써 구해졌고, 뒤따라, 주로 아리조나 포에닉스 동물원에서 10마리의 창시자를 바탕으로 사육번식 프로그램이 이어졌다. 지속적으로 개체수가 증가하고 있으며, 유전적 관리 프로그램이 도입되었다. 오만 국왕의 지원과 협조로 재도입 프로그램은 성공적이었다(Stanley Price 1989). 10마리의 동물이 처음에 축사로 옮겨진 후, 원래의 서식지로 점진적인 방사가 이루어졌다. 지역 부족민이 오릭스를 추적하고 관리하기 위해 고용되었다. 방사된 동물은 비교적 정상적인 행동으로 높은 생존률과 번식률을 보였다. 1996년 쯤에는, 약 400마리의 오릭스가 26,636km^{2}의 아라비아 오릭스 보호구역을 포함하는 야생에 있었다.

불행히도, 밀렵이 다시 성행하고 개체군이 너무 격감해서 대부분의 개체들이 사육하로 돌아갔다(Gorman 1999). 다른 재도입 개체군이 사우디아라비아(800개체와 129개체의 개체군)와 아랍애미레이트(241개체), 오만(94개체, 밀렵꾼들이 암컷을 선호한 나머지, 4개체를 제외하고는 모두 수컷임)에 살아 남아있다(Chassot *et al*. 2005; El Alqamy 2006).

마이크로세틀라이트 분석을 통해 이 종에서 창시자 병목현상과 계통도 분석에서의 실수, 근친교배약세와 이종교배약세의 동시 발생으로 인한 대립유전자이 손실이 일어났음이 밝혀졌다(Marshall *et al*. 1999; Marshall & Spalton 2000). 개체군은 창시자가 여러 분화된 기원에서 유래되었음을 가리키며 이종교배약세를 야기하는 염색체 전위에 대해 다형성이 있다(Benirschke & Kumamoto 1991).

검은발족제비

검은발족제비

검은발족제비는 서식지 손실, 특히 그들의 먹이인 프레리독을 제거하기 위한 소 목장주의 강력한 노력에 의해, 그 수가 감소되었다(Clark 1994). 마지막 야생개체군은 1981년 와이오밍(Wyoming)에서 발견되었고 사육번식 프로그램은 1985년에 시작하였다. 디스템퍼(distemper)가 동물을 죽이는 것을 발견하였을 때, 마지막 야생 개체들이 포획되었다. 불균등하게 기여하는 18개체(두 어미와 그들의 새끼를 포함함)를 가지고 사육번식 프로그램이 설립되었다. 2007년까지, 개체군은 단지 10개체에서 기인하였다(Russell *et al*. 1994). 사육개체군은 300마리까지 증가하였고, 평균혈연관계를 최소화하기 위해 유전적으로 관리되고 있다.

재도입 프로그램은 최소 1,500개체, 10개의 개체군 설립을 최종 목표로, 1991년에 시작되었다. 1991년에서 1999년 사이에 약 1,185마리의 사육번식 담비가 야생으로 도입되었다. 현재 재도입은 11개 이상의 개체군을 수립하였다(Wisley *et al*. 2008). 2000년에 85마리 이상의 새끼가 야생에서 태어났지만, 두 개의 재도입 개체군만이 성공한 것으로 보고 있다. 마이크로세틀라이트 분석은 사육개체군의 유전적 관리가 성공적이어서, 초기 병목을 극복한 유전적 다양성 수준이 유지되었다는 것을 보여 주었다. 재도입 프로그램은 또한 사육개체군의 유전적 다양성을 성공적으로 재도입된 남부 다코타(South Dakota) 개체군에 전달시켰다. 그러나 오랜 기간 동안 추가적인 재도입이 없이 작은 크기로 있던 와이오밍 개체군은 유전적 다양성이 낮았다.

멕시코 늑대

멕시코 늑대

1970년대 경, 멕시코 늑대는 미국과 멕시코에서 거의 멸종에 이르렀었다. 멸종으로부터 늑대를 보호하기 위해, 1977년에서 1980년 사이에 멕시코에서 포획된 3개체를 가지고 사육번식 프로그램을 수립하였다(인증된 또는 맥브라이드 혈통). 두 개의 다른 개체군이 조상이 불확실한 개체들로 세워졌지만, 의심스러운 혈통 때문에 격리되었다. 근친교배가 빠르게 축적되어 세 혈통에서 평균 F 값이 0.18과 0.61, 0.26에서 최고점을 이루었다. 마이크로세틀라이트 분석으로 모든 개체들이 순수한 멕시코 늑대 출신이라는 것을 밝혔다(21장). 1995년부터 혈통을 병합하기 시작, 결과적으로 개체군의 근친교배 계수가 단지 약 0.085가 되었다(Hedrick & Frederickson 2008).

1998년 재도입 프로그램이 시작되었고 2006년 말 경에는 애리조나와 뉴멕시코 야생에 40–50마리의 늑대가 있었다(Hedrick & Frederickson 2008). 야생에서의 근친교배(더 작은 수의 새끼)가 보고되었다. 주로 인간과의 충돌과 추가적인 재도입의 한계로 인한 높은 사망률과 제거율 때문에 재도입 개체군의 생존력에 대한 염려가 있다. 사육개체군은 잠재적으로 향후 재도입을 위한 늑대를 공급하기 위해 관리되어야 한다. 2005년 현재, 미국과 멕시코에 있는 47개의 기관에서 약 300마리의 멕시코 늑대가 관리되고 있었다.

프레체발스키말

프레체발스키말

20세기 대부분 동안 프레체발스키말(타키라고도 알려짐)은 사육 하에만 제한되어 있었다. 사육개체군은 12개체와 두 마리 이상의 암말(염색체 수가 차이가 있는 다른 종)을 가지고 수립되었다. 현재 사육 중인 개체수는 약 1,500개체이다. 사육개체군의 평균 근친교배 계수, F = 0.20이다(Box 12.1). 그것들은 근친교배를 최소화하고, 창시자 대표성을 같게 하며, 암말의 유전적 기여를 줄이도록 관리되었다. 1992년에서 2004년 사이에 24개의 기관에서 온 90마리의 말을 야생에서 마지막으로 관찰된 지역인 고비 사막에 방사하였다(Van Dierendonck & Vries 1996). 1985년에 제정된 권고안은 재도입된 말은 모든 창시자로부터 유전적 기여를 받아야 하되, 어떤 개체도 가축화된 말의 유전자를 15% 이상 가지고 있으면 안 되도록 규정하고 있고, 잠재적인 새끼들의 평균 근친교배 계수가 0.30을 초과하지 않도록 명기하고 있다(FAO 1986). 2006년, 200마리 이상의 개체들이 3 곳의 다른 보호구역에 서식하고 있다.

캘리포니아 콘도르

캘리포니아 콘도르

캘리포니아 콘도르는 서식지 손실과 DDT 오염, 납 중독(총에 맞은 사체를 먹고)에 때문에 개체군 크기가 감소하였다. 많은 논란 후에, 마지막 야생 개체들이 포획되었고 14개체의 창시자를 바탕으로 번식과 재도입 프로그램이 샌디에고 야생동물공원과 로스앤젤레스 동물원, 세계의 새들에 설립되었다. 포획된 개체의 수는 점진적으로 증가하였고 제한된 수의 방사가 이루어졌다(Fig. 20.7). 초기의 주목적은 가능한 빨리 개체군의 크기를 늘리는 것이다. 초기 야생으로의 재도입은 납 중독과 전깃줄과의 충돌, 자동차 부동액으로 인한 오염으로 인한 사망 때문에 제한된 성공을 이루었다. 이어서, 인간에 근접함으로 인한 문제점들을 피하기 위해 그랜드 캐넌과 멕시코 바하 캘리포니아에서 재도입이 실행되었다. 이 새들에게 보충적인 먹이를 공급하였다. 새들이 재도입된 개체군은 평균적으로 가장 혈연관계가 낮은 개체들로 되어있다. 2007년 7월, 개체군은 162마리의 사육 개체들과 캘리포니아에 야생으로 있는 71개체, 애리조나에 57개체, 바하에 16개체, 총 306개체로 구성되어 있다.

Fig. 20.7 재도입 개체들의 수를 포함한, 캘리포니아 콘도르 사육개체군과 야생개체군 개체수의 증가.

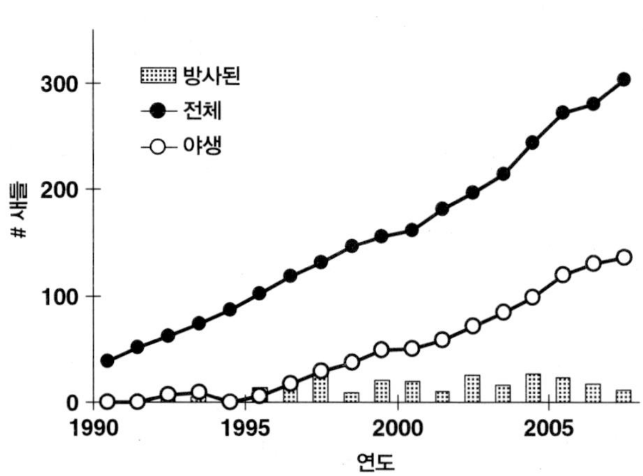

괌뜸부기

괌뜸부기

괌뜸부기는 날지 못하는 잡식성의 조류로 태평양 괌섬에만 제한되어 서식한다. 1960년대에는 약 80,000개체가 있었다. 그러나 2차 세계대전 중 우연찮게 이입된 호주갈색나무뱀(Brown tree snake)에 의한 포식의 결과 1986년에 야생에서 멸종하였다. 괌뜸부기는 멸종 직전 야생에서 구조된 21개체(12개체만 번식함)의 창시사를 바탕으로 한 사육번식 프로그램에 의해 멸종을 모면했다. Haig *et al.* (1990)은 평균 혈연관계를 최소화하는 것이 재도입을 위해 새끼 뜸부기를 생산할 번식개체 선택의 다섯 가지 전략 중 가장 최선이라고 결론지었고, 이것은 실행되었다. 사육번식 프로그램의 전체적인 목표는 매년 재도입 프로젝트에 쓰일 약 100개체를 생산하면서, 동시에 동물원에 150마리에서 175마리 정도의 개체군을 유지하는 것이다. DNA 지문을 이용한 창시자의 혈연관계 분석에서 6개체를 두 개의 다른 자매 그룹으로 넣을 수 있었다(Haig *et al.* 1994). 사육번식 프로그램은 매우 성공적이었다. 더 나아가, 384마리의 뜸부기가 1989년에서 2000년 사이게 로타섬 근방에서 방사되었는데, 그곳에는 호주갈색나무뱀이 없다(S. Medina, pers. comm.). 초기에는 어려움이 있었지만, 현재 방사된 새들은 생존하여 번식하고 있다. 재도입 프로그램이 1998년 괌에서 시작되었는데, 거기서 호주갈색나무뱀이 접근할 수 없도록 고안된, 담으로 둘러싸인 지역에 방사되었다. 로타와 괌에 재도입된 새와 그들의 자손 수는 현재 거의 400마리에 이르고 있다.

로드하우숲뜸부기

로드하우숲뜸부기

로드하우숲뜸부기는 생태학자들에 의해 사육번식과 재도입의 전형으로 생각되고 있다(Caughley & Gunn 1996). 호주 동부 해안에 있는 로드하우섬의 멸종위기 개체군은 주로 도입된 돼지에 의한 포식으로 인해 30개체까지 줄어들었다(NSW NPWS 2002). 유일하게 알려진 세 쌍이 포획되어 섬의 우리 안에서 번식되었고 야생돼지는 제거되었다. 4년에 걸쳐 82마리의 새를 방사한 후, 개체군이 안정적으로 220–230마리까지 증가함에 따라, 그것의 지역위협상태 하향조정이 권고되었다. 그러나 이후 2002년까지 160마리 정도로 감소하면서 멸종위기종으로 등록되었다(IUCN 2007).

안타깝게도, 유전적 관리는 빈약하였다. 겨우 세 쌍이 사육번식 프로그램에 이용되었기 때문에, 전체 개체군에서는 프로그램 전보다 훨씬 더 근친교배가 일어날 것이고 유전적 변이는 이용 가능한 개체들의 불균형한 기여 때문에 잃게 될 것이다. 지나고 나서 보니, 일단 성공적이라면, 예를 들어 추가적으로 번식 가능 개체를 사육번식 프로그램에 더하는 것처럼, 사육번식 프로그램의 유전적 기반을 증진시키는 것이 바람직했을 것 같다. 불행히도, 개체군에 대한 유전적 자료가 보고된 것이 없고, 어떤 개선 계획도 없으며, 정기적인 관찰도 중지되었다. 이 종의 역사를 볼 때, 그것은 환경 재앙이나 새로운 질병에 대한 민감성을 높였던 것으로 보인다. 최근에, 그것의 공인된 복원 계획은 (a) 재앙에 대한 보험으로서 섬 밖에 사육개체군을 설립하고, (b) 만약에 개체군 개체수가 심각하게 감소한다면 섬에서 사육번식을 하며, (c) 섬으로 들어오는 새들에 대해 향상된 격리 조절을 권고하였다(NSW NPWS 2002).

마우나케아 은검초

마우나케아 은검초

1970년대 말경, 도입된 우제류의 초식압(garzing pressure)에 의해, 마우나케아 은검초는 겨우 작은 잔존 자연개체군만이 하와이에 남게 되었다. 1973년부터 450개체의 식물이 이 개체군을 복원하기 위해 심어졌다. 그러나 RAPDs를 이용한 유전적 분석은 심어진 모든 개체들이 겨우 두 개의 창시자 식물에서 기인되어 결과적으로 전체 개체군의 유전적 변이가 크게 감소하였다는 것은 보여 주고 있다(Robichaux *et al.* 1997). 은검초는 자가부적합성(self–incompatible)이기 때문에, 심어진 개체들에서 자연 수분이 종자집합의 겨우 20%를 생산했고, 반면 잔존하는 야생 개체에 대한 인위적인 이계교배는 그것을 60%까지 증가시켰다. 개체군의 유전적 기반을 넓히기 위해 심어진 개체와 야생에 잔존하던 개체간의 이계교배를 하는 개선 프로그램이 진행 중이다. 이것은 원래의 성체 식물 46개체만이 야생에 남아 있고, 그들은 죽기 전에 딱 한번만 꽃을 피우기 때문에 쉽지 않은 일이다. 40년까지의 수명에서, 어느 한 해에 어떤 식물이 꽃을 피울 확률은 매우 낮다.

요약

1. 사육개체군은 재도입과 위협에 처한 종 야생개체군을 보충하기 위한 개체의 출처가 된다.

2. 재도입의 성공은 주로 근친교배약세나 유전적 변이의 손실, 사육에 대한 유전적 적응으로 인한 사육 중 유전적 퇴보에 의해 위태롭게 된다.

3. 사육에 대한 유전적 적응은 불가항력적으로 개체군들이 야생으로 재도입될 때 해롭게 작용한다.

4. 재도입을 위한 사육개체군 관리의 최적 방법은 하나의 개체군도 멸종되지 않는 조건 하에, 개체군들을 가끔 이주를 시키는, 부분적으로 격리된 작은 하위 개체군으로 유지하는 것이다. 게다가, 이런 관리는 비용과 질병 전염의 위험을 줄인다.

5. 재도입 개체들은 높은 유전적 다양성과 야생에서 최고의 생식 적응력을 가져야 한다. 그러나 수반되는 위험성으로 인해, 재도입 프로그램은 사육개체군 내에 많은 친족이 있는 유전적으로 잉여의 개체들을 가지고 시작하여, 사육개체군이 위태롭지 않도록 해야 한다.

6. 초기 재도입 개체군에서 가장 중요한 것은 개체수를 늘리는 것이다.

7. 일단 성공적이면, 야생개체군은 모든 유전적 다양성이 야생에서 나타날 때까지 증가되어야 한다.
8. 현재까지, 재도입은 상대적으로 성공률이 낮다.

추가적인 읽을거리

Ballou *et al.* (2009) Review on genetic and demographic management of captive populations and reintroductions.

Falk *et al.* (1996) *Restoring Diversity*. Review of plant reintroductions, with several case studies.

Frankham (2008) Review on genetic adaptation to captivity and means for minimizing its deleterious effects on reintroductions.

Re-introduction Specialist Group of IUCN. Website with access to *Re-introduction News* and policy documents. www.iucnsscrsg.org

Reisenbichler *et al.* (2003) Review of genetic issues in restoring fish populations.

Stanley Price (1989) *Animal Re-Introductions*. Documents the classic reintroduction of the Arabian oryx into Oman and reviews reintroductions.

소프트웨어

PMx: Population analysis software for studbooks that includes functions to evaluate the effects on mean kinship of different choices of animals to breed and to reintroduce (Pollak *et al.* 2009).

VORTEX: Software that can model genetic management of captive populations and reintroductions (Lacy *et al.* 2005). www.vortex9.org/vortex.html

문제

20.1 유전적 적응. 사육번식과 재도입 프로그램에서 사육에 대한 유전적 적응에 대해 염려하는 이유는 무엇인가?

20.2 유전적 적응. 무엇이 사육에 대한 유전적 적응률을 결정하는가?

20.3 재도입. 재도입 프로그램에서 무엇이 유전적인 문제인가?

20.4 재도입. 유전적으로 과대표인 사육동물의 방사에 대한 사육개체군의 평균 혈연관계와 이형접합자의 효과는 무엇인가?

21장

법의학과 종의 생태를 이해하기 위한 분자유전학의 이용

용어

계통지리학(phylogeography)
대립유전자 탈락(Allelic dropout)
반수체형 네트워크(haplotype network)
법의학(forensics)
분기(clade)
분자시계(molecular clock)
선택적 일소(selective sweep)
양친근친교배(biparental inbreeding)
할당 검증(assignment test)

분자유전학적 분석은 종 생활사의 중요한 부분을 해결하고 불법 사냥의 법의학적 발견을 도움으로써 종 보전에 기여할 수 있다. 합류(coalescence)와 유전자 계통수 분석(gene tree analysis)은 많은 이러한 요인들을 이해하는 데 유용한 도구가 된다.

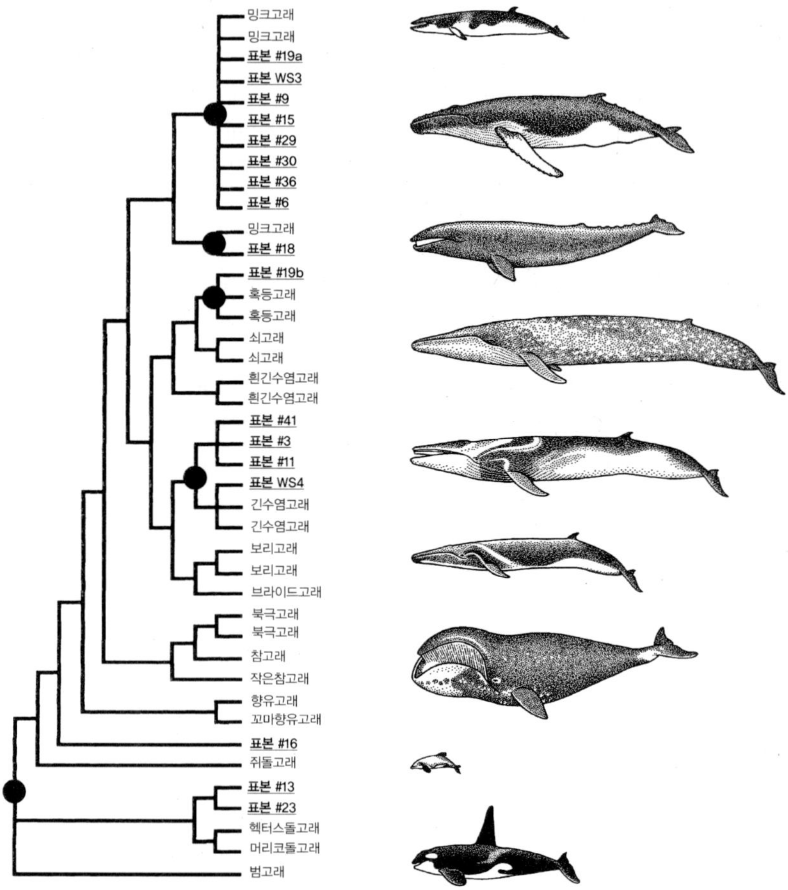

고래 과학수사: 고래와 돌고래의 mtDNA 계통도. 일본에서 구입한 고래 부산물의 표본이 계통도에 나타나있다. 밍크고래의 것들은 합법적인 '과학적' 포경으로 정당하게 포획된 것에서 기인한다 (Baker & Palumbi 1996)

법의학: 불법 사냥과 수집의 발견

PCR 기반의 유전적 표지는 불법적인 포획이나 채집을 찾아내는 데 도움을 줄 수 있다.

밀렵과 불법적인 수집은 다양한 종류의 많은 종들, 특히 대형 고양이과 동물들과 곰, 코끼리, 코뿔소, 앵무새, 고래 그리고 일부 식물들을 위협하고 있다. 그러나 종종 개인이 불법적으로 보호종을 획득하고 거래했다는 유죄 판결을 내릴 증거를 수집하는 것은 쉽지가 않다. 예를 들어, 위협에 처한 조류 종의 것으로 추정되는 알을 소지한 사람이 호주 공항에서 체포되었지만, 종 동정을 피하기 위해 알을 깨뜨림으로써 기소를 피한 경우가 있었다. 오늘날에는 그런 경우에 분자유전자 표지를 이용하여 알이나 깃털, 털, 뿔, 상아, 고기, 거북이 껍질, 식물 같은 생체 물질의 기원을 밝힐 수 있다. 미국 어류 및 야생동물 관리국은 멸종위기종의 불법적인 사냥이나 수출입 등에 대한 증거를 제공하기 위해 오레곤(Oregon)에 법의학 실험실을 설립하였다. 비슷한 분석들이 다른 나라에서도 수행되고 있다.

분자 법의학에 관한 흥미로운 사건으로 일본과 한국에서의 고래고기 판매가 있다(Box 21.1). mtDNA 분석을 통해 몇몇 고래고기들이 일본에서 '과학 연구'를 위한 포경으로 잡힌 밍크고래의 고기가 아니라 보호종인 흰긴수염고래(blue whale)나 혹등고래(humpback whale), 긴수염고래(fin whale), 브라이드고래(bryde's whale)의 고기인 것을 밝혔다. 게다가, 어떤 '고래' 고기들은 돌고래나 포르포이스, 양, 말의 것이었다. 불법적인 포획만 의심되는 것이 아니라, 소비자들도 속고 있던 것이다. 유사하게, PCR을 이용한 mtDNA 분석 결과 뉴욕에서 파는 캐비어 23%가 라벨이 잘못 붙어 있는 것으로 밝혀졌다(Birstein 등 1998). 많은 철갑상어가 남획과 서식지 파괴로 인해 위협받고 있다. 또한 PCR 기반의 DNA 분석이 동양의학품에서 호랑이가 이용되었는 지 파악하고, 또한 말린 지느러미에서 상어를, 상아에서 아프리카 코끼리를, 뿔에서 코뿔소를, 무두질한 가죽에서 악어를, 야생동물 고기에서 포유류를 간파하기 위해 발달되었다(Teletchea *et al.* 2005).

법의학적 DNA 분석은 또한 유라시아 오소리와 아라비아 오릭스, 시카 사슴의 밀렵을 밝혀냈다. 상아로부터 mtDNA와 마이크로세틀라이트 DNA가 추출되었고, 상아의 지리적 기원을 알아내기 위해 사용되었다(Wasser *et al.* 2004). 침팬지의 아종들이 구분되었고, 그에 따라, 밀렵이 일어난 지역을 밝혀, 야생 어느 지역으로 돌려 보내야할 지를 알 수 있었다(Goldberg 1997).

Box 21.1 보호 고래고기의 판매의 탐지(Baker & Palumbi 1996; Dizon *et al.* 2000)

여러 해의 상업적 착취 이후, 고래 종 대부분의 개체수는 급감하였다. 세계포경위원회(IWC)는 1985년과 1986년에 전 세계적으로 상업적인 포경을 일시 중단할 것을 제안하였다. 일부 IWC 회원들은 '과학적' 목적 아래 몇몇 종의 고래 사냥(주로 밍크 고래)을 지속하였고, 고래고기는 식용으로 팔렸다. 보호받는 고래 종 역시 포획되어 매매되었다는 의혹이 제기되었다. Baker와 Palumbi는 mtDNA 염기서열을 이용하여 고래와 돌고래 종을 신뢰성 있게 구분할 수 있는 시스템을 개발하였다.

이후 고래고기 샘플을 일본과 한국의 소매상에서 구입하였다. 혹시라도 모를 멸종위기 동물 산출물의 이동에 대한 법률을 위반하는 것을 피하기 위해, Baker와 Palumbi는 휴대용 PCR 장비를 호텔방에 설치하여 샘플에서 mtDNA를 증폭하였다. 증폭된 DNA는 이후 뉴질랜드와 미국에 있는 그들의 실험실에서 분석되었다.

처음 구매한 16개의 샘플에 대한 결과가 이번 장의 권두화(frontispiece)에 고래와 돌고래의 mtDNA 계통도에 끼워 맞춰 보이고 있다. 계통도 위쪽의 9개 샘플은 밍크고래와 일치하여 합법적인 '과학적 연구를 위한' 포경에서 얻은 고기임을 나타낸다. 그러나 샘플 #19b는 보호종인 혹등고래의 고기였으며, 샘플 #41과 3, 11, WS4는 보호종인 긴수염고래의 고기였다. 표본 #16과 13, 28은 포르포이스와 돌고래의 고기로서, 소비자들은 고래고기로 속고 있었다.

1999년까지 일본과 한국에서 구입한 '고래고기' 샘플 954개 중, 773개는 고래고기로 판명났으며, 약 9% 정도가 보호종인 흰긴수염고래와 혹등고래, 브라이드 고래의 고기였다. 나머지는 고래고기가 아니라 돌고래와 포르포이스, 양, 말 고기였다. 보호종의 고기가 포경 금지 이전 포획되어 냉동 창고에 있다가 팔렸을 가능성도 배제할 수는 없지만, 이것은 냉장육에는 적용이 되지 않을 것이다. 과학적 용도로 포획된 고래고기의 분배에 대한 보다 엄격한 조절이 제안되었고 배포를 모니터링하기 위하여 합법적으로 포획된 고래와 포경 금지 이전에 잡혀 있던 고기의 유전형 분석에 대한 요구가 생겨났다.

한 종의 생태를 이해하는 것은 종 보존에 있어서 결정적인 것이다

분자유전학적 분석은 보전에 중요한 종 생태의 많은 측면을 이해하는 데 도움을 준다.

자세한 생활사를 직접적으로 밝히는 것은 종종 어렵고 시간이 많이 들기 때문에, 많은 종에서 중요한 생태적인 면들이 많이 알려져 있지 않다. 분자유전학적 분석은 부성(paternity)을 확인하고, 개체군 구조를 정의하며, 다른 종으로부터의 유전자 이입도 탐지하고, 작은 멸종위기 개체군을 위한 새로운 창시자의 근원을 평가하며, 재도입을 위한 지역을 선정할 수 있다. DNA 염기서열의 비교는 또한 병목현상과 이주 형태, 개체군의 인구통계학적 역사를 파악하는 데 이용될 수 있다. 예를 들어, 북방털코웜뱃에서 마이크로세틀라이트를 이용하여 종의 생활사적 특징을 파악하였고, 잠재적인 재도입 지역을 확인하였다. 갈라파고스 섬에 서식하는 취약종인 자이언트 거북에서는, mtDNA와 마이크로세틀라이트 자료가 거북의 기원 문제나, 이주 형태, 섬 내 개체군 간과 섬 간 개체군 사이의 유전적 분화의 정도를 파악하고, 새로운 잠재 분류군을 식별하며, 보호 단위를 설정하기 위하여 이용되었다(Caccone *et al.* 1999; Beheregaray *et al.* 2002; Russelo *et al.* 2005).

이번 장의 나머지 부분에서는 이용되고 있는 방법을 조사하고 해결된 실질적인 문제들의 예를 보여 줄 것이다. 보다 고급의 기술적인 방법은 Smith & Wayne(1996)와 Zimmer & Roalson(2005)에서 찾을 볼 수 있다.

Box 21.2 멸종 위기의 북방털코웜벳 개체수 조사와 비침습적인 털 샘플링을 통한 그 종의 생태적 측면 추론(Taylor *et al.* 1994, 2007; Beheregaray *et al.* 2000; Banks *et al.* 2003)

북방털코웜벳들은 호주 퀸즈랜드 지방의 작은 지역에 제한되어 분포한다(11장 권두화). 그들은 야행성이고 굴을 파서 생활하기 때문에 직접적인 연구가 어렵다. 개체군 크기나 성비를 측정하기 위하여 덫으로 잡는 방법이 이용되었지만, 이 방법은 동물에게 쇼크를 줄 수 있고, 상처를 입히거나 죽일 수도 있는 위험이 있으며, 시간이 많이 들면서도 결과는 믿을 만 하지 못하다.

웜벳 굴의 입구에 붙인 접착테이프를 이용해 수집한 털에서 추출한 DNA를 이용하여, 20개의 마이크로세틀라이트에 대해 유전적으로 개체군을 특징짓는 것이 가능하였다. 개체군 내 각 개체를 구별할 수 있었고, 방해 없이 개체수를 조사할 수 있었다. 개체의 성은 X와 Y-연결된 유전자 좌위를 증폭함으로써 구분할 수 있었다.

박물관 표본의 표피에서 추출된 마이크로세틀라이트 분석을 통해 데닐리퀸에서 멸종한 웜벳 개체군은 현재 그 지역에서 가까운 곳에서 발견되는 남방종이 아니라 북방종이었다는 것을 입증하였고, 그에 따라, 데닐리퀸을 잠재적인 재도입 지역으로 선별하였다.

마이크로세틀라이트는 또한 북방털코웜벳의 생태적인 측면을 알기 위해 이용되었다. 같은 굴을 이용하는 같은 성의 개체들은 종종 친족이었지만, 같은 굴을 이용하는 암컷과 수컷은 가까운 친족이 아니었다. 분산 형태 역시 추론되었다. 남방종과의 유전적 다양성의 손실에 대한 비교를 바탕으로, N_e/N 비율이 0.1로 측정되었다.

현재 이용할 수 있는 방법들과 여기서 말하고 있는 문제들에 대한 그것들의 적용범위가 표 21.1에 나타나 있다. 일반적으로 DNA 기반의 방법들이 대부분의 목적에 적절하고 비침습적 샘플링과 PCR 증폭을 통해 분석할 수 있다(3장).

Table 21.1 개체와 개체군을 유전적으로 특징지을 때 이용할 수 있는 방법과 각 주제에 대한 그것들의 적용. +가 있는 기술은 그 지정 목적에 이용될 수 있다는 것이고, 여러 개의 +는 그 기술이 많이 이용되고 있다는 것을 가리키며, ?는 그 기술이 단지 몇몇 경우에서만 유용한 경우를 나타내고, −는 그 기술이 그 주제에서는 유용하지 않다는 것을 나타낸다.

주제	형태	염색체	알로자임	mtDNA	AFLP	DNA 핑거프린트	마이크로세틀라이트
비침습적 표본추출	−	−	−	+++	++	−	+++
법의학	−	−	+	+++	++	+++	+++
개체군 크기	+	−	−	$+++^f$	+	?	++
N_e 측정	−	−	++	$++^f$	−	?	+++
인구통계학적 역사	−	−	−	++	−	?	+
병목의 발견과 연대 추정	−	−	++	$++^f$	++	?	+++

Table 21.1 계속.

주제	형태	염색체	알로자임	mtDNA	AFLP	DNA 핑거프린트	마이크로세틀라이트
이주와 유전자 확산	?	–	++	+[f]	++	+++	+++
개체 구분과 추적	+	–	–	++	+	–	+++
개체군 구조	?	–	++	+?	++	++	+++
계통지리학	–	–	–	+++	–	–	+++
멸종위기종을 복원하기 위한 모개체군	+?	–	++	+	++	+++	+++
유전자 이입	+	+	++	+[f]	++	+++	+++
이차 접촉	–	–	–	+++	–	+	+++
분류학적 지위	+	+++	++	++	+++	+++	+++
재도입을 위한 지역	–	–	–	+	+	–	+++
재도입을 위한 개체군	+?	–	++	+	++	+++	+++
번식 체계	–	–	++	–	+	?	+++
친권	–	–	+	–	+	+++	+++
창시자 관계	–	–	?	–	+++	+++	++
멸종위기 개체군을 위한 새로운 창시자의 출처	+?	–	++	+	++	+++	+++
동물의 성 구분	?	+++	–	–	–	?+	+
질병 발견	–	–	–	++?	++	++	+
먹이	–	–	–	+++	++	++	++

[f] 오직 암컷의 기여도만 알아낼 수 있음.

합류와 유전자 계통수

합류 형태의 교체는 선택과 개체군 사이의 고립 및 개체군 크기의 변화를 알 수 있게 해 준다.

DNA 염기서열과 유전자 계통수 구조, 합류율의 차이는 우리로 하여금 다른 방법들을 이용해서는 알아내기 어렵거나 부정확할 수 있는, 개체군 구조나 진화 과정의 자세한 면에 대해 유추할 수 있게 해 준다. 합류 분석(coalescence analysis)을 이용한 유전자 계통수 분석은 다음의 경우에 이용되어 왔다:

- 유효 개체군 크기의 측정 (선택적으로 중립인 염기서열을 이용)
- 중립적인 돌연변이율 측정
- 선택압의 추론과 그 형태의 결정
- 이주 형태의 결정과 이주율의 측정
- 지리적으로 분리된 개체군들 사이의 계통발생학적 유연관계 결정(형태가 일치하는지 확인하기 위하여 종 간에 비교함)
- 분지된 개체군의 이차 접촉 확인
- 개체군 간의 분화시기 측정
- 인구통계학적인 역사 결정

- 질병생물(disease organisms)에서의 재조합 파악
- 유행병의 기원과 역사 재현

유전자 계통수의 구조와 합류의 형태는 선택적 중립성과 무작위 교배의 편차에 의해 크게 영향을 받는다(Fig. 21.1). 방향성 선택은 합류시간을 줄이는 반면, 균형 선택은 유전적 부동만으로 기대되는 것보다 합류시간을 늘린다. MHC나 SI 유전자좌위 대립유전자의 합류는 종종 종분화가 일어나기 전으로 거슬러 올라간다(초종적 다형성, trans-species polymorphism)(9장).

유전자의 흐름 없이 오랜 기간 동안의 격리는 개체군을 완전히 분화시킨다(Fig. 21.1e). 이주는 한 지역의 대립유전자 특징이 다른 지역에서도 발견되게 한다(Fig. 21.1f). 개체군 크기의 변동이나 개체군 병목은 합류 시간을 앞당긴다(Fig. 21.1d). 돌연변이는 염기서열의 차이를 일으키고 합류 시간을 늦게 한다.

방향성 선택(선택적 일소)과 개체군 병목처럼 형태가 비슷할 때는 그 원인을 규명하기 위해 추가적인 정보가 요구된다. 예를 들어 다양한 연결되지 않은 유전자좌위에 대한 정보는 선택적 제거와 병목을 구분할 수 있게 할 것이다(Fig. 21.1c 와 d); 개체군 병목은 보는 유전자 좌위에 비슷한 방법으로 영향을 주지만, 선택적 일소는 특정 좌위와 그 주변부에만 영향을 준다(10장).

오늘날, 대부분의 합류 분석은 mtDNA 자료를 쓴다. 왜냐하면, 전형적으로 모계 유전을 하기 때문에 재조합이 근본적으로 일어나지 않고, mtDNA는 핵 유전자 좌위 보다 낮은 N_e와 높은 돌연변이율을 갖고 있다. 결과적으로, 그것은 핵유전자좌위 보다 짧은 시간에 걸친 효과를 발견해 낼 수 있다. 최근 들어, 핵 DNA 염기서열이 합류 연구에서 쓰이기 시작했다. 유전자 트리와 합류, 계통지리학적 형태 연구에 관한 자세한 사항은 Rosenberg와 Nordborg(2002)와 Avise(2004), Wakeley(2007)에 있다.

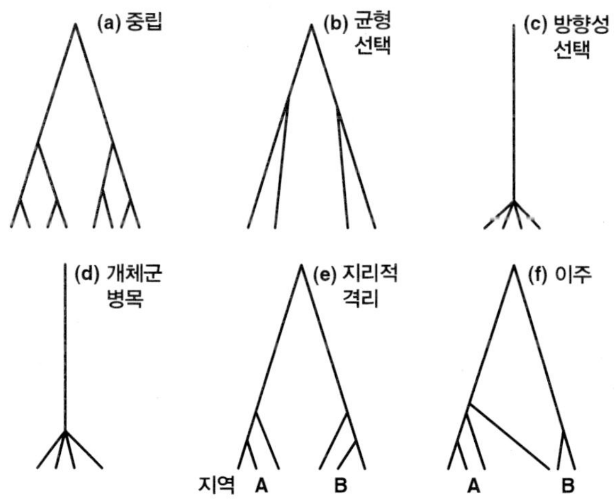

Fig. 21.1 각각에 대한 합류 형태를 보여 주는 유전자 트리 (a) 중립, (b) 균형 선택, (c) 방향성 선택(선택적 일소), (d) 개체군 병목, (e) 지리적 격리, (f) 이주.

개체군 크기와 인구통계학적 역사

개체군 크기

개체군 크기의 최소 측정은 여러 가지 독특한 다좌위 유전형으로부터 얻을 수 있다.

야행성이고 굴을 파서 생활하며, 희귀하고 조심성이 많은 동물의 개체군 크기를 직접적으로 측정한다는 것은 어렵고, 관찰이나 덫에 의한 직접적인 측정은 얻는 데 비용이 많이 들 것이다. 털이나 배설물의 수집과, 뒤이은 DNA 추출과 PCR 증폭을 바탕으로 개체군 크기를 측정하는 것이 가능하다. 이 방법은 북방코털웜뱃과 붓꼬리바위왈라비(brush–tailed rock wallabies), 자이언트 판다같은 몇몇 취약종에서 행해졌다(Banks *et al*. 2003; Piggott *et al*. 2006; Zhan *et al*. 2006). 비침습적인 유전적 방법을 이용한 불곰(brown bear)의 개체수 조사에 드는 비용은 헬리콥터에서 곰을 관찰하는 것을 바탕으로 한 것보다 더 적었다(Solberg *et al*. 2006). DNA 기반의 개체수 조사는 한국의 고래고기 시장에서 밍크고래의 수가 공식적인 숫자의 거의 두 배에 달한다는 것을 밝혔다. 북태평양 밍크고래 개체군의 생존력에 관한 심각한 의미를 내포하고 있는 발견이다(Barker *et al*. 2007). 이 방법은 또한 아프리카와 그 외 지역에서 야생동물 고기 시장의 동물 수를 측청 하는 데도 적합하다.

DNA 기반의 개체수 조사는 유전형 분석 오류(genotyping error)에 민감하다. 질이 낮은 DNA에서는, 대립유전자가 항상 증폭되지 않을 것이고 (대립유전자 탈락), 인위적인 PCR 부산물이 나타날 것이며, 그로인해 한 번의 유전형 분석에서 약 2% 정도의 유전형 분석 오류가 일어난다고 한다(Bellemain *et al*. 2005). 샘플에 대한 반복적인 유전형 분석이 이러한 문제들을 극복하기 위해 이용되고 통계적인 방법도 유전형 분석 오류의 측정과 함께 자료로부터 개체군 크기를 측정해 내기 위해 고안되어 왔다(Kalinowski *et al*. 2006).

개체수의 크기는 포획–표지–재포획(capture–mark–recapture)이나 희박화 분석(rarefaction analysis)을 이용하여 유전형 자료에서 유추할 수 있다. 희박법은 개체군의 크기를 유전형의 누적수와 분석된 누적 샘플수의 관계의 임계점으로 산출한다. 스웨덴 불곰 개체군의 연구에서는 포획–표지–재포획 측정이 희박법에 의한 것보다 더 믿을 만한 것으로 고려되었다.

PCR–기반의 유전자 표지는 배설물을 이용하여 개체군 크기를 측정할 때 종을 동정하기 위해 이용할 수 있다.

배설물의 수를 세는 방법이 많은 종(예를 들어 곰과 코요테)에서 개체군 크기를 특정하기 위하여 이용되었지만, 한 지역에서 한 종 이상이 비슷한 형태의 배설물을 갖고 있다면 적용할 수 없을 것이다. 유럽에서는 DNA 분석이 곰의 배설물을 확인하기 위하여 이용되었다(Höss *et al*. 1992).

인구통계학적 역사

대립유전자쌍 사이에 염기서열 차이의 분포는 안정적인 개체군과 성장하는 개체군, 그리고 병목 개체군을 구별할 때 이용될 수 있다.

다른 인구통계학적 역사를 가지고 있는 개체군들은 대립유전자 쌍 사이에 염기서열 차이 수의 분포('부조화' 분석)에 있어 서로 특징적인 형태를 나타낸다(Fig. 21.2). 안정적인 개체군은 기하분포(Fig. 21.2a)를 보이는 반면, 부드러운 단봉형 분포를 나타내기 위해서는 급격한 성장이 있어야 할 것이다(Fig. 21.2b). 병목은 병목이 유전적 다양성을 감소시켰느냐 아니면 완전히 그것을 제거했느냐에 따라 0에 가까운 분포를 만들거나 양봉형 분포를 만든다(Fig. 21.2c). 오랜 격리 후 개체군들의 이차 접촉은 양봉형 분포를 만든다(Fig. 21.2d). 인간은 급속한 성장의 특징인 단봉형 분포를 보이며, 이는 우리가 알고 있는 인류의 역사와 일치한다.

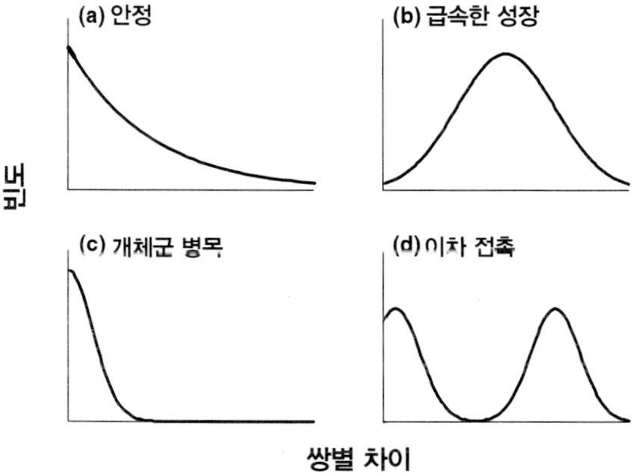

Fig. 21.2 다른 역사를 가지고 있는 개체군 내 대립유전자 사이의 쌍별 염기서열 차이의 분포(Avise 2000). (a) 안정적인 크기의 개체군, (b) 급속한 성장을 보이는 개체군, (c) 최근의 병목을 경험한 개체군, (d) 이차 접촉과 결합.

특징화와 병목 시기의 추정

코알라는 mtDNA 서열에서, 거리에 의한 격리(isolation–by–distance)와 함께, 개체군 병목의 흔적을 보인다(Fig. 21.3). 북부 지역 개체군들의 다양성에 비해, 빅토리아 주와 사우스오스트레일리아 주에 있는 개체군들은 거의 구분을 할 수 없다(Box 17.3). 병목 이전의 개체군의 샘플이 없어도, 다중 마이크로세틀라이트 좌위의 정보를 바탕으로 한 검사를 이용해 병목을 확인할 수 있다(Luikart와 Cornuet 1998).

과거 개체군 병목의 흔적은 분자유전학적인 분석을 이용해 밝힐 수 있다.

모리셔스황조롱이(Mauritius kestrels)와 큰초원뇌조 일리노이스(greater prairie chickens) 개체군에 대해서, 현재 개체군의 마이크로세틀라이트의 유전적 다양성을 박물관 표본의 그것과 비교함으로써 병목효과를 측정하였다(Box 8.1과 11.2). 오랑우탄에서 최근의 개체군 붕괴에 대한 유전적 표지가 희귀 대립유전자의 손실과 초과를 바탕으로 한 마이크로세틀라이트 자료와 대립유전자빈도분포 모델을 통해 발견되었다(Goosens *et al.* 2006). 이사벨라 섬, 알세도 화산(Alcedo Volcano) 주변에서 발견되는 아종인 갈라파고스 거북이는 낮은 수준의 유전적 다양성을 가지고 있고 유전적 분석을 통해 화산 폭발이 있던 것으로 알려진 시기에 개체군 크기에 병목이 있었던 것을 밝혀냈다(Beheregaray *et al.* 2003).

코알라

Fig. 21.3 mtDNA 염기서열 분기를 바탕으로 한 코알라의 유전자 계통수. 상당부분 병목이 진행되었던 섬 개체군에서 유래된 빅토리아주와 사우스오스트레일리아 주의 개체군들은 (아래) 근본적으로 구분이 안 된다. 나머지 개체군들은 '거리에 의한 격리'에서 기대되듯이 대게 지리적으로 가까운 개체군들과 가장 가까운 관련성을 보인다.

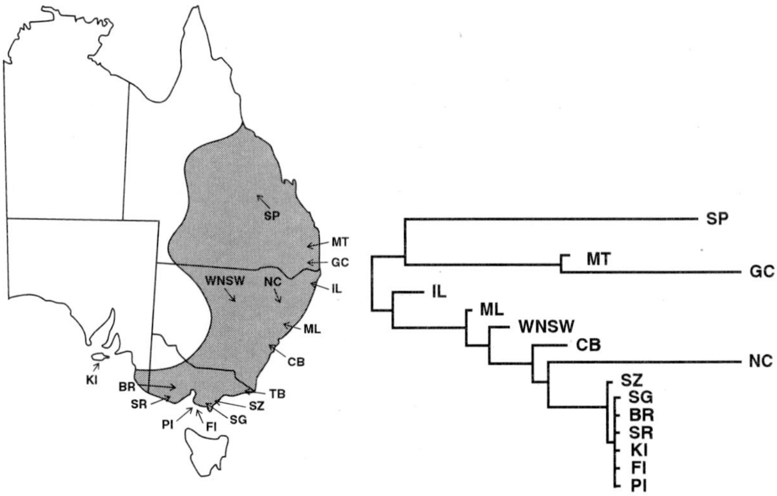

병목의 크기와 기간은 유전적 다양성의 손실에서 유추할 수 있다.

유전적 다양성의 손실은 병목의 기간과 규모를 나타낼 수 있다. 예를 들어, 북방바다코끼리의 mtDNA 유전적 다양성의 손실과 개체군 성장 경로에 대한 수학적 모델은 10–20마리의 유효 암컷 한 세대의 병목으로도 떨어질 수 있다는 것을 보여 준다(Box 21.3). 갈라파고스 섬 13종의 다윈 핀치는 한 쌍의 조상종에서 분화된 것으로 여겨져 왔다. 하지만, 현재 다윈 핀치에서의 MHC 서열 다양성과, 창시자 효과와 초우성 선택 시뮬레이션 모델의 비교는 핀치가 아마 적어도 30개체의 창시 무리에서 분화되었을 것이라고 보여 주었다(Vincek *et al.* 1997). 병목 규모를 추정하는 방법이 Leblois & Slatkin(2007)에 의해 재검토되었다.

Box 21.3 북방바다코끼리에서 병목 규모의 측정 (Hedrick 1995a; Hoelzel 1999)

북방바다코끼리는 사냥으로 인해 병목을 겪었지만 실질적인 병목의 규모나 기간을 알려져 있지 않다. 마지막 대규모 사냥이 1884년에 행해졌다. 이 후에 개체군은 1922년에 350마리, 1960년에 15,000마리, 연구가 진행되었던 때에는 약 150,000마리까지 성장하였다. 근연종인 남방바다코끼리에서는 23개의 mtDNA 반수체형(haplotype)이 관찰된 반면, 병목 후 북방바다코끼리에서는 겨우 2개의 mtDNA 반수체형만이 나타났다. 북방바다코끼리에서는 알로자임 변이가 관찰되지 않은 반면, 남방바다코끼리에서는 평균 이형접합자 빈도가 0.03이었다. mtDNA 다양성의 예상 손실은:

$$H_t = H_0 \prod_{i=1,}^{t} \left(1 - \frac{1}{N_{efi}} \right)$$

이며, 여기서 N_{efi}는 i 세대에 암컷의 유효 숫자이고 t는 병목이 시작한 때부터 개체군의 유전형이 분석될 때까지의 세대수를 나타낸다. 이것은 방정식 11.2와 비슷하지만, mtDNA가 암컷끼리 유전되므로, N_{ef}가 $2N_e$로 대체되었다. 남방바다코끼리의 mtDNA 다양성은 0.980(H_0를 나타낸다고 가정)인 반면, 북방바다코끼리는 0.409(H_t)이다.

많은 병목 규모와 기간의 조합이 이 값들에 맞을 수 있지만, 오직 제한된 값들만이 개체군 수의 실질적인 성장을 가능하게 할 것이다. 한 세대의 병목이 필요로 하는 유효 암컷의 숫자는

$$\frac{H_1}{H_0} = \left(1 - \frac{1}{N_{ef}}\right) = \frac{0.409}{0.980} = 0.417$$

이므로

$N_{ef} = 1.70$이다.

그러나 이것은 관찰된 개체군 성장과 상응하지 않는데, 거기서는 최소 약 12마리의 암컷을 필요로 한다. 더 나아가, 추가적인 유전적 다양성이 병목과 1960년 사이 약 14세대 동안 손실되었다.

mtDNA 다양성의 손실과 개체군 크기의 변화 둘 다에 가장 잘 맞는 변수의 조합은 (i) $N_{ef}/N_f = 0.25(N_{ef} = 3.1)$인 암컷 12.4마리의 한 세대 병목이거나, 또는 (ii) 3세대 동안 암컷 44마리의 병목과 $N_{ef}/N_f = 0.125(N_{ef} = 5.5)$이다. Hoelzel (1999)는 정교한 컴퓨터 시뮬레이션을 바탕으로 비슷한 결론에 도달했다. 이 병목은 알로자임 변이의 완벽한 부재를 설명하기에는 충분하지 않지만, 하렘의 짝짓기 형태를 모델에 포함시킨다면 설명이 될 수 있다(Hoelzel 1999).

오늘날과 고대 DNA로부터 추출된 mtDNA 비교를 통해 하와이에 서식하는 하와이 기러기(nene)에서 유전적 다양성의 심각한 감소는 서구인들의 점령에 의한 것이 아니라 보다 앞선 폴리네시아인들의 정착에 의한 결과라는 것이 밝혀졌다(Paxinos *et al*. 2001). Box 21.3에 나와 있는 형태의 모델링은 개체군이 아마도 50에서 100세대에 걸쳐 암컷이 10마리 미만으로 줄어들었을 것임을 나타내고 있다.

개체군 크기 병목 때문에 치타는 상당량의 유전적 다양성을 잃었을 것으로 가정하고 있다. 추정되는 병목은, 오늘날의 유전적 다양성과 mtDNA, DNA 지문, 미이크로새틀라이드(높은 돌연변이율)를 가지고 한 알로자임(낮은 돌연변이율)의 기대 재생율에 대한 비교를 바탕으로, 약 10,000년 전쯤에 일어났던 것으로 추정하고 있다(O'Brien 1994). 그러나, 이 경우에는 다르게 해석할 수 있는 여지가 있다(Hedrick 1996).

병목이 시기는 유전적 자료로부터 유추될 수 있다.

유전자 흐름과 개체군 구조

개체군 간의 이차적 접촉

두 개의 분명한 mtDNA 반수체형 집단이(분기군) 각 조사된 캐나다와 러시아 북극에 서식하는 흰기러기 집단에 존재한다(Fig. 21.4). 집단은 아마도 두 개의 다른, 분화된 피난 개체군에서 온 이주개체들에 의해 만들어졌을 것이다. 왜냐하면, (a) 어느 집단 내에서든 두 mtDNA 분기군은 자유롭게 상호 교배할 수 있

개체군들 간의 이차 접촉은 개체들 사이에 양봉 분포의 쌍별 염기서열 차이를 갖게 한다.

고, (b) 집단이 있는 지역은 최근 5000–10000년 전까지 서식할 수 없었던 빙하 지역이었으며, (c) 오늘날의 개체군은 매우 큼으로 반수체형의 분포는 최근의 부동 효과로 인한 것이 아닐 것이기 때문이다.

흰기러기

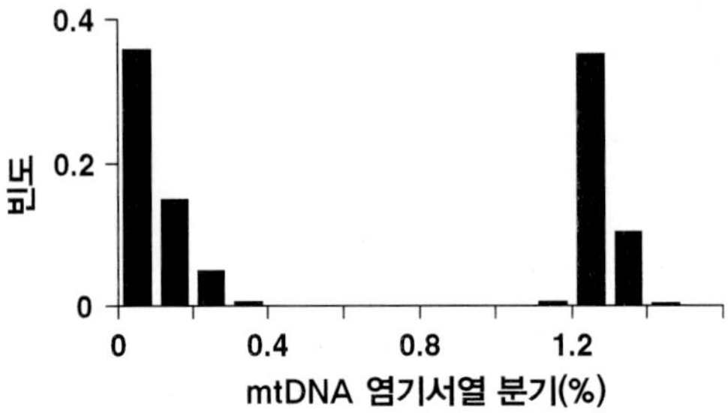

Fig. 21.4 이차 접촉을 가리키는 흰기러기에서 mtDNA RFLPs 쌍별 차이의 양봉 분포 (Avise 2000).

개체군 구조

유전적 표지에 의한 분석이 개체군 구조를 밝히기 위해 이용된다.

유전적 관리 권고안은 개체군 구조에 따라 매우 다르다(14장과 17장). 개체군 구조의 묘사는 보통 유전자 자료를 이용했을 때만이 가능하다(Hey & Machado 2003).

개체군 분화의 정도는 F_{ST}와 다형의 유전자 표지에 대한 관련된 측정을 이용해서 결정할 수 있다(14장). 보다 강력하고 유용한 분석법은 아마도 다른 대립유전자의 서열을 지리적 위치에 표시하는 것일 것이다(Templeton 1998). 유전적 분화와 제한된 유전자 흐름, 과거의 파편화, 영역 확장의 원인이 결정될 수 있다. 아프리카에 있는 물소와 임팔라 개체군은 0.08과 0.10의 비슷한 F_{ST} 값을 보인다. 그러나 mtDNA 반수체형의 지리적 분포는, Fig. 21.5의 **반수체형 네트워크(haplotype networks)**에서 보이듯, 두 종간에 완전히 다르다. 초베(Chobe) 반수체형(초베는 가장 고립된 지역이다)의 분포가 물소의 경우 무작위적이지만, 임팔라의 경우 조밀하게 모여 있다. 결과적으로 물소는 초베와 보다 북쪽의 개체군 사이에 계속적인 모계의 유전적 교환을 보이고 있다. 반면에, 임팔라는 암컷 유전자의 흐름이 제한되어 있고, 이는 거리에 의한 격리나 초베개체군이 북방개체군에서 격리되어 있음을 반영한다. 이러한 결론들은 중첩분기분석(nested clade analysis)을 이용해 도출되었지만, 현재에는 이 방법에 대한 신뢰성과 관련된 논쟁이 일고 있다(Petit & Templetion 2008).

암컷의 개체군 구조는 mtDNA나 cpDNA(식물)를 이용해 밝힐 수 있다. 미토콘드리아 DNA 분석은 호주의 취약한 유령박쥐(ghost bat)가 군집들 간에 하나의 mtDNA 반수체형도 중복됨이 없이, 뚜렷한 분화를 보인다는 것을 밝혔다

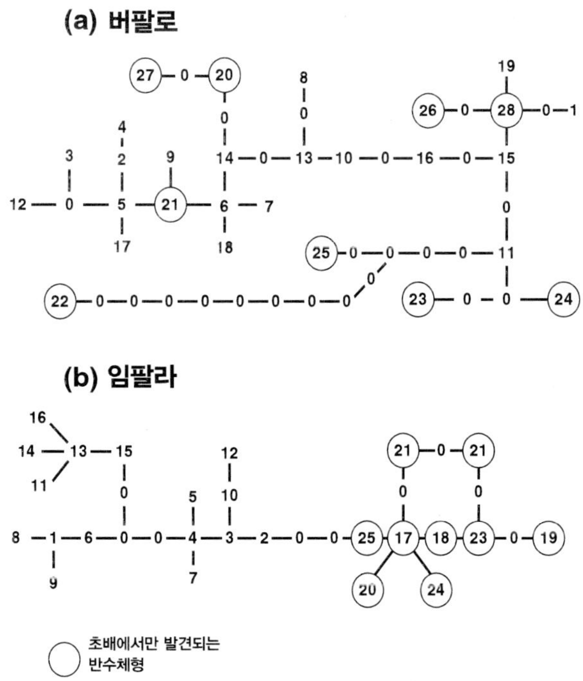

Fig. 21.5 버팔로와 임팔라의 미토콘드리아 DNA 반수체형 네트워크(Tmpleton 1998). 네트워크 내의 각 선은 한 개의 돌연변이에 의한 변화를 나타낸다. '0'는 표본에 없는 망의 교점을 나타낸다. 반수체형 수는 원 참고문헌에 있던 것들이다. 가장 남쪽의 고립된 지역의 것인 초배(Chobe) 반수체형가 임팔라에서는 조밀하게 밀집되어 있지만 버팔로 네트워크에서는 널리 퍼져있다.

(Fig. 21.6). 마이크로세틀라이트 분석 역시 상당한 분화가 있음을 밝혔고, 이는 유전자 흐름이 거의 없음을 나타낸다. 결과적으로, 멸종된 집단은 자연적인 이주에 의해 다시 집단이 만들어 질 수 없을 것이다.

참거두고래(long-finned pilot whale)의 연구는 고래 떼의 구조가 하나의 확장된 암컷 혈통으로 구성되어, 종종 100개체 이상을 포함하고 있다는 것을 밝혔

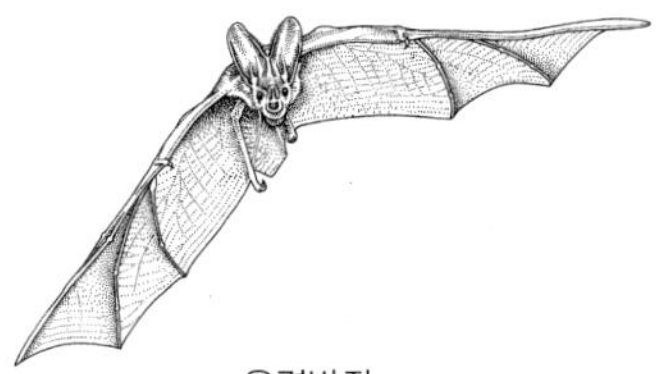

유령박쥐

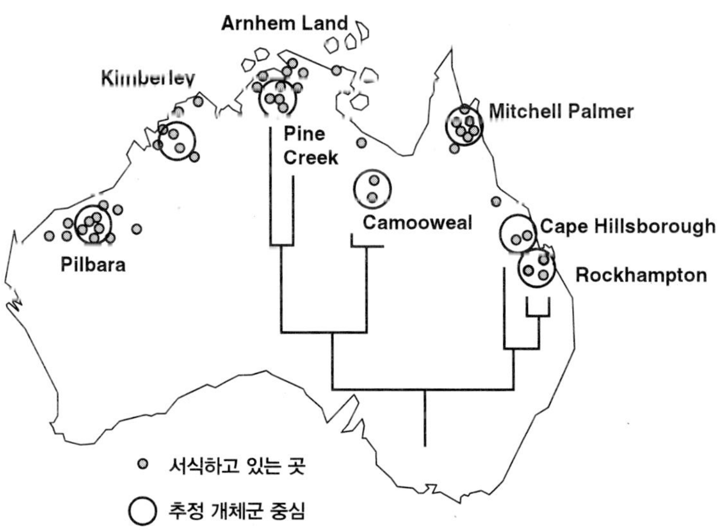

Fig. 21.6 mtDNA에 의해 밝혀진 유령박쥐 개체군의 개체군 구조(Moritz *et al*. 1996에 따름 © 옥스퍼드대학 출판사). 이 종은 동굴과 버려진 탄광 안에서 살며, 한때는 널리 퍼졌었지만 지금은 북쪽 지역에만 있다. 개체군들 간에 분명한 분화가 있다. 개체군들 간에 mtDNA 반수체형가 달랐다.

다. 양성의 새끼 모두 분산을 하지 않았지만, 핵유전자 표지를 이용해 확인했듯이 심한 근친교배는 없었다. 이 뚜렷한 모순은 다른 집단의 구성원들이 서로 만났을 때 짝을 짓는다는 것을 확인하며 풀렸고, 그로인해 핵유전자의 분화가 최소화될 것이다.

분산과 유전자 흐름

개체군들 간의 유전적 분화로부터 분산율을 추정할 수 있다.

분산율은 직접적인 관찰로 연구하기 어렵다. 왜냐하면 분산율이 낮을 것이고 장거리 분산은 정확하게 측정하기 매우 어렵기 때문이다. 점점 더 많은 수의 연구들이 분산 형태를 알아내기 위해 유전적 표지를 이용하고 있다. 분산이 일어나지 않는다면, 짝짓기가 무작위적이기 않게 되어, 결과적으로 이형접합자가 사라질 것이다(Table 14.2). 예를 들어 쥐들은 헛간 안에서 세력권을 유지하고 무작위적으로 짝짓기를 하지 않아, 전체적으로 하디-와인버그의 기대치에 비해 이형접합자가 결여되어 있게 된다(Selander 1970).

유전적 연구는 종종 직접 관찰이 제시하는 모습과 다른 모양의 분산 형태를 밝혀 내기도 한다. 예를 들어, 세력권을 형성하는 북미산 새앙토끼의 관찰을 통해 그들이 거의 분산하지 않고 주기적으로 가까운 친족과 짝짓기를 하는 것으로 생각되어졌다. 하지만 이와 반대로, DNA 지문 연구 결과는 가까운 근친교배는 흔하지 않고 짧은 거리와 중간, 먼 거리에 걸쳐 분산이 일어난다는 것을 밝혀냈다(Peacock 1997).

붉은바다거북

mtDNA 분석 결과, 붉은바다거북(loggerhead turtle) 암컷은 둥지 장소에는 충실성을 보이지만, 취식 장소에는 그렇지 않았다(Baker와 Palumbi 1996).

Y-특이적 유전자 표지는 수컷 특이적 분산과 분화에 상응하는 방법으로 평가할 수 있게 해 줄 것이다(Tucker & Lundrigan 1996). mtDNA와 핵 마이크로세틀라이트의 이용은 대백상어에서 암컷이 아니라 수컷이 분산한다는 것을 증명하였다(Pardini *et al.* 2001).

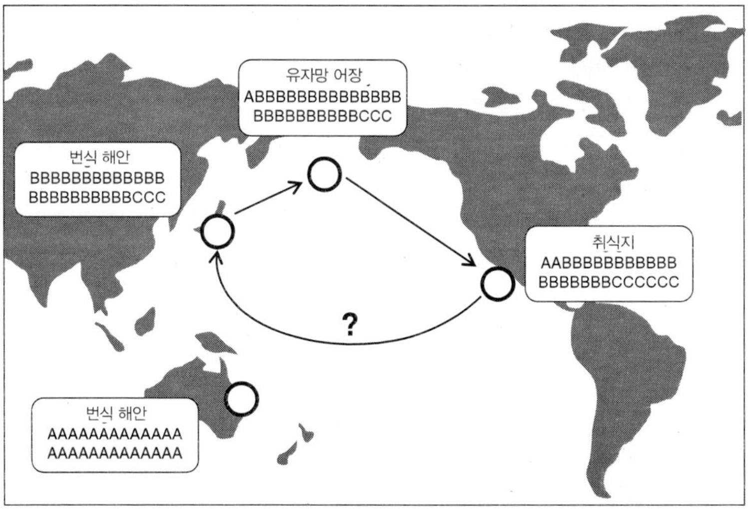

Fig. 21.7 mtDNA 반수체형를 바탕으로 한 붉은바다거북의 분산(Bowen *et al.* 1995). A와 B, C는 다른 mtDNA 반수체형를 나타낸다.

이입개체 검출

이입 개체는 할당 검증을 이용, 다좌위 유전형으로 구별될 수 있다.

유전형을 바탕으로, 개체는 가장 유사한 유전형을 가지고 있는 개체군에 할당될 수 있다(**할당 검증**, assignment tests)(Luikart & England 1999). 예를 들어, 만약에 지리적 지역 A와 B의 모든 개체들이 각각 $A_1A_1B_1B_1C_1C_1D_1D_1$와 $A_2A_2B_2B_2C_2C_2D_2D_2$를 가지고 있다면, 지역 B에서 앞의 유전형을 가지고 있는 개체는 분명 이입 개체일 것이다. 동일한 원리가 개체군들이 몇 개의 유전자좌위에서 빈도가 다를 때 적용이 되지만, 계산은 더 복잡하고 할당은 확실성(certainty) 보다는 가능성(probability)으로 표시가 된다. 할당 검증은 또한 붉은늑대와 알곤킨늑대의 예처럼, 교잡과 분류학적 유연관계를 밝히는 데도 이용된다(Fig. 16.1).

멸종위기의 아종 복원에 이용하기 위한 개체군의 식별

유전자 표지는 한 개체로 줄어든 아종을 복원하기 위한 교잡에 이용될 가장 가까운 아종을 찾는 데 이용될 수 있다.

우리는 앞서 노퍽섬솔부엉이(Norfolk island boobook owl)와 검은해변참새(dusky seaside sparrow)을 사세히 살펴 보았다. 솔부엉이에서 mtDNA 분석은 교배를 위해 선별된 뉴질랜드의 새들이 이용할 수 있는 가장 유연관계가 가까운 개체군이라는 것을 확인하였다(예제 16.2). 반대로, 멸종된 검은해변참새와 보다 먼 근연 아종과의 교배가, 이후의 유전적 분석을 통해 보다 더 가깝게 연관된 이용 가능한 아종이 있었다는 것을 것이 밝혀지면서, 성공적이지 못한 시도가 되었다(Avise 2004).

종 간의 계통지리학적 형태

역사적인, 지리적인 또는 기후적인 사건들은 많은 다양한 종들에게 비슷한 방법으로 영향을 주었을 것이다.

놀랍게도 많은 경우에서, 지리적 지역에 따른 DNA 서열 분화의 형태가 일치한다(계통지리학, phylogeography)(Avise 2000). 예를 들어 미국 대서양쪽 해안에 있는 검은농어와 검은해변참새(Baker & Palumbi 1996; Dizon *et al.* 2000), 투구게, 아메리카 굴, 가뢰(tiger beetle) 개체군은 멕시코 만에 있는 개체군과는 다른 mtDNA 반수체형을 보여 준다. 두 지역은 플루리다 반도로 나뉘어져 있다(Avise 2000). 이러한 분포는 이전에 인식되지 않았으며, 현재의 지형에서 예견되지도 않았다. 그런 형태들은 주요 지리적 사건이나 과거의 기후, 또는 기후변화로 인한 서식지 변화에 의한 초기 개체군의 분리를 반영하는 것으로 보인다. 남동부의 동쪽과 서쪽으로 흐르는 강에 있는 민물고기와, 남동부와 남서부 사이의 세력권을 갖는 민물 테트라포드를 포함하는, 많은 다른 경우의 다른 분류군에서 계통지리학적 형태가 일치하는 것이 미국에서 관찰된다. 비슷하게, 네 종의 조류와 한 종의 파충류가 호주 북동부 케언즈의 북부와 남부 열대우림지역 사이에 주된 유전적 차이를 보인다. 그 분화는 아마도 두 지역 사이에 긴 기간 동안의 격리를 이끈 과거 열대우림의 확대와 축소를 반영하는 것으로 보인다(Joseph *et al.* 1995). 유연관계가 먼 종들에서 동일한 형태가 나타난다면 한 종에서만 보았을 경우에 약하게 지지받았을 결론을 더욱 강하게 뒷받침 해 줄 것이다

재도입과 이주

재도입과 이주를 위한 지역

> 잠재적인 재도입 지역은 지금은 멸종한 개체군에서 수집된 박물관 표본의 PCR 분석을 통해 찾을 수 있다.

재도입은 과거 종의 영역 안에 지역을 선정함으로써 성공률을 높일 수 있는 모험적이고 비용이 많이 드는 일이다(20장). 멸종위기종의 멸종한 개체군의 특성을 파악하는 것은 재도입이나 이주를 위해 적절한 지역을 찾는 데 도움을 준다(Box 21.2). 반화석화된 뼈에서 추출한 DNA를 통해 지금은 멸종한 래이산 오리(laysan duck)가 하와이의 한 섬에 최근까지 존재하고 있었다는 것을 밝혔다(Cooper *et al*. 1996). 결과적으로 이 섬은 개체를 복원하기에 적절한 지역인 것이다.

재도입을 위한 개체군

> 재도입을 위한 후보 개체군의 평가는 유전적 분석에 따라서 될 수 있다.

호주 동부 해안의 제한된 지역에 서식하는 멸종위기식물인 Zieria prostrata의 재도입 프로그램은 유전자 분석을 통해 이 분명히 독특한 식물이 잔존하는 큰 개체군과 유연관계가 가깝다는 것이 밝혀지면서 중단되었다(Hogbin *et al*. 2000).

번식체계와 혈통, 창시자 유연관계, 성감별

> 유전적 분석은 번식 체계와 친권, 성 및 창시자 관계에 있어 중요한 정보를 제공할 수 있다.

번식 체계가 다른 종(단성생식 대 유성생식, 근친교배 대 이종교배 등)은 다른 관리 방안이 필요하기 때문에, 그것들을 구분하는 것은 매우 중요한 일이다(17장). 혈통에 대한 지식은 근친교배를 알아내고, 유전적 관리에 이용되는 가계도의 정확성을 입증하는 데 중요하다. 성을 정확히 구분하는 것을 기본으로 함으로써, 같은 성의 두 개체를 짝지우지 않을 수 있다. 사육개체군을 관리하는 데 있어 창시자의 유연관계는 매우 중요하고 그들 통해 유전적 다양성의 손실이나 근친교배를 최소화 할 수 있다. 유전자 표지 분석은 이런 많은 중요한 정보를 제공할 수 있다.

번식 체계

> 번식의 방법이나 짝짓기 형태는 어미와 새끼의 다좌위를 분석함으로써 알 수 있다.

식물과 산호는 이종교배에서 자가수분, 자가복제까지 다양한 짝짓기 형태를 가지고 있다. 더 나아가, 몇몇 종의 물고기와 도마뱀, 달팽이, 민달팽이, 곤충은 단성생식이나 처녀생식, 자가수정을 한다.

Table 21.2는 어미와 새끼의 유전형을 바탕으로 한 번식 체계의 정의를 나타내었다. 만약 모든 새끼들이 어미와 같은 유전형을 가지고 있다면 번식은 단성생식(비감수분열의 처녀생식도 포함)이다. 반대로, 만약 새끼가 오직 어미에게만 있는 대립유전자를 가지고 있지만, 유전형이 다양하다면 그것들은 자가수정에 의한 결과일 것이다. 어미가 가지고 있지 않은 대립유전자를 가지고 있는 새끼는 이계교배에 의한 결과물이다.

Table 21.2 유전자 표지를 이용한 번식 체계의 결정

번식 체계	부모 유전형		새끼 유전형
단성생식	AB	⇒	AB
자가수정	AB	⇒	AA, AB, BB
이종교배	AB × CD	⇒	AC, AD, BC, BD
자가 수정과 이계교배의 혼합	AB × AB	⇒	AA, AB, BB
	AB × CD	⇒	AC, AD, BC, BD (이계교배에 비해 이형접합자가 부족함)

캘리포니아에 서식하는 멸종위기종인 산타크루즈섬 부쉬말로우(Santa Cruz island bush mallow)의 두 개체군 중 한 개체군의 모든 개체들은 동일하고(자가복제를 가리킴) 다른 개체군의 개체들과 다르다(Fig. 21.8). 멸종위기의 초본인 *Haloragodendron lucasii*는 호주 시드니의 매우 제한된 지역에서 서식하며 알로자임과 RAPD 유전형 분석 결과, 53개의 식물이 단지 7개의 클론으로 구성되어 있었다(Hogbin *et al*. 2000).

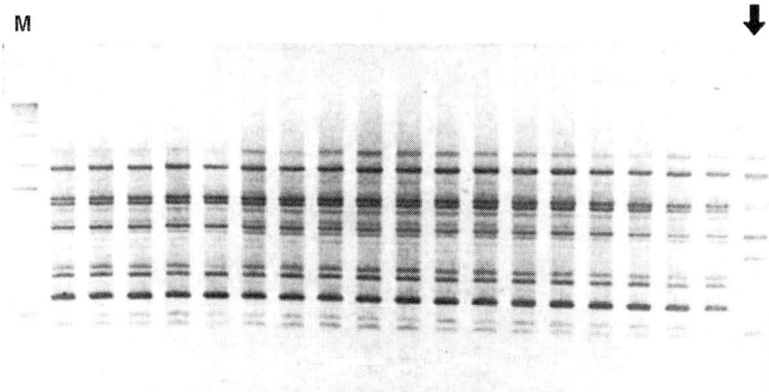

Fig. 21.8 멸종위기종인 산타크루즈섬 부쉬말로우의 자가복제 번식(Fritsch & Rigseberg 1996). NS(II) 개체군의 서로 다른 18개체(2–19 레인)와 NS(I) 개체군의 한 개체(화살표)에 대한 RAPD 분석. 레인 1은 DNA 크기 표지(M)이다. NS(II) 개체군의 18 부쉬들은 모두 동일하고(복제), NS(I) 식물과 다르다.

자가수정과 이계교배가 혼합된 식물에서, 자가수정률은 어미와 자손을 분석함으로써 직접적으로 산출할 수 있다.

Table 21.3은 어미와 자손의 유전형으로부터 자가수분율을 산출하기 위해 이용되는 방법의 뒤에 있는 이론적 배경에 대해 말하고 있다(Hedrick 2005a). 동형접합자의 어미 식물의 자가수분은 단지 동형접합자의 자손을 생산하지만, 이계교배는 동형접합자(q)에는 없는 대립유전자의 빈도에 따른 비율의 이형접합자(H)를 생산할 것이다. 따라서 자가수분의 빈도(S)는

$$S = 1 - \frac{H}{q} \tag{21.1}$$

이다. 이형접합자의 어미 식물 역시 자가수분율의 측정하는 데 이용될 수 있다(Brown 1989; Hedrick 2005a).

Table 21.3 | 자가수정(S)과 이계교배(T)로 인한 동형접합성의 어미 유전형(A_1A_1)과 이형접합자의 어미 유전형(A_1A_2)에서 기대되는 자손 유전형의 비율. p와 q는 개체군 내 A_1과 A_2의 빈도이다.

어미 유전형	짝짓기 빈도	자손 유전형		
		A_1A_1	A_1A_2	A_2A_2
A_1A_1	S	S		
	T	Tp	Tq	
A_1A_2	S	¼ S	½ S	¼ S
	T	½ Tp	½ T	½ Tq

출처: Hedrick(2005a).

자가수분율은 하디-와인버그의 기대치에 반한 이형접합성의 감소로부터 간접적으로 산출할 수 있다.

하디-와인버그의 기대가 자가수분율을 측정하기 위해 이용될 수 있다. 예를 들어, 호주 서부의 멸종위기종인 둥근잎 인동(round-leaf honeysuckle)에서 이형접합자의 기댓값에 대한 관찰값의 비율(H_o/H_e)이 0.68이다. 방정식 12.2를 이용한, 유효 근친교배 계수는

$$F_e = 1 - \frac{H_o}{H_e} = 1 - 0.68 = 0.32$$

이다. 자가수분율은 다음과 같이 근친교배 계수에서 결정할 수 있다:

$$S = \frac{2F}{(1+F)} \tag{21.2}$$

둥근잎 인동의 경우, S=2×0.32/(1+0.32)=0.48이다.

자가수분과 이계교배를 측정하기 위해 가장 흔히 쓰이는 모델은 복합 짝짓기 모델(mixed mating model)이다(Barrett & Kohn 1991). 이 모델은 자가수정과 무작위적 교배 두 개의 짝짓기 형태만 있다고 가정한다. 그러나 짝짓기는 형제나 배다른 형제, 사촌 사이(**양친근친교배**, **biparental inbreeding**)같은 친족 사이에도 일어난다. 결과적으로 S의 추산은 만약 근친교배가 모두 자가수분으로 인한 경우, 자가수분율이 얼마인지에 대한 측정이 된다.

다좌위 자료는 실제 자가수분율을 보다 정확하게 추정하게 한다. 더 나아가, 자가화합성의 식물에서, 단좌위 추정치의 평균과 다좌위 추정치의 차이는 양친성 근친교배율을 나타낸다. 예를 들어, 하와이에 서식하는 *Bidens* spp. 7개 개체군 내 오직 자성화(웅성 불임)만 있는 개체들은 15%의 확실한 '자가수분'율을 가지고 있다. 하지만 이것 모두는 분명 양친성 근친교배에 의한 것이어야만 한다(Sun & Ganders 1988). 마찬가지로, 태평양 주목(Pacific yew)은 자웅이주식물(개체에 따라 성이 다른)이지만, 47%의 F값을 나타내고 있다. 다시 한 번 이것은 모두 양친성 근친교배에 의한 것이어야 할 것이다(El-Kassaby & Uanchuk 1994). Barrett & Kohn(1991)과 Hedrick(2005a)가 자가수분율과 양친성 근친교배율을 산출하는 보다 자세한 방법들을 제공하고 있다.

혈통

혈통에 대한 정보는 근친교배의 영향을 연구하고, 위협에 처한 종의 유전적 관리를 위해 이용되는 가계도를 검증하며 유효개체군의 크기를 결정하는 데 필수적이다(11–13장, 19장). 혈통은 침팬지처럼 암컷이 가임기간 동안 여러 마리의 수컷들과 교미를 하는 종에서는 직접 관찰로 결정할 수 없다. 또한 관찰이 쉽지 않은 종에서도 결정할 수 가 없다.

다중 DNA 표지들은 친부권과 친모권을 할당하기 위해 이용될 수 있다.

만약 어미와 새끼 그리고 추정상의 아비가 많은 좌위에 걸쳐 유전형이 분석이 된다면(예, DNA 지문과 다좌위 마이크로세틀라이트), 높은 가능성과 함께 양의 친부 할당(paternity assignment)이 만들어 질 수 있을 것이다(Fleischer 1996). 만약에 새끼의 부계유전 대립유전자가 추정되는 아비에게 존재하지 않다면, 그 수컷은 잠재적인 아비에서 제외할 수 있다(새로운 돌연변이가 일어나지 않았다면). Table 21.4는 흰기러기에서 14개의 핵 RFLP 유전자좌위를 바탕으로 한 친부 확인의 예를 보여 주고 있다. 몇 개의 유전자좌위에서, 4번 새끼의 유전형은 멘델의 유전법칙에 의해 추정상(후보) 아비의 유전형에서는 나올 수 없는 것이다. 무반응 대립유전자(null allele)가 몇몇 마이크로세틀라이트 좌위에서 존재하여 잘못된 혈통 배제를 이끌 수 있지만, 이런 문제는 혈통 연구에서 그런 좌위를 제외하거나 혈통 배제가 하나 이상의 좌위를 바탕으로 이루어지게 한다면 완화될 수 있을 것이다(Dakin & Avise 2004).

Table 21.4 흰기러기에서의 친권 결정. 한 흰기러기 가족에서 잠재적인 부모와 새끼들에 대한 14개 핵 RFLP 좌위의 유전형이 주어졌다. 4번 새끼는 어느 잠재적인 부모와도 맞지가 않는다. 그의 잠재적인 부모에서 유전될 수 없는 대립유전자들이 굵은 글씨로 나타나 있고 잠재적인 부모에서 기인할 수 없는 유전형에는 밑줄이 그어져 있다.

	RFLP 좌위													
	A	B	C	D	E	F	G	H	I	J	K	L	M	N
잠재적인 수컷	22	22	23	12	11	11	14	22	12	12	12	12	22	22
잠재적인 암컷	22	22	22	11	11	11	13	12	22	11	11	12	12	12
새끼 1	22	22	22	12	11	11	11	12	12	11	12	11	12	12
새끼 2	22	22	22	11	11	11	34	22	22	12	12	12	22	22
새끼 3	22	22	22	12	11	11	13	22	12	11	11	22	22	22
새끼 4	2**3**	22	**11**	11	11	11	1**2**	12	12	11	11	11	11	11

사육 침팬지에서 마이크로세틀라이트를 이용한 친부 결정으로 집단에서 가장 우위를 차지하는 수컷이 전체는 아니지만 대부분의 새끼의 친부인 것을 밝혔다(Houlden *et al.* 1997). 결과적으로 근친교배와 유전적 다양성의 손실을 최소화하기 위한 동물원간 동물들 이동의 필요성이 만약 많은 수컷이 친부인 경우보다 더 커졌다. 붉은바다거북(loggerhead turtle) 한배 알에 대한 알로자임과 마이크로세틀라이트 분석은 한 배의 새끼들이 어떤 좌위에서는 두 종류 이상의 부

계 대립유전자를 보이고 있기 때문에, 암컷이 여러 마리의 수컷과 짝을 짓는 다는 것을 확인하였다(Bowen & Karl 2007).

유전자 표지 분석은 종종 예기치 못했던 짝짓기 형태를 밝혀냈다. 일부일처의 짝짓기 형태를 가지고 있는 것으로 여겨졌던 많은 조류들이 광범위하게 혼외 교미에 참여하고 있는 것이 밝혀졌다(Fleischer 1996 참조). 예를 들어, 호주 서부의 서부요정굴뚝새(splendid fairy wren)는 높은 근친교배율을 갖고 있으나 근친교배약세가 없는 것으로 유명하다. 그러나 이후의 알로자임을 이용한 친부확인분석으로 65%나 그 이상의 새끼들의 친부가 무리 외의 수컷인 것이 밝혀졌다(Ralls *et al*. 1986; Rowley *et al*. 1993). 인간에서 조차도, 유전자 표지는 3.7% 이상의 아이들이 서류상 등록된 아버지의 자식이 아닌 것으로 밝혀졌다(Bellis *et al*. 2005).

사육개체군의 유전적 관리에서 가계도가 광범위하게 이용되면서, 그것의 정확성을 검증하는 것이 중요하게 되었다. 심각한 멸종위기종인 북방대머리따오기(Waldrapp ibis)에서의 DNA 핑거프린트 분석으로 33마리의 새끼 중 가계도가 잘못된 5마리의 새끼를 찾아냈으며 추가적으로 유연관계가 없는 창시자를 밝혀냈다(Signer *et al*. 1994). 또한 댕기흰찌르레기(Bali starling)와 아라비아 오릭스, 프르체발스키의 혈통서에도 오류가 있는 것으로 보인다.

가계도의 재구성

가계도는 다좌위 유전형으로부터 재구성될 수 있지만 이것은 보통 형제자매나 반형매에 제한된다.

많은 야생 동물에서 직접 관찰을 통해 가계도를 얻는 것은 거의 불가능하며, 여러 마리의 암컷과 수컷이 번식 집단을 이루는 일부 사육종의 경우도 매우 어렵다. 그러나 다좌위 유전형 정보가 관리 목적이나 야생개체군에서 정량적 유전적 변이의 측정을 위한 가계도 재구성을 위해 이용될 수 있다(Fernández & Toro 2006; Oliehoek *et al*. 2006). 가계도는 가족 내 멘델의 분리법칙에 의해 생성되는 변이들 때문에, 단지 일차와 이차 친족관계(어미–새끼, 형제자매, 반형매) 수준에서만 주로 만들어 질 수 있다. 분석 중 실수나 새로운 돌연변이, 유전형의 손실은 그것을 더 어렵게 한다. 가계도 재구성의 정확성은 연구되는 유전자좌위의 수와 유전자좌위 당 대립유전자의 수에 따라 증가한다(Fernández & Toro 2006; Oliehoek *et al*. 2006). 18개의 마이크로세틀라이트 좌위가 이용되었을 때 돼지 개체군에서 실제와 추정된 혈연관계의 상관관계가 90% 이상이었다(Fernández & Toro 2006).

캐나다 동부 대서양 연어 3개 개체군에서 9개 자위에 대한 마이크로세틀라이트 유전형을 바탕으로 한 가계도 재구성으로 성비의 불일치와 가족 크기의 변화 때문에 유효개체군의 크기가 실제로 확인한 개체수보다 작다는 것을 밝혀졌다(Herbinger *et al*. 2006). 가계도 정보는 친족끼리의 짝짓기를 피할 수 있게 해주고, 희귀한 혈통의 산란을 증가시킬 수 있도록 한다.

창시자 관계의 결정

다좌위 DNA 표지는 창시자 관계를 설명하기 위해 이용될 수 있다.

보통 멸종위기종에 대한 번식프로그램에서 창시자의 관계는 알려져 있지 않다. 그러나 근연관계가 가까운 개체들을 판별해 내는 것은 근친교배나 유전적 다양서의 관리 차원에서 중요한 일이다. DNA 핑거프린트를 이용한 캘리포니아 콘도르 연구는 14마리의 창시자에서 3개의 혈족을 밝혀냈다(Geyer *et al*. 1993). 비슷한 연구가 댕기흰찌르레기와 괌흰눈썹뜸부기(Guam rails), 마이크로네시안 호반새(Micronesian kingfisher), 모리셔스분홍비둘기(Mauritius pink pigeons), 아라비아 오릭스에서 수행되었다(Ashworth & Parkin 1992; Haig *et al*. 1994; Mace *et al*. 1996; Marshall *et al*. 1999).

새로운 창시자의 출처

취약종의 수가 적을 때는, 모든 잠재적인 창시자가 사육번식 집단을 만들기 위해 이용되어야 할 것이다. 그러나 몇몇 잠재적인 창시자는 분류학적인 문제에서 불확실성이 있을 수 있다. 예를 들어, 멕시코 늑대가 야생에서는 멸종하였고 하나의 순수한 것으로 증명된 개체군이 겨우 서너 마리의 개체들로 수립되었다. 다른 두 개의 개체군이 존재하지만, 그들에게 개나 회색늑대, 코요테의 유전자가 이입되었는지의 여부가 불투명하다. 분자유전학적 분석(알로자임과 mtDNA, DNA 핑거프린트, 특히 마이크로세틀라이트를 바탕으로 한)은 세 멕시코 늑대 개체군 모두 서로 비슷하고 개나 회색늑대 코요테로 부터의 확인될 만한 유전자의 이입이 없이 순수한 것을 규명하였다(Fig. 21.9). 이들 세 개체군은 현재 합쳐졌다(Hedrick & Frederickson 2008). 이 연구는 또한 증명된 개체군에는 네 마리가 아닌 세 마리의 창시자가 있음을 밝혀냈다. 비슷한 방법으로, 미국의 스피키가젤(Speke's gazelle) 사육개체군을 위한 잠정적인 두 마리의 창시자가 미국의 가젤들과 유연관계가 없는 것으로 밝혀져 사육개체군에 추가되었다(Bulter *et al*. 1994).

창시자 수가 적은 곳에서는 유전자 표지를 이용해 다른 잠재적인 창시자가 정확히 그 종에 속하는지 또 유전자 이입에 의한 영향은 없는지 확인할 수 있다.

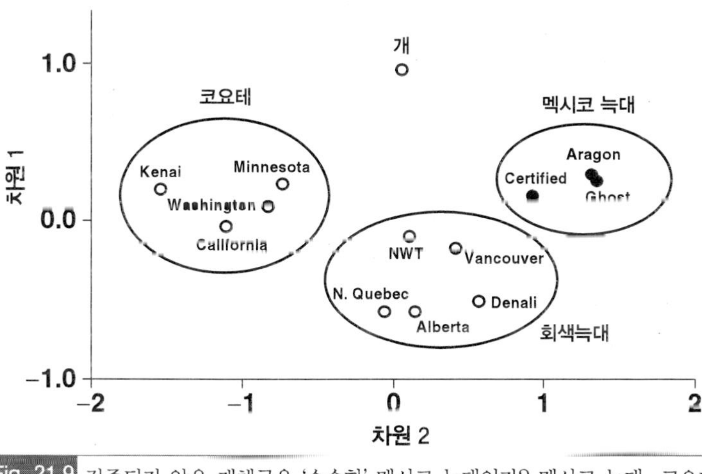

멕시코 늑대

Fig. 21.9 검증되지 않은 개체군은 '순수한' 멕시코 늑대인가? 멕시코 늑대, 코요테, 개, 회색늑대 개체군들에서 분석된 20개의 마이크로세틀라이트 유전자좌위에 대한 대립유전자 빈도 자료의 다차원 측정(Hedrick *et al*. 1997). 검증된 개체군은 '순수한' 멕시코 늑대로 구성된 반면, 아라곤(Aragon)과 고스트 란치(Ghost Ranch) 개체군은 그 지위가 의심스러운 개체들로 구성되어 있다. 다른 코요테나 회색늑대 개체군들은 주나 지방으로 나타내었다. 아라곤과 고스트 란치 개체군은 인증된 개체군과 다른 개 속의 짐승들과는 달리 하나의 구별된 무리로 묶여 있어, 모두 '순수한' 멕시코 늑대라는 것을 보여 주고 있다.

성감별

조류와 포유류는 이형생식체인 W와 Y 성염색체 상의 유전자 표지를 이용하여 성을 감별할 수 있다.

많은 새의 암수는 형태적으로 구별하기 어렵다. 동물원에 있는 몇몇 경우의 불임 번식쌍들이 사실 같은 성의 개체들이었다고 밝혀진 것에서 보듯이 새들은 짝을 지우기 전에 성을 감별해야 한다.

몇몇 포유류, 특히 고래목의 동물(고래와 돌고래)이나 관찰이 어려운 종(secretive species)에서 역시 성감별이 어렵다. 그러므로 표본을 수집할 때 피부나 생체조직, 털 등으로 개체의 성을 구분하는 것은 불가능할 수 있다.

50% 이상의 조류에서 암수를 형태적으로 구분할 수 없다. 분자적인 성감별 방법이 조류는 성염색체 구성에서 암컷은 ZW, 수컷은 ZZ를 갖는다는 사실을 바탕으로 개발되었다. 예를 들어, PCR 기반의 분자 성감별이 W와 Z 염색체 사이에 다른 크기의 조각을 생산하는 CHD 좌위의 인트론(intron)을 증폭함으로써 대부분의 조류 종에서 가능하다(Kahn *et al.* 1998). ZZ 수컷에서는 하나의 띠가 증폭되는 반면, ZW 암컷에서는 두 개의 크기가 다른 띠가 증폭된다(Fig. 21.10).

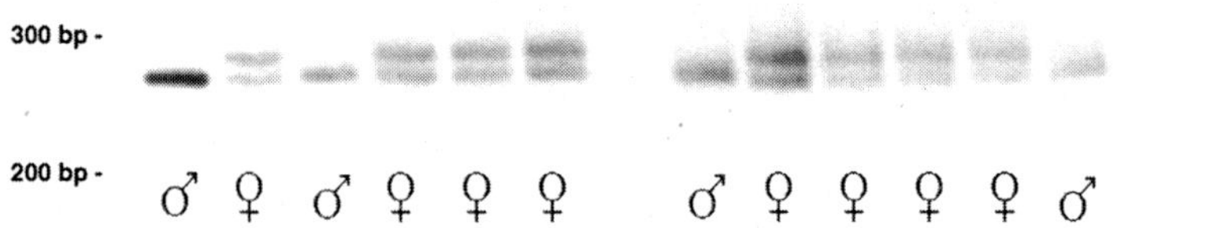

Fig. 21.10 Z와 W 염색체로부터 크기가 다른 CHD 좌위 인트론의 PCR 증폭을 이용한 마도요의 성감별(Kahn *et al.* 1998의 방법).

분자 성감별은 노퍽섬솔부엉이 복원 프로그램에서 중요한 요소이다(예제 16.2). 그 프로그램으로 12–13개체를 생산하는 동안, 이 중 7개체는 F_2이고 오직 2쌍만이 번식을 하고 있었다. 이것이 잡종불임성(hybrid sterility) 때문인지 아니면, 성비가 균형이 안 맞거나 한 성의 개체들이 아직 성숙하지 않아서이기 때문인지 불확실하였다. 분자 성감별을 통해 암수의 수가 같다는 것이 밝혀지면서, 성비불균형의 원인은 제외하였다(Double & Olsen 1997). 분자 성감별은 뉴질랜드의 멸종위기종인 장다리물떼새 복원 프로그램에서 동성의 번식쌍이 만들어지는 것을 피하기 위해 이용되었다(Millar *et al.* 1997). 케냐의 멸종위기종인 타이타지빠귀에 이 방법을 적용시켜, 세 개의 개체군 중 한 개체군의 성비가 굉장히 불균형한 것(겨우 10%만이 암컷)을 밝혀냈다. 또한 이 연구 결과는 지금은 외형으로 개체의 성을 구분할 때 이용할 수 있는 형태적 형질의 동정으로 이어졌다.

아주 오래된 DNA를 이용한 방법과 mtDNA 염기서열 분석을 이용한 뉴질랜드의 멸종한 새인 모아(moas)에 대한 분자 성감별은 형태학적 연구가 성에 따라 크기가 다른 암수를 다른 종으로 구분했던 오류를 밝혀냈다(Bunce *et al.* 2003 ; Huynen *et al.* 2003).

포유류는 전형적으로 암컷은 XX, 수컷은 XY이기 때문에, 성은 구별 가능한 X와 Y 염색체 특이적인 좌위를 찾아내는 분자적인 방법을 통해 구별할 수 있다. 예를 들어 피레네 지역의 야생 불곰의 성을 Y 특이적 좌위(SRY)의 PCR 증폭을 이용, 야외에서 발견한 털과 배설물을 가지고 감별하였다(Taberlet *et al.*

1997). 유사하게, 고래의 피부생체조직 표본을 가지고 성을 감별하는 분자적인 방법이 개발되었다(Bérubé & Pasbøll 1996).

질병

동물의 질병 여부는 개체군 감소의 원인을 파악하고, 재도입이나 이주할 개체들을 선정하는 데 있어 중요하다. PCR 기반의 방법들은 병원성 생물을 찾는 데 있어 빠르고 믿을 만하며, 매우 정교한 수단을 제공한다. 예를 들어, 하와이 토착종 감소의 주요 원인인 조류 말라리아 연구에서 PCR이 이용되었다(Beadell *et al*. 2006).

분자적 방법은 병원성 생물을 밝히고 그 생태를 조사하는 방법과 새로운 질병의 출처를 찾는 방법을 제공한다.

DNA 염기서열을 바탕으로 한 유전자 계통수가 새로운 동식물성 병원체의 출처를 추적하기 위해 이용되었다. HIV-1(인간에서 AIDS를 일으키는 바이러스의 하나)는 침팬지에 있는 SIV와 가장 가깝게 연관되어 있는 반면, HIV-2는 긴꼬리원숭이(sooty mangabys)에서 유래하였다(Sharp *et al*. 1996). 유사하게, 세렝게티 아프리카 사자에 높은 사망률을 야기했던 1994 유행병은 개의 급성 전염병이 넘어간 것으로 보이며, 아마도 지역의 개들에서 나왔을 것이다(Roelke-Parker *et al*. 1996). 사자나 그 외 다른 희귀 육식동물에서 전염병이 재발할 위험을 최소화하기 위해 지역의 개들에게 전염병에 대한 예방접종을 시킬 것이 권고되었다.

먹이

야행성이나 은닉종(secretive species)에서는 직접적인 관찰에 의해 먹이를 알아내는 것이 어렵다. 곰에서, 추정되는 먹이에 특이적인 PCR 프라이머를 이용, 배설물에서 추출한 DNA를 증폭하여 식물인 Photinia가 먹이의 한 가지인 것을 밝혔다(Höss *et al*. 1992). 위협에 처한 종의 감소를 야기하는 데 있어 포식자의 영향 역시 PCR 기반의 증폭과 유전형분석을 이용해 평가할 수 있다. 알래스카 흰갈매기(glaucous gulls)의 위 내용물에 대한 마이크로세틀라이트 유전형 분석을 통해 그들이 황제기러기(emperor geese)는 먹이로 하지만, 위협에 처한 종인 안경솜털오리(spectacled eiders)는 먹지 않는 것을 밝혔다(Scribner & Bowman 1998).

추정되는 먹이 종에 특화된 프라이머를 이용해 PCR을 수행함으로써 위 내용물이나 배설물에서 먹이의 종류를 동정할 수 있다.

말단립(telomere)의 길이를 통한 나이와 적응도 추정

개체들의 나이를 모르는 멸종위기의 개체군에서 나이 구소를 추정하는 것은 매우 가치 있는 일일 것이다(예를 들어, 뉴질랜드의 멸종위기종인 올빼미앵무새(kakapos)). 개체군 성장률은 나이든 개체들이나 어린 개체들로 구성된 개체군과 양성의 번식 연령대 개체들로 주로 구성된 개체군 간에 굉장히 다를 것이다. 말단립은 짧은 DNA의 연쇄 반복구조로 진핵세포 염색체의 말단을 안정화시키는 역할을 한다. 종 내에서, 말단립의 길이는 일반적으로 나이가 들어감에 따라

염색체 말단립의 길이를 바탕으로 개체의 나이를 추정할 수 있을 것이다.

짧아지고, 그에 따라 혈액이나 조직 표본에서 개체의 나이를 추정할 수 있게 해 줄 것이다(Nakagawa *et al*. 2004).

말단립의 길이는 또한 번식 적응도에 대한 간접적인 측정치를 제공할 수도 있을 것이다. 나이가 보정된 말단립의 길이는 갈색제비(sand martin)에서는 수명과 연관이 있었고, 민물도요(dunlins)에서는 평생번식성공도(lifetime reproductive success)와 연관이 있었다(Pauliny *et al*. 2006). 이 방법이 보전생물학에서 이용하기에 충분히 믿을만한 방법인가에 결정하기 위해서는 추가적인 연구가 필요하다.

분자시계를 이용한 연대 추정

진화적인 사건의 연대는 유전적 분화의 정도나 중립적 돌연변이율(분자시계)의 정도를 이용해 측정할 수 있다.

분자시계를 이용하여 사건의 연대를 추정하기 위해 DNA나 단백질 서열 차이의 이용하는 것은 하나의 중요한 진전이 되고 있다. 뉴클레오티드의 대체 비율은 지리적인 연대에 걸쳐 비교적 일정하게 일어나며, 이는 아마도 아미노산과 뉴클레오티드 대부분의 변화가 선택적으로 중립적이기 때문일 것이다(Penny 2005). 분자 연대 추정은 화석으로부터 산출한 시간과 염기서열 분기에 대한 보정 곡선을 만들어, 분자적 차이는 알지만 시기를 모르는 사건에 대한 연대를 읽어냄으로써 수행할 수 있다. 보정 곡선은 분자시계가 시간에 걸쳐 일정한 비율로 가고 있다는 가정에 기반하고 있다. 연대를 알고 있는 분기에 대한 분자시계의 최근 실험은 전체적으로 이 가정이 잘 맞는 다는 것을 보여 주고 있다(Benton & Ayala 2003; Douzery *et al*. 2004; Smith *et al*. 2006).

분자시계는 모든 종이나 시간대에서 동일한 속도로 움직이지 않는다.

그러나 분자시계가 완벽히 일정한 비율로 가는 것은 아니다(Pybus 2006). 대체율은 포유류와 절지동물, 유관속 식물을 포함하는 다양한 분류군에 속한 종들 사이에 매우 다를 수 있다(Thomas *et al*. 2006). 다른 돌연변이율이나 유효개체군의 크기, 세대 길이가 분자진화율의 차이와 연관 있는 것들이다(Nabholz *et al*. 2008).

다른 생물 간에 변이율을 보정하게 하는 최근의 시계 방법('이완 모델')들은 분자진화가 일정하게 일어난다고 가정하는 모델들보다 훨씬 더 잘 수행되고 있는 것으로 보인다(Drummond *et al*. 2006; Pybus 2006). 주의해서 이용하면, 분자시계는 정확하기 보다는 대략의 유용한 연대를 제공하지만, 그것의 한계도 잊지 말아야 한다(Bandelt 2008).

요약

1. 분자유전학적 방법은 법의학이나 보전을 위해 중요한 종 생태의 많은 면을 파악하는 데 매우 유용하다.
2. 분자유전학적 분석은 다음을 위해 이용된다.
   - 개체군 크기의 결정
   - 인구통계학적 역사의 추정
   - 개체군 병목의 발견

- 유효개체군 크기 측정
- 번식 체계와 짝짓기 형태 파악
- 혈통 확인
- 개체의 성감별
- 창시자 관계 확인
- 새로운 창시자의 출처 확인
- 이주와 유전자 흐름 측정
- 개체군 구조 추정
- 근친교배약세 완화를 위한 적절한 개체군 선정
- 유전자 이입 판별
- 재도입에 적절한 지역과 개체군 서정
- 질병 여부와 새로운 질병의 출처 보고
- 먹이 동정

3. 유전자 트리와 합류 방법은 위협에 처한 종의 생활사를 바탕으로 한 개체군 과정을 알아내기 위해 이용하는 분석 방법들에 많이 추가되었다.

추가적인 읽을거리

Avise (2000) *Phylogeography*. Book on phylogeography by the founder of the field.

Avise (2004) *Molecular Markers*, Natural History and Evolution. Discusses the use of molecular genetic techniques to understand species biology.

Beebee & Rowe (2007) *An Introduction to Molecular Ecology*. Textbook covering topics in this chapter.

Freeland (2005) *Molecular Ecology*. Textbook covering topics in this chapter.

Linacre (2009) *Forensic Science inWildlife Investigations*. Textbook onwildlife forensics.

Zagorski (2006) Brief biography of Alec Jeffreys describing the discovery of DNA fingerprinting and the foundation of DNA-based forensics.

소프트웨어

BOTTLENECK: Tests for population size bottlenecks (Piry et al. 1999). www.montpellier.inra.fr/URLB/bottleneck/bottleneck.html

CAPTURE: Estimates population sizes from mark-recapture data (Otis et al. 1978). http://welcome.warnercnr.colostate.edu/~gwhite/software.html

CAPWIRE: Estimates population size from DNA based capture-recapture data(Miller et al. 2005). www.cnrhome.uidaho.edu/default.aspx?pid=69378/

CERVUS: Determines paternity from microsatellite data (Kalinowski et al. 2007). www.fieldgenetics.com/pages/aboutCervus_Overview.jsp/

COLONY: Determines pedigrees from multilocus genotypic data (Wang 2004b). www.zoo.cam.ac.uk/ioz/software.htm#COLONY

GIMLET: Estimates genotyping error rates, probability of identity, and parentage from multilocus genotypes (Valie re 2002). http://pbil.univ-lyon1.fr/software/Gimlet/gimlet.htm

LAMARC: Estimates population sizes, exponential growth rates, migration rates and recombination rates from molecular data using coalescence (Kuhner 2006). http://evolution.genetics.washington.edu/lamarc/lamarc.html

MARK: Estimates census size from multilocus genotypes (White & Burnham 1999). www.phidot.org/software/mark/

MSVAR: Uses Bayesian methods to infer current and past population size from microsatellite allele frequencies. www.rubic.rgd.ac.uk/mab/

NEWPAT: Determines paternity from microsatellite data (Worthington Wilmer et al. 1999). www.zoo.cam.ac.uk/zoostaff/amos/newpat.htm

PEDIGREE: Determines pedigrees from multilocus genotypic data (Herbinger et al. 2006). http://herbinger.biology.dal.ca:5080/Pedigree/

TCS: Determines haplotype networks (Clement et al. 2000). http://darwin.uvigo.es/software/tcs.html

문제

21.1 병목. 각각의 다음의 경우에, 로얄섬 회색늑대 개체군에는 본토의 개체군과 비교했을 때 어떤 비율의 상염색체상의 유전적 변이가 남아 있을 것으로 추정하는가? 만약에 (a) 1마리의 암컷이 1마리의 수컷과 짝지은 경우, (b) 1마리의 암컷이 4마리의 수컷과 짝지은 경우, (c) 두 쌍, (d) 다섯 쌍. 여러분 계산의 기본 원리를 설명하시오.

21.2 병목. 로얄섬 회색늑대의 창시자 암컷이 1마리, 2마리, 5마리 일 때 어떤 비율의 본토 mtDNA 변이가 기대되는가?

21.3 병목. 어떤 암컷 개체군 크기 상수가 하와이 기러기(nene)에서 75세대에 걸쳐서 mtDNA의 유전적 다양성이 H_0=0.80에서 H_{75}=0.067로 감소한 것을 설명할 수 있는가(Paxinos *et al.* 2001)?

21.4 번식체계. 다음의 경우 번식 형태는 무엇인가?

(a) 어미 A_1A_2, 7마리 새끼 A_1A_2

(b) 어미 A_1A_2, 새끼 5마리 A_1A_1, 13마리 A_1A_2, 6마리 A_2A_2

(c) 어미 A_1A_1, 새끼 A_1A_2 와 A_1A_3, A_1A_2

(d) 어미 A_1A_1, 새끼 A_1A_2 와 A_1A_3, A_1A_4, A_1A_5

(e) 어미 A_1A_2, 암컷 새끼 A_1A_3 와 A_2A_3, 수컷 새끼 A_1 와 A_2.

21.5 번식체계. 약 40개체의 울레미 소나무(Wollemi pine), 몇 백개의 좌위에서 유전적 다양성이 없다는 것에 대한 가장 가능한 설명은 무엇인가?

21.6 혈통 결정. 아래 있는 흰기러기 가족, 각 새끼들이 그들 부모와 맞는지 결정하시오. 14개 핵 RELP 좌위의 이배체 유전형이 아래 주어졌다(Avise 2004를 따름). 예를 들어, 추정상 아비는 A 좌위에 대립유전자 1과 2를 가지며, B 좌위에 대립유전자 2와 2를 가지고 있는 등이다.

	RFLP 좌위													
가족 2	A	B	C	D	E	F	G	H	I	J	K	L	M	N
추정상의 아비	12	22	24	11	11	11	11	12	11	11	11	12	11	12
추정상의 어미	22	22	12	11	22	11	12	12	22	11	11	11	22	12
새끼 1	22	22	12	11	12	11	11	22	12	12	11	11	12	12
새끼 2	22	22	24	11	12	11	12	11	12	11	11	11	22	11
새끼 3	12	22	24	11	11	11	11	12	22	11	11	11	11	11
새끼 4	23	22	22	11	11	11	22	11	12	11	11	11	11	22
새끼 5	12	22	22	11	12	11	12	22	12	11	11	12	12	12

22장

보다 넓은 맥락: 개체군 생존능력 분석 (PVA)

개체군 생존능력 분석은 멸종 위기에 대한 확정적 요인(서식지 손실과 난개발, 오염, 도입종)과 확률적 사건(인구통계학적, 환경적, 유전적 불확실성과 예기치 않은 재난)의 복합적인 영향을 평가하고 종복원 프로그램에서 각각의 관리 방안들을 비교한다.

용어

개체군 및 서식지 생존능력 평가 (PHVA)
개체군 생존능력 분석 (PVA)
민감도 분석(sensitivity analysis)
유전적 불확실성(genetic stochasticity)
인구통계학적 불확실성(Demographic stochasticity)
환경적 불확실성(environmental stochasticity)

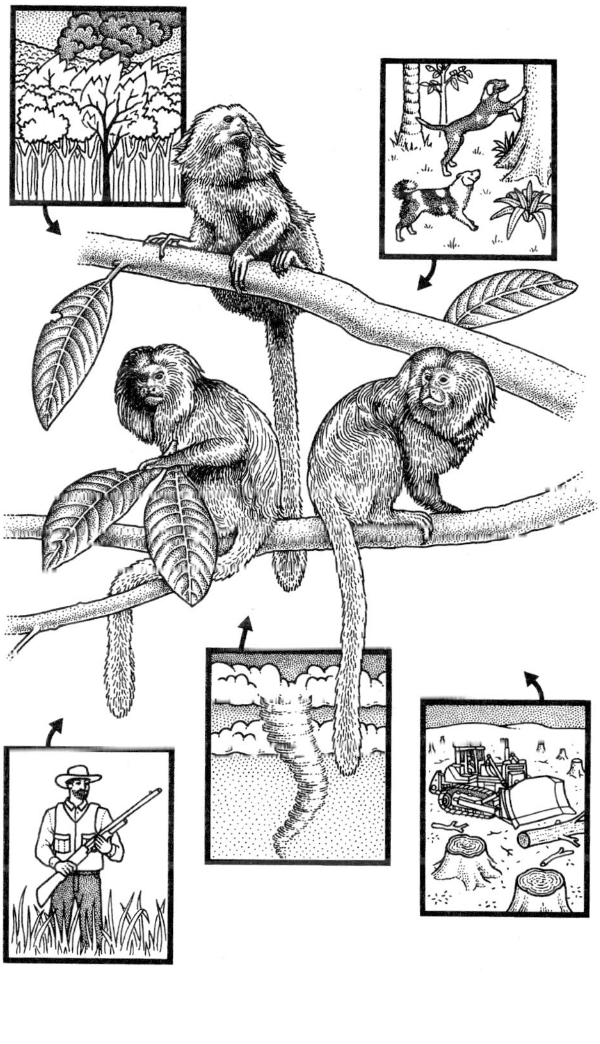

'저 바깥은 아주 험난한 세상이야': 자연 서식지에서 종이 맞닥뜨리는 수만 가지 위협의 양식화된 시나리오

무엇이 위기와 멸종을 야기하는가?

개체군 감소와 멸종은 대개 확정적 요인과 불확실적 요인의 복합적인 영향에 의해 일어난다.

유전적 위협은 야생의 종들이 직면하는 멸종위기 과정의 한 부분에 지나지 않기 때문에 그것을 보다 더 넓은 보호관리의 관점에서 자리매김하는 것이 중요하다. 멸종위기 정도를 평가함으로써 상대적인 위기의 정도와 보호 우선순위에 따라 개체군을 분류할 수 있다. 고위험종은 대부분의 나라에서 법적인 보호를 받고 있어 멸종위기종의 매매나 이동은 CITES(the convention on international trade in endangered species of wild flora and fauna)에 조인한 국가들로 제한되고 있다.

1990년대까지는 멸종위기 평가가 다소 주관적으로 이루어져, 대부분 개인의 설득력을 바탕으로 멸종위기종이 선정되었다. 그 이후에 멸종위기 정도에 대한 판단이 보다 객관적이고 정량적인 지침에 바탕을 두게 되었다. 이번 장에서는 컴퓨터 모델링을 이용해 확정적, 불확실적 위협의 복합적인 영향으로 인한 멸종위기를 평가하는 것에 대해 살펴볼 것이다(개체군 생존능력 분석: PVA). 우리는 개체군 생존능력에 중요한 요인과 어떻게 생존능력을 평가하는지, 그리고 이런 접근법으로 무엇을 배웠는지에 대해서 고찰할 것이다. 또한 멸종위기종의 복원에 대한 평가 옵션에 관한 방법에 대해서도 살펴볼 것이다.

아래에 우리는 개체군을 멸종으로 이끌어 갈 수 있는 확정적 요인과 불확실적 요인에 대해 묘사하였다. 이런 요인 중 많은 것들을 그림 22.1에 열거하였다.

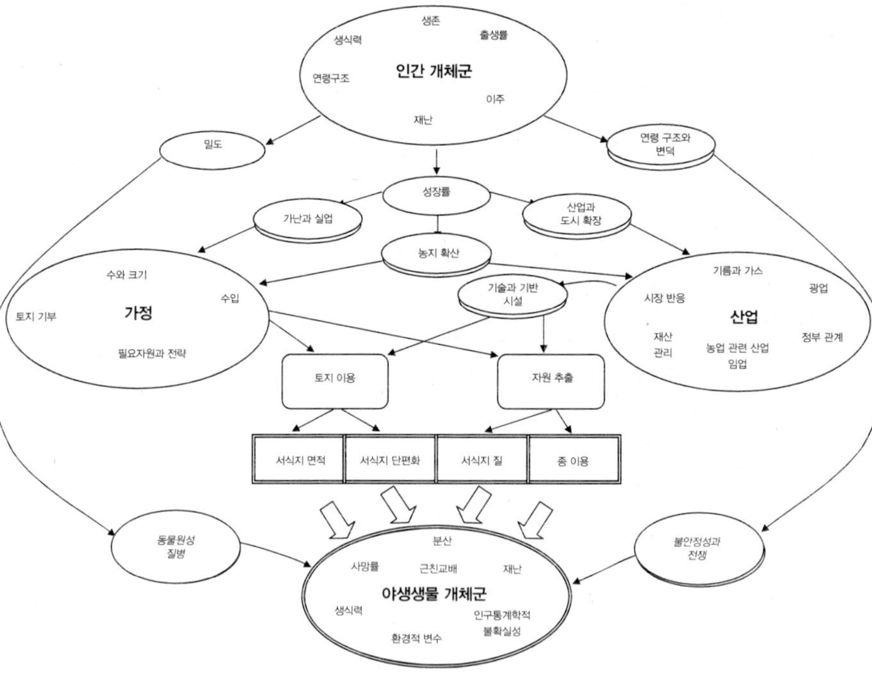

Fig. 22.1 야생 생물의 개체군과 그들의 관계에 영향을 주는 확정적 요인과 불확실적 요인 (CBSG 인용)

확정적 요인들

확정적 요인들은 비교적 일정한 양에 늘 일정한 방향으로 예측 가능한 과정들을 말한다. 종의 감소나 멸종을 야기하는 확정적 요인 대부분은 직·간접적으로 인간의 활동과 연관되어 있다. 즉:

많은 종들이 인간 활동에 의한 직·간접적인 영향으로 인한 확정적 요인에 의해 그 수가 감소하였다.

- 도시화나 농경개발 등을 위한 서식지 파괴
- 상업용이나 여가용으로 인한 과잉 개발
- 부주의에 의한 오염과 의도적인 제초제나 살충제의 사용
- 국제적인 외래종의 도입이나 우연한 이입 (예. 물 밸러스트, 국제 교역)
- 위 요인들의 조합

서식지 손실이 단일의 가장 중요하게 보고된 요인이지만, 대부분의 경우 몇 개의 요인들이 동시에 영향을 주어 종을 멸종에 이르게 한다(UNEP 2007). 더 나아가, 확정적 요인은 개체군 크기를 추가적인 확률적 과정이 유의하게 작동할 수 있는 크기까지 줄여, 멸종의 회오리 속에서 그 과정들을 긍정적인 피드백으로 이끌 것이다(2장).

불확실적 요인들

확정적 요인들과는 달리, 작은 개체군들에서 불확실적 과정들은 시간과 공간 모두에 걸쳐 방향성과 정도가 다양한 효과를 가진 대규모의 무작위적인 요소들을 보여 준다(Boyce *et al.* 2006). 1장에서 간단히 언급했던 것처럼, 네 가지 형태의 확률성이 작은 개체군의 멸종과 연관이 있다.

작은 개체군은 추가적인 위협에 직면한다: 인구 통계학적, 환경적, 유전적 불확실성과 재난.

- **인구통계학적 불확실성** 이것은 환경의 영향과는 독립적인 출생율과 사망률, 성비의 자연적인 변동을 나타낸다(May 1973). 만약에 우연히 작은 개체군 내 모든 개체들이 불임이거나 한 성만 존재한다면 멸종을 야기할 것이다. 예를 들어, 마지막 6마리의 검은해변참새(dusky seaside sparrow)는 모두 수컷으로, 이와 같은 일이 일어난 확률은 $(1/2)^6$이다; 그럼에도 불구하고, 이렇게 일어났고 그 아종은 멸종하였다(Avise와 Nelson 1989).
- **환경적 불확실성** 출생률과 사망률은 종종 강우량이나 기온, 경쟁자의 밀도, 포식자, 먹이원과 같은 환경의 변화 때문에 변동된다. 예를 들어, 붉은캥거루의 출생률과 사망률은 강우량에 크게 영향을 받고 캐나다의 스라소니 개체군 순환은 북대서양의 기후변화 진동에 의해 이루어지는 것으로 보인다(Caughley & Gunn 1996; Stenseth *et al.* 1999). 환경변화는 개체군 내 모든 개체들에게 비슷한 방법으로 영향을 준다.
- **유전적 불확실성** 이것은 근친교배약세와 유전적 다양성의 손실, 개체군 분기, 새로운 유해 돌연변이의 축적을 포함한다.

- **재난** 이것들은 태풍이나 혹한, 화재, 홍수, 화산폭발, 전염병과 같은 잦지 않은 환경 재해들로, 멸종의 근사적 원인이 될 수 있다. 예를 들어, 허리케인은 멸종 위기의 푸에르토리코 앵무새 개체군의 수를 급감시켰고, 세렝게티의 아프리카 사자는 개에서 온 전염병 때문에 높은 사망률을 겪었으며, 전 세계의 많은 개구리 종들은 진균성 질병으로 인해 대량으로 죽어가고 있다(Lacy *et al.* 1990; Roelke–Parker *et al.* 1996; Mendelson *et al.* 2006; Pounds *et al.* 2006).

확정적 요인과 불확실적 요인의 상호관계

확정적 요인과 불확실적 요인은 '멸종의 회오리'라는 피드백 순환으로 작동한다.

확정적 요인과 불확실적 요인의 결합된 효과는 개별 효과의 합보다 더 큰 피해를 주고 있다. 인간의 압력은 전형적으로 개체군 크기를 작게 한다. 이는 근친교배를 높여 결과적으로 출생률과 생존율의 감소로 이어진다. 차례로, 이것은 개체군 크기의 추가적인 감소와 인구통계학적 불안정성의 증진시켜, '멸종의 회오리'라고 일컫는, 멸종으로 향하는 내리막의 순환을 야기한다(Gilpin & Soulé 1986; 그림 2.2). 예를 들어, 일리노이스의 큰초원뇌조 개체군이 처음에는 서식지 손실과 파편화로 감소하기 시작하였지만, 유전적 다양성을 잃게 되고, 개체군은 근친교배를 하게 되는 피드백 순환 속에서 수정율과 부화율이 감소하게 되었다(Westemeier *et al.* 1998). 서식지 복원에도 불구하고 개체군 크기는 계속 감소하여 번식률에 대한 근친교배약세 효과가 더 커지게 되었다. 멸종의 회오리들은 멸종한 다른 야생 척추동물 개체군에서 관찰되었다(Fagan & Holmes 2006).

인구통계학적 불확실성과 환경적 불확실성, 재난으로 인한 개체군 크기의 변화는 유효개체군 크기를 감소시키고 근친교배율을 높인다.

유효개체군의 크기는 최소개체군 크기에 매우 의존적이기 때문에, 어떤 요인으로 인한 개체군 크기의 변동은 Ne와 근친교배, 멸종위기에 영향을 준다(11–13장). 따라서 인구통계학적 불확실성과 환경적 불확실성, 근친교배의 결합된 영향은 그들 개별에서 기대되는 효과보다 훨씬 더 번식률과 생존율을 감소시킨다(Brook *et al.* 2002; O'Grady *et al.* 2006).

멸종 위협은 모든 확정적 요인과 불확실적 요인의 복합된 영향과 상호작용을 반영한다.

일반적으로 개체군 감소는 확정적 요인과 확률적 요인 모두의 결과로 인한 것이기 때문에 위협에 처한 종을 복원하기 위한 활동은 감소의 원래 원인(보통 확정적 요인) 뿐만 아니라 추가적인(차후의) 확률적 위협도 다루어야 한다. 멸종위기를 야기하는 가장 중요한 요인을 파악하는 것은 취약개체군에 대한 가능한 구제책을 찾는 데 도움을 줄 것이다.

멸종 가능성 예측하기: 개체군 생존능력 분석(PVA)

개체군 생존능력 분석은 모든 확정적 요인과 불확실적 위협의 복합적인 영향으로 인한 멸종의 가능성을 예측하기 위해 이용된다.

개체군의 미래 운명을 예측하기 위해 확정적 위협 요인과 확률적 위협 요인을 결합하는 과정을 개체군 생존능력 분석이라고 한다(Akçakaya & Sjögren–Gulve 2000)(그림 22.2). 결과는 많은 확률적 요소들을 가지고 있으며 확실성보다는 개연성을 포함하고 있다.

PVA는 주로 Shaffer(1981)와, Gilpin과 Soulé(1986)의 기여를 통해 최소 생존개체군 크기(15장)의 개념으로부터 나왔다. 위협에 처한 종에 대한 수백의 PVAs가, 특히 CBSG와 RAMAS 그룹에 의해 현재 완료되었다(Traill *et al.* 2007). 몇몇 PVAs에 대한 자세한 사례가 이번 장의 후반부에 서술되어 있다.

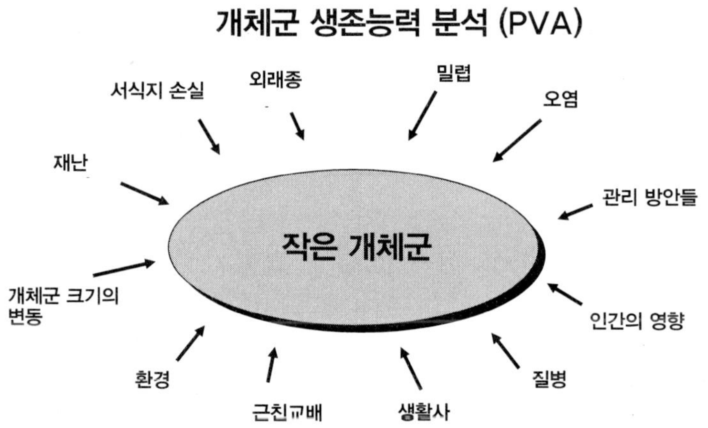

Fig. 22.2 개체군 생존능력 분석(PVA)은 개체군 성장과 개체군이나 종의 멸종 위험에 대한 다른 생활사와 환경적 요인 및 위협 요인의 영향을 모델링한다.

PVAs는 보통 다음의 정보를 컴퓨터 프로그램에 입력함으로써 수행된다.

- 출생률과 생존율 그리고 그것들의 변동량
- 개체군 수
- 개체군 크기
- 서식지 수용 능력
- 위협(예, 재난, 사냥 등)의 빈도와 효과
- 종 생활사에 대한 다른 자세한 사항들(예, 근친교배약세의 가능성, 개체군간 유전자 확산율, 등)

그 다음에 개체군들은 시간에 따라 앞으로 투영된다(그림 22.3). 컴퓨터 시뮬레이션 프로그램에서 이용되고 있는 개념은 개체군 인구통계학이나 생태학, 유전학에서 100년 이상의 연구로 축적된 지식을 바탕으로 하고 있다. 소프트웨어 패키지인 VORTEX(Lacy *et al.* 2005)를 이용해 황금사자타마린에 대한 PVA를 실행하기 위한 입력 정보 종류의 예가 표 22.1에 나와 있다.

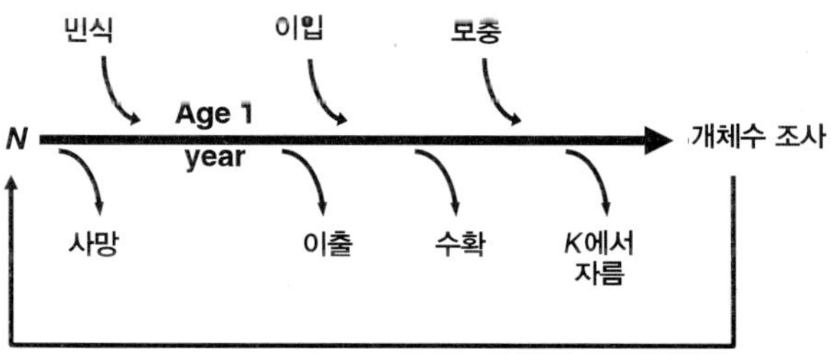

Fig. 22.3 세대에 걸쳐 진행되는 것 같은 전형적인 PVA 실행에서 사건들의 순환(Miller & Lacy 2005).

Table 22.1 황금사자타마린 개체군에 대한 소프트웨어 패키지인 VORTEX(버전 9.55)를 이용, 개체군 생존능력 분석을 실행하기 위해 필요한 입력 정보의 예(Holst *et al.* 2006). EV는 환경 변화에 기인한 변수의 표준편차. 입력 변수들은 VORTEX 소프트웨어 매뉴얼에 설명되어 있다(Lacy *et al.* 2005).

VORTEX
황금사자타마린 Vortex 입력 자료
이것은 근친교배가 일어나는 시나리오에 대한 입력 자료를 제공한다

색인	Vortex 변수	사용자 입력
시나리오 설정	프로젝트 이름	황금사자타마린
	시나리오 이름	근친교배
	반복 수	500
	연도 수	100
	멸종의 정의	오직 한 성
	개체군	1
종 설명	근친교배약세?	예
	치사 등량	4.07
	열성 치사로 인한 퍼센트	50
	EV가 번식과 생존에 일치하는가?	예
	재난 종류의 수	2
라벨과 상태변화	*무시*	
분산	*무시*	
번식 체계	짝짓기 형태	일부일처제
	암컷이 처음 새끼를 갖는 나이	4
	수컷이 처음 새끼를 갖는 나이	4
	최대 번식 가능 나이	16
	최대 번식 가능 기간	5
	출생 성비	50
	밀도 의존적 번식?	아니오
번식률	어른 암컷이 번식하는 %	73.0
	EV	9.4
	한 해 암컷 당 낳는 새끼 수	정확한 분포를 지정
	자료: 1 마리 새끼를 낳는 암컷의 %	21.00
	자료: 2 마리 새끼를 낳는 암컷의 %	58.00
	자료: 3 마리 새끼를 낳는 암컷의 %	8.00
	자료: 4 마리 새끼를 낳는 암컷의 %	12.00
	자료: 5 마리 새끼를 낳는 암컷의 %	1.00
사망률	0에서 1세 사이 **암컷**의 사망률	32.6
	EV 이로 인한 0에서 1 사이의 표준편차	14.1
	1세와 2세 사이의 연간 사망률	13.0*
	1세와 2세 사이의 표준편차	7.8*
	2세와 3세 사이의 연간 사망률	11.5*
	2세와 3세 사이의 표준편차	0*
	3세와 4세 사이의 연간 사망률	19*
	3세와 4세 사이의 표준편차	20.7*
	성체의 연간 사망률	10.4*
	성체의 표준편차	7.7*

Table 22.1 (계속)

색인	Vortex 변수	사용자 입력
	0에서 1세 사이 **수컷**의 사망률	31.9
	EV 이로 인한 0에서 1 사이의 표준편차	14.0
	1세와 2세 사이의 연간 사망률	12.2*
	1세와 2세 사이의 표준편차	0*
	2세와 3세 사이의 연간 사망률	15.1*
	2세와 3세 사이의 표준편차	3.0*
	3세와 4세 사이의 연간 사망률	15.4*
	3세와 4세 사이의 표준편차	9.5*
	성체의 연간 사망률	14.0*
	성체의 표준편차	20.9*
재난	label	*무시*
	재난 1	질병
	전 세계적/지역적	*무시*
	% 빈도	1.0
	가혹–번식	1.0
	가혹–생존	0.5
	재난 2	화재
	전세계적/지역적	*무시*
	% 빈도	5.0
	가혹–번식	1.0
	가혹–생존	0.95
배우자 독점	번식 집단 내에서 수컷의 %	100.0
시작 개체군 크기	와(로) 시작	안정적 연령 분포
	시작 개체군 크기	347
수용 능력	K	347
	EV로 인한 K의 표준편차	0.0
	K가 미래에 변하는가?	아니오–확인 안함
수확	수확?	아니오–확인 안함
보충	보충?	아니오–확인 안함
유전적 관리	*무시*	아니오

*출판된 PVA에서는 사망률이 개체군 크기와 수용 능력의 함수로 입력이 되어서 위의 변수들을 이용한 결과는 PVA 보고에 있는 것과 일치하지 않을 것이다(Holst *et al*. 2006 참조)

> 같은 입력값을 이용한 PVA 소프트웨어의 반복적인 실행은 확률적 변이가 있어, 아주 다양한 개체군 변화 경로를 줄 것이다.

이러한 확률적 시뮬레이션 중 개별 개체군의 예측이 다르기 때문에, 많은 반복 실행(보통 500–1000)이 주어진 입력 자료 세트에 대해 수행된다. 모든 실행에서 입력 자료는 동일하지만, 각 실행의 결과는 개체군에서 실제로 일어나고 있는 인구통계학적, 환경적, 재난적 불확실성을 모방하기 위해 이용되는 난수발생기 때문에 다르다. 난수발생기에 의해 추가되는 가변성은 그 실행에서의 개체군 크기와 샘플링 이론, 입력 자료에 의해 주어지는 변동율에 의존적이다(자세한 사항은 VORTEX 매뉴얼 참조). 예를 들어, 카프리콘 동박새(Capricorn silvereye)에 대한 반복 실행들의 가변성이 그림 22.4에 나타나 있다(모두 동일

카프리콘 동박새

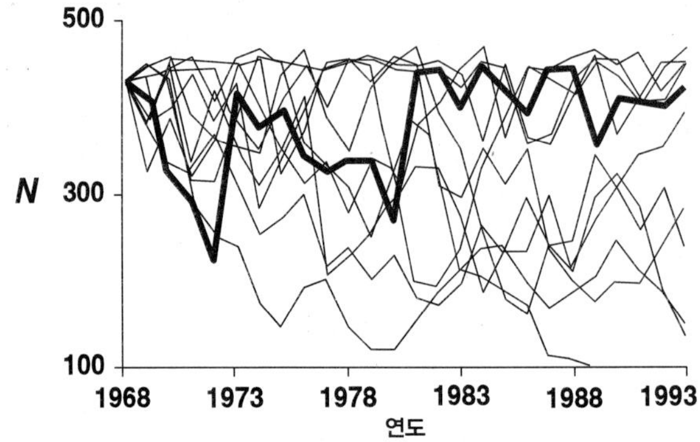

Fig. 22.4 호주 그레이트 베리어 리프, 헤론 섬에 있는 카프리콘 동박새 개체군에 대한 반복적인 PVA 실행의 투사 사이에 확률적인 변이성(Brook & Kikkawa 1998). 두꺼운 선이 모든 반복 실행의 평균을 나타낸다.

PVAs는 일반적인 소프트웨어 패키지나 종 특이적인 프로그램 또는 단순한 r-모델을 이용해 실행할 수 있을 것이다.

한 입력 자료를 이용).

PVAs는 총칭 기성품 소프트웨어 패키지(RAMAS GIS나 VORTEX같은 것; Brook *et al.* 2000)를 이용하거나 특정 종에 맞춰 제작된 프로그램을 이용하여 수행될 수 있을 것이다. 기성 패키지들은 각각의 특성이 다르지만, 모두 인구통계학적, 환경적 불확실성을 포함하고 있다. VORTEX는 개체-기반의 프로그램(개체군 내 각 개체의 삶을 추적함)인 반면, RAMAS 패키지는 매트릭스-기반 프로그램(오직 개체들의 집단을 추적함)이다. RAMAS GIS와 VORTEX는 파편화된 개체군을 다룰 수 있다. VORTEX는 유전적 인자를 포함하지만, RAMAS에서는 근친교배 효과를 포함하기 위한 기능을 포함시킬 수 있다.

PVA의 주요 제한 요인은 대부분의 종에서 불충분한 생활사 자료가 존재한다는 것이다.

대부분의 위협에 처한 종에 대해 제한된 생활사 자료들이 존재하기 때문에, 완벽한 개체군 생존능력 분석은 불가능할 것이다. 간소한 형태의 PVA가 확률적 r-모델을 이용하여 수행될 수 있다. 이것들은 개체군 성장률(r)과 그것의 변동률을 측정하는 데 있어 시계열의 개체군 크기 자료만을 필요로 한다. 단순 확률적 시뮬레이션은 미래 개체군 크기의 변화를 예측할 수 있고, 합리적인 예상 값을 제공할 수 있게 한다(아래 참조). 예제 22.1은 체크무늬나비(Bay checkerspot butterfly)의 개체군 변동 경로와 r의 측정값과 그 변동량, 그리고 확률적 r-모델에서의 예상을 예로 보여 주고 있다.

체크무늬나비

예제 22.1 캘리포니아 체크무늬나비 개체군의 미래 크기를 예측하기 위한 r-모델의 이용

다음 장 여백에 있는 그림은 1960년에서 1986년까지 체크무늬나비 개체군에 대한 개체군 크기 변동 흐름을 보여 주고 있다. 두 개체군이 있으며, 한 개체군은 여기서 살펴보고, 나머지는 문제 22.1에서 이용하도록 하겠다.

개체군 성장률, r은 다음과 같이 자료에서 얻어졌다:

$$\frac{N_t}{N_{t-1}} = e^r = \lambda$$

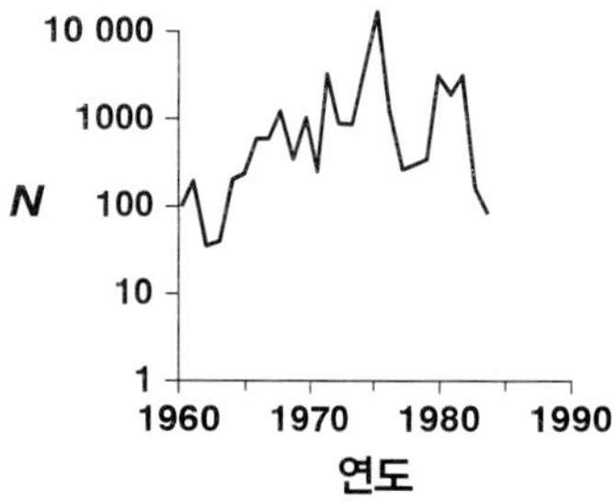

그리고

$$ln\left(\frac{N_t}{N_{t-1}}\right) = r$$

예를 들어, 처음 두 세대의 수는 90과 175였다. 이들로부터 첫 번째 r의 측정값은 다음과 같이 얻을 수 있다;

$$r = \ln\left(\frac{175}{90}\right) = 0.665$$

3년차에는, 그 수가 40이었고, 따라서 2년차와 3년차 사이에 변한 r은 다음과 같다:

$$r = \ln\left(\frac{40}{175}\right) = -1.476$$

안정적인 개체군에서는 $r = 0$인 반면, 양의 r 값은 성장하고 있는 개체군을 가리키고, 음의 r 값은 쇠퇴하고 있는 개체군을 나타낸다. 체크무늬나비의 평균 r 값은 0.002이었고(근본적으로 안정적임) 그것의 분산 값은 1.456이었다.

r–모델 소프트웨어를 이용해 얻은 이 개체군에 대한 확률적 예측이 아래 그림에 보여 주고 있다. 예측은 1960–86년(굵은 선) 동안 실제 개체군 변동 흐름과 비교하고 추가적으로 향후 25년을 예상하도록 준비가 되었다. 세 개의 반복만 보였다(그림이 복잡해지는 것을 피하기 위해).

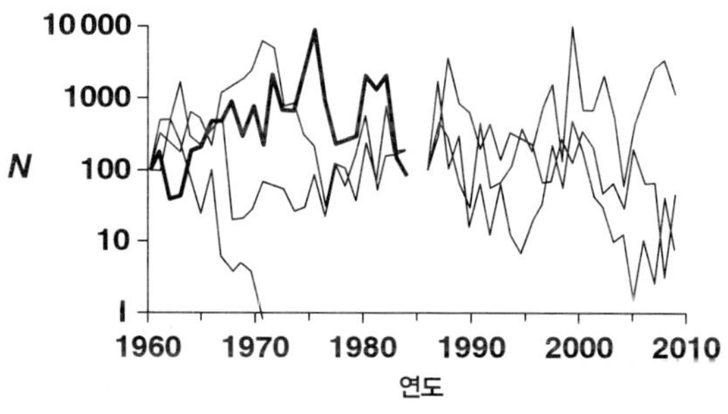

자료가 부족할 때는 더 단순한 방법이 개체군의 미래 운명을 예측하기 위해 이용될 수 있을 것이다. 어떤 경우에는 전문가 의견의 조사에 의지한다(그러나 비정량적 방법들은 저조한 기록을 가지고 있다). 예를 들어, Ralls & Starfield(1995)는 수컷들이 종종 암컷들을 떼지어 공격해 죽이기도 하는 멸종 위기의 태평양몽크바다표범(Hawaiian monk seals) 관리를 위한 전략을 평가하기 위해 경영학의 방법들을 이용하였다. A–D 기준을 이용하는 IUCN 등급 체계 역시 멸종 위기를 알리는 단순한 방법을 나타낸다(1장).

유전학과 PVA

PVAs는 위협에 처한 종에서 근친교배약세가 일반적으로 멸종의 장기적인 위험을 증가시킨다는 것을 보여 준다.

현재, 근친교배약세가 PVAs에 포함되어 있는 유일한 유전적 위협이다. 이것을 포함하기 위해, 우리는 다음을 알 필요가 있다:

- 근친교배약세에 대한 종의 민감성
- 근친교배에 영향을 받는 적응도 요소
- *F*와 근친교배약세의 관계가 선형인지 곡선형인지
- 제거의 정도, 이것은 초우성이거나 유해(거의 치명적인)하거나 치명적인 대립유전자의 비율에 높게 의존함
- 파편들 사이의 격리 정도, 예를 들어 유전자 확산율, 왜냐하면 이것들은 근친교배 계수에 영향을 줌
- 번식 체계(이종교배 대 자가교배, 일부일처 대 복혼 대 자웅동체 등), 이것은 *F*에 영향을 줌
- 개체군 크기와 번식 개체들의 성비

특정 종에 대해 이용할 만한 정보가 없을 때에는, 다른 관계가 있는 종으로 부터의 정보, 특히 메타 분석을 바탕으로 하고 있는 정보를 이용할 수 있을 것이다. 예를 들어, 만약에 근친교배에 대한 민감성을 알 수 없다면, Ralls *et al.* (1988)에서 나온 사육 포유류의 새끼 사망률에 대한 중앙치사등가(median lethal equivalents)가 종종 이용되고 있다. 그러나 12 치사등가가 야생개체군에 대해서 보다 적절한 내정값이다(O'Grady *et al.* 2006). 아마도 제거의 정도에 대한 최선의 내정값은 초파리에서 일어나는 것처럼, 50%의 유해 대립유전자가 치명적이고 나머지는 작은 영향을 가지고 있는 대립유전자로 생각하는 것이다(Simmons & Crow 1977).

2장과 13장에서 고찰했던 것처럼, PVAs는 근친교배약세가 다양한 종에서 멸종위기를 심각하게 증가시킨다는 것을 밝혔다(O'Grady *et al.* 2006).

PVAs는 보통 개체군 생존능력에 대한 모든 유전적 영향을 포함하지 않는다.

대부분의 PVAs는 유전적인 문제를 무시하고 있고, 멸종 위기를 심각하게 과소평가하고 있는 것 같다(2장과 13장, 17장). 유전적인 요인이 포함되었을 때 조차도(일반적으로 VORTEX를 이용), 비록 근친교배약세가 번식과 생존, 짝짓기 능력, 새끼 기르기, 수명에 영향을 주더라도, 보통 새끼의 생존율에만 악영향을 주는 것으로 한계를 둔다. 그러나 현재는 최신 버전의 VORTEX를 이용, 다른 적응도 요소에 대한 근친교배약세의 영향을 포함할 수 있다(O'Grady *et al.* 2006).

더 나아가, PVA 패키지는 일반적으로 가족 크기에서 프와송 변화를 추정하고 있어 개체군들은 보통 변화량이 더 높기 때문에, *N*e의 감소를 너무 적게 추산한다(표 11.2). 현재까지, 새로운 돌연변이의 진화적 잠재력과 어떤 영향은 모든 PVAs에서 무시되었다. 진화적 잠재력을 유지하기 위해 필요한 개체군 크기의 추정치는 진화적 잠재력을 제외한, 모든 확정적, 확률적 요인을 포함하는 추정치와 비슷한 크기이다(표 22.2). 결과적으로, PVAs는 전형적으로 멸종 위기에 대한 유전적 영향을 과소평가할 것이다.

PVA로부터 멸종의 원인 통찰

PVA는 멸종위기에 대한 서로 다른 요인들의 상대적인 원인 제공 역할을 조사하기 위해 이용되었고, 그에 따라 멸종의 원인에 대한 우리의 이해를 증진시켰다.

개체군 성장을 감소시키고 멸종 위기를 가중시키는 데 있어 인구통계학적, 환경적, 유전적 불확실성과 재난의 영향이 PVA 시뮬레이션을 통해 증명되었다. 예를 들어, 다양한 종에 대한 모델에서 근친교배약세를 뺐을 때 보다 포함시켰을 때 멸종 위기가 가중되는 것을 우리는 보았다(Fig. 2.4와 Box 17.2).

인구통계학적, 환경적 그리고 유전적 불확실성은 개체군 성장을 감소시키고 멸종 위험을 증가시킨다.

PVAs는 엘드사슴의 멸종 가능성이 가장 작은 개체군에서 가장 크고, 가장 큰 개체군에서 가장 낮으며, 시간에 따라 가중된다고 예견하였다(그림 22.5). 비슷한 관계가 조류와 큰뿔산양(그림 2.3), 작은 포유류, 나비류 및 몇 종의 식물을 포함하는 야생개체군에서 분명히 존재할 것이다(Matthies *et al*. 2004). 더 나아가 섬의 면적(개체군 크기의 지표)과 종의 수 사이에(Terborgh & Winter 1980; Diamond 1984), 그리고 북미 국립공원과 산 정상 모두에서 멸종과 서식지 면적 사이에 양의 상관관계가 있었다(2장).

같은 종에서 작은 개체군은 큰 개체군보다 높은 멸종 위험을 가지고 있다.

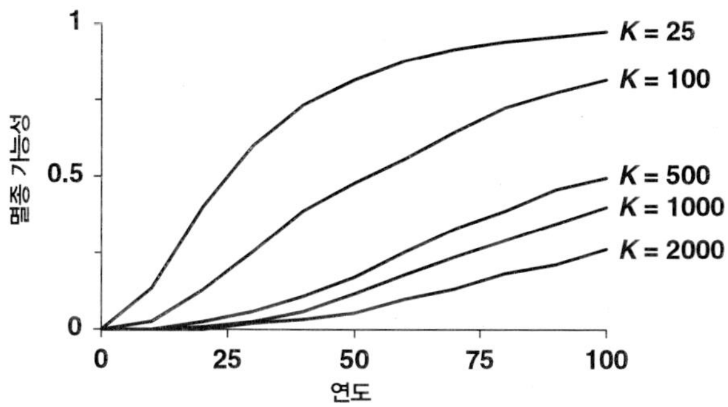

Fig. 22.5 멸종 위험과 개체군 크기의 관계. 멸종위기종인 엘드사슴(Myanmer에 있는)에서, 다른 수용 능력(*K*)을 가지고 있는 다섯 개체군의 시간에 따른 누적 멸종 위험(Wemmer *et al*. 2000의 자료를 바탕으로 함). *멸종 위험은 시간에 따라 증가하며 큰 개체군보다 작은 개체군에서 더 컸다.*

인구통계학적 확률성의 영향은 개체군 크기에 역비례한다. 예를 들어, 성비가 1:1인 개체군에서 성비의 변이율은 $0.5/\sqrt{N}$이다. 따라서 개체군 크기(N)가 100에 이르면 그 영향은 별로 크지 않을 것이다. 식물 *Astrocaryum mexicanum*에서 100년 동안 인구통계학적 불확실성으로 멸종할 위험이 개체군 크기가 10일 때는 매우 높지만, 개체군 크기가 50 이상일 때는 무시할 만한 수준이다(그림 22.6).

인구통계학적 불확실성은 멸종 위험을 증가시키지만 크기가 50–100 보다 큰 개체군에서는 그 영향이 적다

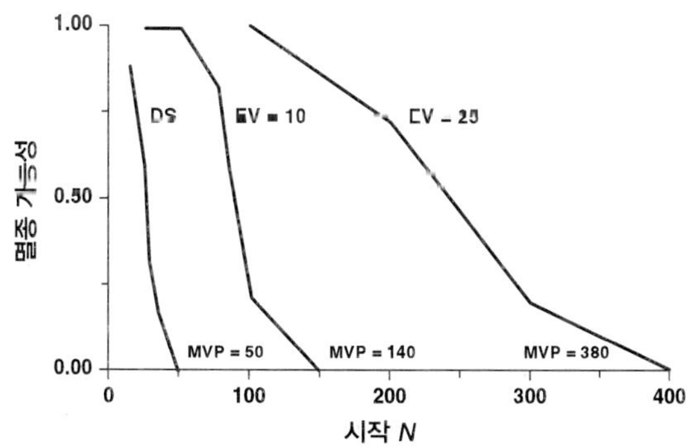

Fig. 22.6 인구통계학적 불확실성(DS)만을 가지고 있는 모델과 두 단계의 환경 변이(EV=10와 EV=25)를 가지고 있는 모델을 통한, 식물 *Astrocaryum mexicanum*의 최초 개체군 크기와 그에 대해 그려진 멸종 가능성. 각 경우에 멸종 가능성을 100년 동안 5%로 제한하기 위해 필요한 개체군 크기(MVP)가 주어졌다. 10이나 그 이하의 개체를 '멸종'으로 정의하였다(유사 멸종)(Menges 1992에 따름).

큰 개체군 조차도 환경 변화로 인해 멸종 위험에 처한다.

환경적 불확실성은 인구통계학적 불확실성보다 훨씬 더 큰 개체군 크기에서 멸종위기를 가중시킨다. 그림 22.7은 비슷한 형태의 개체군 크기 변동이 큰 개체군에서는 유지가 되지만, 작은 개체군은 멸종으로 이르게 하는 것을 보여 주고 있다. 예를 들어, 낮은 수준의 환경적 불확실성에 의해 100년 동안 멸종될 확률을 5% 미만으로 제한하기 위해서는 개체군이 140 이상이 되어야만 한다(그림 22.6).

Fig. 22.7 크고 작은 가상 개체군에 대한 환경적 불확실성의 영향. 변동은 둘 다 비슷한 반면, 큰 개체군은 유지하지만 작은 개체군은 멸종한다.

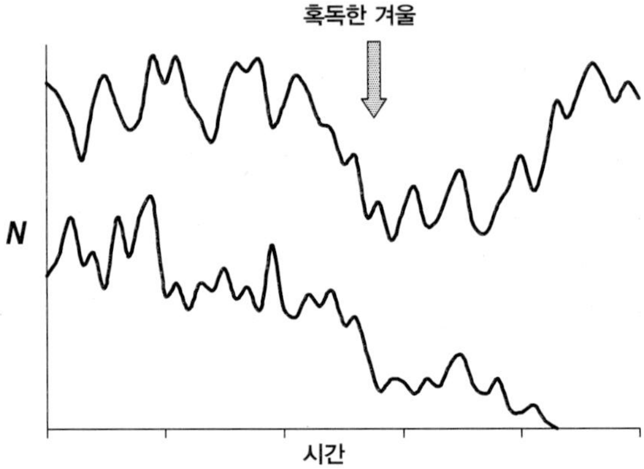

개체군 크기에 대한 인구통계학적 그리고 환경적 불확실성의 상대적인 영향이 그림 22.8에 예시되었다. 200으로 시작하는 개체군에서 환경적 불확실성은 확정적 경우보다 개체군 성장을 현저하게 감소시키고 멸종 위협은 가중시키는 반면, 인구통계학적 불확실성은 특별한 효과가 없다. 더 나아가, 멸종 위협은 환경 변화의 정도가 커짐에 따라 가중된다. 예를 들어, *Astrocaryum mexicanum*에서 100년 동안 멸종 확률을 5% 미만으로 제한하기 위해 필요한 개체군의 크기가 낮은 환경적 변화(EV=10)에서는 140이었지만, 높은 환경적 변화(EV=25)에서는 380이었다(그림 22.6). 물벼룩에 대한 실험적 자료는 높은 환경적 변화가 멸종 위협을 가중시킨다는 것을 확증하였다(Drake & Lodge 2004).

Fig. 22.8 확정적인 성장과 비교한 식물 *Astrocaryum mexicanum*의 개체군 성장에 대한 환경적 불확실성(EV)과 인구통계학적 불확실성(DV)의 영향(Menges 1992에 따름). 시작 개체군 크기는 200으로, 환경적 불확실성은 개체군 성장을 억제하지만, 인구통계학적 불확실성은 그러지 않는다. λ=연간 개체군 성장률

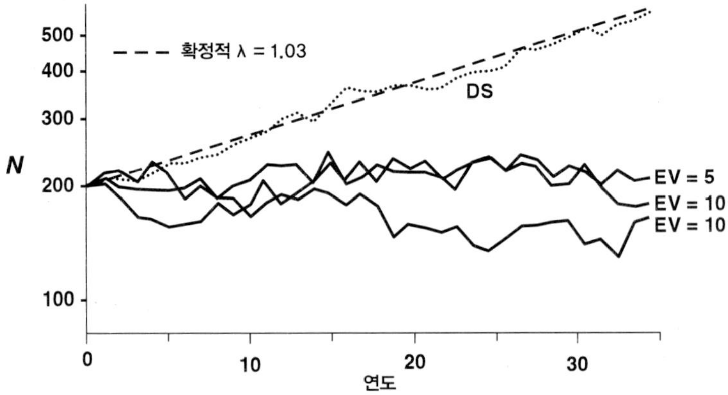

허리케인이나 혹한, 화재 및 전염병으로 인한 재난은 종종 작은 개체군의 멸종 위협에 심각한 영향을 준다. 예를 들어, 서인도아마존앵무(Puerto Rican parrot, Box 22.1)에 대한 PVA는 허리케인 형태의 재난을 주요 위협으로 판명하였다. PVA가 끝난 뒤 바로, 허리케인이 섬을 강타했고 그 새의 개체군은 감소하였다. 검은발족제비는 주로 재난적인 급성 전염병의 창궐로 인해 1987년 야생에서 멸종하게 되었다.

재난은 멸종 위험을 증가시키며, 그 영향은 그들의 빈도와 혹독함에 달려 있다.

Box 22.1 | 서인도아마존앵무에 대한 개체군 생존능력 분석

멸종 위기의 서인도아마존앵무는 벌목과 애완조류 교역을 위한 밀렵, 포식 및 허리케인 때문에 야생에서 13–14개체까지 감소하였다. 사육개체군이 야생의 둥지에서 알을 가져와 수립되었으며, PVA는 야생개체군이 약 40개체일 때 수행되었다(Lacy *et al.* 1990). 그 결과 주로 허리케인에 의한 재난으로 인해 100년 동안의 멸종 확률이 30% 이상인 것으로 예측하였다. 결과적으로, 고립된 번식 센터의 앵무새를 위한 먹이 비축이 권고되었고, 그로 인해 새들은 허리케인으로 인해 도로가 끊겨도 먹이를 먹일 수 있게 되었다. 또한 섬 밖에 개체군을 수립하는 것도 권고되었다. 장기적인 계획은 푸에르토리코에서 다섯 개의 독립적인 야생 앵무개체군을 수립하는 것을 요구하고 있다.

권고안들은 선견지명이 있는 것들이었다. 곧바로, 개체군은 숲 서식지를 황폐화시킨 허리케인으로 인해 심각한 차질을 입었다(Seal 1991). 센터가 고립되어 있는 동안 비축된 먹이를 사육 조류들을 에게 공급함으로써, 그들의 멸종을 막을 수 있었다. 근친교배약세가 보이기 때문에 세심한 유전적 관리가 이 작은 개체군에 대해 권고되었다(Brock & White 1992). 이후 관리 계획은 개체군을 쪼개는 것이 바람직하지 않다는 이유와 야생으로 돌려 보내지는 사육 조류가 가지고 있을 질병의 위협에 대해 비판을 받았다(Wilson *et al.* 1994).

서인도아마존앵무

너무 작아서 스스로 유지할 수 없는 개체군들은 비교적 독립적으로 개체군 크기의 변동을 겪고 있는 개체군으로부터의 이입을 통해 '구조'될 수 있을 것이다. 예를 들어, 미국 남서부의, 52마리의 수용 능력을 가지고 있는 도토리딱다구리의 한 개체군은 겨우 16년의 중간지속시간(그리고 최대 48년)을 가지고 있는 것으로 예측되었다. 그러나 실제 개체군은 70년 이상을 지속하였다(Stacey & Taper 1992). 매 세대마다 5마리의 이입 개체를 모델에 추가함으로써 100년 동안 멸종할 확률이 영으로 떨어졌다. 이후에 실제 개체군은 매년 10마리의 이입개체를 받은 것으로 밝혀졌다. 일반적으로, 이입 개체의 '구조 효과'는 보통 근친교배약세가 모델에 포함되었을 때 훨씬 더 커질 것이다(Richards 2000; Box 17.2).

이입은 개체군들을 구해서 작은 개체군들이 유지할 수 있게 해줄 것이다. 구조는 인구통계학적인 요인이나 유전적인 요인에 기인할 수 있지만 종종 둘 다 포함된다.

위협에 처한 개체군의 회복

CBSG와 그 외 다른 단체들은 개발에 대한 법률적인 규제와 포식자 제거, 서식지 개선, 서식지 확보 및 사육 번식을 포함하는 대안적인 복원 방법들을 비교하기 위해 많은 PVAs를 실행하였다. 일반적으로 이것들은 민감도 분석(sensitivity

개체군 생존능력 분석은 종을 복원하기 위한 방법들을 비교하기 위한 관리 기법으로 널리 이용된다.

analysis)으로 시작해서 다양한 특정 관리 방법을 비교하는 자세한 PVAs로 이어진다.

민감도 분석

민감도 분석은 멸종 위험에 대한 입력 변수들 사이 변이의 상대적인 영향을 결정하는 것을 포함한다.

민감도 분석은 입력 변수를 그 평균에서 어느 쪽 방향이든 증가시켜, 다양하게 하는 것을 포함하고 멸종 위협이나 개체군 변동 경로에 대한 그 영향을 평가하는 것을 포함한다(Wisdom & Mills 1997; Mills & Lindberg 2000). 이러한 방법으로, 그 값이 결과에 가장 큰 영향을 주는 변수를 구분할 수 있다. 예를 들어, 결과가 새끼 생존율을 다양하게 하는 것에 민감한가 아니면 어미의 번식률이나 포식률에 민감한가? 큰초원뇌조의 경우, 일 년차 생존율의 변화가 개체군 성장률에 가장 큰 영향을 주는 변수였고, 이를 통해 관리가 번식 성공과 한 배 새끼의 생존, 이소 후 1년의 생존을 증진시키기 위한 방법을 찾는 데 집중하도록 이끌어졌다(Wisdom & MIlls 1997).

민감도 분석은 치타와 붉은바다거북을 위협하는 가장 중요한 요인에 대한 우리의 인식을 바꾸어 놓았다. 사자와 하이에나에 의한 치타 새끼의 포식이 치타의 생존능력에 가장 큰 위협으로 보아 왔다. 하지만 민감도 분석은 치타 개체군 수가 새끼가 아닌 어미 생존율의 변화에 더 민감하다는 것을 밝혀냈다(Crooks *et al*. 1998). 붉은바다거북에서는, 개체군 감소를 뒤집기 위한 관리가 갓 부화한 새끼들의 생존율을 높이는 것에 집중하였었지만 민감도 분석은 새우잡이 그물에 걸려 죽는 어미의 수를 줄이는 것이 더 효율적이라고 보여 주었다(Mills & Lindberg 2000 참조).

관리 방법을 평가하기 위한 PVA의 이용: 사례 연구

다음은 위협과 관리 방법이 다른, 다양한 PVA 분석을 보여 주기 위해 선별된 일련의 사례 연구들이다.

검은발족제비

검은발족제비

검은발족제비는 한때 4천만 헥타의 지역에 서식하였지만, 농경지에서 그들의 먹이인 프레리 독(prairie dog)을 방제하면서 그 수가 급격하게 감소하였다. 그들은 1970년대 말에 멸종한 것으로 생각되었지만, 1981년 약 80마리 정도의 한 개체군이 와이오밍(Wyoming)에서 발견되었다(Seal *et al*. 1989; Clark 1994). 초기 복원 노력은 야생 족제비의 수를 최대화하고 먹이인 프레리 독의 수를 최대화하는 데 집중되어 있었다. 초기 위협 분석은 불확실적 요인을 잠재적인 문제(유전적, 환경적 그리고 인구통계학적 불확실성과 재난)로 찾아냈다. 몇몇 연구들은 사육번식과 재도입을 권고하였다. 이것은 1985년 족제비에서 급성 전염성이 유행하고 프레리 독에서 림프절 페스트(bubonic plague)의 유행으로 인해, 족제비가 재난적으로 급감한 후 까지 시행되지 않았다. 초기의 프로그램은 관료주의적, 정치적 문제로 크게 시달렸다. 모든 잔존하는 동물들이 1987년까지 모두 사육실로 옮겨져, 생존한 18마리로 사육개체군을 수립하였다.

1989년의 PVA는 야생개체군이 100년 동안 지속할 가능성이 95% 이상이 되기 위해서는 약 120마리의 동물이 필요하다고 예측했다. 다수의 독립적인 개체군들이 재난(예, 족제비나 그 먹이에서 질병의 발생)에 의한 종 전체의 손실에 대한 최고의 보험을 제공할 것으로 고려되었다. 그러나 이 모델은 개체군에 대해 포함하지 않았던 추가적으로 심각한 유전적 문제들이 있었다(즉, 유전적 다양성의 손실과 근친교배약세). 1987년 미국 어류 및 야생동물사무국의 검은발족제비 복원 계획 목표는 1991년까지 사육개체군을 번식할 수 있는 어미를 유효 크기 200마리로 증가시키고, 2010년까지 10개 이상의 개체군에 1,500마리의 어미를 포함하는 야생개체군을 설립하는 것이었다(메타개체군, meta-population).

사육개제군의 크기는 현재 어미가 약 300마리까지 커졌고, 11개 이상의 야생개체군이 수립되었지만, 현재까지 단지 두 개의 재도입 개체군만이 성공하였다(20장).

남아프리카 표범

남아프리카의 표범은 10 곳의 핵심 지역에 서식하고 있다(개체군 크기는 20마리에서 2,000마리까지)(Daly *et al.* 2005). 매년 약 280마리의 표범들이 합법적이거나 불법적인 사냥과 문제 동물의 제거, 이출 등을 통해 메타개체군에서 없어진다. 세심히 관리되고 있는 합법적인 사냥으로 매년 최대 75마리의 표범을 포획할 수 있다. 추가적으로 이웃 국가로부터 매년 약 30마리의 표범이 개체군으로 들어온다. 이러한 상황에서, PVA 모델은 몇몇 작은 개체군의 경우 멸종할 가능성이 상당히 있는 반면, 메타개체군은 비교적 개체수의 감소나 유전적 다양성의 손실 없이 앞으로 100년 동안 지속할 것이라고 예측하고 있다.

표범

2004년, 사냥꾼과 농장주의 요청에 의해 CITES 당국은 합법적 포획 개체수를 150마리까지 두 배로 늘렸다. 하지만 이것은 최소의 생태적 정보와 합법적 포획률에 대한 많지 않는 자료를 기반으로 했다. PVA 모델링은 추가적으로 69개체 이하(총 75+69)나 아마 더 적은 수의 표범만이 남아프리카 메타개체군에서 제거될 수 있다고 보여 주고 있다. 늘이닌 포획은 오직 네 개의 개체군에서만 지속이 될 수 있고 더 작은 개체군에서는 포획률이 조금만 증가해도 국지적 멸종의 가능성이 증가한다. 모델링 결과와 PVA 워크숍에서 나온 권고안은 CITES 임원과 정부 생물다양성 부서에 제출되었고, 그 동안 추가적인 표범 사냥 허가는 승인되지 않았다. 개체군과 서식지 생존능력 평가(PHVA) 보고는 이러한 의사 결정 과정의 주요한 조언으로 받아들여지고 있다.

오랑우탄

오랑우탄

보르네오와 수마트라의 오랑우탄 개체군은 대규모의 벌목으로 숲이 농경지로 바뀌면서 심각하게 위협받고 있다(Singleton *et al*. 2004). 약간의 보호구역이 존재하긴 하지만, 1998년부터 방치하면서 그 땅의 공식적인 지위와 상관없이 대규모의 불법적인 벌채가 일어났고 오랑우탄 개체군은 지속적으로 감소하였다.

수마트라에서는 현재 13개의 다른 지역에 오랑우탄이 서식하고 있으며, 개체군 크기는 약 40마리에서 2,500마리 사이이고, 총 7,500마리가 있다. 2004년 열린 PHVA는 현재의 벌목이나 서식지 손실율과 다른 요인들이 수마트라의 오랑우탄 개체군을 빠르게 감소시켜 멸종에 이르게 할 것이란 것을 보여 주었다(그림 22.9). 그들은 약 10년 안에 50% 정도가 감소할 것으로 예상됐고 50년 안에 97% 감소하여 계속되는 서식지 손실이 멈추지 않는 한(어려워 보임) 결국 멸종에 이를 것으로 예측되었다.

보르네오에는 오랑우탄이 있는 약 50 서식지 단위가 있으며, 세 개의 아종 총 약 50,000마리가 서식하고 있다. 모델링은 증가하는 벌목으로 인해, 현재 매우 큰 개체군 조차도 향후 50년 안에 멸종할 수 있다고 보여 준다. 우선 권고 사항은 정부를 교육시키고 자극을 주어 보존 프로그램을 지원하고 벌목을 줄이도록 하는 데 집중했다.

Fig. 22.9 현재의 벌목률 하에서 향후 100년에 걸쳐 수마트라 내 전체 13개의 서식지 단위에 있는 모든 생존 오랑우탄 개체군의 평균 개체군 크기.

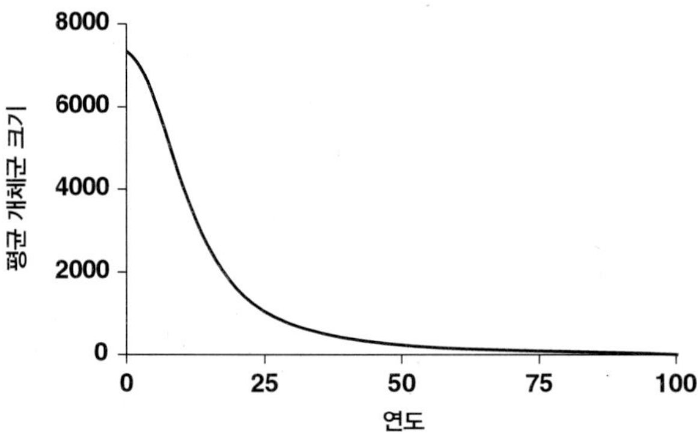

아메리카흰두루미

아메리카흰두루미

1930년대 말경, 멸종위기의 아메리카흰두루미의 마지막 잔존하는 은신처는 미국 멕시코만 해안의 알칸사스 국립 야생동물 보호구역 주변에 있었다(Mirande 등 1991). 이 새들은 여름 동안 북부 앨버타나 캐나다 북서부 지역으로 이주하였다. 1941년 그 개체군은 15마리(6 혹은 8마리의 번식 개체)로 줄어드는 병목을 겪었다. 그러나 개체군은 빠른 속도로 회복되어 2006년 말 경에는 518마리의 새들이 있었다.

1967년에 사육개체군이 수립되었다. 1993년에 정주성(non−migratory)의 무리가 플로리다에 수립되었다. 이들 무리들을 수립하는 데 무엇이 포함될 지 알아보기 위해, 1991년에 사육개체군(당시 70여 마리가 있음)이 플로리다에 성공적으로 재도입하기에 필요한 생산율을 유지할 수 있는지 여부를 결정하는 PVA를 실행하였다. 모델의 결과는 개선된 관리방안으로, 사육개체군은 만약 정기적인 방사 이전에 3년 정도 더 성장시킬 수 있다면 매년 10에서 20마리의 방사율을 유지할 수 있을 것으로 나타났다. 1993–1994년까지, 사육개체군은 89마리까지 성장하였고 재도입 프로그램이 1993년 2월 14마리의 새들을 방사하면서 시작되었다. 이후 매년 19마리에서 48마리 사이의 두루미가 방사되고 있다.

유전적 다양성의 손실과 근친교배약세가 역시 병목으로 인해 우려되고 있다. 이 문제를 해결하기 위해, 새들은 11개의 마이크로세틀라이트 좌위에서 유전형 분석이 되었고, 개선된 가계도와 마이크로세틀라이트 대립유전자의 공유를 바탕으로 한 유사성에 근간하여 관리되고 있다.

대왕연어(Chinook salmon)

미국 오레곤의 대왕연어는 주로 도로건설과 삼림관리로 인한 침하로 인해 지난 세기 초부터 급격하게 감소하고 있다. Ratner *et al.* (1997)은 매년 평균 300마리 미만의 산란어가 찾아오는 사우스엄프콰강의 봄철 대왕연어 개체군에 대해 PVA를 실행하였다. 더 이상의 서식지 침하가 없다는 조건하에서 향후 100년에서 200년 사이에 예측되는 멸종위협은 굉장히 낮았다. 그러나 이 결론은 밀도의 존적인 불확실성에 매우 민감했다. 서식지 침하가 과거와 비슷하게 지속된다면 예측되는 멸종 위기는 100%였다. 몇몇 PVAs가 스네이크 강에 있는 이 종의 개체군에서 실행되었다(Zabel *et al.* 2006). 이 개체군의 전망은 기후 조건에 매우 의존적이며 계속되는 지구온난화는 전망을 어둡게 하고 있다.

대왕연어

송이풀(Furbish's lousewort)

이 멸종위기의 다년초, 약 5,000개체가 북미 동북부 메인(Maine)과 뉴브런즈윅(New Brunswick)의 한 강의 230km를 따라 28개의 집단으로 서식하고 있다. 그 분포는 주기적으로 교란되는 북쪽 사면의 강둑으로 제한되고 있다. 송이풀은 초기 천이의 반기생 식물로 교란된 강둑에 적어도 3년 동안은 침입할 수 없지만, 나중에는 키가 큰 경쟁자로서 가득 메우게 되어, 개체군 형성과 멸종을 주기적으로 반복하게 된다(이 종은 메타개체군으로써 존재한다). PVA는 개별 개체군이 87%의 확률로 100년 안에 멸종할 가능성이 있고, 종의 생존은 집단 형성과 멸종 사이의 균형에 매우 의존적이라고 예측하였다(Zabel *et al.* 2006). 현재 멸종이 집단 형성을 초과하면서, 이 종의 장기 생존능력은 매우 미약해졌다. 더 나아가, 개체군의 장기적인 적응력은 이 종의 모든 조사 개체군에서 22 알로자임 좌위에서 유전적 다양성이 결여되고 있어 의구심이 든다(Waller *et al.* 1987).

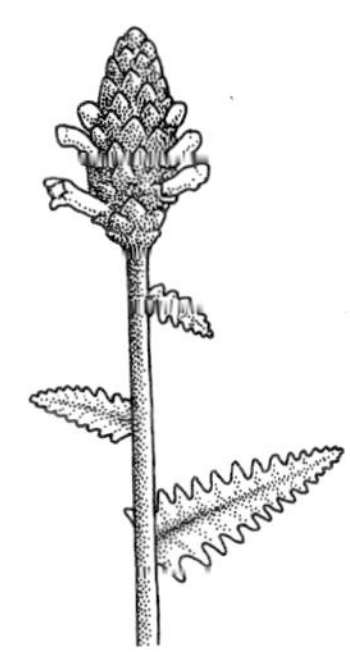
송이풀

성냥개비 뱅크셔(Matchstick banksia)

취약한 성냥개비 뱅크셔는 서호주(Western Australia) 남서부에서 자생하는 대형 관목으로, 60km 지역에 걸쳐 7개 개체군, 340개체가 있다. 개체군 충원(recruitment)은 주로 화재 이후 상층에 있던 씨앗이 방출되고 다 자란 식물이 죽으면서 일어난다. 종의 동태는 주로 강수량의 변동과 자연적인 들불이나 조절된 불(controlled fire)의 빈도에 의해 조절된다. 인구통계학적, 환경적, 유전적 요인을 포함하는 PVA는 개체군 크기를 최대화하기 위한 방법과 멸종 위협을 최소화하기 위한 방법이 서로 다르다는 것을 밝혔다(Burgman & Lamont 1992). 평균 크기는 11년에서 25년 간격으로 적당한 빈도의 조절된 불에 의해 늘릴 수 있지만, 이 방법은 강한 불이 개체군을 말살할 수 있기 때문에, 멸종 위협이 50년에 걸쳐 50%에 이른다. 멸종 위협은 화재의 빈도를 가능한 낮게 할 때 최소화되지만, 이것은 개체군 크기의 심각한 감소로 이어진다. 기후 변화의 결과로 향후 50년에 걸쳐 강우량이 감소한다면, 이 종의 지속 가능성은 조절된 불이 없더라도 낮아질 것이다. 종이 유지할 수 있는 어느 정도의 기회를 확실히 하는 유일한 방법은 들불에 이은 심각한 가뭄이 있을 때마다 물을 대어 씨앗이 발아하도록 개입하는 것이다. 근친교배약세는 50년 동안 이 종에서 제한된 영향만 줄 것인데, 왜냐하면 이 종은 오래 살기 때문이다(평균 23년의 세대 길이).

PVA의 예측은 얼마나 유용한가?

PVA 결과보다 PVA 과정이 보존에 더 중요할 것이다

PVA는 멸종 위협에 대한 정확한 예측을 제공하기 보다는 종종 위협에 처한 종의 복원 계획을 돕고, 반복적인 계획을 가능하게 하며, 민감도를 결정하고, 복원 방안들을 비교하는 데 도움이 되는 도구로서 그 높은 가치가 있다.

대부분의 위협에 처한 종에 대해 불완전한 생활사 자료들만 존재하기 때문에, 완전한 개체군 생존능력 분석은 가능하지 않거나 신뢰성이 떨어질 것이다. 그러나 PVA를 이용한 위기 평가의 가장 중요한 기여는 반드시 멸종 위기 자체의 정량적인 평가에만 있는 것은 아니다(Burgman 2006). 그보다 PVA 실행 과정은 다음을 포함한다:

- 종의 생활사 정보에 대한 요약
- 그것에 영향을 주는 모든 위협 과정을 확인
- 그것들의 예상되는 중요성 평가(민감도 분석)
- 잠재적인 복원 전략 확인과 그것들의 상대적인 영향 평가
- 종에 대한 부족한 지식 확인과 그것을 개선하기 위한 연구 계획 수립

그러므로 정량적인 예측이 특별히 정확하지 않더라도 상당한 이득이 PVA 과정을 통해 얻어 질 수 있을 것이다. PVA는 내부적 일관성이 있는 투명한 계획 과정을 제공하며 예측의 불확실성을 나타내야 한다. 더 나아가, 복원과정은 최적의 방법으로 수행될 수 있을 것이다. PVA 예측은 더 많은 정보가 수집되면서 갱신될 수 있고 관리 실행은 PVA 예측에 따라 조절되었다. PVA 분석의 주요 대안은 인간의 판단이고, 이것은 복잡한 시스템과 연관된, 재정과 의료, 기후 예측, 생물학을 포함하는 많은 다양한 분야에서 부정확한 것으로 잘 알려져 있다(Aeckhauser & Viscusi 1990).

PVA는 CBSG가 전형적으로 그들의 개체군 및 서식지 생존능력 평가(PHVA) 워크숍에서 이용하듯이 주어진 위협에 처한 종의 모든 전문가들이 모인 워크숍 환경에서 가장 잘 실행된다. 종에 대한 지식의 부족이 확인되고, 이는 종종 우리의 지식을 늘리기 위한 연구 계획의 수립으로 이어진다. 미출판 결과와 전문가 지식이 PVA에 포함되기 위해 이용될 수 있을 것이다. 아주 상반된 의견을 가진 그룹들을 워크숍에서 서로 협조하게 격려될 수 있을 것이다. 더 나아가 PVA 과정은 복원 프로그램이나 연구에서 이용할 수 있는 기금을 얻을 확률을 높일 것이다.

PVA는 전형적으로 종에 대한 모든 전문가들의 모임을 포함함으로써 부족한 지식을 확인할 수 있고 복원 노력에서의 협조를 고취시킬 수 있다.

PVA의 예측은 얼마나 정확한가?

불충분한 자료와 위협 요소의 무시, 모델의 적절성에 대한 의문을 바탕으로 한 PVA 예측의 정확성에 대해 광범위하게 회의적인 시각이 있었다(Caughley & Guun 1996; Ludwig 1999 참조). 그러나 실증적인 평가는 그것이 21개의 잘 연구된 분류군의 개체군 운명을 편향 없이 예측하였다고 보여 주었다(그림 22.10). 더 나아가, 다른 소프트웨어 패키지에서 도출된 예측들은 서로 매우 상관되어 있었고 단순 확률성 *r*–모델의 예측과도 상관되어 있었다. PVA 예측의 정확도에 대한 시뮬레이션 연구는 예측이 10년 이상의 자료를 바탕으로 하고 있을 때 꽤 괜찮다는 비슷한 결론을 내었다(McCarthy *et al.* 2003). PVA 예측은

PVA는 잘 연구가 된 개체군의 미래 운명에 대해 치우치지 않은 평균적인 예측들을 제공해 주지만, 개별 개체군에 대한 예측들은 매우 변하기 쉽다.

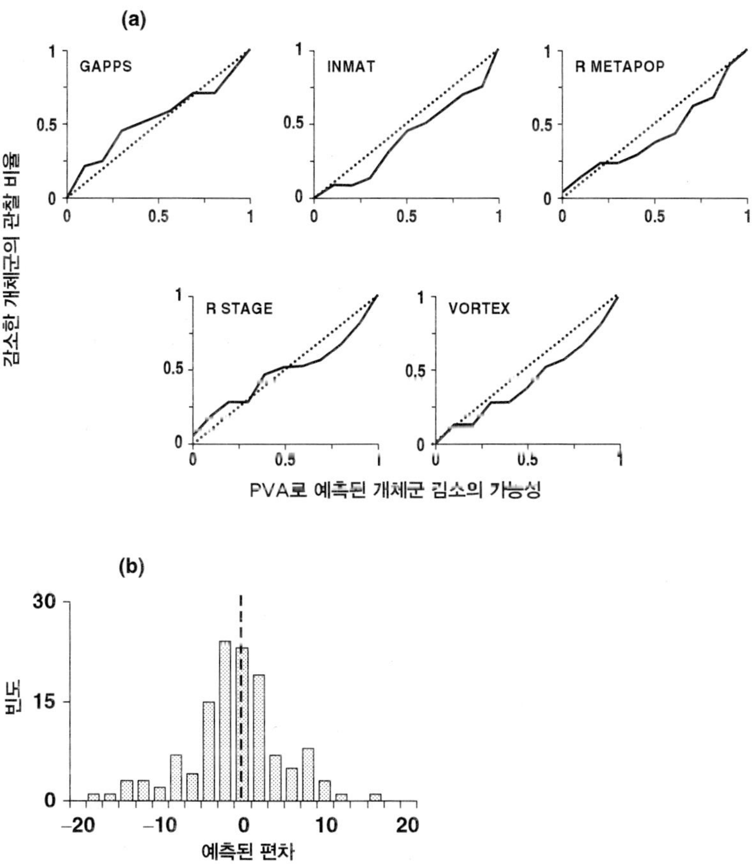

Fig. 22.10 5개 PVA 소프트웨어 패키지의 예측 정확도(Brook *et al.* 2000). (a) 잘 알려진 21종의 과거 연구에서 개체군 크기 감소이 예측된 대 관찰된 위협의 그림. 각 연구 처음 반의 자료가 나머지 반의 수를 예측하기 위해 이용되었다. 실제에 완전히 맞으면 45° 선상에 놓이게 된다. (b) 예견된 개체군 크기와 관찰된 개체군 크기의 차이. PVA는 유의한 편차 없이 예측을 하였다.

일기 예보와 장기 예보 및 계획을 세우는 데 중요하지만 불확실성도 포함하는 경제 전망과 비교되어야만 한다. 이것들은 모두 사회에서 기꺼이 받아들여지며, 그들 또한 완벽하지 못한 예측 능력을 인식하고 있다.

메타개체군의 운명에 대한 평가는 비교적 형편없는 예측을 나았지만, 이 것은 분산율에 대한 믿을 만한 정보가 부족한 것으로 설명될 수 있을 것이다 (Lindenmayer & Lacy 2002; Ball *et al.* 2003; Box 14.2). 일반적으로 메타개체군에 대한 예측은 덜 정확할 것이다. 왜냐하면 더 많은 변수가 측정되고 컴퓨터 예측에 포함되어야 할 필요가 있기 때문이다.

따라서 PVA는 이용되고 있듯이 보존 목적으로 적합한 것으로 보인다. 신뢰를 얻기 위해서, PVA 모델은 종 생태의 중요한 면을 정확하게 반영해야 한다. 예를 들어, Brook *et al.* (2000)의 연구에서 가장 형편없는 예측은 INMAT 소프트웨어를 이용한 소이 양(soay sheep)에 대한 것으로, 여기서 그 패키지는 양에서 보이는 과잉 보상 밀도 의존적 개체군 순환을 현실성 있게 모델링할 수 없었다(Chapman *et al.* 2001). 비슷하게, 실험실 개체군의 물벼룩에 대해 수정된 형태의 밀도 의존이 모델에서 이용되었을 때는 예측이 괜찮았지만 그것이 포함되지 않았을 때는 심각하게 왜곡되었다(Drake 2005). 위협에 처한 종에 대한 밀도 의존성의 정보는 종종 부족한 반면, 장기 자료의 분석은 대부분의 잘 연구가 된 포유류와 조류, 어류, 양서/파충류, 곤충 및 식물 종에서 밀도 의존성을 확실히 보인다는 것을 가리키고 있다(Sibly *et al.* 2005; Brook & Bradshaw 2006). 결론적으로, 특정 종에 대한 밀도 의존성의 정보가 부정확할 경우에는, 근연의 아주 가까운 분류군이나 생활사가 비슷한 종에서 쓰는 기본 변수를 이용하여 그것을 PVA 모델에 포함할 것을 권한다.

얻은 교훈

Shaffer *et al.* (2000)은 PVA로부터 배운 교훈의 훌륭한 개요를 제공했지만, 다음은 하지 않았다. (a) PVA의 가장 큰 한계는 자세한 개체군 자료가 결여되어 있다는 것이다. (b) 몇 천 개체 이하의 개체군은 생존능력이 의심스럽지만 많은 위협에 처한 개체군의 복원 목표는 이것보다 작다는 데 의견의 일치가 있다. (c) 일치되고 유용한 개체군 생존능력에 대한 정의가 없다. 우리는 이들 문제에 대해 아래에 설명하고 있다.

PVA의 한계

PVA의 주요 한계는 위협에 처한 종의 생태에 대해서 이용할 수 있는 정보가 제한적이라는 것이다.

대부분의 위협에 처한 종에 대해 수에 대한 정보는 거의 없고, 나이와 관련된 사망이나 생산성에 대한 정보는 더 없으며, 변수들의 변화량에 대한 믿을 만한 측정치는 거의 없다. 종종 종 쇠퇴의 주요 원인은 알려져 있지 않다(Gaughley & Gunn 1996). 정확한 PVA는 온전한 자료를 필요로 한다. 단지 일부 정보만이 없는 경우에는 다른 종의 정보가 이용될 수 있는데, 예를 들어 재난의 빈도와 강도에 대한 정보로, 이런 것들은 다양한 척추동물 분류군에 걸쳐 비슷하다(Reed *et al*. 2003b). 어떤 경우에는, 개체군의 운명을 예측하기 위해 단순 확률성 r–모델들을 이용할 수도 있지만 그것들은 유전적 요인을 포함하고 있지 않기 때문에 멸종 위협을 과소평가할 수 있을 것이다(2장). 더 나아가, 그것들은 민감도 분석이 가능하지 않기 때문에, 관리 방법들을 평가하는 것을 제공하지 않는다(Shaffer *et al*. 2000).

멸종위기종의 생명 활동과 생태에 대한 우리의 기본 지식은 놀라울 정도로 매우 빈약하다. 결과적으로 장기 야외 연구를 수행할 필요가 있다(Shaffer *et al*. 2000).

몇몇 PVAs는 환경적 조건이 미래에도 안 변하고 남아 있을 것을 가정하지만 지구 온난화의 시나리오에서 이것은 의구심이 든다. 예를 들어, 날씨와 연관된 재난의 빈도가 1950년대 이후 6배가 증가하였다(Schiermeier 2006). PVAs는 로드하우숲뜸부기와 애리조나크리프로즈에서 했듯이 기후 변화의 가능한 영향을 평가할 수 있다.

생존 가능 개체군이란 무엇인가?

생존능력 있는 개체군에 대한 객관적인 정의는 없다.

생존 가능 개체군이란 오랜 기간 동안 생존할 가능성이 높은 개체군으로 대략 정의된다. 얼마나 높고, 얼마나 오래인가? 이런 것들은 정의되지 않은 분량들이다. 그러나 전자에 대해서는 99%나 95%의 생존 가능성이 가장 빈번하게 쓰이고, 후자에 대해서는 100년에서 1,000년의 기간이 일반적으로 고려되고 있다(Shaffer 1981; Soulé 1987). Shaffer(1981)는 생존 가능한 개체군을 1,000년의 기간 동안 99%의 잔존 확률을 가지고 있는 것으로 정의했다. IUCN(2007)은 낮은 위험 개체군을 100년 동안 생존 확률이 90%이상인 것으로 정의한다.

이러한 정의들은 모두 시간의 틀로서 연도 수를 이용한다. 그러나 멸종 위협은 연도 수 보다는 세대 수로서 더 잘 평가할 수 있을 것이다(Frankham & Brook 2004; O'Grady *et al*. 2008). 결과적으로 생존 가능한 개체군은, Reed *et al*. (2003b)이 이용했던 40세대 동안 지속될 확률이 99%처럼, 한정된 세대수 동안 지속의 측면으로 정의하는 것이 보다 적절할 것이다. 더 나아가 그것은 세대별 단위로 자료를 분석하기 위해 다른 종으로부터 기본 변수를 얻었을 때 권해진다. 왜냐하면 더 많은 종들이 같은 입장으로 포함될 수 있기 때문이다. 이것은 Reed *et al*. (2003b)에 의해 재난의 빈도와 강도에 대한 정보에 대해 수행되었다.

최소 생존 가능 개체군 크기(MVP)

개체군이 장기간 생존 가능하기 위해 필요한 크기는 작아도 수천에서 수만 마리의 개체가 있어야 한다는 데 의견의 일치가 있다.

다양한 이론적인 논의와 PVAs를 바탕으로 한 필요 최소개체군 크기의 측정들은 모두 개체군이 오랜 기간 동안 생존할 수 있기 위해서는 수천 수만의 개체수가 필요하다고 가리키고 있다(Belovsky 1987; Soulé 1987; 표 22.2). Thomas(1990)는 10,000마리 정도가 개체군 크기가 심한 변동을 보이는 포유류나 조류의 중·장기간 지속을 가능하게 하는 반면, 보통의 개체군 크기 변동량을 보이는 종에서는 10마리는 너무 적고, 100마리는 보통 부적절하며, 1000마리가 적합하다고 실험적으로 보여 주었다.

필요한 크기는 모두 같지 않고 세부적인 종의 생태와 환경에 의존한다는 것은 널리 가정되고 있다. 하지만 이런 가정은 그것을 세대 수가 아니라 연도 수로 정의함으로써 생긴 결과로 보인다. 척추동물에 대해 40세대 동안 99%의 지속을 예측한 MVPs는 다른 생활사와 지리적 분포를 가지고 있는 100종에 대한 연구에서 주요 분류군이나 다른 기후대에 따른 유의한 차이가 없었다(Reed *et al.* 2003c). 그러나 MVP에 대한 연구 기간의 영향은 있었는데, 이는 더 긴 기간 데이터 세트가 더 큰 변동량을 잡아 더 큰 MVPs로 이끌기 때문이다. Traill *et al.* (2007)에 의한 MVP 측정의 메타분석은 MVP에 대한 실질적인 지침을 제공하는데, 이는 그것이 212종을 바탕으로 하고 있고 진화적인 잠재력의 손실 외에 모든 위협과정들을 포함하기 위해 표준화되었기 때문이다. MVP가 주요 분류군 간에 다를 것은 느낌이 있지만 몇몇 분류군에서는 제한된 수의 연구만이 있기 때문에 이것은 불확실하다(표 22.2).

Table 22.2 다른 위협에 대처하며 개체군들이 장기간 생존하기 위해 필요한 크기. 편차는 개체군 크기가 변동하는 성향에 의한 것이다

	N_e	N	출처
이론			
1. 유전적 다양성	500–5000	5000–50 000	1
2. 돌연변이 축적	1000	10 000	1
3. 인구통계학적 불확실성		10s–100	1
4. 환경적 불확실성		1000+	1
5. 재난		1000+	1
관찰 자료			
척추동물 100종에 대한 PVA: 40세대 동안 99% 지속할 가능성		>6000	2
식물 개체군들에서 95%의 초기 적응도 유지		2500	3
선다 섬의 영장류		>16 000	4
r 모델에서 1198종에 대해 40세대 동안 99% 지속할 가능성		1100	5
212종에 대한 PVA: 40세대 동안 99% 지속할 가능성		4169	6
포유류 (95[a])		3876	6
조류 (48)		3742	6
양서 파충류 (31)		5409	6

Table 22.2 (계속)

	N_e	N	출처
어류 (8)		1 239 727	6
곤충 (5)		10 841	6
해양 무척추동물 (3)		3611	6
식물 (22)		4824	6

[a] 종수.
출처: 1. Nunney와 Campbell(1993); 2. Reed *et al.* (2003c); 3. Reed(2005); 4. Harcourt *et al.* (2002); 5. Brook *et al.* (2006); 6. Traill *et al.* (2007)

최소 서식지 면적

실질적으로 자연에서 종 보존을 위해 필요한 정보는 높은 가능성으로 장기간 지속하기 위해 필요한 보호구역이나 국립공원의 최소 서식지 면적일 것이다. 최소 서식지 면적은 예제 22.2에 황금사자타마린에 대해 예시된 것처럼 종의 최소 생존 가능 개체군 크기와 필요 서식지로부터 측정될 수 있다. 타마린에서는 24km²의 최소면적이 100년 동안 90%의 기회로 지속하기 위해서 필요하다.

장기간 개체군 유지를 위한 최소 서식지 면적은 MVP와 종별 개체 당 필요한 서식지로 결정할 수 있다.

예제 22.2 황금사자타마린을 위한 최소 서식지 면적

PVA 분석을 바탕으로 황금사자타마린이 100년 동안 90%의 가능성으로 지속하기 위해 필요한 최소 생존 가능 개체군 크기는 175마리로 측정되었다(J.J. O'Grady unpublished data). 최소 서식지 면적은 위의 숫자를 타마린 당 필요 서식지(13.9 헥타르 당 한 마리 타마린; Ballou *et al.* 1998)로 곱함으로써 얻을 수 있다. 따라서 최소 서식지 면적(MHA)는

$$\text{MHA} = \text{MVP} \times \text{필요 서식지} = 175 \times 13.9 \text{ 헥타르} = 2433 \text{ 헥타르} = 24.3\text{km}^2$$

두 개의 현존하는 황금사자타마린 보호구역은 79km² 포함하며, 이 중 50%가 적합한 산림 서식지이다(실질적인 목표는 100년 동안 98%의 지속 가능성이고 이를 위해서는 더 큰 면적이 필요하다.).

위의 예로부터 개체군이 장기간 생존하기 위해서는 그 크기가 반드시 대략 몇 천이 되어야 한다는 것이 분명하다. 종이 취약으로 명시될 때의 개체군 크기와 미국 멸종위기종 법률이 정하는 복원 목표 모두 일반적으로 너무 작다(Shaffer *et al.* 2000; Reed *et al.* 2003c). 명시될 때의 중간 크기가 동물은 약 1,000개체이고 식물은 약 100개체이다. 더 나아가, 회복되었다고 여겨지는 한 분류군의 중간 크기는 약 1,550개체이다.

위협에 처한 종 목록에 올리고 내리기 위해 이용되는 개체군 크기는 보통 위의 권고된 것보다 작다.

이러한 숫자들의 우려스러운 결과는 가장 큰 보호구역 조차도 너무 작아서 대형 초식 동물과 특히 대형 육식 동물의 장기간 생존을 위한 적합한 개체군 크

기를 유지할 수 없다는 것이다(Shaffer 1987). 그러나 몇 개의 보호구역 사이에 인위적인 이주는 그런 종이 장기간 생존할 수 있게 해줄 것이다.

위협에 처한 종 보존의 기초를 이루는 과학에서는 큰 진보가 이루어졌지만, 그것이 종종 적절한 활동과는 일치되지 않는다.

요약

1. 야생개체군은 확정적 요인(서식지 손실과 난개발, 오염, 침입종)과 작은 개체군 크기와 연관된 불확실적 요인에 의해 위협을 받는다.

2. 작은 개체군은 인구통계학적 불확실성과 환경적 불확실성, 재난 및 유전적 불확실성으로 위협에 직면한다. 유전적 확률성은 근친교배약세, 유전적 다양성의 손실, 개체군 분기 및 새로운 유해 돌연변이의 축적을 포함한다.

3. 멸종 위협은 개체군 생존능력 분석을 이용해 예측될 수 있다. 일반적으로 환경과 그것의 변이, 근친교배약세, 서식지 질과 손실 등의 정보와 함께, 번식과 생존 변수의 값, 개체군 크기, 수용 능력 등이 컴퓨터 패키지에 입력이 되고 확률적 예측이 만들어진다.

4. 개체군 생존능력 분석은 한 종을 복원하기 위한 다른 방법들을 비교하는 하나의 관리 수단으로서 널리 이용되고 있다.

5. PVAs를 바탕으로, 개체군이 장기간 생존 가능하기 위해 필요한 크기는 수천이다.

6. 작은 취약 개체군의 복원은 감소의 근원을 뒤집고 불확실적 위협을 해결하는 둘을 모두 포함한다.

추가적인 읽을거리

Beissinger & McCullough (2000) *Population Viability Analysis*. Proceedings of a conference on PVA. See especially Mills & Lindberg, Ralls et al. and Shaffer et al.

Burgman (2006) Brief review on role of PVA in conservation biology, especially in the face of limited data.

Mills (2007) *Conservation of Wildlife Populations*. Textbook covering the topics in this chapter.

Morris & Doak (2002) *Quantitative Conservation Biology*. Textbook on PVA.

Reed *et al.* (2003c) Uses PVA to determine minimum viable population sizes for 100 vertebrates species and evaluated variables affecting MVP.

Traill *et al.* (2007) A meta-analysis encompassing the MVP estimates obtained in the last 30 years, plus analyses on factors affecting their magnitudes.

Wilcove (1994) *The Condor''s Shadow*. Enjoyable and informative popular book on the decline and recovery of wildlife in America.

소프트웨어

VORTEX: Individual-based population viability analysis package that can encompass effects of inbreeding depression and fragmented populations

(Lacy *et al*. 2005). www.vortex9.org/vortex.html

RAMAS: A family of commercial packages for matrix-based PVAs, including RAMAS GIS (incorporating RAMAS Metapop) and RAMAS Landscape, both able to model meta-populations. Particularly suitable for highly fecund animals and plants. www.ramas.com/

문제

22.1 r과 그 분산값을 계산하시오. 두 번째 체크무늬나비 개체군에 대해, 각 세대 이행 λ와 r를 산출하여 평균 r과 r의 분산값을 계산하시오(자료 출처 Foley 1994).

연도	N	연도	N	연도	N
1960	70	1970	820	1980	125
1961	350	1971	235	1981	316
1962	750	1972	1149	1982	109
1963	750	1973	370	1983	122
1964	1400	1974	177	1984	31
1965	2000	1975	317	1985	48
1966	1750	1976	1001	1986	18
1967	900	1977	190		
1968	576	1978	341		
1969	871	1979	135		

22.2 멸종위기종 복원을 위한 관리. 북방털코웜벳의 복원을 위해 당신은 어떤 활동을 제안하겠는가(Box 11.3 참조)?

22.3 멸종위기종 복원을 위한 관리. 도입된 육식 달팽이에 의해 포식 당하고 있는 타이티(Tahiti)의 멸종위기종인 Partula 달팽이를 복원하기 위해 어떤 활동을 제안하겠는가?

22.4 멸종위기종 복원을 위한 관리. 수마트라 호랑이를 복원하기 위해 당신은 어떤 활동을 취하겠는가? 모든 호랑이들은 서식지 손실과 아시아 의료 시장을 위한 포획으로 위협받고 있다. 수마트라 호랑이는 6개의 고립된 개체군이 보호구역 안에 있으며 그 외 몇 개의 개체군이 더 있다.

실습: 개체군 생존능력 분석

개체군 생존능력 분석은 적절한 자료를 찾을 수 있는 어떤 위협에 처한 종에서도 수행될 수 있다. 다음은 제안사항이다.

(주의: VORTEX의 입력 파일은 버전에 따라 조금씩 바뀐다.)

1. 불확실적 *r*–모델. 문제 22.1에 기술된 체크무늬나비 개체군에 대해 *r* 모델 소프트웨어에서 *r*의 평균과 분산을 이용하여 50년 후의 개체군을 예측하시오. 결과의 분산을 보기 위해 50회 반복 실행하시오. 평균 개체군 크기로 실행을 시작하시오. 더 시도할 수 있는 추가 옵션은: (a) 초기 개체군 크기를 다르게 하고 멸종 확률을 조사하기, (b) 양의 *r*, 영, 음의 *r*에 따른 개체군의 운명 조사하기, (c) *r*의 분산이 늘어나고 줄어듦에 따른 효과 평가하기.

2. PVA를 이용하여 관리방안 비교하기. 로드하우숲뜸부기에 대해, VORTEX 시뮬레이션을 이용하여 크기가 20마리인 개체군의 복원을 위한 다음의 방안들을 비교하시오: (a) 내버려 둠, (b) 돼지만 방제함(수용능력이 20에서 200으로 증가), (c) 3쌍의 창시자를 이용한 사육 번식 프로그램(1과 2, 3, 각 연도에 30개체를 개체군에 보충함), (d) 사육 번식과 돼지 방제. 이들 시나리오의 지속 가능성을 비교하시오. 입력 파일을 위한 정보는 Brook *et al.* (1997b)에 주어져 있다.

이 책에서 기억해야 할 것들

1. 지구의 생물 다양성은 인간 활동(서식지 파괴와 단편화, 난개발, 오염, 기후변화 및 새로운 지역으로의 생물종 이동)의 직간접적인 결과로 인하여 빠르게 고갈되어 가고 있다.
2. 보존생물학에서 주요 유전적 관심사는 근친교배약세와 유전적 다양성의 손실, 자연선택을 넘는 유전적 부동, 개체군 단편화, 사육하에 대한 유전적 적응 및 분류학적 불확실성에 있다.
3. 근친교배와 유전적 다양성의 손실은 모든 작고 닫혀있는 개체군에서 피할 수 없다.
4. 근친교배는 제대로 조사가 된 거의 모든 자연적으로 이계교배를 하는 종에서 번식과 생존에 치명적인 영향(근친교배약세)을 주고 있다.
5. 유전적 다양성의 감소는 환경 변화에 대해 적응(진화적 잠재력)할 수 있는 개체군의 능력을 감소시킨다.
6. 유전적인 요인은 보통 멸종 위협에 기여를 하며, 종종 지속하는 데 있어 큰 영향을 준다.
7. 취약종의 관리에 있어 유전적인 문제를 무시하는 것은 종종 최적이 아닌 관리방안으로 연결되고 어떤 경우에는 치명적인 결정이 되기도 한다.
8. 유전적 관리의 목적은 취약종을 환경 변화에 적응할 수 있는 동적인 존재로서 유지하는 것이다.
9. 취약종에 대한 유전적 관리의 첫 단계는 어떤 분류학적 불확실성을 해결하고 종 내 관리 단위를 설정하는 것이다. 유전자 표지를 이용한 연구들은 일반적으로 이러한 문제들을 해결하는 데 도움이 된다.
10. 야생개체군의 유전적 관리는 아직 초기 단계이며, 보통 장기간의 생존력을 유지하기에 부적절하거나 최적이 아니다
11. 보존유전학에서 가장 미진한 도전 분야는 근친교배약세와 유전적 다양성의 손실을 최소화하기 위해 단편화된 개체군을 관리하는 것이다. 고립된 단편 사이의 이동이나 이주를 위한 연결 통로의 실치가 멸종의 위협을 최소화하기 위해 필요하지만, 아주 적은 경우에서만 적용되고 있다. 잠재적인 이종교배약세에 대한 문제(종종 과장됨)가 개체군 단편화의 영향을 해결하기 위한 이동을 저지시킨다.
12. 사육 번식은 그들의 자연 서식지에서 생존할 수 없는 종들의 보존을 위한 수단을 제공한다. 취약종 사육 개체군들은 일반적으로 평균 친족관계를 최소화

함으로써 100년 동안 유전적 다양성의 90%를 유지할 수 있도록 관리되고 있다.

13. 근친교배약세와 유전적 다양성의 손실, 야생에서 치명적일 수 있는 사육에의 적응의 결과로 인한 사육 중 유전적 악화는 종을 야생에 성공적으로 재도입시킬 가능성을 떨어뜨린다.
14. 50 마리보다 훨씬 큰 N_e의 개체군 크기(N>500)가 근친교배약세를 피하기 위해서 필요하고, N_e=500−5000 (N=5000−50000)가 진화적 잠재력을 유지하기 위해 필요하다. 많은 야생 및 사육 개체군들은 너무 작아서 중기적으로 근친교배약세나 유전적 다양성의 손실을 피할 수 없다.
15. 개체군 유전체학은 선택적 일소와 배경 선택, 결합적 과대우성을 포함하는 다중유전자좌위의 영향을 찾을 수 있게 해 주는, 게놈 진화에 대한 중요한 통찰력을 우리에게 제공한다.
16. 침입종은 생물다양성에 심각하게 부정적인 영향을 준다. 유전적 요인은 침입종이 될 가능성과 지역 조건에 대한 그들의 적응성, 방제의 가능성 등에 영향을 준다. 침입종은 또한 토착종의 진화적 반응을 야기한다.
17. 분자 유전학적 분석은 불법적인 포획이나 교역의 법의학적 발견을 돕고 종 생태의 알려지지 않은 면에 대한 근본적인 정보를 제공함으로써 보존에 기여를 한다.
18. 유전적 요인은 단지 멸종 위협의 한 요소를 나타낸다. 야생개체군은 개체군 감소를 일으키는 결정적 요인(서식지 감소와 난개발, 종 도입, 오염)과 작은 개체군에서 점점 더 중요한 확률적 요인(인구통계학적 그리고 환경적 확률성, 재난, 유전적 확률성)으로 인한 위협에 직면하고 있다. 유전적 요인은 보통 다른 요인과 상호작용을 한다.
19. 모든 결정적 요인과 확률적 요인의 복합적인 영향은 개체군 생존력 분석(PVA)를 통해서 평가할 수 있는데, 보통 확률적 컴퓨터 투사를 이용한다. PVA는 또한 민감도 분석을 수행하거나 취약종을 복원하기 위한 다른 관리 방법을 평가하기 위해 이용된다.
20. 장기적으로 생존력이 있기 위해서, 일반적으로 야생 개체군은 수천 마리의 개체들로 구성되어야만 한다.

우리는 이 책이 당신에게 유용하고 많은 생각과 관심을 일으킬 것이며, 미래 보존 활동에 도움을 줄 것이라고 믿는다. 지구의 생물다양성은 빠른 속도로 잃어 가고 있으므로, 우리의 생명 지지 체계를 보전하기 위해서는 시급하게 움직여야 한다. 우리는 당신이 이러한 넓은 범위의 활동에 참여할 것을 당부한다.

Revision problems

R.1 IUCN categories. In what category would you place the Lord Howe Island woodhen? It has a relatively stable population of about 160 and is restricted to Lord Howe Island (about 25 km^2).

R.2 Allele frequencies. What are the Hardy–Weinberg expected genotype frequencies at a locus with three alleles A, B and C at frequencies of 0.2, 0.3 and 0.5?

AA	AB	BB	AC	BC	CC	Total

R.3 Linkage disequilibrium. Is the population with the following gametic frequencies in linkage equilibrium?

A_1B_1	A_1B_2	A_2B_1	A_2B_2
0.1	0.4	0.3	0.2

R.4 Heritability. What is the heritability of shell breadth in the snail Arianta arbustorum given the following data on 119 pairs of parents and their offspring (after Hartl & Clarke 2007)?

Number of families	Mean of parents (mm)	Offspring mean (mm)
22	16.25	17.73
31	18.75	19.15
48	21.25	20.73
11	23.75	22.84
4	26.25	23.75
3	28.75	25.42

(The covariance between mid-parent and offspring is 5.183, and the variances for offspring and mid-parents are 3.311 and 8.180.)

R.5 Mutation–selection equilibrium. What is the expected equilibrium frequency for the dominant D allele with a mutation rate of 4×10^{-6} and the following relative fitnesses?

DD	Dd	dd
0.7	0.7	1

R.6 Time taken to regenerate genetic diversity by mutation. How many generations would it take for a microsatellite allele that had been lost from euros on Barrow Island, Western Australia to regenerate its previous frequency of 0.2, given a mutation rate of 10^{-4} per gamete per generation?

R.7 Heterozygote advantage. What is the equilibrium frequency for the A allele, given the following survival values for the three genotypes (all genotypes have the same fertility)?

AA	Aa	aa
0.81	0.85	0.[illegible]

R.8 Loss of genetic diversity in small populations. How much of the original heterozygosity would have been retained over 150 years in an outbreeding population of Diprotodon(extinct, cow-sized marsupial) with an effective size of 30 and a generation length of 15 years?

R.9 Effective population size. What is the effective size of an insect population that fluctuates in size over three generations 100000, 20, and 1000?

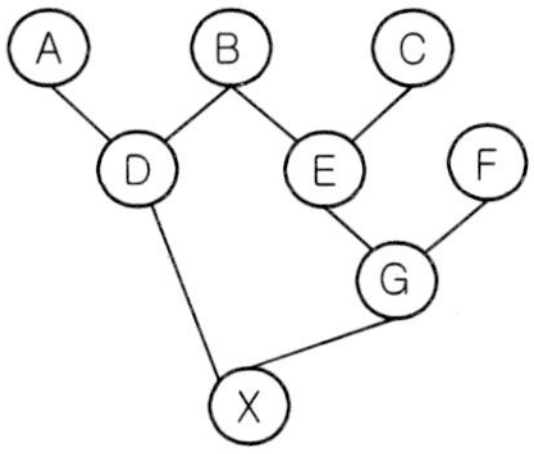

R.10 Inbreeding. What is the inbreeding coefficient for individual X in the pedigree in the margin?

R.11 Genetics of fragmented populations. What is F_{ST}?

R.12 Genetic distance. What is the genetic distance between two populations with the following allele frequencies?

	A_1	A_2	A_3
Woop Woop population	0.1	0.3	[illegible]
Outer Slobovia population	0	0	0

R.13 Taxonomic uncertainties. Would you classify the two populations in Problem R.12 as separate species? Why?

R.14 Genetic management. How do you go about genetically managing a clonally reproducing plant species?

R.15 Genetic management. How are captive populations of threatened species managed by minimizing mean kinship?

R.16 Genetic management. How large should a captive population be for the endangered okapi to maintain 90% of heterozygosity for 100 years, if the generation length is 7 years?

용어풀이

Adaptive evolution(적응진화) 개체군의 적응도를 그들의 환경에서 향상시키는 자연선택으로 인한 유전적 변화.

Additive(부가적 좌위) 이형접합자가 두 동형접합자간의 정확히 중간적인 어떤 평균 표현형을 가지는 좌위.

Additive variance(가산적 분산) 대립유전자의 평균적인 영향으로 인한 유전적 변이의 비율.

AFLP(에이에프엘피) 증폭단편길이다형성 기법(*amplified fragment length polymorphism*) 참조.

Allelic diversity(대립유전자 다양성) 한 개체군 내 유전적 다양성의 측정치로, 좌위 당 평균 대립유전자의 수.

Allelic dropout(대립유전자 탈락) 어떤 PCR 반응에서, 특히 상태가 좋지 않은 DNA를 주형으로 이용할 때, 마이크로세틀라이트 대립유전자의 증폭 실패.

Allelic richness(대립유전자 풍부도) 특정한 샘플 크기에 대한 표준화된 대립유전자의 다양성.

Allopatric(이소적) 분포가 중복되지 않는 개체군 또는 종.

Allopolyploid(이질배수체) 둘 또는 그 이상 종의 완전한 염색체 보체로부터 유래된 염색체 보체를 갖는 종. 예, 자가사배수체. 많은 식물종은 이러한 즉각적인 종분화를 경유해 진화해 왔다.

Allotetraploid(이질사배수체) 두 고유한 종의 조합으로부터 유래된 염색체 보체를 갖는 종.

Allozygote(이질접합자) 최근에 만들어진 동일한 대립유전자의 카피들이 아닌 두 대립유전자에 대해 동형접합성인 어떤 개체. 예를 들어, 조상이 동일하지 않다.

Allozymes(알로자임) 단일 좌위에서 다른 대립유전자로 인하여 전기영동에 의해 판별되는 단백질의 또 다른 형태.

Amino acids(아미노산) 단백질의 만드는 기본적 요소.

Amphidiploid(복이배수체) 마치 이배수인 것처럼 염색체의 분리를 보이는 이질배수체; 예를 들어, 밀은 42개의 염색체를 갖는 육배수체이지만 21개의 염색체를 갖는 접합자를 생산한다.

Amplified DNA(증폭 DNA) 복제된 DNA 단편들의 많은 카피.

Amplified fragment length polymorphism(증폭단편길이다형성 기법, AFLP) 어떤 제한효소를 이용하여 게놈 DNA를 절단하고 게놈에 걸쳐 유전적 변이를 추적하기 위한 방법, 이때 잘린 말단에 알려진 염기서열의 짧은 합성 어댑터 DNA 단편을 추가하고, 어댑터 염기서열과 일치하는 프라이머를 이용하여 PCR을 수행하고, 젤 상에서 증폭된 DNA를 러닝시킨다. 다중 좌위 DNA 핑거프린트가 생성된다.

Assignment test(할당 검정) 어떤 개체를 여러 개체군들 중 하나에 할당하는 것으로, 그 개체군에서 나타나는 개체의 유전자형의 가장 높은 상대적 확률에 기반을 둔다.

Associative overdominance(결합적 과대우성) 각각 그리고 연구된 좌위와 연관불평형에 있는 연관된 대립유전자로 인한 이형접합자 이익.

Autoradiography(자가방사법) 방사선으로 표지된 분자들의 판별하는 방법으로 사진 필름을 노출할 때 각각의 분자들의 영향을 이용한다.

Autotetraploid(동질사배수체) 동일한 종으로부터 얻어진 두 완전한 염색체 세트를 조합하여 유래된 종.

Autozygote(동질접합자) 최근 생긴 동일 대립유전자의 카피들인 두 대립유전자에 대해 동일접합성이고, 동일한 DNA 염기서열을 갖는 개체. 또한 동일한 혈통으로 언급되기도 한다.

Backcross(역교배) F_1 자손과 부모 유전형 중 하나와의 교배

Background selection(배경 선택) 인접한 좌위들에서 유전적 다양성을 감소시킬 수 있는 해로운 새 돌연변이의 제거 과정 중 나타나는 하나의 약한 선택의 형태.

Balancing selection(균형 선택) 어떤 개체군에서 유전적 변이를 유지하는 선택으로 이형접합자 이익(과대우성)과 희귀대립유전자 이익선택이고, 특히 공간과 시간에 따라 다양한 선택의 특수한 형태.

Base population(기본 개체군) 연구된 개체군(들)이 창시되어진 개체군.

Bayesian analysis(베이지안 분석) 다른(이전) 정보를 통합하는 분석 방법.

Binomial distribution(이항분포) 샘플 크기가 n에서 두(또는 그 이상) 독립적 사건의 발생 수를 나타내는 분포. 예를 들어, 동전을 50번 던져 나오는 앞면과 뒷면의 수.

Biodiversity(생물다양성) 생물학적 다양성; 생태계, 종, 종내 개체군 그리고 살아 있는 생물내 유전적 변이의 다양성.

Biological control(생물학적 조절) 침입자의 밀도를 감소시키기 위해 도입된 기생충, 포식자, 세균을 이용.

Biological species concept(생물학적 종개념) 번식적 격리에 의해 종을 정의하는 개념. 유전자 흐름이 종 내에서는 가능하지만, 종 간에서는 미약하거나 없다.

Bioresources(생물자원) 인간이 이용할 수 있는 살아 있는 세계에서 획득되는 산물들로 예를 들어, 식품, 섬유, 목재, 의약품이 있다.

Biparental inbreeding(양친성 근친교배) 자신(완전자매종, 반자매종, 사촌 등)보다 더 먼 친척들과의 교배로 인한 근친교배.

Bottleneck(병목현상) 개체군 크기에서의 갑작스러운 제한.

Catastrophe(재해) 어떤 개체군에 대해 파괴적인 충격을 주는 극심한 환경적 변동. 예를 들어, 싸이클론, 가뭄, 혹한, 전염병 등.

CBSG(씨비에스지) IUCN 종생존위원회의 보전 번식 전문가 그룹

cDNA(씨 DNA) 상보적 DNA으로 mRNA의 DNA 카피로부터 합성된다.

Chloroplast DNA(엽록체 DNA, cpDNA) 식물의 엽록체에서 발견되는 환형 DNA 분자. 대개 모계로부터 유전된다.

Cis(시스) 만약 두 DNA 변이가 동일한 DNA 분자(또는 염색체) 상에 있다면 시스, 만약 서로 다른 DNA 분자 상에 있다면 트랜스이다.

CITES (싸이티스) 멸종위기야생동식물의 국제무역에 관한 협약

Clade(분류군) 공통조상을 공유하는 더 큰 집단 간에서의 아집단 생물로 그 더 큰 집단에서 다른 생물들과는 공유되지 않는다.

Cline(연속변이) 위도에 따른 연속 변이 또는 고도에 따른 연속변이와 같이, 어떤 지역에 걸쳐 한 개체군의 유전적 조성에서의 변화

Clone(클론) 동일한 유전형을 갖는 개체들. 예를 들어, 단일 식물로부터 유래된 잘려나간 부분 또는 핵이식에 의해 단일 동물로부터 유래된 여러 개체의 동물들.

Coalesce(합류하다) 만약 두 DNA 염기서열의 계통이 한 공통조상에 수렴한다면, 그들을 합류한다고 말한다.

Coalescence(합류) DNA 염기서열 계통 합류의 연구.

Coalescent theory(합류이론) 혈연관계의 수학적, 통계학적 특성의 조사.

Coancestry(공조상) 두 개체들의 공조상은 두 대립유전자(각각의 개체로부터 하나씩)가 상속적 동일상태에 있을 확률. 유사어는 혈연관계(유전자 트리 참조).

Co-dominance(공우성) 어떤 좌위에서 이형접합자가 두 동형접합자로부터 구별될 수 있는 상태.

Coefficient of linkage disequilibrium(연관불평형 계수, D) 서로 다른 좌위들에서 대립유전자들의 비무작위적 결합의 측정치. 만약 접합자 형태와 빈도가 다음과 같다면:

A_1B_1	A_1B_2	A_2B_1	A_2B_2
r	s	t	u

$$D = ru - st$$

Common ancestor(공통조상) 어떤 특정 개체의 부모가 모두의 조상이 되는 한 개체.

Common garden experiment(공통정원실험) 환경적인 특징, 특히 정량적인 특징으로부터 유전적 차이를 구별하기 위해 동일 환경에서 서로 다른 유전자형의 비교.

Conspecific(동종의) 동일종에 속하는.

Convergent evolution(수렴진화) 유사한 환경적 조건에 있는 상이한 종에서의 유사한 표현형의 진화. 예를 들어, 어류 및 해양포유류와 파충류에서 해양조건에 대한 유사한 적응.

Corridor(이동통로) 개체군 단편들간 서식지의 연결통로.

cpDNA(씨피 DNA) 엽록체 DNA(chloroplast DNA) 참조

Critically endangered(심각한 멸종위기종) 단기간 내에 매우 높은 멸종확률을 가진 종. 예를 들어, 10년 내 또는 세대의 길이와 관계없이 3세대 내에 50%의 멸종확률.

Demographic stochasticity(인구통계학적 불확실성) 우연한 요인에 의해 출생률, 사망률, 성비에서의 변동으로 작은 개체군을 멸종으로 이끌 수 있다.

Demography(인구통계학) 변식, 생존, 이주와 같은 주요 비율이 어떻게 개체군 성장과 지속에 영향을 주는 지에 대한 연구.

Dioecious(자웅이주체) 특히 식물에서 독립된 성을 가지는.

Directional selection(방향적 선택) 어떤 개체군에서의 가장 최고(또는 최저)의 개체들이 다음 세대의 부모들로 선별되는 선택.

Disruptive selection(분열적 선택) 어떤 종의 범위 내에서 다양한 방향으로의 선택. 예를 들어, 오염된 지역들에서는 어두운색의 회색가지나방이 선호되지만 오염되지 않은 지역들에서는 밝은색의 나방이 선호된다.

DNA barcoding(DNA 바코딩) 분류학적 단위를 구별하고 새로운 종을 발견하는데 도움을 주고, 구별이 되지 않는 개체를 종으로 할당하기 위해 mtDNA의 COI 지역과 같은 짧은 DNA 염기서열이 이용.

DNA fingerprint(DNA 핑거프린트) 어떤 개체의 DNA 상의 미니세틀라이트를 탐지함으로 얻어지는 바코드. 또한 가변연쇄반복서열로 불리기도 한다(VNTR).

Dominance(우성) 어떤 자위에서 동형접합자의 평균으로부터 이형접합지 표형현의 편차.

Dominance variance(우성변수) 두 동형접합자의 평균적인 영향으로부터 이형접합자의 편차에 기인한 정량적인 유전적 변이의 부분.

Ecosystem services(생태계 서비스) 살아 있는 생물들에 의해 무료로 공급되는 필수 기능들로, 녹색식물로부터의 산소생성, 영양순환, 병충해구제 그리고 농작물 수분을 포함한다.

Ecotype(생태형) 서로 다른 생태적 조건(종종 토양과 기후)에 유전적으로 적응된 어떤 식물종 내의 개체군들.

Effectively neutral(효과적 중립성) 어떤 대립유전자에 대한 선택력이 매우 약한 상태로 마치 자연선택에 영향을 받지 않는 것처럼 행동한다. 선택 계수가 $1/(2N_e)$보다 작을

때 나타난다(N_e는 유효개체군 크기).

Effective number of alleles(대립유전자 유효수, n_e**)** 만약 동일한 빈도를 가진다면 관찰된 이형접합성을 나타내는 대립유전자의 수.

Effective population size(유효개체군 크기, N_e**)** 만약 개체들이 이상적인 개체군의 방법으로 행동한다면, 유전적 다양성, 근친교배 또는 유전자 부동의 동일한 소실을 나타내는 개체들의 수.

Electrophoresis(전기영동) 단백질 또는 DNA 조각의 순전위, 모양 그리고 크기에 따라 젤 상에서 그들을 분리하기 위한 방법.

Endangered(멸종위기에 처한) 단기간 내에 멸종확률이 높은 종 또는 개체군으로, 예를 들어 20년 또는 그 세대의 길이에 관계없이 10세대 내에 멸종확률이 20%.

Endemic(고유의) 단지 한 지역 또는 국가에서만 발견되는 개체군 또는 종.

Environmental stochasticity(환경적 불확실성) 폭우, 식량공급, 경쟁자, 겨울철 온도 등과 같은 어떤 종에 영향을 주는 환경조건에서의 자연적 변동의 영향으로 작은 개체군을 멸종에 이르게 할 수도 있다.

Epistasis(상위성) 표현형에 대한 영향에 있어 유전자 좌위간의 상호작용.

Epistatic variance(상위적 분산) 구성 좌위들의 평균적 영향으로부터 유전형적 영향의 편차에 기인한 정량적인 유전적 변이의 부분. 동의어는 상호작용 분산.

Equilibrium(평형) 어떤 개체군 또는 다른 존재가 시간에 걸쳐 그들의 현재 조건으로부터 어떤 변화의 경향도 가지지 않는 상태.

ESU(이에스유) 진화학적으로 의미있는 단위(*evolutionarily significant units*) 참조.

Evolution(진화) 어떤 개체군의 유전적 구성에서의 변화.

Evolutionary potential(진화적 잠재성) 어떤 개체군이 환경적 변화에 적응하여 진화할 수 있는 능력. 종종 단순하게 유전적 다양성과 동일시된다.

Evolutionarily significant units(진화학적으로 의미있는 단위, ESU**)** 부분적으로 유전적인 차이가 있는 개체군으로 독립된 단위로서의 관리가 올바르다.

Exon(엑손) 전사와 번역이 되는 기능적 좌위의 지역. 예를 들어, 어떤 단백질에서 아미노산을 지정하는 DNA 염기서열.

Expected heterozygosity(기대 이형접합성, He**)** 하디-와인버그 평형에 따라 주어진 대립유전자 빈도를 갖는 어떤 무작위적 번식 개체군에 대한 기대 이형접합성.

Ex situ(서식지외) 사육 상태에서 보전중인 어떤 멸종위기종의 일반적인 서식지와 떨어진.

Extinction(멸종) 어떤 개체군 또는 종의 영원한 소멸.

Extinction vortex(멸종 회오리) 인간의 영향, 근친교배 그리고 인구통계학적 변동 간 있을법한 역의 상호작용을 묘사한다.

***F*(에프)** Wright의 근친교배 계수. 어떤 개체에서 한 좌위 상의 두 대립유전자가 상속적으로 동일할 확률.

F_{IS}(에프 아이에스) 아개체군 내에서의 근친교배에 기인한 어떤 개체군내의 전체 근친교배의 비율.

F_{IT}(에프 아이티) 아개체군 내의 근친교배와 아개체군 간 차이 모두에 기인한 어떤 개체군의 전체 근친교배.

Fitness(적응도) 번식적응도로, 번식 연령까지 생존하는 어떤 개체에 의해 기여된 번식능력을 갖는 자손의 수.

Fixation(고정) 어떤 좌위에 대해 동일하게 동형접합성인 개체군의 모든 개체. 예를 들어, 모든 개체가 A_1A_1.

Forensics(법의학) 과학적인 수단들에 의해 불법적인 활동들의 판독을 포함하는 법으로의 과학의 적용.

Founder effect(창시자 효과) 어떤 작은 샘플의 개체들로부터의 기원에 의한 개체군의 유전적 구성에서의 변화.

Frequency dependent selection(빈도의존적 선택) 유전자형의 상대적응도가 그들의 빈도에 따라 다양한 자연선택의 한 형태.

F_{ST}(에프에스티) 아개체군 간 분화에 기인한 어떤 개체군에서의 전체 근친교배의 부분.

***F* statistics(에프 통계)** 어떤 개체군에서 전체 근친교배의 측정치(F_{IT})로, 아개체군 내 근친교배에 기인한 측정치(F_{IS})와 아개체군 간 분화에 기인한 측정치(F_{ST})로 분할된다.

Full-sib mating(완전자매 교배) 형제와 자매 간의 교배.

Gene diversity(유전자 다양성) 기대 이형접합성(expected heterozygosity) 참조.

Gene drop(유전자 드롭) 어떤 가계에서 멘델의 분리에 기인한 대립유전자 운명의 컴퓨터 시뮬레이션.

Gene flow(유전자 흐름) 개체군 간의 이주자들을 통한 대립유전자의 이동.

Gene genealogies(유전자 가계) 어떤 단일좌위의 서로 다른 카피들 간의 관계를 보여주는 트리 모식도(유전자 트리).

Gene trees(유전자 트리) 어떤 단일 좌위의 서로 다른 카피들 간의 관계를 보여 주는 트리 모식도(유전자 가계)로, 일반적으로 DNA 염기서열에 기반을 두어 고안된다.

Genetic distance(유전적 거리) 두 개체군 또는 종에서의 대립유전자 빈도 간의 유전적 차이의 측정. 예를 들어, Nei의 유전적 거리.

Genetic diversity(유전적 다양성) 어떤 개체군 또는 종에서 또는 한 종의 그룹 간에서의 유전적 다양성의 정도. 예를 들어, 이형접합성 또는 대립유전자 다양성 또는 유전율.

Genetic drift(유전자 부동) 유한 개체군에서의 무작위적 샘플링으로 인한 어떤 개체군의 유전적 조성에서의 변화. 또한 무작위 유전자 부동(random genetic drift)으로 불린다.

Genetic erosion(유전적 침식) 작은 개체군에서의 근친교배약세와 유전적 다양성의 소실.

Genetic load(유전적 부하) 어떤 개체군에서의 해로운 대립유전자의 양으로 몇몇은 돌연변이-선택 균형(돌연변이 부하), 다른 몇몇은 이형접합성 이익과 균형선택의 다른 형태에 기인한다(균형적 부하).

Genetic rescue(유전적 구제) 이전에 낮은 유전적 다양성과 근친교배를 겪은 어떤 개체군의 이종교배로 인해 번식적응도에서의 향상과 유전적 다양성에서의 증가.

Genetic stochasticity(유전적 불확실성) 어떤 개체군 또는 종을 멸종으로 이끌 수 있는 근친교배, 유전적 다양성의 소실 그리고 돌연변이 축적을 포함한 작은 개체군들의 유전적 결과.

Genome(게놈) 한 개체 또는 한 종에서의 전체 DNA 또는 모든 염색체.

Genome-enabled taxa(게놈활성분류군) 분류학적으로 DNA가 분석된 종이나 아종과 밀접하게 관련된 종이나 아종.

Genome resource bank(게놈자원은행) 종자, 저온보존생식체, 배아 또는 체세포 또는 DNA 샘플과 같은 여러 종에 대한 유전적 물질들을 포함하는 저장시설.

Genotype × environment interaction(유전형 × 환경 상호작용) 다른 환경에서의 다양한 유전자형의 상이한 기능.

Gynodioecious(자화이주성) 암꽃이 있는 몇몇 식물과 양성화가 있는 다른 꽃을 포함하고 있는 종.

Haplotype(반수체형) 어떤 염색체 지역에서 여러 서로 다른 좌위들에 대한 대립유전자의 조성, 예, $A_1B_3C_2$,

Haplotype diversity(반수체형 다양성) 반수체형 간의 유전적 다양성의 측정치.

Haplotype network(반수체형 네트워크) 일반적으로 DNA 염기서열을 기반으로 반수체형들의 관계를 보여 주기 위해 선으로 연결시킨 그림.

Hardy-Weinberg equilibrium(하디-와인버그 평형) 돌연변이, 이주, 선택 또는 우연으로부터 어떤 방해도 없는 무작위적으로 번식하는 개체군에서 나타나는 평형 유전자빈도. 만약 두 대립유전자 A_1과 A_2가 p와 q의 빈도를 갖는다면, A_1A_1, A_1,A_2 그리고 A_2A_2 유전자형에 대한 하디-와인버그 평형빈도는 각각 p^2, $2pq$ 그리고 q^2이다.

Harmonic mean(조화평균) 상호작용의 산술평균 = n / $\Sigma(1/X_i)$의 역수.

Heritability(유전율, h^2) 유전적 원인들에 기인한 어떤 정량적인 형질에 대한 변이의 비율.

Hermaphrodite(자웅동체) 단일 개체에 두 가지 성을 모두 갖는 동물 또는 식물. 식물에서는 자웅동체로 불린다.

Heterosis(잡종강세) 잡종강세(hybrid vigour). 잡종 유전자형의 우세한 능력으로 주로 부모의 유전자형 모두에 대해 우세를 나타낸다.

Heterozygote advantage(이형접합자 이익) 한 개체군의 어떤 좌위에 대하여 이형접합성 개체들의 비율.

Homoplasy(상사성) 알로자임 또는 마이크로세틀라이트 대립유전자에 대한 것처럼, 서로 다른 DNA 염기서열을 가진 매우 유사한 대립유전자.

Idealized population(이상적 개체군) 각 세대에서 자웅동체 개체번식의 동일수와 가족 크기에서 포이즌 변이를 갖는 개념적인 무작위번식개체군(평균 = 분산 = 2). 유효개체군 크기를 정의할 때 다른 개체군들이 같게 되는 하나의 표준으로 이용된다.

Identity by descent(상속적 동일상태) 한 공통조상에서 나타나는 어떤 대립유전자의 동일한 카피들인 대립유전자.

Inbreeding(근친교배) 상속에 의해 관련된 개체들의 번식으로부터 자손의 생산. 예를 들어, 자가번식, 형제 × 자매 또는 사촌들의 번식.

Inbreeding coefficient (근친교배 계수, F) 어떤 개체에서 한 좌위 내의 두 대립유전자가 상속적으로 동일할 확률. 근친교배의 정도를 측정하는 데 이용된다.

Inbreeding depression(근친교배약세) 근친교배로 인해 어떤 정량적인 특징에 대한 평균의 감소로 특히 번식과 생존에서 나타난다.

Indel(인델) 삽입 또는 결실 돌연변이로, 일반적으로 소수 염기서열 또는 한 전이성 인자의 삽입과 결실이 있다.

In situ conservation(서식지내 보전) 어떤 종 또는 개체를 원래의 야생 서식지에서 보전하는 것.

Interaction variance(상호작용 분산) 구성좌위들의 평균 영향으로부터 유전적 영향의 편차로 인한 정량적인 유전적 변이의 비율. 상이성 분산과 동의어.

Introgression(유전자 이입) 또다른 종 또는 아종으로부터 어떤 개체군으로 유전물질의 도입. 다양한 개과, 어류, 식물 등의 종들의 유전적 보존에 위협이 된다.

Intron(인트론) 전사되는 어떤 좌위의 지역 그러나 번역은 되지 않는다.

Invasive species(침입종) 새로운 범위로 유입된 종으로, 일반적으로 큰 지역들로 침입하고 많은 다른 종에 부정적 영향을 주면서 확립되거나 퍼진다.

Inversion(역위) 어떤 염색체 지역이 180도 뒤집어진 염색체의 이상으로 ABCDE로부터 ADCBE로 유전자 순서가 바뀐다.

Isozymes(아이소자임) 전기영동으로 판별되는 단백질의 대체적인 형태.

IUCN(아이유씨엔) 세계자연보전연맹. 그 약어는 원래 International Union for the Conservation of Nature를 나타낸다.

Kinship(혈연관계, k_{ij}) 두 개체들의 혈연관계는 두 대립유전자, 각 개체로부터 하나씩, 가 상속적으로 동일한 확률이다. 동의어는 공조상.

Landscape genetics(경관 유전학) 경관에 걸친 유전적 다양성과 유전자 흐름 양상의 연구.

Lethal(치사적인) 동형접합성일 때 사망을 일으키는 결과를 가져오는 어떤 열성 치사 대립유전자에서처럼 생존과 상반되는.

Lethal equivalents(치사등가, *B*) 서로 다른 개체군에서 근친교배약세의 정도를 비교할 수 있는 측정치. 만약 동형접합성이라면 사망을 유발하는 해로운 대립유전자의 집단. 예를 들어, 한 개의 치사 대립유전자, 사망을 유발할 확률이 각각 50%인 두 개의 대립유전자 등, 근친교배계수 *F*에 대한 ln(생존)의 연관 기울기로부터 예측된다.

Lineage sorting(계통 분리) 어떤 다형성 공통조상종(또는 개체군)으로부터 유래된 서로 다른 계통에서의 유전적 변이들의 무작위적인 소실.

Linkage disequilibrium(연관불평형) 서로 다른 좌위에서 무작위적이지 않은 대립유전자들의 결합.

Locus(좌위) 어떤 염색체상의 하나의 DNA 조각.

Major histocompatibility complex(주조직적합성복합체, MHC) 포유동물 면역체계와 질병과의 싸움에서 중요한 역할을 하는 거대한 좌위족.

Management unit(관리 단위) 독립된 유전적 관리를 필요로 할 만큼 충분히 상이한 어떤 종내의 개체군들.

Maternal effect(모계효과) 어떤 자손에서의 표현형에 대한 모계환경의 영향, 예를 들어, 부모로부터 영양공급의 자손의 무게에 대한 영향.

Maximum likelihood(최대우도) 관찰된 결과의 확률을 최대화시키는 어떤 지표의 측정치를 얻기 위해 이용되는 통계적 방법.

Mean kinship (평균혈연관계, mk_i) 어떤 개체군에서 한 개체와 모든 개체들과의 평균 혈연관계. 평균혈연관계의 최소화는 사육 상태의 멸종위기종을 유전적으로 관리하기 위해 권고되는 방법이다.

Meta-analysis(메타분석) 여러 서로 다른 연구들 또는 종들로부터의 통합된 정보를 이용하는 통계적인 분석.

Metapopulation(메타개체군) 지역적 멸종과 재확립을 겪는 동일종의 부분적으로 고립된 개체군들의 그룹.

MHC(엠에치씨) 주조직적합성복합체(major histocompatibility complex) 참조.

Microarray(마이크로어레이) 지노타이핑 또는 mRNA의 수준 측정에 적절한 많은 짧은 단일가닥 DNA 염기서열들이 배치된 슬라이드.

Microsatellite(마이크로세틀라이트) 10회 반복된 AC 염기서열과 같은 짧은 연쇄반복서열을 갖는 좌위. 이런 좌위들은 개체군에서 보통 다양한 수의 반복서열과 높은 이형접합성을 보인다

Migration(이주) 개체군 간의 유전자 흐름.

Minimum viable population size(최소생존개체군 크기, MVP) 장기적으로 생존가능한 개체군의 최소 크기로, 40세대 동안 99% 또는 100년 동안 90% 존속확률을 의미한다.

Minisatellite(미니세틀라이트) 일반적으로 반복수의 길이가 10에서 100bp인 DNA의 어떤 지역. 또한 가변연쇄반복서열(VNTR)로 알려져 있다. 이런 좌위들이 여러 개 이용될 때, 바코드처럼 보이는 하나의 DNA 핑거프린프를 얻을 수 있다.

miRNA(마이크로 RNA) 마이크로 RNA(microRNAs)는 많은 식물들과 동물들에서 발견되는 짧은 비암호화 RNA로 종종 전사 이후 유전자발현을 조절한다.

Mitochondrial DNA(미토콘드리아 DNA, mtDNA) 미토콘드리아 내에 포함된 환형 DNA 분자. 보통 모계유전이다.

Molecular clock(분자시계) 분자유전학적 발산의 정도가 시간과 관련되어 있다는 개

념. 생물학적 사건들을 업데이트시키는 데 이용된다.

Molecular operational taxonomic unit(분자활용분류단위, MOTU) 수순하게 분자적 수준에서의 상이성으로부터 정의되는 분류학적 단위. 예를 들어, DNA 바코딩에 의해 상이한 종이거나 아니면 그렇지 않을 수 있다.

Monomorphic(단형성의) 단 하나의 대립유전자만을 갖는 좌위로 일반적으로 가장 흔한 대립유전자는 99% 또는 95% 보다 높은 빈도를 가지고 있다. 다형성과 대조.

Monophyletic(단계통성의) 동일한 공통조상 종(또는 DNA 염기서열)으로부터 유래된 종(또는 DNA 염기서열)의 그룹. 반대어는 다계통성이다.

MOTU(엠오티유) 분자활용분류단위(Molecular operational taxonomic unit) 참조.

mtDNA(엠티 DNA) 미토콘드리아 DNA(mitochondrial DNA) 참조.

Mutation(돌연변이) 어떤 갑작스런 유전적 변화. 예를 들어, 부모들이 어떤 조건들을 가지고 있지 못하지만 그 조건들이 하나 또는 그 이상의 자손들에게는 나타나는 것.

Mutation load(돌연변이 부하) 어떤 개체군에 수반되는 해로운 돌연변이.

Mutational meltdown(돌연변이 용해) 작은 개체군들에서 새 온화한 해로운 돌연변의 유연한 고정으로 인한 번식률에서의 감소와 멸종을 향한 쇠퇴의 회오리.

Mutation-selection balance(돌연변이-선택 균형) 해로운 돌연변이의 출현과 그들을 제거하는 자연선택간의 평형으로 개체군들에서 낮은 빈도의 해로운 돌연변이를 갖게 한다.

MVP(엠브피) 최소생존가능 개체군(Minimum viable population) 참조.

Natural selection(자연선택) 자연적, 환경적 과정들에 기인한 사망 또는 변화된 번식.

ncRN(비암호화 RNA) 작은 조절 비암호화 RNA 분자.

Nei's genetic distance(Nei **유전적 거리**, D_N) Masatoshi Nei에 의해 고안된 것으로, 두 개체군 또는 종에서 대립유전자 빈도간의 유전적 상이성을 알기 위해 가장 광범위하게 이용되는 측정.

Nei's genetic similarity(Nei **유전적 유사성**, I_N) Nei에 의해 개발된 것으로, 두 개체군 또는 종에서 대립유전자 빈도간의 유전적 유사성을 알기 위해 가장 광범위하게 이용되는 측정.

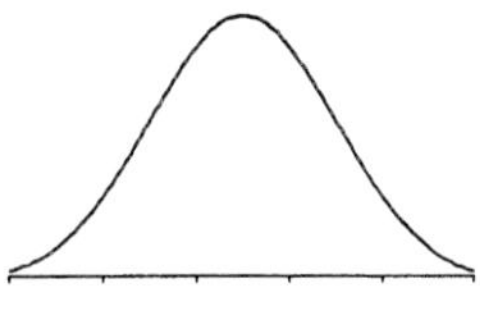

Neutral mutation(중립적 돌연변이) 존재하는 대립유전자에 대한 번식적응도의 영향에서 동등한 돌연변이.

Non-synonymous substitution(비동일성 치환) 단백질의 아미노산 조성에서 변화를 일으키는 좌위에서의 염기치환. 동일치환(Synonymous substitution) 비교.

Normal distribution(정기분포) 어떤 특징적인 평균과 분산을 갖는 대칭적인 종 모양의 분포. 95%의 값들이 평균의 표준편차 1.96 내에 존재한다. 많은 질적 형질들은 대략적으로 정기분포를 보여 준다.

Nucleotide diversity(뉴클레오티드 다양성, π) 뉴클레오티드 수준에서의 유전적 다양성의 측정. 무작위적 교배 개체군의 뉴클레오티드 수준에서의 이형접합성.

Null allele(위대립유전자) 어떤 기능적 산물 또는 PCR 증폭을 배제하는 프라이머 위치에서의 돌연변이를 생산하지 않는 대립유전자.

Outbred(이종교배된) 부모가 관련이 없는 개체.

Outbreeding(이종교배) 근친교배하지 않는. 대략적으로 무작위적 교배.

Outbreeding depression(이종교배약세) 두 개체군(또는 아종이나 종)의 교배로 인한 번식적응도에서의 감소.

Outcrossing(이계교배) 한 개체군의 밀접하게 관련이 없는 다른 개체군과의 교배.

Overdominance(과대우성) 이형접합자 이익; 이형접합자가 동형접합자보다 더 높은 적응도를 가지는 선택의 한 형태.

Panmictic(무작위교배) 무작위적 교배를 의미.

Partial dominance(부분우성) 이형접합자가 다른 동형접합자에 비해 한 동형접자와 더 가까운 표현형을 갖는 조건. 예를 들어, 대부분의 해로운 대립유전자에 대해 이형접합자가 거의 그러나 완전히 정상적이지는 않다.

PCR(피씨알) 중합효소연쇄반응(Polymerase chain reaction) 참조.

Pedigree(가계도) 개체들간의 관계와 자손들의 라인을 특수화시킨 차트.

Peripheral character(표면적 형질) 번식적응도에 대한 제한된 관계를 갖는 형질. 예를 들어, 초파리의 강모 수 또는 설치류의 꼬리 길이.

Phenotypic plasticity(표현형 유연성) 서로 다른 환경에 대한 경험으로 인한 동일 유전자형을 가진 개체들의 표현형에서의 변이. 예를 들어, 서로 다른 고도에 사는 사람의 헤모글로빈 수준.

PHVA(피에이치브이에이) 개체군 및 서식지 생존가능성 분석(Population and habitat viability assessment) 참조.

Phylogenetic tree(계통도) 종 또는 개체군 간의 관계의 밀접성을 나타내는 하나의 트리 도표.

Phylogeography(계통지리학) 특히 종내 가계혈통의 지리학적 분포에 대한 연구. 예를 들어, 반수체형이 지리학적 위치로 지도화되어진 DNA 염기서열 트리.

Poisson distribution(포이즌 분포) 평균과 분산이 같은 확률 분포로 0, 1, 2 등의 새로운 돌연변이를 갖는 개체들의 수 또는 0, 1, 2, 3 등의 가족의 수를 예측하는데 이용된다.

Polyandry(일처다부) 암컷이 여러 수컷의 자손을 생산하는 짝짓기 체계.

Polygamy(복혼) 다른 성을 갖는 둘 이상의 개체들과의 짝짓기.

Polygene(다유전자) 정량적 형질 좌위(Quantitative trait locus)로 보다 흔하게 불린다.

Polygyny(일부다처) 수컷이 여러 암컷과 짝짓기를 하는 체계. 예, 할렘(harems).

Polymerase chain reaction (중합효소연쇄반응, PCR) 특정한 DNA 단편의 복제 카피들을 만들(증폭할) 때 이용하는 방법. DNA는 가열되며 프라이머(관심단편에 이웃한 짧은 DNA 단편)가 추가되고, 내열성 Taq 중합효소를 이용하여 30–40회 동안 프라이머 사이에 있는 DNA가 카피된다.

Polymorphic(다형성 좌위) 대립유전자가 하나 보다 많은 좌위로, 일반적으로 가장 흔한 대립유전자는 99% 또는 95% 보다 낮은 빈도를 가지고 있다. 단형성(monomorphic)과 대조.

Polyphyletic(다계통 그룹) 하나 보다 많은 공통조상 종(또는 DNA 염기서열)으로부터 유래된 종(또는 DNA 염기서열)의 그룹. 반대어는 단계통성(monophyletic)이다.

Polyploid(다배수체) 각 염색체를 두 세트 이상 갖는 생물. 예를 들어 사배수체(4n).

Population and habitat viability assessment(개체군 및 서식지 생존능력 평가, PHVA) 서식지 변화의 영향을 포함한 개체군 생존가능성 분석을 달성하기 위한 CBSG에 의해 개발된 워크숍 방법.

Population genomics(개체군 유전체학) 게놈의 변이와 진화의 연구.

Population viability analysis(개체군 생존능력 분석, PVA) 어떤 개체군이 직면한 결정적, 불확실적 위협들 모두의 통합된 영향(멸종위기를 포함하는)으로 인한 그 개체군의 운명을 예측하는 방법. 일반적으로 개체군 크기, 출생률과 사망률의 평균과 표준편차, 더불어 재해들의 위기와 세기와 근친교배약세의 수준 등이 한 소프트웨어로 입력되고 불확실적 컴퓨터 시뮬레이션을 이용하여 여러 세대 동안 많은 반복수가 나오게 된다. 보전생물학에서 관리와 연구 도구로 활용되고 있다.

Primer(프라이머) 한 가닥의 DNA와 결합하고 자유로운 말단을 제공하는 짧은 뉴클레오티드 염기서열로, DNA 중합효소가 상보적인 DNA 단편의 합성을 시작한다.

Probe(프로브) 다른 DNA에서의 유사한 염기서열을 구별할 수 있는 상보적 염기 결합을 통하여 다른 DNA와 결합시키기 위해 이용되는 알려진 좌위로부터의 DNA.

Pseudogene(위유전자) 어떤 좌위의 비기능성 카피.

Purging(정화) 자연선택에 의한 개체군들로부터 해로운 대립유전자의 제거로, 특히 근친교배가 일어나는 개체군들과 관련이 있다.

Purifying selection(정화선택) 해로운 대립유전자들을 제거하고 최근 억제된 기능성 DNA 염기서열을 유지하는 선택.

PVA(피브이에이) 개체군 생존능력 분석(population viability analysis) 참조.

QTL(큐티알) 양적 형질좌위(quantitative trait locus) 참조.

Quantitative character(양적 형질) 일반적으로 유전적, 환경적 변이에 의해 영향을 받는 연속적인 분포를 갖는 형질. 예를 들어, 키, 무게, 번식률 그리고 생존율.

Quantitative genetic variation(양적 유전변이) 크기, 번식률, 행동 또는 화학적 조성과 같은 질적 형질에 영향을 주는 유전적 변이. 많은 좌위들에서의 축적된 영향에 기인하는 것으로 추측된다. 또는 다유전자성 변이(polygenic variation)로 불린다.

Quantitative trait locus(양적 형질좌위, QTL) 질적 형질에 영향을 주는 좌위. 또한 다유전자로 불린다.

Random genetic drift(무작위 유전자 부동) 유한적 개체군에서 무작위적 샘플링으로 인한 개체군의 유전적 조성에서의 변화.

Randomly amplified polymorphic DNA(무작위증폭 DNA **다형성 기법**, RAPD) DNA의 무작위적 조각을 증폭하기 위해 무작위적 프라이머(보통 10개 또는 그 이상의 염기)를 이용하여 PCR 증폭 이후 판독되는 유전적 다양성을 분석하는 기법. 다좌위 DNA 핑거프린트의 결과를 얻을 수 있고, 바코드와 유사하다.

Random mating(무작위적 교배) 유전자형 형성의 확률이 개체군에서의 대립유전자 빈도에 의해 결정되는 교배의 양성.

RAPD(알에이피디) 무작위증폭 DNA 다형성 기법(randomly amplified polymorphic DNA) 참조.

Rare advantage selection(희귀대립유전자 이익 선택) 대립유전가 희귀할 때에는 선호되지만 흔할 때에는 선택되지 않는 균형선택의 한 형태. 예를 들어, 자기비적합성 대립유전자에 작용. 빈도 의존 선택의 한 형태.

Reintroduction(재도입) 사육개체군의 개체들을 이용하여 어떤 종이나 개체군을 그들의 이전 분포 범위로 되돌려 보내는 것.

Relative fitness(상대적응도) 일반적으로 동일한 좌위에서 한 유전자형을 또 다른 유전자형과 비교한 적응도. 예를 들어, 만약 와파린 저항성을 부여하는 어떤 좌위에서의 RR, RS, SS 유전자형의 적응도가 각각 30%, 80%, 54%라면, 그들의 상대적응도는 각각 30/80 = 0.375, 80/80 = 1, 54/80 = 0.68이다.

Reproductive fitness(번식적응도) 어떤 개체에 의해 기여되는 번식연령까지 생존하는 번식 가능한 자손들의 수. 종종 적응도(fitness)라고 한다.

Restriction enzyme(제한효소) 다양한 길이(예, 4, 6 또는 8개 염기)의 특이한 DNA 인식 염기서열에 의해 구별되는 지점에서 DNA를 절단하는 효소.

Restriction fragment length polymorphism(제한효소단편길이다형성 기법, RFLP) 제한효소를 이용하여 DNA를 절단하여 판독되는 유전자 다양성을 분석하는 기법.

RFLP(알에이프엘피) 제한효소단편길이다형성 기법(restriction fragment length polymorphism) 참조.

RNAi(간섭 RNA) 바이러스 감염과 전이유전자에 대한 방어에 포함된 작은 간섭 RNA 분자.

Selection coefficient(선택계수, s) 어떤 좌위에서 한 유전자형과 가장 높은 적응도를 갖는 유전자형간의 상대적응도에서의 차이. 예를 들어, 만약 세 가지 유전자형 A_1A_1, A_1A_2 그리고 A_2A_2가 1, 1 그리고 0.9의 상대적응도를 가지고 있다면, A_2A_2 유전자형에 대한 선택계수 *s*는 1 − 0.9 = 0.1이다.

Selection differential(선택차이, *S*) 어떤 정량적인 형질에 대한 선택 강도의 측정치 − 선택된 부모 간의 평균과 그들이 유도된 전체 개체군의 평균에서의 차이.

Selectively neutral(선택적 중립성) 작은 개체군에서 우연적인 샘플링에 의해 운명이 결정되는 어떤 대립유진자로, 이 대립유전사에 대한 선택력은 우연의 영향에 관련되어 약하고 $s < 1/(2N_e)$로 정의된다.

Selective sweep(선택적 일소) 단일 대립유전자를 고정으로 이끄는 자연선택의 행동으로 동시에 주변 DNA에 대한 유전적 다양성을 감소시킨다(종종 선택 자체에 대해 중립적).

Self-incompatibility(자기부적합성) 시도된 자가수정 이후 자손을 생산할 수 없는 개체(대개 식물)의 무능력. 많은 식물종은 자기부적합성을 조절하는 좌위를 가지고 있다.

Selfing(자가수정) 자가수정(self−fertilizing) 참조.

Self-sterility(자가불임성) 자기부적합성(self−incompatibility)를 참조.

Sensitivity analysis(민감도 분석) 어떻게 특정한 일대기적 변수, 서식지 질, 포식 작용 등에서의 변화들이 한 종의 개체군 성장 또는 멸종위협에 영향을 주는 지를 평가하는 분석적이고 시뮬레이션 기반의 도구 세트.

Sex-linked(성연관 좌위) 성 염색체(포유류에서 X, 조류와 인시류에서 Z) 상에서 발견되는 좌위로, 두 가지 성의 부모로부터 서로 다른 성의 자손들로의 동일하지 않은 전달이 있다.

Sibling species(자매종) 형태적으로 유사한 둘 또는 그 이상의 더 밀접하게 관련된 종.

Silent substitution(침묵치환) 폴리펩타이드 사슬의 아미노산 조성률을 바꾸지 않는 DNA 염기치환.

Single large or several small(단일 대개체군 또는 다수 소개체군, SLOSS) 특히 그들의 멸종 민감성의 측면에서 단일 대개체군 대 동일한 전체 수 중의 다수 소개체군들의 결과를 비교하는 개념.

Single nucleotide polymorphism(단일뉴클레오티드 다형성, SNP) 둘 또는 그 이상의 대체적 염기들이 감지할 수 있는 빈도(> 1%)로 발생하는 어떤 종의 DNA에서의 위치.

siRNA(소간섭 RNA) RNA 간섭과 다른 조절기능에 포함되는 작은 간섭 이중 RNA 분자.

SLOSS(슬로스) 단일 대개체군 또는 다수 소개체군(single large or several small) 참조.

SNP(스닙) 단일뉴클레오티드 다형성(single nucleotide polymorphism) 참조.

Source-sink(소스-싱크) 소스인 한 개체군은 영속적이고 하나 또는 그 이상의 일시적 싱크 개체군들이 다시 시작할 수 있도록 개체들을 공급한다.

Southern blot(써던블랏) 블랏팅에 의해 젤로부터 어떤 막으로 DNA를 이동되어 액체가 젤로부터 그 막을 통하여 흡수된다. 이때 동시에 젤로부터 그 막으로 DNA가 이동된다.

Spatial autocorrelation(공간적 자기상관) 공간적으로 서로 근접한 개체들이 더 멀리 떨어져 있는 개체들보다 유사한지를 검정하는 통계적인 방법.

Speciation(종분화) 개체군들이 발산하고 번식적으로 고립되어가는 과정으로 이들은 서로 다른 종으로 반전하게 된다.

Species(종) Mayr는 종을 '실재 또는 잠정적으로 다른 집단으로부터 번식적으로 격리된 상호교배가능한 자연적 개체군'으로 생물학적 종 개념에 근거하여 정의하였다.

Stabilizing selection(안정화선택) 표현형의 극단값 보다는 표현형의 중간값을 선호하는 선택.

Stable equilibrium(안정평형) 개체군이 그 빈도가 어떤 방향으로 교란되건 원래 상태로 되돌아가는 대립유전자 빈도.

Statistical power(통계적 해상력) 거짓 귀무가설을 기각할 수 있는 능력.

Stochastic(확률적인) 우연적 요소를 갖는. 어떤 확률분표에 의해 나타난 다양한 결과들을 가지는. 예를 들어 환경적, 인구통계학적 불확실성과 유전자 부동.

Studbook(혈통서) 어떤 개체군에서 조상과 살아있는 개체들의 가계 기록.

Sub-species(아종) 부분적으로 유전적인 차이를 갖는 개체군들로 종내의 분류학적 단위.

Supportive breeding(보완 번식) 사육개체군의 개체들을 이용한 야생개체군의 정규적인 증식.

Sympatric(동소적) 동일하거나 중첩되는 분포들을 공유하는 개체군들.

Synonymous substitution(동일치환) 어떤 좌위에 의해 특수화된 단백질의 아미노산 구성에 변화를 일으키지 않는 염기치환.

Tandem repeats(반복서열) 마이크로세틀라이트 또는 미니세틀라이트 반복서열과 같이 한 개의 서열이 다른 한 개의 서열 다음에 연속적으로 놓인 동일 염기서열의 다중 카피들.

Taxa(분류군) 분류학적 단위에 속한 여러 개체군들. 예를 들어, 여러 종 또는 여러 아종 등. 단수 taxon.

Telomere(말단체) 진핵성 염색체를 안정시키는 말단의 짧은 DNA 반복서열.

Tetraploid(사배수체) 각 염색체를 4개씩 가지고 있는 종.

Threatened(위협에 처한) 상대적으로 단기적인 틀 내에 유한한 멸종위기를 갖는 개체군 또는 종으로 100년 내에 멸종위기가 10%보다 크다. IUCN 체계 하에서 심각한 멸종위기, 멸종위기 그리고 민감의 카테고리의 모두 포함하는 것이다.

Transcriptome(전사체) 게놈으로부터 전사본들의 일련의 정렬.

Transgene(전이유전자) 한 종 또는 한 개체로부터 다른 종 또는 개체로 유전공학적으로 만들어진 좌위.

Transient polymorphism(일시적 다형성) 빈도에서 선호되는 돌연변이가 최종적 고정과 한 개체군에서 중립적인 대립유전자 부동을 향해 일어날 때와 같이, 어떤 좌위가 다형성인 일시적 상태.

Translocation(이주) 인간 활동의 결과로써 어떤 개체의 한 야생의 지역에서 다른 지역으로의 이동.

Transposons(전이체) 박테리아에서부터 포유류까지 여러 종에서 발견되는 이동가능한 유전적 요소들.

Trans-species polymorphism(종 간 동일 다형성) 어떤 좌위에서 유사한 다형성 대립유전자를 공유하는 관련 있는 종에서 나타나는 오랜 과거의 다형성.

UTR(비전사지역) 3′UTR에서와 같은 게놈의 비전사 지역.

Variance(분산) 정량적인 측정들 간의 산포도 중 가장 흔하게 이용되는 측정치.

VNTR(브이엔티알) 가변연쇄반복서열. DNA 핑거프린트(DNA fingerprint) 참조

Vulnerable(민감한) 보통의 기간 내에 확실한 멸종위기를 갖는 종 또는 개체군으로 예를 들어, 100년 내에 10%의 확률.

Wahlund effect(왈런드 효과) 부분적으로 고립된 아개체군으로 분리된 어떤 개체군에서 하디-와인버그 기대치와 비교하여 이형접합성에서의 감소가 일어나는 효과.

참고문헌

(For a given author, single author papers are first, followed by papers with two authors, and finally papers with three or more authors in year order.)

Abdelkrim J, Pascal M, Samadi S (2007) Establishing causes of eradication failure based on genetics: case-study of ship rat eradication in Ste. Anne Archipeligo. *Conserv. Biol.* **21**, 719–730.

Abplanalp H (1990) Inbreeding. In: *Poultry Breeding and Genetics* (ed. Crawford RD), pp. 955–984. Amsterdam: Elsevier.

Abzhanov A, Kuo WP, Hartmann C, *et al.* (2006) The calmodulin pathway and evolution of elongated beak morphology in Darwin's finches. *Nature* **442**, 563–567.

Acevedo-Whitehouse K, Spraker TR, Lyons E, *et al.* (2006) Contrasting effects of heterozygosity on survival and hookworm resistance in California sea lion pups. *Mol. Ecol.* **15**, 1973–1982.

Aguilar A, Roemer G, Debenham S, *et al.* (2004) High MHC diversity maintained by balancing selection in an otherwise genetically monomorphic animal. *Proc. Natl. Acad. Sci. USA* **101**, 3490–3494.

Akcakaya HR, Sjogren-Gulve P (2000) Population viability analyses in conservation planning: an overview. *Ecol. Bull.* **48**, 23–38.

Aldhous P (2007) Danger, exotic pets on the loose. *New Sci.* **195**(2615), 8–9.

Allard RW (1960) *Principles of Plant Breeding.* New York: John Wiley & Sons.

Allendorf FW, Luikart G (2006) *Conservation and the Genetics of Populations.* Malden, MA: Blackwell.

Allendorf FW, Lundquist LL (2003) Introduction: population biology, evolution and control of invasive species. *Conserv. Biol.* **17**, 24–30.

Allendorf FW, Harris RB, Metzgar LH (1991) Estimation of effective population size of grizzly bears by computer simulation. *Proc. 4th Int. Congr. Syst. Evol. Biol.* pp. 650–654.

Allison AC (1961) Abnormal hemoglobin and erythrocyte enzyme-deficiency traits. In: *Genetical Variation in Human Populations* (ed. Harrison GA), pp. 16–40. New York: Pergamon Press.

Allison AC (2004) Two lessons from the interface of genetics and medicine *Genetics* **166**, 1591–1599.

Alter SE, Rynes E, Palumbi SR (2007) DNA evidence for historic population size and past ecosystem impacts of gray whales. *Proc. Natl. Acad. Sci. USA* **104**, 15 162–15 167.

Amos B, Schlotter C, Tautz D (1993) Social structure of pilot whales revealed by analytical DNA profiling. *Science* **260**, 670–672.

Anderson EC, Thompson EA (2002) A model-based method for identifying species hybrids using multilocus genetic data. *Genetics* **160**, 1217–1229.

Andolfatto P (2005) Adaptive evolution of non-coding DNA in *Drosophila*. *Nature* **437**, 1149–1152.

Anonymous (2003) Wolves under threat as rabies outbreak bites. *Nature* **425**, 892.

Anonymous (2006) AZA & CBSG: training keepers to help amphibians. *CBSG News* **17**(2), 7.

Anonymous (2007) The junk we can't seem to live without (significance of non-coding DNA in human genomes). *New Sci.* **195**(2612), 3.

Arabidopsis Genome Initiative (2000) Analysis of the genome sequence of the flowering plant *Arabidopsis thaliana*. *Nature* **408**, 796–815.
Araki H, Cooper B, Blouin MS (2007) Genetic effects of captive breeding cause a rapid, cumulative fitness decline in the wild. *Science* **318**, 100–103.
Ardern SL, Lambert DM (1997) Is the black robin in genetic peril? *Mol. Ecol.* **6**, 21–28.
Ardlie KG, Kruglyak L, Seielstad M (2002) Patterns of linkage disequilibrium in the human genome. *Nature Rev. Genet.* **3**, 299–309.
Armbruster P, Reed DH (2005) Inbreeding depression in benign and stressful environments. *Heredity* **95**, 235–242.
Arnold ML (1997) *Natural Hybridization and Evolution*. New York: Oxford Univ. Press.
Arnquist G, Wooster D (1995) Meta-analysis: synthesizing research findings in ecology and evolution. *Trends Ecol. Evol.* **10**, 236–240.
Ashman T-L, Majetic CJ (2006) Genetic constraints on floral evolution: a review and evaluation of patterns. *Heredity* **96**, 343–352.
Ashworth D, Parkin DT (1992) Captive breeding: can genetic fingerprinting help? In: *Biotechnology and the Conservation of Genetic Diversity* (eds. Moore HDM, Holt WV, Mace GM), pp. 135–149. Oxford, UK: Clarendon Press.
Asthana S, Schmidt S, Sunyaev S (2005) A limited role for balancing selection. *Trends Genet.* **21**, 30–32.
Avise JC (1996) Toward a regional conservation genetics perspective: phylogeography of faunas in the southeastern United States. In: *Conservation Genetics: Case Histories from Nature* (eds. Avise JC, Hamrick JL), pp. 431–470. New York: Chapman & Hall.
Avise JC (2000) *Phylogeography: The History and Formation of Species*. Cambridge, MA: Harvard Univ. Press.
Avise JC (2004) *Molecular Markers, Natural History, and Evolution*, 2nd edn. Sunderland, MA: Sinauer.
Avise JC, Ball RMJ (1990) Principles of genealogical concordance in species concepts and biological taxonomy. *Oxford Surv. Evol. Biol.* **7**, 45–67.
Avise JC, Hamrick J (eds.) (1996) *Conservation Genetics: Case Histories from Nature*. New York: Chapman & Hall.
Avise JC, Johns GC (1999) Proposal for a standardized temporal scheme of biological classification for extant species. *Proc. Natl. Acad. Sci. USA.* **96**, 7358–7363.
Avise JC, Nelson WS (1989) Molecular genetic relationships of the extinct dusky seaside sparrow. *Science* **243**, 646–648.
AZA (2007) World Association of Zoos and Aquariums. www.aza.org
Baker CS, Palumbi SR (1996) Population structure, molecular systematics, and forensic identification of whales and dolphins. In: *Conservation Genetics: Case Histories from Nature* (eds. Avise JC, Hamrick JL), pp. 10–49. New York: Chapman & Hall.
Baker CS, Cooke JG, Lavery S, *et al.* (2007) Estimating the number of whales entering trade using DNA profiling and capture–recapture analysis of market products. *Mol. Ecol.* **16**, 2617–2626.
Balanyá J, Oller JM, Huey RB, *et al.* (2006) Global genetic change tracks global climate warming in *Drosophila subobscura*. *Science* **313**, 1773–1775.
Balding DJ, Bishop M, Cannings C (2001) *Handbook of Statistical Genetics*. New York: John Wiley & Sons.
Ball SJ, Lindenmayer DB, Possingham HP (2003) The predictive accuracy of population viability analysis: a test using data from two small mammal species in a fragmented landscape. *Biodiv. Conserv.* **12**, 2393–2413.

Ballou JD (1989) Inbreeding and outbreeding depression in the captive propagation of black-footed ferrets. In: *Conservation Biology of the Black-Footed Ferret* (eds. Seal US, Thorne ET, Bogan MA, Anderson SH), pp. 49–68. New Haven, CT: Yale Univ. Press.

Ballou JD (1995) Genetic management, inbreeding depression and outbreeding depression in captive populations. PhD thesis, Univ. Maryland, College Park, MD.

Ballou JD (1997) Effects of ancestral inbreeding on genetic load in mammalian populations. *J. Hered.* **88**, 169–178.

Ballou JD, Foose TJ (1996) Demographic and genetic management of captive populations. In: *Wild Animals in Captivity: Principles and Techniques* (eds. Kleiman DG, Allen ME, Thompson KV, Lumpkin S), pp. 263–283. Chicago, IL: Univ. Chicago Press.

Ballou J, Lacy RC (1995) Identifying genetically important individuals for management of genetic diversity in pedigreed populations. In: *Population Management for Survival and Recovery: Analytical Methods and Strategies in Small Population Conservation* (eds. Ballou J, Gilpin M, Foose T), pp. 76–111. New York: Columbia Univ. Press.

Ballou JD, Oakleaf R (1989) Demographic and genetic captive-breeding recommendations for black-footed ferrets. In: *Conservation Biology and the Black-Footed Ferret* (eds. Seal US, Thorne ET, Bogan MA, Anderson SH), pp. 247–267. New Haven, CT: Yale Univ. Press.

Ballou JD, Ralls K (1982) Inbreeding and juvenile mortality in small populations of ungulates: a detailed analysis. *Biol. Conserv.* **24**, 239–272.

Ballou JD, Seidensticker J (1987) The genetic and demographic characteristics of the 1983 captive population of Sumatran tigers (*Panthera tigris sumatrae*). In: *Tigers of the World: The Biology, Biopolitics, Management, and Conservation of an Endangered Species* (eds. Tilson RL, Seal US), pp. 329–347. Park Ridge, NJ: Noyes Publications.

Ballou JD, Gilpin M, Foose TJ (1995) *Population Management for Survival and Recovery: Analytical Methods and Strategies in Small Population Conservation*. New York: Columbia Univ. Press.

Ballou JD, Lacy RC, Kleiman D, *et al.* (1998) *Leontopithecus II: The Second Population and Habitat Viability Assessment for Lion Tamarins* (Leontopithecus): Final Report. Apple Valley, MN: Conservation Breeding Specialist Group (SSC/IUCN).

Ballou JD, Earnhardt J, Thompson S (2001) *MATERX. Genetic Management Software*. Washington, DC: National Zoological Park.

Ballou JD, Lees C, Faust LJ, *et al.* (2009) Demographic and genetic management of captive populations. In: *Wild Mammals in Captivity*, 2nd edn (eds. Kleiman DG, Thompson KV, Kirk-Bauer C), in press. Chicago, IL: Univ. Chicago Press.

Balloux F (2001) EASYPOP (version 1.7): a computer program for population genetics simulations. *J. Hered.* **92**, 301–302.

Balloux F, Goudet J (2002) Statistical properties of population differentiation estimators under stepwise mutation in a finite island model. *Mol. Ecol.* **11**, 771–783.

Balloux F, Amos W, Coulson T (2004) Does heterozygosity estimate inbreeding in real populations? *Mol. Ecol.* **13**, 3021–3031.

Balmford A, Bruner A, Cooper P, *et al.* (2002) Economic reasons for conserving wild nature. *Science* **297**, 950–953.

Bandelt H-J (2008) Time dependency of molecular rate estimates: tempest in a tea cup. *Heredity* **100**, 1–2.

Bangert RK, Turek RJ, Martinsen GD, *et al.* (2005) Benefits of conservation of plant genetic diversity to arthropod diversity. *Conserv. Biol.* **19**, 379–390.

Banks SC, Hoyle SD, Horsup A, *et al.* (2003) Demographic monitoring of an entire species (the northern hairy-nosed wombat, *Lasiorhinus krefftii*) by genetic analysis of non-invasively collected material. *Conserv. Genet.* **6**, 101–107.

Banks SC, Finlayson GR, Lawson SJ, *et al.* (2005a) The effect of habitat fragmentation due to forestry plantation establishment on the demography and genetic variation of a marsupial carnivore, *Antechinus agilis*. *Biol. Conserv.* **122**, 581–597.

Banks SC, Lindenmayer DB, Ward SJ, *et al.* (2005b) The effects of habitat fragmentation via forestry plantation establishment on spatial genotypic structure in the small marsupial carnivore, *Antechinus agilis*. *Mol. Ecol.* **14**, 1667–1680.

Barber HN (1955) Adaptive gene substitution in Tasmanian eucalypts. I. *Evolution* **9**, 1–14.

Barber HN, Jackson WD (1957) Natural selection in action in *Eucalyptus*. *Nature* **179**, 1267–1269.

Barber P, Boyce SL (2006) Estimating diversity of Indo-Pacific coral reef stromatopod larvae. *Proc. R. Soc. Lond. B* **273**, 2053–2061.

Barnes I, Matheus P, Shapiro B, *et al.* (2002) Dynamics of Pleistocene population extinctions in Beringian brown bears. *Science* **295**, 2267–2270.

Barr CM, Neiman M, Taylor DR (2005) Inheritance and recombination of mitochondrial genomes in plants, fungi and animals. *New Phytol.* **168**, 39–50.

Barrett RDH, Hebert PDN (2005) Identifying spiders through DNA barcodes. *Can. J. Zool.* **83**, 481–491.

Barrett SCH (2002) The evolution of plant sexual diversity. *Nature Rev. Genet.* **3**, 274–284.

Barrett SCH, Kohn JR (1991) Genetic and evolutionary consequences of small population size in plants: implications for conservation. In: *Genetics and Conservation of Rare Plants* (eds. Falk DA, Holsinger KE), pp. 3–61. New York: Oxford Univ. Press.

Barrett SCH, Colautti RI, Eckert CG (2008) Plant reproductive systems and evolution during biological invasion. *Mol. Ecol.* **17**, 373–383.

Bartley D, Bagley M, Gall G, Bentley B (1992) Use of linkage disequilibrium data to estimate effective size of hatchery and natural fish populations. *Conserv. Biol.* **6**, 365–375.

Bataillon T (2003) Shaking the 'deleterious mutations' dogman? *Trends Ecol. Evol.* **18**, 315–317.

Bazin E, Glémin S, Galtier N (2006) Population size does not influence mitochondrial genetic diversity in animals. *Science* **312**, 570–572.

Beadell JS, Ishtiaq F, Covas R, *et al.* (2006) Global phyleographic limits of Hawaii's avian malaria. *Proc. R. Soc. Lond. B* **273**, 2935–2944.

Beattie AJ, Ehrlich PR (2004) *Wild Solutions: How Biodiversity is Money in the Bank*, 2nd edn. New Haven, CT: Yale Univ. Press.

Beck BB, Rapaport LG, Stanley Price MR, *et al.* (1994) Reintroduction of captive-born animals. In: *Creative Conservation: Interactive Management of Wild and Captive Animals* (eds. Olney PJS, Mace GM, Feistner ATC), pp. 265–286. London: Chapman & Hall.

Becker WA (1984) *Manual of Quantitative Genetics*, 4th edn. Pullman, WA: Academic Enterprises.

Beebee T, Rowe G (2007) *An Introduction to Molecular Ecology*, 2nd edn. Oxford, UK: Oxford Univ. Press.

Beerli P (2006) Comparison of Bayesian and maximum-likelihood inference of population genetic parameters. *Bioinformatics* **22**, 341–345.

Beheregaray LB, Sunnucks P, Alpers DL, *et al*. (2000) A set of microsatellite loci for the hairy-nosed wombats (*Lasiorhinus krefftii* and *L. latifrons*). *Conserv. Genet.* **1**, 89–92.

Beheregaray LB, Ciofi C, Caccone A, *et al*. (2002) Genetic divergence, phylogeography and conservation units of giant tortoises from Santa Cruz and Pinzón, Galápagos Islands. *Conserv. Genet.* **4**, 31–36.

Beheregaray LB, Ciofi C, Geist D, *et al*. (2003) Genes record a prehistoric volcano eruption in the Galápagos. *Science* **302**, 75.

Behura SK (2006) Molecular marker systems in insects: current trends and future avenues. *Mol. Ecol.* **15**, 3087–3113.

Beiesmeijer JC, Roberts SPM, Reemer M, *et al*. (2006) Parallel declines in pollinators and insect-pollinated plants in Britain and the Netherlands. *Science* **313**, 351–354.

Beilharz RG (1982) The effect of inbreeding on reproduction in mice. *Anim. Prod.* **34**, 49–54.

Beissinger SR, McCullough DR (2002) *Population Viability Analysis*. Chicago, IL: Univ. Chicago Press.

Bellemain E, Swenson JE, Tallmon DA, *et al*. (2005) Estimating population size of elusive animals with DNA from hunter-collected feces: four methods for brown bears. *Conserv. Biol.* **19**, 150–161.

Bellis MA, Hughes K, Hughes S, *et al*. (2005) Measuring paternal discrepancy and its public health consequences. *J. Epidem. Commun. Health* **59**, 749–754.

Belovsky GE (1987) Extinction models and mammalian persistence. In: *Viable Populations for Conservation* (ed. Soulé ME), pp. 35–57. Cambridge, UK: Cambridge Univ. Press.

Benirschke K, Kumamoto AT (1991) Mammalian cytogenetics and conservation of species. *J. Hered.* **82**, 187–191.

Benson DA, Karsch-Mizrachi I, Lipman DJ, *et al*. (2007) GenBank. *Nucl. Acids Res.* **35**, D21–D25.

Benton MJ, Ayala FJ (2003) Dating the tree of life. *Science* **300**, 1698–1700.

Berger J (1990) Persistence of different sized populations: an empirical assessment of rapid extinctions in bighorn sheep. *Conserv. Biol.* **4**, 91–98.

Berlin S, Ellegren H (2004) Chicken W: a genetically uniform chromosome in a highly variable genome. *Proc. Natl. Acad. Sci. USA* **101**, 15 967–15 969.

Berthold P, Helbig AJ, Mohr G, *et al*. (1992) Rapid microevolution of migratory behaviour in a wild bird species. *Nature* **360**, 668–670.

Bérubé M, Pasboll P (1996) Identification of sex in Cetaceans by multiplexing with three ZFX and ZFY specific primers. *Mol. Ecol.* **5**, 283–287.

Bever JD, Felber F (1994) The theoretical population genetics of autopolyploids. *Oxford Surv. Evol. Biol.* **8**, 185–217

Biémont C, Vieira C (2006) Junk DNA as an evolutionary force. *Nature* **443**, 521–524.

Bijlsma R, Loeschcke V (2005) Environmental stress, adaptation and evolution: an overview. *J. Evol. Biol.* **18**, 744–749.

Bijlsma R, Bundgaard J, Van Putten WF (1999) Environmental dependence of inbreeding depression and purging in *Drosophila melanogaster*. *J. Evol. Biol* **12**, 1125–1137.

Bijlsma R, Bundgaard J, Boerema AC (2000) Does inbreeding affect the extinction risk of small populations?: predictions from *Drosophila*. *J. Evol. Biol.* **13**, 502–514.

Billington HL (1991) Effects of population size on genetic variation in a dioecious conifer. *Conserv. Biol.* **5**, 115–119.

Bingaman-Lackey L (1999) *International Giraffe Studbook*. Apple Valley, MN: ISIS.

Birstein VJ, Doukakis P, Sorkin B, *et al.* (1998) Population aggregation analysis of three caviar-producing species of sturgeons and implications for the species identification of black caviar. *Conserv. Biol.* **12**, 766–775.

Bishop JA, Cook LM (1975) Moths, melanism and clean air. *Scient. Amer.* **232**, 90–99.

Black FL, Hedrick PW (1997) Strong balancing selection at HLA loci: evidence from segregation in South Amerindian families. *Proc. Natl. Acad. Sci. USA* **94**, 12 452–12 456.

Black JM (1995) The nene *Branta sandvicensis* recovery initiative: research against selection. *Ibis* **137**, S153–S160.

Black WCI, Vontas JG (2007) Affordable assays for genotyping single nucleotide polymorphism in insects. *Insect Mol. Biol.* **16**, 377–387.

Blaxter M (2003) Counting angels with DNA. *Nature* **421**, 122–124.

Blaxter M, Mann J, Chapman T, *et al.* (2005) Defining operational taxonomic units using DNA barcode data. *Phil. Trans. R. Soc. Lond. B* **360**, 1935–1943.

Boakes EH, Wang J, Amos W (2007) An investigation of inbreeding depression and purging in captive pedigreed populations. *Heredity* **98**, 172–182.

Bohonak AJ (1999) Dispersal, gene flow and population structure. *Quart. Rev. Biol.* **74**, 21–45.

Bonneaud C, Sorci G, Morin V, *et al.* (2004) Diversity of *Mhc* class I and IIB genes in house sparrows (*Passer domesticus*). *Immunogenetics* **55**, 855–865.

Bonneaud C, Pérez-Tris J, Federici P, *et al.* (2006) Major histocompatibility alleles associated with local resistance to malaria in a passerine. *Evolution* **60**, 383–389.

Bonnell ML, Selander RK (1974) Elephant seals: genetic variation and near extinction. *Science* **184**, 908–909.

Borlase SC, Loebel DA, Frankham R, *et al.* (1993) Modeling problems in conservation genetics using captive *Drosophila* populations: consequences of equalization of family sizes. *Conserv. Biol.* **7**, 122–131.

Bossuyt B (2007) Genetic rescue in an isolated metapopulation of a naturally fragmented plant species, *Parnassia palustris*. *Conserv. Biol.* **21**, 832–841.

Botting D (1999) *Gerald Durrell: The Authorized Biography*. New York: HarperCollins.

Bouzat JL, Lewin HA, Paige KN (1998) The ghost of genetic diversity past: historical DNA analysis of the greater prairie chicken. *Amer. Natur.* **152**, 1–6.

Bowdoin J, Williams B (1996) Conservation spotlight: the Attwater's prairie chicken. *Endang. Sp. Updates* **13**, 12.

Bowen BW, Avise JC (1996) Conservation genetics of marine turtles. In: *Conservation Genetics: Case Histories from Nature* (eds. Avise JC, Hamrick JL), pp. 190–237. New York: Chapman & Hall.

Bowen BW, Karl SA (2007) Population genetics and phylogeography of sea turtles. *Mol. Ecol.* **16**, 4886–4907.

Bowen BW, Abreu-Gobois FA, Balazs GH, *et al.* (1995) Trans-Pacific migration of the loggerhead turtle (*Caretta caretta*) demonstrated with mitochondrial DNA markers. *Proc. Natl. Acad. Sci. USA* **92**, 3731–3734.

Bowles ML, Whelan CJ (1994) *Restoration of Endangered Species: Conceptual Issues, Planning and Implementation*. Cambridge, UK: Cambridge Univ. Press.

Bowling AT, Zimmermann W, Ryder OA, *et al.* (2003) Genetic variation in Przewalski's horses, with special focus on the last wild caught mare, 231 Orlitza III. *Cytogen. Genome Res.* **102**, 226–234.

Boyce MS, Haridas CV, Lee CT, *et al.* (2006) Demography in an increasingly variable world. *Trends Ecol. Evol.* **21**, 141–148.

Boyd L, Houpt KA (1994) *Przewalski's Horse: The History and Biology of an Endangered Species*. Albany, NY: State Univ. New York Press.

Bradshaw AD (1991) Genostasis and the limits to evolution. *Phil. Trans. R. Soc. Lond. B* **333**, 289–305.

Bradshaw AD, McNeilly T (1981) *Evolution and Pollution*. Arnold, London.

Bradshaw WE, Holzapfel CM (2006) Evolutionary response to rapid climate change. *Science* **312**, 1477–1478.

Briggs D, Walters SM (1997) *Plant Variation and Evolution*, 3rd edn. Cambridge, UK: Cambridge Univ. Press.

Briggs WH, Goldman IL (2006) Genetic variation and selection response in model breeding populations of *Brassica rapa* following a diversity bottleneck. *Genetics* **172**, 457–465.

Briscoe DA, Tait NN (1995) Allozyme evidence for extensive and ancient radiations in Australian Onychophora. *J Hered.* **114**, 91–102.

Briscoe DA, Malpica JM, Robertson A, *et al.* (1992) Rapid loss of genetic variation in large captive populations of *Drosophila* flies: implications for the genetic management of captive populations. *Conserv. Biol.* **6**, 416–425.

Briskie JV, Mackintosh M (2004) Hatching failure increases with severity of population bottlenecks in birds. *Proc. Natl. Acad. Sci. USA* **101**, 558–561.

Briton J, Nurthen RK, Briscoe DA, *et al.* (1994) Modelling problems in conservation genetics using captive *Drosophila* populations: consequences of harems. *Biol. Conserv.* **69**, 267–275.

Brock MK, White BN (1992) Application of DNA fingerprinting to the recovery program of the endangered Puerto Rican parrot. *Proc. Natl. Acad. Sci. USA* **89**, 11 121–11 125.

Brook BW, Bradshaw CJA (2006) Strength of evidence for density dependence in abundance time series of 1198 species. *Ecology* **87**, 1445–1451.

Brook BW, Kikkawa J (1998) Examining threats faced by island birds: a population viability analysis on the Capricorn silvereye using long-term data. *J. Appl. Ecol.* **35**, 491–503.

Brook BW, Lim L, Harden R, *et al.* (1997a) How secure is the Lord Howe Island woodhen? A population viability analysis using VORTEX. *Pacific Conserv. Biol.* **3**, 125–133.

Brook BW, Lim L, Harden R, *et al.* (1997b) Does population viability analysis software predict the behaviour of real populations? A retrospective study on the Lord Howe Island woodhen *Tricholimnas sylvestris* (Sclater). *Biol. Conserv.* **82**, 119–128.

Brook BW, O'Grady JJ, Chapman AP, *et al.* (2000) Predictive accuracy of population viability analysis in conservation biology. *Nature* **404**, 385–387.

Brook BW, Tonkyn DW, O'Grady JJ, *et al.* (2002) Contribution of inbreeding to extinction risk in threatened species. *Conserv. Ecol.* **6**(1), 16 (online).

Brook BW, Traill LW, Bradshaw CJA (2006) Minimum viable population sizes and global extinction risk are unrelated. *Ecol. Lett.* **9**, 375–382.

Brookfield JFY, Sharp PM (1994) Neutralism and selectionism face up to DNA data. *Trends Genet.* **10**, 109–111.

Brown AHD (1989) Genetic characterisation of plant mating systems. In: *Plant Population Genetics, Breeding and Genetic Resources* (eds. Brown AHD, Clegg MT, Kahler AL, Weir BS), pp. 145–162. Sunderland, MA: Sinauer.

Brown AHD, Young AG (2000) Genetic diversity in tetraploid populations of the endangered daisy *Rutidosis leptorrhynchoides* and implications for its conservation. *Heredity* **85**, 122–129.

Brown SM, Houlden BA (1999) Isolation and characterization of microsatellite markers in the black rhinoceros (*Diceros bicornis*). *Mol. Ecol.* **8**, 1559–1561.

Bryant EH, Meffert LM, McCommas SA (1990) Fitness rebound in serially bottlenecked populations of the housefly. *Amer. Natur.* **136**, 542–549.

Bryant EH, Backus VL, Clark ME, *et al.* (1999) Experimental tests of captive breeding for endangered species. *Conserv. Biol.* **13**, 1487–1496.

Bubb KL, Bovee D, Buckley D, *et al.* (2006) Scan of human genome reveals no new loci under ancient balancing selection. *Genetics* **173**, 2165–2177.

Bunce M, Worthy TH, Ford T, *et al.* (2003) Extreme reversed sexual size dimorphism in the extinct New Zealand moa *Dinornis*. *Nature* **425**, 172–175.

Bunce M, Szulkin M, Lerner HRL, *et al.* (2005) Ancient DNA provides new insights into the evolutionary history of New Zealand's extinct giant eagle. *PLoS Biology* **3**, e9.

Burdon JJ (1987) *Diseases and Plant Population Biology*. Cambridge, UK: Cambridge Univ. Press.

Burdon JJ, Marshall DR (1981) Biological control and the reproductive mode of weeds. *J. Appl. Ecol.* **18**, 649–658.

Burgman M (2006) The logic of good decisions: learning from population viability analysis. *Soc. Conserv. Biol. Newsl.* **3**(3), 1, 17–18.

Burgman MA, Lamont BB (1992) A stochastic model for the viability of *Banksia cuneata* populations: environmental, demographic and genetic effects. *J. Appl. Ecol.* **29**, 719–727.

Buri P (1956) Gene frequency in small populations of mutant *Drosophila*. *Evolution* **10**, 367–402.

Burton RS, Rawson PD, Edmands S (1999) Genetic architecture of physiological phenotypes: empirical evidence for coadapted gene complexes. *Amer. Sci.* **39**, 451–462.

Bush GL (1975) Modes of animal speciation. *Annu. Rev. Ecol. Syst.* **6**, 339–364.

Bush GL, Neck RW, Kitto GB (1976) Screwworm eradication: inadvertent selection for noncompetitive ecotypes during mass rearing. *Science* **193**, 491–493.

Bustamante CD, Fledel-Alon A, Williamson S, *et al.* (2005) Natural selection on protein-coding genes in the human genome. *Nature* **437**, 1153–1157.

Butchart SHM, Stattersfield AJ, Bennum LA, *et al.* (2004) Measuring global trends in the status of biodiversity: Red List indices for birds. *PLoS Biology* **2**(12), 1–11.

Butler D, Merton D (1992) *The Black Robin: Saving the World's Most Endangered Bird*. Auckland, NZ: Oxford Univ. Press.

Butler MA, Templeton AR, Read B (1994) DNA fingerprinting in Speke's gazelle: a test for genetic distinctness, and the correlation between relatedness and similarity. *Mol. Ecol.* **3**, 355–361.

Buza L, Young A, Thrall P (2000) Genetic erosion, inbreeding and reduced fitness in fragmented populations of the endangered tetraploid pea *Swainsonia recta*. *Biol. Conserv.* **93**, 177–186.

Byers DL, Waller DM (1999) Do plant populations purge their genetic load? Effects of population size and mating history on inbreeding depression. *Annu. Rev. Ecol. Syst.* **30**, 479–513.

Caballero A (1994) Developments in the prediction of effective population size. *Heredity* **73**, 657–679.

Caccone A, Gibbs JP, Ketmaier V, *et al.* (1999) Origin and evolutionary relationships of giant Galápagos tortoises. *Proc. Natl. Acad. Sci. USA* **96**, 13 223–13 228.

Cameron RA, Chow SH, Berney K, *et al.* (2005) An evolutionary constraint: strongly disfavored class of change in DNA sequence during divergence of *cis*-regulatory modules. *Proc. Natl. Acad. Sci. USA* **102**, 11 769–11 774.

Carlini DB (2004) Experimental reduction of codon bias in the *Drosophila alcohol dehydrogenase* gene results in decreased ethanol tolerance of adult flies. *J. Evol. Biol.* **17**, 779–785.

Carlon DB (1999) The evolution of mating systems in tropical reef corals. *Trends Ecol. Evol.* **14**, 491–495.

Carney SE, Gardner KA, Rieseberg LH (2000) Evolutionary changes over the fifty-year history of a hybrid population of sunflowers (*Helianthus*). *Evolution* **54**, 462–474.

Caro TM, Laurenson MK (1994) Ecological and genetic factors in conservation: a cautionary tale. *Science* **263**, 485–486.

Carrington M, Nelson GW, Martin MP, *et al.* (1999) HLA and HIV-1: heterozygote advantage and *B*35-Cw*04* disadvantage. *Science* **283**, 1748–1752.

Carroll SB (2005) Evolution at two levels: on genes and form. *PLoS Biology* **3**, e245.

Carroll SP (2008) Facing change: forms and foundations of contemporary adaptation to biotic invasions. *Mol. Ecol.* **17**, 361–372.

Castric V, Vekemans X (2004) Plant self-incompatibility in natural populations: a critical assessment of recent theoretical and empirical advances. *Mol. Ecol.* **13**, 2873–2889.

Caughley G, Gunn A (1996) *Conservation Biology in Theory and Practice*. Cambridge, MA: Blackwell.

Channell R, Lomollno MV (2000) Dynamic biogeography and conservation of endangered species. *Nature* **403**, 84–86.

Chape S, Blyth S, Fish L, *et al.* (2003) *United Nations List of Protected Areas*. Gland, Switzerland and Cambridge, UK: IUCN, the World Conservation Union and UNEP World Conservation Monitoring Centre.

Chapman AP, Brook BW, Clutton-Brock TH, *et al.* (2001) Population viability analyses on a cycling population: a cautionary tale. *Biol. Conserv.* **97**, 61–69.

Chapman RE, Bourke AFG (2001) The influence of sociality on the conservation biology of social insects. *Ecol. Lett.* **4**, 650–662.

Charlesworth B, Charlesworth D (1999) The genetic basis of inbreeding depression. *Genet. Res.* **74**, 329–340.

Charlesworth B, Hughes KA (2000) The maintenance of genetic variation in life-history traits. In: *Evolutionary Genetics from Molecules to Morphology* (eds. Singh RS, Krimbas C), pp. 369–392. Cambridge, UK: Cambridge Univ. Press.

Charlesworth D (2006) Balancing selection and its effects on sequences in nearby genome regions. *PLoS Genetics* **2**, e64.

Charlesworth D, Awadalla P (1998) Flowering plant self-incompatability: the molecular population genetics of *Brassica* S-loci. *Heredity* **81**, 1–9.

Charlesworth D, Charlesworth B (1987) Inbreeding depression and its evolutionary consequences. *Annu. Rev. Ecol. Syst.* **18**, 237–268.

Charlesworth D, Charlesworth B (1995) Quantitative genetics in plants: the effect of the breeding system on genetic variability. *Evolution* **49**, 911–920.

Charlesworth D, Morgan MT, Charlesworth B (1993) Mutation accumulation in finite outbreeding and inbreeding populations. *Genet. Res.* **61**, 39–56.

Chassot P, Mésochina P, Ostrowski S (2005) Re-introduction of Arabian oryx in the Kingdom of Saudi Arabia: update on population size in two protected areas. *Re-introd. News* **24**, 17–19.

Cheverud J, Routman E, Jaquish C, *et al.* (1994) Quantitative and molecular genetic variation in captive cotton-top tamarins (*Saguinus oedipus*). *Conserv. Biol.* **8**, 95–105.

Ciofi C, Bruford MW (1998) Isolation and characterization of microsatellite loci in the Komodo dragon *Varanus komodoensis*. *Mol. Ecol.* **7**, 134–136.

CITES (2007) *Convention on International Trade in Endangered Species of Wild Fauna and Flora*. www.cites.org

Claridge MF, Dawah HA, Wilson MR (1997) *Species: The Units of Biodiversity*. London: Chapman & Hall.

Clark TW (1994) Restoration of the endangered black-footed ferret: a twenty year overview. In: *Restoration of Endangered Species: Conceptual Issues, Planning and Implementation* (eds. Bowles ML, Whelan CJ), pp. 272–297. Cambridge, UK: Cambridge Univ. Press.

Clark TW, Reading RP, Clarke AL (1994) *Endangered Species Recovery: Finding the Lessons, Improving the Process*. Washington, DC: Island Press.

Clarke BC (1969) The evidence for apostatic selection. *Heredity* **124**, 347–352.

Clausen J, Keck DD, Heisey WM (1948) *Experimental Studies on the Nature of Species. III. Environmental Responses of Climatic Races of* Achillea. Washington, DC: Carnegie Institute of Washington.

Clement M, Posada D, Crandall KA (2000) TCS: a computer program to estimate gene genealogies. *Mol. Ecol.* **9**, 1657–1659.

Clop A, Marcq F, Takeda H, *et al.* (2006) A mutation creating a potential illegitimate microRNA target site in the myostatin gene affects muscularity in sheep. *Nature Genet.* **38**, 813–818.

Coates DJ, Hamley VL (1999) Genetic divergence and the mating system in the endangered and geographically restricted species, *Lambertia orbifolia* Gardner (Proteaceae). *Heredity* **83**, 418–427.

Cody ML, Overton JM (1996) Short-term evolution of reduced dispersal in island plant populations. *J. Ecol.* **84**, 53–61.

Colosimo PF, Hosemann KE, Balabhadra S, *et al.* (2005) Widespread parallel evolution in sticklebacks by repeated fixation of ectodysplasmin alleles. *Science* **307**, 1928–1933.

Coltman DW (2008) Molecular approaches to studying the evolutionary impact of selective harvesting in wildlife. *Mol. Ecol.* **17**, 221–235.

Coltman DW, Pilkington JG, Smith JA, *et al.* (1999) Parasite-mediated selection against inbred Soay sheep in a free-living island population. *Evolution* **53**, 1259–1267.

Coltman DW, O'Donoghue P, Jorgenson JT, *et al.* (2003) Undesirable evolutionary consequences of trophy hunting. *Nature* **426**, 655–658.

Comeron JM (2006) Weak selection and recent mutational changes influence polymorphic synonymous mutations in humans. *Proc. Natl. Acad. Sci. USA* **103**, 6940–6945.

Constable JL, Ashley MV, Goodall J, *et al.* (2001) Noninvasive paternity assignment in Gombe chimpanzees. *Mol. Ecol.* **10**, 1279–1300.

Conway WG (1986) The practical difficulties and financial implications of endangered species breeding programmes. *Int. Zoo Yb.* **24/25**, 210–219.

Cook JM, Crozier RH (1995) Sex determination and population biology in the Hymenoptera. *Trends Ecol. Evol.* **10**, 281–286.

Cook LM (1965) Inheritance of shell size in the snail *Arianta arbustorum*. *Evolution* **19**, 86–94.

Cook LM, Sutton SL, Crawford TJ (2005) Melanic moth frequencies in Yorkshire, an old English industrial hot spot. *J. Hered.* **96**, 522–528.

Cooper A, Rhymer J, James HF, *et al.* (1996) Ancient DNA and island endemics. *Nature* **381**, 484.

Cooper D (1999) Evolution of resistance to biocontrol agents. In: *Advances in the Biological Control of Possums* (ed. Sutherland G), pp. 96–99. Wellington, NZ: Royal Society of New Zealand.

Cooper DW, Herbert CA (2001) Genetics, biotechnology and population management of over-abundant mammalian wildlife in Australasia. *Reprod. Fert. Dev.* **13**, 451–458.

Corander J, Marttinen P (2006) Bayesian identification of admixture events using multilocus molecular markers. *Mol. Ecol.* **15**, 2833–2843.

Cott HB (1940) *Adaptive Coloration in Animals*. London: Methuen.

Coyne JA, Orr HA (2004) *Speciation*. Sunderland, MA: Sinauer.

Cracraft J, Feinstein J, Vaughn J, Helm-Bychowski K (1998) Sorting out tigers (*Panthera tigris*): mitochondrial sequences, nuclear inserts, systematics, and conservation genetics. *Anim. Conserv.* **1**, 139–150.

Craig JL (1994) Meta-populations: is management as flexible as nature? In: *Creative Conservation: Interactive Management of Wild and Captive Animals* (eds. Olney PJS, Mace GM, Feistner ATC), pp. 50–66. London: Chapman & Hall.

Crandall KA, Bininda-Edmonds ORP, Mace GM, *et al.* (2000) Considering evolutionary processes in conservation biology: an alternative to 'evolutionary significant units'. *Trends Ecol. Evol.* **15**, 290–295.

Crawford DC, Akey DT, Nickerson DA (2005) The pattern of natural variation in human genes. *Annu. Rev. Genom. Hum. Genet.* **6**, 287–312.

Cremer KW (1966) Dissemination of seed from *Eucalyptus regnans*. *Austral. Forestry* **30**, 33–37.

Crnokrak P, Barrett SCH (2002) Perspective: purging the genetic load – a review of evidence. *Evolution* **56**, 2347–2358.

Crnokrak P, Roff DA (1995) Dominance variance: associations with selection and fitness. *Heredity* **75**, 530–540.

Crnokrak P, Roff DA (1999) Inbreeding depression in the wild. *Heredity* **83**, 260–270.

Crooks KR, Sanjayan M (eds.) (2006) *Connectivity Conservation*. Cambridge, UK: Cambridge Univ. Press.

Crooks KR, Sanjayan MA, Doak DF (1998) New insights into cheetah conservation through demographic modelling. *Conserv. Biol.* **12**, 889–895

Crow JF, Kimura M (1970) *An Introduction to Population Genetics Theory*. New York: Harper & Rowe.

Crozier RH, Dunnett LJ, Agapow P-M (2005) Phylogenetic diversity assessment based on systematic nomenclature. *Evol. Bioinform. Online* **1**, 11–36.

Crutsinger GM, Collins MD, Fordyce JA, *et al.* (2006) Plant genotypic diversity predicts community structure and governs an ecosystem process. *Science* **313**, 966–968.

Culver M, Johnson WE, Pecon-Slattery J, *et al.* (2000) Genomic ancestry of the American puma (*Puma concolor*). *J. Hered.* **91**, 186–197.

Culver M, Hedrick PW, Murphy K, *et al.* (2008) Estimation of the bottleneck size in Florida panthers. *Anim. Conserv.* **11**, 104–110.

Daborn PJ, Yen JL, Bogwitz MR, *et al.* (2002) A single P450 allele associated with insecticide resistance in *Drosophila*. *Science* **297**, 2253–2256.

Dakin EE, Avise JC (2004) Microsatellite null alleles in parentage analysis. *Heredity* **93**, 504–509.

Dalmay T (2006) Short RNAs in environmental adaptation. *Proc. R. Soc. Lond. B* **273**, 1579–1585.

Daly B, Power J, Camacho G, *et al.* (2005) *Leopard* (Panthera pardus) *PHVA*, Workshop Report, Conservation Breeding Specialist Group (SSC/IUCN)/CBSG South Africa. Apple Valley, MN: Endangered Wildlife Trust.

Daniels SJ, Priddy JA, Walters JR (2000) Inbreeding in small populations of red-cockaded woodpeckers: insights from a spatially-explicit individual-based model. In: *Genetics, Demography and Viability in Fragmented Populations* (eds. Young AG, Clarke GM), pp. 128–147. Cambridge, UK: Cambridge Univ. Press.

Darwin C (1876) *The Effects of Cross and Self Fertilisation in the Vegetable Kingdom*. London: John Murray.

Dasmahapatra KK, Mallet J (2006) DNA barcodes: recent successes and future prospects. *Heredity* **97**, 254–255.

Dasmahapatra KK, Lacy RC, Amos W (2008) Estimating levels of inbreeding using AFLP markers. *Heredity* **100**, 286–295.

Daszak P, Cunningham AA, Hyatt AD (2000) Emerging infectious diseases of wildlife: threats to biodiversity and human health. *Science* **287**, 443–449.

Davis J (1992) *The Wildlands Project. Wild Earth* Special Issue. Canton, NY: Cenozoic Society, Inc.

Davis MA (2003) Biotic globalization: does competition from introduced species threaten biodiversity? *BioScience* **53**, 481–489.

Dawson KJ, Belkhir K (2001) A Bayesian approach to the identification of panmictic populations and the assignment of individuals. *Genet. Res.* **78**, 59–77.

de Bois H, Dhondt AA, Van Puijenbroek B (1990) Effects of inbreeding on juvenile survival of the Okapi *Okapi johnstoni* in captivity. *Biol. Conserv.* **54**, 147–155.

de Grammont PC, Cuarón AD (2006) An evaluation of threatened species categorization systems used on the American continent. *Conserv. Biol.* **20**, 14–27.

de la Peña M, Elena SF, Moya A (2000) Effects of deleterious mutation-accumulation on the fitness of RNA bacteriophage MS2. *Evolution* **54**, 686–691.

Demauro MM (1993) Relationship of breeding system to rarity in the Lakeside daisy (*Hymenoxys acaulis* var. *glabra*). *Conserv. Biol.* **7**, 542–550.

Demauro MM (1994) Development and implementation of a recovery program for the federally threatened Lakeside daisy (*Hymenoxys acaulis* var. *glabra*). In: *Restoring of Endangered Species: Conceptual Issues, Planning and Implementation* (eds. Bowles ML, Whelan CJ), pp. 298–321. Cambridge, UK: Cambridge Univ. Press.

Deng H-W, Fu Y-X (1998) Conditions for positive and negative correlations between fitness and heterozygosity in equilibrium populations. *Genetics* **148**, 1333–1340.

de Roode J (2007) The moths of war. *New Sci.* **196**(2633), 46–49.

Devlin RH, D'Andrade M, Uh M, *et al.* (2004) Population effects of growth hormone transgenic coho salmon depend on food availability and genotype by environment interactions. *Proc. Natl. Acad. Sci. USA* **101**, 9303–9308.

Dhondt AA, Mattysen E (1993) Conservation biology of birds: can we bridge the gap between head and heart? *Trends Ecol. Evol.* **8**, 160–161.

Diamond JM (1984) 'Normal' extinctions of isolated populations. In: *Extinctions* (ed. Nitecki MH), pp. 191–246. Chicago, IL: Univ. Chicago Press.

Diamond J (1997) *Guns, Germs and Steel*. New York: W.W. Norton.

Diamond J, Rotter JI (1987) Observing the founder effect in human evolution. *Nature* **329**, 105–106.

Dietz JM, Baker AJ, Ballou JD (2000) Demographic evidence of inbreeding depression in wild golden lion tamarins. In: *Genetics, Demography and the Viability of Fragmented Populations* (eds. Young AG, Clarke GM), pp. 203–211. Cambridge, UK: Cambridge Univ. Press.

Dinerstein E, McCracken GF (1990) Endangered greater one-horned rhinoceros carry high levels of genetic variation. *Conserv. Biol.* **4**, 417–422.

Dizon A, Lento G, Baker S, *et al.* (2000) *Molecular Genetic Identification of Whales, Dolphins, and Porpoises*, NOA Technical Memorandum NMFS. Washington, DC: US Department of Commerce.

Dlugosch KM, Parker IM (2008) Founding events in invasions: genetic variation, adaptive evolution, and the role of multiple introductions. *Mol. Ecol.* **17**, 431–449.

Dobson AP, Mace GM, Poole J, Brett RA (1992) Conservation biology: the ecology and genetics of endangered species. In: *Genes in Ecology* (eds. Berry RJ, Crawford TJ, Hewitt GM), pp. 405–430. Oxford, UK: Blackwell.

Dobzhansky T, Ayala FJ, Stebbins GL, *et al.* (1977) *Evolution*. San Francisco, CA: W.H. Freeman.

Dodd CKJ, Seigel RA (1991) Relocation, repatriation, and translocation of amphibians and reptiles: are they conservation strategies that work? *Herpetology* **47**, 336–350.

Dodds PN, Lawrence GJ, Catanzariti A-M, *et al.* (2006) Direct protein interaction underlies gene-for-gene specificity and coevolution of the flax resistance genes and flax rust avirulence genes. *Proc. Natl. Acad. Sci. USA* **103**, 8888–8893.

Domingo-Roura X, Marmi J, Ferrando A, *et al.* (2006) Badger hair in shaving brushes comes from protected Eurasian badgers. *Biol. Conserv.* **128**, 425–430.

Donald PF (2007) Adult sex ratios in wild bird populations. *Ibis* **149**, 671–692.

Double M, Olsen P (1997) Simplified polymerase chain reaction (PCR)-based sexing assists conservation of an endangered owl, the Norfolk Island boobook *Ninox novaeseelandiae undulata*. *Bird Conserv. Int.* **7**, 283–286.

Douzery EJP, Snell EA, Bapteste E, *et al.* (2004) The timing of eukaryotic evolution: does a relaxed molecular clock reconcile proteins and fossils? *Proc. Natl. Acad. Sci. USA* **101**, 15 386–15 391.

Drake JM (2005) Density-dependent demographic variation determines extinction rate of experimental populations. *PLoS Biology* **3**, e222.

Drake JM, Lodge DM (2004) Effects of environmental variation on extinction and establishment. *Ecol. Lett.* **7**, 26–30.

Drake JW, Charlesworth B, Charlesworth D, *et al.* (1998) Rates of spontaneous mutation. *Genetics* **148**, 1667–1686.

Drosophila 12 Genomes Consortium (2007) Evolution of genes and genomes on the *Drosophila* phylogeny. *Nature* **450**, 203–218.

Drummond AJ, Rambaut A (2007) BEAST: Bayesian evolutionary analysis by sampling trees. *BMC Evol. Biol.* **7**, 214.

Drummond AJ, Ho SYW, Phillips MJ, *et al.* (2006) Relaxed phylogenetics and dating with confidence. *PLoS Biology* **4**, e88.

Dudash MR (1990) Relative fitness of selfed and outcrossed progeny in a self-compatible, protandrous species, *Sabatia angularis* L. (Gentianaceae): a comparison of three environments. *Evolution* **44**, 1129–1139.

Dudash MR, Fenster CB (2000) Inbreeding and outbreeding in fragmented populations. In: *Genetics, Demography and Viability of Fragmented Populations* (eds. Young AG, Clarke GM), pp. 35–53. Cambridge, UK: Cambridge Univ. Press.

Dudley JW (1977) 76 generations of selection for oil and protein percentage in maize. In: *Proc. Int. Conf. Quantitative Genetics* (eds. Pollak E, Kempthorne O, Bailey TB), pp. 459–473. Ames, IA: Iowa State Univ. Press.

Earnhardt JM (1999) Reintroduction programmes: genetic trade-offs for populations. *Anim. Conserv.* **2**, 279–286.

Earnhardt JM, Lin A, Faust LJ, *et al.* (2005) *ZooRisk: A Risk Assessment Tool*, Version 2.53. Chicago, IL: Lincoln Park Zoo.

Ebert D, Haag C, Kirkpatrick M, *et al.* (2002) A selective advantage to immigrant genes in a *Daphnia* metapopulation. *Science* **295**, 485–488.

Edmands S, Feaman HV, Harrison JS, *et al.* (2005) Genetic consequences of many generations of hybridization between divergent copepod populations. *J. Hered.* **96**, 114–123.

Ehrlich PR, Ehrlich AH (1981) *Extinction: The Causes and Consequences of the Disappearance of Species*. New York: Ballantine Books.

Eisenstein M (2006) Technology feature: microarrays: quality control. *Nature* **442**, 1067–1072.

El Alqamy H (2006) Re-introduction of Arabian oryx in Dubai Desert Conservation Reserve, Dubai, UAE. *Re-introd. News* **25**, 22–23.

Eldridge MDB, Close RL (1992) Taxonomy of rock-wallabies, *Petrogale* (Marsupialia: Macropodidae). I. A revision of the eastern *Petrogale* with a description of three new species. *Austral. J. Zool.* **40**, 605–625.

Eldridge MDB, Close RL (1993) Radiation of chromosome shuffles. *Curr. Opin. Genet. Dev.* **3**, 15–22.

Eldridge MDB, King JM, Loupis AK, *et al.* (1999) Unprecedented low levels of genetic variation and inbreeding depression in an island population of the black-footed rock-wallaby. *Conserv. Biol.* **13**, 531–541.

Elgar MA, Clode D (2001) Inbreeding and extinction in island populations: a cautionary tale. *Conserv. Biol.* **15**, 284–286.

El-Kassaby YA, Yanchuk AD (1994) Genetic diversity, differentiation, and inbreeding in Pacific yew from British Columbia. *J. Hered.* **85**, 112–117.

Ellstrand NC (2003) *Dangerous Liaisons? When Cultivated Plants Mate with Their Wild Relatives*. Baltimore, MD: Johns Hopkins Univ. Press.

Ellstrand NC, Antonovics J (1985) Experimental studies of the evolutionary significance of sexual reproduction. II. A test of the density-dependent selection hypothesis. *Evolution* **39**, 657–666.

Ellstrand NC, Elam DR (1993) Population genetic consequences of small population size: implications for plant conservation. *Annu. Rev. Ecol. Syst.* **24**, 217–242.

Ellstrand NC, Schierenbeck KA (2000) Hybridization as a stimulus for the evolution of invasiveness in plants? *Proc. Natl. Acad. Sci. USA* **97**, 7043–7050.

Ellstrand NC, Prentice HC, Hancock JF (1999) Gene flow and introgression from domesticated plants into their wild relatives. *Annu. Rev. Ecol. Syst.* **30**, 539–563.

Emerson BC, Wallis GP (1994) Species status and population genetic structure of the flightless chafer beetles *Prodontria modesta* and *P. bicolorata* (Coleoptera; Scarabaeidae) from South Island, New Zealand. *Mol. Ecol.* **3**, 339–345.

Endler JA (1986) *Natural Selection in the Wild*. Princeton, NJ: Princeton Univ. Press.

Engen S, Ringsby TH, Sæther B-E, *et al.* (2007) Effective size of fluctuating populations with two sexes and overlapping generations. *Evolution* **61**, 1873–1885.

England PR, Osler GHR, Woodworth LM, *et al.* (2003) Effect of intense versus diffuse population bottlenecks on microsatellite genetic diversity and evolutionary potential. *Conserv. Genet.* **4**, 595–604.

Epps CW, Palsbøll PJ, Wehausen JD, *et al.* (2006) Highways block gene flow and cause a rapid decline in genetic diversity in desert bighorn sheep. *Ecol. Lett.* **8**, 1029–1038.

Erickson DL, Fenster CB (2006) Intraspecific hybridization and the recovery of fitness in the native legume *Chamaecrista fasciculata*. *Evolution* **60**, 225–233.

Estes S, Lynch M (2003) Rapid fitness recovery in mutationally degraded lines of *Caenorhabditis elegans*. *Evolution* **57**, 1022–1030.

Estes S, Phillips PC, Denver DR, *et al.* (2004) Mutation accumulation in populations of varying size: the distribution of mutational effects for fitness correlates in *Caenorhabditis elegans*. *Genetics* **166**, 1269–1279.

Evans PGH (1987) Electrophoretic variability of gene products. In: *Avian Genetics: A Population and Ecological Approach* (eds. Cooke F, Buckley PA), pp. 105–162. London: Academic Press.

Eyre-Walker A (2006) The genomic rate of adaptive evolution. *Trends Ecol. Evol.* **21**, 569–575.

Eyre-Walker A, Keightley PD (1999) High genomic deleterious mutation rates in hominids. *Nature* **397**, 344–347.

Eyre-Walker A, Woolfit M, Phelps T (2006) The distribution of fitness effects of new deleterious amino acid mutations in humans. *Genetics* **173**, 891–900.

Fagan WF, Holmes EE (2006) Quantifying the extinction vortex. *Ecol. Lett.* **9**, 51–60.

Falconer DS (1977) Some results of the Edinburgh selection experiments with mice. In: *Proc. 1st Int. Conf. Quantitative Genetics* (eds. Pollak E, Kempthorne O, Bailey TB), pp. 101–115. Ames, IA: Iowa State Univ. Press.

Falconer DS, Mackay TFC (1996) *Introduction to Quantitative Genetics*, 4th edn. Harlow, UK: Longman.

Falk DA, Holsinger KE (1991) *Genetics and Conservation of Rare Plants*. New York: Oxford Univ. Press.

Falk DA, Millar CI, Olwell M (1996) *Restoring Diversity: Strategies for Reintroduction of Endangered Plants*. Washington, DC: Island Press.

Falush D, Stephens M, Pritchard JK (2007) Inference of population structure using multilocus genotype data: dominant markers and null alleles. *Mol. Ecol. Notes* **7**, 574–578.

FAO (1986) *The Przewalski's Horse and its Restoration in Nature in Mongolia*, FAO Animal Production and Health Paper No. 61. Rome: FAO/UNEP.

Felsenstein J (2004) *Inferring Phylogenies*. Sunderland, MA: Sinauer.

Fenner F, Ratcliffe FN (1965) *Myxomatosis*. Cambridge, UK: Cambridge Univ. Press.

Fernández J, Toro MA (2006) A new method to estimate relatedness from molecular markers. *Mol. Ecol.* **15**, 1657–1667.

Fernández J, Toro MA, Caballero A (2001) Practical implementation of optimal management strategies in conservation programmes. *Anim. Biodiv. Conserv.* **24**(2), 17–24.

Fernández J, Toro MA, Caballero A (2004) Managing individuals' contributions to maximize the allelic diversity maintained in small, conserved populations. *Conserv. Biol.* **18**, 1358–1367.

Fiedler PL, Karieva PM (1998) *Conservation Biology for the Coming Decade*, 2nd edn. New York: Chapman & Hall.

Findlay CS, Cooke F (1983) Genetic and environmental components of clutch size variance in a wild population of lesser snow geese (*Anser caerulescens caerulescens*). *Evolution* **37**, 724–734.

Fischer J, Lindenmayer DB (2000) An assessment of the published results of animal relocations. *Biol. Conserv.* **96**, 1–11.

Fischer M, Matthies D (1998) Effects of population size on performance in the rare plant *Gentianella germanica*. *J. Ecol.* **86**, 195–204.

Fleischer RC (1996) Application of molecular methods to the assessment of genetic mating systems in vertebrates. In: *Molecular Zoology: Advances, Strategies, and Protocols* (eds. Ferraris JD, Palumbi S), pp. 133–161. New York: Wiley-Liss.

Foley P (1994) Predicting extinction times from environmental stochasticity and carrying capacity. *Conserv. Biol.* **8**, 124–137.

Foose TJ (1986) Riders of the last ark: the role of captive breeding in conservation strategies. In: *The Last Extinction* (eds. Kaufman L, Mallory K), pp. 141–165. Cambridge, MA: MIT Press.

Foose TJ, de Boer L, Seal US, *et al.* (1995) Conservation management strategies based on viable populations. In: *Population Management for Survival and Recovery: Analytical Methods and Strategies in Small Population Conservation* (eds. Ballou JD, Gilpin M, Foose TJ), pp. 273–294. New York: Columbia Univ. Press.

Forbes SH, Hogg JT (1999) Assessing population structure at high levels of differentiation: microsatellite comparisons of bighorn sheep and large carnivores. *Anim. Conserv.* **2**, 223–233.

Ford MJ (2002) Selection in captivity during supportive breeding may reduce fitness in the wild. *Conserv. Biol.* **16**, 815–825.

Foster GG, Whitten MJ, Prout T, *et al.* (1972) Chromosome rearrangements for the control of insect pests. *Science* **176**, 875–880.

Foster GG, Maddern RH, Helman RA, *et al.* (1985) Field trial of a compound chromosome strain for genetic control of the sheep blowfly *Lucilia cuprina*. *Theor. Appl. Genet.* **70**, 13–21.

Fowler K, Whitlock MC (1999) The variance in inbreeding depression and the recovery of fitness in bottlenecked populations. *Proc. R. Soc. Lond. B* **266**, 2061–2066.

Fox CW, Wolf JB (eds.) (2006) *Evolutionary Genetics: Concepts and Case Studies*. New York: Oxford Univ. Press.

Frankel OH (1970) Variation, the essence of life. *Proc. Linn. Soc. NSW* **95**, 158–169.

Frankel OH (1974) Genetic conservation: our evolutionary responsibility. *Genetics* **78**, 53–65.

Frankel OH, Soulé ME (1981) *Conservation and Evolution*. Cambridge, UK: Cambridge Univ. Press.

Frankel OH, Brown AHD, Burdon J (1995) *The Conservation of Plant Biodiversity*. Cambridge, UK: Cambridge Univ. Press.

Frankham R (1980) The founder effect and response to artificial selection in *Drosophila*. In: *Selection Experiments in Laboratory and Domestic Animals* (ed. Robertson A), pp. 87–90. Farnham Royal, UK: Commonwealth Agricultural Bureaux.

Frankham R (1983) Origin of genetic variation in selection lines. In: *Proc. Thirty-Second Ann. Breeders' Roundtable*, pp. 1–18.

Frankham R (1990) Are responses to artificial selection for reproductive fitness traits consistently asymmetrical? *Genet. Res.* **56**, 35–42.

Frankham R (1995a) Conservation genetics. *Annu. Rev. Genet.* **29**, 305–327.

Frankham R (1995b) Inbreeding and extinction: a threshold effect. *Conserv. Biol.* **9**, 792–799.

Frankham R (1995c) Effective population size/adult population size ratios in wildlife: a review. *Genet. Res.* **66**, 95–107.

Frankham R (1996) Relationship of genetic variation to population size in wildlife. *Conserv. Biol.* **10**, 1500–1508.

Frankham R (1997) Do island populations have lower genetic variation than mainland populations? *Heredity* **78**, 311–327.

Frankham R (1998) Inbreeding and extinction: island populations. *Conserv. Biol.* **12**, 665–675.

Frankham R (1999) Quantitative genetics in conservation biology. *Genet. Res.* **74**, 237–244.

Frankham R (2000a) Modeling problems in conservation genetics using laboratory animals. In: *Quantitative Methods for Conservation Biology* (eds. Ferson S, Burgman M), pp. 259–273. New York: Springer-Verlag.

Frankham R (2000b) Genetics and conservation: commentary on Elgar & Clode. *Austral. Biologist* **13**(3), 45–54.

Frankham R (2005) Genetics and extinction. *Biol. Conserv.* **126**, 131–140.

Frankham R (2008) Genetic adaptation to captivity in species conservation programs. *Mol. Ecol.* **17**, 325–333.

Frankham R (2009a) Genetic architecture of reproductive fitness and its consequences. In: *Fitness and Adaptation* (eds. van der Werf J, Gondo C, Grasser H, Frankham R, Nicholas FW), pp. 15–39. Oxford, UK: Blackwell.

Frankham R (2009b) Genetic considerations in reintroduction programs for large terrestrial predators. In: *Reintroduction of Large Carnivores* (eds. Hayward MW, Somers MJ), pp. 371–387. Oxford, UK: Wiley-Blackwell.

Frankham R, Brook BW (2004) The importance of time scale in conservation biology and ecology. *Ann. Zool. Fenn.* **41**, 459–463.

Frankham R, Loebel DA (1992) Modeling problems in conservation genetics using captive *Drosophila* populations: rapid genetic adaptation to captivity. *Zoo Biol.* **11**, 333–342.

Frankham R, Weber K (2000) Nature of quantitative genetic variation. In: *Evolutionary Genetics: From Molecules to Man* (eds. Singh R, Krimbas CB), pp. 351–368. Cambridge, UK: Cambridge Univ. Press.

Frankham R, Lees K, Montgomery ME, *et al.* (1999) Do population size bottlenecks reduce evolutionary potential? *Anim. Conserv.* **2**, 255–260.

Frankham R, Manning H, Margan SH, *et al.* (2000) Does equalisation of family sizes reduce genetic adaptation to captivity? *Anim. Conserv.* **3**, 357–363.

Frankham R, Gilligan DM, Morris D, *et al.* (2001) Inbreeding and extinction: effects of purging. *Conserv. Genet.* **2**, 279–284.

Frankham R, Ballou JD, Briscoe DA (2004) *A Primer of Conservation Genetics.* Cambridge, UK: Cambridge Univ. Press.

Frankham R, Ballou JD, Eldridge MDB, *et al.* (2008) Predicting the risk of outbreeding depression: critical information for managing fragmented populations. *Conserv. Biol.* (draft ms).

Franklin IR (1980) Evolutionary change in small populations. In: *Conservation Biology: An Evolutionary-Ecological Perspective* (eds. Soulé ME, Wilcox BA), pp. 135–150. Sunderland, MA: Sinauer.

Franklin IR, Frankham R (1998) How large must populations be to retain evolutionary potential? *Anim. Conserv.* **1**, 69–70.

Freeland JR (2005) *Molecular Evolution.* Chichester, UK: John Wiley & Sons.

Freeman AS, Byers JE (2006) Divergent induced responses to an invasive predator in marine mussel populations. *Science* **313**, 831–833.

Fritsch P, Rieseberg LH (1996) The use of random amplified polymorphic DNA (RAPD) in conservation genetics. In: *Molecular Approaches in Conservation* (eds. Smith TB, Wayne RK), pp. 54–73. New York: Oxford Univ. Press.

Fu J, MacCulloch RD, Murphy RW, *et al.* (1998) The parthenogenetic rock lizard *Lacerta unisexualis*: an example of limited genetic polymorphism. *J. Mol. Evol.* **46**, 127–130.

Funk DJ, Nosil P, Etges WJ (2006) Ecological divergence exhibits consistently positive associations with reproductive isolation across disparate taxa. *Proc. Natl. Acad. Sci. USA* **103**, 3209–3213.

Funk WC, Tyburczy JA, Knudsen KL, *et al.* (2005) Genetic basis of variation in morphological and life-history traits of a wild population of pink salmon. *J. Hered.* **96**, 24–31.

Fuss JO, Cooper PK (2006) DNA repair: dynamic defenders against cancer and aging. *PLoS Biology* **4**, e203.

Futuyma DJ (1979) *Evolutionary Biology*. Sunderland, MA: Sinauer.

Futuyma DJ (1998) *Evolutionary Biology*, 3rd edn. Sunderland, MA: Sinauer.

Fyfe RW (1978) Reintroducing endangered birds to the wild a review. In: *Endangered Birds: Management Techniques for Preserving Threatened Species* (ed. Temple SA), pp. 323–329. Madison, WI: Univ. Wisconsin Press.

Gaffney DJ, Keightley PD (2006) Genomics selective constraints in murid noncoding DNA. *PLoS Genetics* **2**, e204.

Garcia-Dorado A (2003) Tolerant versus sensitive genomes: the impact of deleterious mutation on fitness and conservation. *Conserv. Genet.* **4**, 311–324.

Garcia-Dorado A, Lopez-Fanjul C, Caballero A (1999) Properties of spontaneous mutations affecting quantitative traits. *Genet. Res.* **74**, 341–350.

Garner A, Rachlow JL, Hicks JF (2005) Patterns of genetic diversity and its loss in mammalian populations. *Conserv. Biol.* **19**, 1215–1221.

Garrett L (1994) *The Coming Plague: Newly Emerging Diseases in a World out of Balance*. London: Virago Press.

Garrigan D, Hedrick PW (2003) Detecting adaptive molecular polymorphism: lessons from the MHC. *Evolution* **57**, 1707–1722.

Gathmann A, Wirooks L, Hothorn LA, *et al.* (2006) Impact of *Bt* maize pollen (MON810) on Lepidopteran larvae living on accompanying weeds. *Mol. Ecol.* **15**, 2677–2685.

Gavrilets S (2004) *Fitness Landscapes and the Origin of Species*. Princeton, NJ: Princeton Univ. Press.

Georghiou GP (1986) The magnitude of the resistance problem. In: *Pesticide Resistance: Strategies and Tactics for Management*, pp. 14–43. Washington, DC: National Acad. Press.

Geyer CJ, Ryder OA, Chemnick LG, Thompson EA (1993) Analysis of relatedness in the California condors, from DNA fingerprints. *Mol. Biol. Evol.* **10**, 571–589.

Gilbert DA, Packer C, Pusey AE, *et al.* (1991) Analytical DNA fingerprinting in lions: parentage, genetic diversity, and kinship. *J. Hered.* **82**, 378–386.

Gilchrist EJ, Haughn GW (2005) TILLING without a plough: a new method with applications for reverse genetics. *Curr. Opin. Plant Biol.* **8**, 211–215.

Gillespie JH (1991) *The Causes of Molecular Evolution*. New York: Oxford Univ. Press.

Gilligan DM, Woodworth LM, Montgomery ME, *et al.* (1997) Is mutation accumulation a threat to the survival of endangered populations? *Conserv. Biol.* **11**, 1235–1241.

Gilligan DM, Briscoe DA, Frankham R (2005) Comparative losses of quantitative and molecular genetic variation in finite populations of *Drosophila melanogaster*. *Genet. Res.* **85**, 47–55.

Gilpin M (1991) The genetic effective size of a metapopulation. *Biol. J. Linn. Soc.* **42**, 165–176.

Gilpin ME, Soulé ME (1986) Minimum viable populations: processes of species extinction. In: *Conservation Biology: The Science of Scarcity and Diversity* (ed. Soulé ME), pp. 19–34. Sunderland, MA: Sinauer.

Ginsberg J (1993) Can we build an ark? *Trends Ecol. Evol.* **8**, 4–6.

Glenn TC, Stephan W, Braun MJ (1999) Effects of a population bottleneck on whooping crane mitochondrial DNA variation. *Conserv. Biol.* **13**, 1097–1107.

Goldberg TL (1997) Inferring the geographic origins of 'refugee' chimpanzees in Uganda from mitochondrial DNA sequences. *Conserv. Biol.* **11**, 1441–1446.

Gómez A, Wright PJ, Lunt DH, *et al.* (2007) Mating trials validate the use of DNA barcoding to reveal cryptic speciation of a marine bryozoan taxon. *Proc. R. Soc. Lond. B* **274**, 199–207.

Goosens B, Chikhi L, Ancrenaz M, *et al.* (2006) Genetic signature of anthropogenic population collapse in orang-utans. *PLoS Biology* **4**, e25.

Gorman M (1999) Oryx go back to the brink. *Nature* **398**, 190.

Gotelli NJ (2008) *A Primer of Ecology*. Sunderland, MA: Sinauer.

Gottelli D, Sillero-Zubiri C, Appelbaum GD, *et al.* (1994) Molecular genetics of the most endangered canid: the Ethiopian wolf *Canis simensis*. *Mol. Ecol.* **3**, 301–312.

Goudet J (2002) *FSTAT*, a program to estimate and test gene diversities and fixation indices, Version 2.9.3.2. www.unil.ch/izea/softwares/fstat.html

Grant A, Malin HC (1997) Fertility control for wildlife management. *Reprod. Fert. Dev.* **9**, 1–186.

Grant BR, Grant PR (1989) *Evolutionary Dynamics of a Natural Population: The Large Cactus Finch of the Galapagos*. Chicago, IL: Univ. Chicago Press.

Grant BS, Wiseman LL (2002) Recent history of melanism in American peppered moths. *J. Hered.* **93**, 86–90.

Grant PR, Grant BR (1992) Demography and the genetically effective size of two populations of Darwin's finches. *Ecology* **73**, 766–784.

Grant PR, Grant BR (1995) Predicting microevolutionary responses to directional selection on heritable variation. *Evolution* **49**, 241–251.

Grant PR, Grant BR (2000) Quantitative genetic variation in populations of Darwin's finches. In: *Adaptive Genetic Variation in the Wild* (eds. Mousseau TA, Sinervo B, Endler J), pp. 3–40. New York: Oxford Univ. Press.

Grant PR, Grant BR (2002) Unpredictable evolution in a 30-year study of Darwin's finches. *Science* **296**, 707–711.

Grativol AD, Ballou JD, Fleischer RC (2001) Microsatellite variation within and among recently fragmented populations of the golden lion tamarin (*Leontopithecus rosalia*). *Conserv. Genet.* **2**, 1–9.

Greaves JH, Redfern R, Ayres PB, Gill JE (1977) Warfarin resistance: a balanced polymorphism. *Genet. Res.* **30**, 257–263.

Gresham D, Ruderfer DM, Pratt SC, *et al.* (2006) Genome-wide detection of polymorphisms at nucleotide resolution with a single DNA microarray. *Science* **311**, 1932–1936.

Griffith B, Scott JM, Carpenter JW, *et al.* (1989) Translocations as a species conservation tool: status and strategy. *Science* **245**, 477–480.

Groom MJ, Meffe GK, Carroll CR (2006) *Principles of Conservation Biology*, 3rd edn. Sunderland, MA: Sinauer.

Groombridge J (2007) Genetics and extinction of island endemics: the importance of historical perspectives. *Anim. Conserv.* **10**, 147–148.

Groombridge JJ, Jones CG, Bruford MW, *et al.* (2000) 'Ghost' alleles of the Mauritius kestrel. *Nature* **403**, 616.

Gross L (2005) Why not the best? How science failed the Florida panther. *PLoS Biology* **3**, 1525–1531.

Guerrant EOJ (1996) Designing populations: demographic, genetic and horticultural dimensions. In: *Restoring Diversity: Strategies for Reintroduction of Endangered Plants* (eds. Falk DA, Millar CI, Olwell M), pp. 171–207. Washington, DC: Island Press.

Haag-Luitard C, Dorris M, Maside X, *et al.* (2007) Direct estimation of per nucleotide and genomic deleterious mutation rates in *Drosophila*. *Nature* **445**, 82–85.

Haddad NM, Browne DR, Cunningham A, *et al.* (2003) Corridor use by diverse taxa. *Ecology* **84**, 608–615.

Haig SM, Avise JC (1996) Avian conservation genetics. In: *Conservation Genetics: Case Histories from Nature* (eds. Avise JC, Hamrick JL), pp. 160–189. New York: Chapman & Hall.

Haig SM, Ballou JD, Derrickson SR (1990) Management option for preserving genetic diversity: reintroduction of Guam rails to the wild. *Conserv. Biol.* **4**, 290–300.

Haig SM, Belthoff JR, Allen DH (1993) Population viability analysis for a small population of red-cockaded woodpeckers and evaluation of enhancement strategies. *Conserv. Biol.* **7**, 289–301.

Haig SM, Ballou JD, Casna NJ (1994) Identification of kin structure among Guam rail founders: a comparison of pedigrees and DNA profiles. *Mol. Ecol.* **3**, 109–119.

Haig SM, Ballou JD, Casna NJ (1995) Genetic identification of kin in Micronesian Kingfishers. *J. Hered.* **86**, 423–431.

Haig SM, Wagner RS, Forsman ED, Mullins TD (2001) Geographic variation and genetic structure in spotted owls. *Conserv. Genet.* **2**, 25–40.

Hajibabaei M, Singer GAC, Hebert PDN, Hickery DA (2007) DNA barcoding: how it complements taxonomy, molecular phylogenetics and population genetics. *Trends Genet.* **23**, 167–172.

Haldane JBS (1924) A mathematical theory of natural and artificial selection. Part I. *Trans. Cambridge Phil. Soc.* **23**, 10–41.

Haldane JBS, Jayakar SD (1963) Polymorphism due to selection of varying direction. *J. Genet.* **58**, 237–242.

Hall BG (2004a) *Phylogenetic Trees Made Easy: A How- to Manual*. Sunderland, MA: Sinauer.

Hall BG (2004b) Comparison of the accuracies of several phylogenetic methods using protein and DNA sequences. *Mol. Biol. Evol.* **22**, 792–802.

Hall BG (2006) Simple and accurate estimation of ancestral protein sequences. *Proc. Natl. Acad. Sci. USA* **103**, 5431–5436.

Hämmerli A, Reusch TBH (2003) Inbreeding depression influences genet size distribution in a marine angiosperm. *Molecular Ecology* **12**, 619–629.

Hamrick JL, Godt MJW (1989) Allozyme diversity in plant species. In: *Plant Population Genetics, Breeding, and Genetic Resources* (eds. Brown AHD, Clegg MT, Kahler AL, Weir BS), pp. 43–63. Sunderland, MA: Sinauer.

Hamrick JL, Godt MJW (1996) Conservation genetics of endemic plant species. In: *Conservation Genetics: Case Histories from Nature* (eds. Avise JC, Hamrick JL), pp. 281–304. New York: Chapman & Hall.

Handley LJL, Berset-Brändli L, Perrin N (2006) Disentangling reasons for low Y chromosome variation in the greater white-toothed shrew (*Crocidura russula*). *Genetics* **173**, 935–942.

Hanski I, Gaggiotti OE (eds.) (2004) *Ecology, Genetics, and Evolution of Metapopulations*. Amsterdam: Elsevier.

Hanski I, Gilpin ME (eds.) (1997) *Metapopulation Biology: Ecology, Genetics and Evolution*. Orlando, FL: Academic Press.

Hanski I, Saccheri I (2006) Molecular-level variation affects population gowth in a butterfly metapopulation. *PLoS Biology* **4**, e129.

Harcourt AH (2002) Empirical estimates of minimum viable population sizes for primates: tens to tens of thousands? *Anim. Conserv.* **5**, 237–244.

Hard JJ (1995) A quantitative genetic perspective on the conservation of intraspecific diversity. *Amer. Fish. Soc. Symp.* **17**, 304–326.

Hardy OJ, Vekemans X (2001) Patterns of allozyme variation in diploid and tetraploid *Centaurea jacea* at different spatial scales. *Evolution* **55**, 943–954.

Harris H, Hopkinson DA, Edwards YH (1977) Polymorphism and the subunit structure of enzymes: a contribution to the neutralist–selectionist controversy. *Proc. Natl. Acad. Sci. USA* **74**, 698–701.

Hartl DL, Clark AG (2007) *Principles of Population Genetics*, 4th edn. Sunderland, MA: Sinauer.

Hartley CJ, Newcomb RD, Russell RJ, *et al.* (2006) Amplification of DNA from preserved specimens show blowflies were preadapted for the rapid evolution of insecticide resistance. *Proc. Natl. Acad. Sci. USA* **103**, 8757–8762.

Harvey PH, Leigh Brown AJ, Maynard Smith J, *et al.* (1996) *New Uses for New Phylogenies*. Oxford, UK: Oxford Univ. Press.

Hasselmann M, Beye M (2004) Signature of selection among sex-determining alleles of the honey bee. *Proc. Natl. Acad. Sci. USA* **101**, 4888–4893.

Hastings A, Harrison S (1994) Metapopulation dynamics and genetics. *Annu. Rev. Ecol. Syst.* **25**, 167–188.

Hauser L, Adcock GJ, Smith PJ, *et al.* (2002) Loss of microsatellite diversity and low effective population size in an overexploited population of New Zealand snapper (*Pagrus auratus*). *Proc. Natl. Acad. Sci. USA* **99**, 11 742–11 747.

Hay JM, Daugherty CH, Cree A, *et al.* (2003) Low genetic divergence obscures phylogeny among populations of *Sphenodon*, remnant of an ancient reptile lineage. *Mol. Phylog. Evol.* **29**, 1–19.

Hayasaka K, Gojobori T, Horai S (1988) Molecular phylogeny and evolution of primate mitochondrial DNA. *Mol. Biol. Evol.* **5**, 626–644.

Hays GC, Broderick AC, Glen F, *et al.* (2003) Climate change and sea turtles: a 150-year reconstruction of incubation temperatures at a major marine turtle rookery. *Global Change Biol.* **9**, 642–646.

Hayward MW, Somers MJ (2009) *Reintroduction of Top Order Predators*. Oxford, UK: Wiley-Blackwell.

Heap I (2007) *International Survey of Herbicide Resistant Weeds*. www.weedscience.com

Hebard FV (2006) The backcross breeding program of the American chestnut foundation. In: *Restoration of American Chestnut to Forest Lands*, Natural Resources Report NPS/NCR/CUE/NRR (eds. Steiner KC, Carlson JE), pp. 61–78. Washington, DC: National Parks Service.

Hebert PDN, Cywinska A, Ball SL, *et al.* (2003a) Biological identification through DNA barcodes. *Proc. R. Soc. Lond. B* **270**, 313–321.

Hebert PDN, Ratnasingham S, deWaard JR (2003b) Barcoding animal life: cytochrome *c* oxidase subunit 1 divergences among closely related species. *Proc. R. Soc. Lond. B (Suppl.)* **270**, S96–S99.

Hebert PDN, Stoeckle MY, Zemlak TS, *et al.* (2004) Identification of birds through DNA barcodes. *PLoS Biology* **2**, e312.

Hedrick PW (1983) *Genetics of Populations*. Boston, MA: Science Books International.

Hedrick PW (1987) Genetic bottlenecks. *Science* **237**, 963.

Hedrick PW (1992) Genetic conservation in captive populations and endangered species. In: *Applied Population Biology* (eds. Jain SK, Botsford LW), pp. 45–68. Dordrecht: Kluwer.

Hedrick PW (1994) Purging inbreeding depression and the probability of extinction: full-sib mating. *Heredity* **73**, 363–372.

Hedrick PW (1995) Elephant seals and the estimation of a population bottleneck. *J. Hered.* **86**, 232–235.

Hedrick PW (1996) Bottleneck(s) or metapopulation in cheetahs. *Conserv. Biol.* **10**, 897–899.

Hedrick PW (2000) *Genetics of Populations*, 2nd edn. Sudbury, MA: Jones & Bartlett.

Hedrick PW (2005a) *Genetics of Populations*, 3rd edn. Sudbury, MA: Jones & Bartlett.

Hedrick P (2005b) Large variance in reproductive success and the N_e/N ratio. *Evolution* **59**, 1596–1599.

Hedrick PW (2005c) A standardized genetic differentiation measure. *Evolution* **59**, 1633–1638.

Hedrick PW, Frederickson RJ (2008) Captive breeding and the reintroduction of Mexican and red wolves. *Mol. Ecol.* **17**, 344–350.

Hedrick PW, Kalinowski ST (2000) Inbreeding depression in conservation biology. *Annu. Rev. Ecol. Syst.* **31**, 139–162.

Hedrick PW, Kim TJ (2000) Genetics of complex polymorphisms: parasites and maintenance of MHC variation. In: *Evolutionary Genetics: From Molecules to Morphology* (eds. Singh RS, Krimbas CB), pp. 204–234. Cambridge, UK: Cambridge Univ. Press.

Hedrick PW, Miller PS (1992) Conservation genetics: techniques and fundamentals. *Ecol. Applic.* **2**, 30–46.

Hedrick PW, Parker JD (1997) Evolutionary genetics of haplo-diploid organisms and X-linked chromosomes. *Annu. Rev. Ecol. Syst.* **28**, 55–83.

Hedrick PW, Savolainen O (1996) Molecular and adaptive variation: a perspective for endangered plants. In: *Southwest Rare and Endangered Plants: Proceeding of the 2nd Conference* (eds. Maschinski J, Hammond HD, Holter L), pp. 99–102. Fort Collins, CO: US Department of Agriculture, Forest Service, Rocky Mountain Forest and Range Experiment Station.

Hedrick PW, Klitz W, Robinson WP, *et al.* (1991) Population genetics of HLA. In: *Evolution at the Molecular Level* (eds. Selander RK, Clark AG, Whittham TS), pp. 248–271. Sunderland, MA: Sinauer.

Hedrick PW, Miller PS, Geffen E, *et al.* (1997) Genetic evaluation of the three Mexican wolf lineages. *Zoo Biol.* **16**, 47–69.

Helenurm K (1998) Outplanting and differential source population success in *Lupinus guadalupensis*. *Conserv. Biol.* **12**, 118–127.

Henter HJ (2003) Inbreeding depression and haplodiploidy: experimental measures in a parasitoid and comparisons across diploid and haplodiploid insect taxa. *Evolution* **57**, 1793–1803.

Herbert G, Lyons LA, O'Brien SJ, *et al.* (1999) Patterns of primate evolution and phylogeny inferred from multiple loci in the nuclear genome. In: *Proc. 7th Annu. Conf. Soc. Mol. Biol. Evol.*, p. 24, Brisbane, Qld.

Herbinger CM, O'Reilly PT, Verspoor E (2006) Unravelling first-generation pedigrees in wild endangered salmon populations using molecular genetic markers. *Mol. Ecol.* **15**, 2261–2275.

Herre EA (2006) Barcoding helps biodiversity fly. *Proc. Natl. Acad. Sci. USA* **103**, 3949–3950.

Heschel MS, Paige KN (1995) Inbreeding depression, environmental stress, and population size variation in scarlet gilia (*Ipomopsis aggregata*). *Conserv. Biol.* **9**, 126–133.

Hey J (1999) The neutralist, the fly and the selectionist. *Trends Ecol. Evol.* **14**, 35–38.

Hey J, Machado CA (2003) The study of structured populations: new hope for a difficult and divided science. *Nature Rev. Genet.* **4**, 535–543.

Hey J, Waples RS, Arnold ML, *et al.* (2003) Understanding and confronting species uncertainty in biology and conservation. *Trends Ecol. Evol.* **18**, 597–603.

Hill WG (1982) Predictions of response to artificial selection from new mutations. *Genet. Res.* **40**, 255–278.

Hoarau G, Boon E, Jongma DN, *et al.* (2005) Low effective population size and evidence for inbreeding in an overexploited flatfish plaice (*Pleuronectes platessa* L.). *Proc. R. Soc. Lond. B* **272**, 497–503.

Hodskins LG (1997) *AZA Annual Report on Conservation and Science 1996–1997*, vol. 1. Silver Spring, MD: AZA.

Hoehn M, Sarre SD, Henle K (2007) The tale of two geckos: does dispersal prevent extinction in recently fragmented populations? *Mol. Ecol.* **16**, 3299–3312.

Hoekstra HE (2006) Genetics, development and evolution of adaptive pigmentation in vertebrates. *Heredity* **97**, 222–234.

Hoelzel AR (1999) Impact of population bottlenecks on genetic variation and the importance of life-history: a case study of the northern elephant seal. *Biol. J. Linn. Soc.* **68**, 23–39.

Hoffmann AA, Parsons PA (1997) *Extreme Environmental Change and Evolution*. Cambridge, UK: Cambridge Univ. Press.

Hoffmann AA, Hallas RJ, Dean JA, *et al.* (2003) Low potential for climatic stress adaptation in a rainforest *Drosophila* species. *Science* **301**, 100–102.

Hoffmann AA, Sgrò CM, Weeks AR (2004) Chromosomal inversion polymorphisms and adaptation. *Trends Ecol. Evol.* **19**, 482–488.

Hogbin PM, Peakall R, Sydes MA (2000) Achieving practical outcomes from genetic studies of rare Australian plants. *Austral. J. Bot.* **48**, 375–382.

Hogg JT, Forbes SH, Steele BM, *et al.* (2006) Genetic rescue of an insular population of large mammals. *Proc. R. Soc. Lond. B* **273**, 1491–1499.

Höglund J, Piertney SB, Alatalo RV, *et al.* (2002) Inbreeding depression and male fitness in black grouse. *Proc. R. Soc. Lond. B* **269**, 711–715.

Holmes B (2005) Encore! Why dream of recreating dinosaurs when we can already resurrect their genes for a repeat performance? *New Sci.* **186**(2496), 42–45.

Holst B, Medici EP, Marino-Filho OJ, *et al.* (2006) *Lion Tamarin Population and Habitat Viability Assessment Workshop 2005, Final Report*. Apple Valley, MN: IUCN/SSC Conservation Breeding Specialist Group.

Holt WV, Pickard AR, Prather RS (2004) Wildlife conservation and reproductive cloning. *Reproduction* **127**, 317–324.

Honnay O, Jacquemyn H (2007) Susceptibility of common and rare plant species to the genetic consequences of habitat fragmentation. *Conserv. Biol.* **21**, 823–831.

Honnay O, Coart E, Butaye J, *et al.* (2006) Low impact of present and historical landscape configuration on the genetics of fragmented *Anthyllis vulneraria* populations. *Biol. Conserv.* **127**, 411–419.

Hopkin M (2006) One place, one parent, two species. *Nature* **439**, 640–641.

Höss M, Kohn M, Pääbo S, *et al.* (1992) Excrement analysis by PCR. *Nature* **359**, 199.

Houlden BA, England PR, Taylor AC, *et al.* (1996) Low genetic variability of the koala *Phascolarctos cinereus* in southeastern Australia. *Mol. Ecol.* **5**, 269–281.

Houlden BA, Woodworth L, Humphreys K (1997) Captive breeding, paternity determination and genetic variation in chimpanzees (*Pan troglodytes*) in the Australasian region. *Primates* **38**, 341–347.

Houlden BA, Costello BH, Sharkely D, *et al.* (1998) Phylogeographic differentiation in the mitochondrial control region in the koala, *Phascolarctos cinereus* (Goldfuss 1817). *Mol. Ecol.* **8**, 999–1011.

Houle D, Morikawa B, Lynch M (1996) Comparing mutational variabilities. *Genetics* **143**, 1467–1483.

Howard DJ, Berlocher SH (1998) *Endless Forms: Species and Speciation*. New York: Oxford Univ. Press.

Howard RD, DeWoody JA, Muir WM (2004) Transgenic male mating advantage provides opportunity for Trojan gene effect in a fish. *Proc. Natl. Acad. Sci. USA* **101**, 2934–2938.

Huenneke LF (1991) Ecological implications of genetic variation in plant populations. In: *Genetics and Conservation of Rare Plants* (eds. Falk DA, Holsinger KE), pp. 30–44. New York: Oxford Univ. Press.

Huey RB, Gilchrist GW, Carlson ML, *et al.* (2000) Rapid evolution of a geographic cline in size in an introduced fly. *Science* **287**, 308–309.

Hughes AL (1991) MHC polymorphism and the design of captive breeding programs. *Conserv. Biol.* **5**, 249–251.

Hughes AL, Yeager M (1998) Natural selection at major histocompatibility complex loci of vertebrates. *Annu. Rev. Genet.* **32**, 415–435.

Hughes WOH, Boomsma JJ (2004) Genetic diversity and disease resistance in leaf-cutting ant societies. *Evolution* **58**, 1251–1260.

Hurka H, Bleeker W, Neuffer B (2003) Evolutionary processes associated with biological invasions in the Brassicaceae. *Biol. Invas.* **5**, 281–292.

Husband BC, Schemske DW (1996) Evolution of the magnitude and timing of inbreeding depression in plants. *Evolution* **50**, 54–70.

Husband BC, Schemske DW (1997) The effect of inbreeding in diploid and tetraploid populations of *Epilobium angustifolium* (Onagraceae): implications for the genetic basis of inbreeding depression. *Evolution* **51**, 737–746.

Hutchings JA, Fraser DJ (2008) The nature of fisheries- and farming-induced evolution. *Mol. Ecol.* **17**, 294–313.

Hutchinson WF, van Oosterhout C, Rogers SI, *et al.* (2003) Temporal analysis of archived samples indicates marked genetic changes in declining North Sea cod (*Gadus morhua*). *Proc. R. Soc. Lond. B* **270**, 2125–2132.

Huynen L, Millar CD, Scofield RP, *et al.* (2003) Nuclear DNA sequences detect species limits in ancient moa. *Nature* **425**, 175–178.

IPCC (2007a) *Climate Change 2007: The Physical Science Basis*. Cambridge, UK: Cambridge Univ. Press.

IPCC (2007b) *Global Change 2007: Impacts, Adaptation and Vulnerability*. Cambridge, UK: Cambridge Univ. Press.

IPCC (2007c) *Global Change 2007: Mitigation of Climate Change*. Cambridge, UK: Cambridge Univ. Press.

ISIS (1997) *SPARKS (Single Species Analysis Record Keeping System)*. Apple Valley, MN: International Species Information System.

ISIS (2007) *International Species Information System*. www.isis.org

IUCN (1987) *The IUCN Policy Statement on Captive Breeding* IUCN, Gland, Switzerland.
www.iucn.org/themes/ssc/publications/policy/captive_breeding.htm

IUCN (1997) *Red List of Threatened Plants*. Gland, Switzerland: IUCN.
IUCN (2007) *Red List of Threatened Species*. www.redlist.org
Isaac NJB, Mallet J, Mace GM (2004) Taxonomic inflation: its influence on macroecology and conservation. *Trends Ecol. Evol.* **19**, 464–469.
Jakobsson M, Scholz SW, Sheet P, *et al.* (2008) Genotype, haplotype and copy-number variation in worldwide human populations. *Nature* **451**, 998–1003.
James F (1995) The status of the red-cockaded woodpecker in 1990 and the prospect for recovery. In: *Red-cockaded Woodpecker: Recovery, Ecology and Management* (eds. Kulhavy DL, Hooper RG, Costa R), pp. 439–451. Nacogdoches, TX: Center for Applied Studies, Stephen F Austin State Univ.
Jamieson V (2005) The sale of the lonesome pine. *New Sci.* **188**(2522), 43–45.
Jeschke JM, Strayer DL (2005) Invasion success of vertebrates in Europe and North America. *Proc. Natl. Acad. Sci. USA* **102**, 7198–7202.
Jewell PA (1976) Selection for reproductive success. In: *Reproduction in Mammals*, vol. 6, *The Evolution of Reproduction* (eds. Austin CR, Short RV), pp. 71–109. Cambridge, UK: Cambridge Univ. Press.
Jimenez JA, Hughes KA, Alaks G, *et al.* (1994) An experimental study of inbreeding depression in a natural habitat. *Science* **266**, 271–273.
Johannson M, Primmer CR, Merilä J (2007) Does habitat fragmentation reduce fitness and adaptability? A case study of the common frog (*Rana temporaria*). *Mol. Ecol.* **16**, 2693–2700.
Johns GC, Avise JC (1998) A comparative summary of genetic distances in the vertebrates from the mitochondrial cytochrome *b* gene. *Mol. Biol. Evol.* **15**, 1481–1490.
Johnson JA, Watson RT, Mindell DP (2005) Prioritizing species conservation: does the Cape Verde kite exist? *Proc. R. Soc. Lond. B* **272**, 1365–1371.
Johnson MS, Turner JRG (1979) Absence of dosage compensation for a sex-linked enzyme in butterflies (*Heliconius*). *Heredity* **43**, 71–77.
Johnston LA, Lacy RC (1995) Genome resource banking for species conservation: selection of sperm donors. *Cryobiology* **32**, 68–77.
Johnston PG, Davey RJ, Seebeck JH (1984) Chromosome homologies in *Potorous tridactylus* and *P. longipes* (Marsupialia: Macropodidae) based on G-banding patterns. *Austral. J. Zool.* **32**, 319–324.
Jones D (2006) All about me. *New Sci.* **191**(2565), 29–36.
Jones DA, Wilkins DA (1971) *Variation and Adaptation in Plant Species*. London: Heinemann.
Jones KL, Glenn TC, Lacy RC, *et al.* (2002) Refining the whooping crane studbook by incorporating microsatellite DNA and leg-banding analyses. *Conserv. Biol.* **16**, 789–799.
Jones ME, Paetkau D, Geffen E, Moritz C (2004) Genetic diversity and population structure of Tasmanian devils, the largest marsupial carnivore. *Mol. Ecol.* **13**, 2197–2209.
Joseph L, Moritz C, Hugall A (1995) Molecular data support vicariance as a source of diversity in rainforests. *Proc. R. Soc. Lond. B* **260**, 177–182.
Kahn NW, St John J, Quinn TW (1998) Chromosome-specific intron size differences in the avian CHD gene provide an efficient method for sex identification in birds. *Auk* **115**, 1074–1078.
Kaiser J (2008) A plan to captive human diversity in 1000 genomes. *Science* **319**, 395.
Kalinowski ST, Waples RS (2002) Relationship of effective to census size in fluctuating populations. *Conserv. Biol.* **16**, 129–136.

Kalinowski ST, Hedrick PW, Miller PS (1999) No inbreeding depression observed in Mexican and red wolf captive programs. *Conserv. Biol.* **13**, 1371–1377.

Kalinowksi ST, Taper ML, Creel S (2006) Using DNA from non-invasive samples to identify individuals and census populations: an evidential approach tolerant of genotyping errors. *Conserv. Genet.* **7**, 319–329.

Kalinowski ST, Taper ML, Marshall TC (2007) Revising how the computer program CERVUS accommodates genotyping error increases success in paternity assignment. *Mol. Ecol.* **16**, 1099–1106.

Kanthaswamy S, Kurushima JD, Smith DG (2006) Inferring *Pongo* conservation units: a perspective based on microsatellite and mitochondrial DNA analyses. *Primates* **47**, 310–321.

Kärkkäinen K, Koski V, Savolainen O (1996) Geographical variation in the inbreeding depression of Scots Pine. *Evolution* **50**, 111–119.

Keightley PD, Lynch M (2003) Towards a realistic model of mutations affecting fitness. *Evolution* **57**, 683–685.

Keightley PD, Lercher MJ, Eyre-Walker A (2005) Evidence for widespread degradation of gene control regions in hominid genomes. *PLoS Biology* **3**, e42.

Keller LF (1998) Inbreeding and its fitness effects in an insular population of song sparrows (*Melospiza melodia*). *Evolution* **52**, 240–250.

Keller LF, Waller DM (2002) Inbreeding effects in wild populations. *Trends Ecol. Evol.* **17**, 230–241.

Keller LF, Grant PR, Grant BR, Petren K (2001) Heritability of morphological traits in Darwin's finches: misidentified paternity and maternal effects. *Heredity* **87**, 325–336.

Kellermann VM, van Heerwaarden B, Hoffmann AA, Sgrò CM (2006) Very low additive genetic variance and evolutionary potential in multiple populations of two rainforest *Drosophila* species. *Evolution* **60**, 1104–1108.

Kephart SR (2004) Inbreeding and reintroduction: progeny success in rare *Silene* populations of varied density. *Conserv. Genet.* **5**, 49–61.

Kettlewell HBD (1973) *The Evolution of Melanism*. Oxford, UK: Clarendon Press.

Kim KC, Byrne LB (2006) Biodiversity loss and the taxonomic bottleneck: emerging biodiversity science. *Ecol. Res.* **21**, 794–810.

Kim S, Misra A (2007) SNP genotyping: technologies and biomedical applications. *Annu. Rev. Biomed. Eng.* **9**, 289–320.

Kimura M (1983) *The Neutral Theory of Molecular Evolution*. Cambridge, UK: Cambridge Univ. Press.

King HD (1939) Life processes in gray Norway rats during fourteen years in captivity. *Amer. Anat. Mem.* **17**, 1–77.

Kingslover JG, Hoekstra HE, Hoekstra JM, *et al.* (2001) The strength of phenotypic selection in natural populations. *Amer. Nat.* **157**, 245–261.

Kleiman DG, Rylands AB (eds.) (2002) *Lion Tamarins: Biology and Conservation*. Washington, DC: Smithsonian Institution Press.

Kleiman DG, Thompson KV, Kirk-Bauer C (eds.) (2009) *Wild Mammals in Captivity*. Chicago, IL: Univ. Chicago Press.

Knapp EE, Dyer AR (1998) When do genetic considerations require special approaches to ecological restoration. In: *Conservation Biology for the Coming Decade* (eds. Fiedler PL, Karieva PM), pp. 345–363. New York: Chapman & Hall.

Kohn MH, Murphy WJ, Ostrander EA, *et al.* (2006) Genomics and conservation genetics. *Trends Ecol. Evol.* **21**, 629–637.

Kolaczkowski B, Thornton JW (2004) Performance of maximum parsimony and likelihood phylogenetics when evolution is heterogeneous. *Nature* **431**, 980–984.

Kolar CS, Lodge DM (2001) Progress in invasion biology: predicting invaders. *Trends Ecol. Evol.* **16**, 199–204.

Kolbe JJ, Glor RE, Schettino LR, *et al.* (2004) Genetic variation increases during biological invasion by a Cuban lizard. *Nature* **431**, 177–181.

Kolbe JJ, Glor RE, Schettino LR, *et al.* (2007) Multiple sources, admixture, and genetic variation in introduced *Anolis* lizard populations. *Conserv. Biol.* **21**, 1612–1625.

Komdeur J, Kappe A, van de Zande L (1998) Influence of population isolation on genetic variation and demography in Seychelles warblers: a field experiment. *Anim. Conserv.* **1**, 203–212.

Kondrashov AS, Houle D (1994) Genotype-environment interactions and the estimation of the genomic mutation rate in *Drosophila melanogaster*. *Proc. R. Soc. Lond. B* **258**, 221–227.

Krauss SL, Dixon B, Dixon KW (2002) Rapid genetic decline in a translocated population of the endangered plant *Grevillea scapigera*. *Conserv. Biol.* **16**, 986–994.

Kreitman M (1983) Nucleotide polymorphism at the alcohol dehydrogenase locus of *Drosophila melanogaster*. *Nature* **304**, 412–417.

Kreitman M (1996) The neutral theory is dead: long live the neutral theory. *BioEssays* **18**, 678–683.

Kreitman M, Akashi H (1995) Molecular evidence for natural selection. *Annu. Rev. Ecol. Syst.* **26**, 403–422.

Kriegs JO, Churakov G, Kiefmann M, *et al.* (2006) Retroposed elements as archives for the evolutionary history of placental mammals. *PLoS Biology* **4**, e91.

Kristensen TN, Sørensen P, Kruhøffer M, *et al.* (2005) Genome-wide analysis of inbreeding effects on gene expression in *Drosophila melanogaster*. *Genetics* **171**, 1–11.

Kuhner MK (2006) LAMARC 2.0: maximum likelihood and Bayesian estimation of population parameters. *Bioinformatics* **22**, 768–770.

Kulhavy DL, Hooper RG, Costa R (1995) *Red-cockaded Woodpecker: Recovery, Ecology and Management*. Nacogdoches, TX: Center for Applied Studies, Stephen F Austin State Univ.

Kumar S, Subramanian S (2002) Mutation rates in mammalian genomes. *Proc. Natl. Acad. Sci. USA* **99**, 803–808.

Kuparinen A, Merilä J (2007) Detecting and managing fisheries-induced evolution. *Trends Ecol. Evol.* **22**, 652–659.

Labate JA (2000) Software for population genetic analyses of molecular data. *Crop Sci.* **40**, 1521–1528.

Lacy RC (1987) Loss of genetic diversity from managed populations: interacting effects of drift, mutation, immigration, selection, and population subdivision. *Conserv. Biol.* **1**, 143–158.

Lacy RC (1998) Partitioning additive, dominance, epistatic and maternal effects on reproductive performance in crosses between subspecies of *Peromyscus polionotes*. In: *45th Annu. Meeting Genetics Soc. Australia Inc* (ed. Sved J), p. 88. Sydney: Genetics Society of Australia Inc.

Lacy RC, Ballou JD (1998) Effectiveness of selection in reducing the genetic load in populations of *Peromyscus polionotus* during generations of inbreeding. *Evolution* **52**, 900–909.

Lacy RC, Flesness NR, Seal US (1990) *Puerto Rican Parrot Population Viability Analysis*. Apple Valley, MN: Captive Breeding Specialist Group, Species Survival Commission, IUCN.

Lacy RC, Petric A, Warneke M (1993) Inbreeding and outbreeding in captive populations of wild animal species. In: *The Natural History of Inbreeding and Outbreeding: Theoretical and Empirical Perspectives* (ed. Thornhill NW), pp. 352–374. Chicago, IL: Univ. Chicago Press.

Lacy RC, Alaks G, Walsh A (1996) Hierarchical analysis of inbreeding depression in *Peromyscus polionotus*. *Evolution* **50**, 2187–2200.

Lacy RC, Borbat M, Pollak JP (2005) *VORTEX: A Stochastic Simulation of the Extinction Process*, Version 9.50, *User's Manual* Brookfield, IL: Chicago Zoological Society.

Laerm J, Avise JC, Patton JC, Lansman RA (1982) Genetic determination of the status of an endangered species of pocket gopher in Georgia. *J. Wildl. Manag.* **46**, 513–518.

Laikre L (1999) Conservation genetics of Nordic carnivores: lessons from zoos. *Hereditas* **130**, 203–216.

Laikre L, Ryman N (1991) Inbreeding depression in a captive wolf (*Canis lupus*) population. *Conserv. Biol.* **5**, 33–40.

Laikre L, Ryman N, Lundh NG (1997) Estimating inbreeding in a small, wild muskox *Ovibos moschatus* population and its possible effects on population reproduction. *Biol. Conserv.* **79**, 197–204.

Lamotte M (1959) Polymorphism of natural populations of *Cepaea nemoralis*. *Cold Spring Harb. Symp. Quant. Biol.* **24**, 65–84.

Land DE, Lacy RC (2000) Introgression level achieved through Florida panther genetic restoration. *Endang. Sp. Updates* **17**, 99–103.

Lande R (1988) Genetics and demography in biological conservation. *Science* **241**, 1455–1460.

Lande R (1995) Mutation and conservation. *Conserv. Biol.* **9**, 782–791.

Lande R (1998) Risk of population extinction from fixation of deleterious and reverse mutations. *Genetica* **102/103**, 21–27.

Lande R, Barrowclough GF (1987) Effective population size, genetic variation, and their use in population management. In: *Viable Populations for Conservation* (ed. Soulé ME), pp. 87–123. Cambridge, UK: Cambridge Univ. Press.

Lande R, Schemske DW (1985) The evolution of self-fertilization and inbreeding depression in plants. I. Genetic models. *Evolution* **39**, 24–40.

Lankau RA, Strauss SY (2007) Mutual feedbacks maintain both genetic and species diversity in a plant community. *Science* **317**, 1561–1563.

Lanza RP, Draper BL, Damiani P (2000) Cloning Noah's ark. *Scient. Amer.* **87**(5), 84–89.

Latch EK, Dharmarajan G, Glaubitz JC, *et al.* (2006) Relative performance of Bayesian clustering software for inferring population substructure and individual assignment at low levels of population differentiation. *Conserv. Genet.* **7**, 295–302.

Latter BDH (1998) Mutant alleles of small effect are primarily responsible for the loss of fitness with slow inbreeding in *Drosophila melanogaster*. *Genetics* **148**, 1143–1158.

Latter BDH, Sved JA (1994) A reevaluation of data from competitive tests shows high levels of heterosis in *Drosophila melanogaster*. *Genetics* **137**, 509–511.

Latter BDH, Mulley JC, Reid D, Pascoe L (1995) Reduced genetic load revealed by slow inbreeding in *Drosophila melanogaster*. *Genetics* **139**, 287–297.

Leakey R, Lewin R (1995) *The Sixth Extinction: Biodiversity and its Survival*. London: Phoenix.

Leberg PL (1990a) Influence of genetic variability on population growth: implications for conservation. *J. Fish Biol.* **37** (suppl. A), 193–195.

Leberg PL (1990b) Genetic considerations in the design of introduction programs. In: *Trans. 55th North American Wildl. Natural Resources Conf.*, pp. 609–619.

Leberg PL (1996) Applications of allozyme electrophoresis in conservation biology. In: *Molecular Genetic Approaches in Conservation* (eds. Smith TB, Wayne RK), pp. 87–103. New York: Oxford Univ. Press.

Leberg PL (2002) Estimating allelic richness: effects of sample size and bottlenecks. *Mol. Ecol.* **11**, 2445–2449.

Leberg PL, Firmin BD (2008) Role of inbreeding depression and purging in captive breeding and restoration programmes. *Mol. Ecol.* **17**, 334–343.

Leblois R, Slatkin M (2007) Estimating the number of founder lineages from haplotypes of closely linked SNPs. *Mol. Ecol.* **16**, 2237–2245.

Lee CE (2002) Evolutionary genetics of invasive species. *Trends Ecol. Evol.* **17**, 386–391.

Lee CE, Mitchell-Olds T (2006) Preface to the special issue: ecological and evolutionary genomics of populations in nature. *Mol. Ecol.* **15**, 1193–1196.

Lee LJ, Hughes TR, Frey BJ (2006) How many genes are there? *Science* **311**, 1709.

Legge JT, Roush R, DeSalle R, *et al.* (1996) Genetic criteria for establishing evolutionarily significant units in Cryan's Buckmoth. *Conserv. Biol.* **10**, 85–98.

Leimu R, Mutikainen P, Koricheva J, *et al.* (2006) How general are positive relationships between plant population size, fitness and genetic variation? *J. Ecol.* **94**, 942–952.

Lerner IM (1954) *Genetic Homeostasis*. Edinburgh, UK: Oliver & Boyd.

Les DH, Reinhartz JA, Esselman EJ (1991) Genetic consequences of rarity in *Aster furcatus* (Asteraceae), a threatened, self-incompatible plant. *Evolution* **45**, 1641–1650.

Levy S, Sutton G, Ng PC, *et al.* (2007) The diploid genome sequence of an individual human. *PLoS Biology* **5**, e254.

Lewis OT, Thomas CD (2001) Adaptation to captivity in the butterfly *Pieris brassicae* (L) and the implications for *ex situ* conservation. *J. Insect Conserv.* **5**, 55–63.

Lewis WH (1980) *Polyploidy: Biological Relevance*. New York: Plenum Press.

Lewontin RC (1974) *The Genetic Basis of Evolutionary Change*. New York: Columbia Univ. Press.

Lewontin RC, Birch LC (1966) Hybridization as a source of variation for adaptation to new environments. *Evolution* **20**, 315–336.

Li CC (1955) *Population Genetics*. Chicago, IL: Univ. Chicago Press.

Li CC (1976) *First Course in Population Genetics*. Pacific Grove, CA: Boxwood Press.

Li W-H, Graur D (1991) *Fundamentals of Molecular Evolution*. Sunderland, MA: Sinauer.

Liberg O, Andrén H, Pedersen H-C, *et al.* (2005) Severe inbreeding depression in a wild wolf (*Canis lupus*) population. *Biol. Lett.* **1**, 17–20.

Linacre A (2009) *Forensic Science in Wildlife Investigations*. Boca Raton, FL: CRC Press.

Lindenmayer DB, Lacy RC (2002) Small mammals, habitat patches and PVA models: a field test of model predictive ability. *Biol. Conserv.* **103**, 247–265.

Lindenmayer DB, Nix HA (1993) Ecological principles for the design of wildlife corridors. *Conserv. Biol.* **7**, 627–630.

Lindenmayer D, Peakall R (2000) The Tumut experiment – integrating demographic and genetic studies to unravel fragmentation effects: a case study of the native bush rat. In: *Genetics, Demography and Viability of Fragmented Populations* (eds. Young AG, Clarke GM), pp. 173–201. Cambridge, UK: Cambridge Univ. Press.

Lindsley DL, Sandler L, Baker BS, *et al.* (1972) Segmental aneuploidy and the genetic gross structure of the *Drosophila* genome. *Genetics* **71**, 157–184.

Lipsey MW, Wilson DB (2001) *Practical Meta-Analysis*. Thousand Oaks, CA: Sage Publications.

Liu F, Zhang L, Charlesworth D (1998) Genetic diversity in *Leavenworthia* populations with different inbreeding levels. *Proc. R. Soc. Lond. B* **265**, 293–301.

Lively CM, Dybdahl MF (2000) Parasite adaptation to locally common host genotypes. *Nature* **405**, 679–681.

Lively CM, Craddock C, Vrijenhoek RC (1990) Red Queen hypothesis supported by parasitism in sexual and clonal fish. *Nature* **344**, 864–866.

Lopez MA, Lopez-Fanjul C (1993) Spontaneous mutation for a quantitative trait in *Drosophila melanogaster*. II. Distribution of mutant effects on the trait and fitness. *Genet. Res.* **61**, 117–126.

Lorenz JG, Jackson WE, Beck JC, *et al.* (2005) The problems and promise of DNA barcodes for species diagnosis of primate biomaterials. *Phil. Trans. R. Soc. Lond. B* **360**, 1869–1877.

Lu C, Tej SS, Luo S, *et al.* (2005) Elucidation of the small RNA component of the transcriptome. *Science* **309**, 1567–1569.

Lu Z, Johnson WE, Menotti-Raymond M, *et al.* (2001) Patterns of genetic diversity in remaining giant panda populations. *Conserv. Biol.* **15**, 1596–1607.

Ludwig D (1999) Is it meaningful to estimate probability of extinction? *Ecology* **80**, 298–310.

Luikart G, Cornuet J (1998) Empirical evaluation of a test for identifying recently bottlenecked populations from allele frequency data. *Conserv. Biol.* **12**, 228–237.

Luikart G, England PR (1999) Statistical analysis of microsatellite DNA data. *Trends Ecol. Evol.* **14**, 253–256.

Luikart G, England PR, Tallmon DA, *et al.* (2003) The power and promise of population genomics: from genotyping to genome typing. *Nature Rev. Genet.* **4**, 981–994.

Luttikhuizen PC, Stift M, Kuperus P, *et al.* (2007) Genetic diversity in diploid vs. tetraploid *Rorippa amphibia* (Brassicaceae). *Mol. Ecol.* **16**, 3544–3553.

Lynch AJJ, Barnes RW, Cambecedes J, *et al.* (1998) Genetic evidence that *Lomatia tasmanica* (Proteaceae) is an ancient clone. *Austral. J. Bot.* **46**, 25–33.

Lynch M (1991) The genetic interpretation of inbreeding depression and outbreeding depression. *Evolution* **45**, 622–629.

Lynch M (2006) The origin of eukaryotic gene structure. *Mol. Biol. Evol.* **23**, 450–486.

Lynch M (2007) *The Origins of Genome Architecture*. Sunderland, MA: Sinauer.

Lynch M, Walsh B (1998) *Genetics and Analysis of Quantitative Traits*. Sunderland, MA: Sinauer.

Lynch M, Conery J, Bürger R (1995a) Mutation accumulation and the extinction of small populations. *Amer. Natur.* **146**, 489–518.

Lynch M, Conery J, Bürger R (1995b) Mutational meltdowns in sexual populations. *Evolution* **49**, 1067–1080.

Lynch M, Blanchard J, Houle D, *et al.* (1999) Perspective: Spontaneous deleterious mutation. *Evolution* **53**, 645–663.

Lynch M, Koskella B, Schaack S (2006) Mutation pressure and the evolution of organelle genomic architecture. *Science* **311**, 1727–1730.

Mable BK, Adam A (2007) Patterns of genetic diversity in outcrossing and selfing populations of *Arabidopsis lyrata*. *Mol. Ecol.* **16**, 3565–3580.

MacCluer JW, VandeBerg JL, Read B, *et al.* (1986) Pedigree analysis by computer simulation. *Zoo Biol.* **5**, 147–160.
Mace GM (1986) Genetic management of small populations. *Int. Zoo Yb.* **24/25**, 167–174.
Mace GM, Lande R (1991) Assessing extinction threats: towards a reevaluation of IUCN threatened species categories. *Conserv. Biol.* **5**, 148–157.
Mace GM, Smith TB, Bruford MW, *et al.* (1996) An overview of the issues. In: *Molecular Genetic Approaches in Conservation* (eds. Smith TB, Wayne RK), pp. 1–21. New York: Oxford Univ. Press.
Mackay TFC, Fry JD, Lyman RF, *et al.* (1994) Polygenic mutation in *Drosophila melanogaster*: estimates from response to selection of inbred strains. *Genetics* **136**, 937–951.
Madsen T, Stille B, Shine R (1996) Inbreeding depression in an isolated population of adders *Vipera berus*. *Biol. Conserv.* **75**, 113–118.
Madsen T, Ujvari B, Olsson M (2004) Novel genes continue to enhance population growth in adders (*Vipera berus*). *Biol. Conserv.* **120**, 145–147.
Magiafoglou A, Schiffer MS, Hoffmann AA, *et al.* (2003) Immunocontraception for population control: will resistance evolve? *Immunol. Cell Biol.* **81**, 152–159.
Magin CD, Johnson TH, Groombridge B, *et al.* (1994) Species extinctions, endangerment and captive breeding. In: *Creative Conservation: Interactive Management of Wild and Captive Animals* (eds. Olney PJS, Mace GM, Feistner ATC), pp. 3–31. London: Chapman & Hall.
Maksakova IA, Romanish MT, Gagnier L, *et al.* (2006) Retroviral elements and their hosts: insertional mutagenesis in the mouse germ line. *PLoS Genetics* **2**, e2.
Malecot G (1969) *The Mathematics of Heredity*. San Francisco, CA: WH Freeman.
Maloof JN (2006) Small but not forgotten. *Heredity* **96**, 1–2.
Manel S, Schwartz MK, Luikart G, *et al.* (2003) Landscape genetics: combining landscape ecology and population genetics. *Trends Ecol. Evol.* **18**, 189–197.
Manly BFJ (1985) *The Statistics of Natural Selection on Animal Populations*. London: Chapman & Hall.
Mansfield KG, Land ED (2002) Cryptorchidism in Florida panthers: prevalence, features, and influence of genetic restoration. *J. Wildl. Dis.* **38**, 693–698.
Mansour J, Ballou J (1994) Capitalizing the ark: the economic benefit of adding founders to captive populations. *Neotrop. Primates* **2**(Suppl.), 8–11.
Margan SH, Nurthen RK, Montgomery ME, *et al.* (1998) Single large or several small? Population fragmentation in the captive management of endangered species. *Zoo Biol.* **17**, 467–480.
Marris E (2007) The species and the specious. *Nature* **446**, 250–253.
Marshall DR, Brown AHD (1975) Optimum sampling strategies in genetic conservation. In: *Crop Genetic Resources for Today and Tomorrow* (eds. Frankel OH, Hawkes JG), pp. 53–80. Cambridge, UK: Cambridge Univ. Press.
Marshall E (2005) Will DNA bar codes breathe life into classification? *Science* **307**, 1037.
Marshall TC, Spalton JA (2000) Simultaneous inbreeding and outbreeding depression in reintroduced Arabian oryx. *Anim. Conserv.* **3**, 241–248.
Marshall TC, Sunnucks P, Spalton JA, *et al.* (1999) Use of genetic data for conservation management: the case of the Arabian oryx. *Anim. Conserv.* **2**, 269–278.
Martins PS, Jain SK (1979) Role of genetic variation in the colonizing ability of rose clover (*Trifolium hirtum* All). *Amer. Natur.* **114**, 591–595.
Marvier M, McCreedy C, Regetz J, *et al.* (2007) A meta-analysis of effects of *Bt* cotton and maize on nontarget invertebrates. *Science* **316**, 1475–1477.

Maschinski J, Baggs JE, Quintana-Ascencio PF, *et al.* (2006) Using population viability analysis to predict the effects of climate change on the extinction risk of an endangered limestone endemic shrub, Arizona cliffrose. *Conserv. Biol.* **20**, 218–228.

Mather K (1973) *Genetical Structure of Populations*. London: Chapman & Hall.

Matthies D, Bräuer I, Maibom W, *et al.* (2004) Population size and the risk of local extinction: empirical evidence from rare plants. *Oikos* **105**, 481–488.

Mavárez J, Salazar CA, Bermingham E, *et al.* (2006) Speciation by hybridization in *Heliconius* butterflies. *Nature* **441**, 868–871.

May GE, Gelembiuk GW, Panov VE, *et al.* (2006) Molecular ecology of zebra mussel invasions. *Mol. Ecol.* **15**, 1021–1031.

May RM (1973) *Stability and Complexity in Model Ecosystems*. Princeton, NJ: Princeton Univ. Press.

May RM (1995) The cheetah controversy. *Nature* **374**, 309–310.

Mayr E (1963) *Animal Species and Evolution*. Cambridge, MA: Harvard Univ. Press.

McCallum H, Jones M (2006) To lose both would look like carelessness: Tasmanian devil facial tumour disease. *PLoS Biology* **4**, e342.

McCarroll SA, Hadnott TN, Perry GH, *et al.* (2006) Common deletion polymorphisms in the human genome. *Nature Genet.* **38**, 86–92.

McCarthy MA, Andelman SJ, Possingham HP (2003) Reliability of relative predictions in population viability analysis. *Conserv. Biol.* **17**, 982–989.

McCauley DE, Wade MJ (1981) The population effects of inbreeding in *Tribolium*. *Heredity* **46**, 59–67.

McCleery RH, Pettifor RA, Armbruster P, *et al.* (2004) Components of variance underlying fitness in a natural population of the great tit *Parus major*. *Amer. Natur.* **164**, E1–E711.

McClelland EK, Naish KA (2007) What is the fitness outcome of crossing unrelated fish populations? A meta-analysis and an evaluation of future research directions. *Conserv. Genet.* **8**, 397–416.

McComb J (2002) Dieback resistant orchard opens. *Austral. Innov. Mag.* **Dec 2001–Feb 2002**, 32.

McCullough DR, Fischer JK, Ballou JD (1996) From bottleneck to metapopulation: recovery of the Tule elk in California. In: *Metapopulations and Wildlife Conservation* (ed. McCullough DR), pp. 375–403. Washington, DC: Island Press.

McDonald JH, Kreitman M (1991) Adaptive protein evolution at the *Adh* locus in *Drosophila*. *Nature* **351**, 652–654.

McFadyen REC (1998) Biological control of weeds. *Annu. Rev. Entomol.* **43**, 369–393.

McIntosh N (1999) Hawaii's endangered humpback whales. *Endang. Sp. Updates* **16**, 60–63.

McKenzie JA (1996) *Ecological and Evolutionary Aspects of Insecticide Resistance*. Austin, TX: Academic Press and R. G. Lands Company.

McKenzie JA, Batterham P (1994) The genetic, molecular and phenotypic consequences of selection for insecticide resistance. *Trends Ecol. Evol.* **9**, 166–169.

McKinnon JS, Mori S, Blackman BK, *et al.* (2004) Evidence for ecology's role in speciation. *Nature* **429**, 294–298.

McNeely JA, Schutyser F (2003) Invasive species: a global concern bubbling to the surface. In: *Int. Conf. Impact of Global Environmental Problems on Continental and Coastal Marine Waters*, Geneva, pp. 1–14.

McNeely JA, Miller KR, Reid WV, *et al.* (1990) *Conserving the World's Biological Diversity*. Washington, DC: IUCN, World Resources Institute, Conservation International, WWF-US and the World Bank.

McNeill WH (1976) *Plagues and Peoples*. Garden City, NY: Anchor Press.

Meagher S, Penn DJ, Potts WK (2000) Male-male competition magnifies inbreeding depression in wild house mice. *Proc. Natl. Acad. Sci. USA.* **97**, 3324–3329.

Meffe GK, Carroll CR (1997) *Principles of Conservation Biology*, 2nd edn. Sunderland, MA: Sinauer.

Meier R, Shiyang K, Vaidya G, *et al.* (2006) DNA barcoding and taxonomy in Diptera: a tale of high intraspecific variability and low identification success. *Syst. Biol.* **55**, 715–728.

Meiri S, Mace GM (2007) New taxonomy and the origin of species. *PLoS Biology* **5**, e194.

Mendelson JRI, Lips KR, Gagliardo RW, *et al.* (2006) Confronting amphibian declines and extinctions. *Science* **313**, 48.

Menges E (1990) Population viability analysis for an endangered plant. *Conserv. Biol.* **4**, 52–61.

Menges ES (1992) Stochastic modeling of extinction in plant populations. In: *Conservation Biology: The Theory and Practice of Nature Conservation Preservation and Management* (eds. Fiedler PL, Jain SK), pp. 253–275. New York: Chapman & Hall.

Mesta R (1999) Final rule to remove the American peregrine falcon from the federal list of endangered and threatened wildlife, and to remove the similarity of appearance provision for free-ranging peregrines in the continental United States. *Federal Register* **64**(164), 46 541–46 558.

MetaWin (2007) *MetaWin Statistical Software*, Version 2.1.5. www.metawinsoft.com

Miklos GLG, Rubin GM (1996) The role of the genome project in determining gene function: insights from organisms. *Cell* **86**, 521–529.

Milinkovitch MC, Monteyne D, Gibbs JP, *et al.* (2004) Genetic analysis of a successful repatriation programme: giant Galápagos tortoises. *Proc. R. Soc. Lond. B* **271**, 341–345.

Millar CD, Reed CEM, Halverson JL, *et al.* (1997) Captive management and molecular sexing of endangered avian species: an application to the black stilt *Himantopus novaezelandiae* and hybrids. *Biol. Conserv.* **82**, 81–86.

Millar JG (1999) Proposed rule to remove the bald eagle in the lower 48 states from the list of endangered and threatened wildlife. *Federal Register* **64**(128), 36 453–36 464.

Millar JS, Zammuto RM (1983) Life histories of mammals: an analysis of life tables. *Ecology* **64**, 631–635.

Millennium Ecosystem Assessment (2005a) *Ecosystems and Human Well-Being. Biodiversity Synthesis*. Washington, DC: World Resources Institute.

Millennium Ecosystem Assessment (2005b) *Ecosystems and Human Well-Being: Current State and Trends*, Vol. 1, *Findings of the Conditions and Trends Working Group of the Millenium Ecosystem Assessment*. Washington, DC: Island Press.

Millennium Ecosystem Assessment (2005c) *Ecosystems and Human Well-Being: Synthesis*. Washington, DC: Island Press.

Miller CR, Joyce P, Waits LP (2005) A new method for estimating the size of small populations from genetic mark-recapture data. *Mol. Ecol.* **14**, 1991–2005.

Miller PS, Lacy RC (2005) *VORTEX: A Stochastic Simulation of the Extinction Process*, Version 9.50, *User's Manual*. Apple Valley, MN: Conservation Breeding Specialist Group (SSC/IUCN).

Mills LS (2007) *Conservation of Wildlife Populations: Demography, Genetics and Management*. Malden, MA: Blackwell.

Mills LS, Allendorf FW (1996) The one-migrant-per-generation rule in conservation and management. *Conserv. Biol.* **10**, 1509–1518.

Mills LS, Lindberg MS (2000) Sensitivity analysis to evaluate the consequences of conservation action. In: *Population Viability Analysis* (eds. Beissinger SR, McCullough DR), pp. 338–366. Chicago, IL: Univ. Chicago Press.

Milne H, Robertson FW (1965) Polymorphism in egg albumen and behaviour in eider ducks. *Nature* **205**, 367–369.

Minckley WL (1995) Translocation as a tool for conserving imperiled fishes: experience in western United States. *Biol. Conserv.* **72**, 297–309.

Mirande C, Lacy R, Seal US (1991) *Whooping Crane Conservation Viability Assessment*. Apple Valley, MN: IUCN/SSC CBSG.

Mitchell-Olds T, Schmitt J (2006) Genetic mechanisms and evolutionary significance of natural variation in *Arabidopsis*. *Nature* **441**, 947–952.

Møller AP, Jennions MD (2001) Testing and adjusting for publication bias. *Trends Ecol. Evol.* **16**, 580–586.

Montalvo AM, Ellstrand NC (2000) Transplantation of the subshrub *Lotus scoparius*: testing the home-site advantage hypothesis. *Conserv. Biol.* **14**, 1034–1045.

Montgomery ME, Ballou JD, Nurthen RK, *et al.* (1997) Minimizing kinship in captive breeding programs. *Zoo Biol.* **16**, 377–389.

Montgomery ME, Woodworth LM, Nurthen RK, *et al.* (2000) Relationships between population size and genetic diversity: comparisons of experimental results with theoretical predictions. *Conserv. Genet.* **1**, 33–43.

Montgomery ME, Woodworth LM, England PR, *et al.* (2009) Widespread selective sweeps affecting microsatellites in populations adapting to captivity. draft ms.

Mooney HA (1999) The Global Invasive Species Program (GISP). *Biol. Invas.* **1**, 97–98.

Mooney HA, Cleland EE (2001) The evolutionary impact of invasive species. *Proc. Natl. Acad. Sci. USA* **98**, 5446–5451.

Moritz C (1995) Uses of molecular phylogenies for conservation. *Phil. Trans. R. Soc. Lond. B* **349**, 113–118.

Moritz C, Cicero C (2004) DNA barcoding: promises and pitfalls. *PLoS Biology* **2**(10), e354.

Moritz C, Worthington Wilmer J, Pope L, *et al.* (1996) Applications of genetics to the conservation and management of Australian fauna: four case studies from Queensland. In: *Molecular Genetic Approaches to Conservation* (eds. Smith TB, Wayne RK), pp. 442–456. New York: Oxford Univ. Press.

Morris CA (1998) Genetics of disease resistance in *Bos taurus* cattle. *Anim. Genet. Resource Inform.* **23**, 1–11.

Morris WF, Doak DF (2002) *Quantitative Conservation Biology: Theory and Practice of Population Viability Analysis*. San Francisco, CA: WH Freeman.

Morton NE, Crow JF, Muller HJ (1956) An estimate of the mutational damage in man from data on consanguineous marriages. *Proc. Natl. Acad. Sci. USA* **42**, 855–863.

Moulton V (2005) Tracking down noncoding RNAs. *Proc. Natl. Acad. Sci. USA* **102**, 2269–2270.

Mousseau TA, Fox CW (1998) *Maternal Effects as Adaptations*. New York: Oxford Univ. Press.

Mousseau TA, Roff DA (1987) Natural selection and the heritability of fitness components. *Heredity* **59**, 181–197.

Mousseau TA, Sinervo B, Endler JA (2000) *Adaptive Genetic Variation in the Wild*. New York: Oxford Univ. Press.

Muir CC, Galdikas BMF, Beckenbach AT (1998) Is there sufficient evidence to elevate the orangutan of Borneo and Sumatra to separate species? *J. Mol. Evol.* **46**, 378–381.

Mulligan CJ, Kitchen A, Miyamoto MM (2006) Comment on 'Population size does not influence mitochondrial genetic diversity in animals'. *Science* **314**, 1390a.

Murawski DA, Nimal Gunatilleke IAU, Bawa KS (1994) The effects of selective logging on inbreeding in *Shorea megistophylla* (Dipterocarpaceae) from Sri Lanka. *Conserv. Biol.* **8**, 997–1002.

Murray J, Clarke B (1968) Inheritance of shell size in *Partula*. *Heredity* **23**, 189–198.

Myers D, Sabath MD (1980) Genetic and phenotypic variability, genetic variance, and the success of establishment of insect introductions for the biological control of weeds. In: *Proc. 5th Int. Symp. Biol. Control Weeds*, pp. 91–102.

Myers N (1979) *The Sinking Ark: A New Look at the Problem of Disappearing Species*. New York: Pergamon Press.

Nabholz B, Glémin S, Galtier N (2008) Strong variations of mitochondrial mutation rate across mammals: the longevity hypothesis. *Mol. Biol. Evol.* **25**, 120–130.

Nachman MW (2006) Detecting selection at the molecular level. In: *Evolutionary Genetics, Concepts and Case Studies* (eds. Fox CW, Wolf JB), pp. 103–118. New York: Oxford Univ. Press.

Nakagawa S, Gemmell NJ, Burke T (2004) Measuring vertebrate telomeres: applications and limitations. *Mol. Ecol.* **13**, 2523–2533.

Nei M (1975) *Molecular Population Genetics and Evolution*. Amsterdam: North-Holland.

Nei M (1987) *Molecular Evolutionary Genetics*. New York: Columbia Univ. Press.

Nei M (1996) Phylogenetic analysis in molecular evolutionary genetics. *Annu. Rev. Genet.* **30**, 371–403.

Nei M (2005) Selectionism and neutralism in molecular evolution. *Mol. Biol. Evol.* **22**, 2318–2342.

Nei M, Hughes AL (1991) Polymorphism and evolution of the major histocompatibility complex in mammals. In: *Evolution at the Molecular Level* (eds. Selander RK, Clark AG, Whittham TS), pp. 222–247. Sunderland, MA: Sinauer.

Nei M, Kumar S (2000) *Molecular Evolution and Phylogenetics*. New York: Oxford Univ. Press.

Nei M, Takezaki N (1994) Estimation of genetic distances and phylogenetic trees from DNA analysis. *Proc. 5th World Congr. Genet. Appl. Livestock Prod.* **21**, 405–412.

Neigel JE (1996) Estimation of effective population size and migration parameters from genetic data. In: *Molecular Genetic Approaches in Conservation* (eds. Smith TB, Wayne RK), pp. 329–346. New York: Oxford Univ. Press.

Nelson M (1995) Rediscovery of the Palo Verdes blue butterfly. *Endang. Sp. Bull.* **19**, 3.

Newman A, Bush M, Wildt DE, *et al.* (1985) Biochemical genetic variation in eight endangered or threatened felid species. *J. Mammal.* **66**, 256–267.

Newman D, Pilson D (1997) Increased probability of extinction due to decreased genetic effective population size: experimental populations of *Clarkia pulchella*. *Evolution* **51**, 354–362.

Newman D, Tallmon DA (2001) Experimental evidence for beneficial fitness effects of gene flow in recently isolated populations. *Conserv. Biol.* **15**, 1054–1063.

Newmark WD (1995) Extinction of mammal populations in Western North American national parks. *Conserv. Biol.* **9**, 512–526.

Nicholls H (2005) Ancient DNA comes of age. *PLoS Biology* **3**, 192–196.

Nielsen EE, Hansen MM, Loeschcke V (1999) Genetic variation in time and space: microsatellite analysis of extinct and extant populations of Atlantic salmon. *Evolution* **53**, 261–268.

Nielsen EE, Bach LA, Kotlich P (2006) *HYBRIDLAB*, Version 1.0: a program for generating simulated hybrids from population samples. *Mol. Ecol. Notes* **6**, 971–973.

Nielsen R, Bustamante C, Clark AG, *et al.* (2005) A scan for positively selected genes in the genomes of humans and chimpanzees. *PLoS Biology* **3**(6), e170.

Nieminen M, Singer MC, Fortelius W, *et al.* (2001) Experimental confirmation that inbreeding depression increases extinction risk in butterfly populations. *Amer. Natur.* **157**, 237–244.

Nikolaev SI, Montoya-Burgos JI, Popadin K, *et al.* (2007) Life-history traits drive the evolutionary rates of mammalian coding and noncoding genomic elements. *Proc. Natl. Acad. Sci. USA* **104**, 20443–20448.

Noonan JP, Coop G, Kudaravalli S, *et al.* (2006) Sequencing and analysis of Neanderthal genomic DNA. *Science* **314**, 1113–1118.

Norman J, Olsen P, Christidis L (1998) Molecular genetics confirms taxonomic affinities of the endangered Norfolk Island boobook *Ninox novaeseelandiae undulata*. *Biol. Conserv.* **86**, 33–36.

Nosil P, Crespi BJ (2006) Ecological divergence promotes the evolution of cryptic reproductive isolation. *Proc. R. Soc. Lond. B* **273**, 991–997.

Nowak R (2004) Forty years of rabbit rage. *New Sci.* **182**(2445), 50–51.

Nozawa M, Kawahara Y, Nei M (2007) Genomic drift and copy number variation of sensory receptor genes in humans. *Proc. Natl. Acad. Sci. USA* **104**, 20 421–20 426.

NSW NPWS (1998) *Wollemi Pine* (Wollemi nobilis) *Recovery Plan*. Hurstville, NSW: NSW National Parks and Wildlife Service.

NSW NPWS (2002) *Approved Recovery Plan for the Lord Howe Island Woodhen*. Hurstville, NSW: NSW National Parks and Wildlife Service.

Nunney L (1999) The effective size of a hierarchically structured population. *Evolution* **53**, 1–10.

Nunney L (2002) The effective size of annual plant populations: the interaction of seed bank with fluctuating population size in maintaining genetic variation. *Amer. Natur.* **160**, 195–204.

Nunney L, Campbell KA (1993) Assessing minimum viable population size: demography meets population genetics. *Trends Ecol. Evol.* **8**, 234–239.

O'Brien SJ (1994) Genetic and phylogenetic analyses of endangered species. *Annu. Rev. Genet.* **28**, 467–489.

O'Brien SJ (2003) *Tears of the Cheetah and Other Tales from the Genetic Frontier*. New York: Thomas Dunne.

O'Brien SJ, Evermann JF (1988) Interactive influence of infectious disease and genetic diversity in natural populations. *Trends Ecol. Evol.* **3**, 254–259.

O'Brien SJ, Mayr E (1991) Bureaucratic mischief: recognizing endangered species and subspecies. *Science* **251**, 1187–1188.

Oedekoven K (1980) The vanishing forest. *Envir. Policy Law* **6**, 184–185.

O'Grady JJ, Burgman MA, Keith DA, *et al.* (2004) Correlations among extinction risks assessed by different systems of threatened species categorization. *Conserv. Biol.* **18**, 1624–1635.

O'Grady JJ, Brook BW, Reed DH, *et al.* (2006) Realistic levels of inbreeding depression strongly affect extinction risk in wild populations. *Biol. Conserv.* **133**, 42–51.

O'Grady JJ, Reed DH, Brook BW, *et al.* (2008) Extinction risk scales better to generations than years. *Anim. Conserv.* **11**, 442–451.

Ohta T (1996) The current significance and standing of neutral and near neutral theories. *BioEssays* **18**, 673–677.

Olendorf R, Rodd FH, Punzalan D, *et al.* (2006) Frequency-dependent survival in natural guppy populations. *Nature* **441**, 633–636.

Oliehoek PA, Windig JJ, van Arendonk JAM, *et al.* (2006) Estimating relatedness between individuals in general populations with a focus on their use in conservation programs. *Genetics* **173**, 483–496.

Olney PJS, Mace GM, Feistner ATC (1994) *Creative Conservation: Interactive Management of Wild and Captive Animals*. London: Chapman & Hall.

Olsson O (2007) Genetic origin and success of reintroduced white storks. *Conserv. Biol.* **21**, 1196–1206.

O'Ryan C, Flamand JRB, Harley EH (1994) Mitochondrial DNA variation in black rhinoceros (*Diceros bicornis*): conservation management implications. *Conserv. Biol.* **8**, 495–500.

O'Ryan C, Harley EH, Bruford MW, *et al.* (1998) Microsatellite analysis of genetic diversity in fragmented South African buffalo populations. *Anim. Conserv.* **1**, 85–94.

Osborne WS, Zentelis RA, Lau M (1996) Geographic variation in corroboree frogs, *Pseudophryne corroboree* Moore (Anura: Myobatrachidae): a reappraisal supports recognition of *P. pengilleyi* Wells and Wellington. *Austral. J. Zool.* **44**, 569–587.

Otis DL, Burnham KP, White GC, *et al.* (1978) Statistical inference from capture data on closed animal populations. *Wildl. Monog.* **62**, 1–135.

Ovenden JR, Peel D, Street R, *et al.* (2007) The genetic effective and adult census size of an Australian population of tiger prawns (*Penaeus esculentus*). *Mol. Ecol.* **16**, 127–138.

Paetkau D, Strobeck C (1994) Microsatellite analysis of genetic variation in black bear populations. *Mol. Ecol.* **3**, 489–495.

Pain S (1998) Jungle survivor: Vietnam's unique rhinos are facing extinction. *New Sci.* **158**(2139), 35.

Palacios C, Gonzalez-Candelas F (1997) Analysis of population genetic structure and variability using RAPD markers in the endemic and endangered *Limonium dufourii* (Plumbaginaceae). *Mol. Ecol.* **6**, 1107–1121.

Paland S, Lynch M (2006) Transitions to asexuality result in excess amino acid substitutions. *Science* **311**, 990–992.

Palumbi SR (2001) Humans as the World's greatest evolutionary force. *Science* **293**, 1786–1790.

Palumbi SR (2003) Population genetics, demographic connectivity, and the design of marine reserves. *Ecol. Applic.* **13**, S146–S158.

Pamilo P, Crozier RH (1997) Population biology of social insect conservation. *Mem. Mus. Victoria* **56**, 411–419.

Pannell JR, Charlesworth B (1999) Neutral genetic diversity in a metapopulation with recurrent local extinction and recolonization. *Evolution* **53**, 664–676.

Pardini AT, Jones CS, Noble LR, *et al.* (2001) Sex-biased dispersal of great white sharks. *Nature* **412**, 139–140.

Parmesan C, Yohe G (2003) A globally coherent fingerprint of climate change impacts across natural systems. *Nature* **421**, 37–42.

Patterson N, Richter DJ, Gnerre S, *et al.* (2006) Genetic evidence for complex speciation of humans and chimpanzees. *Nature* **441**, 1103–1108.

Pauliny A, Wagner RH, Augustin J, *et al.* (2006) Age-dependent telomere length predicts fitness in two bird species. *Mol. Ecol.* **15**, 1681–1687.

Paxinos EE, James HF, Olson SL, *et al.* (2001) Prehistoric decline of genetic diversity in the nene. *Science* **296**, 1827.

Peacock MM (1997) Determining natal dispersal patterns in a population of North American pikas (*Ochotona princeps*) using direct mark–resight and indirect genetic methods. *Behav. Ecol.* **8**, 340–350.

Peakall R, Lindenmayer D (2006) Genetic insights into population recovery following perturbations in a fragmented landscape. *Biol. Conserv.* **132**, 520–532.

Peakall R, Smouse PE (2006) GENALEX 6: genetic analysis in Excel – population genetic software for teaching and research. *Mol. Ecol. Notes* **6**, 288–295.

Peakall R, Ebert D, Scott LJ, *et al.* (2003) Comparative genetic study confirms exceptionally low genetic variation in the ancient and endangered relictual conifer, *Wollemia nobilis* (Araucariaceae). *Mol. Ecol.* **12**, 2331–2343.

Peel D, Ovenden JR, Peel SL (2004) *NeEstimator: Software for Estimating Effective Population Size*, Version 1.2. Brisbane, Qld: Department of Primary Industries and Fisheries.

Pelz H-J, Rost S, Hünerberg M, *et al.* (2005) The genetic basis of resistance to anticoagulants in rodents. *Genetics* **170**, 1839–1847.

Penn DJ, Damjanovich K, Potts WK (2002) MHC heterozygosity confers a selective advantage against multiple-strain infections. *Proc. Natl. Acad. Sci. USA* **99**, 11 260–11 264.

Pennisi E (2007) Wanted: a barcode for plants. *Science* **318**, 190–191.

Penny D (2005) Relativity for molecular clocks. *Nature* **436**, 183–184.

Pérez-Ruzafa Á, González-Wangüemert M, Lenfant P, *et al.* (2006) Effects of fishing protection on the genetic structure of fish populations. *Biol. Conserv.* **129**, 244–255.

Perry GH, Dominy NJ, Claw KG, *et al.* (2007) Diet and the evolution of amylase copy number variation. *Nature Genet.* **39**, 1256–1260.

Petit RJ (2004) Biological invasion at the gene level. *Diversity Distrib.* **10**, 159–165.

Petit RJ (2008) The coup de grâce for the nested clade phylogeographic analysis? *Mol. Ecol.* **17**, 516–518.

Phillimore AB, Owens IPF (2006) Are subspecies useful in evolutionary and conservation biology? *Proc. R. Soc. Lond. B* **273**, 1049–1053.

Phillips BL, Shine R (2004) Adapting to an invasive species: toxic cane toads induce morphological change in Australian snakes. *Proc. Natl. Acad. Sci. USA* **101**, 17 150–17 155.

Phillips BL, Shine R (2006) An invasive species induces rapid adaptative changes in a native predator: cane toads and black snakes in Australia. *Proc. R. Soc. Lond. B* **273**, 1545–1550.

Phillips BL, Brown GP, Webb JK, *et al.* (2006) Invasion and the evolution of speed in toads. *Nature* **439**, 803.

Pickup M, Young AG (2007) Population size, self-incompatibility and genetic rescue in diploid and tetraploid races of *Rutidosis leptorrhynchoides* (Asteraceae). *Heredity* **100**, 268–274.

Piertney SB, Oliver MK (2006) The evolutionary ecology of the major histocompatibility complex. *Heredity* **96**, 7–21.

Piggott MP, Banks SC, Stone N, *et al.* (2006) Estimating population size of endangered brush-tailed rock-wallaby (*Petrogale penicillata*) colonies using faecal DNA. *Mol. Ecol.* **15**, 81–91.

Pilia G, Chen W-M, Scuteri A, *et al.* (2006) Heritability of cardiovascular and personality traits in 6148 Sardinians. *PLoS Genetics* **2**, e132.

Pimm SL, Dollar L, Bass OLJ (2006) The genetic rescue of the Florida panther. *Anim. Conserv.* **9**, 115–122.

Piry S, Luikart G, Cornuet J-M (1999) BOTTLENECK: a computer program for detecting recent reductions in the effective population size using allele frequency data. *J. Hered.* **90**, 502–503.

Piry S, Alapetite A, Cornuet J-M, *et al.* (2004) GENECLASS2: a software for genetic assignment and first-generation migrant detection. *J. Hered.* **95**, 536–539.

Poinar HN, Schwartz C, Qi J, *et al.* (2006) Metagenomics to paleogenomics: large scale sequencing of mammoth DNA. *Science* **311**, 392–394.

Polaszek A, Agosti D, Alonso-Zarazaga M, *et al.* (2005) A universal register for animal names. *Nature* **437**, 477.

Pollak JP, Lacy RC, Ballou JD (2009) PMx: Software for analysis and management of pedigreed populations. Brookfield, IL: Chicago Zoological Society.

Pollard KS, Salama SR, King B, *et al.* (2006) Forces shaping the fastest evolving regions in the human genome. *PLoS Genetics* **2**, e168.

Pontius JU, O'Brien SJ (2007) Genome annotation resource fields – GARFIELD: a genome browser for *Felis catus*. *J. Hered.* **98**, 386–389.

Porcher E, Lande R (2005) Loss of gametophytic self-incompatibility with evolution of inbreeding depression. *Evolution* **59**, 46–60.

Poulsen NA, Nielsen EE, Schierup MH, *et al.* (2006) Long-term stability and effective population size in North Sea and Baltic sea cod (*Gadus morhua*). *Mol. Ecol.* **15**, 321–331.

Pounds JA, Bustamante MR, Coloma LA, *et al.* (2006) Widespread amphibian extinctions from epidemic disease driven by global warming. *Nature* **439**, 161–167.

Pounds JA, Bustamante MR, Coloma LA, *et al.* (2007) Pounds *et al.* reply. *Nature* **447**, e5.

Powell WA, Merkle SA, Liang H, *et al.* (2006) Blight resistance technology: transgenic approaches. In: *Restoration of American Chestnut to Forest Lands*, Natural Resources Report NPS/NCR/CUE/NRR (eds. Steiner KC, Carlson JE), pp. 79–86. Washington, DC: National Parks Service.

Powers DA, Lauerman T, Crawford D, *et al.* (1991) Genetic mechanisms for adapting to a changing environment. *Annu. Rev. Genet.* **25**, 629–659.

Primack RB (1998) *Essentials of Conservation Biology*, 2nd edn. Sunderland, MA: Sinauer.

Primack RB (2006) *Essentials of Conservation Biology*, 4th edn. Sunderland, MA: Sinauer.

Primmer CR, Møller AP, Ellegren H (1996) A wide-range survey of cross species microsatellite amplification in birds. *Mol. Ecol.* **5**, 365–378.

Princée FPG (1995) Overcoming the constraints of social structure and incomplete pedigree data through low-intensity genetic management. In: *Population Management for Survival and Recovery: Analytical Methods and Strategies in Small Population Conservation* (eds. Ballou JD, Gilpin M, Foose TJ), pp. 124–154. New York: Columbia Univ. Press.

Prout T (2000) How well does opposing selection maintain variation? In: *Evolutionary Genetics: From Molecules to Man* (eds. Singh RS, Krimbas CB), pp. 157–181. Cambridge, UK: Cambridge Univ. Press.

Pukazhenthi B, Comizzoli P, Travis AJ, *et al.* (2006) Applications of emerging technologies to the study and conservation of threatened and endangered species. *Reprod. Fert. Dev.* **18**, 77–90.

Pulsford I, Worboys G, Gough JTS (2003) A potential new continental-scale conservation corridor for Australia: combining the Australian Alps and the Great Escarpment of eastern Australia conservation corridors. *Mountain Res. Develop.* **23**, 291–293.

Pybus OG (2006) Model selection and the molecular clock. *PLoS Biology* **4**, e151.

Quammen D (1996) *Song of the Dodo: Island Biogeography in an Age of Extinction*. London: Hutchinson.

Rader RB, Belk MC, Shiozawa DK, *et al.* (2005) Empirical tests for ecological exchangeability. *Anim. Conserv.* **8**, 239–247.

Ralls K, Ballou J (1983) Extinction: lessons from zoos. In: *Genetics and Conservation: A Reference for Managing Wild Animal and Plant Populations* (eds. Schonewald-Cox CM, Chambers SM, MacBryde B, Thomas L), pp. 164–184. Menlo Park, CA: Benjamin Cummings.

Ralls K, Ballou JD (2004) Genetic status and management of California condors. *Condor* **106**, 215–228.

Ralls K, Starfield AM (1995) Choosing a management strategy: two structured decision-making methods for evaluating the predictions of stochastic simulation models. *Conserv. Biol.* **9**, 175–181.

Ralls K, Harvey PH, Lyles AM (1986) Inbreeding in natural populations of birds and mammals. In: *Conservation Biology: The Science of Scarcity and Diversity* (ed. Soulé ME), pp. 35–56. Sunderland, MA: Sinauer.

Ralls K, Ballou JD, Templeton A (1988) Estimates of lethal equivalents and the cost of inbreeding in mammals. *Conserv. Biol.* **2**, 185–193.

Ralls K, Demaster DP, Estes JA (1996) Developing a criterion for delisting the Southern Sea Otter under the U. S. Endangered Species Act. *Conserv. Biol.* **10**, 1528–1537.

Ralls K, Ballou JD, Rideout BA, *et al.* (2000) Genetic management of chondrodystrophy in the California condor. *Anim. Conserv.* **3**, 145–153.

Ramsey J, Schemske DW (2002) Neopolyploidy in flowering plants. *Annu. Rev. Ecol. Syst.* **33**, 589–639.

Randi E (2008) Detecting hybridization between wild species and their domesticated relatives. *Mol. Ecol.* **17**, 285–293.

Ranz JM, Machado CA (2006) Uncovering evolutionary patterns of gene expression using microarrays. *Trends Ecol. Evol.* **21**, 29–37.

Ratner S, Lande R, Roper BR (1997) Population viability analysis of spring Chinook salmon in the South Umpqua River, Oregon. *Conserv. Biol.* **11**, 879–889.

Rave EH, Fleischer RC, Duvall F, *et al.* (1994) Genetic analyses through DNA fingerprinting of captive populations of Hawaiian geese. *Conserv. Biol.* **8**, 744–751.

Raven PH (2005) Transgenes in Mexican maize: desirability or inevitability? *Proc. Natl. Acad. Sci. USA* **102**, 13003–13004.

Redon R, Ishikawa S, Fitch KR, *et al.* (2006) Global variation in copy number in the human genome. *Nature* **444**, 444–454.

Reed DH (2004) Extinction risk in fragmented habitats. *Anim. Conserv.* **7**, 181–191.

Reed DH (2005) Relationship between population size and fitness. *Conserv. Biol.* **19**, 563–568.

Reed DH, Bryant EH (2000) Experimental test of minimum viable population size. *Anim. Conserv.* **3**, 7–14.

Reed DH, Frankham R (2001) How closely correlated are molecular and quantitative measures of genetic variation? A meta-analysis. *Evolution* **55**, 1095–1103.

Reed DH, Frankham R (2003) Correlation between fitness and genetic diversity. *Conserv. Biol.* **17**, 230–237.

Reed DH, Briscoe DA, Frankham R (2002) Inbreeding and extinction: effects of environmental stress and lineages. *Conserv. Genet.* **3**, 301–307.

Reed DH, Lowe E, Briscoe DA, *et al.* (2003a) Inbreeding and extinction: effects of rate of inbreeding. *Conserv. Genet.* **4**, 405–410.

Reed DH, O'Grady JJ, Ballou JD, *et al.* (2003b) Frequency and severity of catastrophic die-offs in vertebrates. *Anim. Conserv.* **6**, 109–114.

Reed DH, O'Grady JJ, Brook BW, *et al.* (2003c) Estimates of minimum viable population size for vertebrates and factors affecting those estimates. *Biol. Conserv.* **113**, 23–34.

Reed DH, Nicholas AC, Stratton GE (2007) Genetic quality of individuals impacts population dynamics. *Anim. Conserv.* **10**, 275–283.

Reeve HK, Westneat DF, Noon WA, *et al.* (1990) DNA 'fingerprinting' reveals high level of inbreeding in colonies of the eusocial naked mole-rat. *Proc. Natl. Acad. Sci. USA* **87**, 2496–2500.

Reichman JR, Watrud LS, Lee EH, *et al.* (2006) Establishment of transgenic herbicide-resistant creeping bentgrass (*Agrostis stolonifera* L.) in nonagronomic habitats. *Mol. Ecol.* **15**, 4243–4355.

Reid JM, Arcese P, Keller LF (2003) Inbreeding depresses immune response in song sparrows (*Melospiza melodia*): direct and inter-generational effects. *Proc. R. Soc. Lond. B* **270**, 2151–2157.

Reisenbichler RR, Utter FM, Krueger CC (2003) Genetic concepts and uncertainties in restoring fish populations and species. In: *Strategies for Restoring River Ecosystems: Sources of Variability and Uncertainty in Natural and Managed Systems* (eds. Wissmar RC, Bisson PA, Duke M), pp. 149–183. Bethesda, MD: Amer. Fisheries Soc.

Reusch TBH, Wood TE (2007) Molecular ecology of global change. *Mol. Ecol.* **16**, 3973–3992.

Reusch TBH, Ehlers A, Hämmerli A, *et al.* (2005) Ecosystem recovery after climatic extremes enhanced by genotypic diversity. *Proc. Natl. Acad. Sci. USA* **102**, 2826–2831.

Rhymer JM, Simberloff D (1996) Extinction by hybridization and introgression. *Annu. Rev. Ecol. Syst.* **27**, 83–109.

Rice WR, Hostert EE (1993) Laboratory experiments on speciation: what have we learned in 40 years? *Evolution* **47**, 1637–1653.

Richards AJ (1997) *Plant Breeding Systems*, 2nd edn. London: Chapman & Hall.

Richards CM (2000) Inbreeding depression and genetic rescue in a plant metapopulation. *Amer. Natur.* **155**, 383–394.

Richman AD, Kohn JR (1996) Learning from rejection: the evolutionary biology of single-locus incompatibility. *Trends Ecol. Evol.* **11**, 497–502.

Rieseberg LH (1991) Hybridization in rare plants: insights from case studies in *Cercocarpus* and *Helianthus*. In: *Genetics and Conservation of Rare Plants* (eds. Falk DA, Holsinger KE), pp. 171–181. New York: Oxford Univ. Press.

Rieseberg LH, Swensen SM (1996) Conservation genetics of endangered island plants. In: *Conservation Genetics: Case Histories from Nature* (eds. Avise JC, Hamrick JL), pp. 305–334. New York: Chapman & Hall.

Rieseberg LH, Willis JH (2007) Plant speciation. *Science* **317**, 910–914.

Rieseberg LH, Sinervo B, Linder CR, *et al.* (1996) Role of gene interactions in hybrid speciation: evidence from ancient and experimental hybrids. *Science* **272**, 741–745.

Rieseberg LH, Raymond O, Rosenthal DM, *et al.* (2003) Major ecological transitions in wild sunflowers facilitated by hybridization. *Science* **301**, 1211–1216.

Riley SPD, Pollinger JP, Sauvajot RM, *et al.* (2006) A southern California freeway is a physical and social barrier to gene flow in carnivores. *Mol. Ecol.* **15**, 1733–1741.

Roberts RC (1966) The limits to artificial selection for body weight in the mouse. I. The limits attained in earlier experiments. *Genet. Res.* **8**, 347–360.

Robertson A (1952) The effect of inbreeding on the variation due to recessive genes. *Genetics* **37**, 189–207.

Robertson A (1956) The effect of selection against extreme deviants based on deviation or on homozygosis. *J. Genet.* **54**, 236–248.

Robertson A (1960) A theory of limits in artificial selection. *Proc. R. Soc. Lond. B* **153**, 234–249.

Robertson A (1962) Selection for heterozygotes in small populations. *Genetics* **47**, 1291–1300.

Robertson BC, Gemmell NJ (2004) Defining eradication units to control invasive pests. *J. Appl. Ecol.* **41**, 1042–1048.

Robertson SI, Bell DJ, Smith GJD, *et al.* (2006) Avian influenza H5N1 in viverrids: implications for wildlife health and conservation. *Proc. R. Soc. Lond. B* **273**, 1729–1732.

Robichaux RH, Friar EA, Mount DW (1997) Molecular genetic consequences of a population bottleneck associated with reintroduction of the Mauna Kea silversword (*Argyroxiphium sandwicense* ssp. *sandwicense* [Asteraceae]). *Conserv. Biol.* **11**, 1140–1146.

Robinson AS (2002) Mutations and their use in insect control. *Mut. Res.* **511**, 113–132.

Rodríguez-Ramilo ST, Pérez-Figuero A, Fernández B, *et al.* (2004) Mutation–selection balance accounting for genetic variation for viability in *Drosophila melanogaster* as deduced from an inbreeding and artificial selection experiment. *J. Evol. Biol.* **17**, 528–541.

Roelke ME, Martenson J, O'Brien SJ (1993) The consequences of demographic reduction and genetic depletion in the endangered Florida panther. *Curr. Biol.* **3**, 340–350.

Roelke-Parker ME, Munson L, Packer C, *et al.* (1996) A canine distemper virus epidemic in Serengeti lions (*Panthera leo*). *Nature* **379**, 441–445.

Roff DA (1997) *Evolutionary Quantitative Genetics*. New York: Chapman & Hall.

Roff DA, Mousseau TA (1987) Quantitative genetics and fitness: lessons from *Drosophila*. *Heredity* **58**, 103–118.

Roman J, Palumbi SR (2003) Whales before whaling in the North Atlantic. *Science* **301**, 508–510.

Ronquist F, Huelsenbeck JP (2003) MrBayes 3: Bayesian phylogenetic inference under mixed models. *Bioinformatics* **19**, 1572–1574.

Root TL, Price JT, Hall KR, *et al.* (2003) Fingerprints of global warming on wild animals and plants. *Nature* **421**, 57–60.

Rosenberg NA, Nordborg M (2002) Genealogical trees, coalescent theory and the analysis of genetic polymorphisms. *Nature Rev. Genet.* **3**, 380–390.

Rossetto M, Weaver PK, Dixon KW (1995) Use of RAPD analysis in devising conservation strategies for the rare and endangered *Grevillea scapigera* (Protaceae). *Mol. Ecol.* **4**, 321–329.

Rossetto M, Jezierski G, Hopper SJ, *et al.* (1999) Conservation genetics and clonality in two critically endangered eucalypts from the highly endemic south-western Australian flora. *Biol. Conserv.* **88**, 321–331.

Ross-Gillespie A, O'Riain MJ, Keller LF (2007) Viral epizootic reveals inbreeding depression in a habitually inbreeding mammal. *Evolution* **61**, 2268–2273.

Rousset F (2004) *Genetic Structure and Selection in Subdivided Populations*. Princeton, NJ: Princeton Univ. Press.

Rousset F (2008) GENEPOP'007: a complete re-implementation of the GENEPOP software for Windows and Linux. *Mol. Ecol. Resour.* **8**, 103–106.

Rowley I, Russell E, Brooker M (1993) Inbreeding in birds. In: *The Natural History of Inbreeding and Outbreeding: Theoretical and Empirical Perspectives* (ed. Thornhill NW), pp. 304–328. Chicago, IL: Univ. Chicago Press.

Rueffler C, Van Dooren TJM, Leimar O, *et al.* (2006) Disruptive selection and then what? *Trends Ecol. Evol.* **21**, 238–245.

Rundle HD, Nagel L, Wenrick Boughman J, *et al.* (2000) Natural selection and parallel speciation in sympatric stickleback. *Science* **287**, 306–308.

Ruokonen M, Andersson A-C, Tegelström H (2007) Using historical captive stocks in conservation: the case of the lesser white-fronted goose. *Conserv. Genet.* **8**, 197–207.

Russell WC (1999) *The 1999 Black Footed Ferret Studbook*. Laramie, WY: Univ. Wyoming.

Russell WC, Thorne ET, Oakleaf R, *et al.* (1994) The genetic basis of black-footed ferret reintroduction. *Conserv. Biol.* **8**, 263–266.

Russelo MA, Glaberman S, Gibbs JP, *et al.* (2005) A cryptic taxon of Galápagos tortoise in conservation peril. *Biol. Lett.* **1**, 287–290.

Ryder OA (1988) Founder effects and endangered species. *Nature* **331**, 396.

Ryder OA (2005) Conservation genomics: applying whole genome studies to species conservation efforts. *Cytogen. Genome Res.* **108**, 6–15.

Ryder OA, Fleischer RC (1996) Genetic research and its applications in zoos. In: *Wild Mammals in Captivity: Principles and Techniques* (eds. Kleiman DG, Allen ME, Thompson KV, Lumpkin S), pp. 255–262. Chicago, IL: Univ. Chicago Press.

Ryder OA, Kumamoto AT, Durrant BS, *et al.* (1989) Chromosomal divergence and reproductive isolation in dik-diks. In: *Speciation and its Consequences* (eds. Otte D, Endler JA), pp. 208–225. Sunderland, MA: Sinauer.

Ryder OA, McLaren A, Brenner S, *et al.* (2000) DNA banks for endangered animal species. *Science* **288**, 275–277.

Ryman N, Baccus R, Reuterwall C, *et al.* (1981) Effective population size, generation interval, and potential loss of genetic variability in game species under different hunting regimes. *Oikos* **36**, 257–266.

Ryman N, Utter F, Hindar K (1995) Introgression, supportive breeding, and genetic conservation. In: *Population Management for Survival and Recovery: Analytical Methods and Strategies in Small Population Conservation* (eds. Ballou JD, Gilpin M, Foose TJ), pp. 341–365. New York: Columbia Univ. Press.

Ryman N, Palm S, Landré C, *et al.* (2006) Power for detecting genetic divergence: differences between statistical methods and marker loci. *Mol. Ecol.* **15**, 2031–2045.

Sabeti PC, Schaffner SF, Fry B, *et al.* (2006) Positive natural selection in the human lineage. *Science* **312**, 1614–1620.

Sabot F, Schulman AH (2006) Parasitism and the retrotransposon life cycle in plants: a hitchhiker's guide to the genome. *Heredity* **97**, 381–388.

Saccheri I, Hanski I (2006) Natural selection and population dynamics. *Trends Ecol. Evol.* **21**, 341–347.

Saccheri IJ, Brakefield PM, Nichols RA (1996) Severe inbreeding depression and rapid fitness rebound in the butterfly *Bicyclus anynana* (Satyridae). *Evolution* **50**, 2000–2013.

Saccheri I, Kuussaari M, Kankare M, *et al.* (1998) Inbreeding and extinction in a butterfly metapopulation. *Nature* **392**, 491–494.

Saccheri IJ, Wilson IJ, Nichols RA, *et al.* (1999) Inbreeding of bottlenecked butterfly populations: estimation using the likelihood of changes in marker allele frequencies. *Genetics* **151**, 1053–1063.

Sacks BN, Brown SK, Ernest HB (2004) Population structure of California coyotes corresponds to habitat-specific breaks and illuminates species history. *Mol. Ecol.* **13**, 1265–1275.

Sakai AK, Allendorf FW, Holt JS, *et al.* (2001) The population biology of invasive species. *Annu. Rev. Ecol. Syst.* **32**, 305–332.

Samet JM, DeMarini DM, Malling HV (2004) Do airborne particles induce heritable mutations? *Science* **304**, 971–972.

Sampson JF, Collins BG, Coates DJ (1994) Mixed mating in *Banksia brownii* Baxter ex R. Br. (Proteaceae). *Austral. J. Bot.* **42**, 103–111.

Satta Y, O'hUigin C, Takahata N, *et al.* (1994) Intensity of natural selection at the major histocompatibility complex loci. *Proc. Natl. Acad. Sci. USA* **91**, 7184–7188.

Schiegg K, Daniels SJ, Walters JR, *et al.* (2006) Inbreeding in red-cockaded woodpeckers: effects of natal dispersal distance and territory location. *Biol. Conserv.* **131**, 544–552.

Schiermeier Q (2006) Insurers' disaster files suggest climate is culprit. *Nature* **441**, 674–675.

Schlötterer C (2004) The evolution of molecular markers: just a matter of fashion? *Nature Rev. Genet.* **5**, 63–69.

Schnable PS, Wise RP (1998) The molecular basis of cytoplasmic male sterility and fertility restoration. *Trends Plant Sci.* **3**, 175–180.

Schneider S, Roessli D, Excoffier L (2000) *Arlequin: A Software for Population Genetics Data Analysis*, Version 2.000. Geneva: Genetics and Biometry Laboratory, Dept. Anthropology, Univ. Geneva.

Schulman FY, Montali RJ, Bush M, *et al.* (1993) Dubin–Johnson-like syndrome in golden lion tamarins. *Vet. Pathol.* **30**, 491–498.

Schwarz D, Matta BM, Shakir-Botteri NL, *et al.* (2005) Host shift to an invasive plant triggers rapid animal hybrid speciation. *Nature* **436**, 546–549.

Schwensow N, Eberle M, Sommer S (2008) Compatibility counts: MHC-associated mate choice in a wild promiscuous primate. *Proc. R. Soc. Lond. B* **275**, 555–564.

Scobie P (1997) *SPARKS 1.42 (Single Population Animal Records Keeping System)*. St Paul, MN: International Species Information System.

Scofield DG, Schultz ST (2006) Mitosis, stature and evolution of plant mating systems: low-? and high-? plants. *Proc. R. Soc. Lond. B* **273**, 275–282.

Scribner KT, Bowman TD (1998) Microsatellites identify depredated waterfowl remains from glaucous gull stomachs. *Mol. Ecol.* **7**, 1401–1405.

Seal US (1991) Life after extinction. In: *Beyond Captive Breeding: Re-Introducing Endangered Mammals to the Wild* (ed. Gipps JHW), pp. 39–55. Oxford, UK: Zoological Society of London.

Seal US (1992) *Aruba Island Rattlesnake* (Crotalus durissus unicolor): *Population and Habitat Viability Assessment*. Apple Valley, MN: Aruba Department of Agriculture Husbandry and Fisheries, Captive Breeding Specialist Group (CBSG/SSC/IUCN), American Association of Zoological Parks and Aquariums.

Seal US, Lacy RC (1989) *Florida Panther* Felis concolor conyi *Viability Analysis and Species Survival Plan*. Apple Valley, MN: CBSG.

Seal US, Thorne ET, Bogan MA, Anderson SH (1989) *Conservation Biology and the Black-Footed Ferret*. New Haven, CT: Yale Univ. Press.

Seddon JM, Baverstock PR (1999) Variation on islands: major histocompatibility complex (*Mhc*) polymorphism in populations of the Australian bush rat. *Mol. Ecol.* **8**, 2071–2079.

Seebeck JH, Johnston PG (1980) *Potorous longipes* (Marsupialia: Macropidae): a new species from Eastern Victoria. *Austral. J. Zool.* **28**, 119–134.

Selander RK (1970) Behavior and genetic variation in natural populations. *Amer. Zool.* **10**, 53–66.

Selander RK (1983) Evolutionary consequences of inbreeding. In: *Genetics and Conservation: A Reference for Managing Wild Animal and Plant Populations* (eds. Schonewald-Cox CM, Chambers SM, MacBryde B, Thomas L), pp. 201–215. Menlo Park, CA: Benjamin Cummings.

Service S, DeYoung J, Karayiorgou M, *et al.* (2006) Magnitude and distribution of linkage disequilibrium in population isolates and implications for genome-wide association studies. *Nature Genet.* **38**, 556–560.

Seymour AM, Montgomery ME, Costello BH, *et al.* (2001) High effective inbreeding coefficients correlate with morphological abnormalities in populations of South Australian koalas (*Phascolarctos cinereus*). *Anim. Conserv.* **4**, 211–219.

Shaffer MK (1981) Minimum viable population size for species conservation. *BioScience* **31**, 131–134.

Shaffer M (1987) Minimum viable populations: coping with uncertainty. In: *Viable Populations for Conservation* (ed. Soulé ME), pp. 69–86. Cambridge, UK: Cambridge Univ. Press.

Shaffer M, Hood L, Snape WJ III, *et al.* (2000) Population viability analysis and conservation policy. In: *Population Viability Analysis* (eds. Beissinger SR, McCullough DR), pp. 123–142. Chicago, IL: Univ. Chicago Press.

Sharp PM, Robertson DL, Hahn BH (1996) Cross-species transmission and recombination of 'AIDS' viruses. In: *New Uses for New Phylogenies* (eds. Harvey PH, Leigh Brown AJ, Maynard Smith J, Nee S), pp. 134–152. Oxford, UK: Oxford Univ. Press.

Sherwin WB, Brown PR (1990) Problems in the estimation of the effective size of a population of the Eastern Barred bandicoot (*Perameles gunii*) at Hamilton, Victoria. In: *Bandicoots and Bilbies* (eds. Seebeck JH, Brown PR, Wallis RL, Kemper CM), pp. 367–373. Chipping Norton, NSW: Surrey Beatty & Sons.

Sherwin WB, Timms P, Wilcken J, *et al.* (2000) Analysis and conservation implications of koala genetics. *Conserv. Biol.* **14**, 639–649.

Shields WM (1984) Genetic considerations in the management of the wolf and other large vertebrates: an alternative view. In: *Wolves in Canada and*

Alaska: Their Status, Biology and Management (ed. Carbyn LN), pp. 90–92. Ottawa: Canadian Wildlife Service.

Sibly RM, Barker D, Denham MC, *et al.* (2005) On the regulation of populations of mammals, birds, fish and insects. *Science* **309**, 607–610.

Siddle HV, Kreiss A, Eldridge MDB, *et al.* (2007) Transmission of a fatal clonal tumor by biting occurs due to depleted MHC diversity in a threatened carnivorous marsupial. *Proc. Natl. Acad. Sci. USA* **104**, 16221–16226.

Siepel A, Bejerano G, Pederson JS, *et al.* (2005) Evolutionarily conserved elements in vertebrate, insect, worm and yeast genomes. *Genome Res.* **15**, 1034–1050.

Signer EN, Schmidt CR, Jeffreys AJ (1994) DNA variability and parentage testing in captive Waldrapp ibises. *Mol. Ecol.* **3**, 291–300.

Simmons MJ, Crow JF (1977) Mutations affecting fitness in *Drosophila* populations. *Annu. Rev. Genet.* **11**, 47–84.

Simmons MJ, Crow JF (1983) The mutation load in *Drosophila*. In: *The Genetics and Biology of Drosophila*, vol. 3c (eds. Ashburner M, Carson HL, Thompson JNJ), pp. 1–35. London: Academic Press.

Simpson GG (1961) *Principles of Animal Taxonomy*. New York: Columbia Univ. Press.

Singer MC, Thomas CD, Permesan C (1993) Rapid human-induced evolution of insect–host associations. *Nature* **366**, 681–683.

Singleton I, Wich S, Husson S, *et al.* (2004) *Orangutan Population and Habitat Viability Assessment: Final Report*. Apple Valley, MN: IUCN/SSC Conservation Breeding Specialist Group.

Slade RW, Moritz C, Hoelzel AR, *et al.* (1998) Molecular population genetics of the southern elephant seal *Mirounga leonina*. *Genetics* **149**, 1945–1957.

Slate J, Kruuk LEB, Marshall TC, *et al.* (2000) Inbreeding depression influences lifetime breeding success in a wild population of red deer (*Cervus elaphus*). *Proc. R. Soc. Lond. B* **267**, 1657–1662.

Slatkin M (1995) A measure of population subdivision based on microsatellite allele frequencies. *Genetics* **139**, 457–462.

Slatkin M, Maddison WP (1989) A cladistic measure of gene flow inferred from the phylogenies of alleles. *Genetics* **123**, 603–613.

Sloane MA, Sunnucks P, Alpers D, *et al.* (2000) Highly reliable genetic identification of individual northern hairy-nosed wombats from single remotely collected hairs: a feasible censusing method. *Mol. Ecol.* **9**, 1233–1240.

Small MP, Beacham TD, Withler RE, *et al.* (1998) Discriminating coho salmon (*Oncorhynchus kisutch*) populations within the Fraser River, British Columbia, using microsatellite DNA markers. *Mol. Ecol.* **7**, 141–155.

Smith AB, Pisani D, Mackenzie-Dobbs JA, *et al.* (2006) Testing the molecular clock: molecular and paleontological estimates of divergence times in the Echinoidea (Echinodermata). *Mol. Biol. Evol.* **23**, 1832–1851.

Smith HG (1993) Heritability of tarsus length in cross-fostered broods of the European starling (*Sturnus vulgaris*). *Heredity* **71**, 318–322.

Smith J (2006) Steppe back in time. *New Sci.* **189**(2533), 32–35.

Smith KF, Sax DF, Lafferty KD (2006) Evidence for the role of infectious disease in species extinction and endangerment. *Conserv. Biol.* **20**, 1349–1357.

Smith TB, Wayne RK (1996) *Molecular Genetic Approaches in Conservation*. New York: Oxford Univ. Press.

Solberg KH, Bellemain E, Drageset O-M, *et al.* (2006) An evaluation of field and non-invasive genetic methods to estimate brown bear (*Ursus arctos*) population size. *Biol. Conserv.* **128**, 158–168.
Soltis DE, Soltis PS, Tate JA (2003) Advances in the study of polyploidy since *Plant Speciation*. *New Phytol.* **161**, 173–191.
Sommer S (2005) The importance of immune gene variability (MHC) in evolutionary ecology and conservation. *Frontiers Zool.* **2**, 16 (online).
Soulé ME (1980) Thresholds for survival: maintaining fitness and evolutionary potential. In: *Conservation Biology: An Evolutionary-Ecological Perspective* (eds. Soulé ME, Wilcox BA), pp. 151–169. Sunderland, MA: Sinauer.
Soulé ME (1985) What is conservation biology? *BioScience* **35**, 727–734.
Soulé ME (1987) *Viable Populations for Conservation*. Cambridge, UK: Cambridge Univ. Press.
Soulé ME, Frankham R (2000) Sir Otto Frankel: memories and tributes. *Conserv. Biol.* **14**, 582–583.
Soulé ME, Simberloff D (1986) What do genetics and ecology tell us about the design of nature reserves? *Biol. Conserv.* **35**, 19–40.
Soulé ME, Gilpin M, Conway W, Foose T (1986) The millenium ark: how long a voyage, how many staterooms, how many passengers? *Zoo Biol.* **5**, 101–113.
Souza V, Espinosa-Asuar L, Escalante AE, *et al.* (2006) An endangered oasis of aquatic microbial biodiversity in the Chihuahan desert. *Proc. Natl. Acad. Sci. USA* **103**, 6565–6570.
Spielman D, Frankham R (1992) Modeling problems in conservation genetics using captive *Drosophila* populations: improvement in reproductive fitness due to immigration of one individual into small partially inbred populations. *Zoo Biol.* **11**, 343–351.
Spielman D, Brook BW, Frankham R (2004a) Most species are not driven to extinction before genetic factors impact them. *Proc. Natl. Acad. Sci. USA* **101**, 15261–15264.
Spielman D, Brook BW, Briscoe DA, *et al.* (2004b) Does inbreeding and loss of genetic diversity reduce disease resistance? *Conserv. Genet.* **5**, 439–448.
Spiess EB (1989) *Genes in Populations*, 2nd edn. New York: John Wiley & Sons.
Spottiswoode C, Møller AP (2004) Genetic similarity and hatching success in birds. *Proc. R. Soc. Lond. B* **271**, 267–272.
Srikwan S, Woodruff DS (2000) Monitoring genetic erosion in mammal populations following tropical forest fragmentation. In: *Genetics, Demography and the Viability of Fragmented Populations* (eds. Young AG, Clarke GM), pp. 149–172. Cambridge, UK: Cambridge Univ. Press.
Stacey PB, Taper M (1992) Environmental variation and the persistence of small populations. *Ecol. Applic.* **2**, 18–29.
Stangel PW, Lennartz MR, Smith MH (1992) Genetic variation and population structure of red-cockaded woodpeckers. *Conserv. Biol.* **6**, 283–292.
Stanley Price MR (1989) *Animal Re-Introductions: The Arabian Oryx in Oman*. Cambridge, UK: Cambridge Univ. Press.
Steinberg EK, Jordan CE (1998) Using molecular genetics to learn about ecology of threatened species: the allure and the illusion of measuring genetic structure in natural populations. In: *Conservation Biology: For the Coming Decade*, 2nd edn (eds. Fiedler PL, Karieva PM), pp. 440–460. New York: Chapman & Hall.

Stenseth NC, Chan K-S, Tong H, *et al.* (1999) Common dynamic structure of Canada lynx populations within three climatic zones. *Science* **285**, 1071–1073.

Stephan W, Langley CH (1992) Evolutionary consequences of DNA mismatch repair opportunity. *Genetics* **132**, 567–574.

Stephens M, Sloan JS, Robertson PD, *et al.* (2006) Automating sequence-based detection and genotyping of SNPs from diploid samples. *Nature Genet.* **38**, 375–381.

Stoddart JA, Babcock RC, Heyward AJ (1988) Self-fertilization and maternal enzymes in the planulae of the coral *Goniastrea favulus*. *Marine Biol.* **99**, 489–494.

Stokstad E (2005) 'Genetic rescue' helps panthers but puts researchers on the spot. *Science* **309**, 1162.

Stokstad E (2006) Poplar tree sequence yields genome double take. *Science*, **313**, 1556.

Storz JF, Nachman MW (2003) Natural selection on protein polymorphisms in the rodent genus *Peromyscus*: evidence from interlocus contrasts. *Evolution* **57**, 2628–2635.

Stow AJ, Sunnucks P (2004a) High mate and site fidelity in Cunningham's skinks (*Egernia cunninghami*) in natural and fragmented habitat. *Mol. Ecol.* **13**, 419–430.

Stow AJ, Sunnucks P (2004b) Inbreeding avoidance in Cunningham's skinks (*Egernia cunninghami*) in natural and fragmented habitats. *Mol. Ecol.* **13**, 443–447.

Strauss SY, Webb CO, Salamin N (2006) Exotic taxa less related to native species are more invasive. *Proc. Natl. Acad. Sci. USA* **103**, 5841–5845.

Strickberger MW (1985) *Genetics*, 3rd edn. New York: Macmillan.

Stuart BL, Parham JF (2007) Recent hybrid origin of three rare Chinese turtles. *Conserv. Genet.* **8**, 169–175.

Stukely MJC, Crane CE (1994) Genetically based resistance of *Eucalyptus marginata* to *Phytophthora cinamomi*. *Phytopathology* **84**, 650–656.

Suarez AV, Tsutsui ND (2008) The evolutionary consequences of biological invasions. *Mol. Ecol.* **17**, 351–360.

Sukumar R, Ramakrishnan U, Santosh JA (1998) Impact of poaching on an Asian elephant population in Periyar, southern India: a model of demography and tusk harvest. *Anim. Conserv.* **1**, 281–291.

Sun M (1996) The allopolyploid origin of *Spiranthes hongkongensis* (Orchidaceae). *Amer. J. Bot.* **83**, 252–260.

Sun M, Ganders FR (1988) Mixed mating systems in Hawaiian *Bidens* (Asteraceae). *Evolution* **42**, 516–527.

Sunnucks P (2000) Conservation myths. *Nature Australia* **Summer 1999–2000**, 5–6.

Sutherland GD, Harestad AS, Price K, *et al.* (2000) Scaling of natal dispersal distances in terrestrial birds and mammals. *Conserv. Ecol.* **4**(1), 16 (online).

Swanson-Wagner RA, Jia Y, DeCook R, *et al.* (2006) All possible modes of gene action are observed in a global comparison of gene expression in a maize F_1 hybrid and its inbred parents. *Proc. Natl. Acad. Sci. USA* **103**, 6805–6810.

Taberlet P, Camarra JJ, Griffin S, *et al.* (1997) Noninvasive genetic tracking of the endangered Pyrenean brown bear population. *Mol. Ecol.* **6**, 869–876.

Takahashi K, Nishida M, Yuma M, *et al.* (2001) Retroposition of the AFC family of SINEs (short interspersed repetitive elements) before and during the

adaptive radiation of cichlid fishes in Lake Malawi and related inferences about phylogeny. *J. Mol. Evol.* **53**, 496–507.
Tallmon DA, Luikart G, Beaumont MA (2004a) Comparative evaluation of a new effective population size estimator based upon approximate Bayesian computation. *Genetics* **167**, 977–988.
Tallmon DA, Luikart G, Waples RS (2004b) The alluring simplicity and the complex reality of genetic rescue. *Trends Ecol. Evol.* **19**, 489–496.
Tarr CL, Conant S, Fleischer RC (1998) Founder events and variation at microsatellite loci in an insular passerine bird, the Laysan finch (*Telespiza cantans*). *Mol. Ecol.* **7**, 719–731.
Tautz D, Arctander P, Minellli A, *et al.* (2002) DNA points the way ahead in taxonomy. *Nature* **418**, 479.
Tautz D, Arctander P, Minelli A, *et al.* (2003) A plea for DNA taxonomy. *Trends Ecol. Evol.* **18**, 70–74.
Taylor AC, Sherwin WB, Wayne RK (1994) Genetic variation of microsatellite loci in a bottlenecked species: the northern hairy-nosed wombat *Lasiorhinus krefftii*. *Mol. Ecol.* **3**, 277–290.
Taylor AC, Tyndale-Biscoe H, Lindenmayer DB (2007) Unexpected persistence on habitat islands: genetic signatures reveal dispersal of a eucalypt-dependent marsupial through a hostile pine matrix. *Mol. Ecol.* **16**, 2655–2666.
Taylor BW, Irwin RE (2004) Linking economic activities to the distribution of exotic plants. *Proc. Natl. Acad. Sci. USA* **101**, 17 725–17 730.
Teletchea F, Maudet C, Hänni C (2005) Food and forensic molecular identification: update and challenges. *Trends Biotech.* **23**, 359–366.
Templeton AR (1986) Coadaptation and outbreeding depression. In: *Conservation Biology: The Science of Scarcity and Diversity* (ed. Soulé ME), pp. 105–116. Sunderland, MA: Sinauer.
Templeton AR (1998) Nested clade analyses of phylogeographic data: testing hypotheses about gene flow and population history. *Mol. Ecol.* **7**, 381–397.
Templeton AR (2008) Nested clade analysis: an extensively validated method for strong phylogeographic inference. *Mol. Ecol.* **17**, 1877–1880.
Templeton AR, Read B (1984) Factors eliminating inbreeding depression in a captive herd of Speke's gazelle (*Gazella spekei*). *Zoo Biol.* **3**, 177–199.
Templeton AR, Read B (1994) Inbreeding: one word, several meanings, much confusion. In: *Conservation Genetics* (eds. Loeschcke V, Tomiuk J, Jain SK), pp. 91–105. Basel, Switzerland: Birkhauser.
Terborgh J, Winter B (1980) Some causes of extinction. In: *Conservation Biology: An Ecological-Evolutionary Perspective* (eds. Soulé ME, Wilcox BA), pp. 119–131. Sunderland, MA: Sinauer.
The Chimpanzee Sequencing and Analysis Consortium (2005) Initial sequence of the chimpanzee genome and comparison with the human genome. *Nature* **437**, 69–87.
The Encode Project Consortium (2007) Identification and analysis of functional elements in 1% of the human genome by the ENCODE pilot project. *Nature* **447**, 799–816.
Thomas A (1995) Genotypic inference with the Gibbs Sampler. In: *Population Management for Survival and Recovery: Analytical Methods and Strategies in Small Population Conservation* (eds. Ballou JD, Gilpin M, Foose TJ), pp. 261–270. New York: Columbia Univ. Press.
Thomas CD (1990) What do real populations tell us about minimum viable population sizes? *Conserv. Biol.* **4**, 324–327.

Thomas CD, Cameron A, Green RE, *et al.* (2004) Extinction risk from climate change. *Nature* **427**, 145–148.

Thomas DA, Barber HN (1974) Studies on leaf characteristics of a cline of *Eucalyptus urnigera* from Mount Wellington, Tasmania. I. Water repellency and the freezing of leaves. *Austral. J. Biol. Sci.* **22**, 501–512.

Thomas JA, Telfer MG, Roy DB, *et al.* (2004) Comparative losses of British butterflies, birds, plants and the global extinction crisis. *Science* **303**, 1879–1881.

Thomas JA, Welch JL, Woolfit M, Bromham L (2006) There is no universal molecular clock for invertebrates, but rate variation does not scale to body size. *Proc. Natl. Acad. Sci. USA* **103**, 7366–7371.

Thompson JN (1998) Rapid evolution as an ecological process. *Trends Ecol. Evol.* **13**, 329–332.

Thresher R, Bax N (2003) The science of producing daughterless technology: possibilities for control using daughterless technology – maximising the impact of carp control. In: *Proc. Natl. Carp Control Workshop* (ed. K Lapidge), pp. 19–24. Canberra, ACT: Cooperative Research Centre for Pest Animal Control.

Thurz MR, Thomas HC, Greenwood BM, *et al.* (1997) Heterozygote advantage for HLA class-II type in hepatitis B virus infection. *Nature Genet.* **17**, 11–12.

Tishkoff SA, Varkonyi R, Cahinhinian N, *et al.* (2001) Haplotype diversity and linkage disequilibrium at human *G6PD*: recent origin of alleles that confer malarial resistance. *Science* **293**, 455–462.

Tishkoff SA, Reed FA, Ranciaro A, *et al.* (2007) Convergent adaptation of human lactase persistence in Africa and Europe. *Nature Genet.* **39**, 31–40.

Tongue S (1999) Species safety nets. *Lifewatch* **Summer 1999**, 12–14.

Touchell DH, Dixon KW (1993) Cryopreservation of seed of Western Australian native species. *Biodiv. Conserv.* **2**, 594–602.

Traill LW, Bradshaw CJA, Brook BW (2007) Minimum viable population size: a meta-analysis of 30 years of published estimates. *Biol. Conserv.* **139**, 159–166.

Trinkel M, Ferguson N, Reid A, *et al.* (2008) Translocating lions into an inbred lion population in the Hluhluwe-iMfolozi Park, South Africa. *Anim. Conserv.* **11**, 138–143.

Tuberosa R, Salvi S (2006) Genomics-based approaches to improve drought tolerance of crops. *Trends Plant Sci.* **11**, 405–412.

Tucker PK, Lundrigan BL (1996) The utility of paternally inherited nuclear genes in conservation genetics. In: *Molecular Genetic Approaches in Conservation* (eds. Smith TB, Wayne RK), pp. 74–86. New York: Oxford Univ. Press.

Tudge C (1995) Captive audiences for future conservation. *New Sci.* **145**(1962), 51–52.

Turcek FJ (1951) Effect of introductions on two game populations in Czechoslovakia. *J. Wildl. Manag.* **15**, 113–114.

Turner TF, Wares JP, Gold JR (2002) Genetic effective size is three orders of magnitude smaller than adult census size in an abundant, estuarine-dependent marine fish (*Sciaenops ocellatus*). *Genetics* **162**, 1329–1339.

Twigg LE, Martin GR, Lowe TJ (2002) Evidence of pesticide resistance in medium-sized mammalian pests: a case study with 1080 poison and Australian rabbits. *J. Appl. Ecol.* **39**, 549–560.

Umina PA, Weeks AR, Kearney MR, *et al.* (2005) A rapid shift in a classic clinal pattern in *Drosophila* reflecting climate change. *Science* **308**, 691–693.

UNEP (2007) *The Global Environment Outlook 4 (GEO–4)*. Nairobi, Kenya: UNEP.

United Nations Population Division (2007) http://esa.un.org/unpp.
Valière N (2002) GIMLET: a computer program for analyzing genetic individual identification data. *Mol. Ecol. Notes* **2**, 377–379.
Valière N, Berthier P, Mouchiroud D, *et al.* (2002) GEMINI: software for testing the effects of genotyping errors and multitube approach for individual identification. *Mol. Ecol. Notes* **2**, 83–86.
Van Buskirk J, Willi Y (2006) The change in quantitative genetic variation with inbreeding. *Evolution* **60**, 2428–2434.
Van Dierendonck MC, de Vries MFW (1996) Ungulate reintroductions: experiences with the Takhi or Przewalski Horse (*Equus ferus przewalskii*) in Mongolia. *Conserv. Biol.* **10**, 728–740.
van Riper C III, van Riper SG, Goff ML, *et al.* (1986) The epizootiology and ecological significance of malaria on the birds of Hawaii. *Ecol. Monog.* **56**, 327–344.
van Straalen NM, Roelofs D (2006) *Introduction to Ecological Genomics*. Oxford, UK: Oxford Univ. Press.
van Treuren R, Bijlsma R, Ourborg NJ, *et al.* (1993) The significance of genetic erosion in the process of extinction. IV. Inbreeding depression and heterosis effects caused by selfing and outcrossing in *Scabiosa columbaria*. *Evolution* **47**, 1669–1680.
Van Valen L (1973) A new evolutionary law. *Evol. Theory* **1**, 1–30.
Vassilieva LL, Hook AM, Lynch M (2000) The fitness effects of spontaneous mutations in *Caenorhabditis elegans*. *Evolution* **54**, 1234–1246.
Vera JC, Wheat CW, Fescemyer HW, *et al.* (2008) Rapid transcriptome characterization for a nonmodel organism using 454 pyrosequencing. *Mol. Ecol.* **17**, 1636–1647.
Verheyen E, Slazburger W, Snoeks J, *et al.* (2003) Origin of the superflock of cichlid fishes from Lake Victoria, East Africa. *Science* **300**, 325–329.
Vila C, Savolainen P, Maldonado JE, *et al.* (1997) Multiple and ancient origins of the domestic dog. *Science* **276**, 1687–1689.
Vilas C, García C (2006) The role of genetic mechanisms of sex determination in the survival of small populations of *Silene littorea*: a reintroduction experiment. *Biol. Conserv.* **129**, 124–133.
Vilas C, Miguel ES, Amaro R, *et al.* (2006) Relative contribution of inbreeding depression and eroded adaptive diversity to extinction risk in small populations of shore campion. *Conserv. Biol.* **20**, 229–238.
Vincek V, O'Huigin C, Satta Y, *et al.* (1997) How large was the founding population of Darwin's finches? *Proc. R. Soc. Lond. B* **264**, 111–118.
Vitte C, Bennetzen JL (2006) Analysis of retrotransposon structural diversity uncovers properties and propensities in angiosperm genome evolution. *Proc. Natl. Acad. Sci. USA* **103**, 17638–17643.
Vogler DW, Kalisz S (2001) Sex among the flowers: the distribution of plant mating systems. *Evolution* **55**, 202–204.
Volf J (1999) *Pedigree Book of the Przewalski's Horse* (Equus przewalskii). Prague, Czech Republic: Prague Zoo.
Vrijenhoek RC (1994) Genetic diversity and fitness in small populations. In: *Conservation Genetics* (eds. Loeschcke V, Tomiuk J, Jain SK), pp. 37–53. Basel, Switzerland: Birkhauser.
Vucetich JA, Waite TA (2000) Is one migrant per generation sufficient for the genetic management of fluctuating populations? *Anim. Conserv.* **3**, 261–266.

Wadman M (2008) James Watson's genome sequenced at high speed. *Nature* **452**, 788.

Waits L, Taberlet P, Swenson JE, *et al.* (2000) Nuclear DNA microsatellite analysis of genetic diversity and gene flow in the Scandinavian brown bear (*Ursus arctos*). *Mol. Ecol.* **9**, 421–431.

Wakeley J (2007) *Coalescent Theory: An Introduction*. Greenwood Village, CO: Roberts & Co.

Wallace B (1963) The elimination of an autosomal lethal from an experimental population of *Drosophila melanogaster*. *Amer. Natur.* **97**, 65–66.

Waller DM, O'Malley DM, Gawler SC (1987) Genetic variation in the extreme endemic *Pedicularis furbishiae* (Scrophulariaceae). *Conserv. Biol.* **1**, 335–340.

Walter HS (1990) Small viable population: the red-tailed hawk of Socorro Island. *Conserv. Biol.* **4**, 441–443.

Wan Q-H, Zhu L, Wu H, *et al.* (2006) Major histocompatibility complex class II variation in the giant panda (*Ailuropoda melanoleuca*). *Mol. Ecol.* **15**, 2441–2450.

Wang ET, Kodama G, Baldi P, *et al.* (2006) Global landscape of recent inferred Darwinian selection for *Homo sapiens*. *Proc. Natl. Acad. Sci. USA* **103**, 135–140.

Wang J (2004a) Application of the one-migrant-per-generation rule to conservation and management. *Conserv. Biol.* **18**, 332–343.

Wang J (2004b) Sibship reconstruction from genetic data with typing errors. *Genetics* **166**, 1963–1979.

Wang J (2004c) Monitoring and managing genetic variation in group breeding populations without individual pedigrees. *Conserv. Genet.* **5**, 813–825.

Wang J (2005) Estimation of effective population size from data on genetic markers. *Phil. Tran. R. Soc. Lond. B* **360**, 1395–1409.

Wang J, Caballero A (1999) Developments in predicting the effective size of subdivided populations. *Heredity* **82**, 212–226.

Wang J, Whitlock MC (2003) Estimating effective population size and migration rates from genetic samples over space and time. *Genetics* **163**, 429–446.

Wangchuk T (2005) The evolution, phylogeography, and conservation of the Golden Langur (*Trachypithecus geei*) in Butan. Ph.D. thesis, Univ. Maryland, College Park, MD.

Waples RS (2002) Evaluating the effect of stage-specific survivorship on the N_e/N ratio. *Mol. Ecol.* **11**, 1029–1037.

Waples RS (2006) A bias correction for estimates of effective population size based on linkage disequilibrium at unlinked gene loci. *Conserv. Genet.* **7**, 167–184.

Waples RS, Gaggiotti O (2006) What is a population? An empirical evaluation of some genetic methods for identifying the number of gene pools and their degree of connectivity. *Mol. Ecol.* **15**, 1419–1439.

Ward RD, Skibinski DOF, Woodwark M (1992) Protein heterozygosity, protein structure, and taxonomic differentiation. *Evol. Biol.* **26**, 73–159.

Warwick SI, Simard M-J, Légère A, *et al.* (2003) Hybridization between transgenic *Brassica napus* L. and its wild relatives: *Brassica rapa* L., *Raphanus raphanistrum* L., *Sinapis arvensis* L., and *Erucastrum gallicum* (Willd.) OE Schulz. *Theor. Appl. Genet.* **107**, 528–539.

Warwick SI, Légère A, Simard M-J, TJ (2008) Do escaped transgenes persist in nature? The case of an herbicide resistance transgene in a weedy *Brassica rapa* population. *Mol. Ecol.* **17**, 1387–1395.

Waser NM (1993) Population structure, optimal outbreeding, and assortative mating in angiosperms. In: *The Natural History of Inbreeding and Outbreeding: Theoretical and Empirical Perspectives* (ed. Thornhill NW), pp. 173–199. Chicago, IL: Univ. Chicago Press.

Wasser SK, Shedlock AM, Comstock K, *et al.* (2004) Assigning African elephant DNA to geographic region of origin: applications to the ivory trade. *Proc. Natl. Acad. Sci. USA* **101**, 14847–14852.

Wayne RK (1996) Conservation genetics in the Canidae. In: *Conservation Genetics: Case Histories from Nature* (eds. Avise JC, Hamrick JL), pp. 75–118. New York: Chapman & Hall.

Wayne RK, Lehman N, Girman D, *et al.* (1991) Conservation genetics of the endangered Isle Royale gray wolf. *Conserv. Biol.* **5**, 41–51.

Wayne RK, Bruford MW, Girman D, *et al.* (1994) Molecular genetics of endangered species. In: *Creative Conservation: Interactive Management of Wild and Captive Animals* (eds. Olney PJS, Mace GM, Feistner ATC), pp. 92–117. London: Chapman & Hall.

WAZA (2005) *Building a Future for Wildlife: The World Zoo and Aquarium Conservation Strategy*. www.waza.org

WCMC (1992) *Global Biodiversity: Status of the Earth's Living Resources*. London: Chapman & Hall.

Weber DS, Stewart BS, Garza JC, *et al.* (2000) An empirical genetic assessment of the severity of the northern elephant seal population bottleneck. *Curr. Biol.* **10**, 1287–1290.

Weber KE (1996) Large genetic change at small fitness cost in large populations of *Drosophila melanogaster* selected for wind tunnel flight: rethinking fitness surfaces. *Genetics* **144**, 205–213.

Weber K (2004) Population size and long-term selection. *Plant Breed. Rev.* **24**, 249–268.

Weigensberg I, Roff DA (1996) Natural heritabilities: can they be reliably estimated in the laboratory? *Evolution* **50**, 2149–2157.

Welch JJ (2006) Estimating the genomewide rate of adaptive protein evolution in Drosophila. *Genetics* **173**, 821–837.

Wemmer C, Thau A, Khaing SI, *et al.* (2000) *Thamin Population and Habitat Viability Assessment*. Apple Valley, MN: IUCN/SSC Conservation Breeding Specialist Group.

Werren JH (1993) The evolution of inbreeding in haplodiploid organisms. In: *The Natural History of Inbreeding and Outbreeding: Theoretical and Empirical Perspectives* (ed. Thornhill NW), pp. 42–59. Chicago, IL: Univ. Chicago Press.

Wessler SR (2006) Transposable elements and the evolution of eukaryotic genomes. *Proc. Natl. Acad. Sci. USA* **103**, 17600–17601.

Westemeier RL, Brawn JD, Simpson SA, *et al.* (1998) Tracking the long-term decline and recovery of an isolated population. *Science* **282**, 1695–1698.

Westphal SP (2004) Copy and save. *New Sci.* **182**(2452), 36–39.

Wheeler QD, Raven PH, Wilson EO (2004) Taxonomy: impediment or expedient? *Science* **303**, 285.

Whelan S, Liò P, Goldman N (2001) Molecular phylogenetics: state-of-the-art methods for looking into the past. *Trends Genet.* **17**, 262–272.

White GC, Burnham KP (1999) Program MARK: survival estimation from population of marked individuals. *Bird Study Suppl.* **46**, 120–138.

White MJD (1973) *Animal Cytology and Evolution*, 3rd edn. Cambridge, UK: Cambridge Univ. Press.

White MJD (1978) *Modes of Speciation*. San Francisco, CA: WH Freeman.

Whitehead A, Crawford DC (2006a) Variation within and among species in gene expression: raw material for evolution. *Mol. Ecol.* **15**, 1197–1211.

Whitehead A, Crawford DL (2006b) Neutral and adaptive variation in gene expression. *Proc. Natl. Acad. Sci. USA* **103**, 5425–5430.

Whiteman NK, Matson KD, Bollmer JL, *et al.* (2006) Disease ecology in the Galápagos hawk (*Buteo galapagoensis*): host genetic diversity, parasite load and natural antibodies. *Proc. R. Soc. Lond. B* **273**, 797–804.

Whitfield J (1998) A saola poses for the camera. *Nature* **396**, 410.

Whitlock MC (2000) Fixation of new alleles and the extinction of small populations: drift load, beneficial alleles, and sexual selection. *Evolution* **54**, 1855–1861.

Whitlock MC (2004) Selection and drift in metapopulations. In: *Ecology, Genetics, and Evolution of Metapopulations* (eds. Hanski I, Gaggiotti OE), pp. 153–173. Burlington, MA: Elsevier.

Whitlock MC (2005) Combining probability from independent tests: the weighted Z-method is superior to Fisher's approach. *J. Evol. Biol.* **18**, 1368–1373.

Whitlock MC, Griswold CK, Peter AD (2003) Compensating for the meltdown: the crucial effective size of a population with deleterious and compensatory mutations. *Ann. Zool. Fenn.* **40**, 169–183.

Whitten MJ, Foster GG (1975) Genetic methods of pest control. *Annu. Rev. Entomol.* **20**, 461–476.

Whitworth TL, Dawson RD, Magalon H, *et al.* (2007) DNA barcoding cannot reliably identify species of the blowfly genus *Protocalliphora* (Diptera: Calliphoridae). *Proc. R. Soc. Lond. B* **274**, 1731–1739.

Wilcken J (2002) The cost of inbreeding revisited. M.Sc. thesis, Macquarie Univ., Sydney, NSW.

Wilcove DS (1994) *The Condor's Shadow: The Loss and Recovery of Wildlife in America*. New York: WH Freeman.

Wilcove DS, McMillan M, Winston KC (1993) What exactly is an endangered species: an analysis of the endangered species list, 1985–1991. *Conserv. Biol.* **7**, 87–93.

Wildt DE (1996) Male reproduction: assessment, management, and control of fertility. In: *Wild Mammals in Captivity: Principles and Techniques* (eds. Kleiman DG, Allen ME, Thompson KV, Lumpkin S), pp. 429–450. Chicago, IL: Univ. Chicago Press.

Willi Y, Van Buskirk J, Hoffmann AA (2006) Limits of adaptive potential of small populations. *Annu. Rev. Ecol., Evol. Syst.* **37**, 433–458.

Willi Y, van Kleunen M, Dietrich S, *et al.* (2007) Genetic rescue persists beyond first-generation outbreeding in small populations of a rare plant. *Proc. R. Soc. Lond. B* **274**, 2357–2364.

Williams-Blangero S, Blangero J (1995) Heritability of age at first birth in captive olive baboons. *Amer. J. Primatol.* **37**, 233–239.

Williamson SH, Hubisz MJ, Clark AG, *et al.* (2007) Localizing recent adaptive evolution in the human genome. *PLoS Genetics* **3**, e90.

Wilson EO (1975) *Sociobiology: The New Synthesis*. Cambridge, MA: Harvard Univ. Press.

Wilson EO (2003) The encyclopedia of life. *Trends Ecol. Evol.* **18**, 77–80.
Wilson MH, Kepler CB, Snyder NFR, *et al.* (1994) Puerto Rican parrots and potential limitations of the metapopulation approach to species conservation. *Conserv. Biol.* **8**, 114–123.
Wilson PJ, Grewal S, Lawford ID, *et al.* (2000) DNA profiles of the eastern Canadian wolf and the red wolf provide evidence for a common evolutionary history independent of the gray wolf. *Can. J. Zool.* **78**, 2156–2166.
Wisdom MJ, Mills LS (1997) Sensitivity analysis to guide population recovery: prairie chickens as an example. *J. Wildl. Manag.* **61**, 302–312.
Wisely SM, Santymire RM, Livieri TM, *et al.* (2008) Genotypic and phenotyic consequences of reintroduction history in the black-footed ferret (*Mustela nigripes*). *Conserv. Genet.* **9**, 389–399.
Woodford J (2000) *The Wollemi Pine: The Incredible Discovery of a Living Fossil from the Age of the Dinosaurs*. Melbourne, Vic: Text Publishing.
Woodworth LM, Montgomery ME, Nurthen RK, *et al.* (1994) Modelling problems in conservation genetics using *Drosophila*: consequences of fluctuating population sizes. *Mol. Ecol.* **3**, 393–399.
Woodworth LM, Montgomery ME, Briscoe DA, *et al.* (2002) Rapid genetic deterioration in captivity: causes and conservation implications. *Conserv. Genet.* **3**, 277–288.
Worthington Wilmer J, Allen PJ, Pomeroy PP, *et al.* (1999) Where have all the fathers gone? An extensive microsatellite analyais of paternity in the grey seal (*Halichoerus grypus*). *Mol. Ecol.* **8**, 1417–1429.
Wright S (1931) Evolution in Mendelian populations. *Genetics* **16**, 97–159.
Wright S (1940) Breeding structure of populations in relation to speciation. *Amer. Natur.* **74**, 232–248.
Wright S (1968) *Evolution and the Genetics of Populations*, vol. 1, *Genetic and Biometric Foundations*. Chicago, IL: Univ. Chicago Press.
Wright S (1969) *Evolution and the Genetics of Populations*, vol. 2, *The Theory of Gene Frequencies*. Chicago, IL: Univ. Chicago Press.
Wu H, Wan Q-H, Fang S-G, *et al.* (2005) Application of mitochondrial DNA sequence analysis in the forensic identification of Chinese sika deer subspecies. *Forensic Sci. Int.* **148**, 101–105.
Xu X, Arnason U (1996) The mitochondrial DNA molecule of Sumatran Orangutan and a molecular proposal for two (Bornean and Sumatran) species of Orangutan. *J. Mol. Evol.* **43**, 431–437.
Yang H-P, Tanikawa AY, Van Voorhies WA, *et al.* (2001) Whole-genome effects of ethyl methanesulfonate-induced mutation on nine quantitative traits in outbred *Drosophila melanogaster*. *Genetics* **157**, 1257–1265.
Yang Z (2007) PAML 4: phylogenetic analysis by maximum likelihood. *Mol. Biol. Evol.* **24**, 1586–1591.
Young AG, Clarke GM (eds.) (2000) *Genetics, Demography and Viability of Fragmented Populations*. Cambridge, UK: Cambridge Univ. Press.
Young AG, Murray BG (2000) Genetic bottlenecks and dysgenic gene flow into re-established populations of the grassland daisy *Rutidosis leptorrhynchoides*. *Austral. J. Bot.* **48**, 409–416.
Young AG, Brown AHD, Murray BG, *et al.* (2000) Genetic erosion, restricted mating and reduced viability in fragmented populations of the endangered grassland herb *Rutidosis leptorrhynchoides*. In: *Genetics, Demography and Viability of Fragmented Populations* (eds. Young AG, Clarke GM), pp. 335–359. Cambridge, UK: Cambridge Univ. Press.

Young E, Randerson J (2005) Marauders of the high seas. *New Sci.* **188**(2574), 12–13.

Zabel RW, Scheurell MD, McClure MM, Williams JG (2006) The interplay between climate variability and density dependence in the population viability of chinook salmon. *Conserv. Biol.* **20**, 190–200.

Zagorski N (2006) Profile of Alec J. Jeffreys. *Proc. Natl. Acad. Sci. USA* **103**, 8918–8920.

Zayed A, Packer L (2005) Complementary sex determination substantially increases extinction proneness of haplodiploid populations. *Proc. Natl. Acad. Sci. USA* **102**, 10742–10746.

Zayed A, Roubik DW, Packer L (2004) Use of diploid male frequency data as an indicator of pollinator decline. *Proc. R. Soc. Lond. B* **271**, S9–S12.

Zeckhauser RJ, Viscusi WK (1990) Risk within reason. *Science* **248**, 559–564.

Zeyl C, Mizesko M, Arjan J, *et al.* (2001) Mutational meltdown in laboratory yeast populations. *Evolution* **55**, 909–917.

Zhan X, Li M, Zhang Z, *et al.* (2006) Molecular censusing doubles giant panda population estimate in a key nature reserve. *Curr. Biol.* **16**, R451–R452.

Zhi L, Karesh WB, Janczewski DN, *et al.* (1996) Genomic differentiation among natural populations of orang-utan (*Pongo pygmaeus*). *Curr. Biol.* **6**, 1326–1336.

Zimmer EA, Roalson EH (2005) *Methods in Enzymology*. San Diego, CA: Academic Press.

Zimmerman C, Sturm M, Ballou J, *et al.* (2006) *Horses of Assateague Island Population and Habitat Viability Assessment: Final Report*. Apple Valley, MN: IUCN/SSC Conservation Breeding Specialist Group.

찾아보기

영문

A

B

C

D

E

F

G

H

I

국문